普通高等教育"十一五"国家级规划教材
四川省"十二五"普通高等教育本科规划教材

油气田应用化学

（第三版·富媒体）

陈　馥　全红平　彭志刚　主编
　　　　罗平亚　黄志宇　主审

石油工业出版社

内 容 提 要

本书主要讲述油气井钻井、完井、压裂、酸化、修井、堵水、调剖、三次采油、油气集输、腐蚀与防护等过程中所用的工作液配方、作用机理、施工技术、技术评价等内容。

本书可作为高等院校应用化学、石油工程、储运和石油地质等学科的专业课教材，也可供从事有关油气田应用化学研究的科研院所、生产厂家的科研和工程技术人员参考。

图书在版编目（CIP）数据

油气田应用化学：富媒体/陈馥，全红平，彭志刚主编. —3版. —北京：石油工业出版社，2023.4
四川省"十二五"普通高等教育本科规划教材
ISBN 978 – 7 – 5183 – 5866 – 3

Ⅰ. ①油… Ⅱ. ①陈…②全…③彭… Ⅲ. ①油气田-应用化学-高等学校-教材 Ⅳ. ①TE39

中国国家版本馆CIP数据核字（2023）第041355号

出版发行：石油工业出版社
（北京市朝阳区安华里2区1号楼　100011）
网　　址：www.petropub.com
编辑部：(010)64256990
图书营销中心：(010)64523633　(010)64523731
经　　销：全国新华书店
排　　版：三河市聚拓图文制作有限公司
印　　刷：北京中石油彩色印刷有限责任公司

2023年4月第3版　2023年4月第1次印刷
787毫米×1092毫米　开本：1/16　印张：33.75
字数：904千字

定价：79.00元
（如发现印装质量问题，我社图书营销中心负责调换）
版权所有，翻印必究

前 言

习近平总书记指出："必须将能源的饭碗端在自己手里,切实维护我国经济稳定、持续发展,为建设社会主义现代化国家提供坚实基础。"党的二十大报告也明确指出："加大油气资源勘探开发和增储上产力度,确保能源安全。"这是以习近平同志为核心的党中央站在统筹中华民族伟大复兴战略的全局和世界百年未有之大变局的高度,为推进我国石油工业高效、安全地发展指明了前进方向。随着世界能源格局的调整以及全球石油消费量持续走高,作为油气勘探开发不可或缺的一部分,油气田化学的作用日益凸显,油气田新材料、化学处理剂、油气田化学工作液对提高油气产量的重要性持续受到石油界科技人员的高度重视。作为油气田化学工作者有责任把党的二十大精神转化为为国"加油争气"的内在动力,向着第二个百年奋斗目标前进。

油气田应用化学是化学、化工、石油工程及地质岩矿多学科的结合,具有理论和工程技术密切结合、多学科交叉等特点。该学科主要研究钻井、采油和原油集输等过程中应用的化学原理、解决问题所使用的化学剂及各种化学剂的在工作液中作用机理和协同效应。教材涉及油气田化学剂和化学新材料的结构、合成原理、合成方法;揭示了油气井化学处理剂、工作液体系在油气藏和井筒内的作用机理,以及相应的施工工艺技术等;内容覆盖了油气井钻井、完井、压裂、酸化、堵水、调剖、三次采油、井筒堵塞的化学清除和预防、腐蚀与防护等诸多工程技术领域。随着我国油气勘探开发走向深地、深水及非常规油气资源的新形势,涌现出大量油气田化学新材料、新产品、新理论、新技术。油气田化学的理论和知识不断更新迭代,及时反映国内外本学科的前沿技术以及油气田化学的新理论、工作液新体系和新型化学处理剂,并将其引入教材具有十分重要的意义。本书在注重理论知识的基础上,尽量反映该学科的新思维、新工艺和新技术,使读者有所裨益。

本次修订工作主要有:

(1)第1章在阐述常用材料与处理剂基础上,突出介绍了符合环保要求的天然聚合物,增加了非常规油气开发常用的钻井液体系。

(2)对于完井、压裂、酸化、堵水调剖、三次采油及油气集输等章节,进行了内容梳理,根据油田化学学科发展摒弃部分陈旧内容,重点补充了各自工程领域中最新的油田化学理论、新型化学材料和处理剂,并根据最新行业标准修正了工作液测试标准。

(3)将新近发展的非常规油气的勘探开发及增产作业中的相关油田化学原理、处理剂引入教材。

(4)本次修订采用富媒体教材形式,教材中引入了大量可视化的图像、视频资料。

本书由西南石油大学组织编写,重庆科技学院、中石油、中海油相关人员参与编写了第3章和第4章。具体章节编写分工如下:第1章由邓小刚编写,第2、6、12章由彭志刚编写,第3、8章由陈馥编写,第4章由重庆科技学院周成裕编写,第5、9章由贺杰编写,第7、10、11章由全红平编写,中石油西南油气田分公司开发事业部李圣涛、中海油能源发展有限公司工程技术分公司熊俊杰参与了第3章编写。陈馥对全书进行了整理和统稿。全书由西南石油大学罗平亚院士和黄志宇教授主审,在此一并表示感谢。

油气田应用化学涉及领域研究内容甚广,而由于编著者水平有限,谬误之处难免,敬请读者批评指正。

编 者

2023年1月

第二版前言

随着石油工业的发展以及世界范围内对石油及其产品的需求量不断增加,油气田化学剂、油气田化学工作液日益受到石油工程科技人员的重视。因而,近些年来,在国内外的油田化学领域中,涌现出大量的新产品、新技术,并得到了应用和推广。

油气田应用化学是化学、材料、化工、石油工程等多门类学科的结合,并在石油工业上游前沿技术中不断发展的新兴学科。该学科主要研究化学剂和材料的结构、合成原理、合成方法,包括石油钻井液和完井液、油气井增产增注措施、防砂堵水等的油气井施工工作液配方、作用机理。它涉及的领域包括油气井钻井和完井、压裂酸化、修井作业、堵水调剖、三次采油、油气集输、腐蚀与防护。最近几年,油气井用化学剂、油田化学材料及相关工作液配方的发展趋势迅猛,因此深入地探讨油田化学材料及工作液配方,并且将取得的成果及时地反映在教材中是一件非常重要的事情。本书在注重理论知识的基础上,尽量反映该学科的新思维、新工艺和新技术,使读者有所裨益。

这次修订工作主要有:

(1)第1章钻井液在讲授钻井液基本组分及功能的基础上,进一步将现场钻井作业中的实例引入教材,较为翔实地反映了钻井液及其外加剂在现场作业的使用效果。

(2)对于完井、压裂、酸化、修井、堵水、调剖、三次采油、油气集输、腐蚀与预防等章节,均将各自工程领域中最新的油气田化学药剂、材料以及相应施工工艺等编入教材。

(3)非常规油气井资源开发是实现油气产量稳产增产的主要措施之一,因此本书将大量非常规油气井的勘探开发以及增产作业内容编入教材。

本书第1章由邓小刚重新编写,第2、4、7章由陈大钧编写,第3、5、6章由陈馥编写,第8、9、12章由韩丽娟编写,第10、11章由李建波编写。陈大钧对全书进行了整理和修改,焦利宾等做了资料收集和整理工作。全书由西南石油大学罗平亚院士和黄志宇教授主审,在此一并表示感谢。

油气田应用化学涉及的领域甚广,由于编者水平有限,谬误之处在所难免,敬请读者批评指正。

编 者
2014年9月

第一版前言

随着国际国内对原油需求的剧增和石油工业的发展,油气田化学剂、油气田化学工作液得到了石油工程科技人员极大的重视。因而,近十年来,新产品、新技术不断涌现。在对油气资源、环境保护、安全生产极为重视的今天,脱离了油气田应用化学学科和油气田工作液去讨论现代石油工程技术是难以想象的。

油气田应用化学是化学、化工、石油工程等多门类学科的结合,并在石油工业上游前沿技术中不断发展的新兴学科。该学科主要研究化学剂和材料的结构、合成原理、合成方法等,包括石油钻井和完井工作液、油气井增产增注措施、防砂堵水等油气井施工工作液配方、作用机理、施工工艺技术及技术评价等内容。涉及的领域包括油气井钻井和完井、压裂酸化、修井作业、堵水调剖、强化采油(三次采油)、油气集输、腐蚀与预防等诸多工程技术。本书作者长期从事油气田应用化学教学、科研和生产工作,结合工作中的经验和成果,在结合现场实际、注重理论知识的基础上,尽量反映该学科的新思维、新工艺和新技术,使读者有所裨益。

本书第 1 章由黄进军编写,第 2,4,7 章由陈大钧编写,第 3,5,6 章由陈馥编写,第 8,12 章由荆国林编写,第 9,10,11 章由李建波编写。陈大钧对全书进行了整理和修改,熊颖、李圣陶、宋燕高、严海兵等为本书进行了资料收集工作。全书由中国工程院罗平亚院士和黄志宇教授主审,诸林教授等给本书的出版予以指导和帮助,在此一并表示感谢。

本书可作为石油院校应用化学、石油工程、储运和石油地质等学科的专业课教材,也可供从事油气田应用化学研究的院所和生产厂家的科研和技术人员参考。

油气田应用化学涉及的领域甚广,而由于编者水平有限,谬误之处在所难免,敬请读者批评指正。

编　　者

2005 年 8 月

目 录

第1章 钻井液 ·· 1
1.1 黏土与黏土矿物 ··· 1
1.2 钻井液的功能、组成与分类 ·· 12
1.3 钻井液性能及对钻井工程的影响 ······································· 14
1.4 钻井液常用材料与处理剂 ·· 32
1.5 无机盐及高温对钻井液性能的影响 ··································· 55
1.6 常用钻井液体系 ·· 68
1.7 井下复杂事故的钻井液技术 ··· 89
习题 ··· 114

第2章 油井水泥及其外加剂 ··· 116
2.1 固井工程概述 ·· 116
2.2 波特兰水泥 ··· 118
2.3 API油井水泥分级方法及性能 ··· 128
2.4 油井水泥外加剂及作用原理 ·· 135
2.5 几种特殊水泥体系 ·· 154
2.6 前置液 ·· 162
习题 ··· 164

第3章 压裂液 ·· 165
3.1 油层造缝机理 ·· 165
3.2 压裂液性能及分类 ·· 169
3.3 水基压裂液 ··· 171
3.4 水基压裂液添加剂 ·· 177
3.5 油基压裂液 ··· 189
3.6 泡沫压裂液 ··· 191
3.7 清洁压裂液 ··· 196
3.8 压裂液新技术 ·· 201
3.9 压裂液性能评价 ··· 209
习题 ··· 213

第4章 酸液及酸化技术 ·· 214
4.1 地层的伤害 ··· 214
4.2 酸化分类 ··· 216

4.3　酸化增产原理 ·· 218
　　4.4　酸液及其添加剂 ·· 224
　　4.5　酸化性能评价 ·· 243
　　4.6　酸化及其返排技术 ·· 246
　　4.7　酸化工艺 ·· 269
　　习题 ·· 275

第5章　化学堵水与调剖技术 ·· 277
　　5.1　油井出水原因及堵水方法 ·· 277
　　5.2　油井非选择性化学堵水剂 ·· 279
　　5.3　油井选择性堵水剂 ·· 288
　　5.4　油井堵水工艺和堵水效果评定 ·· 301
　　5.5　注水井化学调剖技术 ·· 304
　　5.6　用于蒸汽采油的高温调堵剂 ·· 317
　　5.7　气驱防窜技术 ·· 323
　　习题 ·· 324

第6章　化学防砂技术 ·· 326
　　6.1　油气井出砂的原因及危害 ·· 326
　　6.2　油田化学防砂技术 ·· 329
　　6.3　化学防砂的工艺设计 ·· 335
　　6.4　防砂井地层伤害的预防及化学处理 ·· 341
　　习题 ·· 344

第7章　原油乳状液及化学破乳剂 ·· 345
　　7.1　乳状液的基本知识 ·· 345
　　7.2　原油乳状液及其性质 ·· 357
　　7.3　原油脱水方法和原理 ·· 362
　　7.4　原油破乳剂及其评价方法 ·· 366
　　7.5　原油破乳剂的协同效应 ·· 378
　　7.6　原油破乳剂作用机理 ·· 381
　　习题 ·· 387

第8章　化学清防蜡技术 ·· 388
　　8.1　蜡的化学组成及结构特征 ·· 388
　　8.2　油井结蜡过程和影响结蜡的因素 ·· 390
　　8.3　油井物理清、防蜡技术 ·· 393
　　8.4　化学清、防蜡技术 ·· 399
　　8.5　主要表面活性剂型防蜡剂的生产方法 ······································ 411
　　习题 ·· 424

第 9 章　化学驱油 ... 425
9.1　提高采收率方法概述 ... 425
9.2　采收率与影响采收率的因素 ... 426
9.3　聚合物驱 ... 428
9.4　表面活性剂驱 ... 433
9.5　碱驱 ... 441
9.6　复合驱 ... 444
9.7　化学驱用驱油剂新进展 ... 447
9.8　国内外化学驱油技术发展趋势 ... 449
习题 ... 452

第 10 章　油田水的防垢和除垢技术 ... 453
10.1　结垢机理及影响因素 ... 453
10.2　油田防垢技术的应用 ... 464
10.3　油田常用的防垢剂及作用机理 ... 466
10.4　油田化学除垢 ... 477
习题 ... 481

第 11 章　金属的腐蚀与防护 ... 482
11.1　金属腐蚀与防护的重要性 ... 482
11.2　金属腐蚀的防护 ... 488
11.3　缓蚀剂防腐 ... 494
11.4　油气管道内腐蚀检测技术 ... 502
习题 ... 508

第 12 章　原油降凝和减阻输送技术 ... 509
12.1　原油的降凝输送 ... 509
12.2　原油的减阻输送 ... 518
12.3　乙烯—乙酸乙烯酯共聚物原油降凝剂的生产方法 ... 525
习题 ... 527

参考文献 ... 528

富媒体资源目录

序号	名称	页码
1	视频 1.1 钻井液概述	1
2	文档 1.1 钻井液的起源与发展趋势	1
3	视频 1.2 黏土矿物的结构与特性	2
4	视频 1.3 钻井液的流变性	16
5	视频 1.4 钻井液的滤失性	27
6	视频 1.5 钻井液处理剂	32
7	文档 1.2 膨润土浆的配制方法	35
8	文档 1.3 加重剂的计算案例	36
9	文档 1.4 两性离子聚磺饱和盐水钻井液体系	63
10	文档 1.5 两性离子聚磺高温钻井液体系	75
11	文档 1.6 饱和盐水钻井液的转化实例	77
12	视频 1.6 水基钻井液	80
13	文档 1.7 油包水乳化钻井液的配制方法	83
14	视频 1.7 油基钻井液	86
15	文档 1.8 桥接堵漏施工工艺	96
16	文档 1.9 桥接堵漏施工实例	96
17	文档 1.10 复合堵漏法案例	97
18	视频 1.8 井漏预防与处理	97
19	文档 1.11 压差卡钻浸泡解卡剂案例	101
20	视频 1.9 压差卡钻的预防与处理	101
21	文档 1.12 井塌复杂案例	110
22	视频 1.10 井塌的预防与处理	110
23	文档 1.13 井控复杂案例	114
24	彩图 2.1 井身结构示意图	116
25	视频 2.1 注水泥工艺流程	117
26	彩图 2.2 水泥头	117
27	彩图 2.3 声幅测井	118

续表

序号	名称	页码
28	彩图 2.4 直角稠化曲线	142
29	视频 3.1 油层水力压裂的概念	165
30	视频 3.2 水基压裂液常用的稠化剂	171
31	视频 3.3 清洁压裂液	196
32	视频 4.1 酸化的概念	214
33	视频 4.2 碳酸盐岩储层的酸化	221
34	视频 4.3 砂盐地层的酸化	223
35	视频 4.4 酸液添加剂	227
36	彩图 4.33 A 井交替注酸后裂缝内酸液浓度分布剖面	275
37	彩图 5.1 注入水单层突进示意图	277
38	彩图 5.2 底水"锥进"示意图	278
39	彩图 5.3 油井堵水	279
40	彩图 5.4 注水井调剖	279
41	彩图 5.5 凝胶	285
42	彩图 5.6 冻胶	285
43	彩图 5.7 双液法调剖示意图	311
44	彩图 5.8 蒸汽吞吐示意图	317
45	文档 7.1 原油破乳剂通用技术条件	376
46	彩图 8.5 油管结蜡示意图	391
47	彩图 10.1 管线结垢情况	453
48	文档 10.1 油田水结垢趋势预测方法	456
49	文档 10.2 油田用防垢剂通用技术条件	466

第1章 钻 井 液

钻井液(drilling fluids)是油气钻井工程中使用的一类工作流体的总称,具有满足钻井工程所需的功能和性能。钻井液是一种分散相粒子(配浆土、加重剂)多级分散在分散介质中形成的溶胶—悬浮体。根据分散介质的不同,钻井液可分为水基钻井液、油基钻井液和气基钻流体等三大类型。其中水基钻井液因其成本相对较低、环保性好而得到广泛应用,占钻井液总量的90%以上。从胶体化学的角度来说,水基钻井液是黏土高度分散在水中与处理剂吸附形成的溶胶—悬浮体(视频1.1)。

"泥浆(钻井液)是钻井的血液",形象生动地说明了钻井液在钻井工程中的重要作用。在钻井施工中,钻井液承担着清洁井眼、平衡地层压力、稳定井壁、保护油气层、传递水马力等诸多功能,是预防和解决钻井各类井下事故复杂事故的关键技术手段和工艺措施,是安全、优质、快速、高效钻井的重要保障。

进入21世纪以来,社会经济发展对油气资源的需求促使油气勘探开发向深部地层迈进和向非常规油气资源扩展,油气钻探遇到更多的复杂地层和复杂地质条件,如超深油气藏、山前应力发育构造、深部盐膏层、破碎性地层、高温超压条件等等。钻井难度大大增加,面临更多的漏、喷、塌、卡等事故复杂隐患,因而对钻井液技术提出了更高的要求。钻井液技术面临的几大难题分别是:应对复杂地质条件的"三高"(高温、高密度、高盐)钻井液技术、超高温钻井液技术、破碎性地层井壁稳定技术以及大位移水平井润滑防卡技术、恶性漏失的堵漏技术等等,这些技术也是当今钻井液研究的重要方向。未来钻井液技术发展集中在三个方向:一是以提高钻井速度和降低钻井下事故复杂为目标,应对复杂地质条件的钻井液技术;二是以提高油气产量,减少钻井液对油气层伤害为目标的油气层保护技术;三是以环境保护,降低钻井液对环境污染为目标的环保型钻井液技术。

水基钻井液的基本组成包括配浆水、配浆土和调节控制钻井液各项性能的处理剂。黏土(钻井液用的黏土也称膨润土)是钻井液最基础、最重要的组分,构成黏土的主要成分为黏土矿物。黏土在水中的分散程度和水化能力直接影响钻井液的各项性能。而在钻井过程中,最常见的泥岩、砂岩地层含有大量的黏土矿物,侵入钻井液必然引起钻井液性能的变化。此外,井壁稳定程度与油气层受污染程度均与地层中黏土矿物的类型和特性密切相关。因此对黏土矿物的基本结构和特性的了解,是学习钻井液技术的重要基础(文档1.1)。

视频1.1 钻井液概述　　文档1.1 钻井液的起源与发展趋势

1.1 黏土与黏土矿物

黏土(clay)一般由铝硅酸盐矿物在地球表面风化后形成,是颗粒非常小的可塑的铝硅酸盐。黏土的构成包括三部分:一是黏土矿物,具有晶体结构、粒度细小(<2μm)、多数呈片状结构的铝硅酸盐颗粒聚集体,如蒙脱石、高岭石、伊利石和绿泥石等;二是非晶质的胶体矿物,如

蛋白石、氢氧化铝、氢氧化铁等;三是具有晶体结构的非黏土矿物,如石英、长石、云母等。通常在黏土中,黏土矿物为主要成分,非晶质胶体矿物和非黏土矿物所占比例很低。

化学分析表明,黏土的化学成分主要为氧化硅、氧化铝、水以及少量的铁、钠、钾、钙和镁。而黏土矿物的化学成分主要为含水铝硅酸盐。

黏土矿物(clay minerals)是一类含水的层状、链层状铝硅酸盐的总称,黏土矿物种类较多,主要包括高岭石、伊利石、蒙脱石、绿泥石、蛭石以及海泡石等矿物。以蒙脱石为主的膨润土因其水化分散性好、吸附性强、造浆率高而成为钻井液最常用的配浆用土。在地层中,高岭石、蒙脱石、伊利石、伊蒙混层、绿泥石等黏土矿物广泛分布于各类砂岩、泥岩等沉积岩中,在火成岩中也有一定分布。本节重点介绍上述几种黏土矿物的晶体结构和特点(视频1.2)。

视频 1.2 黏土矿物的结构与特性

1.1.1 黏土矿物的基本构造单元

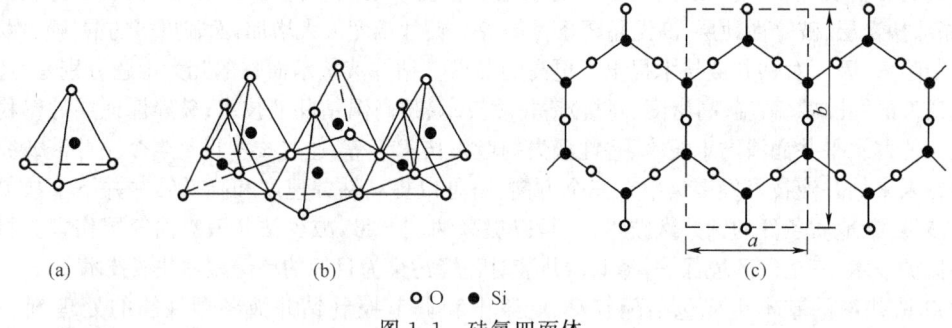

1.1.1.1 硅氧四面体及硅氧四面体晶片

硅氧四面体由一个硅原子与四个氧原子以相等的距离相连而成,硅原子在四面体中心,四个氧原子在四面体顶点,见图1.1(a)。在大多数黏土矿物中,硅氧四面体在平面上沿 a、b 两个方向有序排列组成六角形的硅氧四面体晶片,见图1.1(b)、(c)。

○ O ● Si

图 1.1 硅氧四面体

1.1.1.2 铝氧八面体及铝氧八面体晶片

铝氧八面体由一个铝原子(铁或镁原子)与六个氧原子或氢氧原子团组成,铝、铁或镁原子居于八面体中心,六个氧原子或氢氧原子团在八面体顶点,见图1.2(a)。多个铝氧八面体在 a、b 两个方向上有序排列组成铝氧八面体晶片,见图1.2(b)。

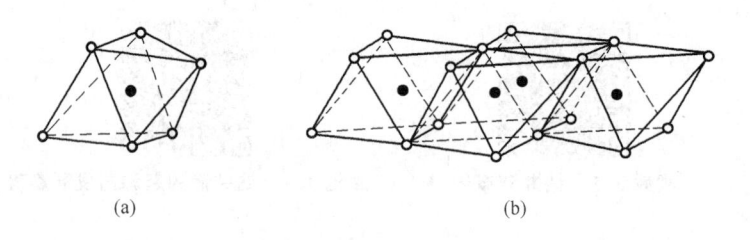

○ O 或 OH ● Al

图 1.2 铝氧八面体

1.1.1.3 晶片组合与晶层

四面体晶片与八面体晶片是黏土矿物的基本构造单元,两者通过共用氧原子结合在一起构成单元晶层,单元晶层在 c 轴方向上层层堆叠,在 a、b 轴方向无限延伸,即构成了层状黏土矿物。

· 2 ·

根据硅氧四面体晶片和铝氧八面体晶片的比例不同,可将黏土矿物分为以下两类。

(1)1:1型:这种基本结构层是由一个硅氧四面体晶片与一个铝氧八面体晶片通过共用氧原子结合形成晶层。高岭石的晶体结构即是由这种晶层构成的。

(2)2:1型:这种基本结构层是由一个铝氧八面体晶片夹在两个硅氧四面体晶片中间通过共价键连接在一起构成单元晶层。蒙脱石、伊利石即属此类晶层结构。

1.1.2 几种主要的黏土矿物

1.1.2.1 蒙脱石

蒙脱石(montmorillonite)是由颗粒极细的含水铝硅酸盐构成的层状矿物,分子式为$(Al_2,Mg_3)[Si_4O_{10}](OH)_2 \cdot nH_2O$。中间为铝氧八面体,上下为硅氧四面体所组成的2:1型晶层片状结构的黏土矿物(图1.3),在晶体构造层间含水及一些可交换性阳离子(图1.4),类似于"三明治"的结构,有较高的离子交换容量,具有很高的吸水膨胀能力。

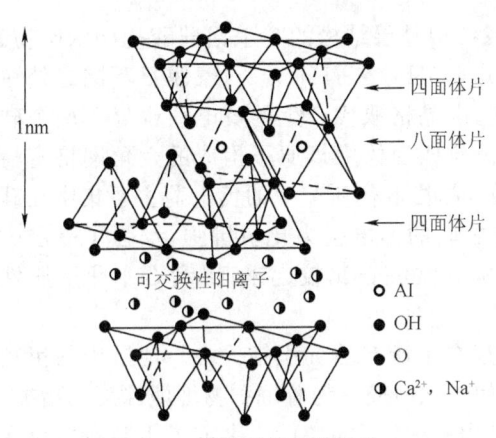

图1.3 蒙脱石的晶体结构

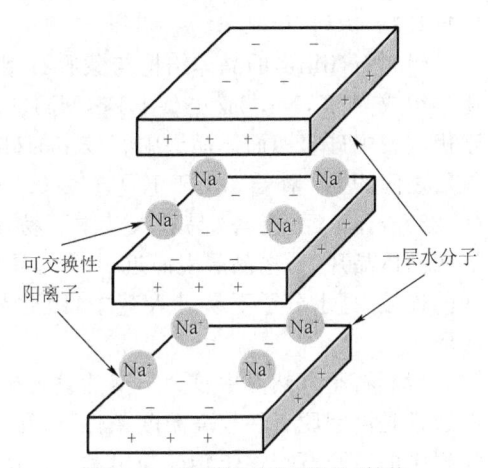

图1.4 蒙脱石的"三明治"结构

蒙脱石主要由基性火成岩在碱性环境中风化而成,或是海底沉积的火山灰分解后的产物。在自然界蒙脱石主要以膨润土矿(bentonite)的形式存在,是膨润土的主要成分,其含量在85%以上。而膨润土是水基钻井液的最佳配浆原料。

在蒙脱石的晶体结构中,硅氧四面体层中的部分Si^{4+}可被Al^{3+}取代,铝氧八面体层中的Al^{3+}可被Fe^{2+}、Mg^{2+}、Zn^{2+}等阳离子取代(图1.5)。由于高价阳离子被低价金属离子的晶格取代,晶层带负电,因此能吸附等电量的阳离子,具有较强的离子交换能力。同时晶层间靠微弱的分子间力连接,晶层连接不紧密,水分子容易进入两个晶层之间引起晶体发生膨胀,而

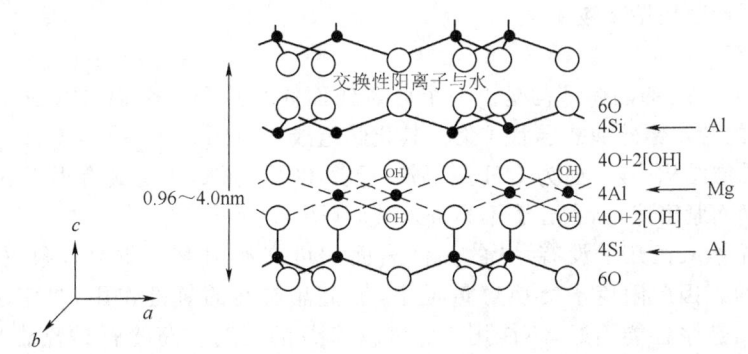

图1.5 蒙脱石的晶体结构(平面图)

水化的阳离子进入晶层之间，同样使 c 轴方向上的晶层间距增大，使蒙脱石具有很强的膨胀性。此外，蒙脱石晶层的内、外表面都具有水化和阳离子交换能力，因此蒙脱石具有很强的分散性和很大的比表面积(可高达 $800m^2/g$)。

蒙脱石层间吸附阳离子的种类决定了蒙脱石的类型及其膨胀性，层间阳离子为 Na^+ 时称钠蒙脱石，层间阳离子为 Ca^{2+} 时称钙蒙脱石。二价 Ca^{2+} 比一价 Na^+ 电荷密度大，颗粒之间产生的静电引力较强，使颗粒间连接的能力强，因此钙蒙脱石的分散能力比钠蒙脱石要弱，造浆性要差。但自然界中钙质土的分布远多于钠质土，优质钠质土的资源较为稀缺，因此通常要对钙质土进行改性，使它成为钠质土。

在多数泥质沉积岩中，蒙脱石占有相当比例，尤其是在新生代以及埋藏较浅的中生代泥岩地层中，蒙脱石含量较高。这类泥岩地层水敏性强，易出现吸水膨胀缩径、大段划眼等井下复杂问题，且水化性好、造浆性强，对钻井液流变性能影响大。对于这类泥岩地层，需采用强抑制性的聚合物不分散钻井液。

1.1.2.2 伊利石

伊利石(illite)的晶体结构与蒙脱石相似，均为 2∶1 型晶层结构的含水铝硅酸盐层状矿物。化学组成为 $(K,Na,Ca_2)_m(Al,Fe,Mg)_4[Si,Al]_8O_{20}(OH)_4 \cdot nH_2O$。与蒙脱石不同之处在于伊利石中硅氧四面体晶层中有较多的硅被铝取代，因晶格取代产生的负电荷由处于两个硅氧层之间的 K^+ 补偿。由于 K^+ 直径(0.266nm)与硅氧四面体中氧原子构成的六角网格直径(0.288nm)相近，使 K^+ 易进入其中不易释出。此外，晶格取代所产生的负电荷主要集中在硅氧四面体晶片上，离晶层表面近，K^+ 与晶层负电荷之间的静电引力比氢键强，增强了晶层之间的连接力，水分子不易进入其中，因此与相似结构的蒙脱石比较起来，伊利石水化膨胀性较弱。

伊利石是自然界中较为丰富的黏土矿物，几乎存在于所有的沉积年代中。地层中的伊利石通常是由蒙脱石在较高温度条件下，受钾离子取代转化而成。随着沉积物埋藏深度的增加，泥岩中的蒙脱石将逐步转变为伊利石。由于转化过程有一定温度门限，决定了伊利石主要在埋藏较深的中生代泥质沉积岩中含量较高。但也有观点认为，黏土矿物类型及含量并不完全受层位所控制，而主要与受温度和压力的作用有关。据墨西哥湾岸地区资料，蒙脱石开始向伊利石转化的深度大约在 1800m，在 2740~3660m 处已无蒙脱石存在。由蒙脱石向伊利石转化过程中，在蒙脱石晶格间的几层单分子水层会释放出来变成粒间自由水。由于最后几层层间水的相对密度为 1.4，故当它变成相对密度为 1.0 的自由水时就会引起体积增大，导致地层压力异常。在火成岩中，因热液蚀变作用，也有一定量的伊利石存在。虽然伊利石的水敏性较弱，但在钻井过程中，遇到伊利石含量较高的泥页岩地层，常常出现井壁剥落掉块、硬脆性垮塌等井壁失稳现象，主要原因是伊利石含量高的泥页岩脆性较强，存在微裂缝发育，因此需要采用强封堵的抑制性防塌钻井液。

1.1.2.3 高岭石

高岭石(kaolinite)的晶体结构是由一个硅氧四面体晶片和一个铝氧八面体晶片构成，属 1∶1 型晶层结构的含水铝硅酸盐层状矿物。其化学组成为 $Al_4[Si_4O_{10}] \cdot (OH)_8$。

高岭石的晶层结构中，一面为 OH 层，另一面为 O 层，而 OH 键具有很强的极性，晶层之间容易形成氢键而紧密连接，水分子不易进入其间(图 1.6)。

高岭石的晶格取代几乎没有，它的晶体表面的可交换阳离子非常有限，构造单位中原子电荷是平衡的。因此阳离子交换容量很小，加上晶层间的氢键作用，决定了高岭石水化性差，膨胀性弱，造浆性能不好，不能用于钻井液基浆的配制。高岭石是瓷器和陶器的主要原料。

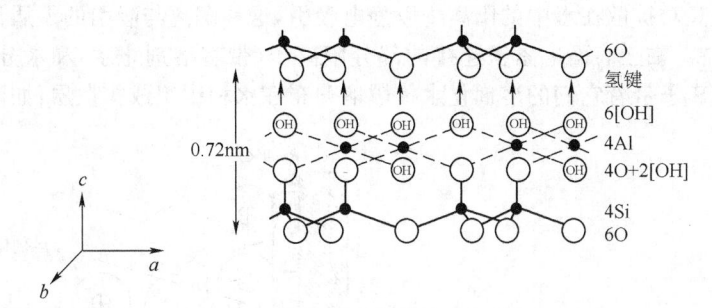

图 1.6　高岭石晶体结构(平面图)

高岭石是长石和其他硅酸盐矿物天然蚀变的产物,自然界中分布较为广泛,常见于岩浆岩和变质岩的风化壳中,在泥页岩地层和火成岩地层中均有一定含量。这类岩石虽水敏性不强,但往往微裂缝发育,易出现剥落掉块的现象。三种黏土矿物的主要性质和特点见表 1.1。

表 1.1　三种常见黏土矿物的性质与特点

黏土矿物	晶型	晶层间距 nm	层间引力	阳离子交换容量 mmol/100g	膨胀量 %
蒙脱石	2:1	0.96~4.0	分子间力,弱	80~150	90~100
伊利石	2:1	1.0	静电引力,强	20~40	2.5
高岭石	1:1	0.72	氢键力,强	3~15	<5

1.1.3 黏土矿物的电性

黏土颗粒表面电荷是影响黏土电化学性质的内在原因,对黏土的分散、水化、膨胀、吸附等特性均有影响。在钻井液中,无机、有机处理剂以及氯化钠、石膏污染均是通过影响黏土颗粒表面电荷,进而影响钻井液中黏土颗粒的分散度以及胶体稳定性,从而改变钻井液性能。

1.1.3.1 黏土—水界面双电层

1809 年莱斯观察到水中黏土颗粒在直流电场中向阳极移动的现象,研究发现,许多胶体系统都有类似现象,这种胶体颗粒在电场中向某一极移动的现象,称为电泳。电泳现象表明黏土颗粒在水中带有负电荷。

1. 扩散双电层理论

黏土胶体颗粒因晶格取代而带负电,在它周围必然分布着电荷相等的阳离子,这些阳离子一方面受到固相表面电荷的吸引不能远离,另一方面由于阳离子的热运动,又有扩散到液相内部的动力。这两种相反作用的结果,使得阳离子扩散分布在固液界面周围,构成扩散双电层(图 1.7)。

从固体表面到补偿正电荷为零处的这一层称为扩散双电层,由吸附溶剂化层和扩散层两部分组成。其中固体表面紧密连接的部分阳离子和水分子构成吸附溶剂化层,其余的阳离子带着溶剂化水扩散分布在液相中形成扩散层。两层之间的界面称为滑动面。胶粒运动时带着滑动面以内的吸附溶剂化层一同运动。从滑动面到均匀液相的电位称为电动电位(或 ζ 电位);从固体表面到均匀液相内部的电位称为热力学电位(ϕ_0)。热力学电位反映了固体表面所带的总电荷,而电动电位则反映了固体表面电荷与吸附溶剂化层内阳离子电荷之差。

2. 黏土颗粒表面双电层

黏土矿物的电性主要取决于晶格取代。对于蒙脱石,因晶格取代,晶层表面吸附有一定数量的可交换阳离子,当黏土矿物遇水后,可交换阳离子趋向于向水中解离、扩散,导致黏土矿物表面带上了负电,于是又对扩散在水中的阳离子以静电吸引,这种解离与吸引的矛盾使阳离子以扩散的形式分布在水中。黏土表面上紧密连接的部分阳离子(带有溶剂化水)和水分子,构成吸附溶剂化层,解离的阳离子带着它们的溶剂化水扩散地分布在水相中组成扩散层,如图1.8所示。

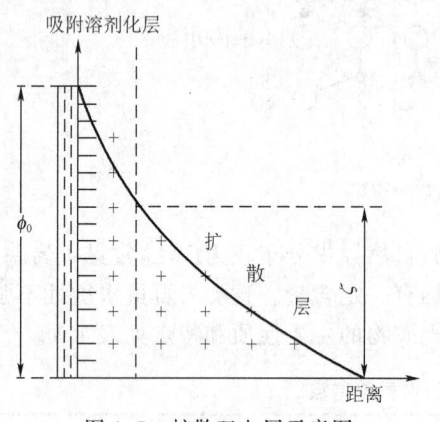

图1.7 扩散双电层示意图
ϕ_0—热力学电位;ζ—电动电位

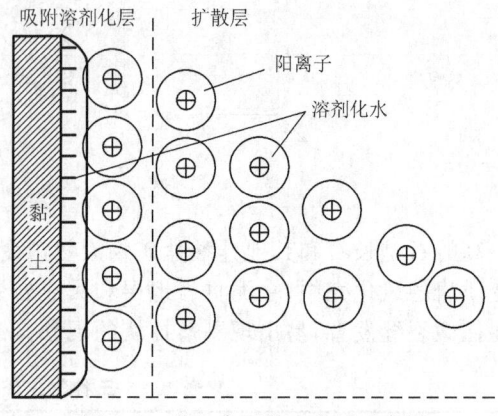

图1.8 黏土表面的双电层示意图

伊利石也有晶格取代,同样因吸附阳离子的解离、扩散而使晶层带负电。但因晶格取代所吸附的为K^+,恰有合适的直径进入晶层间相对应的两个六角环中,解离程度较低,负电性比蒙脱石弱。

高岭石几乎没有晶格取代,但其晶层表面有裸露的Al—OH,在碱性条件下H^+部分电离使黏土表面带负电,而电离产生的H^+,一部分被黏土表面吸附,连同水分子构成吸附溶剂化层,剩余的H^+带着它们的溶剂化水扩散地分布在液相中,形成扩散层。总体来看,高岭石的负电性比较弱。

此外,黏土矿物表面也会因吸附OH^-和含阴离子基团的有机处理剂而增加负电量。这是许多处理剂护胶降滤失、调控钻井液性能、增强钻井液热稳定性、提高钻井液抗盐钙污染能力的重要途径。

综上所述,黏土颗粒表面负电荷的来源包括:(1)晶格取代;(2)碱性条件下,裸露的OH^-层的电离;(3)吸附阴离子。通常晶格取代的负电荷较多,电动电位(ζ电位)较高,黏土的水化能力较强。无论哪种情况,作为反离子的阳离子均呈扩散双电层的形态分布于黏土颗粒表面周围。其ζ电位高低取决于黏土类型、水相pH值、钻井液处理剂类型和含量、电解质(可溶性盐)的类型及浓度。

3. 电解质对双电层的压缩

黏土分散在水中形成溶胶悬浮体,胶体的稳定性与双电层厚度、ζ电位密切相关。双电层越厚,ζ电位越高,胶体间电性斥力越强,胶体越稳定。电泳实验表明,任何电解质的加入均要影响双电层的ζ电位。主要原因是电解质电离后,阳离子浓度增大,更多的阳离子进入吸附溶剂化层,扩散层阳离子数减少,导致双电层变薄,ζ电位下降(图1.9),这个过程就是电解质压缩双电层的作用。当所加入电解质把双电层压缩到吸附溶剂化层的厚度时,扩散层消失,胶粒不

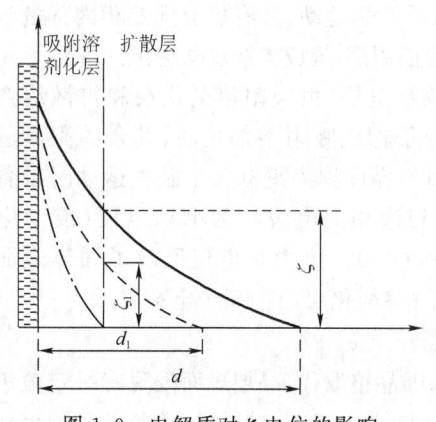

图1.9 电解质对ζ电位的影响

带电，ζ电位降低为零。这种状态称为等电态，此时胶体之间没有电性斥力，稳定性极差，胶体容易聚结。

在钻穿盐层时，地层 NaCl 溶解在钻井液中，电离产生大量 Na^+ 压缩双电层，引起 ζ 电位显著下降，导致钻井液性能恶化，严重者钻井液失去胶体性质，黏土聚沉，结构解体。为避免这种情况的发生，盐水钻井液中必须加入抗盐处理剂，降低电解质的影响，提高 ζ 电位，保护钻井液的胶体性质，维持合理钻井液性能。

1.1.3.2 黏土的阳离子交换容量

因黏土晶层表面带负电，为保持电荷平衡，必然吸附等电量的阳离子，这些被黏土吸附的阳离子，可以被分散介质中的其他阳离子所交换，因此称为黏土的可交换阳离子。阳离子交换容量是可交换阳离子的量化表征，是指在分散介质 pH 值为 7 的条件下，单位质量黏土所能交换下来的阳离子总量，一般以 100g 黏土所能交换的阳离子毫摩尔数来表示，命名为 CEC 值。

1. 影响因素

影响黏土阳离子交换容量的因素包括：(1)黏土矿物的种类，黏土矿物的负电性主要来自晶格取代，晶格取代越多的黏土矿物，其阳离子交换容量越大。因此蒙脱石的阳离子交换容量最高，伊利石次之，高岭石最低(表1.1)。(2)黏土颗粒的分散度，同一种黏土矿物，阳离子交换容量随分散度的增加而增大。尤其是高岭石，负电性主要是由于裸露的氢氧根中氢的解离，颗粒越小，露在外面的氢氧根越多，交换容量越高。(3)溶液的 pH 值，在黏土矿物种类和分散度相同时，碱性条件下，阳离子交换容量增大。其原因是铝氧八面体中的 Al—O—H 键是两性的，在酸性环境中 OH^- 易电离，增加黏土表面正电荷；在碱性环境中 H^+ 易电离，增加黏土表面负电荷。此外碱性条件下，溶液中 OH^- 增多，通过氢键吸附在黏土表面，使黏土表面负电荷增多，从而增加黏土的阳离子交换容量。

黏土的阳离子交换容量及吸附的阳离子种类对黏土矿物的水化性和膨胀性影响很大。蒙脱石阳离子交换容量大，水化能力和膨胀性也大，常用于钻井液基浆的配制，钻遇蒙脱石含量高的地层，也容易出现吸水膨胀导致井径缩小的复杂情况。相反，高岭石阳离子交换容量低，黏土的水化能力和膨胀性就很弱，惰性较强，黏土矿物以高岭石为主的地层相对较稳定。

2. 测量方法

黏土阳离子交换容量的测量方法较多，测量原理均是利用某些化学试剂中的阳离子交换黏土吸附的补偿阳离子，通过计算试剂阳离子的减少量或观察颜色的改变显示交换当量点，推算出黏土的阳离子交换量。亚甲基蓝法是较为常用的方法之一。

亚甲基蓝分子式为 $C_{16}H_{18}N_3SCl \cdot 3H_2O$，其有机阳离子在水中呈蓝色，在黏土晶层上的吸附力很强，能将黏土颗粒外表面所有的补偿阳离子交换下来。在吸附未饱和前，补偿阳离子未被完全交换出来，此时溶液中不存在游离的亚甲基蓝，滴在滤纸上溶液扩散层无色。而当黏土吸附亚甲基蓝达饱和后，溶液中出现游离的亚甲基蓝，滴在滤纸上的溶液扩散层呈蓝色，据此判断滴定终点。根据吸附达饱和时所耗亚甲基蓝量即可计算出黏土的阳离子交换容量。计算公式为：

$$CEC = [亚甲基蓝量(mmol)/黏土量(g)] \times 100$$

1.1.4 黏土矿物的水化性

黏土矿物的水化性是指黏土颗粒表面或晶层表面能吸附水分子，使黏土晶层间距增大，产生膨胀以致分散的特性，这个过程称为黏土的水化作用，膨胀和分散是水化作用的结果。黏土矿物的水化性是影响水基钻井液性能和泥页岩井壁稳定的重要因素。

1.1.4.1 黏土水化机理

黏土颗粒与分散介质之间存在界面,根据能量最低原则,黏土颗粒必然要吸附水分子,以最大限度降低体系的表面能。其次,黏土颗粒表面负电荷对极性水分子的静电引力促使水分子定向排列、浓集在黏土表面。黏土晶格中的氧或氢氧层还会通过氢键吸引水分子。

此外,黏土表面的吸附溶剂化层里,紧密地吸附着补偿阳离子,这些阳离子的水化间接给黏土颗粒带来水化膜。

1.1.4.2 黏土水化影响因素

1. 补偿阳离子

黏土吸附的补偿阳离子对其水化膜的厚度有很大影响。例如,钠蒙脱石的水化膜比钙蒙脱石水化膜要厚,钠蒙脱石水化后的晶层间距更大,因此钠蒙脱石水化能力更强(图1.10)。

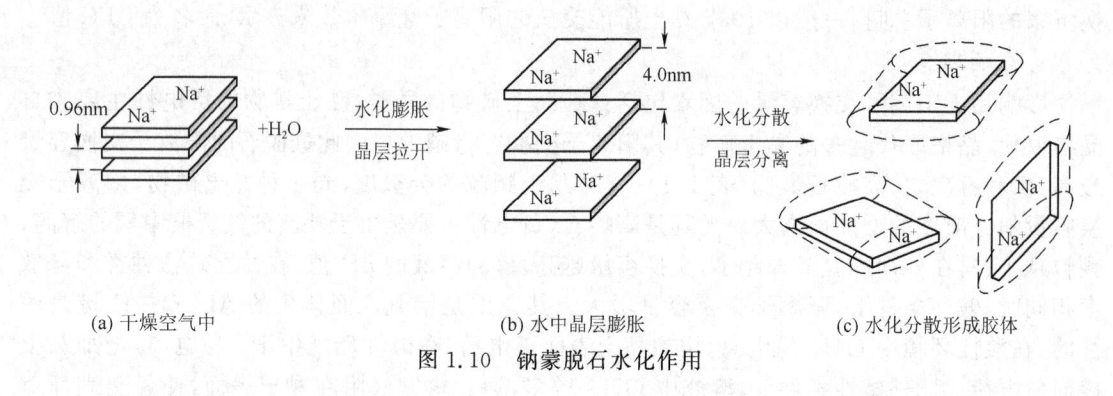

(a) 干燥空气中　　(b) 水中晶层膨胀　　(c) 水化分散形成胶体

图 1.10　钠蒙脱石水化作用

补偿阳离子对黏土水化能力影响的机理是:钠蒙脱石晶层间一价 Na^+ 与晶层间的静电引力较小,在极性水分子的作用下,晶层之间可以产生较大的晶层间距(4nm)。而钙蒙脱石晶层间二价 Ca^{2+} 与晶层间的静电引力较大,极性水分子难进入晶层,进入后,晶层间的膨胀也很小。因此,钙蒙脱石晶层间产生的距离(1.7nm)明显比钠蒙脱石小。此外,补偿阳离子形成的扩散双电层厚度与反离子价数的两次方成反比,即阳离子价高,水化膜薄,膨胀倍数低,而阳离子价低,水化膜厚,膨胀倍数高。这是造成钠蒙脱石与钙蒙脱石在水中的膨胀性和分散性差异的原因。

2. 黏土矿物种类

不同黏土矿物,因其晶格构造不同,水化作用也有很大差异。

蒙脱石晶格取代程度较高,阳离子交换容量大,晶层间由较弱的分子间力连接,水分子容易进入晶层之间。因此水化能力最强,分散性也高。1:1型晶层构造的高岭石,一面为—OH层,另一面为—O层,晶层间以较强的氢键力连接,水分子不易进入。此外高岭石几乎没有晶格取代,阳离子交换容量小,水化能力和分散性差。

与蒙脱石具有相似晶层结构的伊利石,因硅氧四面体中铝取代硅所缺的正电荷由处于两个硅氧层之间的 K^+ 补偿,K^+ 尺寸正好嵌入两个硅氧层之间的六角环内,不可交换,与晶层负电荷的静电引力使晶层结构紧密,水分子不易进入晶层间,水化能力和分散性均大大低于蒙脱石。

3. 可溶性盐类

溶解在水中的盐类电离产生正负离子,其中的阳离子会压缩黏土颗粒表面的双电层,降低 ζ 电位,使吸附水化膜减薄,黏土水化能力下降。可溶性盐类的浓度越高,提供的阳离子浓度越大,ζ 电位越低,黏土的水化能力越差。阳离子的价位越高,压缩双电层的作用越强,对黏土水化能力的影响越大。

4. 有机处理剂

钻井液有机处理剂分子链上均有两种重要的基团:其一是吸附基团(如—CN、—OH、—CONH$_2$),吸附在黏土颗粒表面,这是处理剂发挥作用的基础;其二是水化基团(如—COO$^-$、—CH$_2$SO$_3^-$等),这些基团均带负电,可以提高黏土颗粒的ζ电位,提供较厚的水化膜,增强黏土颗粒的水化能力。

5. pH 值

介质的 pH 值越高,溶液中 OH$^-$越多,通过氢键吸附在黏土表面,使黏土表面负电荷增加,从而提高黏土颗粒ζ电位,增强黏土的水化能力。

1.1.1.4.3 黏土水化膨胀

黏土的水化膨胀是指黏土吸水后微观上晶层间距增大、宏观上体积增大的现象。这一过程可分为表面水化和渗透水化两个阶段。

1. 表面水化

由黏土晶体表面和交换性阳离子吸附水分子引起的水化称为表面水化。这是短距离范围内的黏土与水的相互作用,在膨胀黏土的晶格层面达到四个水分子层的厚度(约为 10Å❶)。在黏土颗粒表面上,此时作用的力有三种:层间分子的范德华引力、层面带负电和层间阳离子之间的静电引力、水分子与层面的吸附能量(水化能),其中以水化能最大。此三种力的净能量在第一层水分子进入时的膨胀力达到几千大气压(H. van. 奥尔芬指出,欲将最后几个分子层的吸附水从黏土表面挤走,需要 200~400MPa 的压力)。由此可见黏土表面水化压力是很大的,但表面水化吸水量较少,引起的体积膨胀较低(约为 1 倍)。

2. 渗透水化

由黏土层面上的离子与溶液中的离子浓度差引起的水化称为渗透水化。当黏土晶层间距超过 10Å 时,表面水化完成,转入渗透水化阶段。黏土的继续膨胀由渗透压力和双电层斥力所引起,这是长范围内黏土与水的相互作用。其机理是晶层之间的补偿阳离子浓度大大高于水溶液内部的浓度,因此发生浓差扩散,水进入晶层间,增大晶层间距。与此同时,晶层间的补偿阳离子进入水中形成扩散双电层,促使黏土晶层间距进一步加大;其次黏土层可看成是一个渗透膜,由于阳离子浓度差的存在,在渗透压力作用下水分子继续进入黏土层间,引起黏土的进一步膨胀,黏土体积大大增加。由渗透水化而引起的晶层膨胀达到平衡时,可使黏土层间距达到 120Å。此时在剪切作用下晶胞极易分离,黏土颗粒以胶粒形态分散在水中,形成胶体分散体系。

与表面水化相比,渗透水化吸附的水与黏土颗粒表面的结合力较弱,渗透水化的膨胀压力也较小,但吸水量很大,引起的体积膨胀可达 20~25 倍,远远高于表面水化作用。

地层中的黏土矿物在成岩过程中必然经受沉积压实作用,在此过程中,受上覆沉积压力和地层温度的影响,黏土矿物胶体脱水、压缩胶结,最终固结为岩石。黏土矿物晶体构造中往往只剩下结晶水和少量吸附水。在钻井过程中,打开地层遇到钻井液后,必然发生渗透水化,引起体积的显著膨胀。因此在解决水敏性泥岩地层的井塌、缩径等复杂问题时,重点应放在控制黏土矿物的渗透水化上。在水基钻井液中加入盐,电离产生大量阳离子,由于阳离子浓度差减小,并压缩地层黏土—水扩散双电层,降低ζ电位,渗透水化作用减弱,黏土膨胀的晶层间距缩小。这就是盐水钻井液抑制泥岩井壁水化膨胀的原理。

---

❶　1Å=10^{-10}m。

1.1.4.4　黏土水化分散

黏土的水化分散是指黏土颗粒因水化作用产生晶层膨胀,进而分散成更细小颗粒的现象。水化分散的实质是黏土颗粒经渗透水化后,晶层膨胀并产生分离。外部剪切条件会大大增加黏土的水化分散程度。黏土的水化分散能力与黏土矿物种类和黏土颗粒的胶结强度有关。水化膨胀是水化分散的前提,水化膨胀能力越强,分散性越好。

以蒙脱石在水中的分散为例,研究表明,蒙脱石水化膨胀和分散能力极强,当渗透水化达到平衡状态(层间距大约为120Å)时,在机械、水力等剪切力作用下,蒙脱石颗粒晶层大量分离,甚至可分散到单个晶层的程度,以胶体和悬浮颗粒的状态分散在水中,形成溶胶—悬浮液。因此油田现场普遍把以蒙脱石为主要成分的膨润土作为水基钻井液基浆的配制材料。

1.1.5　水基钻井液体系的胶体稳定性

水基钻井液是黏土分散在水中形成的溶胶—悬浮体,本质上是一种高度分散的多相分散体系,积聚了较大的表面能。根据物质能量自动趋向降低的规律,体系中的黏土颗粒有自动聚结变大而降低表面能的趋势。换言之,钻井液是热力学上的不稳定体系。在这个体系中,重力、电性斥力、剪切力、颗粒间吸力等力相互交织,影响着黏土颗粒的分散与聚结的平衡,进而影响钻井液性能。而各种处理剂的加入,主要作用就是维持黏土颗粒分散—聚结平衡的稳定,保持分散体系的稳定性。这种分散体系稳定性包括沉降稳定性和聚结稳定性。

1.1.5.1　沉降稳定性及影响因素

沉降稳定性是指分散相颗粒在重力作用下是否容易下沉的性质。一般以分散相下沉速度来衡量沉降稳定性。

根据斯托克斯定律(Stokes Law,1845),在液体介质中固体颗粒的沉降速度为

$$v_T = \frac{2gr^2(\rho-\rho')}{9\eta}$$

式中　v_T——固体颗粒的沉降速度,cm/s;

　　　r——固体颗粒的直径,cm;

　　　ρ,ρ'——固体和液体介质的密度,g/cm³;

　　　η——液体介质的黏度,P[❶];

　　　g——重力加速度,981cm/s²。

从上式可知,钻井液的沉降稳定性主要受三个因素的影响:(1)固相颗粒的粒径,颗粒越粗,沉降稳定性越差;(2)固、液之间的密度差,密度差越大,沉降稳定性越差;(3)液相的黏度,黏度越小,沉降稳定性越差。

通常充分水化的膨润土浆和非加重钻井液沉降稳定性都不会有问题。在黏土水化不好的饱和盐水加重钻井液,因加重材料重晶石密度高(≥4.2g/cm³)、粒径大(<74μm),液相黏度也比淡水钻井液要低,凝胶结构相对较弱,悬浮能力不足,往往出现重晶石的沉淀问题。对有结构的钻井液来说,要提高沉降稳定性,增强凝胶网状结构比提高液相黏度更有效。

1.1.5.2　聚结稳定性及影响因素

聚结稳定性是指分散相颗粒是否容易自动聚结变大(降低分散度)的性质。由Derjaguin-Landau和Verwey-Overbeek等人提出的静电稳定理论(DLVO theory)指出:胶体粒子间存在两种相反的作用力,即吸力与斥力。如果胶体颗粒在布朗运动中相互碰撞时,吸力大于斥力,胶体颗粒就聚结;反之,当斥力大于引力时,粒子碰撞后又分开,保持其分散状态,胶体体系

[❶]　1P=10⁻¹Pa·s=100mPa·s。

保持聚结稳定性。

根据静电稳定理论,胶体粒子受到电性斥能和吸引势能两种作用,粒子稳定性是范德华吸引势能和电性斥能平衡的结果。换言之,黏土颗粒的聚结稳定性取决于吸引力和排斥力的相对大小,发生聚结是吸力大于斥力的结果,相反如斥力大于吸力,胶体分数体系则保持稳定。

1. 增强聚结稳定性的因素

(1) 双电层斥力。分散在水中的黏土颗粒周围有扩散双电层。当两个黏土颗粒运动靠近时,随着黏土颗粒一起移动的仅是吸附溶剂化层上的补偿阳离子,黏土颗粒表面带有一定负电性,即 ζ 电位。显然,ζ 电位越高,斥力越大,颗粒越难聚结。

(2) 吸附溶剂化层。吸附作用降低了黏土颗粒—水界面之间的表面能,从而降低了黏土颗粒聚结趋势。此外,吸附溶剂化层中的水分子具有很高的黏度和弹性,构成黏土颗粒聚结的机械阻力。

2. 降低聚结稳定性的因素

(1) 颗粒之间的吸引力——范德华力。黏土颗粒之间存在着与双电层斥力相抗衡的吸引力,即范德华力。但与单一分子之间的范德华力不同,黏土胶粒是由许多分子聚集而成,胶粒间引力是构成胶粒所有分子间引力的加和。单一分子间引力与距离的六次方成反比,作用力范围极小。而胶粒间引力与距离的三次方成反比,作用力范围较大。据文献报道,胶粒间的引力作用范围可达 100nm,甚至更远。因此当黏土颗粒间相互靠近到该吸引力作用范围,如吸力超过斥力,聚结状态就会发生。

(2) 电解质的影响。前已述及,可溶性盐类的加入提供大量的阳离子,必然压缩双电层、降低 ζ 电位,导致双电层斥力的下降。当 ζ 电位降低到临界值,双电层斥力低于范德华引力时,黏土胶粒就要发生明显的聚结,颗粒几何尺寸显著增大,进而固液分离,黏土沉淀析出。但实际钻井液的组成中包含许多能提高黏土颗粒 ζ 电位的处理剂,遇电解质后,钻井液胶体性质的变化更为复杂,很多情况下出现胶体结构很强的凝胶(絮凝)状态,而经进一步的护胶处理(通过抗盐处理剂加入,提高黏土颗粒 ζ 电位),胶体性质能得到恢复,重建分散—聚结的平衡状态。

不同价数的阳离子对黏土胶粒的聚结能力有很大差异,阳离子价数越高,对黏土胶粒的聚结能力越强。使胶粒开始明显聚结的电解质最低浓度称为聚结值,按照叔采—哈迪规则,聚结值与反离子价数的六次方成反比。照此规则,一价、二价、三价阳离子对负电溶胶的聚结值之比为 100:1.6:0.3。

同价阳离子的聚结能力也有差异,主要受离子水化半径的影响。水化半径越小,越容易靠近胶体粒子,聚结能力越强。钻井液中常见的阳离子的聚结能力排序为: $H^+ > NH_4^+ > K^+ > Na^+$。

通常充分水化的膨润土浆和淡水钻井液聚结稳定性都较好。在饱和盐水钻井液或淡水钻井液钻遇盐膏地层时,聚结稳定性容易出现问题,表现在钻井液性能上失水大幅上升,黏度、切力先升后降,严重者出现黏土颗粒失去胶体性质,分散相聚沉,固液分离,胶体—悬浮分散体系解体。

1.1.5.3 凝胶、絮凝与聚结作用

钻井液是一种弱凝胶。所谓的凝胶是指溶液中的胶体粒子或高分子在一定条件下互相连接,形成空间网状结构,结构空隙中充满了作为分散介质的液体,具有屈服强度的一种分散体系。钻井液中黏土颗粒之间、黏土颗粒与聚合物分子间通过多种连接方式可形成空间网状结构。

传统的分散钻井液中基本没有高分子聚合物,因此黏土颗粒多以端—面、端—端连接形成一种"卡片式"结构。这种结构需要较高的黏土含量和较高的黏土分散度,才能提供所需的携

带和悬浮能力。在动态条件下,这种结构始终于拆散与重构的转换中。

聚合物钻井液中的高分子聚合物与黏土颗粒通过吸附、桥联而相互连接,更有利于空间网状结构的形成,因此只需较少的黏土含量即可实现。体系网状结构空隙中充满了自由水,要使体系流动需要克服一定的屈服强度。这种黏土颗粒与聚合物吸附而形成的空间网架结构是一种弱凝胶。

当在钻井液体系中加入一定量的某种电解质,电解质电离产生的阳离子必然压缩扩散双电层,降低双电层的厚度和ζ电位,使黏土颗粒间的斥力下降,对于分散体系来说,黏土颗粒趋向端—端、端—面连接使网状结构增强。对于聚合物体系来说,聚合物分子在黏土颗粒上的吸附量更大,因此形成的凝胶结构更强。这种作用称为絮凝作用。

当继续加入电解质的量达到某一浓度时,对于分散体系和非抗盐聚合物体系来说,大量阳离子压缩扩散双电层的结果,使双电层压缩到接近吸附溶剂化层的厚度,ζ电位极低甚至到零,此时黏土颗粒以面—面连接的方式而发生聚结,颗粒变粗变大,胶体性质破坏,钻井液性能变差,这种作用称为聚结作用。

而对于抗盐聚合物体系来说,继续增加电解质时,一方面大量阳离子压缩黏土颗粒扩散双电层,降低ζ电位;另一方面电解质又促使聚合物在黏土颗粒上的吸附量大幅增加,抗盐聚合物都具有强负电基团,因此反过来弥补了黏土颗粒ζ电位的下降,对黏土颗粒的保护增强。在两方面作用的影响下,黏土颗粒的分散度没有显著下降,不会发生聚结,因此钻井液性能基本稳定。

1.2 钻井液的功能、组成与分类

钻井液在钻井施工中的工况分为循环和静止两种形态。在钻进过程中必须保持钻井液处于循环流动状态。在起下钻、接单根、电测等工况下,钻井液通常处于静止状态。钻井液的循环流动是通过钻井泵的泵送来完成的。钻井液在地面和井内的循环流程如图1.11所示。

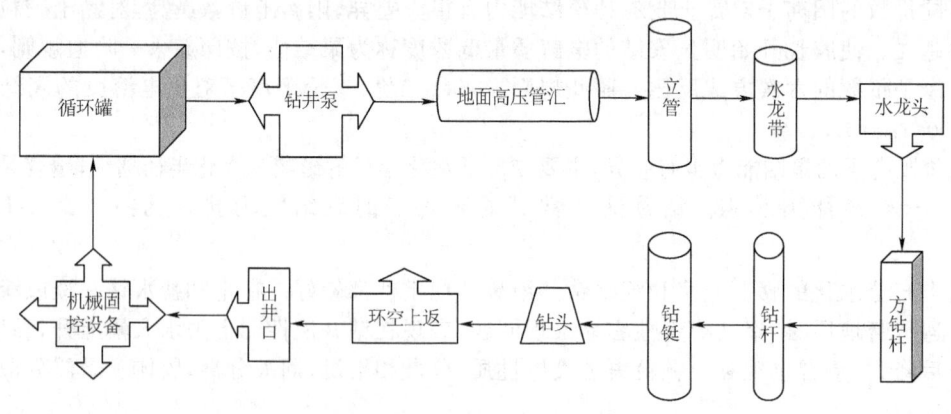

图1.11 钻井液循环流程图

1.2.1 钻井液的功能

通过上述流程钻井液实现以下功能:

(1)冷却和清洗钻头,清扫井底钻屑。钻井施工就是钻头破碎地层形成井眼的过程。钻头在井底高速旋转,与地层摩擦生热,钻碎的岩屑也容易黏附在钻头上形成泥包,流动的钻井液既能冷却钻头也能清洗钻头。此外被钻头破碎的岩屑如不能及时离开井底,就会形成重复切削,降低钻头破岩效率。从钻头水眼处高速喷出的钻井液射流能够很好地清扫井底岩屑,保持井底干净。

(2)携带和悬浮钻屑、加重剂。钻井液最基本的功能就是通过自身循环,将钻头破碎的岩屑从井底带至地面,保持井眼清洁。而当接单根、起下钻、电测等工况钻井液静止时,又能悬浮钻屑和加重剂,以免快速下沉,防止钻具阻卡情况的发生。

(3)稳定井壁和平衡地层压力。井壁稳定是安全、快速、优质钻井的基本保障,是钻井液技术措施的着力点,是衡量钻井液是否适应地层条件的标准之一。优质的钻井液应具备良好的造壁性,在井壁上能快速形成薄而韧的滤饼,封固裸露的地层。同时它还具有较强的抑制性,能很好地抑制泥页岩的水化膨胀和分散,避免地层缩径和垮塌,确保井眼畅通无阻。此外,钻井液密度能在较大范围内调节,以平衡地层压力,防止喷、漏、塌、卡等复杂事故的发生。

(4)传递水马力。钻头破岩原理包括机械切削和水力喷射两部分。钻井液通过钻头水眼以极高的射流速度旋转冲击井底,对于硬地层有快速清除已被钻头破碎岩屑的作用,对于软地层直接实现水力破岩。两者均有提高破岩效率和提升钻井速度的作用。对于涡轮和螺杆等井下动力钻具,钻井液还提供驱动涡轮、螺杆旋转的动力。

(5)减少对油气层的伤害,保护油气层。钻井的终极目标是获取地下油气资源。在钻井过程中,钻井液中的固、液相侵入储层,必然引起以储层渗透率降低为本质的储层伤害,带来油气产能的下降。因此,钻井液体系和性能应与储层相匹配,以尽可能地降低对储层的伤害,保护油气层。

(6)传递地质信息、工程信息。钻井液是实时传递地质信息的重要媒介。钻井液能携带出井底地层岩屑,并与储层的油气水等流体直接接触,因此能提供许多重要的地质信息。如通过岩屑录井,可以反映地层岩性、储层物性和含油气性,并建立岩性剖面。通过气测录井,可直接测定钻井液中的可燃气体种类和含量,及时发现油气层,判断油气侵程度并预报井涌。通过综合录井,可以获得井下地质、油气、压力和工程参数等多项信息。此外,现在水平井钻井广泛使用的旋转导向系统随钻获取的井底井斜、方位等轨迹参数以及对井下导向工具下达的指令,都是通过钻井液压力脉冲来实时传输信号的。

为实现上述功能,钻井液必须加入各种化学处理剂,包括各种有机高分子聚合物,因此废弃钻井液对自然环境的污染是一个不容忽视的问题。随着环境保护的加强和生态意识的觉醒,对钻井液的排放和废弃物处理要求越来越严格,开发低毒、低污染、可降解的环保型钻井液成为当前和今后一个时期的重点研究领域。

1.2.2 钻井液的组成

水基钻井液是膨润土、各类处理剂、加重材料和岩屑在水中分散、溶解形成的多相分散体系。而油基钻井液则是少量水、乳化剂、润湿剂、有机土(或氧化沥青)、石灰和加重材料分散、溶解在油中形成的乳状液体系。水基钻井液基本组成如下。

(1)水:包括淡水、盐水、咸水和海水,形成淡水钻井液、盐水钻井液、咸水钻井液和海水钻井液。

(2)固相:包括膨润土、加重剂、钻屑。根据固相的密度、粒度、水化性和在钻井液中的作用等可将钻井液中的固相细分为:

①按作用划分:有用固相,指配浆膨润土,石灰石、重晶石等加重剂;无用固相,指钻屑、石英砂粒、地层黏土等。

②按水化性划分:活性固相,指配浆膨润土、地层黏土等;惰性固相,指石英砂粒、加重剂石灰石、重晶石等。

③按密度划分:低密度固相,指密度为 2.6~2.8g/cm^3 的膨润土、钻屑、石灰石等;高密度固相,指密度为 4.2g/cm^3 以上的重晶石、铁矿粉等加重剂。

④按粒度划分：粗颗粒固相，指粒度≥74μm的砂粒、钻屑等；中颗粒固相，指粒度2～74μm的砂、泥和加重剂；细颗粒固相，指粒度2μm以下的黏土。

(3)处理剂：包括无机处理剂、有机处理剂和功能性处理剂。

①钻井液常用无机处理剂有：纯碱、烧碱、NaCl、KCl、CaO、CaCl$_2$和碱式碳酸锌（除硫剂）等；

②钻井液常用的有机处理剂有：降滤失剂、包被剂和降黏剂等；

③功能性处理剂包括：防卡润滑剂、封堵防塌剂、油层保护剂、消泡剂、堵漏剂、除硫剂等。

1.2.3 钻井液的分类

油气钻探是一项复杂的系统工程，又是一项隐蔽的地下工程，存在着大量的模糊性、随机性和不确定性。钻井的对象是地层，钻井的目的是获取地层深处的信息与开采地下的油气资源。而地层的岩性复杂多变，岩石结构有软有硬、地层压力有高有低、温度随深度增加而升高、油气层物性差异很大、流体类型多样，油气层深度变化大。针对不同的地质目标和工程目标，有不同的井型与井别，结合不同的地质条件和地层特点，发展出不同类型的钻井液体系。

(1)按钻井液中流体介质和组成特点分类，分为液体类、气液混合类、气体类。水基钻井液是最常用的钻井液体系，应用范围广、工艺简单、成本较低、环保性较好，但对特殊复杂地层缺乏针对性，不能满足页岩气井、致密气井等长水平段钻井施工的防塌防卡要求；油基钻井液具有极强的抑制性与润滑性，良好的抗温性、抗污染能力，适合于大位移水平井、特殊复杂地层，但成本高昂、环境污染大；气液混合、气基钻井流体是一类特殊的钻井流体，适合于低压、易漏、稳定地层，机械钻速高、保护油气层、有效降低井漏风险，但配套工艺复杂、适用面受限，井壁失稳问题较突出。

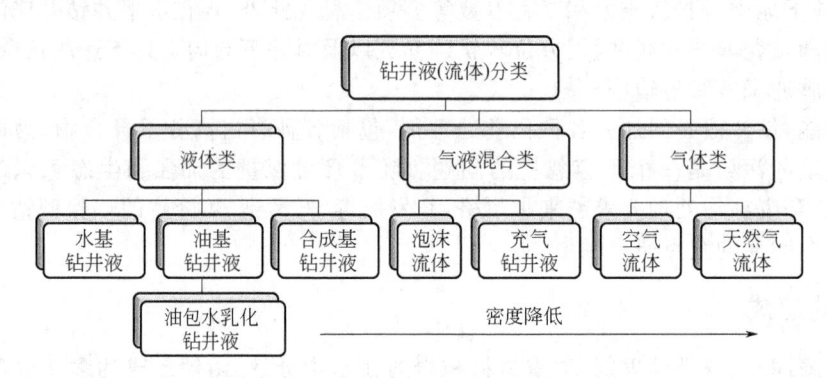

(2)API及IADC钻井液体系分类。API(美国石油协会)和IADC(国际钻井承包商协会)把钻井液分为9个类型：分散体系、不分散体系、钙处理体系、聚合物体系、低固相体系、饱和盐水体系、完井修井液体系、油基钻井液体系、空气、雾化、泡沫体系。其中前7个为水基钻井液体系。

(3)中国标准化委员会钻井液分会的分类。参考国外钻井液分类标准，中国标准化委员会钻井液分会将钻井液分为以下九类：分散体系、钙处理体系、盐水(海水、咸水)体系、饱和盐水体系、聚合物体系、钾基聚合物体系、油基体系(含合成基)、气体体系、保护油气层的钻(完)井液。

1.3 钻井液性能及对钻井工程的影响

钻井液性能是表征钻井液某些功能特性、评价钻井液质量的一系列参数，包括密度、漏斗黏度、流变性、API中压滤失量、高温高压滤失量、pH值、摩擦阻力系数等。本节重点介绍常规钻井液性能的概念、调控方法以及对钻井工程的影响。

1.3.1 钻井液密度

钻井液密度（density）是指单位体积钻井液的质量，常用的密度单位是 g/cm³。钻井液密度的主要作用是调节钻井液柱压力来平衡地层压力，防止压力失衡引起的漏、喷、塌、卡等各种井下复杂事故。

1.3.1.1 设计依据

常规钻井总是在正压差条件下进行，即钻井液液柱压力（密度）高于地层压力（地层压力系数）。钻井液密度设计的依据是地层压力（或地层压力系数）。国内石油行业颁布的标准为：钻开油层的钻井液静液柱压力在油层压力基础之上附加 1.5～3.5MPa；钻开气层的钻井液静液柱压力在气层压力基础之上附加 3.0～5.0MPa。另一个参考标准为：钻开油层的钻井液密度是在油层压力系数之上附加 0.05～0.10，钻开气层的钻井液密度是在气层压力系数之上附加 0.07～0.15。对于含硫化氢的油气层，钻井液密度的使用和管理应更为严格，密度应执行设计和安全附加值的上限，确保在钻进、起下钻、电测、固井等作业时均能压稳含硫化氢油气层。

1.3.1.2 对钻井工程的影响

钻井液密度应符合钻井地质和钻井工程要求，合理钻井液密度是钻井安全的基本保障。密度的调节既要以设计为依据，也要兼顾井下实际情况。密度过高可能引起井漏、压差卡钻、污染油气层和降低机械钻速等负面作用。而密度过低则会引起井喷、缩径、钻具阻卡、溢流井涌等事故复杂情况。对于压力悬殊的不同地层，应从井身结构上做文章，采用套管程序将高低压力地层分隔开，以免钻井液密度高低失当，引发上漏下喷或上吐下泄的复杂情况的发生。

此外，密度的使用应有一定的前瞻性，上提密度应走在高压地层之前而不能滞后。在加重时应循序渐进，除非压井等紧急情况，尽量控制加重速度，按循环周缓慢均匀上提密度，以免加重过快压漏地层。一般每循环周密度上提幅度≤0.02g/cm³。

1.3.2 马氏漏斗黏度

马氏漏斗黏度（Marsh funnel viscosity）是钻井液所特有的一种黏度计量方法，是指 1500mL 钻井液经马氏漏斗黏度计流出 946mL（1 夸脱）体积时所耗用的时间（s）。而温度为 20℃ 的 1500mL 清水，流出 946mL 体积时所耗用的时间应为 (26±0.5)s。

马氏漏斗黏度是钻井液表观黏度的另一种表达方式，但又与旋转黏度计测定的表观黏度不能等同。它与钻井液的塑性黏度、屈服值、凝胶强度等因素有关，基本能反映钻井液黏度的高低变化情况。因其是在变动剪切速率条件下测定的黏度，因此不能建立数学模型和相关计算，不能准确地表达钻井液表观黏度的构成，以及表观黏度变化中塑性黏度和结构黏度各自所占的比重。但因操作简单、快速便捷、数据直观，能基本反映钻井液的携砂能力，因此在现场得到广泛应用。

马氏漏斗黏度在一定程度上代表钻井液的携带能力，对钻井工程有较大的影响。对于浅井段来说，马氏漏斗黏度过高，容易引起钻头钻具泥包、导致起下钻阻卡、拔活塞引起井塌、下放过快压漏地层等复杂情况。对于深井段来说，马氏漏斗黏度过低会引起钻井液携带和悬浮能力不足，停泵接单根时，出现沉砂引起开泵时高泵压，甚至出现憋泵情况；起下钻时出现井底沉砂、环空砂桥，引起大段划眼，甚至卡钻等复杂事故。马氏漏斗黏度的高低，应针对不同地层、不同深度、不同钻井液密度而及时调整。

马氏漏斗黏度的高低取值无既定模式，但有一定规律可循。一般来说从浅部地层、中深地层、深部地层,或密度从低、中、高,或岩石从软、中硬、硬变化,马氏漏斗黏度应从低、中、高相应上升。通常,一开和二开上部地层钻进时,地层松软,成岩性较差,泥岩中黏土含量较高,且多以蒙脱石为主,此时钻速较快、钻屑相对较小、黏性较强,造浆性好,马氏漏斗黏度应控制在 35~45s 较低范围内。低黏度有利于快速钻进和清洗钻具、井壁,避免钻头泥包。深部地层钻进时,地层成岩性好,硬度较高,泥岩中黏土矿物多以伊利石或伊利石蒙脱石混层为主,此时钻速较慢、钻屑较粗,常伴有井壁掉块,马氏漏斗黏度应控制在 55~65s 范围内。适当高黏度有利于携带钻屑,保持井眼清洁。如果遇到易塌地层,则马氏漏斗黏度应在上述范围基础上适当提高 10~20s。如钻井液密度高,马氏漏斗黏度也应相应提高。马氏漏斗黏度调整总的原则是:在保证钻井液携带和悬浮能力的前提下,马氏漏斗黏度宜低一些好。

1.3.3 钻井液的流变性

钻井液流变性(rheological properties)是指钻井液在外部剪切力作用下流动和变形的特性。其中流动性影响钻井液携带钻屑能力和钻井液井内循环压力损耗。而变形性影响钻井液悬浮能力和开泵、起下钻的压力激动值。流变性能是钻井液流变性的具体表征。这些性能包括表观黏度、塑性黏度、动切力(结构黏度)、静切力、流性指数 n 值和稠度系数 K 值等(视频 1.3)。

视频 1.3 钻井液的流变性

1.3.3.1 钻井液流变模式

流体在外力的作用下呈层流时,流速不同的层间产生内摩擦力,将阻碍液层的相对运动,层流中各层的流速不同,即层间有相对运动。由于液体内部有内聚力,流速较快的液层会带动流速较慢的相邻液层,而流速较慢的液层又会阻滞流速较快的相邻液层。这样在流速不同的各液层之间会发生内摩擦作用,即出现成对的内摩擦力(F),阻碍液层剪切变形,F 就称为剪切力。流体单位面积上的剪切力就称为剪切应力 τ。而将液体流动时所具有的抵抗剪切变形的物理性质称为液体的黏滞性,度量黏滞性大小的物理量称为黏度。

剪切速率(流速梯度)是指垂直于流速方向上单位距离流速的增量,即 $\gamma = dv/dx$,式中流速单位为 m/s,距离单位为 m,因此剪切速率单位为"s^{-1}"。流速越大,剪切速率越大。层流间剪切应力(τ)与剪切速率(dv/dy)之间呈一复杂的关系,并随着时间、温度、流体性质和流速不同而产生很大的差别。反映剪切应力与剪切速率关系的数学方程就是流变模式。反映剪切应力与剪切速率关系的曲线即为流变曲线。按照流体流动时剪切速率与剪切应力之间的关系,可将流体划分为不同的类型,如图 1.12 所示。

为了确定流体内摩擦力的影响因素,牛顿通过大量的实验研究提出了流体内摩擦定律,即:液体流动时,液体层与层之间的剪切力 F 的大小与液体的性质(η)及温度有关,并与液层间的接触面积 S 和剪切速率 γ 成正比,而与接触面上的压力无关。其数学表达式为

$$\tau = \mu_p \gamma$$

式中 τ——剪切应力,Pa;

μ_p——流体黏度,mPa·s;

γ——剪切速率,s^{-1}。

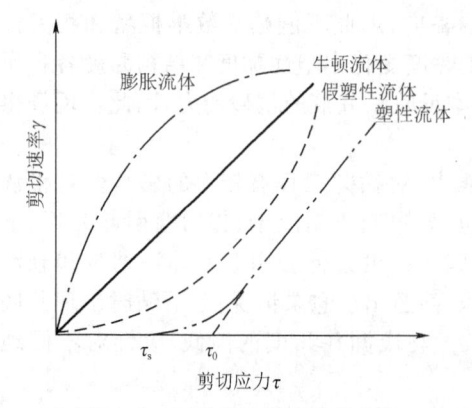

图 1.12 四种基本类型流体曲线

通常将任一点上的剪切应力与剪切速率之间均

呈线性函数关系的流体称为牛顿流体,即剪切应力与剪切速率的关系遵守牛顿内摩擦定律的流体。相反,不遵守牛顿内摩擦定律的流体,称为非牛顿流体,包括塑性流体、假塑性流体和膨胀流体。钻井液即属典型的非牛顿流体,比较符合塑性流体和假塑性流体的特点,因此常用宾汉模式和幂律模式来表征钻井液的流变性。

1. 宾汉模式

宾汉模式反映的是塑性流体剪切应力与剪切速率之间的关系,其数学表达式为

$$\tau = \tau_0 + \mu_p \gamma$$

式中 τ——剪切应力,Pa;
τ_0——动切力或屈服值,Pa;
μ_p——流体黏度,mPa·s;
γ——剪切速率,s^{-1}。

塑性流体的流变性特点是:在受到外力作用时并不立即流动而要待外力增大到某一程度时才开始流动,这个开始流动的最低切应力(τ_s)称为静切力(或凝胶强度)。塑性流体流动初期,还不能均匀地被剪切,黏度随剪切应力的增大而降低。继续增大剪切应力,黏度不再随剪切应力而变化,流变曲线进入直线段。这个不受剪切应力影响的黏度,称为塑性黏度。塑性黏度的延长线与横坐标(剪切应力)相交于 τ_0 点,τ_0 称为动切力或屈服值。塑性黏度、动切力和静切力是钻井液重要的三个流变参数。

2. 幂律模式

幂律模式反映的是假塑性流体剪切应力与剪切速率之间的关系,其数学表达式为

$$\tau = K\gamma^n$$

式中 τ——剪切应力,Pa;
K——稠度系数,mPa·s^n;
n——流性指数,无因次;
γ——剪切速率,s^{-1}。

假塑性流体的流变性特点与牛顿流体有些相似,即施加极小的剪切应力就能发生流动,没有抵抗流动的最低切应力,而黏度随剪切应力增大而下降。假塑性流体的流变特性与其内部组成密切相关。极小的切应力就能流动,表明流体内没有空间网架结构,或结构非常脆弱,剪切拆散后不易恢复。黏度随剪切速率的增加而下降,是因为形状不规则的粒子、乳液、水化膜或高分子链团,沿流动方向转向或变形,流动阻力减小所致。

流变方程中,K 值为稠度系数,与流体在 $1s^{-1}$ 剪切速率下的黏度有关,K 值越大,黏度越高。指数 n 表示流体在一定剪切速率范围内的非牛顿性程度,n 值为 1 的流体是牛顿流体,n 值越小,非牛顿性越强。

1.3.3.2 钻井液流变性能

1. 表观黏度

表观黏度(apparent viscosity)是指在一定速度梯度下,用相应的剪切应力除以剪切速率所得的值,又称为视黏度或有效黏度,见图 1.13。其物理意义为钻井液流动时所表现出的总黏度。其计算方法为

$$\mu_1 = \tau_1/\gamma_1$$
$$\mu_2 = \tau_2/\gamma_2$$
$$\mu_3 = \tau_3/\gamma_3$$

同一钻井液在不同的剪切速率下表观黏度是不同

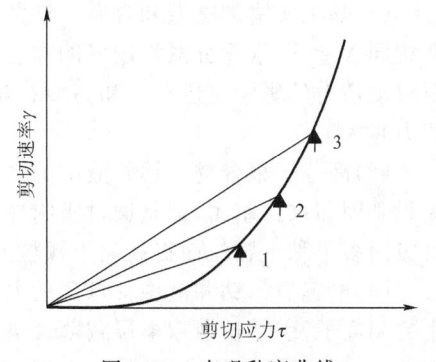

图 1.13 表观黏度曲线

的。为便于对比,通常将钻井液的表观黏度设定为剪切速率为 $1000s^{-1}$ 时的表观黏度。

对于塑性流体,由宾汉方程 $\tau=\tau_0+\mu_p\gamma$,等式两边同除以剪切速率 γ 即可得到表观黏度为

$$\mu_a=\mu_p+\tau_0/\gamma$$

对于假塑性流体,由幂律方程 $\tau=K\gamma^n$,等式两边同除以剪切速率 γ 即可得到表观黏度为

$$\mu_a=K\gamma^{n-1}$$

塑性流体的表观黏度由两部分组成,一是塑性黏度,二是动切力和剪切速率之比(τ_0/γ)。动切力反映了钻井液在层流流动时,黏土颗粒之间以及黏土颗粒与高分子聚合物之间形成空间网架结构的强度,因此动切力与剪切速率之比可定义为结构黏度。由此可将塑性流体的表观黏度简化为塑性黏度与结构黏度之和,即 $\mu_a=\mu_p+\mu_c$。

2. 塑性黏度

塑性黏度(plastic viscosity)是指塑性流体在层流条件下,剪切应力与剪切速率呈线性关系时的斜率值。塑性黏度是塑性流体的性质,它不随剪切速率而变化。塑性黏度反映了在层流情况下,钻井液中网架结构的破坏与恢复处于动平衡时,悬浮的固相颗粒之间、固相颗粒与液相之间以及连续液相内部的内摩擦力。

影响塑性黏度的因素主要有以下三个方面:

(1) 钻井液中的总固相含量。钻井液中的总固相含量越高,固相颗粒数目越多,固相颗粒总表面积越大,固相颗粒之间的内摩擦阻力越大,因此塑性黏度越高。而总固相含量主要取决于钻井液密度,密度越高,塑性黏度越大。

(2) 钻井液中黏土含量及分散程度。在钻井液的固相组成中,黏土的水化能力最强,分散度远高于加重剂等固相,因此对塑性黏度的影响最大。黏土含量越高,塑性黏度越大。在相同黏土含量情况下,黏土分散度越高,比表面积越大,塑性黏度越高。

(3) 高分子聚合物处理剂。钻井液中的高分子聚合物均有较好的水化性,能显著提高钻井液的液相黏度,增大液相内摩擦阻力,提高塑性黏度。聚合物处理剂浓度越高,塑性黏度越大。分子量越高,对塑性黏度的影响越大。

3. 动切力

动切力(yield point)是塑性流体层流流动时,流变曲线中表示塑性黏度的直线段在剪切应力轴上的截距。动切力反映了钻进液在层流动时,黏土颗粒之间及高分子聚合物分子之间的相互作用力大小,即动态凝胶网状结构的强度(也称屈服值),是钻井液携带能力的反映。

影响动切力的因素主要有以下四个方面:

(1) 黏土矿物的类型和含量。钻井液中,黏土颗粒是形成网架结构的基础。不同黏土矿物在相同含量下,水化分散性越好的黏土矿物,颗粒分散得越细,黏土颗粒数目越多。因此蒙脱石对动切力的影响比伊利石和高岭石对动切力的影响要大得多。同一黏土矿物含量越高,动切力越大。

(2) 高分子聚合物。钻井液中的高分子聚合物(如包被剂、增黏剂)一般分子量较大,带有吸附基团和水化基团,都是通过吸附在黏土颗粒表面而发挥作用。长链状的聚合物分子可交叉吸附多个黏土颗粒而提高黏土颗粒的成网能力、增强网架结构的强度。

(3) 电解质。钻井液中常遇到的电解质有 $NaCl$、$CaSO_4$、石灰、水泥等,这些电解质电离产生的阳离子,引起扩散双电层减薄、ζ 电位下降,导致黏土颗粒之间电性斥力减弱,在电解质浓度较低时絮凝程度增大,动切力上升;在浓度较高时黏土颗粒向聚结转化,黏土颗粒数目大幅

下降,动切力降低。

(4)降黏剂。为降低钻井液的凝胶网状结构强度,通常钻井液中含有降黏剂。这是一类分子量很低(<5000)、带有强吸附基团和强水化基团的小分子聚合物,能优先吸附在黏土颗粒上,提高黏土颗粒的 ζ 电位,降低黏土颗粒的成网能力和凝胶网状结构强度。

4. 静切力

静切力(gel strengths)表示钻井液流体在静止状态时,内部凝胶网状结构的强度。其大小取决于单位体积内流体中结构链的数目与单个结构链的强度。钻井液流体内部结构发育与静止时间有关,随时间延长流体内部结构序列逐渐趋向稳定,结构发育趋向完善,静切力也增大。因此,为衡量凝胶强度增长的快慢,规定静切力必须测两次,按 API 标准规定是测量静止 10s 和 10min 的静切力,分别称为初切力和终切力。静切力是钻井液悬浮钻屑和加重剂能力的反映。

从本质上讲,静切力与动切力均是反映钻井液内部凝胶网状结构的强度,只是一为静态一为动态,因此影响动切力的因素对静切力有相似的影响。这些因素包括:黏土矿物类型和含量、高分子聚合物的含量、电解质的污染和降黏剂的使用等。

5. 流性指数

流性指数(flow behavior index)(n)反映钻井液非牛顿性质的强弱。所谓非牛顿性质,是指钻井液的黏度不服从牛顿内摩擦定律,黏度要随剪切速率增大而减小(剪切稀释)的性质。钻井液的表观黏度由塑性黏度和结构黏度构成。如表观黏度主要由塑性黏度构成,结构黏度所占比例很小,即 τ_0/μ_p 小,则表观黏度受剪切速率影响小,钻井液的非牛顿性质弱,流性指数(n)就大;反之,流性指数(n)就小。由此分析来看,流性指数(n)实质上反映了钻井液黏度的构成方式。

钻井施工中,钻井液应有合理的动切力范围,过低无法有效地携带钻屑,过高钻井液流动阻力大,压力损耗高。因此对 τ_0/μ_p 有一定要求,流性指数(n)应保持在 0.4~0.7 之间。

影响流性指数(n)的因素与影响动切力的因素基本一致,原则上提高动切力的因素,均可降低 n 值。降低动切力的因素则提高 n 值。

6. 稠度系数

稠度系数(consistency index)反映钻井液的稀、稠程度,与流体内摩擦有关,流体流动时相邻液层间的内摩擦力越大,稠度系数 K 值越高。根据幂律方程和牛顿内摩擦定律:

$$K = \tau/\gamma^n, \mu = \tau/\gamma$$

当 $\gamma = 1\text{s}^{-1}$ 时,$K = \mu$。由此可见,K 值在数值上等于剪切速率为 1s^{-1} 时的黏度。

影响稠度系数 K 值的因素与影响塑性黏度的因素基本一致,主要包括总固相含量、黏土含量及分散度、高分子聚合物的浓度。

1.3.3.3 钻井液流变特性

1. 剪切稀释性

剪切稀释性(shear thinning behavior)是指钻井液的表观黏度随着剪切速率增大而降低的特性。从宾汉方程不难看出,构成表观黏度的结构黏度部分(τ_0/γ),随剪切速率的增大而下降。显然 τ_0 越高,或 μ_p 越低,表观黏度受剪切速率的影响越大,钻井液的剪切稀释能力越强。该特性具有可逆性和重复性,反映了钻井液的凝胶网状结构在高剪切速率下的拆散和低剪切速率下可恢复的流变特性。

剪切稀释性对于钻井施工具有十分重要的作用,剪切稀释性越强,对提高机械转速越有利,尤其是对浅部地层作用更为明显。因为钻井液在泵的推送下,从钻具内到钻头,经钻头水眼喷出,沿环空上返到井口,整个井内流动过程经历三级不同的剪切速率。钻头水眼处的剪切速率最高,可达10000~100000s^{-1},环空中的剪切速率最低,大约在50~250s^{-1},钻杆内剪切速率约在150~1000s^{-1}。这样钻井液在井内的不同位置就有不同的表观黏度,在钻杆内,剪切速率较高,表观黏度较低,可保持钻井液较低流动阻力,降低循环压耗。水眼处剪切速率极高,表观黏度极低,有利于水力破岩和清扫井底,提高钻井速度。环空中剪切速率较低表观黏度较高,有利于钻屑的携带,保持井眼清洁。

通常用动切力与塑性黏度的比值(动塑比)来表征钻井液的剪切稀释性,动塑比(τ_0/μ_p)值越大,剪切稀释能力越强,反之剪切稀释能力越弱。但动塑比不是越高越好,因为τ_0的基本作用就是携带钻屑,在满足携带钻屑的前提下,过高的τ_0会增大钻井液的流动阻力,引起高泵压。对于低固相聚合物钻井液,合理的动塑比范围在0.36~0.48Pa/(mPa·s)。

钻井液剪切稀释能力主要取决于动塑比,凡是提高动切力的因素均能提高钻井液的剪切稀释能力。通常提高膨润土含量和包被剂含量即能提高钻井液剪切稀释能力。

2. 触变性

触变性(thixotropic behavior)是指钻井液搅拌后变稀(切力下降)静置后变稠的性质,或者说是钻井液的静切力随搅拌后静置时间延长而增大的性质。这种触变体系的主要特点有两点:其一是从有结构到无结构,或从结构的拆散作用到结构的恢复作用是一个可逆转换过程。其二是体系结构的这种反复转换与时间有关,即结构的破坏和结构的恢复过程是时间的函数。同时结构的机械强度变化也与时间有关。实际上,钻井液的触变性是体系凝胶网状结构被剪切拆散、静止重构过程在时间上的表现。一般用静止10s和静止10min的静切力来表达钻井液的触变性。

合理的触变性对钻井施工十分重要。触变性一方面直接影响钻井液的悬浮能力,另一方面影响开泵压力和井内压力激动。合理的触变性是指当钻井液停止循环时,切力形成要快,确保能悬浮钻屑,但终切不能太高,以免开泵时压力过高。图1.14为膨润土浆的四种典型触变性曲线:

(1)曲线1,快的强凝胶,触变性太强,切力形成快,终切力高,开泵泵压高;

(2)曲线2,慢的强凝胶,切力形成慢,但终切力高,起下钻后开泵泵压高;

(3)曲线3,快的弱凝胶,触变性合理,快速形成一定切力,能悬浮钻屑,终切力不高,开泵压力低;

(4)曲线4,慢的弱凝胶,触变性差,切力形成慢,初切力较低,悬浮能力不足。

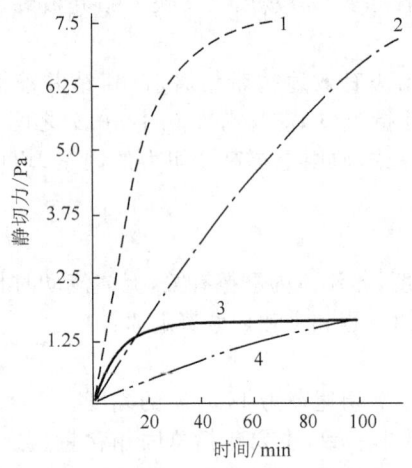

图1.14 膨润土浆触变性四种类型

曲线3为快的弱凝胶,是理想的钻井液触变性类型。

影响钻井液触变性的因素与影响静切力因素相同,主要包括膨润土含量及分散度、聚合物处理剂及浓度、无机盐种类及含量等。膨润土含量高的钻井液、含盐量较低的盐水钻井液以及受石膏(Ca^{2+})污染的钻井液,触变性均较强。

1.3.3.4 流变参数的测量

钻井液的流变参数需用专门设计的六速旋转黏度计来测量。其工作原理是:被测钻井液处于两个同心圆筒间的环形空间内。通过以电动机为动力的变速传动外转筒以恒速旋转,外转筒通过被测液体作用于内筒产生一个转矩,使同扭簧连接的内筒旋转了一个相应角度,依据牛顿定律,该转角的大小与钻井液的黏度成正比,于是钻井液黏度的测量转为内筒转角的测量。反映在刻度盘的表针读数,通过计算即可得出钻井液表观黏度(AV)、塑性黏度(PV)、切应力(YP)等流变参数。

1. 塑性流体流变参数测试

将六速旋转黏度计转速调整为600r/min,待刻度盘上的读数恒定后(时间为10～20s),其读数(θ_{600})的1/2为表观黏度值(AV)。将仪器转速调整为300r/min,待刻度盘上的读数恒定后其读数(θ_{300})与600r/min读数之差即为塑性黏度(PV)。

将钻井液在仪器转速为600r/min下搅拌10s后静止10s,以3r/min转速开始旋转后的最大读数值(θ_3)除2即为初切力($\tau_{初}$)。然后再次以600r/min转速下搅拌10s后静止10min,以3r/min转速开始旋转后的最大读数值(θ_3')除2即为终切力($\tau_{终}$)。

$$AV=(1/2)\times\theta_{600}(\mathrm{mPa\cdot s}) \tag{1.1}$$

$$PV=\theta_{600}-\theta_{300}(\mathrm{mPa\cdot s}) \tag{1.2}$$

$$YP=0.511(\theta_{300}-PV)\approx(\theta_{300}-PV)/2 \quad (\mathrm{Pa}) \tag{1.3}$$

$$\tau_{初}=0.511\times\theta_3\approx\theta_3/2 \quad (\mathrm{Pa}) \tag{1.4}$$

$$\tau_{终}=0.511\times\theta_3'\approx\theta_3'/2 \quad (\mathrm{Pa}) \tag{1.5}$$

2. 假塑性流体流变参数计算

由六速旋转黏度计测得的600r/min和300r/min读数,利用幂律模式可分别得出流性指数(n)和稠度系数(K)。计算公式如下:

$$n=3.322\lg(\theta_{600}/\theta_{300}) \tag{1.6}$$

$$K=(0.511\theta_{300})/511^n \tag{1.7}$$

在现场实际应用中,由宾汉方程计算所得的流变参数(AV、PV、YP、$\tau_{初}/\tau_{终}$)比起幂律方程所得流变参数(n、K)对钻井液流变性的描述更为直观和全面,因此宾汉方程应用得更多。

1.3.3.5 流变性对钻井工程的影响

钻井液流变性能对钻井工程影响很大,主要表现在以下几个方面:携带钻屑、净化井眼;悬浮加重剂和钻屑;井壁的稳定;钻头、钻具的泥包;起下钻和开泵时的井内液柱压力激动;机械钻速。

1. 影响井眼净化

钻屑从井底随钻井液上返的过程中,一方面受钻井液携带向上运动,另一方面受自身重力影响向下滑落。显然只有当钻井液向上的流速超过钻屑下沉的速度,钻屑才能被携带出井口。同理钻井液流速越快,与钻屑下沉的速度差越大,钻屑在井内的上返速度越高,越能更快速地带出井口。因此,提高钻井液的流速是可以提高钻井液携带能力的。但钻井液上返速度受到泵压、泵排量和机械动力的限制,只在一个很有限范围内调整。在钻井液上返速度一定的情况下,要改善钻井液的携带能力,就必须依靠流变参数的调整。

研究表明,钻井液在井眼环空中的上返流动呈现为平板型层流。所谓的平板型层流(plate laminar flow)是流体的一种流动状态,因为钻井液有动切力,使它在层流流动时有一个稳定的流核。在这个流核中无流速梯度,内部液层间无相对运动,因而不会出现钻屑的翻转、滑脱,使钻井液能更有效地携带岩屑。

显然流核直径越大,越有利于岩屑的携带。而流核直径是动塑比(YP/PV)和流速的函数。在流速一定的情况下,主要取决于动塑比值,动塑比越高,流核直径越大。根据水力学计算,要保持较大的流核直径,动塑比应保持在0.36～0.48Pa/(mPa·s)范围内。动塑比低于该范围,流核直径小,不利于岩屑携带。动塑比过高,流核直径增加有限,且需要更高的动切力,增大钻井液流动阻耗,引起高泵压。需要注意的是,该动塑比范围仅对低密度钻井液有效,对于高密度、超高密度钻井液,动塑比范围应有所降低。因为固相含量高,相应的塑性黏度很高,如再强求动塑比保持在此范围内,就需要很高的动切力,那么高塑性黏度加上高动切力必然得到很高的表观黏度,带来诸如假滤饼厚、钻头泥包、高泵压、压力激动、井漏、井塌等一系列复杂问题。

除了动塑比外,对于钻屑的携带还有几个基本的要求。一是应保持适当高的环空上返速度,对于215.9mm井眼,钻井液理论上返速度应保持在1.0～1.2m/s;对于311.2mm井眼,钻井液理论上返速度应保持在0.8～0.9m/s。二是对于低密度聚合物钻井液,动切力的合理范围在4～6Pa,塑性黏度合理范围在8～12mPa·s;对于高密度钻井液,动切力合理范围在8～12Pa,塑性黏度则需要视密度值高低而定。

在钻井液现场施工中,要保持钻井液合理的动塑比或提高钻井液动塑比有如下措施:

(1)采用优质膨润土(钠膨润土)作为配浆材料,严格按照膨润土浆配制程序配制膨润土浆,保证膨润土的充分水化和分散。使用少量的土就能提供良好的钻井液流变性,即合理的动切力和较低的塑性黏度。

(2)采用分子量足够大($200×10^4$～$300×10^4$)的链状高分子聚合物,如两性离子聚合物包被剂FA-367、聚丙烯酸钾KPAM、部分水解聚丙烯酰胺PHP等作为主剂,并在整个钻井液施工期间保持其合理浓度。链状高分子聚合物与优质膨润土颗粒通过吸附、架桥形成凝胶网状结构,提供适当高的动切力,有利于保持较高的动塑比。

(3)充分高效地运转固相控制设备,尽可能多地清除钻屑、泥、砂等无用固相,降低固相颗粒浓度,维持较低的塑性黏度。

(4)尽可能少用或不用烧碱,控制使用纯碱,降低钻井液pH值,使其保持在中性至弱碱性范围内,避免强碱性导致地层泥岩在钻井液中分散积累,引起塑性黏度的进一步上升。

对于井塌状况下的岩块携带,往往需要更高的动切力,常用的措施是提高钻井液的膨润土含量和高分子聚合物浓度。方法是在钻井液中加入适量高膨润土含量的膨润土浆,同时通过水力混合漏斗缓慢均匀加入高分子主聚物,这种处理方式可快速提高钻井液的动切力和表观黏度,携带出较大的垮塌岩屑。也可以配制$30m^3$左右的高膨润土含量、高聚合物含量的稠浆,泵入井内,以稠浆段塞的方式携带垮塌岩屑。

2.影响悬浮能力

钻井施工中,在接单根、起下钻、换钻头、设备修理、电测、处理复杂事故等工况下,钻井液需要停止循环,短则10min,长则数十小时。此时需要钻井液能快速形成静切力,提供足够的悬浮能力,避免加重材料和钻屑快速下沉引起开泵困难或沉砂卡钻。另一方面静切力随时间的延长又不能无限制增大,以免开泵时的高泵压和激动压力过大引发井漏。影响钻井液悬浮能力的流变参数是静切力和触变性。

保持钻屑在钻井液中悬浮而不下沉的基本条件是钻屑受到向上的浮力和切力之和(T)至少应等于向下的重力(G)。为便于计算,假设钻屑和加重剂为球形,那么钻屑的受力平衡关系式为:

$$重力=浮力+切力$$

即

$$(1/6)\pi d^3 \rho_{岩} g = (1/6)\pi d^3 \rho_{液} g + \pi d^2 \tau_s \tag{1.8}$$

式中 d——岩屑或加重剂颗粒直径,m;

$\rho_{岩}$——岩屑或加重剂密度,kg/m^3;

$\rho_{液}$——钻井液密度,kg/m^3;

g——重力加速度,m/s^2;

τ_s——钻井液静切力,Pa。

根据式(1.8)可得出悬浮加重剂或岩屑的静切力为:
$$\tau_s = [d(\rho_{岩} - \rho_{液})g]/6$$

对于加重剂来说,其粒度要求为98%通过200目分析筛,即最大粒径为74μm,如为重晶石,密度为4.2g/cm³,假设钻井液密度为1.3g/cm³,根据上式可计算得出:
$$\tau_s = [0.74 \times 10^{-4}(4.2 \times 10^3 - 1.3 \times 10^3) \times 9.8]/6 = 0.35(Pa)$$

如粒径为4mm的泥岩钻屑,密度为2.7g/cm³,钻井液密度还为1.3g/cm³,那么计算得出悬浮所需的静切力:
$$\tau_s = 9(Pa)$$

从上述计算可以看出,悬浮加重剂所需的静切力较低,容易满足,悬浮钻屑所需静切力较高,初切力一般达不到这个要求。因此在现场实际施工中,在起钻之前,都会停钻循环钻井液一个周期时间,把井眼环空中的钻屑带出地面,净化井眼。这样对钻井液悬浮能力的要求主要针对的是加重剂。另一方面,钻井液具有切力随静止时间的延长而增大的触变性,这对于悬浮钻屑是很有利的。

上述计算结合室内配浆实验表明,悬浮重晶石的最低切力要求是:初切力>0.5Pa,终切力≥2Pa。低于该值,就会出现重晶石沉淀现象。

3. 影响井壁稳定

紊流(turbulent flow)是流体的一种不规则流动状态,一般是相对"层流"而言。当流体在管道中流动时,随着流体的流速逐渐增大到某一临界值时,流体各部分相互掺混,甚至有涡流出现,这种流动状态称为紊流。紊流具有下述特征:

(1)流体质点的运动是紊乱的,流场中各种流动参数的值具有脉动现象;
(2)由于脉动的急剧掺混,流体动量、能量、温度以及含有物浓度的扩散速率较层流大;
(3)紊流是有涡流动,并且具有三维特征。

显然,紊流比层流对井壁的冲蚀作用更强,更易引起不稳定地层的垮塌。因此应控制钻井液在环空中的上返速度低于临界流速,保持钻井液在环空中的流动状态为层流。对于非牛顿流体,一般以综合雷诺数 Re 来判别流态。当综合雷诺数 $Re<2000$ 为层流状态,$Re>4000$ 为紊流状态,Re 值在 2000~4000 为过渡状态。按 $Re=2000$ 为层流—紊流状态的临界转换点,可得到计算临界流速的公式如下:

$$v_{临界} = \frac{100PV + 10\sqrt{100PV^2 + 2.52 \times 10^{-3}\rho YP(D-d)^2}}{\rho(D-d)}$$

式中 $v_{临界}$——临界流速,cm/s;

PV——塑性黏度,Pa·s;

YP——动切力,Pa;

ρ——钻井液密度,g/cm³;

D——井径(理论上等于钻头直径),cm;

d——钻杆或钻铤外径,cm。

从上式可以看出,在钻头钻具尺寸一定的情况下,临界流速主要受钻井液流变参数和钻井液密度的影响。密度、塑性黏度、动切力越低,临界流速越低。换言之,低密度、低固含、低黏切钻井液比高密度、高固含、高黏切钻井液更容易出现紊流流态。

紊流不利于井壁稳定,但对于清洗井壁、减薄滤饼厚度十分有效。在固井施工中,往往在注水泥浆前注入冲洗液,因冲洗液无固相、低密度、低黏切,易达到紊流,有利于清洗井壁和套管,提高水泥石与套管和地层间的胶结强度,改善固井质量。

4. 影响井内液柱压力激动

所谓的井内液柱压力激动(pressure surge)是指在起下钻和钻井施工中由于钻具的上下运动、钻井泵开动等原因,产生一个附加压力,使得井内液柱压力产生突然变化(上升或下降)的现象。

钻具在井内上下运动的过程中,由于钻具有一定体积,驱使井内钻井液会做与钻具移动方向相反的向下或向上流动。这个驱动井内钻井液流动的附加压力是由起下钻具所引起,使钻井液能克服流动所产生的沿程阻力损失,作用于井内钻井液,并通过井内液柱将此附加压力传递到井壁和井底岩石。这个附加压力即为起下钻所引起的压力激动值,在数量上等于驱使钻井液流动所需克服的沿程阻力损失;在方向上与钻具运动方向一致,即起钻时,激动压力向上,降低了井底液柱压力,下钻时激动压力向下,增大了井底液柱压力。该值与钻井液的流速(取决于起下钻具的速度)、井的深度、环空尺寸、钻具水眼尺寸和钻井液的流变参数(切力、触变性)等因素相关。在其他因素相对固定的情况下,钻井液流变参数成为主要影响因素。起下钻时的压力激动值是可以计算的,该值在浅井中为20～30at[1],在深井中可达50～80at。其计算公式如下:

$$\Delta p = (19.83 \times f_a \times v_m^2 \times \rho \times L_p)/(D-d)$$

钻具运动时环空钻井液当量流动速度 v_m 计算公式为:

$$v_m = \left[0.45 + \frac{d^2}{(D^2-d^2)}\right]v_p$$

式中　Δp——钻具运动压力激动值(挤压或抽吸),at;

f_a——钻井液在环空中范宁摩擦系数;

v_m——钻具运动时环空钻井液当量流速,m/s;

ρ——钻井液密度,g/cm³;

L_p——钻具长度,m;

D——井径,mm;

d——钻具外径,mm;

v_p——钻具运动速度,m/s。

钻井液在环空中范宁摩擦系数为:

$$f_a = 24/Re_a$$

其中

$$Re_a = \frac{998 v_a (D-d)\rho}{\mu_a \left(\frac{2n_a+1}{3n_a}\right)^{n_a}}$$

式中　Re_a——环空雷诺数;

v_a——钻井液在环空中的流速,m/s;

ρ——钻井液密度,g/cm³;

D——井径,mm;

d——钻具外径,mm;

μ_a——钻井液在环空中的有效黏度,mPa·s;

---

[1] 1at=9.8×10⁴Pa。

n_a——钻井液在环空中的流性指数。

开泵时也会产生压力激动。其原因是钻井液具有触变性,停泵后井内钻井液处于静止状态,钻井液中黏土颗粒与聚合物分子吸附、桥联所产生的凝胶网状结构强度逐渐增大,静切力升高。开泵时需要额外附加一个压力才能推动钻井液流动,因此开泵泵压将超过同一钻井液正常循环时的压力,这一附加的压力即为开泵压力激动值。开泵压力激动的计算公式为:

$$\Delta p_{\text{开}} = (4L_a\tau_{30})/[100(D-d)]$$

式中　$\Delta p_{\text{开}}$——开泵压力激动,at;
　　　L_a——井深,m;
　　　τ_{30}——30min 静切力,Pa;
　　　D——井径,mm;
　　　d——钻具外径,mm。

当钻井液开始流动后,在水力机械剪切作用下网架结构被破坏,泵压逐步下降,随着时间的延长,当结构的破坏与恢复达到平衡时,泵压就处于一个稳定值。图 1.15 为开泵压力激动示意图。

图 1.15 中 p_s、p_0 为克服钻井液初切力和动切力所需压力,p_1、p_2 为钻井液静止一段时间(t_1、t_2)后开泵时克服钻井液切力所需的压力,p_3 为排量为 Q 时对应的稳定循环压力。由于钻井液的触变性,切力随静止时间延长而增大,故 $p_2 > p_1 > p_s$。如静止时间 t_1 后开泵,随着排量的提升,压力由开泵初期的 p_1 沿虚线上升到稳定泵压 p_3。同理如静止时间 t_2 后开泵,随着排量的提升,压力由开泵初期的 p_2 沿虚线上升到稳定泵压 p_3。

图 1.16 是同一排量 Q 开泵后泵压随时间变化的示意图。图中 p_1、p_2 为钻井液静止一段时间(t_1、t_2)后开泵时克服钻井液切力所需的压力,p_3 为排量为 Q 时对应的稳定循环压力。由于钻井液的触变性,切力随静止时间延长而增大,故 $p_2 > p_1 > p_3$。若静止时间 t_1 后,用 Q 排量开泵,初始泵压为 p_1,随着时间推移到 t_3,压力沿虚线下降到稳定泵压 p_3。若静止时间为 t_2,用 Q 排量开泵,初始泵压为 p_2,随着时间推移到 t_4,压力沿虚线下降到稳定泵压 p_3。p_1-p_3、p_2-p_3 的差值分别对应静止时间 t_1、t_2 后开泵的压力激动值,该值与井深、环空尺寸、钻具水眼尺寸、钻井液的流变参数(切力、触变性)以及开泵排量、井眼净化程度等因素有关。在其他因素相对固定情况下,开泵排量成为影响开泵压力激动的关键因素。因此现场实际施工中,为降低开泵激动压力,通常用小排量开泵,并同时旋转钻具,拆散钻井液凝胶网状结构后,再逐步增大到工作排量。

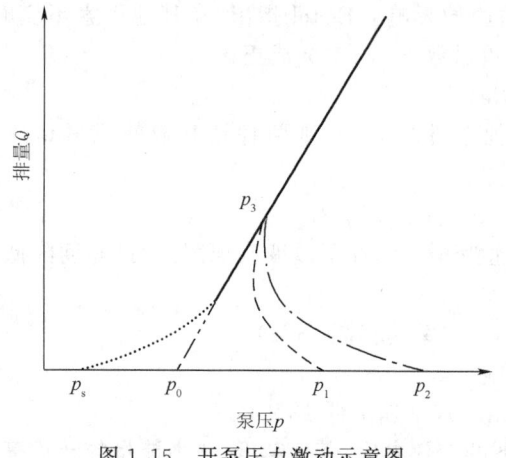

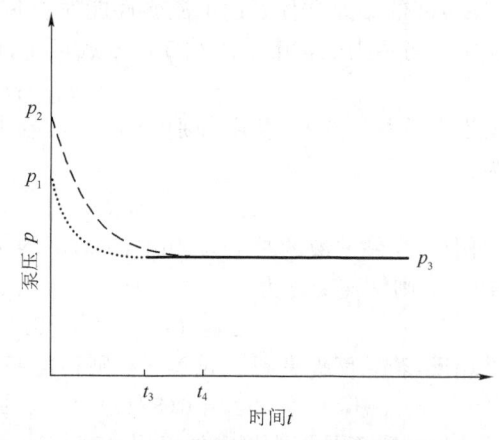

图 1.15　开泵压力激动示意图　　　　图 1.16　开泵后压力与时间关系图

压力激动对钻井工程是有害的,它打破了井内液柱压力与地层压力的平衡,破坏了井壁岩石与井内流体之间的相对稳定,诱发井漏、井喷、井塌等井下复杂事故。对于高压油气层、易漏地层、易塌地层,或安全密度窗口狭窄的复杂地层,尤其应注意压力激动的潜在风险,采取工程与钻井液技术措施,尽可能降低压力激动值。主要工程措施包括:严格控制起下钻速度、接单根上提下放操作平稳、小排量开泵并旋转钻具。钻井液方面主要控制好切力和触变性,在满足携带和悬浮的前提下,尽量保持较低的黏度、切力和触变性。

5. 影响钻头、钻具和井壁的清洗

在钻井施工中,常常出现钻头钻具泥包的情况。轻者泵压升高、钻盘负荷增大、起下钻阻卡。重者形成从钻头到钻铤长达数米甚至十多米的泥柱,因环空不畅,起下钻、开泵压力激动大,引起憋漏地层、抽塌井壁、钻具严重阻卡等事故复杂情况。造成泥包主要有以下三方面原因:一是地层因素,通常钻遇成岩性差的软泥岩容易出现泥包情况,砂岩、成岩性好的泥岩不易出现;二是工程因素,往往钻井液排量不够,返速偏低,钻井液对钻头钻具和井壁冲刷能力较差;三是钻井液因素,主要是黏度偏高,尤其是钻井液的液相黏度对泥包的影响很大。因此钻遇软泥岩,应保持较高的排量,尽量控制较低的钻井液黏度,提高钻井液对钻头钻具和井壁的清洗能力。

一般成岩性差的软泥岩主要分布在上部井段,这种地层钻速较快,环空钻屑浓度较高,钻屑在环空上返的过程中,总会有一部分脱离平板型层流的流核而进入梯度区,受到流速梯度的影响而翻转滑移,当进入钻井液在井壁上的滞留层时,这部分钻屑就会贴附在井壁表面形成假滤饼,当起钻时,容易堆积在钻头上部形成泥包。钻井液黏度越高、切力越大,上返速度越低,往往滞留层越厚。

钻井液的液相黏度主要与处理剂的种类和含量有关,其中聚合物类降滤失剂对液相黏度影响最大。聚合物降滤失剂加量越大,钻井液失水越低,但液相黏度越高。因此对于泥岩发育的上部地层,钻井液性能控制的关键是保持较低的黏度、切力等流变参数,不能把钻井液的失水控制过低,以免泥包情况的发生。

6. 影响机械钻速

钻井液流变性能是影响机械钻速的重要因素,研究表明,这种影响主要表现为钻头喷嘴处的紊流流动阻力对机械钻速的影响。这与钻井液在钻头水眼高剪切速率下的黏度有关,水眼黏度越低,钻头喷嘴处流体流动阻力越小,对地层的冲击力越大,水力破岩效率越高;水眼黏度越低,渗流阻力越小,越容易渗入钻头破碎地层形成的微裂缝,有利于消除液柱压差引起对井底岩石的压持效应,同时降低井底岩石强度,提高钻头机械破岩效率。

Eekel的钻速方程表达了流变性能对机械钻速的影响。Eekel指出,在其他因素不变时,机械钻速与钻头处雷诺数的0.5次方成正比,而雷诺数Re与$1/\eta$成正比。

$$v_m = f(Re)^{1/2}$$

设有两种钻井液,黏度分别为η_1、η_2,在其他条件相同下,则两种钻井液的机械钻速之比为:

$$v_{m2}/v_{m1} = (Re_2/Re_1)^{1/2}, v_{m2} = v_{m1}(\eta_1/\eta_2)^{1/2}$$

例如:某钻井液的黏度为8mPa·s,平均钻速为6m/h,在不改变其他因素时,黏度降低到4mPa·s,则钻速变化为:

$$v_{m2} = 6(8/4)^{1/2} = 8.5 \text{(m/h)}(钻速提高43\%)$$

相反,若黏度提高到12mPa·s,则钻速变化为:

$$v_{m2} = 6(8/12)^{1/2} = 4.9 \text{(m/h)}(钻速降低18\%)$$

此处的黏度是钻头喷嘴处极限高剪切速率下的有效黏度,其值越低,水力能量的转化率越高,自然钻井速度越高。

1.3.3.6 流变参数的调整

钻井过程中，因钻屑的侵入和自由水的损耗，钻井液流变参数是趋于上升的。前文已述及流变参数过高对钻井工程有诸多不利影响，因此多数情况下对流变参数的调整是控制其稳定或适当地降低。当遇到井塌、井漏或流变参数偏低不能满足携带和悬浮要求时，也会需要适当提高流变参数。具体调整方法如下：

1. 对塑性黏度的调整

降低塑性黏度：加低浓度的处理剂胶液稀释，适当提高聚合物包被剂的含量，高效转运固相控制设备，尤其是离心机，尽可能少用或不用烧碱。

2. 对动切力的调整

提高动切力：加适量预水化的高土相含量膨润土浆，提高主聚物（包被剂、增黏剂）的含量，加适量烧碱提高钻井液 pH 值。

降低动切力：提高钻井液中降黏剂的含量，加低浓度处理剂胶液稀释，使用离心机适量清除土相。对于盐水钻井液，进一步增加含盐量也可降低动切力。

通常提高或降低动切力的措施对塑性黏度也有一定影响，事实上很难把两者完全分开来调整。

3. 对静切力的调整

静切力的实质是钻井液静态凝胶网状结构强度，反映钻井液的悬浮能力，与黏土颗粒浓度、黏土颗粒表面 ζ 电位、聚合物处理剂浓度以及电解质种类和含量有关。通常静切力分为 10s 初切和 10min 终切，1/3（初切/终切）的切力即能满足大多数情况下加重剂和钻屑的悬浮。在多数情况下钻井液初终切均大于此值，对钻井液静切力的调整更多的是降低或控制其上升。少数情况下，比如在饱和盐水钻井液中，有时静切力偏低，也需要提高。

降低静切力：用机械或稀释的方法降低黏土含量，加聚合物处理剂胶液（降黏剂），对于非饱和盐水钻井液提高含盐量可降低静切力。

提高静切力：提高膨润土含量，提高聚合物大分子的含量（可通过水力混合漏斗加干粉），加适量烧碱提高 pH 值。

1.3.4 钻井液的滤失性

钻井液中的液相在压差作用下向具有孔隙、裂隙的井壁岩石渗透的过程，称为钻井液的滤失作用。在滤失过程中，随着钻井液中的液相进入岩层，固相颗粒附着沉积在井壁上，形成滤饼，如同在井壁上造壁，可起到稳定井壁和减少钻井液继续侵入地层的作用，称为钻井液的造壁性。钻井液的滤失性能是指在特定条件下，滤失量大小和形成滤饼的质量。滤失性能是钻井液一项重要的性能，直接影响井壁的稳定、油气层的伤害，诱发井塌、卡钻、缩径等事故复杂情况（视频 1.4）。

视频 1.4 钻井液的滤失性

1.3.4.1 钻井液滤失过程

钻井液在井内的滤失过程包括：初滤失、动滤失、静滤失等三个阶段。当钻头破碎井底岩石形成井眼的瞬间，钻井液便向地层孔隙渗透，此时滤饼尚未形成，此段时间的滤失称为初滤失（也称瞬时滤失）。随着滤失的继续进行，在钻井液循环的条件下滤饼形成、增厚，直至动态平衡，这一过程称为动滤失。当钻进一定时间后，需要停泵起下钻换钻头，钻井液处于静态，这一阶段的滤失称为静滤失。下钻后，开泵循环，继续钻进，又从静滤失转换为动滤失。如此周而复始，单位时间内的失水量逐步下降，滤饼大体保持在动态厚度，累积失水量缓慢上升，这就是井内钻井液滤失的全过程。通过对井内滤失过程的分析可看出,瞬时滤失时间短、滤失速率最高而滤失量最低,动滤失时间最长、滤失速率中等而滤失量最大,静滤失时间较长、滤失速率最低而滤失量居中。

实际井内钻井液失水是在井下温度、压差和不同孔隙度、渗透率的岩石条件下进行。因此同一钻井液对应不同的地层其滤失量有差异,井壁上的滤饼自然也就不同。高孔高渗的砂岩、砾岩,失水量大,井壁上就会形成较厚的滤饼。致密的泥页岩、石灰岩和其他低孔低渗的地层,失水量小,井壁滤饼就很薄。

1.3.4.2　钻井液滤失量的影响因素

1. 初滤失

滤饼形成之前的初滤失时间很短,初滤失量占总滤失量的比例不高。但对于不同地层、不同钻井液,初滤失量往往有较大差异。一般来说孔渗性越好,初滤失量越大。钻井液固相含量越低,初滤失量越高。

影响初滤失的因素主要有液柱压力与地层压力之差、钻井液滤液黏度、钻井液中固相颗粒的浓度、粒度及分布、地层孔隙度和渗透性,以及固相颗粒与地层孔喉的配伍性(能否在孔喉处快速形成封堵)。

初滤失量对机械钻速有一定影响。初滤失量大,钻井液能快速渗入钻头破碎岩石的微裂缝,消除压差引起的压持效应,有利于提高机械钻速。

由于初滤失时间短、滤失量小,检测较难,至今仍没有一套科学合理的检测方法和评价标准,实际应用中也没有单独对此作出测评。

2. 静滤失

静滤失是指钻井液处于静止状态下发生的渗透过程。在液柱压差的作用下,钻井液中的自由水透过渗滤介质滤饼而进入地层,滤出的固相继续形成滤饼,因此滤失量和滤饼厚度是时间的函数,随时间延长而增大。

钻井液在滤饼上的滤失过程可以用达西定律来近似描述。根据达西定律,滤失速率的表达式为:

$$\frac{\mathrm{d}V_\mathrm{f}}{\mathrm{d}t}=\frac{KA\Delta p}{\mu h}$$

式中　$\frac{\mathrm{d}V_\mathrm{f}}{\mathrm{d}t}$——滤失速率,$\mathrm{cm}^3/\mathrm{s}$;

K——滤饼渗透率,$\mu\mathrm{m}^2$;

A——渗滤面积,cm^2;

Δp——渗滤压差,$10^5\mathrm{Pa}$;

μ——滤液黏度,$0.1\mathrm{mPa\cdot s}$;

h——滤饼厚度,cm;

V_f——滤液体积,cm^3;

t——渗滤时间,s。

在渗滤过程中,滤失钻井液体积是时间的函数。设在任意时间t,滤过体积为V_m的钻井液,那么过滤钻井液中的固相与沉积在滤饼上的固相是相同的:

$$f_\mathrm{sm}V_\mathrm{m}=f_\mathrm{sc}hA$$

式中　f_sm——钻井液中的固相体积分数;

f_sc——滤饼中的固相体积分数。

而$V_\mathrm{m}=hA+V_\mathrm{f}$,上式可转换为$f_\mathrm{sm}(hA+V_\mathrm{f})=f_\mathrm{sc}hA$,因此滤饼厚度为:

$$h = \frac{f_{sm} V_f}{A(f_{sc} - f_{sm})} = \frac{V_f}{A\left(\dfrac{f_{sc}}{f_{sm}} - 1\right)}$$

将上式带入式达西定律滤失速率的表达式并积分,得到渗滤体积 V_f 与其他因素的关系式为:

$$V_f = A\sqrt{2K\Delta p \left(\frac{f_{sc}}{f_{sm}} - 1\right)} \frac{\sqrt{t}}{\sqrt{\mu}}$$

该公式称为钻井液静滤失方程。由该方程可以看出,单位渗滤面积的滤失量(V_f/A)与滤饼的渗透率 K、固相含量因素 $\left(\dfrac{f_{sc}}{f_{sm}} - 1\right)$、渗滤压差 Δp、渗滤时间 t 等因素的平方根成正比;与滤液黏度 μ 的平方根成反比。

在上述影响因素中,滤饼渗透率 K、滤液黏度 μ 和固相含量因素 $\left(\dfrac{f_{sc}}{f_{sm}} - 1\right)$ 是可控因素,是降低钻井液静滤失量的主要技术途径。

(1)滤饼渗透率。

理论和实践表明,滤饼渗透率是影响钻井液滤失量的主要因素。要降低钻井液滤失量,就要提高滤饼的致密性、降低滤饼的渗透率。而滤饼的渗透率主要取决于构成滤饼的黏土矿物种类、固相颗粒的大小、形状和粒度分布、水化程度以及处理剂种类及含量等。固相颗粒越小,形状越扁平,水化膜越厚,渗透率越小。通常钠膨润土的水化分散性强于其他黏土矿物,提供的黏土颗粒更细,粒度呈多级分散,多数在 $0.1\sim2\mu m$ 悬浮体范围,少数在 $<0.1\mu m$ 的胶体范围,且呈薄片状,形成的滤饼更致密、渗透率更低。因此钠膨润土是水基钻井液最佳的配浆用土。

钻井液中添加的聚合物类降滤失剂在黏土颗粒表面吸附后,一方面提高黏土颗粒的 ζ 电位,增大黏土颗粒之间的电性斥力,避免黏土颗粒的聚结,有利于保持黏土颗粒的分散程度和胶体颗粒含量。另一方面分子链上的水化基团提供的水化膜具有很高的黏弹性,所带来的堵孔作用使滤饼更加致密,渗透率更低。由此可见,钻井液滤失量实际上反映了钻井液的胶体性质,分散的、细颗粒的胶体粒子占有相当数量,才能把滤失量控制在较低范围内。

此外,在钻井液中添加刚性封堵剂(超细碳酸钙粉),可增加固相细颗粒数目,并调整固相颗粒粒度级配,从而改善滤饼的致密性,降低渗透率。添加可变形封堵剂(磺化沥青、氧化沥青),利用沥青在井温下变形的特点,增加滤饼的可压缩性和致密性,达到提高钻井液封堵能力和降低滤饼渗透率的效果。

(2)滤液黏度和温度。

钻井液的滤失量与滤液黏度的平方根成反比。滤液黏度越低,钻井液滤失量越大。而滤液黏度主要与聚合物处理剂的种类和含量有关。聚合物处理剂水化能力越好,分子量越大以及加量越大,钻井液滤液黏度越高,滤失量就越低。这也是聚合物类降滤失剂的作用机理之一。

钻井液滤液黏度还受温度的影响,温度越高,钻井液滤液黏度越低,滤失量越大。此外温度对钻井液滤失量的影响还通过改变钻井液中黏土颗粒的分散程度、水化程度、黏土颗粒与处理剂的相互作用,以及改变处理剂的吸附性、水化性等方面来作用。随着温度的上升,分子热运动加剧,黏土颗粒对水分子、处理剂分子的吸附减弱,解吸的趋势加强,使黏土颗粒在高温下聚结和去水化,滤饼致密性下降,滤失量上升。在达到某个极限温度以前,滤失量随温度上升而增大的趋势较为平缓,超过某一临界温度,滤失量便大幅增加,此时钻井液中黏土颗粒的胶体性质被完全破坏。一般将这个极限温度定义为该种钻井液的抗温能力。

(3)固相含量及类型。

由静滤失方程可知,静滤失量与固相因素$\left(\dfrac{f_{sc}}{f_{sm}}-1\right)$的平方根成正比,$\dfrac{f_{sc}}{f_{sm}}$越小则滤失量越小。也就是说钻井液的固相含量($f_{sm}$)增加,或滤饼中的固相含量($f_{sc}$)降低,滤失量就减小。然而,钻井液中的固相含量主要取决于钻井液密度,固相含量的增加会带来影响机械钻速等负面影响,因此不能通过增大f_{sm}来降低滤失量。但通过采用优质钠膨润土,提高黏土颗粒的水化程度和优选聚合物降滤失剂,可以保持较低的f_{sc},降低滤失量。

从固相种类来说,黏土类固相比惰性类固相(加重剂、砂)对滤失量的降低作用更大。从黏土矿物种类来说,水化分散性强的黏土(钠蒙脱石)比水化分散性弱的黏土(钙蒙脱石、伊利石、高岭石)对滤失量的影响更大。

3. 动滤失

动滤失是指钻井液处于流动状态下发生的渗透过程。影响静滤失的因素对动滤失有相似影响,不同之处在于动滤失还受到钻井液流动的影响。

在液柱压差的作用下,钻井液中的自由水透过渗滤介质滤饼而进入地层,滤出的固相继续形成滤饼,而钻井液流动又对滤饼表面有冲蚀作用,当滤饼形成的速度与冲蚀速度平衡时,达到一个动态稳定的滤饼厚度。此后滤饼厚度不再发生变化。对根据达西定律所得滤失速率的表达式积分,得出动滤失方程如下:

$$V_f = \dfrac{KA\Delta p t}{\mu h}$$

可以看出,动滤失量与滤饼渗透率K、渗滤面积A、压差Δp、渗滤时间t成正比,与钻井液液相黏度μ和滤饼厚度h成反比。与静滤失不同,动滤失的滤饼厚度是一个稳定值。显然这个滤饼厚度与钻井液流速、流态、滤饼质量和流变性能有关。因此除了与静滤失相同的影响因素外,对动滤失还有如下影响因素:

(1)钻井液流速和流态。通常钻井液流速越高,剪切速率越大,液流对井壁滤饼的冲蚀作用越大,动态滤饼越薄,动失水越大。钻井液流速取决于排量,而排量受井眼尺寸、泵功率、泵压的影响。对于大井眼来说,即使采用最大泵排量,钻井液流速也不会很高。而对于215.9mm及以下的小井眼,则需要控制合理排量,以免钻井液流速过高。从流态来说,紊流流体质点的运动是无序的,对滤饼的冲蚀作用强于层流,紊流的滤饼比层流的滤饼更薄,紊流动失水比层流要大。

(2)钻井液流变参数。钻井液黏度越低,液流对井壁滤饼的冲蚀作用越大,滤饼越薄,动失水越大。

(3)滤饼质量。滤饼质量对动失水的影响是双重的。一方面滤饼越致密、剪切强度越高,滤饼越厚,动失水越小。另一方面,滤饼越致密,渗透率越低,动失水越小。

厚滤饼有利于降低动失水,但滤饼厚度仅是影响动失水的因素之一。切不可因为降低动失水而有意增加滤饼厚度,因为厚滤饼会带来井下隐患。在现场施工中,大井眼井段常常出现起下钻钻具阻卡,大段划眼,可能与钻井液返速偏低、为满足带砂钻井液黏度偏高、钻井液液流对井壁冲刷不够、导致环空动滤失滤饼偏厚有关。因此,对于动滤失量的控制,应在降低滤饼渗透率、提高液相黏度、控制合理压差等方面做文章,动滤失滤饼的厚度还是应薄一点为好。

1.3.4.3 钻井液滤失性能的测量

钻井液滤失性能包括失水量和滤饼质量。测试方法分静态滤失和动态滤失。常用的静态滤失性能测试包括常温中压和高温高压两种测试条件。因受仪器价格昂贵、测试条件复杂和标准的缺失,动态滤失的测试比较少见,仅在部分钻井液研究机构应用。

1. API 滤失量

API 滤失量是现场最常用的钻井液滤失性能评价参数,该性能测定使用的是 API 滤失量测定仪。测定条件为:温度室温,渗滤压差 7atm(0.689MPa),渗滤面积 45.8cm^2,渗滤介质为直径 90mm 的 API 失水专用滤纸(Whatman50 号滤纸),时间为 30min。上述条件下所得到的滤失量即为 API 滤失量。用钢板尺可测定滤饼厚度,对滤饼质量可用"薄、致密、坚韧""厚、疏松、虚软"等词汇描述,对此没有量化的评价标准,对滤饼质量的评价带有一定的主观性。但经常观察分析滤饼,就能对滤饼质量作出比较准确的判断,这对于了解和对比钻井液的滤失性能、对于易塌地层的井壁稳定,仍然具有十分重要的作用。

2. 高温高压滤失量

钻井液的滤失量受温度和压力条件的影响,常温下的 API 滤失性能不能反映钻井液在井下高温高压条件下的真实状况。因此,对于深井、超深井,测定高温高压下的钻井液滤失性能就很有必要。高温高压滤失量测试采用的是复合 API 标准的高温高压滤失仪。测定条件为:温度 120～250℃(根据最高井温设定)、渗滤压差 35atm(或 3.5MPa)、渗滤面积为 22.9cm^2,渗滤介质为直径 60mm 的 API 失水专用滤纸(Whatman50 号滤纸),时间为 30min。上述条件下所得到的滤失量乘以 2 即为 API 高温高压滤失量。

1.3.4.4 钻井液滤失性能对钻井工程的影响

钻井液的滤失性能包括两方面:一是滤失量,二是滤饼厚度和质量。两者既有内在联系,又表现一定差异,对钻井工程的影响也有所不同。

1. 滤失量的影响

钻井液的滤失量过大将带来两大问题。一是水敏性泥页岩的垮塌、缩径,一些微裂缝发育的硬脆性地层(破碎性白云岩、火成岩)井壁失稳。二是降低油气层渗透率,尤其是含泥质成分的水敏性油气层。此外进入油气层的滤液还会因贾敏效应增大油气流入井阻力,以及水锁效应,使油气相对渗透率明显降低,最终使油气井产量下降。

2. 滤饼的影响

井壁滤饼过厚将带来以下问题:井径缩小引起起下钻阻卡、钻头钻具泥包,增大井内激动压力引起井塌井漏等复杂情况、诱发压差卡钻事故、影响水泥石与井壁的胶结而降低固井质量。

对滤失量的控制不能一概而论。过大固然不好,会带来一些井下事故复杂隐患。但不恰当地要求过低滤失量也会带来钻井液过度处理、黏切升高、钻具泥包、钻速下降、成本增加等诸如此类的问题。因此滤失量的控制在于合理,既要看井段、看地层,也要看滤液的性质。一般规律是,浅井段可放宽,深井段、油气层应严格控制。水敏性地层滤失量宜低,非水敏性地层可放宽。咸水、海水、盐水、饱和盐水钻井液滤液抑制性强,滤失量可适当放宽,高碱性钻井液、淡水钻井液滤失量应控制低一些。低密度钻井液比高密度钻井液滤失量可放宽。裸眼时间短的可放宽,裸眼时间长的应从严。

滤饼的厚度受滤失量和固相含量的影响较大,滤失量越小,滤饼越薄。固相含量越高,滤饼越厚。而滤饼质量则主要受固相颗粒的粒度和级配、黏土颗粒的水化程度、降滤失剂的种类和含量、钻井液流速以及流变参数等因素的影响。

总的来说,对钻井液滤饼的要求是:薄、致密和坚韧,这样才能很好地实现护壁功能。而对钻井液的滤失量的要求则是合适,应根据地层、井型、深度、井身结构、钻井液类型等因素来确定。

1.3.4.5 钻井液滤失性能的调控

从静滤失方程和动滤失方程可以看出,影响钻井液滤失量的因素中渗滤面积、压差、时间等因素受钻井工程或其他条件的限制而无法改变。滤饼渗透率和液相黏度是影响钻井液滤失量的主要因素,成为钻井液滤失性能调控的着力点。具体方法如下:

(1)配浆使用优质钠膨润土。钠膨润土的水化分散性好,造浆能力强,提供的黏土颗粒更细、呈片状、水化膜更厚,形成的滤饼更致密,且少量的土相含量即能满足钻井液滤失性能和流变性能的要求。需要注意的是,膨润土浆的配制是钻井液工作的基础,直接关系到后续钻井液的滤失性能和流变性能,而膨润土浆配制的关键是提高黏土的水化和分散程度。

(2)加入适量纯碱、烧碱,提高黏土颗粒 ζ 电位,促进黏土的水化和分散。

(3)加入聚合物类降滤失剂,分子链上的吸附基团与黏土颗粒吸附,负电基团既能提高土粒表面 ζ 电位,增大土粒之间的电性斥力,保持黏土颗粒的分散度和细颗粒含量,又能增强黏土颗粒的水化性,使滤饼更致密。此外聚合物还能提高滤液黏度,这些作用均有利于降低滤失量。

(4)加入极细的胶体粒子和高温下可变形粒子(如腐殖酸钙胶状沉淀、各类沥青、聚合醇等)封堵滤饼孔隙,降低滤饼渗透率,提高滤饼抗剪切能力。

1.4 钻井液常用材料与处理剂

钻井液是由液相与配浆原材料和各类处理剂混合配制而成的一种钻井工作流体,具备满足钻井工程所需的各项功能和性能。这些功能的建立和性能的调控是通过配浆材料与处理剂来实现的。每一口井的钻井,都需要按照钻井液设计,使用各种配浆材料和处理剂配制成符合设计要求的钻井液。钻井过程中,钻井液的性能会发生变化,需要用材料和处理剂维持钻井液性能稳定,使其符合设计要求、满足井下需要。随着油气钻探向深部地层拓展,以及页岩气、煤层气、致密油气等非常规油气资源的开发,钻井工程面临着越来越多的复杂地质条件和复杂地层,对钻井液提出更高的要求,促使钻井液技术的快速发展,带来钻井液体系更新换代,配浆材料与处理剂品种不断增加。处理剂的开发向抗温、抗盐、高效、环保和多功能方向发展,产生了许多新型的处理剂,满足日益增长的超深、超高温、超高压复杂地层的钻探需要,为油气钻探提供了有力的支持(视频1.5)。

视频1.5 钻井液处理剂

钻井液配浆材料通常是指钻井液中用量较大的基础材料,如膨润土、重晶石、石灰石等,多为自然矿产经粉碎加工而成。处理剂则是指用于调控和稳定钻井液性能,或为改善或增强钻井液某项性能而加入的化学处理剂,往往用较少的加量就能显著改变钻井液的性能,是维持钻井液性能良好稳定的核心成分。钻井液配浆材料与处理剂的主要功能和作用:一是提供流变性、滤失性、润滑性、封堵防塌性等各项性能,满足钻井工程的需要;二是维持钻井液分散体系的聚结稳定性和沉降稳定性,抵御高温、高盐条件对胶体—悬浮分散体系的破坏,保持分散体系中固相不聚结、不沉降。钻井液配浆材料和处理剂品种数量较多,通常按其组成和功能进行分类。

(1)按组成分类,如表1.2所示。

表1.2 钻井液常用配浆材料与处理剂按组成分类表

序号	类别		作用	常用品种
1	配浆材料		配浆、加重	膨润土、有机土、重晶石、石灰石等
2	无机处理剂		提高pH值、离子交换、提高盐度	烧碱、纯碱、石灰、氯化钠、氯化钾、氯化钙、石膏、硅酸盐等
3	有机处理剂	天然改性类	降滤失、增黏、降黏、堵漏	CMC、PAC、XC、CMS、HPS、SMC、SMT、SMK、GDJ等
		合成类	絮凝、包被、降滤失、降黏、增黏、封堵、抑制防塌等	HPAM、KPAM、FA-367、HPAN、NPAN、JT-888、Dristem、SMP、SPNH、Resinex、X-B40、XY-27、SAS、Soltex等

续表

序号	类别	作用	常用品种
4	表面活性剂	乳化、消泡、发泡、润滑等	SP-80、OP-10、吐温80、平平加、油酸钠、油酸钙、磺基甜菜碱、甘油聚醚、硬脂酸铝等

（2）按功能分类。按我国钻井液标准化委员会参考国际分类法，将钻井液配浆材料与处理剂分为16类，如表1.3所示。

表1.3 钻井液常用配浆材料与处理剂按功能分类表

编号	类别	作用	常用品种
1	絮凝剂、包被剂	絮凝包被钻屑、抑制分散造浆	FA-367、KPAM、HPAM、PAC-141等
2	降滤失剂	降低滤失量，稳定井壁	JT-888、NPAN、CMC、PAC、CMS、SMP、SMC、SPNH等
3	降黏剂	稀释降黏，控制流变性	SMT、SMK、X-B40、XY-27、SSMA等
4	增黏剂	提高黏度、切力	CMC-HV、PAC-HV、HEC、XC等
5	页岩抑制剂（防塌剂）	抑制地层水化，封堵防塌	NaCl、KCl、HCOOK、SAS、氧化沥青、乳化石蜡、聚合醇等
6	润滑剂	提高钻井液润滑性，降阻防卡	白油润滑剂、改性植物油润滑剂、极压润滑剂、塑料小球、石墨等
7	堵漏剂	封堵地层缺陷、防漏堵漏	桥接堵漏剂（果壳、蛭石、云母、石灰石、棉籽皮）、化学凝胶、水泥浆等
8	解卡剂	浸泡解除压差卡钻	SR-301、柴油+快速渗透剂、PipeFree-1
9	乳化剂	降低油水界面张力，稳定油包水、水包油乳液	SP-80、OP-10、吐温80、平平加、油酸钠、油酸钙、磺基甜菜碱等
10	消泡剂	消除钻井液中的气泡	甘油聚醚、硬脂酸铝、有机硅类
11	发泡剂	在水相中发泡，用于泡沫钻井	烷基磺酸钠、烷基苯磺酸钠、脂肪醇醚硫酸钠等
12	杀菌剂	杀灭钻井液中的微生物，抑制植物改性类处理剂的发酵	甲醛、多聚甲醛
13	缓蚀剂	在金属表面起减缓腐蚀的防护作用、除氧或清除硫化氢酸性气体	咪唑啉类、聚天冬氨酸(PASP)、碱式碳酸锌、海绵铁、亚硫酸钠
14	黏土类	配制基浆，提供造壁性和流变性	膨润土（钠膨润土、钙膨润土）、有机土、抗盐土等
15	加重剂	提高密度	重晶石、石灰石、钒钛铁矿、赤铁矿、氯化钙、溴化钙（可溶性盐类）等
16	其他类	提高pH值、中和沉淀钙离子、控制碱度等	氢氧化钠、氢氧化钾、碳酸钠、碳酸氢钠、石灰等

在现场钻井液的配制与维护处理中，上述16类材料与处理剂并不需要同时或全部使用，有的是常规处理剂，只要钻井就会使用，有的是特殊功能处理剂，仅在需要时才使用。其中配

浆材料膨润土、加重剂,处理剂中的包被(絮凝)剂、降滤失剂、降黏剂、纯碱是钻井液的基本构成,几乎每口井都要使用。此外,有的处理剂是多功能的,同时具有几种作用。比如,降滤失剂CMC、PAC有增黏作用;包被剂FA-367同时兼有增黏和降滤失作用等。本节将按照上面的分类,介绍常用的配浆原材料、无机处理剂和有机处理剂,重点介绍钻井液最基本和常用的处理剂,即包被(絮凝)剂、降滤失剂、降黏剂等。

1.4.1 配浆材料

1.4.1.1 黏土类

1. 膨润土

膨润土是一种天然矿物,是一种以蒙脱石为主要矿物成分(≥85%)、具有蒙脱石物理化学性质的黏土。膨润土的层间阳离子种类决定膨润土的类型,层间阳离子为 Na^+ 时称钠基膨润土,层间阳离子为 Ca^{2+} 时称钙基膨润土,层间阳离子为 H^+ 时称氢基膨润土(活性白土),层间阳离子为有机阳离子时称有机土。造浆率是评价膨润土质量的重要指标,是指质量为 1t 的膨润土在水中分散形成表观黏度为 15mPa·s 基浆的体积量(m^3)。钻井液常用的膨润土分为三个等级:一级土为符合 API 标准的钠膨润土,是未经处理的天然黏土矿物,以钠蒙脱石为主要成分,造浆率高,可达到 $16m^3$ 以上;二级土为经过纯碱、聚合物或其他化学剂处理改性、符合 OCMA(欧洲石油公司材料协会)标准要求的钙土,钙膨润土造浆率相对较低,通过加入纯碱钠化处理等改性方法提高钙膨润土的造浆率;三级土为未经处理的劣质膨润土,造浆率很低,一般仅用于质量要求不高的浅井钻井液,或配制堵漏浆。但自然界中钠膨润土资源量较少,钻井液多使用改性后的钙膨润土。

膨润土是配制水基钻井液的重要基础材料,膨润土高度分散在水中形成基浆,再加入各种处理剂调控性能,得到符合钻井要求的钻井液。显然膨润土的质量直接影响所配钻井液性能,而且还关系到所配钻井液接受化学处理剂的能力,是水基钻井液不可缺少的基础成分,有以下作用:

(1)增黏提切,提高钻井液携带和悬浮能力;

(2)在井壁渗滤形成致密滤饼,降低滤失量;

(3)对成岩性差的松散地层,封堵造壁,增强井壁稳定性,并防止井漏。

钻井液中所有的固相均会降低机械钻速和伤害油气层,用优质钠土可以实现以最少的固相达到钻井液所要求的各项性能。影响膨润土造浆率的因素如下:

(1)配浆水质。淡水是最佳的配浆水质,而咸水、海水中因含大量的电解质,对膨润土水化有很强的抑制作用,降低膨润土的水化分散特性。当在海边滩涂、海上钻井不得不使用咸水、海水钻井液时,最好用淡水配制膨润土基浆。如确无淡水,那么应对配浆水进行软化处理。方法是根据钙离子、镁离子浓度,加入适量纯碱和烧碱,通过反应生成 $CaCO_3$、$Mg(OH)_2$ 沉淀,降低钙离子、镁离子的影响。

(2)pH 值。在配浆水中适量加入纯碱(0.2%)或烧碱(0.2%)有助于膨润土的水化分散。因为纯碱提供的 Na^+ 可与钙土中的 Ca^{2+} 发生交换,使钙土转变为钠土。而烧碱提供的 OH^-,可增加黏土颗粒表面的负电性,增强黏土颗粒的水化分散能力。

(3)水力和机械剪切。黏土分散是表面能增大的过程,需外部施加能量。水力和机械剪切是促使黏土颗粒均匀分散在水中的动力,这是黏土颗粒的初级分散过程。水力和机械剪切力越大,剪切时间越长,颗粒分散度越高。

(4)水化时间。黏土颗粒从表面水化开始到渗透水化引起晶层膨胀达到平衡时结束,这个过程需要一定时间。如果时间过短,渗透水化没有完成,黏土颗粒的水化分散程度受到影响。

一般要求膨润土浆配制完成后,应静止水化16~24h。

膨润土浆的配制方法见文档1.2。

2.抗盐土

海泡石、凹凸棒石(坡缕缟石)是一类具链层状结构的含水铝镁硅酸盐黏土矿物,是良好的抗盐、抗高温黏土矿物。晶层结构属2∶1型,晶体构造为链层状或纤维状,相比于蒙脱石这样的层状黏土矿物,具有更大的比表面积和更强的水化能力,因而配制的水分散悬浮体系受电解质和高温的影响较小,抗盐能力和热稳定性优于常规的膨润土,是配制超高温钻井液和饱和盐水钻井液的优质配浆材料。但因其在自然界矿源较少,产品价格偏高,在现场实际使用不多。

文档1.2 膨润土浆的配制方法

3.有机土

有机土是由膨润土经季铵盐类阳离子表面活性剂插层处理改性而制成的亲油膨润土。有机土可以在油中高度分散,是油基钻井液体系中最基本的亲油胶体,能形成结构、提高油基钻井液黏度和切力,还能控制油基钻井液的滤失量,是油基钻井液中不可缺少的配浆基础材料,其作用类似于水基钻井液中的膨润土。

膨润土有机改性的目的是降低蒙脱石晶层表面的极性,使蒙脱石晶层表面由亲水转变为亲油,降低其在油中分散的表面能。膨润土的有机改性剂多为季铵盐类阳离子表面活性剂,改性原理是季铵盐中的阳离子与蒙脱石晶层间的可交换阳离子(Na^+)发生离子交换吸附,季铵盐分子吸附于晶层表面和插入晶层之间,另一端的长链烷烃使其晶层面表面性质发生润湿反转,由改性前的亲水转变为亲油,同时增大晶层间距,使其能在油中高度分散,形成油基分散浆体,提供油基钻井液的黏度、切力,并形成滤饼,降低滤失量。

常用的改性剂有:

(1)十二(十四、十六)烷基三甲基溴化铵:

$$[C_{12}H_{25}\overset{CH_3}{\underset{CH_3}{\overset{|}{\underset{|}{N^\pm}}}}CH_3]Br^-$$

(2)十二(十四、十六)烷基二甲基苄基氯化铵:

$$[C_{12}H_{25}\overset{CH_3}{\underset{CH_3}{\overset{|}{\underset{|}{N^\pm}}}}CH_2-\!\!\!\bigcirc\!\!\!\;]Cl^-$$

有机改性反应式为:

$$Clay-Na^+ + \left[\begin{array}{c}R_1\\|\\R_2-N-R_3\\|\\R_4\end{array}\right]^+ Br^- \longrightarrow Clay-\left[\begin{array}{c}R_1\\|\\R_2-N-R_3\\|\\R_4\end{array}\right]^+ + NaBr$$

1.4.1.2 加重剂类

加重剂又称加重材料,是钻井液中使用量最大的一类基础材料。不同区域地层压力系数存在差异,即使同一口井不同地层之间地层压力系数也不相同,因此钻井液密度根据地层压力系数的变化范围很大,从1.0~2.6g/cm³,甚至更高。通常钻井液密度在1.12g/cm³以上就需要加重剂提高钻井液密度,平衡地层压力,稳定井壁。

加重剂通常是粒径≤74μm的粉状形态,是由非水溶的惰性物质经机械研磨加工制备而成。对加重剂的一般要求是：密度高，硬度低，磨损性小，易粉碎，且化学性质稳定，在水、油介质中呈惰性，也不与钻井液中的其他组分发生相互作用。钻井液常用加重剂有以下几种：

(1) 重晶石粉。重晶石粉是以硫酸钡（$BaSO_4$）为主要化学成分的非金属天然矿石，经过机械研磨加工而制成的白色或灰色粉状产品。其化学性质稳定，不溶于水和盐酸，无磁性和毒性。按照 GB/T 5005—2010《钻井液材料标准》，一级重晶石的主要技术指标为：密度应≥4.2g/cm^3，细度要求97%以上通过200目筛网，水溶性碱土金属≤0.2‰。重晶石粉一般用于加重密度≤2.40g/cm^3 的水基和油基钻井液，超过该密度后，因固相含量太高而使钻井液流变性能很难控制。此外，重晶石难以酸溶，对储层伤害较大，但它仍是应用最广泛的一种钻井液加重剂。

(2) 石灰石粉。石灰石粉的主要化学成分为 $CaCO_3$，是石灰石经过机械研磨加工而制成的白色粉状产品，密度为 2.80g/cm^3 左右。石灰石是自然界广泛分布的一种天然岩矿，石灰石与所有强酸都能发生反应，生成 CO_2、H_2O 和钙盐，是一种可酸溶的加重剂，适用于需进行酸化作业的油气井钻井液，能降低钻井液中固相对储层的伤害。但由于其密度较低，一般只能用于配制密度不超过 1.68g/cm^3 的钻井液和完井液，高于此密度流变性控制较难。

(3) 赤铁矿粉和钛铁矿粉。赤铁矿的主要成分为 Fe_2O_3，是氧化铁的主要矿物形式，密度 4.9～5.3g/cm^3；钛铁矿的主要成分为 $TiO_2 \cdot FeO$，是铁和钛的氧化物矿物，密度 4.5～5.1g/cm^3。赤铁矿粉和钛铁矿粉均为棕色或黑褐色粉末。因铁矿粉的密度高于重晶石，可用于配制密度≥2.4g/cm^3 的超高密度钻井液。在钻井液密度相同条件下，加重剂的密度越高，钻井液中的固相含量越低，因此更高密度的加重剂有利于降低超高密度钻井液的流变性能，也有利于提高钻速。此外，赤铁矿粉和钛铁矿粉均具有一定的酸溶性，可应用于需进行酸化改造的储层，是一种保护油气层的加重剂。但是，这两种加重材料的莫氏硬度为 5～6 级，是重晶石的近两倍，硬度高耐研磨，因此产品中粒径分布偏粗且分布窄，滤饼致密程度和润滑性比重晶石加重钻井液要差，滤失量控制较难，同时对钻头钻具、钻井液泵等管具和设备的磨损也比较严重，因此一般在重晶石不能满足要求的超高密度才使用铁矿粉，且常常和重晶石搭配使用。

加重剂用量的计算方法如下。

对于某密度为 ρ_1 的钻井液体系，要提高密度到 ρ_2，所需加重剂用量 W 的计算公式推导如下：

加重前、后的重量关系为：

$$W + V_1 \cdot \rho_1 = V_2 \cdot \rho_2 = (V_1 + W/\rho_{重}) \cdot \rho_2$$
$$W + V_1 \cdot \rho_1 = V_1 \cdot \rho_2 + W \cdot \rho_2/\rho_{重}$$
$$W(1 - \rho_2/\rho_{重}) = V_1(\rho_2 - \rho_1)$$
$$W(\rho_{重} - \rho_2)/\rho_{重} = V_1(\rho_2 - \rho_1)$$

用加重剂（重晶石密度为 4.2g/cm^3）提高钻井液密度的计算公式为：

$$W = \rho_{重} \cdot V_1 \cdot \frac{\rho_2 - \rho_1}{\rho_{重} - \rho_2} = 4.2 V_1 \cdot \frac{\rho_2 - \rho_1}{4.2 - \rho_2}$$

式中 W——加重体积为 V 的钻井液所需的加重剂用量，t；

V——加重前钻井液体积，m^3；

$\rho_{加}$——加重剂密度，g/cm^3；

ρ_2——加重后钻井液密度，g/cm^3；

ρ_1——加重前钻井液密度，g/cm^3。

加重剂的计算案例见文档1.3。

文档1.3 加重剂的计算案例

1.4.2 无机处理剂

钻井液用无机处理剂品种较多,本节主要介绍常用的几类。

1.4.2.1 碱类

1. 纯碱

纯碱即碳酸钠(Na_2CO_3),又称苏打粉。无水碳酸钠为白色粉末,密度 $2.5g/cm^3$,易溶于水。水溶液呈碱性(pH 值约为 11.5),在水中容易电离和水解,其反应式为:

$$Na_2CO_3 \Longrightarrow 2Na^+ + CO_3^{2-}$$

$$CO_3^{2-} + H_2O \Longrightarrow HCO_3^- + OH^-$$

电离和水解作用,使纯碱水溶液中主要存在 Na^+、CO_3^{2-}、HCO_3^- 和 OH^- 等离子。

纯碱能通过离子交换和沉淀作用使钙黏土变为钠黏土,有利于改善黏土的水化分散性能,可使新浆的滤失量下降,黏度、切力增大。这是配制膨润土浆时,适量加入纯碱的主要原因。

$$Ca—黏土 + Na_2CO_3 \longrightarrow Na—黏土 + CaCO_3 \downarrow$$

但过量的纯碱会产生压缩黏土颗粒双电层的作用,导致黏土颗粒发生絮凝或聚结,使黏度大幅上升,滤失量增大,钻井液性能受到破坏。

在钻水泥塞或钻井液受到钙侵时,加入适量纯碱与 Ca^{2+} 反应生成 $CaCO_3$ 沉淀,从而使钻井液性能变好。此外,含羧钠基官能团(—COONa)的有机处理剂在遇到钙侵(或 Ca^{2+} 浓度过高)而降低其溶解性时,可采用加入适量纯碱的办法恢复其效能。

2. 烧碱

烧碱即氢氧化钠(NaOH),外观为乳白色晶体,密度 $2.0\sim2.2g/cm^3$,易溶于水,溶解时放热,水溶液呈强碱性(pH 值为 14),具有强腐蚀性。烧碱容易吸收空气中的水分和二氧化碳,并与二氧化碳作用生成碳酸钠,存放时应注意防潮加盖。

烧碱是强碱,主要用于提高钻井液的 pH 值;与单宁(单宁酸)、褐煤(腐殖酸)等酸性处理剂配成碱液使用,使水溶性差的酸性成分转化为单宁酸钠、腐殖酸钠等水溶成分。此外烧碱还可通过沉淀反应控制钙处理钻井液中游离 Ca^{2+} 的浓度,反应式为:

$$Ca^{2+} + 2OH^- \longrightarrow Ca(OH)_2 \downarrow$$

3. 石灰

生石灰即氧化钙(CaO),吸水后变成熟石灰,即氢氧化钙 $Ca(OH)_2$。石灰在水中的溶解度较低,常温下为 0.16%,其水溶液呈碱性,并且随温度升高溶解度降低。石灰在钻井液中主要有两个作用:一是在钙处理钻井液中,石灰用于提供 Ca^{2+},压缩黏土颗粒的扩散双电层,降低黏土的水化分散能力,使之保持在适度的粗分散状态;二是在油包水乳化钻井液中,石灰用于使烷基苯磺酸钠(亲水性强)等一元金属皂类乳化剂转化为烷基苯磺酸钙(亲油性强)等二元金属皂,并维持油包水乳化钻井液的碱度,防止钻具腐蚀,此外还可清除 H_2S、CO_2 等酸性气体的污染。

但石灰钻井液在高温条件下可能产生固化,使钻井液失去流动性,因此在高温深井中慎用。此外,石灰还可配成石灰乳堵漏浆用于封堵漏层。

1.4.2.2 盐类

1. 氯化钠

氯化钠(NaCl)俗名食盐、盐巴,为白色晶体,熔点 801℃,沸点 1465℃,微溶于乙醇、丙醇,常温下密度约为 $2.17g/cm^3$。纯品不易吸潮,但含 $MgCl_2$ 和 $CaCl_2$ 等杂质的工业食盐容易吸水潮解。NaCl常温下在水中的溶解度为36.0g/100g,且随温度升高,溶解度略有增大(80℃时溶解度为38.4g/100g)。

氯化钠主要用于配制盐水钻井液和饱和盐水钻井液,以防止岩盐井段溶解成"大肚子",盐水、饱和盐水钻井液也是一种抑制性防塌钻井液,大量的Na^+有效抑制井壁泥页岩的水化膨胀,防止井壁失稳。此外,氯化钠还可用于配制无固相清洁盐水钻井液,在过饱和盐水完井液中粉状的盐颗粒作为水溶性暂堵剂使用,起到保护油气层的作用。

2. 氯化钾

氯化钾(KCl)是一种无机盐,外观如同氯化钠为白色晶体,无臭无毒性、味咸;易溶于水、醚、甘油及碱类,微溶于乙醇,有吸湿性,易结块;常温下密度为1.98g/cm³,熔点为770℃,沸点1420℃;常温下在水中的溶解度为34.2g/100g,溶解度随温度升高而显著增加(80℃时溶解度为51.0g/100g)。

氯化钾是制造各种钾盐或碱如氢氧化钾、硫酸钾、硝酸钾、氯酸钾、红矾钾等的基本原料。在钻井液中,KCl是一种常用的无机盐类泥页岩抑制剂,具有较强的抑制泥页岩水化膨胀的能力,因此常在聚合物钻井液、聚磺钻井液中加入氯化钾,配制成具有强抑制性的氯化钾防塌钻井液,尤其适用于强水敏性泥页岩地层。但氯化钾在抑制地层水化膨胀的同时,对配浆膨润土也有一定的影响,使钻井液滤失性能、流变性能的控制相较于氯化钠盐水钻井液要难。此外对钻井液抑制性的增强在氯化钾含量5%左右达到一个较高的值,继续增加含量,抑制性提高有限,所以钻井液中氯化钾的加量一般控制在5%左右。

3. 氯化钙

氯化钙($CaCl_2$)是典型的离子型卤化物,外观为白色或灰白色立方晶体,熔点772℃,沸点1600℃,微毒、无臭、味微苦。无水氯化钙吸湿性极强,暴露于空气中极易潮解,通常含有六个结晶水。$CaCl_2$常温下密度为1.68g/cm³,易溶于水,20℃时溶解度为74.5g/100g,同时放出大量的热,其水溶液呈微酸性。

氯化钙在工业上主要用作干燥剂和脱水剂。在钻井液中,$CaCl_2$主要用于配制防塌抑制性强的高钙钻井液,也用于配制油包水乳化钻井液内相用的氯化钙盐水,还用于保护油气层的无固相氯化钙盐水完井液。$CaCl_2$处理钻井液时常常引起pH值降低,应配合烧碱使用。

1.4.2.3 除硫剂

1. 碱式碳酸锌

碱式碳酸锌$[Zn_2(OH)_2CO_3]$是一种化学性质较稳定的无机化合物,外观为白色细微无定形粉末,无臭、无味,不溶于水和醇,微溶于氨,能溶于稀酸和氢氧化钠,密度4.39g/cm³。碱式碳酸锌能与硫化氢反应生成稳定的硫化锌沉淀,因此在工业中常作为脱硫剂。在含硫油气层钻进中,硫化氢会对钻头钻具等金属材料产生严重的电化学腐蚀和应力腐蚀,因此需要加入适量的碱式碳酸锌,通过沉淀反应有效清除硫化氢的污染和腐蚀,是一种高效的除硫剂(除硫效率达90%以上)。

2. 海绵铁

海绵铁又称直接还原铁,它是以赤铁矿为原料,经高温下一氧化碳还原而制得的金属铁,外观为黑色粉状体,密度2.2g/cm³。制备还原反应如下:

$$Fe_2O_3 + 3CO =\!=\!= 2Fe + 3CO_2 \uparrow$$

海绵铁在还原反应失氧时形成了大量微气孔,在显微镜下观察形似海绵,其疏松多孔的内部结构具有很高的比表面积。加入钻井液中,海绵铁遇到油气层中的硫化氢时,能生成稳定的三硫化二铁沉淀,除硫效率可达90%以上。此外,海绵铁还可以与水中的氧发生氧化反应,也是一种高效的除氧剂。

概括起来，无机处理剂的作用原理包括以下三个方面：

(1)离子交换吸附,以黏土颗粒晶层表面的 Na^+ 与 Ca^{2+} 之间的交换为主,这一过程对改善膨润土造浆性能、配制钙处理钻井液以及稳定井壁等方面都很重要,对钻井液性能的影响也较大。

(2)通过沉淀、中和、水解、络合等化学反应,去除有害离子,控制 pH 值,使有机处理剂变成能起作用的溶解态,形成螯合物等。如钻井液钙污染后加入纯碱处理,碱式碳酸锌清除硫化氢的沉淀反应等。

(3)阳离子压缩黏土颗粒扩散双电层的聚结作用和抑制作用,这在盐侵及处理、盐水钻井液配制、抑制泥页岩地层的井壁失稳等方面体现出重要性。还可利用这个原理保持钻井液适度粗分散,调整钻井液的流变性能。

1.4.3 有机处理剂

有机处理剂一般按其主要功能分为包被(絮凝)剂、降滤失剂、降黏剂和增黏剂等几类。它们大多是水溶性高分子,对钻井液内部黏土—水分散悬浮体都有一定的护胶稳定作用。其中的包被(絮凝)剂、降滤失剂、降黏剂是水基钻井液最基本的组成。从处理剂的来源划分,有机处理剂也可分为天然高分子及其改性产品与合成高分子产品两大类。

1.4.3.1 包被剂与絮凝剂

包被剂与絮凝剂是水基钻井液的核心处理剂。包被剂是一类能吸附在钻屑表面,将其覆盖包裹,阻止和抑制其水化分散,保持钻屑较粗形态,使其易于被固控设备清除的高分子聚合物。絮凝剂是一类通过高分子链对钻井液中水化分散的细小钻屑颗粒吸附桥接、蜷曲收缩、聚结变大、絮凝沉降的高分子聚合物。包被与絮凝作用是钻井液固相控制的化学方法,是机械法固相控制的重要补充。

包被或絮凝作用主要是利用配浆土、地层劣质土与包被剂、絮凝剂的静电斥力差异实现对地层劣质土的选择性包被。因为配浆优质土充分水化,黏土颗粒表面负电性强、ζ 电位高,与包被剂、絮凝剂电性斥力强,而地层钻屑、劣质土水化差,表面负电性弱、ζ 电位低,与包被剂、絮凝剂电性斥力弱,因此包被剂、絮凝剂优先吸附于负电性弱的钻屑劣质土上,且吸附量大,大分子链包裹覆盖钻屑,抑制分散,或收缩、卷曲絮凝成团块沉淀。与此相反,包被剂、絮凝剂高分子链与表面负电性强的配浆土黏土颗粒间静电斥力大,吸附量相对较小,通过有限的吸附和桥联,形成空间网状结构,提供钻井液所需的结构黏度。

包被剂与絮凝剂的分子结构特点是：分子量较高(分子量 $200\times10^4 \sim 500\times10^4$)；直链线性高分子；高比例的吸附基团和适量的负电水化基团。

1. 部分水解聚丙烯酰胺(HPAM)

HPAM 是聚丙烯酰胺部分水解的产物,通过水解将部分酰胺基团转变为羧钠基团,通过控制水解度控制羧基比例,属阴离子型高分子聚合物,具有选择絮凝钻屑的作用,分子量在 $300\times10^4 \sim 500\times10^4$。羧钠基团占基团总数的比例称为水解度,一般控制在 30%。其分子结构式为：

$$-(CH_2-CH)_x-(CH_2-CH)_y- \\ \qquad\quad|\qquad\qquad\quad| \\ \quad\;\; CONH_2 \qquad\;\; COONa$$

HPAM 的合成方法包括两个步骤：(1)采用水溶液均聚法、氧化还原引发体系、自由基聚合得到聚丙烯酰胺 PAM；(2)采用后水解工艺得到 HPAM。

水解反应方程为：

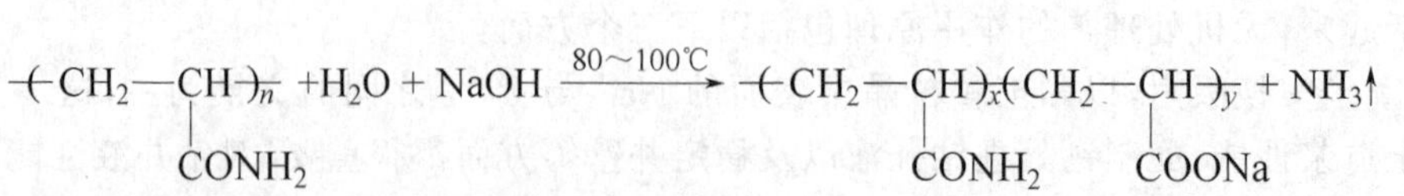

$$\mathrm{+CH_2-CH+_{\mathit{n}} + H_2O + NaOH \xrightarrow{80\sim100℃} +CH_2-CH+_{\mathit{x}}(CH_2-CH+_{\mathit{y}} + NH_3\uparrow}$$
$$\qquad\quad\;| \qquad\qquad\qquad\qquad\qquad\qquad\;| \qquad\quad\;\; |$$
$$\quad\;\, CONH_2 \qquad\qquad\qquad\qquad\qquad CONH_2 \;\; COONa$$

影响 HPAM 絮凝效果的主要因素为：

（1）分子量。分子量 $300\times10^4\sim500\times10^4$，分子量太低，分子链太短，絮凝效果变差；分子量太高，水溶性变差，对钻井液增黏作用强。

（2）水解度。水解度为 30％左右，若水解度太低，负电水化基团少，水溶性差，分子链难以伸展；水解度太高，负电基团太多，高分子链与带负电的黏土颗粒静电斥力大，对钻屑颗粒吸附能力下降，絮凝作用变差。

（3）浓度。浓度过高，与黏土颗粒形成较强的空间网架结构，增加黏度、切力，降低钻屑的絮凝沉降效果；浓度太低，不能对劣质土形成充分的絮凝。合理加量为 0.1％～0.3％。

（4）pH 值。一般在弱碱性条件下使用，pH 过高，—OH^- 多，增大钻屑分散能力，降低絮凝效能。

2. 两性离子聚合物包被剂（FA－367）

两性离子聚合物是指分子链上同时含有阴离子基团、非离子基团和阳离子基团的聚合物，具有比阴离子聚合物更好的抑制性和更强的包被能力。

（1）FA－367。

FA－367 是丙烯酰胺、丙烯酸、烯丙基磺酸钠、二甲基二烯丙基氯化铵的四元共聚物，分子量 $200\times10^4\sim300\times10^4$。因分子结构中引入阳离子（$N^+$）和磺酸基团（$SO_3^-$），因此具有极强的包被抑制性和抗温、抗盐能力，抗温可达 200℃以上，抗盐可达饱和。FA－367 在钻井液中的主要作用是包被钻屑，抑制钻屑水化分散，同时吸附在井壁上阻止泥页岩的水化膨胀，稳定井壁，还有增黏和降滤失作用。FA－367 在淡水钻井液中一般加量为 0.2％～0.3％，在饱和盐水钻井液中加量为 0.5％～0.6％。

FA－367 的合成是采用多元共聚、氧化还原引发体系、水溶液自由基聚合，其反应过程在极短时间能完成，放出大量热能，反应得到半固态的聚合物胶体，经切块、干燥、粉碎得到产品。因产品中含磺酸基团，吸水性强，容易吸潮结块，存放时应注意密闭防潮；其分子结构式为：

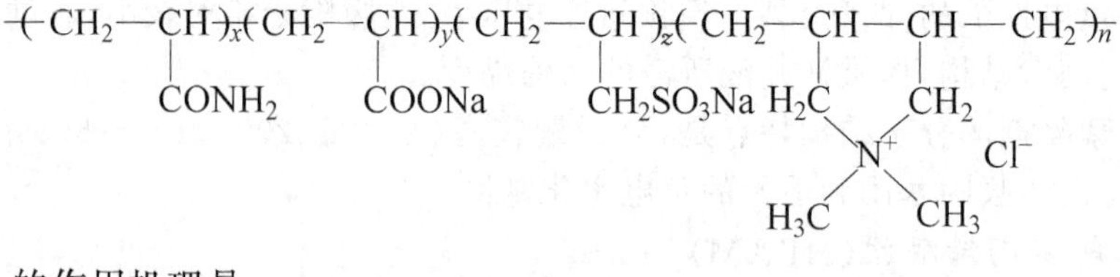

$$\mathrm{+CH_2-CH+_{\mathit{x}}(CH_2-CH+_{\mathit{y}}(CH_2-CH+_{\mathit{z}}(CH_2-CH-CH_2+_{\mathit{n}}}$$
$$\qquad\quad\;|\qquad\qquad\quad\;|\qquad\qquad\quad\;\;|\qquad\qquad\quad\;\;|$$
$$\quad\;\, CONH_2 \qquad\; COONa \qquad\; CH_2SO_3Na\;\; H_2C\quad CH_2$$
$$\qquad\qquad\qquad\qquad\qquad\qquad\qquad\qquad\qquad\quad\;\;\backslash N^+/\;\;\;Cl^-$$
$$\qquad\qquad\qquad\qquad\qquad\qquad\qquad\qquad\qquad\quad\;\;/\;\;\backslash$$
$$\qquad\qquad\qquad\qquad\qquad\qquad\qquad\qquad\qquad\;\;H_3C\;\;\;CH_3$$

FA－367 的作用机理是：

①两性离子聚合物中的有机阳离子基团与表面带负电的黏土颗粒产生强烈的静电引力，且吸附更快更牢固，因此只需少量阳离子基团，就能达到阴离子聚合物中需大量非离子吸附基团才能达到的吸附能力，从而使两性离子聚合物分子链中可保持更高比例的阴离子水化基团，使其絮凝能力减弱，黏土分散体系的聚结稳定性增强。

②阳离子基团在黏土颗粒表面吸附的结果，中和了黏土表面的负电荷，降低黏土 ζ 电位，抑制地层黏土矿物的水化。

③两性离子的分子结构，使其分子间更容易缔合，形成链束，并通过聚合物吸附基团对黏土颗粒的强烈吸附，对钻屑产生很强的包被作用。

④分子链上更高比例的水化基团,能在其黏土颗粒表面形成致密的溶剂化层,阻止或延缓了水分子与黏土表面接触,又提供了对黏土颗粒的空间稳定作用,也能达到减弱絮凝、提高胶体分散体系的稳定性,抵御高温、高盐对钻井液的破坏作用。

两性离子聚合物较好地解决了增强钻井液体系的抑制性与维持良好性能之间的矛盾,而且还能够与现有的钻井液体系及阴离子类聚合物处理剂相兼容。

(2)复合离子型丙烯酸盐共聚物(PAC-141)。

PAC-141是丙烯酰胺、丙烯酸钠和丙烯酸钙的多元共聚物,分子量为$200\times10^4\sim300\times10^4$,对钻屑有较强的包被作用,能很好地控制泥岩地层的分散造浆,同时还具有一定的降滤失和增黏作用,能够显著改善流型,提高钻井液的剪切稀释性,抗温180℃,抗盐可达饱和,抗钙可满足石膏层钻进,在淡水钻井液中一般加量为0.2%~0.3%。

PAC-141的合成是采用氧化还原引发体系、水溶液自由基聚合。具体合成方法是:在烧碱溶液中加入石灰,然后在低速搅拌条件下加入丙烯酸、丙烯酰胺,继续搅拌至单体完全溶解,然后加入适量引发剂开始聚合反应,一定时间后生成弹性多孔凝胶体,将此合成产物切割成小块、烘干、粉碎、包装成产品。其分子结构式如下:

$$+(CH_2-CH)_x(CH_2-CH)_y(CH_2-CH)_z+$$
$$\quad\quad\quad |\quad\quad\quad\quad |\quad\quad\quad\quad |$$
$$\quad\quad CONH_2\quad COONa\quad COO$$
$$\quad\quad\quad\quad\quad\quad\quad\quad\quad\quad\quad\quad\quad\quad\backslash$$
$$\quad\quad\quad\quad\quad\quad\quad\quad\quad\quad\quad\quad\quad\quad Ca$$
$$\quad\quad\quad\quad\quad\quad\quad\quad\quad\quad\quad\quad\quad\quad/$$
$$\quad\quad\quad\quad\quad\quad\quad\quad\quad\quad\quad COO$$
$$\quad\quad\quad\quad\quad\quad\quad\quad\quad\quad\quad\quad\quad |$$
$$\quad\quad\quad\quad\quad\quad\quad\quad\quad\quad -H_2C-CH-$$

1.4.3.2 降滤失剂

降滤失剂是水基钻井液中不可或缺的重要组分。钻井过程中,钻井液中的水相渗入地层,会导致泥页岩地层的水化膨胀,引起井塌、缩径等井壁失稳问题。此外,滤液还会对储层带来伤害,因此,需要对钻井液的滤失量进行控制。降滤失剂大多是一类能吸附在黏土颗粒表面,并电离出大量负电基团,提高土粒ζ电位和水化膜厚度,避免黏土胶粒发生聚结,保持黏土颗粒胶体分散形态(护胶),形成致密滤饼,从而降低钻井液滤失量的高分子聚电解质。其分子结构特点:分子量适中(聚合物类$20\times10^4\sim50\times10^4$,磺化类$1\times10^4\sim5\times10^4$);直链线型或不规则线型(—C—C—、—C—S—、—C—N—)高分子;吸附基团(—CN、—OH、—CONH_2、阳离子N^+)相对较少,占30%~40%;水化基团(—COO$^-$、—SO$_3^-$)较多,占60%~70%。降滤失剂一般是中等分子量的聚合物,包括天然高分子改性产品和合成类产品。

1.纤维素类(羧甲基纤维素钠盐CMC)

纤维素是由许多环式葡萄糖单元构成的长链状天然高分子化合物,其典型代表是棉纤维。羧甲基纤维素钠盐(CMC)是葡萄糖聚合的天然纤维素经过化学改性得到的一种衍生物,是直链线型水溶性高分子,是钻井液最常用的降滤失剂,在各类水基钻井液中均可使用,具有较好的抗温、抗盐能力,也有一定的抗钙能力。羧甲基纤维素钠盐的化学式为$[C_6H_7O_2(OH)_2OCH_2COONa]_n$,分子结构式为:

$$\left[\begin{array}{c}\text{OH}\quad\quad CH_2OCH_2COONa\\ \text{结构式见原图}\\ CH_2OCH_2COONa\quad\quad OH\end{array}\right]_{n/2}$$

CMC 主要性能指标包括分子量、聚合度和取代度。分子量是决定产品黏度特性的主要因素,分子量越高,同等浓度下水溶液黏度越高。用黏度法测定其分子量$[\eta]=kM\alpha$,一般分子量在 $4\times10^4 \sim 1\times10^6$;聚合度是指每个羧甲基纤维素分子链上的环式葡萄糖链节数(即分子式中的 n),即使同一种 CMC 产品中分子链长也不会均一,所以实测的是平均聚合度。棉纤维平均聚合度在 1800~2000,生产制备过程中会发生降解,实际 CMC 聚合度一般为 200~600。聚合度直接决定了 CMC 的分子量,也是影响 CMC 水溶液黏度的主要因素;取代度是指葡萄糖链节上羟基上的氢被羧甲基取代的程度。取代度是影响 CMC 水溶性的主要因素,理论上葡萄糖链节上的 3 个羟基上的氢都能被羧甲基取代,如是,取代度为 3,若只有一个氢被取代,则取代度为 1。取代度大于 0.5 才能溶于水,作为钻井液降滤失剂的 CMC,一般取代度在 0.65~0.9。

在相同的浓度、温度条件下,不同聚合度的 Na-CMC 水溶液的黏度有很大差别。聚合度越高,其水溶液的黏度越大。根据其一定浓度下水溶液黏度大小,将 Na-CMC 分为高黏、中黏、低黏三个等级:

(1)高黏 Na-CMC:在 25℃时,1% 水溶液的黏度为 400~500mPa·s,主要用作低固相钻井液的增黏剂和降滤失剂。其取代度≥0.8,聚合度大于 700。因具有较好的降滤失和增黏作用,在钻井液中的加量不宜高,一般在淡水钻井液中加量为 0.2%~0.3%,在饱和盐水钻井液中用于增黏提切时加量为 0.3%~0.5%,高密度钻井液中很少使用。

(2)中黏 Na-CMC:在 25℃时,2% 水溶液黏度为 50~270mPa·s,在钻井液中既起降滤失作用,又有一定的增黏提切效果。其取代度约为 0.65~0.85,聚合度为 600 左右,一般在淡水钻井液中加量为 0.3%~0.4%,在饱和盐水钻井液中加量为 0.5%~0.6%。

(3)低黏 Na-CMC:在 25℃时,2% 的水溶液黏度小于 50mPa·s。因其分子量低,黏度效应小,在降滤失同时,对黏度基本没影响,因此,主要用作高密度钻井液的降滤失剂。其取代度≥0.65,聚合度小于 500,一般在淡水钻井液中加量为 0.4%~0.6%,在饱和盐水钻井液中加量为 0.8%~1.0%。

羧甲基纤维素钠盐的制备按醚化介质的不同分为两种方法:一是以水为反应介质的水媒法;二是以有机溶剂为反应介质的溶媒法。无论是哪种方法,均需要经过"精制—碱化反应—醚化反应"三个过程。以溶媒法为例,具体方法是先将棉纤维用烧碱处理成碱纤维,然后转入捏合机中,用酒精做分散剂,控制一定温度,搅拌条件下滴加氯乙酸酒精溶液进行醚化反应。反应完成后经过稀盐酸中和残余碱,酒精洗涤、热风烘干、粉碎等工艺得到白色纤维状或颗粒状粉末。

碱化反应和醚化反应式分别如下:

钠羧甲基纤维素钠盐的降滤失机理:CMC 在钻井液中电离生成长链多价负离子,分子链上的羟基和醚氧基是吸附基团,通过与黏土颗粒表面上的氧形成氢键或羧甲基与黏土颗粒断键边缘上的 Al^{3+} 之间静电引力使 CMC 能吸附在黏土颗粒上;而负电基团羧钠基的水化使黏土颗粒表面水化膜增厚,同时增大土粒表面的 ζ 电位,土粒间电性斥力增加,从而阻止黏土颗粒之间因碰撞而聚结成大颗粒(护胶作用),此外 CMC 分子链与黏土颗粒吸附桥联,形成布满整个体系的空间网状结构,避免土粒聚结合并,从而提高黏土颗粒的聚结稳定性,有利于保持钻井液中细颗粒的含量,形成致密的滤饼,降低滤失量。具有高黏弹性的吸附水化层对滤饼的堵孔作用和高的液相黏度也有一定的降滤失作用。

CMC 是一种用途广泛的添加剂,除在油气开发中应用外,还在食品、日化、医药、印染等工业中应用,具有黏合、增稠、增强、乳化、保水、悬浮等作用,是当今世界上使用范围最广、用量最大的离子型纤维素种类。

聚阴离子纤维素(PAC)是羧甲基纤维素的升级产品。随着生产工艺技术的进步,新型的"溶媒—淤浆法"工艺,生产出高取代度(0.85~1.4)、高稳定性能的改性羧甲基纤维素钠盐,由于取代基分布更为均匀,满足更高的质量和工艺要求。国际上把这种新型改性 CMC 又称聚阴离子纤维素(PAC)。虽然 PAC 仍然是由天然纤维素经化学改性而制得的水溶性纤维素醚类衍生物,因其取代度和高稳定性具有比传统 CMC 更好的抗温性能、抗盐和抗钙性能,且降滤失和增黏效果更强。根据其聚合度的不同,将聚阴离子纤维素分为高黏(PAC-HV)和低黏(PAC-LV)两个等级。与 CMC 相似,PAC 在石油、日化、食品、医药、印染等工业中能作为增稠剂、流变控制剂、黏合剂、稳定剂、悬浮剂和保水剂等。

2. 丙烯酸类

丙烯酸类聚合物是聚合物钻井液、聚磺钻井液中广泛使用的一类降滤失剂。丙烯酸类降滤失剂通常是丙烯腈、丙烯酰胺、丙烯酸、丙烯磺酸钠和阳离子季铵盐等单体的多元共聚物,通过共聚反应或水解反应,在聚合物分子链上引入阴离子基团(羧基、磺酸基等)、阳离子基团(N^+)和非离子基团(酰胺基、腈基)。根据所引入的官能团、分子量、水解度和所生成盐类的不同,可合成一系列钻井液降滤失剂。

(1)水解聚丙烯腈钠盐(HPAN)。

水解聚丙烯腈钠盐是一种常用的聚合物降滤失剂,是由腈纶(聚丙烯腈)废丝在一定温度条件下碱性水解后的一种阴离子聚合物,外观为白色、灰白色粉末,平均分子量为 $12.5\times10^4 \sim 20\times10^4$。

水解聚丙烯腈钠盐的水解制备过程为:将聚丙烯腈废丝和 NaOH 溶液按一定比例混合于反应釜中,在 95~100℃温度下水解 4~6h,将水解产物在 150~160℃下烘干,粉碎、包装即得产品。水解反应式为:

$$\mathrm{-\!\!\left[CH_2\!-\!\!\underset{CN}{CH}\right]_{\!n}} + zNaOH + yH_2O \longrightarrow \mathrm{-\!\!\left(CH_2\!-\!\!\underset{CN}{CH}\right)_{\!x}\!\!\left(CH_2\!-\!\!\underset{CONH_2}{CH}\right)_{\!y}\!\!\left(CH_2\!-\!\!\underset{COONa}{CH}\right)_{\!z}\!\!-} + zNH_3\uparrow$$

水解聚丙烯腈钠盐可看作是丙烯酸钠、丙烯酰胺和丙烯腈的三元共聚物。水解反应后产物中的羧钠基占基团总数的百分比称为该水解产物的水解度。其分子链中的腈基(—CN)和酰胺基(—$CONH_2$)为吸附基团,羧钠基(—COONa)为水化基团。腈基在井底的高温和碱性条件下,可继续水解转变为酰胺基,进一步水解则转变为羧钠基,使分子链上吸附基团与水化基团比例失调,在黏土颗粒上的吸附能力降低,降滤失效能下降。因此使用水解聚丙烯腈钻井液时,合理使用烧碱,控制 pH 值不宜过高(8~9),避免井内过度水解,以便保留一部分酰胺基和腈基,使吸附基团与水化基团保持合适的比例。

影响水解聚丙烯腈钠盐降滤失效果的主要因素是聚合度和水解度。聚合度越高,分子量越大,降滤失性能越好,并可增加钻井液黏度和切力;而聚合度较低时,降滤失能力和增黏作用均相应减弱。水解度应合理,水解度过高,吸附基团偏少,在黏土颗粒上的吸附能力下降,不能有效地对黏土颗粒提供护胶作用,降滤失效能下降;水解度过低,水化基团偏少,处理剂水溶性变差,在黏土颗粒上的吸附能力过强,容易产生絮凝现象。理论上水解聚丙烯腈钠盐的水解度(分子链上羧纳基团的比例)控制在60%～70%为宜。

HPAN 分子的主链为—C—C—键,且带有热稳定性强的腈基,抗温能力可达180℃。同时具有一定的抗盐能力,与其他处理剂配伍性较好,适用于各类淡水和盐水钻井液。一般淡水钻井液中 HPAN 加量为 0.3%～0.5%,盐水钻井液中 HPAN 加量为 0.6%～1.0%。但 HPAN 抗钙能力较差,当 Ca^{2+} 浓度过大时,会产生絮状沉淀,因此不适于钙处理钻井液。

(2)水解聚丙烯腈胺盐(NPAN)。

水解聚丙烯腈胺盐是腈纶废丝在高温高压条件下自发水解反应而制得的一种阴离子聚合物,是水基钻井液最常用的降滤失剂之一,具有较好的抗温、抗盐性能,在降滤失的同时,不会增加钻井液黏度,甚至还有一定的降黏作用。NPAN 外观为土黄色、浅棕色粉末,分子量 $5 \times 10^4 \sim 10 \times 10^4$。

水解聚丙烯腈胺盐的水解制备过程为:将聚丙烯腈废丝投入高温高压反应釜中,在180℃和1.5MPa 的高温高压密闭条件下水解3～4h,将水解产物过滤清除杂质,并经过热风高温喷雾干燥,即得到粉状的产品。水解反应式为:

$$\begin{array}{c}\text{—}\!\!\left(\text{CH}_2\text{—}\text{CH}\right)_{\!n}\!\text{—} + H_2O \longrightarrow \text{—}\!\!\left(\text{CH}_2\text{—}\text{CH}\right)_{\!x}\!\!\left(\text{CH}_2\text{—}\text{CH}\right)_{\!y}\!\!\left(\text{CH}_2\text{—}\text{CH}\right)_{\!z}\!\text{—} \\ \text{CN} \text{CN} \text{CONH}_2 \text{COONH}_4 \end{array}$$

水解是在高温高压密闭状态下完成,所得水解产物分子链上的羧胺基在钻井液中可以释放出大量的 NH_4^+,由于 NH_4^+ 与 K^+ 有相似的离子半径,可以像 K^+ 那样嵌入黏土矿物硅氧四面体晶层中由氧原子构成的六角环之中,与晶层表面的负电荷产生很强的静电引力,使晶层紧密连接,水分子难以进入晶层间,黏土矿物的水化膨胀受到抑制,因此是一种具有强抑制性的降滤失剂。NPAN 抗温能力可达180℃,抗盐能力在10%以上。NPAN 广泛应用于淡水、盐水、海水钻井液,合理加量为0.5%～1.0%,尤其适用于高密度钻井液的滤失量控制。

(3)复合离子型丙烯酸盐降滤失剂(SK-2)。

复合离子型丙烯酸盐降滤失剂(SK-2)为丙烯酰胺、丙烯酸钠、丙烯磺酸钠的三元共聚物,是一种水溶性的阴离子型聚合物,分子量适中,水溶性好,溶液呈碱性,外观为白色或灰白色粉末,主要用作聚合物钻井液的降滤失剂。

SK-2 的合成采用氧化还原引发体系,自由基水溶液聚合,合成的关键是通过引发剂的加量来控制产物的平均分子质量。具体生产过程为:将 NaOH 碱液加入反应釜中,在搅拌条件下缓慢加入丙烯酸、丙烯酰胺和丙烯磺酸钠,继续搅拌至全部溶解,加入适量引发剂开始聚合反应,生成聚合物凝胶体,对凝胶体进行切割、烘干、粉碎、包装即得产品。分子结构式为:

$$\text{—}\!\!\left(\text{CH}_2\text{—}\text{CH}\right)_{\!x}\!\!\left(\text{CH}_2\text{—}\text{CH}\right)_{\!y}\!\!\left(\text{CH}_2\text{—}\text{CH}\right)_{\!z}\!\text{—}$$
$$\text{CONH}_2 \text{COONa} \text{CH}_2\text{SO}_3\text{Na}$$

SK-2 具有较强的抗高温、抗盐和抗钙能力,抗温可达200℃,抗盐可达饱和。SK-2 分子量适中,在降滤失时,对黏度影响不大,适用于各类水基钻井液。

(4)两性离子聚合物降滤失剂(JT-888)。

JT-888 降滤失剂是丙烯酰胺、丙烯酸、丙烯磺酸钠(或 2-丙烯酰胺基-2-甲基丙磺酸)、甲基丙烯酰氧乙基三甲基氯化铵(DMC)的四元共聚物,是一种两性离子聚合物降滤失剂;分子链上同时含有阴离子基团羧基和磺酸基,非离子基团酰胺基和阳离子基团 N^+,因此具有比阴离子聚合物更好的降滤失能力和抗温、抗盐钙能力;分子量为 $20\times10^4 \sim 50\times10^4$,抗温可达 200℃以上,可抗饱和盐和石膏污染;适用于各类水基钻井液,尤其适用于饱和盐水钻井液,高温深井钻井液等。一般淡水钻井液中 JT-888、加量为 0.3%~0.5%,饱和盐水钻井液中 JT-888 加量为 0.6%~1.0%。其分子结构式为:

$$\mathrm{+(CH_2-CH)_{\mathit{x}}(CH_2-CH)_{\mathit{y}}(CH_2-CH)_{\mathit{z}}(CH_2-\underset{\underset{CH_3}{|}}{\overset{\overset{CH_3}{|}}{C}})_{\mathit{n}}}$$
CONH₂   COONa   CH₂SO₃Na   COOCH₂CH₂—N⁺(CH₃)₃ Cl⁻

JT-888 的降滤失机理是:分子链上的酰胺基和阳离子 N^+ 通过与黏土颗粒表面上的氧形成氢键以及与黏土表面的负电荷产生静电引力吸附在黏土颗粒上。而负电基团羧钠基和磺酸基的水化使黏土颗粒表面水化膜增厚,同时增大土粒表面的 ζ 电位,土粒间电性斥力增加,从而阻止黏土颗粒之间因碰撞而聚结成大颗粒(护胶作用),提高了黏土颗粒的聚结稳定性。此外 N^+ 基团与表面带负电的黏土颗粒吸附更快更牢固,因此只需少量阳离子基团,就能达到阴离子聚合物中需大量非离子极性吸附基团才能达到的吸附能力,从而使两性离子聚合物分子链中可保持更高比例的阴离子水化基团,因而护胶能力更强。加之 JT-888 分子链上更高比例的水化基团和水化能力更强的磺酸基,在黏土颗粒表面形成更致密的溶剂化层,增强了对黏土颗粒的空间稳定作用,有利于保持钻井液中细颗粒的含量,形成致密的滤饼,降低滤失量。这种两性离子分子结构使其在高温高盐条件下具有更强的护胶降滤失能力。

3. 树脂类

该系列产品是以酚醛树脂为主体,经磺化反应引入磺酸基团或磺甲基团而制得。其中以磺化酚醛树脂为代表性产品,其他树脂类产品基本都是以其为基础派生出来的。

(1)磺化酚醛树脂(SMP)。

磺化酚醛树脂(SMP)以酚醛树脂为主体,经磺化反应引入磺甲基团而制得,是一种抗高温抗盐降滤失剂。SMP 根据磺化程度的不同分为 SMP-1 和 SMP-2 两种型号产品。其分子结构特点是一种水溶性的不规则线型高分子,分子结构主要以苯环、亚甲基桥和 C—S 键组成。分子结构中酚羟基为吸附基团、磺甲基为水化基团。

SMP 的合成方法有两步法和一步法两种。

两步法是先在酸性条件(pH 值为 3~4)下使甲醛与苯酚反应,生成线型酚醛树脂;再在碱性条件下加入甲醛和亚硫酸钠进行分步磺化,控制适当温度和反应时间,最后生成磺甲基酚醛树脂。

一步法是将苯酚、甲醛、亚硫酸钠和亚硫酸氢钠(或焦亚硫酸钠)一次投料,在碱催化条件下,分步控制温度和反应时间,缩合和磺化反应同时进行,反应时间完成后,可得到浓度为 35%左右的液态产品,经过喷雾干燥得到土黄色或棕红色粉状产品。反应方程式如下:

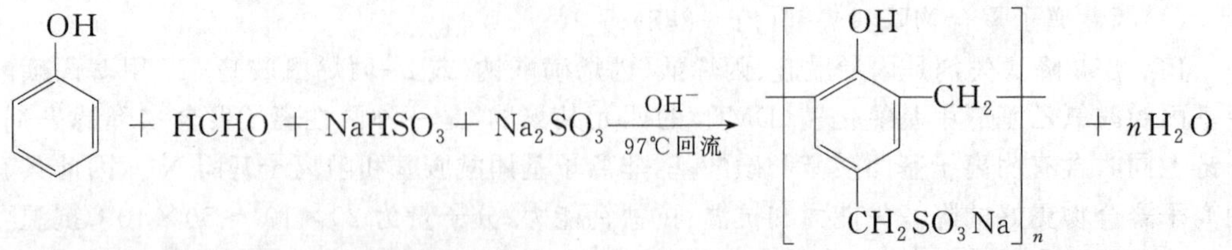

$$\underset{\text{苯酚}}{\text{C}_6\text{H}_5\text{OH}} + \text{HCHO} + \text{NaHSO}_3 + \text{Na}_2\text{SO}_3 \xrightarrow[\text{97℃回流}]{\text{OH}^-} \left[\begin{array}{c} \text{OH} \\ \text{—CH}_2\text{—} \\ \text{CH}_2\text{SO}_3\text{Na} \end{array} \right]_n + n\text{H}_2\text{O}$$

磺化酚醛树脂分子的主链由亚甲基桥和苯环组成，苯环上引入了大量磺酸基，故热稳定性强，可抗220℃以上的高温，是三磺抗高温钻井液、聚磺抗高温钻井液的核心处理剂。磺化酚醛树脂的特点是分子量较低，降滤失而不增加黏度，抗盐能力强，SMP-1型用于$Cl^-\leqslant 1\times 10^5$ mg/L的盐水钻井液，加量2%~3%；SMP-2型可抗盐至饱和，主要用于饱和盐水钻井液，抗钙达2000×10^{-6}，加量3%~5%。此外，磺化酚醛树脂与各类处理剂配伍性好，与聚合物处理剂组成的聚磺钻井液是广泛使用的深井高温钻井液体系，其主要作用是提高钻井液体系抗温、抗盐能力，改善滤饼质量，增强滤饼致密性和润滑性，降低高温高压滤失量。

(2) 磺化木质素磺化酚醛树脂。

磺化木质素磺化酚醛树脂(SLSP)是一种抗高温降滤失剂，兼有一定的稀释降黏作用。该产品是磺化木质素与磺化酚醛树脂的缩合物，是一种水溶性阴离子聚电解质。其合成方法是将一定质量分数的木质素磺酸盐和适量水加入反应釜中，继续加入一定质量分数的烧碱，再加入一定质量分数的磺化酚醛树脂和适量甲醛，控制反应温度和时间，将所得产物经喷雾干燥得到棕褐色粉末产品。

SLSP与磺化酚醛树脂性能相似，但在分子链上引入了部分磺化木质素。所以SLSP在降低钻井液滤失量的同时，还有优良的稀释降黏特性。适用于高温高密深井钻井液，一般加量为1%~3%。

4. 腐殖酸类

腐殖酸主要来源于褐煤。褐煤是一种未成熟的煤，燃烧值低。褐煤中含有大量的腐殖酸(20%~80%)。腐殖酸不是单一的化合物，而是由几种大小不同、结构组成不一样的羟基芳香羧酸族组成的混合物，用不同溶剂抽提，可将其分为黄腐酸、棕腐酸和黑腐酸。腐殖酸的分子量测量结果差异较大，一般认为：黄腐酸分子量较低，为30~400；棕腐酸为2000~20000；黑腐酸较高，为$1\times 10^4\sim 1\times 10^6$。其分子结构模型如下：

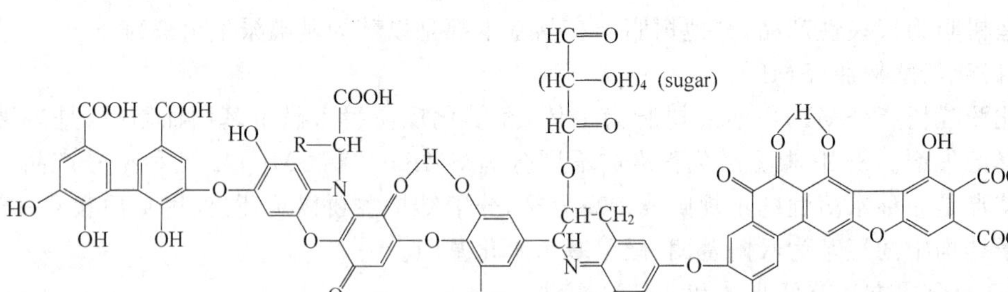

图1.17 Stevenson腐殖酸模型图

腐殖酸有多种官能团，包括羧基、酚羟基、醇羟基、醌基、烯醇基、胺基、甲氧基和羰基等，其中主要官能团是羧基、酚羟基和醌基。由于分子量较大，腐殖酸水溶性差，但易溶于碱溶液，生成水溶性的腐殖酸钠,成为钻井液降滤失剂的有效成分。

由于腐殖酸分子含有较多可与黏土吸附的基团,特别是邻位双酚羟基,又含有强水化作用的羧钠基,使腐殖酸钠既有降滤失作用,还有稀释降黏作用。由于腐殖酸分子的基本骨架是碳链和碳环结构,因此其热稳定性较强。但腐殖酸钠抗盐能力较差,遇 Ca^{2+} 生成难溶的腐殖酸钙沉淀而失效,因此在盐水钻井液和钙处理钻井液中效果较差。

如果用 KOH 提取腐殖酸,或者 KOH 和 NaOH 按一定比例配和,则产物中含有腐殖酸钾,钾离子具有晶格固定作用,产品的抑制防塌性能得到提高,井壁稳定能力大大增强。

(1)磺甲基褐煤。

磺甲基褐煤(SMC)是腐殖酸的磺化改性产物,是一种抗高温降滤失剂,是用褐煤与甲醛、Na_2SO_3(或 $NaHSO_3$)在 pH 值为 9~11 条件下对褐煤进行磺甲基化反应制得。与腐殖酸钠相比,磺甲基褐煤在腐殖酸分子结构上引入较多的磺甲基,抗高温能力和降滤失效果更进一步增强。磺甲基褐煤是我国用于深井、超深井"三磺"抗高温钻井液的关键处理剂之一。其主要特点是具有很强的热稳定性,抗温可达 200~230℃,还具有一定的降黏作用,与常用处理剂配伍性较好,广泛应用于深井、超深井高温钻井液体系。SMC 在高温下抗盐能力较差,但与磺化酚醛树脂及其他处理剂配合使用,抗盐能力可大大提高,甚至可抗饱和盐。

(2)磺化褐煤树脂。

磺化褐煤树脂是一种抗高温降滤失剂,具有比磺化褐煤更强的抗温、抗盐能力,广泛应用于各类水基钻井液体系,尤其适用于深井、超深井抗高温钻井液。磺化褐煤树脂是磺化褐煤的改性升级产品,主要利用褐煤中的某些官能团与酚醛树脂进行缩合反应,并引入一些聚合物进行接枝和交联反应所制得的一种复合产品。这类降滤失剂中代表性的产品有 Resinex 和 SPNH。

Resinex 是国外常用的一种抗高温降滤失剂,由 50%的磺化褐煤和 50%的磺化酚醛树脂(或同类树脂)组成。产品外观为黑色粉末,易溶于水,与其他处理剂有很好的相容性。Resinex 在盐水钻井液中抗可达 230℃,抗盐达 1.1×10^5 mg/L,抗钙离子达 2000mg/L,且在降滤失的同时,基本不影响钻井液的黏度,在高温下不会发生胶凝,尤其适于高温高密深井钻井液中使用。

SPNH 是以褐煤和腈纶废丝为主要原料,通过采用接枝共聚和磺化的方法制得的一种含有羟基、羰基、亚甲基、磺酸基、羧基和腈基等多种官能团的共聚物。SPNH 主要起降滤失作用,但同时还具有一定的降黏作用。其抗温、抗盐、抗钙能力与 Resinex 相似,比磺化褐煤更好。其主要作用是提高钻井液热稳定性,改善滤饼质量,降低高温高压滤失量。SPNH 常与 SMP 复配使用,在钻井液中的加量为 2%~3%。

5.改性淀粉类

淀粉是多糖类碳水化合物,是葡萄糖分子的聚合体,其结构与纤维素相似。淀粉是最早使用的钻井液降滤失剂之一。淀粉从谷物或玉米中分离出来,它在 50℃以下不溶于水,温度超过 55℃以上开始溶胀,直至形成半透明凝胶或胶体溶液。加碱也能使它迅速而有效地溶胀。淀粉不能直接用于钻井液,需对其进行酯化、醚化(羧甲基化、羟丙基化)、接枝和交联反应等改性,增强其水溶性和抗温能力,形成一系列改性产品。

改性淀粉类降滤失剂抗盐能力强,降滤失效果好,原料充足,成本低且环保,但缺点是抗温能力不足。改性淀粉类降滤失剂适用于低温高矿化度的盐水、饱和盐水、海水钻井液,不仅可以降低滤失量,而且还能提高钻井液中黏土颗粒的聚结稳定性。

改性淀粉的降滤失机理一方面是它吸收水分,减少了钻井液中的自由水;另一方面淀粉吸水膨胀形成类似于海绵的囊状物,可吸附在黏土颗粒上参与滤饼的形成,封堵孔隙,进一步降低了滤饼的渗透性。

(1)羧甲基淀粉。

羧甲基淀粉(CMS)是淀粉的羧甲基化改性产品,是一种阴离子淀粉醚,化学式为$[C_{10}H_{19}O_8Na]_n$。CMS是在碱性条件下,碱化淀粉在乙醇分散介质中与氯乙酸发生醚化反应,控制温度和反应时间,然后经稀盐酸中和、乙醇洗涤、沉淀、真空干燥、粉碎而制得白色或浅黄色粉状产品。产品质量控制的关键是葡萄糖链节上羟基的氢被羧甲基取代的程度(取代度),是通过控制氯乙酸的加量和反应时间来实现的,一般取代度应≥0.2,产品才具有良好的水溶性和降滤失能力。因分子链上引入羧甲基,因此CMS水溶性强、降滤失效果好,兼有增黏和调节流型的作用,提高黏度时,对塑性黏度影响小,主要增大动切力,有利于改善流型和携带钻屑。

羧甲基淀粉水溶液易受微生物影响而发酵,为此钻井液应保持相对较高pH值。在高温下,羧甲基淀粉降解失效,一般井温不宜超过120℃。由于CMS价格较低,与其他合成类降滤失剂相比可降低钻井液成本,且有利于环境保护。尤其适用于饱和盐水钻井液。一般加量为淡水钻井液0.5%~0.8%,饱和盐水钻井液1.0%~1.5%。

(2)羟丙基淀粉。

羟丙基淀粉(HPS)是淀粉的羟丙基化改性产品,是一种非离子型淀粉醚。HPS是在碱性条件下,碱化淀粉在乙醇分散介质中与环氧丙烷发生醚化反应,控制温度和反应时间,然后经稀盐酸中和、乙醇洗涤、沉淀、真空干燥、粉碎而制得白色粉状产品。由于这种改性淀粉的分子链节上引入了羟基,其水溶性、增黏能力和抗微生物作用的能力都得到了显著的改善。由于分子结构中没有阴离子基团,HPS对高价阳离子不敏感,抗盐、抗钙污染能力很强,在处理Ca^{2+}污染的钻井液时,比CMC效果更好。作为钻井液用降滤失剂,必须要有较好的水溶性,影响水溶性的主要指标是葡萄糖链节上羟基的氢被羟丙基取代的程度(取代度),一般取代度应≥0.2,产品才具有良好的水溶性和降滤失能力。其碱化和羟丙基化反应式如下:

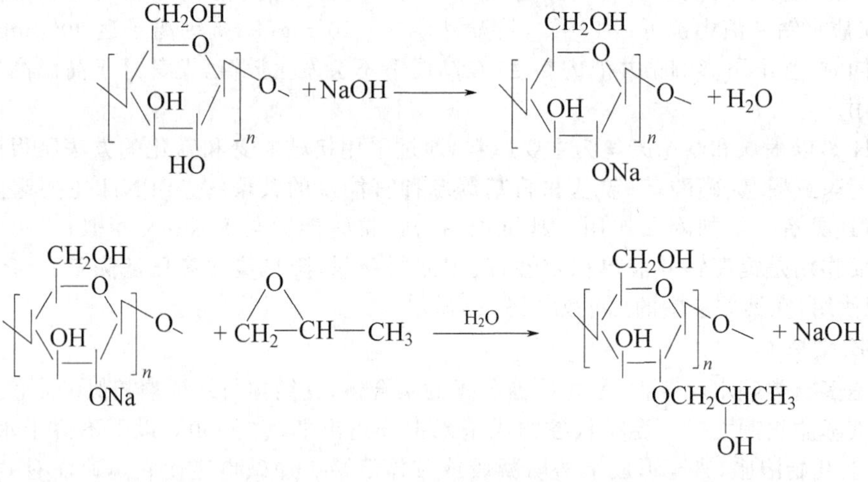

羟丙基淀粉可与酸溶性暂堵剂QS-2等配制成无黏土相暂堵型钻井液,有利于保护油气层。在阳离子型或两性离子型聚合物钻井液中,HPS可有效地降低钻井液的滤失量。此外,HPS在固井、修井作业中可用来配制前置隔离液和修井液等。

1.4.3.3 降黏剂

降黏剂是一类在不显著降低钻井液黏土含量情况下(不需大量稀释),能降低黏度、切力的处理剂,又称为稀释剂,是水基钻井液的关键处理剂。在钻井施工过程中,常常由于钻屑分散造浆使固相含量增加、自由水减少、盐膏污染、处理剂损耗和失效以及高温等原因,使钻井液凝胶结构增强,黏度、切力上升,带来流阻增加、高泵压、钻具泥包、阻卡、开泵困难、激动压力过大等不利影响,进而导致井漏、井塌、大段划眼、卡钻等井下事故复杂。因此,在钻进期间,需经常加入降黏剂降低钻井液的黏度和切力,调控流变性。降黏剂主要是降低钻井液的结构黏度。

钻井液降黏剂的种类很多,根据其来源和作用机理的不同,可分为植物改性类与合成聚合物类两类降黏剂。聚合物类降黏剂主要有阴离子型聚合物与两性离子型聚合物。

降黏剂的结构特点为:分子量低(合成类分子量<5000,一般在2000左右);分子结构中有与黏土颗粒发生强烈吸附的吸附基团(如络合吸附,与Al^{3+}配位的羟基、邻酚羟基,电性吸附的阳离子N^+等);分子结构中有较强的负电强水化基团(羧基、磺酸基),且以负电基团为主,两种基团比例适当。

1. 植物改性类

在植物改性类降黏剂中主要有单宁类和木质素磺酸盐类,这类降黏剂多用于细分散钻井液和粗分散钻井液,使用条件需较高的 pH 值,才能较好发挥稀释降黏作用,因此需配合使用烧碱。

(1)单宁类。

单宁又称鞣质,广泛分布于植物的根、茎、皮、叶、果壳和果实中,尤其在葡萄茎、果实以及葡萄酒中富含单宁,是一大类多元酚的衍生物,属于弱有机酸。单宁具有水解性,单宁酸在水溶液中发生水解,生成双五倍子酸和葡萄糖。双五倍子酸进一步水解,生成五倍子酸。这些水解的酸性产物在 NaOH 溶液中生成(双)五倍子酸钠,称为单宁酸钠或单宁碱液,是降黏作用的有效成分,简化符号为 NaT。其分子结构式如下:

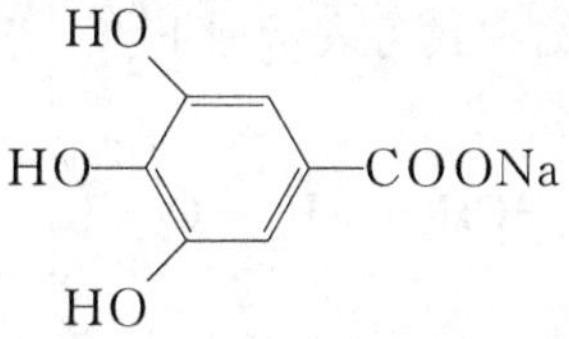

为了提高单宁酸钠的抗温能力,通过单宁与甲醛和亚硫酸氢钠在碱性条件下进行磺甲基化反应,得到抗高温的磺甲基单宁(SMT)。经磺甲基化改性后,其热稳定性和降黏性能比单宁酸钠有显著提高,抗温可达 180~200℃。SMT 适用的 pH 值范围在 9~11 之间,在钻井液中的加量为 1% 左右。因分子结构中引入了磺甲基团,SMT 有一定的抗盐抗钙能力。其分子结构式如下:

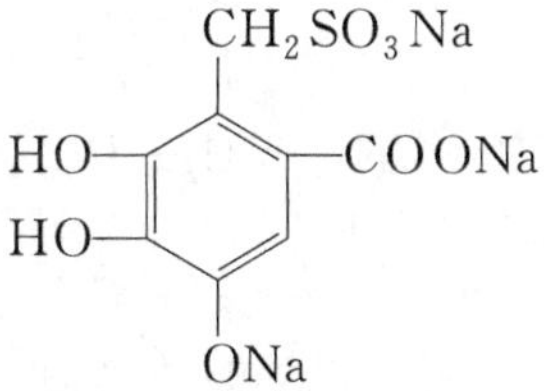

降黏机理为:双酚羟基通过配位键吸附在黏土颗粒断键边缘的 Al^{3+} 处,其余的—ONa、—COO$^-$、—CH$_2$SO$_3^-$ 提供负电性,使黏土颗粒端面电性由正变负,提高了 ζ 电位,增大黏土颗粒间电性斥力。另一方面—COO$^-$ 和—CH$_2$SO$_3^-$ 的强水化性使端面水化膜厚度增加,拆散和削弱了黏土颗粒间通过端—面和端—端连接形成的网架结构,使黏度和切力下降。降黏示意图如下:

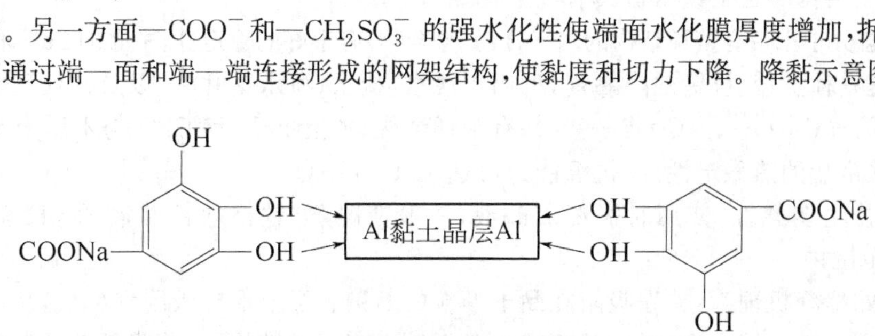

磺化单宁与磺化酚醛树脂、磺化褐煤组配成三磺钻井液体系,曾是20世纪我国超深井的主要抗高温钻井液体系,可抗180～200℃高温,满足了当时7000m深度的超深井钻探需要。

(2)木质素磺酸盐。

木质素磺酸盐又称磺化木质素,为线性高分子化合物,是亚硫酸盐法造纸木浆残留下来的一种废液经加工浓缩而成黏稠的棕黑色液体,固体含量为35%～50%,密度1.26～1.30g/cm³。该废液与石灰或氯化钙反应,经过沉淀、分离、烘干等工艺而制得木质素磺酸钙。

木质素磺酸盐直接用于钻井液效果不佳,一般是将其改性转化为铁铬木质素磺酸盐,简称铁铬盐,代号为FCLS。其制备过程是:亚硫酸钠纸浆废液(木质素磺酸钙)在60～80℃温度下与硫酸亚铁和重铬酸钠进行氧化反应、络合反应约2h,再经喷雾干燥而成。在反应过程中,Fe^{2+}被氧化成Fe^{3+},Cr^{6+}被还原成Cr^{3+},Fe^{3+}和Cr^{3+}与木质素磺酸配位生成铁铬木质素磺酸盐。铁铬盐的结构非常复杂,至今也不很清楚。通常认为铁铬盐中的铁离子、铬离子与木质素磺酸盐中的磺酸基以及醚键、甲氧基形成多元环状配位结构,分子量1000～20000。

木质素的化学组成与结构十分复杂,研究表明木质素的主要结构单元为:

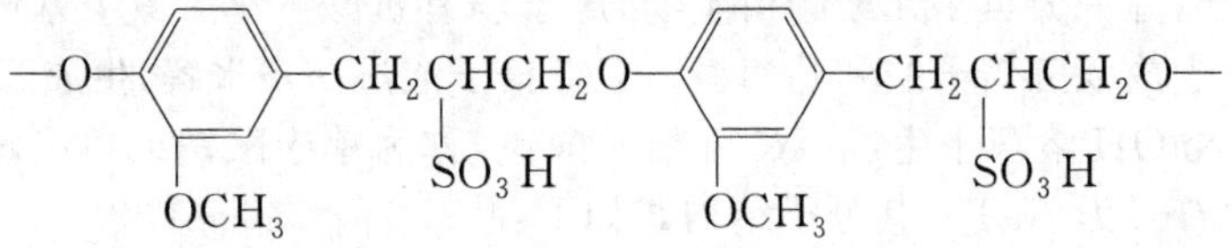

按此结构单元,铁铬盐的化学结构式可表示如下:

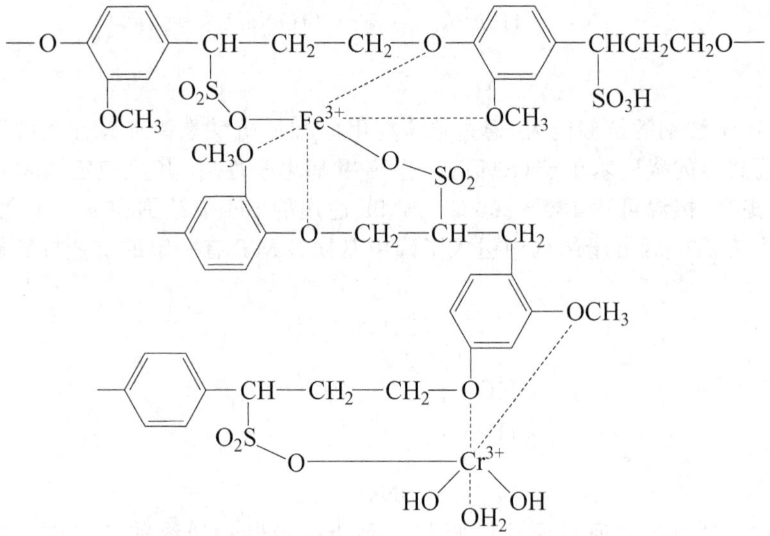

上述分子结构决定了铁铬盐具有以下特点:

①铁铬盐分子中带有螯环结构的内络合物(螯合物)有很好的稳定性,中心的Fe^{3+}和Cr^{3+}基本不会解离,是一种抗盐、抗钙的降黏剂,可用于淡水、盐水、海水钻井液,以及钙处理钻井液中。

②主链为—C—C—、—C—S—键,并有苯环结构,加上Fe^{3+}和Cr^{3+}与木质素磺酸形成的螯合作用,铁铬盐的热稳定性好,抗温能力可达150～175℃。

③铁铬盐呈弱酸性,使用时需配成碱液,一般情况下,铁铬盐钻井液的pH值应控制在9.5～10.5范围内。

铁铬盐的稀释机理为:首先吸附在黏土颗粒的断键边缘上形成吸附水化层,从而削弱黏土颗粒之间的端—面和端—端连接,从而减少或拆散空间网架结构,显著降低钻井液的黏度和切力；其次铁铬盐分子在泥页岩上的吸附，有抑制其水化分散的作用，这不仅有利于井壁稳定，还可以防止泥页岩分散造浆所引起的钻井液黏度和切力上升。

铁铬盐的抗盐、抗钙和抗温能力较强，是一种高效的钻井液降黏剂，适用于各类水基钻井液中，一般加量为 0.5%～1.5%。但该产品存在一些缺陷，制约了该产品的应用范围。其主要缺点一是需要较高 pH 值，才能发挥稀释降黏作用，这与稳定井壁是矛盾的；其次木质素磺酸盐也是一种阴离子表面活性剂，在钻井液中易起泡，pH 值低于 9 时尤其严重，常需配合使用硬脂酸铝、甘油聚醚等消泡剂；更重要的是铁铬盐含重金属铬，对环境和操作人员健康有不良影响，因此，目前国内外都在致力于研制能够替代铁铬盐的无铬木质素磺酸盐降黏剂。

2. 合成聚合物类

植物改性类降黏剂降黏效果虽十分突出，但存在对 pH 值要求高、烧碱用量大、不利于井壁稳定、会产生控制地层造浆能力差、废浆排放量大、易起泡、含重金属铬、污染环境等问题，已不适应钻井液技术向抗温、抗盐聚合物体系，以及处理剂向环保、高效发展的趋势。

聚合物类降黏剂可在弱碱性条件下使用，在降低黏度的同时，能增强钻井液的抑制性，提高钻井液控制地层造浆能力，为聚合物钻井液真正实现低固相和不分散创造了条件。

(1) 聚合物降黏剂 XB-40。

XB-40 是丙烯酸—丙烯磺酸钠的二元共聚物[丙烯磺酸钠占 5%～20%（摩尔分数）]，分子量较低（<5000），抗盐、抗钙能力较强，抗温能力可达 180℃。分子结构式为：

$$\mathrm{-(CH_2-CH)_x(CH_2-CH)_y-}$$
$$\quad\quad\quad |\quad\quad\quad\quad |$$
$$\quad\quad COONa\quad CH_2SO_3Na$$

XB-40 的分子结构特点为线型结构、低分子量及强阴离子基团。其降黏机理如下：一是通过电性或氢键优先吸附在黏土颗粒上，顶替掉原已吸附在黏土颗粒上的高分子聚合物，从而拆散由高分子链与黏土颗粒之间形成的空间网架结构；二是与高分子主体聚合物发生分子间的交联作用，阻碍聚合物与黏土之间网架结构的形成，降低网架结构强度，降低黏度和切力。

XB-40 的合成采用水溶液聚合法、氧化还原引发体系、自由基聚合，聚合反应的关键是通过链转移剂的加量来控制产物的低平均分子量。具体生产过程为：将一定量丙烯酸和水加入反应釜中，在搅拌条件下加入适量纯碱，再加入与丙烯酸适当比例的丙烯磺酸钠，加热升温到 60～70℃，加入适量链转移剂，搅拌均匀后加入过硫酸铵和亚硫酸氢钠，继续搅拌聚合反应开始，最后得到基本干燥的多孔泡沫状产物，经烘干、粉碎、包装即得产品。

XB-40 具有较强的抗温、抗盐抗钙能力，适用于聚合物钻井液、聚磺钻井液体系，兼有一定的降滤失和改善滤饼的作用，可以通过水力混合漏斗直接干加，或配成聚合物胶液加入钻井液，加量一般在 0.1%～0.5%，在盐水钻井液中加量应适当提高。

(2) 两性离子聚合物降黏剂 XY-27。

两性离子聚合物降黏剂 XY-27 是一种丙烯酰胺—丙烯磺酸钠—阳离子季铵盐（DMC）的多元共聚物，分子量约 2000，分子链上同时含有阳离子、阴离子和非离子基团。分子结构式为：

$$\mathrm{-(CH_2-CH)_x(CH_2-CH)_y(CH_2-\underset{\underset{CH_3}{|}}{\overset{\overset{CH_3}{|}}{C}})_z-}\quad \mathrm{\underset{\underset{CH_3}{|}}{\overset{\overset{CH_3}{|}}{N^+}}-CH_3\ Cl^-}$$
$$\quad | \quad\quad\quad\quad | \quad\quad\quad\quad\quad |$$
$$CONH_2\quad CH_2SO_3Na\quad COOCH_2CH_2$$

XY-27降黏剂的主要特点：一是高效降黏，加量少（通常为0.1%~0.3%就能取得很好的降黏效果）；二是强抑制性，既是降黏剂，又具有较强的抑制泥页岩地层黏土水化膨胀的能力。

XY-27降黏剂通常与两性离子包被剂FA-367和两性离子降滤失剂JT-888等配合使用（分子量大—中—小的聚合物组合），构成目前国内广泛使用的两性离子聚合物钻井液体系。该体系具有良好的剪切稀释性、极强的抑制性，以及控制地层造浆能力强、环保性好等优点，尤其适用于浅部地层的快速钻进。

两性离子聚合物降黏剂XY-27的降黏机理是：首先XY-27分子中的阳离子基团与负电黏土颗粒发生极强的电性吸附，且XY-27分子量极低，比高分子包被剂能更快、更牢固地吸附在黏土颗粒上，拆散高分子聚合物与黏土颗粒吸附形成的网架结构；其次XY-27与包被剂等发生分子间交联作用，阻碍高分子聚合物与黏土颗粒间网架结构的形成。此外磺酸基团的强水化性，增强了黏土颗粒表面水化膜，加上阳离子基团与黏土颗粒的电性吸附强度高，抗盐、抗温能力强。

两性离子聚合物降黏剂还具有较强的抑制页岩水化的作用，这是因为分子链中的有机阳离子吸附在黏土表面中和了一部分负电荷，削弱了黏土的水化作用；其次两性离子这种特殊分子结构使聚合物链之间更容易发生缔合，因此，尽管其分子量较低，仍能协同包被剂对黏土颗粒进行包被，增强了体系抑制性。

两性离子聚合物降黏剂合成方法是采用水溶液聚合法、氧化还原引发体系、自由基聚合。具体步骤是在反应容器中按配方比例依次加入水、丙烯酰胺、丙烯磺酸钠和阳离子季铵盐单体，以及一定量链转移剂烷基硫醇，搅拌均匀后加入引发剂过硫酸铵和硫代硫酸钠溶液，极短时间内完成放热爆聚反应，水分被高温蒸发，得到多孔固体，粉碎得到产品。

XY-27是一种抗温、抗盐的抑制性降黏剂，适用于各种水基聚合物钻井液，在两性离子聚合物钻井液体系中降黏效果尤其突出。试验表明，在含有FA-367的膨润土浆中，只需加入少量，比如0.1%的XY-27，钻井液的表观黏度、动切力和静切力即可大幅降低，且滤失量显著下降，滤饼变得致密。抑制性相关实验，如毛细管吸收时间、泥岩滚动回收率和激光粒度分析等均表明，随其加量增加，钻井液抑制性得到明显增强，黏土容量限明显上升，表明XY-27具有很好的稀释降黏能力和极强的抑制性。

概括起来，降黏剂的降黏作用主要通过两种途径：一是通过电性吸附、配位键吸附在黏土颗粒端面，拆散黏土颗粒端—面、端—端连接而成的网架结构，降低钻井液的结构黏度，如单宁类、木质素磺酸盐等植物改性类降黏剂。二是通过电性吸附、氢键吸附在黏土颗粒的表面或端面，阻碍其他高分子聚合物与黏土颗粒的吸附，拆散或减少了高分子处理剂与黏土颗粒形成的空间网架结构，降低钻井液的结构黏度，如X-B40、XY-27等聚合物类降黏剂。

降黏剂的评价：通常采用降黏率来评价降黏剂的降黏效果，即含有0.1%包被剂或絮凝剂的膨润土浆加入降黏剂前后动切力的降低率。

$$降黏率 = \frac{\tau_0 - \tau_0'}{\tau_0} \times 100\%$$

或对含有0.1%包被剂或絮凝剂的膨润土浆加入降黏剂前后，采用旋转黏度计100r/min时的表观黏度降低率来进行评价。降黏剂的降黏率一般应大于80%。

$$降黏率 = \frac{\eta_{100} - \eta_{100}'}{\eta_{100}} \times 100\%$$

1.4.3.4 增黏剂

流变性能反映了钻井液携带和悬浮钻屑、加重剂的能力，流变性能的主要目标是保持井眼清洁干净，确保钻具在井内畅通。但在钻井施工过程中，常常会出现黏度切力偏低，钻井液携带与悬浮能力不足的问题,比如井塌引起井内产生大量尺寸较大的塌块,造成井下钻具阻卡。还有钻遇大段盐膏地层,盐溶引起钻井液黏度、切力大幅下降,重晶石沉淀,密度提不起来等问题。这些情况下就需要及时提高钻井液黏度、切力。增黏剂就是一类在加量不大的情况下能快速提高钻井液黏度和切力的高分子聚合物。显然增黏剂的分子量不能低,只有分子链很长,且在分子链之间和黏土颗粒之间容易吸附桥联形成网状结构,这样才能显著提高钻井液的黏度和切力。

增黏剂主要为纤维素衍生改性高分子、生物聚合物和合成类聚合物等。增黏剂除了起增黏作用外,还往往兼有页岩抑制作用(包被剂)、降滤失作用和流型改进作用等。因此,使用增黏剂常常有利于改善钻井液剪切稀释特性,也有利于井壁稳定。

1. 纤维素改性类

纤维素改性类增黏剂主要包括高黏羧甲基纤维素钠盐、高黏聚阴离子纤维素钠盐、羟乙基纤维素等,这类增黏剂主要以棉纤维为基础原料,与氯乙酸、环氧乙烷等改性剂通过醚化反应而成。

(1)羧甲基纤维素钠盐(CMC-HV)。

分子量是决定羧甲基纤维素钠盐产品黏度特性的关键因素。CMC-HV 与降滤失剂的 CMC-LV、CMC-MV 相比,聚合度在 700 以上,分子量较高,因此同等浓度下水溶液黏度更高,增黏效果比中黏、低黏产品要强得多。

此外,取代度也是影响 CMC 水溶液黏度的主要因素;取代度是指葡萄糖链节上羟基上的氢被羧甲基取代的程度,羧甲基是 CMC 的主要水化基团,取代度越高,分子链上羧甲基数目越多,水化能力越强,CMC 的水溶性越好,增黏效果越强,因此作为增黏剂的 CMC-HV 的取代度至少应在 0.8 以上。

当钻井液黏度切力偏低时,加入 0.3% 左右的 CMC-HV 即能显著提高钻井液的黏度、切力。加入方式以通过水力混合漏斗加干粉的方式增黏效果更好,若配成胶液加入,增黏效果不会明显。为使增黏剂均匀分布溶解在钻井液中,加入方式应按照泵排量计算,在一个循环周内缓慢均匀地通过水力混合漏斗加入。CMC-HV 的增黏效果有时间效应,初期黏度较高,随着循环时间的增加,第二、第三循环周黏度逐渐趋于下降。

(2)羟乙基纤维素(HEC)。

羟乙基纤维素(HEC),化学式$(C_2H_6O_2)_n$,是纤维素分子葡萄糖单元上羟基的氢被羟乙基取代的一种水溶性衍生物,属非离子型纤维素醚类产品。外观为白色纤维状或淡黄色粉末状固体,无毒、无味,水溶性好,具有增稠、悬浮、黏合、乳化、成膜、保水等功能,广泛应用于油气开采、涂料、建筑、医药食品、纺织、造纸以及高分子聚合反应等领域。其水溶液为黏稠的胶状液,对盐和高价金属离子不敏感,抗盐钙能力极强。

该处理剂是由碱性纤维素和环氧乙烷(或氯乙醇)经羟乙基化(醚化)反应而制成的产品,纤维素是一种天然高分子,每一个纤维基环上含有三个羟基,均可被羟乙基取代,生成羟乙基纤维素。具体制备过程为:将原料棉短绒浸泡于 30% 的液碱中,半小时后取出压榨,压榨到含碱水比例达 1:2.8,进行粉碎。粉碎的碱纤维素和适量乙醇投入反应釜中,密闭,抽真空,充氮,重复抽真空充氮将釜内空气完全置换。压入预冷的环氧乙烷液体,反应釜夹套通入冷却水,控制 25℃ 左右反应 2h,得羟乙基纤维素粗品。粗品用酒精洗涤,加乙酸中和至 pH 值为 4~6,再加乙二醛交联老化。然后用水洗涤,离心脱水,干燥,粉碎,得羟乙基纤维素成品。其分子结构式如下所示:

羟乙基纤维素适用于各种水基钻井液、完井液中，主要用作增稠剂和降滤失剂。由于其分子结构中没有阴离子离子基团，受金属离子的影响很小，因此具有很强的抗盐和抗钙能力，在盐水中增稠效果明显，尤其适用于盐水、饱和盐水和海水钻井液。也可作油井水泥的降滤失剂。此外还可用于油气层改造的水基凝胶压裂液增黏剂。

2. 生物聚合物 XC

黄原胶是一种单胞多糖类生物聚合物，代号 XC，是由黄原菌类作用于碳水化合物发酵工艺而成的高分子链状多糖聚合物，分子量在 $100 \times 10^4 \sim 500 \times 10^4$，易溶于水，水溶液呈透明胶状。黄原胶具有独特的流变性（高度的假塑性），对热及酸碱的稳定性、与多种盐类有很好的相容性，作为增稠剂、悬浮剂、乳化剂、稳定剂，广泛应用于油气开采、食品、医药、日化等多个行业，是目前世界上生产规模最大且用途极为广泛的微生物多糖。

黄原胶是一种适用于淡水、盐水和饱和盐水钻井液的高效增黏剂，加入很少的量（0.2%～0.3%）即可产生较高的黏度，并兼有降滤失作用。它的另一显著特点是具有优良的剪切稀释性能，能够有效地改进流型（即增大动塑比，降低 n 值）。用它处理的钻井液在高剪切速率下的极限黏度很低，有利于提高机械钻速。而在环形空间的低剪切速率下又具有较高的黏度，并有利于形成平板形层流，使钻井液携带岩屑的能力明显增强。

一般认为，XC 生物聚合物抗温可达 120℃，在 140℃ 温度下也不会完全失效。据报道，国外曾在井底温度为 148.9℃ 的油井中使用过。黄原胶对盐不敏感，抗盐、抗钙能力也十分突出，其水溶液能和许多盐溶液（钾盐、钠盐、钙盐、镁盐等）混溶，黏度不受影响。在较高盐浓度条件下，甚至在饱和盐溶液中仍保持其溶解性而不发生沉淀和絮凝，其黏度几乎不受影响，是配制饱和盐水钻井液的常用处理剂之一。有时它需与三氯酚钠等杀菌剂配合使用，因为在一定条件下，空气和钻井液中的各种细菌会使其发生酶变，从而降解失效。

3. 合成类聚合物

合成类聚合物增黏剂大多是丙烯酰胺—丙烯酸钠—丙烯磺酸盐（—阳离子季铵盐）等单体多元共聚的水溶性阴离子型或两性离子型高分子聚合物，其分子结构特点是长链状线性高分子，分子量较高（$200 \times 10^4 \sim 500 \times 10^4$），分子结构中有较高比例的吸附基团（酰胺基、$N^+$）和一定比例的水化基团（负电基团羧基、磺酸基）。合成类聚合物在钻井液中主要起选择性絮凝或包被钻屑，抑制地层造浆的作用，兼有增黏提切的作用。

包被剂与絮凝剂在选择性包被或絮凝钻屑的同时，可与表面负电性强的配浆土黏土颗粒间通过有限的吸附和桥联，形成空间网状结构，但因电性斥力较大而不能包被或絮凝。这种空间网架结构本质是一种凝胶结构，提供了钻井液的动切力和静切力，这种凝胶结构受黏土含量和高分子处理剂浓度的直接影响，需要保持适度，凝胶结构过强或偏弱都有问题，因此常常配合钻井液降黏剂来控制和调整这种结构。

根据上述分析，当需要提高黏度和切力时，适度提高絮凝剂或包被剂的浓度，增强钻井液凝胶结构强度，黏度和切力即能快速上升。这类增黏剂有部分水解聚丙烯酰胺、复合离子型丙烯酸盐共聚物 PAC-141、两性离子型包被剂聚合物 FA-367 等。在淡水钻井液中一般加入 0.1%～0.2%，饱和盐水钻井液中加入 0.2%～0.3% 能显著提高钻井液黏度和切力。通过水力混合漏斗加干粉的方式增黏效果更好，若配成胶液加入，增黏效果较差。同 CMC-HV 一样，合成类增黏剂的增黏效果有时间效应，初期黏度较高，随着循环时间的增加，第二、第三循环周黏度逐渐趋于下降，但黏度切力总体比加增黏剂前要高，增黏后如需降低黏度切力，可适量加入降黏剂胶液。

1.5 无机盐及高温对钻井液性能的影响

对钻井液性能影响的众多因素中多,影响最大、处理难度最大的是无机盐的污染和高温的影响。由于盐岩层、石膏层是油气藏良好的盖层,因此,在钻井施工中,常常钻遇盐岩层、石膏层,钻井液受盐膏污染的情况十分常见,处理不当可能诱发井下复杂事故。随着油气钻探向深部地层拓展,超深井越来越普遍,超深井钻探面临的主要难题就是高温高压条件对钻井液、井下测试仪器、井下工具的考验。高温条件对钻井液的影响尤其突出,抗高温钻井液是超深井钻探不可缺少的重要技术支撑。

1.5.1 无机盐对钻井液性能的影响

地层中可溶性盐类进入钻井液后,改变了钻井液的离子构成,打破钻井液中黏土颗粒分散—聚结的平衡,使钻井液性能恶化,容易诱发井下复杂事故,具有极大的危害性。提高钻井液的抗盐能力一直是钻井液技术研究的一项重要课题。那么如何提高钻井液抗盐能力呢?为此需要学习和掌握无机盐对钻井液性能影响的内在原因以及钻井液的抗盐原理。

钻井液是一种黏土以胶体颗粒形态分散在处理剂溶液中的溶胶—悬浮体系。黏土颗粒与处理剂分子之间的相互作用,提供了满足钻井工程需要的各项钻井液性能。黏土颗粒的分散状态、处理分子特性及两者之间的吸附作用直接影响钻井液性能。无机盐对钻井液性能的影响是钻井液微观胶体性质变化的外在反映。这种影响发生的根源在于无机盐对黏土颗粒分散度和处理剂分子特性的改变。

1.5.1.1 无机盐对黏土颗粒分散度的影响

由于晶格取代或氢氧根中部分氢的电离,黏土颗粒通常带负电,当其分散在水溶液中,在它周围必然分布着电荷相等的反离子(与胶粒电性相反的离子),才能保持整个分散体系的电中性,于是在固液界面形成双电层。双电层中的反离子,一方面受到固面电荷的吸引,不能远离固面;另一方面由于反离子的热运动,又有扩散到液相内部去的能力。这两种相反作用的结果,使得反离子扩散的分布在界面周围,构成扩散双电层,如图 1.8 所示。具体来说,从固体表面到过剩正电荷为零处的这一层称为扩散双电层。从胶粒吸附溶剂化层界面(滑动面)到均匀液相内的电位,称为电动电位(或 ζ 电位)。

实验表明任何电解质的加入均要影响 ζ 电位的数值。这是因为加入电解质后,反离子浓度随着增大,反离子扩散进入吸附溶剂化层的机会增加,胶粒电荷减少,同时扩散双电层变薄,ζ 电位降低(图 1.9)。当所加电解质把双电层压缩到吸附溶剂化层的厚度时,胶粒即不带电,ζ 电位降到零,这个状态称为等电态。在等电点附近,胶粒容易聚结(自动降低分散度)。

从上述电解质影响 ζ 电位的机理可知:(1)任何电解质的加入都要影响 ζ 电位的数值,且随着电解质浓度增大 ζ 电位降低;(2)电解质中反离子的价态越高,对 ζ 电位的影响越大;(3)如果电解质中反离子被强烈吸附到吸附溶剂化层内,还可能引起 ζ 电位改变符号(此即再带电现象)。

钻井过程中常见的可溶性盐类有氯化钠和石膏,在水溶液中可以电离解产生 Na^+、Ca^{2+},在黏土颗粒表面发生 Ca^{2+}—Na^+ 置换及 Na^+ 压缩双电层的作用,打破黏土颗粒表面原有双电层的电化学平衡,降低了土粒表面的 ζ 电位,减少了黏土颗粒间的电性斥力,破坏了钻井液中黏土颗粒分散—聚结的平衡,致使多级分散的黏土颗粒趋向于聚结,分散度大大降低。

表 1.4 是两性离子聚合物钻井液在不同含盐量情况下的黏土颗粒粒度分布情况。由此可看出随含盐量的增加,粒度中值 D_{50} 和平均粒径 D_{av} 逐渐上升,黏土颗粒变粗,当 NaCl 含量

到13%时,平均粒径D_{av}达最大值,此后随着含盐量的增加,平均粒径D_{av}略有下降。总体来看黏土颗粒粒径随含盐量增加呈上升趋势,但升幅有限,表明两性离子聚合物具有较强的抗盐能力,对黏土颗粒有很好的护胶作用。

表1.5是两性离子聚磺钻井液在不同含盐量情况下的黏土颗粒粒度分布情况。同样可看出随含盐量的增加,粒度中值D_{50}和平均粒径D_{av}逐渐上升,黏土颗粒变粗,当NaCl含量到17%时,粒度中值D_{50}和平均粒径D_{av}达最大值,此后随着含盐量的增加,平均粒径显著下降。这是因为一方面含盐量的增加会提高聚合物在黏土颗粒上的吸附量,另一方面磺化酚醛树脂分子结构中有很强的负电基团,因此当含盐量超过临界值后,处理剂对黏土颗粒的护胶作用超过阳离子压缩双电层带来的聚结作用,所以平均粒径随含盐量的增加反而下降,显示两性离子聚磺钻井液对黏土颗粒有更好的护胶作用,因此抗盐能力更强,可抗饱和盐。

表1.4 含盐量对两性离子聚合物钻井液黏土颗粒粒径的影响

钻井液样品	粒度中值$D_{50}/\mu m$	$D_{90}/\mu m$	平均粒径$D_{av}/\mu m$	比表面积/(m²/g)
膨润土浆	2.20	6.12	2.98	35818
聚合物基浆	2.71	9.26	4.25	31869
基浆+5%NaCl	2.95	10.30	4.84	28979
基浆+9%NaCl	3.01	10.26	4.70	28327
基浆+13%NaCl	3.51	18.83	6.86	26229
基浆+20%NaCl	3.74	14.65	6.28	24387
基浆+30%NaCl	3.23	11.94	5.31	25758

表1.5 含盐量对两性离子聚磺钻井液黏土颗粒粒径的影响

钻井液样品	粒度中值$D_{50}/\mu m$	$D_{90}/\mu m$	平均粒径$D_{av}/\mu m$	比表面积/(m²/g)
聚磺基浆	2.04	5.14	2.54	38545
基浆+5%NaCl	2.96	10.26	4.49	29743
基浆+9%NaCl	3.16	13.79	5.74	29007
基浆+13%NaCl	3.16	14.34	5.91	27761
基浆+17%NaCl	3.36	20.43	7.00	25451
基浆+20%NaCl	3.25	12.13	5.24	27051
基浆+30%NaCl	2.6	8.28	3.82	27258

1.5.1.2 无机盐对聚合物特性的影响

聚合物处理剂要在钻井液中发挥作用,调节钻井液性能并对钻井液起稳定作用,必须首先吸附在黏土颗粒表面。而无机盐一方面影响聚合物的溶解性、水化性能和分子构象,另一方面还影响黏土颗粒的电动电位和分散度,这样势必影响聚合物与黏土颗粒的相互作用,从而影响钻井液的性能。

1. 无机盐对聚合物溶解性和水化性的影响

当钻井液受到地层中可溶性盐类污染时,由于无机盐的存在,阳离子可以和聚合物分子中离解的基团作用,不同程度地释放出聚离子的水化水分子,降低它们的水化性,这个作用称为盐的去水化作用。而且随盐浓度增大,去水化作用增强,导致分子链收缩、卷曲,甚至使聚合物从溶液中析出或沉淀,最终使聚合物处理剂在钻井液中失效,因此,抗盐析是处理剂发挥效能的必要条件。聚合物抵抗无机盐的去水化作用可以用抗盐析能力来表示,又称为浊点盐度,即聚合物从盐溶液中析出时的盐度。浊点盐度高低可以作为聚合物溶解性或耐盐性的一个标志。

聚合物处理剂能否在盐水环境下发挥作用,很大程度上取决于它的水化能力,水化能力强,既可以在水中很好地溶解,还可以通过吸附在黏土表面后,提高黏土颗粒表面负电性,提供较厚吸附水化膜,抵消或减弱黏土粒子受电解质压缩双电层而引起的聚结作用。

2.无机盐对聚合物在黏土表面吸附的影响

大量实验研究表明,无机盐的存在会提高聚合物在黏土颗粒上的吸附量。这个现象的发生,主要原因是:(1)金属正离子压缩黏土扩散双电层造成黏土粒子的电动电位降低;(2)阳离子部分中和了聚合物链节上—COO$^-$、—SO$_3^-$等基团的负电性,减小了聚合物链同黏土颗粒间的斥力,提高了黏土颗粒对聚合物分子的吸附;(3)盐对聚合物有盐析效应,使聚合物溶解性和水化性下降,这样聚合物在溶液中的化学位提高,向溶液逃逸的倾向增大。结合聚合物在无机盐中溶解性和水化性的变化研究结果表明,盐水条件下聚合物在黏土表面的吸附量变化同其对应的溶解性和水化性变化有很好的相关性。

图1.18是两性离子聚合物在不同盐浓度下的等温吸附曲线。由此可见随含盐量的增大,两性离子聚合物在黏土表面的吸附量相应增大。随盐量的增加,达到饱和吸附所需的聚合物浓度也同样增大。

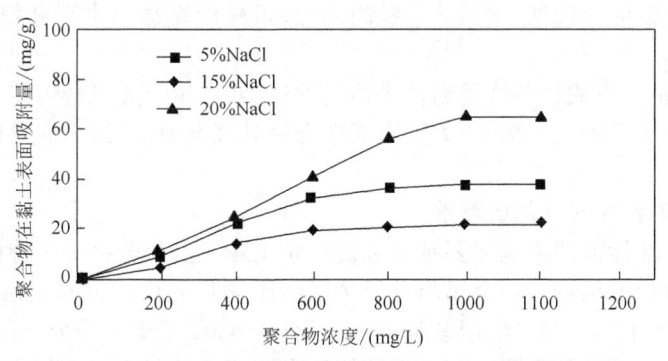

图1.18 两性离子聚合物在不同的盐浓度下的等温吸附

3.无机盐对聚合物分子线团尺寸的影响

钻井液中使用的聚合物基本都是聚阴离子电解质,在水中溶解时,离子化产生的迁移使阳离子脱离高分子链区向溶剂区扩散,分子链节中带有相当比例的阴离子基团,使高分子链上净电荷为负,静电斥力和溶剂化作用使高分子链扩张、充分伸展。然而无机盐可中和分子链上的电荷使得静电斥力作用减弱,也使高聚物分子的溶剂化作用减弱(破坏水化膜),因此,无机盐可使聚合物分子线团尺寸急剧收缩。

随着无机盐电解质浓度的增加,分子链上水化基团发生了去水化作用,除协同水化层外,逐步深入电缩水化层,溶剂化作用继续减弱,但减弱程度已远远低于初期加入无机盐时的变化,聚合物链已经卷曲到不能再继续卷曲的程度(称此时聚合物线团尺寸为聚合物分子线团收缩的极限尺寸)。若无机盐浓度再继续增大,高聚物大分子已不存在溶剂化作用,就会自动离开液相发生盐析。表1.6是不同分子量聚合物在不同盐度下分子尺寸变化情况。图1.19是聚合物在不同盐溶液中的分子链卷曲情况。

表1.6 不同分子量聚合物在不同盐度下分子尺寸变化情况

样品	A1	A2	A3	A4	A5	A6
特性黏数/(mL/g)	72.63	91.76	66.63	47.52	68.21	71.21
淡水条件下分子线团尺寸/Å	1680	2260	1520	940	1560	1650
10%NaCl下分子线团尺寸/Å	480	600	450	320	780	850
分子尺寸降低率/%	71.4	73.5	70.0	66.0	50.0	48.5

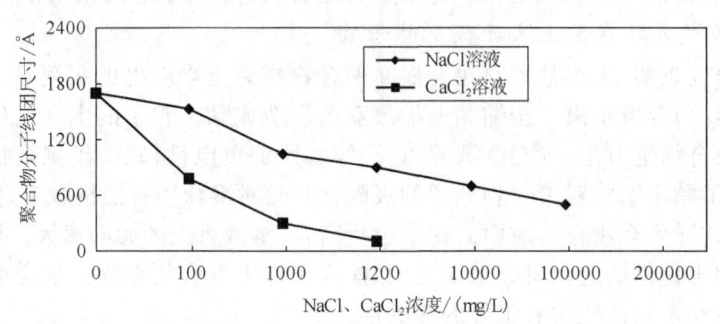

图1.19 聚合物在$CaCl_2$、NaCl不同浓度溶液中分子链卷曲情况

分子量越大，柔性越好，分子链卷曲越严重。盐浓度越高，聚合物大分子的溶剂化作用越弱，分子链越卷曲。Ca^{2+}比Na^+对聚合物分子链卷曲影响更大。如果分子链节中引入有机阳离子基团以及刚性强的取代基，增强分子链的刚性，可减少在盐水中聚合物分子链的卷曲，提高处理剂抗盐能力。

因此，在盐水钻井液或钻井液受到可溶性盐类污染时，由于无机盐可使大分子链形态发生卷曲、变形，导致分子线团尺寸缩短，大大降低聚合物处理剂效能，进而影响聚合物对钻井液性能的调控。

1.5.1.3 无机盐对钻井液性能的影响

无机盐对钻井液性能的影响主要是无机盐对黏土颗粒及聚合物分子特性微观影响的宏观反映。概括起来有如下机理：(1)金属阳离子挤压黏土颗粒表面扩散双电层，造成黏土颗粒的电动电位降低，增大了黏土颗粒的聚结趋势；(2)无机盐降低了聚合物分子的溶解性和水化性，使聚合物分子的护胶能力被削弱；(3)无机盐使聚合物高分子链不能充分伸展，降低了分子线团尺寸，削弱了聚合物大分子对黏土颗粒的包被作用和流变性的调整能力；(4)黏土颗粒与高分子间斥力的降低、阳离子压抑聚离子的聚电解质效应、盐对聚合物的盐析效应，使聚合物分子卷曲，从溶液中逃逸的趋向增大，因而能较密集地排布在黏土颗粒表面，增大吸附量。

因此，无机盐对钻井液总的影响是削弱高分子处理剂的处理效能，降低黏土颗粒扩散双电层的ζ电位，打破了黏土颗粒分散—聚结平衡，黏土颗粒分散度降低，颗粒变粗，带来钻井液黏度、切力、失水、滤饼质量等一系列性能的变化，破坏钻井液性能。

需要指出的是，无机盐污染后钻井液性能的变化与含盐量、黏土种类和含量、处理剂含量和处理剂抗盐能力等多个因素密切相关。不同钻井液体系，受盐污染后的性能变化也有很大差异。

1. 含盐量对分散型钻井液性能的影响

图1.20是用河北峰峰矿区黏土配制的膨润土浆加入5%单宁碱液(浓度20%，单宁:烧碱=2:1)处理后，用不同加量NaCl污染后的性能变化情况。从图中可以看出，黏度、切力的变化分为两个阶段，含盐量从0%增加到3%，黏度、切力大幅上升。到3%时，黏度、切力达到峰值。随着含盐量继续增加，黏度、切力逐步下降。钻井液滤失量则随着含盐量增加而不断上升。

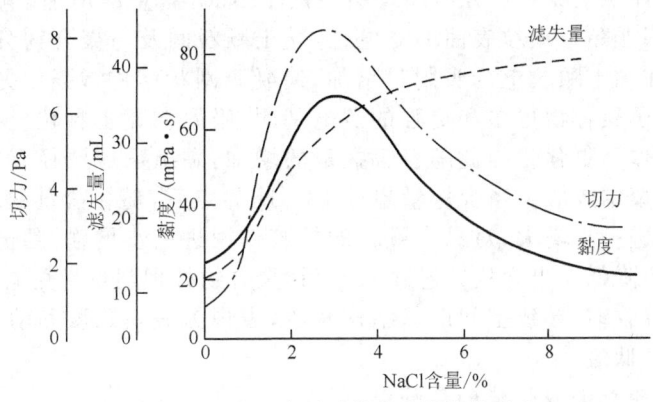

图 1.20　NaCl 含量对钻井液性能的影响

钻井液性能随含盐量增加表现出的变化规律本质上反映了钻井液黏土颗粒分散—聚结平衡的移动。前已述及，钻井液中的黏土颗粒由于晶格取代表面带负电，吸附阳离子形成扩散双电层，随着钻井液中 NaCl 含量的增加，离解产生的 Na^+ 增大了黏土颗粒扩散双电层中阳离子的数目，使扩散双电层的厚度减小，压缩了双电层，降低了黏土颗粒表面的 ζ 电位，引起黏土颗粒间的电性斥力下降，水化膜减薄，黏土颗粒之间产生较强的端—面、端—端连接，钻井液凝胶网状结构增强，表现为黏度、切力大幅上升，并在某一个含盐量时达最大值。此后随着含盐量的继续增加，Na^+ 压缩双电层的效应更强，黏土颗粒表面的 ζ 电位进一步下降，水化膜更薄，使黏土颗粒间斥力更低，黏土颗粒趋于面—面连接，分散度降低，黏土颗粒数目大幅减少，致使黏度、切力转而下降。而随含盐量的增加，黏土颗粒和处理剂分子水化能力持续减弱，因此滤失量一直上升。对于 pH 值而言，随着 Na^+ 浓度的增大，从黏土中把 H^+ 和其他酸性离子交换出来更多，因此 pH 值下降。

2. 含盐量对聚合物钻井液性能的影响

图 1.21 是用新疆夏子街土配制的膨润土浆用两性离子聚合物（0.5%XY－27＋0.5%NPAN＋0.3%FA－367）处理后，用不同加量 NaCl 污染后的性能变化情况。两性离子聚合物钻井液具有较好的抗盐能力，因此性能的变化与分散钻井液有所不同且相对平缓。随含盐量的增加，表观黏度、动切力、滤失量逐步上升，当含盐量到 13% 时达到最高，此后随着含盐量的增加而逐步下降，到含盐饱和时，表观黏度、动切力和滤失量达到最低且趋于稳定。钻井液性能变化规律与图 1.23 平均粒度的变化完全对应。

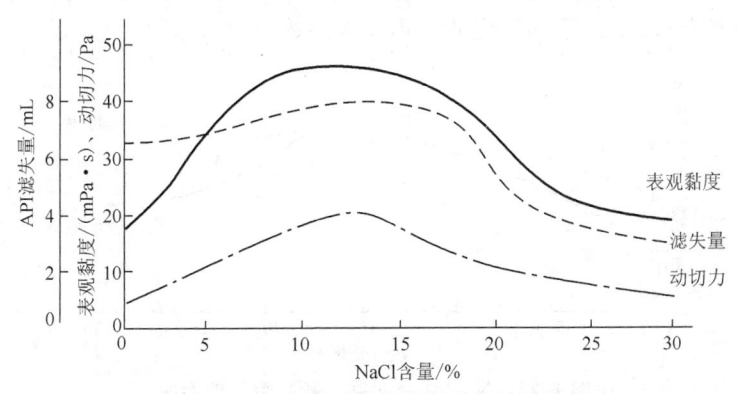

图 1.21　NaCl 含量对聚合物钻井液性能的影响

如何来解释这种现象呢？一方面随着钻井液中 NaCl 含量的增加，电离产生的 Na^+ 必然要压缩双电层，降低黏土颗粒表面的 ζ 电位，黏土颗粒间及与聚合物分子间的电性斥力减弱，聚合物分子在黏土颗粒上的吸附量增加，使凝胶网状结构增强。另一方面两性离子聚合物带有比阴离子聚合物更多和更强的负电基团，吸附在黏土颗粒上提高土粒 ζ 电位，对黏土颗粒的护胶作用更强。因此随着含盐量的增加，黏土颗粒粒径有所增大，但没有出现黏土颗粒明显的聚结效应。当含盐量超过13％临界点后，随含盐量的增加，处理剂在黏土颗粒上的吸附量进一步增大，对黏土颗粒的护胶作用进一步增强，黏土颗粒粒径转而下降，因此滤失量逐步降低。当含盐量超过20％后，聚合物处理剂自身受电解质的影响，去水化作用增强、分子链收缩，导致空间网状结构减弱，表现为表观黏度和动切力逐步下降，到含盐饱和时，达到最低值。

3. 含盐量对聚磺钻井液性能的影响

图1.22是用新疆夏子街土配制的两性离子聚磺钻井液（0.5％XY27＋0.5％NPAN＋0.3％FA367＋3％SMP2），用不同加量 NaCl 污染后的性能变化情况。

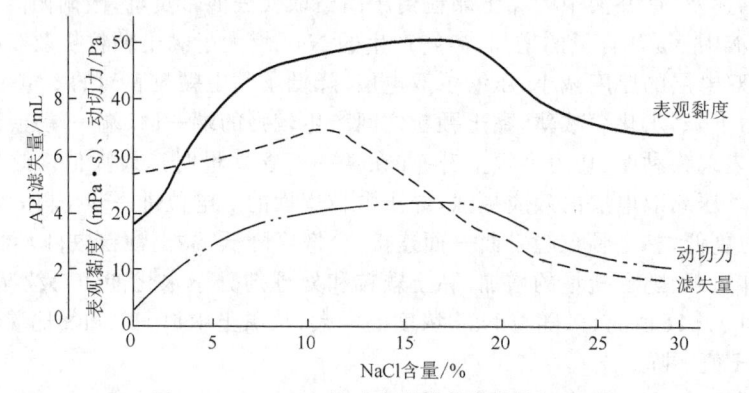

图1.22　NaCl 含量对聚磺钻井液性能的影响

随含盐量的增加，表观黏度、动切力、滤失量逐步上升，当含盐量到11％时滤失量达到最高，当含盐量到17％时，表观黏度、动切力达最大值，此后随着含盐量的增加而逐步下降。到含盐饱和时，表观黏度、动切力和滤失量达到最低并趋于稳定。聚磺钻井液中的磺化酚醛树脂分子结构中带有很强的磺甲基，对黏土颗粒的护胶作用更强。从性能来比较，含盐饱和后聚磺钻井液的表观黏度、动切力明显高于聚合物钻井液，而滤失量大大低于聚合物钻井液，表明聚磺钻井液抗盐能力比聚合物钻井液更强，即使在饱和盐水条件下，仍然保持了良好的性能。钻井液性能变化规律与图1.23平均粒度的变化基本一致。

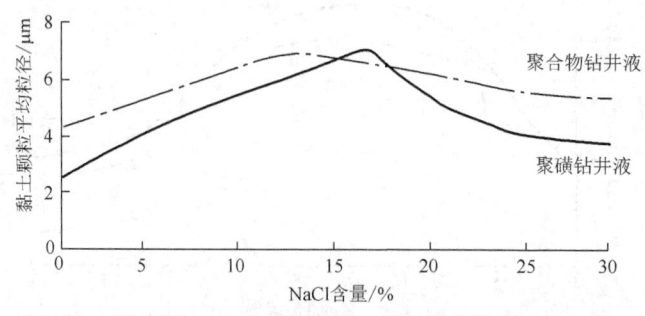

图1.23　NaCl 含量对黏土颗粒粒径的影响

1.5.1.4 抗盐钻井液体系

分散与聚结是贯穿于整个钻井液工艺的基本矛盾,微观黏土颗粒的分散与聚结平衡的移动反映在宏观上即为钻井液性能的变化。无机盐对钻井液的污染,破坏了黏土颗粒原有的分散与聚结平衡。如何保持钻井液良好的性能,使其在无机盐污染的情况下,仍能维持黏土颗粒原有平衡的相对稳定,是抗盐钻井液关键之所在。

传统的抗盐钻井液多为分散体系,如三磺钻井液、铁铬盐—褐煤—CMC体系等,这种分散体系抗盐能力有限,盐污染后性能剧烈变化、处理量大、不环保等问题,现已基本淘汰。新的抗盐体系多为聚磺钻井液体系。

抗盐钻井液体系建立的核心是抗盐处理剂,处理剂的抗盐能力直接决定了所组成钻井液的抗盐能力。若想抗盐钻井液有稳定良好的性能,就必须使处理剂能抵消和削弱无机盐压缩黏土颗粒双电层作用,即对黏土颗粒的有效"护胶"。

1. 抗盐处理剂分子结构设计

按照高分子聚合物耐盐性的一些研究结果和分析盐水钻井液的应用情况,抗盐聚合物钻井液处理剂应具备下述基本要求:

(1)在盐水中不发生盐析,即具备较好的溶解性。聚合物能否作为钻井液处理剂,在很大程度上取决于它的水化能力。只有强的水化能力,才能带来致密的溶剂化层,而且水化膜受无机盐的去水化作用影响要小。

(2)在黏土上应有很强的吸附并有较大的吸附量。处理剂要对黏土颗粒有效护胶,必须要有牢固的吸附,抵御高温解吸附的影响,同时也需要较大的吸附量。

(3)有极强的负离子基团,并占有较高的基团比例。在高矿化度条件下,仍能协调钻井液流变性和失水造壁性能,即能减弱无机盐压缩黏土颗粒扩散双电层而引起的黏土颗粒聚结的趋势。

(4)分子链刚性强,能抵抗无机盐引起的分子链卷曲收缩。

2. 两性离子聚合物分子结构特点

利用分子设计原理,两性离子聚合物以其特有的分子结构,较好地实现了上述要求。

(1)利用有机阳离子基团(季铵盐)与负电黏土表面的静电引力吸附,提高了分子链的吸附强度。

(2)在某种程度上可减少非离子基团数目,增加分子链节中水化基团(—COO$^-$、—SO$_3^-$)的数目,提高聚合物分子在黏土表面形成致密溶剂化层的能力。

(3)在分子链上引入不同多羟基化合物,有环状型,有支链型,增加了链的刚性和抗剪切能力。

(4)分子链中引入了水化能力比—COO$^-$更强的—SO$_3^-$,进一步增强了分子链的溶剂化能力。

(5)同时有机阳离子基团进一步增强了体系抑制性。

上述分子结构特点,使两性离子聚合物吸附在黏土颗粒表面形成很稳定的网架结构和致密的溶剂化层,在盐、石膏等电解质的污染下,仍能保证足够的水化性,溶解性和分子链长度,保持黏土颗粒分散—聚结的相对稳定,保护黏土颗粒多级分散的胶体特性,从而提高了钻井液抗盐、抗钙污染能力。表1.7是两性离子聚合物钻井液加盐后土粒粒度变化情况。

表1.7 两性离子聚合物钻井液在加盐后黏土颗粒粒度分析结果

组 成	粒度中值 $D_{50}/\mu m$	平均粒径 $D_{av}/\mu m$
5%膨润土基浆	2.20	2.98
基浆+0.5%X727+0.5%NPAN+0.3%FA-367	2.71	4.25
基浆+0.5%X727+0.5%NPAN+0.3%FA-367+5%NaCl	2.95	4.84
基浆+0.5%X727+0.5%NPAN+0.3%FA-367+13%NaCl	3.51	6.86
基浆+0.5%X727+0.5%NPAN+0.3%FA-367+30%NaCl	3.23	5.31

从以上分析结果看出,在有较强耐盐性的两性离子聚合物存在下,随着钻井液中 NaCl 增加,黏土颗粒中值 D_{50} 有增大现象,但并没有发生较大幅度的变化,没有出现黏土颗粒严重的聚结合并趋势。两性离子聚合物以其自身分子结构特点,在很大程度上减弱了黏土颗粒的聚结,降低了钻井液中黏土颗粒分散度受无机盐的影响程度。

3. 降滤失剂的选择

对于抗盐聚合物钻井液体系来说,护胶降滤失剂是体系组成的核心。抗盐能力强的两性离子聚合物降滤失剂 JT888 具有如下分子结构特点:

(1)在其分子结构中采用一种含有双键的有机阳离子单体和芳香环单体,既能提高抗温、抗盐钙降失水能力,又能增加体系中的抑制性;

(2)在保证适当的羧基比例下增加了强水化基团磺酸基的比例;

(3)引入不同多羟基化合物,一方面达到控制分子量设计要求,另一方面增加了链刚性和抗剪切作用,提高了抗盐抗钙降滤失能力。

由于该产品的分子链上有一定量的阳离子基团,能和黏土表面上的负离子形成静电吸附,增强了处理剂在黏土表面上的吸附强度,提高了在高温下抗脱附的能力。而强水化基团大大增加了黏土颗粒表面的电动电位和水化膜的厚度,对黏土颗粒提供了很好的保护,从而提高了钻井液抗盐钙浸污的能力。表 1.8 是两性离子降滤失剂 JT888 系列在饱和盐水钻井液中的降滤失情况。

表 1.8 两性离子降滤失剂 JT888 系列在饱和盐水钻井液中的降滤失情况

钻井液组成	处理剂加量 %	表观黏度 mPa·s	塑性黏度 mPa·s	动切力 Pa	滤失量 mL	pH 值
4%土浆+35%NaCl	0	8.8	6.0	2.8	78.0	6.5
4%土浆+1.5%JT888-1+35%NaCl	1.0	16.0	11.0	5.0	11.0	6.5
	1.2	16.5	11.5	5.0	7.0	6.5
	1.5	27.0	19.5	7.5	5.0	6.5
4%土浆+1.5%JT888-2+35%NaCl	1.0	18.0	13.5	4.5	12.0	6.5
	1.2	13.0	10.5	2.5	7.3	6.5
	1.5	12.5	10.0	2.5	5.0	6.5
4%土浆+1.5%JT888-3+35%NaCl	1.0	14.0	9.0	5.0	12.0	6.5
	1.2	13.5	10.0	3.5	9.0	6.5
	1.5	13.5	11.0	2.5	8.0	6.5

上述实验是在常温条件下进行的,从中可以看出,两性离子聚合物降滤失剂 JT888 具有较好的抗盐和降滤失能力,加量在 1.5% 时,能将饱和盐水钻井液滤失量降低到 5mL 的较低水平。但在温度作用下,这种能力会受到削弱。表 1.9 是两性离子降滤失剂 JT888 系列在饱和盐水钻井液中高温滚动后的降滤失效果。

表 1.9 两性离子降滤失剂 JT888 系列在饱和盐水钻井液中高温滚动后的降滤失情况

钻井液组成	处理剂加量 %	表观黏度 mPa·s	塑性黏度 mPa·s	动切力 Pa	滤失量 mL	pH 值
		钻井液性能(150℃热滚动 16h 后)				
4%土浆+35%NaCl	0	6.3	4.5	1.8	107.0	6.5

续表

钻井液组成	处理剂加量 %	钻井液性能(150℃热滚动16h后)				
		表观黏度 mPa·s	塑性黏度 mPa·s	动切力 Pa	滤失量 mL	pH值
4%土浆+JT888-1+35%NaCl	1.0	14.5	8.5	6.0	28.0	6.5
	1.2	14.5	9.0	5.5	16.0	6.5
	1.5	15.0	10.0	5.0	10.0	6.5
4%土浆+JT888-2+35%NaCl	1.0	13.5	5.0	8.0	31.0	6.5
	1.2	11.0	6.0	5.0	18.0	6.5
	1.5	8.0	6.0	2.5	13.0	6.5
4%土浆+JT888-3+35%NaCl	1.0	12.0	6.0	6.0	33.0	6.5
	1.2	9.5	6.0	3.5	20.0	6.5
	1.5	7.0	6.0	1.0	14.5	6.5

从表1.9可以看出,在150℃热滚动16h后,饱和盐水钻井液的滤失量显著增大,在高温作用下降滤失能力明显下降,而高温在饱和盐水钻井液的应用中是经常遇到的。因此在饱和盐水条件下,单靠两性离子聚合物降滤失剂JT888是无法对黏土颗粒提供足够护胶的。为此引入抗盐、抗温的护胶降滤失剂磺化酚醛树脂,与JT888复配,形成聚磺抗盐抗温体系。

两性离子聚磺饱和盐水钻井液体系见文档1.4。

文档1.4 两性离子聚磺饱和盐水钻井液体系

1.5.2 高温对钻井液性能的影响

随着世界能源需求的日益增长和浅层油气资源的日益枯竭,深井、超深井钻探成为挖掘地球剩余油气资源的重要技术手段。新一轮资源评价[1]表明,我国浅层石油资源几近枯竭,剩余油气资源主要埋藏分布在深部地层,70%超过5000m。因此,加快开发深部地层油气资源是保障国家能源安全的重要战略举措。

我国石油天然气储量的主力接替区——松辽、渤海湾、塔里木、准噶尔及四川等盆地深部储层的温度高达200～260℃。除高温外,有的储层还带高压,而高温高压并存是钻井工程中难度最大、风险最高的井。目前高温高密及高矿化度的三高钻井液技术是制约深部油气资源钻探开发的主要技术障碍,也是世界性的钻井工程难题和前沿技术。

1.5.2.1 高温对水基钻井液的影响

钻井液是黏土以胶体颗粒形态分散在处理剂溶液中的一种溶胶—悬浮体系。黏土颗粒与处理剂分子之间的相互作用,提供了满足钻井要求的各项钻井液性能。黏土颗粒的分散状态及与处理分子的吸附决定着溶胶—悬浮体系的稳定性,进而直接影响着钻井液性能。高温对钻井液性能的影响是体系内部微观胶体性质变化的外在反映。这种影响发生的原因是高温改变了黏土颗粒分散度、处理剂分子特性以及两者之间的相互作用。

1. 高温对黏土颗粒的影响

高温对黏土颗粒的影响包括高温分散、高温聚结和高温钝化三个方面。

---

[1] 中国石油第四次油气资源评价(2013—2016年)。

(1)高温分散。

所谓的高温分散是指高温促使黏土颗粒分散度增加、黏土粒子浓度增多、比表面积增大的现象。钻井液用黏土主要成分为蒙脱石,其自身具有很强的水化能力,遇水后会发生水化膨胀和分散。而高温使黏土颗粒的热运动加剧,这一方面增强了水分子渗入黏土晶层内部的能力,另一方面使黏土颗粒表面的阳离子扩散能力增强,导致扩散双电层增厚,ζ电位提高,因而强化了黏土的水化分散能力,促使黏土颗粒分散度增加,颗粒数目增多,比表面积增大。高温分散实质上仍然是水化分散。

高温分散增加了黏土颗粒的数目,对钻井液流变性的影响比较突出,且不可逆,体现在钻井液性能上为高温增稠和高温胶凝。高温分散作用有害无益,但又无法完全消除。要降低高温分散的影响有两条途径。其一是使用抗高温处理剂、引入高价金属离子以及控制较低的pH值,均有利于抑制黏土的高温分散。其二是控制黏土含量在体系容量限之下。室内研究和现场实践表明,高温分散引起的高温增稠与黏土含量密切相关。当黏土含量较低时,高温分散引起的是高温增稠。而当黏土含量增加到某一数值时,高温分散会导致高温胶凝,钻井液变成强凝胶而失去流动性,性能完全破坏。这个发生高温胶凝的最低黏土含量称为黏土的高温容量限,每一种钻井液体系的黏土高温容量限均不相同,只能通过室内实验确定。对于任何一种抗高温水基钻井液体系,都必须将黏土含量控制在该体系的高温容量限之下。

(2)高温聚结。

高温聚结是指高温促使黏土颗粒聚结,分散度下降、黏土粒子浓度降低的现象。在高温下,一方面水分子热运动加剧,水分子在黏土表面和水化基团周围的定向趋势减弱,降低了处理剂的水化能力;另一方面,随温度升高,处理剂从黏土颗粒表面解吸附的趋势增强,处理剂护胶能力减弱。同时黏土颗粒的热运动加剧,增加了黏土颗粒碰撞的概率,致使多级分散的黏土颗粒趋向于聚结,颗粒变粗,有效浓度大大降低。高温聚结是与黏土颗粒高温分散相反的过程,且两者并存。

(3)高温钝化。

高温钝化是指黏土颗粒经高温作用后,表面活性降低的现象。其作用机理是在高温作用下,黏土颗粒表面及内部与钻井液中Ca^{2+}、OH^-发生反应,产生水化硅酸钙,黏土颗粒表面活性下降,对处理剂吸附作用降低,钻井液结构黏度和凝胶强度下降。高温钝化往往与高温聚结同时出现,引起钻井液高温聚沉,水土分层,胶体性质破坏,结构解体。

黏土颗粒在高温作用下,究竟呈现什么样的状态取决于黏土种类、黏土颗粒表面负电性、钻井液化学抑制环境(pH值、高价金属离子种类及浓度),以及黏土颗粒与处理剂之间的相互作用。也可能两种、三种作用同时发生,只是某一种作用更加突出而已。表1.10是两性离子聚磺钻井液在高温作用下,黏土颗粒的粒度变化情况。

表1.10 两性离子聚磺钻井液在高温作用下黏土颗粒分散度变化情况

样品代号	状态	粒度中值 $D_{50}/\mu m$	平均粒径 $D_{av}/\mu m$	比表面积/(m²/g)
6-4-13	未经热滚动	5.82	10.34	22161
	200℃热滚动16h后	3.36	5.59	30382
	220℃热滚动16h后	3.79	6.91	28416
	240℃热滚动16h后	15.04	17.12	11831

从表1.10可以看出,样品在200～220℃高温作用后,黏土颗粒粒度中值和平均粒径与热滚动前对比均有显著的降低,黏土颗粒变细,显示黏土颗粒高温分散趋势比较明显。样品

6-4-13经240℃高温滚动后,固相颗粒粒度中值和平均粒径与热滚动前对比显著上升,黏土颗粒变粗,表明随着温度的进一步升高,黏土颗粒由200～220℃时的高温分散转换为240℃时的高温聚结。可以预测,该样品随着温度的进一步提高,高温聚结情况越发严重,到某一临界温度,将出现高温聚沉,钻井液胶体性质破坏,结构解体。

2. 高温对处理剂的影响

高温对处理剂的影响包括高温降解和高温交联两种作用。

(1)高温降解作用。

高分子聚合物受高温作用而产生分子链断裂的现象称为高温降解。对于钻井液处理剂,高温降解包括高分子主链断裂和亲水基团与主链连接键断裂两种情况。前者使处理剂分子量大大降低,部分或全部丧失高分子特性。后者使处理剂水化能力减弱,对黏土颗粒的护胶能力下降。两种情况最终均会导致处理剂的效能大幅下降,甚至完全失效。

任何高分子聚合物在高温条件下均会发生降解,但发生降解的温度会因分子结构和外界条件的差异而有所不同。高温降解是导致处理剂失效的主要原因,因此把处理剂在水溶液中发生明显降解时的温度定义为处理剂的抗温能力。影响降解的因素除温度与作用时间外,主要取决于处理剂分子结构。研究表明,凡处理剂分子结构中有在溶液中易被氧化和水解的键,就容易发生高温降解。例如,醚键就比碳—碳、碳—氮、碳—硫键等饱和键在溶液中更易发生降解,因此淀粉及其衍生物类降滤失剂的抗温能力就不高。同理易水解的酯键,在高温下水溶液中也容易降解。此外,高温降解还与钻井液pH值、矿化度、剪切强度等因素有关。一般而言,高pH值会促进降解作用的发生,强烈的剪切作用也会加剧分子链降解。表1.11是常用钻井液处理剂的抗温能力。需要说明的是,降解温度与pH值、矿化度、剪切强度、含氧量等多种外界因素有关,表中数据是相对的。

表1.11 常用钻井液处理剂抗温能力

处理剂名称	代号	抗温能力/℃	处理剂名称	代号	抗温能力/℃
羧甲基淀粉	CMS	<130	磺化酚醛树脂	SMP	≤250
铁铬盐	FClS	<180	褐煤树脂	Resinex/SPNH	≤230
羧甲基纤维素	CMC	<180	丙烯酸钠—乙烯磺酸盐	CDP/TDS	≤260
水解聚丙烯腈胺盐	NPAN	<180	新型磺化聚合物	Polydrill	≤260
两性离子聚合物包被剂	FA-367	≤230	钻塞坦	Dristem	204
磺化丹宁	SMT	≤200	钻塞克	Driscal	≤250
磺化褐煤	SMC	≤220			

处理剂的抗温能力与由它处理的钻井液抗温能力是紧密相关而又完全不同的两个概念。处理剂的抗温能力是就单剂而言,是指分子主链断裂和基团与主链连接键断裂的温度。而钻井液是由膨润土、多种处理剂复配成,钻井液的抗温能力是指体系失去热稳定性而使性能发生破坏时的最低温度。显然后者影响因素更多,除了与处理剂的抗温能力有关外,还与黏土含量、离子种类、矿化度、处理剂之间协同作用等因素有关。

高温降解将对钻井液性能带来严重影响。通常起什么作用的处理剂降解,相对应的钻井液性能即被破坏。因此处理剂热降解对钻井液性能的影响是全方位的,除滤失量大幅增加外,还可能是高温增稠、高温胶凝甚至高温固化,也可能是高温减稠,甚至固相聚沉。

(2)高温交联作用。

在高温的作用下,处理剂分子结构中的各种不饱和键和活性基团会发生相互交联,导致分子量增大,这个现象称为高温交联。由于反应结果增大了分子量,因此可把它看成是与高温降解相反的作用。

木质素及其衍生物、腐殖酸及其衍生物、栲胶及其衍生物、合成树脂类处理剂等分子结构中均含有大量可供交联反应的官能团和活性基团,此外在这些改性和合成的产品中必然含有一定的剩余交联剂(如甲醛),这样就为处理剂分子之间的交联反应提供了充分的条件。

高温交联对钻井液性能的影响有好与坏两种可能。如果交联适当,适度增大处理剂的分子量,弥补和抵消高温降解引起的破坏作用,相当于对处理剂进行改性增效,高温钻井液性能得到改善。在抗高温钻井液的应用中,利用适度交联反应改善钻井液性能典型的例子是磺化酚醛树脂与磺化褐煤的交联增效作用。室内研究和现场试验表明,高温下磺化酚醛树脂与磺化褐煤复配使用的效果优于它们单独使用的效果,复配处理的钻井液在高温老化后的性能好于老化前性能,表现为高温后黏度、切力稳定,滤失量下降。这种复配增效作用一方面是SMC促使SMP在黏土表面的吸附量大大增加,从而使黏土颗粒表面的ζ电位明显增大,黏土颗粒的水化能力增强。另一方面是磺化酚醛树脂与磺化褐煤在高温和碱性条件下适度交联的结果。但若交联过度,处理剂分子形成体型网状结构,处理剂失去水溶性而完全失效,必然破坏钻井液性能,严重时钻井液变成胶凝态,失去流动性。

3. 高温对处理剂与黏土相互作用的影响

分散与聚结是构成钻井液体系最核心的一对矛盾,黏土颗粒分散与聚结平衡的建立提供了稳定的钻井液性能,而分散与聚结的移动则必然会改变钻井液性能。聚合物分子通过在黏土颗粒表面的吸附并提高电动电位,保护黏土颗粒的胶体分散性,稳定黏土颗粒分散与聚结的平衡,稳定钻井液性能。聚合物的吸附性、水化性和分子构象决定了它在黏土颗粒表面的吸附特点及规律,高温正是通过对上述三方面的影响,大大降低了聚合物处理剂的处理效能。

(1) 高温对聚合物水化性的影响。高温对聚合物有去水化作用,高温会促使黏土颗粒表面和处理剂水化基团不同程度地释放出水化水分子,减薄其水化膜厚度,降低它们的水化能力。大大降低处理剂分子对黏土颗粒的保护,导致处理剂在钻井液中处理效能下降甚至失效,表现为失水量大大增加。

(2) 高温对聚合物在黏土表面吸附的影响。高温促使聚合物从黏土颗粒表面解吸附的趋势增强,引起处理剂在黏土颗粒表面的吸附量大大降低,使黏土颗粒失去处理剂的护胶保护。高温引起的其他作用凸显,诸如高温分散、高温钝化、高温聚结等加剧,表现为钻井液热稳定性变差。

(3) 高温对聚合物分子构象的影响。溶解在水中的聚合物,因静电斥力和溶剂化作用使高分子链扩张、伸展,并与黏土颗粒吸附、桥联、成网而调节和控制钻井液性能。高温有可能使分子链主链或亲水基团、吸附基团的侧链断裂而降解,使分子量大大降低,亲水性、吸附性大大减弱。此外高温去水化作用使聚合物分子的水化膜减薄,水化能力减弱。这些作用共同使聚合物分子链形态发生卷曲、变形,线团尺寸收缩,进而影响聚合物对钻井液的处理效能。

概言之,高温通过影响黏土颗粒的分散度,处理剂吸附、水化、分子量、分子链形态等特性,以及两者之间的相互作用,破坏黏土颗粒分散与聚结的平衡,改变黏土颗粒的分散度和水化性,进而影响钻井液流变性、滤失量等性能。

4. 高温对钻井液失水性和流变性的影响

高温对钻井液性能的影响主要包括两个方面,其一是钻井液失水性能,其二是钻井液流变性能。

(1)对失水性能的影响。

通常钻井液失水量随温度的增高而趋于上升,初期缓慢上升,到接近钻井液抗温能力限度时,失水上升幅度加大,超过钻井液抗温能力时,失水大幅增加,以致失控。

(2)对流变性能的影响。

高温对钻井液流变参数的影响分两种情况。一是高温减稠,随着温度的升高,钻井液黏度、切力趋于下降,在钻井液抗温能力内,这种过程是可逆的,通常是由聚合物的高温去水化和高温解吸附引起。但当温度超过钻井液的抗温能力时,钻井液黏度切力大幅降低,切力甚至为零,体系胶体性质破坏,伴随着水土分层、固相聚沉。这种情况通常是由黏土颗粒高温聚结、高温钝化以及处理剂高温降解等引起。二是高温增稠,随着温度升高,钻井液黏度、切力趋于上升,这个过程是不可逆的,但在抗温能力内,黏度、切力增加幅度有限。当温度超过钻井液抗温能力时,钻井液流变性能恶化,钻井液严重稠化,甚至出现高温胶凝,失去流动性。这种情况通常是由黏土颗粒高温分散、处理剂高温交联、处理剂高温降解失效等引起。高温增稠多发生在膨润土含量较高、pH 值较高的情况下。

实际上钻井液在高温下呈现出来的性能变化是上述多种因素共同作用的结果,高温下失水上升是普遍规律。而流变参数的变化则要复杂得多,主要取决于黏土类型、黏土含量、pH 值、高价金属离子种类及浓度、处理剂的分子结构和抗温能力、温度高低和作用时间等。显然,黏土的水化分散能力越强、含量越高,pH 值越高,高温增稠的趋势越强。反之高温增稠的趋势越弱,甚至出现高温减稠。

上述影响因素中,黏土含量对抗高温钻井液来说是一个极为重要的指标,每一种高温钻井液体系均有一个黏土高温容量限,控制黏土含量低于高温容量限是抗高温的先决条件。由此可见,强化固相控制,减少地层劣质固相在钻井液中的积累,并控制合理的膨润土含量,是超深井抗高温钻井液的重要基础。

1.5.2.2 抗高温处理剂作用原理

1. 对抗高温钻井液处理剂的要求

根据高温对处理剂的影响,抗高温处理剂应满足下列要求:

(1)高温稳定性好,高温条件下不易降解;

(2)在黏土颗粒上有很强的吸附能力,高温解吸趋势弱;

(3)有很强的水化基团,降低高温去水化作用的影响;

(4)能有效地抑制黏土的高温分散作用;

(5)在有效加量范围内,抗高温降滤失剂不能使钻井液显著增稠;

(6)在 pH 值较低(7~9)时也能充分发挥作用,以免加剧高温分散趋势,防止高温胶凝和高温固化。

2. 抗高温处理剂的分子结构特征

要满足上述要求,抗高温处理剂应具备下述分子结构特征:

(1)分子链刚性强,处理剂分子主链以及主链与亲水基团连接键应为碳—碳、碳—氮、碳—硫等键,避免分子结构中有易氧化的醚键和易水解的酯键。

(2)在处理剂分子中引入 Al^{3+}、Fe^{3+} 等高价金属阳离子,使其与有机处理剂形成络合物,利用高价金属离子与负电的黏土颗粒发生静电吸附,增强处理剂在黏土表面的吸附能力。在分子结构中引入阳离子基团也可起到类似的效果。这种电性吸附强度远高于氢键等极性吸附,且受温度影响小,高温解吸附趋势弱。此外,高价金属离子也有利于抑制黏土颗粒的高温分散。

(3)主要水化基团应采用亲水性强的离子基,如磺甲基($-CH_2SO_3^-$)、磺酸基($-SO_3^-$)和羧基(—COO⁻)等,以保证即使在高温条件下处理剂仍然能维持良好的水化能力,为黏土颗粒提供足够厚的水化膜,抵抗高温去水化的影响,维持钻井液的热稳定性。

(4)护胶降滤失剂分子量不宜过大,在降滤失的同时不显著增加钻井液黏度。对于高温钻井液来说,钻井液性能控制的难点在滤失量和流变性,理想的情况是在降低滤失量时能改善流变性。

(5)为了抑制高温分散,抗高温钻井液的 pH 值不宜过高,这要求处理剂在较低 pH 值范围也能充分发挥效能。因此亲水基团的亲水性受 pH 值影响要小,可在中性或弱碱性范围内使用,带有磺酸基的处理剂具有这个特点。

1.5.2.3 抗高温水基钻井液体系

抗高温水基钻井液通常是聚磺钻井液,通过引入磺化处理剂,增强对黏土颗粒的护胶能力,使黏土颗粒分散与聚结平衡在高温下仍能保持稳定,维持钻井液性能良好。如何评判钻井液的抗温能力呢?具体包括以下几个方面:其一是高温滚动前后钻井液高温高压失水均应小于 20mL;其二是高温作用前后钻井液流变性能稳定,不严重稀释、也不显著增稠,更不能出现高温聚沉或高温胶凝等钻井液结构解体的问题;其三是钻井液高温高压流变性优良。上述三条要求往往有其内在联系,本质上都是反映高温下或高温作用后,处理剂特性与黏土颗粒分散度的改变状况。要实现这些目标,需要组成抗高温钻井液的处理剂在高温下不显著降解、不严重交联,且高温解吸和高温去水化作用较轻。

抗高温钻井液的基础在于处理剂是否能在高温条件下对黏土颗粒胶体特性提供足够的保护。而处理剂能否抗得住高温,一方面是看分子链是否在高温下热解,通常—C—C—链在 250℃左右不会断裂,因此主链不会有问题。最主要的是取决于它的水化能力,水化能力强,即使在高温下仍然具有很好的水化性,抵抗高温去水化影响。同时还要看处理剂的吸附基团,在高温下仍然能牢固吸附在黏土颗粒表面,抵抗高温解吸附影响。

我国的抗高温钻井液体系由 20 世纪 60 年代的钙处理钻井液,70、80 年代的三磺钻井液发展,发展到现阶段的聚磺钻井液。目前聚磺钻井液已成为抗高温水基钻井液的主流体系,该体系结合了聚合物钻井液和磺化类钻井液的优点,具有抗温能力好(200~250℃)、抗盐类污染能力强(饱和盐)、组成简单、工艺成熟、成本低等特点,广泛应用于深井、超深井、高温井的钻探施工中。具体的抗高温聚磺钻井液体系在下一节中介绍。

1.6 常用钻井液体系

钻井液是钻井工程所用各种流体的统称,包括水基、油基和气基三大类。水基钻井液因成本低、工艺简单、性能易于调控而广泛应用于世界油气田的勘探开发之中。

近 10 年来,随着油气勘探向深部地层扩展和非常规油气的开发,超大位移水平井、超高温井、深部盐膏层等高难度井和复杂地层越来越普遍。传统的水基钻井液难以满足这些高难度井钻井工程的需要,油基钻井液以其抗高温和抗污染能力强、抑制防塌性和润滑性好、保护油气层以及可重复利用等特点,得到越来越广泛的应用。尤其是合成基钻井液的成功开发,使这种具有油基钻井液优点又具有生物降解、无毒环保的新型油基钻井液展示了广阔的应用前景,成为海洋钻井和各种高难度井以及复杂地层钻井的一种重要技术手段。

1.6.1 水基钻井液

水基钻井液包括细分散钻井液、粗分散钻井液、不分散低固相聚合物钻井液、聚磺钻井液、盐水(咸水、海水、饱和盐水)钻井液等多种类型。随着科学技术的发展与进步,分散型水基钻井液已基本被淘汰。目前现场应用最多的是以各类聚合物处理剂为主体的聚合物钻井液、聚磺钻井液和聚磺(饱和)盐水钻井液。

1.6.1.1 聚合物钻井液

聚合物钻井液(polymer drilling fluid)是20世纪70年代发展起来的一种水基钻井液,这种钻井液是以线性水溶性聚合物作为处理剂来调控钻井液的滤失性能和流变性能。比传统的细分散钻井液具有更好的剪切稀释能力和固相控制能力,更适合于高压喷射钻井对钻井液的流变性和低固相要求。聚合物钻井液目前仍是3000m以内的浅井的主流钻井液体系,也广泛应用于中深井、深井、超深井中3000m以内的浅部地层。

1. 聚合物钻井液组成

除了清水、膨润土和加重剂外,聚合物钻井液的处理剂主要包括以下三种。

(1)聚合物包被剂。聚合物包被剂(polymer encapsulators)是聚合物钻井液的核心处理剂。一般是分子量较大的链状水溶性高分子,分子量约为$(200\sim300)\times10^4$,分子链上有较高比例的吸附基团(如—CN、—OH、—CONH$_2$、N$^+$等极性基团)和一定比例的水化基团(如—COO$^-$、—CH$_2$SO$_3^-$等负电基团)。在钻井液中主要有以下作用:一是包被钻屑,使其保持较粗状态,提高机械固相控制设备的清除效率;二是与黏土颗粒吸附桥联,形成凝胶网状结构,改善钻井液的剪切稀释性、触变性等流变性能;三是有增黏作用,当遇到某些情况需要提高的钻井液黏度时,通过增加包被剂的含量,可以快速提高黏度。

(2)聚合物降滤失剂。聚合物降滤失剂(polymer filtration control agent)是分子量中等的水溶性高分子,分子量一般在$(10\sim20)\times10^4$,分子链上有较高比例的水化基团和一定比例的吸附基团。在钻井液中的主要作用是降低钻井液滤失量。其作用机理是聚合物降滤失剂分子链上的吸附基团吸附在黏土颗粒表面,大量的负电基团增大土粒表面的ζ电位,提高了土粒之间的斥力,大大提高了土粒的聚结稳定性,有利于维持钻井液中细土粒的含量,形成致密滤饼。其次负电基团的水化强化了土粒表面的水化层,吸附水化层具有高的黏弹性,具有很好的堵孔作用。此外降滤失剂良好的水化性可增大滤液黏度,降低钻井液滤失量。

(3)聚合物降黏剂。聚合物降黏剂(polymer thinners)是分子量很低的水溶性高分子,分子量在2000左右,分子链上有较高比例的水化基团和很强的吸附基团。其作用机理包括以下几方面:一是降黏剂可吸附在黏土颗粒带正电的边缘,大量水化基团带来厚的水化层,从而削弱和拆散了黏土颗粒通过端—面、端—端连接形成的空间网架结构,降低钻井液的黏度、切力;二是降黏剂通过吸附在黏土表面提高黏土颗粒的ζ电位,提高了土粒之间的斥力,降低黏土颗粒形成结构的能力;三是分子量很低的降黏剂可优先吸附于黏土颗粒,也可与包被剂形成络合物,部分消耗了包被剂的吸附基团,降低了黏土颗粒与聚合物分子链间的结构强度和密度,因而可降低钻井液的的黏度和切力。

2. 聚合物钻井液特点

理论和实践证明,聚合物钻井液与传统的细分散钻井液相比,具有下列特点。

(1)可维持低固相含量和低的亚微米颗粒含量。大量研究表明,钻井液固相含量是影响机械钻速的重要因素,尤其在固相含量小于4%的低固相范围内,固相含量的影响更为突出。在固相组成中,小于$1\mu m$的"亚微米"颗粒对机械钻速的影响是大于$1\mu m$的较粗颗粒的13倍。因此,维持钻井液中低的固相含量和低的亚微米颗粒含量有利于提高机械钻速。

钻屑在钻井液中的分散和积累无法完全消除,必然对钻井液的性能带来影响。传统的细分散钻井液是通过大量使用分散剂来提高钻井液对钻屑的容量限,降低钻屑分散对钻井液性能的影响。而分散剂的使用,促使固相颗粒分散越来越细,亚微米颗粒含量越来越高,甚至可高达80%。与此不同,聚合物钻井液对钻屑的处理更为合理有效。它是通过聚合物包被剂对钻屑的吸附包被作用,避免钻屑分散,保持较粗形态的钻屑被钻井液流携带到地面后,通过机械固控设备高效清除,大大降低了钻屑在钻井液中的分散和积累,因此能保持低固相和低亚微米颗粒含量。

(2)具有良好的剪切稀释特性。长链高分子的引入,使钻井液中只需少量的黏土即可与长链聚合物分子通过吸附桥联形成适度的凝胶网状结构。这种结构与传统的细分散钻井液(黏土含量较高)黏土颗粒端—面、端—端形成的结构受剪切速率的影响更大,剪切稀释性能更好。因为这种凝胶网状结构在高剪切速率很容易被拆散,黏度和切力大大降低,有利于提高钻头水马力。在低剪切速率或静止条件下,结构又能很快恢复,黏度、切力增大,因而有利于钻井液环空中携带和悬浮钻屑、加重剂,尤其适用于高压喷射钻井。

(3)抑制性强、控制地层造浆能力强、防塌防膨性好。聚合物处理剂有一个共同点,即都有良好的水化性,可在中性、弱碱性条件下使用,不需使用烧碱,避免了大量 OH^- 引起的强分散作用。另一方面,长链聚合物可在泥页岩表面发生多点吸附,在井壁表面形成较致密的吸附膜,可以减慢自由水进入泥页岩的速度,对泥页岩的水化膨胀有一定抑制作用。此外,包被剂吸附在钻屑表面,抑制钻屑的水化分散,有利于机械固控设备高效清除,大大减少了钻屑分散造浆引起的钻井液性能变化。

(4)对油气层伤害小。聚合物钻井液抑制能力强、防塌防膨性好,可不用烧碱和其他强分散性处理剂,黏土固相较低,因此对油气层伤害程度较小,尤其适用于黏土矿物含量较高的水敏性油气层。

(5)抗温、抗盐能力不足。从聚合物钻井液的组成和聚合物分子结构来看,聚合物钻井液抗温、抗盐能力不足。主要原因是聚合物在高温、盐水条件下,对黏土颗粒的保护能力不足,黏土颗粒分散—聚结平衡容易被打破,使钻井液性能不够稳定。若能在聚合物处理剂分子链上引入更强的吸附基、水化基,则能显著改善其抗温、抗盐能力。

3. 聚合物钻井液使用要点

聚合物钻井液具有抑制能力强、剪切稀释性好、对油气层伤害小等许多优点,但如果掌握不好、处理不当,聚合物钻井液的抑制性就会大大削弱,带来黏度偏高、结构偏强、流变性差、控制不住地层造浆、易泥包钻具等问题。要充分发挥聚合物钻井液的优异特性,应注意以下几个关键点。

(1)保持聚合物包被剂的合理含量,连续使用,全井使用。聚合物钻井液控制地层造浆、抑制劣土分散的能力,是通过聚合物包被剂吸附、桥联絮凝劣土、包被钻屑来实现的。在钻井施工的动态情况下,包被剂要吸附消耗,随钻屑劣土排除。地层造浆性越好,吸附消耗越快。因此采用合理的维护处理工艺,保持钻井液中包被剂足够的含量,是维持聚合物钻井液强抑制性的基础,是控制地层造浆的条件。但在实际应用中常常被人们忽视,包被剂加量不足,得不到及时补充,甚至完全停用。这种情况下聚合物钻井液的抑制能力不足,控制地层造浆能力下降,劣土在钻井液中分散积累,必然造成黏切大幅升高、流变性恶化,被迫大量稀释处理,或者加入分散型处理剂来稀释降黏,转变成分散型聚合物钻井液。此外浅井段未能控制好地层造浆,进入深井段因黏土含量过高出现钻井液结构过强、开泵困难等一系列的问题。造成包被剂加量不足的原因是人们认为包被剂分子量高,加入后会提高钻井液黏度、切力。实际上,包被剂刚加入时,钻井液未经高速剪切,在循环罐内黏度确有上升现象,但这是一种假象,钻井液经过井内循环剪切后,合理加量范围内黏度不但不会上升,反而有助于降低黏度。

(2)应保持较低的黏度切力,避免钻具泥包。聚合物钻井液多用于上部地层,可钻性好、泥岩发育、机械钻速快、环空岩屑浓度高。在满足携带和悬浮钻屑的前提下,尽量维持较低的黏度切力。一方面可降低沿程压耗,提高钻头水马力;另一方面可提高钻井液对井壁、钻具的冲刷能力,避免钻具泥包。此外不能要求过低的失水,避免大量地加入聚合物降滤失剂。因为聚合物降滤失剂,带有较强的水化基团,具有较强的吸附水化能力,过多的聚合物降滤失剂必然减少钻井液中的自由水,带来钻井液黏度、切力高的问题。此外,钻井液液相黏度高就有类似于胶水的黏性,将钻屑、劣土颗粒黏附在井壁,形成厚的假滤饼,带来起钻遇卡甚至拔活塞等井下复杂问题。

(3)尽量少用或不用烧碱,维持相对较低的pH值。聚合物钻井液的pH值不宜高,也不需要高。单纯从聚合物钻井液的角度来说pH值7.5也可接受,适宜的pH值范围是7.5~8.5。在正常情况下,除配浆外聚合物钻井液中尽可能不加烧碱及纯碱等碱类物质。pH值越高,OH^-越多。而OH^-会使黏土颗粒表面的负电性增加,水化能力增强,削弱了聚合物钻井液的抑制能力,不利于控制地层造浆和防止泥岩地层的水化。关于OH^-对泥页岩水化、膨胀及分散的影响,国外学者进行了大量的试验研究,结果证明OH^-对不易水化分散的伊利石也起着促进水化和分散的作用。

(4)避免使用分散型处理剂。对于分散型处理剂在聚合物钻井液中的使用,历来是个颇有争议的问题。实际上,在聚合物钻井液中适量使用分散型处理剂并非绝对不可,比如在深井阶段适当添加分散型处理剂,拆散过强的聚合物网状结构,改善滤饼质量。尽管分散型处理剂对聚合物钻井液表观性能并无不良影响,但应认识到,分散型处理剂对聚合物钻井液一些深层次的特性确有负面影响。这是因为分散型处理剂分子量一般较低,在钻井液中能优先于高分子聚合物吸附在黏土颗粒表面,削弱了高聚物的吸附能力,降低了聚合物钻井液的抑制及防塌能力。此外许多分散型处理剂需要较高的pH值才能发挥作用,离不开烧碱,这也给钻井液带来不利影响。因此在聚合物钻井液中尽量不使用分散型处理剂,特别是造浆井段更应谨慎。

(5)控制较低的黏土含量。与传统的细分散钻井液中黏土颗粒直接接触成网不同,聚合物钻井液是通过黏土颗粒与聚合物分子链吸附、桥联而形成凝胶网状结构,因此只需较低黏土含量,即能提供满足钻井工程所需的携带和悬浮能力。此外,过高的黏土含量必然带来黏度切力偏高、触变性过强、钻井液性能不稳、处理量大的问题。因此控制好膨润土含量对用好聚合物钻井液极为重要。黏土含量的控制应从两个方面下手:一是严格控制配浆用膨润土量;二是用化学与机械的方式控制好地层造浆。

(6)组成和配方力求简单,采用等浓度维护处理技术。通常聚合物钻井液包含三种处理剂(包被剂、降滤失剂、降黏剂)就能满足大多数浅井、中深井钻井需要。在聚合物钻井液应用中尽量避免处理剂品种太多、太杂。一种好的钻井液体系,其组成应力求简单,处理剂性能高效、功能突出,形成分子量的高、中、低搭配。此外,钻井液性能稳定的前提是钻井液组成的稳定。在动态条件下,钻井液中既有固相的侵入,也有水相的流失,还有处理剂的吸附耗损,采用等浓度维护处理技术是保持钻井液组成稳定的有效途径。

需要强调的是聚合物包被剂是聚合物钻井液抑制性建立的基础,要连续使用,全井使用。浅井段包被钻屑,控制地层造浆,吸附消耗快,用量较大。深井段主要作用是调节流型,保持钻井液良好的剪切稀释特性和提供抑制性,控制黏土颗粒处于适度的分散—絮凝平衡状态,用量相对较小。

1.6.1.2 两性离子聚合物钻井液

所谓的两性离子聚合物钻井液(amphoteric polymer drilling fluids),是指分子链中同时含有阴离子基团、阳离子基团以及非离子基团的聚合物。与阴离子聚合物相比较,由于引入阳离子基团,它与黏土颗粒作用呈现不同的特点,表现出更优异的剪切稀释能力、更强的抑制性和抗温抗盐能力。

1. 两性离子聚合物特点

(1)由于黏土粒子表面带负电荷,与分子链上的有机阳离子基团能够产生强烈吸附,而且由于吸附键很强,能更快、更牢固地吸附,因而只需少量的阳离子基在黏土表面的吸附就可达到阴离子聚合物中大量非离子吸附基的吸附水平。同时这样可以使分子链中保持更高比例的阴离子水化基团,使聚合物絮凝能力减弱,聚结稳定性增强。

(2)阳离子基团在黏土表面吸附中和了黏土粒子表面负电荷,使黏土颗粒的水化能力减弱,从而对钻井液体系提供强抑制性。

(3)两性离子聚合物特有的分子结构,使其分子间更容易发生缔合形成链束,并通过聚合物的强烈吸附产生对黏土粒子的完全包被作用,更增强了体系的抑制性。

(4)两性聚合物分子中拥有大量的水化基团,能在其周围形成致密的溶剂化层,这样一方面当聚合物吸附包被黏土颗粒后形成致密的包被膜,阻止或减缓水分子与黏土表面接触;另一方面,大量水化基团在黏土颗粒表面形成的溶剂化层,又提供了颗粒的空间稳定性,实现减弱絮凝、稳定钻井液胶体稳定性的目的。也就是通过阳离子基团的强吸附和电中和,以及聚合物链束的强包被给钻井液提供强抑制性,同时通过大量阴离子基团的致密溶剂化层给钻井液提供性能稳定,达到利用自身分子结构就能协调抑制性和维持良好性能间关系的目的。并且两性聚合物还能够同现有的钻井液体系和阴离子聚合物处理剂兼容。

2. 两性离子聚合物处理剂

(1)两性离子聚合物包被剂(FA-367)。两性离子聚合物包被剂FA-367是在分子链上同时引入有机阳离子基团、有机阴离子基团和非离子基团,分子量在200×10^4左右的线性聚合物处理剂。其作用机理是通过阳离子基团与黏土颗粒的静电吸附和正负电性中和,以及聚合物链束的强包被为钻井液提供强抑性,同时通过大量阴离子基团的致密溶剂化层提供了颗粒的空间稳定性,实现包被钻屑抑制分散的同时,减弱絮凝趋势,增强钻井液的胶体稳定性。该剂在淡水钻井液中的加量为0.2%~0.3%,在饱和盐水钻井液中的加量为0.5%~0.8%。

(2)两性离子聚合物降滤失剂(JT-888)。两性离子聚合物降滤失剂JT-888是在水溶液中能够同时离解带正电和带负电基团的线性高分子聚电解质,分子量在$(20\sim50)\times10^4$。分子链上有季铵盐阳离子基团,有酰胺基非离子基团和磺酸基阴离子基团。该剂在淡水钻井液中的加量约为0.3%~0.5%,在饱和盐水钻井液中的加量为0.8%~1.0%。

(3)两性离子聚合物降黏剂(XY-27)。两性离子聚合物降黏剂XY-27是在分子链上同时引入有机阳离子基团、有机阴离子基团和非离子基团,分子量在2000的稀释剂,属乙烯基单体多元共聚物。其作用机理是:由于分子量小且含阳离子基团,能优先于其他聚合物吸附在黏土颗粒上,拆散或减弱了黏土粒子与高分子聚合物的凝胶网状结构,降低结构黏度。同时分子链上的有机阳离子基团通过静电吸附于黏土表面,中和了黏土表面负电荷,减弱黏土的水化作用。此外分子链中带有大量的水化基团形成的水化膜,阻止自由水分子与黏土表面接触而提高了黏土颗粒的抗剪切强度,有效地增强体系抑制性。该剂在淡水钻井液中的加量为0.2%~0.5%,在饱和盐水钻井液中的加量为0.5%~0.8%。

3. 两性离子聚合物钻井液组成及性能

两性离子聚合物钻井液常用于深度在3000m以内的浅井,或深井、超深井的浅井段,一般多为低密度、低固相、淡水条件。因该体系具有良好的抑制能力和优异的剪切稀释特性,尤其适用于地质年代新、成岩作用差、泥岩发育、造浆性强的地层快速钻进。两性离子聚合物钻井液配方为:

4%～5%膨润土浆+0.3%FA-367+0.3%JT-888+0.3%XY-27

在性能控制上,两性离子聚合物钻井液应把流变参数放在第一位,侧重于较低的黏度切力,其次 API 中压失水不能要求过低,应保持适当。表 1.12 是中哈长城钻井公司在哈萨克斯坦扎纳若儿油田 5002 井 1260m 深度的实测性能,是典型的不分散低固相聚合物钻井液性能。

表 1.12　扎 5002 井(1260m)两性离子聚合物钻井液性能

密度 g/cm³	黏度 mPa·s	失水 mL	流变参数					pH 值	黏土含量 g/L
			AV mPa·s	PV mPa·s	YP Pa	GEL Pa	YP/PV		
1.12	45	8	20	14	6	1/5	0.43	7.5	42

1.6.1.3　聚磺钻井液

聚磺钻井液(polymer sulfonates drilling fluid)是在聚合物钻井液基础上加入磺化类处理剂而形成的一类抗温、抗盐的钻井液体系。聚合物钻井液在提高机械钻速、控制地层造浆、稳定泥页岩井壁和保护油气层等方面具有突出的优势,但聚合物钻井液抗温能力不高、抗盐能力不强的缺陷也十分明显,无法用于深井、超深井和盐膏复杂地层钻进。因此利用磺化类处理剂良好的抗温能力和抗盐能力来改善和提升聚合物钻井液的抗温能力、抗盐能力就是一种自然的选择。由此形成的聚磺钻井液兼具两类钻井液之优点,从而将聚磺钻井液的应用范围扩展到深井、超深井和盐膏复杂地层的钻探施工中,成为目前国内应用最为广泛的深井、超深井钻井液体系。

1. 聚磺钻井液的组成

除了清水、膨润土和加重剂外,聚磺钻井液的处理剂主要包括以下四种。

聚合物包被剂是聚磺钻井液的核心处理剂。在钻井液中主要有以下作用:一是包被钻屑,使其保持较粗状态,提高机械固相控制设备的清除效率;二是改善流型,与黏土颗粒吸附桥联,形成凝胶网状结构,优化钻井液的剪切稀释性、触变性等流变性能;三是提供抑制性,避免黏土颗粒在高温下的分散。

聚合物降滤失剂在钻井液中的主要作用是通过与黏土颗粒的吸附,提高黏土颗粒表面的负电性和增强吸附水化膜厚度,形成致密滤饼,降低钻井液滤失量。

聚合物降黏剂在钻井液中的主要作用是优先吸附于黏土颗粒,以及与包被剂形成络合物,部分消耗包被剂的吸附基团,降低黏土颗粒与聚合物大分子链间的结构强度和密度,因而可降低钻井液的黏度和切力。

磺化类降滤失剂。在聚磺钻井液中一般都含有 1～2 种磺化处理剂,而抗高温聚磺钻井液需要 2～3 种磺化处理剂。最常用的是磺化酚醛树脂(SMP)和磺化褐煤(SMC)和褐煤树脂(SPNH)。磺化酚醛树脂是一种磺甲基化的线性酚醛树脂,具有分子链刚性强、与黏土颗粒吸附性好、水化能力强等特点,因而具有很好的抗温、抗盐能力,可大大改善钻井液滤饼质量,降低钻井液高温高压失水。磺化褐煤是腐殖酸磺甲基化的产物,其分子结构较为复杂,分子中含有较强的吸附基团(酚羟基)和较强的水化基团(羧钠基、磺甲基),同样具有良好的抗温、抗盐能力,可改善滤饼质量和降低高温高压失水,兼有一定的稀释能力。磺化褐煤与磺化酚醛树脂复配,能提供 1+1＞2 的增效作用。褐煤树脂是磺化褐煤的改性升级产品,主要利用褐煤中的某些官能团与酚醛树脂进行缩合反应,并引入一些聚合物进行接枝和交联反应所制得的一种复合产品。褐煤树脂的主要作用是提高钻井液热稳定性,改善滤饼质量,降低高温高压滤失量,同时还具有一定的降黏作用。

2. 聚磺钻井液的特点

研究和实践证明,聚磺钻井液具有下述特点。

(1)良好的抗高温能力和热稳定性。常用的聚磺钻井液抗温能力可达200℃,能满足正常地温梯度下7000m左右超深井的钻探需求。在此基础上,提高磺化处理剂加量增加含高价金属离子的高温稳定剂,则可将聚磺钻井液抗温能力可达220～240℃。

(2)良好的抗盐能力。常用的聚磺钻井液可抗饱和盐污染,抗钙能力可达2000mg/L(Ca^{2+}),可用于钻穿盐层、盐膏层、膏泥岩等复杂地层。中哈长城钻井公司在哈萨克斯坦肯基亚克盐下油田曾用两性离子聚磺钻井液钻穿厚达3000m的巨厚盐层,体现了该体系良好的抗盐能力。

(3)良好的封堵防塌能力。聚磺钻井液具有低的高温高压滤失量,滤饼薄而致密,可压缩性好且渗透率低。对层理和微裂隙发育的地层有良好的封堵能力。当钻井液中固相颗粒分布与地层裂缝、层理相匹配,能以较快速度在井壁四周形成堵塞带,阻止或减少钻井液滤液进入地层,从而达到稳定井壁之目的。

(4)良好的流变性。保留了聚合物钻井液良好的剪切稀释性,表现为环空速梯下合理的有效黏度与钻头水眼高剪切速率下很低的黏度,既能有效地携屑悬砂,又有利于机械钻速的提高。

(5)较强的抑制性。聚合物包被剂提供的抑制性可有效地抑制泥岩地层或泥岩钻屑的水化膨胀和分散,稳定井壁,还能抑制钻井液中黏土颗粒在高温下的进一步分散。

3. 两性离子聚磺钻井液

两性离子聚磺钻井液是在两性离子聚合物基础上增加磺化处理剂而形成的一种抗温抗盐钻井液体系。其中的磺化酚醛树脂是提高两性离子聚磺钻井液抗温、抗盐能力的核心处理剂。

两性离子聚磺钻井液常用于深度在3000m以上的中深井、深井和超深井的深井段,也常用于钻穿盐层、盐膏层、膏泥岩地层和微裂缝发育的硬脆性地层等复杂地层,以其突出的抗温、抗盐钙能力,成为目前深井、超深井、盐膏复杂地层的主流钻井液体系。

两性离子聚磺钻井液由包被剂(FA-367)、降滤失剂(JT-888)、降黏剂(XY-27)等三种两性离子聚合物处理剂和磺化酚醛树脂、褐煤树脂、磺化褐煤等三种磺化类处理剂构成。在实际应用中,可根据所钻遇的井下条件而相应改变。如单纯的抗盐钙,或温度在180℃以内,只需三聚＋一磺(磺化酚醛树脂);如既要抗盐钙又要抗高温,或温度在180℃以上,那么则需三聚＋两磺;如温度在220℃以上的超高温,则需三聚＋三磺。总的原则是井不深、温度不很高时,以聚为主,以磺为辅。井深、温度高时,以磺为主,以聚为辅。常用的配方为:

3%～4%膨润土浆＋0.2%～0.3%FA-367＋0.3%～0.5%JT-888＋0.3%～0.5%XY-27
＋2%～3%SMP-1＋2%～3%SMC

在性能控制上,两性离子聚磺钻井液应把高温高压滤失量放在第一位,控制较低的高温高压滤失量是用好聚磺钻井液的关键。因为高温高压滤失量反映了钻井液在高温条件下的整体状况。高温高压滤失量过高,表明处理剂对黏土颗粒的保护不够,或处理剂自身抗温能力不足,必然伴随黏度切力大幅上升(高温增稠)或显著下降(高温稀释),严重者失去胶体性质、流变性恶化。在处理剂的使用上,聚合物处理剂应连续使用、全井使用,保持聚合物在聚磺钻井液中合理而稳定的含量,维持聚磺钻井液的抑制性,保证黏土颗粒在高温条件下处于适度的分散—聚结平衡。在维护处理上,应坚持等浓度维护处理工艺,保持聚磺钻井液中处理剂浓度的相对稳定。表1.13是中哈长城钻井公司在哈萨克斯坦肯基亚克盐下油田8031井3136m深度的两性离子聚磺钻井液性能。

表 1.13　8031 井(3136m)两性离子聚磺钻井液性能

密度 g/cm³	黏度 mPa·s	失水 mL	HTHP 失水 mL	流变参数				pH 值	黏土含量 g/L
				AV mPa·s	PV mPa·s	YP Pa	GEL Pa		
1.32	65	4.6	15	38	28	10	3/10	7.5	38.61

注：HTHP 为高温高压的缩写。

4. 聚磺钻井液的使用要点

在聚磺钻井液中，加大聚合物处理剂的含量可提高体系的抑制性，使黏土颗粒的分散—聚结平衡趋向聚结。与此相反，加大磺化处理剂含量会减弱体系的抑制性，使黏土颗粒分散—聚结平衡向分散方向移动。因此用好聚磺钻井液的关键是把握好聚与磺的平衡关系，保持各种处理剂的合理含量，发挥聚合物处理剂与磺化处理剂的各自优势，提高聚磺钻井液的抗温、抗盐能力，具体应用中需注意以下几点。

(1)保持聚合物包被剂的合理含量，连续使用、全井使用。聚合物包被剂是聚磺钻井液的核心处理剂，合理包被剂含量是聚磺钻井液抑制性建立的基础，是调节和改善聚磺钻井液流变性的重要手段，是抑制钻屑和黏土高温分散的有效措施。因此应采用等浓度的维护处理工艺，确保聚磺钻井液中聚合物包被剂的合理含量。

(2)尽量少用或不用烧碱，维持相对较低的 pH 值。聚磺钻井液的 pH 值不需太高，适宜的 pH 值范围是 8.0~9.0。在正常情况下，除配浆外聚磺钻井液中，尽量不加烧碱及纯碱等碱类物质。pH 值越高，OH⁻ 越多。而 OH⁻ 会使黏土颗粒表面的负电性增加，水化能力增强，削弱了聚合物包被剂的抑制能力，更易出现黏土颗粒的高温分散。

(3)控制合理的黏土含量。黏土含量是影响聚磺钻井液抗温、抗盐能力最主要因素。黏土含量越高，聚磺钻井液受温度和电解质的影响越大。由于受高温分散的影响，当黏土含量超过体系的容量限时，聚磺钻井液的抗温能力将大幅降低，带来的后果是，黏度切力大幅上升，流变性恶化，严重时出现胶凝现象。另一方面，过低的黏土含量也会带来问题，容易出现因高温聚结而引起的固相聚沉，因此保持合理的黏土含量对于聚磺钻井液极为重要。

(4)保持足够的磺化处理剂含量。磺化处理剂是聚磺钻井液的核心处理剂，是聚磺体系抗温、抗盐能力的基础，是保持黏土颗粒分散—聚结平衡状态的稳定、改善滤饼质量、降低高温高压失水的重要手段。因此应采用等浓度的维护处理工艺，确保聚磺钻井液中磺化处理剂的合理含量。一般规律是井越深、井温越高，越是以磺化处理剂为主，磺化处理剂的含量越高。

文档 1.5　两性离子聚磺高温钻井液体系

两性离子聚磺高温钻井液体系见文档 1.5。

1.6.1.4　盐水、饱和盐水钻井液

盐水、饱和盐水钻井液(salt water drilling fluids)是针对盐膏地层的专用体系。盐膏地层是一种化学沉积岩，也称蒸发岩，是自然水体海洋和湖泊遭受蒸发，其盐分逐渐浓缩以致析出沉淀而形成，主要包括盐岩和膏岩。盐膏层是油气藏良好的盖层，在世界主要油气产区中均有广泛的分布。美国的威利斯盆地、得克萨斯州、墨西哥湾地区，德国西部蔡西斯坦盆地，乌兹别克斯坦、土库曼斯坦、哈萨克斯坦的滨里海盆地，挪威及英国北海等石油天然气勘探开发区都富含盐膏层。其中的哈萨克斯坦肯基亚克盐下油田古生界下二叠系孔谷组盐层埋深从 500m 到 3700m，盐层厚达 3200m。盐膏层在我国石油钻探中也较为常见，江汉油田、中原油田、胜利油田、华北油田、河南油田、江苏油田、四川盆地、柴达木盆地和塔里木盆地等均有广泛分布。

盐膏层是一种较为复杂的地层，常常给钻井工程带来井壁失稳(缩径、井塌)、盐重结晶卡钻、破坏钻井液性能、盐溶扩大井眼而影响固井质量以及破坏钻井液性能等诸多问题。

例如,比较典型的复杂盐膏层属中原油田文东构造的沙三段地层中,1976—1986年盐层钻进中共发生恶性卡钻事故17口井,其中6口井工程报废,5口井侧钻,6口井倒扣解除,2口井事故完井。华北油田1993年统计,第三系盐膏地层造成64%油水井套管被挤毁。据塔里木油田不完全统计,13口盐膏层井,发生卡钻事故17次,报废进尺3222m,损失时间691天。其中仅南喀1井,从4668m钻遇盐膏层后,先后发生卡钻7次,5次填井侧钻,报废进尺2182.48m,事故损失时间320天,由此可见盐膏层的复杂性。解决复杂盐膏层给钻井带来的问题是一项系统工程,盐水、饱和盐水钻井液是其中极为重要的组成部分,是解决上述钻井复杂问题的技术手段。

理论上含盐量(NaCl含量)≥1%的钻井液统称为盐水钻井液,含盐量达饱和(≥31.5% NaCl)的钻井液称为饱和盐水钻井液。在盐水钻井液中,低含盐量范围内(<10%),盐水钻井液的性能往往不够稳定,黏度、切力偏高、结构偏强。因此实际应用中盐水钻井液的含盐量一般要超过10%。盐水、饱和盐水钻井液基本上都是在聚磺钻井液基础上加盐转化而成,两性离子聚磺饱和盐水钻井液是最有代表性的盐水体系。

1. 钻井液抗盐原理及组成

抗盐钻井液的关键在于聚合物处理剂是否能在盐水、饱和盐水状态下对黏土颗粒提供足够的保护,能否在大量阳离子的侵入下仍能维持黏土颗粒分散—聚结平衡的稳定。这在很大程度上取决于处理剂分子链上负电基团的比例和水化能力。水化能力强,即使在盐水中仍能很好地溶解,并通过吸附基团吸附在黏土颗粒表面上,负电基团提高土粒表面的ζ电位,增强土粒表面的水化膜,抵消或减弱黏土粒子受盐压缩双电层而引发的聚结趋势(护胶),维持钻井液性能的稳定。另一方面抗盐聚合物处理剂分子链的刚性要强,才能减少在盐水中分子链的卷曲、收缩,保持在盐水钻井液中仍有较好的处理效能。

两性离子聚合物分子链上的有机阳离子基团与带负电的黏土颗粒产生强烈吸附,只需少量阳离子基团即可获得大量非离子吸附基团的吸附效果,因此在分子链上可保持更高比例的阴离子水化基团,保持盐水状态下极好的溶解性和很强的水化能力,吸附在黏土颗粒表面形成致密溶剂化层,提供黏土颗粒的空间稳定性,维持黏土颗粒分散—聚结平衡的稳定,增强了盐水钻井液中黏土颗粒的胶体稳定性。

此外盐水钻井液体系的另一类处理剂磺化酚醛树脂、褐煤树脂、磺化褐煤等,分子链主要由苯环组成,链刚性强,苯环上的磺酸基团有极强水化能力,对黏土颗粒有极强的护胶作用。由此组成的两性离子聚磺饱和盐水钻井液的配方分别如下:

$$4\% \sim 6\% 膨润土浆 + 0.6\% \sim 0.8\% FA-367 + 0.3\% \sim 0.5\% XY-27 + 0.6\% \sim 0.8\% JT-888$$
$$+ 3\% \sim 5\% SMP-2 + 3\% SMC + 32\% NaCl$$

需要指出的是,盐对黏土颗粒及处理剂的影响是客观存在,不同种类的处理剂受盐的影响程度有所不同。但即使是抗盐能力强的处理剂,在盐水状态下,其处理效能仍将受到一定的削弱,唯有通过提高处理剂的加量来弥补其效能的下降,因此,在盐水、饱和盐水钻井液中,处理剂的浓度和用量要大大高于淡水钻井液。

2. 盐水、饱和盐水钻井液的特点及应用范围

(1)抑制性好。盐水、饱和盐水钻井液具有很强的抑制性,除用于盐膏复杂地层外,也常用于强水敏性泥页岩地层。

(2)抗污染能力强。盐水、饱和盐水钻井液本身含有较高浓度的NaCl,对外来Na^+、K^+、Ca^{2+}的污染不敏感,特别适合于钻穿盐层、石膏层、膏泥岩层。

(3)盐溶作用小。饱和盐水钻井液可大大降低盐层的溶解,有利于保持井径规则,提高固井质量。

（4）高温稳定性不足。盐水、饱和盐水钻井液在高矿化度下叠加高温的影响,热稳定性有所下降,抗温能力低于同一体系的淡水钻井液20～30℃,若组成和配方合理,180℃高温是可以的。

根据上述特点,一般盐水钻井液主要适用于薄盐岩、石膏层、膏泥岩层和强水敏性的泥页岩地层。饱和盐水钻井液主要用于大段盐岩层、巨厚盐岩层和复合盐膏层的钻进。

3. 盐水、饱和盐水钻井液的配制及转化工艺

盐水、饱和盐水钻井液的配制和转化需要遵循一定的工艺程序,核心是对黏土颗粒护胶,关键是对钻井液进行抗盐预处理,技术措施是提高处理剂含量。如果抗盐预处理不到位,可能导致黏土颗粒聚结,胶体性质丧失,黏度切力大幅下降,出现重晶石沉淀问题。

（1）配制工艺。

①膨润土浆配制:按照膨润土浆配制程序配制淡水膨润土浆,并充分预水化24h。

②预处理:按照盐水、饱和盐水钻井液配方中处理剂的低限含量,通过水力混合漏斗缓慢均匀加入聚合物处理剂和磺化处理剂。

③加盐:按照盐水或饱和盐水钻井液所需盐量,通过水力混合漏斗加入预处理后的基浆中。初期随含盐量的增加,黏度切力显著上升,到某一点会出现黏度、切力的高峰,继续加盐,黏度、切力趋于缓慢下降,直至稳定。

④调整性能:检测钻井液性能,并根据性能情况补充处理剂,一般采取通过混合漏斗干加处理剂的方式进行处理。如失水偏大,则补充聚合物降滤失剂。如黏度、切力偏低,则补充包被剂,加入高含土量的膨润土浆和适量加入烧碱提高pH值。如黏度、切力偏高,则补充磺化酚醛树脂和聚合物稀释剂。

（2）饱和盐水钻井液转化工艺。

大多数情况下,饱和盐水钻井液都是在钻井过程中由淡水钻井液转化而成。一般是在盐层、盐膏层之前100～200m,通过预处理和人为加盐,将淡水钻井液转化为饱和盐水钻井液。由于饱和盐水钻井液处理剂含量大大高于淡水钻井液处理剂含量,因此转化过程就是提高处理剂含量和提高含盐量的过程。以两性离子聚磺饱和盐水钻井液为例,具体转化工艺如下:

①适量稀释、调整膨润含量:根据黏土有效含量确定稀释量,一般为全井钻井液总量的5%～15%,稀释胶液配方为1%FA-367+1%XY-27+1%JT-888。

②补充和提高处理剂含量:在加入稀释胶液的同时,通过水力混合漏斗按循环周均匀干加2%SMP-2、0.2%JT-888、0.1%FA-367。

③加盐并继续提高处理剂含量:通过水力混合漏斗加入盐15%,此时黏度逐步降低,停止加盐,从混合漏斗干加1%SMP-2、0.1%JT-888、0.2%FA-367护胶降失水,维持钻井液合适黏度切力。

④加盐饱和并进一步调整性能:继续从混合漏斗加盐至饱和,此时钻井液黏度进一步降低,从混合漏斗再次干加1%SMP-2、0.2%JT-888、0.1%FA-367,以保持钻井液有足够的黏度、切力,满足带砂和悬浮重晶石的需要。

⑤调控pH值:如黏度、切力低,或pH≤7,加烧碱0.1%～0.2%。

饱和盐水钻井液的转化实例见文档1.6。

1.6.1.5 KCl防塌钻井液

KCl钻井液是一种强抑制性水基钻井液,是以KCl为无机抑制剂,与其他聚合物处理剂配制而成的防塌钻井液。KCl还常常与胺基、硅酸盐基、改性沥青、聚合醇等处理剂复配使用,进一步增强体系的抑制防塌能力,成为一类防塌抑制能力强,应用广泛的防塌钻井液。主要适用于黏土矿物含量较高,且以

文档1.6 饱和盐水钻井液的转化实例

蒙脱石、伊蒙混层为主的强水敏性易膨易塌地层。该体系的特点是：

(1)对水敏性泥页岩具有良好的抑制效果，尤其适用于浅部软泥岩地层；

(2)对储层中的黏土矿物有较好的稳定作用，有利于保护油气层；

(3)K^+对配浆黏土也有较大影响，因此钻井液性能控制相对较难。

1. KCl 抑制防塌机理

关于 KCl 的抑制防塌作用，许多学者对 K^+（NH_4^+ 有类似作用）的抑制机理进行了大量研究，比较公认的观点是：首先 K^+ 的直径为 0.266nm，与黏土矿物的基本构造单元硅氧四面体六个氧原子环的空隙几何尺寸相匹配，通过离子交换 K^+ 顶替掉晶层构造中原有的 Na^+ 或 Ca^{2+}，嵌入两个晶层间由氧原子构成的六角环之中，与晶层表面的负电产生静电引力，将晶层拉得很紧，水分子不易进入晶层间，从而限制了相邻晶层的膨胀和分离，抑制黏土矿物的水化膨胀。这种作用被称为 K^+ 的晶格固定作用；其次 K^+、NH_4^+ 的水化能低，分别为 393kJ/mol 和 364kJ/mol，均低于 Na^+、Ca^{2+}、Mg^{2+} 等阳离子，由于黏土选择性优先吸附水化能低的阳离子，因此，K^+、NH_4^+ 往往比 Na^+、Ca^{2+}、Mg^{2+} 优先被黏土吸附。当被黏土吸附后，由于水化能低，会促使晶层间脱水，形成更紧密的晶层构造，从而抑制黏土的水化作用。

在钻井液的实际施工过程中，当钻井液接触到地层黏土矿物时，通过离子交换吸附，钻井液中 K^+ 进入井壁附近泥岩，形成键和，限制相邻晶层的膨胀和分离，降低黏土矿物的水化膨胀能力，从而稳定井壁。

2. KCl 防塌钻井液使用条件

(1)主要适用于水敏性强的泥页岩层，浅层成岩性差、造浆性好的黏土及软泥岩地层；

(2)使用温度一般不超过 150℃。120℃ 以内的较低温度可使用 KCl 聚合物钻井液，超过 120℃ 宜转换为 KCl 聚磺钻井液；

(3)对某些水敏性极强的泥岩地层，若单纯 KCl 钻井液抑制效果不足，可复配 8%～10% 的 NaCl，形成复合盐抑制防塌体系，效果更好，性能更稳定；

(4)对以伊利石为主的硬脆性微裂缝发育的泥页岩，防塌效能不足，应配合沥青类封堵防塌剂，兼顾抑制与封堵才能有好的效果。

3. KCl 防塌钻井液组成

KCl 防塌钻井液根据使用温度的不同，一般分为 KCl 聚合物钻井液和 KCl 聚磺钻井液两个体系。

(1)KCl 聚合物钻井液。

3%～5%膨润土浆＋0.3%～0.5%聚合物包被剂＋0.6%～1.0%聚合物降滤失剂＋0.3%～0.5%聚合物降黏剂＋0.1%～0.3%NaOH＋5%～8%KCl

(2)KCl 聚磺钻井液。

3%～5%膨润土浆＋0.3%～0.5%聚合物包被剂＋0.6%～1.0%聚合物降滤失剂＋0.3%～0.5%聚合物降黏剂＋2%～3%磺化酚醛树脂＋0.1%～0.3%NaOH＋5%～8%KCl

1.6.1.6 高性能水基钻井液

高性能水基钻井液（HPWBM）是起源于西方石油公司的一种仿油基钻井液，该体系既有接近油基钻井液强的抑制性和优异润滑性，又有生物毒性低、降解性好的环保特征。能显著提高机械钻速，增强页岩地层井壁稳定性，减少钻井液的稀释和排放，提高固相清除效率，与油基钻井液相当的润滑性，可以减少钻头泥包和泥岩钻屑的聚结，大大节省钻井和完井时间，保护环境。因此具有良好的技术经济效益和环保生态价值，适应当今钻井液技术向高性能、高技术与环境友好方向发展的趋势。贝克休斯研发的 HPWBM(high performance water—based Mud)体系以及 MI—SWACO 公司的 Ultradril 体系,在墨西哥湾、美国大陆、巴西、利比亚、澳大利亚、沙特油气区应用,均取得了很好的效果。

1. 主要技术特点

目前国际上对高性能水基钻井液并无统一标准,但比较公认的有以下几个特征:

(1)极强的抑制作用和防泥包作用,通过采用一种特定分子结构的胺类页岩抑制剂,当与络合铝配合使用时,其抑制性与油基钻井液相当解决水敏性地层带来的井眼问题;

(2)极强的成膜作用,利用脂肪酸和多乙烯多胺形成脂肪酸铵盐与脂肪酸甲酯复配,在钻具和岩体表面具有强吸附作用,能够形成稳定油膜,从而增强润滑和稳定井壁的能力,可满足水平井钻探需要;

(3)物理封堵与化学固壁技术的有机结合,对页岩气开发中的硬脆性微裂缝发育地层,具有良好的抑制+封堵防塌作用;

(4)采用低毒或无毒且可生物降解的处理剂,环境友好,无毒,可降解,是一种环保型的多功能水基钻井液,钻屑、废弃钻井液可直接向海洋排放。能满足一些复杂地层如水敏性的软泥岩钻井作业的需要,尤其适合于海上钻井,可替代传统油基钻井液。

2. 主要技术路径

强抑制性的主要技术思路是使用物理化学方法提高近井眼地层和井壁的强度,这些方法包括:

(1)新一代成膜聚合物,在井壁形成非渗透屏蔽层,降低钻井液滤液向地层渗透;

(2)小分子聚胺+有机盐,增强钻井液抑制能力,使近井壁地层去水化,增强井壁稳定性;

(3)微纳米封堵剂,强化钻井液对地层微纳米孔缝的封堵能力,增强地层微粒间胶结性;

(4)采用铝胺、铝基聚合物,铝基化合物在钻井液中保持溶解状态,在进入页岩基质内部后,因 pH 的降低或与地层流体中的多价阳离子发生反应而产生沉淀,产生胶结作用。

3. 体系组成

以 MI—SWACO 公司的 Ultradril 高性能水基钻井液为例,其基本组成为:

(1)包被剂 Ultracap,一种中分子量的阳离子聚丙烯酰胺,可包被钻屑,抑制黏土分散,稳定泥页岩,其加量为 0.5%~0.8%;

(2)降滤失剂 Polypac UL/LV,一种分子量较低的低黏或超低黏聚阴离子纤维素,其加量为 0.6%~1.2%,可控制滤失量小于 6.0mL;

(3)聚胺抑制剂 Ultrahib,一种小分子胺基聚合物,其主要功能是抑制页岩及软泥岩的水化,消除钻头泥包,减少稀释量。其作用机理是提供大量胺基,进入黏土晶层间,起到类似钾离子的晶格固定作用,限制了相邻晶层的膨胀和分离,抑制黏土矿物的水化膨胀,稳定井壁,并使钻屑保持原状(内干),控制钻屑分散造浆,减少钻井液处理量。其合理加量为 1.0%~2.0%。

(4)防泥包剂 Ultra—Free,是一种表面活性剂混合物,可吸附在金属表面,防止泥包,增加润滑性,提高钻速。通常加量为 1%~3%。

(5)微纳米封堵剂,是一种无机材料的混合物,主要通过物理封堵微孔缝来阻缓压力传递与滤液侵入,提高页岩地层的井壁稳定性,其中所使用的纳米材料均满足严格的 HSE 要求,具有良好的环保性能。

(6)有机盐,主要是甲酸钠或甲酸钾,用于提高体系抑制性和密度,加量可达饱和。甲酸盐有良好的生物降解性,且无毒无腐蚀性,环境友好;

4. 国内外应用情况

高性能水基钻井液是石油钻井工程全球范围内追求更加环保目标而发展起来的,随着世界范围内执行更严格的钻井废弃物处置条例,油气钻井废物的零排放已逐步成为全球标准。将油基钻井液替换为高性能水基钻井液,钻井液固液废弃物可以直接向海洋排放,石油公司可以在废物管理和物流方面节省大量成本,带来直接技术经济效益和长远的生态效益。近年来,国外石油公司陆续研发了仿油基的环保水基钻井液体系,如 MI-SWACO 公司 UltraDrill、HydraGlyde 高性能水基钻井液体系、贝克休斯公司 LatiDrill、PerforMax 高性能水基钻井液体系、哈里伯顿公司 ShaleDril 水基钻井液体系、NEWPARK 公司 Evolution 水基钻井液体系等,均取得了良好的应用效果。

目前我国在高性能水基钻井液方面也取得了较大进展,陆续研发了聚胺仿油基水基钻井液、页岩气"水替油"高性能水基钻井液等,但在高性能水基钻井液抗温性能与环保性能等方面仍与国外成熟专利技术存在较大差距,技术研发还处于模仿阶段,配套处理剂还比较缺乏,体系还不够成熟。研发具有自主知识产权的高性能水基钻井液关键处理剂及配套技术是当前我国钻井液技术研究的重要课题之一。

视频 1.6
水基钻井液

水基钻井液的讲解见视频1.6。

1.6.2 油基钻井液

以矿物油为连续相(分散介质)的钻井液称为油基钻井液,称油基泥浆。由于其性能稳定、抗高温、抗盐钙污染,井壁稳定、润滑性好、对油气层伤害小等优点,广泛运用于超深复杂井、高温深井、大位移水平井等高难度井和页岩油气、致密油气等非常规油气井钻探中,成为高难度井与复杂地层钻井施工不可缺少的一类钻井液体系。但与水基钻井液相比,油基钻井液的缺点也是显而易见的,如成本高、配制与使用工艺较为严苛、人员操作条件差、对生态环境影响大、机械钻速较低等,这些缺点限制了油基钻井液的推广应用。为此,从 20 世纪 80 年代开始,研究开发了以矿物油白油代替柴油为基础油的低毒油包水乳化钻井液。20 世纪 90 年代以来,一种组成和性能与油基钻井液相似的合成基钻井液在海洋油气钻探中得到推广应用,这种合成基钻井液既有油基钻井液的优点,又克服了油基钻井液生物毒性高、污染环境的缺陷,合成基生物降解性好,生物毒性极低,钻屑和废液可直接向海洋排放,是一种适用于海洋油气钻探的高效环保油基钻井液体系。

根据含水量的不同,通常把油基钻井液分为两类:全油基钻井液和油包水乳化钻井液,一般把含水量低于 10% 的称为全油基钻井液,含水量超过 10% 称为油包水乳化钻井液。除含水量不同外,两者的区别还在于前者是以油中分散的亲油胶体作为分散相,用控制亲油胶体的含量、分散度、和稳定性来调控钻井液性能,水是作为污染物乳化分散于油中。后者是以水和亲油胶体为分散相,用控制油包水乳液稳定性、油水比和亲油胶体来调控钻井液性能。显然二者没有本质的区别,全油基钻井液中水含量低时,对油基钻井液性能影响微小,但当含水量逐渐增大(形成乳液)时,作为污染物的水将转变成对油基钻井液性能起重要作用的分散相。由于全油基钻井液的流变性能和滤失性能控制较难,需要投入更多的亲油胶体,从成本、性能和效果比较都没有油包水乳化钻井液好用,因此现场更多的使用油包水乳化钻井液。目前国内页岩油气、致密油气等非常规油气资源的钻探开发蓬勃发展,油包水乳化钻井液得到越来越广泛的推广应用。

1.6.2.1 油包水乳化钻井液

单纯的油不具有钻井液所需的各项性能,只有以油为分散介质的稳定乳化分散体系才可能成为钻井液。油包水乳化钻井液是以矿物油为分散介质,水为分散相,并加入主辅乳化剂、润湿剂、亲油胶体、石灰、处理剂和加重剂所形成的稳定乳状液体系。

1.油包水乳化钻井液的组成

油包水乳化钻井液的组成见表1.14。

表1.14　油包水乳化钻井液基本组成表

体系	油包水乳状液						钻井液		
	外相	内相	表面活性剂				亲油胶体	处理剂		加重剂
成分	油	$CaCl_2$ 盐水	主乳化剂	辅乳化剂	润湿剂	石灰	有机土/氧化沥青	降滤失剂	提切剂	重晶石

(1)基础油。在油包水乳化钻井液中作为分散介质的油称为基础油,目前常用的基础油为柴油和白油,所形成的钻井液分别为柴油基和白油基油包水乳化钻井液。

(2)水相。水相是油包水乳化钻井液的分散相,主要目的是提高流变性能和降低滤失性能,也有利于降低成本。淡水、盐水、海水都可做油包水乳化钻井液的水相,但最常用的是20%～30%浓度的$CaCl_2$盐水,$CaCl_2$主要作用是控制水相活度,抑制泥页岩地层的水化膨胀,稳定井壁。油水比例根据钻井液性能的需要在9:1～7:3范围内调整。

(3)乳化剂。乳状液是一个热力学非稳定体系,水相有自发聚结合并降低表面积的趋势,必须依靠表面活性剂来降低油水界面张力,同时形成有较高强度的界面膜,增大内相液滴聚结合并的机械阻力,使乳液保持动力学稳定。因此,通常需要两种表面活性剂组成混合乳化体系,形成紧密复合膜,才能提供足够的界面膜强度,混合乳化体系的HLB值应在3～6之间。其中一种亲油的表面活性剂作为主乳化剂,是建立牢固界面膜的骨架基础。另一种是亲水的辅乳化剂,配合主乳化剂形成混合乳化体系,提高界面膜强度和紧密程度。

(4)有机土。为提高油基钻井液的携带和悬浮能力,降低滤失量和形成滤饼稳定井壁,通常需要加入亲油胶体有机土或氧化沥青,加量视钻井液密度高低、含水量和性能要求在1%～3%之间。有机土是由膨润土经季铵盐类阳离子表面活性剂处理而成的亲油膨润土,可在油中分散成胶体,与水基钻井液中膨润土的作用相似。

(5)润湿剂。大多数天然矿物是亲水的,加重剂和钻屑趋向水润湿并相聚结,失去稳定性而沉降。润湿剂是具有两亲结构的表面活性剂,亲水端吸附在固相表面,非极性端伸向油中,使亲水性固体表面变成亲油,实现润湿反转。一般润湿剂的HLB值在7～9范围内,加量在0.5%～1.0%。

(6)石灰。石灰在油包水乳化钻井液中的作用有三点,一是维持碱度,控制pH在8.5～10,防止钻具腐蚀;二是提供Ca^{2+},有利于形成二元金属皂,改善油包水乳化剂效能。如硬脂酸钠、烷基磺酸钠、烷基苯磺酸钠等一元金属皂通常是水包油乳化剂,遇石灰转化为硬脂酸钙、烷基磺酸钙、烷基苯磺酸钙等二元金属皂,变为油包水乳化剂;三是通过酸碱中和反应,清除进入钻井液的酸性气体CO_2、H_2S,防止地层中酸性气体对钻井液的污染。为此油包水乳化钻井液中石灰的加量在2%～5%,且保持适量未溶解石灰,用钻井液酚酞碱度来表征游离石灰含量,碱度应保持在2.0～3.0。

(7)处理剂。与水基钻井液相似,为控制油包水乳化钻井液滤失量需要加入降滤失剂,但该降滤失剂应具有亲油性,普通的水基降滤失剂是不能直接用于油基钻井液的。传统的油基钻井液多用氧化沥青作为降滤失剂。近年来,腐殖酸的亲油改性产品用得比较多,如腐殖酸酰胺产品,有机胺对腐殖酸进行改性的产品等。有时为了提高油包水乳化钻井液的黏度和切力,需要加入增黏提切剂。

(8)加重剂。非加重的油包水乳化钻井液的密度常常低于1.0g/cm³,为了满足井下压力需要,需采用重晶石粉或石灰石粉作为加重剂,提高钻井液的密度。但加重时必须配合使用润湿剂,否则,重晶石在油中难以分散,就会聚结沉淀。

2. 油包水乳化钻井液稳定原理

油包水乳化钻井液的形成是热力学不自发过程,是热力学非稳定体系,其形成和稳定是有条件的。首先是合理乳化剂组配,体系的亲憎平衡值 HLB 值应保持在 3~6 范围内,主辅乳化剂的复配可大大降低油水界面张力和形成强度较高的界面膜。其次是需要外界做功,需要高速机械剪切,使内相分散为尽可能细小的液滴,形成乳化分散液。油包水乳化钻井液的稳定原理如下:

(1)乳化剂降低界面张力,使乳化体系表面能降低,使乳液易于形成并增强体系稳定性;

(2)在油/水界面形成具有一定强度的吸附膜,阻止液滴碰撞时聚结合并,为增强吸附膜强度,需要主辅乳化剂复配;

(3)乳化剂增加外相黏度,增加液滴运移、碰撞的阻力;

(4)离子型乳化剂使胶粒带电,电性斥力使内相液滴难以聚并,增强稳定性。

3. 乳化剂的选择

(1)以 HLB 值来选择。

HLB 值是表面活性剂的亲油亲水平衡值,HLB 值越大,亲水性越强,越有利于形成水包油型乳状液,相反 HLB 值越小,亲油性越强,越有利于形成油包水型乳液。HLB 值在 3~6 为油包水乳化钻井液的合理区间。表 1.15 是表面活性剂对应功能的 HLB 值范围。

表 1.15 常用表面活性剂 HLB 值与功能的关系

HLB 值	功能	HLB 值	功能
1~3	消泡剂	8~18	水包油型乳化剂
3~6(8)	油包水型乳化剂	13~15	洗涤剂
7~9	润湿剂	15~18	增溶剂

(2)以空间构型来选择。

乳化剂分子极性基团和非极性基团截面直径的大小,决定了乳液的类型。当极性端 $d_{极}$>非极性端 $d_{非极}$ 有利于形成水包油型乳状液,反之,当极性端 $d_{极}$<非极性端 $d_{非极}$,则有利于形成油包水型乳状液。其原因是乳化剂分子极性端与非极性端大小不同,要形成紧密的界面膜,截面小的一端总是指向分散相,截面大的一端则指向分散介质。这种由乳化剂分子空间构型决定乳状液类型的原理,在胶体化学中被称为乳化剂的"定向楔"理论。图 1.24 是一元金属皂(如油酸钠)与二元金属皂(如油酸钙)形成不同的乳液类型的示意图。

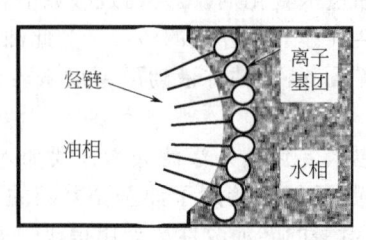

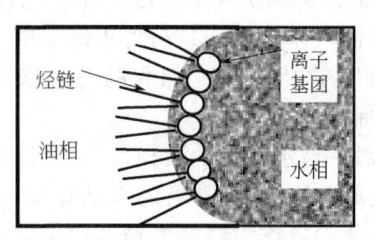

图 1.24 一元金属皂与二元金属皂形成不同的乳液类型示意图

油包水乳化钻井液常用的乳化剂有以下类型:①高级脂肪酸的二元金属皂,如油酸钙;②烷基磺酸钙;③烷基苯磺酸钙;④山梨糖醇酐单油酸酯。

4.油包水乳化钻井液性能的调控

(1)提高黏度、切力,通过增加水相含量、加亲油胶体、加提切剂等均可提高油包水乳化钻井液的黏度和切力。通常含水量可在10%~30%间调整,增大水相含量,钻井液黏度上升,但稳定性下降,为此需适当增加乳化剂加量。

(2)降低黏度、切力,提高油量比例,降低水相含量可降低油包水乳化钻井液黏度,钻井液密度越高,水相含量应相应减少,以免流变性能偏高。此外减少亲油胶体有机土、沥青含量均可降低黏度、切力。

(3)降低滤失量,添加亲油胶体能降低滤失量,在含水量较低时,增加水相含量也能降低滤失量。

(4)提密度,根据密度增加值计算加重剂用量,加重剂量大时,应配合添加适量润湿剂。

(5)改善稳定性,油包水乳化钻井液的稳定性包括乳化稳定性和沉降稳定性,核心是乳化稳定性。一般用破乳电压来衡量油包水乳化钻井液的乳化稳定性,也称电稳定性。满足油包水乳状液稳定性要求的破乳电压,至少达到600V以上,破乳电压越高乳化稳定性越好。乳化稳定性下降往往是两个原因引起,一是润湿剂不足,亲水固相增加,钻屑趋向于聚结,并黏附在振动筛网上。这是因为随着钻井进行,大量钻屑进入油包水乳化钻井液中,在固相控制设备清除钻屑时吸附消耗润湿剂和乳化剂,而未及时补充。二是钻遇地层水或地面上有水泄漏进入钻井液,使水相含量增加。若破乳电压显著下降或低于600V时,应根据具体情况及时补充乳化剂、润湿剂,此外,当碱度偏低时,添加石灰也有增强乳状液稳定性的作用。

文档1.7 油包水乳化钻井液的配制方法

油包水乳化钻井液的配制方法见文档1.7。

1.6.2.2 合成基钻井液

合成基钻井液(synthetic base drilling fluids)是以人工合成或改性的有机物为连续相,盐水为分散相,再加入乳化剂、降滤失剂、亲油胶体(有机土、氧化沥青)、石灰、加重材料等组成。21世纪以来,合成基钻井液已在海洋钻探和页岩气钻探中得到广泛应用。目前使用最多的是"烯烃基"钻井液。研制合成基钻井液的出发点是满足海洋油气钻探和环保要求,因为它无毒、可生物降解、对环境无污染,钻井污水、钻屑和废钻井液可向海洋排放。同时由于合成基钻井液润滑性能良好,适用于大斜度井及水平井防卡需要。合成基钻井液的滤液是基油而不是水,有利于保护油气层和井壁稳定,体系内不含荧光类物质,不干扰地质录井和测井。因此,合成基钻井液彻底解决了油基钻井液污染环境、影响录井测井和试井资料解释的问题。

目前在全球范围内,合成基钻井液的应用已成为一种替代传统油基钻井液的发展趋势,使用井数量越来越多,使用的地区包括墨西哥湾、北海、远东、欧洲大陆、南美等地区和澳大利亚、墨西哥、俄罗斯和中国等国家。其中墨西哥湾和北海地区占使用合成基体系总数的90%以上。在国内,壳牌石油在川渝地区页岩气水平井钻探中已投入现场应用。由于合成基钻井液具有独特的环境可接受性、钻井工程特性和降低钻井总成本的优势,在墨西哥湾和北海两个地区,合成基钻井液已替代了大部分水基钻井液、普通油基钻井液及低毒矿物性油基钻井液。

1.合成基基础液

与传统的油基钻井液不同,合成基钻井液的连续相是人工合成或改性的有机物基液而不是柴油或其他矿物油。这些合成基液在理化性能上与矿物油相近,具有油基钻井液的优点。但合成基液中没有矿物油中的芳香烃和多核芳香烃,因而没有生物毒性。合成基液多是14~

22个碳原子的直链型有机分子,分子链上大多含有双键。通常合成基钻井液是以基液的分子结构类型来划分的,主要包括:酯基、醚基、聚α烯烃基、线型α-烯烃基、内烯烃基和线型石蜡(LP)基等。

(1)酯基。酯基钻井液是投入现场应用最早的合成基钻井液。酯基是由棕榈油、椰子油等植物油水解所得的植物油脂肪酸与醇类脱水缩合反应而成。酯基分子中的羧基易受碱性或酸性物质的破坏,生成醇和羧酸,因此酯基钻井液有很好很快的生物降解性。但在钻井过程中,地层中的酸性气体(如CO_2、H_2S)和钻井液的碱性条件可能引起酯的水解或皂化反应,导致酯基解体,钻井液性能破坏,因此酯基钻井液不能抗酸性气体和各类碱,这对酯基钻井液的应用带来一定限制。此外酯基钻井液因高温下酯的分解,抗温能力有限,通常低于140℃。

(2)醚基。醚类与酯类有相似的理化性能,是$R_1—O—R_2$型化合物的总称,可以由醇类与酸反应生成。由于分子结构中没有活泼的羧基,在水溶液中不会发生离解,性能稳定,因而有较好的抗盐、抗钙、抗碱能力。而分子结构中的醚键受温度影响而容易发生氧化,因此醚基钻井液的抗温能力很低,有资料介绍醚基钻井液在现场使用中出现流变性能异常的温度为75℃。

(3)聚α烯烃基(PAO)。聚α烯烃基由烯烃聚合而成,含双键,具有可降解性好、运动黏度较低、闪点高、安全性好;倾点很低,可用于低温区域;稳定性较好,不随温度和pH值而改变性能等特性。且抗污染能力强、抗温在170℃以上,也有资料报道抗温在200℃以上。

(4)线性α-烯烃(LAO)基。线性α-烯烃基是由直线型的α-烯烃(双键处于端部的烯烃)催化聚合而成,是目前广泛应用的一种合成基钻井液。除具有合成基钻井液的优点外,还具有黏度低、倾点低、在钻屑上残留少、低温流变性好、单位成本低的优势,尤其适合于海洋深水钻井低温条件下对钻井液流变性的要求。

(5)内烯烃基。内烯烃基与线型α-烯烃基理化性质和分子结构上相似,均由烯烃合成,但双键位于中部为同系列产品,同样具有较低的运动黏度,成本较低,但生物毒性相对较大。

(6)线性石蜡(LP)基。线性石蜡是一种正构烷烃,结构式为$CH_3—(CH_2)_n—CH_3$,除不含双键外,线性石蜡与线性α-烯烃基和内烯烃基化学性质相似。线性石蜡可通过合成制得,是煤制油和气制油的主要成分,也可通过加氢裂化和利用分子筛方法的多级炼油加工过程而得。线性石蜡烃的理化性质很适用于合成基钻井液,有很低的运动黏度,有利于降低钻井液黏度,尤其对高密度钻井液很重要。这种基液成本较低,稳定性好,抗温能力高,可达200℃。降解速率中等,但生物毒性比酯基、线性α-烯烃基高。适用于高温深井和复杂地层,以及对钻井液环保要求严格的海上钻井。常用合成基的理化性能及分子结构式见表1.16。

表1.16 各类合成基的理化性能及分子结构式

合成基	密度 g/cm³	运动黏度 mm²/s	闪点 ℃	倾点 ℃	分子结构
酯基	0.85	5.0~6.0	>150	<-15	R_1COOR_2
醚基	0.83	6.0	>160	<-40	$R_1—O—R_2$
聚α烯烃	0.80	5.0~6.0	>150	<-55	$R_1—C=CH—R_2$ $\vert$ R_3
线性α烯烃	0.78	2.1~2.7	113~135	-14~-2	$CH_3—(CH_2)_n—CH=CH_2$
内烯烃	0.78	3.1	137	-24	$CH_3—(CH_2)_n—CH=CH—(CH_2)_n—CH_3$
线性石蜡烃	0.77	2.0~2.5	>100	-10	$CH_3—(CH_2)_n—CH_3$

2. 合成基钻井液的组成

由于成本和性能调控原因,通常使用全合成基钻井液较少,更多使用合成基包水乳化钻井液,其组成与油包水乳化钻井液没有本质的不同,只是以合成基替代矿物油为分散介质,氯化钙盐水为分散相,水相的比例根据钻井液性能的需要在10%~30%范围内调整,并加入主辅乳化剂、润湿剂、亲油胶体(有机土、氧化沥青)、石灰、处理剂和加重剂等。常用的合成基液为线性α烯烃和线性石蜡烃。合成基钻井液常用的乳化剂有脂肪酸钙、咪唑啉衍生物、烷基硫酸盐、磷酸酯、山梨糖醇酐脂类、聚氧乙烯脂肪胺、聚氧乙烯脂肪醇醚等。

因为组成与油包水乳化钻井液基本相同,合成基乳化钻井液稳定性与影响因素、钻井液性能的调控方法,以及合成基乳化钻井液的配制方法等均与油包水乳化钻井液相同。

3. 合成基钻井液的特点

合成基钻井液与传统的油基钻井液和水基钻井液相比,有如下特点。

(1)抗污染能力强,抗温能力较好。由于无机盐在合成基中不能溶解,钻屑在合成基中分散受到抑制,因此无论是抗Na^+、Ca^{2+}、Mg^{2+}等盐类污染,还是抗岩屑污染能力,均大大高于水基钻井液。在合成基液中,线性石蜡基的抗温能力最好,由其配制的合成基钻井液的抗温能力超过200℃,满足一般超深井、高温井的抗温能力要求。

(2)抑制性好,对油气层伤害小。合成基钻井液实际上是一种油包水乳状液,与井壁接触以及向地层滤失的是合成基液,即使有少量水也是高矿化度的,因此有水基钻井液无法比拟的抑制性和防塌能力,也有利于保护油气层。

(3)润滑性好,防卡能力强。合成基液是很好的界面润滑剂,可大大降低钻具与井壁之间的摩擦阻力,降低压差卡钻的概率,尤其适合于对钻井液润滑性能要求极高的水平井钻井施工。

(4)不干扰录井和测井。合成基液不含芳香烃,无荧光干扰,对岩屑录井、综合录井、测井资料解释和试油等基本无影响,有利于取全取准地质资料。

(5)生物毒性小,环境成本低。合成基钻井液易于生物降解,低毒性,符合环保要求。钻井工业污水、钻屑和废弃钻井液均可向海洋排放,几乎不需要后期处理成本。

(6)单位成本较高,钻井综合成本较低。合成基液属精细化工产品,价格高于传统油基钻井液所用的矿物油,因此合成基钻井液成本较高。但考虑传统油基钻井液钻屑处理和环境污染治理的费用,以及水基钻井液在复杂地层可能出现的复杂事故处理成本,加上合成基钻井液的回收重复利用,使用合成基钻井液的钻井综合成本低于传统油基钻井液。

4. 合成基钻井液的测试评价

对某种合成基钻井液的测试评价一般包括四个方面:一是合成基钻井液(乳状液)的稳定性;二是抗污染和热稳定性;三是抑制性和对油气层的伤害;四是环保性。对于合成基钻井液在某一口井的使用,应根据实际情况和使用条件有针对性地进行评价,但乳化稳定性的评价是必不可少的。

(1)乳化稳定性评价。

稳定性是合成基钻井液能否满足钻井工程需要、能否提供良好稳定钻井液性能的关键。乳状液是一个热力学不稳定体系,液滴在热运动和重力作用下互相碰撞合并,液滴变大,界面缩小,体系界面自由能下降。这个过程继续发展,液滴进一步聚结合并,最终将出现乳状液破乳、油水分离,钻井液性能破坏,乳化结构解体。因此合成基钻井液应用中,必须保证乳状液的稳定性,避免破乳情况的发生。

衡量合成基钻井液稳定性的主要指标是破乳电压。除了常温条件下破乳电压应高于600V外,还应考虑高温对乳状液稳定性的影响,因此合成基钻井液在井底温度条件下热滚动

16h后,在常温下的破乳电压仍应大于600V。

(2)抗污染和热稳定性评价。

抗污染评价包括抗电介质污染,检验合成基钻井液在$NaCl$、$CaSO_4$、$CaCl_2$等电解质污染下,钻井液性能的变化情况。抗钻屑污染,检验合成基钻井液在大量岩屑污染情况下的钻井液性能变化。抗水相污染,检验钻井液在外来水相污染情况下,钻井液性能的变化。

热稳定性评价是将合成基钻井液在所钻井最高井底温度条件下进行16h的热滚动,冷却降温后测定钻井液性能,并与未热滚动的性能进行比较,检查温度对合成基钻井液性能的影响,如性能无显著变化,则认为合成基钻井液的热稳定性良好。

(3)抑制性及对油气层保护评价。

一般采用泥岩滚动回收率实验和泥页岩膨胀率测试来评价合成基钻井液的抑制性。一般合成基钻井液的泥岩滚动回收率均能达到>90%,甚至到95%,比抑制性水基钻井液高出10%~20%。

按照行业标准SY/T 6540—2021《钻井液完井液损害油层室内评价方法》,通过岩心流动实验评价合成基钻井液对油气层的渗透率伤害进行。一般合成基钻井液的渗透率恢复值能达到95%的高水平。

(4)环保评价。

对环境友好是合成基钻井液的最大优势,总体来看合成基钻井液对环境污染小,但具体到不同的基液,对环境的影响仍有一定的差异。目前评价合成基钻井液环保性的内容包括生物毒性、生物降解和健康与安全。

①生物毒性。一般采用发光细菌法评价合成基钻井液的生物毒性。实验原理是通过测定发光细菌暴露在被检测样品前后的发光强度,计算光损失百分比,间接推算发光细菌半致死效应浓度,来评价被检测样品的生物毒性大小。大量检测表明,合成基钻井液生物毒性极低。

②生物降解性。生物降解性是合成基钻井液环保性的另一项重要指标。室内研究证实,合成基液在厌氧和有氧环境下均能发生生物降解。但在现场应用中的生物降解性工程评价,则远比实验室研究复杂,这需要长时间的跟踪和可信赖的海底取样以及可靠的测试评价方法。

③健康与安全性。合成基液的挥发性以及挥发气体中芳香烃的含量是影响合成基钻井液健康与安全性的重要因素。挥发性越强,施工区域的防火、防爆等级要求越高。挥发气体中芳香烃含量越高,对操作者健康危害越大。研究证实,几种合成基液的挥发性气体均不含芳香烃成分。从挥发性来看,除线性α-烯烃基在低温和中温下挥发性高于矿物油外,其他合成基液在低、中、高温下挥发性均低于矿物油。

视频1.7 油基钻井液

油基钻井液的讲解见视频1.7。

1.6.3 气体及气液混合钻井流体

气体钻井技术是一种负压钻井技术,也称欠平衡钻井技术,是指在地层条件许可前提下,配备专用装备(空压机、增压机、雾化泵,井口旋转防喷器等),利用气体及气液混合流体(如空气、氮气、天然气、泡沫、雾化流体、充气流体等)作为钻井循环流体,携带钻屑、清洁井眼、冷却钻头钻具,以及破碎岩石而进行钻井的技术。该项技术可大大降低井底气柱(液柱)压力,用于解决低压油气层的井漏,保护油气层和提高机械钻速。

气体钻井始于20世纪50年代,稍后出现了雾化钻井、充气钻井和泡沫钻井,起初是用来钻坚硬地层,主要目的是为了提高钻速、延长钻头寿命、降低钻井成本。20世纪90年代,随着空气钻井马达的问世以及各种配套设备的相继开发,空气钻井技术得到越来越广泛的应用。

21世纪以来,气体钻井作为一种提速增效钻井技术已广泛用在低压油田的直井、定向井、丛式井和水平井钻井中。

根据气体钻井流体连续相的不同,将气体钻井流体分为以气体为连续相的气基流体,如空气、氮气、天然气等;以气体为连续相,液体为分散相的雾化钻井流体;以液体为连续相,气体为分散相的泡沫钻井流体和充气钻井流体等。具体分类见表1.17。

表1.17　气体及气液混合钻井流体分类

类型		成分	特点
气体及液混合钻井流体	气基流体 纯气体	空气、氮气、天然气	密度极低 0~0.05
	气基流体 雾化气体	水相以雾化的形式分散在气体中的气液分散体系	密度低
	泡沫流体	在发泡剂、稳泡剂作用下,气体分散在液相中的气液分散体系(液体为连续相、气体为分散相,气相为主)	密度较低 0.06~0.72
	充气流体	气体分散在液相中的液气分散体系(液体为连续相、气体为分散相,液相为主)	密度低于水 0.7~1.0

传统的过平衡压力钻井时,井底钻井液液柱压力与地层压力之差由井内指向地层,对地层产生压持效应,阻碍钻头对地层的破碎和岩屑脱离井底,降低钻头破岩效率。欠平衡钻井是一种非常规钻井技术,在欠平衡钻井中,采用气体及气液混合流体,钻井流体柱压力低于地层孔隙压力,在负压差条件下,地层产生向井内的"推力",促使井底岩石破碎(或崩离井底),大大提高钻头破岩效率,大幅提高机械钻速。

气体及气液混合钻井流体的特点是:(1)提高机械钻速,与常规钻井相比,可提高钻速3~10倍;(2)减少对水敏性储层的伤害,保护低压油气层;(3)有效对付恶性漏失地层,解决井漏难题;(4)延长钻头寿命;在相同构造上空气钻井钻头使用时间较普通钻井液钻井使用时间延长25%~40%;(5)降低钻井综合成本。

在气体及气液混合钻井流体中,相对于气基钻井流体和充气钻井流体,泡沫钻井流体更多的是涉及化学理论和化学剂,因此本小节重点介绍泡沫钻井流体。

泡沫钻井流体是通过混合水、发泡剂、聚合物和空气而形成的致密、连续、均匀的泡沫流体。密度可在0.06~0.72g/cm³之间任意调整。钻井中使用的泡沫可分为稳定泡沫、硬胶泡沫和可循环微泡沫三类。

1.6.3.1 泡沫的组成

泡沫是在发泡剂的作用下,气体高度分散在液体介质中形成的一种气液分散体系,主要由气相、液相、发泡剂与稳泡剂组成。在泡沫中,液相为分散介质或称连续相,气相为分散相。

(1)气相。用于泡沫钻井流体的气相多为空气、氮气和二氧化碳。这些气体产生的泡沫中,氮气泡沫最安全,二氧化碳气泡沫稳定性较差,而空气易获取,成本低,因此空气泡沫应用较为广泛。

(2)液相。泡沫钻井流体中的液相最常见的是水,也有少量的醇类或烃类。淡水、盐水、咸水、地层水均可用于配制泡沫,为了增加泡沫流体的抑制性,防止地层黏土水化膨胀,即使用淡水配制泡沫,也要加入氯化钠、氯化钾、羟基铝或小阳离子聚合物抑制剂。为了增强泡沫流体的稳定性,水相中还需加入聚合物增黏剂。

(3)发泡剂。泡沫钻井流体使用的发泡剂多为阴离子型表面活性剂和非离子型表面活性剂,如十二烷基硫酸钠、十二烷基苯磺酸钠、脂肪醇聚氧乙烯醚硫酸钠、聚氧乙烯烷基醇醚、聚氧乙烯烷基醇醚磺酸钠盐等。对发泡剂的一般要求是：起泡性好，泡沫体积膨胀倍数高；泡沫稳定性强，持续时间长，能承受井下高温并能保持性能稳定；抗污染能力强，对原油、盐水、钻屑等不敏感，与储层中岩石、地层流体配伍性好；环境友好，具有生物降解能力，毒性小；发泡剂亲憎平衡值(HLB)在10～15范围内。

(4)稳泡剂。稳泡剂通常是指能增加泡沫稳定性的化学添加剂。稳泡剂主要包括两类：一是非离子表面活性剂，可与发泡剂组成复合体系，液膜中分子排列更加紧密，增强气、液界面膜强度并降低液膜中阴离子基团的排斥力从而实现稳泡，如聚乙烯醇、三乙醇胺、月桂醇等。二是天然或合成类高分子聚合物，通过提高液相黏度，降低液膜排液速度，增强界面膜强度从而具有稳泡效果，如黄原胶、聚阴离子纤维素、羟乙基纤维素、羧甲基淀粉、聚丙烯酰胺、复合离子丙烯酸盐共聚物等。

(5)黏土。为增强泡沫的稳定性和提高黏度、切力，在液相中加入2%～5%的膨润土，配合适量的增黏剂形成的泡沫称为硬胶泡沫，常用于大尺寸井眼和易塌地层。而不加膨润土的泡沫则称为稳定泡沫。硬胶泡沫的黏度、切力和稳定性均高于稳定泡沫。

1.6.3.2 泡沫流体稳定原理

泡沫是气体高度分散在液相中形成的分散体系，是热力学非稳定体系，泡沫的形成和稳定是有条件的。由于表面能增大和气液密度的差异，使泡沫极易破裂。要使泡沫成为钻井流体，满足钻井工程携带与悬浮钻屑、稳定井壁等功能，泡沫的稳定性必须得到加强。泡沫稳定性是指泡沫生成后的持久性，衡量泡沫稳定性的指标是泡沫破灭半衰期，是指泡沫破裂一半所经历的时间。半衰期越长，泡沫稳定性越好。

泡沫的稳定性主要取决于三点：一是气液界面张力，界面张力越高，总表面能越大，泡沫体系越不稳定；二是界面膜强度，强度越高，弹性越好，气体穿透界面膜合并的阻力越大，抵抗外界各种影响因素的能力越强，泡沫越稳定；三是液膜排液速度，液相黏度越高，液膜排液越慢，泡沫越稳定。概括起来，泡沫的稳定原理如下：

(1)加入发泡剂降低气-液界面张力，降低泡沫体系表面能，有利于泡沫的生成和稳定。

(2)加入稳泡剂，与发泡剂形成复合结构，界面膜上分子排列更加紧密，增强气液界面膜机械强度，增大气泡聚结并的机械阻力。

(3)加入增黏剂，提高液相黏度，使液膜中的水不易流走，减缓排液速度，并可增加膜的机械强度。

(4)加入膨润土，提高泡沫流体的黏度和切力，界面膜中膨润土胶粒的水化也有锁水作用，增强泡沫的稳定性。

1.6.3.3 影响泡沫稳定性的主要因素

泡沫的气/液界面非常大，所以泡沫会自发的破坏。泡沫的破裂过程主要是分隔气相的液膜由厚变薄直至破裂的过程，包括排液、气泡合并和破裂三个阶段。因此泡沫的稳定性主要取决于液膜的强度和排液的快慢。影响泡沫稳定的主要因素如下：

(1)气液界面张力，界面张力越低，泡沫越稳定；

(2)界面膜强度，界面膜强度越高，泡沫越稳定；

(3)液相黏度，液相黏度越高，排液阻力越大，越稳定；

(4)温度升高，液相黏度下降，排液速度加快，泡沫稳定性下降；

(5)表面电荷斥力，阴离子型发泡剂有利于泡沫稳定。

1.6.3.4 泡沫钻井流体特点

与常规钻井液相比，泡沫钻井流体具有以下优点：

(1)泡沫流体具有优异的携带岩屑能力，悬浮能力强，当停止循环时，岩屑被固定在泡沫流

体中,因此比雾化钻井需要更少气体压缩设备;

(2)硬胶泡沫(含黏土颗粒和增黏剂)的滤失量很低甚至可以为零,能有效地防止水敏性地层和胶结差的地层坍塌;

(3)安全性更好,可防止空气钻井因钻遇油层而引发的火灾;

(4)钻低压或枯竭油气层以及胶结疏松的产层。硬胶泡沫密度只有 $0.032 \sim 0.096 \text{g/cm}^3$,即使在井内被压缩状态下,其静液柱压力也极低,而且滤失量可以为零,所以可避免漏失和对产层的伤害。

泡沫钻井流体主要适用于裂缝、溶洞发育的低压地层,以及地层压力系数低于1.0的低压稳定地层。此外当空气钻井、雾化钻井因地层原因无法继续实施钻进时,可转为泡沫流体钻井,其携带和悬浮钻屑的能力是常规钻井液的10倍。

1.7 井下复杂事故的钻井液技术

钻井工程是油气资源勘探开发最主要、最直接的手段,是一项复杂而隐蔽的地下工程,具有模糊性、随机性和不确定性等特点。钻井的对象是埋藏在地下深达数千米的地层,在钻井施工过程中难免会遇到一些复杂地层或复杂地质条件,带来漏、喷、塌、卡等各种各样的井下复杂事故,处理起来需要消耗大量的人力、物力还有高昂的时间成本,严重者导致全井报废。据一些油田的钻井资料统计分析,复杂事故时效约占钻井生产总时效的6%,也就是说一个油田每年投入钻井开发的总成本中,近6%的费用是在做没有任何收益的复杂事故处理,这是一笔惊人的浪费。但是井下复杂事故与钻井工程如影随形,可以尽力避免,但却无法根本杜绝,是钻井施工中必须面对的问题。许多井下复杂事故的发生与钻井液有关,预防与处理需要在钻井液上作文章,在此过程常常涉及一些化学剂和化学方法。如压差卡钻的油浴式解卡技术,就是一种密度可调的油包水乳状液,如何配制和提高乳状液的稳定性涉及表面化学理论,这是用化学方法解决工程问题的典型案例。与其他事物一样,井下复杂事故的发生与发展均有其内外在原因,只有对井下复杂事故发生的原因有一个清晰的认识,才能有针对性地做好井下复杂事故的预防和处理工作。

井下复杂事故种类繁多、千变万化。单是卡钻事故,根据卡钻原因不同就可以划分为8种卡钻类型,不同的卡钻类型其处理方法也有差异。因此当复杂事故发生后,根据地面钻井参数和钻井液性能的变化结合地质地层资料进行综合分析,得出一个比较准确可靠的复杂事故原因和类型的判断,对后续复杂事故的处理十分重要。本节重点讨论常见的且与钻井液相关的复杂事故的预防及处理。

1.7.1 井漏

井漏(loss of circulation)是指在钻井、固井、测试等施工作业中,钻井液漏入地层的一种井下复杂情况。井漏的直观表现是钻井液罐液面下降,井口返出量减少,甚至井口钻井液失返。井漏对钻井施工作业危害极大,不但损失大量的钻井液、伤害油气层、中断钻井作业,而且还可能诱发井塌、卡钻、井涌、井喷等其他复杂事故。因恶性井漏而引起的井眼报废屡有发生,是钻井施工中常见而较难处理的井下复杂事故之一。

1.7.1.1 井漏的原因与分类

井漏的发生必须满足两个条件:一是地层中有漏失通道,且连通性好并具有相当容量,钻井液在漏失通道内可以流动和被大量吸纳;二是钻井液柱压力大于地层孔隙压力,这是钻井液在漏失通道内流动的驱动力。绝大多数钻井是在钻井液柱压力大于地层孔隙压力的条件下进行,即井漏发生的第二个条件普遍能满足。因此发生井漏的决定性因素在于地层中是否存在钻井液漏失通道。

1. 按漏失通道分类

根据形成原因,可将漏失通道分为两类:一是自然漏失通道;二是人为漏失通道。自然漏失通道是指地层在漫长的成岩过程中因沉积压实、淋滤风化、水流溶蚀或构造运动等因素作用下,形成较大的、连通性好的孔隙、裂缝、溶孔和溶洞。人为漏失通道是指因钻井液柱压力超过地层破裂压力,造成地层破裂而形成的裂缝,又称诱导裂缝。按漏失通道划分的井漏类型见表1.18。

表1.18 按漏失通道划分的井漏类型

类型	岩性	发生率	井漏特点
自然漏失通道	砂岩、砂砾岩	常见、多发	多为渗透型漏失,漏速较低,漏失量小。深部砂砾岩有裂缝型漏失,漏速快,漏失量大
	泥页岩	偶见、少发	深部硬脆性泥页岩,因构造运动地层破碎,裂缝发育,漏速中—高,漏失量较大
	碳酸盐岩	常见、多发	裂缝和溶洞型漏失,多为失返型恶性漏失,漏速快,漏失量大,往往井口不见液面
	火成岩	偶见、少发	孔隙—裂缝型漏失,裂缝开度小,长度短,漏速小—中,漏失量不大
人为漏失通道	砂岩、泥岩	常见、多发	诱导裂缝型漏失,漏速快,漏失量大,多为失返型漏失,但常常井口可灌满
	其他岩性	偶发、少见	裂缝型漏失,漏速快,漏失量大,多为失返型漏失

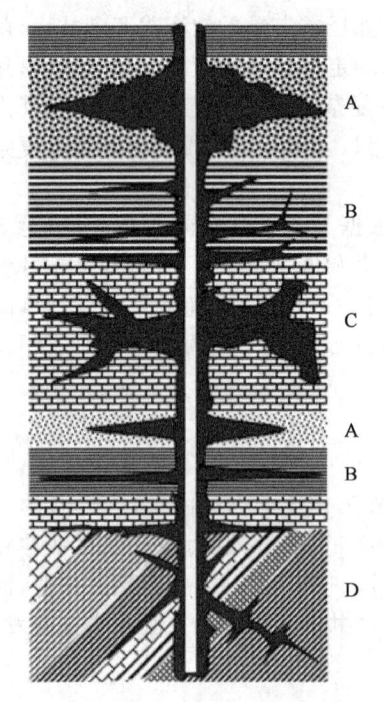

图1.25 漏失通道类型
A—渗透型漏失;B—诱导裂缝型漏失;
C—孔洞和洞穴型漏失;
D—断层和天然裂缝型漏失

2. 按漏失原因分类

根据漏失原因,可将漏失分为以下几类:

(1)渗透型漏失。这种漏失多发生在埋藏浅、成岩性差、胶结弱的砂岩、砂砾岩、粗砂岩、砾岩等地层中。由于其孔隙度和渗透率高,钻井液中的固相颗粒无法在近井壁地带形成桥接封堵,在正压差作用下,钻井液漏入地层深部,漏速小—中,漏失量不会太大,堵漏也容易见效。渗透型漏失如图1.25中A所示。

(2)天然裂缝、溶洞型漏失。这种漏失主要发生在碳酸盐岩地层,如石灰岩、白云岩,因地下水的溶蚀作用,产生裂缝、溶洞,构成钻井液的漏失通道和吸纳空间。其他岩性中存在不整合面、断层、地应力破碎带和构造裂缝等地层缺陷时,也会发生裂缝型漏失。裂缝型漏失的漏速、漏失量等受裂缝的开度、延伸性、充填情况以及连通情况等因素的影响。通常裂缝、溶洞型漏失的漏速快,常见失返型恶性漏失,漏失量大,有的漏失量可达几千、甚至上万立方米,堵漏难度较大,往往多次堵漏才能奏效。尤其是垂直裂缝、倾角大的斜交裂缝,堵漏成功率不高,即使堵住也易反复,甚至因井漏导致井眼报废。天然裂缝、溶洞型漏失如图1.25中C,D所示。

(3)诱导裂缝型漏失。因钻井液柱压力超过地层破裂压力,引起地层破裂产生新的裂缝或是将闭合的原有裂缝压开并延伸扩张而产生的漏失称为诱导裂缝型漏失。不同地层在不同深度均有不同的破裂压力,确定破裂压力只能靠破裂压力试验测定。一般来说,强度较低的岩性破裂压力较低,而强度高的岩性破裂压力较高,在常见的沉积岩中,砂岩的强度低于泥页岩、碳酸盐岩。因此在同一裸眼中,砂岩比泥页岩更易产生诱导裂缝型漏失。同理套管鞋下的第一套砂岩比更深的砂岩产生诱导裂缝的可能性更大,这也是破裂压力试验一般选取套管鞋下第一套砂岩进行测试的原因。诱导裂缝型漏失往往发生在安全密度窗口狭窄的井段,因裸眼中有高压地层,需要高密度钻井液来平衡,本身液柱压力已接近地层破裂压力,一旦起下钻、开泵等压力激动值叠加超过地层破裂压力,就会压裂地层发生井漏。这种漏失漏速较快,有时完全失返,但停泵后井口往往能灌满。如钻井液密度有下降空间,适当下降钻井液密度即能解决井漏问题。在密度不变情况下,堵漏相对较难,且常常反复。诱导裂缝型漏失如图1.25中B所示。

3. 按漏失速度分类

按漏失速度分类,可将漏失分为渗透型漏失、小型漏失、中型漏失、大型漏失和失返型漏失。按漏失速度分类见表1.19。

表1.19 按漏失速度划分的井漏类型

井漏类型	渗透性漏失	小型漏失	中型漏失	大型漏失	失返型漏失
漏失速度/(m^3/h)	<5	5~20	20~50	50~80	>80

1.7.1.2 井漏的预防

井漏发生的根本原因是地层有连通性好的大孔隙、裂缝、溶洞等岩石结构上的缺陷,和钻井液柱压力超过地层破裂压力。对于井漏的预防来说,从井身结构设计、钻井液组成及性能以及工程等多方面提前采取一些防漏措施是十分必要的。常用的井漏预防措施如下。

1. 合理的井身结构

根据所钻地层孔隙压力、破裂压力、坍塌压力和漏失压力曲线,设计合理的井身结构和套管程序。原则上在同一裸眼内,不能有漏、喷地层并存的情况,也即必须用套管将高压、低压地层分隔开来。用套管程序来解决防漏与防喷的矛盾。

2. 合理的钻井液密度

所谓合理的钻井液密度,是指保证地层不喷、不塌、不漏的钻井液密度。对于安全密度窗口较宽的多数井来说,这一点不难做到。但对于安全密度窗口狭窄的高压油气层或漏喷同层的油气井,既要压住油气层防喷,又要避免压漏地层,合理钻井液密度往往难以把握。尤其是在气层钻进,气侵现象比较普遍,有时因气侵现象严重提高密度而压漏地层,造成上漏下喷或上吐下泄的复杂局面。实际上在油气层钻进,在保持钻井液静液柱压力大于地层流体压力、保证不喷的前提下,采用"相对压稳"方法,允许气侵现象的存在,尽量降低钻井液密度,消除加重压漏地层、压差过高引起井漏和卡钻的风险,有利于减少复杂事故和提高机械钻速。气侵现象主要有两种情况:一是钻进过程中的气侵,多数情况下是油气层井段切削岩石中的气体进入钻井液,即使钻井液密度足够高,也无法避免气侵,一般加强循环除气,入井钻井液密度能及时恢复,就不需提高钻井液密度。二是起下钻油气层段的后效钻井液气侵,主要是静止过程中气液置换引起油气层流体进入井眼,与钻井液密度关系不大,也不需要提高钻井液密度。判定需提高钻井液密度的三原则是:钻进过程中钻井液体积有增量、停泵后井口有溢流、起钻时灌入井内钻井液体积少于起出钻具之体积。

3. 降低钻井液激动压力

很多井漏发生在下钻、下套管或下钻后开泵的过程中,这是因为这个过程中井底实际承受的压力比静液柱压力高出一个数值,这个值就是下钻或开泵过程中增加的激动压力。此时钻井液经常长时间地静止,静切力处于高位,要驱使钻井液流动,需要一个额外的压力值,这就是激动压力。在安全密度窗口较窄的地层,钻井液静液柱压力加上压力激动值可能超过地层破裂压力,引发井漏。合理的钻井液流变性与必要的工程措施(轻提、慢放、转动钻具、小排量开泵)可以有效减低下钻、开泵、循环的压力激动值,有利于防漏。所谓合理的钻井液流变性,是指在保证携带和悬浮钻屑、加重剂的前提下,黏度、切力尽可能低一些好。

4. 提高地层承压能力

对于多数地层缺陷,如孔隙、溶蚀性的裂缝、孔洞、开度不大的构造裂缝等,是可以采取物理的方法来修补的。也就是通过人工的方法来封堵近井壁的漏失通道,提高地层的承压能力,实现防漏的目的。以下是常用的三种方法:

(1)调整钻井液性能。对于一些浅层的流沙层、高孔高渗的砂岩地层,很容易发生渗透型漏失,对付这样的漏层,应采用高含土量、高黏切的防漏钻井液。若地质设计提示有这样的潜在漏失地层,那么在钻入漏层前,可对钻井液做必要的调整,如增加膨润土含量、使用聚合物增黏剂等措施提高钻井液的黏度、切力,改善钻井液的封堵造壁性,增大钻井液向地层渗流的阻力。

(2)随钻堵漏。对于渗透型漏失和小型漏失,一般多为孔隙或孔隙—裂缝(开度小)型漏层,堵漏所需的材料颗粒度较小,不影响正常钻进,不影响固相控制设备的使用,对钻井液性能影响小,因此可以随钻使用,具有即钻即堵、损失钻井液少的特点。具体施工方法十分简单,即进入漏层前,通过水力混合漏斗在钻井液中均匀加入随钻堵漏剂,加量为钻井液体积量的2‰~4‰。在压差作用下堵漏颗粒进入漏层,堵塞近井壁的漏失通道,阻止漏失的进一步发生,提高了地层的承压能力,起到防漏的作用。

(3)先期承压堵漏。有的井因井身结构设计和套管程序上存在先天不足,为后续钻探中的防漏防喷留下隐患,即在同一个裸眼井段中,上部地层的漏失压力或破裂压力低于下部高压地层的孔隙压力,那么平衡下部高压地层的液柱压力将超过上部地层的漏失压力或破裂压力,必然导致上部地层的井漏,出现上漏下喷的复杂局面。因此在钻开下部高压层之前,必须对上部潜在的漏失地层进行提高承压能力的处理,即先期堵漏。

常用的先期堵漏有两种方法,一是桥接堵漏法,即在堵漏所需体积量的钻井液中加入桥接堵漏剂配制成桥接堵漏浆;二是水泥浆法。两种方法均是将桥接堵漏浆或水泥浆替入井内的漏层位置,通过关井加将漏层压开,桥接堵漏浆或水泥浆被加压挤注进入漏层,从而提高地层的承压能力。在整个挤注过程中,应控制合适的套管压力。对于桥接堵漏法可少量、多次挤注。对于水泥浆法,一定要憋压候凝。采用这种方法应注意以下几点:一是计算好关井憋压的压力值,原则是施工时的液柱压力+套压(稳定值)>后续高压地层的压力。二是不能将全部的桥接堵漏浆或水泥浆挤入漏层,应有三分之一的体积量留在井筒中。三是如有多套漏层应分段施工,一次处理一个漏层。四是如果关井憋压的数值达不到要求,则调整堵漏浆中桥接堵漏剂的组配和浓度,或增加桥接堵漏浆与水泥浆的体积,重复施工。

1.7.1.3 漏层的确定

是什么原因引起的井漏?漏层在哪里?采用什么方法堵漏?是堵漏施工前需要回答的问题。找准漏层是堵漏施工的关键。根据漏失发生时的工况,有的漏层的确定比较简单,通过综合井漏发生时的各种信息,就能判断漏层位置。但有的漏层位置不好判断,需要借助测井方法来确定。

1. 综合分析判断

(1) 正常钻进中发生井漏,钻井液性能稳定,密度未变,钻速加快,有时有放空现象,这种情况下,漏层多在井底。

(2) 加重过程中出现的井漏,可能的漏层在套管鞋下第一套砂岩,或裸眼中曾经的漏失层位,或断层、不整合面等有缺陷的地层。

(3) 下钻过程中出现的井漏,可能的漏层在套管鞋下第一套砂岩,或裸眼中曾经的漏失层位,或钻头之下的薄弱地层。

(4) 开泵过程中出现的井漏,可能的漏层在套管鞋下第一套砂岩,或裸眼中曾经的漏失层位,以及裸眼中承压能力最低的地层。

2. 测井方法

综合判断的方法不够准确,有很大的局限性。要准确地掌握漏层位置,最可靠的方法是通过测井。具体包括以下方法:

(1) 螺旋流量计法。这是一种带有螺旋叶片的井底流量计,主要由三部分组成,位于仪器顶部的照相记录装置和圆盘,中部的螺旋叶片和下部的导向器。当仪器处于漏层之上时,向下流动的钻井液将使螺旋叶片转动一定的角度,并带动上部的圆盘一同扭转,照相装置则将转动的情况记录下来。当仪器处于漏层之下时,钻井液静止不动,仪器的螺旋叶片就不会扭转。依此原理,就可测出漏层的位置。

(2) 测井温法。随着深度的增加,地层的温度是逐渐上升的,井温随深度增加的幅度称为地温梯度。一般用℃/100m 来表示。地层的温度基本是恒定的,当足够量的低温钻井液漏入地层后,短时间内漏层温度会出现一定的下降,利用此原理即可确定漏层位置。具体方法是首先测定正常的井温梯度,然后泵入一定量的钻井液,并立即进行第二次井温测量,对比两条井温梯度曲线,井温异常的地方就是漏失层位。图 1.26 是测井温法确定漏层的示意图。

(3) 热电阻测量法。这种方法是利用电阻体的阻值随温度变化而变化的特性来确定漏层。先将热电阻仪下入井内预测漏层,记录电阻值,然后从井口泵入钻井液,立即观察电阻值,如有变化,则仪器在漏层之上,反之,则在漏层之下,如此反复几次,就能找准漏层。

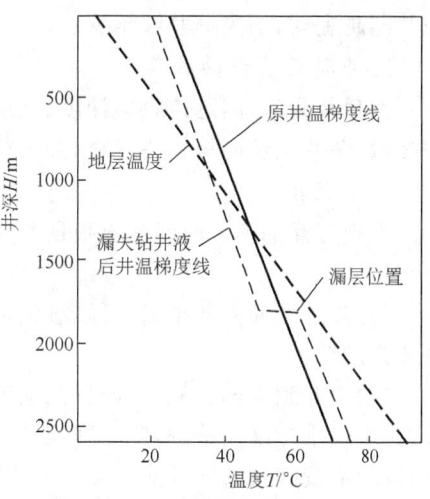

图 1.26 井温法测定漏层示意图

(4) 放射性测井法。用 γ 射线仪先测出一条标准曲线,然后替入含有放射性示踪剂的钻井液,再次下入射线测井仪测量放射性,显然,在漏层位置因为漏入有放射性示踪剂的钻井液而会显示出放射性异常,据即可确定漏层。这种方法很准确,但因为成本和放射性危害,实际应用较少。

关于漏层位置的确定还有一些其他的测定方法,如自然电位法、声波测试法、电阻测定法等。但各种电测方法都有一个共同点,就是耗时长、损失钻井液量大,成本较高。因此现场遇到井漏后,通常是根据地质资料、已钻地层岩性剖面、钻井参数、钻井液性能以及邻井资料等综合分析判断,确定漏层。确实找不到漏层,或堵漏总是不见效时,往往才进行电测确定漏层。

1.7.1.4 漏失压力的计算

根据井漏后的平衡液柱压力,可以计算漏失压力。

(1)部分钻井液漏失,停泵后液面在井口。这种情况下,漏失压力应居于钻井液静液柱压力与钻井液动液柱压力之间,即漏失压力 p_L 为:

$$0.01\rho H < p_L < 0.01\rho H + \Delta p$$

式中 Δp ——钻井液循环附加压力值,MPa。

(2)失返型漏失,停泵后液面在井口。这种情况下漏失压力约等于钻井液静液柱压力,即漏失压力 p_L 为:

$$p_L \approx 0.01\rho H$$

(3)失返型漏失,停泵后液面下降。这种情况下漏失压力应等于钻井液静液柱压力,即漏失压力 p_L 为:

$$p_L = 0.01\rho(H-h)$$

式中 ρ ——钻井液密度,g/cm^3;

H ——漏层深度,m;

h ——井漏后平衡液面深度,m。

1.7.1.5 井漏的处理

1. 井漏的发现

目前比较先进的综合录井仪均含有循环罐液面监测功能,对于液面的异动能第一时间报警。此外钻井液工也有定时检测循环罐液面的工作职责。对于易漏地层应加强检测,越早发现井漏越主动,损失钻井液越少。

2. 井漏后资料的收集

发现井漏后,应迅速收集深度、地层、岩性、漏失速度、漏失量、井内静液面、钻井工况和钻井参数、钻井液性能等相关资料,并进行综合分析以判断漏失性质、漏层位置。

3. 工程措施

发现井漏的第一时间就要根据漏速大小和钻井液存量情况决定是循环观察、继续钻井,还是起钻。

(1)渗透性漏失和小漏:可继续钻进,也可循环观察,待确定实际漏速后,再决定是继续钻进还是起钻。

(2)中漏到大漏:一般来说目测就能看出井口返出钻井液量是减少的,钻井液的漏速就比较大,难以维持继续钻进,应立即起钻,并配制堵漏钻井液。即使循环观察,也只能维持较短时间,以免浪费大量的钻井液。

(3)失返型漏失。如井口钻井液失返,那么就应立即起钻,为下步实施堵漏而做工程准备,并配制堵漏钻井液。但要注意的是,如已揭开油气层,那么不能直接起完钻具,而应把钻具起到一个相对安全的位置(如技术套管鞋),并观察井口,经过相当时间确认井下平稳后,方可继续起出剩余钻具。以免液面下降后发生油气上窜时空井难以处理的情况。

(4)对于失返型井漏后的起钻,为填补起出钻具的体积,还是应保持灌注钻井液,这对于揭开油气层后发生的井漏尤其重要。但灌入量要控制,应与起出钻具体积基本相符。这样既能保持井内钻井液与漏失压力相平衡的液面,也避免灌入多余的钻井液而被漏失。

(5)起出钻具后,为下一步实施堵漏施工,钻具结构要做调整,一般原则是尽可能增加钻井液在钻具内的流道直径,以免堵漏材料堵塞钻具,同时简化钻具结构。因此要去掉钻头水眼,或者去掉钻头,直接下光钻杆。

4. 堵漏施工

根据井漏后收集的资料，计算漏速、漏失量和漏失压力，确定漏失性质和漏层位置，在此基础上选择堵漏方法并实施堵漏施工（以桥接堵漏法为例）。

(1)制订堵漏施工方案，配制堵漏浆，通常是在原钻井液基础上添加各种堵漏材料配制成堵漏浆。

(2)下钻到漏层位置（或漏层顶部），以正常钻进时的排量泵入堵漏浆，堵漏浆返出钻具时，应保持钻具旋转扰动堵漏浆，使堵漏剂能更好地进入漏层。如井口返出钻井液，应测量返出钻井液体积。

(3)起钻到套管鞋位置（或钻具相对安全位置），开泵循环1~2个循环周，排量可约高于正常钻进排量，并观察记录液面。

(4)关井憋压，主要目的是将堵漏剂挤入漏失地层，进一步压实堵漏层，从而提高地层的承压能力。憋压值控制一般控制在2~3MPa，憋压时间2h以上。此外可根据泵入堵漏浆时返出的钻井液体积量推算进入漏层的堵漏浆，以2/3体积的堵漏浆进入漏层为宜。如进入漏层堵漏浆不够，在关井憋压时，应继续挤注一部分堵漏浆进入漏层。

(5)下钻到井底，开泵循环观察，确认不漏后恢复钻进。

1.7.1.6　常用堵漏方法

堵漏的本质是用物理、化学或机械的方法对漏失地层的大孔隙、裂缝、溶蚀孔洞等岩石结构上的缺陷进行修补，封堵钻井液的漏失通道，或增大钻井液在漏失通道中的流动阻力，从而提高漏层的承压能力。

井漏性质的判断对堵漏方法的选择十分重要。漏层如为胶结疏松的砂岩，漏失通道多为孔隙。漏层如为致密的石灰岩、白云岩和泥页岩，多为裂缝型漏失通道。钻井过程中若有放空现象，则漏失通道为溶洞的可能性大。此外，漏速小的，一般为孔隙型漏失，漏速大的多为裂缝型漏失，失返型井漏几乎肯定是开度大的裂缝型漏失或溶洞型漏失。

堵漏方法多种多样，细分起来多达几十种，但归纳起来可划分为三大类。一是物理法，即通过在钻井液中添加各种堵漏材料，对漏失通道进行物理填塞和封堵，典型的代表是随钻堵漏法和桥接堵漏法。二是化学法，利用一些材料的化学特性，在漏层位置交联形成具有极高黏弹性的凝胶或塑性体，或是经水解、水化后凝固而封堵漏失通道。凝胶堵漏和水泥浆堵漏属于这类堵漏方法。三是机械堵漏法，利用特殊设计的工具，将铝合金或合成材料制成的波纹管下入漏层位置，在压力作用下撑开而封隔漏层，相当于在漏层位置增加了一层套管。但这种方法的工艺复杂、耗时长、成本高，一般少有使用。目前现场应用最多的是桥接堵漏法、水泥浆堵漏法和复合堵漏法。有时也因单一方法不奏效而采取复合堵漏的方法。对于具体一口井的井漏处理，应根据不同的漏失性质，选择适配的堵漏方法才能取得良好的堵漏效果。

1. 桥接堵漏法

桥接堵漏法是利用各种物理形状的桥接堵漏剂堵塞漏层漏失通道的方法。其特点是工艺简单、适用范围广，成功率较高，可用于处理孔隙、裂缝、孔洞性质的小型到失返型井漏。

桥接堵漏剂一般由多种不同几何形状、不同粒级分布的惰性材料混合而成。基本包括三大类：一是颗粒状，如核桃壳、贝壳、蛭石、石灰石、锯末等。二是片状，如云母片、废塑料片、花生壳。三是各种植物纤维状，如棉籽皮、麻绳、废布条等。堵漏剂组配包括粗、中、细三种粒级材料，刚性固体大颗粒在漏失通道中起架桥和支撑作用，中小颗粒填充，纤维状颗粒封堵。

桥接堵漏的前提是架桥，只有刚性大颗粒在裂缝内架桥、中颗粒填塞、小颗粒封堵才能形成足够密、足够强度的堵塞层。这个堵塞层应在裂缝内部靠近井壁附近，而不是在裂缝表面。因此架桥颗粒的几何尺寸与裂缝宽度相匹配尤为关键。架桥颗粒粒径按照 2/3 架桥理论来选择，即刚性架桥颗粒直径应是裂缝平均宽度的 1/2～2/3。架桥颗粒直径过大过小都可能导致堵漏失败。此外桥接堵漏剂的搭配(包括粒度、形状、组分比例、物理性质等)、浓度对堵漏效果的影响较大。堵漏浆的注入量也很重要，对于失返型井漏，215.9mm 井眼注入量不低于 20m³，311.2mm 井眼注入量不低于 30m³。堵漏浆中堵漏剂浓度应达到 10%～15%，甚至 20%。表 1.20 是一种常用的桥接堵漏剂(GDJ)型号、加量与漏失量之间的对应关系。

表 1.20 GDJ 桥接堵漏剂技术参数

堵漏剂型号	GDJ-1	GDJ-2	GDJ-3	GDJ-4	GDJ-5
适应开度/mm	1	2	3～5	渗透性漏失	6～8
适应漏速/(m³/h)	<15	15～35	35～60	<5	>60
加量/%	5%	8～10	10～15	3～5	12～20

桥接堵漏技术的要点如下：(1)找准漏层，堵漏浆对准漏层打入；(2)与漏层孔径或开度相匹配的堵漏剂；(3)足够量的堵漏浆和足够浓度的堵漏剂；(4)合理的堵漏施工工艺与适当的憋压。

桥接堵漏施工工艺和实例见文档 1.8 和文档 1.9。

文档 1.8　桥接堵漏施工工艺　　　　　文档 1.9　桥接堵漏施工实例

2. 水泥浆堵漏法

水泥浆堵漏是利用水泥的凝固特性，在漏失通道和井眼内形成连续的水泥塞，从而解决井漏问题。水泥浆堵漏多用于大型漏失和失返型井漏，主要用于处理自然横向裂缝、诱导裂缝、缝洞发育的石灰岩及砾石层的漏失。水泥浆堵漏必须搞清楚漏层位置和漏层压力，采用"平衡"法原理，或加压挤注方法，确保在井筒中形成一段水泥塞，其体积约等于水泥浆总体积的 1/3。其余 2/3 水泥浆进入漏层需要注意的是水泥浆堵漏是有条件的，一般适用于经桥接堵漏无效的失返型漏失，其次是漏层位置比较确定，第三是非油气储层。常用的水泥浆堵漏法可划分为以下两类：

(1)自然平衡法。

下钻到漏层顶部 50～100m，注入设计量水泥浆，此时井筒内液柱压力高于漏层压力，水泥浆柱下沉，部分水泥浆进入漏层，计算好替浆量，使水泥浆的 2/3 进入漏层，停泵起出钻具。井内液柱压力会自然与漏层压力平衡，并在此平衡态下水泥浆凝固，这样可保证漏层内和井眼内有连续的水泥胶结。

(2)加压挤注法。

对于部分漏失的井漏，或失返型井漏但在打水泥浆过程中井口开始返出的情况，就需要在打完水泥浆后，上提钻具到水泥浆液面之上，关井憋压挤水泥，挤入量要根据返出量计算已漏入的水泥浆量来确定，总的原则是把水泥浆总量的 2/3 挤入漏层，井眼内留 1/3。

对于桥接堵漏不见效的漏层，水泥浆堵漏是很自然的选择。但水泥浆堵漏同样不是万能的，也常有堵漏失败的情况。主要原因有三点：①堵漏时水泥浆全漏失，漏层位置无水泥塞，水泥未能封住井眼的漏失通道；②水泥浆初凝前，液柱自动下降到液柱压力与漏失压力相平衡，在没有压差的情况下，张开的裂缝闭合，水泥凝固后，钻开水泥塞，受压力激动影响裂缝重新开启，再次发生漏失；③对于沿井眼纵向延伸的高陡构造裂缝，暴露长度远远超过横向裂缝，很难在井眼内和在漏层里形成连续的水泥塞，水泥浆堵漏很难一次见效。

3. 聚合物凝胶堵漏法

聚合物凝胶是一种特殊水溶性聚合物在水中溶解形成的高含水凝胶，是一种结构型流体，具有极强的内聚力和较强的剪切稀释特性。在低剪切速率或静止状态下，能形成分子间缔合（交联），其黏度可达 $1\times10^4 \sim 3\times10^4$ mPa·s，具有强度、结构、切力、黏度和弹性。高剪切速率下（约 $1000s^{-1}$）剪切变稀，有利于泵送，但仍具有 100mPa·s 左右较高的黏度。其堵漏原理为高黏弹性的结构流体在压差作用下进入漏层，排挤掉钻井液而充满漏失裂缝、溶洞空间，随着分子间的交联，流体流阻增大而停止流动，3~5h 后，交联进一步发展，在漏失层形成结构强、黏度高（几万毫帕秒）的胶凝体，随着时间延长（如 24h 后），进入深度交联，其结构力、静切力、黏度、强度增大到足以抵御压差的推动，即成功堵住漏层，尤其适用于裂缝、溶洞等大型和失返型漏失。

4. 复合堵漏法

所谓的复合堵漏法是指凝胶堵漏+水泥浆或桥接堵漏+水泥浆的复合堵漏方法。当遇到裂缝较宽和漏失压差很大时，采用桥接堵漏、聚合物凝胶堵漏往往都难以奏效，或虽有效但堵不死。此时水泥浆堵漏是合理的选择，但这种情况下水泥浆堵漏的成功率也并不高，往往三番五次地打水泥浆也堵不住漏层，或暂时堵住，钻开水泥塞后再次漏失。出现问题的原因是水泥浆密度高，在井眼和漏层中停不住，同样会发生漏失难以有效地封堵井壁上的裂缝。加上裂缝有可能随液柱压力变化而开合，很难用水泥浆一次性地封固漏层。而凝胶堵漏或桥接堵漏与水泥浆的结合能很好地解决上述问题。利用凝胶的高黏弹性或桥接堵漏剂的封堵性进入漏层后可阻滞水泥浆的漏失，并将水泥浆稳固在井眼与裂缝中，凝固后形成连续的水泥石，从而大大提高水泥浆堵漏的成功率。在复合堵漏法中，最终起堵漏作用的还是水泥石，凝胶和桥接堵漏浆起到对水泥浆定位和托举的辅助作用。

复合堵漏法案例见文档 1.10。井漏预防与处理见视频 1.8。

文档 1.10 复合堵漏法案例　　　视频 1.8 井漏预防与处理

1.7.2 压差卡钻

所谓卡钻，是指钻井过程中井内钻具失去活动自由，既不能上下运动也不能旋转而被卡死的现象。卡钻的类型多种多样，按卡钻原因来分类，大致可划分为以下八类：压差卡钻、缩径卡钻、坍塌卡钻、砂桥卡钻、泥包卡钻、键槽卡钻、落物卡钻（硬卡）、干钻卡钻等。卡钻是钻井工程中常见的井下事故，一旦发生，钻井工作就被迫中断，既损耗物资，又延误时间，甚至可能导致井眼报废。上述卡钻类型中，除键槽卡钻、落物卡钻（硬卡）、干钻卡钻与钻井液无关外，其他几类都与钻井液有较为密切的关系。其中与钻井液关系最密切、现场较为常见的是压差卡钻。压差卡钻（differential pressure sticking）是指在液柱压力与地层孔隙压力之间的正压差作用下，井内钻具被紧压贴附在井壁滤饼上而发生的卡钻，因此压差卡钻也称黏卡。

1.7.2.1 压差卡钻的发生原因

压差卡钻的原因是钻具与滤饼黏附后,压差作用在钻具表面,此时钻具要运动必须克服巨大的摩擦阻力,当阻力常常超过钻机提升能力或钻具抗拉负荷,卡钻即发生。这个摩擦阻力可以通过计算而得到,如卡钻钻具的半径为 $R(cm)$,钻具陷入滤饼的包角为 θ(弧度),钻具黏附在滤饼上的长度为 $L(cm)$,钻井液密度为 $\rho(g/cm^3)$,卡钻深度为 $H(m)$,钻井液柱压力为 $p_m(atm)$,卡钻地层的孔隙压力为 $p_f(atm)$,滤饼摩擦阻力系数为 μ,解卡所需拉力为 $F(kg)$,那么:

$$F = R\theta L(p_m - p_f)\mu = R\theta L\left(\frac{\rho H}{10} - p_f\right)\mu$$

例如,某井在钻至 2980m 深度时起钻换钻头,起到深度 2160m 发生卡钻,卡点深度 2000m。被卡钻具为 177.8mm 钻铤,假设钻铤与井壁滤饼接触长度为 60m,接触包角为 90°。钻井液密度为 $1.2g/cm^3$,卡钻地层孔隙压力为 220atm,滤饼摩擦阻力系数为 0.12,那么解卡力为:

$$F = A\Delta p\mu = \frac{17.78}{2} \times \frac{\pi}{2} \times 60 \times 100 \times \left(\frac{1.2 \times 2000}{10} - 220\right) \times 0.12$$
$$= 200985(kg) = 201(t)$$

由此可见压差卡钻一旦发生,需要的解卡力非常巨大,单纯依靠上提下放、施加扭矩等常规活动方式是难以奏效的,必须采取可靠的解卡技术才有可能解除压差卡钻。

1.7.2.2 压差卡钻的几个要素

压差卡钻的发生带有一定的偶然性,但有一定规律可循,与工程、地层、钻井液等多因素有关。当影响压差卡钻的几个要素同时存在,或同时处于较高水平,那么发生压差卡钻的概率会大幅上升,因此,预防压差卡钻要从控制压差卡钻的几个要素做文章。图 1.27 是压差卡钻的要素示意图。

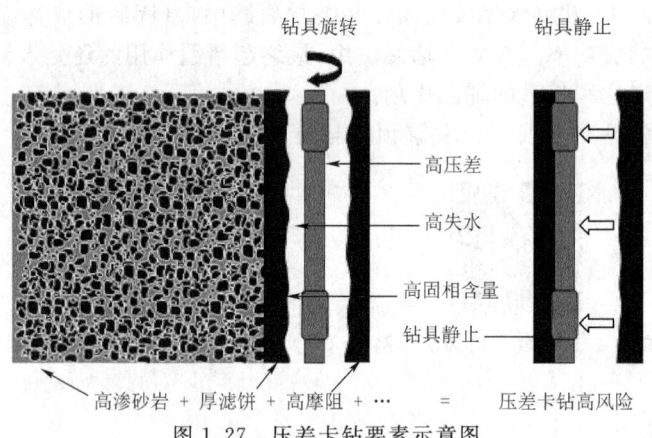

图 1.27 压差卡钻要素示意图

1. 钻具静止

压差卡钻的发生有一个前提,就是钻具处于静止状态。当钻具处于上下运动或旋转运动时,钻具处于钻井液的围绕之下,四周均受到钻井液柱的均衡压力,钻具不易贴靠井壁,因此不会发生压差卡钻。只有在钻具静止这种情况下,在井眼局部有一定斜度的地方,钻具在自身重力作用下贴靠井壁,在正压差作用下发生卡钻。

2. 钻井液因素

钻井液是影响压差卡钻最主要的因素,也是预防压差卡钻技术措施的主要载体。在影响解卡力的诸多因素中,滤饼摩擦阻力系数、压差以及钻具与滤饼的接触包角等均与钻井液性能密切相关。

(1)滤饼摩擦阻力系数。滤饼摩擦阻力系数对压差卡钻影响较大,改善滤饼润滑性是预防压差卡钻的重要手段。在大斜度井、水平井施工中的钻井液防卡措施,主要都是通过在钻井液中添加各种液体和固体润滑剂,降低滤饼摩擦阻力系数来实现。

(2)滤饼厚度。压差卡钻是钻具与滤饼黏附引起的,滤饼越厚,钻具与滤饼的接触包角越大,发生压差卡钻的概率越高。此外滤饼的质量也不容忽视,滤饼越致密、韧性越好,抗压能力越强,钻具与滤饼的接触角越小,越不易发生压差卡钻。

(3)钻井液滤失量。滤饼厚度受钻井液滤失量的直接影响,滤失量越大,滤饼越厚。因此对于易发生压差卡钻的地层,应严格控制钻井液滤失量。

(4)钻井液密度与固相含量。钻井液密度越高,固相含量越大,在同样滤失量情况下,沉积在滤饼上的固相越多,滤饼越厚。但钻井液密度受地层压力的限制,调整范围受限,对于高压油气层,就需要相应的高密度,这是无法改变的客观条件。但固相组成是可以优化的,通过固相控制设备的高效运转,尽可能清除劣质固相和粗糙的砂子,有利于预防压差卡钻。

(5)压差。钻井液柱压力与地层孔隙压力之间的正压差是造成压差卡钻的根本原因。出于安全原则,绝大多数钻井施工是在液柱压力高于地层压力的条件下进行,因此压差是一种客观存在。统计资料表明,压差与压差卡钻概率呈非线性关系,当压差在 7.5MPa 以内时,压差卡钻概率低于 5%,当压差增大到 12.5MPa 时,压差卡钻概率上升到超过 20%,当压差增加到 15MPa 时,压差卡钻概率超过 50%。

3.地层因素

在地层的各类岩性中,有的岩性发生压差卡钻概率高,有的岩性基本不会发生。如孔隙性和渗透性好的砂岩、砂砾岩是压差卡钻易发生的岩性,尤其是高孔高渗的粗砂岩、中砂岩更是如此。这是因为在孔渗性好的地层,钻井液井内实际滤失量更大,井壁表面的滤饼更厚。相反如果地层孔隙度和渗透性差,钻井液的滤失量很低,几乎没有滤饼形成,那么发生压差卡钻的可能性就很低。

1.7.2.3 压差卡钻的预防

1.避免钻具静止

钻井施过程中,如遇设备修理或接单根、起下钻作业时,应加强钻具活动,采取上提下放以及旋转的方式活动钻具,应尽量避免钻具静止。按行业规定,一般钻具静止时间不能超过3min。此外,一旦发生压差卡钻,随着静止时间的延长,卡点会发生上下延伸,被卡钻具的长度随之增加。因此即使发生压差卡钻后,仍应在安全负荷内加强活动钻具,避免卡点的上移。

2.控制滤失量与滤饼厚度

对于易卡地层,应严格控制滤失量,降低滤饼厚度和改善滤饼质量。此外还应调控好钻井液的流变性,满足携带和悬浮需要,保持井眼净化,同时对井壁滤饼有较好的冲刷能力,保持滤饼薄、致密、韧性好。

3.降低滤饼摩擦阻力系数

在钻井液中添加各种防卡润滑剂,提高滤饼的润滑性,以及强化固相控制,降低含砂量有利于防卡。对于一些大位移高难度水平井,水基钻井液的润滑性难以满足要求,油基钻井液、合成基钻井液能提供更好的防卡能力。

4.控制合理压差

在保证平衡地层压力的前提下,控制合理的密度和压差,能有效降低压差卡钻和井漏的风险。

5.减少钻具与井壁的接触面积

除了降低滤饼厚度外,采用螺旋扶正器、螺旋钻铤等工程措施,可以减少钻具与滤饼的接触面积。此外斜井和水平井的造斜、增斜、稳斜和降斜井段应尽可能保持井眼轨迹的平顺圆滑,直井应尽可能防斜打直。

1.7.2.4 压差卡钻的处理

卡钻一旦发生,一般程序是第一时间采取强力活动+震击解卡的工程措施,如果无效,最有效、最常用的处理方法是浸泡解卡剂。

解卡剂是一种油包水乳状液,主要成分为柴油、水、表面活性剂、快速渗透剂、沥青、石灰和加重剂。浸泡解卡剂是一种油浴式解卡技术,尤其对压差卡钻的解除十分有效。解卡剂具有密度可调、浸泡时间长、解卡率高、配制简单、成本低的特点。但因含有石灰,混入钻井液后,对水基钻井液性能有较大影响。一般解卡剂的密度应高于钻井液密度 $0.02\sim0.03\text{g/cm}^3$。其解卡机理是利用快速渗透剂向钻具与井壁之间的滤饼渗透,在柴油的作用下侵蚀剥离滤饼,使油相逐渐渗入钻具和井壁之间,最终消除作用在钻具表面的正压差,解除卡钻。影响解卡剂解卡效率的关键是油包水乳状液的稳定性,如果配制工艺不合理,乳状液稳定性差,在井下高温条件下破乳,不但不能解除卡钻,还会因油水分层、重晶石沉淀而堵塞环形空间,使卡钻的处理更为困难。因此解卡剂的配制和施工工艺十分重要。不同密度解卡剂的配方见表1.21。

表1.21 配制 1m³ 解卡剂(SR-301)所需材料

密度/(g/cm³)	SR-301/t	柴油/m³	水/m³	重晶石/t
1.10	0.258	0.623	0.155	0.19
1.20	0.250	0.600	0.150	0.32
1.30	0.242	0.580	0.145	0.45
1.40	0.234	0.562	0.140	0.58
1.50	0.226	0.542	0.135	0.71
1.60	0.218	0.523	0.131	0.85
1.70	0.209	0.506	0.126	0.97
1.80	0.201	0.484	0.121	1.10
1.90	0.194	0.465	0.116	1.25
2.00	0.186	0.446	0.111	1.40

1.解卡剂的配制

(1)在配制罐中加入柴油,采用流量计或测量液面高度的方式计量体积。

(2)通过加重漏斗加入计算量的固体解卡剂 SR-301(2~3t/h)。

(3)解卡剂加完后,通过加重漏斗缓慢加入清水(2~3m³/h)。

(4)通过加重漏斗加入重晶石提高解卡剂密度到设计值。

(5)加重完成后继续循环剪切 30min 以上,测量解卡剂的密度等性能,保证静切力至少应在初切≥1Pa、终切≥3Pa 以上。如有电位计,测定破乳电压应高于600V。

2.影响解卡效率的因素

通常对于压差卡钻,浸泡解卡剂是十分有效的,理论上只要是压差卡钻,浸泡解卡剂都能解卡,但在实际应用中,解卡效率会受到一些因素影响。

影响解卡率的主要因素如下:

(1)解卡剂配制质量。解卡剂是一种油包水乳状液,如果配方不合理或配制工艺不到位,那么乳状液的稳定性较差,悬浮能力不足。在井内长时间的浸泡过程中,因温度的作用,解卡剂很可能破乳,油水分层、重晶石沉淀,不但不能解卡,反而因重晶石沉淀堵塞钻具水眼或环空,液流通道被堵,事故的处理更加艰难。

(2)解卡剂施工工艺。解卡剂要发挥作用的前提是必须浸泡到卡点,这需要解卡剂顶推环空钻井液时有很高的顶替效率,能将卡点周围钻具与井壁之间的钻井液顶替干净。如果解卡剂顶推钻井液时出现窜槽,也即卡点周围的钻井液未能被解卡剂推走,解卡剂就很难浸泡到卡点,解卡的可能性自然很小。那么如何提高顶替效率呢?关键是保持足够的顶替排量,这个顶替排量至少不低于钻进时的排量,在压力许可情况下,顶替排量约高于钻进排量更好。

(3)卡钻性质。一些其他性质的卡钻,在工程处理措施无效的情况下,也会浸泡解卡剂。主要原因是无论什么性质的卡钻,在钻具无法运动后,都有可能诱发压差卡钻。浸泡解卡剂既能预防或解除压差卡钻,也有助于其他种类卡钻的解卡。但对其他性质的卡钻,浸泡解卡剂的解卡率相对较低。

压差卡钻浸泡卡剂案例见文档1.11。压差卡钻的预防与处理见视频1.9。

文档1.11 压差卡钻浸泡解卡剂案例　　　　　视频1.9 压差卡钻的预防与处理

1.7.3 井壁失稳

广义地说,井壁失稳(borehole instability)是指钻井施工中井壁坍塌、井径缩小和地层开裂等井壁岩石失去稳定性的现象。井壁失稳对钻井工程影响极大,直接影响钻井速度、质量以及钻井综合效益。井壁坍塌是钻井工程中一种最常见的井下复杂情况,因此所谓井壁失稳多数情况下是指地层坍塌。长期以来,井塌与钻井工程如影随形,虽然投入大量的研究力量,在井壁失稳的机理研究和防塌钻井液技术方面有了长足的进步,但不可否认的是,井壁失稳仍是一个没有得到彻底解决的世界性难题。

1.7.3.1 井壁失稳地层分类

1. 井塌地层

井塌主要指的是钻成的井眼中某些地层不稳定而塌落井内。实践证明不稳定岩石中最常见、比例最大而影响最严重的要数泥页岩,约占井塌比例的90%以上。故井塌问题实质上是泥页岩的不稳定问题。随着钻井向更深地层发展,非泥页岩地层的井塌问题日渐突出,概括起来井塌主要发生在以下几类地层:

(1)孔隙压力异常的泥页岩地层。
(2)水敏性强的泥岩地层。
(3)地层破碎或层理、裂隙发育的硬脆性地层,如白云岩破碎带、火成岩等。
(4)强构造应力区,如山前构造带、盐丘隆起的披覆带等。

2. 缩径地层

缩径是指已钻成井眼中某些地层在上覆压力的作用下向井眼内塑性变形,或某些地层因吸水膨胀而引起井径缩小的现象。缩径地层一般具有塑性变形和膨胀变形的特点,常见的缩径地层主要包括以下几类:(1)埋藏较深的盐岩层;(2)盐层中的塑性泥岩夹层;(3)埋藏较浅的软泥岩地层;(4)硬石膏(无水石膏)地层。

3. 开裂地层

钻井过程中,当钻井液液柱压力超过井眼中薄弱地层的破裂压力时,地层就会被压裂,产生张性破裂。从理论上说,各种岩性都可能被压裂,但放到井眼中来看,往往岩石强度低的易被压裂,因此存在结构缺陷的岩石,如层理、裂隙发育的地层被压开裂的可能性较大。

1.7.3.2 井壁失稳原因

井壁失稳的原因较为复杂,表现形态多种多样,但归根到底井壁失稳可归因于力学上的不稳定。当井壁岩石所受应力超出岩石本身的强度时,就会以坍塌、缩径或开裂等井壁失稳的形式释放应力。概括起来,井壁失稳的主要原因包括力学因素、物理化学因素和钻井工程因素等三大原因。

1. 力学因素

(1) 原地应力。

原地应力是指在形成井眼之前就已经存在于地层内部的应力,简称地应力。地应力可分解为三个主应力分量,分别是垂直应力分量、最大水平主应力分量和最小主应力分量。

地下的岩石必须承受上覆地层的重量,即上覆固体物质加所填充的液体的重量,这就是上覆压力。通常上覆压力的作用是垂直的。由于岩石是黏弹性的,垂直应力会在侧向产生水平分力,其水平分力可以由泊松比(则横向变形系数)加以确定。若没有构造运动,水平地应力仅由上覆岩层压力的泊松效应产生,为均匀水平地应力状态。

但地壳中始终存在构造运动,所谓的构造运动是指由地球内动力引起岩石圈地质体变形、变位的机械运动。构造运动在不同部位产生不同的构造应力(挤压、拉伸、剪切),构造运动越强的区域,构造应力场越强。由于多次构造运动的结果,在岩石内部形成极为复杂的构造应力场。根据地质力学观点,构造应力大多以水平方向为主,那么总的水平主应力分量为上覆岩层压力泊松效应产生的压应力与构造应力之和。

在原始地层条件下,赋存于岩石中的构造应力由于受到周围岩石的约束而难以释放,当钻开地层形成井眼后,如钻井液柱压力不能平衡地层的侧向应力,且应力超过岩石的强度极限时,那么地层将以井壁失稳的方式释放应力,表现为地层坍塌或缩径。

(2) 泥页岩孔隙压力异常。

在泥页岩的沉积压实过程中,由于温度压力的影响,使黏土表面的吸附水成为自由水,由于受到压缩时黏土的渗透性变得很低,泥页岩的脱水成岩过程实际处于一种封闭环境,被压缩沉积物所挤出的液体不能自由排出迁移到地面,因而形成异常压力。当钻开这样的泥页岩地层时,如果钻井液密度偏低,液柱压力低于地层孔隙压力时,地层压力就要释放,引起泥页岩的崩塌。

(3) 砂岩透镜体孔隙压力异常。

砂岩透镜体是指在泥页岩或盐岩层中包围着一块类似凸透镜形状的砂岩体,因为泥页岩渗透性很差,而盐岩层没有渗透性,因此在沉积过程中,进入砂岩透镜体的液体被隔绝而圈闭起来,经过若干地质时期,砂岩透镜体中充满液体或气体,沉积压实作用使其孔隙压力异常高,甚至接近于地层的上覆压力。当以较低的钻井液密度钻开这样的地层,在压差作用下,砂岩透镜体内部的液体会沿着阻力最小的砂岩和泥页岩或盐岩的接触面把压力释放出来,造成泥页岩和砂岩透镜体地层的坍塌。如果砂岩透镜体体积较大,储存的流体较多,还会引起高压流体侵入钻井液(油、气、水侵),甚至引发井涌、井喷。

(4) 深部盐岩的塑性变形。

盐岩是一种强度低、泊松比高(可高达 0.5),塑性变形能力强的岩石。其强度只有 5~16MPa,仅相当于相同条件下大理岩强度的 25%,石英岩的 1/17。因此盐岩在深部高温高压条件下具有蠕变特性,当被钻开形成井眼后,盐岩的高度延展性几乎可以传递上覆地层的部分或全部上覆压力,因此需要极高的钻井液密度才能平衡盐岩的侧向变形压力,阻止其向井眼内部的塑性变形。

研究表明,温度对盐岩的强度、弹性模量有显著影响,温度升高强度和弹性模量有减少趋势,泊松比随温度增加而增大。也就是说盐岩的塑性变形能力受温度直接影响,温度越高塑性变形能力越强。塑性变形引起的缩径只能用力学方式加以解决,即提高钻井液密度,增加液柱压力来平衡岩盐层的塑性变形力。因此盐岩地层埋藏越深,温度越高,抑制其蠕变所需的钻井液密度越高。

现场的实践充分地证明了盐岩中塑性变形的存在。一般埋藏较浅的盐岩层很少出现塑性变形问题。即使超过屈服应力时,其变形的速度也是很慢的。当钻达较深的盐岩层时,随着温度的上升盐岩的强度显著下降,而延展性增加。就会遭遇到塑性变形的问题。一般认为,埋藏深度在3000m,或地层温度在100℃的盐岩层,就具有明显的塑性变形性,需要 $1.5g/cm^3$ 以上的钻井液密度才能平衡。

(5)大段盐岩层中的塑性泥岩压力异常。

所谓的塑性泥岩,通常是指沉积在盐岩层中的软泥岩,其主要成分为黏土矿物。由于其被封闭在致密、非渗透的盐岩层中,形成了良好的"圈闭"条件,在长期地质沉积过程中,泥岩孔隙中的自由水无法运移而被保存下来。随着上覆压力的不断增加,泥岩孔隙中自由水承受了部分上覆岩层压力,形成"欠压实"和异常压力状态。由于塑性泥岩是在饱和盐水的条件下沉积封闭而成,因此具有高含水、高矿化度、高压和质软、可钻性好、可塑性流动等特点。一旦钻开地层形成井眼,塑性泥岩将以蠕变的方式,向井眼内部流动,释放内部压力。对于这样的地层,只有提高钻井液密度平衡地层压力,才能保证钻井的安全进行。

在哈萨克斯坦扎纳若儿油田的下二叠系孔谷组大段盐岩层中,常常钻遇塑性泥岩。由于塑性泥岩呈"鸡窝"状分布,在横向和纵向上均没有规律,压力异常程度也有差异,因此难以提前准确预测,常常打遭遇战。当钻井液密度较低时,钻开塑性泥岩后流动变形很快,仅钻进塑性泥岩地层20~30cm就有可能卡死钻头。甚至还可能出现塑性泥岩沿井眼上行,划眼深度越来越浅的情况。要平衡塑性泥岩变形压力常常需要很高的钻井液密度,普遍在1.8~2.0g/cm³,有的高达 $2.15g/cm^3$。因塑性泥岩带来的卡钻、井漏、划眼等复杂事故极为常见,报废井也不少见,成为影响该油田安全、快速和优质钻井的重大技术难题。

2.物理化学因素

物理化学因素是指因泥页岩中黏土矿物的水化膨胀而引起的井壁失稳。泥页岩既是主要的生油(气)层,又是油气藏良好的盖层,是油气钻探中极为常见的岩性。泥页岩的主要成分为蒙脱石、伊利石、高岭石、绿泥石等各类黏土矿物,具有较强的水化特性。泥页岩的膨胀起因于其所含的黏土矿物的水化。当将密封好的页岩岩心样品置于密闭容器内而与淡水接触时,随着岩样吸附水,泥页岩体积趋于膨胀,在一个密闭容器中体积膨胀受限,就会产生极大的膨胀压力。而当此力超过页岩的胶结强度时,就会发生破坏。

(1)黏土的水化。

黏土矿物的水化膨胀由两种机理造成,即表面水化膨胀及渗透水化膨胀。黏土水化膨胀压力由表面水化压力和渗透水化压力两部分组成。实验表明黏土水化膨胀压力可达数百个大气压,因此对于因水化膨胀引起的井壁失稳,单纯依靠提高钻井液密度的方式是难以奏效的。

①表面水化。表面水化是由晶体表面(包括晶体基面、外面和中间层)吸附水分子与交换性阳离子水化而产生的。表面水化引起的膨胀也称为晶格膨胀。

当黏土吸附阳离子时,其层间距离的变化是由于内层阳离子的水化使其膨胀斥力上升而使层间距离变化的。但同时也由于内层阳离子与层面负电荷间的静电引力而产生与其相反的引力,即黏土晶体吸附阳离子同时存在着二种相反的力,即阳离子水化引起的膨胀力和阳离子与层表负电荷引起的静电引力。假使膨胀力不足以破坏静电引力键,那么黏土仅产生晶格膨胀,即表面水化膨胀。假使其所引起的膨胀力足以破坏静电引力键,那么离子就扩散离开晶层表面,水分子就大量地进入其间,这样就产生渗透水化。

②渗透水化。由于晶层间的阳离子浓度大于溶液内部的浓度,因此水发生浓差扩散进入层间,由此增加晶层间距,从而形成扩散双电层。因此渗透水化膨胀是由于黏土层面上的离子与溶液中的离子浓度差引起的。这种浓度差是表面吸附现象的必然结果。虽然不包含有半渗透膜,但其机理本质上也是一种渗透。

渗透水化的数量大大超过表面水化数量。例如每克干钠蒙脱石黏土,表面水化时大约能吸附 0.5g 水,而渗透水化即可吸附 10g 水,高达 20 倍。另外,渗透水化所引起的黏土层间的斥力要比表面水化小得多。

影响泥页岩水化作用的主要因素包括:

①黏土矿物和可交换阳离子的种类及含量。不同黏土的膨胀特性与其结构、化学组成、可交换离子的种类及数量有着密切的关系。而这些因素都是从水化的能力体现出来的。例如二层结构的高岭石以较强的氢键结合,水化力就弱,而三层结构的蒙脱石层间是以范德华力结合的,比较弱,水化能力强。又如同样为三层结构的伊利石即由于存在 K^+,牢固地结合单元层,水分子进不去,水化性就差。而离子交换容量大者可以吸附大量的阳离子,给黏土片带来了大量的水(离子自身水化)。钠离子离解能力大,与黏土层引力弱,可以远离颗粒表面,允许大量水分子进入颗粒表面与离子之间形成扩散层,增厚水化膜,使黏土高度吸水膨胀,二价钙离子与黏土层的引力就强于一价钠离子,扩散双电层变薄,ζ 电位降低,黏土的吸水膨胀性减弱。研究表明黏土矿物水化膨胀能力的顺序为:蒙脱石＞伊蒙混层矿物＞伊利石＞高岭石＞绿泥石。因此含不同黏土矿物的泥页岩其水化程度和吸水后的膨胀性有很大的差异。

②钻井液滤液性质。对同一种黏土矿物,淡水比盐水或矿化度高的水能更能促进黏土的水化,换句话说,在含盐量越高或矿化度越高的水中,黏土的水化性越弱。水相 pH 值越高,OH^- 越多,通过氢键吸附于黏土表面增加晶层表面负电性,增强黏土的水化能力。此外 OH^- 的增加,还会促使高岭石表面 OH 层中的 H^+ 解离,同样使黏土表面负电荷增加,黏土水化能力增强。因此高 pH 值的钻井液不利于井壁稳定。

③泥页岩中所含无机盐类型及含量。除了泥页岩中黏土含量、黏土种类对泥页岩的水化膨胀性有决定性影响外,泥页岩中的含水量及水中的含盐量与泥页岩的水化膨胀性也有密切关系。一般来说含盐泥岩的吸水量和膨胀性高于不含盐泥岩。泥页岩含盐量越高、含水量越少,则水化膨胀性越强。

④水化时间。泥页岩的水化程度和膨胀压力是时间的函数。实验表明,泥页岩吸水后要经过一定的时间,膨胀压力才会显著上升。当膨胀压力达到超过岩石的强度时,就会出现一次坍塌。之后新的泥页岩暴露在钻井液中,重复吸水—膨胀—坍塌的过程,周而复始,出现第二次、第三次的井塌,表现出 5~7d 的周期性垮塌规律。因此泥页岩的井壁失稳随着钻井液浸泡时间的延长而加剧。

(2)毛细管作用。

泥页岩中有许多层理、节理,在构造应力作用下还会形成许多微裂缝,这些细微的裂隙是良好的毛细管通道,在毛细管力的作用下,钻井液中的自由水会侵入微裂隙,增大泥页岩的吸水面,增大了钻井液与泥页岩内部黏土矿物的发生相互作用的可能,促使泥页岩内部水化膨胀而加剧了井壁的失稳。比如有的泥页岩蒙脱石含量很低,水化膨胀性较弱,膨胀压力也比较低,然而井塌仍然很严重,这是因为毛细管作用进入泥页岩层中的水如同润滑剂一般削弱了岩石颗粒之间和层面间的联结力,在井壁侧向应力的作用下,岩块向井内运移,出现井壁岩石的坍塌,这种井塌,与因水化膨胀引起的塌块外形不同,往往塌块较大,井下反应也更为明显。

(3)钻井液柱压力。

通常钻井液柱压力高于泥页岩的孔隙压力,在压差作用下钻井液滤液会侵入地层,增大地层的孔隙压力,引起地层水化,强度降低,促使微裂缝裂解。压差越大,滤液侵入范围越大,波及深度越深,裂缝的裂解越严重,泥页岩的失稳趋势越严重。但钻井液柱压力又是平衡地层压力、稳定井壁不可缺少的平衡力。因此,对于某些微裂缝发育的泥页岩地层,提高钻井液密度对于井壁稳定来说可能适得其反,高压差会加大钻井液的侵入速度和波及深度,在裂缝、层理、节理等薄弱面易发生水力劈裂作用,导致井周地层发生坍塌,加剧了井壁失稳趋势。这类地层防塌的关键首先要解决的是微裂缝的封堵,阻止滤液向微裂缝的渗透,在此基础上正压差稳定井壁的作用才能发挥。其次是提高钻井液抑制性,降低泥岩地层的水化膨胀。

3.钻井工程因素

除力学因素、物理化学因素外,钻井工艺措施也是影响井眼稳定性不可忽视的因素,现场钻井过程中常因技术措施不当而引发井壁失稳。对井壁稳定影响较大的钻井工程因素有以下几个方面:

(1)井身质量。如果井眼轨迹出现问题,井斜和方位变化大,形成狗腿或斜度过大,那么可能引起两种后果。一是地层应力易于集中。周向应力集中点可能就是页岩剥落的突破点。二是井眼不直,旋转和起下钻具时与井壁碰击的概率和强度都会增加,其结果会加剧井塌的趋势。

(2)井内压力激动过大。易塌地层对压力变化比较敏感,忽高忽低的压力激动最易引起坍塌。起下钻钻具运动速度过快,钻头泥包产生抽汲作用,钻井液触变性过强、静切力大、开泵排量过大过猛等不当操作都可能带来严重的井内压力激动,诱发井壁失稳。

(3)井内液柱压力大幅度降低。通常以下几种情况会引起钻井液液柱压力下降:钻井液密度控制不当造成生产层井喷;钻遇天然漏失地带或措施不当压漏、憋漏地层而导致井内钻井液面下降;起动灌浆不及时、不足量而使钻井液液面降低;为解除压差卡钻而大段浸泡低密度的解卡液如柴油、酸液、清水等,引起液柱压力下降。由此造成地层受力失去平衡,导致严重坍塌。

(4)对塌层的机械碰击。钻具对塌层的机械碰击会恶化井塌状况。机械碰击来自两个方面:钻具旋转时尤其转盘速度快时弯曲的钻具碰击井壁,以及起钻时在塌层井段采用转盘卸扣,钻头和钻具碰击井壁。

(5)钻井液对地层的冲蚀。钻井液流对易塌地层的冲蚀危害极大,常会使地层产生大量的剥落。冲蚀来自两种情况:当排量大、返速高时在环空间隙小的井段造成紊流,尤其当钻井液密度、黏度很低时容易出现;其次是由于某种原因而将钻柱起到或下到坍塌井段大排量循环钻井液,这样造成的液流冲蚀十分严重,尤其采用喷射钻井时,常会造成严重的井塌。

在影响井壁稳定的三大原因中,力学因素是客观存在,与构造运动、沉积环境和岩性等地质因素有关。力学因素无法改变但可以依据地质资料和邻井实钻资料作出事先的分析判断,及时、恰当地提高钻井液密度来平衡地层压力。物理化学因素是可控因素,泥页岩的水化是一个自然过程,但通过采用强抑制性钻井液、强封堵性钻井液是可以降低泥页岩的水化膨胀程度的。钻井工程因素中人为的成分较大,应尽可能避免影响井壁稳定的不当操作,在易塌区域和易塌地层钻井,制定严格的防塌工程措施十分必要。实践表明,井壁稳定是一项复杂的系统工程,也是一项针对性很强的工作,单纯依靠钻井液是不够的,必须从区域地质构造、地层组构特征、泥页岩理化性能、稳定井壁的钻井液体系和技术措施,以及钻井设计、施工、操作等全方位的研究、应对和控制,才能取得良好的效果。

1.7.3.3 泥页岩稳定性评价方法

黏土矿物种类和含量不同的泥页岩,其水化性和水化膨胀能力有很大差异,不稳定和不稳定机理也有所不同,因此研究泥页岩的组成、结构、水化性、分散性和膨胀能力,对于采取正确的钻井液应对措施很有必要。

1. 泥页岩组构特征和理化性能分析

(1)X射线衍射分析。确定泥页岩中各种黏土矿物、非黏土矿物的种类及含量。

(2)扫描电镜分析。定性地分析泥页岩中黏土矿物、非黏土矿物、胶结物的组构特征、裂隙发育和填充情况,以及裂缝密度和开度。

(3)可溶性盐类分析。各种可溶性盐类采用一般化学分析方法测定,主要了解盐的种类及含量,以便在配方上考虑以制止其溶解而引起的井塌。

(4)比表面积。比表面积是泥页岩水化性或膨胀性的物理表征,可以部分反映泥页岩的水化膨胀特性和井壁失稳的趋势。一般采用亚甲基蓝法、CST法等方法测定。

(5)吸附等温线试验。吸附—脱附等温线可在恒温下测定页岩在不同相对湿度下的平衡含水量,其目的是求测页岩水中的活度,以便在钻井液配方中考虑相适应的活度,利用活度平衡抑制泥页岩的水化。

(6)离子交换容量。采用亚甲基蓝方法测定,主要了解泥页岩的黏土含量及吸水特性。

(7)页岩密度。采用甘氏比重瓶或李氏比重瓶测定,主要了解页岩强度,并推测类型。

通过以上的分析,可以综合判断泥页岩的组构特征和理化特性,以利于防塌配方的选择和使用。

2. 泥页岩的水化性评价

(1)分散性试验。

分散性评价最常用的方法是滚动回收率试验,该试验的具体过程是:采用干燥的泥页岩样品,将其粉碎后过6~10目分析筛,在老化罐中加入350mL清水(或钻井液)和50g岩样,将老化罐放入滚子加热炉中在80℃温度下滚动16h。倒出岩样过40目筛,干燥并称重,计算回收率。该方法可评价泥页岩的分散性,考查钻井液对泥页岩水化分散的抑制能力。

(2)膨胀性试验。

通过泥页岩膨胀性试验可以直观了解泥页岩地层吸水后的膨胀能力,预测泥页岩地层的井壁失稳趋势以及评价钻井液对泥页岩水化膨胀的抑制能力。通常采用测定岩样线性膨胀率(膨胀百分数)来表示泥页岩的膨胀性能。

①常温下的膨胀性测试。常温下的膨胀性测试比较简单,使用NP-01型常温常压膨胀仪进行测定。具体测试过程为:称取10g过100目分析筛并自然风干的岩样倒入岩心筒中,置于压力机上,以4MPa的压力加压5min,制得10~12mm高的人工岩心。将清水或钻井液倒入测量杯中到刻度线,并将人工岩心连同岩心筒置于测量杯中,用千分尺读取人工岩心吸水2h和16h后的膨胀高度,计算2h和16h岩样的线性膨胀率。

②高温高压下膨胀率测试。由于温度和压力对泥页岩的水化膨胀性有较大影响,因此岩样在常温常压下的膨胀率只能做对比参考,不能真实地反映井下泥页岩水化膨胀情况,高温高压下的膨胀率测试可以较好地模拟井下的实际条件。使用HTP-02A型高温高压页岩膨胀仪,可测定温度最高到180℃、最大压力10MPa下的泥页岩膨胀率。

(3)页岩稳定指数法。

页岩稳定指数表示泥页岩在清水或钻井液等液体作用下,其强度、膨胀和分散侵蚀三个方面的变化,并将三者综合起来表征泥页岩的稳定性。该方法是美国 Baroid 公司建立,具体测试方法是:将泥页岩粉碎磨细过 100 目分析筛,与人工海水按 7:3 配成浆液,并预水化 16h,在压力机上 7MPa 下压滤 2h,再用 9.1MPa 加压 2min,用针入度仪测定初始针入度(H_y,mm),然后将岩心连同岩心筒放入装有清水或钻井液的滚动罐中,在 65.6℃下热滚 16h,取出岩心再次测定针入度(H_i,mm),并测定岩心筒中岩样膨胀或侵蚀高度(D,mm),按下式计算泥页岩稳定指数(SSI):

$$SSI = 100 - 2(H_y - H_i) - 4D$$

显然 SSI 值越大,泥页岩膨胀性和分散性越弱,泥页岩稳定性越好。

(4)三轴应力页岩稳定性试验。

该试验可测定泥页岩在径向应力、纵向应力及钻井液液柱压力三个方向受力条件下的稳定性,能够模拟井内泥页岩实际所承受的三轴向各向异性的载荷,可以很好地反映泥页岩在井下真实应力条件下井壁失稳的趋势和程度,用以研究钻井液与力学耦合对泥页岩井壁失稳的影响。一般从以下三方面来评价钻井液对井壁失稳的影响:一是在一定压力与流速作用下岩样破坏的时间;二是岩样被侵蚀的程度(%);三是岩样含水量及岩样孔径的变化。此外通过试验还可获得岩石静态弹性模量、泊松比、抗压强度、内聚力、内摩擦角等岩石力学特性参数,利用这些力学参数可以计算出坍塌压力、破裂压力,以及钻井液密度安全窗口,为合理使用钻井液密度提供指导。

1.7.3.4 常用钻井液防塌处理剂

防塌处理剂是钻井液极为重要的一个组成部分。但防塌处理剂这一概念的外延不是十分清晰,广义来讲,凡对井眼稳定有利的处理剂都应归属于"防塌处理剂"之内。目前,较为一致的看法是将防塌处理剂分为四类:聚合物、封堵类、无机盐类、黏土抑制剂。这四类防塌处理剂都有其独特的作用,现分类介绍如下:

1.聚合物

聚合物对页岩的稳定作用,认识较清楚的主要有两点:一是利用其长链分子结构的特性及含有强吸附能力的基团对页岩进行多点吸附从而抑制水化,降低水化速度,即所谓的"包被作用";二是提供良好的造壁性,可以降低滤失量,改善滤饼质量,增强护壁能力。

聚合物的这种"包被"作用首先与对黏土颗粒的吸附有很密切的关系。对黏土不产生吸附的聚合物肯定不会有"包被"效果,但也并非对黏土吸附量越大,"包被"作用越强。"包被"的实质是对黏土表面的覆盖,把黏土表面全部覆盖住应该效果最大。而对聚合物来说,即应以单位重量所能覆盖黏土的表面积大小作为衡量效果尺度,而吸附量则是指单位重量黏土所能吸附的数量为衡量标准。故对"包被"效果来看,需要的是聚合物的分子链长度大,而且是躺着吸附黏土颗粒,只需单分子层吸附,而对吸附量来说即要求能形成多层吸附,而且是立着吸附,这样,同样的表面所吸附的量就大。根据国外试验结果,其二者关系表现为吸附量较低时,正是"包被"效果较佳的原因即在于此。

为什么分子量小效果就不好呢?这是因为分子量大,分子链长就能横过页岩微裂隙或把黏土层对拉在一起,这样不但可以挡住水分的进入而且可以加固页岩,抵抗裂解分散。若分子量小得不足以拉住微裂隙,那就会失去"包被作用"。

2.封堵类

封堵类处理剂公认的作用是填堵页岩的微裂缝,阻止水的侵入,减小水化速度。此类处理剂一旦进入缝隙中,就会把它封闭起来,并由于它的疏水性,水就被拒于泥页岩微裂缝之外。由于封堵类处理剂均有温度特性,即在某一温度下软化,这个温度称为软化点,这个软化变形特性对于封堵裂缝十分有效。因此选择软化点与塌层温度相匹配的封堵剂是关键。也就是说,只有温度接近或达到其软化点时,它才能流入裂隙发挥作用。若超过软化点它会呈很稀的流体而堵不住裂隙。相反低于软化点,则封堵剂呈刚性颗粒,不易进入裂缝,因而无法实现封堵作用。

由于处理剂的疏水特性,所以页岩的微裂缝一旦被封堵,基本上就不透水了。尤其是受到井底压差的作用会更紧密地像膏药一样把裂缝封得严而不再为钻井液流所冲蚀,起到很好的护壁作用。

目前国内常用的此类产品有:磺化沥青,它是原油炼制后的渣油或沥青,经过磺化,引入磺酸基团,改善其水溶性而制成的产品;氧化沥青,它是将沥青中的胶质加热氧化转变为沥青质,提高沥青的软化点;复合沥青类制品,它是不同软化点的氧化沥青与褐煤类制品及表面活性剂混合配制而成;植物油渣也有应用。但沥青类产品有荧光,对地质录井有荧光干扰,在探井的应用受到限制,为此研发了一类弱荧光或无荧光的替代产品,如乳化石蜡、油溶性树脂等封堵类处理剂。

聚合醇是另一类封堵剂,该剂既是一种聚合物,又是一种非离子表面活性剂,且具有随温度变化而发生相变的特性。这个发生相改变的温度称为浊点,即在浊点温度下,聚合醇完全溶解于水中,浊点温度之上,则发生相分离,从溶液中析出形成分散的微粒,一方面能很好地封堵泥页岩微裂隙,阻止钻井液及滤液侵入地层。另一方面在泥页岩表面发生强烈吸附,形成致密吸附层,阻止泥页岩的水化膨胀和分散,起到稳定井壁的作用。因此聚合醇具有很强的抑制性和封堵能力,此外,该剂还具有很好的润滑性,生物降解性好,毒性低,是一种环保型的防塌处理剂,在现场已得到广泛的应用。

3. 无机盐类

无机盐类处理剂主要作用是减少表面和渗透水化。由于各种阳离子的水化能不一样,离子半径也不尽相同,其自身吸附量也有差别,故对页岩的稳定能力也就各异。例如 K^+ 水化后可带 6 个水分子,吸附层是单层,而 Na^+ 水化后可带 15 个水分子,并为双层水。故当页岩中黏土矿物吸附了不同的离子,就会表现出不同的水化程度,也就会产生大小不同的水化应力,发生不同程度的膨胀,其稳定性就会受到不同程度的影响。

当由于吸附离子而带给泥页岩的水化应力或膨胀力大到足以破坏静电引力时,离子开始向外扩散,大量的水分子进入页岩黏土的晶格内,就开始发生渗透水化。当溶液中的离子浓度增加时,即溶液中与黏土表面吸附离子浓度差即变小,渗透水化就减弱。这就是无机盐抑制页岩水化的机理。

在无机盐中,钾盐及铵盐有其特别的功能,这已为实践所证明。其原因是这两种离子水化能低和离子半径小。未水化 K^+ 及 NH_4^+ 的离子半径各为 $2.66Å$ 及 $2.16Å$,比较小,与黏土四面体中氧原子组成的六角环的半径($2.88Å$)相似。而水化后的离子半径也小于伊利石的层间间隙($10.6Å$)。而其他离子的半径都比较大。这是公认的事实。因此就可能有两种解释:一是 K^+ 及 NH_4^+ 易进入六角环把两黏土片拉在一起,并且离晶格中心较近,故引力大,使水分子不易再进入晶格。而其他阳离子半径都大,进不去六角环,没有这种作用。二是水化后的 K^+ 及 NH_4^+ 半径比伊利石层间间隙小,易进入其中,使其水化减弱。而其他离子半径都比层间间隙大,进不去,没有此作用。

作为 K^+ 来源的无机盐常用的有 KCl、KOH、$KNaSiO_4$。NH_4^+ 的来源有 $(NH_4)_2SO_4$、NH_4Cl、$(NH_4)_2HPO_4$ 及 NH_4OH。其他离子的无机盐有 $CaCl_2$、$NaCl$、$Ca(OH)_2$、$CaSO_4$、Na_2SO_4 和 $Al_2(SO_4)_3$ 等。

可水解的金属离子也是另一类对黏土具有较高稳定能力的无机盐类。它们是一些三价以上的多价阳离子。最常见的三价金属有铁、铝、铬和镧。而四价金属有锆、铪和钛。这些多价金属都可以水解而形成多核离子体,尤其在碱性介质中,更可以迅速水解。其结果使离子体的带电量成倍增加,大大地增加了对黏土颗粒的引力。因为其引力是与阳离子电荷成指数关系,所以,这类多核离子体几乎将立即取代黏土上所有的可交换阳离子,并牢牢地被吸附住。此外,多核金属离子与黏土表面可形成化学键,如金属和表面硅石可以形成 M—O—Si 型键。所以这些多核金属离子具有很强的固着和稳定黏土使其不分散的能力。据国外文献报道,经过这些金属盐如二氯化锆酰、硝酸铁、醋酸铅、氯化铬和硝酸钍处理的含土岩心,其渗透率的受损最轻。

4. 黏土抑制剂

黏土抑制剂(或页岩抑制剂)多是一种复配产品,其中的主要组分是表面活性剂,尤其是具有较强稳定黏土作用的阳离子表面活性剂(如季胺类)。这种带正电荷的有机离子较易借静电引力而为带负电的黏土片所吸附,从而使黏土失掉活性,不易分散。此外,可能含有一些无机盐,尤其是多核金属离子的盐类,再配合聚合物类处理剂。

1.7.3.5 防塌钻井液体系

防塌钻井液种类较多,常用的有下列几种类型。

1. 油基钻井液体系

油基钻井液被公认为防塌钻井液的王牌,尤其解决页岩水化问题,效果突出。其中以适当活度的油包水型乳化钻井液最为常用,效果最佳。其所谓"适当活度"指的是滤液的活度与所钻页岩中水的活度相当。这是制止页岩水化的关键。它可以完全制止页岩的渗透水化。甚至可使页岩硬化(即页岩的水被抽出,降低含水量,增加页岩强度。但不能过分,否则页岩易产生干裂,反而强度下降,不利页岩的稳定)。钻井液中活度的调节,可采用无机盐类,常用的有 $NaCl$、$CaCl_2$。这是因为在可用来调节活度的水溶性盐类中,它们最便宜,也是地层水中最常见的溶解盐类,可避免与地层水不匹配形成沉淀,堵塞油层。

因为环保原因,21 世纪以来,代替传统油基钻井液的合成基钻井液得到快速发展,目前已得到广泛应用。尤其是近年来页岩气开发的蓬勃发展,极大地促进了合成基钻井液的应用。在页岩气的钻探开发中,为尽可能多地波及页岩岩块体积,增大页岩气泄流面积,大位移水平井钻井技术与大型分段体积压裂技术成为页岩气开发必不可少的配套技术。然而水平井段的页岩井壁失稳问题十分突出,成为影响页岩气水平井钻井施工的主要技术难题,靠传统的水基防塌钻井液难以解决这个问题,合成基钻井液是一个很好的选择。目前在国内页岩气的主产区川渝地区的页岩气钻探开发中,已开始推广合成基钻井液体系,取得较好的效果。

2. 高矿化度的水基钻井液体系

高矿化度的水基钻井液体系有常用的氯化钠盐水钻井液、钙处理钻井液等。过去用得较多的是分散型盐水钻井液,但抗盐能力不足、处理量大、性能不够稳定。现在有越来越多的抗盐聚合物处理剂可供选择,与磺化类处理剂复配组成的聚磺盐水钻井液,完全取代了传统的分散型盐水钻井液。

3. 钾基与钾胺基聚合物钻井液体系

钾基与钾胺基聚合物钻井液是现场应用较为普遍的一种防塌钻井液体系,利用 K^+、NH_4^+ 的特殊作用,无论对蒙脱石含量高、膨胀性强的软泥页岩,还是对硬脆的页岩,都有良好的防塌效果。常用的钾基(钾胺基)钻井液配方为:

3%～5%膨润土浆＋0.3%～0.5%FA(0.5%～1.0%聚胺)＋0.1%～0.3%NaOH367
　　　　　　＋0.3%～0.5%XY(0.5%～1.0%聚胺)＋0.1%～0.3%NaOH27
　　　　　　＋0.6%～1.0%PAC－LV＋2%～3%SMP－1＋(0.5%～1.0%聚胺)
　　　　　　＋0.1%～0.3%NaOH5%～8%KCl

4. 硅酸盐聚合物钻井液体系

硅酸盐聚合物钻井液、有机硅钻井液在苏联应用较为广泛。但传统的硅酸盐钻井液流变性和滤失量较难控制,且抗温能力不高,因此使用范围有限。20世纪末,因环保和成本原因,油基钻井液的使用受限,硅酸盐聚合物钻井液进入新一轮发展,一些配套处理剂的研发提升和扩展了硅酸盐钻井液的性能和应用范围,成为一种良好的防塌钻井液体系。

1.7.3.6 稳定井壁的研究程序和技术方法

井壁失稳的原因多种多样,无论何种钻井液体系都不是万能的。稳定井壁的方案和措施要注重针对性,只有搞清井壁失稳的原因和机理,并采取对症的技术措施,才能取得防塌的实效。

1. 稳定井壁的研究程序

(1)不稳定地层基础研究。对所钻区域不稳定地层的矿物组分、理化性能和组构特征、水化能力、膨胀性、分散性,以及岩石力学参数、地层孔隙压力、坍塌压力、破裂压力等进行全面的测试分析,在此基础上得出井壁失稳的类型、原因和机理的认识。

(2)钻井液对策研究。在上述研究基础上,开展稳定井壁的钻井液技术对策研究,根据不稳定地层的特点,从抑制性、封堵性、流变性、高温高压性能上做文章,优选钻井液组成与配方,并通过岩石浸泡钻井液实验,研究钻井液浸泡对岩石力学参数的影响,对坍塌压力的影响,检验和评价优选钻井液的稳定效果,并确定符合三条压力剖面的合理钻井液密度。

(3)工艺措施研究。在上述研究基础上,制订具体的、可操作性强的稳定井壁钻井液技术方案和措施,以及稳定井壁的工程措施。钻井液技术方案应突出抑制性、封堵性和钻井液高温高压性能。

2. 防塌钻井液的基本要求

对于防塌钻井液来说,有这样几条基本要求:

(1)在所有施工环节中保证静液柱压力大于泥页岩的孔隙压力和坍塌压力;
(2)尽量减少进入井壁岩层的滤液;
(3)韧性致密的滤饼,封固井壁;
(4)提高滤液的矿化度。

3. 防塌钻井液的基本组成

根据上述要求,一种防塌钻井液组成应包含以下防塌成分:

(1)一种有机覆盖剂,以防止泥页岩的分散(如高分子量的聚合物包被剂);
(2)一种无机盐或有机盐,以抑制泥页岩的水化(如氯化钾、氯化钠、甲酸钠、甲酸钾等);
(3)一种井壁的力学稳定剂(如沥青类、石蜡类、聚合醇类封堵剂)。

井塌复杂案例见文档1.12。井塌的预防与处理见视频1.10。

文档1.12 井塌复杂案例　　视频1.10 井塌的预防与处理

1.7.4 井控复杂

井控复杂(complexity of well pressure control)是指在钻井作业中因钻井液柱压力低于

地层压力,地层流体进入井筒后,引起溢流、井涌而关闭封井器进行压井施工的过程。井喷是指井控作业失败,井内流体不受约束地从井口喷出的工程事故,往往造成油气资源破坏、油气井报废,甚至机毁人亡的灾难性后果,是钻井工程中的恶性事故,损失巨大,社会影响恶劣。对于井喷事故的防范必须牢固树立"安全第一、预防为主"的方针。钻井工程人员,无论是钻井、地质人员,还是钻井液工程师,都应把防止井喷作为自己的主要职责。防喷器是实施井控作业的井口密封装置,可对流体侵入井筒后的井内压力进行有效控制,是井控系统的最后一道防线。

1.7.4.1　井喷的基本条件

井喷的发生必须具备以下基本的条件:一是地层要有流体,这些流体包括油、气和水;二是地层流体压力(孔隙压力)高于钻井液柱压力;三是流体所在地层的连通性要好,地层有持续提供流体的能力。

油气钻探的目的就是开采油气,油气钻井多数情况下都会遇到地层流体和连通性好的地层,也就是说钻井过程中井喷的第一和第三条件基本都会存在,因此防喷的关键因素就是要消除第二个条件,即钻井液柱压力必须高于地层流体压力。但在实际施工中可能出现钻井液柱压力低于地层流体压力的情况,这种情况主要由以下原因引起。

(1)钻井液密度偏低。在一些新区的勘探施工中,常因地层压力预测不准,监测不到位,设计钻井液密度偏低。当钻遇的地层流体压力高于钻井液液柱压力时,必然会发生溢流、井涌状况,如若发现不及时或处理不当,很可能演变为井喷事故。

(2)井漏引起钻井液柱下降。钻井施工中,常常遇到井漏复杂,如是失返型漏失,井内钻井液柱会自动下降到与漏层漏失压力相平衡的某一高度,此时如已钻开有流体的地层,就可能出现钻井液柱压力低于地层流体压力的情况。

(3)起钻未及时、足量地灌注钻井液。起钻时,为补充起出钻具的体积,需要及时、足量地灌注钻井液,一般规定是每起出三柱钻具必须灌一次钻井液,且必须灌满。实际施工时,因人为疏忽,常出现灌注钻井液不及时或灌注量不足的情况,造成钻井液柱下降,当下降到某一高度时,就可能出现液柱压力低于地层流体压力的情况。另一种情况是因起钻过快或钻头泥包,引起抽吸作用,使地层流体随钻具上提而进入井筒。此时井内钻井液不因起出钻具而下降,井口液面始终是满的而罐不进钻井液,地层流体填充了起出钻具的体积,导致液柱压力下降,诱导更多的地层流体进入井筒,进一步发展为溢流和井涌。

(4)钻井液密度下降。当钻遇油、气、水层时,即使钻井液密度高于流体压力系数,但钻开地层形成井眼的部分岩石中填充的流体会进入钻井液,尤其是气体,会显著降低钻井液密度,循环到地面如不能及时清除,再次泵入井内,液柱压力下降,加剧地层流体侵入,密度进一步降低,最终导致液柱压力失衡。

此外对于气层,在起下钻过程中,井内钻井液与地层中的气体会发生气液置换,静止时间越长,进入井筒内的气体越多,气体在井筒中上窜越严重,下钻后开泵循环时,随钻井液上返,气体逐步膨胀,当膨胀压力超过上覆液柱压力时,气流将快速顶推出钻井液,形成井涌。此时井内剩余的钻井液柱压力低于地层压力,地层流体大量进入井内,被迫关闭防喷器压井。如果处理不当,则可能发生井喷。

1.7.4.2　井喷的预兆

井喷的发生是一个地层流体侵入、钻井液受到流体污染、井口溢流、钻井液体积增加、井涌等一系列过程和现象构成的发展演变过程,只要监测到位和配备可靠的井控装置,完全有充足的时间做好井控工作。溢流是地层流体侵入井筒最直接的反映,是井喷的先兆,因此对溢流的监测是井控的基础工作。《中国石油天然气集团公司井控条例》对溢流量有明确规定,报警时

溢流量不超过 $1m^3$，关井时溢流量不超过 $2m^3$。此外还伴随有以下一些现象：

(1)钻速显著加快。根据地层压实原理，异常高压地层通常都是欠压实地层，当钻井液柱压力等于或低于地层压力时，机械钻速将显著加快，某些裂缝和溶洞发育的地层还会出现钻具憋跳现象，此刻应予以高度重视，有必要停钻循环观察。

(2)井内返出钻井液受到地层流体污染，包括油、气、水侵，高架槽和循环罐槽面可见明显的油花、气泡等现象，钻井液黏度切力升高、密度下降。自动录井仪气测显示烃类含量上升。

(3)钻进中，循环罐液面上升，钻井液体积增加。停泵后，井口钻井液持续外溢。

(4)起钻时，钻井液灌入量低于起出钻具体积，或起钻时井口液面不降，灌不进钻井液。下钻时返出钻井液体积多于下入钻具体积，钻具未下放时井口钻井液持续外溢。

1.7.4.3 井喷的预防

预防井喷是一项系统工程，与钻井工程和钻井液密切相关。预防井喷最关键的有两点：一是防止地层流体侵入井筒内，即避免发生溢流，这就要求在整个钻井施工中，无论是钻进、停止循环，还是起钻过程中始终保持钻井液柱压力高于地层压力；二是可靠的井控装置，在出现溢流甚至井涌情况下能快速关闭井口，控制井筒内压力，实施压井作业。具体来说预防井喷应做好以下工作：

1. 合理的井身结构

合理的井身结构对于预防井喷十分重要，尽量将高、低压地层用套管封隔开来，避免漏喷地层出现在同一裸眼井段。

2. 地层压力预测与随钻检测

做好地层压力预测与检测，及时发现高压地层的存在，为钻井液密度的合理应用和及时调整提供依据。

3. 可靠的井控装置

可靠的井控装置是防喷的重要保障。应以预期的最高地层压力为标准选配井控装置，对于一些高压井、超深井、预探井、特殊复杂井等，还应配更高一级的防喷装置，留足安全余量。

4. 合理钻井液密度

合理钻井液密度是防喷的必要条件。所谓合理钻井液密度是指无论静态还是动态，无论是钻进还是起钻，钻井液柱压力均应略高于地层压力。如何判定钻井液密度是否合理呢？以下三个条件可供参考：(1)钻进中钻井液体积无增量；(2)停泵后井口无溢流；(3)起钻时灌入井内的钻井液量与起出钻具体积相符。

只要符合上述三条件，钻井液柱压力就高于地层压力，就不可能发生井喷。即使钻进和起下钻时有油气侵现象，也不需提高钻井液密度。

要特别强调的是在油气层钻进，油气侵现象常常发生，但油气侵不是提高钻井液密度的依据。也就是说不能因为钻井液油气侵或下钻有后效就提高钻井液密度。原因是在油气层钻进，油气侵是难以避免的，因为钻开油气层后钻屑中的油气总是要进入钻井液，这与密度无关。同时起下钻钻井液静止时，液气置换效应导致部分气体进入井眼，形成后效，试图提高钻井液密度来完全消除气侵，既无必要，也不可能，只要采取有效除气措施，及时恢复钻井液密度，就不会有井喷的危险。相反盲目加重并不能杜绝气侵，还可能压漏地层，诱发井喷。

5. 维持液柱压力

即使钻井液密度合理，如操作失当，仍会出现井内液柱压力下降的情况，为此应做好以下三点：(1)控制起钻速度，降低抽吸压力。(2)起钻灌好钻井液，遵循及时、等量的原则。(3)油气侵后及时分离油气，恢复入井钻井液密度。

6. 预防井漏

对于安全密度窗口狭窄或漏喷同层的地层,常因压力激动而诱发井漏,一但井漏发生,钻井液柱压力下降,地层流体就会侵入井筒内,极易出现先漏后喷的复杂情况。因此对于这种地层,井控风险极大,在提高钻井液密度、起下钻、开泵等环节中,均要注意操作平稳,防止压漏、憋漏地层。此外对于这样的井,预先配备好足量的堵漏钻井液,钻具结构上要考虑堵漏的需要。一旦发生井漏,立即将堵漏钻井液泵入井内实施堵漏,尽快恢复液柱压力,减少侵入井内的地层流体。避免井漏后准备堵漏钻井液耗费时间、大量的地层流体窜入井内而引起的井控风险。

7. 良好的钻井液流变性

良好的钻井液流变性既可降低起下钻和开泵的压力激动值,也有利于油气侵后的油气从钻井液中的分离,及时恢复钻井液密度。合理流变性的基本的原则是在保证钻井液携带钻屑和悬浮能力、加重剂的前提下,流变性能低一些好。

8. 储备加重剂与压井钻井液

进入高压油、气、水层前,应储备适量重晶石和高于实际钻井液密度(0.1~0.2g/cm³)的压井钻井液,体积量应是井筒容积的1.5倍。

1.7.4.4 井喷的处理

溢流是井喷的前兆,发现溢流后要立即启动防喷操作程序,控制井内压力,阻止和延缓地层流体侵入井筒的速度和数量,为后续压井创造条件。在不同工况下(钻进、起下钻、空井、电测)遇到溢流,处理方法有所差异,但基本程序是相同的。

1. 关井

发现溢流后应及时、迅速抢关防喷器,减少流体的侵入。进入井筒的地层流体越多,后期压井越难。

2. 计算地层压力

关井后根据立管压力和套管压力数据,判别和计算井内压力状况。关井后压力呈现三种不同的情况,分别是:

(1)立管压力和套管压力均为0,说明井内液柱压力能够平衡地层压力,这种情况只需开井循环,清除钻井液中的气体,恢复密度。

(2)立管压力为0,套管有压力,说明立管液柱压力能平衡地层压力,但环空钻井液油气侵较严重,需要节流循环顶替出环空中受油气侵的钻井液,并分离油气,恢复钻井液密度。同时边循环边加重,适当提高钻井液密度。当套管压力下降到0时,可打开防喷器循环或继续钻进。

(3)关井后,套管、立管均有压力,说明液柱压力低于地层压力,这种情况需要加重钻井液实施压井作业。根据立管压力($p_立$),可计算地层压力和地层当量密度,计算方法为:

$$p_f = p_d + 0.01\rho_m H$$

$$\rho_f = 100 p_f / H = \rho_m + 100 p_立 / H$$

式中　p_f——地层压力,MPa;

p_d——关井立管压力,MPa;

ρ_m——钻井液密度,g/cm³;

ρ_f——地层当量密度(地层压力系数);

$p_立$——立管压力,MPa;

H——油气层深度,m。

3. 准备压井钻井液

根据地层压力,计算压井所需钻井液密度,并迅速准备压井钻井液。压井钻井液密度为:

$$\rho_{\text{压}} = \rho_f + \Delta\rho_s = \rho_m + 100 p_d/H + \Delta\rho$$

式中　$\rho_{\text{压}}$——压井钻井液密度,g/cm³;

　　　$\Delta\rho$——密度安全附加值,g/cm³。

4. 压井作业

当钻井液柱压力低于地层压力,且地层流体已进入井内,那么必须实施压井作业才能恢复井内压力平衡。压井工艺的关键是确定合理的钻井液密度和通过节流管汇控制适当的井口回压,使得整个压井作业保持稳定的、略高于地层压力的液柱压力将井控制住。

压井作业常用的方法有三种,分别是工程师法、司钻法和循环加重法。这三种方法有一个共同点就是整个压井过程中,通过节流实施井内压力控制,使井底钻井液柱压力始终略高于地层压力,因此统称井底恒压法。

(1) 工程师法。工程师法也称一次循环法,是指发现溢流关井,计算压井钻井液密度,待压井钻井液配制完成后,节流循环泵入压井钻井液,同时顶替出受油气侵污的钻井液,在一个循环周内完成压井。

(2) 司钻法。司钻法也称二次循环法,是指发现溢流关井,计算压井钻井液密度,第一循环周用原钻井液节流循环顶替出环空中被油气侵污的钻井液。第二循环周节流循环,用压井钻井液顶替出原钻井液,在两个循环周内完成压井。

(3) 循环加重法。循环加重法是指在节流循环下,直接加重井内钻井液的方法,在预计时间或循环周期内,将循环钻井液密度提高到压井设计值,直至套管压力降为0,停泵后井口不外溢为止。一般是在井场没有储备压井钻井液、井下情况又不允许长时间关井等情况下采用该方法。

除了以上介绍的三种压井方法外,还有一些特殊情况下的压井方法,如反循环压井法、置换法、压回法、体积法等。

井控复杂案例见文档1.13。

文档1.13
井控复杂案例

习　题

1. 黏土矿物的构造基本单元是什么?常见黏土矿物的晶体结构是怎样的?
2. 伊利石和蒙脱石晶体结构相似,为什么水化性能差别很大?
3. 什么是电动电位(ζ)?与黏土胶体的稳定性有何关系?影响因素有哪些?
4. 简述黏土矿物的水化机理。
5. 简述电解质对黏土水悬浮体稳定性的影响。
6. 简要分析水基钻井液的稳定性及其影响因素。
7. 简述钻井液在钻井工程中的功能和作用。
8. 简述钻井液在井内和地面的循环流程。
9. 如何理解"泥浆是钻井的血液"这个说法?
10. 简述钻井液的基本组成。
11. 在水基钻井液中,为什么把黏土划分为活性固相?
12. 钻井液是如何分类的?各有什么特点?

13. 钻井液有哪些性能？主要起什么作用？
14. 如何确定钻井液的密度？简要分析密度对钻井工程的影响。
15. 简述钻井液流变性能对钻井工程的影响。
16. 若钻井液切力偏低,携带和悬浮钻屑加重剂的能力不足,如何提高钻井液的切力？
17. 简述钻井液滤失性能对钻井工程的影响。
18. 滤失性能影响井壁稳定和储层伤害,改善钻井液滤失性能的措施和方法有哪些？
19. 什么是有机土？在油基钻井液中有什么作用？有机土是如何改性的？
20. 某井钻遇高压地层,需使用重晶石粉将密度为 $1.35g/cm^3$ 的 $200m^3$ 钻井液,密度提高到 $1.60g/cm^3$,试计算需要多少重晶石？加重后总体积增加多少？
21. 简述包被剂 FA－367 的分子结构特点以及包被作用的机理。
22. 简述降滤失剂 CMC 的降滤失作用机理。
23. 简述降黏剂 XY－27 的降黏作用机理。
24. 磺化酚醛树脂的合成需要哪些原材料？写出一步法合成的化学反应式。
25. 简述羟乙基纤维素的生产工艺,并结合其分子结构分析其抗盐抗钙能力。
26. 简要分析包被剂和絮凝剂对钻屑的选择性包被和絮凝作用如何实现。
27. 简述无机盐对钻井液性能的影响规律,并分析其原因。
28. 简述无机盐对黏土颗粒和聚合物处理剂微观上的影响。
29. 抗盐处理剂对分子结构有哪些要求？
30. 高温对钻井液性能有哪些影响？
31. 高温对黏土和处理剂及其相互作用有哪些影响？
32. 简述抗高温钻井液处理剂的分子结构特点。
33. 简述聚合物钻井液的基本组成及其主要特点。
34. 饱和盐水钻井液的组成是怎样的？其抗盐机理是什么？
35. 简述聚磺钻井液的组成以及技术要点。
36. 简述 KCl 防塌钻井液的组成与防塌机理。
37. 简述高性能水基钻井液的基本构成以及主要技术特点。
38. 简述油包水乳化钻井液的组成及各组分的作用。
39. 简要分析油包水乳化钻井液的稳定原理。
40. 什么是合成基？合成基钻井液与传统油基钻井液相比有什么异同？
41. 井漏发生的原因有哪些？如何预防井漏？
42. 常用的堵漏方法有哪些？简述桥接堵漏工艺及其要点。
43. 什么是压差卡钻？与哪些因素有关？如何预防？
44. 解卡剂的本质是什么？有哪些基本成分？对解卡剂的稳定性有什么要求？
45. 简述井壁失稳的原因。
46. 井塌的预防与处理有哪些措施？
47. 井喷发生的主要原因有哪些？井喷的基本条件是什么？预防井喷有哪些技术措施？
48. 如何计算地层压力及压井所需钻井液密度？

第 2 章　油井水泥及其外加剂

2.1　固井工程概述

　　向井内下入套管并向井眼和套管之间的环形空间注入水泥,经候凝在环空形成水泥环的施工作业称为固井。完钻后,首先在井筒内将套管安全顺利下入到位,然后通过注水泥施工,用油井水泥填充套管和井眼之间的环形空间。固井的主要作用是隔绝流体在层间流动,支撑和保护套管,满足井下射孔、酸化、压裂等增产措施的要求等。注水泥过程一般采用注水泥车混配水泥浆,然后把它沿套管向下泵送,经套管鞋上返至套管外环形空间,在环形空间凝结的过程。经过 24～72h 候凝之后,凝结后的水泥称为水泥石,具有较低的渗透率和一定的抗压强度。经测井合格后,完井射孔或继续钻进。固井是油井建设过程中的重要环节,固井质量的好坏直接关系到该井的继续钻进以及后续完井、采油、修井等各项作业质量。一口井的建成需要多次固井,按所固套管可分为表层套管固井、技术套管(尾管)固井、生产套管(尾管)固井,井眼尺寸及深度和套管尺寸及深度,这就构成了油气井的井身结构(彩图 2.1)。固井工程的内容包括下套管和注水泥两大部分,固井工艺流程为下套管、注水泥、候凝、检测评价。

彩图 2.1　井身结构示意图

2.1.1　下套管

　　下套管就是将单根套管及固井所需附件逐一连接下入井内的作业。附件主要包括引鞋、浮箍、扶正器等。在石油现场上见到的单根套管通常由两部分组成,即套管本体和接箍(图 2.1)。接箍与本体是分开加工的,接箍两端加工有内螺纹(母扣),本体两端加工有外螺纹(公扣)。为便于上扣连接,螺纹面与套管本体、接箍的轴线成一定锥度。在出厂时将接箍装配在本体上。入井时,接箍(母扣端)在上,利用螺纹将一根一根单根套管连接而成套管柱。此外,也有特殊加工的内外螺纹均在套管本体上的无接箍套管。无接箍套管的特点是螺纹连接处管子的外径比有接箍套管的接箍外径小,因此常用于环空间隙小的情况,以利下套管和随后的注水泥作业。

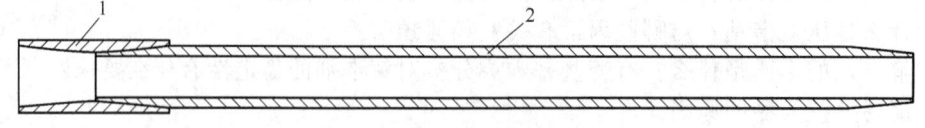

图 2.1　单根套管示意图
1—接箍;2—套管本体

　　套管的基本参数为套管尺寸、套管壁厚(或单位长度名义重量)、螺纹类型与套管钢级。当给定这四个基本参数后,套管也就对应确定了,套管的强度也与这四个基本参数密切相关。

2.1.2　注水泥

　　下完套管之后,把水泥浆泵入套管内,再用钻井液把水泥浆顶替到套管外环形空间设计位置的作业称为注水泥。

当按设计将套管下至预定井深后,装上水泥头,循环钻井液。当地面一切准备工作就绪后开始注水泥施工。先注入隔离液,然后注入水泥浆,按设计量将水泥浆注入完后,替浆碰压,施工结束。(视频2.1)

图2.2所示为典型的采用双胶塞注水泥的施工程序,在套管柱的最上端的装置为水泥头,内装有上、下胶塞。下胶塞的作用是与前置液一道,将水泥浆与钻井液隔离开,防止钻井液接触水泥浆后影响水泥浆的性能。下胶塞为中空,顶部有一层橡胶膜,该膜在压力作用下可压破。上胶塞为实心,其作用是隔离顶替用的钻井液与水泥浆;另外,当其坐落在已坐于浮箍上的下胶塞上之后,地面压力将很快上升一定值(称为碰压),该信号说明水泥浆已顶替到位,施工结束。套管柱的最下端装有引鞋以利于下套管。浮箍实际上是一单向阀,其作用是防止环空中的水泥浆向管内倒流(因一般水泥浆的密度比钻井液的密度高),另外也起承坐胶塞的作用。

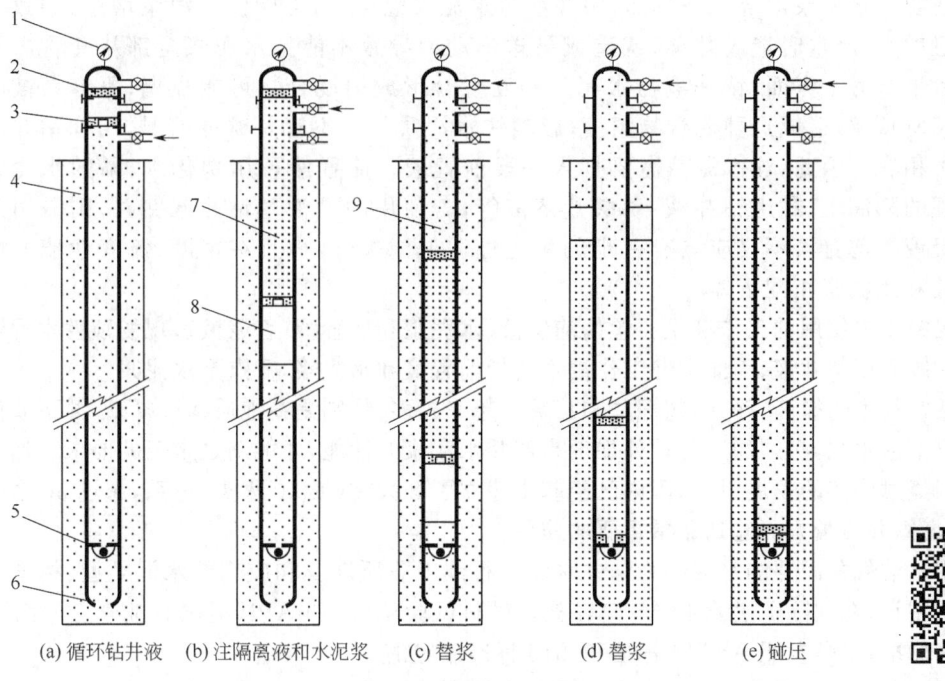

视频2.1 注水泥工艺流程

图2.2 注水泥工艺流程示意图
(a) 循环钻井液 (b) 注隔离液和水泥浆 (c) 替浆 (d) 替浆 (e) 碰压
1—压力表;2—上胶塞;3—下胶塞;4—钻井液;5—浮箍;
6—引鞋;7—水泥浆;8—前置液;9—钻井液

彩图2.2 水泥头

当按设计将套管下至预定井深后,装上水泥头(彩图2.2),循环钻井液。当地面一切准备工作就绪后开始注水泥施工。先注入前置液,然后打开下胶塞挡销,压胶塞,注入水泥浆;按设计量将水泥浆注入完后,打开上胶塞挡销,压胶塞,用钻井液顶替管内的水泥浆;下胶塞坐落在浮箍上后,在压力作用下破膜;继续替浆,直到上胶塞抵达下胶塞而碰压,施工结束。

2.1.3 候凝

注入井内的水泥浆要凝固并达到一定强度后才能进行后续的钻井施工或其他施工,因此,注水泥施工结束后,要等待水泥浆在井内凝固,该过程称为候凝。候凝时间通常为24h或48h,也有72h或几小时的,候凝时间的长短视水泥浆凝固及强度增长的快慢而定。

2.1.4 检测评价

候凝期满后,测井进行固井质量检测和评价。

目前我国水泥环质量鉴定一般以声幅测井(CBL,也称水泥胶结测井)为准(彩图 2.3)。声幅相对值在 15% 以内为优等,30% 为合格;声幅超过 30% 的井段则视为水泥封固不合格。声幅测井一般在注水泥后 24~48h 内进行,但对特殊井(如尾管固井、采用缓凝水泥固井等)声幅测井时间可依具体情况而定。CBL 测量的是套管波的首波幅度,首波幅度的大小主要取决于水泥与套管外壁的胶结程度,因此只能解决第一界面(套管与水泥环间界面)的胶结质量。为了综合评价固井质量特别是第二界面(水泥环与井壁间界面)固井质量,变密度测井(VDL)和分区水泥胶结测井(SBT)应用越来越多。

彩图 2.3 声幅测井

由于水泥浆与钻井液的化学成分不同,当用水泥浆直接顶替钻井液时,在二者交界面附近钻井液要与水泥浆混合。一方面,钻井液与水泥浆混合后,可能使水泥浆增稠,导致环空流动摩阻增大,严重时造成井漏,或造成泵送不动而导致不能把水泥浆全部从套管内替出的严重后果。另一方面,钻井液与水泥浆相互混合形成的混合物可能很稀,不容易被随后的水泥浆所顶替,造成这种混合物窜槽,影响注水泥质量。不管是哪种情况,均称钻井液与水泥浆不相容。因此,注水泥前需要打入一段前置液。前置液可用稠化水、稀的水泥浆或未经处理的膨润土、黏土钻井液、磷酸盐溶液等,若使用的是油基钻井液钻井,则需用柴油等作前置液。前置液不仅应具有一定的稳定性和低滤失性,而且在密度、流变性能方面应与钻井液和水泥浆相配伍。

注水泥施工中使用的工作液主要包括前置液、水泥浆和后置液(替浆液),现场顶替水泥浆的替浆液一般采用钻井液,因此固井工作液主要指前置液和水泥浆,重点是水泥浆。

随着钻井技术的提高,深井、超深井和特殊井越来越多,特别是在地质构造复杂、井下条件恶劣的情况下注水泥,必须加入各种外加剂来调整水泥浆的性能,才能满足施工的要求。油井水泥外加剂经过多年的发展,目前国内已经基本建立了 8 大类(或 10 大类)体系,超过 50 多个品种,在提高固井质量方面起到非常重要的作用。

专门用于油气井固井的水泥称为油井水泥。石油工业所涉及和应用的水泥类型、标准和实验方法的制订,在国际上主要由 ASTM(美国材料试验学会)和 API(美国石油学会)完成。我国的国家标准,也是参照 ASTM 标准和 API 标准制定的。

常用的油井水泥主要是硅酸盐水泥。因为硅酸盐水泥呈灰色,与英国海岸外围波特兰岛上的石头颜色很相似,故得名"波特兰"水泥。1903 年,世界上第一次在油井中使用水泥封堵水层。而第一次用水泥封堵井眼与套管的环形空间,则是 1910 年在美国加利福尼亚油田实施的。直到 20 世纪 30 年代末才开始使用水泥外加剂,它的应用使注水泥技术发生了重大的飞跃。除了标准的油井水泥外,有一些特殊的水泥也用于油气井注水泥。例如,火山灰水泥、石膏水泥、高铝水泥、超细水泥、油基水泥等,它们往往在一些特殊条件下才使用。

2.2 波特兰水泥

2.2.1 水泥的生产和化学组成

波特兰水泥是研磨得很细的含钙的无机化合物的混合物,在水中能水化和硬化,是目前最常用的水硬性胶凝材料,属于普通硅酸盐材料。制造波特兰水泥的原材料是石灰石和黏土或页岩类。石灰石中CaO的质量分数应高于45%，黏土矿物按质量分数SiO_2为60%～70%，Al_2O_3 10%～20%，Fe_2O_3 4%～9%。如果黏土矿物中SiO_2不足时可加入硅石、火山灰、硅藻土等。黏土和页岩中含铁、铝不够时，尚需加入一定量的铁矿石和含铝高的原材料。在这些原材料中加入少量的矿化剂（如萤石）可以改善煅烧条件。

2.2.1.1 化学缩写符号

对于波特兰水泥的化学成分、矿物组成和其他一些化合物，可以采用氧化物的形式表达，如硅酸三钙Ca_3SiO_5可以写作$3CaO·SiO_2$。为了读和写的方便，采用了一些由水泥专家定义的化学符号，如果用C_3表示$3CaO$，用S表示SiO_2，就可以变成C_3S这种简单易行的缩写符号，这一规则已经被国内外水泥界广泛认同。部分氧化物缩写方式如下：

$$C=CaO; S=SiO_2; A=Al_2O_3; F=Fe_2O_3; M=MgO; H=H_2O; N=Na_2O; K=K_2O;$$
$$T=TiO_2; P=P_2O_5; L=Li_2O; f=FeO; CH=Ca(OH)_2; \bar{S}=SO_3; \bar{C}=CO_2$$

2.2.1.2 波特兰水泥的生产

波特兰水泥的生产流程分为原料混配、粉碎、煅烧、冷却、熟料研磨等单元，如下所示：

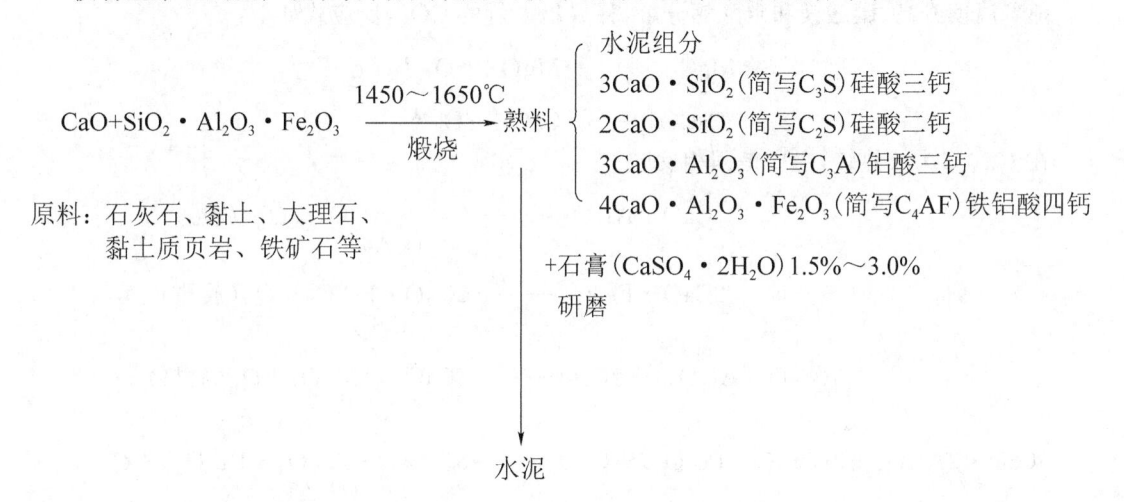

$$CaO+SiO_2·Al_2O_3·Fe_2O_3 \xrightarrow[\text{煅烧}]{1450\sim1650℃} 熟料 \begin{cases} 3CaO·SiO_2（简写C_3S）硅酸三钙 \\ 2CaO·SiO_2（简写C_2S）硅酸二钙 \\ 3CaO·Al_2O_3（简写C_3A）铝酸三钙 \\ 4CaO·Al_2O_3·Fe_2O_3（简写C_4AF）铁铝酸四钙 \end{cases}$$

原料：石灰石、黏土、大理石、黏土质页岩、铁矿石等

$+$石膏$(CaSO_4·2H_2O)$ 1.5%～3.0%
研磨
↓
水泥

注：生成物即水泥熟料，其中CaO 60%～67%，SiO_2 20%～24%，Al_2O_3 4%～7%，Fe_2O_3 2%～5%（均为质量分数）。

根据原料的混配和粉碎不同，生产工艺可分为干法和湿法两种。湿法生产配料准确，混拌均匀，但能量消耗大。在改进了干法原料混配流程后，目前厂家多使用干法生产。图2.3和图2.4分别是水泥原料混配和煅烧的工艺流程。图2.3是按指定的化学成分确定各原料的比例，磨碎后在旋转干燥器中干燥混合，然后送入筒式研磨机中研磨，并经筛选后进行干混搅拌即干法制备生料。图2.4是煅烧处理生产流程。把生料送进转窑内，在1450～1650℃高温下煅烧成水泥熟料，迅速冷却后，进行磨细，并加入少量石膏以调节水泥的凝结时间。

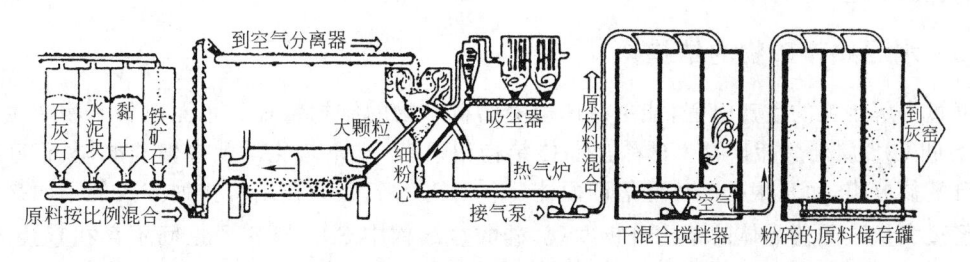

图2.3 干混法生产流程

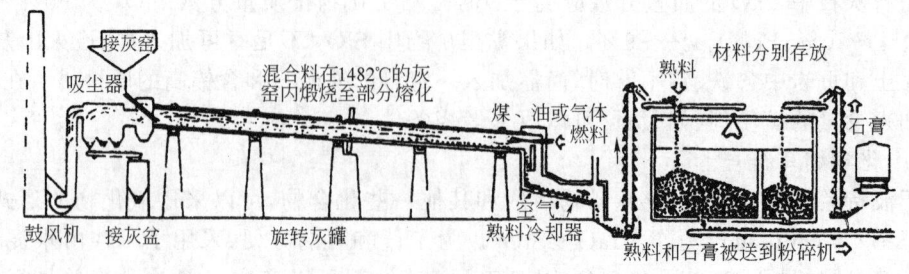

图 2.4 煅烧处理生产流程

水泥熟料的四种主要成分是在生料煅烧过程中不同的温度下生成的。其物料反应为：
在 500℃时，高岭石失水转化为偏高岭石：

$$Al_2O_3 \cdot 2SiO_2 \cdot 2H_2O \xrightarrow{500℃} Al_2O_3 \cdot 2SiO_2 + 2H_2O \uparrow$$
$$\text{（高岭石）} \qquad\qquad \text{（偏高岭石）}$$

随着温度升高，碳酸镁和碳酸钙分解，释放出大量的 CO_2，反应式如下：

$$MgCO_3 \xrightarrow{640℃} MgO + CO_2 \uparrow$$

$$CaCO_3 \xrightarrow{960℃} CaO + CO_2 \uparrow$$

在 1000℃为放热带，主要是固相反应：

$$CaO + Al_2O_3 \xrightarrow{1000℃} CaO \cdot Al_2O_3 + Q_p \text{（放热）}$$
$$(CA)$$

$$2CaO + Fe_2O_3 \xrightarrow{1000℃} 2CaO \cdot Fe_2O_3 + Q_p \text{（放热）}$$
$$(C_2F)$$

$$3(CaO \cdot Al_2O_3) + 2CaO \longrightarrow 5CaO \cdot 3Al_2O_3 + Q_p \text{（放热）}$$
$$(C_5A_3)$$

$$5CaO \cdot 3Al_2O_3 + 3(2CaO \cdot Fe_2O_3) + CaO \longrightarrow 3(4CaO \cdot Al_2O_3 \cdot Fe_2O_3) + Q_p$$
$$(C_4AF)$$

$$5CaO \cdot 3Al_2O_3 + 4CaO \longrightarrow 3(3CaO \cdot Al_2O_3) + Q_p$$
$$(C_3A)$$

$$2CaO + SiO_2 \longrightarrow C_2S + Q_p \text{（放热）}$$

下一段为熔烧带（1300～1500℃），主要为液相反应。C_4AF、C_3A、MgO 等均成熔融状态，C_2S 转化成 C_3S，见下列反应式：

$$2CaO \cdot SiO_2 + CaO \longrightarrow 3CaO \cdot SiO_2 + Q_p \text{（放热）}$$

其中 1300～1450℃阶段，由 C_3A、C_4AF 熔融后产生的液相把 CaO 和部分 C_2S 溶解，C_2S 吸收 CaO 形成 C_3S 必须有充分的时间，以保证 C_3S 的生成，否则过多的游离 CaO 的存在，将影响水泥的安定性。

2.2.2 水泥熟料矿物的结构

通过了解水泥的生产过程，能更好地理解熟料矿物的结构特征。水泥熟料矿物中主要成分 C_3S 和 C_2S 属硅酸盐矿物。硅酸盐晶体结构很复杂，它不是化学上按偏硅酸盐、正硅酸盐或多硅酸盐分类，而是根据晶体硅氧四面体（用[SiO_4]来表示）在结构排列方式的不同来分类的。经过大量硅酸盐晶体的结构分析发现，硅酸盐结构中 Si^{4+} 与 Si^{4+} 之间不存在直接的键，而键的联系是通过氧来完成的，每一个 Si^{4+} 存在于四个 O^{2-} 为顶点的四面体的中心，构成

[SiO₄]四面体,也可用[SiO₄]⁴⁻的络阴离子形式来表示。它是硅酸盐晶体结构的基础。硅酸盐中[SiO₄]四面体的结合有岛状、组群状、链状、层状和架状等五种形式。水泥熟料矿物中主要成分C_3S、C_2S及其各种晶形,属于岛状结构。这一类结构之所以称为岛状是因为[SiO₄]四面体各个顶角并不互相连接,每个O^{2-}除已经与一个Si^{4+}相接外,不再与其他的硅氧四面体中的Si^{4+}相配位。这样,每个O^{2-}剩下的一价可与其他金属离子相配位而达到电价的满足(这个氧称为活性氧)。例如C_3S或C_2S中的氧可以和Ca^{2+}、Mg^{2+}、Fe^{2+}等配位而组成八面体或十二面体。

研究硅酸盐晶体的稳定性对研究波特兰水泥具有重要的意义。影响硅酸盐晶体的稳定性的因素很复杂,但晶体结构的有序度和金属离子具有的配位数,其配位是否规则以及正、负离子的价键是否满足,是评价硅酸盐晶体是否稳定的重要因素。

2.2.2.2.1 硅酸三钙

硅酸三钙(C_3S)是水泥中含量最多的矿物成分,一般在油井水泥中含量为40%～65%,是水泥产生强度的主要化合物。水泥的早期强度也是由C_3S产生的。如需要高早期强度的水泥,则C_3S的含量可相应增高。C_3S的相对密度为3.25,稳定温度1250～2150℃,在高于2150℃时分解为CaO和液相,在低于1250℃时分解为C_2S和CaO。但是,C_3S的分解仅在1250℃附近时才会迅速进行,在低温下这一分解很弱。所以在水泥生产工艺中,是把水泥熟料放在冷却机中急冷以尽量减少C_3S的分解。从1100℃到室温,C_3S有六种多晶形式,在常温下保留下来的是三斜晶系T-C_3S。由于水泥熟料中含有MgO、Al_2O_3等,它们仍能进入C_3S晶格并形成固溶体,使三方晶系R-C_3S和单斜晶系M-C_3S稳定。因此,C_3S的结构具有如下特点:

(1)硅酸三钙是在常温下存在的介稳的高温型矿物。从热力学的观点来看,这种介稳状态的C_3S具有较高的内能使其化学活性较大,有较高的反应能力。

(2)由于Mg^{2+}、Al^{3+}进入C_3S结构中形成固溶体,虽然没有破坏晶体的结构,但外来的组分占据了晶格节点的部分位置,破坏了节点排列的有序性,引起周期势场的畸变,造成结构不完整。例如,如果Al^{3+}取代Si^{4+},两者离子半径相差45%以上,电价也有差异,于是引入Mg^{2+}以补偿静电,造成C_3S变形,价键不饱和状态,容易和极性OH^-或极性水分子互相作用。

(3)在硅酸三钙结构中,钙离子处于$[CaO_6]^{10-}$八面体中,其配位数为6,比正常配位数(8～12)要低,而且6个氧处于不规则分布,使结构产生较大"空穴"。钙离子则具有较高的活性,成为活性阳离子,容易进行水化反应。

(4)在形成固溶体结构时,为了保证电中性,结构中出现部分离子空位缺陷,提高了C_3S水化活性。

实验表明,固溶程度越高,矿物活性越高。

2.2.2.2.2 硅酸二钙

硅酸二钙(C_2S)在油井水泥组成中约占20%～30%,是一种缓慢水化矿物,它能逐渐地长时间地增加水泥强度,对水泥石后期强度影响较大。C_2S相对密度为3.28,有α、$\alpha'H$、$\alpha'L$、β、γ五种晶型,其中$\alpha'H$和$\alpha'L$是α-C_2S在高于1160℃和低于1160℃时的两种晶型,温度变化时,C_2S晶体变化如下:

$$\gamma\text{-}C_2S \underset{525℃}{\overset{725℃}{\rightleftharpoons}} \alpha'L\text{-}C_2S \underset{670℃}{\overset{1160℃}{\rightleftharpoons}} \alpha'H\text{-}C_2S \overset{1420℃}{\rightleftharpoons} \text{液相}$$

$$\beta\text{-}C_2S$$

$$\overset{2130℃}{\rightleftharpoons} \alpha\text{-}C_2S$$

α'_L-C_2S 在 725℃时可以直接转变成 $\gamma-C_2S$,但 $\gamma-C_2S$ 没有胶凝性质,而 $\beta-C_2S$ 具有胶凝性质,$\gamma-C_2S$ 的生成会降低水泥的质量。由于 α'_L-C_2S 在结构上与 $\beta-C_2S$ 极为相似,而与 $\gamma-C_2S$ 相差甚大,水泥生产工艺上采用急冷方式,使 α'_L-C_2S 的晶格来不及重排生成 $\gamma-C_2S$,于是就生成结构类似 $\beta-C_2S$ 的晶体。同时,水泥原料中存在的或外加的少量稳定剂如 Al_2O_3、Fe_2O_3、MgO、Cr_2O_3、V_2O_5、P_2O_5、B_2O_3、Mn_2O_3 等与 C_2S 形成固溶体,使 $\beta-C_2S$ 晶格稳定,防止其转变成 $\gamma-C_2S$。$\beta-C_2S$ 的结构特征如下:

(1) $\beta-C_2S$ 是过冷形成的常温下存在的介稳定结构,具有热力学不稳定性。

(2) 在 $\beta-C_2S$ 结构中,钙离子的配位数一半是 6,一半是 8,每个氧和钙的距离不等,因而也是不稳定的,具有较高的活性。

(3) MgO、SiO_2 或 BaO 形成的硅酸盐如 Mg_2SiO_4,与 $\beta-C_2S$ 形成置换型固溶体(即在硅酸盐的形成过程中,晶体中的一种离子被另一种离子取代)。而稳定剂 P_2O_5、B_2O_3 等形成 $[PO_4]^{3-}$、$[BO_4]^{5-}$ 置换 $[SiO_4]^{4-}$ 生成固溶体引起电价不平衡,提高了 $\beta-C_2S$ 的反应活性。

(4) 在 $\beta-C_2S$ 结构中不具有 C_3S 结构中具有的大空穴,因此,它的水化速度较慢。

2.2.2.3 铝酸三钙

铝酸三钙(C_3A)是促使水泥快速水化的矿物成分,水化热大,对水泥的初凝时间和稠化时间有较大的影响。它对硫酸盐类的侵蚀敏感,因此,高抗硫盐类油井水泥所含 C_3A 应降低至 3%或更低。C_3A 相对密度为 3.04,在显微镜下呈圆形粒子,属立方晶系。C_3A 具有以下结构特征:

(1) 铝酸三钙是由 $[AlO_4]^{5-}$ 四面体和 $[CaO_6]^{10-}$、$[AlO_6]^{9-}$ 八面体组成,中间是配位数为 12 的钙离子松散联系,因此,结构有较大的空穴。极性的 OH^- 容易进入 C_3A 晶格内部,使 C_3A 具有较快的水化速度。当水泥中 C_3A 含量较大时会过快硬化。

(2) 在 C_3A 晶体结构中还存在配位数为 6 的钙离子,也具有较大的活性。

(3) 在 C_3A 晶体结构中铝离子也具有两种配位情况,而且四面体 $[AlO_4]^{5-}$ 是变形的,使铝离子也具有较大的活性。

2.2.2.4 铁铝酸四钙

铁铝酸四钙(C_4AF)是水泥中水化热较低的成分,它使水泥呈深灰色。在水泥中含有过量的氧化铁(Fe_2O_3)会增加 C_4AF 含量并降低 C_3A 的含量。C_4AF 含量太大会导致水泥石强度下降。C_4AF 相对密度为 3.77。

C_4AF 的晶体结构是由四面体 $[FeO_4]^{5-}$ 和八面体 $[AlO_6]^{9-}$ 相互交叉组成,其间由钙离子连接。C_4AF 常以铁铝酸盐固溶体形式存在。这一固溶体是铝原子取代铁酸二钙中铁原子的结果,并引起晶格稳定性降低。

值得提及的是水泥中游离 CaO 和 MgO 的存在对水泥石的影响。由于高温灼烧使 CaO 和 MgO 活性变得很小,往往在水泥硬化后才缓慢水化、膨胀,造成水泥石安定性差。所以对于水泥生产,必须把游离 CaO 和 MgO 控制在最小范围内。

上述四种水泥熟料矿物以及添加的少量石膏是决定水泥强度、凝结时间等性质的主要因素。根据它们之间的不同配比以及适当的工艺技术,就可以得到不同性质和标号的油井水泥。

我们不仅可以从水泥熟料矿物晶体的微观结构特征来说明它们结构的不稳定性以及水化反应的可能性,还能进一步从热力学的观点来分析和判断水泥熟料矿物的水化反应能力。例如,通过化学反应前后物质的熵差可反映物质的几何构型的微观状态,它是反应体系混乱度变化的量度。在水泥熟料矿物形成的反应过程中,原子排列的有序程度,即稳定性可由反应过程的熵差来判断。

以上两类研究都表明水泥熟料矿物的不稳定性,它们的不稳定顺序是:$C_3A > C_4AF > C_3S > C_2S$。

2.2.3 水泥水化反应及其机理

前面从晶体化学和热力学两方面讨论了水泥熟料结构的不稳定性和水化的能力。能生成水化物并不一定能形成胶凝的网状结构。这就要求水化物应有足够的稳定性和足够的数量,还需水化物能彼此交联、聚集,形成网状结构。

波特兰水泥是多种矿物的聚集体,它与水的相互作用很复杂。在研究水泥水化的过程,反应机理以及水泥外加剂的作用机理时,为了减少影响因素,首先应考虑单矿物,然后再考虑综合因素。

2.2.3.1 硅酸盐矿物的水化反应

不同的硅酸钙,水化反应能力差别很大,通过测定在一定的水中,硅酸钙矿物分解出的氧化钙数量,可以看出:

(1) CS 在一般条件下不能进行水化反应;
(2) $\gamma - C_2S$ 具有很小的水化能力;
(3) $\beta - C_2S$ 具有较明显的水化能力,但是水化速度较慢;
(4) C_3S 具有较强的水化能力。

C_3S 和 C_2S 在常温下水化反应如下:

$$2C_3S + 6H = C_3S_2H_3 + 3CH$$

$$2C_2S + 4H = C_3S_2H_3 + CH$$

应该指出,上述反应仅表明水化产物是氢氧化钙和水化硅酸钙一大类水化物的总称,而且,产物还能转化。因此,可以把这一反应统一写为:

$$C_3S(C_2S) \xrightarrow{H_2O} C-S-H + nCH$$

其中,C—S—H 称为硅酸钙凝胶,它表示组分不固定的水化硅酸钙。

硅酸钙的水化反应产物与温度和 $Ca(OH)_2$ 的浓度有关。一般来说,$Ca(OH)_2$ 浓度增大,水化硅酸钙中 $CaO:SiO_2$(简写成 C/S,称为碱度)比例将会增加。

2.2.3.2 铝酸钙矿物的水化

铝酸钙矿物晶格结构的空穴,可能造成 C_3A 具有较高的水化速度。在水泥四种主要熟料矿物中 C_3A 水化能力最大,速度最快,对水泥浆初凝时间有重要影响。

C_3A 在常温下水化反应的产物可能有 C_4AH_{19}、C_4AH_{13}、C_2AH_8 和 C_3AH_6 等多种水化铝酸钙。在高碱溶液中以 C_4AH_{13} 为主,在低碱中以 C_2AH_8 为主,在30℃以上以 C_3AH_6 为主。C_2AH_8 呈六角片状,它同 C_4AH_{19} 都能在很长时间内存在。转变成稳定状态的 C_3AH_6(立方晶体)是缓慢的,所以铝酸三钙的水化反应式可表示为:

$$C_3A + 6H = C_3AH_6 \text{(立方水化物)}$$

当稳定的 C_3AH_6 生成后,C_3A 的水化速度减慢,水化反应进入慢反应期。在水化温度高于100℃时,体系中还有 $Ca(OH)_2$、$Al_2O_3 \cdot H_2O$ 等反应产物。

铁铝酸四钙的水化反应可用下式表达:

$$4CaO \cdot Al_2O_3 \cdot Fe_2O_3 + 7H_2O \longrightarrow 3CaO \cdot Al_2O_3 \cdot 6H_2O + CaO \cdot Fe_2O_3 \cdot H_2O$$

这也是一个快反应。反应产物水化铝酸盐中还含有 $3CaO \cdot Fe_2O_3 \cdot 6H_2O$ 等。

2.2.3.3 硅酸盐水泥的水化反应

与单矿物比较,硅酸盐水泥的水化反应要考虑各单矿物之间的相互影响、产物的影响和起调凝作用的石膏的影响。

(1)石膏对水化反应的影响。铝酸三钙受石膏影响最大,它们之间发生反应生成水化硫铝酸钙。

$$C_3A + 6H \longrightarrow C_3AH_6 \begin{array}{c} \xrightarrow{CaSO_4 \cdot 2H_2O(饱和)} 3CaO \cdot Al_2O_3 \cdot 3CaSO_4 \cdot 32H_2O \text{(高硫型水化硫铝酸钙)} \\ \xrightarrow{CaSO_4 \cdot 2H_2O(不饱和)} 3CaO \cdot Al_2O_3 \cdot CaSO_4 \cdot 12H_2O \text{(低硫型水化硫铝酸钙)} \end{array}$$

这个反应式的意义在于:当水泥浆的水灰比(W/C)为 0.3~0.6 时,可以认为最初反应是在饱和石膏溶液中进行,水化反应生成高硫型水化硫铝酸钙,这是促进水泥产生早期强度的因素,因为它是一种柱状和针状的晶体,有支撑水泥结构的作用。但是,如果石膏过量,则会因水化硫铝酸钙体积膨胀引起水泥石结构破坏。

(2)$Ca(OH)_2$ 的影响。硅酸三钙单矿物的水化所产生氢氧化钙,将同 C_3A 发生如下反应:

$$2C_3A + Ca(OH)_2 + (n-1)H_2O \longrightarrow C_4A \cdot nH_2O$$

上述有水化产物参加的水化反应称为二次反应。二次反应的结果是降低了 $Ca(OH)_2$ 的浓度,并进一步加速了 C_3S 的水化反应。形成的结晶状水化铝酸盐对水化硅酸凝胶(C—S—H)有增强作用。

C_4AF 的水化反应也有 $Ca(OH)_2$ 参加,提高产物的含钙量。

$$C_4AF + Ca(OH)_2 + (n-2)H_2O \longrightarrow 2C_4AFH_n$$

可以看出,四种水泥熟料矿物的水化都与 $Ca(OH)_2$ 的存在有关。

(3)硅酸盐水泥的水化产物。综上所述,由于硅酸盐水泥是在限量的水中进行水化反应(一般水泥浆水灰比为 0.3~0.6),因此,可以认为上述反应是在饱和氢氧化钙和石膏溶液中进行的。故在常温下,水泥的水化产物主要是:氢氧化钙、水化硅酸钙、高碱度含水铝酸钙、含水铁酸钙以及水化硫铝酸钙等。在高于 100℃ 时,还有 $Al_2O_3 \cdot H_2O$ 等产物。研究表明,在低于 100℃ 时,水化硅酸钙包括有结晶好的和结晶不好的水化物,后者的成分也不太恒定。然而,在高压、温度高于 100℃ 条件下,水化硅酸钙产物中主要是结晶好的水化物。由此可说明:温度、压力对水泥水化产物和晶体结构均有较大的影响。这对选择水泥外加剂有指导意义。

2.2.4 水泥水化反应速度及影响因素

2.2.4.1 水泥水化反应速度

水泥水化反应速度是指单位时间内水泥的水化程度或水化深度。而水化程度 α 是指某时刻水泥已发生水化的量与完全水化的量的比值,即:

$$\alpha = \frac{水化部分的量}{完全水化的量}$$

测定水泥水化速度的方法很多,可以用光学显微镜观察、拍照、反复多次观察和比较;可以通过 X 衍射分析,利用峰高可以定量对比各成分的量;可用差热分析、红外分析、核磁共振等分析方法定性和定量地测定水化速度。测定水化热和结合水是常用于测定水泥水化速度的方法。

实验室一般用微热量热器测定水化热，绝热真空瓶内装有电偶并与记录仪相连，每隔一段时间记录一次瓶内温度，可得水化热曲线。由于水化反应是放热反应，通过比较，可测得反应速度。

结合水的测定是基于水泥水化反应，主要表现为它与水的结合。因而可在不同温度下，取一定量正在水化的水泥进行灼烧，测得水泥在该温度下的烧失量即可求得结合水量。

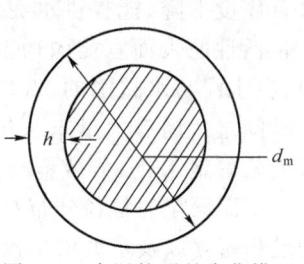

如果把水泥微粒视为直径相同的球形粒子（图 2.5），直径为 d_m，若水化深度为 h，水泥粒子的体积为 $\frac{1}{6}\pi d_m^3$，水化部分的体积为 $\frac{1}{6}\pi d_m^3 - \frac{1}{6}\pi(d_m-2h)^3$，所以水化程度为 α 可表示为：

图 2.5 水泥粒子的水化模型

$$\alpha = \frac{\frac{1}{6}\pi d_m^3 - \frac{1}{6}\pi(d_m-2h)^3}{\frac{1}{6}\pi d_m^3} = 1 - \left(1 - \frac{2h}{d_m}\right)^3$$

或

$$h = \frac{1}{2}d_m(1 - \sqrt[3]{1-\alpha})$$

可见 $(1 - \sqrt[3]{1-\alpha})$ 与水化深度 h 成正比。可以把水泥水化反应动力学方程写为：

$$(1 - \sqrt[3]{1-\alpha})^N = kt$$

其中，α 可以用实验的方法确定；t 是水化龄期；k 为常数。通过方程两边取对数，可以得到水化程度—时间曲线，其斜率为 $\frac{1}{N}$。

对水泥水化反应动力学的研究表明，在水化初期，水泥熟料矿物水化速度顺序如下：$C_3A > C_4AF > C_3S > C_2S$。

随着水化反应的进行，C_3S 的水化反应速度逐渐超过 C_3A，而 β-C_2S 水化速度最慢，直到水化后期才有较大的增长。如果 C_3A 单独在水中进行水化反应，初期反应很剧烈，甚至很快放出大量的热量，出现所谓的"闪凝"现象。但是，在水泥中的 C_3A，其水化反应则受到很大的限制，没有能使水泥"闪凝"。多数观点认为这是因为 C_3A 与水泥中的石膏生成难溶的硫铝酸钙覆盖于水泥粒子表面，还因为 C_3A 和 $Ca(OH)_2$ 反应生成 C_4AH_{19}，在 C_3A 四周形成保护层，从而可以有效地调节水泥的凝结时间和稠化时间。

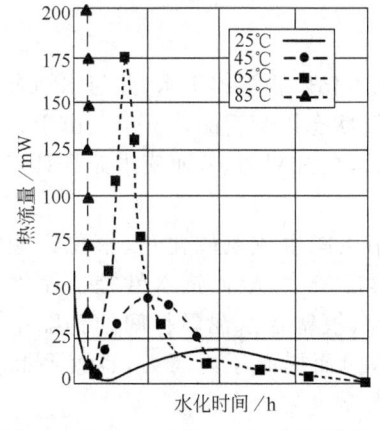

2.2.4.2 影响水化反应速度的因素

影响水泥水化反应速度的因素很多，如上述的水泥组分是主要因素之一。此外，尚有以下诸影响因素：

(1)温度的影响。前面谈到，测定水化热和水泥浆体系温度的变化，可间接地测定水化速度。图 2.6 表明，地层温度越高，水泥浆体系达到最高温度的时间越早，即水化热高峰出现早，水化速度快。

水泥浆稠化时间的长短，同样可以表明水泥浆水化和凝结的速度，温度越高，稠化时间越短，即水化速度越快。试验表明，温度对 C_2S 的水化速度和 C_3S 的早期水化速度影响较大，而对水泥后期水化速度影响不大。

图 2.6 温度对波特兰水泥水化的影响

(2)压力影响。在固井施工中，压力越大，稠化时间越短,所以对高温深井的注水泥施工,需要更长的稠化时间。

(3)水泥细度的影响。细度表明水泥颗粒参加水化反应的表面积的大小。水泥颗粒直径越小,表面积则越大,其反应活性越高。研磨或粉碎使水泥颗粒变小,晶格不断变形,导致有序度下降,能提供水泥的水化活性。研磨还会导致水泥颗粒晶格缺陷增多,具有较大水化活性的表面官能团增多,吸水性变强。因此,细度是水泥的重要指标之一。有资料表明,在水泥与水接触的28d后发现水泥颗粒水化深度仅$4\mu m$,而一年后有$8\mu m$,这意味着,长时间之后尚有大量未水化的水泥。鲍尔斯认为,在一般条件,只有水泥颗粒小于$50\mu m$才可能较好地水化,显微镜检测发现,小颗粒的C_2S水化速度优于大颗粒的C_3S。

水泥颗粒的粒径分布对水泥石的结构、进而对水泥石的性能影响很大,它决定着水泥浆体的堆积密度以及水泥水化速度和水化物的生成量,只有当水泥浆体的堆积密度最佳,同时水泥水化物能够将水泥浆体的空隙充分填充时,才能得到最密实的水泥石结构。研究表明,提高堆积密度需要较宽的粒径分布,而提高水化速度需要尽量窄的粒径分布。因此,粒径分布是影响水泥水化速度的重要因素之一。

以上事实说明了细度对水泥的水化速度的影响。不过水泥颗粒大小应有适当的级配,因为要获得较细的水泥,一则成本高,二则不安全,风化变质快。

(4)水灰比的影响。通常,水泥浆水灰比越大,水泥颗粒表面与水接触越充分,因而水化速度越快,即单位时间内水泥的水化程度越高。但水灰比过高,水化产物之间胶凝更为困难,水泥石强度发展较慢。

2.2.5 水泥水化的历程和机理

2.2.5.1 水泥水化的理论

水泥与水拌和后,水泥熟料矿物即被水化生成水化硅酸钙、氢氧化钙、水化硫铝酸钙等水化产物。随时间的推延,初始形成的浆状体经过凝结硬化,由可塑体逐渐转变为坚固的石状体。对于这个转变过程机理的研究已有一百多年的历史,主要围绕着熟料矿物的水化和水泥的硬化两个方面来进行研究。

关于熟料矿物如何进行水化的解释有两种不同的观点:一种是液相水化论,也称为溶解—结晶理论;一种是固相水化论,也称局部化学反应理论。液相水化论是由法国化学家Le chatelier(雷·查特里)提出,他认为无水化合物先溶于水,与水反应,生成的水化物由于溶解度小于反应物而结晶沉淀。固相水化论是由Michaelis(米契埃里斯)提出,他认为水化反应是固液相反应,无水化合物无须经过溶解过程,而是固相直接与水就地发生局部化学反应,生成水化产物。

关于水泥水化硬化的实质,曾有三种理论来解释:

(1)雷·查特里提出的"结晶理论"认为:水泥拌水后,无水化合物溶解于水,并与水结合成水化物,而水化物的溶解度比无水化合物小,因此就呈过饱和状态以交织晶体析出。由于细长的水化物晶体本身具有较大的内聚力,使得晶体间产生了较大的黏附力,从而使水泥石具有较高的强度。

(2)米契埃里斯提出的"胶体理论"认为:水泥与水作用虽能生成氢氧化钙、水化铝酸钙和水化硫铝酸钙晶体产生一定强度,但因这些晶体的溶解度较大,故而抗水性差。使水泥石具有较好抗水性和强度的是难溶的水化硅酸(低)钙凝胶,填塞在水泥颗粒间的孔隙中所致。接着,未水化的水泥颗粒不断吸水,使凝胶更为致密,因而提高了内聚力,也就不断提高了强度。

(3)巴依可夫提出的"三阶段硬化理论"认为水泥的凝结硬化是经历了下述三个阶段:①溶

解阶段:水泥加水拌和后,水泥颗粒表面与水发生水化反应,生成的水化物水解和溶解,直到溶解呈饱和状态为止。由于在水化时产生的放热效应被溶解时的吸热效应所抵消,所以在这一阶段温度升高不多。②胶化阶段:相当于水泥凝结过程。随着水泥颗粒的分散,表面发生局部反应而生成凝胶,同时有显著的放热效应。③结晶阶段:相当于水泥硬化过程。此时胶体逐渐转变为晶体,形成晶体,长大而成交织晶,从而产生了强度,并有少量热放出。这三个阶段无严格的顺序。

近代通过扫描电子显微镜等工具的观察和研究指出:在水泥水化硬化过程中同时存在着凝聚和结晶两种结构。水化初期溶解—结晶过程占主导,在水化后期,当扩散作用难以进行时,局部化学反应发挥主要作用。近代科学技术的发展,虽然已有先进的检测技术,但水泥凝结硬化理论还有许多问题有待深入研究。

2.2.5.2 硅酸钙的水化历程及机理

我们通过图 2.7 来表明硅酸钙的水化历程。图 2.7 用放热速率、水化产物 Ca^{2+} 浓度和固相 $Ca(OH)_2$ 的含量随时间的变化来分析 C_3S 净浆的水化历程。水化分为五个阶段:

Ⅰ期为初始期,即 C_3S 与水接触后的数分钟,这期间水化产物 Ca^{2+} 的浓度迅速增加。

Ⅱ期为诱导期(或静止期、潜伏期),表现为放热速率低,反应速度慢。但水化产物 Ca^{2+} 的浓度仍继续增长。

Ⅲ期为加速期。特点是 C_3S 重新急速水化,$Ca(OH)_2$ 开始从溶液中结晶,放热速率增大。

Ⅳ期为中间期(或减速期),水化反应速度减慢。

Ⅴ期为最终阶段,属稳定的慢反应期。

在上述五个水化阶段中,争议最大的是诱导期。保护层理论认为 C_3S 最初水化很快形成水化硅酸钙凝胶(C—S—H)并包覆在未水化的 C_3S 周围,阻碍其水化而进入诱导期。进一步的水化是水分子或离子渗透进包覆层内,而包覆层内的水化产物 Ca^{2+}、OH^- 及 $H_2SiO_4^{2-}$ 则

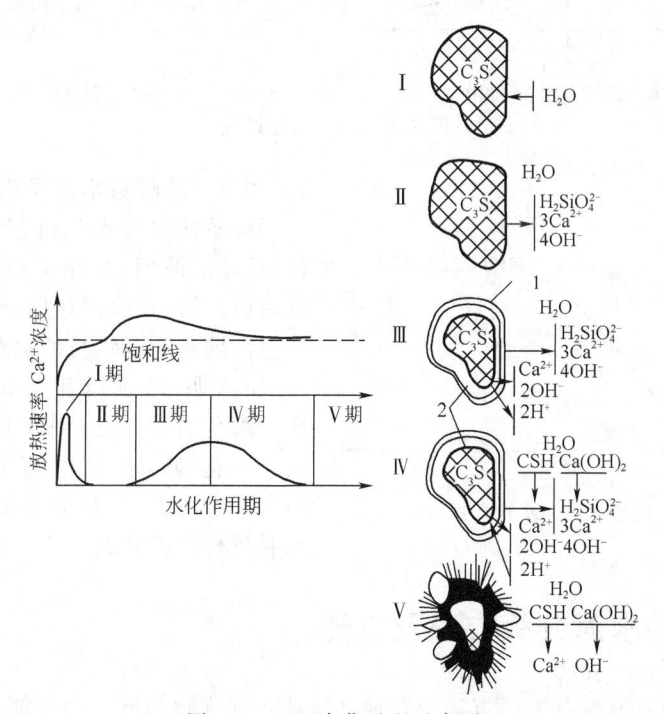

图 2.7 C_3S 水化过程示意图

反向朝溶液中渗透。由于水化产物 Ca^{2+} 具有比水化产物 $H_2SiO_4^{2-}$ 更大的扩散速度,使包覆层内外出现渗透压。当压力足够大时,则膜破裂,水化进入加速期。另一种有代表性的理论是延迟晶格形成过程理论。该理论认为:诱导期受 $Ca(OH)_2$ 晶核的形成和生长所控制。在诱导期期间,硅酸盐对于 $Ca(OH)_2$ 的结晶有抑制作用,溶液中 Ca^{2+} 浓度和 OH^- 浓度处于过饱和状态,即图 2.7 中水化产物 Ca^{2+} 的浓度最大及当 $Ca(OH)_2$ 开始形成时才结束诱导期,开始加速期。从这个意义上讲,凡可以加速 $Ca(OH)_2$ 成核过程和晶核发育过程的化合物都可以成为促凝剂,而延缓这一过程的化合物则是缓凝剂。

2.2.5.3 铝酸钙的水化历程和机理

已经知道,在 C_3A 单矿物与水反应时水化产物不恒定:

$$2C_3A + 21H \longrightarrow \underset{(六角水化物)}{C_4AH_{13} + C_2AH_8} \longrightarrow \underset{(立方水化物)}{2C_3AH_6} + 9H$$

图 2.8 中第一放热峰是 C_3A 迅速水化达到饱和状态时生成六角板状水化物。第二放热峰是晶形转变为更稳定的立方水化物 C_3AH_6。这一转变在高温下进行得很快。由于水泥中加有石膏及 C_3S 水化时产生的 $Ca(OH)_2$ 的影响,C_3A 的水化过程之前就形成了钙矾石($C_3A \cdot 3CaSiO_4 \cdot 32H_2O$)并包覆在 C_3A 表面,包覆层不断变厚,在钙矾石的膨胀作用下发生破裂。这样反复多次直到石膏耗尽,水化物由高硫型转为低硫型才出现第二放热峰。

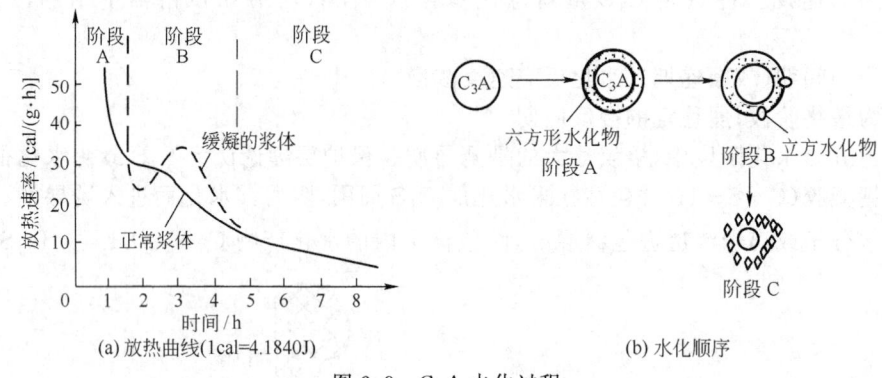

图 2.8 C_3A 水化过程
(a) 放热曲线(1cal=4.1840J)
(b) 水化顺序

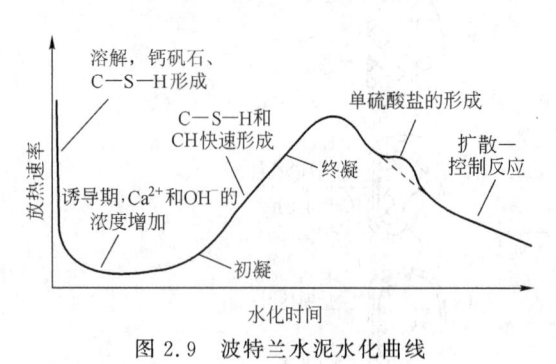

图 2.9 波特兰水泥水化曲线

2.2.5.4 硅酸盐水泥早期水化历程

硅酸盐水泥水化过程可分为四个时期。(1)反应活泼期:从拌浆开始 5min 就可达到放热最大值。(2)诱导期:钙矾石和水化硅酸钙包覆层对水泥颗粒的包覆作用,水化极慢。(3)加速期:渗透压和结晶压力使包覆层破坏。水化加速并达到平衡(第Ⅱ放热峰)。(4)硬化期:水化速度很慢,水泥硬化。图 2.9 虚线表示,如果水泥石石膏含量高则第Ⅱ放热峰将延迟。

2.3 API 油井水泥分级方法及性能

油井水泥所用原材料及生产方法与普通硅酸盐水泥大致相同。由于油井水泥是在高温高压及复杂的地质环境中使用,水泥浆较长时间泵注和地层水中各种离子对它的侵蚀都严重地影响水泥浆的性能。因此,其化学组成和细度都有严格要求,以保证质量稳定。对油井水泥外加剂的评价也是基于水泥性能稳定的基础上进行的。

2.3.1 API油井水泥分级方法

2.3.1.1 油井水泥的分级

API标准是指美国石油学会专用水泥标准。按此标准生产的油井水泥称API油井水泥。目前API油井水泥分A至H八个级别,每种水泥适用于不同井况。此外还根据水泥抗硫酸盐能力进行分类,分为普通型(O)、中抗硫型(MSR)和高抗硫型(HSR)。其化学和物理性能分别列于表2.1和表2.2中。

表2.1 API油井水泥的化学性能要求(摘自API规范10第22版:油井水泥材料与测试)

水泥各组分的质量分数	A	B	C	D,E,F	G	H
普通型(O)						
氧化镁(MgO)(最大值)/%	6.0	—	6.0	—	—	—
三氧化硫(SO$_3$)(最大值)/%	3.5	—	4.5	—	—	—
烧失量(最大值)/%	3.0	—	3.0	—	—	—
不熔残渣(最大值)/%	0.75	—	0.75	—	—	—
铝酸三钙(3CaO·Al$_2$O$_3$)(最大值)/%	—	—	15	—	—	—
中抗硫型(MSR)						
氧化镁(MgO)(最大值)/%	—	6.0	6.0	6.0	6.0	6.0
三氧化硫(SO$_3$)(最大值)/%	—	3.0	3.5	3.0	3.0	3.0
烧失量(最大值)/%	—	3.0	3.0	3.0	3.0	3.0
不熔残渣(最大值)/%	—	0.75	0.75	0.75	0.75	0.75
硅酸三钙(3CaO·SiO$_2$)(最大值)/%	—	—	—	—	58	58
硅酸三钙(3CaO·SiO$_2$)(最低值)%	—	—	—	—	48	48
铝酸三钙(3CaO·Al$_2$O$_3$)(最大值)/%	—	8	8	8	8	8
以氧化钠(Na$_2$O)当量表示的总含碱量(最大值)/%	—	—	—	—	0.75	0.75
高抗硫型(HSR)						
氧化镁(MgO)(最大值)/%	—	6.0	6.0	6.0	6.0	6.0
三氧化硫(SO$_3$)	—	3.0	3.5	3.0	3.0	3.0
烧失量(最大值)/%	—	3.0	3.0	3.0	3.0	3.0
不熔残渣(最大值)/%	—	0.75	0.75	0.75	0.75	0.75
硅酸三钙(3CaO·SiO$_2$)(最大值)/%	—	—	—	—	65	65
硅酸三钙(3CaO·SiO$_2$)(最小值)/%	—	—	—	—	48	48
铝酸三钙(3CaO·Al$_2$O$_3$)(最大值)/%	—	3	3	3	3	3
铁铝酸四钙(4CaO·Al$_2$O$_3$·Fe$_2$O$_3$)加2倍铝酸三钙(3CaO·Al$_2$O$_3$)(最大值)/%	—	24	24	24	24	24
以氧化钠(Na$_2$O)当量表示的总含碱量(最大值)/%	—	—	—	—	0.75	0.75

表 2.2 API 油井水泥的物理性能(摘自 API 规范 10)

水泥分级			A	B	C	D	E	F	G	H
水灰比/%			46	46	56	38	38	38	44	38
最大安定性(热压膨胀)/%			0.80	0.80	0.80	0.80	0.80	0.80	0.80	0.80
最小细度[①](比表面积)/(m²/kg)			150	160	220	—	—	—	—	—
最大自由水/mL			—	—	—	—	—	—	3.5[②]	3.5[②]
	养护温度 ℃	养护压力 kPa	最小抗压程度/MPa							
抗压强度试验养护时间 8h	38	常压	1.7	1.4	2.1	—	—	—	2.1	2.1
	60	常压	—	—	—	—	—	—	10.3	10.3
	110	20700	—	—	3.5	—	—	—	—	—
	143	20700	—	—	—	—	3.5	—	—	—
	160	20700	—	—	—	—	—	3.5	—	—
	养护温度 ℃	养护压力 kPa	最小抗压强度/MPa							
抗压强度试验养护时间 24h	38	常压	12.4	10.3	13.8	—	—	—	—	—
	77	20700	—	—	6.9	6.9	—	—	—	—
	110	20700	—	—	—	13.8	—	6.9	—	—
	143	20700	—	—	—	—	13.8	—	—	—
	160	20700	—	—	—	—	—	6.9	—	—
	搅拌 15~30min 最大稠度/Bc[③]		最低稠化时间/min[④]							
高温高压下稠化时间试验		30	90	90	90	90	—	—	—	—
		30	—	—	—	—	—	—	90	90
		30	—	—	—	—	—	—	120min[⑤]	120min[⑤]
		30	—	—	—	100	100	100	—	—
		30	—	—	—	—	154	—	—	—
		30	—	—	—	—	—	—	—	—

①用 ASTM C115 所规定的瓦格聂尔(Wagner)浊度测定。
②以 250mL 为基数,3.5mL 相当于 1.4%。
③水泥浆稠度伯尔顿(Beardem)单位 Bc(伯登)。Bc 为用高压稠化仪按 API Spec 10 的第 8 章测得并校正的伯尔顿稠度单位。
④所需稠化时间以调查所得的注水泥总时间的 75% 为基础,加上 25% 作为安全系数。
⑤模拟方案所需的最大稠化时间为 120min。

2.3.1.2 确定水泥熟料各组分的方法

对上述水泥的质量检验有专门的分析方法,这里不再叙述。对于水泥生产厂家确定波特兰水泥熟料的各组分的方法,目前广泛采用的是根据水泥中氧化物成分来进行一系列计算,以确定水泥熟料中各主要矿物的相对含量。该方法是由 Bogue(1929)根据水泥组分间各晶相的关系平衡而推导出来的,虽然尚存在一些缺点,但仍然作为水泥分类的准则。下面给出了 Bogue 方程的计算方法(ASTM 方法 C114),式中各组分含量均为质量分数(ω)。

当氧化铝与氧化铁的质量比不小于0.64时,硅酸三钙(C_3S)、硅酸二钙(C_2S)、铝酸三钙(C_3A)和铁铝四钙(C4AF)的含量由下列各式求得:

$$\omega(C_3S)=4.071\omega(CaO)-7.600\omega(SiO_2)-6.718\omega(Al_2O_3)-1.430\omega(Fe_2O_3)$$
$$\omega(C_2S)=2.687\omega(SiO_2)-0.7544\omega(C_3S)$$
$$\omega(C_3A)=2.650\omega(Al_2O_3)-1.692\omega(Fe_2O_3)$$
$$\omega(C_4AF)=3.043\omega(Fe_2O_3)$$

当氧化铝与氧化铁的比值小于0.65时,形成铁铝酸盐固相溶液[$SS(C_4AF+C_2F)$],这种固相溶液和硅酸三钙的含量可由下列算式求得:

$$\omega[SS(C_4AF)]=2.100\omega(Al_2O_3)+1.702\omega(SiO_2)$$
$$\omega(C_3S)=4.071\omega(CaO)-7.600\omega(SiO_2)-4.479\omega(Al_2O_3)-2.859\omega(Fe_2O_3)-2.852\omega(SO_3)$$

当计算C_3A时,Al_2O_3和Fe_2O_3取值应精确到0.01%。当计算其他化学组分时,氧化物取值应精确到0.1%。

上述所求得的计算值都应精确到1%。

表2.3中列出了各种级别API油井水泥的典型组分及表面积范围。

表2.3 API油井水泥常规成分及细度

API级别	ASTM标号	通常潜在晶相(质量分数)/%				常规细度 cm²/g
		C_3S	$\beta-C_2S$	C_3A	C_4AF	
A	Ⅰ	45	27	11	8	1600
B	Ⅱ	44	31	5	13	1600
C	Ⅲ	53	19	11	9	2200
D		28	49	4	12	1500
E		38	43	4	9	1500
G	(Ⅱ)	50	30	5	12	1800
H	(Ⅱ)	50	30	5	12	1600

2.3.2 各级油井水泥的性能及应用范围

2.3.2.1 API A级油井水泥

A级油井水泥属硅酸盐水泥系列,只有普通型一种(与ASTM标准的Ⅰ型水泥相似),其物理化学性能在表2.1和表2.3中已描述,这里不再重复。一般来说,A级水泥具有可泵性好、凝结硬化快及早期强度高的特点,对于高压井效果特别好,有利于防止油、气上窜,提高固井质量。在没有特殊要求的条件下,使用深度从地面到井深1830m,仅作为普通类型水泥使用。下面介绍A级油井水泥的生产工艺。

A级油井水泥的生产对原料、燃料和生料的质量要求,熟料的煅烧,水泥的制成和装运等过程都有严格的要求。

(1)原料、燃料和生料的质量要求。虽然API Spec10中对A级水泥没有明确的矿物组成规定,但水泥的性能要求对原料、燃料和生料有一定的质量控制。

石灰石:$CaO \geqslant 52\%$;
黏土:Al_2O_3 13%~14%;
铁粉:$Fe_2O_3 \geqslant 55\%$;
二水石膏:$SO_3 \geqslant 40\%$;

燃煤:灰分≤20%;
热值:≥25080kJ/kg。

生料组成按计算熟料矿物组成为:C_3S 53%~60%,C_2S 13%~20%,C_4AF 12%~14%,f-CaO 不大于 1.0%配料较好;生料细度不大于 10%;$CaCO_3$ 滴定值±0.5%;Fe_2O_3 滴定值±0.2%。

(2)熟料的煅烧。严格规定窑的热工制度,适当提高烧成温度,在稳定料量前提下,采用"薄料快转长焰顺烧"的操作方法,使熟料结粒均齐,每升质量保证在 1450~1550g/L,f-CaO 不大于 1.0%。值得注意的是窑灰应均匀入窑,以避免造成熟料成分波动,且应剔除不合格熟料。

(3)水泥的制成和装运。水泥细度按比表面积控制为 35~370m²/kg,0.08mm 方孔筛余 4%~6%,水中 SO_3 控制为 2.2%~2.5%。包装和储运应注意避免混入杂物和受潮。

2.3.2.2　B级油井水泥

B级油井水泥的适用油井深度与A级水泥相同,但它还具有抗硫酸盐的性能。B级油井水泥分为中抗硫酸盐型和高抗硫酸盐型两种,适用于从地面到井深 1830m,B 级水泥与 ASTM 标准中Ⅱ型相似。下面以中抗硫酸盐 B 级油井水泥为例进行说明。

(1)中抗硫酸盐型 B 级油井水泥的技术要求。

在化学性能方面,中抗硫酸盐型 B 级水泥要求 C_3A 不大于 8%,SO_3 不大于 3.0%,其他指标与 A 级水泥化学性能要求情况相同。物理性能与 A 级水泥不同的是水泥比表面积不小于 160m²/kg,而 38℃常压下,8h 抗压强度不小于 1.4MPa,24h 抗压强度不小于 10.3MPa。

(2)影响 B 级油井水泥物理性能的因素。

影响 B 级油井水泥物理性能的因素有石膏掺量和水泥的细度。石膏掺量的确定应以获得最高抗压强度为依据,通过实验确定。而细度则影响水泥的稠度、抗压强度、稠化时间等。实验结果表明,水泥细度增加时,稠度和抗压强度增加,而稠化时间却随之缩短。显然,细度控制的最优范围应该是稠度、稠化时间和抗压强度三者的最佳匹配点。

(3)中抗硫酸盐型 B 级油井水泥的生产工艺要求。

与 A 级油井水泥相比,中抗硫酸盐型 B 级油井水泥在原料、燃料和熟料品质的要求上基本一致,只是要求熟料中 C_3A 含量低,故要求黏土质原料中 SiO_2≥65%,Al_2O_3≤13%,熟料矿物组成控制在 C_3S 53%~60%,C_2S 13%~20%,C_3A≤6%,C_4AF 15%~17%,f-CaO≤1%。粉磨水泥过程中,要尽量防止石膏脱水,入磨熟料温度须严格控制,水泥中 SO_3 含量应控制在 2.1%~2.4%。

2.3.2.3　C级油井水泥

C 级油井水泥适用的井深范围为地面至 1830m 深度,分为普通型、中抗硫酸盐型和高抗硫酸盐型三种类型,C 级水泥中 C_3A 含量和比表面积均较高,因此具有早强特性。C 级水泥大致相当于 ASTM 标准的Ⅲ型水泥。为了满足早强和抗硫酸盐的要求,一般是采用烧制特定组成的熟料和高细磨来生产 C 级油井水泥。

影响 C 级油井水泥性能的主要因素包括熟料、石膏掺量和水泥细度等。

(1)熟料。不同类型的 C 级油井水泥有不同的特性要求,其主要的区别在于抗硫酸盐性能的强弱。从熟料组成角度,可以通过调整 C_3A 的含量来控制水泥的抗硫酸盐性能,同时为保证熟料的强度,还要求足够的 C_3S 含量,因其对水泥的 24h 抗压强度有显著影响,故必须保证熟料的饱和比 K_H 不小于 0.90。

(2)石膏掺量。石膏掺量对水泥物理性能影响显著,石膏掺量增加,水泥性能明显改善,不仅稠化时间延长,而且抗压强度提高。研究表明:当水泥中 SO_3 含量从 1.5%增加至 3.0%

时,各种类型C级水泥的稠化时间约延长60%左右,抗压强度增长10%~30%,特别是8h抗压强度增长极高。因此,C级油井水泥的SO_3含量宜控制在2.5%~3.0%。

(3)水泥细度。为了保证水泥具有较高的早期强度,C级水泥需磨得很细,一般控制比表面积为440~460m²/kg,此时水泥8h抗压强度可达4~8MPa,24h相应值达14~17MPa。应该强调的是,C级油井水泥粉磨时采用助磨剂十分必要,否则粉磨效率显著下降,电耗急剧上升。掺加适量三乙醇胺作助磨剂,可以有效缩短粉磨时间,对提高水泥抗压强度也十分有利。

2.3.2.4 D、E、F级油井水泥

D、E、F三个级别的油井水泥为适用于中深井和探井条件下的水泥品种,三种级别的油井水泥各自又分为中抗硫酸盐型和高抗硫酸盐型油井水泥。

D、E、F级水泥都称为"缓凝水泥",适用于较深的井。通过大幅度降低水化速度快的C_3S和C_3A的含量并增大水泥粒度等方法,而达到缓凝的目的。目前由于缓凝剂开发和使用技术有了很大的发展,故此类水泥的使用量下降。

D级油井水泥在中等温度和压力下,用于3050~4880m井深,也可作为MSR和HSR类型水泥使用。

E级油井水泥在高温高压下,用于3050~4880m井深,也可作为MSR和HSR类型水泥使用。

F级油井水泥适用于更高温度和压力下,用于3050~4880m井深,也可作为MSR和HSR类型水泥。

D、E、F级油井水泥的主要技术性能要求详见表2.1和表2.2。这里特别提出的是,D、E、F级油井水泥在非API规定条件下的一些物理性能(表2.4),对生产、应用都有很好的参考价值。

表2.4 D,E,F级油井水泥物理性能要求

水泥物理性能			水泥级别		
			D	E	F
用水量(按水泥质量计)/%			38	38	38
安定性(压蒸膨胀最大值)/%			0.80	0.80	0.80
15~30min 稠度最大值/Bc			30	30	30
稠化时间 min	45℃、26.7MPa 最小值		90	—	—
	62℃、51.6MPa 最小值		100	100	100
	97℃、92.3MPa 最小值		—	154	—
	120℃、111.3MPa 最小值		—	—	190
抗压强度 MPa	77℃、20.7MPa	24h 最小值	6.9	6.9	—
	110℃、20.7MPa	8h 最小值	3.5	—	—
		24h 最小值	13.8	—	6.9
	143℃、20.7MPa	8h 最小值	—	3.5	—
		24h 最小值	—	13.8	—
	160℃、20.7MPa	8h 最小值	—	—	3.5
		24h 最小值	—	—	6.9

D、E、F级油井水泥的配制和其他级别的水泥不一样。D、E、F三个级别油井水泥适用于较高温度和压力条件下的中、深井注水泥作业。如前所述,一般的油井水泥浆体在高温高压水热条件下水化硬化时,会出现稠化时间缩短、水泥抗压强度随温度升高而衰减的现象。这主要

是由于温度和压力作用改变了水泥水化进程和水化产物的组成与形态构造所致。为了满足高温高压条件下的注水泥质量，必须根据具体的要求烧制特定矿物组成的水泥熟料，但采用这种方法生产 D、E、F 级油井水泥时，往往工艺复杂，生产控制难度大，成本高，所以世界各国都倾向于采用以 1～2 种基本油井水泥为基础，通过掺入不同的外加剂对水泥性能进行调整，以满足不同的固井作业要求。美国是采用外加剂最多的国家，仅油井水泥外加剂就达 1000 多种。根据 API 规范规定，API 标准 G 级和 H 级油井水泥为常用的基本油井水泥品种，D、E、F 级油井水泥可以通过在 G 级或 H 级水泥基础上掺入适当的缓凝剂配制而成。

2.3.2.5 API G 级和 H 级水泥

根据 API Spec10《油井水泥材料和试验规范》规定，G 级和 H 级油井水泥是两种"基本油井水泥"。所谓基本油井水泥有两层含义，其一是这种水泥在生产时除允许掺加适量石膏外，不得掺入其他任何外加剂；其二是这种基本油井水泥使用时能与多种外加剂配合，能适应较大的井深和温度变化范围。G 级和 H 级油井水泥均分为中抗硫酸盐型和高抗硫酸盐型两类，G 级、H 级油井水泥单独使用时的井深范围是自地面至 2440m 的深度。

(1) G 级和 H 级油井水泥的主要技术性能要求。

表 2.2 所列为实验室小磨配制和工厂生产的两种高抗硫酸盐型 G 级油井水泥的物理性能情况。从表 2.2 数据不难看出，两种水泥均具有较低的初始稠度，稠化时间和抗压强度也较佳，完全符合 API Spec10 的规定。

与 G 级油井水泥相比，H 级油井水泥的技术性能指标除水灰比规定为 0.38 外，其他各项指标均完全相同。

(2) 高抗硫酸盐型 G 级油井水泥的生产及性能。

①水泥生产的工艺要求。研究和生产实践表明，高抗硫酸盐型 G 级油井水泥的适宜熟料矿物组成为：C_3S 62%～67%，C_2S 14%～19%，C_3A 1%～2%，C_4AF 15%～16%、f-CaO≤0.5%。这一熟料组成具有典型的低铝率、高饱和比和低液相量特点。要保证配料方案在生产中实现，对原料、燃料有如下要求：

石灰石：CaO 53%；黏土：SiO_2≥65%，Al_2O_3≤12%；铁矿粉：Fe_2O_3≥55%。

必要时还需以砂岩作硅质校正材料，其 SiO_2≥90%；二水石膏：SiO_3≥40%。燃煤要求采用低灰分（灰分不大于 5%，若 Al_2O_3 含量低时可放宽至不大于 20%），高发热量（大于 25080kJ/kg）的品种。

要求生料化学成分均匀，细度均齐，0.08mm 方孔筛筛余在 8% 以下。

要求熟料结粒均齐，矿物形成完善，每升质量不小于 1450g/L，f-CaO 不大于 0.5%；不合格熟料应分开堆放，以免影响水泥质量。

水泥粉磨时，应降低熟料入磨粒度，采用闭路粉磨流程，以获得合理的水泥细度和颗粒级配；采用有效的磨内冷却措施，减少水泥中二水石膏的脱水，使水泥质量具有良好的稳定性。

②水泥物理性能的影响因素。在实际生产中，二水石膏掺量和水泥粉磨细度对水泥的物理性能均有较明显的影响。二水石膏对稠化时间和 8h 抗压强度均有影响，随石膏掺量增加，强度增长较快；粉磨细度增大时，水泥浆的初始稠度和 8h 抗压强度相应增加，而稠化时间缩短，故实际操作上有一个严格控制最优细度和石膏掺量的要求。

(3) 中抗硫酸盐型 H 级油井水泥的生产与性能。中抗硫酸盐型 H 级水泥是美国生产的主要油井水泥品种，这种水泥对原料、燃料的质量和生产工艺要求均较宽松，水泥比表面积仅为 270～300m²/kg，较有利于工厂组织生产和降低成本。中抗硫酸盐型 H 级水泥的主要物理性能指标见表 2.5。

表 2.5　中抗硫型 H 级水泥的物理性能

编号	比表面积 m²/kg	石膏掺量 %	游离水 mL	初始稠度 Bc	52℃,35.6MPa 下稠化时间 min	常压下,8h 抗压强度/MPa 38℃	常压下,8h 抗压强度/MPa 60℃
1	314	4	0	27	96	5.3	16.0
2	300	5	0	27	106	5.2	16.1
3	320	6	0	33	95	4.9	16.6
4	274	7	0	16	117	2.3	14.5

(4)G 级、H 级水泥的应用。G 级、H 级是目前使用最广泛的油井水泥。使用于一般油井固井,从地面到 2440m 井深。当加入促凝剂或缓凝剂时,可更广泛地适用于各种井深和温度范围。G 级和 H 级水泥作为 MSR 和 HSR 类型水泥使用。

2.3.3　油井水泥试验方法

目前,我国对油井水泥及加有外加剂的油井水泥是按照美国石油学会制定的《油井水泥试验推荐做法》(API Spec10)以及参照 API 标准制定的国家标准 GB/T 19139—2012《油井水泥试验方法》进行评价的。

测定油井水泥性能包括以下主要方面:水泥浆密度测定、水泥石抗压强度试验、水泥石非破坏性声波试验、水泥浆稠化时间试验、水泥浆静态滤失试验、水泥石渗透率试验、水泥浆的流变性能和胶凝强度、水泥浆在套管和环空内的压降和流态计算、水泥浆稳定性试验以及与井下流体的相容性试验。井下流体有地层水、前置液和钻井液等。

我国一些石油矿区还用流动度、初凝时间、终凝时间等指标衡量水泥性能。

此外,对于某些特殊井如水平井、大位移井、丛式井及抗 H_2S、CO_2 等井况,应根据井底或者环空的特殊条件自行设计一些水泥试验方法来测定水泥浆(石)的特殊性能。

2.4　油井水泥外加剂及作用原理

为了给任何井下条件提供最优性能的水泥浆,尤其对高压、高温井和具有复杂地质结构的井段进行固井施工,需要在油井水泥中加入外加剂。G 级或 H 级水泥加入各种调凝剂可适用于全部 API 条件下的使用规范,因此,加入合适的外加剂,G 级或 H 级水泥可以在任何条件下被用于注水泥作业。自 20 世纪 50 年代以来,随着石油勘探开发事业的发展,钻井技术的进步给固井提出了更高的要求。用纯水泥固井已成为过去。一代又一代的油井水泥外加剂问世,用以改善水泥浆性能,使之能适应深井或超深井、特殊井复杂地层等的固井施工,达到封隔地层、支撑套管和地层、保护油气层、延长油井寿命和提高石油采收率的目的。同时,外加剂应用水平的提高反过来也促进固井技术的发展。如今固井工程已成为石油工程、化学工程、硅酸盐科学、高分子科学、流变学等多学科互相渗透的综合学科。油井水泥外加剂可分为分散、速凝剂、缓凝剂、降失水剂、加重剂、减轻剂、防漏剂以及特殊外加剂等。前四类是常用的油井水泥外加剂。

2.4.1　分散剂(减阻剂、紊流引导剂)

2.4.1.1　分散剂的作用

分散剂通过吸附分散、湿润、润滑引气等作用,在不同程度上对水泥颗粒具有分散作用,这使得水泥浆黏度下降、流动性能增加,实现低速下紊流注水泥。

分散剂能降低水泥的水灰比(W/C)。研究表明,普通硅酸盐水泥只需0.227的水灰比即可充分水化。但为了使水泥浆在井内有良好的流动性,W/C通常为0.44～0.5。分散剂能在保持水泥浆良好流动性的同时把水灰比降低至0.4甚至0.3,这样能降低失水并且使水泥石强度提高。

分散剂改变水泥石的微观孔隙结构,使大孔隙减少,生成更多的微孔,水泥石结构更为密实。因而提高了水泥的耐久性、耐井下流体的化学腐蚀性、抗流体的渗透性。

分散剂对水泥浆的凝结时间和失水有一定影响。分散剂加量过大,水泥浆稳定性变差,并有分层现象发生。

2.4.1.2 分散剂作用机理

1. 分散剂对水泥颗粒ζ电位的影响

从胶体化学的角度来看,有两个原因使胶体粒子表面带有电荷,一是吸附作用,二是电离作用。水泥与水拌合时,C_3A是首先水化生成水化铝酸钙胶体尺寸的微粒。比表面积很大,有较高的表面能,比较容易吸附溶液中Ca^{2+}而带正电荷,并在微粒周围形成双电层。而C_3S的水化反应在Ca^{2+}穿过硅酸钙凝胶包覆层之后,留下$H_2SiO_4^{2-}$使粒子带负电荷。表2.6是摘自北京建材研究院的实验数据。在水化初期,水泥浆的ζ电位为+9.7mV(有的文献记载是+11mV)。掺入分散剂后,由于分散剂是带有多个阴离子的大分子电解质。它能强烈压缩双电层使水泥的ζ电位由正变负。当分散剂加量为0.05%时,水泥ζ电位为-15mV;当加量为1%时,ζ电位可达-34mV。而且可以看出,分散剂有一临界分散浓度(CDC),这时颗粒已分散完全,ζ电位不再随分散剂的量增加而变化。由此可见分散剂使水泥粒子表面带同种电荷而相互排斥,其结果是絮凝结构被拆散,水泥浆达到分散的作用。很显然,阴离子分散剂对C_3S含量高的水泥效果较好,它可以降低分散剂的临界分散浓度。值得注意的是,对于聚羧酸系与氨基磺酸盐的分散剂,仅用双电层理论(DLVO理论)不能确切解释其高效的分散性机理。这还要它们分子结构中含有的羧基负离子的静电斥力和主链或侧链的立体效果的共同作用。

表2.6 水泥熟料矿物ζ电位

矿物	C_3A	C_4AF	C_3S	C_2S
ζ电位/mV	24.9	20.9	-3.64	-7.69

2. 分散剂在水泥粒子表面的吸附

多数研究表明,分散剂在水泥粒子表面是多分子层吸附。里层可能是通过阴离子基团、氢键或配位键的化学吸附,外层多为物理吸附。分散剂被吸附,使得水泥与水之间的固液界面自由能降低,以及聚阴离子分散剂分子平卧于水泥颗粒表面的吸附都有利于粒子之间的滑动与分散。

水泥粒子晶格的缺陷、表面不规则造成对分散剂吸附不均匀,形成表面电荷不均匀,自由能大小不同。平面上吸附要小些,而侧面、边、角要大些。面—面结合的增加能减小水泥浆黏度和降低屈服值,减小流动阻力。实验表明,分散剂在水泥单矿物的表观吸附量有如下顺序:$C_3A>C_4AF>C_3S>C_2S$。

3. 分散剂的溶剂化层作用和引气作用

分散剂不同于普通表面活性剂,它们多数是较低分子量的聚合物,每个分子有多个极性基团。因此,它在水泥表面的吸附可能是部分极性基团朝水泥表面,而另一部分则朝溶液并通过分子间力或氢键与水分子产生缔合,形成大而厚的溶剂化层。形成的立体屏障防止颗粒之间接触,能在粒子间起到润滑作用。

分散剂能降低气—液界面张力,因此,在搅拌水泥浆时可能引入空气形成气泡,增加水泥颗粒间的滑动能力,使水泥浆分散性更好。气泡具有分散和润滑作用,但引气性也有副作用,它能影响水泥石的强度和防腐、防渗性能。

4. 长支链的空间位阻作用

高分子聚合物类减阻剂通过长侧链空间排斥作用,阻止水泥颗粒接近,使水泥颗粒分散,研究表明高分子聚合物类减阻剂的分散作用随支链长度增加而增加。

根据分散剂的作用机理,目前分散剂多为阴离子型有机化合物,这些阴离子化合物吸附在带正电的水泥颗粒上,使水泥颗粒处于分散状态,减弱水泥浆的结构性。具体分散剂种类有如下几种。

2.4.1.3 木质素类分散剂

木质素存在于木材和其他天然植物中,其基本结构是苯丙烷构成的网状天然高分子。木质素结构内含有大量活性基团,它在温度、酸度和化学试剂作用下均可能发生物理化学变化。所以至今虽然使用大型扫描电镜和紫外显微照相等先进技术作了大量的测试,但对木质素的精细结构,仍未获得完全满意的结果。

(1)木质素的结构与活性基团。木质素的苯基丙烷单元可由下面结构式表达:

$$\begin{array}{c} H_2C\underset{\gamma}{\text{———}}R_5 \\ HC\underset{\beta}{\text{———}}R_4 \\ HC\underset{\alpha}{\text{———}}R_3 \\ \text{（苯环）} \\ R_2 \quad R_1 \\ OR \end{array}$$

其中,R 可包含:H、—CH_3 或与另一单元芳香基相连接;R_1 可包含:H、—OCH_3;R_2 可包含:H、—OCH_3、—CH_3;R_3 可包含:—OH、—O—R′、—O—(苯基)、>C=O(其中 R′为烷基);R_4 可包含:—O—(苯基)、—CH_3、>C=O;R_5 可包含:—OH、—OCH_3、CHO—,R_3、R_4、R_5 还可能通过双键与其他基团相联系。

不同的植物木质素的苯基丙烷单元所含上述基团的种类和数量可能不同,根据研究,木质素大分子中连接两个结构单元的基团可能有—C—C—键、二芳香基醚键、α-芳香基醚键、α-烷基醚键、β-芳香基醚键和甲基—芳香基醚键等。其中—C—C—键、二芳香基醚键比较稳定,而 α-芳香基醚键、α-烷基醚键、β-芳香基醚键和甲基—芳香基醚键等基团在木质素大分子中数量多,化学活性大,极易断裂参与化学反应,是木质素类油田化学处理剂改性的研究对象。

研究表明,木质素结构单元上游离的酚羟基对于对位侧链上醚键的影响极大。凡具有游离酚羟基(即 R=H)的结构单元称为酚型结构单元,它能通过酚羟基的诱导效应使对位侧链的 α 碳原子活化,增强其反应能力。因此,通过化学反应能在木质素分子上析出更多的酚羟基或尽量保护已存在的游离酚羟基免于缩合作用以提高木质素反应活性。无论酚型或非酚型木质素结构单元都有较强的化学反应能力。它既能同亲核试剂如 OH^-、—SO_3H、SH^-、S^{2-} 反应,又能同亲电试剂反应如卤化反应和硝化反应,还能被氧化剂(次氯酸盐,过氧化物)氧化,而且可在各木质素大分子间缩合、交联,为人们提供了广泛的应用。

(2)制造原理。木质素类水泥外加剂的来源主要是从木材等植物中把纤维素分离后剩下的亚硫酸纸浆废液浓缩、干燥而成。以亚硫酸盐作为磺化剂,对木质素的磺化反应可在酸性、中性和碱性中进行。例如:

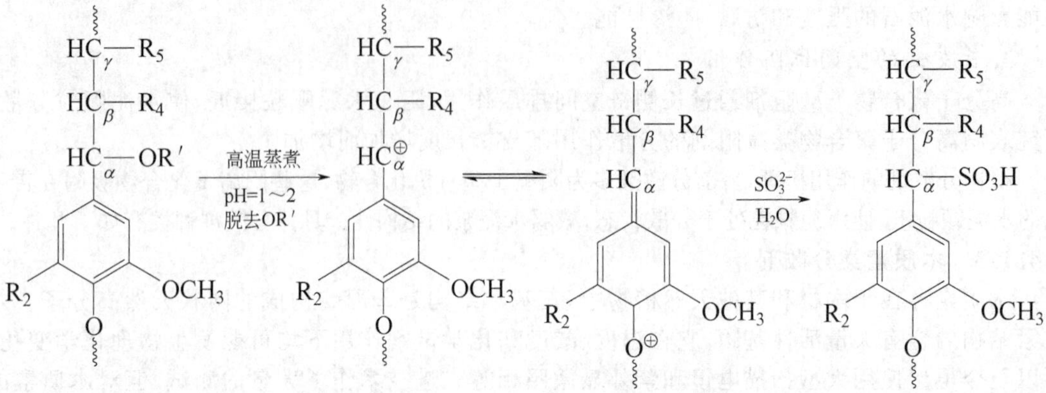

用石灰处理后就得到木质素磺酸钙(简称木钙),也可以制成木钠等油井水泥分散剂。如果木钙与重铬酸钾、硫酸亚铁在一定条件下反应则制得"铁铬木质素磺酸盐"即铁铬盐(FCLS),它可作为水泥浆分散剂和钻井液降黏剂等。木质素磺酸盐具有耐高温的特点,使用温度达180℃。它也用于耐高温压裂液中作为增稠剂。

由于木质素磺酸盐成分复杂,有效成分仅含60%左右,因而对它进行改性,以提高其化学性能。下面介绍改性产品磺烷基木质素的生产方法:亚硫酸纸浆废液经催化氧化以去掉对水泥性能影响大的多糖并脱去磺酸盐,然后分离出高纯度的木质素,利用邻、对位易烷基化的特点,用 $C_{1\sim 5}$ 的醛和酮引入邻位磺烷基。反应如下:

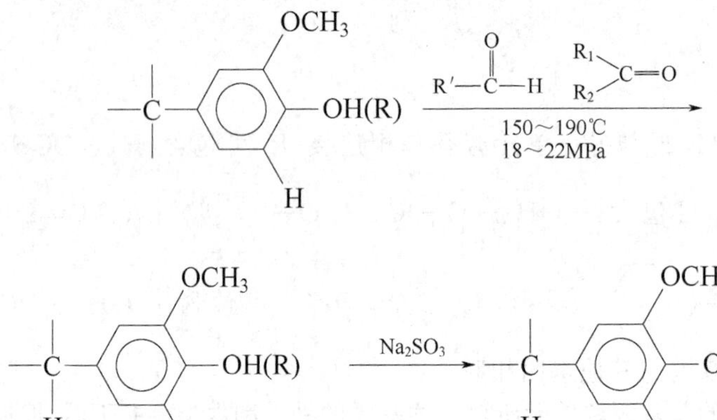

根据特劳贝定则,烷基的引入增加该剂的表面活性,获得了更高效的缓凝剂和分散剂。

木质素系列水泥分散剂在使用时有气泡产生,可加适量消泡剂。

2.4.1.4 树脂类分散剂

树脂类分散剂主要是萘系分散剂。萘系分散剂是以萘或萘的衍生物为原料经磺化后缩合而成。由于萘环的电子云分布不均匀,α位比较活泼容易发生磺化反应,在低温(60℃)时磺化主要生成α-萘磺酸,高温(165℃)则生成β-萘磺酸。这是因为β-萘磺酸比较稳定,不易脱磺基的缘故。对于萘醛缩合,为了减少位阻效应,缩合反应要求发生在没有磺基的萘核上,而且

在两个 α 位进行缩合反应。显然，磺基在 β 位比在 α 位更有利于缩合反应。

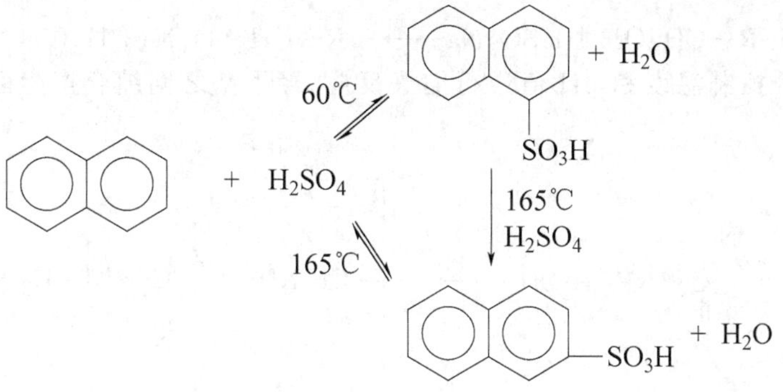

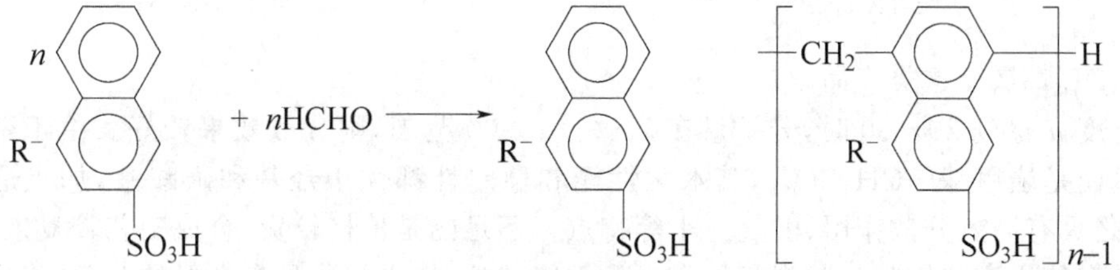

$$\text{萘} + H_2SO_4 \underset{165℃}{\overset{60℃}{\rightleftharpoons}} \text{1-萘磺酸} + H_2O$$

$$\text{1-萘磺酸} \xrightarrow[H_2SO_4]{165℃} \text{2-萘磺酸} + H_2O$$

$$n \text{(萘-R-SO}_3\text{H)} + n\text{HCHO} \longrightarrow \text{[CH}_2\text{-萘-R-SO}_3\text{H]}_{n-1} \cdots$$

(R为取代基)

磺化反应温度应适当，太高会导致二磺酸或多磺酸的生成。产品的核体数 n 是衡量产品质量的关键，一般在 7～10，最好大于 9。这样产品可使水泥浆流动化的最小水灰比可达 0.2 左右。

产品中多余硫酸可用 NaOH、CaO 及 $Ca(OH)_2$ 中和，形成的盐水溶性都好。

根据 n 值的不同就有多种商品牌号，我国生产的高效减阻剂 FDN 属此类。其他如 CFR-2、PNS 也属该类。$n<5$ 的产品分散效果稍差，还有引气性。

具有取代基 R（一般为烷基）的产品如 MF 等通常具有较大的引气性。

除了用萘及其衍生物为原料外，利用煤焦油获取的苯及衍生物、蒽、酚、吡啶、呋喃、吡咯等经磺化也可缩合成本系列分散剂。

这类分散剂的特点为：(1)减水量可达 20%，不用加重剂可把水泥浆密度提高到 2.0g/cm^3；(2)加量少（0.2%～0.4%），引气量小，耐温达 90℃ 左右，能很好地调节凝结时间，能抗钻井液的污染。

2.4.1.5 密胺树脂类分散剂

密胺树脂类分散剂是 20 世纪 60 年代末梅尔门特在原西德研制成功的最早的高效分散剂。由于它加量少，水泥石早期强度高，显著改善水泥浆的流变性能，减水量达到普通分散剂所不可能达到的程度而引起水泥界普遍重视。制造密胺树脂可分为单体合成、单体磺化和缩聚反应三阶段：

(1)单体合成。

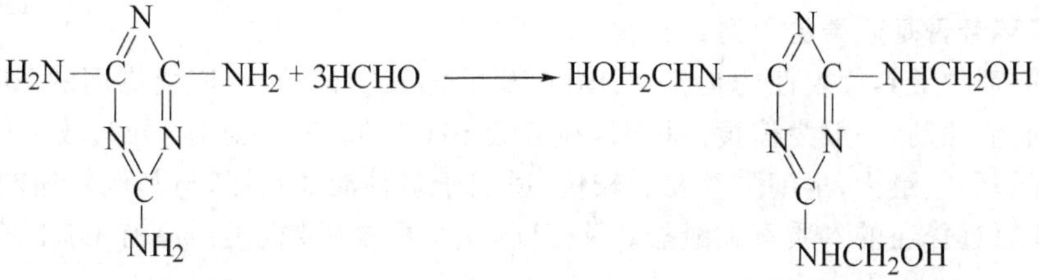

$$\text{三聚氰胺} + 3\text{HCHO} \longrightarrow \text{三羟甲基氰胺}$$

（三聚氰胺） （三羟甲基氰胺）

(2)磺化反应。用 $NaHSO_4$、Na_2SO_3 或 $Na_2S_2O_5$（焦亚硫酸钠）进行磺化反应,得到单磺酸盐：

$$—R—CH_2OH + HSO_3Na \longrightarrow —R—CH_2SO_3Na + H_2O$$

(3)缩聚反应。控制温度和 pH 值进行缩聚反应,羟甲基之间缩合产生醚键,生成密胺树脂。

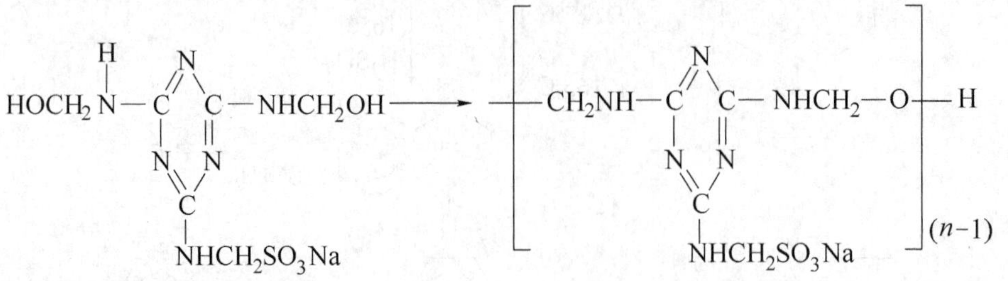

SM、DL 都属于这类产品。

聚合度 n 达到 20~30 时,分子量在 7000~10000 范围,则分散效果较好。由于密胺树脂的亲水基团是磺甲基 $—CH_2SO_3^-$,其水化性能和稳定性都优于羟基和磺酸基,加上适当的聚合度,使之具有高效分散作用、引气性小等特点。不足的是价格较贵,合成工艺较复杂。

国外在使用密胺树脂分散剂时加入少量重铬酸盐,使水泥浆具有良好的分散、降失水和缓凝性能。

2.4.1.6　酮醛树脂分散剂

SXY 型水泥分散剂为磺甲基酮醛树脂。分子结构中含 $—OH$、$—CH_3$、$—\overset{O}{\underset{\|}{C}}—$ 和 $—SO_3H$ 基团,其使用温度可达 150℃,是目前国内常用的中高温水泥分散剂。

根据对油井水泥分散剂性能的要求,作为优良的分散剂,它首先必须有良好的吸附分散性能,以保证为水泥浆提供良好的流变性能；其次是温度稳定性,即在高温下不分解并仍保持较强吸附性能和分散性能。这些均取决于分散剂的结构及其物理化学性质。上述分散剂均为阴离子型表面活性剂。分子的极性端决定了分散剂分子对水泥颗粒的亲和力,而非极性端的结构则通过诱导效应、共轭效应以及空间效应等方式对极性端的吸附、分散能力施加影响。以 FDN 为例,FDN 分子中磺酸基与萘环的共轭效应加强了磺酸基的电子作用力而提高了吸附、分散能力。

上述分散剂的温度稳定性同样取决于分子结构。随着温度升高,分散剂极性基团在水泥（水化物）颗粒表面的吸附力减弱或发生解吸、溶剂化层变薄,使颗粒间斥力减弱,从而表现出分散能力下降。这对于以上所有分散剂都是普遍存在的规律。而那些键合力强或共轭效应强的分子一般表现出较好的温度稳定性。

此外,高温下分散剂的分散能力下降,除自身结构原因外,还与水泥水化产物在高温下的转化有关。

2.4.1.7　多环芳香基磺酸盐甲醛缩合物

这类分散剂中最具代表性的是 β-萘磺酸/甲醛缩聚物,即国内广泛应用的 FDN。它是一种重要的表面活性剂,一般为棕黄色粉末,水溶液 pH 7.9。其特点是：分散效果好,对水泥浆的增密作用强；引气量少,早期强度发展较快；适用于多种油井水泥,与其他外加剂有良好的相容性；耐温性超过普通的木质素磺酸盐。除 FDN 外,国内主要同类产品有 UNF、CFRH 等。

2.4.1.8 乙烯基单体聚合物及其衍生物

乙烯基单体聚合物及其衍生物作为油井水泥分散剂,其特点是稳定性好、耐高温、不引气、减阻效果好,还特别耐盐。缺点是成本价格相对较高。例如中原油田和北京石油勘探开发科学研究院油田化学所共同研制的 DC-08,分散能力强,耐盐可达到饱和。吴安明等合成的聚苯乙烯磺酸钠(SPS),其减阻效果良好,磺化度达到一定值(约为 0.60)的 SPS 均具有强的抗盐析能力,在饱和 NaCl 溶液中不沉淀析出。侯吉瑞等研制的磺化苯乙烯—马来酸酐共聚物(SSMA)是一种性能优良的分散剂,SSMA 应用于 MTC 水泥浆(泛指由钻井液转变成的水泥浆)效果很好。

2.4.1.9 聚羧酸分散剂

聚羧酸(PCE)系列分散剂作为新一代的无污染、性能优秀而稳定的油井水泥分散剂,经过多年的不断改进,目前已有超过四代产品。聚羧酸(PCE)是一类分子链结构为梳型,由含阴离子取代基的较短的亲水主链和非离子型长支链共聚而成含羧酸基(—COOH)的高分子表面活性剂。通过改变酸醚比、聚合物的分子量及其分布密度以及长侧链的长度等对分散剂进行合理的分子设计以满足不同条件的应用。相比于国外,国内对聚羧酸(PCE)的研究和应用起步较晚,2000 年我国建筑行业才开始认识并应用 PCE,近十年来才应用于油井水泥中。而且油气井固井工程的特殊性,相对建筑行业应用条件较为苛刻,在应用过程中也存在着一系列的问题,为了更好地为石油工业服务,还需要更进一步对聚羧酸(PCE)减阻剂做深入研究,为油井水泥提供一种抗高温、抗盐、分散性好、性能稳定的油井水泥聚羧酸(PCE)减阻剂。

2.4.1.10 分散剂对水泥浆流变性能的影响

注水泥过程中,水泥浆的流动性能影响到水泥对环形空间顶替效率、环形空间的摩阻压力降以及注水泥浆所用的泵的功率。

水泥浆是非牛顿流体,黏度是剪切速率的函数。

为了表征水泥浆在管内或环空内的流动性能,通常选择幂律模式或宾汉模式来描述剪切应力与剪切速率之间的关系,也提出了用赫—巴和卡桑等模型以期更好地解决与水泥浆流变性的相似性。

水泥浆流变性能可以使用常压旋转黏度仪进行测量,当温度高于 87℃ 时必须使用高压旋转黏度仪。由于某些水泥浆易沉降或产生胶凝化,因而在测定黏度计读值时,应按转速递增次序测量的读值与递减次序读值之和除以 2。

对于幂律模式剪切应力 τ 剪切速率 $\dot{\gamma}$ 之间的关系为:

$$\tau = k\dot{\gamma}^n \text{ 或 } \lg\tau = \lg k + n\lg\dot{\gamma}$$

对于假塑型流体,水泥浆的流性指数 n 为 0~1 之间的正数,如果 n 等于 1,则水泥浆符合牛顿流体模式。$\dot{\gamma}$ 的单位为 s^{-1},τ 为 Pa,稠度系数 K 为 $Pa \cdot s^n$。流性指数 n 即是对数方程 $\lg\tau = \lg k + n\lg\gamma$ 的斜率,稠度系数则可由截距 D 导出:$K(Pa \cdot s^n) = 10^D$。

也可以采用简便的"两点"法求出 n、K 值,即对于幂律流体用直读式旋转黏度计测定:

$$n = 2.096 \times \lg\frac{\theta_{300}}{\theta_{100}}$$

$$K = \frac{0.511\theta_{300}}{511^n} Pa \cdot s^n$$

K 值反映了水泥浆的黏稠程度,n 值则反映水泥浆非牛顿流体性质的强弱。在多数情况下,水泥浆 $n<1$。当水泥浆 n 接近于 1 时,在一定剪切速率下的表观黏度趋于一个常数,则该水泥浆可视为牛顿流体。牛顿型水泥浆顶替钻井液效果较好。分散剂就能起到这样的作用。

根据流体的 n、K 值和密度 ρ 可以按下式计算它在环空管流中的雷诺数：

$$Re_{PL}=\frac{K_{Re_{PL}}\rho V^{2-n}(D_h-D_o)^n}{8^{n-1}\left[\dfrac{3n+1}{4n}\right]^n K}$$

如果 $Re_{PL} \geqslant Re_{PL2}$，则在环空中该流体处于紊流状态，其中 Re_{PL2}（临界雷诺数）$=4150\sim 1150n$，按法定计量单位计算时常数 $K_{Re_{PL}}=1$，V 为平均流速。

则流体紊流的临界平均流速 V_c 按下式计算：

$$V_c=\left\{\frac{8^{n-1}[(3n+1)/4n]^n \cdot K \cdot Re_{PL2}}{K_{Re_{PL}}\rho(D_h-D_o)^n}\right\}^{\frac{1}{2-n}}$$

式中 D_o，D_h——环空内、外径，m；

ρ——水泥浆密度，g/cm³。

可以看出，当 n 值越大，Re_{PL2} 越小。在 D_h、D_o 和 ρ 不变时，水泥浆紊流的临界平均流速 V_c 取决于 n 和 k 值。表 2.7 是一组分散剂对水泥浆 n、K 值及紊流临界流速的影响。实验数据表明，加分散剂的水泥浆达到紊流时的临界流速和排量要比不加分散剂的低得多，因而更易达到紊流顶替，以提高环空顶替效率，所以分散剂又称为紊流引导剂。

表 2.7 分散剂对水泥紊流临界流速的影响

环空		纯水泥 $n=0.30, K=9.34\text{Pa}\cdot\text{s}^n$		加1%分散剂 $n=0.67, K=0.192\text{Pa}\cdot\text{s}^n$	
套管尺寸 cm	井眼尺寸 cm	临界流速/(m/s)		临界排量/(m³/s)	
		纯水泥浆	加1%减阻剂	纯水泥浆	加1%分散剂
11.43	17.42	2.80	0.792	0.035	0.010
11.42	20.00	2.62	0.65	0.055	0.014
13.97	20.00	2.77	0.77	0.045	0.012
13.97	22.23	2.62	0.66	0.062	0.016
17.78	22.23	2.93	0.90	0.041	0.013

2.4.2 稠化时间调节剂（调凝剂）

2.4.2.1 稠化时间

稠化时间是指水泥浆稠度达到 100Bc 的时间，为可泵送的极限时间。为了保证施工安全，施工时间应小于稠化时间。

稠化时间是控制注水泥浆作业的关键。如果水泥浆尚未达到预定位置就不能泵送，则造成固井施工的重大安全事故。稠化时间也可以作为水泥候凝时间的参考数据。

稠化时间是在加压稠化仪上测定的，室内实验时，搅拌速度、升温梯度、最高温度和压力等参数要接近现场施工实际。

在稠化过程中水泥浆稠度随时间变化的曲线称为稠化曲线（彩图 2.4）。标准的稠化曲线在达到预置的温度和压力前，稠度应是基本不变，这一期间属于水泥水化诱导期。当水泥稠度出现"突跃"，在数分钟或十多分钟增至 100Bc 时，这就是所谓"直角稠化"，表示诱导期结束，加速期已经开始。

彩图 2.4 直角稠化曲线

为了准确控制施工时间,既要保证施工安全,又要尽快缩短水泥浆在环空中候凝时间,以减少水泥失水、析水或遭水侵、气侵的时间,通常要在水泥浆中加入稠化时间调节剂。

调凝剂种类很多,不可能用一种理论把它们的作用原理全部概括起来,一种调凝剂可能有一方面或几方面的作用机理。

能缩短水泥浆稠化时间的外加剂称为促凝剂,能延长稠化时间的则称为缓凝剂。

2.4.2.2 调凝剂作用原理

1. 分散剂的调凝作用

在水泥浆分散体系中,水泥粒子因重力、粒子间范德华引力、水化微粒之间的化学键力以及碰撞而聚集,这些都是水泥凝结的原因,也是胶体分散体系被破坏的原因。从这个意义上讲,水泥浆的分散性好,胶体体系则不易破坏,水化粒子之间的聚集受到阻碍,因此,凝结时间将延长。尤其是加入分散剂之后,吸附作用、带电微粒的排斥作用、溶剂化层的屏障都使凝结时间增长,因此,多数分散剂都有缓凝作用,能减缓水化速度。

2. 无机盐的调凝作用原理

(1)盐效应。在水泥浆开始搅拌时加入水泥矿物不含有的离子,如 Na^+、Cl^- 等将会分别吸引水化产物中的不同电性离子,使它们在溶液中的活度减少,溶解度增大,这会影响到水泥的水化速度和结晶速度。

C_3S 的水化过程中,在诱导期产生的水化产物 Ca^{2+} 浓度已达到 $Ca(OH)_2$ 的结晶浓度,但由于 Cl^- 的存在,则 Ca^{2+} 活度减小,C_3S 的溶解度将增加到水化产物 Ca^{2+} 浓度达到过饱和的浓度,才会出现 $Ca(OH)_2$ 晶体,于是延缓了凝结时间。

(2)同离子效应。在水泥浆中加入与水泥矿物所具有的同类离子,如 Ca^{2+}、SiO_4^{4-} 等可以促进 $Ca(OH)_2$ 晶体和硅酸钙凝胶的形成,因此,它们有促凝作用。

(3)生成复盐。复盐是指含有两种或两种以上正离子或负离子的盐,它们的溶解度往往小于相应的水化产物,因而最先结晶。例如 $C_3A \cdot 3CaSO_4 \cdot 31H_2O$ 和 $C_3A \cdot CaCl_2 \cdot 10H_2O$ 的溶度积 K_{sp} 分别是 1.1×10^{-40} 和 1.0×10^{-39},比相应的简单盐要小得多,这样促使水泥浆凝结。

3. 沉淀理论

沉淀理论认为:有机物的极性基团如羧酸根等,在水泥粒子表面生成难溶盐(通常是钙盐)或保护膜包裹未水化的水泥颗粒,由于屏蔽作用则使水分子不能接近,起延长诱导期的作用。

表2.8的数据说明有的缓凝剂的作用机理是符合沉淀理论的。不过也有一些例外,如草酸钙溶解度很低,而草酸并无缓凝作用。对这个理论,目前尚有争议。

表 2.8 部分有机酸盐的溶解度

钙盐名称	溶解度/(mmol/L)	缓凝能力
甲酸钙	127	促凝
醋酸钙	220	促凝
顺丁烯二酸钙	16	适当
丁二酸钙	8	弱
葡萄糖酸钙	8	很强
酒石酸钙	2	很强
草酸钙	0.005	没有

4. 成核、结晶理论

讨论水化反应历程时已经知道,延缓晶核理论认为:诱导期的结束、加速期的开始是以

Ca(OH)₂ 结晶,水化产物 Ca²⁺ 浓度下降为标志。成核、结晶理论认为,任何加速 Ca(OH)₂ 的成核过程和晶核发育的化合物都可以成为促凝剂,反之则是缓凝剂。可溶性钙盐如 CaCl₂ 在水化初期就有加速 Ca(OH)₂ 的成核作用,是有效的促凝剂。有机酸具有阴离子基团,它们与 Ca²⁺ 产生络合作用后,络合物吸附在正在发育的 Ca(OH)₂ 晶核上,抑制其生长,或者 Ca²⁺ 和 OH⁻ 重新形成晶核,因而诱导期明显变长。丁二酸钙有很小的溶解度,但它的酸或钠盐缓凝效果远不及酒石酸或葡萄糖酸,其原因就是它们与钙的络合物差异较大,如图 2.10 酒石酸钙络合物较稳定。

有观点认为,由于有机缓凝剂(如糖或糖酸)的吸附作用,Ca²⁺ 和 OH⁻ 生成无定形 Ca(OH)₂,阻碍了晶核的发育而延长了凝结时间。

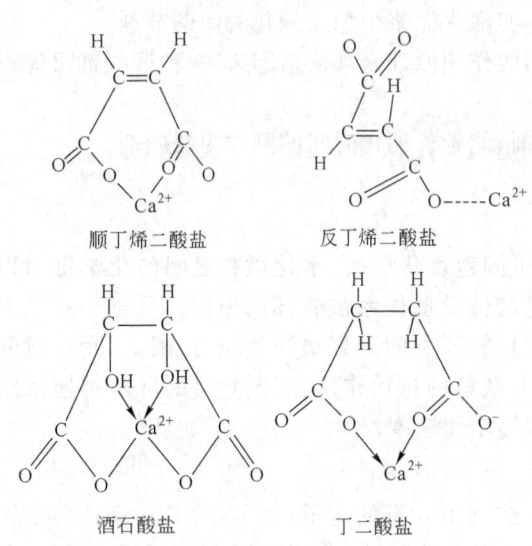

图 2.10 羧酸盐离子与钙离子的络合性能

关于 C_3A 的水化历程前面已进行了讨论:

$$2C_3A + 27H_2O \xrightarrow{\text{第一放热峰}} C_4AH_{19} + C_2AH_8 \xrightarrow{\text{第二放热峰}} 2C_3AH_6 + 15H_2O$$
$$\text{(六角水化物)} \qquad\qquad \text{(立方水化物)}$$

加入微晶粒的 C_3A 明显加快第二放热峰的到来,加入有机缓凝剂(如糖类)却延迟了第二放热峰的到来,原因可能是缓凝剂进入六角水化物的层间结构与其中的羟基通过氢键而结合。由于需要较多的氢键才能结合一个有机物分子,因而稳定了六角水化物的结构,防止它很快转化成 C_3AH_6。有资料表明,这种起稳定作用的结构已在 X 射线下发现。

2.4.2.3 促凝剂

在固井施工中遇到固浅井或深井导管、表层套管、高寒地区的固井、挤水泥、打水泥塞或加有缓凝效应的降失水剂时,常需要缩短水泥浆凝结时间而采用促凝剂。促凝剂一般是无机盐和一些低分子量的有机物。

1. 无机促凝剂

常用的无机促凝剂有 $CaCl_2$、NH_4Cl、$MgCl_2$、$Ca(NO_3)_2$、$AlCl_3$、Na_2CO_3 和 Na_2SiO_3 等,其中 $CaCl_2$ 是最常用的促凝剂和早强剂。对其促凝机理的研究也是几十年来最为活跃的课题。这些机理包括成核或促进成核,破坏 C_3S 表面低渗的包覆层以促进水化,加速水泥组分溶解速度等多方面研究。但 $CaCl_2$ 的副作用也较为明显,它与很多外加剂缺少配伍性,水化热导致"热微环隙",对水泥石渗透率及后期强度的影响以及氯离子对套管可能带来的腐蚀等,目前已不提倡使用 $CaCl_2$ 作促凝剂。

2. 有机促凝剂

甲酸钙、甲酸铵、尿素、三乙醇胺、乙二醛都属有机促凝剂。加入甲酸钙的水泥水化放热量低于加入 $CaCl_2$ 的水泥水化放热量,因而可以用它来取代氯化钙,但其价格较高。三乙醇胺不仅有促凝作用,也有早强作用,它的促凝机理是加快水化铝酸钙转变成 C_3AH_6 晶体和钙矾石的生成,它对 C_3S 和 C_2S 有一些缓凝作用。三乙醇胺对于降低某些降失水剂和分散剂给水泥带来的过分缓凝作用特别有效。

2.4.2.4 缓凝剂

1. 木质素磺酸盐及其衍生物

这类分散剂也常作缓凝剂使用,用于4000m以上井深,井底温度在150℃以内。它既可单独使用,也可以与硼酸、硼砂或密胺树脂复配使用。磺烷基木质素是高效缓凝剂,通过与酒石酸、葡萄糖酸、硼酸或它们的盐复配可望用于200℃高温,特别适用于C_3A含量低的水泥。

硝基木质素是俄罗斯广泛使用的缓凝剂。硝基木质素的制造原理就是木质素的苯基丙烷结构单元既能与亲核试剂生成木质素磺酸盐,也能与亲电试剂反应生成卤化木质素或硝化木质素,也可用木质素磺酸盐改性制得硝基木质素。

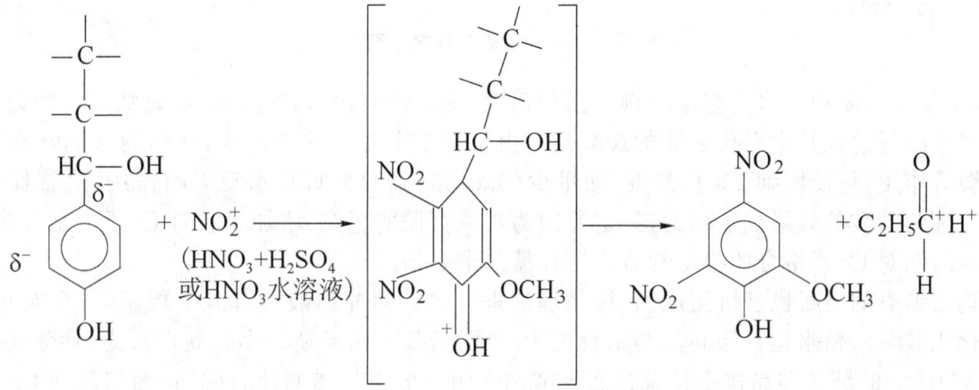

2. 磺化丹柠、磺化栲胶、丹柠酸钠

这是一大类由植物的根、茎经磺甲基化(用甲醛加亚硫酸钠进行磺甲基反应)后与碱液作用而制成的钻井液稀释剂和水泥浆的缓凝剂。磺化丹柠只能用于100℃以上高温条件,否则对水泥石强度有明显影响。

3. 纤维素衍生物

这类缓凝剂是由大量葡萄糖基构成的链状大分子,经改性制得(改性方法详见2.4.3降失水剂部分)。这也是一类常用的降失水剂。羧甲基羟乙基纤维素(CMHEC)在美国应用很广泛,适用于135℃以下,加量一般为0.05%~0.2%。若需要更大加量须用较高浓度的分散剂降黏。

羧甲基纤维素(CMC)加量不大于0.3%,较多反而有促凝增黏作用。根据聚合度不同,CMC可分为高黏CMC、中黏CMC和低黏CMC。聚合度低的CMC溶解性能好,黏度较低。例如2%的CMC水溶液的黏度,高黏为1000~2000mPa·s,中黏为500~1000mPa·s,低黏50~100mPa·s。低黏CMC代号为SY-8,是常用的油井水泥缓凝剂,具有加量少(0.05%~0.15%)而增黏不明显的特点。CMC抗盐性较差。

4. 羟基羧酸及其盐类

羟基羧酸缓凝剂的结构如图2.11所示。

(1)酒石酸及其盐。属高温有机缓凝剂,一般用于150~200℃井温,有强烈的缓凝能力,又能改善水泥浆流动性能。我国四川和新疆所完成的三口6000~7000m超深井施工,就是使用含有酒石酸的缓凝剂。酒石酸加量需要严格控制,相差万分之几就会延长一倍凝结时间,这会给施工带来困难,故多用复配产品来减少对加量的敏感性,使用这类缓凝剂必须做敏感性实验,其中酒石酸含量占0.3%~0.4%(指占水泥量)。酒石酸有析水作用,且价格昂贵,这影响到它的使用。与酒石酸类似还有乳酸、柠檬酸等羧酸。

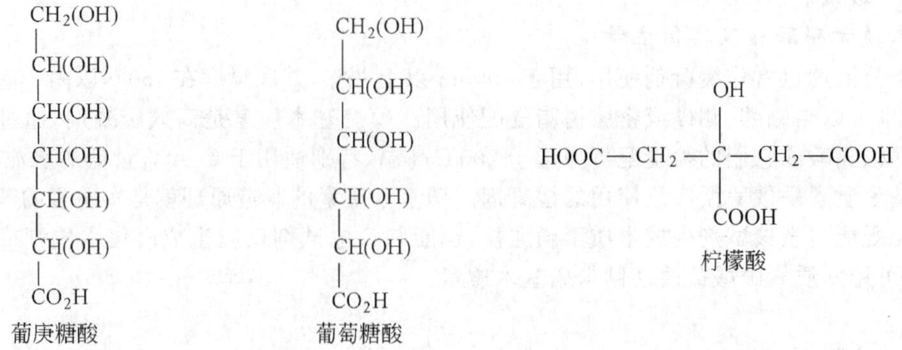

$$\begin{array}{c} CH_2(OH) \\ | \\ CH(OH) \\ | \\ CH(OH) \\ | \\ CH(OH) \\ | \\ CH(OH) \\ | \\ CO_2H \end{array}$$
葡庚糖酸

$$\begin{array}{c} CH_2(OH) \\ | \\ CH(OH) \\ | \\ CH(OH) \\ | \\ CH(OH) \\ | \\ CO_2H \end{array}$$
葡萄糖酸

$$HOOC-CH_2-\underset{\underset{COOH}{|}}{\overset{\overset{OH}{|}}{C}}-CH_2-COOH$$
柠檬酸

图 2.11 羟基羧酸缓凝剂

(2)糖类缓凝剂。这类型缓凝剂包括葡萄糖、葡萄糖酸、葡萄糖酸钠(或钙盐)等,葡萄糖酸钠或果糖酸(盐)是其中有代表性的缓凝剂。由于有多个羟基活性基团,葡萄糖酸钠具有极强烈的缓凝作用,可使用到200℃井温,加量少(0.01%～0.1%),对水泥无副作用,这就优于酒石酸。葡萄糖酸的效果优于葡萄糖,这是因为羧酸基团的存在,增加了它对Ca^{2+}的络合作用。葡萄糖酸钠对Ca^{2+}络合的稳定常数是葡萄糖的十多倍。

葡萄糖类的缓凝机理可用成核、结晶理论来阐述。葡萄糖酸具有五个羟基、一个羧基,将与水化铝酸钙六角水化物层间氢键结合更为牢固,延长了诱导期。多数观点认为,葡萄糖酸还对$Ca(OH)_2$的结晶和晶核生长有强烈的抑制作用。电镜扫描照片表明:葡萄糖酸与Ca^{2+}生成络合物,降低了Ca^{2+}浓度,推迟了晶核生成。而且生成的$Ca(OH)_2$的晶核中,八面体晶体的比例减少,而无定形$Ca(OH)_2$增多,阻碍了晶体的发育。对葡萄糖用氯乙酸与氢氧化钠进行改性,可以得到性能良好的分散缓凝作用的缓凝剂,如GA-1。

葡萄糖酸钠的制造原理如下:

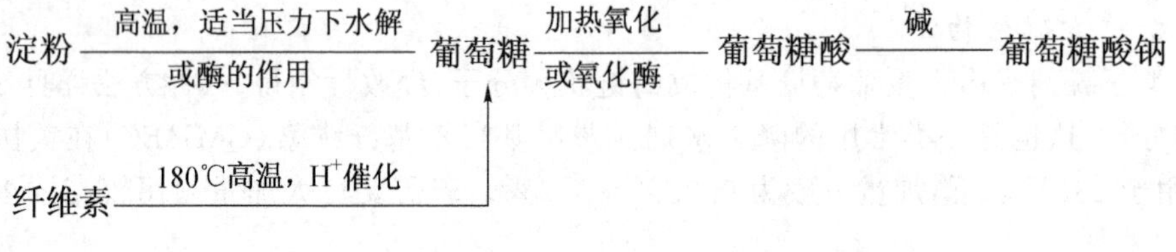

$$淀粉 \xrightarrow[\text{或酶的作用}]{\text{高温,适当压力下水解}} 葡萄糖 \xrightarrow[\text{或氧化酶}]{\text{加热氧化}} 葡萄糖酸 \xrightarrow{\text{碱}} 葡萄糖酸钠$$

$$纤维素 \xrightarrow{180℃高温,H^+催化} \uparrow$$

(3)有机膦。在研究缓凝剂作用机理时,人们希望知道有机缓凝剂究竟是哪些基团起活性作用,因为这可以指导人们选择或合成缓凝剂。有观点认为,羟基是活性基团,诸如酒石酸,葡萄糖酸都有多个羟基,然而,乙醇具有羟基却没有缓凝作用,过氧化氢(HO—OH)具有两个羟基反而促凝。后来经过多次比较试验,尤其对官能团比例和在分子中排列位置的比较,确认了羟基活性。也就是说,如果羟基的数量和排列的位置达到一个最佳点,那么,这个有机物就会很好地被水泥吸附,成为良好的缓凝剂,下面以磷酸为例说明。

磷酸具有三个羟基,有缓凝作用。磷酸盐、二聚磷酸盐、三聚磷酸盐、四聚磷酸盐都有缓凝作用。为了使磷酸成为更好的缓凝剂,国外对磷酸进行改性得到一系列有机膦缓凝剂,如烷基膦缓凝剂。我国多数油田中使用的有机多磷酸H-1高效缓凝剂结构和合成方法如下:

H-1缓凝剂(1-羟基乙叉-1,1-二磷酸)合成产品的产率达90%。产品H-1与多磷酸比较,羟基排列不同,而且引入碳链加强了对Ca^{2+}的螯合作用使缓凝效果增强。H-1使用温度在90℃以下,如果和其他高温缓凝剂复配可提高使用温度。H-1具有加量少(0.009%～0.1%)、使用性能稳定、安全性好等优点。

$$PCl_3 + 3CH_3-\underset{OH}{\underset{|}{C}}(=O) + H_2O \xrightarrow{\text{氯代反应}} 3CH_3-\overset{O}{\overset{\|}{C}}-Cl \xrightarrow{P(OH)_3} CH_3-\overset{O}{\overset{\|}{C}}-\underset{OH}{\overset{OH}{P}}=O$$

$$\underset{O\ CH_3\ OH}{\overset{OH\ OH\ O}{HO-P-C-P-OH}} \xleftarrow{\underset{\text{加热}}{H_2O}} \underset{HO\ CH_3\ OH}{\overset{O=C-CH_3}{\underset{O}{HO}\ \overset{|}{C}\ OH}} \xleftarrow{H_3PO_3, CH_3-\overset{O}{\overset{\|}{C}}-Cl}$$

5. 无机化合物

许多无机化合物可使油井水泥缓凝。此类缓凝剂常用的有以下几类：

(1) 硼酸、磷酸、氢氟酸和铬酸以及它们的盐类；

(2) 锌和铅的氧化物。

氧化锌，由于它不影响水泥浆的流变性，故有时用它作为触变水泥的缓凝剂。此缓凝剂对 C_3A—石膏体系的水化无影响。

氧化锌的缓凝机理是：氢氧化锌沉淀在水泥颗粒表面，形成一个低溶解度（$K_0 = 1.8 \times 10^{-14}$）、低渗透率的薄膜，抑制了水泥的进一步水化。当胶态的氢氧化锌 $Zn(OH)_2$ 转变成结晶态的氢氧化锌钙后，缓凝作用结束，其反应如下：

$$2Zn(OH)_2 + 2OH^- + Ca^{2+} + 2H_2O \longrightarrow CaZn_2(OH)_6 \cdot 2H_2O$$

硼酸钠也是常用的缓凝剂。体系中掺入此种缓凝剂可使大多数木质素磺酸盐的有效温度提高到315℃。但是要注意，与纤维素和聚胺类降失水剂配伍使用时，有可能使降失水效果下降。

2.4.3 降失水剂

由于泵送施工工艺的要求，水泥浆的水灰比为0.4～0.5，水在水泥浆中起分散介质的作用。注水泥施工通常要进行几小时，候凝时间则更长。在这段时间里，这些自由水动向如何是近20年来国内外固井研究中所重视的问题。水泥浆中的自由水有一部分参与水化反应，其余的则可能表现为析水、失水或存在于水泥颗粒之间。

自由水的析出会引起水环或水带，影响水泥石的封隔效果。我国规定油井水泥浆析水不得高于1.4%，通常加入一些增黏保水的物质以预防析水。

固井施工时，水泥浆在环空上返过程中，由于液柱和地层压差的作用，在流经渗透地层时将发生渗滤，导致浆体液相渗入地层，这个过程统称为"失水"。

固井作业中，由于施工条件、井下复杂情况和作业要求不同等原因，尾管和深井注水泥作业对失水量要求比较严格，一般要求API失水量不超过50mL/30min。在天然气井的注水泥施工中，失水量对于气窜发生在理论、实践以及实验中都是重要因素，因而失水量要求更加严格，而挤水泥施工考虑到滤饼对封堵裂缝的原因，失水量有一定的范围。为达到降低失水目的，通常在水泥浆设计中加入降失水剂。

2.4.3.1 水泥浆高失水的危害

(1) 对地层造成伤害。失水可以使大量 Ca^{2+} 和 OH^- 渗入地层。如果地层中含有 SO_4^{2-}、CO_3^{2-}、S^{2-} 都可能与 Ca^{2+} 产生沉淀堵塞地层。OH^- 渗入地层能使地层局部pH值升高，既可能产生乳堵，也可能使黏土分散，堵塞油气通道。近年来国外研究还认为，Ca^{2+} 还能与硅氧化物反应生成硅酸钙凝胶。这些因素都能使地层渗透率降低。随失水进入地层孔隙的水泥微粒能引起更为严重的物理堵塞。

(2)改变水泥浆的流动性。失水使水泥浆变稠,增大泵压,如果遇到高渗透层,产生大量滤失,水泥浆会出现早凝或瞬凝。这样,人们很难通过实验数据来判断井下水泥浆运动的真实情况,给固井带来严重后果。

(3)高失水是造成气窜的主要原因之一。如果气层之上有高渗透层,那么,当水泥浆高失水后滤饼将桥堵在高渗透层附近并支持上部液柱重力,致使液柱压力不能有效传递,造成气层井段水泥浆的有效压力降低。一旦该压力低于一定值,则可发生气侵,甚至发展到整个环空被气体窜通。

2.4.3.2 水泥浆失水量测定

水泥浆的失水量(滤失量)是指水泥浆在 30min 内,指定温度和压差下,通过一定面积所能滤出的自由水量。API 标准中规定在 6.9MPa 压差下,模拟地层温度通过 60 目($250\mu m$)筛网和 325 目($45\mu m$)筛网共同组成的滤失面积为 $45.2cm^2$ 筛网的滤失量。由于国内大多数高温高压水泥浆失水仪均采用面积 $22.6cm^2$ 的筛网,因此实际失水量应为仪器测量值的 2 倍。若滤失过程不足 30min,则:

$$F_{30}=2F_t\frac{5.477}{\sqrt{t}}$$

对不同的注水泥浆施工,失水量要求不一样。水泥浆 API 失水量要求如下:

(1)对于防气窜,失水量≤20mL/30min;

(2)对于固尾管、挤水泥、水平井,失水量≤50mL/30min;

(3)对于固技术套管,失水量≤100mL/30min。

纯水泥浆的失水量一般在 800~1200mL/30min。因此,它远不能满足施工要求,所以要应用降失水剂。

2.4.3.3 降失水剂类型及制造原理

良好的降失水剂应符合以下条件:(1)对水泥浆的流动性,抗压强度,凝结时间无不良影响;(2)能适应不同类型和密度的水泥浆;(3)使用方便,成本低(因降失水剂加量较大)。

1. 微粒材料

最初用作降滤失的外加剂是膨润土,膨润土以其微小的颗粒进入滤饼并嵌入水泥颗粒之间使滤饼结构致密,降低滤饼的渗透率,从而减少水泥浆的失水。例如,5%~8%的优质黏土就可以使水泥浆失水降低到 300~400mL/30min。

属于这类材料的还有沥青、$CaCO_3$ 粉末、微硅、石英粉、火山灰、飞尘、硅藻土、硫酸钡细粉、滑石粉、热塑性树脂等,均可用作降失水剂。

此外,胶乳水泥也有非常好的降滤失性能。胶乳是乳液聚合物,是由粒径 200~500μm 的微小聚合物粒子在乳液中形成的悬浮体系。大多数胶乳体系含有 50%(质量分数)左右的固相,就像膨润土那样,胶乳粒子可以在水泥滤饼的微隙中形成架桥颗粒和物理堵塞。

油井水泥最常用的胶乳是聚二氯乙烯和聚醋酸乙烯酯体系,但仅限于 50℃以下使用。苯乙烯—丁二烯及其衍生物的共聚物胶乳体系已经用于 176℃条件下固井作业。胶乳体系除具有良好的降滤失性能外,还可改善水泥石性能,增强抗震抗腐蚀能力等。其加量为 1%~5%。

2. 纤维素衍生物

纤维素衍生物产品品种较多,常用的有 HEC(羟乙基纤维素)、CMC(羧甲基纤维素)、CMHEC(羧甲基羟乙基纤维素)、硫酸纤维素、纤维素黄原酸盐以及纤维素的接枝改性产品。

纤维素来自棉花(含90%)、木材(含50%纤维素,20%～30%木质素,其余为半纤维素)、麻、稻草、麦草等。纤维素是含不同聚合度的大分子混合物,经过提纯、分离之后聚合度有很大下降。例如棉纤维和木材纤维的聚合度达10000左右,经蒸煮分离后,聚合度 n 降至 100～2000。纤维素大分子每个基本环有三个自由羟基,可以进行氧化、酯化、醚化反应,这样就改变了纤维素的性质。

纤维素作为降失水剂,聚合度 n 为 200～800,取代度(DS)在 0.5～2.5 之间,使用温度在130℃以下,加量 0.1%～0.3%。

(1)羧甲基纤维素(CMC)。用于降失水剂的CMC多采用中黏CMC,聚合度在300～600,DS=0.5～0.8范围。由于含有大量羧基,CMC有明显缓凝效应,故只能用于高温降失水剂,而且还要加入适当促凝剂如三乙醇胺、硅酸钠等,其优点是价格低廉,增黏能力强。

(2)羟乙基纤维素(HEC)。HEC属水溶性非离子型聚合物,具有耐热、耐盐、有一定的抗高价金属离子的能力、在冷水和热水中溶解性都好等特点。水溶性HEC的摩尔取代度(MS)为1.5～2.5范围,作为降滤失剂仍然用中黏HEC,即聚合度在300～800之间。HEC有一定的缓凝作用,因此,用于中低温井(40～90℃)时,需加入少量促凝剂。

(3)羧甲基羟乙基纤维素(CMHEC)。CMHEC在美国及多个国际公司用于水泥降失水剂,它具有CMC和HEC两者的特点。它和羧酸配伍有良好的抗盐和抗温性。

纤维素衍生物降失水剂由于其优良的增黏性,因而在低密度和高密度水泥浆中既能降滤失又能稳定浆体,这使得水泥配方调节更为方便。

纤维素黄原酸盐在温度60℃以上要分解,加入纤维素黄原酸量的6%～12%的柠檬酸钠,则可提高使用温度。图2.12是常用纤维素衍生物的制造原理。

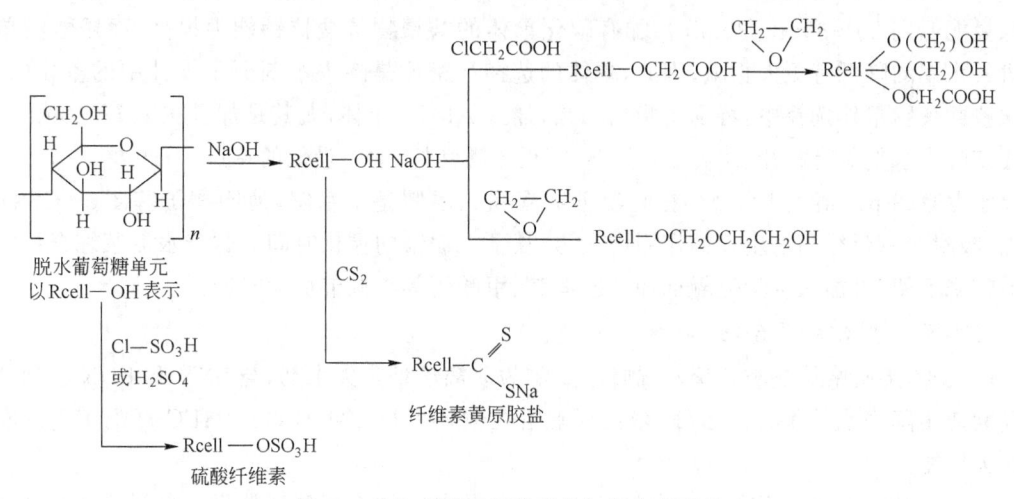

图 2.12 注水泥用纤维素外加剂合成原理

在硝酸铈离子作引发剂时,纤维素环 C_2—C_3 之间链断开,可与丙烯酰胺、丙烯酸、丙烯腈等单体进行接枝共聚,以期得到良好性能的降失水剂。

3. 丙烯酰胺类共聚物

鉴于纤维素降失水剂效率受温度和增黏性的限制,人们开始寻求人工合成降失水剂。

最早合成丙烯酰胺—丙烯酸(AM/AA)共聚物作为水泥浆降失水剂是1959年。在伽马射线的引发下,合成的这一降失水剂比它们单体各自的均聚物有更好的效果。

丙烯酰胺类共聚物作为油井水泥降失水剂是丙烯酰胺单体(AM)和一批阴离子或非离

子单体通过自由基聚合产生的二元或三元共聚物。这些阴离子单体包括丙烯酸(AA)及钠盐、马来酸酐(MA)、丙烯腈(CN)、N-甲基-N-乙烯基乙酰胺(NMCA)、N,N-二甲基丙烯酰胺(DMAM)、烯丙基磺酸、2-丙烯酰胺基-2-甲基丙磺酸(AMPS)及磺化苯乙烯等。

在合成过程中,各单体间比例和引发剂用量是最为重要的,前者决定各活性基团的百分比。磺酸根、羧酸根是阴离子基团,它们靠静电力与水泥微粒产生多点吸附作用,可以形成较厚的溶剂化层。而酰胺基对固体的吸附则很大程度上取决于氢键。因此,共聚物的组成不同,在水泥浆中链的吸附和展开程度是不同的。引发剂的用量影响到共聚物的平均分子量的大小,此外,在评价这类共聚物理化指标时,分子量分布的宽窄与降失水性能密切相关。

工业上合成这些产品的方法可分为水溶液聚合、本体聚合、悬浮聚合和乳液聚合等,以获得水剂、粉剂、胶体、乳液等各种剂型的产品。

水溶性聚合工艺简便,设备投资少,操作简单,在塑料袋(或盒)、聚合槽或反应釜中进行。单体浓度可在8%~50%之间任意调节。通常以氧化体系或氧化还原体系如过硫酸铵(钠、钾)—亚硫酸氢钠为引发剂在30~60℃范围共聚合就可得水溶液、胶体或固体共聚物。在研制这类产品的过程中,需要注意以下几点:第一,产物应达到较高的转化率,最好不用采取提纯的工艺步骤;第二,共聚物的分子量分布适当宽一些,有利于致密滤饼的形成;第三,与钻井、完井、压裂、酸化等工艺中使用的降失水剂有差异的是,油井水泥用共聚物降失水剂分子量较低,通常在20000~200000范围内,因而引发剂加量要大一些。

丙烯酰胺类共聚物有较良好的抗盐抗钙能力,水泥浆流变性好,使用温度达160℃。API失水量能低到20~30mL/30min。加有磺化单体的共聚物抗盐抗钙能力提高,而羧酸类单体则对失水率的降低有更大贡献,因此,单体的选择和配比是降失水剂分子设计中的重要内容。在这些共聚物单体选择中,特别要指出的是,加入AMPS单体,尤其是加量在15%~30%范围内会使降失水剂具有耐盐、耐高温(达180℃)、流动性好、滤失量低的特点。

水泥浆的pH值达12~13,在高温下共聚物的酰胺基团水解,使阴离子基团(—COO$^-$)增加,吸附——延缓晶核生长的作用增大,延长了水泥浆的稠化时间。这给水泥浆综合性能的调节带来不便,可加入少量促凝剂如三乙醇胺、甲酸钙等来调节稠化时间。

4. 非离子型合成聚合物

(1)聚乙烯吡咯烷酮类。聚乙烯吡咯烷酮为非离子型降失水剂,与SXY和FDN系列分散剂复配使用降失水效果好。另外,聚乙烯吡咯烷酮还可与CMHEC或HEC复配使用以改善降滤失性能。

聚乙烯吡咯烷酮与阳离子聚合物或其他共聚物复配构成新型高效降失水剂体系。其组成为:聚乙烯吡咯烷酮、马来酸酐—乙烯吡咯烷酮共聚物和聚阳离子。

近年来,国内研制的聚乙烯吡咯烷酮—乙烯基单体嵌段共聚物是一种优良的降失水剂,其质量分数不大于0.6%,滤失量小于100mL/30min。此共聚物与其他常用的外加剂配伍性好,此外,还具有良好的耐盐、耐温性能。

聚乙烯吡咯烷酮在硝酸高铈铵强氧化剂引发下与丙烯酰胺单体进行嵌段共聚,得到聚丙烯酰胺—聚乙烯吡咯烷酮—聚丙烯酰胺三嵌段共聚物:

该产品适用的高温达150℃,能抗盐,水溶性好,当加量为0.6%时,高温高压失水50~60mL/30min。

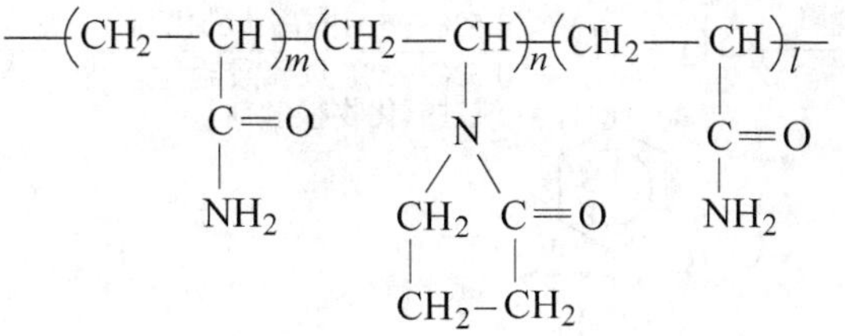

$$-(CH_2-CH)_m(CH_2-CH)_n(CH_2-CH)_l-$$
$$\quad\quad | \quad\quad\quad | \quad\quad\quad\quad |$$
$$\quad\quad C=O \quad\quad N \quad\quad\quad C=O$$
$$\quad\quad | \quad\quad / \quad \backslash \quad\quad |$$
$$\quad\quad NH_2 \quad CH_2 \quad C=O \quad NH_2$$
$$\quad\quad\quad\quad\quad \backslash \quad /$$
$$\quad\quad\quad\quad\quad CH_2-CH_2$$

(2) 聚乙烯醇(PVA)。由于乙烯醇极不稳定，聚合条件不易达到，工业上生产聚乙烯醇是由聚醋酸乙烯酯水解而来：

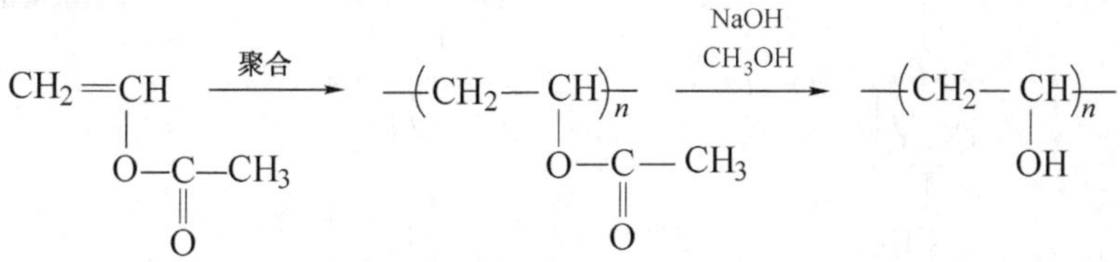

$$CH_2=CH \xrightarrow{聚合} -(CH_2-CH)_n- \xrightarrow[CH_3OH]{NaOH} -(CH_2-CH)_n-$$
$$\quad | \quad\quad\quad\quad\quad\quad | \quad\quad\quad\quad\quad\quad\quad\quad |$$
$$\quad O-C-CH_3 \quad\quad\quad O-C-CH_3 \quad\quad\quad\quad\quad OH$$
$$\quad\quad \| \quad\quad\quad\quad\quad\quad \|$$
$$\quad\quad O \quad\quad\quad\quad\quad\quad O$$

市售 PVA 醇解度主要有三种：醇解度为 78%，只溶于冷水；醇解度为 88%，水溶性好，适合用作水泥外加剂；醇解度 98%，用作维尼纶原料。作为降失水剂的 PVA 分子量在 $17\times10^4 \sim 22\times10^4$。分子量为 17×10^4、醇解度为 88% 的聚乙烯醇代号就为 1788，如此类推有 1888、2088 等。随聚合度升高，水溶液黏度上升，溶解性降低，产生膜的强度增加；随着醇解度升高，PVA 在低温下溶解度降低，而高温溶解度提高。

PVA 与硼砂、硼酸、铬酸钠、高锰酸钾、重铬酸钾、钒、锆等高价金属离子可进行交联反应。图 2.13 表明 PVA 达到某一加量才能达到 API 失水标准。

PVA 降失水剂在水泥浆瞬时失水时其成膜效应产生不渗透致密滤饼而致使失水率控制在 50mL/30min 内。作为油井水泥降失水剂，PVA 使用温度范围在 90℃以下，对水泥浆稠化时间和强度影响较小，因而是中、低温井固井的常用降失水剂。

5. 聚磺化苯乙烯降失水剂

阴离子型均聚物作为水泥降失水剂并不多见，因为它们具有缓凝效应。磺化聚苯乙烯(SPS)和磺化聚甲基苯乙烯(SPVT)均为此类降失水剂。

SPVT、PNS 和磺化苯乙烯－马来酸酐共聚物混合使用于盐水水泥浆体系效果很好。其降失水情况见图 2.14。

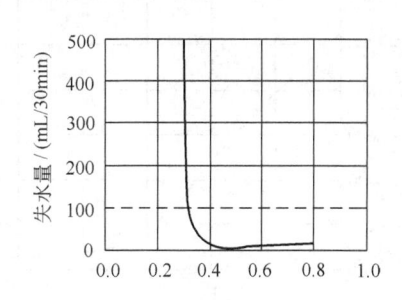

图 2.13 API 失水与 PVA 加量的关系

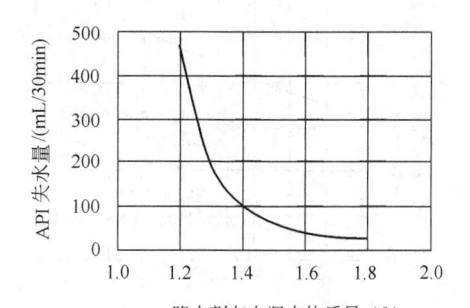

图 2.14 磺化聚乙烯芳香烃族降失水剂在饱和盐水水泥浆中的失水情况

SPVT 的乳液聚合方法：

产物中含有一定量的硫酸盐，它们具有缓凝作用，如不需要，可用离子交换树脂把它们去掉，与

$$\underset{CH_3}{\underset{|}{C_6H_4}}-CH_2-CH_3 \xrightarrow{\text{脱氢}} \underset{CH_3}{\underset{|}{C_6H_4}}-CH=CH_2 \xrightarrow[\text{0.5\%～5\% 过硫酸盐}]{\text{0.5\%～5\% 阴离子乳化剂}} \text{或过氧化物接触剂} \longrightarrow \text{（聚乙烯基甲苯）}$$

（乙烯基甲苯单体） （聚乙烯基甲苯）

$$\xrightarrow[CCl_4,H^+]{\text{磺化}} -(CH_2-CH)_n- \longrightarrow -(CH_2-CH)_n- \xrightarrow{\text{蒸发}} \text{进一步磺化处理则水溶液更好}$$

（H⁺型磺化聚乙烯基甲苯） （Na⁺型）

该产品复配的缓凝剂通常用磺酸盐或硫酸盐。类似的均聚物还有磺化聚苯乙烯,聚乙烯磺酸盐等。

这类产品可用于100℃或以上高温深井而不增黏,是20世纪80年代才发展起来的新型降失水剂。作为降失水剂分子量在4×10^4左右,磺化聚乙烯基甲苯加量0.5%～1.5%,而API失水量低于50mL/min。

6. 聚胺类降失水剂

聚乙烯胺(FLA)是聚胺类降失水剂,已在国外广泛应用。其分子量在10^5～10^6范围,大分子链结构为高度分支型的。胺基的三种形式(即伯胺、仲胺、叔胺)同时存在于大分子链中,其结构单元见图2.15。

图2.15 聚胺结构单元

聚乙烯胺必须与FDN或木质素分散剂配伍使用,以获得最佳降失水效果。其原理可能是在此两种聚合物分子间发生缔合,加强降失水能力。图2.16是该体系降失水情况。随着聚乙烯胺分子量增大,滤失量减小(图2.17)。

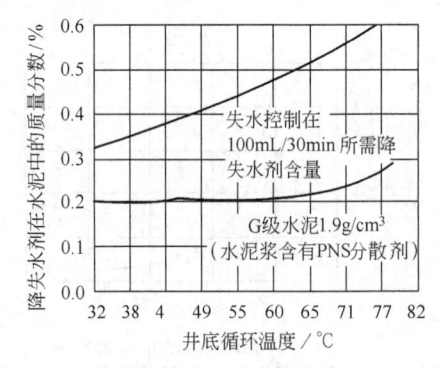

图2.16 AMPS/MMA/VA三元共聚物降失水关系曲线
AMPS/MMA/VAc:2-丙烯酰胺基-2-甲基丙磺酸/甲基丙烯酸甲酯/醋酸乙烯酯

图2.17 聚胺分子量对滤失量的影响

聚胺与Ca^{2+}、Mg^{2+}、Cl^-、SO_4^{2-}等离子配伍性很好,因此可用于海水水泥浆中。如果用于淡水,还需加入其他悬浮剂以防止水泥沉降和析水。聚胺对水泥浆稠化时间、抗压强度影响较小,流动性好,能用于较高温度。

2.4.3.4 降失水剂作用机理

(1)高聚物增加水泥浆黏度。降失水剂多是天然高聚物改性或人工合成高聚物。随它们在水泥浆中量的增加,浆液黏度增加,而降失水的作用更为明显。于是人们曾经普遍认为,水泥浆黏度对控制失水起主要作用。研究表明,黏度并不能有效地降低滤失,而且增黏会引起流动性能变差,泵压增大,排量减小,不利于紊流注水泥。在高温深井注水泥时,有可能大分子主链未断开而侧链的取代基已经断键,致使聚合物降失水作用变差。可以认为,在低温条件下,适当地增加水泥浆黏度有利于降低失水。

(2)聚合物结构与失水关系。作为降失水剂的大分子聚合物通常带有阴离子基团如—COO$^-$和—SO$_3^-$,或带有孤对电子的原子如氧、氮、硫原子。它们能通过静电吸引或氢键吸附在水泥颗粒之上,尤其在水化初期。而另一部分活性基团则能与水形成溶剂化层,从而使水分子同水泥微粒一道得以分散。一种性能优良的聚合物降失水剂大分子链上应有足够数量的强水性基团,以增加吸附水层厚度,减少结构内圈闭的自由水分子的数目,使水分子运动阻力增大,水泥浆滤失量降低。另一方面,大分子链上还应有一定量的能强烈吸附在水泥粒子表面的基团,以产生牢固的液固吸附。大分子若不在水泥颗粒上吸附或吸附不牢固,就不能参与组成水泥浆网架结构,只能对溶液起增黏作用,因而水泥浆滤失量较大。降失水剂吸附基的数量和吸附基在固体表面吸附的牢固程度是影响大分子链在水泥颗粒上的吸附稳定性的两个重要因素。大分子降失水剂在水泥颗粒表面的吸附作用包括分子间力、氢键、静电力和化学键力。由化学键力所决定的化学吸附比静电力、氢键力和分子间力更牢固。当外加剂分子中有两个以上极性基并且这些极性基有络合能力时,则该外加剂的亲固力增强。降失水剂与水泥微粒形成的网架结构是减小瞬时失水和形成致密滤饼的重要因素。

(3)降失水剂改善滤饼性能。Mckenzie认为,流体通过滤饼的流动速度主要受下列因素控制:①滤饼中水泥颗粒的形状和尺寸;②流体的黏度;③水泥颗粒和流动介质各组分所带电荷。选择适当细度的水泥,调整颗粒级配,加入带有一定量负电荷的降失水剂都能提高滤饼的致密性,增大液体通过滤饼的阻力,可以降低滤失量。滤饼的形成,是紧靠井壁或滤网的那部分水泥网架结构被压缩而失水的结果。在形成的滤饼中,小颗粒嵌在大颗粒之间的孔隙里,大小颗粒之间的缝隙又受到通过化学键牢固吸附在缝隙壁面的大分子的物理堵塞,以及大分子链上所吸附的水分子在孔隙中的液阻效应的影响,因此滤饼的渗透率很低。如果没有大分子在缝隙壁面的牢固吸附,滤饼中的水分子将不能稳定地滞留在孔隙中,在压差的作用下将连贯地通过微孔道。对加入降失水剂后立即形成的水泥滤饼的扫描电子显微镜照片观察表明,这种堵孔作用可在水泥浆凝固之前把水一直保存在水泥滤饼内,使水泥滤饼保持很低的渗透率。因而,降低滤饼的渗透率是控制滤失的重要手段。一旦形成瞬时滤饼,水泥浆的滤失性就与该滤饼的致密性有重要关系。当水泥浆中含有足够量的降失水剂时,其API失水可降至25mL/30min以下(表2.9)。

表2.9 滤饼渗透率与滤失量的关系

外加剂及其质量分数	滤饼渗透率/$10^{-3}\mu m^2$	滤液黏度/(mPa·s)	相对效率	滤失量/(mL/30min)
0	5100	1	1	1600
A—0.35%	924	2.24	0.280	450
A—0.60%	140	4.48	0.077	173
A—0.80%	6.1	3.70	0.018	45
A—1.00%	4.9	3.32	0.017	20

续表

外加剂及其质量分数	滤饼渗透率/$10^{-3}\mu m^2$	滤液黏度/(mPa·s)	相对效率	滤失量/(mL/30min)
B—0.30%	770	3.10	0.217	300
B—0.80%	5.1	4.80	0.014	26
B—1.30%	1.3	2.30	0.011	12
C—0.08%	1825	1.01	0.596	240
C—0.20%	21	1.05	0.058	43
C—0.40%	15	2.05	0.038	14

2.4.3.5 国内油井水泥降失水剂发展方向

近年来,我国在油井水泥降失水剂的研制与应用方面已经取得一定的成绩,但与国外先进水平相比,还存在一定的差距。

一种优良的降失水剂应当具有如下性能:(1)能适应较宽的温度范围;(2)具有较强的抗盐能力;(3)对水泥的强度发展影响小;(4)与其他的外加剂相容性好;(5)不伤害环境,符合环保要求。从国内外油井水泥降失水剂的研究现状可以看出,国内今后的发展方向应集中在以下几个方面:

(1)微粒材料方面主要是开发胶乳体系。胶乳体系具有很好的降滤失、防气窜、增韧等优点,国外使用较多,但在国内开发得较少,应用也很少。目前国内开发的胶乳体系存在的缺陷主要有:胶乳产品质量不稳定;配套的稳定剂、分散剂、消泡剂等开发得少;此外,胶乳加量大,成本高也限制了该产品的推广应用。

(2)天然高分子材料方面应着重对纤维素类降失水剂合理复配使用或进行化学改性。

(3)合成高分子材料具有降低滤失效率高的优点,也可通过富集、交联等手段产生"膜效应"进一步降低滤失量,通过刚性基团的引入可以获得抗盐抗高温的降滤失剂。随着一些新型的抗盐耐温单体如AMPS、VP等的国产化和规模化,新型共聚物的开发成为目前国内固井行业研发的热点。此外,对现有聚合物进行合理复配或适当改性(如对PVA进行化学交联)也是很重要的一个方向。

2.5 几种特殊水泥体系

在油井注水泥作业中,可能遇到一些油井对水泥有特殊的要求,在这种情况下设计的水泥体系含有某些特殊外加剂,形成具有特殊性能的水泥浆体系以满足现场需要,现分别介绍如下。

2.5.1 微细水泥

微细水泥是颗粒非常小的水泥,大小主要分布在$1\sim15\mu m$范围内,其比表面积通常在$500\sim1000m^2/kg$之间,因此具有较强的渗透能力和超快速凝结等特点而广泛地用于建筑和石油行业。

微细水泥既可采用延长波特兰水泥粉磨时间的方法来生产,也可通过对快硬波特兰水泥或抗硫酸盐水泥的颗粒分级或选粉来生产。目前国外油田所用的微细水泥按组分不同主要有三种类型:微细高炉矿渣水泥、微细波特兰水泥、微细高炉矿渣与微细波特兰水泥的混合物。前两种都是纯净的矿渣或波特兰水泥,具有密度低、胶凝强度发展快的优点,但也存在高温强度易衰退的不足。微细高炉矿渣水泥由于反应活性低,在低于20℃时可单独使用,也可加入一定量的NaOH等来激活。微细高炉矿渣与微细波特兰水泥的混合物则是由大部分的微细矿渣(或火山灰)与少量的微细波特兰水泥均匀混拌而成,适用于高温深井的固井作业和砾石充填层补注水泥以及油气井的堵水作业。用压汞法进行的水泥石结构测定也表明,微细水泥石大孔的数量大大减少,所以具有较高的强度和较好的抗渗能力。

由于微细水泥有其特殊的性能,在油田上的低温下注水泥、挤水泥、堵水、防砂等方面有广泛的应用。

(1)低温条件下的一次注水泥。微细水泥由于其粒径小、表面积大、需水量大,因此常用于低密度固井。尤其是在低温下使用低密度微细水泥浆封固套管柱,可以获得更高的早期抗压强度。微细水泥用于固表层套管,可以缩短候凝时间。不仅如此,微细水泥浆既能在低温下(4.4℃)达到要求的抗压强度,也能在较高温度时泵入井内,保持长时间的可泵性。微细水泥也可用作穿过冰冻地层的低密度体系,而且小颗粒水泥浆不会对地层产生伤害。渗透试验证明,渗透率达到 $3\mu m^2$ 时,微细水泥才能渗入地层。

(2)挤水泥。在挤水泥作业中,由于超细水泥粒径小,能进入普通油井水泥难以进入的区域,目前在国内外广泛用于修补性的挤水泥作业。

①消除砾石充填层出水。普通水泥无法渗入 10～20 目的砾石充填层,而超细水泥能进入 40～60 目的砾石充填层,因此能消除砾石层的出水。

②修复极小的套管泄漏。在套管泄漏时通常采用挤水泥作业修复。但普通水泥多次挤水泥也很难成功,导致油井报废,采用超细水泥进行一次性挤水泥能成功地解决问题。

③封堵水泥环中气体和水的通道,阻止气窜和水窜。

④封堵射孔炮眼,提高油气产量。

(3)堵水。除用于水基水泥浆外,还可用烃类液体携带微细水泥进行选择性堵水。该方法是将微细水泥掺入混有表面活性剂的油基水泥浆中。该体系可使微细水泥具有很高的浓度,并能延缓微细水泥与水的反应,从而渗入高渗透的微小通道和裂缝内将水堵住。这种水泥浆只有在与流动的水接触时才会凝固,因此可产生极好的堵水效果。而且,这种选择性堵水方法如与掺合金属交联剂的交联聚合物一起使用,既可达到堵水的目的,又不会出现聚合物采油中伴生的腐蚀和细菌等问题;并且这种选择性堵水方法可适用于砂岩、裂缝性石灰岩、白云岩等各种地层。

2.5.2 低密度水泥

低密度水泥是针对低压油气层或漏失井段的注水泥施工而设计的水泥体系。

低密度水泥是通过加入水或密度小、保水性好的工业废渣粉末,或两者同时加入来配制的。水泥中加入适量膨润土或硅藻土并调节加水量,能增加水泥浆黏度并使其密度降低。低密度矿渣、空心玻璃珠、陶瓷珠、膨胀珍珠岩、硬沥青(相对密度1.07)、硅酸钠、火山灰(含 SiO_2 或 $SiO_2 \cdot Al_2O_3$)、粉煤灰等都可以作为减轻剂。提高悬浮稳定性、降低滤失量、产生早期强度是低密度水泥配方设计的难点,采用对强度影响较小的 PVA 并辅之以 HEC(少量)增稠是有效的方法。

常用低密度水泥主要有三种:

(1)加入高比例混合水,并控制游离液。黏性固态无机物或高吸水材料的有机物以及轻质充填物,如粉煤灰、膨润土、硅藻土、膨胀珍珠岩、核桃壳、焦炭、硬沥青、水玻璃、油基乳化液等,通过提高水泥浆的混合水比例,增大拌浆水量并控制游离液而形成低密度水泥体系,这种方法只能使水泥浆密度降低至 $1.4g/cm^3$。

①火山灰低密度水泥。火山灰包括人造的和天然的两种,都是经过加工或未加工处理的硅质材料。天然火山灰主要是火山爆发时喷出的岩浆经冷却后的产物被磨细制作而成。其活

性成分是：含水硅酸质 $SiO_2 \cdot nH_2O$ 的非晶体矿物、氧化铝和少量碱性氧化物（Al_2O_3、Na_2O、K_2O）等。由于它们是高温岩浆经大自然急速冷却而得，因此，岩浆的化学成分和冷却速度将决定火山灰的活性。人造火山灰则是焙烧黏土、页岩和某些硅质石得到的冷却物。一般都不专门烧制，而是把煤熔烧后的副产品飞灰作为火山灰使用，并列入 API 和 ASTM 标准。水泥水化时产生氢氧化钙（熟石灰），水泥中加入的飞灰则可与氢氧化钙结合，有利于提高水泥的强度和防水性能。采用飞灰代替火山灰加入硅酸盐水泥，甚至可用高炉沸腾的矿渣急剧冷却得到的产物加入水泥而得到矿渣水泥。火山灰水泥中，火山灰加量一般为 20%～50%，并用适量石膏调凝。火山灰水泥能增加水泥石强度和防腐蚀性，而且密度低（$2.3 \sim 2.7 \text{g/cm}^3$）。

②水玻璃（液体硅酸钠）低密度水泥。水玻璃又称泡花碱。由二氧化硅含量很高的石英粉与工业纯碱按一定比例混合，置于 1350～1400℃ 熔炉中熔融后溶解于水而成的一种黏滞性溶液，呈半透明青灰色或微黄色。它由正硅酸钠（$2Na_2O \cdot SiO_2$）、偏硅酸钠（$Na_2O \cdot SiO_2$）及一硅酸钠（$Na_2O \cdot 2SiO_2$）胶态与分子状的二氧化硅和水的混合物组成。水玻璃的组成变动范围很广，其物理化学性质取决于溶液中的 SiO_2 与 Na_2O 的含量以及它们之间的比值，即模数与密度。模数就是 SiO_2 的摩尔数与 Na_2O 的摩尔数之比。水玻璃低密度水泥也是因水玻璃有良好的保水性，可以增加配制水泥浆的用水量而达到降低水泥浆密度。通常可降至 1.45g/cm^3，实际应用水泥浆密度约 1.55g/m^3。水玻璃低密度水泥浆的温度范围为 40～90℃，仅用于分级注水泥的领浆，作充填水泥。水玻璃可以直接加入混合水中，使用方便，但是成本稍高于膨润土低密度水泥浆。

(2) 泡沫水泥。泡沫水泥是指用物理方法把气体（主要是氮气）注入水泥浆或化学方法使水泥浆充气，从而产生细小、稳定、均匀的泡沫分散在水泥浆中，具有密度低、绝热性好的特点。制造泡沫水泥的方法有两种：一种方法是化学剂在水泥浆中起化学反应产生氮气，加入其他外加剂如稳泡剂等，形成一种均匀稳定的泡沫水泥，无须添加任何辅助设备，设计简单，施工方便，缺点是发气量较小，只能用于浅井固井。另一种是机械充气法。这种方法可根据需要在水泥浆中充入任意设计量的气体，并通过人工干预形成均匀细小的泡沫。所需设备庞大，工艺设计和施工都较为复杂，但发气量大，可满足深井固井需要。在泡沫水泥体系中，气体所占体积与泡沫总体积之比称为干度，它随井底压力和温度变化而改变，可根据气态方程和氮气在基浆中溶解度近似预测。干度通常低于 50%，否则会导致水泥石渗透率急剧增大。基浆的性能应该是稳定、无析水，密度可根据需要来调节。起泡剂可用阴离子表面活性剂（如烷基磺酸钠）；稳泡剂可用非离子表面活性剂，如 HEC、CMC、PVA 或胶乳等聚合物。泡沫水泥的稳定性应高于稠化时间并保证在候凝时不分层。泡沫水泥还具有导热率低、可压缩性等优点。应用泡沫水泥浆固井，其内部气体压力能补充水泥浆失重所造成的井底压力下降的问题，具有较好的抗窜性能。

(3) 微珠低密度水泥。通过加入密度小于水的中空的天然漂珠或人造空心微珠，来降低水泥浆的密度。由于起减轻作用的主要成分是空心微珠而不是水，该体系水灰比较低，低水灰比决定了它的高强和低渗透率特性，即同一密度条件下微珠低密度水泥的强度要高于其他类型的低密度水泥的强度，同时其浆体稳定性等也优于普通低密度水泥的。天然漂珠是电厂副产物，是具有一定活性的（由硅铝玻璃体组成）密闭的中空微球，粒细（$40 \sim 250 \mu m$，比水泥颗粒粒径大 3～4 倍）、质轻（颗粒密度为 0.7g/cm^3 左右，其材质密度约为 2.4g/cm^3）、壁薄（珠壳的壁厚为珠直径的 5%～30%）。漂珠的耐压性能是影响漂珠低密度水泥浆性能的重要因素，由于其中空薄壳结构，耐压能力有限，只能在地层压力较低的浅井中应用。对于深井、超深井固井，国内外研发了耐压能力更高的人造空心微珠，以满足深井对低密度水泥浆性能要求，已在各大油田深井固井中广泛应用。20 世纪 60—80 年代，美国 3M 公司最早开展了玻璃粉末法生产高性能空心玻璃微珠(HGM)的研究,形成了 HGS 系列高性能空心玻璃微珠,密度 $0.32\sim0.60\text{g/cm}^3$,粒径 $10\sim90\mu\text{m}$,承压能力可达 120MPa。近年来,国内通过各种工艺生产出高性能空心微珠,最大耐压可达 100MPa。主要缺点是比漂珠成本较高。

近年来国内研究出一种以质轻、比表面积大、较高强度有机树脂制成的减轻材料作为主要减轻剂,基于颗粒级配理论辅之以微硅、珍珠岩、硅藻土等含高活性二氧化硅的外掺料作为填充剂,并通过活性桥联剂使有机材料与无机物质之间能更完整连接进而达到高强度的低密度水泥浆体系,该树脂实心低密度水泥可解决漂珠在高压下或高速混浆搅拌过程中出现破裂或渗水而导致水泥浆密度升高,流动性变差的问题。

低密度水泥浆由于水灰比较大、外掺料较多,水泥浆存在诸多缺陷,突出表现在:水泥浆体系稳定性差,体系分层离析;水泥浆失水量难以控制;水泥浆流变性差,泵送困难;水泥石强度发展慢,强度低,水泥石渗透性高,易引起腐蚀性介质的腐蚀等,使其应用受到限制,大部分作为充填水泥用于非目的层封固。20 世纪 90 年代后期,国外将紧密堆积理论应用于固井水泥浆的设计,开发出了高强度低密度水泥浆。该体系通过活性材料的选择和颗粒级配,增加单位体积水泥浆中的固相量,提高了低密度水泥浆的悬浮稳定性、滤失控制能力和水泥石的抗压强度,使低密度水泥浆的综合性能和常规密度的水泥浆相媲美,用于目的层封固作业可获得良好的测井曲线。

2.5.3 高密度水泥

当钻遇高压地层进行固井作业时,为压稳地层、防止窜流,需采用高密度水泥浆。高密度水泥浆的制备方法主要是减少水用量和加入高比重材料。它主要由油井水泥、加重材料、水和外加剂组成。加重材料有重晶石粉、钛铁矿粉、赤铁矿粉、锰矿粉、铁粉等。外加剂有:降失水剂、防窜剂、减阻剂、调凝剂(包括促凝剂和缓凝剂)及消泡剂等;若井底温度高于 110℃,应在水泥中加入硅粉。

当水泥浆密度不高于 2.30g/cm^3 时,可采用重晶石加重,常用重晶石的密度为 4.20g/cm^3 左右,是一种经济易得的材料。对于超高密度水泥浆,一般采用粒度级配方法,通过优化组合选配 2 种或 2 种以上加重剂,以达到超高密度水泥浆体系的加重要求。超高密度水泥浆设计中常优选密度为 $4.80\sim5.20\text{g/cm}^3$ 的赤铁矿(粒径小于 $75\mu\text{m}$ 的占 97%,小于 $45\mu\text{m}$ 的占 85%)、密度为 4.80g/cm^3 的超微锰粉及密度为 $6.80\sim7.50\text{g/cm}^3$ 的铁粉等作为加重剂。适应复杂工况的外加剂体系是高密度水泥浆研究的重要方向,需要开发适应盐层的低黏度降失水剂、高效减阻剂和高温悬浮剂,提升高密度水泥浆的现场适应性。

2.5.4 膨胀水泥

普通水泥硬化时,体积微量收缩,且随井底温度降低,收缩率有所升高。这会影响水泥在套管与地层之间的密封效果,而且收缩会使水泥石结构产生微裂缝,降低水泥石结构的密实性,影响结构的抗渗、抗冻、抗腐蚀等。为了封闭环空微隙,改善水泥与地层及套管之间的黏接,加强分隔地层的能力,可使用膨胀水泥固井。膨胀水泥即在水泥浆凝固时产生轻微的体积膨胀的水泥体系。膨胀水泥的制造通常是在硅酸盐水泥中加入一些能产生膨胀的材料或膨胀剂而成,其膨胀机理如下所述。

2.5.4.1 水合硫铝酸钙结晶导致水泥膨胀

在硅酸盐水泥中加入石膏($CaSO_4 \cdot 2H_2O$)、明矾石[$KAl_3(SO_4)_3$]、无水石膏等物质与水泥熟料矿物 C_3A、C_4AF 作用生成水化硫铝酸钙(钙矾石)晶体而产生膨胀力。但是硫铝酸钙在 $70\sim100℃$ 要分解致使水泥石强度下降,故多用于中低温井。

2.5.4.2 金属氧化物膨胀剂

Al_2O_3、Fe_2O_3、MgO、CaO 等金属氧化物或它们之间的复配物在水溶液中生成 $Mg(OH)_2$、$Ca(OH)_2$,结合了水分子后晶形发生变化,体积有所增长。例如 $Mg(OH)_2$ 与 MgO 相比,前者体积为后者的 1.48 倍,Al_2O_3 和 CaO 等还可以促进钙矾石生长,产生早期膨胀,适用于 40~95℃ 井温。另外,5%至饱和的盐水拌合水泥也有膨胀作用。

膨胀水泥除具有普通油井水泥性能外,还要求 48 小时相对体积膨胀在 0.4%~3.2%。此外,水泥与套管、地层之间应具有良好的黏接力,这可以克服因水泥收缩而产生的微环隙,从而减小气窜的可能性。通常用最小破坏剪切应力来表示该项指标。

膨胀水泥的种类有钙矾石体系、针钠石体系、煅烧氧化镁体系、氧化钙复合体系、高铝水泥膨胀体系、铝粉体系等。各种膨胀水泥体系的性能不尽相同,因此,要根据不同的井况选择合适的水泥体系。

2.5.5 纤维水泥

纤维水泥在建筑行业应用已有 40 多年的历史。最早使用的纤维水泥是钢筋混凝土,随着金属加工技术的提高以及有机纤维和无机纤维加工技术的发展,使之出现不同成分、不同直径和不同长度的纤维混凝土和水泥石。在水泥中加入纤维材料,使水泥具有一定韧性是提高水泥石承受井下外力作用能力的较好方法。纤维水泥不仅改善了水泥石的微观结构,而且对水泥环的抗拉强度、抗压强度、抗冲击强度、胶结强度以及射孔时出现的裂纹现象都有所改善。纤维水泥浆体系特别适用于在深井技术套管的固井和大斜度及分支井的固井,也常用于密封质量要求严格的调整井和薄油层,以及需要酸化压裂的井眼中固井。

根据纤维水泥在井下的使用条件,纤维材料必须满足如下要求:

(1)纤维的长径比是增加纤维水泥石韧性的主要指标,长径比越大,纤维水泥石的韧性越强。此外,纤维的长径比同时还影响到水泥浆的其他性能。因此,确定纤维的合理长径比是非常必要的。

(2)水泥浆中,尺寸最大的纤维能顺利地通过浮箍、分接箍等套管下部结构,才能均匀地泵送到环形空间所设计的位置。

(3)尺寸最小的纤维所构成的水泥环,能够承受钻头、钻杆和射孔等产生的冲击力振动作用。

(4)为了增强纤维在水泥中的黏结作用,必须对其表面进行增附处理。

(5)纤维在水泥浆中的合理掺量,除了考虑(2)和(3)的要求外,还必须满足固井施工的其他性能指标。

增加水泥浆中纤维材料的含量能强化水泥石的结构,但同时使水泥浆的可泵性变坏。加入分散剂(或减阻剂)能保障增加水泥浆干纤维的含量,而不提高其结构黏度,改善水泥浆的流变性能,大幅度提高所形成水泥石的变形能力,改善胶结性能。

纤维水泥常用的外加剂有木质素磺酸盐、糖酶、羟基化合物、磺化低分子量化合物等作分散剂。木质素磺酸盐主要有亚硫酸盐纸浆废液、铁铬木质素磺酸盐;糖酶主要为 5~7 个碳原子的羟基和多聚糖;羟基化合物有木糖,强碱处理的五氮苯、菌庚糖酸盐;磺化低分子量化合物,如磺化聚苯酚、萘磺酸盐、酮醛缩合物、三聚氰胺甲醛树脂;提高悬浮稳定性的外加剂有胶乳及纤维素衍生物等材料。

2.5.6 耐高温水泥

凡井底静止温度(BHST)大于110℃固井所采用的水泥,均称为高温水泥,一般高温水泥使用范围为110～350℃,主要用于深井、超深井、蒸汽吞吐、蒸汽驱和地热井。至于火烧油层的井则可能更高,有些上万米的井及火烧油层的井,所用水泥的耐温程度应达到950℃。

当今无论探井或生产井都向深井和超深井发展,大批的深井和超深井已成为增储上产的重要来源,因此,固深井和超深井的高温水泥就显得至关重要了。在高温条件下,水泥石强度就会衰退,而且绝不会获得在较低的养护温度下所达到的强度。人们从生产和实践研究中知道水泥的强度衰退问题,通过加入硅砂来降低水泥石中的$Ca(OH)_2$和钙硅比(C/S),能有效抑制硅酸盐油井水泥在高温下的强度衰退现象。下面介绍几种抗高温水泥:

(1)J级水泥。J级水泥(API早期暂定标识)早在20世纪70年代初期就已被开发了,并用于126℃的井中固井,这种水泥有它的优越性,因为它不需要加入二氧化硅。

与波特兰水泥相似的,J级水泥也是一种硅酸盐材料,但不含有铝酸盐晶相和C_3S。其化学成分基本上是$\beta-C_2S$、$\alpha-$石英和CH。$\beta-C_2S$的水化速度相当慢,因而在循环温度低于149℃时,几乎不需要加入缓凝剂。在养护过程中,调节J级水泥的C/S摩尔比,可生成雪硅钙石和硬硅钙石(片柱钙石也常会出现)。此外,由于J级水泥中没有C_3A,其抗硫酸盐性能很好。虽然J级水泥有上述特性,但目前ISO及API已取消这类水泥体系。

(2)硅—石灰水泥体系。硅—石灰水泥体系是由粉碎的$\alpha-$石英与水化的石灰混合而成的。在温度高于94℃时,石灰与二氧化硅反应生成如雪硅钙石之类的硅酸盐水化物,两种材料按一定的化学当量比进行混合。

(3)高铝水泥。高铝水泥是把钙矾土和石灰石混合,并在反应炉中加热至熔化而制成的。由于在制造这种硅酸盐水泥时,用钙矾土代替了黏土或页岩,所以这种水泥的成分与硅酸盐水泥不同。该水泥中的铝酸钙可产生高早期强度、较强的抗高温及耐化学腐蚀性能。高铝水泥在油井固井中用于火驱采油井固井。

高铝水泥的主要成分是铝酸一钙(CA)。当在铝酸一钙中加入水时,开始将产生三种介稳态的水化物:CAH_{10}、C_2H_8和C_4AH_{13}。最后,三种水化物转化为C_3AH_6。铝酸钙水泥不同于波特兰水泥的是它不含氢氧化钙。温度低于225℃时,C_3AH_6大概是唯一稳定的铝酸钙水化物。在更高温度下,含水量开始减少。随着温度的上升,达到在275℃以上时,C_3AH_{15}将发生分解并析出CaO。温度介于550～950℃时,会发生再结晶,最后生成C和$C_{12}A_7$。

高铝水泥不能用在超高温井中维持抗压强度,可通过预先调节水灰比来控制高铝水泥的强度和耐久性。

使用硅砂、石英等材料在高铝水泥中作外掺料,使其在高温下保持适当的稳定性,不衰退,不发生异常热膨胀和晶相衰退。这一类材料还有飞灰、硅藻土和珍珠岩等。

2.5.7 防气窜水泥体系

气窜现象几乎是对所有的含气油层或气层都可能发生的现象。固井过程中引起气窜的原因是水泥浆在凝固过程中产生"失重现象"和"形成微环隙"。当气层压力不小于浆柱孔隙压力与孔隙阻力之和,气窜就开始发生。防气窜水泥是通过增加水泥浆柱孔隙压力和孔隙阻力,或减少可能产生气窜的时间(称为"过渡时间")来防止气窜发生。

2.5.7.1 加入阻气剂

阻气剂是指在$Ca(OH)_2$碱性介质中能产生气体的物质。铝、铁、锌和镁粉能在强碱性条件下产生氢气,通常是用铝粉。

$$2Al+Ca(OH)_2+2H_2O \longrightarrow Ca(AlO_2)_2+3H_2\uparrow$$

氢气均匀地分布在水泥浆中并在膨胀过程中产生一个附加压力,以便使包括附加压力在内的浆柱孔隙压力与孔隙阻力之和大于地层压力而防止气窜。使用这种水泥的关键在于确定附加压力的大小和气侵发生的时间,才能控制铝粉的加量和反应时间。在制作阻气剂时,使金属粉表面生成保护层(如氧化层或树脂钝化层),保护层的厚度则要根据需要产生氢气的时间来确定,并用适当的初始稠度(15~20BC)来保证气泡能均匀地分布在水泥浆中。国内外多年来用上述方法进行气井施工,有较高的成功率。

2.5.7.2 不渗透水泥

在低温下最简便的是用聚合物增加水泥凝胶孔隙水黏度以限制气体活动。但增稠的水泥浆难以泵注。不渗透水泥是通过增大孔隙阻力来防止气窜。具体方法是水泥浆中加入高分子胶乳为主要成分的气流阻止剂。当气流进入水泥浆时,发生化学反应产生一层不渗透薄膜而阻止气流进入水泥浆。也可以在水泥浆中加入桥堵剂和高分子化合物(如聚乙烯醇类),以桥堵剂堵塞微孔隙,高分子则加固桥堵剂的作用并预防失水或析水,甚至可成膜以封堵孔隙。

不渗透水泥的应用要特别注意水泥浆析水、失水和水泥石导气性能的控制。

2.5.7.3 触变水泥

通过加入交联大分子,膨润土或其他无机材料使水泥浆停止流动后胶凝强度增长很快,增加了气侵阻力,尤其是增大了大气泡运移的阻力,缩短了气侵容易发生的时间。触变水泥也常用于处理井漏。

触变性水泥有以下主要特点:

(1)水泥浆初期的胶凝强度主要是由于浆体结构的形成,而不是凝固引起。胶凝强度具有可逆的性质,即静止变稠、开泵循环变稀的特点。

(2)触变水泥的过渡时间比一般水泥少一半以上。

常用的触变剂采用二氧化锆及纤维素交联合成,或由钛化合物与纤维素交联而成。触变水泥的应用注意解决滤失问题。注水泥施工结束后,采用环空憋压,可提高触变水泥防气窜的成功率。

2.5.7.4 直角稠化水泥

直角稠化水泥(RAS)能使水泥浆在较长时间内保持液体特性,即低于20Bc的稠度,在环空中不失重,从而减少液柱压力的下降,防止气侵。当水泥水化反应开始加速,水泥浆稠度从20Bc至100Bc只需几十秒到数分钟,迅速凝固的水泥可防止气侵。通常,只有在高温条件下才能使水泥浆达到这样的性能。

前面提到的膨胀水泥和泡沫水泥在一定条件下也具备防气窜功能。

应该指出的是,上述各类防气窜水泥都有一定的适用范围。应该根据井况酌情应用。某些工艺技术有助于防止气窜,如清洗钻井液滤饼、调节前置液的性能和密度、环空加压、使用环空封隔器、减小水泥返高及分级注水泥等工艺技术。调节水泥浆性能趋于直角稠化,滤失量较低,接近零的析水对于气井、含气井、斜井和开窗侧钻的油气井都是必要的。研究表明,即使发生气窜,气体运移也是以一定的速度进行,因此,水泥从初凝到终凝甚至到产生抗压强度成为渗透率极低的水泥石这一期间(可能有2~12h)都应尽可能短,使气体不会在多层之间窜流。对于长封井段固井,上部水泥石的强度发展也应引起人们足够重视。

2.5.8 抗盐水泥浆体系

盐膏层是盐岩地层和膏盐地层的统称,广义上还包含盐水层。盐膏层是石油天然气钻井过程中经常钻遇的地层,由其引起的井下复杂情况或由它诱发的其他各种井下恶性事故,对钻井、完井工程危害性极大,一直是国内外石油工程界特别关注的问题。由于盐岩的高度水溶性和可塑性所致,水泥浆溶解大量的盐后,失水、流变、稠化、强度等性能会发生很大的变化,给固井施工带来很大的风险,甚至发生严重事故。而塑性盐层也可能在水泥浆凝固之前侵蚀套管,不规则的地层运动会导致套管破坏和变形。

盐是一种强电解质,在不同浓度和温度条件下将使水泥浆产生分散、促凝、缓凝等不同效应,水泥浆滤失量增大,稠化时间不易调整,水泥石强度发展受到影响,对水泥浆的流变性、稠化时间、抗压强度以及水泥石的膨胀性能都有影响。用于盐膏层固井的水泥浆体系主要有两种,低含盐水泥浆体系与高含盐水泥浆体系。

含有0%~15%NaCl的水泥浆,称为低含盐水泥浆。使用低含盐水泥浆有很多好处:稠化时间易于调节,失水容易控制,早期强度发展迅速。但其存在冲蚀盐膏层;由于盐的溶解,泵送水泥浆和它凝固期间含盐量会增加,水泥浆性能将发生变化;低含盐水泥浆溶解井壁盐层,可能会造成水泥和盐层之间出现微环隙,使水泥与地层间胶结较差等缺点。

含有15%以上NaCl(也有指18%以上NaCl)的水泥浆,包括饱和盐水水泥浆和过饱和盐水水泥浆,称为高含盐水泥浆。

盐膏层钻井一般用饱和盐水钻井液,固井时使用饱和或近饱和盐水水泥浆容易与所使用的钻井液相协调。这种水泥浆的主要优点是较好地控制了盐膏的溶解,使水泥与地层更好胶结。但高含盐情况下,许多外加剂的功能明显降低,从而导致外加剂用量增加、成本升高或水泥浆性能变差;水泥浆的流变性能难以调节到最佳状态;失水难以控制;水泥浆的稠化时间难以调节;使水泥浆的凝固时间大大推迟,强度发展缓慢等。若高含盐水泥浆与某些地层不相容,如碱性硅石反应,生成可膨胀的碱性硅酸盐,从而破坏地层甚至水泥本身。此外,高含盐水泥石接触含盐量较小的地层水时,水泥石中会出现很高的渗透压力,导致水泥石强度显著降低。

因此,饱和盐水水泥浆已很少使用,越来越多采用半饱和盐浓度以下的水泥浆来固盐膏层。

2.5.9 自修复水泥

油气井在测试投产后,必然要经历各种起下钻、震动、试井、测试和压裂投产作用,使套管和水泥环受到温度、压力等因素大幅度变化的影响,套管的膨胀和收缩会导致整个井眼的应力变化,不可避免地对固井水泥的封隔性能产生破坏,即在胶结界面产生微间隙和微裂缝,从而形成井下地层流体(特别是天然气)的窜流通道,造成层间封隔失效。常规的补救措施,如补注水泥、挤水泥或二次固井等耗费大量资金,但成功率有限。

针对这一难题,国内外的研究人员提出了一种水泥基材料微裂缝自修复技术(Self Healing Cements,SHC)。该技术是指水泥基材料在遭到破坏而产生裂缝后,在外部或内部条件的作用下,释放或生成新的物质自行封闭、愈合其微裂缝。SHC技术可从根本上解决环空水泥环微裂隙问题。研究与利用水泥基材料裂缝自修复的机制,研制各种具有自诊断、自修复性能的智能水泥基材料,对提高水泥基材料的耐久性和可靠性意义重大,能够给固井行业带来一系列新技术和新工艺。西南石油大学与胜利钻井研究院共同设计的环空自修复水泥浆体系,当水泥环出现微裂缝、地层水或油气渗入时,水泥浆体中添加的自修复剂会自动激活,通过膨胀封堵、二次沉淀结晶、聚合物桥联等方式使微裂缝有效自修复。该水泥浆体系已经在胜利油田多口井施工成功。

2.5.10 耐腐蚀水泥

耐腐蚀水泥是指耐含有H_2S、CO_2等酸性气体及Cl^-、SO_4^{2-}、HCO_3^-等离子地层水腐蚀的特种水泥体系。由于上述腐蚀介质对油(气)井水泥环及套管的腐蚀损坏,使产层油气水窜严重,影响油气井的生产寿命。腐蚀介质对水泥环的腐蚀作用可分为溶蚀、离子交换、结晶膨胀等三种类型。不同的腐蚀介质对水泥石腐蚀反应机理不同，CO_2的腐蚀作用主要为H_2CO_3渗入水泥石中与$Ca(OH)_2$、水化硅酸钙（CSH）、钙矾石（ettringite，AFt）等主要水化产物间发生化学作用生成$CaCO_3$，导致水泥石的微观结构发生变化，进而破坏油井水泥石的抗压强度和渗透率。由于不同温度下油井水泥的水化产物及微观结构不同，因此，CO_2对水泥环的腐蚀作用与温度密切相关。由于水泥中的主要矿物和所有水化产物都呈碱性，所以H_2S能够破坏水泥以及水泥石中的所有碱性物质。如果H_2S与水泥石水化产物反应，将形成FeS、CaS等产物，当H_2S浓度高时则反应生成$Ca(HS)_2$，同时也形成Al_2S_3这类没有胶结性的产物。当介质中的硫酸盐和水泥石中的$Ca(OH)_2$、C_3A、CSH等反应时，生成石膏或钙矾石等结晶并随着反应过程的进行结晶逐渐在水泥石孔隙中长大、膨胀，致使水泥石结构破坏，此外，硫酸盐还可分解水化硅酸盐破坏水泥固相结构。当介质中存在$MgSO_4$时，则会出现镁盐和硫酸盐的双重侵蚀。腐蚀行为以哪种为主，取决于水泥的组成、水泥石的微观结构及腐蚀介质的性质。一般情况下此三种腐蚀作用同时并存。防止水泥石侵蚀的途径主要从调整水泥熟料的组成、降低水泥石中$Ca(OH)_2$含量和提高水泥石致密性等三方面着手，目前常用的耐腐蚀水泥有胶乳、矿渣、粉煤灰、微硅及磷酸盐水泥等。在CCUS（carbon capture，utilization and storage，碳捕获、利用与封存）国家级示范工程固井中也有水性环氧树脂防腐水泥的应用报道。

2.6 前置液

2.6.1 概述

绝大多数钻井液与水泥浆都是不相容的。在固井施工中，如果水泥浆与钻井液直接接触，钻井液将发生水泥侵，水泥浆也会受到钻井液污染而产生黏稠的团块状絮凝物质，影响水泥浆的性能，进而影响固井质量。

水泥浆水化过程中产生$Ca(OH)_2$，其溶解于水中，离解出钙离子。按照离子交换吸附的原理，二价钙离子将置换吸附在黏土表面上的一价钠离子，使钠质黏土转换为钙质黏土。二价钙离子黏土表面的吸附力大于一价钠离子，即不容易解离，因此使ζ电位减小，黏土颗粒间斥力减少，聚结—分散平衡向着聚结的方向变化，使黏土颗粒变粗，黏度、切力增加，网状结构加强。同时，钠膨润土转变为钙膨润土后，黏土颗粒的水化程度降低，水化膜变薄，使颗粒容易聚结合并，而形成黏稠团块的絮凝物质。

另一方面，水泥浆受钻井液污染后，流动性能变差，黏度和动切力上升，会使注水泥泵压升高，甚至发生井漏，影响固井作业的正常施工，或使水泥浆顶替不到预定位置。水泥浆受钻井液污染后，凝固后的水泥石抗压强度和界面胶结强度都将大幅度降低。污染后形成的黏稠物质，将吸附在套管和井壁上，不容易顶替干净。特别在套管偏心时的窄隙里将形成滞留区，严重影响环空顶替效率。

由于钻井液与水泥浆相互接触，污染将危及固井施工安全，影响固井质量。因此，在水泥浆前面通常要注入一段或几段与钻井液及水泥浆均相容的特殊配制的液体，这些液体称为注水泥前置液（简称前置液）。这样，在注水泥过程中，实际顶替钻井液的是前置液。显然，如果水泥浆的流变性能能调节到满足紊流或塞流的要求则更好。但由于调整水泥浆的流变性能时，往往对水泥浆的其他性能有影响，所以在很多情况下水泥浆的流变性能不能调整到要求值（尤其是紊流要求）。因此，现场上实际使用的常常是前置液紊流或塞流的注水泥顶替技术。

2.6.2 前置液的分类与性能

2.6.2.1 前置液的分类

根据油气井的特点和注水泥施工要求,可把前置液分为冲洗液和隔离液两类。

2.6.2.2 冲洗液特点

冲洗液功能上侧重于稀释钻井液,冲洗井壁和套管壁,提高对钻井液的顶替效率和水泥环界面胶结质量。冲洗液具有较低的基浆密度、很低的黏度,能明显降低钻井液的黏度与切力,具有一定的悬浮能力。

用清水作冲洗液具有良好的冲洗效率,易于紊流施工。但是清水的滤失性及其对地层的伤害较大,因此人们在冲洗液中加入一定量的分散剂,如 FDN、SXY、丹柠以及其他活性剂如渗透剂等,以便更好地分散泥浆滤饼。通常也可加入 NaCl、KCl、NH_4Cl,或用地层盐水配制冲洗液以抑制水敏现象。适当加入固体粉末或盐可以提高冲洗液密度,并能提高冲洗液效率和降低滤失。对于油基钻井液,还须考虑冲洗液对两界面形成水润湿,以利于水泥浆的界面胶结。

2.6.2.3 隔离液性能特点

隔离液的作用侧重于隔离开钻井液和水泥浆,防止其相互接触污染;同时还应有悬浮固相颗粒、防止井塌、抑制井漏等多方面作用。隔离液在顶替中,有紊流顶替和塞流顶替两种方式,不同方式要求隔离液有不同的性能。

隔离液应有一定的黏度、较大的切力和一定的控制失水能力。隔离液的密度在较大的范围内可以调节,一般要求介于钻井液和水泥浆之间。对隔离液,特别是加重隔离液,要求有悬浮加重剂和固相颗粒的能力,这不仅有利于固井施工的安全,而且有利于隔离液的配制存放。

在隔离液中,需加入一些添加剂来调整其性能以达到施工要求。隔离液用添加剂主要有以下几类:

(1)用来悬浮加重材料和控制隔离液流变性的增黏剂,如聚丙烯酰胺、瓜尔胶、多糖类以及纤维素等天然高分子材料。此外,膨润土、高岭石、海泡石等无机黏土也常用作隔离液增黏剂。

(2)用来提高隔离液与水基钻井液和水泥浆之间相容性,并对加重材料起分散作用的分散剂,如聚烷基磺酸脂等。

(3)用来控制隔离液失水的降失水剂,如瓜尔胶、纤维素、聚乙烯亚胺以及聚苯乙烯磺酸脂等。

(4)用来提高隔离液密度以达设计要求的加重剂,如硅粉、飞灰、重晶石、碳酸钙等。

此外,还可在隔离液中加入 NaCl、KCl 等来防止井下盐层溶解或保护水敏性页岩。

2.6.3 试验方法

2.6.3.1 流变性设计

冲洗液一般按紊流顶替设计,而黏性隔离液一般按塞流顶替设计。

2.6.3.2 相容性试验

所谓相容性是指前置液与水泥浆(或钻井液)以不同比例接触混合,形成均质稳定的混合物,而不会因为化学反应产生与设计要求相违逆的性能变化的性质。API 标准污染实验长期以来是固井现场作业中遵循的主要井下流体相容性评价标准,主要包括了流变性相容实验和污染稠化实验两部分。API 标准污染实验其主要特点是认为前置液(隔离液)在注水泥过程中能够有效分隔钻井液与水泥浆,因此认为井下只存在钻井液与前置液、前置液与水泥浆的两相流体污染,所以实验内容也就主要是考察两相流体污染。

(1)流变性相容试验。将前置液以不同比例与钻井液、水泥浆混合。若混合物的表观黏度明显降低或不变,则表明流变相容性好;若混合物的表观黏度明显升高,则表明相容性差,升高值越大,相容性越差。

(2)稠化时间相容试验。先将前置液与水泥浆按体积比 5/95、25/75、50/50 混合。然后将水泥原浆及混合样品按 API Spec10 进行稠化时间试验,并对稠化时间进行对比。一般而言,混合物的稠化时间应大于水泥原浆的稠化时间。

(3)对抗压强度影响试验。将前置液与水泥浆按体积比 5/95、25/75、50/50 混合来测其抗压强度,并与水泥原浆进行对比。

(4)对失水量影响试验。按 API Spec10 附录下,对前置液与水泥浆的混合物及水泥原浆进行失水量试验。

2.6.3.3 顶替冲洗效率实验

冲洗干净井壁与套管黏附的滤饼和钻井液是前置液重要的功能之一。只有冲洗干净滤饼套管壁残留的钻井液,固井才会有一个良好的胶结质量。目前前置液冲洗效率评价方法主要包括:利用旋转黏度计转子模拟井壁法、利用滤纸模拟井壁法、利用岩心(或筛管)模拟井壁法等。

(1)旋转黏度计转子模拟井壁法。

旋转黏度计转子模拟井壁法由于操作简便、对比性强,因此在冲洗效率评价实验中被广泛应用。旋转黏度计的测量原理中给出转速与壁面剪切速率之间的关系,当转速为 200r/min 时,壁面剪切速率为 $340s^{-1}$,与井下壁面剪切速率相接近,这也是采用旋转黏度计评价冲洗效果的理论依据。该方法可以评价冲洗液对井壁岩石和套管壁表面附着的钻井液的冲洗效果,但是该方法与井下实际情况存在着一定的差异,冲洗效率评价不能很好地模拟现场工况,但可以作为参考。

旋转黏度计法冲洗效率评价步骤:

①先称冲洗外筒质量(W_1),再把冲洗外筒浸泡在钻井液中一定时间后,取出称其质量(W_2);

②把旋转黏度计上的外筒缓慢上推并悬挂,然后将外筒置于冲洗液中,用 200r/min 的转速进行实验,冲洗一定时间。

③将冲洗一段时间后黏有钻井液的外筒卸下后称其质量(W_3)

④计算冲洗一定时间的冲洗效率 $\eta=[(W_2-W_3)/(W_2-W_1)]\times100\%$

(2)利用滤纸模拟井壁法。

利用滤纸模拟井壁法能够较好地模拟滤饼的状态,但其旋转方式不能模拟冲洗液对井壁的剪切冲洗作用,因此也只能作为参考。

(3)利用岩心(或筛管)模拟井壁法。

利用岩心(或筛管)模拟井壁法能够较好地模拟井壁的状态,其实验结果与井下工况吻合性最好。其不足是实验所使用的模拟砂岩以及滤饼的压实程度存在一定差异,实验的重复性相对较差,且实验装置相对复杂、实验过程相对烦琐,不能快速完成对冲洗液的评价。

习 题

1.简述油井水泥熟料矿物的组成、结构、性质特点。
2.水泥水化历程及各个阶段的特点是什么?
3.油井水泥中掺入石膏的目的是什么?
4.简述分散剂的作用机理及种类。
5.简述缓凝剂的种类、结构特点和作用原理。
6.简述降失水剂的种类、结构特点和作用机理。

第 3 章 压 裂 液

油层水力压裂,简称为油层压裂或压裂,是 20 世纪 40 年代发展起来的一项改造油层渗流特性的工艺技术,是油气井增产、注水井增注的一项重要工艺措施。它是利用地面高压泵组,将高黏液体以大大超过地层吸收能力的排量注入井中,随即在井底附近形成高压。此压力超过井底附近地层应力及岩石的抗张强度后,在地层中形成裂缝。继续将带有支撑剂的液体注入缝中,使缝向前延伸,并填入支撑剂。这样在停泵后即可形成一条足够长、具有一定高度和宽度的填砂裂缝,从而改善油气层的导流能力,达到油气增产的目的(图 3.1、视频 3.1)。

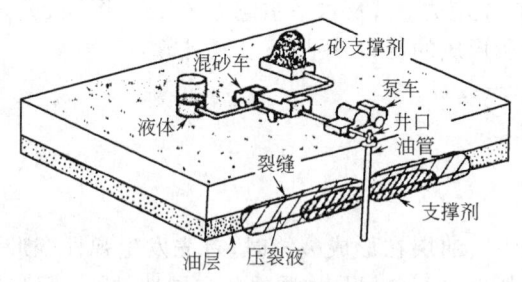

图 3.1 压裂过程示意图

视频 3.1 油层水力压裂的概念

在提高油气产量和可采储量方面,水力压裂起着重要的作用。1947 年出现的压裂技术已成为标准的开采工艺,到 20 世纪 50—70 年代,水力压裂主要作为单井的增产、增注措施。80 年代后,水力压裂逐渐成为生产井增产改造和低渗透油田开发方案的主导因素。到 90 年代中期,世界上每年压裂作业井次已超过 125×10^4 井次,大约近代完钻井数的 35%～40%进行了水力压裂。美国石油储量的 25%～30%是通过压裂达到经济开采条件的,其开发井的 36%～40%需要压裂投产。在北美通过压裂增加 $130 \times 10^8 \mathrm{m}^3$ 石油储量,借力压裂增产技术,美国成功开采页岩气,实现页岩气"革命"。在我国,水力压裂已成为石油勘探开发中不可缺少的一项配套技术、开发方式和增产手段。近 10 年来,通过压裂增产技术我国年增油量约为 $595 \times 10^4 \mathrm{t}$,2011 年压裂施工作业总量在 4×10^4 井层左右。目前我国压裂施工作业总量和规模以年均 20%以上的速度增长,大型和超深层施工作业量以年均 15%的速度增长。

3.1 油层造缝机理

3.1.1 油层压裂原理

利用液体传压的原理,在地面采用高压泵组(压裂车)及辅助设备,以大大高于地层吸收能力的注入速度(排量),向油层注入具有一定黏度的液体(统称压裂液),使井筒内压力逐渐增高(图 3.2)。当压力增高到大于油层破裂压力时,油层就会形成对称于井眼的裂缝。油层形成裂缝后,随着液体的不断注入,裂缝也会不断地延伸与扩展,直到液体注入的速度与油层吸入的速度相等时,裂缝才会停止延伸和扩展。此时如果地面高压泵组停止泵入液体,由于外来压力的消失,又会使裂缝重新闭合。

为了保持裂缝处于张开位置和获得高的导流能力,在注入压裂液时携带一定粒径的高强度支撑材料,铺垫在裂缝中,从而形成一条或几条高导流能力的通道,增大了排油面积,降低了流体流动阻力,使油井获得增产的效果。

3.1.2 裂缝形成

3.1.2.1 地层应力及分布

在地层中造缝,形成裂缝的条件与地应力及其分布,岩石的力学性质,压裂液的性质及注入方式等密切相关。

一般情况下,地下岩石由于埋藏在地下深处,所以承受着很厚的上覆岩层的重力,而且又受到邻近岩石的挤压,地层中的岩石处于压应力状态,作用在地下岩石某单元体上的应力为垂向主应力 σ_z,及水平主应力 σ_x、σ_y(图3.3)。

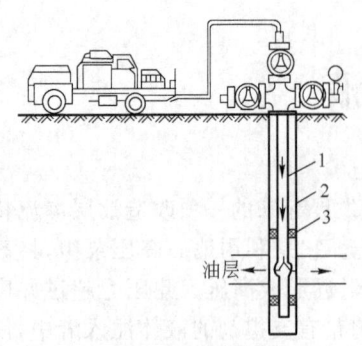

图3.2 液体传压示意图
1—油管;2—套管;3—封隔器

垂向主应力 σ_z 即该深度以上覆盖地层所形成的压力,用以下公式计算:

$$\sigma_z = \rho g H$$

式中 ρ——上覆岩层平均相对密度;

g——重力加速度;

H——油层深度。

埋藏在地下深处的岩石,具有弹性与脆性。油层在形成裂缝时,首先发生弹性变形,当超过弹性限度后,油层才开始发生脆性断裂。如果岩石单元是均质的各向同性材料,当已知地层中各应力的大小,油层裂缝的形成即岩石破裂时,首先发生在垂直于岩石最小主应力轴的方向或油层最薄弱的地方。

3.1.2.2 裂缝的形态与方位

油层通过水力压裂后形成的裂缝,有两种形态:即水平裂缝和垂直裂缝。裂缝的形态,取决于地应力中垂向主应力与水平主应力的相对大小。裂缝方位则垂直于最小主应力轴。

(1)水平裂缝。如果垂向主应力 σ_z 小于水平主应力 σ_H,即 $\sigma_z < \sigma_H(\sigma_x, \sigma_y)$ 时,将产生水平裂缝,且裂缝方位垂直于 σ_z 轴。例如,在褶皱和逆掩断层的压缩区,最小主应力是垂直的,且等于上覆岩层压力。当注入压力等于或大于该值时,即产生垂直于井筒(z轴)的水平裂缝,如图3.4(b)所示。

(a) 垂直裂缝　　(b) 水平裂缝

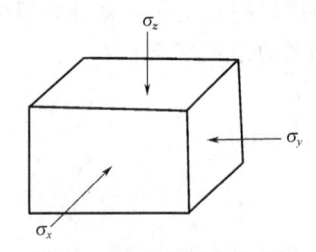

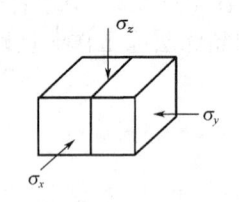

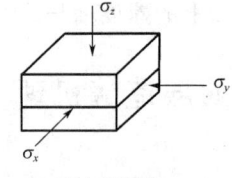

图3.3 岩石轴应力分布图　　图3.4 裂缝面垂直最小主应力方向

(2)垂直裂缝。当垂向主应力 σ_z 大于水平主应力 σ_H 时,即 $\sigma_z > \sigma_H(\sigma_x, \sigma_y)$ 时,则产生垂直裂缝。而裂缝方位又取决于两个水平主应力 σ_x,σ_y 的大小。

当 $\sigma_x > \sigma_y$,则裂缝垂直于最小水平主应力 σ_y,而平行于 σ_x,如图3.4(a)所示;

当 $\sigma_y > \sigma_x$,则裂缝垂直于最小水平主应力 σ_x,而平行于最大水平主应力 σ_y。

但是由于地壳运动的作用,油层不一定都是水平的,往往是带有一定倾斜角度的,所以在识别不同类型裂缝时,应以油层为基准来鉴别。一般认为与油层面相平行的裂缝为水平裂缝,与油层面相垂直的裂缝为垂直裂缝。

大庆、玉门、克拉玛依等油田压裂后,其裂缝以水平裂缝为主,大港、吉林、长庆、新疆的乌尔禾、吐哈、江汉、辽河、胜利等油田压裂后,其裂缝以垂直裂缝为主。

3.1.2.3 裂缝的宽度

裂缝宽度包括两个概念,即闭合宽度和压裂宽度。闭合宽度指的是地面外来压力消失后,裂缝闭合后的宽度。压裂宽度是指压裂过程中裂缝张开的宽度。压裂宽度大于闭合宽度。

根据试验井裂缝解剖发现,裂缝的闭合宽度为 3~5mm,其分布是井筒为中心,随着距井筒距离的增加,裂缝闭合宽度逐渐变小。在图 3.5 中,第一宽度为 W_1,第二宽度为 W_2,则 $W_1 > W_2$。

这种现象的存在,主要是由于液体在裂缝中渗滤作用,使流速下降从而影响了液体的携砂能力以致液体不能将支撑剂携带到裂缝深处造成的。

3.1.2.4 裂缝的长度

裂缝长度有两种表征方法,即压裂缝长和有效缝长(又称支撑缝长)。有效缝长是指在压力消失,裂缝闭合后的裂缝的长度,亦即支撑剂充填的裂缝的长度 L。压裂缝长是指在压裂过程中所形成的裂缝的长度 L'。不管在什么情况下,支撑剂都不能充满整个裂缝,必然有一个余缝随着井筒压力的下降与消失而自行闭合,因此压裂缝长始终大于有效缝长,如图 3.6 所示。裂缝的长度与地层岩石的性质、天然裂缝的发育、压裂施工规模等有关。

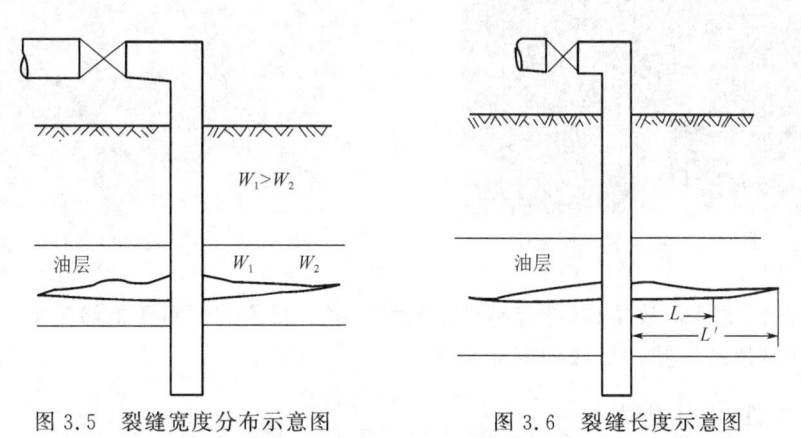

图 3.5 裂缝宽度分布示意图　　图 3.6 裂缝长度示意图

3.1.2.5 裂缝的高度

油层压裂之后,裂缝向油层深处延伸的同时,也不断加宽与加高,实际上裂缝在三个方向上同时扩展。裂缝高度可能大于油气层厚度。裂缝高了,必然缝短,降低了压裂的有效性。裂缝的高度与油气层上下有无遮挡层、油气层岩石的性质、施工排量、压裂液的黏度、水平地应力等因素有关。

3.1.2.6 影响裂缝形成的因素

当油层进行水力压裂时,裂缝的形成受到多种因素的影响,概括起来有两方面:一是地质因素,二是工艺因素。

地质因素:如油层埋藏的深度、油层污染状况、岩石的结构、岩石的原始渗透率、岩石的弹性强度、岩石的原始裂缝发育程度以及岩石的沉积规律等对裂缝的形成与裂缝的类型都有很大影响。

工艺因素：如射孔质量、预处理、压裂液类型、地面泵的能力等对裂缝形成的难易程度和裂缝类型与大小都有很大的影响。

例如，在采用同一种类型的压裂液时，当油层裂缝已形成，裂缝的长短主要取决于地面泵送能力的大小。当液体传导下来的力与岩石破碎所需用的力相平衡时，裂缝不再延伸，如果要想裂缝继续延伸，就得不断地向裂缝内注入液体，以保持裂缝内有足够的外力来克服岩石破碎时所需用的力，这样就要求地面泵具有较大的排量来泵送液体。此外，裂缝的高度随压裂液的黏度、泵的排量增大而增大。

影响裂缝形成的因素是多方面的，对于具体问题应根据具体条件进行分析和判断。

3.1.3 缝网压裂

缝网压裂技术是在水力压裂过程中，使天然裂缝不断扩张和脆性岩石产生剪切滑移，形成相互交错复杂的"网络"裂缝（图3.7），增加改造体积（SRV），提高初始产量。即通过提高裂缝延伸净压力，使得裂缝延伸净压力大于两个水平主应力的差值与岩石抗张强度之和（即两次破裂压力之差），实现人工裂缝分叉，而分叉缝可能延伸一定长度后，又回复到原来的裂缝方位，则最终可形成一条主缝和纵横交错的分叉缝的"网状缝"系统（图3.8）。

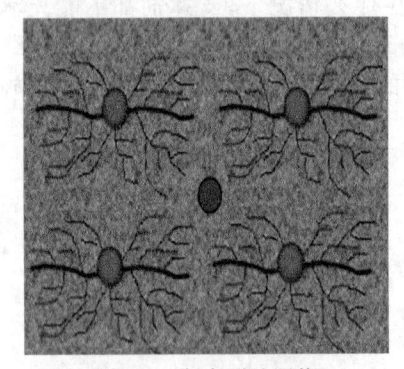

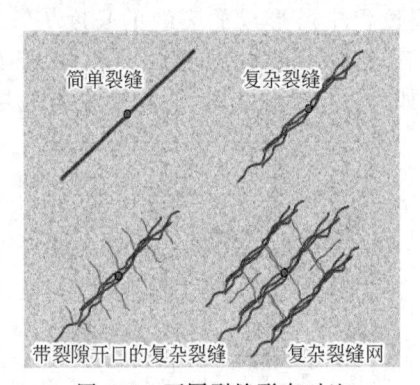

图3.7 复杂裂缝网络　　　　图3.8 不同裂缝形态对比

一般，地层的脆性指数越高，越容易产生网络裂缝。目前我国对于低渗透油气藏和页岩气开采都采用缝网压裂。脆性指数的定义如下：

$$\text{脆性指数（脆度）} = \frac{\text{石英含量}}{\text{石英含量} + \text{黏土矿物} + \text{碳酸盐岩矿物}} \times 100\%$$

3.1.3.1 缝网压裂裂缝总长计算

缝网裂缝几何模型如图3.9所示。

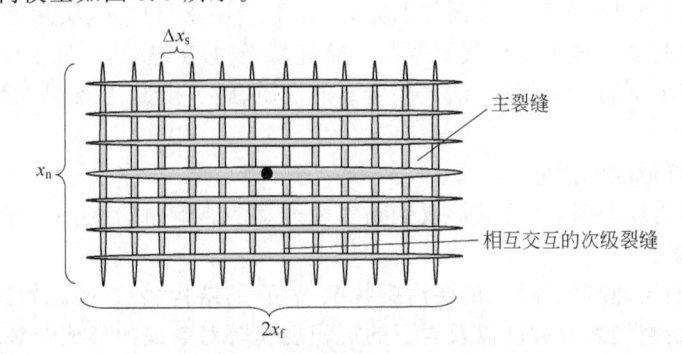

图3.9 缝网裂缝几何模型

裂缝总长计算公式如下：

$$L_{\text{ftotal}} = \frac{4x_f x_n}{\Delta x_s} + 2x_f + x_n$$

式中　L_{ftotal}——裂缝总长；

　　　x_f——网络裂缝半长；

　　　x_n——裂缝宽度；

　　　Δx_s——裂缝间距。

3.1.3.2 "缝网"压裂产量影响主要因素

缝网压裂施工规模远大于常规压裂，一般单层需要的压裂液量大于1000m³，加砂规模大于50m³，支撑裂缝长度超过300m。其中，储层地质因素决定了体积压裂能否形成网状裂缝，施工过程中的工程因素，包括排量、压裂管柱、缝内净压力、压裂液黏度、压裂时长等因素对储存改造体积影响较大。

3.1.4　油层水力压裂的作用

油层水力压裂可以解除油井近井地带的堵塞，增大流体的渗流面积并改变流体的渗流规律，减小流体的流动阻力，提高油气井的产量和注水井的注入量。特别在低渗透油田的勘探和开发中，水力压裂起着十分重要的作用。

(1)压裂能改造低渗透油层的物理结构，在油层中形成一条或几条高渗液流通道（一般为沿井轴对称的两条），从而改善油流在油层中的渗流状态，变径向流动为线性流动，降低流动阻力，增大渗滤面积，提高油井的产油能力。

(2)减缓层间矛盾，改善中低渗透层的开采状况，提高中低渗透层的采油速度，使高、中、低渗透层都得到比较合理的开采。对一个非均质多油层油田来说，由于各小层渗透性的不同，在注水开发的条件下，个别高渗透油层吸水能力高，水线推进速度快，地层压力高，出油量多，负担过重，造成油井见水快、产量递减快、影响稳产，而大量的中、低渗透层却没有发挥应有的作用，影响最终采收率。通过压裂可以改善中、低渗透层的开采状况，充分发挥它们的作用。例如某油田某区压裂前高渗透层产液量占66.8%，储量只占32.3%，中、低渗透层产液量占33.2%，储量却占67.7%。对部分中、低渗透层压裂后，高渗透层产液量下降到49.5%，而中、低渗透层产液量却相应地上升为50.5%，使层间矛盾得到缓和。

(3)压裂可解除因钻井液、射孔、油井作业等造成的近井地带的堵塞。

(4)压裂也可用于探井和评价井的地层改造。对于油层物性差、自然产能低、不具备工业开采价值的探井和评价井进行压裂改造，可扩大渗滤面积或对油井作出实际评价。

(5)压裂可以人为制造一条穿过污染带，在储层内形成有一定长度的高导流能力支撑裂缝，从而提高油气流的渗滤面积，使油气流通过裂缝流向井筒，变径向流为线性流，达到增产的目的。但是，压裂也可能给地层造成二次伤害，如滤液造成的润湿性改变，产生毛管力，造成储层流体的流动能力降低，以及乳化残渣、黏土的膨胀、分散、运移产生的伤害等。为了保护储层，提高压裂效果，根据储层特征，应选择与之配伍的各种添加剂以组成相适应的压裂液，即要求压裂液必须有优良的流变性、破胶性、低残渣。支撑剂必须清洁、均匀、圆球度好，破碎率低，以保证支撑裂缝的宽度和高导流能力，提高压裂效果。

3.2　压裂液性能及分类

压裂液提供了水力压裂施工作业的手段，但在影响压裂成败的诸因素中，压裂液及其性能极为重要。对大型压裂来说,这个因素就更为突出。使用压裂液的目的有两方面:一是提供足够的黏度,使用水力尖劈作用形成裂缝使之延伸,并在裂缝沿程输送及铺设压裂支撑剂;再就是压裂完成后,压裂液迅速化学分解破胶到低黏度,保证大部分压裂液返排到地面,以净化裂缝。

压裂液是一个总称。由于在压裂过程中,注入井内的压裂液在不同的阶段有各自的作用,所以可以分为:

(1)前置液。其作用是破裂地层并造成一定几何尺寸的裂缝。同时还起到一定的降温作用。为提高其工作效率,特别是对高渗透层,前置液中需加入降滤失剂,加细砂或粉陶(粒径100~320目,砂比10%左右)或5%柴油。堵塞地层中的微小缝隙,减少液体的滤失。

(2)携砂液。它起到将支撑剂(一般是陶粒或石英砂)带入裂缝中并将砂子置于预定位置的作用。在压裂液的总量中,这部分占的比例很大。携砂液和其他压裂液一样,都有造缝及冷却地层的作用。

(3)顶替液。其作用是将井筒中的携砂液全部替入裂缝中。

根据不同的设计工艺要求及压裂的不同阶段,压裂液在一次施工中可使用一种液体,其中含有不同的添加剂。对于占总液量绝大多数的前置液及携砂液,都应具备一定的造缝力并使压裂后的裂缝壁面及填砂裂缝有足够的导流能力。这样它们必须具备如下性能:

(1)滤失小。这是造长缝、宽缝的重要性能。压裂液的滤失性主要取决于它的黏度、地层流体性质与压裂液的造壁性,黏度高则滤失小。在压裂液中添加降滤失剂能改善造壁性,大大减少滤失量。在压裂施工时,要求前置液、携砂液的综合滤失系数不大于 $1 \times 10^{-3} \mathrm{m/min}^{1/2}$。

(2)悬砂能力强。压裂液的悬砂能力主要取决于其黏度。压裂液只要有较高的黏度,砂子即可悬浮于其中,这对砂子在缝中的分布是非常有利的。但黏度不能太高,如果压裂液的黏度过高,则裂缝的高度大,不利于产生宽而长的裂缝。一般认为压裂液的黏度为 50~150mPa·s 较合适。由表 3.1 可见液体黏度大小直接影响砂子的沉降速度。

表 3.1 黏度对悬砂的影响

黏度/(mPa·s)	1.0	16.5	54.0	87.0	150
砂沉降速度/(m/min)	4.00	0.56	0.27	0.08	0.04

(3)摩阻低。压裂液在管道中的摩阻越大,则用来造缝的有效水功率就越小。摩阻过高,将会大大提高井口压力,降低施工排量,甚至造成施工失败。

(4)稳定性好。压裂液稳定性包括热稳定性和剪切稳定性,即压裂液在温度升高和机械剪切下,黏度不发生大幅度降低。这对施工成败起关键性作用。

(5)配伍性好。压裂液进入地层后与各种岩石矿物及流体相接触,不应产生不利于油气渗滤的物理、化学反应,即不引起地层水敏及产生颗粒沉淀。这项要求是非常重要的,往往有些井压裂后无效果就是由于配伍性不好造成的。

(6)低残渣。要尽量降低压裂液中的水不溶物含量和返排前的破胶能力,减少返排后其对岩石孔隙及填砂裂缝的堵塞,增大油气导流能力。

(7)易返排。裂缝一旦闭合,压裂液返排越快、越彻底,对油气层伤害越小。

(8)货源广,便于配制,价格便宜。

(9)绿色环保、使用安全。油田化学品对环境影响变得日益重要,在压裂液体系的设计中,在尽可能维持性能和效能的基础上,选用更加环保的、使用安全性高的压裂液添加剂。

在设计压裂液体系时主要考虑的问题包括:(1)地层温度、液体温度剖面以及在裂缝内停留时间;(2)建议作业液量及排量;(3)地层类型(砂岩或灰岩);(4)可能的滤失控制需要;(5)地层对液体敏感性;(6)压力;(7)深度;(8)泵注支撑剂类型;(9)液体破胶需要。

3.3 水基压裂液

水基压裂液是以水作溶剂或分散介质,向其中加入稠化剂、添加剂配制而成的,是应用最广泛的压裂液体系。它主要采用三种水溶性聚合物作为稠化剂,即植物胶、纤维素衍生物及合成聚合物(视频3.2)。这几种高分子聚合物在水中溶胀成溶胶,交联后形成黏度极高的冻胶,具有黏度高、悬砂能力强、滤失低、摩阻低等优点。目前国内外使用的水基压裂液分以下几种类型:天然植物胶压裂液,包含如瓜尔胶及其衍生物、羟丙基瓜尔胶、羟丙基羧甲基瓜尔胶、延迟水化羟丙基瓜尔胶;纤维素压裂液,包含如羧甲基纤维素、羟乙基纤维素、羧甲基羟乙基纤维素等;合成聚合物压裂液,包含如聚丙烯酰胺、部分水解聚丙烯酰胺、甲叉基聚丙烯酰胺及其疏水缔合聚合物。

视频3.2 水基压裂液常用的稠化剂

水基压裂液配液过程是:

$$水+添加剂+稠化剂\longrightarrow 溶胶液$$
$$水+添加剂+交联剂\longrightarrow 交联液$$
$$溶胶液+交联液\longrightarrow 水基冻胶压裂液$$
$$[溶胶液:交联液=100:(1\sim 12)]$$

压裂液稠化剂性能好坏,不但关系到压裂的效果,也是检验压裂液性能的主要参数。

(1)稳定性能。选用稠化剂时,除考虑水不溶物和残渣外,重要的是看其稳定性(即温度稳定性和剪切稳定性)。

(2)与地层和裂缝的伤害关系。造成储层伤害的因素很多,就稠化剂而言,主要有两方面的伤害:一是高黏;二是不溶性残渣。

由于压裂液滤失到地层中将造成稠化剂在裂缝中浓缩,促使稠化剂浓度过高,即使经历了相当长时间的破胶降解,压裂液仍具有很高的黏度,从而造成地层伤害。室内研究结果表明,对于0.6%浓度的HPG硼冻胶压裂液,当浓度浓缩到3.6%时,保留渗透率只有原来的10%左右。要想解除这种伤害,只有依靠加大破胶剂用量来实现。

残渣的伤害:稠化剂原有的或降解过程中形成的不溶残渣,会通过减少支撑剂充填层的有效孔隙空间来降低裂缝的导流能力。井底条件下实际残渣量的多少,同使用的稠化剂类型及破胶是否彻底有着密切关系,见表3.2。

表3.2 90℃ 160m³ 液体的残渣量对比

稠化剂	残渣/%	使用浓度/%
羟乙基田菁胶	7	0.75
魔芋胶	7	0.5
香豆胶	3.6	0.6
羟丙基瓜尔胶	3.5	0.6

3.3.1 天然植物胶水基压裂液

植物胶主要成分是多糖天然高分子化合物即半乳甘露聚糖。不同植物胶的高分子链中半

图 3.10 半乳糖和甘露糖结构式

乳糖支链与甘露糖主链的比例不同。

半乳糖和甘露糖的结构式如图 3.10 所示。

其特点是高分子链上含有多个羟基,吸附能力很强,容易吸附在固体或岩石表面形成高分子溶剂化水膜,并且这些单体单元可生物降解,无毒。

瓜尔胶,产自瓜尔豆植物(gyamopsis tetragonolobus)的支链多糖,瓜尔豆是一种甘露糖和半乳糖的比例在 1.6:1 到 1.8:1 之间组成的长链聚合物,它主要生长在印度和巴基斯坦,美国西南部也有生产。瓜尔胶是以 β-(1,4)-糖苷键连接的甘露糖为主链,以 α-(1,6)-糖苷键连接的半乳糖为侧链的植物胶高分子,通常被称为半乳甘露聚糖。瓜尔胶结构见图 3.11。

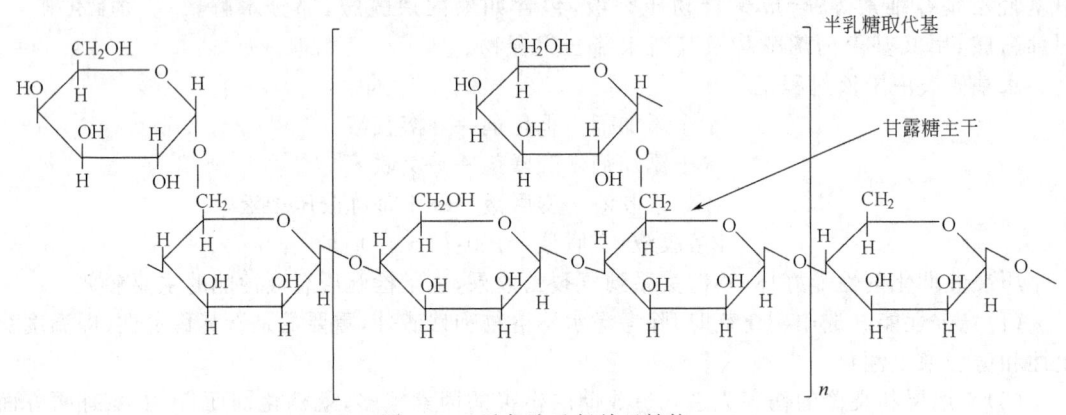

图 3.11 瓜尔胶重复单元结构

瓜尔胶对水有很强的亲合力。当瓜尔胶粉末加入水中,瓜尔胶的微粒便溶胀、水合,也就是聚合物分子与许多水分子形成缔合体,然后在溶液中展开、伸长。在水基体系中,聚合物线团的相互作用,产生了黏稠溶液。瓜尔胶是天然产物,通常加工中不能将不溶于水的植物成分完全分离开,水不溶物通常在 20%~25% 之间,使用加量为 0.4%~0.7%。

未改性的瓜尔胶在 80℃ 下可保持良好的稳定性,但由于残渣含量较高,易造成支撑裂缝堵塞。

瓜尔胶是一种食品级的添加剂,具有高度可生物降解性,被认为具有很少的环境和毒理学问题。

羟丙基瓜尔胶(HPG)是瓜尔胶用环氧丙烷改性后的产物。将—O—CH$_2$—CHOH—CH$_3$(HP 基)置换于某些—OH 位置上。由于再加工及洗涤除去了聚合物中的植物纤维,因此 HPG 一般仅含约 2%~4% 的不溶性残渣,一般认为 HPG 对地层和支撑剂充填层的伤害较小。由于 HP 基的取代,使 HPG 具有好的温度稳定性和较强的耐生物降解性能,如图 3.12 所示。

在自然界中,与瓜尔胶结构相类似的植物胶种类较多,如田菁胶、魔芋胶、香豆胶等。这些植物胶均来自草本植物田菁豆、魔芋及香豆的内胚乳,属半乳甘露糖植物胶。这些植物胶在水中都具有增黏,悬浮稳定作用。田菁胶来自草本植物田菁豆的内胚乳,属半乳甘露糖植物胶,分子中半乳糖和甘露糖的比例为 1:2,分子量约为 2.0×10^5。其结构见图 3.13。

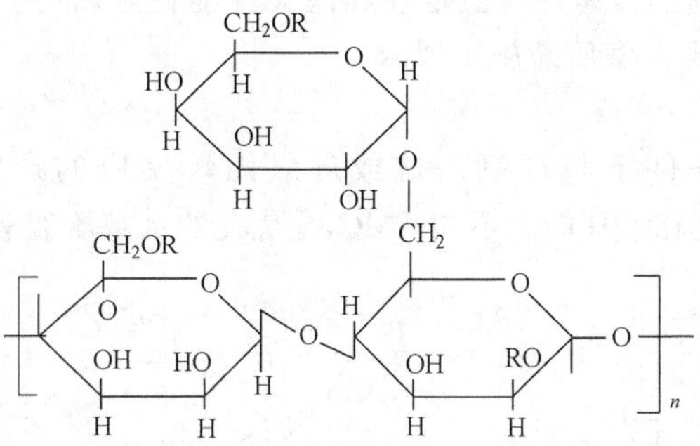

图 3.12　HPG,R=CH$_2$—CHOH—CH$_3$ 单元结构 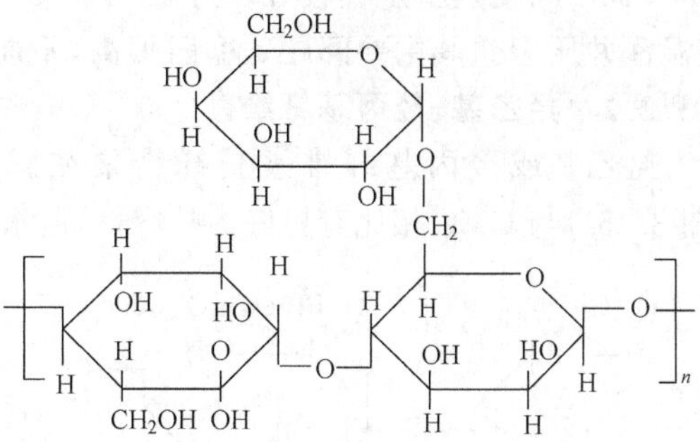　　图 3.13　田菁结构单元

　　田菁冻胶的黏度高,悬砂能力强且摩阻小,其摩阻比清水低 20%~40%。缺点是滤失性和热稳定性以及残渣含量等方面不太理想。田菁胶的水不溶物含量很高,一般在 27%~35%之间,因此对地层及支撑剂充填层的伤害很大。为了降低残渣含量,对田菁进行化学改性,制取羧甲基田菁和羧甲基羟乙基田菁。改性的田菁胶与瓜尔胶相比在水不溶物、抗温抗剪切性能上还是有很大差别,不过价格便宜,对增稠剂要求不苛刻的地层环境下可替代瓜尔胶使用。

　　魔芋胶是用多年生草本植物魔芋的根茎经磨粉、碱性水溶液中浸泡及沉淀去渣将胶液干燥制成的。魔芋胶水溶物含量 68.20%,主要是长链中非离子型多羟基的葡萄甘露聚糖高分子化合物,其中葡萄单糖具邻位反式羟基,甘露糖具邻位顺式羟基,分子量约 6.8×10^5。魔芋胶分子中引入亲水基团后可以改善其水溶性,降低残渣。由改性魔芋胶配制的水基压裂液有增稠能力强、滤失少、热稳定性好、耐剪切、摩阻低而且盐容性好、残渣含量低等许多优点。它的主要缺点是在水中溶解速度慢,现场配液难,这是未能大规模推广使用的主要原因。

　　香豆胶又称葫芦巴胶,最早由石油勘探开发科学研究院开发,是我国自主种植、加工的一种天然植物胶,含有丰富的半乳甘露聚糖,约占 65.34%。香豆胶分子中半乳糖和甘露糖组成比值约为 1:1.2,分子量为 (2.5~3.0)×10^5。其不溶物含量比未改性瓜尔胶原粉低,和羟丙基瓜尔胶接近,水溶液稳定性和减阻性良好。香豆胶一般不需要改性就可应用,性能易于控制,从 20 世纪 90 年代已在大庆、玉门、塔里木、吉林等油田推广使用,成为除瓜尔胶外的主要增稠剂之一,目前很少应用。

　　除上述常用的几种外,皂仁胶、决明胶、槐豆胶、龙胶、天豆胶、海藻胶等经过改性同样可以当作增稠剂使用,这些植物胶,由于其性能、效果均不如羟丙基瓜尔胶稳定,因此未大幅度推广应用。

3.3.2　纤维素衍生物压裂液

　　纤维素是一种非离子型聚多糖。纤维素大分子链上的众多羟基之间的氢键作用使纤维素在水中仅能溶胀而不溶解。当在纤维素大分子中引入羧甲基、羟乙基或羧甲基羟乙基时,其水溶性得到改善。

　　纤维素的衍生物羧甲基纤维素(CMC)、羟乙基纤维素(HEC)、羟丙基纤维素(HPC)和羧甲基羟乙基纤维素(CMHEC)均可用于水基压裂液。

3.3.2.1　羧甲基纤维素压裂液

　　羧甲基纤维素(CMC)是以纤维素为原料在碱性条件下与氯乙酸反应而得到的,其单元结构见图 3.14,CMC 再与多价金属交联而成 CMC 冻胶。

　　碱化：　　　　　　　　ROH+NaOH ⟶ RONa+H$_2$O

　　醚化：　　　　　　　　RONa+ClCH$_2$COONa ⟶ ROCH$_2$COONa+NaCl

CMC冻胶热稳定性较好,可用于140℃井下施工,其剪切稳定性和滤失性能良好,常用于高温深井压裂。其主要问题是摩阻偏高,不能满足大型压裂施工要求。

3.3.2.2 羟乙基、羟丙基纤维素

羟乙基或羟丙基纤维素是纤维素在碱性条件下与环氧乙烷或环氧丙烷反应的产物(图3.15),与CMC相比有更好的盐容性,但水溶性和增稠能力不如CMC,是优良的水基压裂液。

图3.14 羧甲基纤维素单元结构

图3.15 HEC,R=CH₂CH₂OH 重复单元结构

3.3.2.3 羧甲基羟乙基纤维素

CMHEC是纤维素在碱性条件下,依次用环氧乙烷和氯乙酸处理而得到的另一种改性产物。与CMC、HEC相比,它兼有两者的优点,即增稠能力强、悬砂性好、低滤失、残渣少和热稳定性高,是一种颇受欢迎的水基压裂液。CMHEC分子结构示意见图3.16。不同温度对不同浓度CMHEC溶胶稳定黏度的影响见图3.17。

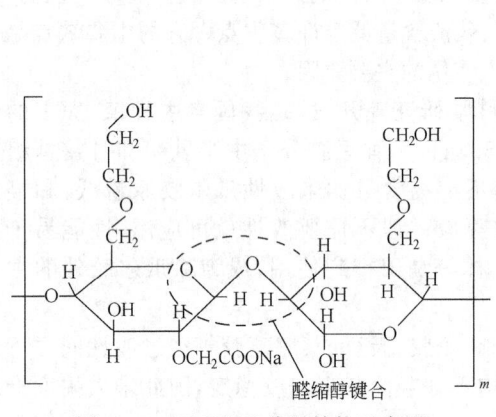

图3.16 CMHEC分子结构示意图

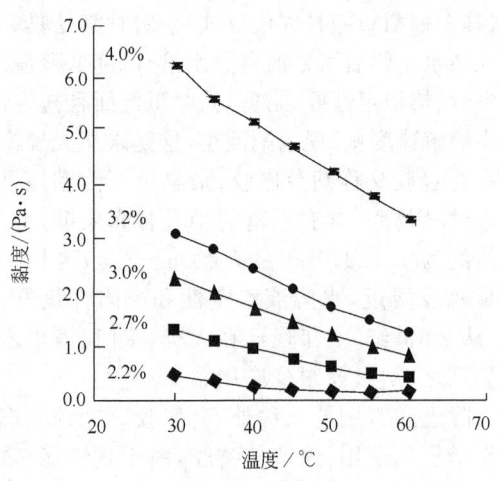

图3.17 不同温度对不同浓度CMHEC溶胶稳定黏度的影响(含混合盐53.8%)

3.3.3 合成聚合物压裂液

目前压裂液稠化剂仍以天然植物胶为主。存在的主要问题是植物胶压裂液破胶后留有残渣,这对低渗透油层将造成伤害,使压裂效果受到影响。合成聚合物压裂液具有增稠能力强、对细菌不敏感、冻胶稳定性好、悬砂能力强、无残渣、对地层不造成伤害等优点。

3.3.3.1 聚丙烯酰胺类压裂液

用于水基压裂液的聚合物通常有聚丙烯酰胺(PAM)、部分水解聚丙烯酰胺(HPAM)、丙烯酰胺—丙烯酸共聚物、甲叉基聚丙烯酰胺或者是丙烯酰胺—甲叉基二丙烯酰胺共聚物等。这些聚合物可通过控制合成条件的办法调整聚合物的性能来满足压裂液性能指标。

长庆油田研究和应用了从低温油层40℃至高温油层150℃使用的CF-6压裂液,它是部分水解羟甲基甲叉基聚丙烯酰胺水基冻胶压裂液。该压裂液在地层温度90℃以下泵注2h,表

观黏度不低于50mPa·s,对油层基质伤害率小于20%。

N,N'-甲叉基二丙烯酰胺合成反应如下:

$$2n\text{CH}_2=\text{CHCONH}_2 + n\text{CH}_2=\text{O} \xrightarrow[\text{CH}_3\text{CH}_2\text{Cl}]{\text{H}+\text{回流30min}} n\text{+CH}_2=\text{CH+}_2\text{CH}_2 + X\text{H}_2\text{O}$$
$$\qquad\qquad\qquad\qquad\qquad\qquad\qquad\qquad\qquad\qquad\qquad\text{CONH}_2$$

HPAM和HMPAM两种水基冻胶压裂液性能比较见表3.3。表中可明显看出:HMPAM较HPAM冻胶有更高的增稠能力。例如质量分数为0.24%的HMPAM冻胶黏度无论在70℃或90℃下均与质量分数为0.32%的HPAM相当。

表 3.3 HPAM 和 HMPAM 两种压裂液性能比较

项目	压裂液类型	部分水解聚丙烯酰胺(HPAM)				部分水解甲叉基聚丙烯酰胺(HMPAM)				
聚合物质量分数/%		0.32	0.32	0.40	0.40	0.24	0.24	0.40	0.40	0.46
配液用水		蒸馏水	蒸馏水	蒸馏水	矿化水①	蒸馏水	蒸馏水	蒸馏水	矿化水①	矿化水②
测定温度/℃		70	90	65.5	66.5	70	90	65.5	65.5	65.5
$K'/(\text{Pa·s}^n)$		0.8	0.6	5.6	5.2	0.8	0.6	6.2	5.4	4.2
n'		0.45	0.49	0.52	0.41	0.45	0.43	0.68	0.64	0.77
黏度	$(10\text{s}^{-1})/(\text{mPa·s})$	220	165	1850	1370	220	165	2000	2420	2400
	$(100\text{s}^{-1})/(\text{mPa·s})$	62	44	—	350	62	44	—	1030	1400

①矿化水总矿化度为2320mg/L;②矿化水总矿化度为1385mg/L。

3.3.3.2 疏水缔合聚合物压裂液

疏水缔合水溶性聚合物(HAWP)是一类亲水主链上带有少量疏水基团的水溶性高分子材料,其分子链上所带疏水基团含量较低,一般不超过2%(摩尔分数)。这类聚合物是基于超分子化学理论设计研制的。它们在溶液中分子链能自动缔合形成多个分子的结合体(即超分子聚集体),这些分子聚集体随速梯变化而可逆变化,随着其浓度增加,分子缔合在溶液中形成布满空间的超分子空间网状结构,成为典型的结构流体。这种溶液无须交联就具有很好的携带能力。由于疏水缔合作用形成的空间网状结构增大了聚合物的流体力学体积,使溶液的黏度显著提高,并且受无机盐影响小,因而具有良好的增黏、耐温、抗盐、耐剪切等性能。

在水溶液中,疏水基团以类似表面活性剂分子相互聚集形成胶束的方式相互聚集形成疏水微区,导致分子内和分子间缔合。适当的分子内缔合可增加分子线团的刚性,而分子间缔合则可形成连续的空间网状结构,使黏度大幅度增加。由于这种空间网状结构的形成是可逆的,疏水缔合水溶性聚合物溶液可表现出非常良好的剪切稀释性。盐的加入会使疏水缔合作用增强,使水溶液黏度保持稳定甚至增高,疏水缔合水溶性聚合物在水溶液中表现出良好的抗盐性。

疏水缔合分子间和分子内可能存在的缔合作用如图 3.18 所示。

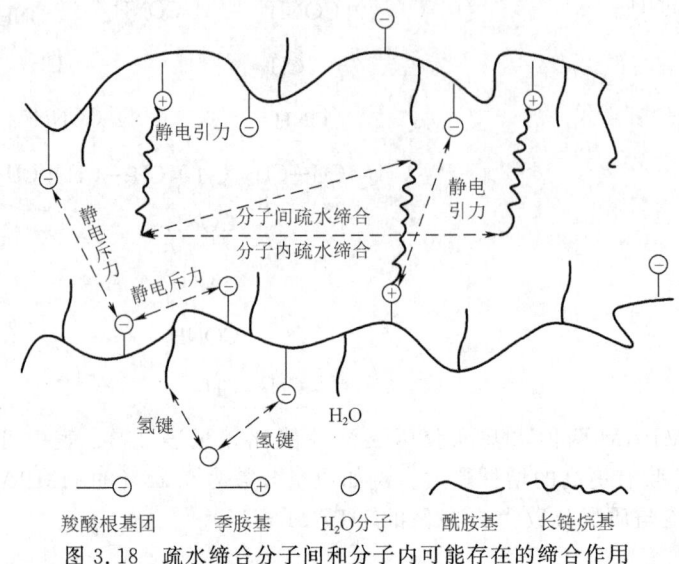

图 3.18 疏水缔合分子间和分子内可能存在的缔合作用

疏水缔合水溶性聚合物可以作为压裂液稠化剂,具有很好的效果。典型的分子结构如下:

$$\left[CH_2-CH\right]_x \left[CH_2-CH\right]_y \left[CH_2-CH\right]_z$$
$$\quad\quad |\quad\quad\quad\quad |\quad\quad\quad\quad |$$
$$\quad\quad C=O\quad\quad C=O\quad\quad R$$
$$\quad\quad |\quad\quad\quad\quad |$$
$$\quad\quad NH_2\quad\quad O^-Na^+$$

(R 为疏水侧链,碳原子数在 12~20 间不等)

虽然含有疏水单体,但由于含量很低,仍具有很好的水溶性、抗温抗盐性、剪切稳定性和良好的黏弹性能。

在诸多合成反应方法中,由于疏水缔合水溶性聚合物的合成过程中很难将油溶性单体充分混合,而使其合成工艺复杂,一般都用两种方法——共聚合法和大分子反应法,即直接将疏水单体和水溶性单体共聚的方法或者采用先聚合再进行官能团化的大分子反应法。共聚合成的主要产物是丙烯胺类的共聚物,大分子反应法主要应用于纤维素衍生物、聚乙二醇衍生物以及丙烯酸的疏水改性等。

这种新型压裂液在中原油田低渗透油藏濮 65-9 井进行压裂施工取得了良好的效果,与常规压裂相比,该压裂液每立方米砂增油 0.83t/d,而常规压裂液每立方米砂仅增油 0.06t/d。

天然植物胶压裂液、纤维素压裂液及聚合物压裂液性能对比见表 3.4。

表 3.4 三种水基压裂液性能比较

性能	植物胶及其衍生物	纤维素衍生物	聚丙烯酰胺类
分子量	$(20\sim30)\times10^4$	$(20\sim30)\times10^4$	$(100\sim800)\times10^4$

续表

性能	植物胶及其衍生物	纤维素衍生物	聚丙烯酰胺类
用量/%	0.4~1.0	0.4~0.6	0.4~0.8
摩阻	小	大	最小
交联剂	硼、钛、锆、铬、铝等离子	铝、铬、铜、钛等离子	铝、铬、铁等离子
抗剪切性	好	好	差
耐温性	好	好	好
残渣/%	2~25	0.5~3	无渣
配伍性	与盐配伍	要求矿化度<300mg/L	与盐不配伍
滤失性	小	较小	大
使用温度/℃	30~150	35~150	60~150

3.4 水基压裂液添加剂

水基压裂液添加剂对压裂液的性能影响非常大，不同添加剂的作用不同，主要包括：稠化剂、交联剂、破胶剂、pH值控制剂、黏土稳定剂、润湿剂、助排剂、破乳剂、降滤失剂、冻胶黏度稳定剂、消泡剂、降阻剂和杀菌剂等。掌握各种添加剂的作用原理，正确选用添加剂，可以配制出物理化学性能优良的压裂液，保证顺利施工，减小对油气层的伤害，达到既改造好油气层、又保护好油气层的目的。

3.4.1 交联剂

水基压裂液交联剂是指利用交联离子与稠化剂分子链上的含氧基团（如羟基、羧基等）形成化学键，将线性的高分子连接成三维空间网络结构，极大地增加了压裂液基液的黏度。

前面介绍的用稠化剂来提高溶液黏度，通常称为线型胶。线型胶存在两方面的问题：

（1）要增加黏度就得增加聚合物浓度。

（2）前述稠化剂在环境温度下产生的黏稠溶液随着温度增加而迅速变稀。增加用量可以克服温度影响，但这种途径是昂贵的，见图3.19。

使用交联剂明显地增加了聚合物的有效分子量，从而增加了溶液的黏度。交联液的发展，消除了用线型胶进行高温深井压裂施工所引起的许多问题。例如，成功地进行一口井的压裂施工，需要9.586~11.983kg/m³的聚合物，才能产生所需黏度，但在这种浓度的溶液中加入支撑剂和分散其他添加剂比较困难。

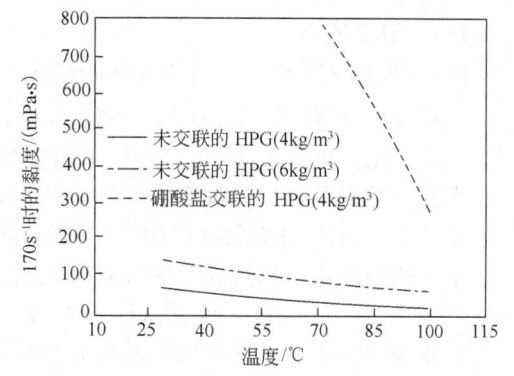

图3.19 温度和交联剂对HPG溶液黏度的影响

20世纪50年代末已经具备形成硼酸盐交联冻胶的技术，但是直到瓜尔胶在相当低的pH值条件下用锑酸盐（以后用钛酸盐和锆酸盐）可交联形成交联冻胶体系以后，交联压裂液才得到普遍应用。20世纪70年代中期，由于各种各样的配制水和各类油藏条件的成功压裂，均可采用钛酸盐交联冻胶体系，所以该交联冻胶体系得到普遍应用。但由于钛交联冻胶破胶后残渣含量过高使其推广应用受到限制,20世纪80年代后,水基压裂液交联剂普遍采用硼和有机硼作为交联剂使用。伴随石油勘探开发中的深井和超深井的压裂增产作业,产生了许多新的交联剂,例如锆交联剂、硼锆交联剂、有机钛交联剂及纳米交联剂。

瓜尔胶及改性瓜尔胶包括羟丙基瓜尔胶、羧甲基瓜尔胶、羧甲基羟丙基瓜尔胶等,其分子链上含有丰富的邻位顺式羟基,在一定条件下与交联剂形成性能良好的冻胶,由于其具有黏弹性好、携砂能力强、耐温耐剪切性良好、使用方便等优点,在国内外压裂作业中得到了广泛应用。这些稠化剂与交联剂的交联机理如图3.20所示。

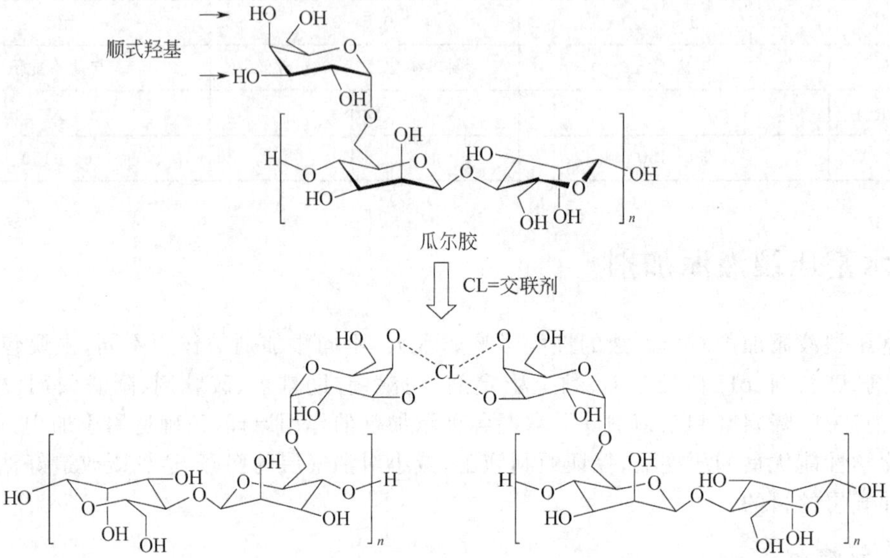

图3.20 瓜尔胶和交联剂的交联机理

下面介绍几种常用的交联体系。

3.4.1.1 硼交联剂

(1)无机硼交联剂。常用的有硼砂($Na_2B_4O_7$)、硼酸(H_3BO_3)。

交联条件:pH>8,以pH值9~10最佳。

主要适用于低温—中温井(一般不超过90℃)的压裂作业。

半乳—甘露聚糖分子具有邻位顺式结构,它可以和多价离子交联生成冻胶。例如,硼砂与羟丙基瓜尔胶(HPG)交联反应如下(交联机理):

①硼酸钠在水中离解成硼酸和氢氧化钠:

$$Na_2B_4O_7 + 7H_2O \rightleftharpoons 4H_3BO_3 + 2NaOH$$

②硼酸进一步水解形成四羟基合硼酸根离子:

$$H_3BO_3 + 2H_2O \rightleftharpoons \left[\begin{array}{c} HO \quad OH \\ B \\ HO \quad OH \end{array}\right]^- + H_3O^+$$

③硼酸根离子与邻位顺式羟基结合(图3.21):

在20世纪50—70年代,无机硼交联剂是主要的压裂液交联剂。无机硼交联剂在pH>8时形成四羟基合硼酸根离子,与改性瓜尔胶发生交联作用。硼交联的水基冻胶压裂液黏度高,黏弹性好,但在剪切和加热时会变稀,形成的冻胶耐温性差,交联快(小于10s),交联作用可逆,管路摩阻高,上泵困难。

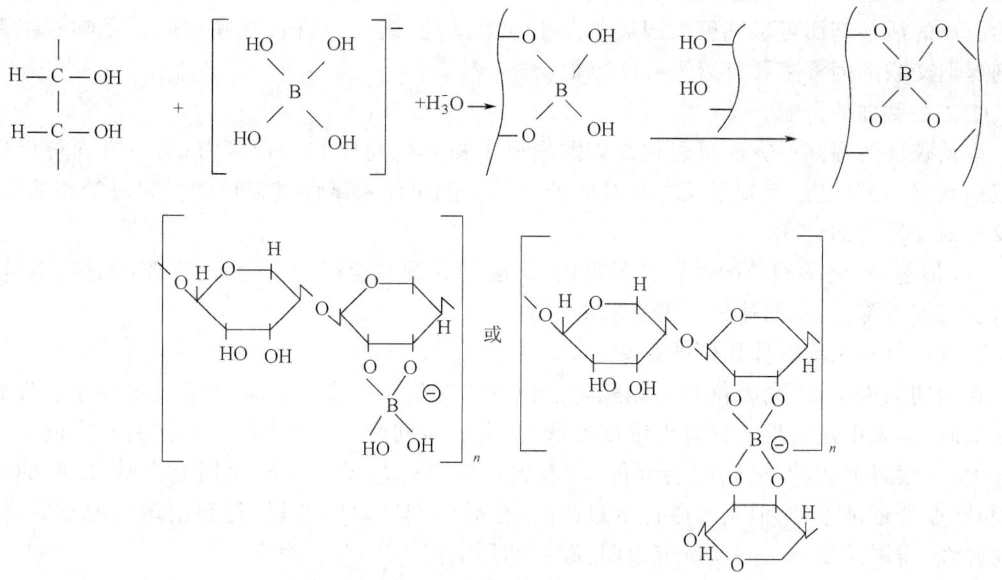

图 3.21 设想的交联机理

硼酸盐交联的压裂液以较低的成本得到广泛的应用。当前,多达 75% 的压裂施工作业是用硼酸交联压裂液实现的。

用硼酸盐交联提高了黏度,降低了聚合物使用浓度和压裂液成本,破胶后留在缝内的残渣也相应减少。

(2)有机硼交联剂(延迟交联剂)。

交联条件:pH>8,以 pH 值 9~10 最佳。适用于油藏温度低于 150℃ 的压裂作业。有机硼交联剂具有良好的溶解性、价格便宜、延迟交联特性等优点,形成冻胶的耐温耐剪切性较好,冻胶破胶后对支撑裂缝导流能力伤害较小。

合成原理:有机硼交联剂是由有机配位体包括醛类、多元醇类以及多元醇酸盐类等与硼酸盐在高度控制的反应条件下形成的。利用无机硼化合物与多羟基化合物进行络合反应,生成含硼有机络合物。硼砂中的硼酸钠水解生成硼酸,继续水解生成四羟基合硼酸根离子,硼酸根离子和有机配合物上的羟基缩合,生成络合物。常用的有机配体有乙二醇、二乙醇胺、三乙醇胺、葡萄糖、葡萄糖酸等。

反应式:

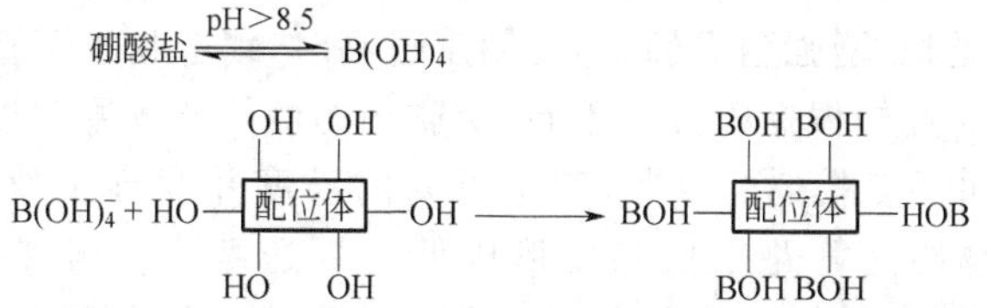

图 3.22 无机硼与多羟基化合物反应生成有机硼络合物

有机硼交联剂离解后产生 $B(OH)_4^-$ 与植物胶分子中顺式邻位羟基反应,形成三维网状冻胶。

有机硼具有延迟交联的作用。硼酸根离子在交联中起交联质点作用,体系中含有有机配体时,一方面有机配位体可以预先占据硼酸根离子的活性点,阻止其过快与羟丙基瓜尔胶中的顺式邻位羟基进行络合,延长交联时间,另一方面,对于裸露的硼酸根离子,有机配位体和胶团中的游离的活性基团可以和硼酸根离子产生竞争反应,进一步延长交联时间。影响有机硼交联剂延迟交联的因素主要有以下几个方面:

①体系碱性的影响。

体系碱性的提高一方面可以提高硼酸根离子和有机配体的结合能力;另一方面可以促进硼酸钠水解的逆反应,起到延长交联时间的效果。但是体系碱性过强可能引起对管路的腐蚀,以及对地层环境的破坏。

pH值越高,硼酸盐与配体结合越牢固,离解出的硼酸盐离子少,因而需要的时间也越长,交联反应速度降低,从而达到延迟交联的目的。

②硼砂与有机配位体比例的影响。

在相同条件下,不同配位体与硼酸盐络合的产物性能有较大差别,如表3.5所示。硼砂比例降低时,体系中硼酸根活性位点浓度降低,使交联时间延长;但随着硼砂比例的降低会达到最大值,继续降低硼砂,交联度会降低,冻胶的稳定性也较差。硼砂比例上升时,冻胶的耐温性,稳定性会逐渐上升;但是硼砂比例过高时,会导致交联时间变短,甚至出现过度交联,使冻胶黏弹性、耐温性变差。一项研究表明:硼砂的用量以15%左右为宜。

表3.5 有机配体种类对有机硼交联剂性能的影响

有机配体	交联时间/s	耐温性/℃
乙二醛	180	95
戊二醛	180	95
葡萄糖酸	150	105
木糖醇	120	110
甘露醇	130	115
葡萄糖酸钠	180	115

③有机配位体种类的影响。

以多元醇为主配位体,化学性质、物理性质特殊的烷基醇胺配体和羧酸配体的加入对延迟交联也有一定的正面作用。

④合成温度的影响。

交联聚合物分子有助于增加原聚合物的温度稳定性。从理论上讲,温度的稳定性取决于因分子的刚性,使得分子的热运动降低,以及对水解、氧化或其他可能发生的解聚反应的某些防护作用。适当地提高交联剂的合成温度可以提升络合物的络合程度和络合稳定性,减少游离硼离子,使交联时间延长,增强耐温性;但是温度过高时,络合物过于稳定,颗粒过大,反而会加快交联,降低耐温性。此外根据配方的不同,交联剂的最佳合成温度也不同。

延迟交联体系有利于交联剂的分散,产生更高的黏度并改善压裂液的温度稳定性。延迟交联体系的另一优越性是管路中低黏度形成低的泵送摩阻。虽然交联凝胶可以泵入管路中,但一部分能量却用于剪切交联体使其返回成基液胶,此种黏度仅表现为较高的泵送摩阻,所以,采用延迟交联液可产生较高的井下最终黏度和更好的施工功率,总之,延迟交联体系优于普通交联体系。交联液与线型液比较,主要优点概括如下:①采用同等用量的胶液,在裂缝中能达到更高的黏度;②从液体滤失控制的观点看,该体系更有效;③交联液具有较好的支撑剂传输性能;④交联液具有较好的温度稳定性;⑤交联液的单位聚合物经济效益好。

延迟硼交联速度有两条途径：一是采用延迟硼酸盐交联剂（有机硼）；二是利用 pH 值来控制硼酸盐的交联速度。例如：采用弱碱（pH 值调节剂）MgO 加入酸性水化 HPG，最初溶液显酸性不交联，由于有如下反应：

$$MgO + H_2O \longrightarrow Mg^{2+} + 2OH^-$$

pH 值增大，大于 9.5 开始交联。

3.4.1.2　金属交联剂

针对高温深井压裂，过渡金属交联剂得到发展，包括钛（Ti）交联剂、锆（Zr）交联剂、铝（Al）交联剂、锑（Sb）交联剂。过渡金属阳离子由于有空轨道的存在，可与提供孤对电子的配位原子（如氨基上的 N、羟基上的 O）形成配位键，继而和植物胶分子链上的邻位顺式羟基产生络合作用，生成呈环状结构的多核络合物，达到交联的效果。

钛和锆化合物与氧官能团（顺式羟基）具有亲合力，有稳定的 +4 价氧化态以及低毒性。功能性有机配体增加了有机钛、锆交联剂的耐温性。这类交联剂的制备方法如下：原料一般选用钛或锆的氯化物、硫酸盐、硝酸盐、有机酯等，有机配体选用烷醇胺（如三乙醇胺）、α-羟基羧酸及其盐（如乳酸、葡萄糖酸钠等）、多元醇（如丙三醇、木糖醇等）、β-二酮，通过控制反应条件，制备出具有延迟交联特性、耐高温、性能稳定的交联剂产品，如 α-羟基羧酸钛、三乙醇胺锆、乙酰丙酮锆等有机金属交联剂。

有机配位体的引入，提高了有机过渡金属交联剂的稳定性和交联强度，并且形成的多核络合物能使交联强度增强，因此交联冻胶的耐温性较好。缺点是会对储层渗透率造成一定影响。冻胶在高速剪切下机械降解严重，对剪切敏感，高剪切可使过渡金属交联液不可逆降解。携带支撑剂的能力较差。

（1）锆交联剂。

常用氧氯化锆 $ZrOCl_2$ 和有机锆，如三乙醇胺锆、乙酰丙酮锆。通常以 $ZrOCl_2$ 作为原料与三乙醇胺、β-二酮、乳酸盐、山梨酸等有机配体结合制备有机锆交联剂，见图 3.23。

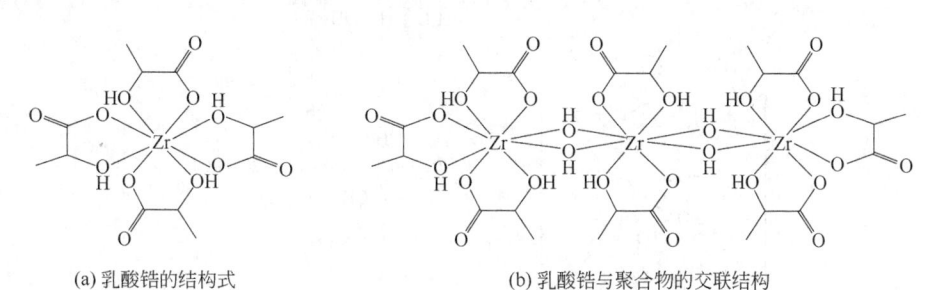

(a) 乳酸锆的结构式　　　　(b) 乳酸锆与聚合物的交联结构

图 3.23　有机锆交联剂及其与稠化剂的交联结构

锆冻胶压裂液具有高温下胶体稳定性好的特点，适用于油藏温度高于 180℃ 的储层压裂，具有高黏度、低摩阻、无残渣、破胶残液有防黏土膨胀作用等优点。

（2）钛交联剂。

自 20 世纪 70 年代以来，国外开始广泛研究有机金属交联剂，20 世纪 80 年代，我国中科院上海有机化学研究所研制出有机钛交联剂。目前常用的钛交联剂分为无机钛和有机钛两类。

无机钛交联剂主要有 $TiCl_4$、$TiOSO_4$、$Ti(SO_4)_2$ 及 $Ti_2(SO_4)_2$ 等。能在碱性条件下与植物胶分子链上的半乳—甘露糖交联，又能在酸性（pH 值 3～5）条件下交联带有羧甲基官能团的改性瓜尔胶（如 CMHPG）、纤维素衍生物（如 CMC、CMHEC）等阴离子型天然植物胶稠化剂及 PAM、HPAM 等聚合物，生成耐高温、黏弹性良好的冻胶。它的另一优点是破胶后残液可作为黏土防膨剂。

有机钛交联剂主要有乙酰丙酮钛、三乙醇胺钛、乳酸胺钛、正钛酸四异丙基酯、正钛酸双乳酸双异丙基酯、正钛酸双乙酰丙酮双异丙基酯等。

有机钛交联剂通式可写为$(R_1O)(R_2O)Ti(OR_3)(OR_4)$，其中 Ti 为四价，$R_1$、$R_2$、$R_3$ 和 R_4 为各种基团，基团上又可以接连不同的官能团。以乙酰丙酮作为络合剂为例，来说明有机钛交联剂的合成机理，反应方程式见图 3.24。

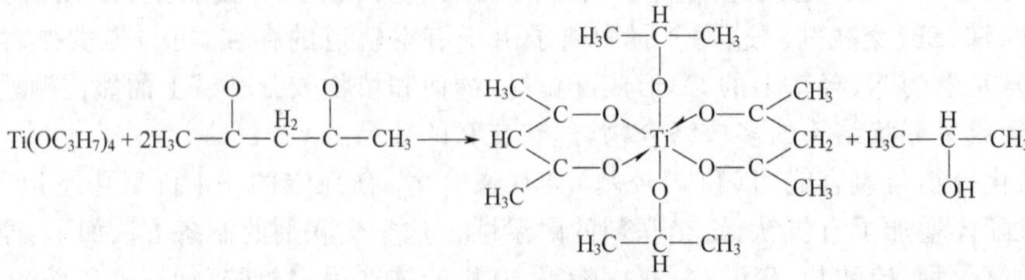

图 3.24　乙酰丙酮钛合成机理

交联原理：以图 3.25 所示三乙醇胺钛酸异丙酯与聚糖中的邻位顺式羟基交联为例，说明有机钛交联植物胶耐剪切的反应机理。三乙醇胺钛酸异丙酯在碱性溶液中水解，生成的六羟基合钛酸根阴离子与非离子型聚糖中邻位顺式羟基络合形成三乙醇络合物冻胶。

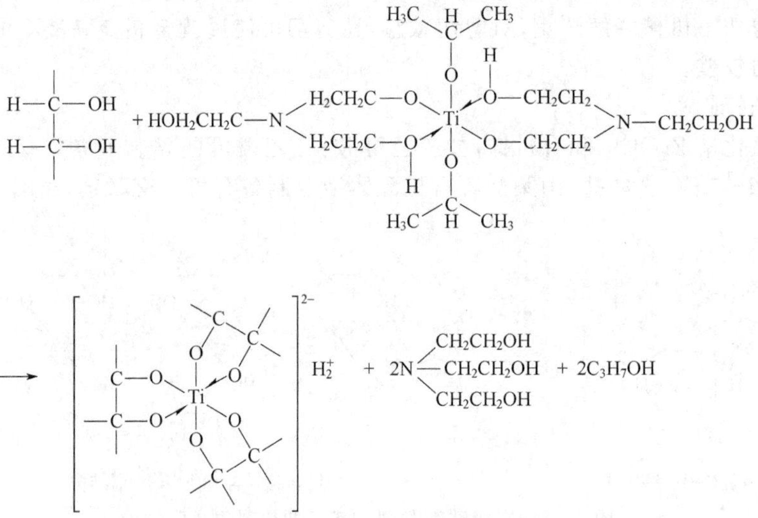

图 3.25　三乙醇胺钛酸异丙酯与邻位顺式羟基交联

1988 年，Kramer 等人研究了瓜尔胶与有机钛酸盐交联的相互作用情况，实验用三乙醇胺钛(Ti-TEA)与乙酰丙酮钛(Ti-AA)作为原料制备有机钛交联剂，核磁(NMR)和动态光散射(DLS)实验表明，钛酸盐水解产生了胶体二氧化钛颗粒，其尺寸在 10Å 到数百 Å 不等，由颗粒表面的静电力稳定，pH 值的降低会减少其表面电荷，从而使颗粒粒径增大。Kramer 推测 TiO_2 颗粒也参与了与瓜尔胶的交联过程，图 3.26 是其交联示意图。

非离子型半乳甘露聚糖植物胶水溶液浓度 0.4%～1%，三乙醇钛酸酯用量 0.05%～0.1%，pH 值 7～8。冻胶耐温 150～180℃。

有机钛交联剂的优点是用量少，交联速度易控制，交联后冻胶高温剪切稳定性好，适用范围较宽。缺点是：钛交联冻胶不具备短时间内彻底破胶、降解的能力，导致严重的支撑裂缝导流能力伤害,有时伤害率高达80%以上,压后返排能力比硼交联压裂液体系低,与硼砂相比价格昂贵,并且在使用中可能发生水解而降低活性。

钛、锆交联剂与聚合物之间形成的键具有好的温度稳定性,但其形成的冻胶压裂液对剪切敏感,高剪切可使过渡金属交联液不可逆降解。

(3)有机硼锆交联剂。

由于有机硼交联剂形成的压裂液在耐温性上还存在一定局限性,耐温性达140℃以上的产品较少,而有机金属交联剂形成的压裂液也存在不耐剪切、伤害性大等缺点,20世纪90年代中期,国内外开发了一种有机硼锆交联剂。硼原子通过α-羟基羧酸或多元醇连接到锆原子上,形成稳定的配位键。使得的交联冻胶具有非常高的稳定性和耐温耐剪切性能。

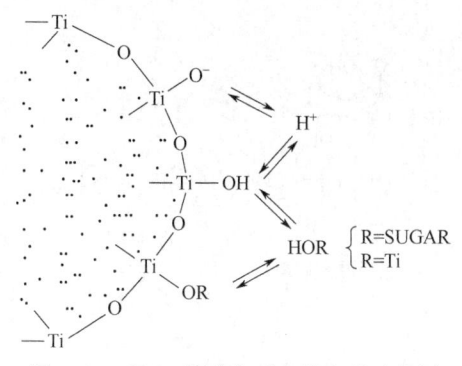

图3.26　TiO_2颗粒与瓜尔胶交联示意图

目前国内研制的OBZ-1、CZB-03、BA1-21、GCL均属于高温延迟型有机硼锆交联剂。

有机硼锆交联剂既具有硼酸盐离子交联点,也具有锆离子交联中心,在受到高速剪切后,硼交联点断裂,黏度下降,但当剪切消失后,由于硼交联点能够恢复交联,黏性恢复,克服了只有锆离子交联时剪切稳定性差的问题,同时该交联剂还具有机锆交联剂的抗高温特性,适用于高温深井地层压裂。例如有机锆—硼复合交联剂(GCL)已成功用于塔里木盆地高温超深井(5910m)的水力压裂施工。

(4)铝、锑交联剂。

铝交联剂有明矾、铝乙酰丙酮、铝乳酸盐、铝醋酸盐等。为了活化铝交联剂,常添加无机酸或有机酸,将pH值调到6以下。交联的压裂液在80℃以上仍很稳定。

有机锑交联剂,它与田菁胶交联形成非常黏的压裂液,对支撑物悬浮和携带能力好,压裂液的pH值在3~5范围内,只适用于80℃以内油气层压裂。

3.4.1.3　纳米颗粒交联剂

纳米材料作为一种现代的新型特殊材料,是指在三维空间上至少有一维处于0.1~100nm的纳米尺寸级,或者由它们作为基本单元构成的材料。因为其颗粒形状规整,具有表面效应、体积效应和量子尺寸效应,广泛应用于压裂增产作业,用来减少压裂液的用量和残留量,降低对地层伤害,提高压裂液的黏度,加强了压裂液的携砂能力,增强耐温性能以及减小滤失量。

常用的有纳米二氧化硅、纳米二氧化锆及纳米二氧化钛。纳米颗粒具有大的比表面积,大量羟基的存在会有更多交联位点的存在,纳米颗粒的存在会使交联剂粒径增大,因此纳米交联剂具有更高的交联效率。为了提高交联效果,先要对纳米颗粒进行表面改性,一般通过吸附、包覆、包膜等起作用。常用的改性剂是硅烷偶联剂。

纳米二氧化钛颗粒是通过纳米二氧化钛表面羟基与HPG分子临位顺式羟基形成氢键实现交联的,如图3.27所示。纳米交联剂表面大量的羟基和瓜尔胶聚合物链上的邻位顺式羟基通过氢键形成庞大而紧凑的网状结构,具有更高的交联效率,链间交联还能增强冻胶的强度,使其具有更好的携砂性和耐剪切性。

目前,水力压裂液体系中普遍使用的交联剂有:有机硼交联剂、有机锆交联剂和纳米二氧化硅交联剂,这三类交联剂的优点和缺点比较见表3.6。

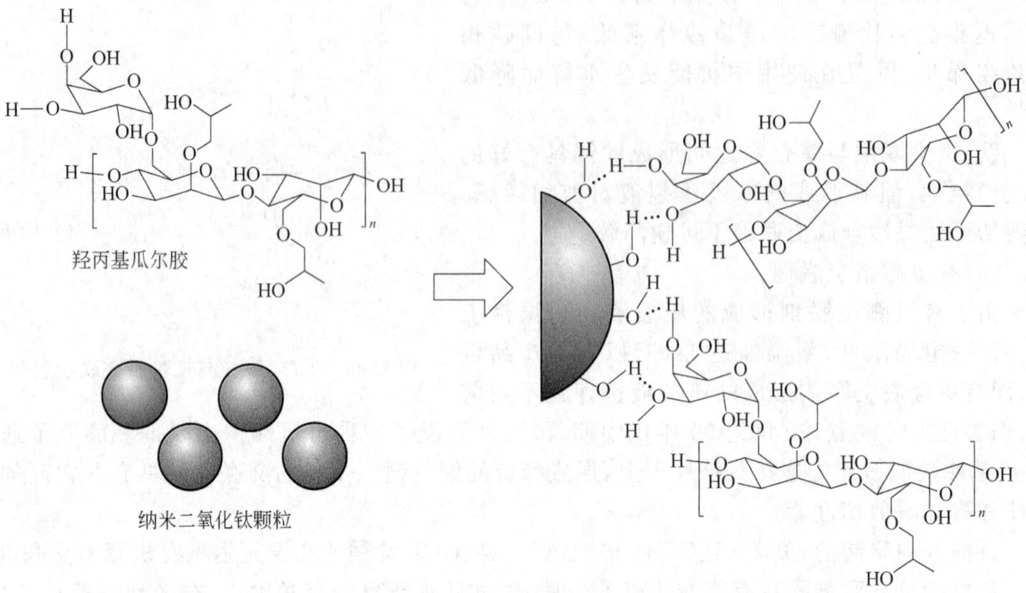

图 3.27　纳米二氧化钛表面羟基与 HPG 分子邻位顺式羟基形成氢键

表 3.6　交联剂优缺点比较

	有机硼交联剂体系	有机钛锆交联剂体系	纳米二氧化硅交联剂体系
优点	成本较低、耐剪切、延时交联、低伤害、黏弹性好、易破胶	耐高温性好	多活性位点、交联性能好、耐温性较好
缺点	适用于 120℃ 以下的中低温储层、高温下不耐剪切、交联效率低	成本较高、耐剪切能力弱、破胶不彻底、残渣含量高	成本较高、合成步骤复杂、不利于大规模生产、对地层伤害较大、破胶难、不易降解

常用的水基压裂液的交联剂见表 3.7。表中 HPAM 为部分水解聚丙烯酰胺，GG 为瓜尔胶，HPGAM 为羟丙基半乳甘露聚糖，PVA 为聚乙烯醇，PAM 为聚丙烯酰胺。

表 3.7　交联基团和交联剂

交联基团	稠化剂代号	交 联 剂	交联条件
—COO$^-$	HPAM,CMC	$BaCl_2$、$AlCl_3$、$K_2Cr_2O_7+Na_2SO_3$、$KMnO_4+KI$	酸性交联
邻位顺式羟基	GG,HPGM,PVA	硼砂、硼酸、二硼酸钠、五硼酸钠、有机钛、有机锆、有机硼	碱性交联
邻位反式羟基	HEC,CMC	醛、二醛	酸性交联
—CONH$_2$	HPAM,PAM	醛、二醛、Zr^{4+}、Ti^{4+}	酸性交联
CH_2CH_2O	PEO	木质素、磺酸钙酚醛树脂	碱性交联

3.4.2　破胶剂

使黏稠压裂液可控地降解成能从裂缝中返排出的稀薄液体，能使冻胶压裂液破胶水化的试剂称为破胶剂即水化后压裂液黏度低于 5mPa·s。理想的破胶剂在整个液体和携砂过程中，应维持理想高黏度，一旦泵送完毕，液体立刻破胶化水。

水力压裂施工引入了交联压裂液，促进了一系列技术的发展。许多技术及时地满足了工艺的需要(如延迟交联体系)，同时将应用交联冻胶有关的问题显露出来。水力压裂交联冻胶在早期应用中因未含足够使冻胶液化学破胶的破胶剂，未破胶的冻胶和压裂液残渣对施工后裂缝渗透率产生影响。交联冻胶难于化学破胶的三个原因是：(1)除了破坏聚合物的骨架外，破胶剂必须与连接聚合物分子的交联键反应；(2)为保持液体的pH值在冻胶最稳定的范围内，泵送的交联压裂液一般具有一个强的缓冲体系；(3)破胶反应必须足够缓慢，以保证压裂液的稳定性达到要求并适于铺置大量的支撑剂。

目前，适用于水基交联冻胶体系的破胶剂有三类：氧化剂、酶和潜在酸。

(1)氧化剂。氧化剂通过氧化交联键和聚合物链使交联冻胶破胶。主要有：过硫酸铵、过硫酸钾、高锰酸钾(钠)、叔丁基过氧化氢、过氧化氢、溴酸盐等化合物，使植物胶及其衍生物的缩醛键氧化降解，使纤维素及其衍生物在碱性条件下发生氧化降解反应。氧化反应依赖于温度与时间，并在多种pH值范围内有效。

如果油藏温度可充分地活化氧化剂，氧化反应不致影响到压裂液的稳定性，则氧化剂可有效地用作交联冻胶破胶剂。

这些氧化破胶剂适用温度为54～93℃，pH范围在3～7。当温度低于50℃，这些化合物分解慢，释放氧缓慢，必须加入金属亚离子作活化剂，促进分解。在温度100℃以上分解太快，快速氧化造成不可控制的破胶速率。因此要根据油气层温度及要求的破胶时间，慎重选用破胶剂。氧化剂适用于130℃以内。

(2)酶破胶剂。常用的有淀粉酶、纤维素酶、胰酶、蛋白酶、甘露聚糖酶、半乳糖苷酶。淀粉酶可使植物胶及其衍生物降解，纤维素酶可使纤维及其衍生物降解。酶的活性与温度有关，在高温下活性降低，适用于21～54℃的油气层，pH值在3.8～8的范围，最佳pH为5。

酶在适用温度(60℃以内)下，可以将半乳甘露聚糖的水基冻胶压裂液完全破胶，并且能大大降低压裂液的残渣。但是现场使用酶破胶剂不方便，酸性酶对碱性聚糖硼冻胶的黏度有不良影响；植物胶杀菌剂会影响酶的活性，降低酶的破胶作用。

60℃以下常用的酶有α和β淀粉酶、淀粉糖甙酶、蔗糖酶、麦芽糖酶、淀粉葡萄苷酶、纤维素酶、低葡糖苷酶和半纤维素酶等。使用纤维素酶和半纤维素酶，当pH值为2.5～8时效果好，最好的pH值是5左右，pH值低于2或高于8.5时酶破胶剂基本上不起作用。

目前人们也对各种压裂液在较宽使用温度范围内的聚合物专用的酶开展研究。据报道，辽河油田开发出一种广谱性β-酶，适用温度为20～70℃，pH范围在6.0～11.0。

(3)小分子酶及潜在酸。甲酸甲酯、乙酸乙酯、磷酸三乙酯等有机酯以及三氯甲苯、二氯甲苯、氯化苯等化合物在较高温度条件下能放出酸，使植物胶及其衍生物、纤维素及其衍生物的缩醛键在酸催化下水解断键。适用温度为93℃的油气层。

通常，酸破胶剂的作用是逐渐改变压裂液pH值到一定范围，在此范围内压裂液不稳定，水解或聚合物的化学分解发生。用于破胶剂的大部分酸是缓慢溶解的有机酸，当它们溶解时便影响溶液pH值，要求pH值变化的速率由初始缓冲液浓度、油藏温度和酸的浓度所决定。由于酸性能的变化(如消耗于储层岩石的酸溶性矿物)，所以用酸作为水基交联压裂液破胶剂并不普遍。

(4)胶囊破胶剂(延迟破胶技术)。破胶剂应用的最新发展是氧化剂中的胶囊包制技术。在胶囊包制的过程中，固体氧化剂用一种惰性膜包起来，然后膜层破裂、降解或慢慢地被其携带液所渗透，而将氧化剂释放到压裂液中。研究表明，使用胶囊破胶剂大大地提高了氧化破胶的适用性和有效性。

胶囊破胶剂利用保护膜的物理屏障作用阻止和控制破胶剂释放，施工完后即在压裂裂缝闭合时产生的巨大应力，使包覆层变形破裂而导致破胶剂释放。这种释放方式有以下几个显著特点：

①与时间、温度无关，地层裂缝闭合之前不会出现"逐渐破胶"过程而影响压裂液造缝黏度；

②破胶剂位于裂缝内释放而破胶降黏；

③可使用高的破胶剂浓度，压裂处理后破胶速度快，对地层伤害小；

④适用范围广。

水基冻胶压裂液中破胶剂非常重要。如果冻胶破胶不彻底，还有一定黏度，势必造成返排困难，或者滞留在喉道中，降低油气层渗透率，影响压裂效果。

3.4.3 pH值调节剂(缓冲剂)

通常压裂液中使用缓冲剂是为了控制特定交联剂和交联时间所要求的pH值。它们也能加速或延缓某些聚合物的水合作用。典型的产品有碳酸氢钠、富马酸、磷酸氢钠与磷酸钠的混合物、苏打粉、醋酸钠及这些化学剂的组合物。缓冲剂另一个更重要的功能是保证压裂液处于破胶剂和降解剂的作用范围内。前面已提到，某些破胶剂在pH值超出一定范围时就不起作用。使用缓冲剂，即使是因地层水或其他原因的污染而改变pH的趋势时，它仍能保持pH值范围不变。

pH值控制范围为1.5～14的pH值控制剂有：氨基磺酸，1.5～3.5；富马酸，3.5～4.5；醋酸，2.5～6.0；盐酸，<3；二乙酸钠，5.0～6.0；亚硫酸氢钠，6.5～7.5；碳酸氢钠，10～14。

3.4.4 杀菌剂

微生物的种类很多，分布极广，繁殖生长速度很快，具有较强的合成和分解能力，能引起多种物质变质，如可引起瓜尔胶类植物溶胶液变质。

泵入地下的水基压裂液都应当加入一些杀菌剂，杀菌剂可消除储罐里聚合物的表面降解。更重要的是，所选定的合适的杀菌剂可以中止地层里厌氧菌的生长。许多地层就是因硫酸盐还原菌的生长而变酸，该菌产生硫化氢而使地层原油变酸。杀菌剂应加到压裂液中，既可保持胶液表面的稳定性又能防止地层内细菌的生长。

(1)重金属盐类杀菌剂。重金属盐类离子带正电荷，易与带负电荷的菌体蛋白质结合，使蛋白质变性，有较强的杀菌作用，如：

$$蛋白质—SH + Hg^{2+} \longrightarrow 蛋白质—S—Hg—S—蛋白质$$

铜盐(硫酸铜)可以使细菌蛋白质分子变性，还可以和蛋白质分子结合，阻碍菌体吸收作用。

(2)有机化合物类杀菌剂。酚、醇、醛等是常用的杀菌剂。例如甲醛有还原作用，能与菌体蛋白质的氨基结合，使菌体变性。

$$R—NH_2 + CH_2O \longrightarrow R—NH_2 \cdot CH_2O$$

(3)氧化剂类杀菌剂。高锰酸钾、过氧化氢、过氧乙酸等能使菌体酶蛋白质中的巯基氧化成—S—S—基，使酶失效。

$$2R—SH + 2X \longrightarrow R—S—S—R + 2XH$$

(4)阳离子表面活性剂类杀菌剂。新洁尔灭(1227)高度稀释时能抑制细菌生长，浓度高时有杀菌作用。它能吸附在菌体的细胞膜表面，使细胞膜受损。

碱性阳离子与菌体羧基或磷酸基作用，形成弱电离的化合物，妨碍菌体正常代谢，扰乱菌体氧化还原作用，阻碍芽孢的形成，如：

$$P—COOH + B^+ \longrightarrow P—COOB + H^+$$

应注意的是，阳离子表面活性剂能使油气层岩石转变成油润湿，使油的相对渗透率平均降低40%左右，因此，除注水井外，最好不要使用阳离子表面活性剂类杀菌剂。

3.4.5 黏土稳定剂

能防止油气层中黏土矿物水化膨胀和分散运移的试剂称为黏土稳定剂。砂岩油气层中一般都含有黏土矿物。砂岩油气层黏土含量较高，水敏性较快，遇水后水化膨胀和分散运移，堵塞油气层，降低油气层的渗透率。因此，在水基冻胶压裂液中必须加入黏土稳定剂，防止油气层中黏土矿物的水化膨胀和分散运移。

实验研究和现场结果都表明，生产层中黏土和微粒的存在会降低增产效果。黏土含量可能不如黏土类型和位置重要。高岭石、伊利石及绿泥石是砂岩储集层中最常见的黏土类型，这些黏土一般并不膨胀，特别是有氯化钾水溶液存在时。但是它们与少量的蒙脱石和特别不稳定的混层黏土相间分布时，膨胀却十分常见。引入压裂液或者温度、压力、离子环境的变化都可能引起沉积并迁移穿过岩石的孔隙系统。

由于微粒的迁移，它们可能桥架在狭窄的孔隙喉道上，严重地降低渗透率。渗透率一旦损伤，就必采取特别措施去修复这种伤害。渗透率损伤的另一种类型是黏土膨胀，它降低了地层的渗透率。因黏土膨胀和颗粒迁移而使地层伤害的敏感性取决于如下特征：(1)黏土含量；(2)黏土类型；(3)黏土分布；(4)孔隙尺寸和粒度分布；(5)胶结物质，如方解石、菱铁矿或二氧化硅的含量和位置。用 X 射线衍射、扫描电镜及薄片鉴定可以评价伤害的敏感度。使用黏土稳定剂可以减轻伤害。

目前国内外在水基冻胶压裂液中使用的黏土稳定剂主要有两类：一类是无机盐如 KCl；另一类是有机阳离子聚合物如 TDC、A-25 等。

KCl 以提供充分的阳离子浓度防止阳离子交换而出现的浸析作用来阻止黏土颗粒的分散，并保持黏土颗粒堆积的各层片晶呈凝结或浓缩状态。KCl 几乎不能阻止与低含盐量水连续接触而引起的微粒迁移，也不能对此提供残余保护防止分散。KCl 是目前最常用的防膨剂。实际上，所有砂岩储层的施工设计都包含有 KCl，甚至用于那些含黏土砂岩夹岩层的石灰储集层。

聚合物黏土稳定剂是阳离子型的高分子聚合物，它能牢固地吸附在黏土表面，束缚它们并阻止任何微粒迁移或膨胀。这种黏土稳定剂需要小心使用，因为超量处理会堵塞孔隙空间。它们一旦放到适当的位置就相当持久，这些产品通常与 KCl 联用。

3.4.6 表面活性剂

表面活性剂(主要是非离子型和阴离子型表面活性剂)在压裂液中的应用很多，如降低压裂液破胶液的表面张力和界面张力，防止水基压裂液在油气层中乳化，使乳化液破乳，配制乳化液和泡沫压裂液等，推迟或延缓酸基压裂液的反应时间，使油气层砂岩表面水润湿，提高洗油效率，改善压裂液的性能等。

3.4.6.1 润湿剂

固体表面上的一种流体被另一种流体所取代的过程称为润湿。能增强水或水溶液取代固体表面另一种流体能力的物质称为润湿剂。

压裂液中常用的润湿剂主要是非离子型表面活性剂，如 AE1910、OP-10、SP169、796A、TA-1031 等，它们能将亲油砂岩润湿为亲水砂岩，有利于提高油的相对渗透率。

3.4.6.2 破乳剂

油井进行水基压裂时，水基压裂液与地层原油能够形成油水乳状液。由于原油中天然乳化剂附着在水滴上形成保护膜,使乳状液具有较高的稳定性。乳状液的黏度能从几毫帕秒到几千毫帕秒不等。如果在井眼附近产生乳化,就可能出现严重的生产堵塞。

加入某些表面活性剂可以达到防乳破乳的目的。加入的表面活性剂能强烈地吸附于油/水界面,顶替原来牢固的保护膜,使界面膜强度大大降低,保护作用减弱,有利于破乳。

常用的油水乳状液的破乳液多为胺型表面活性剂,特别是以多乙烯多胺为引发剂,用环氧丙烷多段整体聚合而成的胺型非离子表面活性剂,分子量大,有利于破乳,如 AE1910、HD-3、JA-1031。表 3.8 是几种活性剂的破乳率比较。

表 3.8　几种活性剂的破乳率比较

破乳率/%　　浓度/%　活性剂	0.02	0.06	0.10	0.20	0.30	0.40
1227	52	64	72	72	80	80
AE169-21	96	98	100	100	100	100
活性剂-Ⅰ	48	80	92	100	100	100
活性剂-Ⅱ	24	28	36	40	40	40
9108	28	40	68	88	100	100
8908	40	68	88	96	100	100
HD-3	80	96	100	100	100	100
OP-10	87	94	98	100	100	100

3.4.6.3　助排剂

(1)液阻与助排。液阻效应是指液珠通过毛细孔喉时变形而对液体流动发生阻力效应。阻力效应是可以叠加的,即当一连串的液珠堵住一连串的毛细孔时,流体流动所需克服总的阻力效应是液阻效应之和。水的表面张力是 72mN/m,要使水珠变形流过砂粒间的毛细孔时,对流体流动产生的阻力效应较大。而表面活性水溶液的表面张力一般是 30mN/m 左右,要使活性剂溶液的液珠变形通过砂岩粒间的毛细孔时,对流体产生的阻力效应相应较小,添加活性剂的压裂液易返排,可以减少对油气层的伤害。

(2)常用的助排剂。常用的助排剂有:非离子含氟表面活性剂、非离子聚乙氧基胺、非离子烃类表面活性剂、非离子乙氧基酚醛树脂、乙二醇含氟酰胺复配物。理想的助排剂应具有对油气层的良好润湿性和减小油气层毛管力的特性。压裂液助排剂的加量一般为 0.1%～0.15% 较好。

3.4.6.4　消泡剂

配液时加入稠化剂和表面活性剂,进行大排量循环,将产生大量气泡,给配液带来困难,因此,配液时必须加入消泡剂。常用的消泡剂有:异戊醇、斯盘-85、二硬酯酰乙二胺、磷酸三丁酯、烷基硅油。烷基硅油的表面张力很低,容易吸附于表面,在表面上铺展,是一种优良的消泡剂。

3.4.7　降阻剂

压裂液黏度增加,管道摩阻和泵的功率损失也增加。为了有效地利用泵的效率,降低压裂液摩阻是非常必要的。

水基压裂液常用降阻剂有聚丙烯酰胺及其衍生物聚乙烯醇(PVA),植物胶及其衍生物和各种纤维素衍生物也可以降低摩阻。

降阻剂在水基压裂液中降阻的原理是抑制紊流。水中加入少量高分子直链聚合物(聚丙烯酰胺)能减轻和减少液流中的漩涡和涡流,因而能够抑制紊流,降低摩阻。如果水中加入适量的聚合物降阻剂,可使泵送摩阻比清水摩阻减少75%。

3.4.8 降滤失剂

降滤失剂的作用:
(1)有利于提高压裂液效率,减少压裂液用量,降低压裂液成本。
(2)有利于造成长而宽的裂缝,提高砂比,使裂缝具有较高的导流能力。
(3)减少压裂液在油气层的渗流和滞留,减少对油气层的伤害。
(4)减少压裂液对水敏性油气层的伤害。

水基压裂液常用降滤失剂:粒径为0.045~0.17mm(320~100目)的粉砂、粉陶、柴油、轻质原油和压裂液中的水不溶物都可以防止流体滤失。5%柴油完全混合分散在95%水相交联的高黏度冻胶中,是一种很好的降滤失剂。5%柴油降低水基压裂液滤失的机理为:两相流动阻止效应、毛细管阻力效应和贾敏效应产生的阻力。

3.4.9 温度稳定剂

温度稳定剂用来增强水溶性高分子胶液的耐温能力,以满足不同地层温度、不同施工时间对压裂液的黏度与温度、黏度与时间稳定性的要求。冻胶压裂液的耐温性主要取决于交联剂、增稠剂品种以及体系中各添加剂的合理搭配,温度稳定剂仅为辅助剂。常用的温度稳定剂有:硫代硫酸钠、亚硫酸氢钠、三乙醇胺、Tween20 等。

3.5 油基压裂液

油基压裂液是以油作为溶剂或分散介质,与各种添加剂配制成的压裂液。

3.5.1 稠化油压裂液

稠化油压裂液是将稠化剂溶于油中配制而成。

3.5.1.1 油溶性活性剂

常用的油溶性活性剂主要是脂肪酸盐(皂):

$$R-\overset{O}{\underset{\|}{C}}-ONa \qquad R-\overset{O}{\underset{\|}{C}}-OCa \qquad RC-\overset{O}{\underset{\|}{}}-OAl(OH)_2 \qquad (RC-\overset{O}{\underset{\|}{}}-O)_2Al(OH)$$

其中脂肪酸根的碳原子数必须大于8。加量为0.5%~1.0%(质量分数)。

另一类是铝磷酸酯盐$(HO)_nAl(-O-\overset{O}{\underset{\underset{OR}{\|}}{P}}-OR)_m$,其中,R,R′是烃基,$m=1\sim3$,$n=0\sim2$,$m+n=3$,加量0.6%~1.2%(质量分数)。

目前普遍采用的是铝磷酸酯与碱的反应产物,这类稠化剂在油中形成"缔合",将油稠化。

3.5.1.2 油溶性高分子

油溶性高分子物质当浓度超过一定数值,就可在油中形成网络结构,使油稠化。主要有:聚丁二烯、聚异丁烯、聚异戊二烯、α-烯烃聚合物、聚烷基苯乙烯、氢化聚环戊二烯、聚丙烯酸酯。

3.5.2 油基冻胶压裂液

3.5.2.1 配制方法

原油（成品油）＋胶凝剂＋活化液→溶胶液；

水＋$NaAlO_2$→活化液；

溶胶液＋活化液＋破胶剂→油基冻胶压裂液。

目前国内外普遍使用的油基压裂液胶凝剂主要是磷酸酯，其分子结构如图 3.28 所示：

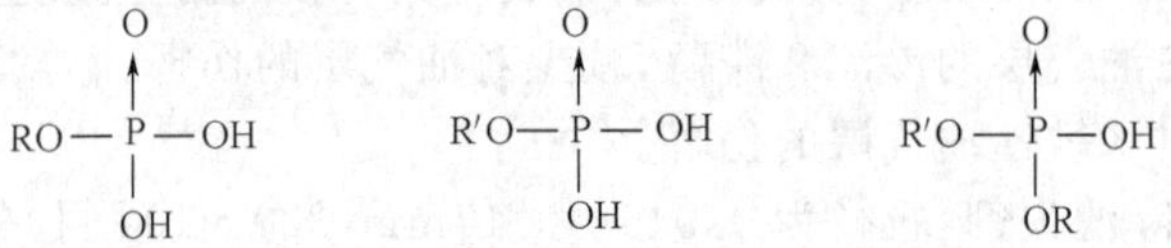

图 3.28 磷酸的分子结构
R—C_1～C_8 的烃基；R′—C_6～C_{18} 的烃基

有机脂肪醇与无机非金属氧化物五氧化二磷生成的磷酸酯均匀混入基油中，用铝酸盐进行交联，可形成磷酸酯铝盐的网状结构，使油成为油冻胶。

油基冻胶压裂液中常用的交联剂为 Al^{3+}（如铝酸钠、硫酸铝、氢氧化铝），Fe^{3+} 以及高价过渡金属离子。

常用的破胶剂有碳酸氢钠、苯甲酸钠、醋酸钠、醋酸钾。油基冻胶压裂液交联增稠和破胶降黏机理如图 3.29 所示。

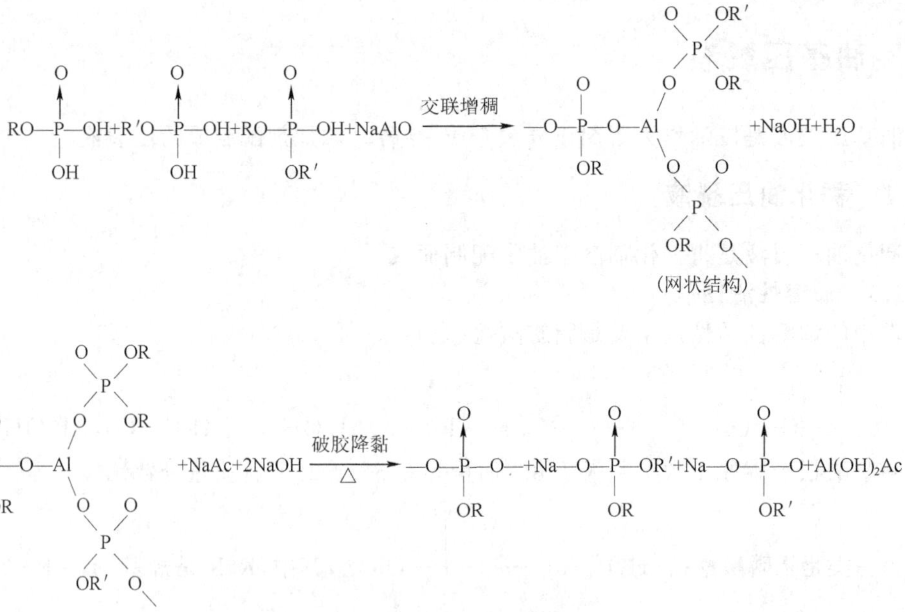

图 3.29 油基冻胶压裂液交联和破胶机理
R—C_1～C_8 的烃基；R′—C_8～C_{18} 的烃基

磷酸酯铝盐油基冻胶压裂液是目前性能最佳的油基压裂液。其黏度较高，黏温性好，具有低滤失性和低摩阻。磷酸酯铝盐油冻胶需要用较大量的弱有机酸盐进行破胶。

磷酸酯铝盐油基冻胶压裂液适用于水敏、低压和油润湿地层的压裂，砂比可达 30%。

3.5.2.2 油基压裂液基本特点
(1)容易引起火灾;
(2)易使作业人员、设备及场地受到油污;
(3)基油成本高;
(4)溶于油中的添加剂选择范围小,成本高,改性效果不如水基液;
(5)油的黏度高于水,摩阻比水大;
(6)油的滤失量大;
(7)油的相对密度小,液柱压力低,有利于低压油层压裂后的液体返排,但需提高泵注压力;
(8)油与地层岩石及流体相容性好,基本上不会造成水堵,乳堵和黏土膨胀与迁移而产生的地层渗透率降低。

油基压裂液适用于低压、强水敏地层,在压裂作业中所占比重较低。

3.6 泡沫压裂液

泡沫压裂液是由气相、液相、表面活性剂和其他化学添加剂组成。泡沫压裂工艺是低压、低渗、水敏性地层增产、增注以及完井投产的重要而有效的措施。

泡沫压裂技术始于20世纪60年代末期的美国。70年代随着对泡沫压裂机理和压裂设计理论研究的不断深入,泡沫压裂技术也得到了较快的发展。1980年年底,在美国得克萨斯州东部成功地进行了几次大型泡沫压裂施工,泡沫液用量最大已达到2233m³,加砂530t。泡沫压裂使用井深现已超过3350m,施工最高压力可达69MPa。目前泡沫压裂在美国和加拿大应用较多,到1985年美国已进行约3600井次的泡沫压裂作业,约占总压裂井次的10%。近几年,国内的大庆、辽河等油田也开展了泡沫压裂的现场试验工作。

3.6.1 泡沫压裂液的组成

泡沫压裂液是一个大量气体分散于少量液体中的均匀分散体系,由两相组成,气体约占70%,为内相;液体占30%,为外相。因此,液相必须含有足够的增黏剂、表面活性剂和泡沫稳定剂等添加剂以形成稳定的泡沫体系。泡沫直径常小于0.25mm。

3.6.1.1 气相
泡沫压裂液的气相一般为氮气或二氧化碳气。目前最常用的是氮气。

3.6.1.2 液相
液相一般采用水或盐水。对高水敏地层可用原油、凝析油或精炼油。对碳酸盐地层可用酸类。

3.6.1.3 表面活性剂(发泡剂)
表面活性剂的作用是在气、液混合后,使气体呈气泡状均匀分散在液体中形成泡沫。因此表面活性剂不仅影响泡沫的形成和性质,而且对压裂的成功与否至关重要。

泡沫压裂液中发泡剂的选择原则是:
(1)起泡性能强,注入气体后能立刻起泡;
(2)与基液各组分相溶性好;
(3)当压力释放时,气泡能迅速破裂;
(4)与地层岩石和流体配伍性好;
(5)使用浓度低,一般为流体的0.5%~1%;

(6)凝点低,具有生物降解能力,毒性小;
(7)成本较低,来源广。
常用的表面活性剂及其特点如下:
(1)阴离子表面活性剂。常用的阴离子表面活性剂有硫酸酯和磺酸酯,如正十二烷基磺酸钠。这种活性剂的特点是起泡性好、用量少,产生的泡沫质量高、稳定,而且结构好,特别适用于水基泡沫液。缺点是与阳离子添加剂(如黏土稳定剂、杀菌剂)不相容性,常引起泡沫质量下降和形成不溶沉淀物。
(2)阳离子表面活性剂。阳离子表面活性剂多数是用胺化物,如十六烷基三甲基溴化铵和季铵盐氯化物,它们能与大多数带正电荷的黏土稳定剂、杀菌剂、防腐剂都相容,而且它的表面活性具有双重作用,可降低黏土膨胀和酸的反应速度,适用于泡沫酸处理。
(3)非离子表面活性剂。非离子表面活性剂的适用范围最广,与其他各种添加剂相容性都较好,但形成的泡沫质量和稳定性较差。

3.6.1.4 泡沫稳定剂

泡沫液为热力学不稳定体系。当温度升高后,泡沫半衰期缩短,泡沫稳定性变差,故必须向体系内加入稳定剂以改善泡沫体系的稳定性。

泡沫稳定剂多为高分子化合物。按作用机理可分为两类:第一类是增黏型稳定剂,主要是通过提高基液的黏度来减缓泡沫的排液速率,延长半衰期,从而提高泡沫的稳定性,属于这类的稳定剂有 CMC、CMS 等。第二类稳定剂主要作用不是增黏而是提高气泡薄膜的质量,增加薄膜的黏弹性,减小泡沫的透气性从而提高泡沫的稳定性,属于此类的稳定剂有 HEC。将这两类稳定剂复配使用可获得最佳效果。

3.6.1.5 发泡剂和稳定剂加量的选择

1. 发泡剂加量的选择

随着发泡剂加量的增大,溶液的表面张力下降,在发泡剂的浓度达到临界胶束浓度之前下降幅度很大;大于临界胶束浓度之后,下降幅度减小,其规律见图 3.30。

与溶液表面张力的情况相反,当泡沫质量不变时,泡沫黏度随发泡剂浓度增大而增大。但其变化规律与表面张力有相似之处,即在临界胶束浓度之前泡沫黏度增加快,而在大于临界胶束浓度之后,泡沫黏度上升慢,如图 3.31 所示情况。

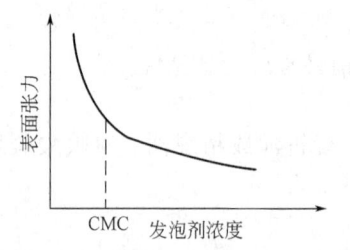

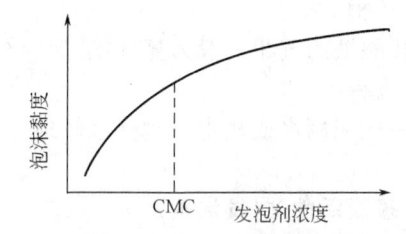

图 3.30 发泡剂浓度—表面张力关系示意图　图 3.31 发泡剂浓度.泡沫黏度关系示意图
(泡沫质量恒定)

兼顾泡沫体系的发泡能力和泡沫稳定性,发泡剂的加量一般以稍大于临界胶束浓度为最佳。

2. 稳定剂加量的选择

稳定剂除改善泡沫稳定性外,还影响体系的发泡能力。当稳定剂加量过高时,虽然其稳泡效果好,但却使体系的发泡能力下降。因此,确定稳定剂加量时应根据施工条件,在满足泡沫体系稳定性的前提下尽量少加稳定剂。

3.6.2 泡沫压裂液的性能及表征

3.6.2.1 泡沫质量

泡沫质量指气体体积占泡沫总体积的百分数，以 $\Gamma(\%)$ 表示。

在一定温度和压力下，泡沫质量 Γ 与充气的气体体积 V_g、基液体积 V_t 和泡沫体积 V_f 有如下关系：

$$\text{泡沫质量(气含率)}\Gamma = \frac{\text{泡沫中气体体积}}{\text{泡沫总体积}} = \frac{V_g}{V_f} = \frac{V_g}{V_g + V_t}$$

在压裂时的井底压力和温度下，泡沫质量一般是60%~85%。

3.6.2.2 泡沫半衰期

泡沫性能测量方法很多，如气流法、搅动法、罗迈—迈尔斯法，一般用半衰期来表征泡沫的稳定性。它是指泡沫基液析出一半所需的时间，以 $t_{1/2}$ (min) 表示。

泡沫半衰期 $t_{1/2}$ 的确定是以泡沫压裂液在施工泵注过程中几乎完全不失水而能将支撑剂顺利带入地层深处为原则。常根据施工规模和泵注排量确定适宜的泡沫半衰期。

3.6.2.3 泡沫黏度

泡沫黏度指泡沫在一定温度和一定剪切速率下流动的内摩擦力。以 μ_f (mPa·s) 表示。

在压裂时的井底压力和温度下，泡沫质量一般是60%~85%，这时黏度可用下式计算：

$$\mu_f = \mu_b(1.0 + 4.5\Gamma_f)$$

式中　μ_f——泡沫黏度，mPa·s；
　　　μ_b——基液黏度，mPa·s；
　　　Γ_f——泡沫质量，%。

在完全层流下，泡沫的流变性近于宾汉塑性体，其黏度可用下式计算：

$$\tau - \tau_y = \mu_p \dot{\gamma}$$

式中　τ——剪切应力，Pa；
　　　τ_y——屈服应力，Pa；
　　　μ_p——塑性黏度，Pa·s；
　　　$\dot{\gamma}$——剪切速度，s^{-1}。

典型配方的泡沫压裂液起泡时基液的黏度和起泡后泡沫视黏度 μ_a 见表3.9。由表可明显看出，泡沫体系的黏度比基液黏度高许多倍。泡沫和基液的黏度均随温度升高而减小，但泡沫黏度降低速率慢，说明泡沫压裂液具有良好的黏温性能。

表3.9　泡沫与基液的黏度比较

温度/℃	30	60	80
基液黏度/(mPa·s)	42.6	19.3	15.5
泡沫视黏度 μ_a/(mPa·s)	185.7	166.3	150.9

3.6.2.4 滤失及滤失系数

滤失系数 C 表示泡沫压裂液滤失性的大小，单位为 m/min$^{1/2}$。

通常用贝罗依高温高压仪测定泡沫压裂液的滤失并计算出滤失系数 C。表 3.10 以典型配方为例说明泡沫压裂液的滤失情况。泡沫体系的滤失量小,压裂效率高。

表 3.10　典型配方泡沫压裂的滤失情况(80℃,0.5MPa)

时间/min	0.6	1	4	9	16	25	36	49
滤出体积/L	1	1	2.6	9.4	13	17	19	21.6
滤出液+泡沫/mL	14.4	14.6	17.2	20.2	23	26	28.5	31.1
$C/(m/min^{1/2})$	\multicolumn{4}{c|}{5.495×10^{-4}(滤出液)}	\multicolumn{4}{c|}{4.213×10^{-4}(滤出液+泡沫)}
R	\multicolumn{4}{c|}{0.9880(滤液)}	\multicolumn{4}{c|}{0.9988(滤出液+泡沫)}

3.6.2.5　泡沫沉砂速度

一定粒度的石英砂粒在一定温度下于泡沫中沉降时,单位时间内沉降的高度为泡沫沉砂速度 u,单位是 m/min。

泡沫沉砂速度表现了泡沫体系的悬砂性能。实验中,将泡沫装入 250mL 量筒,再向泡沫中加入一定量的金刚砂或石英砂,将量筒置于恒温水浴中保持温度恒定。测定砂粒在泡沫中下沉 20cm 所需的时间并计算出沉降速度。表 3.11 举例说明泡沫的悬砂性能。

表 3.11　石英砂在泡沫中的沉降情况(30℃,每粒砂平均质量 1.869×10^{-3}g)

一粒砂下沉时间/s	551.9	988.4	1456.3	1585.5	1709.5	1716.4	1954.9	2127.7
同时下沉砂粒数/颗	1	1	1	2	1	1	2	2
沉降速度/(10^{-3}m/min)	21.74	12.14	8.24	7.57	7.02	6.99	6.14	5.64

3.6.2.6　密度

用密度仪测定某典型配方泡沫压裂液 25℃时相对密度为 0.336,50℃时为 0.322,表明泡沫压裂液为低密度压裂液体系。

3.6.2.7　泡沫压裂液的性质

(1)泡沫液视黏度高,携砂和悬砂性能好,砂比高达 64%～72%。图 3.32 表明泡沫(83%)的携砂能力比交联的冻胶强。

(2)泡沫液滤失系数低,液体滤失量小。泡沫液浸入裂缝壁面的深度一般在 12.7mm 以内。

(3)对油气层伤害较小。泡沫压裂液内气体体积占 60%～85%,液体含量较少,减少了对油气层微细裂缝的堵水问题。特别是对黏土含量高的水敏性地层可减少黏土膨胀。

(4)排液条件优越。泡沫破裂后气体驱动液相到达地面,省去抽汲措施,排液时间仅占通常排液时间的一半,既迅速又安全,气井可较快地投入生产,井下的微粒还可以较快地带出地面,排液彻底。

(5)摩阻损失小,泡沫液摩阻比清水可降低 40%～60%。

(6)压裂液效率高,在相同液量下裂缝穿透深度大。

泡沫压裂液很适合于低压、低渗透、水敏性强的浅油气层压裂。当油气层渗透率比较高时,泡沫滤失量很快增加,如图 3.33 所示。油气层温度过高,对泡沫的破坏较大,泡沫压裂液适于 2000m 左右的中深井压裂。

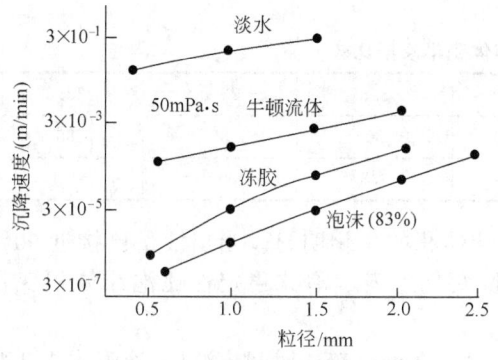

图 3.32 几种流体的沉砂速度

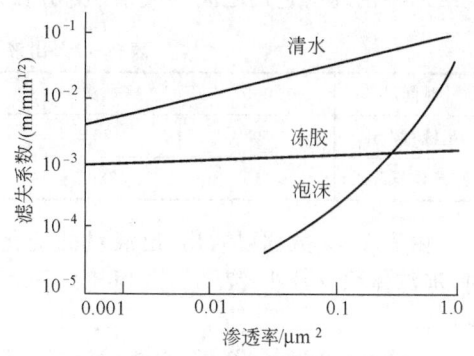

图 3.33 几种流体滤失量比较

3.6.3 影响泡沫压裂液性能的因素

3.6.3.1 液相黏度对发泡性能的影响

发泡过程是外力克服发泡体系的黏滞阻力而做功的过程,也是机械能与表面能转换的过程。黏滞力 F 为剪切应力 τ 与剪切面积 S 的乘积:$F=\tau \cdot S$。若将泡沫视为宾汉塑性体,则有下列关系:

$$\tau = \tau_0 + \mu_f (du/dr)$$

式中　τ_0——屈服值;
　　　μ_f——泡沫黏度;
　　　du/dr——剪切速率。

泡沫黏度 μ_f 与基液黏度 μ_b、泡沫质量 Γ 的关系如下:

$$\mu_f = \mu_b / (1 - \Gamma^{0.40})$$

式中,$0.54 \leqslant \Gamma \leqslant 0.97$。由此式可见,$\mu_b$ 大,则 μ_f 也越大,发泡时需要克服的黏滞阻力 Γ 也随之增大。体系的发泡能力下降。

3.6.3.2 液相黏度与泡沫稳定性的关系

泡沫破坏的机理主要有二:一是液膜的排液;二是气体透过液膜而扩散。液膜的排液速率不仅与液膜本身的性质有关,还与液相黏度有关。它们之间的关系,可用 Reynolds 方程表示:

$$v_R = -dh/dt = 2h^3 \Delta p / (3\mu_L \cdot R^2)$$

式中　v_R——排液速率;
　　　h——液膜厚度;
　　　Δp——单位面积上所受的驱动力;
　　　μ_L——液相黏度;
　　　R——气泡半径。

由 Reynolds 方程可看出:液相黏度越大,排液速率越小,则泡沫体系稳定性越好。

通常在使用稳定剂后,泡沫的液膜变厚,稳定性好,在经过较长时间出液后,液膜才逐渐变薄,最后发生破裂。由此可见,加入泡沫稳定剂后,泡沫体积的衰减变缓。体系稳定性加强。

3.6.3.3 出液半衰期与体积半衰期

前述用泡沫基液析出一半所需的时间来表示泡沫的半衰期,称作出液半衰期。此外,还可用泡沫体积减小一半所需时间来表示其半衰期,称作体积半衰期。

出液半衰期与体积半衰期都能反映泡沫稳定性,但二者的灵敏程度不同。以下列一组试验结果举例说明它们之间的关系(表3.12)。

表3.12　出液半衰期与体积半衰期比较

时间/h	0.0	4.0	6.0	8.5	23.0	28.0
出液量/mL	0	20	35	50	85	89
泡沫体积/mL	415	380	360	345	315	301

由表3.13数据可看出,出液量的变化远比泡沫体积的变化明显。当出液量已接近90%时,泡沫体积仅减少27.5%。相比之下,用出液量变化来表示泡沫稳定性比泡沫体积变化灵敏。

通常在使用稳定剂后,泡沫的液膜变厚,稳定性好,在经过较长时间出液后,液膜才逐渐变薄,最后发生破裂。由此可见,加入泡沫稳定剂后,泡沫体积的衰减变缓,体系稳定性加强。

3.6.3.4　温度对泡沫性能的影响

由于泡沫是热力学不稳定体系,温度升高对泡沫稳定性不利。现以某泡沫体系为例说明温度对泡沫质量的影响(表3.13)。

表3.13　温度对泡沫性能的影响(基液为含质量分数0.5%发泡剂的水溶液体系)

不同温度下的泡沫参数		发泡剂				
		A	B	C	D	E
20℃	$\Gamma/\%$	79.17	62.00	80.26	77.27	78.87
	$t_{1/2}/min$	6.04	5.22	10.36	11.19	6.77
60℃	$\Gamma/\%$	82.56	81.48	78.87	78.57	81.25
	$t_{1/2}/min$	3.89	5.31	3.46	4.73	2.33
80℃	$\Gamma/\%$	80.26	79.45	77.27	80.77	77.94
	$t_{1/2}/min$	2.86	3.60	2.36	3.99	1.82

由表3.14可看出,随着温度升高,泡沫质量下降,半衰期明显缩短,泡沫体系稳定性变差。

3.6.3.5　无机盐对发泡剂发泡性能的影响

无机盐的存在对不同类型发泡剂的发泡性能有不同程度的影响。无机盐特别是其中的二价离子可能会使某些发泡剂失去发泡能力。对于含盐体系,在筛选发泡剂时要考虑其耐盐性。前述脂肪酰胺磺酸钠和脂肪醇醚磺酸盐类表面活性剂具有优良的抗盐、抗钙性能。

3.7　清洁压裂液

清洁压裂液(free-polymer fracturing fluids)或称为黏弹性表面活性剂压裂液,是一种基于黏弹性表面活性剂的溶液(VES fracturing fluids)(视频3.3)。它是为了解决常规压裂液在返排过程中由于破胶不彻底、对油气藏渗透率造成了很大伤害的问题而开发研制的一种新型压裂液体系。研究表明:常规压裂液返排至地面的量仅占注入量的35%~45%,大部分仍残留在地层中,直接影响压裂效果。

视频3.3　清洁压裂液

清洁压裂液始于20世纪90年代末,作为对传统聚合物破胶方法的挑战,Eni-Agip的流体专家联合Schlumberger的室内工程师推荐了一种黏弹性流体压裂作业,即所设计的压裂液增稠剂使用黏弹性表面活性剂(VES)而不用聚合物。VES压裂液黏度低,但能有

· 196 ·

效地输送支撑剂,原因在于 VES 压裂液携带支撑剂是依靠流体的结构黏度,同时能降低摩阻力。该压裂液配制简单,主要用 VES 在盐水中调配。因为无聚合物的水化,VES 很容易在盐水中溶解,不需要交联剂、破胶剂和其他化学添加剂,因此,无地层伤害并能使充填层保持良好的导流能力。国外石油公司使用该类压裂液已成功进行了超过 2400 次的压裂作业,取得了很好的压裂效果并达到长期开采的目的。在国内克拉玛依油田和长庆油田也进行了作业,效果显著。

目前国内外广泛使用的清洁压裂液主要是将由长链脂肪酸盐衍生物所形成的季铵盐作为表面活性剂加入氯化钾、氯化镁、氯化铵、氯甲基四铵或水杨酸钠溶液中配置而成。

3.7.1 清洁压裂液形成机理

在盐水中,随着表面活性剂浓度的增大,表面活性剂分子"双亲"结构中的亲油基被水分子排斥,此时表面活性剂分子聚集成球状胶束,由于亲水基带正电,球状胶束之间相互排斥,所以此时溶液并不增黏。当加入阴离子后,抵消了阳离子之间的斥力,亲油的尾部远离极性介质(水)朝向胶束内部,而亲水的头部则远离胶束中心,朝向表面。球状胶束转变成棒状,棒状胶束之间相互缠结成空间网状结构,所以溶液黏度增加并且具有一定的弹性。它可以在外界的作用下不再缠结或者重新缠结,这种聚集方式是可逆的。假如对该液体进行剪切,网状结构可以被破坏,黏度降低。但是静置一段时间,其网状结构又重新缠结而成。但是若加入有机溶剂后,比如烃类,这些有机分子就可以进入胶束的内核,改变它们的聚集状态,蠕虫状的胶束就变成球状胶束。它们就不再相互缠结成网状,黏度也因此明显降低。所以,这种体系不需要另加破胶剂。VES 压裂液作用原理见图 3.34。

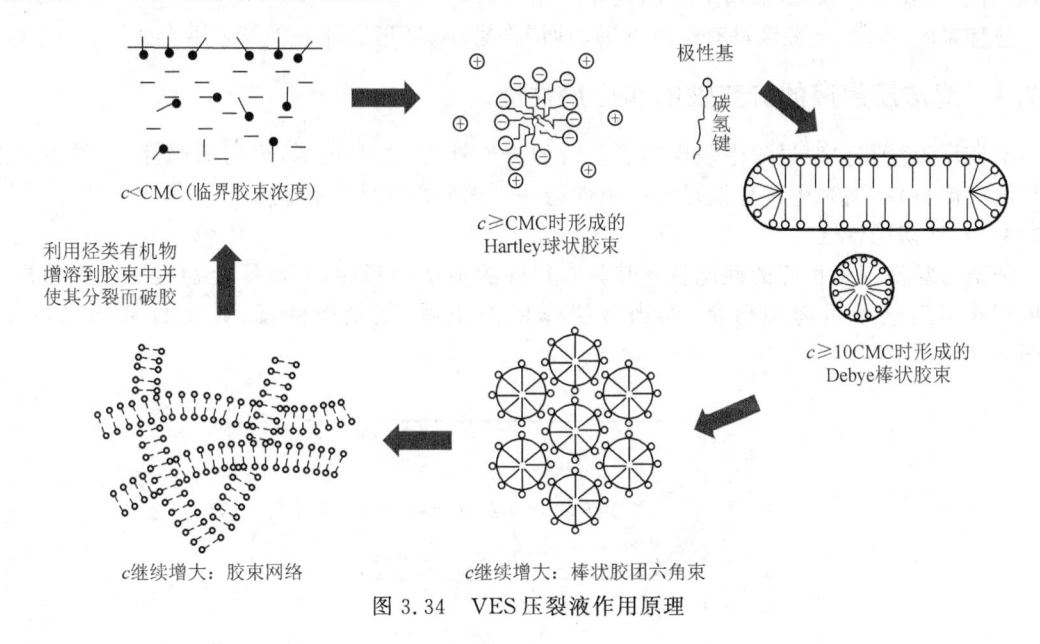

图 3.34 VES 压裂液作用原理

3.7.2 黏弹性表面活性剂压裂液的特点

3.7.2.1 清洁压裂液不需要交联

首先将黏弹性表面活性剂液体不断注入盐水中,然后在高速剪切、混拌下使其完全分散,实现压裂液的充分稠化。当表面活性剂与盐水混合时,表面活性剂分子形成线型柔性棒状胶束、囊泡或层状结构,溶液黏度将急剧增加,特别是线型柔性棒状胶束的形成和相互间缠绕形成三维空间网状结构,常伴随黏弹性和其他流变特性出现(如剪切稀释、触变性等)。

3.7.2.2 清洁压裂液的破胶

该体系的破胶过程包括两个机理:

机理一:VES 压裂液进入含油地层后,亲油性有机物被胶束增溶,棒状胶束膨胀并最终崩解,VES 凝胶破胶形成低黏度水溶液,流阻降低;在裂缝中接触到原油或天然气同样如此。

机理二:在地层水的作用下,清洁压裂液液体因稀释而降低了表面活性剂浓度,棒状胶束也不再相互纠缠在一起,而呈现单个胶束结构状存在。

3.7.2.3 配制简单、返排破胶迅速而彻底,伤害低

不像聚合物类压裂液需要添加较多的化学添加剂,清洁压裂液只需加入表面活性剂和稳定剂,从而更易于操作和控制。配制清洁压裂液和瓜尔胶体系的对比见表 3.14。

表 3.14 制清洁压裂液和瓜尔胶基压裂液所需添加剂

体系名称	主要添加剂
清洁压裂液	表面活性剂,稳定剂
瓜尔胶基压裂液	杀菌剂,黏土稳定剂,聚合物,pH 调节剂,表面活性剂,碱,高温稳定剂,交联剂,破胶剂

传统聚合物压裂液随压力增大滤失严重;而 VES 压裂液对压力不敏感。并且 VES 压裂液不含聚合物,显著降低了残渣在支撑剂填充带和裂缝表面上的吸附量,形成高导流能力的裂缝。VES 压裂液与聚合物压裂液不同,它无造壁性,不会留下滤饼,因此对地层污染程度较小,改善了负表皮系数,从而增加了油气井产能。

总体来看,VES 压裂液具有配制容易、地层伤害小、处理后油井增产显著等优点。

3.7.3 清洁压裂液的流变性能和应用性能

清洁压裂液在剪切过程中表现出了独特的流变性能,主要包括:剪切稀释性、黏弹性以及优异的黏温特性,同时还具有很好的应用性能——携砂性和滤失控制。

3.7.3.1 剪切稀释性

清洁压裂液一个很好的性能就是其具有很好的剪切稀释性,不像聚合物类压裂液那样在受剪切作用后会发生剪切稀释,而当剪切作用停止后,其结构恢复,黏度也会随之恢复,见图 3.35。

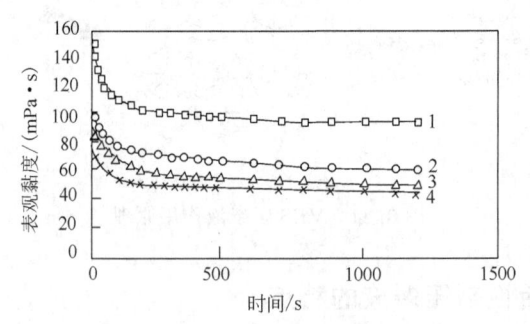

图 3.35 不同比例的阳离子胶束剂/NaSal 体系的稳态剪切行为($75℃,170s^{-1}$)
阳离子胶束剂体积分数(%)/NaSal 摩尔浓度(mol/L):1—5/0.15;2—5/0.10;3—4/0.15;4—4/0.10

3.7.3.2 黏弹性

黏弹性是影响清洁压裂液一个最重要的性能指标。很多学者认为:黏弹性的形成是由于黏弹性表面活性剂在盐水溶液中形成了棒状胶束,随着棒状胶束的增多而发生了相互缠结,形

成了类似交联聚合物大分子的空间网状结构。其结构见图 3.36。

随着黏弹性流体的出现,应用常规评价流体的方法来评价黏弹性流体就碰到了困难。通过多年的研究,获得了较好的评价方法,即通过应用储能模量(G')和耗能模量(G'')来量度:储能模量是体系弹性效应的量度,而耗能模量则是黏性效应的量度。由图 3.37 可看出,试样在应力值大于 10dyn/cm^2 时,G' 及 G'' 由趋于定值变为逐渐下降,进入了非线性黏弹区,所以 10dyn/cm^2 为此试样所能承受的最大应力值,若超过此屈服应力,试样将发生剪切流动;在此线性黏弹区内选择一应力值,在 $0.01\sim10\text{Hz}$ 范围内进行频率扫描,得到 G'(储能模量)、G''(耗能模量)与 f(频率)的关系,即图 3.38。储能模量与耗能模量的值依旧随频率降低而减小,G' 的下降趋势均大于 G''。

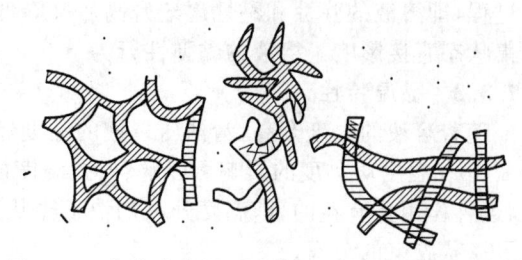

图 3.36 棒状胶束相互缠绕形成的网状结构示意图

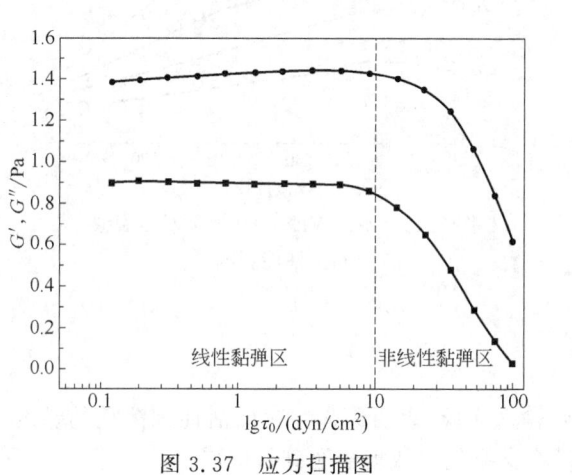

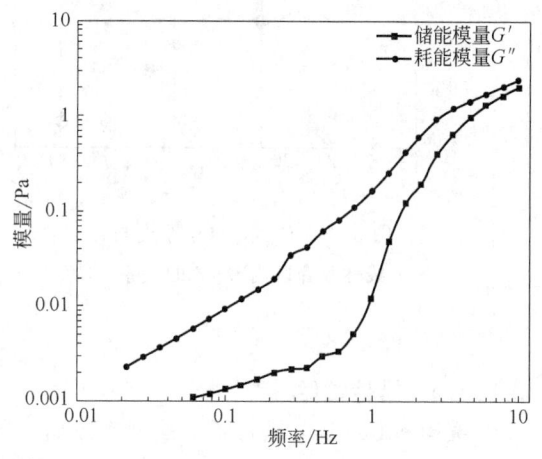

图 3.37 应力扫描图

图 3.38 频率扫描图

同时还可以应用 $\tan\delta$ 来表征溶液黏弹性大小,见表 3.15、图 3.37。

表 3.15　$C_{12\sim14}EO_7$ 浓度与线性黏弹区内 G' 和 G'' 及 $\tan\delta$ 的关系

样品号	质量分数($C_{12\sim14}EO_7$),%	G'/Pa	G''/Pa	$\tan\delta$
1#	35	2500	1700	0.67
2#	40	2600	2500	0.96
3#	44	1900	2000	1.05
4#	50	1400	1350	0.95
5#	54	500	270	0.54
6#	60	600	260	0.41
7#	70	1050	160	0.15
8#	80	1100	160	0.14
9#	84	400	120	0.32
10#	89	太小测不出	0.013	无

由表3.15及图3.39可以看出,随着表面活性剂浓度的变化,溶液的黏弹性经历了一个复杂过程,即溶液的弹性和黏性逐渐升高后又降低的过程,说明了黏弹性表面活性剂在溶液中的聚集状态直接影响了溶液的黏弹性行为。

3.7.3.3 黏温特性

随着溶液的温度升高,清洁压裂液的黏度经历了一个最大值,随后温度升高,黏度下降,见图3.40。温度对黏度的影响可以解释为:温度的升高加快了溶液中胶束的运动。在温度较低时,这种作用是有益的,即温度升高加快了棒状胶束的缠结;而当温度较高时,温度的升高则加快了棒状胶束的分离。

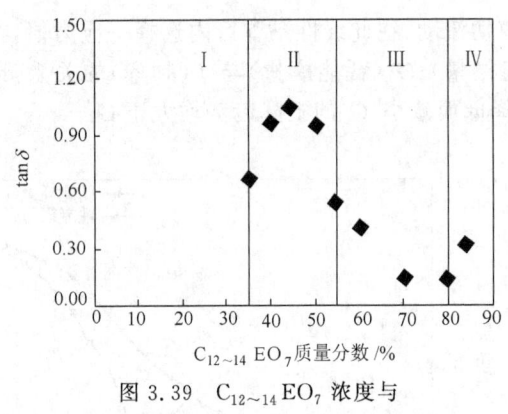

图3.39 $C_{12\sim14}EO_7$浓度与线性黏弹区内$\tan\delta$的关系

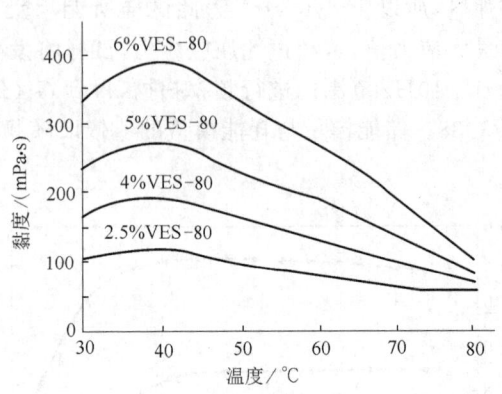

图3.40 不同VES-80加量对压裂液黏温性能影响

3.7.3.4 携砂性能

美国Stin-Lab进行了一系列支撑剂携砂、输送实验,表明黏弹性表面活性剂溶液的黏度小于30mPa·s、剪切率为$100s^{-1}$时,同样可以将支撑剂有效地输送到目的层。

3.7.3.5 滤失控制

清洁压裂液在储层岩石表面上不能形成滤饼,它的滤失率基本不随时间变化。在地层渗透率小于$5\times10^{-3}\mu m^2$的状况下,清洁压裂液既有的黏性很难使其进入储层孔隙喉道,在高渗透率储层里,清洁压裂液能够与降失水剂相容,提高压裂液的使用效率。

3.7.4 清洁压裂液的现场施工工艺

清洁压裂液的现场施工工艺如图3.41所示。

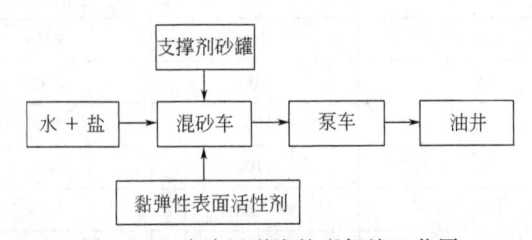

图3.41 清洁压裂液的现场施工工艺图

3.8 压裂液新技术

3.8.1 清水压裂液

页岩气井钻井完成后,由于页岩基质渗透率很低(一般小于 $1\times10^{-3}\mu m^2$),只有少数天然裂缝特别发育的井可直接投入生产,90%以上的井需要经过酸化、压裂等储层改造才能获得比较理想的产量。页岩储层开发采用不同的压裂方式,压裂液配制成分各不相同。页岩气改造对压裂液的要求:成本低,减阻效果好,低伤害,滤失容易,配制简单,环境友好。目前页岩气井水力压裂常用的压裂液类型有清水压裂液、纤维压裂液和清洁压裂液。清水压裂成本低,地层伤害小,是目前页岩气开发最主要的压裂技术。

清水压裂液,又称为减阻水或滑溜水压裂液,其组成以水和砂为主,含量占总量的99%以上;其他添加剂成分为降阻剂、表面活性剂及黏土稳定剂,总量占压裂液总量的不足1%。国外从20世纪70年代中期开始进行清水压裂室内研究和现场试验。最初的清水压裂是将线性凝胶或降阻剂加入清水中,施工中不加入支撑剂,直接产生裂缝。后来,为了增加裂缝的导流能力,在施工中加入了少量支撑剂。其主要发展历程为:清水不加支撑剂压裂(用量80~1600m³清水,有效缝长9~18m)→常规清水压裂(携带20/40目或40/70目支撑剂,采用前置液+携砂液交替注入,支撑剂用量9~90t,有效缝长增加到20~70m)→混合清水压裂(清水前置液+交联携砂液,有效缝长增加到80~100m)。

与常规水基冻胶压裂液系统相比,清水压裂液的特点:

(1)由于清水压裂液含很少量高分子聚合物,对低渗透储层产生伤害低,形成较高的支撑剂裂液导流能力;同时这种低伤害压裂液可以产生更长的有效裂缝。

(2)携砂能力低;砂浓度低,一般为30~360kg/m³。

(3)前置液量大,泵注排量高。

(4)支撑剂颗粒小,一般使用30/60目或40/70目支撑剂。

(5)添加剂系统很简单,很容易进行质量控制,同时施工简单,成本低,劳动强度低。

清水压裂液适用条件:

(1)油气藏渗透率<$0.1\times10^{-3}\mu m^2$,渗透率>$0.1\times10^{-3}\mu m^2$ 的裂缝性油气藏;

(2)杨氏模量>3.4475×10^4MPa 的油气藏;

(3)具低闭合应力地层,一般要求闭合应力梯度<0.0176MPa/m;

(4)常规冻胶压裂对储层伤害大、返排困难的低压油气藏。

1997年,Mitchell能源公司在Barnett页岩开始使用清水压裂,减阻水2.84×10^6L,支撑剂3.63×10^4kg,泵注排量9.54m³/min。最终采收率提高了20%以上,作业费减少了65%。2010年5月,中国石化使用清水压裂技术对方深1井页岩层段进行压裂,历时5h,共注入压裂液2121m³,累计加砂160m³,压后返排率达83.2%,取得了较好的试气效果。Halliburton:Water Frac体系(一系列添加剂以优化降阻水的压裂效果)、Baker Hughes 的 HydroCare Slickwater(降低摩阻、减少微生物污染、提高产量、使用温度达150℃)及 Schlumberger 的 OpenFRAC SW 体系都属于清水压裂液。

3.8.2 低浓度瓜尔胶压裂液技术

瓜尔胶压裂液体系性能稳定、适应性强,是油田上广泛使用的压裂液体系。但是由于压裂液破胶后含有残渣,会对裂缝导流能力产生伤害。低浓度瓜尔胶压裂液技术的出现有效地解决了这一问题,并且由于瓜尔胶使用浓度减少,大大降低了压裂液的成本。

通过向瓜尔胶分子上引入带电基团,利用带电基团之间的静电斥力,可以使原有的瓜尔胶收缩线团变成扩张线团(图3.42),从而降低形成交联网络所需要的瓜尔胶用量。该类型瓜尔胶用量可以减少30.50%。

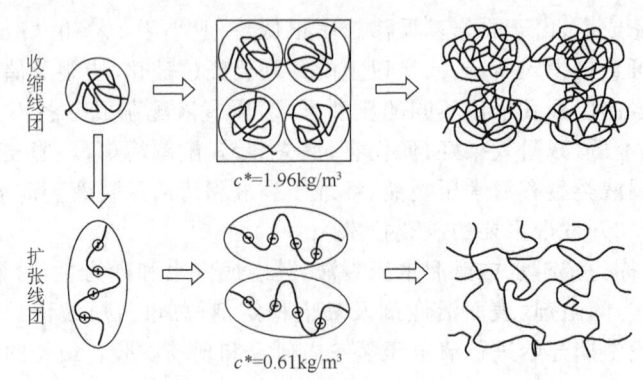

图3.42 瓜尔胶分子引入带电基团
临界重叠浓度 c^* 为能形成全三维的网状结构所需的最小聚合物浓度

低浓度压裂液通过低浓度交联使其具有良好的流变性能,稠化剂用量降低,残渣量大幅降低,同时体系摩阻低,滤失小,伤害低。BJ公司研发的VISTAR型低浓度瓜尔胶压裂液属于此种类型。

大庆油田开发了一种新型超级瓜尔胶压裂液。实验研究表明:超级瓜尔胶与瓜尔胶原粉的化学结构基本相同,但是分子量却比瓜尔胶原粉高1.4倍左右;在相同温度和相同剪切速率条件下,配置相同剪切黏度压裂液所需超级瓜尔胶用量仅为羟丙基瓜尔胶用量的一半;和羟丙基瓜尔胶压裂液相比较,超级瓜尔胶配置的压裂液残渣含量降低了一半以上,破胶更加彻底。该超级瓜尔胶使用浓度为0.28%时就能达到0.55%普通羟丙基瓜尔胶产生的效果,在100℃下能够保持良好的耐剪切能力。利用超级瓜尔胶压裂技术对海拉尔油田低渗透储层的61口井119个层位进行了压裂施工,平均产液强度为1.10t/(m·d),比利用常规的羟丙基瓜尔胶压裂液技术对相同区块12口井22个层位进行压裂施工的平均产液强度提高了22.7%,取得了较好的增产效果。

中国石油勘探开发研究院廊坊分院研发出含有亲油基团的羧甲基羟丙基瓜尔胶JK1002,该瓜尔胶的使用浓度比普通压裂液的低20%~50%,大大地降低了裂缝中浓缩胶的数量,从而降低了对支撑裂缝的伤害。相比于瓜尔胶原粉,普通的HPG、CMG和CMHPG,新一代亲油基改性之后的瓜尔胶在水中的叠加浓度 c^* 大大降低。这意味着可以在比普通瓜尔胶浓度低得多的使用浓度下,实现瓜尔胶的交联。与普通瓜尔胶相比,新一代瓜尔胶的分子量也小,约 $50×10^4$~$100×10^4$;在90℃中低温配方中的使用浓度为0.3%与钛复合交联剂形成的冻胶破胶后的残渣为198mg/L,破胶液的黏度为3mPa·s,破胶性能良好,它的残渣含量是HPG残渣含量的40%。低浓度瓜尔胶压裂液主要由JK1002羧甲基羟丙基瓜尔胶、交联剂、黏土防膨剂、pH调节剂和破胶剂组成。

3.8.3 LPG低碳烃无水压裂液

LPG低碳烃无水压裂液指采用液化石油气作为压裂液,结合专用的稠化剂,稠化后形成的LPG凝胶,具有较好的流变及携砂性能,压后无须返排直接投产。

采用LPG压裂液解决相圈闭的问题,可有效地降低液体的滞留。与传统水基压裂液相比,LPG压裂液具有能产生有效的裂缝形态、较好携砂性能、无伤害、无水锁、无聚合物残留、无黏土膨胀、压后仅有支撑剂留在地层中的特点,因此产生更为有效的裂缝导流能力,提高单井产量,同时能使地层内的气体更好释放,有更好的压裂增产效果。该压裂液体系适合大部分储层,特别针对致密易水敏储层应用。

2008年,在加拿大McCully首次开展了100%LPG压裂施工的先导性试验,截至目前应用1200次压裂400层、161000m³丙烷和30800t的支撑剂改造过超过45种不同的储层,压裂最深地层4000m,应用储层温度15～149℃;LPG压裂液在美国、加拿大交界的Bakken页岩油层分段改造中也得到了广泛的应用;我国中国石油勘探开发研究院廊坊分院也开展了相关研究。

3.8.4 减阻水压裂液

减阻水压裂液(reduction friction water),又称为滑溜水压裂液(slick water),是指在清水中加入一定量支撑剂以及极少量的减阻剂、表面活性剂、黏土稳定剂、杀菌剂及阻垢剂等添加剂的一种压裂液,其中98.0%～99.5%是混砂水,添加剂一般占滑溜水总体积的0.5%～2.0%。减阻剂是滑溜水压裂液的核心添加剂。通常丙烯酰胺类聚合物、聚氧化乙烯(PEO)、胍胶及其衍生物、纤维素衍生物以及黏弹性表面活性剂等均可作为降阻剂使用。目前我国的页岩气开采普遍使用减阻水压裂液,与清水相比可将摩擦阻力降低70%～80%,同时具有较强的防膨性能,其黏度很低,一般在10mPa·s以下。

从现场施工及配制要求出发,对页岩气压裂用降阻剂的性能要求包括:(1)高的降阻效率;(2)较高耐盐性;(3)较高耐温性;(4)快速水化溶解以满足现场施工要求;(5)适宜的分子量以降低储层伤害;(6)低成本;(7)无毒无害,满足相应油气田作业、排放满足环保标准。

减阻水最早在1950年被引进用于油气藏压裂中。在近二十年间,页岩气非常规油气藏的开采得到快速发展,减阻水再次被应用到压裂中并得到发展。由于页岩储层一般具有厚度大的特点,储藏压裂改造规模大,为了沟通更多天然裂缝和更大泄流面积需要液量大和高排量,所以要求泵注液体的摩阻要低,并且液体成本低。1997年,Mitchell能源公司首次将减阻水应用在Barnett页岩气的压裂作业中并取得了很好的效果,不但使压裂费用较大型水力压裂减少了65%,而且使页岩气最终采收率提高了20%。此后,减阻水压裂在美国的Haynesville、Marcellus、Woodruff和Fayetteville等地区的页岩气压裂液压裂增产措施中逐渐得到了广泛应用。

3.8.4.1 聚丙烯酰胺类降阻剂

目前,国内外应用最普遍的水基降阻剂是由一种或多种不同的单体共聚生成的聚丙烯酰胺类降阻剂,具体可分为阳离子型、非离子型、阴离子型及两性离子丙烯酰胺聚合物及共聚物,分子量一般为1×10^6～2×10^7,使用浓度一般为0.24～0.48kg/m³。合成聚合物类降阻剂的分子结构与共聚物组成、分子量、离子度、所带电荷种类等决定了聚合物降阻剂的降阻效果区别于其他类型降阻剂,在相同使用浓度下具有优异降阻效果的聚合物有以下结构特点:(1)分子结构具有优异黏弹性,体现为聚合度越高、短支链少、长支链多、降阻效果越好;(2)分子量越高,降阻效果越好;(3)分子量中高分子量部分的多少决定了降阻率的高低;(4)聚合物在溶剂中需具有较好的溶解性,同时聚合物大分子与溶剂的相互作用强弱也对降阻性产生影响;(5)多次剪切会造成降阻性能下降,需要在分子设计时,注重提高聚合物耐剪切性能。

滑溜水压裂现场使用的降阻剂有聚丙酰胺粉剂和乳剂两种剂型产品。粉剂产品成本低、便于运输,但一般溶解速度较慢;乳剂产品拥有溶解速度快、便于现场混配等优点,但成本略高,合成工艺较复杂,国外现场使用的降阻剂多为乳剂产品。阴离子型聚丙烯酰胺具有优异的降阻性能且成本较低,是现场使用最多的降阻剂。

1. 干粉类聚丙烯酰胺减阻剂

干粉类聚丙烯酰胺减阻剂一般采用水溶性聚合方法,以丙烯酰胺、丙烯酸、2-丙烯酰胺基-2-甲基丙磺酸钠、丙烯基季铵盐单体,如丙烯基三烷基氯化铵、二烷基二烯丙基氯化铵,含酯羰基功能单体合成聚合物减阻剂。粉状类聚丙烯酰胺合成工艺成熟,便于携带运输以及储藏。但是干粉的溶解时间较长,在应用时需要搭设额外的在线混配设备,否则难以满足页岩气开采现场现配现用的要求。干粉的使用可以将化学品总量减少70%~80%,减少泄漏危险,并降低总体化学品成本。不同的粉末可用于各种应用,包括使用淡水或采出水,以及增黏或非增黏聚合物。然而大多数的干粉类减阻剂主要还是受溶解速度限制,并且容易造成鱼眼伤害页岩气储层。加量在0.25~0.3kg/m³,减阻率达75%左右。Schlumberger公司通过含酯羰基功能单体与丙烯酰胺共聚,合成了具有选择性降解功能的降阻剂(图3.43)。该降阻剂在3/8in管径、35L/min条件下,室内最高降阻率达77%,该聚合物对pH、温度变化具有响应性,可以断裂成小分子量片段,从而减少对地层的伤害。

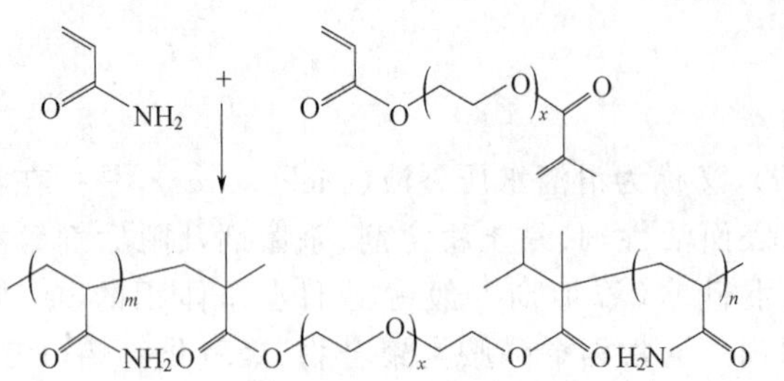

图3.43 含酯羰基聚丙烯酰胺降阻剂分子结构示意图[41]

页岩气滑溜水压裂需要大量的水资源,为了节省成本、减少对淡水的使用和污染,压裂后的返排水常被处理后重新配制滑溜水。由于处理后的返排水中含有大量钠、钙、镁等正价金属离子,金属离子与降阻剂分子相互作用,使降阻剂分子链卷曲,流体力学体积减小,降阻性能降低。为了满足返排水配制滑溜水的需求,需要开发出新型高耐盐性降阻剂适应高矿化度、高Ca^{2+}含量的阴离子型降阻剂。例如:Haliburton公司推出应用于返排水直接配制滑溜水的第一代和第二代系列阳离子型降阻剂(牌号:FR-78\FR-88\FR-98),其可应用于总溶固(TDS)在50~300000mg/L的返排水直接配制滑溜水。

2. 乳液型聚丙烯酰胺减阻剂

乳液型聚丙烯酰胺相比较粉状类聚丙烯酰胺更适用现场的连续混配技术,能够快速分散,而乳液型聚丙烯酰胺又大致分为W/W型分散聚合物减阻剂和W/O型反相乳液聚合物减阻剂。

(1)W/O型反相乳液聚合物减阻剂。

W/O型反相乳液聚合物减阻剂是由油相包裹在水相中反应聚合的聚合物,具有高分子量,当滑溜水被泵入水中后,油包水乳液反转成水包油乳液,释放聚合物,这个过程被称为"相反转"(inversion)过程。反相乳液减阻剂性能主要考察三点:(1)聚合物与其他压裂添加剂的兼容性;(2)外部极端环境下的快速相反转与稳定性能力,如高矿化水和超低温极端环境;(3)作业条件下相反转后有效组分释放比例及其减阻效率。这类减阻剂主要是以丙烯酰胺为骨架的改性共聚物,乳液有效含量低于40%。其优点是加入少量添加即可快速增黏,减阻性能优异,便于在线配制滑溜水。缺点是有效含量低,现场作业成本大幅上升、体系中含有机溶剂。

国外现场使用的降阻剂多为乳剂产品,例如,ALCOMER® 110RD型降阻剂是丙烯酸钠与丙烯酰胺的共聚物,MAGNAFLOC® 156型降阻剂是一种阴离子型聚丙烯酰胺,ZETAG® 7888型降阻剂是一种阳离子型聚丙酰胺,FLOSPERSE®系列降阻剂则具体包括丙烯酸均聚物、丙烯酸-丙烯酰胺共聚物、丙烯酸-磺酸单体共聚物、马来酸均聚物、马来酸-丙烯酸共聚物、丙烯酸-丙烯酸酯共聚物等。

(2)W/W型分散聚合物减阻剂。

分散聚合是一种新的聚合体系,又称水分散聚合法,其产物可以称为水包水乳液,于20世纪70年代由英国ICI公司的研究者最早提出。

分散聚合是一种特殊类型的沉淀聚合。通常聚合反应前期,单体、分散稳定剂和引发剂其他助剂都溶解在反应介质中,形成均相水溶液体系,生成的聚合物不溶解在介质中,聚合物链达到临界链长后,从分散介质中沉析出来,紧接着被悬浮在溶液中的分散稳定剂吸附,其借助于分散稳定剂的空间位阻作用或产生静电作用形成微球并稳定悬浮于介质中。和一般沉淀聚合的区别是沉析出来的聚合物不是形成粉末状或块状的聚合物,而是聚结成小颗粒,借助于稳定剂悬浮在介质中,形成类似于聚合物乳液的稳定分散体系。通过分散聚合方法可以一步得到粒径为 $0.5\sim10\mu m$ 的单分散聚合物微球。其分散聚合中粒子的成核与生长见图3.44。

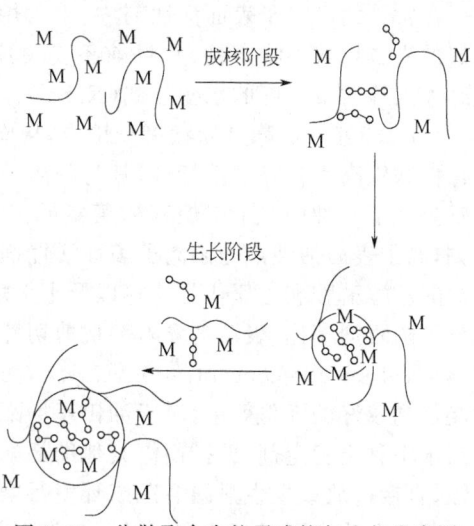

图3.44 分散聚合中粒子成核与生长示意图

分散聚合法将水代替了乳化剂等表面活性剂和有机溶剂,在生产和使用过程中极大地减小了对环境的污染。分散聚合法合成的产物在使用时,用大量的水稀释,聚合物能够很快地溶于水中。而目前传统的合成方法中水溶液聚合法存在反应产物体系黏度大、散热慢、搅拌难和固含量低的缺点,在储存和运输过程中需要专门的仪器设备,费时费力,并且其干燥粉碎后分散性差,不易溶解。乳液聚合和反相乳液聚合均使用烃类作溶剂,存在有机溶剂污染、回收及安全问题,对环境造成二次污染。

分散聚合法发展至今,常用的反应介质有聚合物类、醇类、盐类。其中,聚合物类包括聚乙二醇、聚乙烯醇,这类聚合物作为分散介质是因为其本身有较强的极性,而合成出的聚合物是非极性的,利用它们之间极性较大的差异来达到分相的目的。但使用这类聚合物作为反应介质通常在量的投入上很大,无疑这会增加成本。醇类物质作为分散介质也是利用其与生成聚合物之间的极性差异,一般使用的是一些低级醇,低级醇可以很好地与水进行互溶成为均相体系,如叔丁醇、乙醇等物质。但醇类物质的使用一方面会增加实验安全的风险性,另一方面在聚合过程中醇类物质会与自由基反应从而终止了反应,这样得到的聚合物分子量有所下降并且产物不纯。第三类为无机盐类的水溶液,如硫酸铵、硫酸钠等无机盐的水溶液,使用了无机盐,大大地减低了成本和对环境的危害。

3.8.4.2 聚氧化乙烯降阻剂

聚氧化乙烯(PEO)由环氧乙烷开环聚合得到,是具有螺旋结构$+CH_2-CH_2-O+$重复单元的线性柔性高分子,易溶于水且具有较好的降阻性能,使用PEO配制滑溜水的浓度为$0.05\%\sim0.2\%$。PEO在使用过程中极易产生剪切断链,造成降阻效果损失,同时PEO多为固体粉料,在溶解过程中极易形成"鱼眼",不适应现场配液需求。为了避免PEO溶解出现问题,可以将PEO粉末预分散在白油中,遇水中后PEO能够快速溶解,不会形成鱼眼。用该降阻剂配制的0.15%滑溜水室内降阻率最终达到60%以上。现场小型测试试验施工压力为73MPa,排量为$5m^3/min$,停泵压力为44MPa,降阻率达到61.3%。

3.8.4.3 生物基天然大分子聚多糖降阻剂

聚多糖具有来源丰富、环境友好、能够生物降解等优点,瓜尔胶、黄原胶生物基聚多糖也可以作为减阻剂。发展环境友好、能够生物降解、成本低廉的生物基多糖降阻剂已成为未来降阻剂研发的热点之一。

3.8.4.4 表面活性剂类降阻剂

表面活性剂类降阻剂目前主要包括以阳离子表面活性剂、两性离子表面活性剂和非离子表面活性剂为主剂的三类降阻剂。

在常见的阳离子表面活性剂中,十六烷基三甲基氯化铵(CTAC)阳离子表面活性剂具有良好的光、热、剪切稳定性,是目前备受关注的表面活性剂之一。CTAC 作为减阻剂,配制溶液时加入等质量浓度的水杨酸钠(NaSal)作为稳定剂,其目的是为表面活性剂提供反离子,使得 CTAC 能够形成稳定棒状束胶结构,从而具有良好的减阻功效。两性离子表面活性剂具有低毒性和较高生物降解性特点,其与阴离子表面活性剂复配可以得到综合性能优良的降阻剂。文献公开了一种用二十二烷基甜菜碱或肉豆蔻基甜菜碱与十二烷基硫酸钠复配的减阻剂复配,非离子表面活性剂与阳离子表面活性剂复配也可以得到综合性能优良的降阻剂,例如:菜籽油酸乙醇酰胺和乙氧化月桂醇以及十六烷基三甲基溴化铵和水杨酸组成的降阻剂配方。与高分子降阻剂相比,表活剂降阻剂抗剪切性能强,存在以下缺点:(1)浓度必须超过临界胶束浓度(critical micelle concentration,CMC),因此用量较大、成本较高;(2)多组分需充分混合均匀才能达到较好的降阻效果,对于油田现场配制提出了很高的要求;(3)部分表活剂型降阻剂与滑溜水中黏土稳定剂、助排剂等其他助剂配伍性较差;(4)阳离子表面活性剂一般具有很强的毒性,直接排放或发生泄漏会造成环境污染。

基于上述对页岩气压裂用滑溜水降阻剂的研究,生物基多糖降阻剂虽来源广泛,但减阻效果一般,且水不溶物含量较高,容易造成储层伤害;聚氧化乙烯减阻剂抗剪切能力较差;表活剂降阻剂用量大,存在配伍性问题,成本较低、减阻效果好的聚丙烯酰胺类减阻剂占有明显优势,虽然聚合物类降阻剂均存在储层伤害的问题,但氧化破胶剂可以使聚丙烯酰胺类聚合物对地层的伤害降到最低,同时聚丙烯酰胺降阻剂具有低成本、溶解速度快、能够适用于现场施工混配要求等特点,因此,聚丙烯酰胺类降阻剂目前仍然是页岩气滑溜水压裂配方中的主角。页岩气水力压裂用水量巨大,面对目前开发成本和环保的双重压力,要求压裂返排水 100% 回用,开发高矿化度下降阻性能优异、对地层伤害低、符合现场压裂施工要求的"环保绿色"降阻剂是未来研究的重点,也将拥有广阔的应用前景。

3.8.5 煤层气压裂液

煤岩储层与砂岩等储层的差异,尤其是伤害性质的差异,主要是化学成分的差异所形成的。众所周知,煤岩是由许多相似结构单元构成的高分子化合物,结构单元中有缩聚芳环、氢化芳环或者含氧、氮、硫等各种杂环。结构单元之间由醚键、次甲基、硫键和芳香碳键等官能团结连接,从而成为三维空间大分子。

煤可分为有机组成和无机组成两部分。有机组成是煤的主要组成部分,也是煤炭加工利用的主要对象,其主要是由 C、H、O、N、S 和 P 等元素组成的高分子有机化合物,其中 C、H、O 三者总和约占有机质的 95% 以上。C 是煤中最重要的组分,其含量随煤化程度的加深而增高;煤的无机质包括矿物质和水,也含有少量的 C、H、O、S 等元素。

煤中含有多种矿物质,主要为黏土矿物、硫化物、氧化物和碳酸岩矿物。黏土矿物在煤中分布较广,尤其是陆相沉积的烟煤和无烟煤中这种矿物质的比例最高。煤中常见的黏土矿物有高岭石、水云母、伊利石、蒙脱石和绿泥石等。它们常分散地存在于煤中,多数呈微粒状散布在基质中或充填在细胞腔中。

所以,在压裂施工过程中要充分考虑流体对黏土的膨胀作用,尽量避免因为流体对煤岩的不配伍而导致对储层的伤害。煤岩具有脆、易碎、机械强度低、割理发育、易受压缩、杨氏模量低、泊松比高等力学性质,使得煤岩储层相对松散。在压裂过程中,由于支撑剂与煤岩之间的相互摩擦,会产生大量的煤粉,在压后排水采气过程中,煤粉的运移,将造成支撑通道的堵塞,从而影响单井产量。煤层气压裂液常用的有:清水压裂液、活性水压裂液、清洁压裂液、防煤粉低伤害压裂液。

3.8.5.1 清水压裂液

清水压裂液是指在清水中加入一定浓度的氯化钾,氯化钾浓度一般为 0.5%～2%,当然,也有直接用清水施工,里面不加入任何添加剂。

由于清水压裂液不含高分子聚合物,所以对地层伤害极低。但由于清水压裂液黏度低,所以滤失大,压裂液效率低,施工中一般通过提高排量来补偿液体的滤失,与常规水基压裂液相比,用液量更多。并且压裂液黏度低,所以悬砂能力差,需要通过大排量来携砂,一般排量达到 $7m^3/min$ 以上。清水压裂液还有施工简单,成本低,劳动强度低等特点。目前煤储层 90% 以上的压裂液为清水压裂液。

3.8.5.2 活性水压裂液

活性水压裂液是指在清水中加入一定量的黏土稳定剂、助排剂等。

与常规水基冻胶压裂液系统相比,活性水压裂液有如下特点:

(1)不含高分子聚合物,无须破胶,无残渣,对地层伤害小,同时容易返排,适用于低渗低压储层。

(2)滤失严重,所以效率低,施工中一般通过提高排量和增大液量提高储层改造能力,与常规水基压裂液相比,排量更大,用液量更多。

(3)配制简单,劳动强度较小。

(4)携砂性能差,铺砂浓度低。

活性水作为煤层压裂液,国外从 20 世纪 70 年代中期开始进行活性水压裂室内研究和现场试验,在我国也进行了大量的应用。其施工排量大,用液最大,加砂量相对较少,但对煤层的污染较小。据统计,活性水压裂与常规冻胶压裂在相同规模的作业中,可节省费用 40%～60%,对于煤层气开采的低成本战略具有重要的意义。

3.8.5.3 交联冻胶压裂液

由于交联冻胶压裂液黏度高、携砂性能好、造缝性能好、滤失低,可适用于不同的温度地层,因此在油气藏压裂中得到广泛应用。而对于煤储层而言,携砂造缝固然重要,但如何减小伤害也是一个很重要的问题。

由于煤储层温度低,所以一般羟丙基瓜尔胶浓度为 0.2%～0.3%,低浓度有利于降低储层伤害。在温度不是很高的煤层气井冻胶压裂液的交联剂选择上,一般选择可在较低温度下使用、货源充足、价格较低的无机硼交联剂。对煤层气压裂液而言,如要求破胶时间短,则需要加入低温破胶催化剂。

3.8.5.4 清洁压裂液

清洁压裂液是一种基于黏弹性表面活性剂的溶液。它是为了解决常规压裂液(天然植物胶压裂液、纤维素衍生物压裂液、合成聚合物压裂液等)在返排过程中由于破胶不彻底对油气藏渗透率造成了很大伤害的问题开发研制的一种新型压裂液体系。

对于煤储层而言,当煤储层含有大量地层水时,地层水可破坏表面活性剂的胶束实现破胶;但当煤储含水低时,需要使用破胶剂进行破胶,破胶剂一般使用柴油、非离子表面活性剂等。

3.8.5.5 防煤粉低伤害压裂液

煤岩具有脆、易碎、机械强度低、割理发育、易受压缩、杨氏模量低、泊松比高等力学性质,使得煤岩储层相对松散。在压裂过程中,由于支撑剂与煤岩之间的相互摩擦,会产生大量的煤粉,在压后排水采气过程中,煤粉的运移,将造成支撑通道的堵塞,从而影响单井产量。

Jeffrey和Coworkers研究表明,携砂压裂液流过煤层表面产生的摩擦将会产生煤粉。用浓度为40lb/1000gal的携砂羟丙基瓜尔胶通过裂缝,每平方英尺裂缝表面平均有0.0648kg煤粉产生,且产生的煤粉与时间呈线性关系。

压裂过程中,弯曲的流动通道引起流体高速流动,在井筒附近或张开的与节理面垂直的煤壁以及割理,发生摩擦产生煤粉。同时,压裂液吸附于煤粉造成近井地带裂缝渗透率的降低,阻碍煤层气的解吸。粉煤的扩散与运移,增大了对水力裂缝及近裂缝区域的伤害,降低了裂缝导流能力,从而降低了煤层气的产量。

中海油能源发展股份有限公司工程技术分公司通过研究,研发了可悬浮煤粉的防煤粉低伤害压裂液,并在贵州、山西等区块使用十余井次,效果良好。

山西寿阳同一井台同一层位两口井X-143、X-140分别用防煤粉低伤害压裂液和清水压裂液施工,施工参数见表3.16。

表3.16 施工参数表

井号	层位	排量 m³/min	前置液量 m³	携砂液量 m³	总液量 m³	砂量 m³	平均砂比 %	返排率 %
X-143	8+9	6	228.21	383.73	620.92	39.65	10.5	24.7
X-140	8+9	6	202.7	302.83	515.2	40.16	13.3	20.7

对两口井施工压力及返排进行分析,见表3.17。

表3.17 压裂施工压力及返排对比

井号	煤层	压裂液类型	自喷返排率 %	返排液煤粉含量 %	施工压力 MPa
X-143	8+9	防煤粉压裂液	24.7	2.17%	15
X-140	8+9	清水压裂液	26.3	0	20

由表3.16可知,防煤粉低伤害压裂液能有效将煤粉携带出地面,返排液煤粉含量达到2.17%,而清水压裂液无法携带出煤粉。防煤粉低伤害压裂液通过将煤粉携带出地面,减少了排采时煤粉返出,导致卡泵,节约了减泵时间,节省了人力物力。另外,防煤粉低伤害压裂液比清水压裂液降低施工压力5MPa。这主要是因为防煤粉低伤害压裂液通过将压裂过程中煤粉悬浮在压裂液中,避免了煤粉堵塞裂缝引起压力升高。

图3.45、图3.46为同一井台同一层位煤层气井使用不同压裂液返排液情况。图3.45为清水压裂液返排液,图3.46是防煤粉低伤害压裂液返排液。由图3.45和图3.46可知,防煤粉低伤害压裂液返排液中煤粉返出明显,而清水压裂液返排液无煤粉返出,说明防煤粉低伤害压裂液达到了预期效果。

图3.45 清水压裂液无煤粉产出　　图3.46 防煤粉低伤害压裂液有煤粉产出

3.9 压裂液性能评价

压裂液性能评价包括了以下几方面：(1)流变性能，主要测流体黏度、流变参数；(2)交联性能，包括交联时间、黏弹性；(3)滤失性能，主要测滤失系数、造壁系数；(4)破胶性能，包括破胶液黏度及残渣含量；(5)岩心伤害；(6)表面性能；(7)管道流动摩阻系数；(8)剪切与热稳定性。

3.9.1 裂缝几何尺寸与压裂液黏度的关系

压裂液的性能对压裂后增产效果起着非常关键的作用。压裂液必须保证流体能够将支撑剂携带并充填于裂缝中，以使压力解除后，裂缝处于开启状态，从而形成一条超过地层传导率的高导流能力裂缝。研究表明：压裂后的增产效果主要取决于压裂所形成裂缝的几何形态。裂缝的导流能力在很大程度上依赖于支撑剂的粒度、形状和强度。此外，还与支撑剂的粒度分布和浓度有关。而压裂液的黏度直接影响着裂缝的几何形状，即裂缝的长度、宽度和深度。

可用下式表示两者间的关系：

$$A = LH = \frac{Qt}{W' + 2(2Ct)^{1/2}}$$

$$W' = W + 2V_{sp}$$

式中　A——单面裂缝的面积，m^2；
　　　H——油层厚度(裂缝高度)，m；
　　　L——裂缝的长度，m；
　　　Q——泵排量的一半，m^3/min；
　　　t——总泵入时间，min；
　　　W——裂缝的最大宽度，m；
　　　C——压裂液系数，$m/min^{1/2}$；
　　　V_{sp}——压裂液的滤失量，m^3/m^2；
　　　W'——考虑了滤失量后的假缝宽，m。

可以看出，增大泵排量Q或降低压裂液系数C(即提高黏度)，均可使裂缝面积增大。

3.9.2 压裂液滤失性

压裂液向油层内渗滤性决定了压裂液的压裂效率。用滤失系数来衡量压裂液的压裂效率和在裂缝内的滤失量。压裂液滤失系数与压裂液特性、油层岩性及油层所含流体特性有关。压裂液滤失系数越低，说明在压裂过程中其滤失量也越低。因此在同一排量下，可以压出较大的裂缝面积，并将滤失伤害降到最低。

3.9.2.1 受黏度控制的压裂液滤失系数

受黏度控制的滤失系数的压裂液，其滤失量主要受黏度制约。这种压裂液的黏度大大超过油层内原有流体的黏度，因而在一定压力梯度下，它在地层内的流动性比层内原有流体小得多，渗滤量也少得多。

$$C_v = 0.1710 \left(\frac{K \Delta p \phi}{\mu} \right)^{1/2}$$

$$\Delta p = g_f H - p_0$$

式中 C_v——受黏度控制压裂液滤失系数，$m/\min^{1/2}$；
  K——油层渗透率，μm^2；
  ϕ——油层孔隙度，%；
  μ——油层条件下压裂液黏度，$mPa \cdot s$；
  g_f——破裂压力梯度，mPa/m；
  p_0——油层压力，MPa。

受黏度控制滤失系数的压裂液在油层内的滤失取决于油层孔隙度、渗透率、裂缝面所承受的压差和压裂液在油层条件下的黏度。

3.9.2.2 受油层流体压缩性控制的压裂液滤失系数

受油层流体压缩性控制滤失系数的压裂液的黏度低，它接近于油层流体的物理特性，它的滤失是受其压缩性和油层本身流体黏度所控制。

$$C_c = 5.2627 \times 10^{-3} \Delta p \left(\frac{K C_f \phi}{\mu} \right)$$

式中 C_c——受油层流体压缩性控制压裂液滤失系数，$m/\min^{1/2}$；
  Δp——裂缝面压差，MPa；
  K——油层渗透率，μm^2；
  ϕ——油层孔隙度，%；
  C_f——油层流体压缩系数，MPa^{-1}；
  μ——油层条件下压裂液黏度，$mPa \cdot s$。

3.9.2.3 受造壁性能控制的压裂液滤失系数

受造壁性能控制的压裂液内由于添加了降滤失剂，压裂时在裂缝面上可形成暂时滤饼，能防止压裂液继续渗滤。由于滤饼渗透率低，通过滤饼即产生压降，因而根据达西定律可以求出通过滤饼进入地层的液体滤失量。

$$C_w = 0.005 \frac{M}{A}$$

式中 C_w——受造壁性能控制压裂液滤失系数，$m/\min^{1/2}$；
  M——滤失曲线斜率，无因次；
  A——渗滤面积，cm^2。

3.9.3 压裂液流变性

通常采用 RS6000、MARS 型流变仪测试流体在高温高压下的黏度及流动性能。

3.9.3.1 基液黏度

压裂液基液是指准备增稠或交联的液体,主要包括各种高分子稠化水溶液、矿物油或成品油。基液黏度代表基液的品质和稠化剂溶解速度,作为稠化液配制或进一步增稠的依据。一般基液属于牛顿流体或黏塑性非牛顿流体。

(1)黏性基液可用黏度计在一定剪切速率下测定处在给定温度下的黏度 μ。

(2)用稠化剂增稠的基液,可用黏度计在 $170s^{-1}$ 下,测定并绘出给定温度下的稠化剂溶解增稠的 $\mu—t$ 曲线,如图 3.47 所示。由图可以给出稠化剂充分溶解的时间 $t(min)$ 和稠化液的表观黏度 $\mu_a(mPa·s)$。

3.9.3.2 压裂液初始黏度

初始黏度是基液开始进一步增稠或交联 15s 至 2min 内的黏度变化范围。它代表压裂液在混砂罐内的携砂黏度,也反映了压裂液延缓交联或增稠的性能。

初始黏度和交联的压裂液流动特性是变化的,但基本上属于黏塑性非牛顿流体,可用黏度计测定出在地面温度下,$170s^{-1}$ 时的表观黏度 $\mu_a(mPa·s)$。

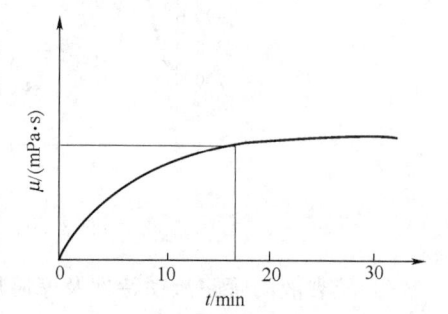

图 3.47 增稠剂溶解时间与黏度关系

3.9.3.3 压裂液的流变性测定

压裂液指已充分增稠或交联的,可用于携砂的液体,其试样不含支撑剂。

压裂液的品种繁多,流变性各异。一般情况下,水基和油基高分子增稠性压裂液属于黏塑性非牛顿流体,并且具有抗剪切、触变特性和较好的黏弹性,一般均以测定其黏性流性质为主。而水基和油基冻胶压裂液则是属于黏弹性非牛顿流体,同时具有黏性和弹性,需进行黏性和弹性的测定。

压裂液需测定的流变性如下:

(1)压裂液的流动曲线。用黏度计测定压裂液室温至油层温度下的流动曲线如图 3.48 所示。用此图可以计算出压裂液在不同温度下的 K' 和 n' 值。

(2)压裂液的温度稳定性。评价压裂液的温度稳定性,实际上是测定压裂液的黏度和温度之间变化关系。将 $170s^{-1}$ 时的表观黏度 μ_a 与温度的关系绘成图 3.49,即可得到压裂液的温度黏温曲线。

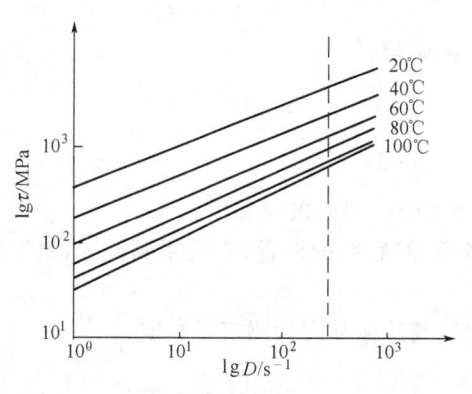

图 3.48 压裂液在不同温度下的流动曲线

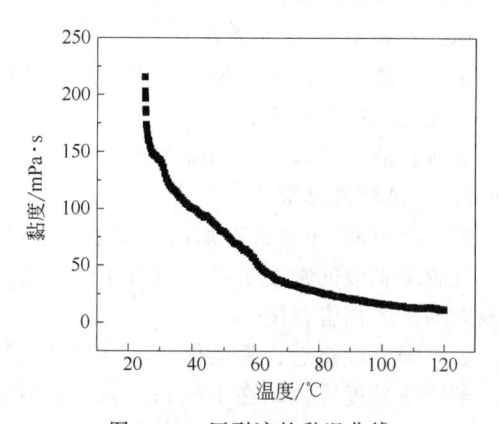

图 3.49 压裂液的黏温曲线

(3)压裂液的剪切稳定性。评价压裂液的剪切稳定性实际上是测定压裂液的黏时关系。测定压裂液在 $170s^{-1}$ 时的表观黏度 μ_a 与测定时间曲线(图 3.50)。

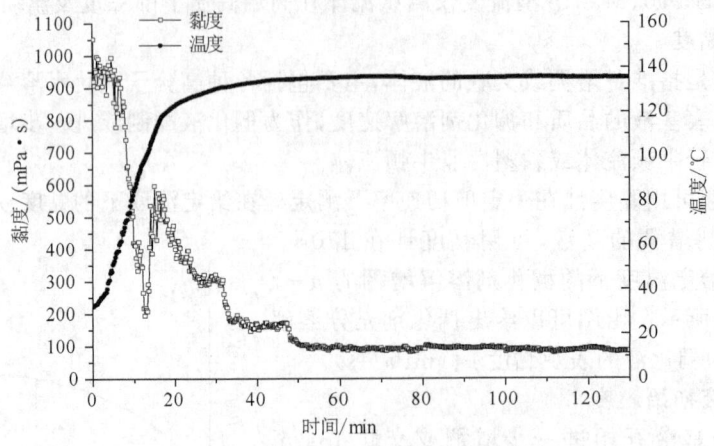

图 3.50 压裂液黏度与剪切时间关系

(4)压裂液的管路流动特性及摩阻压降。在备有不同管长 L、不同管径 d_i 的管路流动仪上,测定不同压差 Δp、不同时间 t 的压裂液流量 Q。绘制 $\lg\tau$—$\lg\dot{\gamma}$ 关系的流动曲线图,如图 3.51 所示。

管路流动仪的剪切速率范围在 $1\sim 10^5 s^{-1}$ 间,测得的冻胶压裂液流动曲线是一条多段折线,每段直线求得的压裂液的 K' 和 n' 值各不相同,表明压裂液结构在剪切作用下发生了变化。而稠化液压裂液的流动曲线仅是一条直线,只有一定的 K' 和 n' 值。

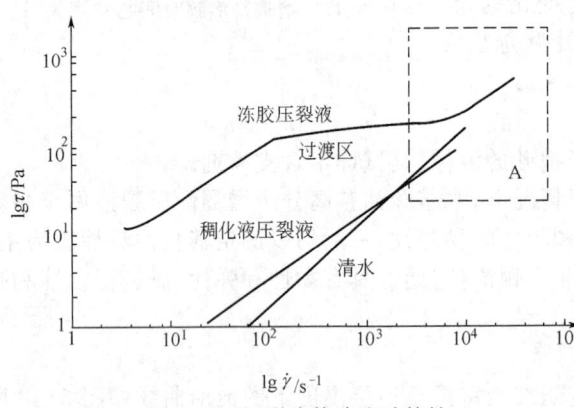

图 3.51 压裂液管路流动特性

图 3.52 中虚线框图 A 表明压裂液湍流减阻现象,一般管径中流动的"湍流"减阻率实际上是在同一剪切速率下,清水的湍流摩擦压降与冻胶过渡区的摩擦压降的比值。根据现场施工的管径和排量计算,其剪切速率为 $(2\sim 3)\times 10^3 s^{-1}$,可以此速率为基准计算压裂液的减阻效率。

由计算和图 3.52 可给出:
①压裂液在不同剪切速率区内流动曲线的 K' 和 n' 值。
②压裂液的摩擦系数 f。
③压裂液与清水相比的降阻率。

3.9.3.4 破胶液黏度

施工结束后,压裂液在油层温度条件下,破胶剂发生作用而破胶降黏。

破胶降黏液的黏度是对压裂液在油层条件下破胶彻底性的衡量,它关系到破胶液的返排率及对油层的伤害程度。

破胶降黏液接近牛顿流体,可以用毛细管黏度计或其他黏度计测定其黏度。

破胶液黏度应控制在 $10mPa \cdot s(30℃)$ 以下。

3.9.3.5 破胶液残渣

压裂液破胶液中存在残渣会极大地造成地层阻塞性伤害。通常采用用测定其水不溶物含量含量的方法进行评价。

将干燥的水基压裂液添加剂试样称重,得到质量 m_1,然后溶于水。去除溶解液,用水洗涤、离心分离、干燥并称重,得到水不溶物质量 m_2,则水不溶物含量 η_{dv} 为：

$$\eta_{dv} = \frac{m_2}{m_1}$$

破胶液与地层流体的相容性：
(1)破胶液与地层油、水产生沉淀情况：
①观察水基压裂液的破胶液与地层水混合后是否产生沉淀。
②观察油基压裂液的破胶液与地层水混合后是否产生沉淀。
(2)破胶液与地层油、水乳化作用的测定：
①测定不同比例的水基压裂液的破胶液与地层油混合后,在地层温度下恒温破乳的比值。
②测定不同比例的油基压裂液的破胶液与地层油混合后,在地层温度下恒温破乳的比值。

习 题

1. 结合水力压裂的工程问题,分析压裂液性能要求的合理性。
2. 结合植物胶瓜尔胶的分子结构特征分析为什么植物胶压裂液容易交联和破胶？
3. 为什么要发展延迟交联技术？从有机硼交联剂分析,调整羟丙基瓜尔胶和有机硼的交联时间可以采用那些方法？
4. 分析表面活性剂清洁压裂的稠化机理。
5. 为什么页岩气压裂液要采用减阻水压裂液体系？为什么要设计抗盐的减阻剂分子？

第 4 章 酸液及酸化技术

酸化是使油气井增产或注水井增注的重要措施之一(视频 4.1)。它是通过井眼向地层注入一种或几种酸液或酸性混合溶液,利用酸与地层或近井地带部分矿物的化学反应,溶蚀储层中的连通孔隙或天然(水力)裂缝壁面岩石,增加孔隙和裂缝的导流能力,从而使油气井增产或注水井增注的一种工艺措施。

在酸化工艺和技术发展的过程中,新型酸液及添加剂的应用着重是降低酸对金属管线和设备的腐蚀、控制酸岩反应速率、提高酸化效果、防止地层污染和降低施工成本。21 世纪以来,酸化技术的发展方向主要集中在针对特殊储层的特殊酸液体系和非常规酸化工艺两方面,随着各油田难采储量的逐步动用,酸化施工面对的储层情况日益复杂,为满足储层改造的需求,国内外已发展形成多种特殊工作液体系,针对各种岩性的油气藏酸化工艺逐步系列化。

视频 4.1 酸化的概念

4.1 地层的伤害

酸化成功与否首先与地层是否被伤害,以及伤害的范围、伤害的程度和类型有重要关系。室内和现场研究表明:几乎所有的油气井作业——钻井、固井、射孔、砾石充填、采油采气、修井,甚至油气井增产措施如酸化、压裂、堵水和注水等,都可能引起油气井的伤害。引起伤害的原因大致可分为四类:

(1)工作液中固相微粒堵塞孔眼或地层孔隙。

(2)工作液中离子与地层离子或地层流体中离子生成沉淀。

(3)地层岩石中微粒分散、运移,堵塞喉道,如黏土矿物的水化膨胀会降低地层渗透率,对于砂岩,严重时还可能导致基质崩解和坍塌。

(4)岩石表面润湿反转或生成乳状液形成乳堵。

现将钻井、采油采气过程中可能发生的地层伤害概述如下。

4.1.1 钻井液对地层的伤害

钻井液中的黏土成分会不同程度地侵入地层孔隙和天然裂缝之中,尤其对于高渗透的碳酸盐岩油气层。其侵入程度与钻井时间、地层渗透率、钻井液种类及钻井作业中起下钻次数有关。同时,钻井液滤液会引起黏土膨胀和分散运移,对某些砂岩储层也会造成伤害。除此之外,地层水中 HCO_3^- 还可能同高钙钻井液的 Ca^{2+} 生成沉淀,造成堵塞。

近些年来,钻井向着低伤害的趋势发展,尤其是无固相钻井液、低固相钻井液、油基钻井液以及气体钻井技术的运用,使得钻井过程对地层的伤害大为降低。

4.1.2 固井水泥浆对地层的伤害

水泥浆中含有大量 Ca^{2+}、OH^- 和 $H_2SiO_4^{2-}$。它们进入地层后可能生成沉淀,也可能促使黏土分散或者造成乳堵。

4.1.3 射孔对地层的伤害

射孔会压实地层碎屑,产生的岩石碎屑会填充孔隙,造成岩石孔隙减小。同时,射孔弹的碎屑以及使用钻井液或其他有杂质的射孔液(如不清洁的原油等)都有可能对地层产生伤害。一般认为:由于射孔使这些液体或杂质具有高渗透速率,因而地层伤害更为严重。

4.1.4 砾石充填对地层的伤害

黏稠的携砂液可能将管内涂层、氧化层或其他污染物挤入射孔中,从而造成地层伤害,施工操作时应尽可能避免把这类杂质挤入射孔中。在充填砾石之前,对射孔孔眼进行冲洗时会冲刷地层,造成黏土膨胀,特别是在砂岩和黏土互嵌的地层中。

4.1.5 采油采气过程对地层的伤害

原油和天然气开采过程中,油气层砂粒运移、黏土膨胀、无机物沉淀($CaCO_3$,$CaSO_4$,$BaSO_4$等),以及石蜡、沥青在井底附近沉淀,都可能造成堵塞。室内和现场试验表明,在完井或修井作业后采取高流量排液采油或采气都可能造成微粒运移形成孔隙堵塞。任何外来流体的流速较原来流速快时,矿物微粒易分散运移导致渗透率降低,即所谓"速敏"现象。

此外,修井液、注表面活性剂溶液都可能造成井底附近的伤害。酸化施工所能引起的油气层伤害将在酸液添加剂一节中介绍。

上述原因造成井筒附近的地层伤害降低了该地层的渗透能力,使得流体流动阻力增大,井筒附近的压力损耗也相应增大,因而使油气井产量下降。研究和计算表明,对于未受伤害的油气井进行酸化施工,一般收效甚微。只有弄清了地层伤害的类型和程度,堵塞物、岩石及胶结物的组成,才能选出优良的酸液配方。

4.1.6 伤害评估

地层的伤害评估是酸化设计中最重要的因素之一,酸化设计过程通常都是从选井和地层伤害评估开始的。评估地层伤害需理解达西产量公式中的表皮系数项以及表皮系数对产量的影响。在径向油气藏的稳定流动状态下,达西定律定义的产量公式如下:

$$Q = 92.954Kh(p_e - p_{wf})/[B\mu\ln(r_e/r_w) + S]$$

式中 Q——油气产量,m^3/d;
          K——地层渗透率,$10^{-3}\mu m^2$;
          h——油气层厚度,m;
          p_e——油气层压力,kPa;
          p_{wf}——井筒压力,kPa;
          B——地层体积系数,油气藏条件下的体积/产出后的体积;
          μ——地层流体黏度,mPa·s;
          r_e——油气藏半径,m;
          r_w——井筒半径,m;
          S——表皮系数。

油气产量 Q 与渗透率 K 成正比,与表皮系数 S 成反比。因此,可提高渗透率、降低表皮系数来提高油气产量。表皮系数是地层伤害程度的数学表征,可采用 Hawkins 公式来定量表示:

$$S=(K/K_s-1)\cdot \ln(r_s/r_w)$$

式中　　K_s——伤害带渗透率，$10^{-3}\mu m^2$；

　　　　r_s——伤害带半径，m。

如果油气井被伤害（$K_s<K$），$S>0$。K_s 和 K 之间差异越大，同时伤害带越深（r_s 越大），S 就越大。严重伤害情况下，表皮系数非常大。完全伤害时（$K_s=0$），表皮系数接近于无穷大。如果油气井被增产（$K_s>K$），$S<0$。通常表皮系数小于 -5 是很少见的。这样小的表皮系数只有在形成了长的、具有导流能力的水力裂缝（支撑裂缝）才可能出现。轻微的负表皮系数也会在压裂充填完井和天然裂缝情况下可能出现。如果油气井未被伤害，也未被增产，那么 $S=0$。

地层的渗透率和表皮系数可以通过压力恢复试井得到。试井可以在任何时候，增产前或增产后进行。试井得到的表皮系数是一个多组成或总的表皮系数（S_t），它由不同的表皮系数组成：

$$S_t=S_{c+\Phi}+S_p+S_d+\sum pskins$$

式中　　S_t——总表皮系数；

　　　　$S_{c+\Phi}$——因部分完井形成的表皮系数；

　　　　S_p——不完全射孔形成的表皮系数；

　　　　S_d——因伤害引起的表皮系数；

　　　　$\sum pskins$——拟表皮系数之和（相态和流速相关的效应）。

试井测得的表皮系数有时非常大（大于 100），这可能有其他非伤害效应引起的表皮系数。在这种情况下，只要因伤害引起的表皮系数 S_d 足够大，仍然可以考虑采取酸化增产措施。

砂岩酸化是一种仅能去除酸溶性伤害 S_d 的增产方法。对于未伤害的砂岩型井进行酸化，效果并不明显，最好的情况下可将油气产量提高 1 倍。碳酸盐岩酸化是一种穿透伤害带的方法，而不是像砂岩酸化那样直接清除伤害。并且对于未伤害的碳酸盐岩井进行酸化，仍能获得较好的增产效果。这是由于碳酸盐岩酸化的裂缝能够通过扩展井筒半径的方式有效地激励地层，而与表皮系数的大小无关。

4.2　酸化分类

目前，酸化按油气层类型分为碳酸盐岩酸化和砂岩酸化；根据酸化处理工艺分为酸洗、基质酸化（也称孔隙酸化）和压裂酸化；按酸液的组成和性质分为常规酸酸化和缓速酸酸化。

4.2.1　按油气层类型分类

碳酸盐岩酸化是指用酸液处理碳酸盐岩油气层，它可以采用基质酸化和压裂酸化。砂岩酸化是指用酸液处理砂岩油气层，一般只进行基质酸化而不进行压裂酸化。

4.2.2　按酸化处理工艺分类

4.2.2.1　酸洗

酸洗就是用少量的酸，在无外力搅拌作用下，对施工或采油采气过程中可能造成的射孔孔眼堵塞和井筒中的酸溶性结垢进行溶解并及时返排酸液，通过酸液在井壁和孔眼的循环流动增加活性酸与井壁壁面和孔眼的反应速度，以防止酸不溶物（如管线涂料、石蜡、沥青、重晶石粉垢等)重新堵塞孔眼和井壁的一种油气井增产措施。其目的就是清除井筒中酸溶性结垢或疏通孔眼。

4.2.2.2 基质酸化

基质酸化是指在低于地层岩石破裂压力条件下,将酸液注入地层孔隙空间,利用酸液溶蚀近井地带的堵塞物以恢复地层渗透率或用酸液溶解孔隙中的细小颗粒、胶结物等以扩大孔隙空间、提高地层渗透率的一种增产措施。

施工的酸液在活性酸耗尽之后称为残酸。施工之后要把残酸返排至地面。酸化半径通常在 1m 以内,这是因为施工压力小、无裂缝产生,酸液与孔隙中堵塞物或细小颗粒接触面积大,反应速率快,因而酸渗透距离短。近 20 年来,由于缓速酸化的应用,酸渗透距离可更长。

成功的基质酸化作业能在不增加出水量或出气量(即保持天然的液流边界)的情况下提高油气产量。因此,确定地层破裂压力的大小对酸化施工是很必要的。地层岩石的破裂压力随油气层压力的降低而降低,这就需要做"破碎"试验来决定某地带或油气层的破裂压力。图 4.1 中,试验步骤是先以低速向地层注入水或清洁油并逐步增大注入速率,记录压力,直至注入速率曲线发生转折,如图 4.1 中 B 点(破裂点)。如果在破

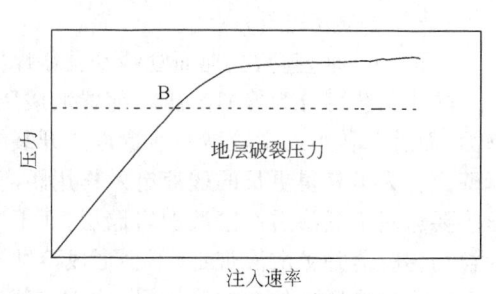

图 4.1 测定破裂压力试验

裂点以前就达到基质酸化的压力,那么就可用此压力或低一点的压力施工。例如四川的孔隙酸化压力多在 20～40MPa,而酸压的压力则大于 60MPa。

凡由于下述一个或一个以上的原因,可以选用基质酸化:
(1)清除原生的或诱发的地层堵塞;
(2)压裂前降低地层的破裂压力;
(3)均匀疏通所有的射孔孔眼;
(4)不破坏隔层;
(5)降低施工成本。

理论上,基质酸化的酸液流经孔隙系统,溶解阻碍油气流动的孔隙喉道和孔隙空间的固体颗粒和微粒。对于砂岩的基质酸化,酸液流过孔隙喉道时,酸主要与孔隙堵塞和孔隙衬垫固体和矿物反应,优先溶解存在于孔隙空间、孔隙喉道和沿孔隙壁面的小微粒和颗粒。因此,砂岩地层的基质酸化主要是解除地层伤害。一般来讲,如果砂岩的酸溶性堵塞和污染存在,那么酸化成功的可能性较大。除天然裂缝型油气藏等外,未伤害的砂岩地层的基质酸化并不能大幅度提高油气产量。

对于碳酸盐岩的基质酸化,酸岩反应将产生传导性孔道,并穿过地层岩石,称为"溶蚀孔"。酸液对碳酸盐岩的这种穿透超过了近井地带或扩展了射孔孔眼,如图 4.2 所示。碳酸盐岩经基质酸化后的流动通道从射孔孔眼延伸出去,并带有一些小分支。通常情况下,碳酸盐岩经强酸酸化后形成的溶蚀孔的分支较少,而经弱酸和缓速酸酸化后形成的溶蚀孔的分支较多。这不仅与酸液的酸性强弱有关,还与酸液的注入排量、地层温度和地层反应特性等有一定联系。因此,碳酸盐岩的基质酸化是一个穿透伤害带的处理过程。如果碳酸盐岩储层未被伤害,进行基质酸化很难使油气产量加倍。

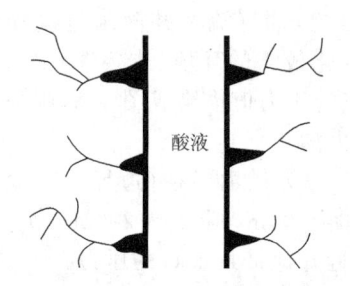

图 4.2 碳酸盐岩基质酸化溶蚀孔

4.2.2.3 压裂酸化

压裂酸化也称酸压,是在注入压力大于储层岩石破碎压力或者天然裂缝的闭合压力条件下的一种挤酸工艺。由于酸液沿着裂缝沟槽流动,对两壁进行非均匀的溶蚀作用,因而酸化施工结束后,虽然压力降低,但高导流的油气流通道已不能闭合或不能完全闭合,使油气流从四面八方进入截面积较大的裂缝通道中,起到了改造地层天然渗透能力的作用,从而提高了油气产量。

酸化压裂泵注压力计算按下式:

$$p_{泵注} \geqslant p_F - p_H + p_r$$

式中　p_F——地层破裂压力;

p_H——液柱压力;

p_r——垂直管柱、地面管线和孔眼摩阻之和。

酸压工艺可分为普通酸压和前置液酸压。前者直接用酸液压开地层产生裂缝并溶蚀裂缝壁面;而后者利用黏度较高的前置液压开裂缝,然后注酸,酸液在高黏前置液中指进并溶蚀裂缝壁面。为了获得更长的酸液有效作用距离,还可以交替注入前置液和酸液或加砂酸压。酸压主要适用于低渗透性碳酸盐岩储层,而不适用于砂岩地层。因为酸液溶蚀了砂岩中胶结物,砂粒均匀脱落并被酸液带走,不会形成溶蚀沟槽,卸压后裂缝会完全闭合。另一原因是容易破坏天然垂直渗透性较差的遮挡层,使之与邻近不需要压开的地层连通。

4.2.3 按酸液的组成和性质分类

常规酸酸化是指用盐酸处理碳酸盐岩油气藏或碳酸盐岩胶结的砂岩油气藏和直接使用氢氟酸或土酸处理泥质胶结的砂岩油气藏。缓速酸酸化是指用缓速酸处理油气层的酸化。

4.3 酸化增产原理

一口井要能产出工业性油气流应具备三个基本条件,即油气层的油气饱和度大、压力高、渗透性能好。酸化就是靠酸液的化学溶蚀作用及挤酸时的水力作用来提高地层渗透性能。对于基质酸化,其增产作用表现在下述两方面:

(1)酸液进入孔隙或天然裂缝与其中岩石或砂粒之间的胶结物反应,溶蚀孔壁或裂缝壁面,增大孔径,提高地层渗透率;

(2)溶蚀孔道或天然裂缝中的堵塞物,破坏钻井液、水泥、岩石碎屑等堵塞物的结构,使之与残酸一道排出地层,从而解除堵塞物的影响,恢复地层原有渗透率。

为了进一步理解酸化的增产原理,首先分析油气流在井底的流动特点。油气流从地层径向流入井内,越靠近井底,流通面积越小,流速越高,流体所受阻力越大,因而克服摩阻所需要消耗的压力越大。换言之,油气流在井筒附近流动时是处于一个压力变化较大的环境(或条件)中。如果把近井附近各点的压力值描绘成图 4.3,则呈一漏斗形状(俗称压力漏斗)。

图中 R_r(即 $R_边$)为供油半径(边界),一般为井距的 1/2。如井距 400m,则 R_r=200m。$p_地$为地层压力。p_R 为近井地带某点 C 的压力。

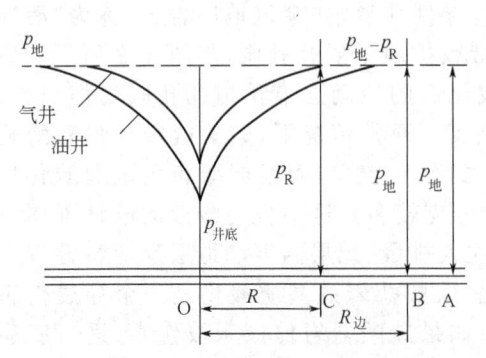

图 4.3　井周围地层压力分布曲线示意图

由图 4.3 可以看出,在供油边缘附近,压力变化不大(B点),而在 O 点变化最大。$p_\text{地}-p_\text{R}$ 为 B 点到 C 点的压力降,表示油气从 $R_\text{边}$ 流到 R 处克服摩阻所损失的压能。

对于气井,由于气体随压力降低而膨胀,所以越靠近井底其流速增加比油井更为显著,摩阻更大,曲线更陡,压力损耗也更大。一般距井轴 10m 以内,油井的压力消耗要占全部压力降的 80%~90%,而气井则为 90%。因此,提高井底附近地层的渗透能力,降低压力损耗,在生产压差不变的情况下,油气产量能显著增加。如果井筒附近地层受到污染和堵塞使渗透率下降,将导致油气产量降低。

美国采油物理学家 M. Muckat 提出了污染井污染前后产液量之比有下列关系:

$$\frac{J_\text{s}}{J_\text{o}} = \frac{\dfrac{K_\text{s}}{K_\text{o}} \cdot \lg\dfrac{R_\text{e}}{R_\text{w}}}{\lg\dfrac{R_\text{e}}{R_\text{w}} + \dfrac{K_\text{s}}{K_\text{o}} \cdot \lg\dfrac{R_\text{e}}{R_\text{s}}}$$

式中 J_s——污染后油气井产量,t/d;

J_o——无污染时油气井产量,t/d;

K_s/K_o——污染程度;

K_s——污染带内平均渗透率,μm^2;

K_o——该地层平均有效渗透率,μm^2;

R_e——泄流半径,m;

R_w——井眼半径,m;

R_s——污染带半径,m。

该式可用于理想条件下对裸眼井钻井、完井造成地层污染引起产量下降和提高污染带渗透率时增产倍数的计算。

如果 R_e 为 201.2m,R_s 为 0.152m,$K_\text{s}/K_\text{o}=0.05$,则 $J_\text{s}/J_\text{o}=0.3$。这样的污染井如果酸化后酸有效作用半径为 R_s(即 0.152m),而井附近污染带渗透率恢复到 K_o,那么,处理后产液量将增加到 3.3 倍。同样,通过基质酸化将无污染的裸眼井在半径 R_1 内将原渗透率 K_o 均匀地提高到 K_1,设井径 $R_\text{w}=0.18$m,$R_\text{e}=200$m,当 $K_1/K_\text{o}=10$,$R_1=3$m,则 $J_1/J_\text{o}=1.68$,即增产倍数为 0.68。如果增加酸化半径,设 $R_\text{s}=12$m,则增产倍数为 1.31。

由此,可以看出,对于无污染地层,均匀地提高井底地层的渗透率可使油井增产百分之几十到百分之一百以上,最多不超过百分之二百。从经济角度来讲,均匀改善区的面积不宜过大。例如处理半径从 3m 增加到 12m,面积增大了 15 倍,但油井产量仅增 63%,显然不合算。

但是,对于碳酸盐裂缝性油气层,酸处理前后井的油气产量往往差别很大。造成碳酸盐裂缝性油气层低产的原因主要有两种情况:

(1)近井油气层的渗透率遭到钻井液、水泥浆、完井液或其他污染而大幅度降低,堵塞严重时甚至把油气流堵死;

(2)井周围地层孔隙不发育,连通性不好,油气难以流入井中。

经酸化施工之后解除了堵塞,恢复了地层天然生产能力,油气产量就可大幅度增加。所以,基质酸化对于有严重污染的碳酸盐岩和砂岩油气层特别有益,但对无污染的井增产效果不显著。

酸化压裂施工能在井筒附近油气层中形成裂缝,从而大大改善油气向井内的流动状况,并显著降低油气流动摩阻,其增产效果优于基质酸化。经酸压施工后,产液量的增产倍数可以根据施工参数进行理论计算。对于无污染的均质地层,酸压的增产倍数一般为 1~3 倍。但在实际施工中也常出现增产十多倍甚至几十倍的情况。这是由于压开的裂缝突破了近井地带的严重堵塞。酸压裂缝的主要作用是在堵塞中开辟了一条输油气通道。此外,由于碳酸盐岩孔隙分布极不均匀，裂缝可能把井底和新的裂缝系统沟通或使近井地带的低渗透率区与高渗透区相连通。图4.4为酸压裂缝示意图。

综上所述，酸压的增产作用有三个方面：

(1) 撑开并扩大天然裂缝或压开新裂缝，改造和提高油气层内部的渗透能力；

(2) 解除堵塞；

(3) 使井底与高渗透带或新的裂缝系统沟通。

这三个方面常常是综合作用，所以酸压增产效果往往很好。为了充分发挥上述作用，需要尽量造成延伸远、宽度大的裂缝，相应地在工艺上采取加大排量、降低漏失、减缓酸的反应速率等措施。

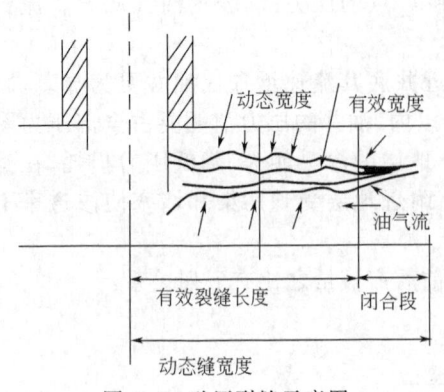

图4.4 酸压裂缝示意图

4.3.1 碳酸盐岩酸化增产原理

4.3.1.1 地质状况分析

在沉积岩的分类中，碳酸盐和碎屑沉积常常形成工业性生油气层。碳酸盐岩的主要矿物是方解石和白云石，此外还含有文石、菱镁矿、菱铁矿等碳酸盐矿物以及混有的泥质和陆源碎屑等，有些还可能含有黄铁矿。

最初，碳酸盐岩沉积通常由比较纯净的碳酸钙组成，经溶解、沉淀、再结晶，晶形变大而形成方解石。白云岩中有一部分是由化学、生物化学或机械—化学作用而沉积下来的原生白云岩，而还有一部分则是碳酸钙沉积受到硫酸镁和水的作用生成的。这一个过程称为白云岩化作用，其化学反应如下：

$$2CaCO_3 + MgSO_4 + 2H_2O \longrightarrow CaMg(CO_3)_2 + CaSO_4 \cdot 2H_2O$$

方解石　　　　　　　　　　　白云石

含 Mg^{2+} 丰富的地下水在裂缝、断层中循环也可形成白云石：

$$2CaCO_3 + Mg^{2+} \longrightarrow CaMg(CO_3)_2 + Ca^{2+}$$

方解石质量分数大于50%的碳酸盐岩称为石灰岩类；而白云石质量分数大于50%的称为白云岩类；此外，还有一些过渡类型，如含泥质灰岩、泥灰岩、砂质石灰岩等。

多数碳酸盐岩由粒度较大颗粒、基质（碳酸盐泥）和胶结物组成。基质是直径极小的微晶碳酸盐质点，而胶结物是充填于颗粒间的直径大于0.01mm的结晶方解石。图4.5是方解石的晶体结构，如果结构中 Ca^{2+} 的位置有一半被 Mg^{2+} 替代，并沿对角线交替排列，则为白云石的结构。碳酸盐岩比砂岩更为密实，它的油气层储集空间分为孔隙和裂缝两种类型。

除了上述碳酸盐岩可用盐酸作为酸化液外，当砂岩中碳酸盐胶结物质量分数在10%以上时，也可用盐酸酸化。

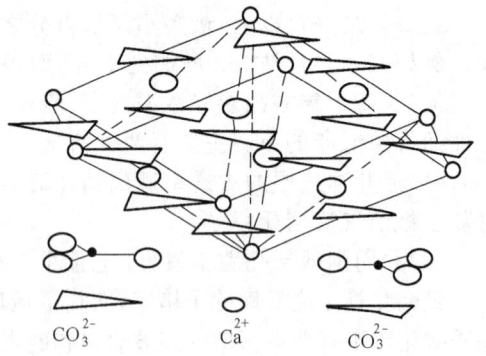

图4.5 方解石晶体结构

4.3.1.2 碳酸盐岩酸化增产原理分析

1. 基质酸化增产原理分析

碳酸盐岩酸化常用盐酸或多组分酸。在井下装有铝或铬设备或在深井高温情况下（高温时,大多缓蚀剂在盐酸中失效或效果不佳),如果缺乏有效的缓蚀剂,而油管又不能经受盐酸腐蚀时,可用醋酸或甲酸酸化(视频 4.2)。反应如下:

$$2HCl+CaCO_3 \longrightarrow CaCl_2+CO_2\uparrow+H_2O$$
$$4HCl+CaMg(CO_3)_2 \longrightarrow CaCl_2+MgCl_2+2CO_2\uparrow+2H_2O$$
$$2HCOOH+CaCO_3 \longrightarrow Ca(HCOO)_2+CO_2\uparrow+H_2O$$
$$2CH_3COOH+CaCO_3 \longrightarrow Ca(CH_3COO)_2+CO_2\uparrow+H_2O$$

视频 4.2 碳酸盐岩储层的酸化

生成产物 $CaCl_2$、$MgCl_2$、$Ca(HCOO)_2$、$Ca(CH_3COO)_2$ 全部溶于残酸中。CO_2 除少量溶解于残酸外大部分以微气泡形式分散在残酸中,随排液过程脱离地层,并能起助排剂的作用。如果酸的起始浓度大于15%时,部分 CO_2 则可能游离而形成气相或进入油相。还须指出,在用含有盐酸和分子量低的羧酸的多组分酸酸化时,盐酸首先反应生成大量 CO_2,这将使有机酸的反应受到抑制,反应速率减慢,尤其在高压下更为明显。因此,有机羧酸也被列入缓速酸。在使用它们时须考虑其钙盐的溶解度,以免产生沉淀。

盐酸同碳酸盐岩的反应能在地层中形成小孔道,称为"酸蚀孔洞",通常也称作"蚓孔"(图 4.6)。酸蚀孔洞可解释为酸化现象的不稳定性:大的孔隙易接受更多的酸液,这又增加了它们的面积和长度,最终的结果为产生一宏观隧道——酸蚀孔洞。酸蚀孔洞是否分枝取决于注酸速率。在刚好产生酸蚀孔洞的临界速率注酸,只产生大的酸蚀孔洞;而当增大其注入速率,则产生稠密的网络状细小隧道。使用强酸时生成数量少而直径大的孔道;而使用弱酸(如醋酸)则生成大量的小孔径孔道。孔道长度可由几厘米至1m。酸化过程通常是先用稀酸冲洗井筒,然后挤入酸液并注入足量的活性水或油作为后置液以清洗井内、管线内的酸液。酸液中可根据地层情况加入缓蚀剂、铁稳定剂、防乳—破乳剂、互溶剂、降滤失剂、黏土防膨剂、助排剂等酸液添加剂。

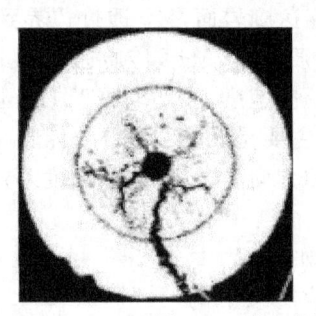

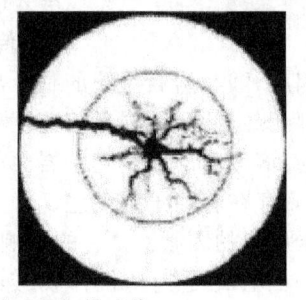

图 4.6 岩心切片 CT 扫描成像

碳酸盐岩油气层的酸化效果与油气层的渗透率和孔隙度的均一性有关。油气层越均一,酸化效果越好。对于极不均质的油气层酸化,高渗透层进酸多,溶蚀程度高;低渗透层进酸少,溶蚀程度低。为了使这类地层能均匀吸收酸液,通常采用下封隔器、堵球或暂堵剂封堵高渗透层,然后对低渗透层段进行酸化。

2. 压裂酸化增产原理分析

压裂酸化施工是将酸液泵注入所需处理的碳酸盐岩地层以获得高导流能力的裂缝。近些年来,国内外更多地采用了前置液压裂酸化,可以获得更长和更宽的裂缝,即先用黏度高、滤失量小的前置液在地层中造成较宽的裂缝后,再注入酸液。低黏酸液指进高黏前置液,有利于降低酸液的滤失,也使溶蚀面凹凸不平,特别有利于较均质碳酸盐岩的酸化。

活性酸的有效作用距离 L_{ef} 的大小是衡量酸化效果的重要依据。它取决于酸的滤失速率、酸岩反应速率以及酸沿裂缝的流动速率等因素。

(1)滤失速率对酸液 L_{ef} 的影响。酸液滤失速率可以影响裂缝的形状。酸液向垂直于壁面的方向滤失则使裂缝壁面形成"溶蚀洞"。如果酸液的滤失速率超过单独挤前置液的滤失速率，则裂缝可能缩短并接近没有前置液的酸压施工所得裂缝的形状和长短。因此，在酸液中加入有效的降滤失剂是增大酸液有效作用距离 L_{ef} 的关键。

（2）挤酸速率对酸液 L_{ef} 的影响。提高挤酸速率将增大酸液有效作用距离。这是因为提高挤酸速率会降低裂缝的温度，降低酸岩反应速率，从而使酸岩的反应时间增长，使裂缝宽度增加，面容比降低。对白云岩地层的酸压施工最为显著。

（3）酸岩反应速率对酸液 L_{ef} 的影响。当酸岩反应速率快时，距离井底较远的裂缝不容易受到活性酸的溶蚀，而使活性酸在酸压裂缝中有效作用距离变小。因此，降低酸岩反应速率成为酸化作业中受到普遍重视的研究课题。

酸岩反应速率是指单位时间内酸液浓度的降低值，其单位为 $mol/(L·s)$；酸反应时间是指酸液在选定的地层条件下，浓度降低到起始浓度的 10% 时所需要的时间。这时的酸液称为残酸。也可以用单位时间内，岩石单位反应面积的溶蚀量表示，其单位为 $mg/(cm^2·s)$。

由于酸和盐的反应是一个复相反应，且反应只能在相接触界面上进行。以 HCl 与碳酸岩盐为例，主要发生以下三个步骤（图 4.7）：

（1）酸液中的 H^+ 传递到碳酸盐岩表面；
（2）H^+ 在岩石表面上与碳酸盐岩进行反应；
（3）生成物 Ca^{2+}、Mg^{2+} 和 CO_2 气泡离开岩石表面。

由于边界层的存在，H^+ 以较慢的速度透过边界层才能达到岩面，H^+ 透过边界到达岩面的速度称为 H^+ 传质速度。H^+ 传质速度比 H^+ 在岩面上的表面反应速度慢得多。因此，酸与岩石系统的整个反应速度，主要取决于 H^+ 透过边界层的传质速度。所以，在室内实际测定的酸—岩反应速度，主要是反映了 H^+ 的传质速度。扩散边界层与溶液内部的性质不同：溶液内部在垂直于岩面的方向上，没有离子浓度差；而边界层内部，在垂直于岩面的方向上，则存在着离子浓度差。

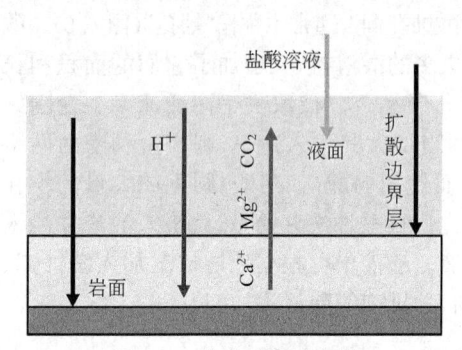

图 4.7 酸岩反应示意图

影响和控制酸岩反应的因素对 L_{ef} 的影响如下：

①酸岩面容比。面容比是指单位体积酸液所接触的岩石面积。在酸液体积一定时，酸液所接触的岩石表面积越大，则反应速率越快。

②温度。温度升高，氢离子传质速率增加，酸岩反应速率加快，酸液 L_{ef} 减小。

③压力。在低于 3.0MPa 压力时，压力对酸反应速率影响较大；当压力大于 5.0MPa 时，压力对酸反应速率几乎没有影响。

④酸浓度。盐酸浓度对反应速率的影响可见图 4.8。当盐酸浓度在 20% 以下时，随酸浓度增加酸岩反应速率增大；当盐酸浓度超过 25% 时，随浓度增加酸岩反应速率降低。这是因为高浓度酸酸化反应生成大量的 $CaCl_2$ 和 CO_2，增加了溶液的黏度，使后来的 H^+ 传质速率降低，减小了酸岩反应速率。此外，由于酸浓度增加，反应时间增长，裂缝变宽，面容比降低，酸的有效作用距离增大。例

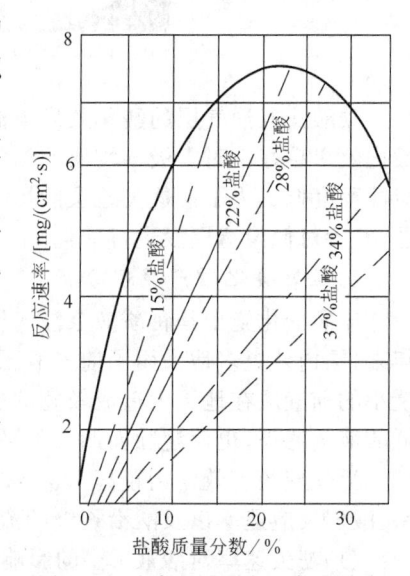

图 4.8 酸浓度对反应速率的影响

如,浓度为28%的盐酸的酸化反应时间比浓度为15%盐酸的反应时间长3～4倍。在温度为93℃时,浓度为28%的盐酸酸化,酸岩反应时间为65min;而浓度为15%的盐酸在相同条件下,酸岩反应时间不到20min。高浓度酸酸化不仅能增加酸岩反应时间和酸的有效作用距离,还具有较高的裂缝导流能力,以保证生产和增注的持续稳定性。这是衡量酸化效果的另一重要评价指标。

(4)其他因素的影响。影响酸液有效作用距离L_{ef}的因素是多方面的。裂缝的宽度对L_{ef}有影响,如宽裂缝能使H^+到达壁面所需移动的距离变长使L_{ef}增大。地类型对L_{ef}也有较大影响,如盐酸与白云岩反应比与石灰岩反应缓慢。地层流体中存在Ca^{2+}、Cl^-等离子,其浓度增加将减小酸液反应速率,增加酸液L_{ef}。此外,温度对白云岩酸化有明显影响,而对石灰岩影响不大。因为后者的反应速率主要受H^+传质速率的控制,温度就不再是主要因素了。

高浓度酸的主要缺点是腐蚀性太强,尤其在高温情况下。此外,浓酸酸化还会引起某些油气层的伤害,有关伤害问题将在酸液添加剂一节进行讨论。

4.3.2 砂岩储层酸化原理

4.3.2.1 地质状况分析

砂岩是由砂粒和胶结物组成。砂粒包括:石英、长石及各种岩屑。石英和长石同属架状结构的硅酸盐矿物。石英有:$\alpha-SiO_2$,$\beta-SiO_2$,$\gamma-SiO_2$三种晶型。而长石有正长石(如钾长石$KAlSi_3O_8$)、斜长石(如钙长石$CaAl_2Si_2O_8$、钠长石$NaAlSi_3O_8$),它们是Al^{3+}取代了石英硅氧四面体结构$[Si_4O_8]$中的Si^{4+},而不足的电价由K^+、Na^+、Ca^{2+}补偿而形成的。砂岩的胶结物有碳酸盐$[CaCO_3,CaMg(CO_3)_2$等$]$,黏土矿物高岭石、伊利石、蒙脱石、绿泥石以及微晶二氧化硅等。鉴于大多数黏土矿物的成因特点,即使是同一种黏土矿物,处于不同的地层,其化学组成实际上亦有很大的变化,因此,不可能用某一化学式把某种类型的黏土矿物表示出来,实际上,黏土矿物的任何化学分析都是平均值。常见的黏土矿物理想化表达式如下:高岭石$Al_4[Si_4O_{10}](OH)_8$,蒙脱石$Al_2[Si_4O_{10}](OH)_2$,伊利石的原型矿物是白云母$KAl_2[AlSi_3O_{10}](OH)_2$和金云母$KMg_3[AlSi_3O_{10}](OH)_2$,因此它的结构大体是$K(Al,Fe,Mg)_{2\sim2.5}[AlSiO_{10}](OH)_2$,三八面体绿泥石$(Mg,Fe,Al)_6[AlSi_3O_{10}](OH)_8$。在黏土矿物结构中都含有一定量的结晶水,有一定量的离子替代或交换,还有混层的黏土矿物。在一定条件下,黏土矿物之间可能进行转化,如蒙脱石可转化为伊利石,高岭石转化为蒙脱石。随着地层深度增加,地层温度和压力上升,黏土矿物总的转化趋势是高岭石、蒙脱石逐渐减少,绿泥石和伊利石增多。

砂岩的油气储集空间和渗流通道都是砂岩孔隙。

4.3.2.2 砂岩酸化增产原理分析

由于砂岩是由砂粒和胶结物组成,采用压裂酸化的形式地层裂缝会闭合且破坏垂直渗透性差的遮挡层。因此,针对砂岩酸化主要采用基质酸化(视频4.3)。

对砂岩地层进行酸化的目的是解除近井地带的黏土伤害或施工滤液引起的地层伤害以及采油采气过程中可能引起的伤害等,以增加地层渗透率。处理砂岩地层一般使用土酸酸化,HF和HCl的比例可根据胶结物的组成进行调整。酸岩反应如下:

HF与石英砂的反应:

$$SiO_2 + 4HF \longrightarrow SiF_4 + 2H_2O$$

视频4.3 砂盐地层的酸化

$$SiF_4 + 2HF \longrightarrow H_2SiF_6$$
（氟硅酸）

以上反应不剧烈,故石英颗粒溶解较慢。

HF 与长石的反应:

$$NaAlSi_3O_8 + 22HF \longrightarrow 3H_2SiF_6 + AlF_3 + NaF + 8H_2O$$

黏土矿物蒙脱石与 HF 反应如下:

$$Al_2[Si_4O_{10}](OH)_2 + 36HF \longrightarrow 4H_2SiF_6 + 2H_3AlF_6 + 12H_2O$$
（氟铝酸）

由于黏土表面积比同等质量的砂粒表面积大 200 倍以上,所以该反应几乎是瞬间完成的。

用土酸对受伤害地层进行基质酸化,其产量增长最为明显,见图 4.9。而对于未受伤害地层,在多数情况下酸化效果并不显著。活性氢氟酸的穿透距离取决于地层中黏土的含量、地层温度、氢氟酸初始浓度、反应速率以及泵注的排量。图 4.10 是模拟砂岩酸化的增产倍数曲线,从图可知盐酸和氢氟酸浓度对砂岩酸化增产倍数的影响。

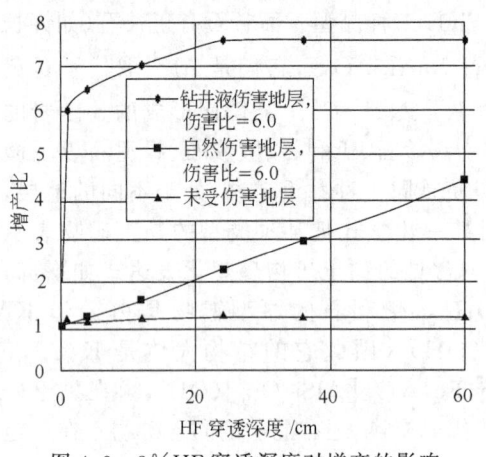

图 4.9 3%HF 穿透深度对增产的影响 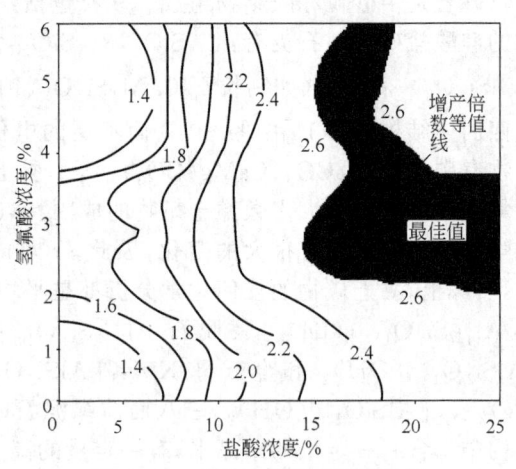　　图 4.10 砂岩酸化增产倍数曲线

4.4 酸液及其添加剂

4.4.1 酸液类型

油气井酸化用酸液主要有盐酸、土酸、乙酸、甲酸、多组分酸、粉状有机酸、各种缓速酸体系等。除此之外,近几年研发的生物酸(如植酸、果酸、酒石酸、海藻酸、乳酸等);特殊酸化也使用硫酸、碳酸、磷酸等。

4.4.1.1 酸液的选择

酸化时必须针对施工井层的具体情况选用适当的酸液,选用的酸液应符合以下几个要求:

(1)能与油气层岩石反应并生成易溶的产物;

(2)加入化学添加剂后,配制成酸液的化学性质和物理性质能满足施工要求(特别是能够控制与地层的反应速率和有效地防止酸对施工设备的腐蚀);

(3)施工方便,安全,易于返排;

(4)价格便宜,来源广。

4.4.1.2 盐酸

酸化用盐酸一般都是工业盐酸。工业盐酸的浓度为31%～34%(质量分数,本章未作说明均为质量分数),使用时需检查盐酸浓度及 SO_4^{2-} 和 Fe^{3+} 含量。盐酸可以溶蚀白云岩、石灰岩以及其他碳酸盐岩,能解除高钙钻井液的氢氧化钙沉淀、硫化物及氧化铁沉淀造成的近井地带的污染,恢复地层渗透率。盐酸还可作为土酸酸化砂岩的前置液或碳酸盐含量较高的砂岩酸化液。盐酸还是某些酸敏性大分子凝胶的破胶剂,用于压裂液或封堵凝胶的破胶。盐酸作为酸化液具有成本低、生成物可溶的优点。用于油气井酸化的盐酸的浓度一般为5%～15%,也常用高浓度酸,其浓度可达25%～35%。

使用高浓度盐酸酸化的优点是:(1)酸岩反应速率相对变慢,有效作用半径增大;(2)单位体积盐酸可产生较多的二氧化碳,利于残酸的排出;(3)单位体积盐酸可产生较多的氯化钙、氯化镁,提高了残酸的黏度,并且抑制了 HCl 分子的电离,从而控制了酸岩反应速率,此外,高残酸黏度还有利于悬浮、携带固体颗粒从地层排出;(4)受到地层水稀释的影响较小。

盐酸处理的主要缺点是:与石灰岩反应速率快,特别是高温深井。由于地层温度高,盐酸与地层作用太快,因而处理不到地层深部。此外,盐酸对管柱等金属具有很强的腐蚀性,尤其在高于120℃时更为显著。同时,盐酸还会使金属坑蚀形成许多麻点斑痕,腐蚀严重。对于二氧化硫含量高的井,盐酸处理易引起钢材的氢脆断裂。

盐酸相对密度与浓度的关系是配制酸液时常用的数据。温度一定条件下,盐酸的相对密度随浓度的增大而增大。盐酸的相对密度与浓度的对应关系可从采油技术手册查询,也可采用下列经验公式估算:

$$\gamma_{HCl}=C/2+1$$

式中　γ_{HCl}——盐酸相对密度;

　　　C——盐酸浓度,%。

4.4.1.3 乙酸

乙酸又名醋酸(CH_3COOH),为无色透明液体,极易溶于水,熔点16.6℃。乙酸是弱电解质,在25℃时的离解常数 $K_a=1.8\times10^{-5}$,沸点118℃,工业品乙酸中,乙酸的浓度为98.5%。由于乙酸钙溶解度较小,其酸化液中乙酸的浓度常为10%～12%,单独使用其浓度也可达19%～23%。乙酸对金属的腐蚀速率远低于盐酸和氢氟酸,腐蚀均匀,无严重坑蚀。它不腐蚀铝合金材料,可用于与酸接触时间长的带酸射孔作业。由于乙酸的酸岩反应速率低于盐酸,因而活性酸穿透距离更长,可作缓速酸。另外,乙酸对 Fe^{3+} 具有络合作用,可防止氢氧化铁沉淀生成。

4.4.1.4 甲酸

甲酸又名蚁酸(HCOOH),为无色透明液体,易溶于水,熔点8.4℃。甲酸的离解常数 $K_a=1.75\times10^{-4}$,工业品甲酸中甲酸的浓度在90%以上。甲酸的酸性和对钢铁的腐蚀性均大于乙酸。甲酸同碳酸钙或碳酸镁反应生成能溶于水的甲酸钙或甲酸镁。甲酸同乙酸一样具有缓速缓蚀的特点,可用于高温深井酸化作业。

4.4.1.5 土酸及多组分酸

土酸是盐酸和氢氟酸的混合酸,用于砂岩地层的酸化。虽然氢氟酸可以溶蚀砂岩中的石英、长石以及蒙脱石等黏土矿物,但实际上它是不能单独使用的。因为任何砂岩地层都含有一定的碳酸钙(镁)或其他碱金属盐类。它们与氢氟酸反应生成 CaF_2、MgF_2 和其他沉淀,使地层渗透率降低,因而通常采用 HCl—HF 这一土酸体系对砂岩进行酸化。盐酸在土酸中的另一作用是使土酸在一定时间内保持一定的 H^+ 浓度以充分发挥氢氟酸对砂岩的溶蚀作用。

工业品氢氟酸中,HF 的浓度为 40%～70%。土酸中,氢氟酸浓度有一高限,超出该限后,氢氟酸对砂粒和黏土溶蚀率下降,还可能在地层中产生新的沉淀或者由于大量胶结物的溶蚀以致基质崩解、砂粒脱落,对地层造成新的伤害。由于地层岩石成分和性质各不相同,因此应根据岩石成分和性质来配制土酸。经验数据表明:由 10%～15% 的 HCl 与 3%～8% 的 HF 配制成的土酸足以溶解不同成分的砂岩油气层,酸化效果好。而实际情况下,配制土酸的 HF 通常用氟化铵、氟化氢铵($NH_4F \cdot HF$)按适当比例混合来代替。

与土酸类似,由两种或两种以上的酸组成的混合酸称多组分酸。如乙酸—盐酸、甲酸—盐酸、甲酸—氢氟酸等。这些酸液多适用于高温地层,既考虑到盐酸成本低,又利用有机酸在高温下的缓蚀和缓速作用。

4.4.1.6 固体酸

酸化用固体酸主要有氨基磺酸、氯乙酸、固体硝酸粉末以及聚交酯类化合物等。固体酸呈粉状、粒状、球状或棒状,以悬浮液状态注入注水井以解除铁质、钙质污染。与盐酸比较,固体酸具有使用和运输方便、有效期长、不破坏地层孔隙结构、能酸化较深部地层等优点。氨基磺酸在 85℃下易水解,不宜用于高温。其酸化和水解反应如下:

$$FeS + 2NH_2SO_3H \longrightarrow (NH_2SO_3)_2Fe + H_2S \uparrow$$
$$CaCO_3 + 2NH_2SO_3H \longrightarrow (NH_2SO_3)_2Ca + CO_2 \uparrow + H_2O$$
$$NH_2SO_3H + 2H_2O \longrightarrow NH_3 \cdot H_2O + 2H^+ + SO_4^{2-}$$

对于存在铁、钙质堵塞,又存在硅质堵塞的注水井,可以采用固体酸和氟化氢铵交替注入法以消除污染。氨基磺酸可以作为酸敏性大分子凝胶的破胶剂,具有延缓破胶的作用。

氨基磺酸的水溶液具有与盐酸、硫酸同等强度酸性,因而又有固体硫酸之称。氨基磺酸在工业上广泛用作清剂,以除去换热器、管线内垢物。氨基磺酸与大部分金属所形成的盐在水中均能大量溶解,如碱金属的氨基磺酸盐均易溶于水中,氨基磺酸钙也能溶于水中。利用其该性质,氨基磺酸可用于油气井酸化增产、注水井增注。

氨基磺酸毒性、腐蚀性均较小。虽然氨基磺酸是比较强的酸,但是其对金属的腐蚀较盐酸、硫酸和硝酸小得多,加入缓蚀剂后,还能进一步降低腐蚀速率。其晶体在常温下与空气接触不吸湿,很稳定。氨基磺酸的熔点很高(205℃),其存储条件要求较氯乙酸低,安全风险较小。氨基磺酸的水溶液常温下很稳定,当温度超过 65℃时,氨基磺酸开始水解,80℃时水解加剧,其水解程度与氨基磺酸的浓度、温度、时间有关。浓度越高、时间越长,水解程度越大。质量分数为 30% 的氨基磺酸在 80℃下,2h 水解约 15%,5h 水解达 27.5%。

氨基磺酸水解生成硫酸氢铵,硫酸氢铵有较强酸性,能与碳酸钙反应生成溶解度很小的硫酸钙沉淀,且产生的硫酸钙沉淀颗粒细小,可能会对已经溶蚀的碳酸盐孔隙造成再次堵塞。因此,其应用于较高温度碳酸盐储层酸化时,受到一定限制。目前常用的方法是,加入铵盐、或氯化钙抑制硫酸钙沉淀的生成。

$$NH_2SO_3H + H_2O \longrightarrow NH_4HSO_4$$
$$2HSO_4^- + CaCO_3 \longrightarrow CO_2 \uparrow + CaSO_4 \downarrow + H_2O + SO_4^{2-}$$

氯乙酸易溶于水、乙醇等,在水中溶解度很大,可配制成质量分数很高的水溶液,其水溶液酸性强。氯乙酸酸化的原理是其水解会产生盐酸和羟基乙酸,盐酸与碳酸盐岩发生反应,溶蚀岩石壁面,解除油层内钙质堵塞,进而提高地层导流能力。氯乙酸属于自生酸,是一种适用于中高温地层的缓速酸,在 80℃以上仍表现出较好的缓速性能,氯乙酸的质量分数越高缓速性能越好。并且氯乙酸对钢材的腐蚀性较盐酸小得多,具有一定的缓蚀性能,常用盐酸体系缓蚀剂大部分与氯乙酸配伍性良好。

$$CH_2ClCOOH + H_2O \longrightarrow HCl\uparrow + CH_2OHCOOH$$

但是氯乙酸自身也存在一些缺陷,其具有较强毒性,在空气中易潮解,潮解后的氯乙酸对金属、橡胶等有很强的腐蚀性,对皮肤有很强腐蚀刺激性,操作时需穿戴防护服。氯乙酸固体的熔点较低,其三种晶型的熔点范围在50～63℃,在高温天气下储存和运输应特别注意安全防护。

固体硝酸粉末是通过化学反应固化了的硝酸。硝酸粉末以乳状液或悬浊液方式进入井中,在井内条件下逐渐生成硝酸,起到酸化解堵的作用。该项技术是国内近二十年来发展起来的一项新工艺,能延缓酸岩反应速率,达到白云岩深部酸化的效果。

聚交酯类化合物高温下可分解产生羟基乙酸,可用于温度较高的油藏。羟基乙酸是一种中强酸性有机酸,酸性强于甲酸和乙酸,与氯乙酸相近。可与石灰岩和白云岩等碳酸盐岩储层反应,刻蚀地层,形成导流能力;以及与钙质、铁质沉淀反应,解除地层堵塞。

4.4.1.7 其他无机酸

（1）硫酸。由于硫酸与石灰岩的反应速率在很宽的浓度范围内都比盐酸慢得多,所以硫酸常用于处理高温石灰岩油气层。硫酸与石灰岩反应的产物硫酸钙为微细颗粒,悬浮在酸液中,最后随残酸返排出来。并且,随着硫酸钙浓度的上升,酸液的有效黏度增加,从而使高渗透层的水力阻力增大,迫使后来的酸液依次进入较低渗透层段,在一定程度上实现多层酸化。实际酸化过程中,也可用羟基硫酸进行烷基化反应后产生的废硫酸代替硫酸进行酸化作业。这种废硫酸具有一定缓蚀作用,在低于180℃时,酸液中可不用添加缓蚀剂。

（2）碳酸。碳酸可以溶蚀碳酸盐:

$$CaCO_3 + H_2CO_3 \longrightarrow Ca(HCO_3)_2$$

产物溶于水。碳酸一般用于注水井酸化。

（3）磷酸。磷酸是中等强度酸,在25℃时的离解常数 $K_a=7.5\times10^{-3}$,其酸岩反应如下:

$$CaCO_3 + 2H_3PO_4 \longrightarrow Ca(H_2PO_4)_2 + CO_2\uparrow + H_2O(反应物包括硫化物或Fe_2O_3)$$

由于多元酸的强弱由一级电离常数 $K_1(K_a)$ 决定。因此,磷酸比盐酸的酸岩反应速率慢得多。磷酸和反应产物 $Ca(H_2PO_4)_2$ 还会形成缓冲溶液。酸液pH值在一定时间内保持较低值(pH≤3),使其自身成为缓速酸,且对二次沉淀有抑制作用。对于相同浓度的磷酸和盐酸,磷酸的酸岩反应速率比盐酸慢10～20倍。磷酸适合于钙质含量高的砂岩油气水井酸化,也可以同氟化氢铵或氟化铵混合对砂岩油气水井进行深部酸化。

4.4.1.8 缓速酸

所谓缓速酸是指酸岩反应速率比盐酸、土酸的酸岩反应速率低得多的酸化液。具体内容详见4.6节。

4.4.2 酸液添加剂

酸化时,加入酸液中用于抑制酸液对施工设备和管线的腐蚀,减轻酸化过程中对地层产生新的伤害,提高酸化效率使之达到设计要求的化学物质统称为酸液添加剂(视频4.4)。理想的酸液添加剂应满足下列要求:

（1）效能高,处理效果好;
（2）对油气层不产生有害影响;
（3）用量少,价格便宜,货源广;
（4）安全,使用方便,不污染环境等。

视频4.4 酸液添加剂

常用的酸液添加剂有缓蚀剂、铁稳定剂、防乳—破乳剂、互溶剂、降滤失剂、黏土防膨剂、微粒悬浮剂、醇类、暂堵剂(将在4.6节中介绍)以及助排剂、消泡剂和抗渣剂等。

4.4.2.1 缓蚀剂

添加于腐蚀介质中能明显降低金属腐蚀速率的物质称为缓蚀剂，它是目前油气井酸化防腐蚀的主要手段。

1. 缓蚀剂吸附作用机理

目前，缓蚀剂吸附作用机理主要分为物理吸附、化学吸附以及Ⅱ键吸附。

(1) 物理吸附机理。物理吸附的主要过程为：将有机缓蚀剂加入酸性溶液中，缓蚀剂中的共用电子对就会与溶液中的阳离子结合，通过发生络合反应形成配位键，并在静电引力的作用下吸附在金属表面，从而有效提升了酸溶液中氢离子的活度。当大量鎓盐离子吸附在油气设备金属管道处，便有效提升了设备的抗腐蚀性能，且缓蚀剂的浓度越大，吸附效果越强，缓蚀性能也就越高。

(2) 化学吸附机理。化学吸附是压裂酸化缓蚀剂另一重要吸附机理，有机缓蚀剂中的共用电子对会在空的dsp轨道中，与溶液中的孤对电子形成稳定的配位键，使得吸附效果十分稳定，以此提升油气设备管道的抗腐蚀性能。此外，分子结构的变化程度会对缓蚀剂的化学吸附效果产生影响，且配位作用越强，设备的抗腐蚀水平就越高。

(3) Ⅱ键吸附机理。缓蚀剂中的Ⅱ键、叁键、苯环会与油气金属管道中的孤对电子结合，从而形成Ⅱ键吸附。缓蚀剂中的极性基团中心原子还会与金属管道中的孤对电子形成共轭Ⅱ键，形成的平面吸附会在很大程度上提高吸附的作用范围。

按缓蚀机理，缓蚀剂可分为阳极型和阴极型。阳极型缓蚀剂的作用机理是通过缓蚀剂与金属表面共用电子对，由此而建立的化学键能终止该区域金属的氧化反应。基于这个机理，缓蚀剂的极性基团的中心原子应具有孤对电子，如极性基团中含有O、S、N等原子。阴极型缓蚀剂主要通过静电引力作用，使其吸附在阴极区上，形成一层保护膜，避免酸液对金属的腐蚀。多数缓蚀剂同时兼有上述两种作用，通过控制电池的正负极反应达到缓蚀目的。还有一类有机缓蚀剂通过成膜作用，隔离或减少酸液与金属的接触面积而抑制腐蚀。作为良好的有机缓蚀剂，应具备一定的分子量、适当的官能团以及分子之间的相互作用，以达到对金属吸附的稳定性和膜的强度，而且在选择或研究缓蚀剂的过程中还应注意酸液应用的环境。

对高温深井采用高浓度酸施工或较长时间的酸化施工都可能对设备和管线产生严重的腐蚀。钢材经高浓度的酸液腐蚀后容易变脆，同时被酸溶蚀的金属铁成为离子在一定条件下还会对地层造成伤害。

酸液对金属铁的腐蚀属于电化学腐蚀。由于铁的标准电极电位较氢的标准电极电位负得多，H^+会自动地在金属铁表面获取电子还原成H_2逸出，这就构成了原电池，使铁不断地氧化成铁的离子而进入溶液。制造油管的钢材含有杂质导致腐蚀更为严重。酸腐蚀金属铁的反应如下：

阳极反应（氧化）： $Fe \longrightarrow Fe^{2+} + 2e^-$

阴极反应（还原）： $2H^+ + 2e^- \longrightarrow H_2 \uparrow$

总反应： $Fe + 2H^+ \longrightarrow Fe^{2+} + H_2 \uparrow$

有氧存在时，部分铁以Fe^{3+}的形式进入酸液中，并得以稳定。

2. 缓蚀剂的分类

目前，无机类缓蚀剂主要为含砷化合物（如亚砷酸钠、三氯化砷等），该类缓蚀剂具有高温（260℃）有效作用时间长、成本低的优点。但当H^+浓度>17%，缓蚀剂失效且遇FeS，会产生H_2S的有毒气体；还会造成催化剂中毒，释放有毒气体——砷化氢。鉴于对人体的毒害和对炼油催化剂的毒化，该类缓蚀剂目前已不再使用。国内外广泛使用的有机类缓蚀剂主要分为醛类、含硫化合物、含氧化合物、磺酸盐类、胺类、吡啶类、咪唑啉类、炔醇类、季铵盐类、曼尼希碱类、其他类型等缓蚀剂。

(1)醛类。

醛类缓蚀剂主要使用的是甲醛。由于醛类具有极性基团—CHO,其中心原子O有两对孤对电子,它与Fe的d电子轨道形成配位键而吸附在金属表面,从而抑制了金属的腐蚀,如图4.11所示。

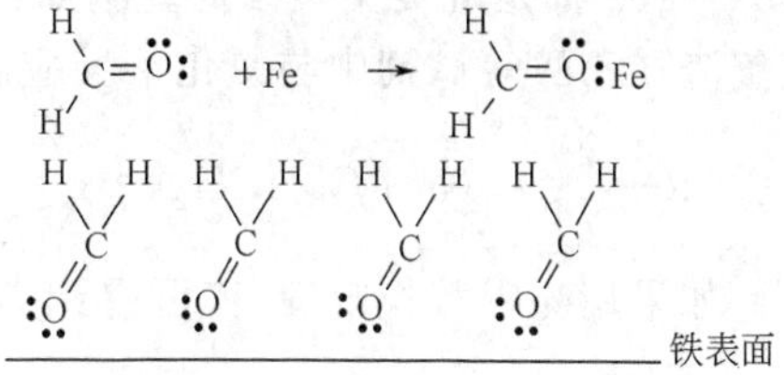

此外,甲醛在酸中能形成 $\overset{H}{\underset{\overset{|}{O:H^+}}{\overset{|}{C}}}\!\!-\!\!H$,可以保护钢铁的阴极,使钢铁表面局部带正电而排斥 H^+。

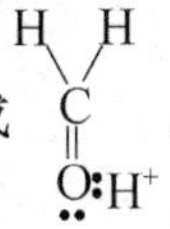

图4.11 甲醛在铁表面的吸附

(2)含硫化合物。

硫醇:R—SH,R:C_{12}~C_{18}。

硫醚:$\overset{R_1}{\underset{R_2}{\diagdown S \diagup}}$,硫醚在酸介质中有如下反应:

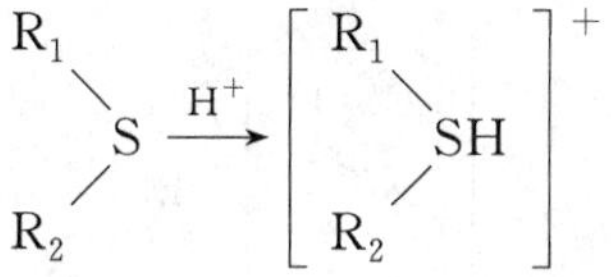

$$\overset{R_1}{\underset{R_2}{\diagdown S \diagup}} \xrightarrow{H^+} \left[\overset{R_1}{\underset{R_2}{\diagdown SH \diagup}}\right]^+$$

反应产物能在阴极上形成保护膜。R_1或R_2含有不饱和键或短支链则吸附和屏蔽效应更好。

硫脲类,如邻二甲苯硫脲:

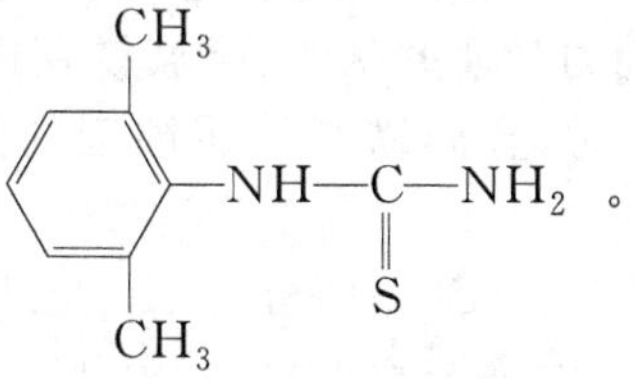

(3)含氧化合物。

聚醚:R—⟨⟩—O(CH₂CH₂O)ₙH,R:C_{12}~C_{18};R—O(CH₂CH₂O)ₙH,n>5。

表面活性剂的非极性基定向排列成了疏水膜保护层。膜的强度与碳链长度有关,膜厚而致密则屏蔽效应好,但随碳链增长,它在水中或酸中溶解性降低。

(4)磺酸盐类。

烷基磺酸钠:R—SO_3Na,R:C_{12}~C_{18}。

烷基苯磺酸钠:R—⟨⟩—SO_3Na,R:C_8~C_{14}。

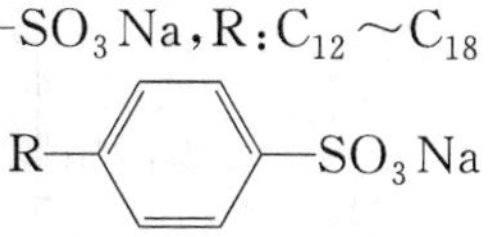

(5)胺类。

胺类化合物的氮原子有自由电子对,使其具有亲核性。例如烷基胺在盐酸中有如下反应:

$$R\ddot{N}H_2 + HCl \longrightarrow \left[\underset{RNH}{\overset{H}{|}}\right]_2^+ Cl^-$$

烷基胺作缓蚀剂,R通常为C_{12}~C_{18}。

(6)吡啶类。

吡啶类缓蚀剂是目前国内外广泛使用的酸液缓蚀剂。我国各油气田常用的7701、7623和7461-102都是吡啶类缓蚀剂。例如,7701缓蚀剂主要成分为氯化苄基吡啶,是由制药厂的吡啶釜渣在乙醇等试剂中与氯化苄反应制得:

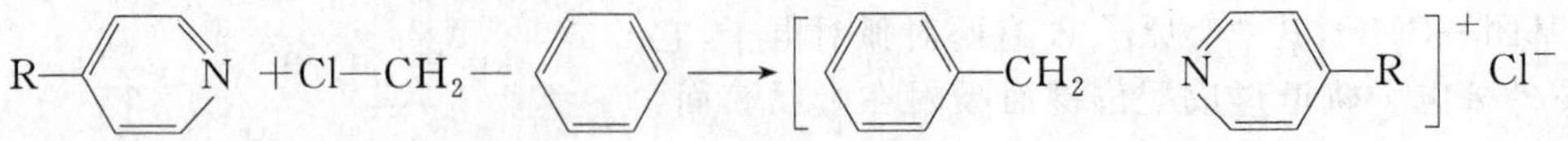

$$R-\text{吡啶}-N + Cl-CH_2-\text{苯} \longrightarrow [\text{苯}-CH_2-N-R]^+ Cl^-$$

如果用喹啉替换吡啶,就可得到类似的缓蚀剂氯化苄基喹啉季铵盐:

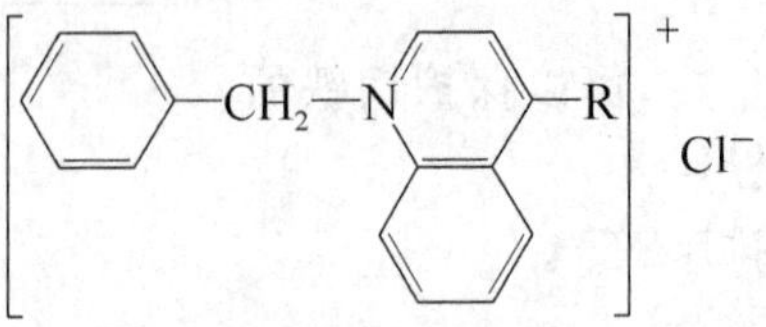

$$[\text{苯}-CH_2-N(\text{喹啉})-R]^+ Cl^-$$

常用配方为:质量分数1.0%的7701+质量分数0.5%乌洛托品,可以在90～190℃温度下浓度为15%～28%的盐酸中使用。

美国的W.W.Frenier等人对吡啶类缓蚀剂的作用机理进行了详细的研究。他们在室内用质量分数20%的异丙醇作溶剂,使1-溴基十二烷和吡啶在其中回流6h,溴化物滴定结果表明反应程度大于98%,得到产物溴化十二烷基吡啶:

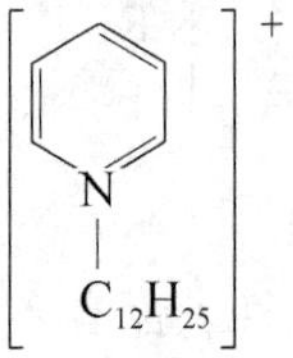

$$[\text{吡啶-}C_{12}H_{25}]^+ Br^-$$

通过电化学方法测定HCl在J-55钢片的腐蚀速率以及金属铁在不同温度下溶解在不同浓度(1%～20%)盐酸中详细的动力学研究认为:金属铁在极性水分子的作用下,表面可以形成水膜——Fe·[H_2O]。在缺氧时,金属铁在无缓蚀剂的盐酸中,受到Cl^-的活化作用。其腐蚀机理表达如下:

$$Fe \cdot [H_2O] + Cl^- \longrightarrow Fe[Cl^-][H_2O]$$

与H_2O比较,H_3O^+更容易与Cl^-通过静电结合,因此:

$$Fe[Cl^-][H_2O] + H_3O^+ \longrightarrow Fe[Cl^-][H_3O^+] + H_2O$$

$$2Fe[Cl^-][H_3O^+] \longrightarrow Fe^{2+} + Cl^- + H_2\uparrow + H_2O + Fe[Cl^-][H_2O]$$

缓蚀剂吡啶盐通过季铵阳离子可以比H_3O^+优先吸附在Fe[Cl^-][H_2O]表面:

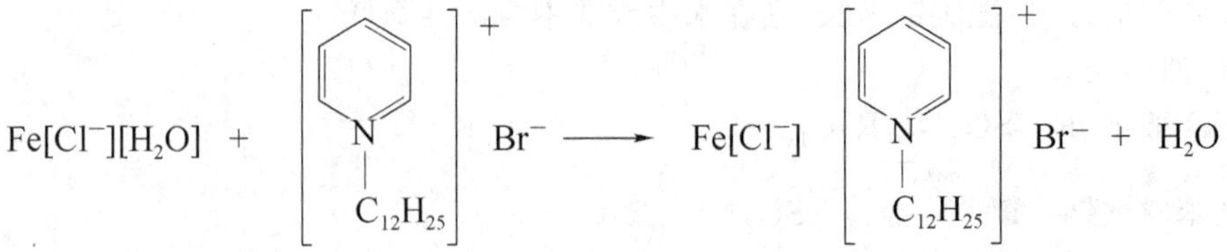

$$Fe[Cl^-][H_2O] + [\text{吡啶-}C_{12}H_{25}]^+ Br^- \longrightarrow Fe[Cl^-][\text{吡啶-}C_{12}H_{25}]^+ Br^- + H_2O$$

由于缓蚀剂是依靠静电吸附在钢片表面上,这种吸附并不很牢固,故吡啶盐对温度的变化较敏感。溴化十二烷基吡啶缓蚀剂在50～70℃温度范围内可获得最佳效果。但在高温或低温下,缓蚀效果下降,如图4.12所示。

如果采用乙烯基吡啶或其他乙烯基杂环化合物等单体进行聚合,产物对金属表面可产生多点吸附,增加膜强度,提高缓蚀效率。

(7)咪唑啉类。

咪唑啉类缓蚀剂主要由含氮五元杂环、支链R官能团、碳氢支链R组成。将此类缓蚀剂投放进酸性溶液中,能够有效提升油气设备抵抗含二氧化碳、硫化氢物质腐蚀的效果。多元氨与脂肪酸是咪唑啉类表面活性剂的重要成分,二者经过脱水缩合、闭环、引入新基团等步骤,会形成烷基酰胺,最终形成咪唑啉类缓蚀剂的中心成分。在碳钢中,咪唑啉类缓蚀剂会与盐酸介质作用,从而降低酸性溶液中氧化剂的浓度,以此为金属管道提供稳定的抗腐蚀吸附膜。此外,咪唑啉类具有毒性低、热稳定性高、渗透力强、乳化力好等特点。

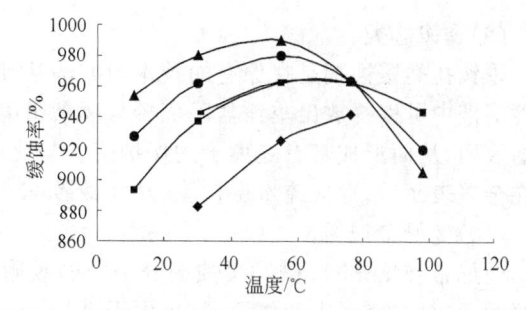

图4.12 不同酸浓度中,温度对吡啶缓蚀剂效果的影响
注:按左边,曲线对应酸浓度从上到下依次降低

(8)炔醇类。

与吡啶类一样,炔醇类缓蚀剂是应用最为广泛的另一类有机缓蚀剂。它性能稳定,尤其适用于高温。

国内外常用的炔醇类缓蚀剂有:乙炔醇 CHCOH、丁炔二醇 $HOCH_2CCCH_2OH$、丙炔醇 $HOCH_2CCH$、己炔醇 $C_3H_7CH(OH)CCH$、辛炔醇 $CH_3(CH_2)_4CH(OH)CCH$ 以及由炔醇同胺类、醛(酮)类合成的多元化合物。其中乙炔醇、丙炔醇及其衍生物最常用,如美国的 A-130、A-170,我国的7801等。

炔醇类缓蚀剂常与胺类缓蚀剂及碘化钾、碘化亚铜复配使用,可用于 200~260℃ 温度范围。

炔醇类缓蚀剂的作用机理被认为是炔烃通过 π 键与金属铁表面形成络合薄膜,从而防止了酸的侵蚀。用红外光谱分析了辛炔醇在钢表面上形成的薄膜之后发现,被吸附的炔醇在酸介质中与钢铁表面首先在炔键处加氢形成烯醇,然后脱水生成共轭二烯,共轭二烯能发生聚合反应生成齐聚体(oligoner)膜:

$$CH_3(CH_2)_4-\overset{OH}{\underset{|}{CH}}-C\equiv CH \xrightarrow[H^+]{Fe} CH_3(CH_2)_4-\overset{OH}{\underset{|}{CH}}-CH=CH_2 \longrightarrow$$
(烯醇)

$$CH_3(CH_2)_3CH=CH-CH=CH_2 \longrightarrow 齐聚体$$

存在于钢表面上的齐聚膜是类似于煤油脂一样的黏稠状物质,其中也存在有未作用的辛炔醇。由于聚合成膜作用,辛炔醇牢固吸附于钢铁表面,甚至高温和浓盐酸都很难破坏吸附膜。从图4.13可以看出,随温度增加,辛炔醇缓蚀效果更为明显,而且在浓酸中的效果更优于稀酸。

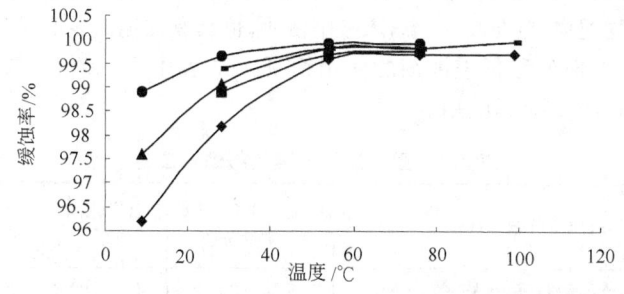

图4.13 不同酸浓度中,温度对辛炔醇缓蚀剂效果的影响
注:按左边,曲线对应酸浓度从上到下依次降低

(9)季铵盐类。

季铵盐类缓蚀剂是在原有的技术与方法基础上,对缓蚀剂采用季铵盐改性后得到的,其在酸性溶液中可以释放出季铵盐阳离子与卤素阴离子,阴阳离子在静电力的作用下会吸附在金属的表面,从而形成带有镓离子的保护膜。与此同时,季铵盐中的非极性基团会在阴阳离子吸附在金属表面后,形成疏水保护膜,从而减缓 H^+ 对金属的腐蚀。

(10)曼尼希碱类。

曼尼希(Mannich)碱类缓蚀剂分子中的吸附中心带有多个孤对电子,形成的配位体与金属接触后,会与金属中的氧原子、单原子进行 dsp 杂化,最终形成稳定性较强的螯合物,并吸附在油田金属设备的表面,从而抑制 Fe^{3+} 的移动,实现曼尼希碱类缓蚀剂性能的充分发挥。在高温(120~210℃)、高浓度的条件下,可用曼尼希碱(胺甲基化反应产物,如:甲烷基酮、甲醛与二甲胺反应物;苯乙酮、甲醛与环己胺反应产物或苯乙酮、甲醛与松香胺的反应产物)与炔醇或曼尼希碱、炔醇与含氮化合物复配作缓蚀剂。

通常对盐酸使用的缓蚀剂同样适用于氢氟酸。对氢氟酸,含氮含硫化合物(如:二苯基硫脲、二苄基亚砜、2-巯基苯并三唑)和炔醇化合物(如:1-氯-3-(β羟基-乙氧基)-3-甲基-1-丁炔)有特别好的缓蚀作用。

(11)其他类型。

研究学者从花椒、茶叶、果品等动植物的萃取物中提取一些具有缓蚀性能的成分进行复配。例如,胡椒碱、咖啡因、氨基酸等会在质量分数为 5%~10% 的盐酸中,与咪唑衍生物进行不同程度的复配,最终得到缓蚀性能为 95% 的环境好型压裂酸化缓蚀剂。

从海带中提取的天然分子,与具有缓蚀性能的物质聚合。最终得到能够保护碳钢、铜的缓蚀剂,确保碳钢在酸性或是中性介质中仍能保持正常的结构稳定性。

3. 缓蚀增效剂

某些添加剂的作用不同于缓蚀剂,但它们可提高有机缓蚀剂的效率,这类添加剂称为缓蚀增效剂。常用的缓蚀增效剂为碘化钾、钾化亚铜、氯化亚铜和甲酸。将这些添加剂加到含有缓蚀剂的配方中可大幅度提高缓蚀剂的效果和使用温度。

4. 缓蚀剂的选择

酸化时,井筒管柱肯定有金属损失,但主要问题是可允许的程度如何确定。国外大多数服务公司的允许范围是基于这一假设:在酸化过程中,如果不发生点蚀,$7.85\times10^{-4}\ g/cm^2$ 的金属损失是可接受的。对某些情况,高到 $3.73\times10^{-3}\ g/cm^2$ 的金属损失也是允许的。若不能证明金属腐蚀无副作用,则应选用更有效的缓蚀剂。如果缓蚀剂的费用高得难以承受,通过谨慎的施工设计可降低缓蚀剂费用,如通过注入大量的前置液(水)冷却管柱是有帮助的。不用盐酸,而用有机酸或缓速酸也可降低腐蚀问题。另外,减少接触时间也可降低缓蚀要求。

由西南油气田公司天然气研究院研制的 CT1-2、CT1-3 酸化缓蚀剂属于酮、醛、胺缩聚反应产物与缓蚀增效剂的复配物,能在高、中温,浓酸中使用,也具有在钢铁表面成膜而缓蚀的特点。

表 4.1 列举了国内部分酸化缓蚀剂的使用情况。从表中可以看出:在浓酸和较高温度条件下,多数缓蚀剂都是经复配后应用。

表 4.1 国内油气田酸化缓蚀剂应用

缓蚀剂配方(质量分数)	酸液中 HCl 浓度 %(质量分数)	温度范围 ℃	腐蚀速度 g/(m²·h)
1.0%(7701)+0.5%乌洛托品	15~28	90~190	167.9(90℃,N-80钢片)
2.5%(7623)+1.0%乌洛托品+3.0%AS	15~28	80~150	46.6(120℃,N-80钢片)

续表

缓蚀剂配方(质量分数)	酸液中 HCl 浓度 %(质量分数)	温度范围 ℃	腐蚀速度 g/(m²·h)
1.2%(7461-102)+3.0%甲醛+3.0%AS	15~28	80~180	87.02(120℃,N-80 钢片)
1.2%(1901)①+1.0%甲醛	15~28	90 左右	<80(95℃,N-80 钢片)
3.5%(7801)②	28	90~150	53.3(150℃,N-80 钢片)
1.5%(441)③+1.5%甲醛+0.006%Cu²⁺	15~28	90 以下	<80(90℃,N-80 钢片)
1.5%丁炔二醇+0.3%KI+3.0%AS	15~28	80~120	缓蚀率:96%(4h)
2.0%甲醛+0.15%NaI	15 以下	120 以下	缓蚀率:96%(4h)
1.0%丁炔二醇+0.15%NaI+0.6%重质吡啶	28	100	缓蚀率:96.69%
3.0%甲醛+2.0%(7461.102)+0.3%NaI+0.04%CuCl	28	160 以下	缓蚀率:96.3%
2%~4%CT1-2④	15~28	160~190	68.71(170℃,N-80 钢片)

① 1901 是以制药厂吡啶釜渣、甲醛釜渣和甲醛为原料制成。
② 7801 由苯胺、苯乙酮、丙炔醇等为原料制成。
③ 441 由制药厂吡啶釜渣、盐酸、烷基苯磺酸盐制成。
④ CT1-2 是酮胺缩合物,可与酸溶锑化物复配。

酸化液对设备和管线的腐蚀及缓蚀剂效果评价,目前仍采用以一次酸化作用对钢管和设备的总腐蚀量并辅以是否产生局部腐蚀的方法来判断。试验用钢材为 J-55、N-80,数据以 4h、6h、8h、16h、24h 的总腐蚀量来表示。总腐蚀量的测定分为动态实验和静态实验。动态实验是在钛钢酸化腐蚀仪中模拟施工的温度、压力及酸浓度在动态条件下,即在高温高压釜中按 60~75r/min 速率搅拌旋转钢片或酸循环进行。按时测定挂片质量变化,或对铁离子浓度测定以确定腐蚀速率:

$$腐蚀速率 = \frac{m_1 - m_2}{S \cdot t}$$

式中 $m_1 - m_2$——金属片质量减少量,g;

S——金属片表面积,m²;

t——腐蚀时间,h。

因此,腐蚀速率的单位是 g/(m²·h)。

静态失重实验是在无搅拌下测定腐蚀速率。由于搅拌可使腐蚀速率加快,故静态腐蚀速率值要低于动态值。

如果金属在某个部位受到的腐蚀特别严重,这称为"坑蚀"现象。缓蚀剂不应造成金属明显的"坑蚀"现象。坑蚀程度按面积为 27cm² 的试样出现的坑点数目和大小来确定。

在测定酸的腐蚀速率时应研究其影响因素。其中包括搅拌速率、金属类型、作用时间、温度、压力、面容比、缓蚀剂种类及浓度、酸的类型及浓度、酸液其他添加剂(如互溶剂等)的影响。其中酸液的类型、浓度、温度及作用时间最为重要。需要注意的是,某些缓蚀剂适用于高温,而另一些则在低温下更为有效,即使能在较大温度范围内使用的缓蚀剂也要考虑其成本是否合算,是否能适用于高压。

在考虑缓蚀剂配方时要注意硫化物(如 H_2S)的影响,H_2S 能引起钢材氢脆断裂。这对气井的影响尤为严重。随着环境保护和安全意识的加强,一些有毒有害的缓蚀剂已被限制和停止使用,研究和开发不破坏环境的、无毒无害的环境友好的缓蚀剂,是未来缓蚀剂的研究方向之一。例如:

(1)在今后天然环保型缓蚀剂的研究中,应探索从天然植物、海产动植物中提取、分离、加工新型缓蚀剂的有效成分;同时加强人工合成多功能基的低毒或无毒的有机高分子型的研究工作。

(2)复配协同效应,即在两种或多种缓蚀剂混合使用后所表现出的缓蚀率远远大于各种缓蚀剂单独使用时所表现出的缓蚀率的简单叠加。

(3)伴随着科学技术的极大进步,绿色缓蚀剂的研究同样可以借助于高新科学技术;如运用量子化学理论和分子设计合成高效多功能环境友好的高分子型有机缓蚀剂。

4.4.2.2 铁稳定剂

在油气田酸化施工中,高浓度的酸溶液在搅拌酸液和泵注过程中会溶解设备和油管表面的铁化合物,尽管加入了一定的缓蚀剂,但对管壁的腐蚀和铁垢的溶解仍不可能完全避免。酸液还可能与地层中含铁矿物和黏土矿物(如菱铁矿、赤铁矿、磁铁矿、黄铁矿和绿泥石等含铁成分)作用而使溶液中有 Fe^{3+} 和 Fe^{2+} 存在,通常以 $Fe^{2+}:Fe^{3+}=5:1$ 为具有代表性的比例。铁稳定剂(通常也称铁离子稳定剂)就是加入酸液中,能抑制 Fe^{3+} 和 Fe^{2+} 沉淀的化学添加剂。

1. pH 值的影响

溶解的铁以离子状态保留在酸液中,直到活性酸耗尽。当残酸的 pH 值上升并达一定值时,将产生氢氧化铁沉淀。这将严重堵塞经酸化施工新打开的流动孔道。沉淀的产生与铁离子的浓度和残酸 pH 值有关,可以根据氢氧化铁的溶度积进行计算。在常温下,$K_{sp}[Fe(OH)_3]=[Fe^{3+}][OH^-]^3=4.0\times10^{-38}$,可以得出 $Fe(OH)_3$ 沉淀产生的 pH 值:

$$pH = 1.53 - \frac{1}{3}\lg[Fe^{3+}]$$

当 Fe^{3+} 浓度为 0.01mol/L 时,pH=2.2,这是开始产生 $Fe(OH)_3$ 沉淀的 pH 值。一般认为,当 pH=3.2 时,Fe^{3+} 的沉淀就比较完全了。

同样可以计算出 Fe^{2+} 开始成为 $Fe(OH)_2$ 沉淀的 pH 值大约为 7.7。由于残酸 pH 值不会大于 6,故酸化施工中不考虑 $Fe(OH)_2$ 沉淀。

如果地层中含有硫化氢,由于它是很强的还原剂,可以将 Fe^{3+} 的危害大大降低。

$$H_2S + 2Fe^{3+} \longrightarrow S\downarrow + 2Fe^{2+} + 2H^+$$

FeS 开始沉淀的 pH 值的计算如下:

对于 FeS:

$$K_{sp}=[Fe^{2+}][S^{2-}]=3.7\times10^{-19}$$

对于 H_2S:

$$K_1=\frac{[H^+][HS^-]}{[H_2S]}=9.1\times10^{-8}$$

$$K_2=\frac{[H^+][S^{2-}]}{[SH^-]}=1.1\times10^{-12}$$

式中 K_1、K_2——H_2S 的各级电离常数。

可以得到:

$$[S^{2-}]=\frac{K_1K_2[H_2S]}{[H^+]^2}$$

$$\frac{[Fe^{2+}]K_1K_2[H_2S]}{[H^+]^2}=3.7\times10^{-19}$$

$$[H^+]=\sqrt{\frac{K_1K_2[H_2S][Fe^{2+}]}{3.7\times10^{-19}}}$$

$$pH = 0.284 - \frac{1}{2}\lg([H_2S][Fe^{2+}])$$

如果 H_2S 浓度为 0.01mol/L，Fe^{2+} 浓度为 0.01mol/L，则：

$$pH = 0.284 - \frac{1}{2}\lg(0.01 \times 0.01) = 2.284$$

根据上述计算，可以得到 Fe^{3+} 和 Fe^{2+} 不同浓度时产生 $Fe(OH)_3$、FeS 沉淀的残酸 pH 值。残酸 pH 值越高，产生铁沉淀物所需铁离子浓度越低。通常，残酸 pH 值大于 2，就需考虑加入铁稳定剂。

此外，铁离子还会增强残酸乳化液的稳定性，给排酸带来困难；加剧酸渣的产生，给油气层带来新的伤害。综上所述，在酸化施工中（包括酸液造成的微粒运移）引起油气层渗透率降低的现象称为"酸敏"。为此，需要在酸液中加入铁稳定剂。

2. 常用的铁稳定剂

为了防止残酸中产生铁沉淀，可以采用在酸液中加入多价络合剂或还原剂的方法来避免。前者是通过稳定常数大的多价络离子与 Fe^{3+} 或 Fe^{2+} 生成极稳定的络合物；而后者使 Fe^{3+} 还原成 Fe^{2+} 以防止 $Fe(OH)_3$ 沉淀产生。除此之外，还可以在酸液中加入 pH 值控制剂来防止或减少铁沉淀的产生。

在选择络合剂时要考虑残酸中可能存在的 Fe^{3+} 的量、施工后关井的时间、使用的温度范围、络合剂与钙盐发生沉淀的趋势等，以确定络合剂的种类、用量并核算成本。

（1）pH 值控制剂。控制 pH 值的方法是向酸液中加入弱酸（一般使用的是乙酸），弱酸的反应非常慢以至于 HCl 反应完后，残酸仍维持低 pH 值，这有助于防止铁的二次沉淀。

（2）络合剂。络合剂是指在酸液中能与 Fe^{3+} 形成稳定络合物的一类化学物质。应用最多的是能与 Fe^{3+} 形成稳定五元环、六元环和七元环螯合物的螯合剂，以羟基羧酸和氨基羧酸为主。常用的络合剂由柠檬酸、乙二胺四乙酸（EDTA）、氮川三乙酸、二羟基马来酸、δ-葡萄糖内酯以及它们的复配物。

①乙酸适用于较低的井温（65℃以下）和地层中 Fe^{3+} 浓度低的条件。乙酸能与酸液中的 Fe^{3+} 生成溶于水的六乙酸铁络离子 $[Fe(CH_3COO)_6]^{3-}$，从而抑制 $Fe(OH)_3$ 沉淀的生成。由于乙酸钙溶解度较大，即使加入过量乙酸也不会出现乙酸钙沉淀。乙酸加量为酸液量的 1%～3%（体积分数）。

②乳酸（CH_3—CHOH—COOH）适用于低温（40℃以下）和低 Fe^{3+} 浓度。乳酸钙在 30℃ 时的溶解度为 79g/L，因此，过量乳酸不会产生乳酸钙沉淀。

③氮川三乙酸钠盐（NTA 三钠盐）：

$$N\begin{cases}CH_2COONa\\CH_2COONa\\CH_2COONa\end{cases}$$

使用温度可达 93℃，其钙盐溶解度（30℃）为 50g/L，过量使用不会产生沉淀。

④柠檬酸：

$$HOOCCH_2-\underset{\underset{OH}{|}}{\overset{\overset{COOH}{|}}{C}}-CH_2-COOH$$

柠檬酸对 Fe^{3+} 的络合作用在 93℃时仍有效。无论在酸性或中性介质中，它与 Fe^{3+} 形成的螯合物都具有较高的稳定常数，稳定时间长。但是，过量的柠檬酸与钙离子生成的沉淀具有很小的溶解度(在30℃时为2.2g/L),容易给地层带来新的伤害。因此,在施工前应对岩心中的含铁量进行分析,以免加入过量柠檬酸。常用量不超过酸液量的0.15%(体积分数)。用乙酸36%(体积分数)、柠檬酸64%(体积分数)的混合物作为酸液络合剂,对中温井施工具有良好的效果。

⑤乙二胺四乙酸钠盐(EDTA钠盐):

$$\begin{array}{l} CH_2-N(CH_2COONa)_2 \\ | \\ CH_2-N(CH_2COONa)_2 \end{array}$$

EDTA在酸性介质和中性介质(即pH值为1~7)中都是Fe^{3+}良好的络合剂,表观稳定常数lgK为8.2~14.1范围。在此pH值范围内,相同条件下,EDTA与Ca^{2+}、Mg^{2+}络合的表观稳定常数较低,几乎不影响EDTA对Fe^{3+}的络合。

EDTA在酸液中加量为0.2%(体积分数)左右,适用温度可达93℃。通常,只有Fe^{3+}含量较高或对注水井进行酸处理时才用价格昂贵的EDTA。

研究表明:在残酸中,上述各种多价络离子对Fe^{3+}的络合优先于Fe^{2+}和Mg^{2+}。pH值在1.0~5.5范围内,Fe^{3+}与上述络合剂形成络合物的稳定常数是Fe^{2+}、Ca^{2+}和Mg^{2+}的两倍以上。表4.2是各种络合剂在残酸中对Fe^{3+}的稳定效果。该实验可评价络合剂的相对效率。

表4.2 在残酸中络合剂对Fe^{3+}的稳定效果

络合剂名称	络合剂用量/(g/L)	温度/℃	稳定的Fe^{3+}/(mg/L)	时间
柠檬酸	4.19	93	1000	大于48h
柠檬酸和醋酸混合物	5.99	24 24 66	10000 5000 10000	2d 7d 24h
	10.42	66 66 93	5000 10000 5000	7d 15min 30min
乳酸	7.79	24 66 93	1700 1700 1700	24h 2min 10min
醋酸	20.85	24 66 93	10000 5000 5000	24h 2h 10min
葡萄酸	12.34	93 66	1000 1500	20min 20h
EDTA四钠盐	26.96	所有温度	4300	大于48h
NTA三钠盐	5.99	小于93	1000	大于48h

(3)还原剂。使用还原剂是防止氢氧化铁沉淀生成的另一途径。

①亚硫酸。用亚硫酸作还原剂时其化学反应如下:

$$H_2SO_3 + 2FeCl_3 + H_2O \longrightarrow H_2SO_4 + 2FeCl_2 + 2HCl$$

反应产物中有硫酸,在酸浓度降低之后,硫酸会引起细微粒的$CaSO_4$沉淀。此外还有SO_2气体逸出。

②异抗坏血酸及其钠盐:

$$CO-C=CH-CH_2OH$$
$$\quad\ \ OH\ OH$$

这是一种高效的铁还原剂,国内外已用作铁稳定剂。室内试验表明:异抗坏血酸比其他常用的铁稳定剂效率高得多,而且其稳定铁的性能不受温度限制,在高达204℃下仍能作为优良的酸液铁稳定剂。在砂岩酸化中,优先选用异抗坏血酸而不选用异抗坏血酸钠。因为钠盐加入土酸中会引起不溶的六氟硅酸盐沉淀。

异抗坏血酸还适合胶凝酸体系,它可抑制 Fe^{3+} 与胶凝剂的交联反应。目前,在国外异抗坏血酸被认为是最有效的铁稳定剂。美国道威尔公司的 L58 铁稳定剂即以异抗坏血酸为主要成分。

(4)各种铁稳定剂的比较。国外通行做法,在实验温度条件下,在用量为 $3.79m^3$ 的 15% 的盐酸中,以稳定 5000mg/L 的 Fe^{3+} 达 48h 所需的铁稳定剂的量来评价。各种常见铁稳定剂的优缺点及用量见表 4.3。

表 4.3 各种铁稳定剂的比较

铁稳定剂	优点	缺点	用量/kg
柠檬酸	有效温度达 205℃	若柠檬酸用量大于 $1.2kg/m^3$,将生成柠檬酸钙沉淀	79.4
柠檬酸—醋酸	低温时十分有效	易形成柠檬酸钙沉淀。当铁离子浓度高于 2000mg/L、温度高于65℃后性能迅速降低	柠檬酸:22.7 醋酸:39.5
乳酸	即使使用浓度过量,形成乳酸钙沉淀的可能性也很小	温度高于40℃后,性能较低	86.2(25℃)
醋酸	不存在形成醋酸钙沉淀的问题	仅当温度约为 65℃才有效	197.3
葡萄糖酸	形成葡萄糖酸钙的可能性很小	仅当温度达 65℃才有效,费用高	158.8
EDTA 四钠盐	可大量使用且不产生钙盐沉淀	与许多其他稳定剂相比费用高	133.3
氮川三乙酸	温度达 205℃仍有效,比 EDTA 的溶解度大,可使用较高浓度,费用比 EDTA 低		68.0
异抗坏血酸钠	用量少,温度达 205℃仍有效	为某种应用需增加缓蚀剂浓度,不能用于 HF 中,HF 中应使用异抗坏血酸	10.4

4.4.2.3 防乳—破乳剂

地层原油或气井凝析油中含有沥青质、胶质以及环烷酸等天然乳化剂。当原油或凝析油流经地层窄缝或油管、喷嘴时,或由于天然气逸出的搅拌作用,均可使乳化剂与油、气、水混合而产生乳化液。酸化施工之后,随无机酸的加入,强烈地影响乳化液界面膜上作为乳化剂的有机酸的离子化作用,能进一步稳定油外相的乳化液,而且随残酸中 pH 值的降低,油水界面张力变小。由图 4.14 可见,pH 值对乳化和破乳都有重要影响。此外,酸化施工使地层内产生岩石微粒或生成沉淀物,它们均能稳定油水乳化液。在黏土微粒中,直径小于 $2\mu m$ 的部分占有相当大的比例,同时,表面活性剂(如多数缓蚀剂)可使这些微粒一部分亲水,另一部分亲油而使乳化液更为稳定。

由于乳化液的黏度通常较高使其流动性差,因此在酸化施工时,如果发生乳化现象,不仅会阻碍酸液返回井筒,而且容易造成井筒周围的地层乳堵。例如,当乳化液黏度为 2mPa·s,进入地层深度距井眼 25cm 时,就可能造成油气井产量下降至原来的千分之一,即油气井几乎完全停产。

常见的酸液防乳—破乳剂有阳离子型的有机胺、季铵盐和非离子型的表面活性剂。由于地层条件的复杂性(即高温、高压、地层离子等因素)和在浓酸中使用,单一的地面原油破乳剂难以达到理想的效果,通常采用两种或多种破乳剂复配,利用其协同效应满足施工要求。在四川油气井酸化施工中表现出显著效果的防乳—破乳剂 SD-1 就是由国产非离子表面活性剂 22040 和 9901 复配而成。这两种

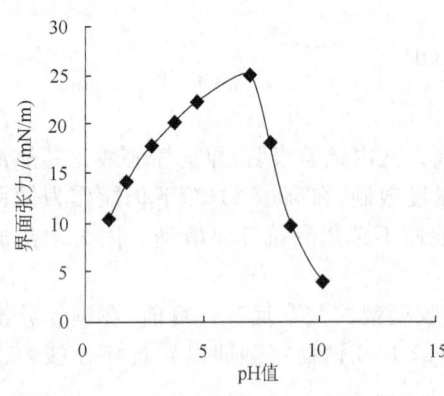

图 4.14 油水界面张力随 pH 值变化趋势

破乳剂都属于聚氧乙烯聚氧丙烯嵌段共聚物,其破乳性能受 pH 值影响较小。对 SD-1 的研究表明:在强酸性条件下,22040 对固体微粒以及某些在强酸性介质中才能显示出良好乳化性能的天然乳化剂具有极好的防乳—破乳作用,而在此条件下,9901 的防乳作用是次要的。随酸作用时间增长,活性酸不断消耗,在酸液浓度接近残酸时,乳化能力较强的是环烷酸。在此阶段,9901 的防乳—破乳能力则高于 22040,而且 9901 具有良好的絮凝能力。由于上述非离子表面活性剂 22040 和 9901 的协同作用使酸化过程中从浓酸到残酸,SD-1 对原油乳化液的生成都有良好的抑制作用,并优于单独使用其中一种破乳剂。上述结果是通过在混合油中分别添加不同的天然乳化剂并适当调整酸液浓度,然后加入破乳剂,按 API 标准中 RP42 评价方法进行试验后得出的。

预防酸化施工后产生乳化液的另一方法是通过加入互溶剂,使已经变为油湿性或部分油湿性固相微粒表面恢复为水湿性。例如用加有乙二醇丁醚的互溶土酸进行砂岩酸化,在我国华北油田等运用此方法已取得预期的良好效果。

4.4.2.4 互溶剂

1. 互溶剂的概念

使用互溶剂能降低固体微粒对乳化的稳定作用,从而减少因乳化液而引起的地层伤害以及对残酸从地层返回井筒的阻碍。在砂岩酸化过程中需要使用缓蚀剂、破乳剂等表面活性剂,但它们往往会吸附在地层中的砂粒或黏土表面,特别是阳离子活性剂的这种吸附作用尤为严重。这不仅会改变岩石表面的润湿性,使岩石变为油润性而影响原油的流动性及最终采收率,而且使表面活性剂不能起到预期的防腐蚀、防乳、破乳等作用。

互溶剂是一类无论在油中还是在水中都有一定溶解能力的物质,如醇类、醛类、酮类、醚类或其他化合物。这类化合物可与油和水二者相混。它们进入地层后,可以优先吸附于砂粒和黏土表面,不但使微粒和不溶物成为水润湿,而且使地层成为水润湿,改善了地层的渗透性。更重要的是,它们抑制了水基处理液中表面活性剂如缓蚀剂、防乳破乳剂等在地层表面的吸附。

在油气田中运用的互溶剂主要是乙二醇醚及改性产品,如乙二醇—丁醚、二乙二醇—丁醚等,可用通式 $C_nH_{2n+1}(OC_2H_4)_xOH$ 表达这类醇醚。增加乙二醇分子烃链 C_nH_{2n+1} 的长度便可增强其油溶性;而缩短其长度或提高氧化乙烯的取代度 x 均可增大水溶性。通常,n 大约为 $4\sim12$,x 大约为 $1\sim10$。若以甲苯或多磷醇与上述互溶剂混合使用,效果更好。

关于确定互溶剂在砂岩酸化中作用而进行的室内研究可分别用下述液体进行岩心或硅填料塔实验:(1)常规酸液;(2)常规酸液+互溶剂;(3)残酸+缓蚀剂+破乳剂等;(4)残酸+缓蚀

剂＋破乳剂＋互溶剂。根据需要可以加入其他表面活性剂。在把液体泵入岩心或填料塔前、后，都需做破乳试验、腐蚀试验及表面张力的测定，并观察其变化用以评定互溶剂在砂岩酸化中的作用。

2. 互溶剂的吸附和氯化

(1)互溶剂的吸附。研究发现互溶剂的吸附在很大程度上取决于互溶剂的类型。由于互溶剂被地层吸附，因此在酸液注入地层后酸液前端中的互溶剂将损失，故互溶剂不能达到地层深部，解除不了深部的伤害。尽管互溶剂的吸附似乎不直接伤害地层，但互溶剂损失后留下的酸液却因不含降低表面活性剂或破乳的材料而引起伤害。较简易的方法是使用乙氧基醇和EGMBE来降低吸附，这可促进互溶剂更深的穿透并减小乳化趋势。

(2)互溶剂的氯化。由于氯化的烃对炼油用催化剂有毒害作用，使得氯化这一问题一直被关注。互溶剂的氯化与以下因素有关：①互溶剂类型；②温度；③酸浓度（也就是盐酸的消耗可降低这一可能性）。

当温度高于 95℃，尤其是 HCl 浓度为 28% 而又无碳酸盐与酸反应时，大部分互溶剂将高度氯化。碳酸盐可降低烃的氯化量。表 4.4 说明互溶剂可以抑制砂粒和黏土对酸液添加剂的吸附。

表 4.4　表面活性剂在砂岩和黏土上的吸附性能

互溶剂	原始浓度 表面张力 mN/m	原始浓度 破乳效率 %	原始浓度 腐蚀速率 g/(m²·h)	岩心流出物 表面张力 mN/m	岩心流出物 破乳效率 %	岩心流出物 腐蚀速率 g/(m²·h)
无	27.3	90	24.42	48.8	0	268.6
乙二醇—丁醚	27.6	90	73.26	28.9	82	97.68
二乙二醇—丁醚	28.9	94	43.96	32.1	84	83.03
丁氧基三乙二醇	29.0	92	29.30	34.2	74	53.72
改性乙二醇醚	28.0	92	53.72	27.6	90	87.91

注：(1)溶液：7.5%HCl+0.5%的1号阳离子表面活性剂+0.3%缓蚀剂+10%互溶剂(均为体积分数)。
(2)填料柱长度：15.24cm。
(3)填料柱内径：25mm。
(4)填充物：45g 砂粒+2.5g 石英粉+2.5g 膨润土。
(5)表面积：$4.7×10^7 cm^2$。

所谓"互溶土酸酸化"就是用常规土酸处理砂岩油气井后再用"互溶剂＋柴油（或轻质原油）"的"互溶液"作为后置液处理该岩层。这样对原油防乳、抑制胶质沥青质形成酸渣、改变岩石的润湿性、提高渗透率等，效果明显。

互溶剂多用于砂岩酸化，也可用于碳酸盐岩酸化中的清洗剂和除油剂。

根据不同的需要，互溶剂既可加入预处理液和酸液中，也可以加入后置液中。国内外各油田进行酸化作业时，大多加入了互溶剂进行酸化，取得了很好的效果。例如，胜利油田曾对梁51-2油井进行酸化作业，在未加互溶剂 SCH-1 前，两次酸化均失败；而加入互溶剂 SCH-1 后进行酸化，不仅顺利排液，而且原油产量从原来的 2t/d 增加到 20t/d，有效期达 513d，效果显著。

4.4.2.5　降滤失剂

在压裂酸化施工中，要造成长而宽的裂缝需减小液体漏入地层的速率，因而应加入降滤失剂。降滤失剂由两部分组成：

(1)一部分是能进入地层孔隙并在裂缝壁面形成桥塞的惰性固体颗粒；

(2)另一部分是能填塞固体颗粒之间孔隙的聚合物。

为了对地层不产生伤害,降滤失剂应当能在处理酸中或生产出来的油或水中降解或缓慢溶解。例如,油溶性树脂加以有限膨胀的天然胶;硅粉是常用的惰性固体粉末,水溶性聚合物通常用瓜尔胶、纤维素衍生物或聚丙烯酰胺,以这些物质胶结固相颗粒;也可以是惰性固体表面包敷一层瓜尔胶类的物质,它能遇酸变软,兼有固体和胶体两重特性。表 4.5 是美国常用的降滤失剂。

表 4.5 美国常用降滤失剂

液体类型	固体添加剂	胶质添加剂
水基前置液	硅粉 碳酸钙粉 有机聚合物 外包瓜尔胶型物质的惰性固体	瓜尔胶及衍生物 纤维素衍生物 聚丙烯酰胺
烃基前置液	外包有机磺酸盐的惰性固体	—
酸液	遇酸膨胀固体 有机树脂 硅粉 有机聚合物	瓜尔胶及衍生物 纤维素衍生物 聚丙烯酰胺 聚乙烯醇

选择降滤失剂的方法是在欲实施酸化的地层岩心上进行滤失试验。试验温度尽可能地接近裂缝温度,岩心长度为 1.5~2.0m,使酸化形成的溶蚀孔不会迅速穿透整个岩心。

4.4.2.6 黏土防膨剂

黏土防膨剂是用来抑制酸化施工中可能引起的黏土矿物的膨胀和运移,提高酸化效果。黏土防膨剂稳定黏土和微粒的作用机理为吸附在被稳定的矿物表面,吸附是因静电吸引或离子交换引起的。因为硅酸盐在 pH 值高于它们 pzc(表面电荷为中性的点)的 pH 值后带负电,所以最有效的黏土防膨剂带正电(阳离子)。常用的黏土防膨剂为带多个电荷的阳离子、阳离子型表面活剂、聚合物型有机阳离子和有机硅等。

1. 多电荷阳离子

曾广泛用作黏土防膨剂的两种多电荷阳离子为羟基铝 $Al_6(OH)_{12}(H_2O)_{12}^{6+}$ 和锆 Zr^{4+},锆以二氯氧锆($ZrOCl_2$)的形式加入。注入各种前置液后一般注入加有黏土防膨剂的溶液。接着再注入与黏土防膨剂溶液配伍的后置液,以去除近井周围过多的黏土防膨剂,然后关井。这些体系不改变地层的润湿性。

这些体系的主要优点为:(1)成本低;(2)能处理黏土运移和膨胀的伤害;(3)能处理较大的微粒;(4)安全无毒;(5)制取方便。但也存在着一些缺点:(1)羟基铝不耐酸;(2)要求关井聚合;(3)可能引起堵塞;(4)在压裂中应用困难;(5)需要合适的前置液和后置液;(6)不适用于碳酸盐含量高的地层。

2. 阳离子型表面活性剂

阳离子表面活性剂(如二甲基苄基铵盐、烷基吡啶、季铵盐等)在溶于水后能解离出有机阳离子,通过离子交换吸附取代黏土矿物表面的金属离子(如 Mg^{2+}、Ca^{2+} 等),同时阳离子的有机尾部向外延伸,形成了疏水吸附层,从而将水和黏土矿物分开,避免发生水化膨胀。与此同时,黏土表面的负电荷由于被有机阳离子中和,晶间斥力降低,有利于防止黏土水化膨胀和分散运移。当阳离子表面活性剂的有机基团链较长时,还可阻止其他小阳离子进入吸附中心,使其不被其他阳离子所取代,从而增强黏土稳定的持久性(图 4.15)。

如季铵盐表面活性剂已用于气井。在高于 pzc 的 pH 值的条件下,带正电的表面活性剂和带负电的黏土间的静电吸引使这些表面活性剂易被硅酸盐吸附。吸附造成的电荷中和降了黏土的离子交换能力。因此,黏土不再因吸附水合阳离子而发生膨胀。由于季铵盐表面活性剂倾向于降低硅酸盐对水的吸附,从而促使硅酸盐变为油润湿。因此,若存在任何液态烃,则硅酸盐易变为油润湿。当然,这降低了岩石中烃的相对渗透率。同样,黏土因吸入流体进入其晶格结构中而发生膨胀。

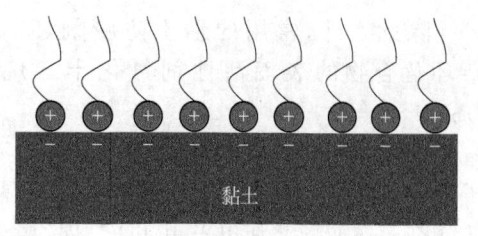

图4.15 黏土矿物与阳离子表面活性剂作用示意图

3. 聚合物型有机阳离子

按所含阳离子的不同,有机阳离子聚合物可分为聚叔硫盐、聚季铵盐和聚季磷盐三类。如聚季铵盐型有机阳离子聚合物,该类聚合物可用于任何水基液体中,包括酸性液体和碱性液体。常用的聚季铵有二甲胺与3-氯-1,2-环氧丙烷的缩合物和聚氯化二甲基二烯丙基铵。

由于黏土和微粒因电荷中和、水润湿和聚合物架桥而稳定。石英微粒比黏土的电荷密度低,因此,聚季胺优先吸附在黏土表面,而不是石英微粒表面。用氢氟酸酸化水敏地层时,应尽量使用黏土防膨剂。若不能在所有液体中加入黏土防膨剂,则须在后置液中加入,之后应继续注入不含黏土防膨剂的顶替液以保证无黏土防膨剂滞留在井筒中。

到目前为止,国内外有关阳离子聚合物的稳定黏土的机理有以下两种解释:

(1)在水中电离出来的有机阳离子与黏土晶面间的金属阳离子发生离子交换吸附,中和了黏土表面的正电荷,使黏土晶间斥力减少;同时,通过静电引力、氢键和范德华力吸附在黏土表面上,形成聚合物保护膜,使水分子与黏土隔开,以此达到防止黏土水化膨胀的目的。

(2)有机阳离子聚合物的链较长,且含有大量正电荷,能进行多点吸附,从而抑制黏土微粒的分散和运移。必须让其他的离子取代每个吸附点,才能让该类聚合物从吸附的黏土,上脱附下来,而这种情况几乎是不可能发生的,所以该类聚合物的稳定黏土的持久性很好。

4. 有机硅

有机硅可用作HCl—HF酸化用添加剂,以防止酸化后的微粒运移。有机硅的一般结构式如下:

$$R_1O-\underset{\underset{R_2NH_2}{|}}{\overset{\overset{OR_1}{|}}{Si}}-OR_1$$

其中,R_1、R_2为可水解的有机基团。

作为酸化用添加剂,有机硅水解生成硅烷醇,其结构式为:

$$HO-\underset{\underset{RNH_2}{|}}{\overset{\overset{OH}{|}}{Si}}-OH$$

硅烷醇不但相互间发生作用,也与硅质矿物表面上的羟基硅(Si—OH)通过缩聚或共聚反应机理生成硅氧键(Si—O—Si)。硅烷醇间以及与硅质矿物表面上的羟基硅形成油润湿性的硅烷醇聚合物,并覆盖在硅质矿物表面。

聚合硅氧烷覆盖在被稳定的微粒表面的机理不同于离子交换。硅氧烷覆盖物通过占据离子交换场所和增加颗粒间的吸引力而稳定微粒。聚硅氧烷连接低阳离子交换能力的矿物(石英)和高阳离子交换能力的黏土。因此,有机硅氧烷添加剂很适合于既含有非黏土微粒又含有黏土微粒的地层。

除此之外，常用的黏土防膨剂还有 KCl、NaCl、CaCl$_2$、NH$_4$Cl 等无机盐，以及含有杂环化合物的表面活性剂氯化十二烷基三甲铵、1227、TDC-15、PAF-1、PAF-2、DS-151 等。

现场和室内试验表明：无机盐防膨剂有效期短，高价金属离子在地层中易产生沉淀；阳离子表面活性剂能引起水湿性砂岩表面润湿反转。阳离子聚合物是目前应用最广泛的酸液黏土防膨剂。例如华北油田采用 TDC-15 复配 NH$_4$Cl 作为酸液防膨剂，有效期长、抗剪切、耐酸、耐高温、与地层水配伍性好。

4.4.2.7 醇类

在酸化中使用醇类的目的是解除水锁，促进流体返排，延缓酸的反应和降低水的浓度。酸化中最常用的醇为异丙醇和甲醇。通常，异丙醇的最大使用浓度为 20%（体积分数），甲醇的使用浓度范围较宽，但常用的浓度为 25%（体积分数）。醇类用于酸化是为了以下几个目的：

(1) 解除水堵。严重降低油气产量的原因之一为孔隙空间充填的水，即水堵。水堵易产生于高毛管力的孔隙介质中。气相渗透率低于 0.12μm^2 的地层存在严重的水锁。处理液中的醇可降低地层中的毛管力，从而使液相较易排出。

(2) 促进流体返排。油、气井酸化的另一问题为处理液的返排，这对于气井尤为重要。水或酸的高表面张力阻碍它们的注入和流出，尽管被吸附降低了活性，常用的表面活性剂仍然能促进处理液的返排。酸中加入的醇降低了其表面张力，促进了流体返排。

(3) 延缓酸的反应。醇具有降低酸反应速率的功能。降低的比例与添加的醇的种类和浓度有关。

(4) 降低酸液中水的浓度。某些地层含有较多的水敏性黏土。为降低酸液中水的浓度，可用醇代替稀释用水。

酸处理液中使用醇的缺点主要为：(1) 使用浓度高；(2) 成本高；(3) 闪点低；(4) 增加酸液腐蚀性；(5) 若地层盐水为高浓度，醇的注入则将引起盐析；(6) 某些原油与甲醇和异丙醇不配伍；(7) 醇用于酸化可能发生不可预测的副反应。

4.4.2.8 其他添加剂

1. 助排剂

在酸液中加入助排剂降低了酸液与原油间的界面张力或酸液的表面张力，增大了接触角，从而减小了毛细管阻力，又促进了酸液的返排。常用的助排剂有聚氧乙烯醚和含氟活性剂、阴离子—非离子两性活性剂和含氟活性剂的复配体系，如 Halliburton 公司的含氟聚醚季铵盐 ENWSR-288、西南油气田公司天然气研究院的 CT5-4 助排剂等。

2. 消泡剂

由于酸中加有活性剂类添加剂，易产生泡沫，造成配酸液时泡沫从罐车顶端入口溢出。产生的泡沫一方面腐蚀设备，另一方面使配液时配不够体积，施工时还会造成抽空、排量不够等状况，这些都会影响酸化效果。因此，需要在酸液中加入消泡剂。

3. 抗渣剂

酸与某些原油接触时将在油酸界面形成酸渣，使用高浓度的酸（20%或更高）时此问题更加严重。酸渣一旦形成，使之再溶解于原油中是困难的，最终酸渣聚结在地层并降低其渗透性。阳离子和阴离子表面活性剂可防止酸渣的生成，它们吸附在油酸界面并作为一连续的保护层。另外，降低酸浓度也可抑制酸渣的生成。常用的抗渣剂有中国石油勘探开发研究院的 RES、FK-1，道威尔公司的 W35，必捷服务公司的 NE-32 等。

4.5 酸化性能评价

在进行酸化施工设计之前,必须进行系统的室内试验。这些试验主要包括岩石物性及化学组分分析、酸液性能评价、酸液与储层的相容性试验等方面。本节主要介绍后两种试验技术。

4.5.1 酸液性能评价

不同的酸液有不同的使用性能,因此,试验的内容和方法也就各不相同。为了便于应用,将其分为常规试验和特殊试验两类。

4.5.1.1 酸液常规评价试验

(1)腐蚀性评价。酸化施工常用酸液(盐酸或土酸)都是腐蚀性很强的强酸。空白酸会对地面泵注设备、井口装置和井下管线造成很大腐蚀,特别是井下管线和井下工具在高温下与酸液接触,腐蚀的速率更快。因此,几乎所有的施工酸液都必须添加性能符合要求的缓蚀剂。而腐蚀试验就是对这些缓蚀剂使用效果的模拟评价。一般的酸液腐蚀性评价方法包括静态评价方法和动态评价方法。可结合原子显微镜(AFM),分析钢片腐蚀后的深度以及腐蚀状态,实验仪器如图4.16所示。

(2)反应速率以及氢离子传质系数测定。酸与储层岩石的反应速率取决于储层岩石的性质、地层温度和酸液中的添加剂有关。一般都采用试验测定出代表反应速率以及氢离子传质系数参数,作为酸化施工设计的基础数据。酸岩反应试验一般有三种方法,包括:静态反应评价试验、流动反应评价试验和旋转岩盘评价试验。这里主要介绍旋转岩盘(图4.17)评定实验。

图4.16 原子力扫描探针电子显微镜　　图4.17 HKY-1型酸岩反应旋转岩盘仪

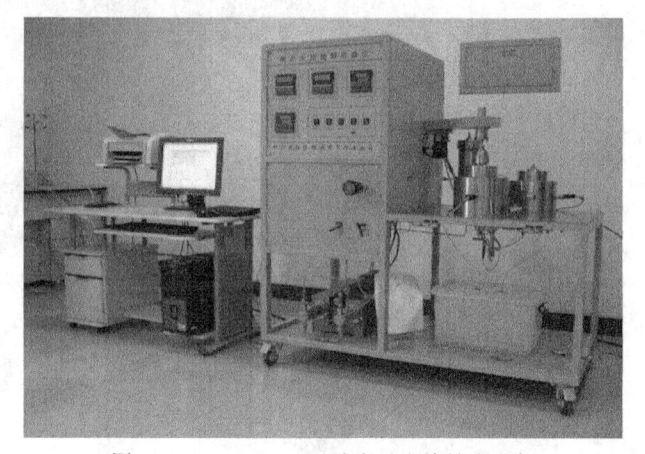

将岩心固定在酸岩反应旋转岩盘仪上进行试验,定时取酸样求取酸液浓度,并在对数坐标中确定酸液浓度与酸岩反应速度的关系曲线,确定反应级数和传质系数。

反应速率通过公式计算,最终得到反应速率常数 K 和反应级数 m。

$$J = \frac{C_2 - C_1}{\Delta t} \cdot \frac{V}{S}$$

式中　　J——反应速率,$mol/(cm^2 \cdot s)$;
　　　　C_2——反应后酸液浓度,mol/L;

式中　C_1——反应前酸液浓度，mol/L；
　　　Δt——反应时间，s；
　　　V——参加反应的酸液体积，L；
　　　S——圆盘反应表面积，cm²。

$$J = KC^m$$
$$\lg J = \lg K + m\lg C$$

式中　C_t——t 时刻的酸液内部酸浓度，mol/L；
　　　K——反应速率常数，$(mol/L)^{-m+1} \cdot s^{-1}$；
　　　m——反应级数。

通过以下公式计算氢离子传质系数：

$$D_e = (1.6129 v^6 \cdot \omega^2 \cdot C_t^{-1} \cdot J)^2$$

式中　D_e——氢离子传质系数，cm²/s；
　　　v——平均运动黏度，cm²/s；
　　　ω——旋转角速度，s⁻¹；
　　　C_t——t 时刻的酸液内部浓度，mol/L。

(3)残酸性能评定试验。实验仪器如图 4.18 所示。目前现场主要评定残酸表面张力和接触角(图 4.19)两种指标。

图 4.18　全自动表(界)面张力仪

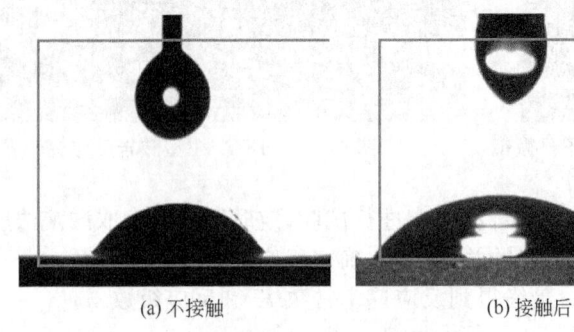

(a) 不接触　　　　　　　　(b) 接触后

图 4.19　接触角 θ 示意图

4.5.1.2　酸液的特殊评定试验

所谓酸液的特殊评定，是指对一些有特定使用性能的酸液体系进行其性能指标的评定，以便进行施工设计计算。

(1)流变性试验。用于测定已改造成非牛顿液体的酸液体系(如胶凝酸、乳化酸及泡沫酸等)的流变性参数,并用来进行施工设计计算,流变仪如图4.20所示。

图4.20 安东帕MCR102流变仪

(2)摩阻试验。用于测定酸液(主要用于非牛顿型酸液体系)在管内流动中的摩擦阻力系数R,并用来进行酸化施工设计。摩阻仪如图4.21所示。

图4.21 压裂液摩阻示意图

(3)酸液滤失速率评价。酸液的滤失速率对其有效穿透距影响很大,是酸化压裂施工设计计算必需的参数之一。但因酸液是可反应液体,滤失将随溶蚀增加而变化,测定难度比较大,故应使用精度高的仪器(图4.22)。

4.5.2 酸液与储层的相容性评定

酸液与储层岩石和流体是否相容,是此种酸能否使用的一个重要指标。因此,应对酸液进行相容性评定,主要有以下几种。

图4.22 压裂酸化工作液动态滤失仪

4.5.2.1 酸化效果

酸化效果试验用于评价基质酸化后,储层中经酸液溶蚀部分岩石的渗透率改善程度,用以评价基质酸化效果,一般采用岩心流动实验测定K_1/K_0来评价。其中,K_1为酸化处理后岩石渗透率;K_0为酸化前岩石渗透率。

4.5.2.2 伤害评定

在有些地层(特别是碎屑岩类储层)中,含有一定数量的酸敏矿物,如绿泥石、石膏、氧化铁、高岭土等。酸处理后,在某些特定的条件下可能出现二次沉淀,反而使地层渗透率下降。

因此对酸液也应进行伤害评定。

4.5.2.3 乳化和破乳

若储层流体为原油,且其中含有某些可能产生乳化的活性物质时,在酸化施工的泵注和返排过程中,可能会因流动搅拌而产生乳化。在这种情况可能发生时,须在酸液中加入防乳—破乳剂。乳化和破乳试验就是用来了解乳化程度并评价防乳—破乳剂的使用效果。

4.5.2.4 酸蚀裂缝导流能力

酸蚀裂缝导流能力试验是专门评价酸化压裂施工后,裂缝导流能力的试验。用于酸化压裂施工设计时的增产效果计算,酸蚀裂缝导流能力测定装置如图 4.23 所示。

图 4.23　DL2000 型酸蚀裂缝导流能力评价试验仪

4.6　酸化及其返排技术

在常规酸化施工中,由于酸岩反应速率快,酸的穿透距离短,只能消除近井地带的伤害。提高酸的浓度虽可增加酸穿透距离,但又产生严重的泥砂及乳化液堵塞,给防腐蚀带来困难,尤其是高温深井。常规酸化的增产有效期通常较短,砂岩经土酸处理之后,由于黏土及其他微粒的运移易堵塞油流通道,造成酸化初期增产而后期产量迅速递减的普遍性问题。酸化压裂也会因酸液与碳酸盐作用太快,使离井底较远的裂缝不容易受到新鲜酸液的溶蚀。因此,运用缓速酸技术对地层进行深部酸化以改善酸处理效果。

对于多层状油气藏和大厚层储层的酸化,其工艺方法的选择十分重要。对一个受伤害程度有差异的多层油气藏,因注入能力的悬殊,如果仅仅进行笼统酸化,可能不仅不能很好地对严重伤害层解堵,反而会加大纵向渗透率的差异。这主要是因为流动自然趋势遵循最小阻力原理所致。酸液首先进入渗透率最高、伤害最小地带,而对需要解堵的低渗透带或伤害严重的储层可能进酸很少或根本未进酸。在这种情况下,应该考虑采用暂堵(分层)酸化技术。

针对致密低渗、低压、低孔且岩石弹性模量较高,泊松比低的碳酸盐岩类油气藏以及埋藏超深、天然缝洞发育情况不确定的缝洞型碳酸盐岩油藏储层的酸压。由于常规酸压技术改造区域有限,控制范围不理想,酸液高温性能不足导致穿透距离有限且摩阻高,排量受限,从而导致常规酸压技术不能实现长裸眼井段均质改造。在这种情况下,应该考虑采用复合渗透酸酸化技术。

4.6.1　缓速酸酸化技术

鉴于酸与地层的反应是多相反应,可从通过研究以下过程来增加酸岩反应时间,降低酸岩反应速率。

(1)活性酸的生成：在多数情况下，活性酸由地面泵入。缓速酸中有一大类"潜在酸"，即在地层条件下产生活性酸，其生成属慢反应。

(2)酸至反应壁面的传递：该步骤是在扩散、对流混合、由密度梯度引起的混合或地层漏失等作用下进行的。

(3)酸与岩石表面反应。

(4)反应产物从岩石表面扩散到液相。

上述步骤中，有任何一步是慢反应，都能延长活性酸的作用时间。

4.6.1.1 潜在酸地层深部酸化

潜在酸酸化是指在地层条件下，通过化学反应产生活性酸进行酸岩反应，以提高地层深部的渗透率。目前研究和现场运用较多的是利用卤盐、卤代烃、低分子有机酸的酯以及氟硼酸生成盐酸或氢氟酸进行酸化。

1. 相继注入盐酸氟化物法

相继注入盐酸氟化物法（即 SHF 法）是利用黏土矿物的离子交换能力在黏土颗粒表面就地生成氢氟酸的酸化法。它是 20 世纪 70 年代初，由美国哈里伯顿石油公司开采化学家霍尔首先提出的，适用于砂岩地层的酸化。

(1)SHF 工艺的酸化原理。首先向地层泵入不含氟离子的盐酸溶液，盐酸中的 H^+ 与地层中黏土接触，置换黏土中的 Na^+，使黏土转变为酸性黏土。然后，再向地层泵入中性或弱碱性的氟离子溶液。当溶液与酸性黏土颗粒接触时，氟离子接合黏土中的质子便产生氢氟酸，从而溶解部分黏土。

反应过程如下：

$$\begin{matrix} Na^+ \\ Cl^- \quad Na^+ \\ Na^+ \quad Cl^- \\ \text{含钠天然黏} \\ \text{土颗粒} \end{matrix} \xrightarrow{3H^+} \begin{matrix} H^+ \\ Cl^- \quad H^+ \\ H^+ \quad Cl^- \\ \text{酸性黏土} \\ \text{颗粒} \end{matrix} \xrightarrow{5F^-} \begin{matrix} HF \\ F^- \quad HF \\ HF \quad F^- \\ \text{中间过程} \end{matrix} \xrightarrow{} \begin{matrix} F^- \\ F^- \\ F^- \\ \text{部分溶解的} \\ \text{黏土颗粒} \end{matrix} + \frac{1}{2} H_2SiF_6$$

由于黏土中的蒙脱石等成分具有显著的离子交换特征，而砂粒的离子交换能力低，所以 SHF 工艺对黏土污染的油气层更为有效。把含 H^+ 的盐酸和含 F^- 的氟化铵溶液交替重复注入井中，并适当调整溶液的浓度和用量，可以得到预期的有效作用距离。

(2)室内实验。SHF 的室内实验用静态法的烧杯实验和动态法的岩心实验，分别将常规土酸与 SHF 系统进行对比。静态实验表明：SHF 系统所溶解的黏土是砂的 10～15 倍，而常规土酸溶解的砂则是黏土的 1.5 倍以上。动态实验表明：常规土酸在进入 1.25m 人造岩心的最初 0.5m 与黏土发生有效的反应，而对后面部分却溶蚀甚微，而 SHF 系统在前 0.5m 不如常规土酸反应明显，但能在 1.25m 范围内溶蚀黏土。

(3)SHF 酸化工艺。SHF 酸化工艺处理按以下步骤注入液体：

①预处理：注入浓度为 5% 的 HCl 以清除碳酸盐的地层原生水，使黏土颗粒质子化。

②泵入浓度为 3% 的 HF 和浓度为 12% 的 HCl，清除近井附近伤害，改进注入性能。

③泵入浓度为 2.8% 的 NH_4F（用 $NH_3 \cdot H_2O$ 调溶液 pH 值为 7～8）。

④泵入浓度为 5% 的 HCl。

⑤顶替液：用盐酸、NH_4Cl 水溶液、柴油或煤油。

以上各步骤须配以所需的酸液添加剂。其中③和④组成 SHF 的一个程序，通常需要 3～6 个程序交替注入。

在施工过程中,步骤③和④的溶液不能相互混合。其界面的混合取决于流体间的密度差、处理深度、管壁粗糙度、雷诺数和管径。

(4)对 SHF 工艺的评价。SHF 工艺由于在地层内部生成氢氟酸,其酸穿透深度大,适用于深部油气层黏土伤害的解除,对整个伤害层的渗透率有普遍提高。国外矿场试验表明:施工后平均日产量可增加 2.5 倍,有效期长达两年以上,有明显的经济效益;并且对设备腐蚀性小,不会破坏砂岩胶结,排液迅速。缺点是工艺复杂,酸对岩石溶解能力较低。

我国胜利油田采用此项技术对油井、注水井进行施工取得了明显的效果。

2. 自生土酸酸化

所谓自生土酸酸化,是利用一些化合物能以可控制的速率产生有机酸,然后与含氟离子的溶液反应,在地层中生成氢氟酸用于地层深部酸化的一种酸化增产工艺。自生土酸体系最早由 Templeton 等于 1975 年提出,它包括有机酯的水解形成羧酸和羧酸与氟化铵反应形成氢氟酸。因为水解反应被温度活化,所得的酸性没有土酸强,因此得到了期望的低腐蚀速率并延缓了酸岩反应速率,后者将得到深的活性氢氟酸的穿透距离。通常使用低分子酯水解产生有机酸。

(1)自生土酸的生成。

①甲酸甲酯(SG—MF)体系:

$$HCOOCH_3 + H_2O \longrightarrow HCOOH + CH_3OH \qquad ①$$

$$HCOOH + NH_4F \longrightarrow NH_4^+ + HCOO^- + HF \qquad ②$$

该体系可适用于 54~82℃ 的井底温度。如果用乙酸甲酯代替甲酸甲酯,则适用的井底温度可提高到 88~138℃。

②氯乙酸铵(SG—CA)体系:

$$ClCH_2COO-NH_4 + H_2O \longrightarrow HOCH_2COOH + NH_4Cl \qquad ③$$

$$HOCH_2COOH + F^- \longrightarrow HOCH_2COO^- + HF \qquad ④$$

该体系适用于 82~102℃ 的井底温度。

由于低分子酯和氯代醋酸铵的水解反应①和③都属于慢反应,故可进行缓速酸化。

自生土酸的酸化在较高的 pH 值条件下进行,即 pH 值初始值为 7,随自生土酸的生成,pH 值降为 3~5,这比常规土酸酸化的 pH 值高得多。

(2)SG—MF 体系处理方法。

甲酸甲酯的水解度是酸化设计的一个重要参数。如欲知某一时刻未水解的甲酸甲酯物质的量浓度,可用下式计算:

$$C = C_0 e^{-kt}$$

对应的甲酸的物质的量浓度则为:

$$C_0 - C = C_0(1 - e^{-kt})$$
$$k = 0.693/t_{1/2}$$

式中 C_0——甲酸甲酯的初始浓度;

t——反应时间;

k——给定温度的速率常数;

$t_{1/2}$——水解度达 1/2 时所需时间,与实验温度有关。

SG—MF 的施工过程:洗井→注前置液预处理→注隔离液→泵入 SG—MF 液→挤顶替液。其中,洗井和预处理步骤要根据油气井地质情况和污染情况来确定配方,以清除井壁有机沉积和近井地带伤害。注入 SG—MF 液时先用氟化铵和氨水制成 pH 值为 5.5~5.6 的溶液,施工前加入甲酸甲酯。

SG—MF体系存在一定缺陷。在这一低酸性的体系中有许多沉淀物形成,如在黏土表面形成 NH_4MgAlF_6 和氟化铝(硅)等。因此,建议采用复合添加剂或酸(如柠檬酸)来抑制这种情况的发生。此外,甲酸甲酯还存在高易燃性和价格昂贵的问题。

(3)其他自生酸酸化。

20世纪90年代以来,中国石油勘探开发研究院、吉林油田等先后开发出磷酸/氢氟酸体系(A-924)、四氯甲烷体系、LZR体系等自生酸工作液,应用于现场取得了成效。国外油田服务公司研制出一种新型砂岩酸,它利用磷酸络合物(HV)替代HCl水解氟盐,产生磷酸胺和氢氟酸来酸化地层。该酸具有与黏土反应速率慢、溶解石英能力强、与石英有较高反应速率的优点。经在多个国家进行数十次试验证明:该酸腐蚀程度小、使用安全,在酸耗尽后还兼有分散剂和络合剂的功能,能抑制近井地带沉淀物的生成。

3.氟硼酸酸化

氟硼酸缓速酸化技术是20世纪70年代末发展起来的,目前已在美国、俄罗斯等国多次使用成功。我国胜利、江汉等油田运用该项技术取得了明显经济效益。应用氟硼酸酸化的目的在于达到低渗透砂岩油气层的深部酸化,克服酸化初期增产而后期产量迅速下降的普遍性问题。

与氟硼酸同类的含氟酸,如氟磷酸($PF_5 \cdot HF$)、二氟磷酸($H_3PO_3F_2$)、氟磺酸($R-SO_2F_2H$)都是可通过水解产生氢氟酸的潜在酸。

(1)氟硼酸的制备。

氟硼酸通常用氢氟酸与含硼化合物反应制得:

① $4HF+H_3BO_3 \longrightarrow HBF_4+3H_2O$(或 $4NaF+4HCl+H_3BO_3 \longrightarrow HBF_4+4NaCl+3H_2O$)

该法是目前生产氟硼酸的主要方法之一。可以制得浓度为40%的无色、透明的氟硼酸溶液。

② $4HF+HBO_2(固) \longrightarrow HBF_4+2H_2O$
　　　　　(偏硼酸)

③ $HF+BF_3 \longrightarrow HBF_4$

氟硼酸是强酸,对玻璃等硅质具有腐蚀性。其钾盐、铷盐、铯盐不溶于水。因此可用生成氟硼酸钾沉淀的方法定量分析 HBF_4 含量。

(2)氟硼酸缓速酸化原理。

氟硼酸在水溶液中能发生多级水解反应:

$$HBF_4+H_2O \longrightarrow HBF_3(OH)+HF \qquad 慢①$$
$$HBF_3(OH)+H_2O \longrightarrow HBF_2(OH)_2+HF \qquad 快②$$
$$HBF_2(OH)_2+H_2O \longrightarrow HBF(OH)_3+HF \qquad 快③$$
$$BF(OH)_3 \longrightarrow H_3BO_3+HF \qquad 快④$$

生成的HF与黏土反应(方程式见4.3节)是瞬时完成的。

氟硼酸水解反应动力学研究表明:第一级水解生成羟基氟硼酸是慢反应,其平衡常数在20℃和80℃下分别为 2.3×10^{-3} 和 5.5×10^{-3},总反应速率由第一步控制,因而使氟硼酸能缓速酸化。

(3)室内试验结果。

①HBF_4与黏土反应速率的研究。在一定温度下,可根据一定量的酸液在不同时间所溶解的黏土量计算出反应速率。室内试验表明:能水解产生浓度为3%HF的氟硼酸与黏土反应的速率是浓度为3%氢氟酸反应速率的1/10。扫描电镜照片表明,在66℃下,氢氟酸5min之后对黏土的溶解情况与 HBF_4 2h后对黏土的溶解相类似。

②关于黏土稳定性研究。用 HBF_4 处理后的岩心与常规土酸处理后的岩心比较,抗压强

度高,阳离子交换容量(CEC)大大降低,不显示水敏现象,能减少黏土膨胀。扫描电镜照片表明,HBF_4 对黏土有稳定作用,能减少黏土运移。这是因为 HBF_4 的水解产物 HBF_3OH 与黏土微粒形成硼硅酸盐,使之胶结在砂粒上。

(4)影响氟硼酸对黏土溶解能力的因素。

温度和酸浓度是影响氟硼酸溶解能力的重要因素。可以通过实验选择氟硼酸酸化的最合适的酸浓度。在氟硼酸溶液中加入少量盐酸能提高 HBF_4 的水解速率,降低其用量。若加入少量硼酸则能抑制水解反应,从而降低反应速率和黏土的溶解量。

虽然 HBF_4 酸岩反应速率远低于常规土酸,但溶蚀黏土的总能力与常规土酸接近。

(5)氟硼酸酸化工艺。

国外氟硼酸酸化工艺步骤一般按如下设计进行:

①注入用过滤淡水配制的浓度为 3% 的 NH_4Cl 溶液,以确定渗透率及注入速率;
②注入浓度为 12%～15% 的 HCl 以隔离地层并溶解钙质组分;
③挤土酸以清除井壁周围黏土矿物;
④注入浓度为 3% 的 NH_4Cl 溶液作为隔离液;
⑤挤入氟硼酸;
⑥顶替:用浓度为 3% 的 NH_4Cl 溶液或柴油作为顶替液。

胜利油田采用的氟硼酸酸化工艺是先注 HBF_4,后注土酸。他们认为,若先注土酸则其溶蚀作用之后产生的松散微粒可能被后来注入的氟硼酸溶液推至地层深部,形成阻塞,而且土酸的残酸在地层中滞留时间太长不能及时返排,亦影响酸化效果。

4. 其他潜在酸缓速酸化

(1)缓冲土酸工艺(BRMA)。该体系为有机酸及其铵盐组成缓冲溶液,在某一较高 pH 值(3～6)下不断产生 H^+,与氟盐中 F^- 生成低浓度的氢氟酸,维持较长的酸作用时间。酸岩反应消耗的部分 H^+ 也会及时得到补充。

此酸化体系有如下特点:①此种酸的 pH 值高,对金属的腐蚀性较弱;②典型的高 pH 值酸,可不加缓蚀剂用于高温井。目前研制出的缓冲土酸系统主要有以下三种:

①RR—F 系列:甲酸/钾酸盐(铵),pH 值为 3.1～4.4。
②BR—A 系列:乙酸/乙酸盐(铵),pH 值为 4.2～5.5。
③BR—C 系列:柠檬酸/柠檬酸盐,pH 值为 5.0～5.9。

对于 BR—A 系列有如下化学平衡:

$$HAc \longrightarrow H^+ + Ac^-, \quad H^+ + F^- \longrightarrow HF(两反应均可逆)$$

由于 NH_4Ac 的存在限制了 HAc 的电离,使溶液中 H^+ 浓度较低,故生成的 HF 浓度也较低。缓冲土酸酸化可不加缓蚀剂,在低于 138℃ 时可用于地层深部酸化。

(2)卤代烃地层生酸。卤代烃水解可产生盐酸、氢氟酸或二者的混合酸。用于地层水解生酸的卤代烃包括卤代烷烃、卤代烯烃和卤代芳香烃。例如,$CHCl_2CHCl_2$ 水解可产生盐酸,CHF_2CHF_2 水解可产生氢氟酸,CCl_2FCCl_2F 水解产生混合酸以及 CCl_4 等都可用于 121～371℃ 地层。卤代芳香烃中三氯甲苯适用于 30～60℃ 的地层,α-苄基氯适用于 90～100℃ 的地层。烯丙基氯的水解反应如下:

$$C_3H_5Cl + H_2O \longrightarrow C_3H_5OH + HCl \quad (反应可逆)$$
$$\text{烯丙基氯} \qquad\qquad \text{烯丙醇}$$

在溶液中加入适当的表面活性剂将卤代烃和水制成水外相乳化液,可控制生成 HCl 的速率。

(3)酸酐、酰卤、卤盐的地层生酸。乙酸酐溶于液态烃注入地层与地层原生水发生水解:

$$(CH_3CO)_2O + H_2O \longrightarrow 2CH_3COOH$$

乙酰氯水解可产生有机酸和无机酸：

$$CH_3COCl + H_2O \longrightarrow CH_3COOH + HCl$$

用甲醛能引发氯化铵产生盐酸：

$$4NH_4Cl + 6HCHO \longrightarrow N_4(CH_2)_6 + 4HCl + 6H_2O$$

(4)$AlCl_3$ 缓冲土酸（AlHF）。酸液配方（质量分数）为：15% HCl + 1.5% HF + 15% $AlCl_3 \cdot 6H_2O$ 简称 AlHF，在美国路易斯安那州处理深部伤害地层获得成功。其缓速酸化的原理为：

$$AlCl_3 + 4HF \longrightarrow AlF_4^- + H^+ + 3HCl$$
$$AlF_4^- + 3H^+ \longrightarrow AlF^{2+} + 3HF（慢反应）$$

在 AlHF 酸液配方中 HF 转换成 AlF_4^- 的量达75%，因此，活性 HF 酸能维持较低的反应速率。我国胜利油田采用该项技术对泥质砂岩酸化施工取得增产增注效果。

4.6.1.2 多氢酸酸化

多氢酸为一种新型的 HF 酸液体系，由一种特殊的复合物代替 HCl 与氟盐发生反应。多氢酸为一种中强酸，本身存在电离平衡，在不同的化学计量条件下通过多级电离分解释放出多个氢离子，故称其为"多氢酸"。

1. 多氢酸酸化的特点

多氢酸酸化具有如下特点：

(1)缓速酸化能力强、解堵半径大；多氢酸与地层开始反应时，由于化学吸附作用，在黏土表面形成一层膜的隔层，这个薄层将阻止黏土与 HF 的反应，降低黏土溶蚀性。特别是在反应初期，其反应速度约是其他酸液的30%左右。

(2)能催化 HF 与石英的反应，对石英的溶解度比土酸要高出50%左右。

(3)具有螯合特性，能很好地延缓或抑制近井地带沉淀物的生成，极大减小 CaF_2、$Fe(OH)_3$ 二次沉淀物伤害。

(4)保持或恢复地层的水湿性，利用多氢酸能够使地层形成亲水表面，有利于油气的生产，并具有解除有机垢和无机垢的功能。

(5)多氢酸酸流体系所用缓蚀剂具有一定的选择性，使用常用的土酸缓蚀剂，效率不易满足施工要求。

(6)在对多氢酸体系室内研究中发现，对于储层岩性的差异，可能形成新的沉淀。

2. 多氢酸酸化缓速原理

多氢酸酸液体系是由多氢酸和氟盐反应生成 HF，实质上与砂岩储层反应的物质仍然是多组分酸。首先，多氢酸可以逐步电离出氢离子与氟盐反应，缓慢生成 HF 和磷酸盐。以 H_5R 为例，电离过程如下列方程所示：

$$H_5R \longrightarrow H^+ + H_4R^- \qquad pK_1 \approx 1.0$$
$$H_4R^- \longrightarrow H^+ + H_3R^{2-} \qquad pK_2 \approx 2.5$$
$$H_3R^{2-} \longrightarrow H^+ + H_2R^{3-} \qquad pK_3 \approx 3.7$$
$$H_2R^{3-} \longrightarrow H^+ + HR^{4-} \qquad pK_4 \approx 11.4$$
$$HR^{4-} \longrightarrow H^+ + R^{5-} \qquad pK_5 > 12.0$$

其中，H_5R 表示多氢酸，R 代表磷酸根基团。从各级电离指数可以看出，多氢酸有三个氢离子容易被电离出来，而最后的两个氢离子较难电离。多氢酸可以逐渐电离出氢离子，因此可以控制与氟盐反应生成 HF 的速度。在低 pH 值环境下多氢酸电离出氢离子的浓度将保持在较低的水平，HF 的浓度也就保持较低的水平。所以，只要溶液的浓度足够大，保持酸液中 HF 的浓度基本恒定，酸液与岩心矿物的反应速度在一定时期内是常数。

在酸化过程中，HF 与储层岩石矿物反应将产生 Ca^{2+}、Al^{3+}、Fe^{2+}、Fe^{3+} 等多价金属离子，这些金属离子容易以各种形式生成沉淀，影响最终酸化处理效果。而多氢酸在溶液中通过抑制和阻滞沉淀晶种的生成，这些金属离子就很难继续生长发育成沉淀，用很少量的多氢酸就可以产生明显的抑制沉淀生成的效果。但这种螯合作用可能受多氢酸的浓度、多价金属离子的浓度、其他阴离子的浓度、pH 值、温度等因素影响。

4.6.1.3 泡沫酸酸化

泡沫酸用于油气井的增产处理已有 30 多年历史了。与其他酸液相比，泡沫酸具有液柱压力低、滤失率低、黏度较高、悬浮力强、用量小、对地层伤害小、返排性好、酸液有效作用距离长、施工比较简便、综合成本较低、经济效益高等优点。因此，用泡沫酸进行酸化作业受到油气田工作者的普遍重视，并在各大油气田取得了显著效果。

1. 泡沫酸的组成

酸液可以是盐酸、氢氟酸、乙酸及混合酸等。

气相可选用氮气、空气、二氧化碳。须注意的是：空气中含有氧，会加速对金属的腐蚀。

起泡剂多选用阳离子型或非离子型表面活性剂，如有机胺、聚氧乙烯烷基酚醚、聚氧乙烯烷基醇醚、聚乙二醇等。阴离子起泡剂烷基磺酸盐也可使用，但泡沫酸稳定性稍差。

稳定剂可选择水溶性高分子（如 CMC、PAM、瓜尔胶等）以及黏土、超细 $CaCO_3$、SiO_2 等。

2. 泡沫酸的性质

泡沫酸是用泡沫剂稳定的一种液包气乳化液，是气体分散在酸溶液中形成的分散体系。

泡沫的质量（Γ）是表征泡沫酸性能的重要参数，它与泡沫的稳定性密切相关。它是指在一定的温度和压力条件下，气泡体积在泡沫体积中所占比例。例如，由 70%（体积分数）的气体和 30%（体积分数）的酸液组成的泡沫称为 70% 质量的泡沫。由于泡沫中气相的体积是受温度和压力的影响而变化的，因此，温度和压力能引起泡沫质量的变化。

根据泡沫质量，Mitchell 把泡沫分成四个区域：当 Γ 为 0%～52% 时称为泡沫分散区，泡沫球体互不接触，属牛顿流体；当 Γ 为 52%～74% 时称泡沫干扰区，泡沫之间开始相互干扰和冲突，黏度和动切力增加；当 Γ 为 74%～96% 时称第三区，属泡沫稳定区，气泡由球体转变为平行六面体，流型为宾汉或假塑性流体；Γ 大于 96% 称雾区。

泡沫质量太低和太高都会使泡沫易于破裂而不稳定。

(1) 泡沫酸的稳定性。泡沫酸体系的稳定性取决于泡沫是否稳定，这关系到酸化施工的成败。泡沫酸的稳定性应能使注入过程中失水量低，泡沫液能进入地层深部。

影响泡沫酸稳定性的因素如下：

①表面膜弹性和表面黏度。表面膜弹性是指表面膜变薄后，靠自身修复以恢复原厚度的能力。在外力冲击下表面膜延展变薄是泡沫破裂的最初阶段。如果吸附于表面膜的表面活性剂和溶液通过在表面的迁移使表面膜重新稳定，则称该泡沫表面膜弹性高。起泡剂和泡沫稳定剂的性质和在膜面的吸附密度与表面膜弹性密切相关。吸附于表面膜气液界面的表面活性剂分子之间相互作用力大，则表面黏度高，膜强度也高。如表面活性剂分子之间形成高强度的混合膜，或通过氢键使聚合物分子形成网状结构，或表面活性剂分子形成液晶结构，都能使液膜表面黏度增高，从而导致泡沫稳定性大大提高。对于泡沫酸，这一泡沫稳定性机理同样适用，不过应当选用耐酸的表面活性剂作起泡剂。

②液相黏度。增加液相黏度，可增加液膜的表面黏度和抑制表面膜变薄，泡沫酸体系稳定

性增加。可通过加入耐酸、耐高温的高分子化合物提高液相黏度。

③泡沫质量。在一定范围内,泡沫质量高,稳定性好。通常使用的泡沫酸,其泡沫质量为60%～80%。

④有机溶剂的作用。有些起泡剂需要有机溶剂(如醇、酮类)作溶剂或稳定剂。部分醇类有消泡作用,如乙醇。而有些醇则有一定稳定作用,如某些高级脂肪醇。因此,加入醇于泡沫酸体系时,要做配伍性试验。

⑤温度。温度升高,气体分子运动加快,泡沫稳定性下降。

评定泡沫稳定性的方法有定析液量法、最大析液速率法、露点评定法和倾注法。其中定析液量法比较简便。该法是将制好的泡沫酸倒入具有刻度的容器(如量筒)并在一定温度下养护。以液体从泡沫中析出50%或70%所需时间作为泡沫稳定性参数,时间越长,则稳定性越好。

(2)泡沫酸的黏度和流变性。泡沫酸的表观黏度与泡沫质量、剪切速率、液相黏度和泡沫结构密切相关。根据泡沫质量的大小和液相的差异,泡沫酸的流变模式可采用宾汉、幂律或屈服假塑性流变模式来表示。

由于泡沫酸表观黏度大于其液相黏度,尤其在泡沫质量大于52%之后,黏度和动切力急剧增加。与常规酸比较,泡沫酸滤失量更低,残酸携带微粒能力强,尤其在低剪切速率的地层缝隙中更为明显。泡沫酸化施工能否成功,一个很重要的因素就是所选用的泡沫酸化液的性能是否达到施工要求。因此,通过对泡沫酸液流变性能的测试是优化泡沫酸液配方的一个最佳途径。

(3)酸岩反应速率。在泡沫酸体系中,H^+向岩石表面的扩散受泡沫阻碍,使路径复杂化。而且,体系的高黏性也降低了H^+的扩散速率,使酸岩反应速率降低。

(4)返排。泡沫酸具有气举排液、返排迅速的特点。泡沫酸施工后,井口压力低,能促使气体迅速膨胀并携带残酸及微粒返排。经取样分析,泡沫酸残酸携带微粒是常规土酸的5～10倍。

3. 泡沫酸酸化工艺

泡沫酸是用稳定剂稳定的气体在酸溶液中的分散体系。气相一般为压风机供给的气体,液相是根据油气井情况采用不同的酸液。将泡沫酸液泵入渗透率较高的含水层,使流体流动阻力逐渐提高,进而在喉道中产生气阻效应。在叠加的气阻效应下,再使气泡酸液进入低渗透地层与岩石反应,形成更多的溶蚀通道,以解除低渗透层的污染、堵塞,改善油气井产液(气)剖面。最后注入泡沫排酸液,排出残酸。

泡沫酸基质酸化通常先用泡沫液对需要施工的层位进行预处理,起到独特的效果。因为泡沫首先进入高渗透层并在喉道中产生气阻效应,通过叠加的气阻效应使流体流动阻力逐渐提高,然后注入泡沫酸对低渗透层进行酸化。泡沫酸对石灰岩的酸化可得到长而均匀、分支较小的溶蚀孔道。这实际上就是泡沫封堵和泡沫酸酸化的综合分层酸化技术。泡沫酸可以采用浓度为10%～15%盐酸作液相,也可以采用浓度大于25%的高浓度酸酸压,增加酸作用距离和处理效果。若用有机酸如氨基磺酸作为液相,则更具缓速、缓蚀的特点。采用混酸,其配方(质量分数)为10%HCl+2%～5%HF+1.5%～5%HAc等,能获得高稳定性泡沫。

泡沫酸压裂酸化产生裂缝的能力较大,裂缝导流能力好,酸化半径大,适合于厚度大的碳酸盐岩油气层,也适合于重复酸化的老井和水敏性地层。

泡沫酸压裂酸化一般应注入前置液(如高浓度HCl或HCl+HAc,也可用凝胶水)。前置液可以疏通近井地带阻力,减少酸压阻力。然后注入泡沫酸,最后用KCl泡沫盐水顶替。

近年来,由于国内各油气田对低渗、低压油气田的开发、改造,采用常规压裂酸化技术,大部分油气层不见效。部分是由于返排不彻底,导致二次污染,使压裂酸化效果下降;还有的是由于地层空隙小、渗透率低、流体流动性差,挤入的流体侵入油层,造成乳堵、蜡堵及黏土膨胀堵塞等。虽然泡沫酸酸化施工费用要高于普通酸化,对设备要求较高,但由于泡沫酸酸化有含液量低、表观黏度高、滤失量小、可有效减缓酸岩反应速率并迅速返排等优点,使得其越来越受到油气田工作者的重视。

4.6.1.4 稠化酸酸化

稠化酸又称胶凝酸,是指在酸液中加入稠化剂,酸液黏度提高的酸。最初开发稠化酸的目的是为了压裂,但后来在基质酸化中也得到应用。稠化酸用于酸压是为了增加黏度和降低滤失速率,而用于裂缝型或溶蚀型低原生孔隙度地层的基质酸化的作用主要是为清洗高渗通道和减少液体进入低渗透层中。由于其黏度高,滤失性低,以及稠化剂在岩石表面的吸附,降低了 H^+ 向岩面的扩散速率,起到缓速作用。稠化酸酸化能节省部分缓蚀剂、降低泵送摩阻、减轻地层伤害,因而自 20 世纪 70 年代研制并施工以来受到国内外重视。

研制和应用稠化酸的关键是稠化剂的研制和应用。稠化剂应与相应的酸液添加剂及地层离子有良好的配伍性。

1. 主体酸

盐酸常为稠化酸液中的酸成分,酸浓度一般从 5% 到 28%,酸用量决定于裂缝和孔洞中的预计伤害深度和流体充填效率。其他无机酸(如 HF)和有机酸(如 CH_3COOH 和 $HCOOH$)有时也用于稠化酸体系中。

2. 稠化剂

由于酸介质的特殊性,选择酸液稠化剂应该从以下三方面考虑:

(1)酸液中的稳定性。在一定的温度和地层离子条件下,稠化酸黏度能维持的时间。

(2)增黏效率。要达到需要的黏度所用稠化剂的量。

(3)残酸返排。残酸黏度过高不易返排,还可能给地层带来伤害;残酸中是否有残渣或沉淀产生。

基于对压裂液的研究,人们在配制稠化酸时首先考虑到使用压裂液的各类稠化剂。

(1)多糖类聚合物。瓜尔胶、羟丙基瓜尔胶、CMHEC、HEC 等天然聚合物都能用作稠化剂。其特点是增黏效果好,但使用温度较低,一般在 40℃ 以下,或用于稠化有机酸、潜在酸等。黄原胶具有良好的酸稳定性和增黏效果,不产生残渣,可以在 65℃ 左右使用。在高温下,黄原胶发生分解,稠化酸体系黏度很快下降。如果复配适当的热稳定剂(如低分子醇),使用温度能得到提高。

(2)合成高聚物。

①聚丙烯酰胺。在酸中,聚丙烯酰胺链节部分成为 $—CH_2—CH(CONH_3+)Cl^-—$,它们之间相互排斥,对浓酸有较好的稠化能力。其分子量最好在 $(3\sim6)\times10^6$ 范围内,加量为 0.3%~1.8% 范围(质量分数)。聚丙烯酰胺在 66℃ 以上有分解现象,会产生沉淀。为了提高其使用温度,可通过丙烯酰胺和含有阳离子的烯烃单体共聚,产物用作稠化剂。

这类共聚物还可通过高价金属离子或醛类进行交联,以增加酸体系的黏度和耐温性能。丙烯酰胺和阳离子单体的共聚物有较高的分子量,在酸中大分子链伸展,增黏性和亲水性能好;其主链为 C—C 键,比天然聚物如瓜尔胶、田菁、纤维素衍生物主链的键更能耐酸、耐温、耐高压。用于稠化酸的阳离子单体可以在厂家购买,也可自行设计合成。例如不饱和酸酯通过酯交换反应可接上叔胺基团,然后季铵化则可得到不饱和酯季铵盐:

$$CH_2=CH-COOCH_3 + HO-R_1-\overset{R_2}{\underset{R_3}{N}} \xrightarrow{H^+ \text{或醇钠}} \begin{array}{c} CH_2=CHC=O \\ | \\ O \quad R_2 \\ | \quad | \\ R_1-N-R_3 \end{array} + CH_3OH$$

丙烯酸甲酯

$$\xrightarrow[\text{溶剂}]{R_4X} \begin{array}{c} CH_2=CH \\ | \quad \quad R_2 \\ COO-R_1-\overset{|}{\underset{R_4}{N^+}}-R_3 X^- \end{array}$$

根据上述原理,西南油气田公司天然气研究院研制出了一种用于稠化酸的胶凝剂 CT1-6。四川石油管理局对区内成 28 井用该胶凝剂进行稠化酸酸化作业。该井深 4176~4178m,地层温度 102℃,地层压力 49.0MPa,用稠化酸 76.8m³,盐酸浓度 20.8%,在 170s⁻¹ 的剪切速率下测定稠化酸的表观黏度为 21.4mPa·s。酸化施工的挤酸压力 49~50MPa,排量为 3.88~40.5L/s,挤酸时间为 58min,稠化酸降阻率为 30%,关井 10min,返排残酸黏度为 3mPa·s。该井酸化前天然气产量 $5×10^4 m^3/d$,酸化后增至 $23.62×10^4 m^3/d$。

② 聚乙烯吡咯烷酮。聚乙烯吡咯烷酮的酸稳定性好,可以和盐酸、硫酸、氢氟酸配伍。因此,聚乙烯吡咯烷酮不仅适用于碳酸盐岩,也适用于部分砂岩(如泥质砂岩)。适用的酸液是浓度为 3%~30% 的 HCl,温度可达 100℃ 以上,排酸中无残渣。由于聚乙烯吡咯烷酮链节能在酸中转变为阳离子链节,从而有效地压缩黏土表面的 ζ 电位,抑制了黏土的膨胀和运移,故该酸液体系可用于高黏土砂岩酸化。

2-甲基-2-丙烯酰胺基丙磺酸单体简称 AMPS,是一种强阴离子性和水溶性官能团的单体,这种单体具有良好活性,其均聚物、共聚物的应用遍及油气田化学的各个领域。Phillips(菲利浦)石油公司采用乙烯基吡咯烷酮/N,N-二甲基丙烯酰胺/AMPS 三元共聚物用作酸液稠化剂。Halliburton(哈里伯顿)石油公司提供的聚合物 A 则是 AMPS 与阳离子单体的共聚物。这类聚合物的特点是在高浓度酸中稳定性好,缓速效果非常明显。前者用于 80℃ 左右条件下未生成有害残渣,后者使用温度达 204℃。表 4.6 是美国聚合物 A 的现场试验结果。

表 4.6 美国聚合物 A 稠化酸现场试验结果

州名	深度 m	地层温度 ℃	用量 m³	酸型及质量分数	稠化剂质量分数/%	采出量/(m³/d) 试验前	采出量/(m³/d) 试验后
俄克拉荷马	1829~2743	60~82	15.14~18.93	15%HCl	0.8	0~7.95	0~7.95
得克萨斯	6218	193	151.4	28%HCl	1.3	56.64	283.2
俄克拉荷马	4572	118	121.0	20%HCl	1.0	0	0
得克萨斯	3566	141	22.7	15%HCl+10%醋酸	1.3	397.5	2782
得克萨斯	4923	207	30.28	7.5%HCl+10%甲酸	1.3	0	0
路易斯安那	3292	132	37.85	28%HCl	1.0	7.95	50.72
阿肯色	2377	93	37.85	28%HCl	0.5	0	47.70
路易斯安那	2011	77	18.93	15%HCl+10%醋酸	0.8	84.96	481.4

③ 非离子表面活性剂。非离子表面活性剂作稠化剂,其酸液在低温下黏度小,可泵性好。在地层高温下,由于水分子同活性剂之间氢键的减弱,活性剂溶解度下降,酸液黏度增大,降低了酸岩反应速率。

常用的两类非离子表面活性剂是聚醚类,分别为:

$$[H(C_2H_4O)_m(C_3H_6O)_n]_2N—CH_2—CH_2—N[(C_3H_6O)_n(C_2H_4O)_mH]_2$$
$$HO(C_2H_4O)_a(C_3H_6O)_b(C_2H_4O)$$

它们最佳的分子量在4000～30000范围。以非离子表面活性剂作稠化剂,返排效果好,对地层伤害极小。

3. 稠化酸的性能评价

稠化酸在国内是近些年发展起来的缓速酸,通常根据水基压裂液和酸化液的评价方法以及国外资料介绍的方法进行性能评价,如流变性、缓速性能、腐蚀性、酸敏效应及酸化效果等。对于稠化剂评价,可参考下述方法进行。

(1) 酸溶时间。根据设计配方在所需浓度的酸液中按顺序加入稠化剂和添加剂。将测定酸液在30℃下置于范氏黏度计转筒内,在600r/min的转速下搅拌。如果稠化剂为乳液型,则每间隔1min测定酸液黏度。当黏度趋于稳定后,再每间隔5min测定酸液黏度。如果稠化剂是固体型,则每间隔20min测定酸液黏度。当黏度趋于稳定后,再每间隔30min测定酸液黏度。将测得数据进行处理,以酸液黏度为纵坐标,测试时间为横坐标,作酸液黏度—时间关系曲线,再取最后两点作直线,曲线与直线的交点所对应的时间即为稠化剂的酸溶时间。

(2) 稠化效率。用范氏黏度计测定,在一定温度下(如38℃),一定浓度的酸(如质量分数为15%的盐酸,该酸应加热至测定温度)获得25mPa·s的黏度时所需固化剂的量。量越小,稠化效率越高。

(3) 热稳定性。把稠化剂与预热至一定温度的酸混合,1min后用范氏黏度计测定其初始黏度,恒温1h后再测黏度;改变温度,重复上述实验。观察温度对酸液黏度的影响。

(4) 残酸黏度。将稠化酸(黏度为25mPa·s)恒温1h,加入一定表面积的大理石薄片使其反应。用范氏黏度计测残酸黏度,观察有无沉淀产生,如残酸黏度高,不利于返排。还需要测定残酸的流变性,根据范氏黏度计测定的数据,计算出溶液流性指数和稠度系数。

用于实验的酸液中应包括有酸液添加剂。这里须指出,由于稠化剂的多类基团和长链结构,多次稠化酸施工后可能产生聚合物堵塞、乳堵等负面效应。因而可用不同类型酸液交替施工,克制这些状况对储层的伤害。

4.6.1.5 冻胶酸酸化

冻胶酸也称为交联酸,是以水溶性聚合物、酸以及交联剂为主组成的酸液体系。相比于稠化酸最主要的区别在于冻胶酸黏度的获得是由于交联剂的加入使得酸液体系黏度增加导致。

经交联后的冻胶酸耐热性、耐剪切性好,可用于高温井(93℃以上)施工。冻胶酸中聚合物浓度低、黏度高、悬浮能力强、滤失低,能减少地层伤害,能抑制地层中油水乳状液的形成并减小酸液对设备和管道的腐蚀。在压裂酸化和基质酸化中得到广泛的应用。

1. 主体酸

与稠化酸一样,冻胶酸的主体酸一般采用盐酸作为主体酸,酸浓度一般从5%～20%,其他无机酸(如氨基磺酸)、乳酸等有时也用于冻胶酸体系。由于盐酸存在着酸岩反应速度快、有效作用距离短、对管道和设备的腐蚀性强、对砂岩溶蚀能力有限等缺点,因此,出现了溶蚀能力更强、腐蚀性更小的多元酸复合体系。具体如下:

(1) 无机酸复合体系。在固体酸酸化技术中经常用到盐酸硝酸复合体系王水。固体酸工艺技术综合了王水的强腐蚀性、便于注入等特点,使硝酸盐酸复合体系在酸化中得到了具体应用。盐酸和硝酸复合体系在油井增产措施中发挥巨大作用,在玉门、中原、胜利、青海等油田使用,成功率在80%以上并且增产效果明显。

(2) 有机酸复合体系。在交联酸体系中,有机酸的加入可以有效提高基液黏度、降低交联强度,起到降低酸液滤失和减小储层伤害的双重作用。对高温储层进行酸化压裂时,有机酸复合体系有其独特优势,如 Welton 提出用盐酸和甲酸的复合体系来替代单纯盐酸体系,该冻胶酸体系可用于高温储层的酸压改造,并且具有低腐蚀、高黏度、耐高温和稳定性好等优点。此外,甲酸、醋酸、乳酸、葡萄糖酸、柠檬酸等也是酸化压裂常用的有机酸。溶蚀能力低、溶解度小、稳定性差、成本高是有机酸复合体系的主要缺点。

2. 稠化剂

冻胶酸酸液稠化剂主要可以分为两大类:一类是改性类的生物高分子,如瓜尔胶及其衍生物、纤维素及其衍生物,以及黄原胶、纤维素、多糖、脂肪胺等,这类高分子环境友好,但价格昂贵,而且当井温大于 70℃时,随着酸岩反应的进行,生物聚合物的耐酸耐热性变差、黏度变低、滤失量增大、溶解性差、残渣量高,不能满足高温储层酸化压裂施工的要求;另一类是具有碳—碳主链的合成聚合物,该类聚合物因为其超高分子量而具有良好的增黏效果,而且具有生物稳定性好、成本低等优点,已成为主要的增稠剂类型。

(1)聚丙烯酰胺及其衍生物类聚合物。压裂液中聚合物的交联基团主要有三类:酰胺基团、羧酸根基团、邻位顺式羟基团。冻胶酸体系中,交联环境为酸性,稠化剂主要是含有酰胺基和羧酸根的高分子聚合物。国内的西南油气田分公司天然气研究院、长庆石油勘探院等都对酸液稠化剂进行了大量研究,所研发的稠化剂性能达到或接近国外引进的稠化剂。

(2)乙烯类聚合物。已有的研究表明,聚 N -乙烯酰胺和聚乙烯酰胺是性能优异的耐高温酸液稠化剂;聚乙烯吡咯烷酮、聚乙烯甲基醚作为酸液增稠剂,与各种浓度的酸液以及不同类型的酸液均有良好的配伍性;乙烯基不饱和单体可以通过与不同单体共聚制得多种性能优异的酸液增稠剂,由于该类聚合物含有吡咯烷环和强极性侧基,所以该类增稠剂不仅具有良好的抗剪切和抗温性能,而且具有极强的抗盐性能,可直接使用海水或者现场卤水配制,加大降低了施工成本,具有广阔的应用前景。

(3)疏水型缔合聚合物。疏水缔合聚合物是将少量疏水基团引入亲水性聚合物大分子链上形成的一种水溶性聚合物。由于疏水基团在水溶液中能发生分子间或分子内的缔合,因此具有良好的增黏、耐温、抗盐和抗剪切性。疏水缔合聚合物作为稠化剂用于酸化作业的冻胶酸液中,表现出良好的抗温、抗剪切及缓速效果。

3. 交联剂与破胶剂

交联剂可从压裂液交联剂中选择,但必须考虑强酸、高温、高压和地层离子的影响。破胶剂要根据施工时间延迟破胶,例如在破胶剂外面包裹一层聚合物,该聚合物在高温下缓慢溶解,释放出破胶剂。破胶剂要根据交联聚合物种类来确定,例如对交联聚丙烯酰胺类可用过氧化物或氧化还原体系作为破胶剂。而天然聚合物(瓜尔胶和纤维素衍生物)可用酶或过氧化物等作为破胶剂。

4. 冻胶酸的性能评价

冻胶酸性能评价也主要是根据水基压裂液和酸化液的评价方法以及国外资料介绍的方法进行性能评价,如对流变性、反应级数、氢离子传质速度、酸蚀裂缝导流能力、抗酸渣性能、缓蚀性能、滤失性能等进行评价。对于酸液体系评价,这里主要介绍滤失以及缓蚀性能。

(1)滤失性能。滤失性能是关系到压裂液造缝、携砂性能的一个重要指标,一般用滤失系数来衡量压裂效率和裂缝内的滤失量。室内评价压裂液的滤失性有两种方法:静态滤失法和动态滤失法。在高温高压的条件下让压裂液经过滤纸(静态)或岩心(动态)流动,测定滤液流出量,并测定滤液的黏度,作出滤失曲线,根据滤失曲线即可测定压裂液的初滤失量和滤失系数。静态滤失法是采用人造岩心,配制好一定体积的冻胶酸液,将其装入高温高压滤失仪中,设置一定温度,3.5MPa 压差下测定液体不同时间的滤失量,计算初滤失量、滤失系数和滤失速度等参数。

(2)缓蚀性能。采用挂片失量法测定常用的缓蚀剂的缓蚀率,以此对缓蚀剂进行筛选。试验步骤如下:
①用金相砂纸打磨试片,除去试片斑痕和毛刺;
②使用软毛刷在丙酮或石油醚中对软毛刷进行反复清洗,除去试片表面的油污;
③将试片干燥后称重,再用游标卡尺测量试片长宽及高;
④将试片编号,并在试片上系好塑料线;
⑤将定量的酸液倒入反应器,置于一定温度的水浴锅中,预热一段时间;
⑥将干燥试片放入酸液,开始记录反应时间,反应几小时后,取出试片;
⑦用软毛刷将试片在清水、丙酮和无水乙醇中清洗干净,再将试片放在烘箱中烘干,然后称重;
⑧算得试片的腐蚀速率和缓蚀率。
腐蚀速率的计算公式为:

$$V_i = \frac{10^6 \cdot \Delta m_i}{A_i \cdot \Delta t}$$

式中 V_i——单片腐蚀速率,g/(m² · h);
　　Δt——反应时间,h;
　　Δm_i——试片腐蚀失量,g;
　　A_i——试片表面积,mm²。
缓蚀率的计算公式为:

$$\eta = \frac{V_0 - V}{V_0} \times 100\%$$

式中 η——缓蚀率,%;
　　V_0——未加缓蚀剂的腐蚀速率,g/(m² · h);
　　V——加有缓蚀剂的腐蚀速率,g/(m² · h)。

5. 案例分析

中国主要碳酸盐岩储层有鄂尔多斯盆地、四川盆地以及西部的塔里木盆地等,绝大多数埋藏较深,表现为低渗透、非均质,开发难度大。

中石化石油勘探开发研究院针对高温深井的油气藏,研发出一种酸液性能良好的抗140℃且具有良好的铁离子稳定性的冻胶酸体系并对冻胶酸酸液配方的进行优化评价,如冻胶酸体系耐温耐剪切性能、高温流变性能、破乳性能、缓蚀性能、助排性能、携砂性能、铁离子稳定性能、抗酸渣性能、与地层流体配伍性能、反应级数、氢离子传质速度、酸蚀裂缝导流能力性能等相关评价试验。

(1)技术指标。
①稠化剂浓度为0.8%~1.0%时,20%盐酸酸液黏度为25~50mPa·s;
②交联后黏度达200mPa·s;
③破胶后黏度<15mPa·s;
④腐蚀速度小于≤40g/(m²·h);
⑤铁离子稳定能力大于2000mg/L。

(2)冻胶酸体系。通过酸岩反应测定140℃下冻胶酸的反应速度和反应级数,并求的氢离子有效传质速度;酸液助排性能随助排剂加量的增大而增强,当助排剂加量为1.0%时,残酸较鲜酸的表面张力下降更多,助排性能更好。酸蚀裂缝导流能力随闭合压力的增加有降低的趋势；酸液在140℃下，缓蚀剂加量为0.8%时性能达标；使用高速搅拌器将柴油与自来水混合，加入0.5%的WLD33破乳剂，酸液破乳率达98%；筛选出的铁离子CQFW-3在最佳加量2%时控铁能力达到2000mg/L；常温下冻胶酸的抗酸渣率达99.95%，携砂性能测试结果显示，冻胶酸的静态沉降速度最小，具有很好的携砂能力；耐温耐剪切性能测试结果显示，冻胶酸体系随浓度的变化，黏度变化的规律性没有改变，在100℃和120℃的时候，黏度从700mPa·s左右下降到270mPa·s，当温度提高到140℃后，黏度有一个迅速上升的过程，原因是体系有个二次交联的过程，最终体系黏度维持在300mPa·s(0.8%)、320mPa·s(0.9%)和370mPa·s(1.0%)。最终优化后的酸液配方为：20%HCl+(0.8%~1.0%)CQDC-2+0.8%CQJL-1+0.8%CQH-1+2%CQFW-3+1.0%CQZP-1+0.5%WLD33。

(3)工艺优点。酸液体系黏度高、酸岩反应速度慢、滤失量低，可满足碳酸岩储层深度改造的目的，能够形成比常规酸压更长的裂缝。压裂砂的加入使该工艺能够形成长期高导流能力的支撑裂缝，酸液又可以改善基质渗流能力，从而能够实现提高储层改造效果的目的。

4.6.1.6 乳化酸酸化

乳化酸是一种由油和酸的乳化分散型酸液体系。通常使用的乳化酸是油外相乳状液。油相可用原油或石油馏分，如柴油、煤油、汽油等，也可将原油同其他轻烃油混合使用。酸液主要是盐酸、氢氟酸，其他混合酸也能用于乳化酸酸化。高摩阻是阻碍乳化酸现场应用的一个重要问题。对此，可用有机烃类代替高黏度的原油或在油酸乳化液中充入气体，形成三相乳化酸，或发展低摩阻的微乳化酸。

1. 乳化酸酸化机理

乳化酸酸化具有选择性的主要理论依据是渠道流态理论，即在一定条件下，含水油气井的地下油（或凝析油）、水渗流状态应当是油、水分别沿各自通道流向井筒，而不可能是油水在同一条通道呈多级段塞推进。油、水通道内岩石表面润湿性不同，长期油流孔道的岩石表面吸附了原油中的天然活性组分，表现明显的亲油性。而长期通水孔道则发生羟基化，表现明显的亲水性，致使油相、水相沿各自的连通渠道流动。普通酸液对含水油气井酸化，会导致产液含水率上升而增油增气不明显。另外常规酸化酸岩反应剧烈，消耗快，有效作用距离短，也影响酸化效果。用乳化酸酸化，则酸液优先润湿亲油孔道，只有少部分进入岩石表面亲水的出水孔道，发生选择性酸化。

同时乳化酸还是有效的缓速酸。由于乳化酸为油外相，进入地层后乳化液在岩石表面形成油膜，酸液不会直接与岩壁接触，要穿过相界面才能进行酸岩反应。当经过一定时间或由于地层温度较高，或油膜受机械力而被挤破时，酸才能与岩石壁面反应。乳化酸也可能因乳化剂在岩壁上的吸附而破乳，但由于这一吸附薄膜亦能延缓酸反应速率，增加酸穿透距离，从而实现深度酸化的目的。

2. 乳化酸性能

乳化酸具有黏度高、滤失小的特点，且能形成宽、长的裂缝，特别适用于压裂酸化。由于乳化酸的外相是油，从而使本酸液中的H^+向岩石表面的运移速度变慢，降低了酸岩之间的反应速率，因此，乳化酸本身具有一定的缓蚀作用。而且油能溶解地层中高黏原油、沥青、石蜡，消除它们对地层的伤害。乳化酸摩阻大，不宜用于排液困难、低压低渗油气层。国外在20世纪80年代开发了酸/油型微乳液体系。与常规乳化酸相比，微乳酸稳定性高，分散相（酸）直径小，流动阻力小，返排容易，目前受到普遍重视。

乳化酸的缓速性能同常规酸和稠化酸相比，作用时间更长，有利于深度酸化。试验表明：将规格相近的方形岩块分别放入预热到90℃的常规酸、稠化酸、乳化酸酸液中，在不同的时间

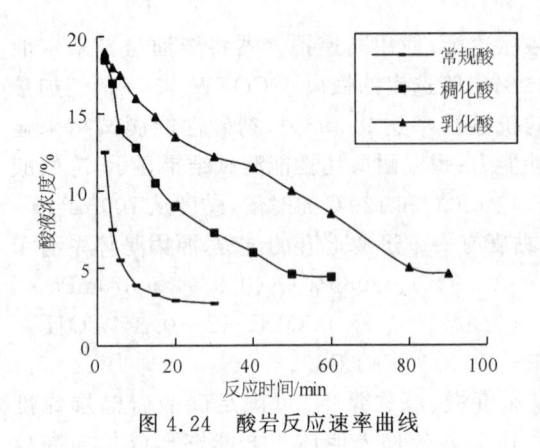

采集酸液测定其酸液浓度,测试结果见图4.24。从图可知,在90℃下,常规酸与岩块反应10min后,其酸浓度仅为3.9%,稠化酸浓度为12.8%,而乳化酸与岩块反应10min所消耗的酸极少,表明乳化酸具有较好的缓速性能,有利于酸对地层的深穿透。

3. 主体酸

与稠化酸一样,乳化酸常用盐酸制备,也可使用土酸、磷酸或其他混合酸。乳化酸的酸用量根据施工条件有所不同,常用的乳化酸的酸油比为70:30的油包水体系。

图4.24 酸岩反应速率曲线

4. 常用的乳化剂

配制油外相乳化酸需选用油包水型乳化剂。通常选用烷基伯胺、十二烷基苯磺酸及其低分子胺的盐、酯类(如Span80)等。

伯胺在酸中有如下反应:$RNH_2 + H^+ \longrightarrow RNH_3^+$,$C_8 \sim C_{18}$的伯胺可用作乳化剂。

适当的阴离子或非离子表面活性剂可作为以多磷酸混合物为内相的非水乳化酸的乳化剂。混合物中含有一定的氢氟酸,可对砂岩进行缓速酸化。

为了使乳化酸残酸便于返排,必要时,在酸液中加入一定量的破乳剂。但采用的破乳剂须在经过适当的施工时间后才能发挥其作用,这样的乳化酸称为自破乳乳化酸。

5. 配制乳化酸要求

乳化酸酸液体系由主体酸、乳化剂和各种添加剂组成。所配制的乳化酸酸液体系应满足以下要求:

(1)具有较好的稳定性,在油气层条件下能保持一定的稳定时间,不发生组分分离,耐油、耐盐、耐温、耐高压能力好,破乳时间按施工时间计算最好控制在3h左右;

(2)所配制的酸液黏度不能太高,以免增加施工的难度;

(3)该酸液体系应具有缓蚀性,以减少对地面到井筒管线的腐蚀;

(4)注入地层后,应与地层及地层流体相配伍,不发生酸敏反应及其他的不良反应;

(5)具有较好的携污物能力,能悬浮携带反应后的残渣返到地面;

(6)对施工环境和操作人员的危害小;

(7)原料来源广,价格便宜。

华北油田用原油配制乳化酸。由于原油中含有一定量天然乳化剂,可不用或少用乳化剂。其配方如下:原油,其中胶质沥青质质量分数为20.1%~29.3%,蜡质量分数小于6.8%;酸液,其组成为:24%盐酸+2%乙酸+25%甲醛水溶液,有时添加1.5%的2D树脂(乳化剂);油酸比为1:1(质量比)。油气井酸化作业后,油气产量显著提高。

4.6.1.7 变黏酸

根据变黏机理的不同,变黏酸可分为pH控制变黏酸和温度控制变黏酸。按照所用稠化剂的不同,变黏酸又可分为聚合物变黏酸和黏弹性表面活性剂变黏酸。因此,按照变黏机理和稠化剂类型,可将变黏酸分为四类,目前应用研究较为广泛的变黏酸为其中三种:聚合物pH控制变黏酸、黏弹性表面活性剂pH控制变黏酸、聚合物温控变黏酸,而针对黏弹性表面活性剂温度控制变黏酸的研究较少。

1. 聚合物pH控制变黏酸

聚合物pH控制变黏酸又称为降滤失酸(LAC),是20世纪90年代Schlumberger Dowell

公司基于胶凝酸开发的一种新型酸液体系,利用酸岩反应过程中工作液 pH 的变化对交联剂的影响而造成黏度变化,对裂缝进行连续性封堵。在保持胶凝酸低摩阻、缓速等优点的同时,强化了对酸液的滤失控制,见图 4.25。从本质上讲,降滤失酸是地面交联酸技术的延续,主要解决了酸液延迟交联与交联后聚合物破胶的问题。

可以看出,降滤失酸与稠化酸的作用原理基本相同,区别在于新酸向残酸转变过程中,当 pH 值变为 2~4 时,由于滤失控制剂中的高价金属离子将酸液交联,致使酸化液黏度剧增,此过程存在的时间仅几分钟,而工作液的黏度则上升数十毫帕秒。当工作液 pH 值升至 4 以后,酸液中高价金属离子被还原或螯合形成稳定的化合物,被交联的酸液自动破胶,黏度恢复正常。因此,短时间处于高黏状态的降滤失酸起了前置液的作用。同时,在作业中,酸液滤失之处都会存在高黏状态,故高黏状态是酸岩反应过程中的一个环节,封堵是连续性的。因此,降滤失酸在施工用液量及封堵效果上的优势比以往酸液体系明显。其基本原理见图 4.26。

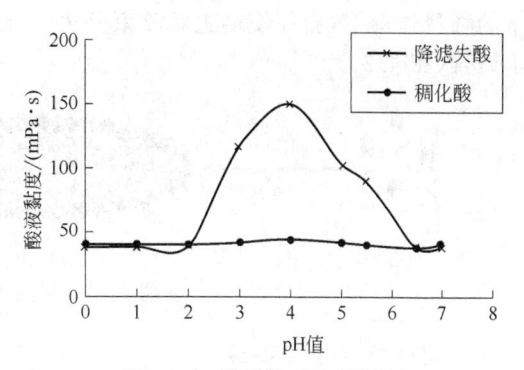

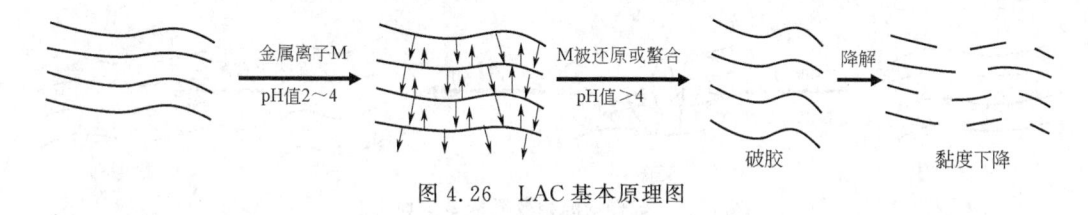

图 4.25 降滤失酸作用原理

图 4.26 LAC 基本原理图

该酸液体系中所使用的添加剂主要有酸液稠化剂、pH 控制交联剂、pH 控制破胶剂、缓蚀剂、铁离子稳定剂、表面活性剂等,根据实际需要还可以添加黏土稳定剂、破乳剂等。除了交联剂与破胶剂外,其余添加剂均可采用一般常规酸化添加剂。酸液稠化剂一般采用聚丙烯酰胺类聚合物;交联剂可为锆盐和铁盐,如 $FeCl_3$ 等;破胶剂可为树脂涂覆的氟化钙、氯化肼或硫酸肼等。

2. 黏弹性表面活性剂 pH 控制变黏酸

黏弹性表面活性剂 pH 控制变黏酸又被称为 VES 转向酸或自转向酸,VES 转向酸是一种不含聚合物的酸液,以黏弹性表面活性剂为稠化剂,加入反离子、无机盐及其他酸液添加剂配制而成。早期主要使用季铵盐类阳离子表面活性剂,随着对表面活性剂的认识加深,逐渐开始使用甜菜碱类两性离子表面活性剂和氧化胺类两性离子表面活性剂,室内实验评价和现场应用效果均较好。与其他酸液体系相比,VES 转向酸具有易返排、低伤害、自转向、缓速、降滤等显著优点。

VES 转向酸依靠黏弹性表面活性剂分子之间的缔合作用,表面活性剂单体与单体之间相互缠结,形成具有网状结构的棒状或蠕虫状胶束,从而提高酸液黏度。鲜酸条件下,表面活性剂分子以单体形式存在于溶液中,VES 转向酸黏度较低,摩阻低,便于泵注。注入地层后,VES 转向酸首先进入高渗层,随着酸岩反应进行,溶液 pH 逐渐增大,酸岩反应生成的游离态二价金属阳离子(Ca^{2+}、Mg^{2+})逐渐增多,与表面活性剂分子的阴离子基团发生螯合作用,相互聚集而形成网状结构,急剧增大酸液黏度,驱替压差随之增大,促使酸液转向进入低渗层,有效提高酸液的波及范围,达到均匀布酸的目的。施工结束后,残酸与储层油气接触或者在地层水的稀释作用下,会促使蠕虫状胶束分离,生成体型结构较小的球状胶束,使酸液黏度降低,便于返排(图4.27)。

图 4.27 转向酸 VES 基本原理图

3.聚合物温控变黏酸

与聚合物 pH 控制变黏酸相同,聚合物温控变黏酸也采用聚丙烯酰胺类聚合物作为稠化剂。但与聚合物 pH 控制变黏酸的变黏机理不同,聚合物温控变黏酸采用温控型交联剂,依赖于酸液体系的温度变化实现对酸液体系黏度的调控。地面温度下,交联剂与稠化剂的交联作用较弱,温控变黏酸黏度较低。泵入地层后,在地层温度作用下酸液体系温度升高,大大提升交联剂的交联能力,增强稠化剂与交联剂之间的交联反应,迅速增大酸液黏度,从而减少酸液滤失,减缓酸岩反应速率,利于活性酸液深穿透。施工结束后,随着酸液体系温度继续升高,稠化剂分子发生热降解反应,产生不可逆的稠化剂分子链断裂,使酸液黏度大幅度降低,有利于残酸返排、减小对储层的伤害。其基本原理见图 4.28。

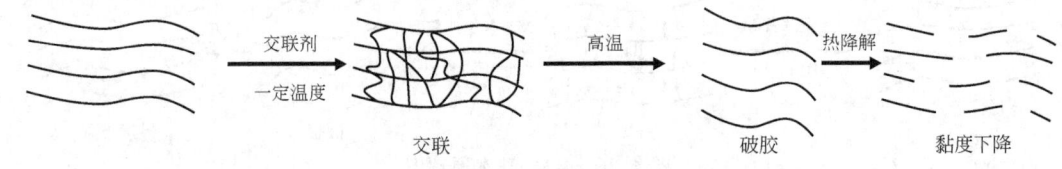

图 4.28 聚合物温控变黏酸基本原理图

4.6.1.8 化学缓速酸

化学缓速酸是指加有表面活性剂的酸。酸中的表面活性剂在岩石表面吸附后形成保护薄膜。而且表面活性剂使岩石表面油润湿,黏附的油膜延缓了酸岩反应速率。目前,这类缓速酸能延长酸岩反应时间 5~10 倍,使用温度达到 150℃。

选择表面活性剂要根据岩石表面性质而定。凡带有负电荷的岩石表面用阳离子或非离子型表面活性剂。多数阳离子型表面活性剂都有吸附砂粒及黏土的通性,而碳酸盐岩地层常用阴离子型表面活性剂。非离子型表面活性剂可在两种岩石中使用。

常用的阳离子型表面活性剂为胺和季铵盐,阴离子型表面活性剂为烷基磺酸盐和烷基苯磺酸盐,非离子型表面活性剂为聚氧乙烯聚氧丙烯醚。对于碳酸盐岩,把阴离子型和非离子型表面活性剂混合使用效果良好。

4.6.1.9 胶束酸

胶束酸是国外 20 世纪 80 年代发展起来的新型缓速酸。它是利用胶体化学中表面活性剂的胶团化原理,在一定浓度下形成胶团分散体系,将酸化液分子包裹在胶团中而达到缓速的目的。由于所处的胶团状态的表面活性剂分子溶液的表/界面张力、电导率、密度、洗涤与增溶能力等物理性质发生剧变,故与常规酸相比,胶束酸具有良好的悬浮携带、防乳破乳和降低毛细管阻力等特性,适合油气井酸化作业。

4.6.2 暂堵(分层)酸化技术

对于多层状油气藏和大厚层储层的酸化,其工艺方法的选择十分重要。对一个受伤害程度有差异的多层油气藏,因注入能力的悬殊,如果仅仅进行笼统酸化,可能不仅不能很好地对严重伤害层解堵,反而会加大纵向渗透率的差异。这主要是因为流动自然趋势遵循最小阻力原理所致。酸液首先进入渗透率最高、伤害最小地带,而对需要解堵的低渗透带或伤害严重的储层可能进酸很少或根本未进酸。在这种情况下,应该考虑采用暂堵(分层)酸化技术。暂堵(分层)酸化也称转向(分层)酸化,分为机械暂堵(分层)酸化和化学暂堵(分层)酸化。

4.6.2.1 机械暂堵(分层)酸化

机械暂堵是通过下封隔器或堵球,利用机械的物理分流作用,实现酸液对非均质地层酸化的目的。

1. 封隔器分层酸化

油气田所用的封隔器系统包括膨胀式跨隔封隔器系统、桥塞和封隔器联合系统,以及特殊的清洗封隔器系统。这些系统下入井中,可把长处理层段封隔成短井段,使酸液只注入需处理的短井段,以达到分层酸化的目的。在完井酸化增产过程中运用封隔器分层酸化技术是有效的。但如果固井质量差,酸液可能沿着固井水泥/地层接触面流动,达不到分层酸化的目的。当然,封隔器分层酸化技术仅对射孔完井的井有效,对小井眼完井并不适用。对于水平井,封隔器分层酸化技术同样适用,但如果是较长的水平完井段,该技术的效果有限。因为水平段分隔的长度太长,会超过封隔器本身所能承受的极限(坐封和解封)。对于这样的情况,通常将机械暂堵技术和化学暂堵技术相结合使用。

2. 堵球分层酸化

堵球分层酸化属于机械置放技术的一种。在处理时,堵球被加到酸液中,并被酸液带至孔眼部位,封堵接收酸液的孔眼。然而,这需要有足够排量来维持其通过孔眼的压差,才能保持住堵球的坐封。施工结束后,井筒中的压力下降,堵球从射孔孔眼中移走,并随残酸的返排带出或掉入井底口袋中。通常所用的堵球为沉球,有时也用浮球作堵球。由于浮球的浮力作用,使其不会留在井底口袋的静止液体中。射孔孔眼对堵球的有效性有重要影响。射孔孔眼越光滑,堵球密封和产生转向的效果越好,或"球效应"越好;射孔孔眼越不规则,"球效应"越差。此外,如果存在传导性天然裂缝,也会降低堵球的封堵效果。

3. 连续油管分层酸化

除以上两种机械暂堵(分层)酸化技术外,还有一种非暂堵的机械分层酸化技术——连续油管分层酸化。连续油管分层酸化是指通过连续油管对垂直井或大斜度井井段进行酸洗或定点注酸作业,以提高地层渗透率,达到增产的目的。由于连续油管可以在不动井下管柱的情况下,携带工具下至目的层,并且进行定点注酸,起到了分层酸化的目的。

4.6.2.2 化学暂堵(分层)酸化

1. 化学暂堵(分层)酸化原理

化学暂堵(分层)酸化的原理是在酸化前置液或酸液中加入暂堵剂(液),靠其自然选择,优先进入吸水能力较强的层段,与酸反应生成的细微颗粒进入地层时,会在渗流喉道处形成架桥粒子,起桥堵作用。随着暂堵液的不断注入,在近井带的地层里,主要渗流喉道被暂时封堵,在孔眼周围形成滤饼。其结果是限制酸液向高渗透层注入,避免了由于单层进酸量过大造成的次生伤害,迫使随后注入的酸液进入低渗透层段,溶解这些层段的污染堵塞物,恢复和提高地层的有效渗透率。这样就可以达到一趟管柱进行多次转向、多层段酸化的目的,有效地改善吸水剖面,缓解层间矛盾。酸化结束排酸时,在地层流体反冲洗作用下,暂堵的固体颗粒脱落进入井筒,同时随着酸液有效浓度的降低,pH 值升高,以及地层温度的恢复,暂堵颗粒便逐渐溶解,随残酸返排解堵,被暂堵层段的渗透率可以得到及时的恢复。利用这一原理,可以不下分层封隔器或堵球,实现一次施工达到多层同时被改造的目的。

2. 暂堵剂

暂堵剂是能暂时封堵储层渗流通道,使储层渗透率暂时降低的化学试剂,有时也称转向剂。暂堵剂按其内部是否含有固相,分为有固相暂堵剂和无固相暂堵剂;按其溶解方式,分为油溶性暂堵剂、水溶性暂堵剂、酸溶性暂堵剂和碱溶性暂堵剂4种。

在处理多个产层或一些呈块状层段的油气井时,通常采用不同层段分级处理的方法,以免酸液流入受伤害较轻的层段。在每级酸处理之后,注入暂堵剂封堵刚处理过的层段,再转向未处理的层段进行下一级酸处理。这种工艺方法与机械暂堵(分层)酸化的工艺相比,作业成本低且使用方便。实现化学暂堵(分层)酸化的关键就是寻找与地层和酸液相配伍的暂堵剂。

暂堵剂是用水溶性、酸溶性或油溶性的固体制成,与水溶性聚合物混合后注入预定地层,通过一定时间后可自行(或人工)解堵。酸化暂堵剂应为在水、酸中微溶,在油或有机溶剂中易溶的物质,酸化后随产出残酸或原油等排出。

基质酸化用的暂堵剂有:惰性有机树脂、固体有机酸(如美国使用的苯甲酸能在水和油中缓慢溶解)、遇酸膨胀的聚合物、惰性固体(如硅粉、碳酸钙粉、岩盐、油溶性树脂、不同熔点的石蜡小球)等。暂堵剂应由粒度大小不一,软、硬颗粒兼有的固体微粒混合而成。因为它们能相互补充颗粒之间的空隙而取得良好效果。其用量不宜过大,否则会影响地层的吸收能力,也给以后清除添加剂带来困难。

目前,运用最广的是苯甲酸系列。苯甲酸可在注水井和油井中溶解,在气井中溶化,其颗粒大小可以通过加入表面活性剂来调整。注入方式可段塞式注入,也可连续注入。

我国胜利油田采用的是将苯甲酸铵溶于水中,与酸液混合后生成的微溶于水的苯甲酸作为暂堵剂来进行基质酸化施工,成功率达70%以上。大庆油田曾采用大庆油田采油工艺研究所研制的ZD-1暂堵剂对大庆杏树油田进行了11口井的现场试验,单井日平均注水量增加了$36.3m^3$,11口井平均有效期达14个月以上。

用于压裂酸化的暂堵剂类似于基质酸化,但粒度较大,粒度分布范围较宽。

许多天然有机树脂能溶于碱或酸中,作为前置液泵入地层进入高渗透水层,在水层中的Na^+、K^+、Ca^{2+}、Mg^{2+}等阳离子作用下沉淀出来以封堵高渗水层,而油层中油能溶解树脂不会封锁油道,因而起到了选择性酸化的目的。除此之外,泡沫也可用于分层酸化中的酸液转向。

近些年来发展起来的黏弹性表面活性剂也作为暂堵剂被用于酸化作业。常用于酸化暂堵转向的黏弹性表面活性剂有:

$$R-\underset{\underset{}{\overset{\overset{O}{\|}}{}}}{C}-NH-CH_2-\underset{\underset{CH_3}{|}}{\overset{\overset{CH_3}{|}}{N^+}}-(CH_2)_2-COO^-, \quad R=C_{15}\sim C_{23}$$

$$[R-\underset{\underset{CH_3}{|}}{\overset{\overset{CH_3}{|}}{N^+}}-CH_3] \cdot \underset{\underset{OH}{|}}{\bigcirc}-COO^-, \quad R=C_{16}\sim C_{24}$$

这些黏弹性表面活性剂可在酸化产生的盐的作用下引起酸液稠化,极大提高酸液黏度,起到暂堵转向的作用。酸化施工后,黏弹性表面活性剂的稠化作用可用油、水或互溶剂除去,不会对地层造成伤害。

3. 选井条件及施工要求

化学暂堵(分层)酸化一般用于渗透率差异大的多层状油气藏和大厚层储层,也可用于下列情况的分层酸化:

(1)储层太薄,不能进行卡封分层酸化的井;
(2)套管变形或井斜过大,不能下封隔器或堵球进行分层酸化的井;
(3)井下为注水管柱,具备一般酸化条件,不动管柱可直接加暂堵剂进行分层酸化的井;
(4)射孔层数较多,层间物性变化较大的井,可用暂堵剂进行一次多段多层酸化。

4. 室内及现场研究结果

化学暂堵(分层)酸化技术已广泛应用于我国各大油气田。室内研究和现场应用结果表明:

(1)化学暂堵(分层)酸化技术不仅能有效地解除大厚层或纵向非均质层的堵塞,同时也可恢复、改善出油气剖面。较之机械暂堵(分层)酸化更简单、易行,从而为准确的完井测试创造了条件,这是一项较好的分流技术。

(2)化学暂堵(分层)酸化技术易于实施,用液量较普通酸化少,解堵效果良好,可有效地改善出油气剖面或吸液剖面。特别是对于多层段薄夹层井应用此技术,可以实现渗透率由高到低顺序逐层酸化,大大提高酸化效果,同时减少作业施工量,节约生产成本。

近年来,随着油气田开发后期对油气层精细划分不断深入,提出了细分开采、细分改造的酸化工艺。厚油气层细分是以厚层中不渗透或渗透性很小的层为夹层,将其分成若干物性不同的层段。由于油气层细分时夹层较薄(一般为1~3m),传统的分层酸化技术不能将厚层细分酸化,只能笼统酸化,酸化后会造成酸液大量进入高渗透层段,而真正需要处理的中、低渗透层段得不到有效处理。现阶段,对于这样的薄夹层酸化有一定的难度,主要从油气层细分方面考虑。国内某些油气田采用油气层细分酸化改造工艺技术,在解决厚层内中低渗透层段的酸化问题方面取得了一定进展,提高了酸化效果和工艺水平。

4.6.3 复合渗透酸酸化技术

复合渗透酸酸化技术是一种新型的油气井增产技术,由于不同改造技术的组合形式较多,其研究的内容也比较广泛。

4.6.3.1 复合渗透酸的组成

复合渗透酸体系主要由酸液、酸液降阻剂、复合渗透剂、其他酸液添加剂组成。降阻剂的作用是降低管道摩擦阻力,提高排量,增加液体黏度,利用造缝,形成缝网结构。渗透剂的作用是降低酸液体系的表界面张力及毛细管阻力,使酸液在酸压过程中形成微裂缝,更有利于沟通地层的天然裂缝,从而有利于缝网形成,提高油气导流能力。

4.6.3.2 主体酸

复合渗透酸主体酸成分主要为无机酸,如盐酸加量一般在5%~20%之间,酸用量主要取决于渗透距离。其他有机酸(如乙酸)也可用于渗透酸体系中。

4.6.3.3 酸液降阻剂

目前,酸液降阻剂主要分为四类:丙烯酰胺类、聚氧乙烯类、生物基天然大分子聚多糖类、表面活性剂类。

1. 丙烯酰胺类

由于聚丙烯酰胺类降阻剂具有便宜、溶解性好等特点,能够满足现场施工的要求。因此是国外应用最多的一种降阻剂,分子量一般为一百万到两千万之间,使用浓度一般为0.2~0.5g/L,降阻性能较好。

聚丙烯酰胺降阻剂是最普遍的一种降阻剂,有粉末型和乳液型两种类型。粉末型降阻剂价格便宜、运送方便,但溶解性较差,乳液型降阻剂溶解性较好、现场配制简单方便,但费用较高,制备流程较为繁杂。目前,国外使用最多的是乳液型降阻剂。

2. 聚氧乙烯类

聚氧化乙烯是具有柔软性、耐菌性、易溶性且在低用量下就具有较高黏度的一种聚合物,在 0.5×10^{-6} 浓度下,管流摩阻降低达到 40%,在一些高浓度下,例如 25×10^{-6},当管内的雷诺数为 10000 时,降阻率达到了 75%。但是 PEO 的耐剪切性能很差,分子链极易被剪断,造成降阻效果损失。现场用的 PEO 一般是粉末型的,在配液的时候溶解性不好,非常容易形成"鱼眼",不适合现场配液。因此,聚氧化乙烯被广泛应用于聚合物降阻机理的研究方面。

3. 生物基天然大分子聚多糖类

生物基天然大分子聚多糖类降阻剂目前用得最多的是瓜尔胶和黄原胶,瓜尔胶是从豆科植物中提取的一种多糖酶,它形成的溶液非常稳定可以作为石油钻井液和压裂液中使砂粒悬浮的悬浮剂而且摩阻比水低,分子十分稳定,经得起高剪切力的作用而不裂解,是迄今已知的最好的天然降阻剂之一。黄原胶是微生物发酵而来,具有原材料丰富、不会产生环境污染、易降解等优点。

4. 表面活性剂类

表面活性剂类降阻剂可以分为以下几种类型:(1)阴离子型,溶于水后可以电离出阴离子,表现出憎水的特性,阴离子和阳离子会产生中和反应而失效,所以二者不能混用。但可以与两性离子型及非离子型表活剂混用。常见的阴离子表活剂有烷基琥珀酸酯磺酸盐、聚氧乙烯单月桂酸酯等。(2)阳离子型,在水溶液中可电离出阳离子具有亲水的特性。(3)两性离子型,既有阴离子又有阳离子,二者结合在一起。生产品种绝大部分是羧基盐类型。(4)非离子型,溶于水后不能电离,正因为如此,所以它具有很高的稳定性。

4.6.3.4 渗透剂

渗透剂能够降低酸液体系的表界面张力及毛细管阻力,使酸液在酸压过程中形成微裂缝,更有利于沟通地层的天然裂缝,从而有利于缝网形成,提高油气导流能力。目前一般常用的渗透剂主要为非离子型、阴离子型、阳离子型三类。

(1)非离子渗透剂主要是不饱和的脂肪酸、醇类、非离子型的表面活性剂、多烯多胺类物质以及有机硅等。比如荆门市化肥厂研发的 JM-3,该渗透剂配伍性好且热稳定性好。

(2)阳离子渗透剂主要是阳离子氟碳类表面活性剂、季铵盐型表面活性剂、铵盐型表面活性剂、杂环型等。如川庆钻探使用的 SD2-9 等。

(3)阴离子型渗透剂主要是磺酸盐和硫酸盐以及羧酸盐为主的表面活性剂。如十二烷基硫酸钠、十二烷基苯磺酸钠等。

4.6.3.5 渗透酸的性能评价

1. 酸蚀裂缝导流能力

利用酸蚀裂缝导流能力评价仪测定复合渗透酸酸蚀裂缝导流能力,观察在不同的实验条件下复合渗透酸对岩板裂缝的刻蚀程度及溶蚀形态并利用公式计算导流能力。

$$KW_f = 5.611 \frac{\mu Q}{\Delta p}$$

式中 K——支撑剂充填层渗透率,μm^2;

W_f——充填缝宽,cm;

μ——试验温度下试验液体的黏度,mPa·s;

Q——流量,cm^3/min;

Δp——压差,kPa。

2.残酸腐蚀性能

采用高温高压动态腐蚀实验,对残酸腐蚀性能进行评价。具体的步骤如下:

(1)试样预处理与称重:将实验 N80 钢片放入适量的无水乙醇中浸泡 10min,然后分别在无水乙醇和丙酮中用脱脂棉擦去试片表面的油渍,用冷风吹干,用滤纸包裹每个试片,放于干燥器中,24h 后用分析天平称重(精度为 0.0001g),待用;

(2)将一定浓度酸液的残酸倒入酸岩反应旋转岩盘仪的储液罐中,并将标准钢片挂在酸岩反应旋转岩盘仪的反应釜里面,设定转速和压力,对储液罐和反应釜加热,反应一段时间。

(3)反应结束后依次在去离子水、丙酮、乙醇中用脱脂棉擦拭清洗钢片,然后吹干称重,用滤纸包裹每个试片,放于干燥器中,烘干后用分析天平称重(精度为 0.0001g)。

(4)采用失重法评价钢片的腐蚀性能,计算出钢片的腐蚀速率 V:

$$V=\frac{10^6(m_1-m_2)}{A\times\Delta t}$$

式中　V——腐蚀速率,g/(m² · h);

　　　m_1——腐蚀前钢片的质量,g;

　　　m_2——腐蚀后钢片的质量,g;

　　　A——钢片的表面积,mm²;

　　　Δt——腐蚀时间,h。

3.岩心渗透率伤害性能

(1)岩样准备:将岩样放入温控烘箱中烘到恒重为止,然后取出,放入干燥器中待测。

(2)孔隙度:利用孔渗联测仪,使用气体法测定酸驱替前后的岩心孔隙度。用游标卡尺测量各个岩样的直径和长度,并记录在数据表中,将岩心放入岩心杯中,开始测定孔隙度。

(3)渗透率:利用高温高压耐酸流动实验仪,使流动介质从岩心夹持器正向(反向)端对岩心进行驱替,测定复合渗透酸驱替前后的岩心渗透率。利用流变仪测定饱和盐水及酸的黏度。从干燥器中取出预先准备好的岩心,放入夹持器胶套内,装入夹持器堵头,固定岩样;然后加环压,并保证实验过程中环压始终大于驱替压力 2.0MPa。打开面板上恒温箱风机开关,再打开加热开关加热至恒温,控制室温度,打开驱替泵,设定恒定驱替液流速,观察取样处出现第一滴液体后开始计时,并记录进出口压差、环压及流出液体体积,计算其渗透率。先使用饱和盐水测定岩心的渗透率,然后使用酸液测定岩心渗透率。

渗透率的计算公式为:

$$K=\frac{Q\mu L}{\Delta p A}$$

式中　K——渗透率,μm²;

　　　Q——在压差 Δp 下,通过岩心的流量,mL/s;

　　　μ——通过岩心的流体黏度,mPa · s;

　　　L——岩心长度,cm;

　　　Δp——流体通过岩心前后的压力差,MPa;

　　　A——岩心截面积,cm²。

渗透率伤害率的计算公式为:

$$\eta=\frac{K_1-K_2}{K_1}\times100\%$$

式中　η——渗透伤害率,%;

　　　K_1——饱和盐水测定的岩心渗透率,μm²;

K_2——复合渗透酸测定的岩心渗透率,μm^2。

4.6.3.6 案例分析

缝洞型碳酸盐岩油藏储层埋藏超深、天然缝洞发育情况复杂、储层改造难点包括:

(1)摩阻高,排量受限;

(2)缝洞发育具有不确定性,需要提升改造体积。

针对西部地区致密深层碳酸盐岩地层酸压的实际情况,中石化石油勘探开发研究院借鉴滑溜水体积压裂经验,充分平衡酸液降阻与渗透性,形成复合渗透酸。开展复合渗透酸体系渗透性能及机理研究、降阻机理研究、耐温耐剪切性能、高温流变性能、破乳性能、缓蚀性能、助排性能、铁离子稳定性能以及与地层流体配伍性能等相关测试。

1. 技术原理

通过降低酸液黏度,降低摩阻,提高激活天然裂缝复杂程度;

通过渗透组分提高酸液对细微天然裂缝的进入能力。

2. 酸液体系

复合渗透酸酸液体系包括降阻剂(合成)、渗透剂(筛选)、缓蚀剂、破乳剂、铁离子稳定剂、助排剂等。

通过缓蚀性能评价,当缓蚀剂加量为2.0%时,挂片的腐蚀情况较弱,缓蚀性能更好;酸液助排性能随助排剂加量的增大而增强,当助排剂加量为0.3%时,残酸较鲜酸的表面张力下降更多,助排性能更好;使用高速搅拌器将柴油与自来水混合,加入0.5%的WLD33破乳剂,酸液破乳率达98%;筛选出的铁离子稳定剂CQTW-1在最佳加量1%时,控铁能力达到2000mg/L;耐温耐剪切性能测试结果显示,当上升至140℃时曲线大致稳定在一个范围内,根据几组曲线分析,降阻剂CQJZ的流变性能最佳。通过测定岩心基质渗透率测定和岩心的压力突破能力等试验对渗透性能及机理进行研究。通过实验可得分子量的分布、分子结构、反应温度及流体流态对减阻均有一定的影响。最终优化后的酸液配方为:0.3%CQJZ+0.3%CQST-1+20%HCl+2.0%CQHS+1.0%CQTW-1+0.3%CQZP-1+0.5%WLD33。

3. 现场应用效果

西北油田TH121143井采用复杂缝酸压工艺改造后见油,该井首次采用复合渗透酸扩大酸压改造体积,利用其超低界面张力和低摩阻来有效激活并刻蚀天然裂缝,形成网状裂缝,为复杂缝酸压大幅提高改造范围提供了强有力的材料支撑。目前,该井10mm油嘴排液,累计产液42m³,取样口见颗粒状稠油20%。

4.6.4 酸液返排技术

酸化施工结束后,停留在地层中的残酸水由于其活性已基本消失,不能继续溶蚀岩石,而且随着pH值的上升,原来不会沉淀的金属离子会相继产生金属氢氧化物沉淀。为了防止残酸浓度过分降低,造成二次沉淀堵塞地层孔隙,伤害油气层,影响酸处理效果,一般说来应缩短反应时间,限定残酸水的剩余浓度在某值以上,就将残酸尽可能排出。为此,应在酸化前就作好排液和投产的准备工作,施工结束后立即进行排液。

残酸流到井底后,如果剩余压力(井底压力)大于井筒液柱回压,靠天然能量即可自喷。对于这类井,可依靠地层能量进行憋压放喷排液。如果剩余压力低于井中液柱回压,就要用人工方法将残酸从井筒排至地面。目前常用的人工排液方法有:抽汲排液法、气举排液法以及各种助排方法。

4.6.4.1 憋压放喷排液法

油气井如果位于裂缝发育地带,有广阔的供油、气区,且地层能量充足,往往经解堵或沟通裂缝后,一开井就可连续自喷。对于这类井应本着既要尽快排尽残酸,又要少消耗能量的原则,选择合适的油嘴,适当控制回压进行放喷。究竟用多大的油嘴,一般是根据油气和酸水的多少及压力的变化情况,由大到小进行倒换。

4.6.4.2 抽汲排液法

抽汲就是不断排除井内液体,从而降低井内液柱高度,即降低井筒中液柱的回压,促使残酸流入井底。伴随残酸流入井底的地层流体(原油及天然气)的量增多后,井筒内液柱混气程度将逐渐增高,相对密度也相应下降。在这种情况下,通过多次抽汲、激动和诱导,有时可将油气井诱喷。若诱喷成功,则可自喷排液,否则应继续进行抽汲。抽汲的主要问题是:效率低、速率慢,不能及时快速排出残酸,除非能很快转化为自喷,否则对酸化效果有影响。

4.6.4.3 气举排液法

气举排液就是用高压压风机将高压压缩气体或邻近的高压天然气,从环形空间注入井内,压迫套管液面下降,当液面下降到油管管鞋时,气体进入油管,使液柱混气并喷至地面。如果井较深,液柱回压超过压风机的最大工作压力(额定工作压力)时,压缩气体则不能通过油管管鞋进入油管。此时,可采用"气举阀"以完成深井酸化气举排液作业。气举的主要问题是:需要有高压压风机或天然高压气源,另外这种方法要控制得当,否则由于产生较大的压力波动,对疏松地层容易引起出砂。

4.6.4.4 助排方法

以上几种排液方式,都是靠降低回压来使地层中的酸化处理液返排出。对于地层能量较低,渗透性差的井,靠这几种方式排液,很难克服处理液的表面张力和毛管阻力,不利于清除地层的堵塞,不能迅速完全地将处理液返排出井;而且,返排时间将较长,有的井需要花费近半个月长的时间进行排液,不利于提高试油(气)时效、缩短试油(气)周期、降低酸化作业成本。针对上述原因,在酸化施工中大多还需使用助排措施来促进残酸返排。常用的助排方法有:气体助排(增注液态二氧化碳及氮气排液)、热力助排、多级气举排液技术和酸液中添加助排剂助排等。

其中,添加助排剂助排方式在各油气田的酸化作业中应用最为广泛。其基本原理是:利用助排剂加入酸液中,降低了酸液与原油间的界面张力或降低酸液的表面张力,增大了接触角,从而减小了毛细管阻力,促进了酸液的返排。向酸液中添加助排剂助排技术的关键是寻找性能优良、配伍性好的助排剂。常用的助排剂是聚氧乙烯醚和含氟活性剂。国内外许多油气田运用助排剂助排技术取得了良好的效果。例如,四川石油管理局川西南矿区曾对区内井三4/阳三2层进行酸化作业时添加了CT5-4助排剂。4/阳三2层,井段:3864.5~4110.5m进行酸化施工后,若按常规的排液方式进行排液,将很难使酸化处理液及时返排出。经分析讨论,决定在酸化处理液中添加CT5-4助排剂对该层进行酸化施工。施工作业后,采取憋压放喷方式进行排液,仅用44h,排液166m^2,很快并完全地返排出了地层中的残酸液和井筒内压井液,经测试获天然气产量2.67×10^4m^3/d,取得了良好的经济效益。另外,在前置液中注入液氮或通过化学助剂反应产生氮气和热能助排也是低压低渗透地层残酸助排的有效方法。

4.7 酸化工艺

4.7.1 碳酸盐岩酸化工艺

4.7.1.1 分类

(1)笼统酸化工艺。笼统酸化就是全井眼酸化,整个酸化井段处于一个压力系统下,施工工艺较为简单。但由于酸化井段的地层渗透率不尽相同,使得整个井段的吸酸强度不同,高渗透层可能酸化强度过大,而低渗透层酸化效果差,容易引起或扩大层间矛盾。

(2)分层酸化工艺。分层酸化工艺分为机械暂堵(分层)酸化和化学暂堵(分层)酸化两种方式。

机械暂堵(分层)酸化的首要条件是各层之间要有足够的夹层厚度,便于座封隔器和桥塞或下堵球。酸化管柱的组合可以达到封隔上层酸化下层,封隔上、下层酸化中间层,封隔下层酸化上层。

化学暂堵(分层)酸化也称化学转向酸化,可达分层酸化和均匀布酸的目的。这种方法特别适用于套管变形,无法下封隔器或堵球的井和多层段的井以及层间有窜流的井。通过化学暂堵剂暂堵高渗透层,可酸化低渗透层。若多次进行交替、暂堵转向,则可达分层酸化和均匀布酸的目的。

4.7.1.2 现场酸化工艺

1. 基质酸化工艺

通常采用浓度为15%的盐酸来进行处理,处理用酸量一般为10～30m^3。高温井可采用有机酸进行酸化处理。对于污染较深的油气层,可用稠化酸、乳化酸等(4.5节中介绍)进行酸化处理。但由于稠化酸和乳化酸向低渗透油气层注入困难,因此一般采用浓度为28%的盐酸来对低渗透油气层进行酸化处理。为了避免酸化造成的油气层伤害,这种工艺成功的关键是选择合适的酸液添加剂。

2. 压裂酸化工艺

(1)前置液酸压。先用高黏度前置液压开并延伸裂缝,然后泵入低黏度酸液,使酸液从高黏度前置液中指状穿过,形成指状酸蚀缝。一般采用多级交替前置液酸压工艺,即首先用高黏度前置液造缝,然后交替泵入酸液和前置液,利用多级前置液填充并封堵被前面一级酸液溶蚀出的孔洞,迫使后续酸液在裂缝中流动反应,溶蚀具有高导流能力的指进沟槽,并在酸液进一步滤失前使溶蚀出的酸蚀缝进一步延伸。多级交替前置液酸压的关键是设计好每级前置液的用量和排量,根据溶蚀孔形成的时间和大小确定注下一级前置液的时间,以保证前置液和酸液都能使裂缝延伸并且酸穿透深度增大。注液级数视穿透距离而定。这种工艺存在的问题是前置液破胶后的残渣可能造成油气层的二次伤害,因此应选择低残渣压裂液作前置液。同时,为了保证前置液能顺利返排,应选择高效破胶剂和破乳剂。

(2)稠化酸酸压。对致密的均质油气层,首先使用高黏度前置液在油气层中压开一条宽而长的水力裂缝,然后利用稠化酸沿裂缝剖面蚀出一条高导流深穿透裂缝。对于裂缝性油气层,不需要前置液,直接利用稠化酸进行酸压。

(3)泡沫酸酸压。泡沫酸酸化工艺流程如图4.29所示。

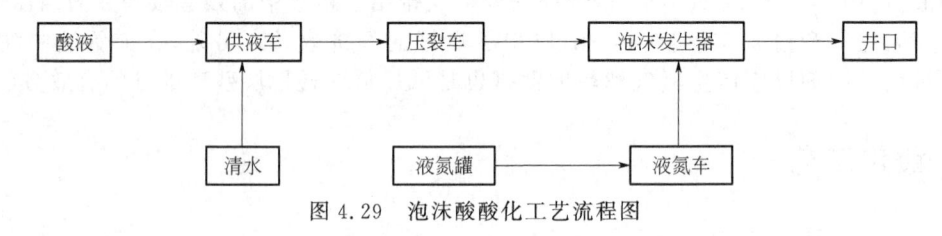

图4.29 泡沫酸酸化工艺流程图

泡沫酸酸化由于氮气使用量大,施工设备多,影响因素较多,使得其工艺较为复杂,具体工艺应根据实际井况而定。

(4)乳化酸酸压。乳化酸酸压所用酸液多在现场用配乳车配制。图4.30是乳化酸配制和高压挤酸作业的工艺流程图。

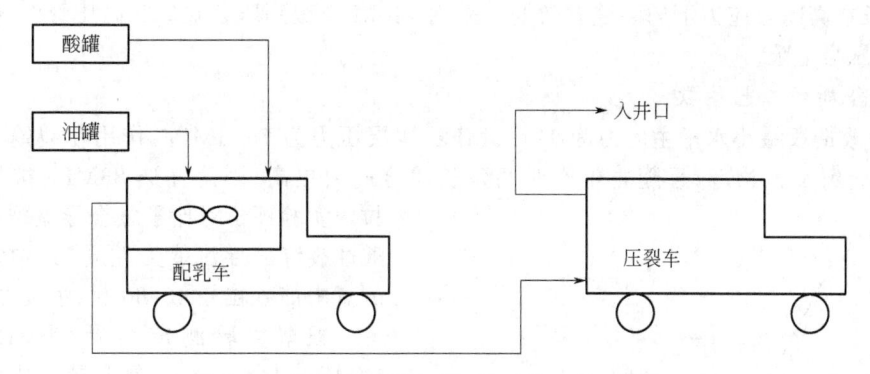

图 4.30　乳化酸配制和高压挤酸作业的工艺流程

首先在配乳车中配制出所需乳化酸；然后通过并联的压裂车组将乳化酸从井口压入油气层，同时记录压力、排量等参数；关井反应（关井时间一般为 3～5h），在关井期间观察并记录油压和套压的变化；最后，开井放喷生产。

(5)其他酸化压裂。除以上的酸化压裂工艺外，还有一些适应于特殊地层或酸液体系的酸化工艺。这些工艺均是在地层配制成各种酸液后，经压裂车注入地层，关井酸化反应一段时间后在放喷进行生产。如水力喷射酸化压裂技术，它将水力喷砂射孔和水力压裂工艺合为一体，且自身具有独特的定位性，能够快速准确地进行多层压裂而不用机械封隔装置。该技术在国外水平井已应用于几百口井，在一些低压、低产、低渗、多薄互层的油气层压裂改造中取得了较好的效果。

4.7.1.3　案例分析——超深碳酸盐岩复合高导流酸压技术

1. 试验井基本情况

S1 井是部署在塔里木盆地外围的新探井，完钻层位奥陶系鹰山组。改造目的层段为 6528～6690m，岩性以深灰色、灰色泥晶灰岩为主，基质岩石致密，但微裂缝发育。改造段地层温度为 162.3℃、压力为 75.4MPa。岩石力学实验测得地层破裂压力为 159.1MPa，最小水平主应力为 121.0MPa，有效闭合应力达到 45.6MPa。S1 井的改造主要面临 3 个方面的难点：一是地层温度高，对施工流体的抗高温性能和缓速性能要求苛刻，深穿透难度大；二是储层超深，闭合应力高，酸蚀裂缝导流能力难以保持，根据酸蚀裂缝导流能力"N-K模型"计算结果（表 4.7），闭合应力为 50MPa 时，裂缝导流能力仅为初期导流能力的 10.9%，导流能力急剧衰减约 90%，是导致酸蚀裂缝快速失效的根本原因；三是破裂压力高，井口泵压高，施工难度大。

表 4.7　不同闭合压应力下酸蚀裂缝的导流能力

有效闭合应力/MPa	导流能力/($10^{-3}\mu m^2 \cdot m$)	导流能力保持水平/%
10	258	100.0
20	148	57.5
30	85	33.1
40	49	19.0
50	28	10.9
60	16	6.3

在携砂酸压工艺思路的基础上，提出复合高导流酸压改造方式，强化远井裂缝的有效支撑，改善远井导流能力不足的问题，产生整个裂缝范围内的陶粒支撑＋酸液刻蚀的复合高导流

通道,延长在高闭合应力下的裂缝有效期。采用140MPa级别压裂井口和高压管汇,整体提高泵注施工压力上限。

2. 复合加砂工艺参数

S1井改造段最小水平主应力为121.0MPa,地层压力为75.4MPa,作用在裂缝上的有效闭合应力达到45.6MPa,且随着生产时间延长闭合应力更高,因此优选86MPa抗压级别陶粒。实验评价对比了复合导流裂缝和单一酸蚀裂缝的导流能力差异,其中复合导流测试中铺砂粒径40/60目,浓度3kg/m²。

根据实验测定结果(图4.31),在50MPa闭合应力下,复合导流比酸蚀裂缝导流能力提高了40%,闭合应力越高,导流提高幅度越大。采用形貌仪扫描试验结束后的部分岩板,测得支撑剂平均嵌入深度仅为85μm,表明支撑剂强度满足高闭合应力下的使用,能够长时间保持裂缝内流体的流动能力。实验结果表明,在全裂缝内形成有效的陶粒+酸蚀复合通道,有利于形成长期高导流通道。

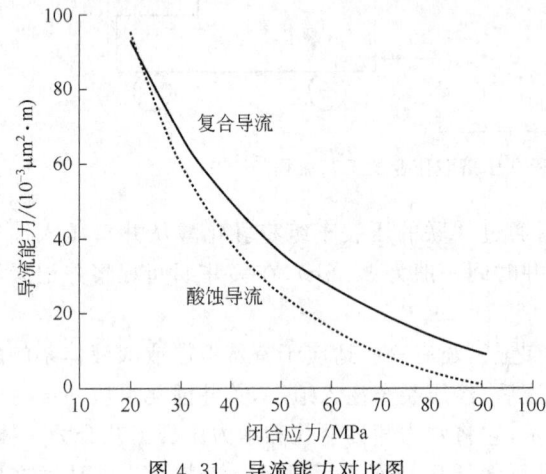

图4.31 导流能力对比图

设计S1井采用复合高导流酸压工艺,压裂液造缝阶段携带陶粒支撑裂缝远端,采用小粒径、低砂比起步,小台阶加砂,设计砂浓度60~160kg/m²。在酸液刻蚀阶段携砂主要用于保持近井酸蚀裂缝导流能力,设计砂浓度120kg/m²,主要加入40/60目陶粒,尾追20/40目陶粒。最终形成整个裂缝范围内的陶粒+酸蚀复合支撑通道。

3. 酸液体系

采用酸液配方为:15%HCl+1.0%酸用稠化剂+3.0%酸用缓蚀剂+1.0%酸用助排剂+1.0%酸用破乳剂+1%酸用铁离子稳定剂+2.0%酸用交联剂。

4. 施工效果

S1井改造层段中深6690m,测井解释Ⅲ类储层2层共计8.0m,录井显示气测异常3层共计8.9m,储层致密,油气显示差(表4.8)。取心井段6530.90~6536.90m观察裂缝较发育,但被方解石充填,溶蚀孔洞不发育。

表4.8 酸岩反应参数测定结果

编号	试验温度 ℃	反应的盐酸量 mol	岩盘直径 cm	反应时间 s	反应速率 10^{-6}mol/s·cm²	反应活化能 J/mol
1	60	0.0044	2.522	480	2.001	17615
2	90	0.0062	2.523	480	2.846	
3	120	0.0109	2.524	480	4.991	
4	150	0.0164	2.524	480	7.531	

为了降低施工压力,预置酸液50m³,对近井带和射孔炮眼进行酸溶蚀,以达到解除近井污染和降低破裂压力的作用;然后正挤压裂液527m³造缝,加入40/60目陶粒44.0t,施工排量4.6~5.1m³/min,最高施工压力104.4MPa;最后注入地面交联酸430m³,加入40/60目陶粒26.2t,

20/40目陶粒8.4t,施工排量5.0m³/min,最高施工压力108.5MPa,施工曲线见图4.32。顶替完成后停泵测压降30min,泵压从70.6MPa下降至66.2MPa,停泵压力高,且压降曲线几乎成"一"字型,分析认为储层致密物性较差,压裂改造形成了深穿透裂缝。S1井改造后初期自喷产气量为$4×10^4 m^3/d$,产液量为$72.9 m^3/d$,井口压力23.8MPa;生产1a后井口压力为1.4MPa,裂缝闭合应力增加约20MPa,产液量为$56.4 m^3/d$,表明复合裂缝导流能力仍保持在较高水平。

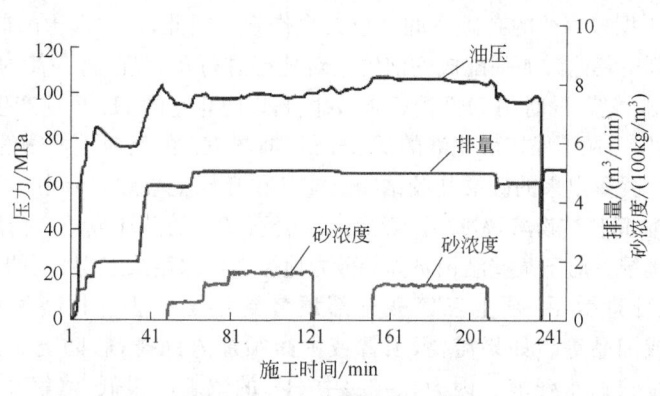

图4.32 S1井压裂施工曲线

4.7.2 砂岩酸化工艺

(1)常规土酸酸化。常规土酸酸化是使用时间最早,油气田应用最为普遍的工艺。现场施工较为简单,一般的施工顺序为:注前置液→注土酸液→注后置液→注顶替液。

①注前置液。前置液一般由浓度为5%~15%的盐酸加入各种酸液添加剂配制而成。若井筒中没有碳酸盐垢或油气层中没有碳酸盐矿物,则可用柴油、原油或氯化铵溶液作前置液。实际情况大多数砂岩都含有一定的碳酸盐胶结物或分散颗粒,因此在土酸酸化作业中为避免酸化造成的伤害,都须用盐酸作前置液进行预处理。

②注处理液(土酸)。注土酸的作用是利用盐酸溶解残存的碳酸盐类,并保持低pH值,利用氢氟酸溶解黏土矿物及其他堵塞物,扩大油气流通道。一般将浓度为12%HCl+3%HF组成的酸液称为常规土酸,浓度为12%HCl+6%HF组成的酸液称为土酸,浓度为12%HCl与浓度高于6%的HF组成的酸液称为超级土酸。土酸用量应根据油气层伤害程度、油气层性质及产层厚度确定,通常每米射孔井段用酸$1～3 m^3$。

③注后置液。注后置液的目的是驱替HF远离井筒地带,防止沉淀在近井附近发生。后置液一般是浓度为2%~8%的氯化铵溶液。也可使用浓度为3%~5%的醋酸或弱的HCl以及柴油甚至轻质原油等。如果单独使用醋酸,应当加入5%的氯化铵以提高黏土稳定性。对于有的气井或极端水敏性地层,一般使用液氮作后置液。如果使用了含有油溶性颗粒的暂堵剂,应考虑采用芳香族溶剂作后置液。

④注顶替液。注顶替液的作用是将后置液从管柱替入孔眼内。常用淡水作顶替液。氮气也可作为顶替液,特别是气井更加适合。

(2)砂岩深部酸化工艺。砂岩深部酸化的基本原理是注入本身不含HF的化学剂进入储层后发生化学反应,缓慢生成HF,从而增加活性酸的穿透深度,解除黏土对储层深部的堵塞,达到深部解堵目的。主要包括SHF工艺、SGMA工艺、BRMA工艺、HBF_4工艺、磷酸酸化、砂岩酸酸化、固体酸酸化工艺等。

4.7.2.1 主要工艺酸化原理

如前述,土酸与砂岩地层的化学反应会生成氟硅酸和氟铝酸。它们能与井筒附近流体中

的 K^+ 或 Na^+ 生成不溶性沉淀:

$$H_2SiF_6 + 2Na^+ \longrightarrow Na_2SiF_6 \downarrow + 2H^+$$
$$H_2SiF_6 + 2K^+ \longrightarrow K_2SiF_6 \downarrow + 2H^+$$
$$H_3AlF_6 + 3Na^+ \longrightarrow Na_3AlF_6 \downarrow + 3H^+$$
$$H_3AlF_6 + 3K^+ \longrightarrow K_3AlF_6 \downarrow + 3H^+$$

这些胶状沉淀占据被溶蚀的孔隙空间造成二次伤害。因此,在注入土酸前要用浓度为5%~15%的盐酸+缓蚀剂+其他添加剂配成的前置液对地层进行预处理,将井筒内的水及近井地带含有 K^+、Na^+ 的原生水替置;同时用 HCl 溶解碳酸盐岩,以防止它同 HF 反应产生 CaF_2 沉淀。

土酸中 HCl 的作用在于保持酸化液的低 pH 值,抑制 HF 的反应生成物发生沉淀。此外 HCl 也可能与酸化过程中暴露出来的碳酸盐胶结物反应。在常规土酸酸化液中,氢氟酸的浓度一般不高于3%,避免因砂粒间胶结物溶解过多而导致地层岩石结构的破坏或被重新压实,形成低孔隙度和低渗透率的压实地层。对于某些结构坚固的砂岩地层也可以用浓度为5%的氢氟酸酸液。

为了提高土酸处理效果,须把氢氟酸全部顶替到地层中去。顶替液可用浓度为5%~12%盐酸、活性水或油品等。如果需要,顶替液中尚须加入助排剂、防乳—破乳剂等。注入顶替液后1h内就应很快返排残液。因为在残酸中 HF 的浓度已很低,溶解在残酸中的氟硅酸可能发生如下水解反应,产生硅质胶状沉淀,即所谓二次沉淀。

$$H_2SiF_6 + 4H_2O \longrightarrow Si(OH)_4 + 6HF$$
$$Si(OH)_4 + nH_2O \longrightarrow Si(OH)_4 \cdot nH_2O(胶状沉淀)$$

残酸中还可能有脱落的微粉、黏土,也可能在酸化后形成乳化液,这些因素都可能对地层产生伤害。及时返排残酸,恢复生产,能减少上述伤害。

4.7.2.2　案例分析——致密砂岩交替注酸压裂工艺

1. 试验井基本情况

A井压裂目的层段(3250.7~3261.5m，10.8m/1层)为灰色含砾细砂岩,压力系数为1.0,油层温度为120℃,为低孔、特低渗(孔隙度为9.73%,渗透率为 $0.259 \times 10^{-3} \mu m^2$)常温常压气层。压裂目的层碳酸盐岩矿物含量为8.6%~15.3%,以方解石为主;岩石矿物中可溶蚀矿物浊沸石含量为32.0%~53.5%。岩心观察及成像测井资料显示,地层天然裂缝发育,裂缝宽度为1~5mm。目的层最小主应力均值为44.1MPa,目的层上部隔层最小主应力均值为47.5MPa,下部隔层最小主应力均值为49.7MPa。

2. 交替注酸现场试验

由于裂缝上隔层应力遮挡性较差,为降低破裂压力及控制初始裂缝高度,压裂前采用土酸对储层进行预处理;并在前置液造缝阶段采用低黏度液体低排量造缝,防止裂缝纵向过度延伸或失控。目的层碳酸盐岩含量及可溶蚀矿物浊沸石含量较高,前置液充分造缝结束后,采用二级交替注酸模式;考虑多尺度造缝及控缝高要求,顶替液采用中黏度压裂液;酸液对充填孔隙中的浊沸石的溶蚀可提供大量孔隙空间,改善砂岩储集性能。压裂参数优化以主裂缝净压力为目标函数,压裂中通过全程静压力控制,充分利用天然裂缝的作用,实现前置液充分造缝、交替注酸充分溶缝及多元加砂充分支撑多尺度裂缝,提高酸液在压裂裂缝体系中的波及范围,扩大压裂有效改造体积的目的。

根据气藏数值模拟及压裂工艺正交模拟结果,分5个阶段对A井进行压裂现场试验。压裂液总量优化为1054m³;低黏度压裂液、中黏度压裂液、高黏度压裂液分别在总压裂液中占的比例为40%、35%、25%;支撑剂总量为72.5m³,小粒径支撑剂(70~140目陶粒)、中粒径支撑剂(40~70目陶粒)和大粒径支撑剂(30~50目陶粒)占支撑剂总量的比例优化为25%、25%、50%;裂缝快速增加阶段液体占总液体比例的为23%。A井交替注酸压裂具体泵注情况:(1)压裂过程中,预前置液酸处理阶段共挤入 $15m^3$ 前置酸。(2)前置液造缝阶段以 $2.0m^2/min$ 排量分别注入 $120m^3$ 低黏度压裂液和 $120m^3$ 中黏度压裂液。(3)交替注酸阶段分2级段塞,$15m^2$ 酸液$+45m^3$ 中黏压裂液和 $15m^3$ 胶凝酸$+25m^3$ 中黏压裂液,第1级顶替液排量为 $2.5m^3/min$,第2级顶替液排量为 $3.5m^3/min$。(4)携砂液加砂阶段分3步注入:第1步,以 $2.5\sim3.0m^3/min$ 排量注入 $302m^3$ 低黏度压裂液并在注入过程中以段塞加砂方式加入 $16.9m^3$ 的 70~140 目陶粒支撑剂;第2步,以 $3.5\sim4.0m^3/min$ 排量注入 $182m^3$ 低黏度压裂液,并在注入过程中以段塞加砂方式加入 $16.5m^3$ 的 40~70 目陶粒支撑剂;第3步,以 $4.5m^3/min$ 排量注入 $160m^3$ 高黏度压裂液,并在注入过程中以段塞加砂方式加入 $16.2m^3$ 的 30~50 目陶粒支撑剂,然后提高排量到 $5.0m^3/min$,注入 $85m^3$ 高黏压裂液,并在注入过程中以连续加砂方式加入 $22.9m^3$ 的 30~50 目陶粒支撑剂。(5)以 $5.0m^3/min$ 排量平衡顶替,顶替结束后停泵结束压裂施工。

3. 交替注酸压裂效果

A井压裂施工过程中,2次交替注酸作业中,第1次交替注酸作业后施工压力降低 $6.1MPa·s$,第2次交替注酸1作业交降压作用明显。压裂后评估解释表明:(1)施工中,缝高控制良好,压裂造缝剖面较理想,井温测井解释裂缝延伸高度为 $12.6m$,主体裂缝均在储层有效厚度内充分延伸。(2)施工中,不同粒径的支撑剂都顺利加入不同尺度裂缝内,支撑剂在整个造缝裂缝空间横向上铺置比较均匀,纵向上充填度高,支撑剂对储层有效支撑率较好。(3)交替注酸作业后,酸液在近井、中井、远井裂缝地带都有一定浓度的分布,酸液较好地波及了整个造缝空间(图 4.33),实现了对造缝空间内储层中的碳酸盐及浊沸石的有效溶蚀,进一步溶蚀及扩展了天然微裂缝及分支缝系统,提高了裂缝的复杂性。(4)A井压裂后试采,初期产量达到 $30000\sim45000m^3/d$,稳产气量为 $20000\sim25000m^3/d$,产量递减率减缓 10% 以上,达到了预期的改造效果。

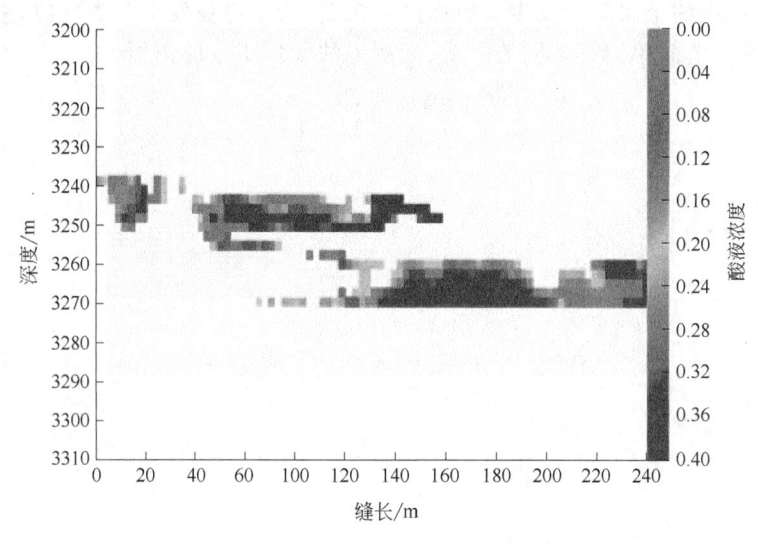

图 4.33 A井交替注酸后裂缝内酸液浓度分布剖面

彩图 4.33 A井交替注酸后裂缝内酸液浓度分布剖面

习 题

一、简答题

1. 某配方:1.2%HPAM+1.1%$NaAlO_3$,用 NaOH 调节体系 pH=11,然后加入 1.0% 的

甲酸乙酯,用于低压井施工,请问工作液中各成分的意义?

2.碳酸盐岩和砂岩的酸化机理是什么?

3.酸化作业会带来哪些地层伤害?如何处理?

4.按照注入阶段,压裂液可以分为哪几种?这几种的作用分别是什么?

二、判断题

1.按照酸化处理工艺,酸化可以分基质酸化、砂岩酸化和压裂酸化。（　　）

2.基质酸化是在高于地层岩石破裂压力条件下,将酸液注入地层孔隙空间,使之沿径向渗入油气层,溶解孔隙中的细小颗粒、胶结物等以扩大孔隙空间、提高地层渗透率的一种增产措施。（　　）

三、选择题

1.常规酸化中主要有盐酸和土酸,后者主要由 HCl 和 HF 组成,其中 HCl 的作用是溶解（　　）,提供氢离子,保持低的 pH,以发挥 HF 对砂岩的溶蚀作用。

A.二氧化硅　　　　　B.泥质　　　　　C.黏土矿物　　　　　D.碳酸盐岩

2.在酸化过程中由于具有腐蚀性,所以往往会有铁离子的生成,故需要加入铁离子稳定剂,下列不属于铁稳定剂的是（　　）。

A.EDTA 钠盐　　　　B.柠檬酸　　　　C.乙酸　　　　　　　D.亚硫酸

3.按油气层类型分类,酸化分为（　　）。

A.碳酸盐岩酸化和砂岩酸化　　　　　　B.碳酸盐岩酸化和基质酸化

C.砂岩酸化和基质酸化　　　　　　　　D.砂岩酸化和压裂酸化

四、论述题

氢氟酸由于会和地层中的金属离子发生反应而产生沉淀,为了避免发生此类反应,故加入了盐酸,形成了土酸体系。请简单回答土酸的组成、配制方法和各组分的作用。

第 5 章 化学堵水与调剖技术

油井出水是油田开发过程中普遍存在的问题,特别是注水开发油田。在注水开发过程中,由于地层的非均质性、水油流度比大及开发方案和措施不当等原因,均能导致注入水发生窜流,油井含水快速上升,甚至出现过早水淹。堵水(对于油井)和调剖(对于注水井)是目前油田针对上述问题运用较为广泛的两类控水增油技术。这两项技术可在原开采井网不变的情况下通过调整产层开采结构,有效地改善了注入水波及体积,从而实现原油采收率的提高。

化学堵水技术是经油井向地层中注入化学剂,对地层高渗透出水层段进行封堵,从而改善油井产液剖面、减少油井产水、增加原油产量的一类技术。

化学调剖技术是经注水井向地层中注入化学剂,对地层高渗透吸水层段进行封堵,从而改善注水井吸水剖面、提高注入水体积波及系数、增加原油产量的一类技术。

5.1 油井出水原因及堵水方法

5.1.1 油井产水的原因

按水的来源不同,油井出水可分为注入水、边水、底水,或分为上层水、下层水和夹层水。注入水、边水及底水在油藏中与油在同一层位,统称为"同层水";上层水、下层水及夹层水是从油层上部或下部的含水层及夹于油层之间的含水层中窜入油井的水,来源于油层以外,故统称为"外来水"。

5.1.1.1 注入水及边水

由于油层的非均质性及开采方式不当,使注入水及边水沿高渗透层及高渗透区不均匀推进,在纵向上形成单层突进,在横向上形成舌进,使油井过早水淹,如图 5.1、图 5.2 及图 5.3 所示。

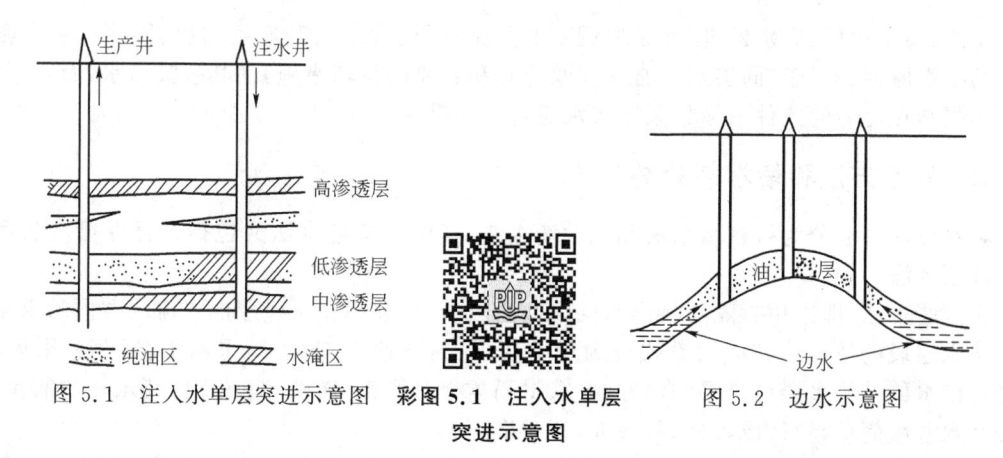

图 5.1 注入水单层突进示意图 彩图 5.1 注入水单层突进示意图 图 5.2 边水示意图

5.1.1.2 底水

当油藏有底水时,由于油井生产时在地层中造成的压力差破坏了由重力作用建立起来的油水平衡关系,使原来的油水界面在靠近井底部位呈锥形升高,这种现象称为"底水锥进",如图 5.4 和彩图 5.2 所示。其结果可使油井在井底附近造成含水上升,产油量下降,甚至水淹。

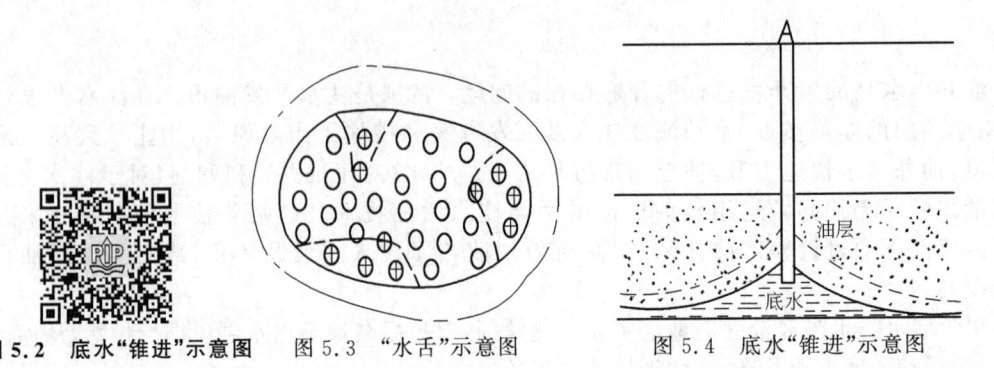

彩图 5.2　底水"锥进"示意图　　图 5.3　"水舌"示意图　　图 5.4　底水"锥进"示意图

5.1.1.3　外来水

外来水是由于固井质量不合格,或油层套管因地层水腐蚀或盐岩流动挤压被破坏而使夹层水窜入油井,或者是由于射孔时误射水层使油井出水,如图 5.5、图 5.6 所示。

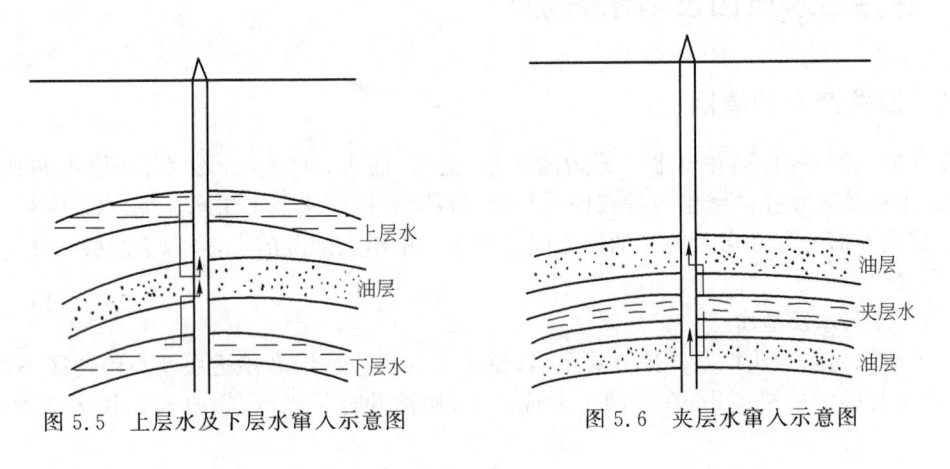

图 5.5　上层水及下层水窜入示意图　　图 5.6　夹层水窜入示意图

总之,边水内侵、底水锥进、注采失调是油井见水早、含水上升速度加快、原油产量大幅度下降的根本原因。对于"同层水",必须采取控制和必要的封堵措施,使其减缓出水;而对于"外来水",则须在可能的条件下尽量采取将水层封死的措施。

5.1.2　堵水方法和堵水剂分类

堵水技术一般分为机械堵水法和化学堵水法,其中化学堵水法又包括选择性堵水法和非选择性堵水法。

机械堵水法,即采用封隔器将出水层在井筒内卡封,以阻止水淹层的水流入井内的卡堵油井中出水层段的技术。其堵水方式分为封上堵下、封下堵上、封中间采两头、封两头采中间。选择性堵水的井是多层位合采的油井,要求封隔器坐封严密、准确,这是机械堵水成功的保证。机械堵水方法简单易行,成本低,收效大,便于推广。

化学堵水法,即从地面向油井出水层注入化学剂,利用化学剂发生的物理化学反应及化学剂与油层发生的物理化学反应的产物,对油井出水层形成一定程度的封堵,阻止或减少水流入井内的方法。在化学堵水中将化学剂注入油井高渗透出水层段,降低高渗透层的水相渗透率,减少油井出水,增加原油产量的一整套技术称为油井化学堵水技术,所用化学剂称堵水剂。根据堵水剂对油层和水层封堵机理的不同,油井化学堵水技术又可分为选择性堵水法和非选择性堵水法。前者所用的堵水剂只与水起作用而不与油起作用,故只在水层造成堵塞而对油层影响甚微,或者改变油、水、岩石之间的界面特性,降低水相渗透率,从而降低油井出水量(彩图 5.3)。

将化学剂从注水井注入油藏,使其进入油藏中高渗透层段,降低高渗透层段的吸水量,提高注入压力,达到提高中、低渗透层吸水量,改善注水井吸水剖面,提高注入水的体积波及系数,改善水驱状况的方法称为注水井化学调剖技术,所用化学剂称调剖剂(彩图 5.4)。

彩图 5.3 油井堵水　　彩图 5.4 注水井调剖

采用非选择性堵水方法时必须将油层和水层分隔开,再针对水层进行封堵,否则在实施封堵过程中堵剂会同时进入油层,对油层产生封堵。这种方法在工艺上较复杂,封堵后还需要做再次打开油层的善后工作。相比之下,选择性堵水法具有较好的发展前景。这种方法的特点在于堵剂通过与地层水之间的反应来阻止出水层段水的产出,但并不阻碍产层的开采。但是选择性堵水法存在着堵剂用量大、成本高的缺点。

5.2 油井非选择性化学堵水剂

油井出水是油田开发后期不可避免的主要问题之一。对已出水的油井要控制出水,一方面是对注入井进行调剖;另一方面是封堵生产井出水层,即有效地选择堵水剂来封堵油井出水层。下面重点介绍油井非选择性堵剂。

非选择性堵剂用于封堵油气井中单一含水层和高含水层,分为树脂型堵剂、沉淀型堵剂、凝胶型堵剂和冻胶型堵剂。

5.2.1 树脂型堵剂

树脂型堵剂是指由低分子物质通过缩聚反应生成的具有体型结构、不溶不熔的高分子物质。树脂按受热后物质的变化又分为热固型树脂和热塑型树脂两种。热固型树脂指成型后加热不软化,不能反复使用的体型结构的物质;热塑型树脂则指受热时软化或变形,冷却时凝固,能反复使用的具有线型或支链型结构的大分子。

非选择性堵剂常采用热固型树脂,如酚醛树脂、环氧树脂、脲醛树脂、糠醇树脂、三聚氰胺—甲醛树脂等;热塑型树脂有乙烯—醋酸乙烯共聚物。树脂经稀释后进入地层,在固化剂的作用下,固化成为具有一定强度的固态树脂而堵塞孔隙,达到封堵水层的目的。这种堵剂适用于封窜堵漏和高温地层。

5.2.1.1 酚醛树脂

将市售酚醛树脂(20℃时黏度为 150~200mPa·s)按一定比例加入固化剂混合均匀,加热到预定温度至固化剂完全溶解、树脂呈淡黄色时为止,然后挤入水层便可形成坚固的不透水屏障。酚醛树脂的固化剂为酸类物质,常用的有草酸、$SnCl_2 + HCl$。树脂与固化剂比例及加热温度需要通过实验加以确定。

酚醛树脂的分子结构式如下所示：

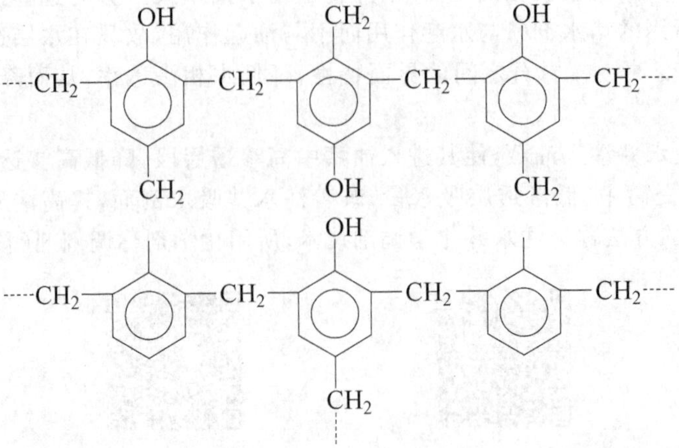

若需提高强度，除在泵前向树脂中加入一定量的固体颗粒(如石英砂、硅微粉)外，还可视情况加入一定量的硅氧烷(如γ-氨丙基三乙基硅氧烷)，使树脂与固体颗粒之间很好黏结。固体颗粒的大小一定要根据目标封堵层位的孔喉直径来进行选择，防止在注入过程中固体颗粒与液体在地层运移过程中发生分离。

常用配方为：树脂：草酸＝1：0.06(质量比)，或树脂：$SnCl_2$：HCl(浓度0.2)＝1：0.025：0.025(质量比)。

酚醛树脂固化后热稳定温度为204～232℃，可用于热采井堵水作业。

5.2.1.2 脲醛树脂堵剂

将尿素 $(NH_2-\overset{\overset{O}{\|}}{C}-NH_2)$ 与甲醛在碱性催化剂的作用下，制成一羟、二羟和多羟甲基脲的混合物，然后加入固化剂，混合均匀后注入地层。这些混合物在地层中进一步缩合形成热固性树脂对出水层产生封堵。脲醛树脂的固化剂有酸和强酸弱碱盐两类。酸类固化剂通常采用草酸、苯磺酸、酒石酸、柠檬酸等有机酸；强酸弱碱盐类固化剂有氯化铵、硫酸铁胺、盐酸苯胺等。

脲醛树脂的结构式为：

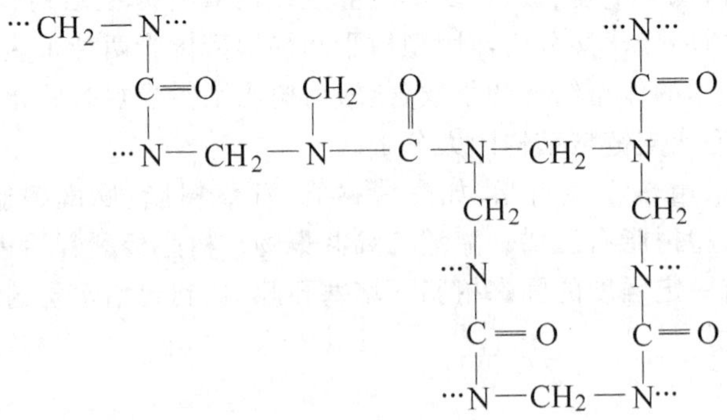

基本配方(质量分数)为：尿素：甲醛(浓度36%)：水：氯化铵(浓度15%)＝1：2：(0.5～1.5)：(0.01～0.05)。

该堵剂适用温度为40～100℃。

5.2.1.3 环氧树脂

环氧树脂是双酚-A 和环氧氯丙烷在碱性条件下反应的产物,其反应式及结构式如下:

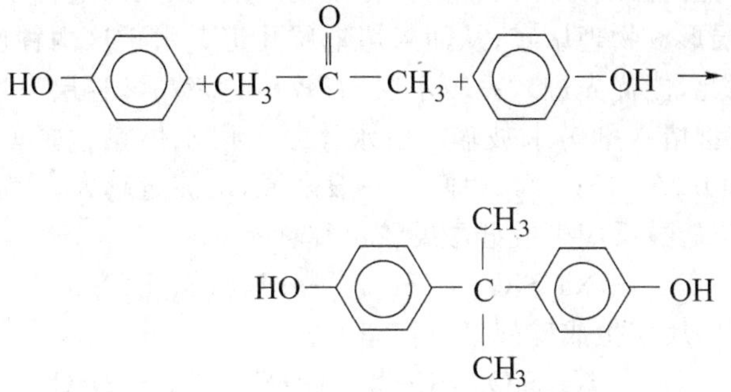

$$HO-C_6H_4-OH + CH_3-CO-CH_3 + C_6H_4-OH \longrightarrow$$

$$HO-C_6H_4-C(CH_3)_2-C_6H_4-OH$$

双酚-A

$$HO-C_6H_4-C(CH_3)_2-C_6H_4-OH + ClCH_2-CH-CH_2 \longrightarrow$$

$$\left[-O-CH_2-CH(OH)-O-C_6H_4-C(CH_3)_2-C_6H_4-\right]_n O-CH_2-CH-CH_2$$

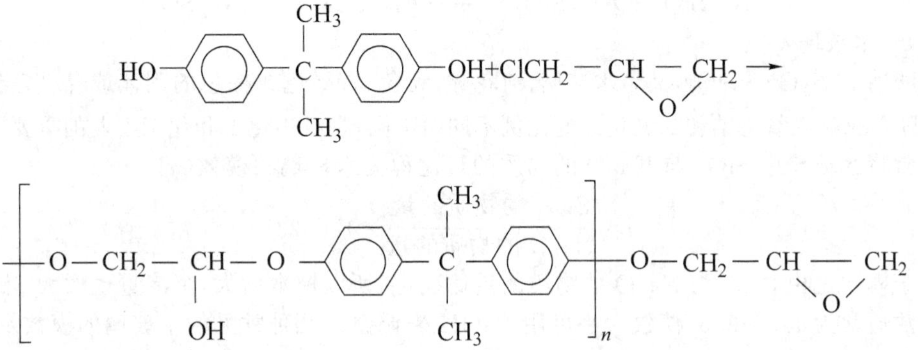

许多脂肪族和芳香族多胺可用作环氧树脂的固化剂。脂肪族多胺有乙二胺、二亚乙基三胺、三亚乙基四胺、四亚乙基五胺和其他多胺。芳香族多胺有对苯二胺、间苯二胺、4,4′-二氨基二苯基甲烷、二氨基二苯基砜。另外,Lewis 酸、苯酚、双氰胺等也可用作交联固化剂。稀释剂可用丙酮、乙二醇单丁基醚、邻苯二甲酸二甲酯等。

5.2.1.4 糠醇树脂

糠醇树脂是在酸存在时,糠醇通过自身缩合所形成的产物。

糠醇结构为:

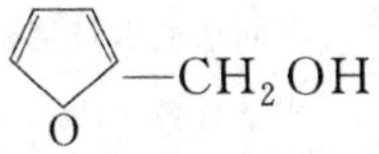

$$\text{(furan)}-CH_2OH$$

糠醇在酸性条件下,发生自身缩合的化学反应式如下:

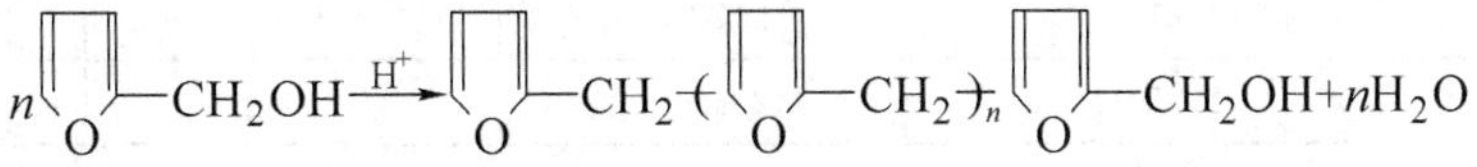

$$n\,\text{(furan)}-CH_2OH \xrightarrow{H^+} \text{(furan)}-CH_2-\text{(furan)}-CH_2\cdots_n\text{(furan)}-CH_2OH + nH_2O$$

在堵水施工作业中,通常先将酸液(如 80%的磷酸)泵入欲封堵的水层,后泵入糠醇溶液,中间加隔离液(柴油)以防止酸与糠醇在井筒内接触,当酸与糠醇在地层中接触混合后,便发生剧烈的放热反应,生成坚硬的热固性树脂,堵塞地层孔隙,该堵剂的适用温度为 50~200℃。

树脂型堵剂主要用于封堵高渗透地层、油井底水和窜槽水水淹、出砂严重及高温的油井。实施该技术具有堵剂易挤入地层、封堵强度大、效果好等特点,但所需费用高,误堵后很难处理,目前应用较少。

5.2.2 沉淀型堵剂

向地层注入由隔离液隔开的两种无机化学剂溶液,在注入过程中,使其在地层孔道中形成沉淀,对被封堵地层形成物理堵塞,从而封堵地层孔道。由于这两种反应物均系水溶液且黏度较低,与水相近,因此,能优先进入高吸水层,有效地封堵高渗透层。

最常用的沉淀型堵水剂为水玻璃—卤水体系。卤水体系包括 $CaCl_2$、$FeCl_2$、$FeCl_3$,作为沉淀剂的还有 $FeSO_4$、$Al_2(SO_4)_3$、甲醛。一般来说,沉淀量越大,堵塞能力就越大。

例如,硅酸钠与盐酸反应生成硅酸凝胶沉淀堵水:

$$Na_2SiO_3 + 2HCl \longrightarrow H_2SiO_3 + 2NaCl$$

硅酸钠与氯化钙反应生成硅酸钙沉淀堵水:

$$Na_2SiO_3 + CaCl_2 \longrightarrow CaSiO_3 + 2NaCl$$

硅酸钠与硫酸铝反应生成硅酸铝沉淀堵水:

$$3Na_2SiO_3 + Al_2(SiO_4)_3 \longrightarrow Al_2(SiO_3)_3 + 3Na_2SO_4$$

5.2.2.1 水玻璃

硅酸钠 $xNa_2O \cdot ySiO_2$,又名水玻璃、泡花碱,无色、青绿色或棕色的固体或黏稠液体,其物理性质随着成品内氧化钠和二氧化硅的比例不同而不同,是日用化工和化工工业的重要原料。

通常将水玻璃中 SiO_2 与 Na_2O 的物质的量比称为水玻璃的模数(n):

$$n = \frac{SiO_2 \text{ 的物质的量}}{Na_2O \text{ 的物质的量}} \times 1.0323$$

由于模数是由 SiO_2 与 Na_2O 的物质的量比决定,所以模数增大,沉淀量也增大,市售硅酸钠的模数通常为 1.5~3.5,模数大小可用 NaOH 来调整。几种常见的水玻璃的模数及性质见表 5.1 和表 5.2。

表 5.1 水玻璃的主要性质

产地	相对密度	Na_2O 质量分数/%	SiO_2 质量分数/%	模数	外观
上海	1.62	0.20	0.218	1.12	白色固体
东营	1.60	0.148	0.339	2.36	墨绿色液体
淄川	1.42	0.093	0.308	3.43	墨绿色液体

表 5.2 水玻璃浓度与黏度的关系(60℃)

模数	不同浓度水玻璃的黏度/($10^{-4} m^2/s$)			
	质量分数 10%	质量分数 20%	质量分数 30%	质量分数 40%
1.12	1.73	2.40	4.34	13.4
2.36	1.81	2.22	3.87	15.23
3.43	1.72	2.11	3.79	19.44

水玻璃的制法通常有干法(固相法)和湿法(液相法)两种。

(1)干法(固相法)。干法生产是将石英砂(SiO_2)和纯碱(Na_2CO_3)按一定比例混合后,在反应炉中加热到 1673K(1400℃)左右,生成熔融状硅酸钠,经过冷淬或凝固后粉碎,将碎块经过溶解、过滤、浓缩,即为成品钠水玻璃。其反应式为:

$$Na_2CO_3 + nSiO_2 \xrightarrow{\text{灼烧}} Na_2O \cdot nSiO_2 + CO_2 \uparrow$$

(2)湿法(液相法)。湿法生产是将烧碱(NaOH)溶液和石英砂放入蒸压锅中,通入 0.2~0.3MPa 的高压蒸汽,在搅拌中直接生成液态水玻璃,再经真空吸滤和蒸发浓缩,制得成品。

湿法一般只能制得模数小于3的水玻璃,其反应式为:
$$2NaOH + SiO_2 \longrightarrow Na_2SiO_3 + H_2O$$

5.2.2.2 堵水原理

在水玻璃—卤水堵水体系中,水玻璃常用浓度为36%(质量分数),$CaCl_2$常用浓度为38%(质量分数)。据此计算出Na_2SiO和$CaCl_2$溶液的理论体积比为2.53:1。为确保$CaCl_2$量及封堵半径,现场常用体积比1:1。

水玻璃与$CaCl_2$有下述两个反应,其堵水作用是混合沉淀造成的:

$$CaCl_2 + Na_2O \cdot nSiO_2 + mH_2O \longrightarrow 2NaCl + CaSiO_3 \cdot mH_2O \downarrow + (n-1)SiO_2$$
$$CaCl_2 + Na_2O \cdot nSiO_2 + mH_2O \longrightarrow 2NaCl + Ca(OH)_2 \downarrow + nSiO_2 + (m-1)H_2O$$

总反应式为:
$$2CaCl_2 + 2Na_2O \cdot nSiO_2 + mH_2O \longrightarrow 4NaCl + CaSiO_3 \cdot (m-1)H_2O + (2n-1)SiO_2 + Ca(OH)_2$$

该法为双液法堵水技术,基本配方为:

A液:20%水玻璃+0.3%HPAM;
B液:10%~15%氯化钙;
A液:B液=1:1(体积比);
水玻璃的模数$n=3.2$。

在施工工艺中,一般选模数较大的水玻璃为第一反应液,用HPAM加以稠化。第二反应液的选择顺序为:Ca^{2+}、Mg^{2+}、Fe^{3+}和Fe^{2+},这与沉淀量(堆积体积)大小有关,见表5.3。

表5.3 硅酸盐沉淀与碳酸盐沉淀的堆积体积　　　　　　　　　单位:m³

堵剂＼堆积体积＼盐	$CaCl_2$	$MgCl_2 \cdot 6H_2O$	$FeSO_4 \cdot 7H_2O$	$FeCl_3 \cdot 6H_2O$
Na_2SiO_3	25.0	20.3	13.0	19.0
Na_2CO_3	10.0	9.5	11.0	14.3

第一反应液与第二反应液之间采用隔离液隔开。隔离液一般为水或轻质油,用量取决于产生沉淀物的位置。例如选用水玻璃—$CaCl_2$堵水剂,现场注入程序为:清水→水玻璃→清水→氯化钙溶液,一般泵注段塞循环,最后再顶替5~10m³清水,关井24h。该堵剂适用井温为40~80℃。

双液法堵剂的优点是可封堵近井地带和远井地带。缺点是药剂利用不充分,因为只有药剂相遇才能发生反应,产生封堵物质,而未相遇的药剂则无法反应。

根据堵水剂注入工艺不同,还可以采用单液法进行堵水作业。单液法是指向地层中一次注入一种或由多种化学剂混合配制的液体,在指定位置,经过物理或化学作用,使液体变为凝胶、冻胶、沉淀或高黏流体的方法。能够用于这种施工工艺的堵剂称为单液法堵剂。

单液法堵剂的优点是能充分利用药剂,缺点是因它产生堵塞的时间短,只能封堵近井地带,且受处理地层温度的限制。

单液法水玻璃氯化钙堵水技术:在地面将两种注入液体即水玻璃和氯化钙配成一种液体向油层注入,但为了减缓反应速度实现单液法注入,先使氯化钙与碱反应变为氢氧化钙,然后再与水玻璃缓慢作用,形成沉淀,其凝胶时间可达4.5h,便于施工注入。

主要反应如下:
$$CaCl_2 + NaOH \longrightarrow Ca(OH)_2 + 2NaCl$$
$$Na_2O \cdot nSiO_2 + Ca(OH)_2 + mH_2O \longrightarrow CaSiO_3 + (n-1)Si(OH)_4 + (m-2n)H_2O + NaOH$$

生成物为凝胶状弹性固体,能有效封堵出水层。

典型配方:

(1)水玻璃:模数 $n=2\sim3$,有效含量 $5\%\sim20\%$。

(2)氯化钙:工业品。

(3)氢氧化钠:工业品。

(4)水:清水或现场配注水。

(5)质量比为:水玻璃:氯化钙:氢氧化钠:水 $=1:0.06:0.04:0.5$。

油气井出水原因不同,采取的封堵方法也不同。一般对于外来水或者水淹后不再准备生产的水淹油层,在确定出水层位并有可能与油层分隔开时,采用非选择性堵水剂或水泥堵死出水层位;不具备与油层封隔开的条件时,对于同层水(边水和注入水)普遍采用选择性堵水;对于底水,则采用在井底附近油水界面建立人工隔板(图5.7),以阻止锥进。

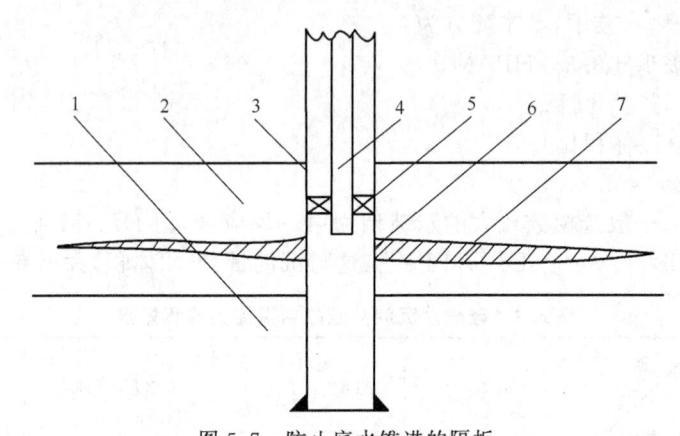

图 5.7 防止底水锥进的隔板
1—底水;2—油层;3—射孔段;4—油管;5—封隔器;6—密集射孔段;7—隔板

5.2.2.3 水玻璃复合堵剂

为了提高沉淀型堵剂的封堵强度,通常将其与聚合物以及聚合物交联剂复配,形成一种复合型堵剂,其典型配方为(质量比):水玻璃:$CaCl_2$:PAM:HCl:甲醛 $=(1\sim1.6):0.6:0.04:(0.5\sim0.78):0.04$。

堵剂质量分数为 10%,其优点是可泵性好、易解堵并且混合比较均匀、节约原料等,可用于封堵油井单一水层、同层水、窜槽水及炮眼,成功率达 73%。

沉淀型堵剂作业成功率高,有效期长,施工简单,价格较低,解堵容易,适用性强,但易伤害油层。

5.2.3 凝胶型堵剂

5.2.3.1 凝胶的定义及类型

凝胶是固态或半固态的胶体体系。它是由胶体颗粒、高分子或表面活性剂分子互相连接形成的空间网状结构,结构空隙中充满了液体。液体被包在其中固定不动,使体系失去流动性,其性质介于固体和液体之间。

凝胶分为刚性凝胶(如无机凝胶 TiO_5、SiO_2 等)和弹性凝胶(如线型大分子凝胶)两类。无机凝胶属非膨胀性凝胶,呈刚性;线型大分子形成的凝胶会吸水膨胀,具有一定的弹性。当溶胶(sol)在改变温度,加入非水溶剂、电解质或通过化学反应以及氢键、范德华力作用时,就会失去流动性转变成凝胶。

5.2.3.2 凝胶(gel 或 jel)与冻胶(jelly)的区别

(1)化学结构上的区别。凝胶是化学键交联,在化学剂、氧或高温作用下,使大分子间交联而凝胶化。不可能在不发生化学键破坏的情况下重新恢复为可流动的溶液为不可逆凝胶(彩图 5.5)。

冻胶是由次价力缔合而成的网状结构,在温度升高、机械搅拌、振荡或较大的剪切力作用下,结构破坏而变为可流动的溶液,故称之为可逆凝胶(彩图 5.6)。

(2)网状结构中含液量的区别。凝胶含液量适中,而冻胶的含液量很高,通常大于 90%(体积分数)。

5.2.3.3 硅酸凝胶

现场上常用 Na_2SiO_3 来制备硅酸凝胶,凝胶的强度可用模数来控制。模数小生成的凝胶强度小,模数大生成的凝胶强度大。

硅酸有多种组成,通常以通式 $xSiO_2 \cdot yH_2O$ 表示。有一定的稳定性并能独立存在的有偏硅酸 $H_2SiO_3(x=1,y=1)$、正硅酸 $H_4SiO_4(x=1,y=2)$ 和焦硅酸 $H_6Si_2O_7(x=2,y=3)$,水溶液中主要是以 H_4SiO_4 存在,H_4SiO_4 聚合形成其他不同的多硅酸即硅酸溶胶,如:

$$2HO-\underset{\underset{OH}{|}}{\overset{\overset{OH}{|}}{Si}}-OH \xrightarrow{聚合} HO-\underset{\underset{OH}{|}}{\overset{\overset{OH}{|}}{Si}}-O-\underset{\underset{OH}{|}}{\overset{\overset{OH}{|}}{Si}}-OH + H_2O$$

因为在各种硅酸中以偏硅酸的组成最简单,所以通常以 H_2SiO_3 代表硅酸。

由于制备方法不同,可得两种硅酸溶液,即酸性硅酸溶胶和碱性硅酸溶胶。前者是将水玻璃加到盐酸中制得,因反应在 H^+ 过剩的情况下发生,根据法扬斯法则,它应形成如图 5.8(a)所示的结构,胶粒表面带正电。该体系胶凝时间长,凝胶强度小。后者是将盐酸加到水玻璃中制得,因反应在硅酸过剩的情况下发生,若水玻璃的模数为 1,硅酸根将为 SiO_3^{2-},根据法扬斯法则,它应形成如图 5.8(b)所示的结构,胶粒表面带负电。这两种硅酸溶胶都可在一定的温度、pH 值和硅酸的含量下在一定时间内胶凝。例如用 10%(质量分数)HCl 与 4%(质量分数)$Na_2O \cdot 3.43SiO_2$ 配成 pH=1.5 的酸性硅酸溶胶,在 70℃下,胶凝时间可达 8h。

能使硅酸钠发生胶凝的化学剂称为活化剂。常用的活化剂有盐酸、草酸、CO_2、$(NH_4)_2SO_4$、甲醛、尿素等。

堵水机理:Na_2SiO_3 溶液遇酸后,先形成单硅酸,后缩合成多硅酸。它是由长链结构形成的一种空间网格结构,在其网格结构的空隙中充满了液体,故呈凝胶状,主要靠这种凝胶物封堵油层出水部位或出水层。

$$Na_2SiO_3 + H^+ \text{ 或 } Me^{2+} \longrightarrow \text{凝胶} \qquad ①$$

$$Na_2SiO_3 + 2HCl \longrightarrow 2NaCl + H_2SiO_3 \downarrow \qquad ②$$

$$Na_2SiO_3 + 2CH_2O \longrightarrow H_2SiO_3 \downarrow + 2HCOONa \qquad ③$$

在①式反应中生成的硅酸以 1~100nm 的小颗粒分散在水中,当 pH 值为 7 时,随时间的延长溶胶颗粒通过脱水反应连接起来生成凝胶。但是如果溶胶中有过剩的 HCl 或 Na_2SiO_3 时,则可以作为稳定剂延长凝胶时间。如图 5.8(a)所示,当 HCl 过剩时,H^+ 与 Cl^- 将在 H_2SiO_3 胶粒表面吸附,使颗粒带正电,颗粒间因静电斥力而不能彼此合并,因而使溶胶稳定性增强,在水玻璃过剩时则形成另一种稳定结构,如图 5.8(b)所示。因此,在施工时只要控制 pH 值即可控制胶凝时间,使得溶胶在可泵时间内注入地层。此外,延长凝胶时间还可以通过使用弱酸来控制。这些弱酸包括草酸、磷酸、碳酸(在地下生成二氧化碳)、缓释酸等。

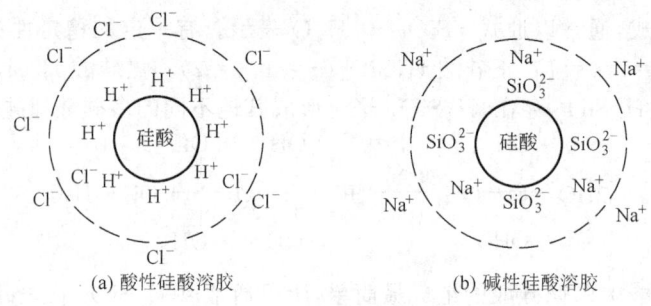

(a) 酸性硅酸溶胶　　　　(b) 碱性硅酸溶胶

图 5.8　硅酸凝胶的胶团结构

硅酸凝胶可用于砂岩地层,使用温度在 16~93℃范围。除酸外,添加其他化学剂可用于石灰岩或温度更高的地层。在张性裂缝或空洞中,固化物对流体并无很大阻力,一般加石英砂或硅粉可提高其强度。加入聚合物增加黏度有助于悬浮固体,提高处理效果。

硅酸凝胶的优点在于价廉且能处理井径周围半径 1.5~3.0m 的地层,能进入地层小孔隙,在高温下稳定。其缺点是 Na_2SiO_3 完全反应后微溶于流动的水中,强度较低,需要加入固相增强或用水泥封口。此外,Na_2SiO_3 能和很多普通离子反应,处理层必须验证清楚并在其上下隔开。

5.2.3.4　氰凝堵剂

氰凝堵剂由主剂(聚氨酯)、溶剂(丙酮)和增塑剂(邻苯二甲酸二丁酯)组成。当氰凝材料挤入地层后,聚氨酯分子两端所含的异氰酸根与水反应生成坚硬的固体,将地层孔隙堵死。现场配方(质量比)为:聚氨酯:丙酮:邻苯二甲酸二丁酯=1:0.2:0.05。

该堵剂作业时要求绝对无水,又要使用大量有机溶剂,使用条件较为苛刻。

5.2.3.5　丙凝堵剂

丙凝堵剂是丙烯酰胺(AM)和 N,N-甲撑双丙烯酰胺(MBAM)的混合物,在过硫酸铵的引发和铁氰化钾的缓凝作用下,聚合生成不溶于水的凝胶来堵塞地层孔隙。该堵剂可用于油、水井堵水。常用配方(质量比)为:

丙烯酰胺:N,N-甲撑双丙烯酰胺:过硫酸铵:铁氰化钾

=(1~2):(0.04~0.1):(0.016~0.08):(0.0002~0.028)

混合物中堵剂质量分数为 5%~10%,每口井用量 13~30m³。其胶凝时间受温度、过硫酸铵和铁氰化钾含量的影响。在 60℃下,AM:MBAM=95:5,总质量分数为 10%,过硫酸铵

占0.2%,铁氰化钾为0.001%～0.002%(质量分数)时,胶凝时间为92～109min。

5.2.3.6 盐水凝胶

Wittington研究了一种盐水凝胶堵剂,已在现场用于深部地层封堵。组成为:羟丙基纤维素(HPC)、十二烷基硫酸钠(SDS)及盐水,三者混合后形成凝胶。优点是不需加入铬或铝等金属盐作活化剂,而是控制水的含盐度引发胶凝。HPC/SDS的淡水溶液黏度为80mPa·s,当与盐水混合后黏度可达70000mPa·s。该凝胶在砂岩的岩心流动试验中,可使水的渗透率降低95%。施工时不必对油藏进行特殊设计和处理,有效期达半年。当地层中不存在盐水时,几天内就会使其黏度降低。

5.2.4 冻胶型堵剂

冻胶是指由高分子溶液经交联剂作用而失去流动性形成的具有网状结构的物质。能被交联的高分子主要有聚丙烯酰胺(PAM)、部分水解聚丙烯酰胺(HPAM)、羧甲基纤维(CMC)、羟乙基纤维(HEC)、羟丙基纤维素(HPC)、羧甲基半乳甘露糖(CMGM)、羟乙基半乳甘露糖(HEGM)、木质素磺酸钠(Na-Ls)、木质素磺酸钙(Ca-Ls)等。交联剂多为由高价金属离子(Cr^{3+}、Zr^{4+}、Ti^{3+}、Al^{3+})所形成的多核羟桥络离子。由于Cr^{3+}毒性大,目前已基本不用其作为交联剂。此外,醛类(甲醛、乙二醛等)或醛与其他分子缩聚得到的低聚合度的树脂也可作为冻胶的交联剂。冻胶型堵剂很多,通常以"交联剂+冻胶"进行命名,诸如铝冻胶、铬冻胶、锆冻胶、钛冻胶及醛冻胶等。

下面以锆冻胶为例,对高价金属离子交联高分子形成冻胶的机理进行阐述。

典型配方为:

(1) HPAM:分子量$(300～100)×10^4$,水解度5%～20%,质量分数为0.4%～1.0%;

(2) $ZrOCl_2$:0.02%～0.10%;

(3) 用HCl或NaOH调节:pH=2～10。

HPAM溶液与$ZrOCl_2$溶液体积比为100:4。

Zr^{4+}水解络合形成多核羟桥络离子:

络合:$Zr^{4+}+8H_2O \longrightarrow [(H_2O)_8Zr]^{4+}$

水解:$[(H_2O)_8Zr]^{4+} \longrightarrow [(H_2O)_7Zr(OH)]^{3+}+H^+$

羟桥缩合:$2[(H_2O)_7Zr(OH)]^{3+} \longrightarrow [(H_2O)_6Zr\underset{OH}{\overset{OH}{\diamondsuit}}Zr(H_2O)_5]^{6+}+2H_2O$

进一步水解及羟桥缩合:

$$[(H_2O)_6Zr\underset{OH}{\overset{OH}{\diamondsuit}}Zr(H_2O)_5]^{6+}+n[(H_2O)_7Zr(OH)]^{3+} \longrightarrow$$

$$[(H_2O)_6Zr\underset{OH}{\overset{OH}{\diamondsuit}}\underset{H_2O}{\overset{H_2O}{Zr}}\underset{nOH}{\overset{OH}{\diamondsuit}}Zr(H_2O)_6]^{2n+6}+nH^++2nH_2O$$

(锆的多核羟桥离子)

然后,锆的多核羟桥离子与HPAM分子结构中的$-COO^-$发生缩合交联。

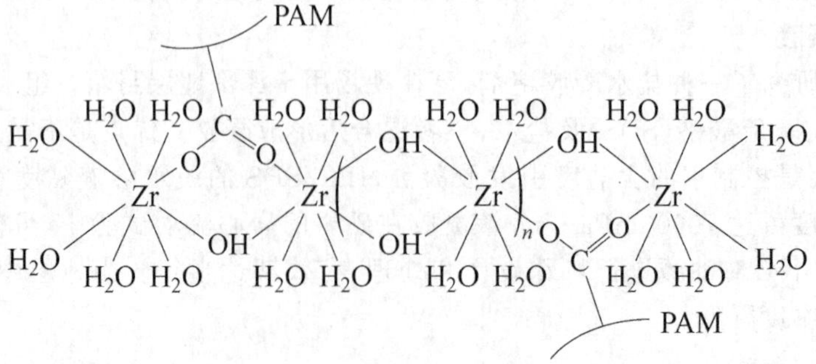

$$\text{[结构式：PAM—C(=O)—O—Zr(H_2O)_4(OH)—O—Zr(H_2O)_2(OH)—O—Zr(H_2O)_2(OH)—O—Zr(H_2O)_4—O—C(=O)—PAM]}_n$$

pH 值是冻胶成胶的关键,当 pH<2 或 pH>10 时,无法成胶。这是因为 pH 值减小,多核羟桥络离子的 n 减少,交联位阻增加,不利于交联;pH 值增加,n 增大,但超过一定限度后,会使可供交联的络离子数减少,也不利于交联。

油井非选择性堵水剂中,按堵水强度排序,树脂最好,冻胶、沉淀型堵剂次之,凝胶最差。按成本,则是凝胶、沉淀型堵剂最低,冻胶次之,树脂型最高。由此可见,沉淀型堵剂是一种较好的堵剂,具有耐温、耐盐、耐剪切等特性。

5.3 油井选择性堵水剂

油井选择性堵水剂适用于不易用封隔器将油层与待封堵水层分开时的施工作业。目前所采用的选择性堵水方式不尽相同,但它们都是利用油和水、出水层和出油层之间的差异进行堵水。这类堵剂并不是只堵水层,不堵油层,实际上它对油、水都堵,只是使水相渗透率降低远比油相的大。这类堵剂按分散介质的不同分为三类,即水基堵剂、油基堵剂和醇基堵剂。它们分别以水、油和醇作溶剂配制而成。

5.3.1 水基堵剂

水基堵剂是选择性堵剂中应用最广、品种最多、成本较低的一类堵剂,它包括各类水溶性聚合物、泡沫、乳状液及皂类等。其中最常用的是水溶性聚合物。

5.3.1.1 烯丙基类聚合物

1. 部分水解聚丙烯酰胺(HPAM)

HPAM 分子链上有酰胺基—$CONH_2$ 和羧基—$COOH$,对油和水有明显的选择性,它降低油相渗透率最高不超过 10%,而降低水相渗透率可超过 90%。

(1)在油井中,HPAM 堵水剂的选择性表现在四个方面:

①由于出水层的含水饱和度较高,所以 HPAM 优先进入出水层;

②在出水层中,HPAM 中的酰胺基—$CONH_2$、羧基—$COOH$ 可通过氢键优先吸附在由于出水冲刷而暴露出来的岩石表面;

③HPAM 分子中未被吸附部分可在水中伸展,降低地层对水的渗透率;HPAM 随水流动时为地层结构的喉部所捕集,堵塞出水层(图 5.9);

④进入油层的 HPAM,由于砂岩表面为油所覆盖,所以在油层不发生吸附,因此对油层影响甚小。

(2)堵水机理。一般认为 HPAM 的堵水机理为黏度、黏弹效应和残余阻力。HPAM 溶液的黏度在流速增加及孔隙度变化的情况下都下降,这有利于 HPAM 溶液进入地层深度。当 HPAM 溶液达到相当高的流速时,就会表现出黏弹效应。残余阻力是堵水作用中最主要

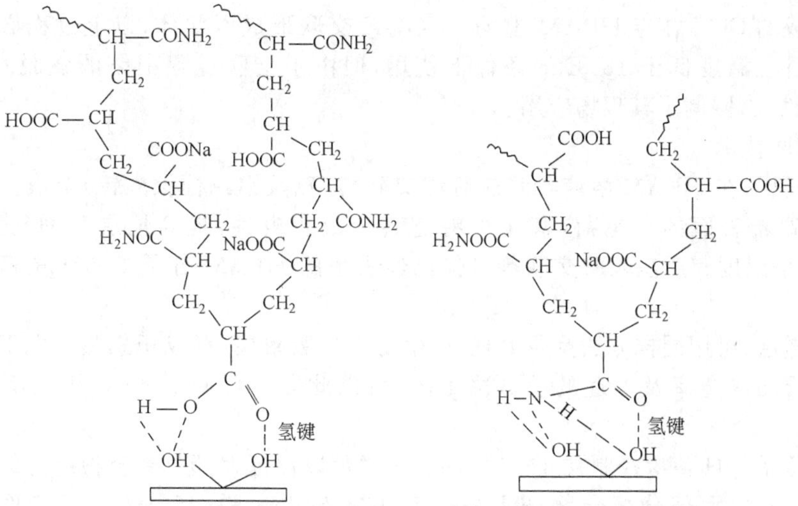

(a) 通过—COOH形成的氢键　　　　(b) 通过—CONH₂形成的氢键

图5.9　HPAM在砂岩表面的吸附

的作用,其中包括吸附、捕集和物理堵塞。

吸附作用:HPAM以亲水膜的形式吸附在地层岩石表面上,当遇到水时,便因吸水而膨胀,从而降低饱和地带的水相渗透率。当遇到油时,HPAM分子不亲油,分子不能在油中伸展,因此对油的流动阻力影响小。进入油层的HPAM,由于砂岩表面为油所覆盖而不发生吸附,因此不堵塞油层。

捕集作用:HPAM分子很大,分子量为几百万至几千万。分子链具有柔顺性,松弛时一般蜷曲呈螺旋状,而在泵送通过孔隙介质时受剪切和拉伸作用而发生形变,沿流动方向取向,能够容易地注入地层,且外力消除后,分子又松弛成螺旋状。当油气井投产时,蜷曲的聚合物分子便桥堵孔隙喉道阻止地层中水的流动。但油气能使大分子线团体积收缩,故能减少出水量而油气产量不受影响。这种堵塞是可以恢复的,只要流速超过临界值,这种捕集作用便消失了。

物理堵塞:HPAM分子链上的活性基团能与地层水中的多价金属离子反应生成凝胶,对地层孔隙形成物理堵塞,由此可限制流体在多孔介质中的流动。

2. 交联部分水解聚丙烯酰胺

当聚合物最初用于堵水时,聚合物分子的吸附与机械滞留导致水相渗透率的降低。储层中注入阴离子HPAM,在低渗透层堵水效果好,而高渗透层堵水效果较差,这是因为聚合物分子在砂岩上是单层吸附,且吸附作用小,容易被驱替,特别是在高渗或裂缝性地层中,水流经过的孔道直径比高分子尺寸大,使其堵水效果降低,因而发展了交联聚丙烯酰胺。它是利用交联生成大量网状结构的黏弹性物质占据小孔隙,从而降低地层的水相渗透率。交联剂通常为高价金属离子(Cr^{3+}、Al^{3+}、Ti^{3+}、Zr^{4+})、有机酸的高价金属盐及其他有机化合物,包括醋酸铬、柠檬酸铝/柠檬酸钛、甲醛、低分子量树脂及乌洛托品、对苯二酚等物质。交联后的HPAM抗剪切安定性和稳定性都有改善。虽然这种方法能够提高堵剂的堵水能力,但也易使堵剂失去选择性。

(1)铬交联技术。

早先人们常采用HPAM与Cr^{3+}交联形成冻胶进行堵水。典型配方为:HPAM、硫代硫酸钠和重铬酸钠,盐酸调节pH值为3~5。在使用过程中,Cr^{6+}被还原成Cr^{3+},其反应式为:

$$4Cr_2O_7^{2-} + 3S_2O_3^{2-} + 26H^+ \longrightarrow 6SO_4^{2-} + 8Cr^{3+} + 13H_2O$$

反应生成的 Cr^{3+} 再与 HPAM 上的—COOH 交联形成网状体,以上过程必须有 H^+ 参加。此配方可在温度低于 130℃ 的条件下使用,但由于交联过程中铬的强脱水收缩,加之 Cr^{3+} 本身毒性大,限制了其现场应用。

(2)铝交联技术。

对低渗透层,在 HPAM 溶液段塞前后注交联剂(硫酸铝或柠檬酸铝)溶液。先注入的交联剂可减少砂岩表面的负电荷,甚至可将它转变成正电性,提高地层表面对后来注入的 HPAM 的吸附强度。后注入的交联剂可使已经吸附的 HPAM 分子横向交联起来而不易被水带走。

对高渗透层,可用同样方法反复处理,产生更多的吸附层,形成积累膜。由于积累膜的厚薄是根据地层的渗透率及处理的次数决定的,所以此方法可使 HPAM 用在不同渗透率的地层。

铝交联体系,pH 值应控制在 4~7 之间。这样可以保证大部分聚合物链上的羧基与铝交联;当 pH 小于 4,大部分聚合物链上的羧基不能与铝交联;当 pH 大于 7 时,Al^{3+} 生成 $Al(OH)_3$,不能提供与羧基交联的铝。

(3)低分子量酚醛树脂交联技术。

该技术是利用苯酚与甲醛,或者苯酚与乌洛托品受热分解出的甲醛进行反应,生成的羟甲基苯酚和低分子量酚醛树脂作为交联剂。聚丙烯酰胺中的酰胺基团与羟甲基苯酚或者低分子量酚醛树脂中的羟甲基基团发生缩合反应,形成交联网状结构。此外,甲醛本身也能直接交联聚丙烯酰胺。

该技术的主要反应机理如下:

第一步:苯酚与甲醛反应生成羟甲基苯酚和低分子量酚醛树脂。

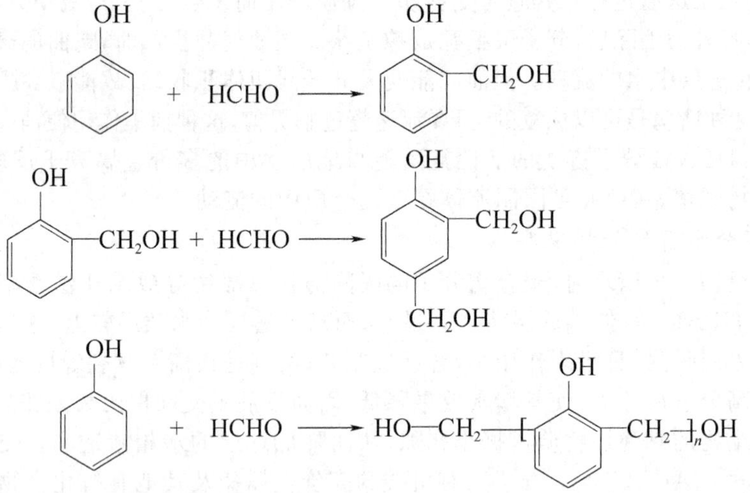

第二步:部分水解聚丙烯酰胺与甲醛、羟甲基苯酚及低分子量酚醛树脂发生缩合交联反应。

部分水解聚丙烯酰胺与甲醛交联:

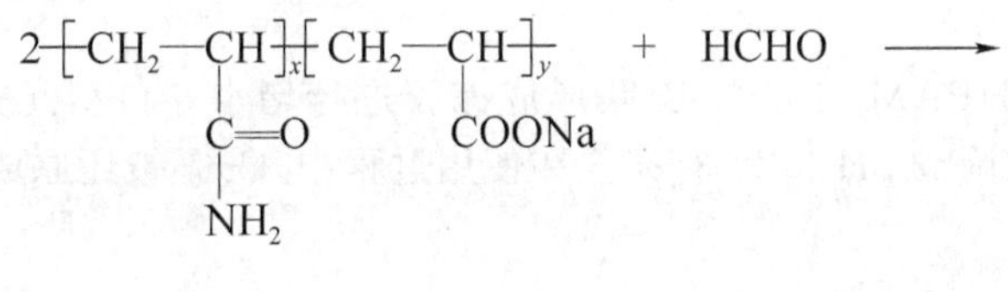

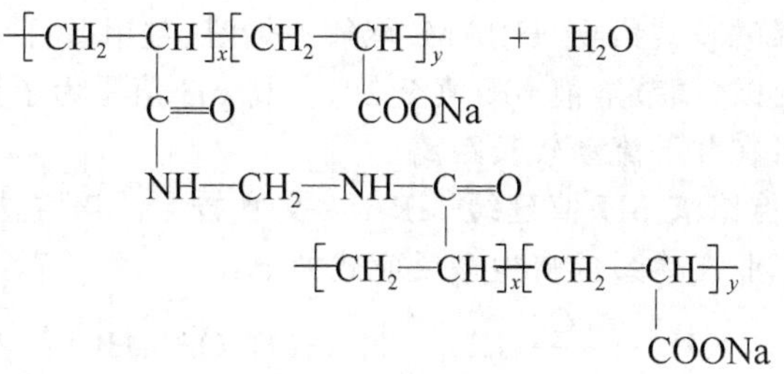

$$2\!\!-\!\!\left[CH_2\!-\!CH\right]_x\!\!\left[CH_2\!-\!CH\right]_y\ +\ H_2O$$
$$\qquad\qquad\qquad\ \ \ |\qquad\qquad\quad\ |$$
$$\qquad\qquad\qquad\ \ C\!\!=\!\!O\qquad\quad COONa$$
$$\qquad\qquad\qquad\ \ \ |$$
$$\qquad\qquad\qquad\ NH\!-\!CH_2\!-\!NH\!-\!C\!\!=\!\!O$$
$$\qquad\qquad\qquad\qquad\qquad\qquad\qquad\ \ |$$
$$\qquad\qquad\qquad\qquad\ \left[CH_2\!-\!CH\right]_x\!\!\left[CH_2\!-\!CH\right]_y$$
$$\qquad\qquad\qquad\qquad\qquad\qquad\qquad\qquad\ \ \ \ COONa$$

部分水解聚丙烯酰胺与羟甲基苯酚交联：

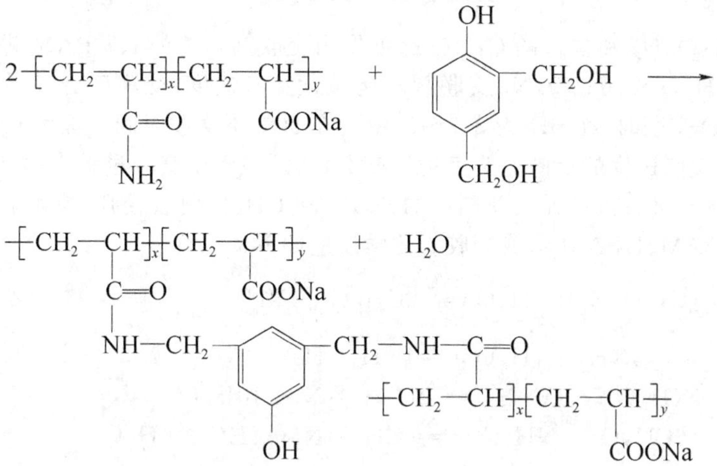

[化学反应式]

部分水解聚丙烯酰胺与低分子量酚醛树脂交联：

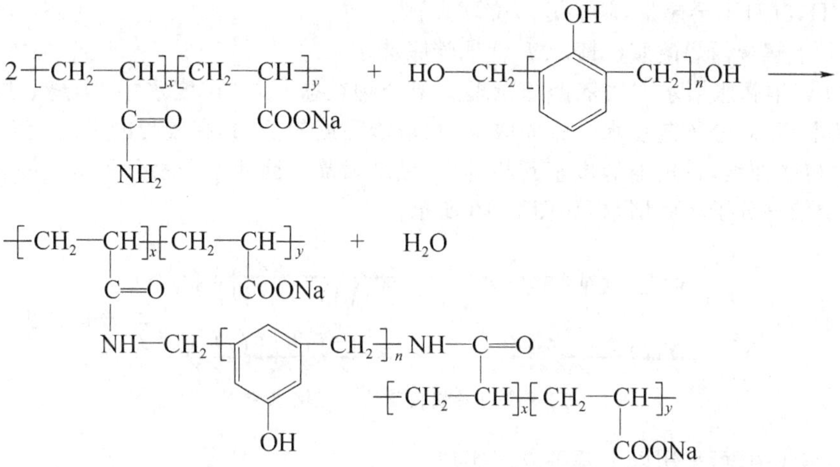

[化学反应式]

由于有机反应往往较慢，因而该技术可使体系的交联时间得到延长，有利于大剂量处理。从上述反应机理可知，弱凝胶网状结构中导入了芳香环，不仅有利于提高交联网状结构的热稳定性，而且交联强度也比金属离子交联部分水解聚丙烯酰胺的强度高。

(4) 延缓交联技术。

控制体系的pH值、温度或化学交联剂的化学特性，使交联反应不在地面完成，而是在地下所指定的部位完成，这种方法称为延缓交联。这种技术不仅利于施工和实现选择性，而且还可将堵剂送到地层深处，实现深部堵水。

国外曾经使用一种碱性延缓液进行选择性堵水，其组成是：①水溶性或水分散聚合物（聚丙烯酰胺、丙烯酸—丙烯酰胺共聚物、HPAM、聚氧乙烯醚、羧甲基纤维素、聚多糖等);②交联剂为铝酸盐或钨酸盐;③碱(调节溶液 pH 值至 10)。高 pH 值是为了抑制开始时的交联反应,延长诱导期,使封堵液可在井下流动较长距离。

又如采取自生酸调控堵液 pH 值延缓 HPAM 交联技术。该方法适用于石灰岩、砂岩油层,裂缝性油层的选堵作业。体系内自生酸反应式如下:

$$6CH_2O + 4NH_2Cl \xrightarrow{\triangle} (CH_2)_6N_4 + 6H_2O + 4HCl \quad (pH=1\sim3)$$

$$2CH_2O + K_2S_2O_8 \xrightarrow{\triangle} 2HCOOH + K_2S_2O_6 \quad (pH=3\sim4)$$

反应生成的 $(CH_2)_6N_4$ 和多余的 CH_2O 都可作为交联剂与 PAM、HPAM 进行交联。实验发现,单独使用 CH_2O 或 $(CH_2)_6N_4$ 交联剂不能兼顾交联速度、交联度、pH 值和凝胶热稳定性。如单用 CH_2O 交联时,在 pH 为 3.5~5,温度在 50℃下交联时间一般为 0.5~5.5h,但凝胶很不稳定,这是交联过度的反映。为使适度交联,必须在整个交联过程中逐渐供给所需的 CH_2O 且使其不过量。将有机二元交联剂 $(CH_2)_6N_4$ 和 CH_2O 复合使用,它们在一定 pH 值和一定温度下可与 PAM、HPAM 形成凝胶。化学反应如下:

$$(CH_2)_6N_4 + 6H_2O \underset{H^+}{\overset{25℃}{\rightleftharpoons}} 6CH_2O + 4NH_3$$

$$4NH_3 + 4H_2O \rightleftharpoons 4NH_4OH$$

$$4NH_4OH + 6CH_2O \rightleftharpoons (CH_2)_6N_4 + 10H_2O$$

$$6CH_2O + 4NH_4Cl \rightleftharpoons (CH_2)_6N_4 + 4HCl + 6H_2O$$

$$2CH_2O + K_2S_2O_8 \rightleftharpoons 2HCOOH + K_2S_2O_6$$

后两个反应为自生酸调节 pH 值体系,只要在交联过程中介质的 pH 值为酸性,则会逐渐适量供应 CH_2O 且不会超量,就会延缓交联过程。

(5)部分水解聚丙烯酰胺(HPAM)就地膨胀堵水。

HPAM 就地膨胀堵水方法依据的原理是聚合物在盐水、高矿度水中,阳离子屏蔽了大分子链上的负电荷,高分子链在水中蜷曲收缩,水溶液黏度较低,具有较强的吸附能力;而聚合物链在淡水中溶胀伸展,带负电的羧基互相排斥,黏度增高。因此聚合物分子呈收缩状态进入地层,在生产中依靠分子溶胀堵水,如图 5.10 所示。

图 5.10 聚丙烯酰胺就地膨胀堵水原理

在施工作业中,可采用以下两种方法实现。

方法 1:将 HPAM 与高于地层水矿化度的盐水一起注入地层。注入时聚合物分子呈收缩状态,溶液黏度低。此外,HPAM 分子在收缩状态时的吸附能力比溶胀状态时强,因此在地层孔隙表面上形成了一层致密的吸附层。在生产过程中,矿化度小的地层水不断替换浓度高的盐水,使吸附层溶胀,从而有效地控制地层水的产出,而烃类仍能通过孔隙中间流动。

方法 2:原理上与方法 1 相似。聚合物分子也是呈收缩状态注入地层,在地层中依靠分子溶胀来堵水。不同的是用非离子型的 PAM 代替了阴离子型的 HPAM,吸附层的长大是通过加入溶胀剂进行处理,而不是靠矿化度的递减来实现。实验中用质量分数为 1% 的 K_2CO_3 作为溶胀剂,使 PAM 分子适度碱性水解并在地层中溶胀。由于是将聚合物溶解并注入地层,加之非离子型的 PAM 分子对盐水几乎没有敏感性,施工时不必考虑地层水的矿化度。与 HPAM 相比,PAM 水溶液的黏度稍低而在储层岩石上的吸附量增加。

3.部分水解聚丙烯腈(HPAN)

国内 HPAN 的生产主要是利用腈纶废丝的碱性水解来实现。

部分水解聚丙烯腈作为一种选择性堵水剂主要用于地层水中多价金属离子含量高的地层。HPAN 的分子结构如下:

$$\left[CH_2-CH\atop CN\right]_x\left[CH_2-CH\atop CONH_2\right]_y\left[CH_2-CH\atop COONa\right]_z$$

(1)HPAN 的特点:与地层水中的电解质作用形成不溶的聚丙烯酸盐,但沉淀物的化学强度低,形成的聚丙烯酸钙是溶解可逆的。水解聚丙烯酸盐沉淀物存在淡化问题,即在淡水中由于析出离子开始变软,最后溶解。化学反应如下:

$$\left[CH_2-CH\atop CN\right]_n \xrightarrow{OH^-} \left[CH_2-CH\atop COONa\right]_n \xrightarrow{CaCl_2} {R-COO\atop R-COO}\!\!>\!\!Ca\downarrow+NaCl$$

(2)选堵机理:HPAN(黏度为 250~500mPa·s)分子结构中的羧基与地层水(或人工配制的高矿化度水)中多价金属离子 Ca^{2+}、Mg^{2+}、Fe^{3+} 作用,生成丙烯酸盐沉淀,封堵地层孔道,控制水的流动。而油层中不含高价金属离子,HPAN 不能生成沉淀,在油井生产时随油流带回地面,因而有选择性封堵作用。

HPAN 用于高矿化度地层堵水时,地层水中多价离子含量要求大于 30g/L。如果地层水矿化度不够高,可采用人工矿化的办法,即在注入 HPAN 溶液的前置液和后置液中交替补注一些多价金属盐溶液,如氯化钙、氯化亚铁、硝酸铝等溶液,以增加沉淀物量,提高封堵效果。当向地层注入氯化钙水溶液时,HPAN 的羧基能发生如下反应:

$${R-COONa\atop R-COONa}+CaCl_2\longrightarrow {R-COO\atop R-COO}\!\!>\!\!Ca\downarrow+2NaCl$$

反应生成物为稳定的絮状物,可有效地堵塞出水层。典型配方(溶液浓度按质量分数计)为:甲液为浓度 6.5%~8.5% 的 HPAN 溶液,乙液为浓度 20%~30% 的 $CaCl_2$ 水溶液,隔离液为轻质原油或柴油,配比(体积)为:甲液:乙液:隔离液=2:1:1。该配方适用于砂岩油层堵水,处理层温度为 40~90℃。

在 HPAN 溶液中添加磷酸氢二钾(K_2HPO_4)或磷酸二氢钾(KH_2PO_4)可进行单液法堵水,由于 K_2HPO_4 或 KH_2PO_4 可与地层水中的多价金属阳离子作用,生成酸式磷酸盐固体沉淀,并与 HPAN 的多价金属盐沉淀混合在一起,其封堵效果显著,常用的配方(溶液浓度按质量分数计)为:K_2HPO_4 5%~20%,HPAN 5%~10%。

从结构上看,HPAN 和 HPAM 相类似,也能与一些交联剂发生交联反应,生成具有三维网状结构的冻胶进行堵水。常用的交联剂包括:甲醛、低分子量苯酚—甲醛缩聚物、乌洛托品等。

其他的配方有:

配方1:HPAN+甲代苯撑基双异氰酸酯/聚氧丙烯二醇缩聚物。用甲代苯撑基双异氰酸酯/聚氧丙烯二醇缩聚物配成的质量分数为50%的丙酮溶液代替甲醛和HCl交联HPAN,可使地层堵水率由75%提高到90%～94%。

配方2:HPAN+甲醛溶液+乌洛托品+氯化铵。其配方(质量比)为:质量分数10%的HPAN占70%～80%,质量分数37%的甲醛占14%～20%,乌洛托品占1%～5%,NH$_4$Cl占1%～9%。由上述组分得到的混合体系凝胶稳定性好,不失水,不收缩,封堵效率高。

配方3:HPAN+水泥。在HPAN溶液中加入适量水泥悬浮物,一方面可将水泥导入较深地层,还可增加封堵的强度。苏联用该法施工89口井,成功率79%。

4. 阴阳非离子三元共聚物

(1)部分水解的丙烯酰胺/(3-酰胺基-3-甲基)-丁基三甲基氯化铵共聚物。

$$\left[\begin{array}{c}CH_2-CH\\|\\CONH_2\end{array}\right]_x\left[\begin{array}{c}CH_2-CH\\|\\COONa\end{array}\right]_y\left[\begin{array}{c}CH_2-CH\\|\\CONH\\|\\CH_3-C-CH_2-\overset{+}{N}-CH_3Cl^-\\|\quad\quad|\\CH_3\quad\quad CH_3\end{array}\right]_z$$

这是一种阴阳非离子三元共聚物。这种共聚物是通过丙烯酰胺(AM)与(3-酰胺基-3-甲基)-丁基三甲基氯化铵(AMBTAC)共聚水解得到,所以它也称为部分水解的AM/AMBTAC共聚物。上面分子式中$(x+y):z$最好在85:15到65:35范围,分子量大于1.0×10^5,水解度在0～50%之间。堵水使用浓度为100～5000mg/L。

从分子结构上可以看到,这种堵剂的分子中有阴离子、阳离子和非离子链节。它的阳离子链节可与带负电的砂岩表面产生牢固的化学吸附,它的阴离子、非离子链节除有一定数量吸附外,主要是伸展到水中增加水的流动阻力,其封堵能力优于HPAM。表5.4说明,它在岩心中的阻力系数和残余阻力系数均比HPAM的大,说明其具有更好的封堵能力。

表5.4 部分水解AM/AMBTAC共聚物与HPAM封堵能力的比较

聚合物	阻力系数	残余阻力系数
部分水解AM/AMBTAC共聚物	7.229	3.739
HPAM	5.023	2.031

(2)部分水解的AM/二甲基二烯丙基氯化铵(DMDAC)共聚物。

部分水解的AM/二甲基二烯丙基氯化铵(DMDAC)共聚物的结构式为:

$$+(CH_2-CH)_x(CH_2-CH)_y(CH_2-CH-CH-CH_2)_z$$
$$\begin{array}{ccc}|&|&|\quad\quad|\\CONH_2&COONa&CH_2\quad CH_2\\&&\searrow\quad\swarrow\\&&\overset{+}{N}\quad Cl^-\\&&\diagup\;\diagdown\\&&CH_3\quad CH_3\end{array}$$

这种共聚物是通过丙烯酰胺(AM)与二甲基二烯丙基氯化铵(DMDAC)共聚、水解得到,也称为部分水解AM/DMDAC共聚物。上式中的$x:y:z$(质量比)最好为1:1:1。这种共聚物一般与黏土防膨剂、互溶剂和表面活性剂一起使用。例如将0.2%～3%共聚物溶于2%氯化钾中,再加入5%～20%互溶剂(如乙二醇丁醚)和0.1%～1.0%表面活性剂(可与阴离子、非离子型表面活性剂或含氟的季铵盐表面活性剂)一起使用。

(3)CAN-1共聚物。

CAN-1共聚物的分子结构式与部分水解的AM/二甲基二烯丙基氯化铵(DMDAC)共聚物的结构式相同。

只不过它是由丙烯酸(AA)、AM和DMDAC按1:1:1比例聚合而成的,该聚合物中AA为30%,AM为40%,DMDAC为10%,其余20%为未聚合的游离DMDAC。使用时常用清洁盐水作载液,以避免伤害水敏性黏土层。除此之外,还应加入一定量的互溶剂乙二醇丁醚和季铵盐型阳离子表面活性剂,其作用是清洗地层,用以帮助润湿岩石表面及穿透油层表面,并帮助返排液体。现场试验表明,它可用于砂岩、碳酸盐岩和白云石等地层的堵水,其适宜配方(体积%)为:共聚物(AA/AM/DMDAC)1%、互溶剂10%、表面活性剂0.2%、KCl溶液2%。

5. 颗粒型高吸水树脂堵水剂

高吸水树脂(SAR或SAP)始于1961年美国的淀粉接枝丙烯腈。20世纪70年代,高吸水性聚合物得到了长足的发展,目前人们开始将它应用于石油开采中。利用高吸水树脂的高吸水性不仅可以实现对油井的选择性堵水,降低采出液的含水率;还可实现对注入井近井地带高渗透层的堵塞,有效调整地层的吸液剖面,使注入液转向低渗透层,有利于提高后续注入液在油藏中的波及效率,进而提高原油采收率。高吸水树脂根据原料来源不同可分为淀粉型、纤维素型和合成聚合物型,其中以丙烯酸、丙烯酰胺为原料制备的合成聚合物型吸水树脂在油田使用较多。工业制备吸水树脂常采用溶液合成法和非均相合成法。

(1)溶液合成法。

溶液合成法又称溶液聚合法,它一种是反应物溶于适当的溶剂中,在光照、加热、辐射或引发剂的作用下进行的合成方法。溶液合成法又可分为均相溶液合成法和非均相溶液合成法。前者是溶剂,既能溶解反应物,也能溶解产物,反应得到的是高聚物溶液。例如丙烯酸溶于水后,加入过硫酸铵引发剂在反应釜中加热至一定温度聚合,可得聚丙烯酸水溶液,然后加入交联剂N,N'-甲撑基双丙烯酰胺(MBAM)就可得到交联聚丙烯酸吸水树脂。后者是溶剂,只能溶解反应物,而不能溶解产物,因此后者也称沉淀聚合。总的来说,在制备颗粒型高吸水树脂时,无论是采用均相溶液聚合法还是采用非均相溶液聚合法,均需要经过滤、洗涤、干燥、粉碎、筛分等步骤。

(2)非均相合成法。

非均相合成法是指反应物与反应介质互不相溶,而形成两相或多相的非均相体系的合成方法。非均相合成法包括:悬浮合成法、反相悬浮合成法、乳液合成法、反相乳液合成法四种。采用这四种方法所制备的颗粒粒径一般由分散剂或表面活性剂的性质及用量、搅拌情况而定。一般采用后两种方法合成的高吸水树脂颗粒粒径比用前两种方法合成的小一到两个数量级,为$0.05\sim0.15\mu m$。

为了改善高吸水树脂颗粒的耐温耐盐性能。通常在制备过程需要引入功能性单体,这些单体通常为阳离子单体和阴离子单体。阳离子单体带正电荷,能有效地吸附于带负电荷的砂岩表面,同时不易受Na^+、Ca^{2+}、Mg^{2+}等离子的影响,另外,阳离子的空间位阻及诱导效应进一步增强了其耐温耐盐性;阴离子单体选择含有大侧基和对温度不敏感的磺酸基的单体,可增加高分子链的刚性。

典型的颗粒堵剂合成配方为:

(1)以丙烯酸(AA)、丙烯酰胺(AM)为主剂,N,N'-甲撑基双丙烯酰胺(MBAM)为有机交联剂,AMPS或者对苯乙烯磺酸钠为功能性离子单体,采用氧化还原引发体系,制备耐温耐盐高吸水颗粒型堵水剂。该堵水剂可耐140℃高温，在矿化度$20×10^4$mg/L条件下，吸水膨胀倍数达10倍以上。

（2）以丙烯酸（AA）、丙烯酰胺（AM）为主剂，N,N'-甲撑基双丙烯酰胺（MBAM）为有机交联剂，甲基丙烯酸甲酯（MMA）为功能性单体，在添加钠基膨润土作为填料的情况下，通过氧化还原引发剂制得的预交联颗粒在盐度为$0.1×10^4 \sim 1×10^4$mg/L的盐水中膨胀倍数仍可达40～80倍，在80℃下放置2个月后性能良好。

（3）以丙烯酸（AA）、丙烯酰胺（AM）为主剂，N,N'-甲撑基双丙烯酰胺（MBAM）为有机交联剂，若加入疏水单体（含乙酸酯基）和无机矿物填料（膨润土、凹凸棒土），以过硫酸铵作为自由基引发剂，通过乳液聚合得到的预交联颗粒，在120℃水中的最大膨胀倍数可达190倍，在130℃、$25×10^4$mg/L矿化度的模拟地层中老化600h以上未观察到分解，且具有很好的强度。

（4）利用单体AMPS，加入抗温材料（含有Si—Si结构的无机物质），再加入有机硅类化学连接剂将聚合物和抗温材料连接在一起，进一步增强体系的强度及耐温性，在矿化度$35×10^4$mg/L（含Ca^{2+} $0.5×10^4$mg/L，Mg^{2+} $0.1×10^4$mg/L）、135℃下养护3d后，膨胀倍数在10倍以上。

5.3.1.2 泡沫堵水

泡沫是一种多相热力学不稳定分散体系。它作为一种选择性堵水剂主要是由其外相（连续相）所决定。目前油田所使用的泡沫堵水剂有三类：两相泡沫堵水剂、三相泡沫堵水剂和泡沫凝胶堵水剂。

1. 两相及三相泡沫堵水剂

只含气相和液相的泡沫堵水剂称为两相泡沫堵水剂。该堵水剂常用的起泡剂为十二烷基磺酸钠（AS）和十二烷基苯磺酸钠（ABS）。为了提高该泡沫体系的稳定性，常在液相中加入稠化剂羧甲基纤维素（CMC）、聚乙烯醇（PVA）、聚乙烯吡咯烷酮（PVP）、部分水解聚丙烯腈（HPAN）、部分水解聚丙烯酰胺（HPAM）。有研究表明，固体粉末能有效附着在气液界面上，成为气泡相互合并的障碍，增加了液膜中流体流动的阻力，使稳定性显著提高。因此，若在两相泡沫体系中加入膨润土及碳酸钙粉末可将泡沫体系的半衰期提高12.5～31.7倍。这种含有固相的泡沫体系称为三相泡沫体系。

制备泡沫用的气体可以是空气、氮气或二氧化碳，后两种气体可由液态转变而来。特别是液态二氧化碳使用方便，当温度达31.0℃（二氧化碳的临界温度）时就转变为气体。氮气也可用化学反应产生，方法是向地层注NH_4Cl和$NaNO_2$或NH_4NO_2，用pH值控制系统（如$NaOH+CH_3COOCH_3$）使体系先碱后酸，即开始时体系为碱性，抑制氮气产生，当体系进入地层后，pH值转变为酸性，亚硝酸铵分解产生氮气，起泡剂溶液转变为泡沫。其化学反应如下：

$$NH_4Cl+NaNO_2 \Longrightarrow NH_4NO_2+NaCl$$

$$NH_4NO_2 \xrightarrow[\triangle]{H^+} N_2+2H_2O$$

泡沫堵水的作用机理：

（1）泡沫以水作外相，可优先进入出水层，泡沫黏附在岩石孔隙表面上，可阻止水在多孔介质中的自由运动。岩石表面原有的水膜，能阻碍气泡的黏附，加入一定量的表面活性剂（起泡剂）能减弱这种水膜。

（2）由于气泡通过多孔介质的细小孔隙时需要变形，由此而产生的贾敏效应和岩石孔隙中泡沫的膨胀，使水在岩石孔隙介质中的流动阻力大大增加。

由于油水界面张力远小于水气界面张力，按界面能减小的规律，稳定泡沫的表面活性剂将大量移至油水界面而引起泡沫破坏，使得泡沫在油层不稳定。因此，泡沫也是一种选择性堵剂。

用于堵水的两相泡沫的一般配方（质量分数）为：起泡剂浓度 0.5%～3%，稳定剂浓度 0.3%～1.5%，泡沫的气含率（体积分数）为 70%～85%。为了提高泡沫的效果，常采用由水溶液、气体和固体粉末（如膨润土、碳酸盐粉等）组成的三相泡沫进行堵水。三相泡沫堵水剂的典型配方（质量分数）为：ABS 1.5%～2.0%，CMC 0.5%～1.0%，膨润土 6%～8%，气含率为 70%～80%。

2. 泡沫凝胶堵水剂

泡沫凝胶堵水是将起泡剂溶于高分子的聚合物溶液中并加入交联剂，然后注入气体（天然气、氮气或地下自生气），在地层中先产生以液体为分散介质的泡沫，随后聚合物与交联剂相互作用形成凝胶。泡沫凝胶堵水剂由水溶液、气体和凝胶组成，因此它的性质很特别，体系在交联反应前表现为泡沫行为，在交联反应后表现为本体胶行为。与水基泡沫相比，它的连续外相是凝胶；与凝胶相比，它在凝胶内含有大量均匀分布的气体。因而，其机械强度要高于一般的水基泡沫，封堵能力更强，有效期更长。这种泡沫凝胶体系可以处理高渗透层出水层位的封堵和非均质性严重的注水井剖面的调整，也可用防砂处理。通过对该体系的室内实验研究认为，对裂缝性、大孔道、边底水活跃的非均质油藏，该体系有很大的应用前景。

泡沫凝胶堵水机理：

（1）成胶前，泡沫凝胶起水基堵剂的作用，注入时将优先进入出水层，并在出水层中稳定存在，通过叠加的贾敏效应对水起封堵作用。

（2）泡沫凝胶注入地层后，在一定时间内成胶形成以凝胶为外相的泡沫，极大地提高了泡沫体系的稳定性，能更有效地封堵高渗透层和高产液量裂缝性含水层。

常用的泡沫凝胶体系有 HPAN/甲醛泡沫凝胶（典型配方为：浓度为 10% 的 HPAN 占 13%，37% 的甲醛占 20%，10% 的 HCl 溶液占 13%，均为体积分数）和硅酸钠泡沫凝胶〔典型配方为：AS 0.5%，CMC（稳定剂）0.6%，碳酸铵 0.5%，硅酸钠 6.0%，均为质量分数〕。

5.3.1.3 松香酸皂

松香酸（$C_{19}H_{29}COOH$），浅黄色，高皂化点，非结晶。松香酸不溶于水，其 Na 皂、NH_4^+ 盐溶于水。

松香酸钠是由松香（80%～90%松香酸）与碳酸钠（或 NaOH）反应生成：

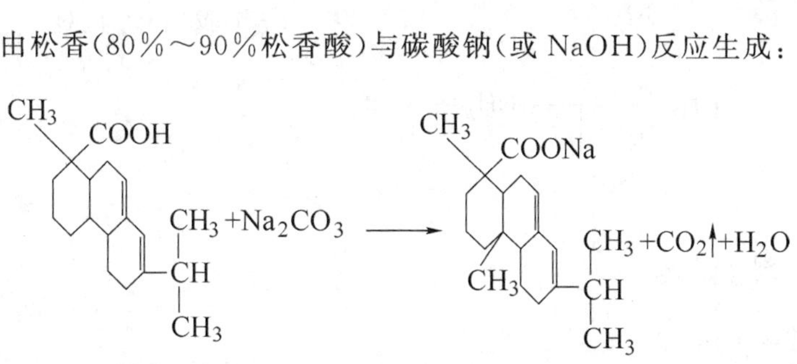

松香酸 + Na_2CO_3 → 松香酸钠 + $CO_2\uparrow$ + H_2O

而松香酸钠可与钙、镁离子反应，生成不溶于水的松香酸钙、松香酸镁沉淀：

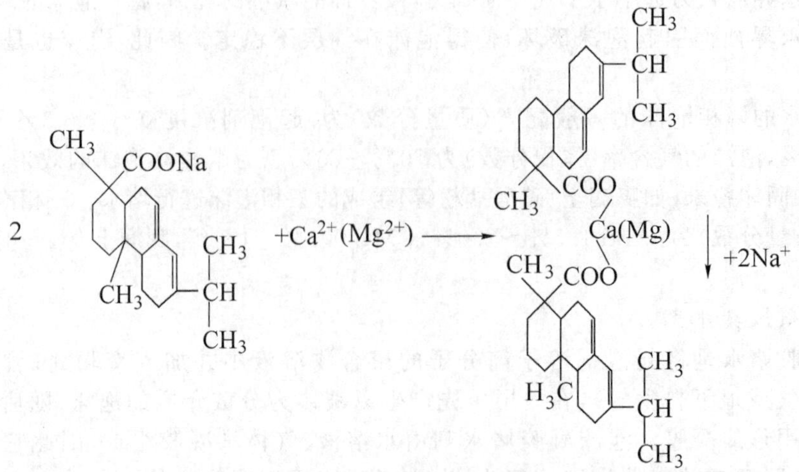

[松香酸钠与 Ca²⁺(Mg²⁺) 反应生成沉淀的化学反应式]

在使用过程中,先将松香加入 90℃ 的 NaOH 溶液中进行皂化生成松香酸钠,然后用水稀释成 7%～15% 的浓度泵入地层。由于堵剂配制液的黏度小于 30mPa·s,因此堵剂易泵入地层并能优先进入出水层。进入出水层的松香酸钠在地层中与 Ca^{2+}、Mg^{2+} 发生反应生成固体沉淀,可堵塞出水层段。由于出油层不含 Ca^{2+}、Mg^{2+},故不发生堵塞,所以为选择性堵水剂。制备松香酸钠的各组分配比为:松香:氢氧化钠=1:0.18(质量分数),使用温度为 40～60℃,凝固时间 0.5～3h。该堵剂适用于砂岩油藏油井堵水,地层水中 Ca^{2+}、Mg^{2+} 含量大于 5000mg/L,可采用单液法注入,也可采用段塞法注入。

类似的还有山嵛酸钾皂和环烷酸皂。炼油厂的碱渣主要成分是环烷酸皂。这种废液是暗褐色易流动液体,密度和黏度都接近于水,热稳定性好,无毒,易同水和石油混溶,但对 Ca^{2+} 和 Mg^{2+} 极为敏感。当与 Ca^{2+}、Mg^{2+} 接触时会生成强度高、黏附性好的憎水性堵水物质。化学反应为:

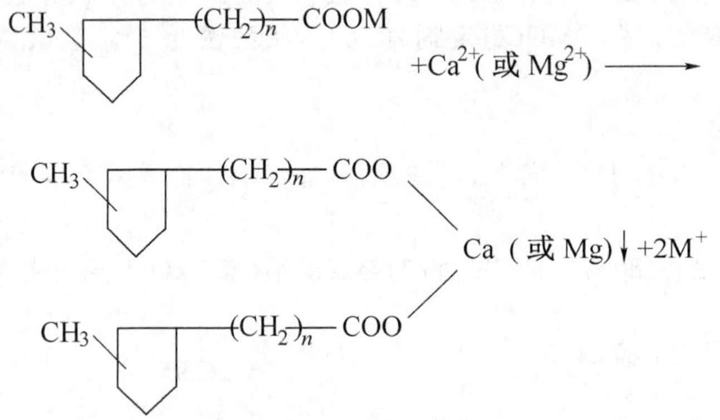

[环烷酸皂与 Ca²⁺(或 Mg²⁺) 反应生成沉淀的化学反应式]

5.3.2 油基堵剂

5.3.2.1 有机硅类

适用于选择性堵水的有机硅化合物较多,烃基卤代甲硅烷是有机硅化合物中使用最广泛的一种易水解、低黏度的液体,其通式为 $R_n SiX_{4-n}$。其中 R 为烃基、X 表示卤素(F、Cl、Br、I),n 为 1～3 的整数。由于烃基卤代甲硅烷是油溶性的,所以须将其配成油溶液使用。下面以二甲基二氯甲硅烷 $(CH_3)_2 SiCl_2$ 为例说明卤代甲硅烷选择性堵水机理。

(1)卤代甲硅烷可与砂岩表面的羟基反应,使砂岩表面憎水化,其反应可表示如下:

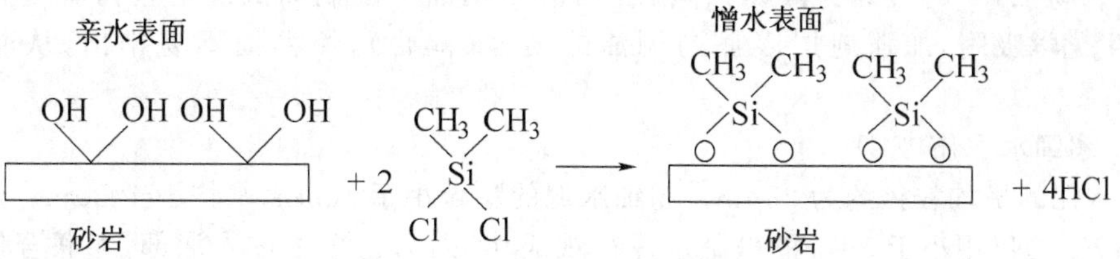

$$\text{砂岩—(OH)}_4 + 2(CH_3)_2SiCl_2 \longrightarrow \text{砂岩—}[O-Si(CH_3)_2]_2 + 4HCl$$

（亲水表面 → 憎水表面）

由于出水层的砂岩表面由亲水反转为亲油,增加了水的流动阻力,因而减少了油井出水。

(2)卤代甲硅烷可与水反应生成硅醇。硅醇很易缩聚,生成聚硅醇。下面是$(CH_3)_2SiCl_2$与水的反应:

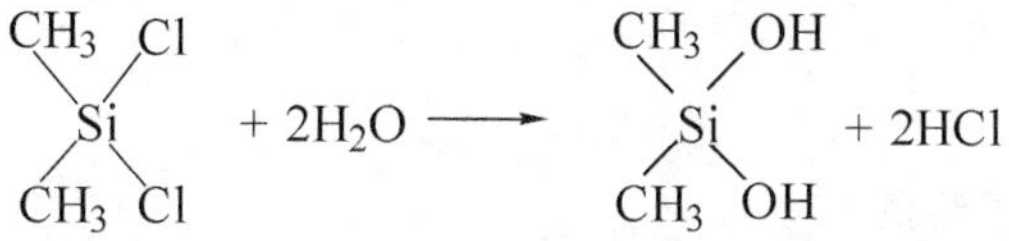

$$(CH_3)_2SiCl_2 + 2H_2O \longrightarrow (CH_3)_2Si(OH)_2 + 2HCl$$

二甲基甲硅二醇很易缩聚,生成聚合度足够高的不溶于水的聚二甲基甲硅二醇沉淀,封堵出水层。

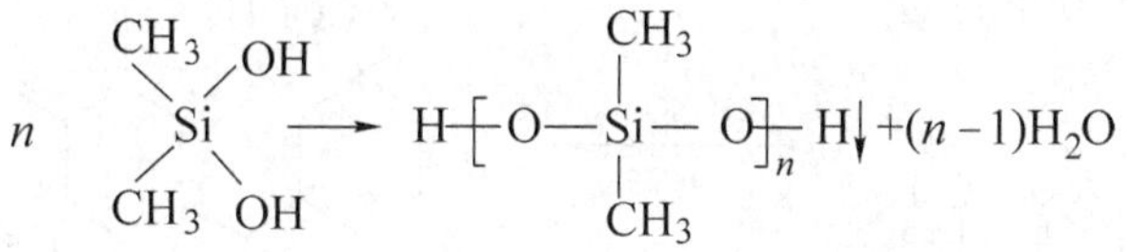

$$n(CH_3)_2Si(OH)_2 \longrightarrow H[O-Si(CH_3)_2-O]_nH \downarrow + (n-1)H_2O$$

实际应用中,由于烃基卤代硅烷价格昂贵,并且与水反应剧烈,不便于直接使用,所以常采用烷基氯硅烷生产过程中的釜底残液部分水解制堵剂。该堵剂适用于砂岩油层堵水,适用井温为150～200℃。需要注意的是施工时要求绝对无水。

5.3.2.2 稠油类堵剂

(1)活性稠油。活性稠油是指溶有表面活性剂的稠油。活性稠油泵入地层后与地层水形成油、水分散体,产生黏度比稠油高得多的油包水型乳状液,并改善岩石界面张力。体系中油滴产生贾敏效应,使水的流动受阻,降低水相渗透率,而在油层,由于没有水或即使有水但数量很少,也不能形成高黏的乳状液,因此油在渗流过程中受到的阻力很小,可见,活性稠油对油井的出水层有选择性封堵作用。

稠油中本身含有一定数量的 W/O 型乳化剂,如环烷酸、胶质、沥青质。这类表面活性剂往往由于 HLB 值太小不能满足稠油乳化成油包水型乳状液的需要,所以需加入一定量 HLB 值较大的表面活性剂,如 AS、ABS、油酸、Span-80 等。

配制活性稠油所用稠油(胶质、沥青质含量大于50%)的黏度最好在 300～1000mPa·s,表面活性剂在稠油中的浓度一般为 0.05%～2%(按质量分数计)。活性稠油用量为每米厚油层 2～5m³。

(2)稠油—固体粉末。在乳化剂的作用下,稠油、固体粉末混合液泵入地层后与地层水形成油包水型乳状液,可改变岩石表面性质,使地层水的流动受阻并因此降低水相渗透率。其稠油中胶质和沥青含量应大于 45%,黏度大于 500mPa·s,固体粉末贝壳粉、石灰或水泥的粒度为150～200 目,表面活性剂为 AS 或 ABS。典型配方(按质量分数计)为:稠油:固体粉末:水=100:3:230。该堵剂可用于出水类型为同层水的砂岩油层堵水,在注入地层前应加热至50～70℃。

(3)耦合稠油。该堵剂是将低聚合度、低交联度的苯酚—甲醛树脂、苯酚—糠醛树脂或它们的混合物(21℃时最好为液体)作耦合剂溶于稠油中配制而成。这些树脂与地层表面反应,发生化学吸附,加强地层表面与稠油的结合(耦合),使稠油不易排出,从而延长有效期。

5.3.2.3 超细水泥(SPSC)

普通水泥的平均粒径约为 25μm。超细水泥的颗粒小于 10μm,平均小于 5μm。选择性堵水作业(SWCP)仅用小于 5μm 的微细水泥很难成功,因为它很难进入深部,若联合使用延迟交联的复合聚丙烯酰胺可以进入油层深部,将近井地带通道封死并有助于防止聚合物返排出来。

可将超细水泥配成高浓度延迟反应油基水泥浆,进入高渗透或裂缝大通道封堵水层。该堵剂仅在遇到水后沉积形成堵塞。

5.3.3 醇基堵剂

5.3.3.1 松香二聚物的醇溶液

松香可在硫酸作用下进行聚合,生成松香二聚物。

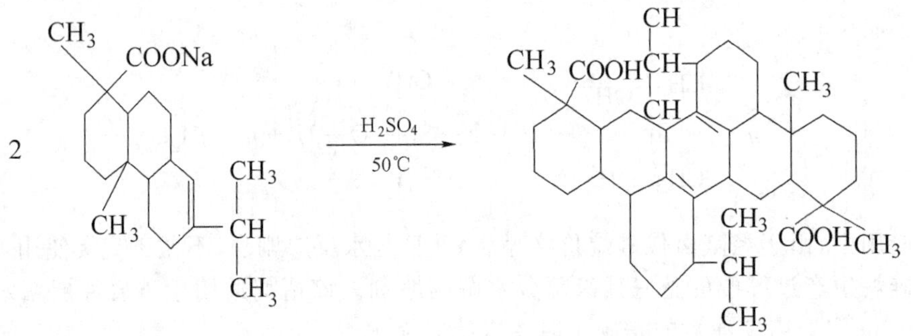

松香二聚物易溶于低分子醇(如甲醇、乙醇、正丙醇等)而难溶于水,当松香二聚物的醇溶液与水相遇,水即溶于醇中,降低了低分子醇对松香二聚物的溶解度,使松香二聚物饱和析出。由于松香二聚物软化点较高(至少 100℃),所以松香二聚物析出后以固体状态存在,对于水层有较高的封堵能力。

在松香二聚物的醇溶液中,松香二聚物的含量为 40%~60%(按质量分数计),含量太大,则黏度太高;含量太小,则堵水效果不好。其用量为每米厚地层 1m³ 左右。

5.3.3.2 醇—盐水沉淀堵剂

该方法是向注水井地层先注入浓盐水,然后再注入一个或几个水溶性醇类(如乙醇)段塞。醇与盐水在地层混合后会产生盐析,封堵高渗透层,使其渗透率降低 50%,使原油采收率提高 15%。实验表明:盐水的浓度为 25%~26%(按质量分数计),乙醇的浓度为 15%~30%(按质量分数计)时是适宜的,其注入量为 0.2~0.3PV,采用多段塞注入方法的效果更为明显。由于醇和盐水的流动性好,有利于选择性封堵高渗透含水层。

5.3.3.3 醇基复合堵剂

C. M. Kacy MoB 等人在实验研究的基础上,研制了一种新的封堵材料,主要成分为水玻璃($Na_2O \cdot mSiO_2 \cdot nH_2O$,模数为 2.9);第二种组分为 HPAM,其作用是与地层水混合后能提高混合液的黏度和悬浮能力;第三种组分是浓度不高的含水乙醇,作用是加速盐类离子的凝聚过程。乙醇能提高吸附离子接近硅酸胶束表面膜的能力,从而可增加凝胶的吸附量。该堵剂遇水后析出沉淀堵塞水流通道。

综上所述,在选择性堵剂中,聚合物堵剂、泡沫堵剂和稠油堵剂以其各自的特点引起了人们的重视。部分水解聚丙烯酰胺有独特的堵水选择性,且易于交联,适用于不同渗透率的地层。泡沫虽有效周期短,但能用于大规模施工,成本低,且对油层不会产生伤害,是一种较好的选择性堵剂。稠油是堵剂中唯一可回收使用的堵剂,它与泡沫有相同的优点。

5.3.3.4　破乳可控 O/W 型乳液堵剂

破乳可控 O/W 型乳液堵剂是由油溶性树脂或者沥青与水配置而成。在现场施工应用时,将具有破乳可控性的乳化体系注入地层后,需关井一段时间,使乳液体系充分破乳。破乳后,油溶性树脂和沥青发生聚结而堵塞地层孔隙;油溶性树脂和沥青颗粒也可吸附在带负电荷的岩石表面,改变孔道表面的亲水性,缩小孔道,对水流产生阻力,减小水相渗透率;由于油溶性树脂和沥青颗粒易溶于油,所以对油流孔道基本无伤害。

破乳可控 O/W 型乳化液作为一种颗粒型堵剂,其内相若由具有适当软化点的沥青颗粒组成,则这些沥青颗粒在地层空隙中不仅会产生贾敏效应,而且还会因为颗粒之间的较强吸引力黏结成片,减小地层岩石颗粒的运移,对地层起到一定的保护作用。例如:在单岩心物理模拟实验中发现,使用一种软化点为 65℃ 的改性沥青配置成的破乳可控 O/W 型乳化体系,不仅对不同渗透率地层的封堵率高(均高于 92%),对油相封堵率小(小于 6.2%),而且具有较强的耐水冲刷性。

5.4　油井堵水工艺和堵水效果评定

化学堵水的成败决定于三个因素:堵剂性能、施工工艺和储层条件。施工工艺必须与油藏的储层特征、出水特征相适应。储层条件是客观因素,也是成败的关键。只有当堵剂筛选合适,注入工艺、施工参数和治理措施合理时,才能获得理想的堵水效果。

油井堵水方法不同,选井条件也不尽一致。根据我国油田的实际情况和堵水方法,大致有以下原则。

5.4.1　油井堵水选井原则

(1)初期产能高,产液量高,累计水油比不大于1,一般不超过2;
(2)综合含水高(大于80%);
(3)油井单层厚度较大,一般在2m以上;
(4)油井固井质量好,无层间窜槽;
(5)出水类型及出水位置清楚;
(6)油井各油层纵向渗透率差异较大。

5.4.2　油井堵水工艺条件

5.4.2.1　挤堵方式

(1)全井笼统挤堵。在油井上不分层段,在相同压力下挤注堵剂的方式称为全井笼统挤堵。油藏储层纵向上渗透率差异大,当油井见水后,主要产液段通常就是主要出水段,出水段的渗透率和含水饱和度高于出油段,在此种情况下可采用全井笼统挤堵。另外,对于油井井身结构或生产管柱无法满足下封隔器的情况下,也可采用全井笼统挤堵。全井笼统挤堵要求堵剂要有良好的渗透率选择性,否则极易对油层产生严重伤害。

(2)下封隔器。倘若储层纵向渗透性差异小,油水有明显分层,为使堵剂有效地进入主要出水层段,就必须下封隔器。这种方式适合于油层钻开厚度大、裂缝段多而渗透性差异小的油井堵水。由于是大层段分隔，挤堵时仍应在低压小排量下进行，使堵剂能有效地封堵出水缝洞。

5.4.2.2 挤堵方法

裂缝性碳酸盐岩油藏采用聚丙烯酰胺堵剂堵水，通常采取锥形段塞挤堵方式，它比连续段塞挤堵成功率高(表5.5)。这种方法是以溶胶作前缘，凝胶段塞能提高井筒附近的封堵能力，对早期堵水或生产段少且厚度小的井更适宜。这是因为溶胶具有较好的选择性，在地层深部又能起到调整油水流度比的作用，以限制水的指进。当油井生产时，在井筒附近有较大的压力降，堵剂易被突破，必须用高强度凝胶体封堵，方能控制水的窜流和溶胶返排，获得较好的堵水效果。但对于缝洞发育、多层段生产的油井，要注意提高整个段塞的封堵强度，应采用不同浓度或不同种类的凝胶锥形封堵。锥形堵塞挤堵方式由于黏性指进较小，聚丙烯酰胺溶液能均匀穿透，从而保证了对出水缝洞的波及效率和封堵效率。

表5.5 挤堵方式与成功率的关系

挤堵方式	对比数/井次	有效数/井次	成功率/%
连续段塞	35	18	51.4
锥形段塞	56	41	73.2

5.4.2.3 挤注压力

挤注压力的选择原则一方面是不能超过地层破裂压力的80%；另一方面要保持适当的挤注压力，太低满足不了排量要求，太高会伤害低渗透层。

在一定的驱动压力下，渗透率越高，流动阻力系数越小，流体越容易通过。同样，在挤堵过程中，堵剂进入不同渗透率的裂缝孔道要求的启动压力不同。由此认为，只要控制挤堵压力，在相对小的挤入压差下，堵剂即能有效地进入高渗透(出水)缝洞。

$$p_{启} = \alpha \cdot \frac{\sigma_{o-w}}{\sqrt{K}}$$

式中 $p_{启}$——启动压力，MPa；

α——常数；

σ_{o-w}——油水界面张力，mN/m；

K——油层渗透率，$10^{-3}\mu m^2$。

由上式可见：

$$p_{启} \propto \frac{1}{\sqrt{K}}$$

正常情况下，堵剂进入地层后，黏性堵剂向井周围扩散，压力会逐渐"爬坡"上升，建立起"爬坡压力"。爬坡压力反映了堵剂在地层中渗流能力和方向的变化，也是评定施工工艺合理程度的重要指标。如果压力没出现"爬坡"，说明地层的吸收能力很强、有大缝洞或漏失层段，这证明堵剂与地层条件不相适应，这时应设法建立"爬坡压力"。反之，起始压力高，"爬坡压力"也高，说明地层的渗透性差，不调整挤入速度或减小剂量，势必使堵剂侵入出油缝洞造成伤害，这时应当控制"爬坡压力"。

5.4.2.4 挤注速度

控制挤入速度，一是保证将聚合物的剪切降解减小到最低程度，二是在挤堵中堵剂能优先进入高渗透出水缝洞。

高分子聚合物在高速流动中，因机械剪切而发生降解作用。聚丙烯酰胺剪切降解是在剪切速率大于 1000s^{-1} 时开始出现,达到 5000s^{-1} 时变得严重。机械剪切将使聚丙烯酰胺分子断链、黏度下降,因此控制挤入速度首先使剪切降解到最低速度的需要。不同发育程度的裂缝,其启动压差不同,高渗透缝洞要求的启动压差较小。因此,控制挤入速度,堵剂在低压下必然首先进入高渗透出水缝洞,有效地抑制水的窜流。

5.4.2.5 堵剂用量

堵剂的选择包括堵剂类型的选择与堵剂用量的计算。

目前所用堵剂主要分为两大类,一类是颗粒型堵剂,另一类是非颗粒型堵剂(包括冻胶、凝胶等)。堵剂类型的选择应该根据地层孔径的大小来确定,一般要求堵剂粒径是地层孔隙直径的 1/9~1/3 为宜。

高渗透层的孔径大小可由下式计算:

$$r = \frac{2}{7 \times 10^3} \sqrt{\frac{K}{\phi}}$$

式中　r——孔径,cm;
　　　K——渗透率,μm^2;
　　　ϕ——孔隙度。

用这种方法估算出的 r 值,可用来指导堵剂的选择(表 5.6),本方法在现场应用中得到证实。

表 5.6　利用估算法选择的堵剂类型

井号	平均比视吸水指数 m^3/(MPa·m·d)	高渗透层的渗透率 μm^2	孔径 μm	堵剂类型
C18-103	22.41	144	68	颗粒型
C14-12	5.6	36	34	颗粒型
L38-67	56	362	108	颗粒型
C7-3	0.21	1.3	6.6	非颗粒型
C2-X30	0.17	1.1	6.0	非颗粒型

在一定意义上讲,堵剂用量表示堵剂的深入半径或扩散范围,影响堵水有效期,所以必须合理确定。假设储层是均质的(实际为非均质),含水饱和度 100%,堵剂作水平径向流(实际上堵剂首先沿主裂缝延伸扩散),可借助容积法公式进行计算:

$$Q = \pi R^2 h \phi S_w$$

式中　h——处理段厚度,m;
　　　ϕ——裂缝孔隙度,%;
　　　S_w——含水饱和度,%;
　　　R——堵剂深入半径,m;
　　　Q——堵剂用量,m^3。

5.4.3　油井堵水效果评定

对评价堵水作业成败的标准,D.D.Sparlin 等人提出如表 5.7 所示的方法,结合我国油田和油井堵水当前的具体情况,提出以下具体方法。

表 5.7 堵水成败的评价方法

油气产量	水产量	效果评价
下降	上升	失败
	不变	失败
	下降	失败
不变	上升	失败
	不变	失败
	短期下降	经济上失败/技术上成功
	下降(相当于2倍处理费用)	经济上失败/技术上成功
上升(相当于2~10倍处理费用)	上升	最低经济成功/技术上失败
	不变	经济上成功/技术上最低成功
	下降	经济上成功/技术上成功
上升(相当于处理费用的10倍以上)	上升	经济上成功/技术上失败
	不变	成功
	下降	成功

(1)堵水有效与否的确定。油井施工后是否有效,可参照下列条件进行评定:
①油井堵水后全井产液量上升,综合含水率下降5%以上。
②油井堵水后全井产液量下降,但含水率明显下降,实际采油量上升或稳定。
③油井堵水后含水比大幅度下降,产油量也略有下降。
任一油井堵水后符合上述之一者,均可认为是堵水有效井。
(2)堵水成功率和有效率计算。
油井堵水工艺技术施工作业成功的井数与堵水总井数之比为堵水成功率。
堵水施工的油井中,有效井的总数与堵水施工油井中可对比井总数之比为堵水有效率。
(3)堵水井增产油量和降低产水量计算。
堵水后的累积增产量为油井堵水后有效期内的实际累积产油量与堵水前最后1个月内平均日产量和有效天数乘积之差。
堵水后的累积增产油量为油井堵水后有效期内的实际累积产油量与堵水前最后1个月内平均日产量和有效天数乘积之差。
油井堵水后的日降产水量为堵水前最后1个月的平均日产量与堵水后第1个月平均日产水量之差。

5.5 注水井化学调剖技术

5.5.1 调剖剂

由于储层的非均质性,注入储层的水通常有80%~90%的量被厚度不大的高渗透层所吸收,致使注入剖面很不均匀,注入水波及系数小。为了提高注入水的波及系数,启动中、低渗透层的剩余油,就必须向注水井注入调剖剂调整注入剖面。按外观形态和组成,可将调剖剂分为固体颗粒类调剖剂、聚合物冻胶/凝胶类调剖剂和木质素磺酸盐类调剖剂三类,按注入工艺可将调剖剂分为单液法调剖剂和双液法调剖剂两类。

5.5.1.1 固体颗粒类调剖剂

在水驱油过程中,地层受注入水冲刷所产生的孔道属次生孔道。这些孔道中,孔径超过 $30\mu m$ 的孔道称为大孔道。在油田开发的中后期地层会产生这些大孔道,使注入水主要沿其窜流,降低注入水的波及系数。固体颗粒因具有材料来源丰富易得、价廉、耐温、耐盐、抗剪切、强度大、稳定性好和易施工等特点,近年来在油田调剖堵水中受到广泛关注。

颗粒类调剖剂的主要作用机理是物理堵塞作用。注入的颗粒在岩石的孔隙中的沉积和在喉道处的桥塞作用对地层造成物理堵塞,从而降低大孔道或高渗透层的渗透率,迫使注入水进入原低渗透层,扩大注入水波及系数,提高原油采收率。根据吸水膨胀性能,可将颗粒类调剖剂分为体膨型和非体膨型颗粒。

1. 体膨型颗粒

体膨型颗粒是一种适当交联、遇水膨胀而不溶解的聚合物颗粒,使用时将它分散在油、醇或饱和盐水中带至渗滤面沉积。几乎所有适当交联的水溶性聚合物都可制成水膨体颗粒,如聚丙烯酰胺水膨体、聚乙烯醇水膨体、聚氨酯水膨体、丙烯酰胺—淀粉水膨体、丙烯酸—淀粉水膨体等。如水膨型聚丙烯酰胺遇水后体积逐渐增大,最终可达原体积的 $17\sim50$ 倍,并有良好的稳定和保水性,吸水后相对密度接近1,容易被水携带进入地层,注入地层后通过体积膨胀,能有效的封堵地层裂缝和大孔道。

随着油田施工要求及人们对调剖堵水机理认识的不断深入,交联聚合物微球作为一种新兴的体膨型颗粒调剖剂,逐渐在调堵技术中发展开来。

油田调剖中所使用的交联聚合物微球按照其粒径可分为纳米微球和微米微球两种。其结构如图 5.11 所示,微球最外层是水化层,使微球在水中稳定存在,不会沉淀;中间为交联聚合物层,保证微球具有弹性及变形性;内部为凝胶核,使微球封堵时具有强度。目前,用微乳液技术可以合成出所设计的纳米/微米级微球。聚合物微球的结构设计主要依据深部调剖理论原理。所谓深部调剖理论,原理是通过封堵材料随着驱替液进入地层的深部并封堵高渗水通道,造成液流改向,达到扩大水驱波及体积的目的,因此,好的深部调剖堵水材料应该具备"注得进,堵得住,能移动"的特性。"注得进"要求材料在水中稳定存在,且初始尺寸必须小于地层孔喉直径,地层孔喉直径一般为几百

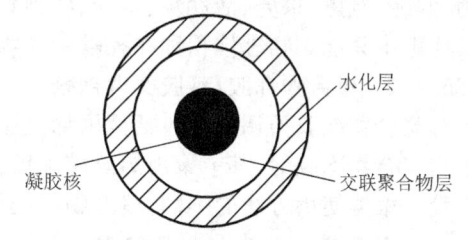

图 5.11 聚合物微球的设计结构

纳米至几十微米,因此,能够进入地层深部的材料应该是纳米/微米材料;"堵得住"要求材料到达地层深部后,可以发生膨胀、交联及其他反应,从而对水流产生流动阻力,达到封堵的效果;"能移动"要求材料具有一定的弹性,在一定压差下能够产生变形和突破,以具有在地层更深的部位形成封堵的性能。

油田上使用聚合物微球多为聚丙烯酰胺系微球。目前,该聚合物微球的制备方法主要有反相微乳液聚合、反相乳液聚合以及反相悬浮聚合。虽然沉淀聚合法也可用于合成聚合物微球,但至今关于这方面的研究主要还是集中在合成弱亲水或憎水微球方面。聚合物微球要实现对油藏的深部调驱,需在岩心中经历封堵、突破、运移、再封堵的过程,如图 5.12 所示。

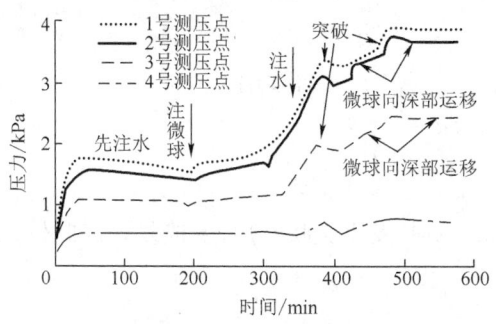

图 5.12 室温下聚合物微球体系对填油砂管封堵实验

在采用聚合物微球进行调剖时,粒径的选择极为关键,当注入井内的聚合物微球粒径过小,在后续注水开采时容易被携带出,从而导致油井产出液中聚合物的含量增加,组分变复杂,采出液的处理难度增大。当注入井内的聚合物微球粒径过大,则会导致近井地带堵塞,后续注水困难。近年来,无机有机复合材料因其结构易调变的特性而备受关注。无机有机聚合物复合微球作为有应用潜力的调剖驱油剂,其无机组分与有机聚合物以化学键结合,结构稳定,兼具有无机组分的高封堵强度和聚合物组分的膨胀变形运移能力。

另外,如果在无机有机聚合物复合微球内引入磁性成分,将会赋予无机有机聚合物复合微球两个应用特性:(1)作为磁性堵水剂用于油井内,提高油层采收率;(2)作为调剖驱油剂用于注水井内,如果被挤入油层随采出液携带出,可进行磁性分离处理。例如,采用共沉淀法制备磁性 Fe_3O_4 粒子,加入正硅酸乙酯在其表面包覆 SiO_2 形成核—壳结构的 $Fe_3O_4@SiO_2$,经表面接枝改性后用分散聚合法进行聚合反应制备聚丙烯酰胺-丙烯酸(PAMAA),即得到磁性聚合物复合微球,记为 PAMAA—$Fe_3O_4@SiO_2$。该磁性聚合物复合微球具有以下特性:

(1)较好的水溶胀性,溶胀12d后,粒径能膨胀至初始的6倍左右;
(2)吸水膨胀后具有弹性和变形性,适于深部调剖驱油;
(3)耐温和耐盐能力强,结构稳定;
(4)封堵能力随着溶胀时间的增加呈现先增强后减弱的关系,溶胀4d时封堵能力最强;
(5)具有超顺磁性,可用于磁性分离和磁性定位堵水,可作为选择性调剖堵水剂,是一种具有潜在应用价值的多功能调剖驱油剂。

2.非体膨型颗粒

常用的非体膨型包括有石英粉、粉煤灰、氧化镁、氧化钙(生石灰)、碳酸钙、硅酸镁、硅酸钙、水泥、炭黑、果壳、活性炭、木粉、各种塑料颗粒等。非体膨型颗粒无法吸水膨胀,因此在地层孔隙中只能靠物理堆积和在孔喉中靠物理捕集来起到调剖作用。

5.5.1.2 聚合物冻胶/凝胶类调剖剂

聚合物冻胶类调剖剂包括聚丙烯酰胺冻胶、聚乙烯胺冻胶、聚乙烯醇冻胶、聚丙烯腈冻胶、生物聚合物冻胶等,其中聚丙烯酰胺冻胶应用较多。聚合物凝胶类调剖剂主要是聚丙烯酰胺凝胶。根据使用方法的不同,聚合物凝胶调剖剂可分为弱凝胶、地下聚合成胶体系。

1.聚丙烯酰胺有机交联冻胶

该类冻胶较为典型的是 PAM/六次甲基四胺/间苯二酚冻胶。

该调剖剂的成胶原理是:

六次甲基四胺在酸性介质中加热可产生甲醛:

$$(CH_2)_6N_4 + 6H_2O \longrightarrow 4NH_3 + 6HCHO$$

甲醛与间苯二酚反应可生成多羟甲基间苯二酚:

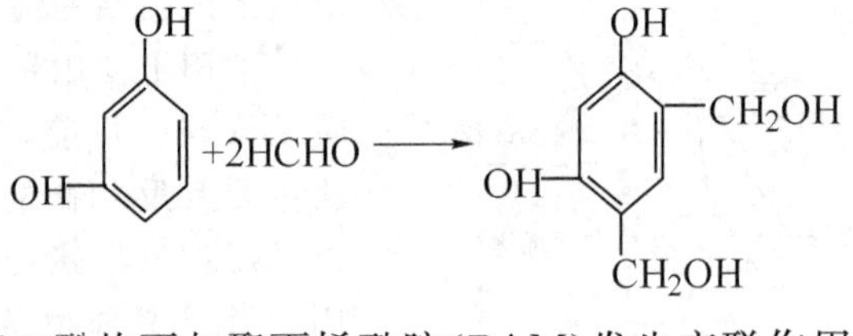

甲醛、多羟甲基间苯二酚均可与聚丙烯酰胺(PAM)发生交联作用,生成复合冻胶体,反应示意如下:

甲醛与PAM交联反应:

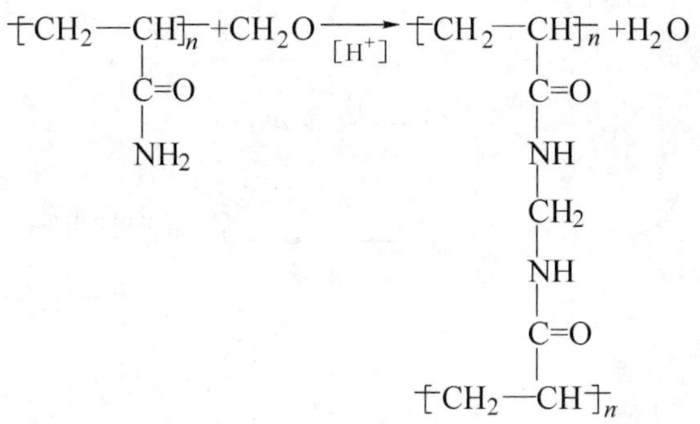

$$\text{-[CH}_2\text{-CH]}_n\text{-} + \text{CH}_2\text{O} \xrightarrow{[\text{H}^+]} \text{-[CH}_2\text{-CH]}_n\text{-} + \text{H}_2\text{O}$$

多羟甲基间苯二酚与 PAM 缩聚：

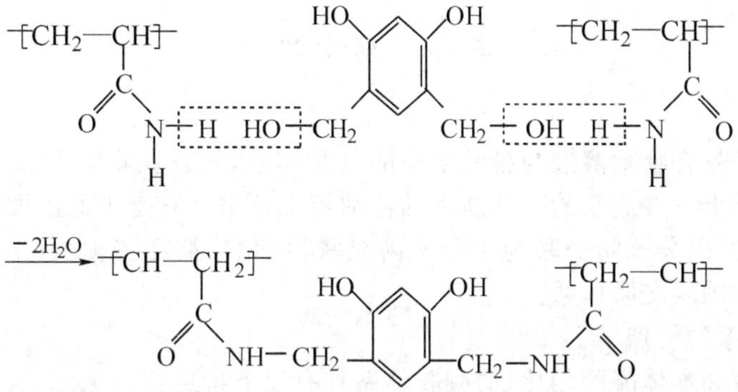

$$\xrightarrow{-2\text{H}_2\text{O}}$$

六次甲基四胺在较高温度下才能释放出甲醛，因此可以延缓交联时间。聚丙烯酰胺与多羟基酚反应后，在分子链中引入苯环，可增强冻胶体的热稳定性。其典型配方(质量分数)为：PAM(分子量 $400 \times 10^4 \sim 600 \times 10^4$，水解度 5%～15%) 0.6%～1.0%、六次甲基四胺 0.12%～0.16%、间苯二酚 0.03%～0.05%，pH＝2～5。该调剖剂适用于砂岩非均质油藏层内调剖，井温为 60～80℃。

2. 黄原胶(XC)冻胶

XC 是生物聚合物，其结构如图 5.13 所示。XC 分子中的羧基与多价金属离子 Cr^{3+} 等结合而形成 XC 冻胶(图 5.14)，这种结合是一种弱结合方式，冻胶在受到剪切作用时可变稀，当剪切消除仍可恢复其交联强度。

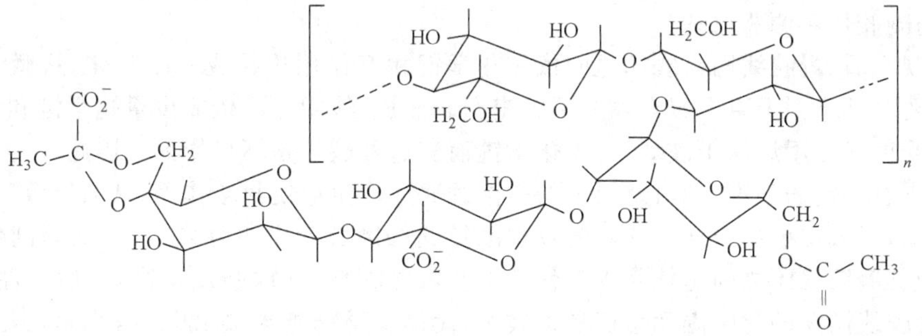

图 5.13 黄原胶结构

该调剖剂的典型配方(质量分数)为：黄原胶(分子量 $2.5 \times 10^6 \sim 2.5 \times 10^7$) 0.25%～0.35%，三氯化铬 0.01%～0.02%，甲醛(浓度 37%) 0.1%～0.2%，pH＝6～7，适用于砂岩地层，井温为 30～70℃。

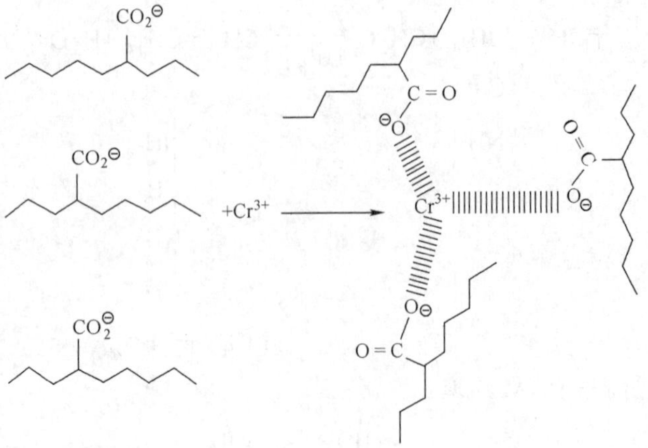

图 5.14　XC 冻胶结构

3. 弱凝胶

弱凝胶是介于聚合物稀溶液与凝胶之间的过渡体系,它是在本体凝胶调剖与胶态分散凝胶深部调剖的基础上发展起来的一项新兴的稳油控水技术。它是由低浓度的聚合物和少量延缓型交联剂形成的、以分子间交联为主分子内交联为辅的、黏度在 100～10000mPa·s 之间、具有三维网络结构的弱交联体系。

(1)弱凝胶体系的特点。

与聚合物溶液和本体凝胶相比,弱凝胶体系具有以下特点:

①聚合物和交联剂浓度低。聚合物浓度通常在 800～3000mg/L 之间,交联剂浓度在 600～1500g/L 之间。

②成胶时间较长。弱凝胶体系的成胶时间长达几十天,甚至几个月,有利于油藏深部调剖。

③阻力系数低,残余阻力系数高。由于聚合物的用量小、浓度低、黏度低,因此,当弱凝胶体系流经多孔介质时,产生的阻力系数较小。当聚合物形成弱凝胶后,聚合物分子的尺寸大大增加,相应的机械滞留和水动力学滞留量大大提高,残余阻力系数可高于常规聚合物溶液一个数量级以上。

④剪切稳定性较好。与常规聚合物溶液相比,弱凝胶体系在成胶之前,由于交联剂和其他配位体的存在,聚合物分子呈卷曲状,分子在流经多孔介质时剪切降解程度较小。

⑤弱凝胶体系是同时具有胶体性质和凝胶属性的热力学稳定体系。

⑥弱凝胶体系具有很好的抗温、抗二价离子特性。

(2)弱凝胶体系调驱机理。

从宏观上看,凝胶线团与线团之间依靠化学键相互作用连接成一个整体,从微观上看,凝胶线团主要由几十到上百个聚合物分子紧密交联而成,线团之间依靠少量化学键和氢键连接,这种连接受剪切作用后易于破坏,对于化学键而言这种破坏是不可逆的。因此,一方面有机交联弱凝胶具有一定的强度,能对地层中的高渗透通道产生一定封堵作用,从而导致后驱替流体流向的改变,对低渗层中未波及或者波及程度较低的区域产生驱替作用,起到调剖作用;另一方面,由于其凝胶线团之间是依靠少量化学键和氢键相连,交联强度不高,在后续注入流体的推动下,凝胶线团间的化学键和氢键易于破坏,使得弱凝胶能像"蚯蚓"一样向地层深部发生运移。在运移过程中,受到地层的剪切作用,弱凝胶破碎形成较小体积的凝胶团,这些凝胶团在向地层深部运移过程中,会重新分布、聚集,改变了多孔介质中的微应力分布,在后注驱替液的黏滞力作用下,对剩余油产生驱替作用。

弱凝胶驱油技术可解决油层垂直和平面矛盾。当高渗透通道形成后,注入弱凝胶一段时间后再注入水,一方面后续注入水迫使弱凝胶向地层深部运移,另一方面注入水进一步向周围中低渗透层波及,从而最大限度地提高注入水的垂向和平面波及程度。在弱凝胶向地层深部运移的过程中,还具一定的驱油作用,使所经过区域的剩余油被驱出。从某种程度上说,弱凝胶更注重在地层深部所起的作用,这意味着较少量的弱凝胶在地层中通过运移,可起到大剂量处理的效果(图 5.15)。

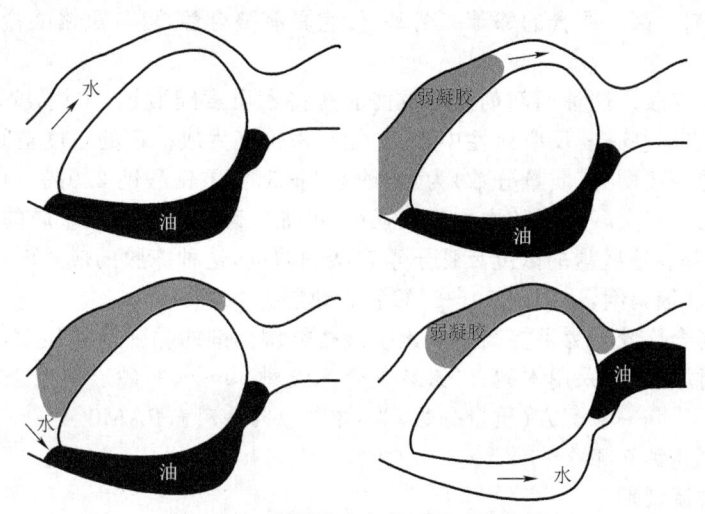

图 5.15　弱凝胶改向作用原理示意图

4. 单体地下聚合冻胶调剖剂

由于聚合物溶液黏度较大,在向地层注入过程中易产生剪切降解,影响其使用性能,特别是对低渗透油藏,聚合物溶液注入较困难。但其活泼单体水溶液黏度低,易用泵注入地层的深远部位,并进行聚合反应生成冻胶,有效地调整地层吸水剖面。

AM-甲撑双丙烯酰胺冻胶是较为典型的单体地下聚合冻胶调剖剂。AM 单体可与甲撑双丙烯酰胺同时进行聚合和交联反应生成网状结构的高黏度聚合物,其反应过程如下:

该调剖剂的典型配方(质量分数)为:AM 3.5%～5%、引发剂为过硫酸盐(钾、铵)0.008%～0.02%、交联剂 N,N-甲撑双丙烯酰胺 0.015%～0.03%、缓聚剂铁氰化钾 0.005%,适用于 30～

90℃碳酸岩地层注水井调剖。

5.5.1.3 木质素磺酸盐类调剖剂

木质素磺酸盐的分子量为 $0.53\times10^4 \sim 1300\times10^4$，分子上含有甲氧基、羟基、羰基、芳香基、磺酸基等，较易进行反应，由于分子中含有非极性的芳香环侧基和极性的磺酸基，故是一种阴离子表面活性剂。因其所含的邻苯二酚基，使它具有螯合性，可与重铬酸盐作用生成铬木质素磺酸盐类。

(1)铬木质素冻胶。这种调剖剂使用重铬酸盐将木质素磺酸钠(木钠)交联而成。一般认为木钠中的邻苯二酚基是其反应活性中心，它能与六价铬生成稳定的三度空间结构的螯合(冻胶)。该调剖剂的一般配方(质量分数)为：木钠 2%～5%、重铬酸钠 2.0%～4.5%。为了减少重铬酸钠的用量，延迟交联时间和增加冻胶强度，可加入碱金属或碱土金属的卤化物如 NaCl、$CaCl_2$ 和 $MgCl_2$ 等。这些盐的浓度反比于重铬酸钠浓度，这种冻胶的成胶时间可长达 2000h，能对地层进行大剂量调剖，适用于 50～80℃砂岩地层。

(2)木质素复合冻胶。为了提高木质素磺酸盐类调剖剂的黏弹性和强度，并增强其对地层的吸附性，提高封堵效果，采用木钠—PAM 复合冻胶对 50～90℃砂岩地层进行调剖获得了增油降水的良好效果，其一般配方(质量分数)为：木钠 4%～5%、PAM 0.4%～1.0%、重铬酸钠 0.5%～1.4%、氯化钙 0.4%～1.6%。

5.5.1.4 单液法调剖剂

单液法是指向油层注入一种工作液，这种工作液所带的物质或随后变成的物质可封堵高渗透层。单液法的优点是能充分利用药剂，因堵剂是混合均匀后注入地层的，经过一定时间后，所有堵剂都能在地层起封堵作用，这是后面讲到的双液法不能相比的。配置单液法工作液所用的剂称为单液法调剖剂。常见的单液法调剖剂有以下几类：

(1)硅酸凝胶。硅酸凝胶是一种典型的单液法调剖剂，它是由水玻璃与活化剂反应生成。在处理时将硅酸溶胶注入地层，经过一定时间，在活化剂的作用下可使水玻璃先变成溶胶而后变成凝胶，将高渗透层堵住。活化剂分两类：

①无机活化剂，如盐酸、硝酸、硫酸、氨基磺酸、碳酸铵、碳酸氢铵、氯化铵、硫酸铵、磷酸二氢钠等。

②有机活化剂，如甲酸、乙酸、乙酸铵、甲酸乙酯、乙酸乙酯、氯乙酸、三氯乙酸、草酸、柠檬酸、甲醛、苯酚、邻苯二酚、间苯二酚、对苯二酚、间苯三酚等。

单液法用的硅酸溶胶通常用盐酸作活化剂，其反应如下：

$$Na_2O\cdot mSiO_2 + 2HCl \longrightarrow mSiO_2 + H_2O + 2NaCl$$

硅酸凝胶主要的缺点是胶凝时间短(一般小于 24h)，而且地层温度越高，它的胶凝时间越短。为了延长胶凝时间，可用潜在酸活化或在 50～80℃地层，用热敏活化剂如乳糖、木糖等活化。此外，硅酸凝胶缺乏韧性，用 HPAM 将水玻璃稠化后再活化的方法予以改进。

(2)无机酸类。

①硫酸。硫酸是利用地层中的钙、镁来产生调剖物质。将浓硫酸或含浓硫酸的化工废液注入井中，使硫酸先与井筒周围地层中碳酸盐反应，增加了注水井的吸收能力，而产生的细小硫酸钙、硫酸镁将随酸液进入地层并在适当位置(如孔隙结构的喉部)沉积下来，形成堵塞。由于高渗透层进入硫酸多，产生的硫酸钙、硫酸镁也多，所以主要的堵塞发生在高渗透层。

用硫酸进行调剖的主要反应如下：

$$CaCO_3 + H_2SO_4 \longrightarrow CaSO_4\downarrow + CO_2\uparrow + H_2O$$

$$MgCa(CO_3)_2 + 2H_2SO_4 \longrightarrow MgSO_4\downarrow + CaSO_4\downarrow + 2CO_2\uparrow + 2H_2O$$

②盐酸—硫酸盐溶液。该体系利用地层的钙、镁来产生调剖物质。例如将一种配方为

4.5%～12.3% HCl、5.1%～12.5% Na₂SO₄、0.02%～14.5%(NH₄)₂SO₄ 的盐酸—硫酸盐溶液注入含碳酸钙的地层，则可通过下列反应产生沉淀，起调剖作用：

$$CaCO_3 + 2HCl \longrightarrow CaCl_2 + CO_2\uparrow + H_2O$$

$$CaCl_2 + SO_4^{2-} \longrightarrow CaSO_4\downarrow + 2Cl^-$$

5.5.1.5 双液法调剖剂

双液法是指向地层注入相遇后可产生封堵物质的两种工作液，注入时，两种工作液用隔离液隔开，但随着工作液向外推移，隔离液越来越薄。当外推至一定程度，即隔离液薄至一定程度，它将不起隔离作用，两种工作液相遇，产生封堵地层的物质。相对低渗透层位，高渗透层位吸入的工作液更多，所以封堵主要发生在高渗透层。配置双液法工作液所用的剂称为双液法调剖剂（彩图 5.7）。

双液法调剖剂可分为以下四种类型：

1. 沉淀型

沉淀型调剖剂具有强度大、对剪切稳定、耐温性好、化学稳定性好和成本低廉等优点。在注水井调剖时，常用的第一反应液为硅酸钠或碳酸钠溶液；第二反应液有三氯化铁、氯化钙、硫酸亚铁和氯化镁等的水溶液。在注入过程中，用隔离液隔开，使其在地层孔道中形成沉淀，对被封堵地层形成物理堵塞，从而封堵地层孔道。由于这两种反应物均系水溶液，且黏度较低，与水相近，因此，能选择性地进入高渗透层产生更有效的封堵作用。例如，水玻璃与一些凝胶剂的反应在调剖处理层中生成凝胶而封堵窜流通道。凝胶剂可用酸或一些金属盐的水溶液反应生成沉淀堵水，这些反应包括多种，列举如下。

彩图 5.7 双液法调剖示意图

硅酸钠与盐酸反应生成硅酸凝胶沉淀堵水：

$$Na_2SiO_3 + 2HCl \longrightarrow H_2SiO_3 + 2NaCl$$

硅酸钠与氯化钙反应生成硅酸钙沉淀堵水：

$$Na_2SiO_3 + CaCl_2 \longrightarrow CaSiO_3 + 2NaCl$$

硅酸钠与硫酸铝反应生成硅酸铝沉淀堵水：

$$3Na_2SiO_3 + Al_2(SO_4)_3 \longrightarrow Al(SiO_3)_3 + 3Na_2SO_4$$

第一反应液对第二反应液的黏度比越大，指进越容易发生。黏度不高的硅酸钠溶液通常作第一反应液，用 HPAM 稠化。

综上所述，作为第一反应液的选择，硅酸钠优于碳酸钠，而在硅酸钠中，应选模数大的，其浓度以 20%～25% 为好。所用稠化剂选用浓度 0.4%～0.6% 的 HPAM 为佳。第二反应液的选择，以浓度为 15% 的 $CaCl_2$、$MgCl_2 \cdot 6H_2O$ 为最好。由于 $FeSO_4 \cdot 7H_2O$ 和 $FeCl_2$ 对金属设备和管道有腐蚀性，故不易使用，或加入适量的缓蚀剂后再用。

2. 凝胶型

凝胶是指由溶胶转变而成的失去流动性的体系，而凝胶型双液法调剖剂是指两种反应液相遇后能形成凝胶的物质。常用的凝胶型双液法体系主要有以下两种。

(1) 硅酸盐—硫酸铵。向地层注入硅酸钠溶液和硫酸铵溶液，用水作隔离液，两反应液在地层相遇可发生如下反应：

$$Na_2O \cdot mSiO_2 + (NH_4)_2SO_4 + 2H_2O \longrightarrow mSiO_2 \cdot H_2O + Na_2SO_4 + NH_4OH$$

产生的凝胶可封堵高渗透层。

(2) 硅酸盐—盐酸。硅酸钠在酸性条件下生成硅酸，反应式为：

$$Na_2O \cdot mSiO_2 + 2HCl + nH_2O \longrightarrow 2NaCl + mSiO_2 \cdot (n+1)Na_2O$$

生成的硅酸溶胶进一步聚凝，形成网状结构凝胶可封堵高渗透出水层。第一反应液硅酸钠(模数为 3~4)溶液的含量为 5%~15%,第二反应液为 10%的盐酸,第一、二反应液用量的体积比 4∶1,用水作隔离液,适用于砂岩地层水井调剖,其温度为 60~80℃。

3. 冻胶型

冻胶型双液法调剖剂是指两种反应液相遇后能产生冻胶的物质。通常是一种反应液为聚合物溶液,另一种反应液为交联剂溶液。它们在地层相遇后,可产生冻胶封堵高渗透层。常用的体系主要有:

(1)第一反应液为 HPAN、CMC、CMHEC(羧甲基羟乙基纤维素)或 XC,第二反应液为柠檬酸铝,相遇后产生铝冻胶(图 5.16)。

(2)第一反应液为 HPAN、CMC 或 XC;第二反应液为丙酸铬,相遇后产生铬冻胶。

(3)第一反应液为 HPAM、CMC 或 XC 加 $Na_2S_2O_3$(或 $Na_2Cr_2O_7$),第二反应液为 $Na_2Cr_2O_7$(或 $Na_2S_2O_3$),相遇后 $Na_2S_2O_3$

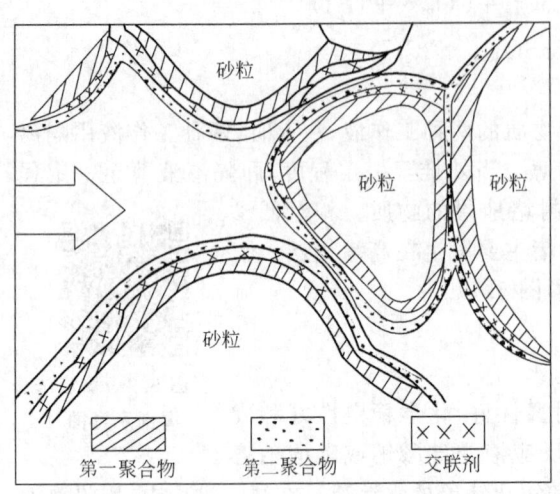

图 5.16 聚丙烯酰胺—柠檬酸铝调剖作用示意图

可将 $Na_2Cr_2O_7$ 中的 Cr^{6+} 还原为 Cr^{3+}:

$$Cr_2O_7^{2-} + 3SO_3^{2-} + 8H^+ \longrightarrow 2Cr^{3+} + 3SO_4^{2-} + 4H_2O$$

Cr^{3+} 进一步生成多核羟桥络离子将聚合物交联,产生铬冻胶。

(4)第一反应液为 HPAM、CMC 或 CMHEC,第二反应液为醋酸铝+乳酸锆+氧氯化锆+乳酸+三乙醇胺,相遇后可产生铝冻胶+锆冻胶。

(5)第一反应液为 HPAM、CMC、CMHEC 或 XC,第二反应液为 $Na_2Cr_2O_7$+$NaHSO_3$+非离子聚合物稠化剂(如 HEC)。第二反应液稠化的目的是延长两反应液相遇的距离,相遇后产生铬冻胶。

(6)第一反应液为木质素磺酸盐+丙烯酰胺,第二反应液为过硫酸盐。两反应液在地层相遇后,即引发聚合和交联反应,生成冻胶。

4. 泡沫型

将起泡剂溶于水中,然后与气体交替注入地层,可在地层(主要是高渗透地层)中形成泡沫,产生堵塞。所用的气体有空气、氮气、二氧化碳、天然气、烟道气等;所用的起泡剂包括非离子表面活性剂聚氧乙烯烷基苯酚醚、阴离子表面活性剂如烷基芳香基磺酸盐和阳离子表面活性剂如烷基三甲基季铵盐。

将起泡剂溶于硅酸溶胶(由硫酸铵加入水玻璃中配成,pH 值为 0.5~11.0)中注入地层,然后注天然气或氮气,则可在地层中先产生以液体为分散介质的泡沫,随后硅酸溶胶胶凝,就可产生以凝胶为分散介质的泡沫。所用的起泡剂为季铵盐表面活性剂。

双液法调剖剂的主要优点是可以处理远井地带,能有效地改变流体在地层中的流动剖面。但由于这种调剖剂并不是所有反应液在地层均能相遇产生堵塞物质,所以其缺点是药剂不能充分利用。为了提高双液法调剖剂的使用效果,应注意以下问题:

(1)隔离液的选择,可用水或馏分油(煤油、柴油)。若用水时,应注意它对反应液的稀释作用。

(2)处理的单元数。两种反应液一次交替处理称一单元处理。为使两种反应液充分接触,最好采用多单元(3~5单元)处理。

(3)反应液的黏度。第一反应液的黏度应稍大于第二反应液的黏度,以防止第二反应液不易突破或过早突破第一反应液。

(4)对多单元处理时各单元隔离液体积的选择。一种是隔离液体积越来越大,另一种是隔离液体积越来越小。

5. 冻胶型与沉淀型调剖剂的对比

冻胶型调剖剂是整体(包括水)成冻,封堵物质量大,比沉淀型调剖剂好。但沉淀型(一般指无机沉淀型)调剖剂耐温、耐盐、耐剪切,为理想的高温调剖剂,冻胶型调剖剂难以与之相比。

6. 复合型调剖剂

复合型调剖剂是指将本节所述的一种或多种调剖剂进行复合得到一类调剖剂。当复合型调剖剂组分中有一种是颗粒类调剖剂时,为达到深部调剖的效果,通常采用双液法方式注入地层。钠膨润土(简称钠土)+聚合物类调剖剂是较为典型的复合型调剖剂。

在注入过程中,先是向注水井地层依次注入含10%的潍坊钠土悬浮体(第一反应液A)、隔离液(水)和第二反应液B。然后由注入水将两种工作液推至地层深处相遇絮凝,堵住大孔道,达到调剖的目的(表5.8)。目前采用的第二反应液有:浓度为400mg/L 的 HPAM(分子量 3.75×10^5,水解度20%)、木质素磺酸钙(木钙)复合堵剂(配方:木钙3%~6%,PAM0.7%~1.1%,氯化钙0.7%~1.1%,重铬酸钠1.0%~1.1%)和铬冻胶堵剂(配方:HPAM0.4%~0.8%,重铬酸钠0.05%~0.09%,硫代硫酸钠0.045%~0.135%)。

表5.8 10%钠土(A)与木钙复合堵剂(B)的封堵效果

调剂方法	单液法		一单元双液法		两单元双液法
	10gA	10gA	5gA+5gB	5gB+5gA	2.5gB+2.5gA+2.5gB+2.5gA
初始渗透率/μm^2	219.0	218.1	219.1	237.2	223.1
堵后注水10PV的渗透率/μm^2	150.0	100.7	46.3	60.2	5.37
渗透率下降百分数/%	31.5	53.8	78.9	74.6	97.6

注:PV为孔隙体积,下同。

(1)钠土悬浮体—HPAM溶液调剖机理,主要是通过两种机理起调剖作用。

机理1:积累膜机理。积累膜是指交替用两种工作液处理表面后所产生的多层膜。若恒温下交替用400mg/L 的 HPAM 和5%潍坊钠土交替处理玻璃片,就可看到玻璃片质量递增现象(图5.17曲线1),说明积累膜形成,而用水代替400mg/L 的 HPAM,重复此实验,就没有这种现象(图5.17曲线2)。在图5.13的处理次数中,单数是指用400mg/L 的 HPAM 或水处理,双数是指用5%潍坊钠土处理。

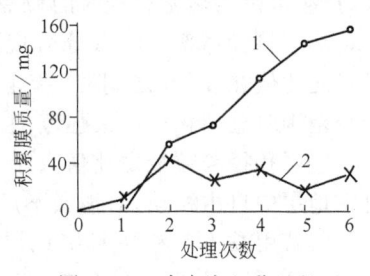

图5.17 玻璃片上黏土积累膜的形成(30℃)

若用多单元的黏土双液法处理地层,两种工作液在地层的大孔道表面交替接触,就可形成黏土的积累膜,从而降低大孔道地层的渗透性。

机理2:絮凝机理。当钠土颗粒与HPAM溶液相遇时,HPAM的亲水基团即与钠土颗粒表面的羟基氢键产生桥接,形成黏土絮凝体(图5.18)。絮凝体一旦形成,就被滞留(固定)在大孔道的喉部,

图5.18 HPAM对黏土的絮凝作用

控制水的流动,产生调剖效果。

⊕ 冻胶的交联点　▭ 黏土颗粒

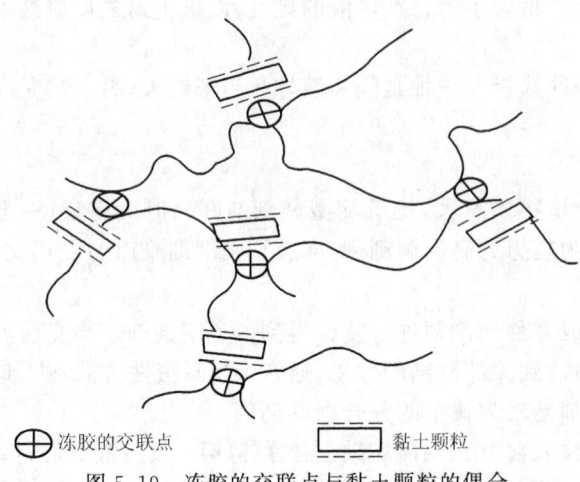

图 5.19　冻胶的交联点与黏土颗粒的偶合

(2)钠土悬浮液体—木钙复合堵剂或铬冻胶的调剖机理。由于该体系中有未被交联的物质,所以除存在上述两种调剖机理外,还有下面两个调剖机理。

机理 A:偶合机理。由于冻胶木钙复合堵剂和铬冻胶是由铬的多核羟桥铬离子交联的,所以在交联点上冻胶带正电,它可与表面带负电的黏土颗粒通过静电作用偶合起来(图 5.19),提高了堵剂的强度和调剖效果。

机理 B:毛管阻力机理。冻胶与水之间存在界面,当界面通过孔道时产生毛管阻力,其大小可由下面的 Laplace 公式计算:

$$\Delta p = \sigma \left(\frac{1}{R_1} + \frac{1}{R_2} \right)$$

式中　Δp——毛管阻力;
　　　σ——界面张力;
　　　R_1,R_2——通过大孔道的冻胶界面的主曲率半径。

由于黏土颗粒架桥使地层大孔道的孔径减小,所以 R_1、R_2 随着减小,毛管阻力增加,从而提高了堵剂的封堵能力。

(3)黏土颗粒的进留粒径,指黏土颗粒能进入地层但又不被冲出的粒径,可用多孔测压渗流装置通过恒压法测得。将测出的渗透率下降百分数对孔径与粒径之比值作图,由图 5.19 的结果可知:

①当孔径与粒径之比为 6 时,管柱渗透率下降最大,产生最好的堵塞。这时的粒径是最佳的进留粒径。

②若将渗透率下降百分数规定为 50%,则孔径与粒径之比值在 3～9 之间时,产生较好的堵塞,这时的粒径范围时进留粒径的最佳范围。

③当孔径与粒径之比值大于 10.6 时,黏土颗粒即可在地层中自由移动,对地层不产生堵塞。

④若用黏土单液法封堵地层大孔道时,孔径与粒径比值必须满足 3～9 的条件;若用黏土双液法封堵地层大孔道时,孔径与粒径比值只需满足大于 3 的条件就可以了,说明黏土双液法能充分利用黏土中粒径较小的级分。

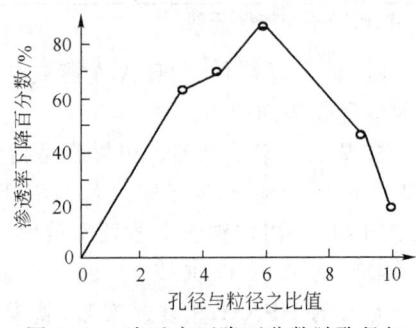

图 5.20　渗透率下降百分数随孔径与粒径比值的变化

5.5.1.6　单液法调剖剂与双液法调剖剂对比

与单液法相比,双液法的优点是能处理任何深度的地层,因而能有效地改善注水剖面。此外,单液法与双液法都有一个共同的问题,即封堵之后,水仍会重新回到高渗透层(除非地层的垂直渗透率很小)。这个问题只有用多次处理的方法解决。例如可在地层的不同深度(比方说在水井与油井距离的 1/10、1/3、1/2 处)设置堵剂,迫使回到高渗透层的水逐次进入中、低渗透层,因而有效地提高注入水的波及系数。在解决这个问题时,双液法显然比单液法优越得多。

5.5.1.7 调剖剂的选择

注水井的调剖剂可按三个标准选择:(1)地层温度;(2)地层水矿化度;(3)注水井的压力指数(PI 值)。如表 5.9 所示。

表 5.9 注水井调剖剂的选择

序号	调剖剂	地层温度 ℃	地层水矿化度 10^{-4} mg/L	注水井的压力指数(PI 值) MPa
1	黏土悬浮体	30~360	0~30	0~8
2	钙土/水泥悬浮液	30~120	0~30	0~6
3	水膨体悬浮液	30~90	0~6	0~8
4	铬冻胶	30~90	0~6	1~18
5	铬冻胶双液法	30~90	0~6	3~20
6	水玻璃—盐酸	30~150	0~30	8~20
7	水玻璃—硫酸亚铁	30~360	0~30	3~16
8	水玻璃—氯化钙	30~360	0~30	2~14
9	黏土—聚丙烯酰胺	30~90	0~30	0~8
10	黏土—铬冻胶	30~90	0~6	0~4

5.5.2 注水井调剖工艺条件和效果评定

5.5.2.1 选井

砂岩油田注水井调剖和封堵大孔道选井条件如下:
(1)位于综合含水高、采出程度较低、剩余饱和度较高的开发区块的注水井;
(2)与井组内油井连通情况好的注水井;
(3)吸水和注水状况良好的注水井;
(4)吸水剖面纵向差异大的注水井;
(5)注水井固井质量好,无窜槽和层间窜漏现象。

5.5.2.2 注水井调剖工艺条件

1. 数值模拟计算

根据处理井及其油层资料,所使用的调剖剂性能及其对油藏的影响和对处理结果的要求(即对处理井的高渗透层渗透率希望的降低值和有效期)等,利用数值模拟程序可以计算调剖剂的合理用量、优选施工参数、分析有关参数对调剖效果的影响、预测调剖后的效果,并可预制出调剖前后吸水剖面变化图。

2. 计算公式

(1)冻胶型调剖剂处理体积计算。H. W. Wang 提出,处理半径用下列公式求得:

$$r_a = \exp \frac{[\ln r_e (f_q - 1)] + [\ln r_w (R_{RF} - f_q)]}{RRF - 1}$$

其中

$$R_{RF} = \frac{\lambda_水(处理前)}{\lambda_水(处理后)}; f_q = \frac{\dfrac{q}{\Delta p_{pr}}}{\dfrac{q}{\Delta p_{pos}}} = \frac{\lambda}{\lambda_{avg}}$$

$$\lambda=\frac{K}{\mu}; \lambda_{avg}=\frac{\ln\dfrac{r_e}{r_w}}{\dfrac{1}{\lambda_s}\ln\dfrac{r_a}{r_w}+\dfrac{1}{\lambda}\ln\dfrac{r_e}{r_a}}$$

式中 r_a——处理半径,m;

r_e——注水井注水影响半径或采油井泄油半径,m;

R_{RF}——残余阻力系数;

f_q——处理前后注水能力(或产率)之比;

q——日注入量或日产液量,m³;

$\Delta p_{pr}, \Delta p_{pos}$——处理前后的开采(注水)压差,Pa;

λ——未处理地层水的流度,μm²/(mPa·s);

λ_{avg}——处理后地层水的平均流度,μm²/(mPa·s);

λ_s——处理后地层水的流度,μm²/(mPa·s);

K——不处理带的水的有效渗透率,μm²;

μ——水的黏度,mPa·s;

r_w——井眼半径,m。

用下面公式计算调剖剂的处理体积:

$$V_i=\pi r_a^2 h \phi$$

式中 V_i——处理体积,m³;

r_a——处理半径,m;

h——处理层厚度,m;

ϕ——处理层孔隙度,%。

根据堵剂性能及处理井的有关参数,利用上述公式编制简单的计算程序,可以方便地计算出处理半径及处理体积,供现场施工参照使用。但在实际使用时尚需根据处理井的井况条算出处理半径及处理体积,综合考虑来确定实际处理量。

(2)吸附型调剖剂处理体积计算。考虑地层对调剖剂的吸附作用,用地层孔隙体积求出的预计处理体积和经地层吸附后处理剂所能达到的实际处理体积,用下面公式计算:

$$\frac{V}{V_i}=\frac{(1-S_{or})\varphi}{\dfrac{G}{C}+\varphi(1-S_{or})}$$

式中 V——经吸附后的实际处理体积,m³;

V_i——预计的处理体积,m³;

S_{or}——残余油饱和度,%。

φ——单位体积吸附量,g/m³;

C——调剖剂的初始浓度,g/m³;

G——吸附后调剖剂的剩余浓度,g/m³。

3.施工压力控制

为了使调剖剂能更好地选择性进入高吸水层,控制注入压力是工艺中的一个重要环节。在采用光油管笼统注入的处理井中,注入压力一般控制在稍低于该井正常注水压力或在正常注水压力附近,也可根据不同地层的启动压力来控制。调剖剂的注入压力应高于高渗透层的启动压力,低于低渗透层(不希望进入的地层)的启动压力。若使用封隔器卡封后单层处理,必要时可以采用高压快速注入,但最高压力不得超过地层破裂压力的80%;也可根据数模优选的注入压力及调剖剂与地层的实际情况,综合确定合理的注入压力及排量。

5.5.2.3 砂岩油层注水井调剖效果评定

(1)砂岩油层注水井调整吸水剖面是否有效的确定:

①注水井经调剖措施以后,其本井变化情况符合下列三项条件之一者为有效。

条件1:处理层吸水指数较调剖前下降50%以上。

条件2:吸水剖面发生明显合理变化,高吸水层降低吸水量,低吸水层增加吸水量在10%以上。

条件3:压降曲线明显变缓。

②调整注水井吸水剖面相应的油井,其有效与否应参照油井堵水有效条件来确定。

(2)砂岩油层注水井调整吸水剖面的成功率和有效率:

①注水井调剖现场施工技术符合调剖井技术要求的井次与调剖总井次数之比为注水调剖的成功率,经调剖措施施工的注水井中,有效井次与总调剖井次数之比为注水井调剖有效率。

②调剖施工注水井相对应的油井中,有效井数与总对应油井数之比为对应油井见效率。

(3)砂岩油层注水井调整剖面后增产油量和减产水量计算:

增产油量为对应油井单井增产油量之和。单井增产油量按油井堵水后增产油量计算方法进行计算。减产水量为对应油井单井减产水量之和。单井减产水量按照油井堵水后降产水量计算方法进行计算。

5.6 用于蒸汽采油的高温调堵剂

蒸汽吞吐和蒸汽驱是热力采油的重要组成部分,现已被广泛应用于稠油油藏开发。但由于受到地层构造、储层非均质性、不利的油汽流度比及蒸汽超覆等原因的影响,这两项技术在矿场应用过程中仍面临着突出问题,如产油层的吸汽剖面不均匀、汽窜、指进现象严重等。这些问题的存在,极大地影响了稠油注蒸汽开采效果。那么,如何解决这些问题,尽可能提高蒸汽吞吐和蒸汽驱过程中的原油采收率呢?(彩图5.8)

基于水驱调剖堵水技术发展起来的高温调堵技术,可显著改善产油层的吸汽剖面,降低蒸汽枯竭层带的流度,将蒸汽转移至未波及区域,从而提高蒸汽驱和蒸汽吞吐效果。既然是高温调堵技术,则必然要求有相应的耐高温调堵剂。目前用于高温调堵的耐高温调堵剂大致可分为五类:泡沫类、固体颗粒类、冻胶类、热固性树脂类及其他,其中前三类应用较为广泛。

彩图5.8 蒸汽吞吐示意图

5.6.1 用于蒸汽采油的高温堵剂

5.6.1.1 高温蒸汽泡沫

在蒸汽吞吐和蒸汽驱过程中,通过向蒸汽中添加耐高温起泡剂,可形成高温蒸汽泡沫。高温蒸汽泡沫能有效减少蒸汽的重力超覆,还能调节蒸汽流度、改变后续蒸汽流向,提高蒸汽波及系数。利用蒸汽泡沫对蒸汽吞吐和蒸汽驱进行调堵的研究历史可追溯至1968年Needham公布的一篇关于高温泡沫调驱剂的专利。要形成蒸汽泡沫的关键在于起泡剂,但由于耐高温起泡剂开发难度相当大,发展至今新型高温起泡剂并不多见,而已见文献报道的耐高温泡沫体系所用的起泡剂也只是通过几种常见的商用产品复配而得。

目前,耐高温起泡剂主要是含有磺酸根基团的表面活性剂,如 α-烯烃磺酸盐二聚物、烷基甲苯磺酸盐、α-烯烃磺酸盐(AOS)、碳链数为18左右的直链烷基芳香基磺酸盐、烷基苯磺酸盐、石油磺酸盐、烷基醇聚氧乙烯醚甲苯磺酸盐等,这些起泡剂一般能在250~300℃形成较稳定的泡沫。为防止因蒸汽冷却和凝析导致泡沫消失,进一步提高高温条件下泡沫的稳定性,通常采用以下两种方法:

(1)向蒸汽中引入非凝析气,如 N_2、CO_2、NH_3 等。引入这些非凝析气可通过直接注入或就地生成来实现,如 NH_4Cl 和 $NaNO_2$ 在酸性条件下可生成 N_2,氨基甲酸铵在高温条件下可分解产生 NH_3 和 CO_2。

(2)将交联聚合物凝胶体系与起泡剂并用,形成耐高温凝胶泡沫。可用于耐高温凝胶泡沫体系的聚合物有 CMC-9、聚丙烯胺类、聚氧乙烯和二聚糖化合物等,所用交联剂一般为甲醛、乙醛、间苯二酚等。

在用高温泡沫进行调堵时,可先将起泡剂配成水溶液,然后使其随蒸汽溶液一起注入。

5.6.1.2 固体颗粒类

固体颗粒类堵剂,因其价格低廉、封堵强度高、不受温度限制、有效时期长等优点,在高温封堵大孔道方面的应用较早。但固体颗粒类堵剂也存在诸如对地层刚性、施工难度大、操作性差等缺点,其中最大的缺点就是只能封堵近井地带。

从物质组成上讲,目前在蒸汽吞吐和蒸汽驱方面使用的固体颗粒可分为:有机颗粒(如果壳、树皮粉、橡胶等)、无机颗粒(如粉煤灰、青石灰、超细碳酸钙等)、有机无机复合颗粒(如酚醛树脂与超细碳酸钙复合颗粒、二氧化硅纳米粒子与 PAM 杂化形成的有机/无机聚合复合微球)三类。

固体颗粒类堵剂无论是在水驱还是在蒸汽驱封堵地层大孔道中均有着广泛的应用,其封堵机理在5.5.1调剖剂原理中已有介绍,在此不再重复。

5.6.1.3 冻胶类

普通聚合物一般在90℃以上会发生降解,形成的聚合物冻胶热稳定性差,无法在200℃以上的高温蒸汽条件下使用,导致可用于蒸汽调堵的有机冻胶类体系较为单一。目前,用于蒸汽调堵的有机冻胶体系有四类:栲胶类、木质素类、改性聚丙烯酰胺、聚乙烯胺—酚醛树脂凝胶。

1. 栲胶类

栲胶类堵剂的抗温范围在170~300℃。利用栲胶为原料制备高温堵剂的报道最早见于1984年 Christopher 等人发表的一篇专利。时至今日,可用于形成高温冻胶的栲胶有:橡椀栲胶、黑荆树栲胶、落叶松栲胶、磺化栲胶等。栲胶类冻胶所用交联剂一般为醛类物质(如甲醛、糠醛),为进一步提高体系的抗温性,还可向体系中加入 $MnSO_4$、$TiCl_4$、铝硅酸盐、重铬酸钾等无机盐或苯酚、间二苯酚。pH 值是决定栲胶体系是否成胶的重要因素,其值一般控制在9.5~11的范围。

栲胶类冻胶体系成胶机理是通过栲胶中的缩合单宁(多聚原花靛)与甲醛发生缩合反应,形成亚甲基桥连键,使体系交联成胶。缩合单宁中 A 环与甲醛的反应活性比 B 环高,B 环只有在 pH 大于10或在金属离子存在且 pH=4.5~5.5 的情况下,才会与甲醛发生缩合反应。

多聚原花靛结构:

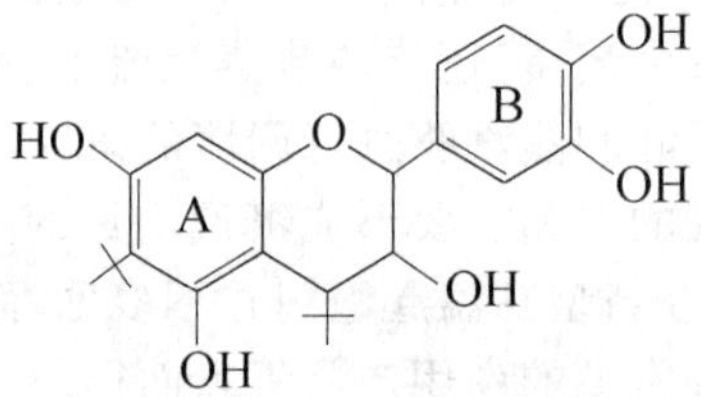

多聚原花靛与甲醛缩合反应机理:

几种典型栲胶堵剂配方如表 5.10 所示。

表 5.10 几种典型的栲胶堵剂配方(质量分数)　　　　　　　　　%

组分	A	B	C	D
水或盐水	87.7	90.4	88.7	88.1
栲胶	10.3	7.8	10.7	8.7
37%甲醛水溶液	2.0	—	—	—
糠醛	—	1.8	—	—
六次甲基四胺	—	—	0.6	—
酚醛树脂	—	—	—	3.2

2. 木质素类

木质素类高温冻胶堵剂早在 1978 年就有人展开了研究。目前,用于配置高温堵剂的木质素主要是木质素磺酸钙、木质素磺酸钠以及碱性木质素,其中木质素磺酸钠生物降解性好,在使用时需加苯甲酸钠来防止其生物降解。交联木质素常用的交联剂可分为无机和有机两类。无机类交联剂一般用三价铬离子,但由于用三价铬离子交联形成的冻胶较脆弱,且铬离子毒性大,污染环境,因此其应用受到限制。有机类交联剂一般为醛类物质,若要进一步提高交联后冻胶的耐温性,可向体系中加入酚醛树脂、密胺树脂。有机交联木质素体系的成胶 pH 值一般在 8~13。

典型的木质素冻胶体系配方如表 5.11 所示。

表 5.11 木质素磺酸盐—糠醛交联体系配方及不同温度下成胶时间

木质素磺酸盐/%	糠醛/%	水/%	成胶时间/h 150℃	成胶时间/h 200℃
2.5	2.5	95	44~59	小于 5
3.5	3.5	93	29.5~44	小于 5
5.0	5.0	90	21.5~90	小于 5

注:体系的配置按质量分数计。

木质素类冻胶体系的耐温范围一般在100~240℃。

3. 改性聚丙烯酰胺类

改性聚丙烯酰胺类高温冻胶堵剂有两类,一类是利用密胺树脂、酚醛树脂作为交联剂交联分子量在$(20~200)×10^4$之间的部分水解聚丙烯酰胺所形成的冻胶体系,该冻胶体系耐温能达200℃,但该冻胶体系需要在高于150℃的条件下成胶,若温度低于150℃,则需向体系中加入碱进行催化。另一类是向聚丙烯酰胺分子结构中引入磺酸根基团(如用丙烯酰胺单体与AMPS、N-乙烯基乙酰胺或烯丙基磺酸钠等共聚)或环状结构(如用丙烯酰胺与N-乙烯基吡咯烷酮共聚),其中以丙烯酰胺与N-乙烯基吡咯烷酮共聚形成的聚合耐温耐盐性最为出色,耐温能高达150℃。但通过N-乙烯基吡咯烷酮共聚改性的聚丙烯酰胺在温度高于90℃时,对氧敏感,因此使用时需要向体系中添加一定量的稳定剂。

4. 聚乙烯胺—酚醛树脂凝胶

聚乙烯胺—酚醛树脂凝胶是近年来发展起来的一种新型调堵剂,该凝胶具有良好的耐温耐盐性,在高温油田开发,特别是蒸汽驱油田开发中具有良好的应用前景。该凝胶体系所用聚乙烯胺分子量在$10^4~10^5$之间,配置时质量分数一般为1%~10%。该凝胶体系的最佳成胶温度在200℃左右,当温度低于150℃时,则需要向体系中添加NaOH、Ba(OH)$_2$等碱进行催化交联。

聚乙烯胺结构式:

$$\left[CH_2-CH \atop NH_2 \right]_n$$

5.6.1.4 热固性树脂类

用于稠油热采的热固性树脂类堵剂有酚醛树脂、脲醛树脂、环氧树脂、呋喃树脂四类。在此,值得一提的是呋喃树脂的概念,呋喃树脂是指以具有呋喃环的糠醛或糠醛的衍生物为原料生产的一类树脂的总称,主要包括糠醇树脂、糠醛树脂、糠酮树脂等,以及用酚醛、尿醛、环氧等树脂改性的复合树脂。

上述四种树脂的固化及封堵机理在5.2.1树脂型堵剂中已有详细介绍。本部分根据现场的应用报道及对堵剂的要求,只对四种树脂的整体性能做一个对比,见表5.12。

表5.12 四种热固性树脂堵剂整体性能对比

性能\树脂类型	酚醛树脂	脲醛树脂	环氧树脂	呋喃树脂
耐温性	较好	较差	好	好
固化速度	周期长	周期长	较快	可调
封堵强度	较高	较高	高	较高
黏度(注入性)	差	差	差	可调
来源	广泛	广泛	较广	广泛
热稳定性	较好	较好	较差	好
成本	较高	低	高	低
施工工艺	双液法	双液法	双液法	单液法

综合考虑四种热固性树脂的优缺点,及其应用于热采井中所必须具备的耐温性及高温条件下的成胶性,可以看出呋喃树脂因具有固化速度可调、施工工艺简单、耐温性好等特点,在这

四种热固性树脂中具有很大优势。以呋喃树脂中的糠醇树脂作为稠油热采堵剂在国内外均已有成功应用的先例。

5.6.1.5 其他类

除了上述四种主要类型的高温堵剂之外,另外还有一些如乳化稠油、盐沉析、铝—脲素凝胶、魔芋葡甘露聚糖凝胶、热增稠凝胶等堵剂体系在稠油蒸汽调堵上也有少量应用。

1. 乳化稠油

乳化稠油的封堵机理及相应的乳化剂在 5.3.2.2 稠油类堵剂中已有讲解,在此只对乳化稠油现场注入方式简单介绍。

乳化稠油的现场注入方式有三种:

(1)在地面将 W/O 型乳化剂加入稠油当中,然后注入地层使其遇水形成高黏度 W/O 乳状液,从而实现封堵;

(2)注入加有转向剂的低黏度 O/W 乳状液,这种乳状液在地层条件下遇油逐渐转变成为高黏 W/O 乳状液;

(3)直接注入抗高温 W/O 乳化剂。

乳化稠油调堵的关键是乳化剂,若乳化剂选择适当,可大幅度提高 W/O 乳状液的耐温性能。

2. 盐沉淀

盐沉淀是指向饱和电解质溶液中添加非电解质,降低电解质在溶液中的溶解度,使部分电解质从溶液中析出并形成固体沉淀的现象。在盐沉析调堵过程中,非电解质的选择是作业成败的关键,常用非电解质有醇类、胺类,其中醇类的效果最好。另外,压力、温度在一定程度上也会对盐沉淀产生影响。

3. 铝—脲素凝胶

铝—脲素凝胶是 2000 年由俄罗斯人所开发,该体系有 $AlCl_3$ 和脲素组成。脲素在高温下分解产生 CO_2 和 NH_3,使 $AlCl_3$ 和脲素混合溶液的 pH 值逐渐升高,当 pH 值达到某一临界值时,溶液中的 $AlCl_3$ 瞬间转变成为 $Al(OH)_3$ 凝胶,从而实现对地层的封堵。另外,脲素在高温下分解产生 CO_2 和 NH_3 还可和地层水中的钙、镁离子或其他高价离子反应产生沉淀,降低地层的渗透率。该体系最大的缺点就是 $AlCl_3$ 对设备及套管的腐蚀性较强。

4. 魔芋葡甘露聚糖凝胶

魔芋葡甘露聚糖凝胶的主要原料是魔芋葡甘露聚糖(KGM),其典型配方为:6.0g/L KGM 粗产品+1500mg/L HPAM($M=2500\times10^4$, $HD=25\%$)+1.0%增强剂(体积分数)+100mg/L 硫脲。该堵剂体系的抗温范围在 90~120℃之间,其最大优点是只堵出水层,不堵出油层,便于现场应用。

5. 热增稠凝胶

热增稠凝胶属于一种新型智能凝胶,该凝胶具有黏度随着温度的升高而升高或在某一温度下黏度突然增大很多倍的特性。该凝胶体系的温度适用范围较广,在 20~250℃范围内均可使用,并有望用于封堵稠油蒸汽热采中的汽窜,实现远井地带的封堵。

5.6.2 高温注蒸汽调剖剂

在注蒸汽进行稠油开采过程中,由于受油层非均质、蒸汽与稠油的高密度差和高流度比等不利因素的影响,在油层中发生蒸汽超覆和蒸汽指进,从而导致井与井之间发生汽窜现象。蒸汽窜流是开采稠油中最棘手的问题。汽窜使得油层纵向上吸汽剖面不均,横向上蒸汽不均匀推进，使蒸汽的波及体积变小，从而降低稠油热采采收率和增加能耗。高温化学调剖技术是解决这一矛盾的有效方法之一。利用高温化学调剖剂的耐温性能封堵汽窜，可以调整蒸汽在纵向上和平面上吸汽不均的问题，达到改善吸汽剖面、增强注汽质量和蒸汽热效率、提高稠油动用程度及采收率的目的。

目前，国内外常用的高温调剖剂有几种，其耐温极限不尽相同，见表5.13。

表 5.13 高温调剖剂类型及其耐温极限

调剖剂	丙烯酸环氧乳剂	聚合物凝胶	丙酮甲醛树脂	木质素	热固型树脂	造纸废液	HN-TP-04	草浆黑液
耐温限/℃	153	200	200	230	232	300	300	300

表5.13中，前面五种调剖剂已经得到了很好的应用，但是由于价格较高，制约了它们的广泛应用；造纸废液充分考虑了环境保护和油田综合应用的两方面的性能，是一种很具开发潜力的产品。

HN-TP-04是较好的一种高温调剖剂，其主剂是由有机酸与碱作用生成的单宁酸钠，单宁酸钠通过配位键吸附在黏土颗粒上，同时剩余的—ONa及—COONa基团水化，又使黏土颗粒边缘形成水化层，阻止黏土颗粒的聚结、沉降，使其能悬浮在调剖剂溶液中形成黏土复合物。该调剖剂在高温下形成的凝胶不溶不熔，具有一定的强度，耐高温，抗冲刷，可堵塞大孔道。此外凝胶体中的—OH与砂岩表面形成氢键而吸附在岩石表面上，延长了有效期。该调剖剂在20℃下10d不变质不成胶，在65℃下成胶时间大于4d；在200℃下成胶时间为6h，在此温度下调剖剂在9个月内稳定，不破胶、不变质、强度不降低。室内流动试验表明：堵塞率达97%，平均残余阻力系数为84。现场试验5口井，成功率100%，对应的12口油井全部有效。

草浆黑液中含有一定量的碱木素，而碱木素分子上的酚基结构基团可与甲醛反应，生成类似于酚醛树脂的产物。依据此原理，将黑液直接与甲醛和黏土等按一定比例复配，在交联剂的作用下，于180～300℃的温度范围内，成胶时间为50～70h。由高温岩心模拟试验可知，可使岩心渗透率降低96%以上，其蒸汽突破压力可达4～5MPa并具有易泵入、热稳定性好等特点。

用草浆黑液配制的高温调剖剂，在油田对10口油井做了现场试验，共用去黑液1300t，6个月增产稠油4000t，获经济效益230亿元。目前我国油田每年需进行高温调剖的油井有数百口，对草浆黑液的需用量是较大的。

5.6.2.1 高温调剖剂选择依据

作为在热采井上使用的高温调剖剂，必须具有长期耐高温（300℃以上）的特性，并且具有一定的耐蒸汽冲刷强度，才能确保现场实施后，蒸汽不再进入被封堵的层位。

5.6.2.2 性能指标确定

(1)高温注蒸汽调剖多选择以单液法为主的配方，高温调剖剂性能首先要保证黏度不能太大，不影响施工注入。

(2)由于调剖剂剂量较大，注入时间必然延长，所以成胶时间应可以控制到足够长。

(3)耐温性能好，这也是高温调剖剂的最基本特性。

(4)应具有很好的封堵性能。

5.6.2.3 高温调剖剂性能评价体系

蒸汽驱用高温调剖剂必须具有耐高温、耐剪切、配制液黏度低、封堵强度和封堵率高的特点。

(1)调剖剂的耐温性能。

方法 1:成胶体采用差热分析法进行实验,在程序升温环境里使其缓慢分解,升温速率为 10℃/s。由差热分析曲线可知其耐高温性。

方法 2:将高温调剖剂在特定温度(成胶温度)下充分成胶,后在不同温度下,测定其受热时间和抗压强度的关系曲线,从而测定出其适用温度上限。

(2)调剖剂抗剪切性能。将配制液在室温下以 4000r/min 转速搅拌 30min,在成胶温度下充分成胶后,测定所成凝胶的抗压强度与未剪切下抗压强度作比较,即可分析出调剖剂的抗剪切性能。

(3)调剖剂的配制液黏度。调剖剂的配制液黏度是一个很重要的参数,如果黏度过大便会直接增加施工的难度、施工时间和施工成本。一般是通过用黏度计测定调剖剂配制液的室温黏度来得到,黏度计可以是数字式超声波黏度计,也可以用旋转黏度计。

(4)封堵强度和封堵率。采用高温高压线性实验系统,在长 40.5cm、直径 2.54cm 的不锈钢管中湿法充填石英砂,测定填砂管(人造岩心)的水相渗透率 K;将填砂管风干,注入调剖剂配制液,在成胶温度下保持一定时间使之胶凝,然后用耐温性能测试出的其温度上限的水蒸驱替,观测并记录进出口压力及突破压力,自然降温,测突破后水相渗透率 K_2。

5.7 气驱防窜技术

气驱是 20 世纪初发展起来的一种提高原油采收率技术,该技术对低渗油藏(特别是注水困难的低渗、特低渗透油藏)、凝析油气藏和陡构造油藏的开发效果较好。但该技术也面临着诸多问题,如因与原油过高流度比和储存非均质性造成的黏性指进,气窜以及因密度差造成的重力超覆等,在这些问题当中以气窜最为关键。气窜的存在会严重影响气驱采收率,甚至可能使气驱失效,因此如何有效防止或抑制气驱过程中的气窜,一直是石油工作者们努力的目标。

目前,已实现大规模矿场应用的防窜技术主要是水气交替驱、泡沫驱技术,另外还有一些正处于室内研究阶段如 CO_2 增稠、沉淀法、凝胶法等其他方法。本部分只对水气交替驱、泡沫防窜技术作介绍。

5.7.1 水气交替驱

水气交替注入法(WAG)是由两项传统的驱油技术——水驱和气驱组合而成的提高原油采收率技术。1958 年考杜尔和戴斯提出与溶剂一起注水来降低溶剂的流度。第一次采用气水交替注入的油田可以追溯到 1957 年加拿大阿尔伯达省(Alberta)的 NirthPembina 油田。随后,对 WAG 方法的研究开展得很迅速。目前许多水气交替注入是在水驱开采之后,为提高水驱开发效果而加以应用的。

5.7.1.1 水气交替防窜机理

水气交替防止气窜的主要机理有两方面:一是向油层中交替注入水气段塞,由于水的黏度较高,因此会在驱油前期,优先进入高渗透层形成屏蔽,迫使气体转入油气藏基岩层或低渗层,提高了气体的驱扫效率以及低渗层的采收率。二是水气交替注入会降低气相的渗透率和气体的流度,减缓气窜的发生。

5.7.1.2 水气交替驱的影响因素

在水气交替驱时要考虑如下几方面的因素:

(1)水气比控制了水、气在油层中的流动速度,如果水的流速比较快,水可以捕集气体不能驱替的残余油；如果混相的气体流速比较快，驱替前沿将向油中指进突破，从而导致段塞完整性的破坏。因此，两种流体应当在适当的比例下注入，在该比例下，流体在地层中的流速（大致）相等。

（2）水、气交替注入量用于计算水气比的理论是假设水、气同时流动，然而水、气都是交替注入的，这样做一方面是由于施工的方便，另一方面是由于在井底附近产生液体的混合，以降低注入能力。当驱替的水水平流动时，气体是不稳定的，因此，水、气依次交替注入，可以使其改变在油层中的相互分离的性质。

（3）随注入段塞的增加，采收率也随之增加，但是经济上变得很不合算。例如，油田试验的 CO_2 段塞多为 40%HCPV（烃孔隙体积）左右。对于每一个具体的油田都存在一个最优的经济参数，但是都是倾向使用较大的段塞。

在水气交替注入法应用过程中，逐渐认识到影响 WAG 特性的重要技术因素有：储层的非均质性（层理和各向异性）和润湿性、流体性质、混相条件、注入技术（与恒定的 WAG 设计相反的锥形 WAG 设计）、WAG 参数、物理弥散、流体流动几何形状（线性流、径向流和井网方式的影响）等。

5.7.1.3 水气交替驱的缺点

当面积扫油效率支配着方案设计时，WAG 法具有很好的经济可行性，但同时在应用过程中，该方法也遇到了一些缺点。以 CO_2 水气交替为例，第一，WAG 法中引入的流动水可能造成水屏蔽和 CO_2 旁通包油。第二，WAG 法可能引起潜在的重力分层问题。第三，CO_2 和水之间的密度差异常使它们在注入过程中就迅速分离，使水防止 CO_2 指进与窜流的能力大大降低。频繁的交替注水，将增加油层的水相饱和度，一方面引起 CO_2 向水相中分配而损耗，另一方面会增强水相水阻效应、降低 CO_2 与原油的接触效率。第四，在 CO_2 与原油进行多次接触的混相驱时，水气交替注入会破坏 CO_2 抽提作用的连续性，使混相带难以形成，因而导致 CO_2 的驱油效率降低；而且，CO_2 与水混合会生成强腐蚀的碳酸，这样就要求相关设备使用特殊金属合金材料和镀防腐层。

5.7.2 泡沫防窜技术

对于多孔介质中泡沫体系的研究起始于国外，他们对多孔介质中泡沫的形成、运移、封堵机理有大量细致深入的研究。主要原因是：从 20 世纪开始，国外注天然气、氮气、二氧化碳以及蒸汽等被广泛用作提高采收率的方法。然而由于气体的低密度、低黏度以及油层的非均质性，如果只单纯注水、气或蒸汽，常常会产生驱替流体的窜流现象。这就需要运用泡沫的封堵调剖技术来解决。目前国外对于泡沫防止注气窜流方面的应用比较普遍，并在很多大型油气田的开发中已有大量成功的矿场应用实例。20 世纪末，国内也逐步开展了对泡沫的研究，也开展了一些矿场先导实验，并见到了一定的效果。

泡沫之所以能有效抑制气窜，可以从两方面来进行解释：一是泡沫能引起气相相对渗透率迅速降低，进而延缓了气体的突破；二是泡沫通过降低驱替水和气的渗透率来改善流度比。

关于用于生成泡沫的起泡剂在 5.3.1.2 及 5.6.1.1 中已有详细介绍，在此不再重复。

习　题

1. 油气井为什么会出水？这些水主要源自何处？
2. 化学堵水和化学调剖的本质区别是什么？

3. 堵水剂的选择性和非选择性划分的依据是什么？

4. 凝胶和冻胶的本质区别是什么？在油气井控水中，什么情况下使用凝胶，什么情况下使用冻胶？

5. 简述部分水解聚丙烯酰胺与高价金属离子发生交联的机理。

6. 可以从哪些方面出发来提高聚合物冻胶的耐温性能？

7. 简述油基堵剂与水基堵剂的本质区别。

8. 交联聚合物微球调剖的主要机理是什么？在使用交联聚合物微球进行调剖时，应主要注意哪些问题？

第6章 化学防砂技术

油气井出砂是石油开采过程中遇到的重要问题之一,其主要是由于油藏本身胶结情况不好,以及生产过程中的措施不当、生产压差过大造成地层骨架砂破坏所造成的。出砂往往会导致砂埋油层、井筒砂堵、油气井停产,使地面或井下的设备严重磨蚀、砂卡及频繁的冲砂检泵、地面清罐等维修工作量剧增,既提高了原油生产成本,又增加了油田管理难度。我国疏松砂岩油气藏分布范围广、储量大,这类油藏开采过程中出砂较为严重,防砂是开发该类油气藏必不可少的工艺措施之一,对原油稳定生产及提高开发效益起着重要作用。

通过防砂可以使地层砂最大限度地保持其在地层中的原始位置而不随地层流体进入井筒,阻止地层砂在地层中的运移,使地层原始渗透率的破坏降低到最低程度,保护生产井和注入井设备,最大限度地维持生产井的原始产液能力及注入井的注排能力。现阶段常用的防砂方法主要有机械防砂和化学防砂相比于机械防砂,化学防砂技术因其工艺流程简单、易于后续作业与处理等优势,在油气井中广泛应用。

6.1 油气井出砂的原因及危害

6.1.1 油气井出砂的原因

地层是否出砂取决于颗粒的胶结强度即地层强度。一般情况下,地层应力超过地层强度就可能出砂。油气井出砂的原因对于防砂及防砂剂的配方的选择有很大的影响,总的说来,油气井出砂的原因可以归结为地质和开采两种原因。

6.1.1.1 地质因素

地质因素指疏松砂岩地层的地质条件,如胶结物含量及分布、胶结类型、成岩压实程度和地质年代等。通常而言,地质年代越晚,地层胶结矿物越少,砂粒胶结程度越差,分布越不均匀的地层在开采时出砂越严重。地层的类型不同,地层胶结物的胶结力、圈闭内流体的黏着力、地层颗粒物之间的摩擦力以及地层颗粒本身的重力所决定的地层胶结强度就不同,地层胶结强度越小,地层出砂越严重。根据地层胶结强度的大小把地层出砂分为三种类型。

(1)流砂地层:即未胶结地层。颗粒之间无胶结物,地层砂的胶结强度仅取决于很小的流体附着力和周围环境圈闭的压实力,地层砂在一定的条件下可以流动。

当遭遇此种地层时易发生井壁坍塌,引起卡钻、埋钻等井下事故,用常规的筛管砾石充填法完井时,易出现地层吐砂现象,造成油气层砂埋、筛管下不到井底、炮眼砂堵,砾石与地层砂互混,甚至还有地层砂通过筛管缝隙进入筛管内腔卡住油管造成事故等。因此,必须采用沉砂封隔器、高密度且稠化的完井液等特殊的完井工艺措施。

流砂地层出砂规律如图6.1所示,投产后立即出砂并连续不断,井口含砂量相对稳定。

(2)部分胶结地层:这类地层胶结物含量较少,地层砂部分被胶结,胶结差,强度低。钻遇这种地层时,可以在钻井液中加入适宜的暂堵剂来稳定井壁,防止地层坍塌,避免钻速骤降和井下事故发生,在一定条件下,可以采用裸眼砾石充填法进行完井。

穿过这种地层的油气井在开采过程中地层会在炮眼附近剥落,逐渐发展而形成洞穴。剥落的地层砂进入井筒极易填满井底口袋、堵塞油管、掩埋油气层。油井投产后出砂规律如

图 6.2 所示,表现为含砂量波动变化大。如不及早加以控制,那么产层附近的泥岩、页岩夹层出会因空穴增大而剥落,从而造成近井区域泥岩、页岩和砂岩三种剥落物互混,渗透率降低,产量下降。如任其发展,有可能造成地层坍塌、盖层下降、套管损坏、油气井报废的严重后果。

图 6.1　流砂地层出砂规律

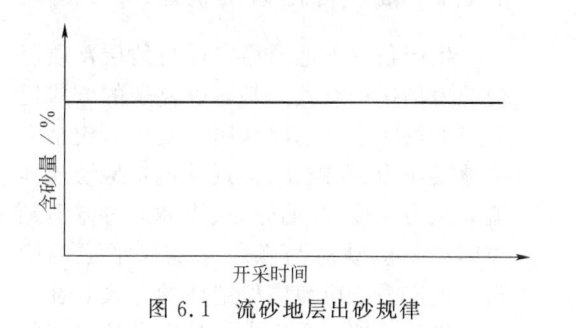

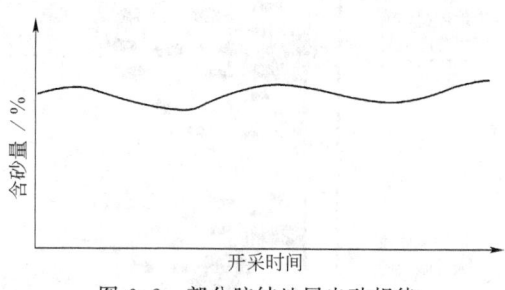

图 6.2　部分胶结地层出砂规律

(3)脆性砂地层:此类地层胶结物含量较多,地层砂之间的胶结力较强,地层强度较好,但因胶结物的脆性比砂粒强,故这种地层易破碎。钻遇这种地层时,可在钻井液中加入适宜的护胶剂及暂堵剂来稳定井壁,防止地层破碎垮塌,保证顺利钻井。含这种地层的油气井在开采过程中的出砂规律如图 6.3 所示。

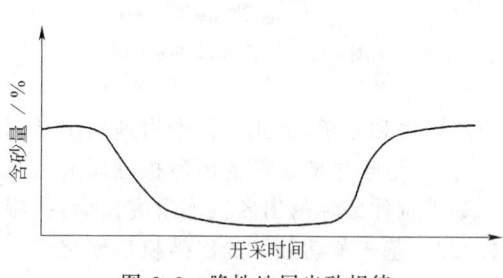

图 6.3　脆性地层出砂规律

流体产出时能把砂岩表面颗粒冲刷带走,出砂规律呈周期性变化。这种规律是因为在出砂过程中套管外部地层冲蚀空穴突然增大,过流面积成倍增加,使地层流体的流速大幅度下降,致使出砂量明显下降。随着油井条件变化,又会形成新的油砂环境而开始出砂。周而复始,任其发展,洞穴越来越大,到一定的时候,就有可能形成灾难性的地层坍塌,使油气井套管变形而报废。

6.1.1.2　开采原因

开采原因指在油气开发时因开采速度的突然变化、落后的开采技术(包括不合理的完井参数和开采工艺技术)、低质量和频繁的修井作业、设计不良的酸化作业和不科学的生产管理等造成油气井出砂。大体归纳如下:

(1)采油过程中由于液体渗流而产生的对砂粒的拖曳力是出砂的重要原因。在其他条件相同时,生产压差越大、渗透率越高,在井壁附近液流对地层的冲刷力就越大。

(2)油层见水。油层胶结物以黏土为主,一般占 70% 左右,而黏土矿物成分中蒙脱石含量达 80% 左右的砂岩地层注水后,注入水浸泡地层,都会使黏土遇水膨胀变松散,降低胶结强度,进而发生颗粒运移,大大加剧地层出砂程度。

(3)频繁作业及不恰当的开采速度,以及作业过程措施不当,也是造成严重出砂的原因之一。例如,进行压裂、酸化、大修等特殊作业,如果没有保护油层的措施,就容易导致出砂加剧。

(4)对油井管理不善,频繁地开关井,造成地层激动,使稳定的砂桥破坏,都会造成地层出砂。

随着油气田开发期的延续,油气层压力自然下降,油气层砂岩体承载的负荷逐渐增加,致使砂粒间的应力平衡破坏,胶结破坏造成地层出砂;另外,地层注水可能使油气层中的黏土膨胀分散,有的还会随着地层流体而迁移使油气层胶结力下降。注水开发中油井出水,为了保持原油产量必定要提高采液量,这就会增加地层流体的流速,加大流体对地层砂的冲刷和携带能力(速敏效应),因此,油井出水有可能造成地层出砂。此外,地层中的两相或三相流动状态能增加对地层砂的携带力。

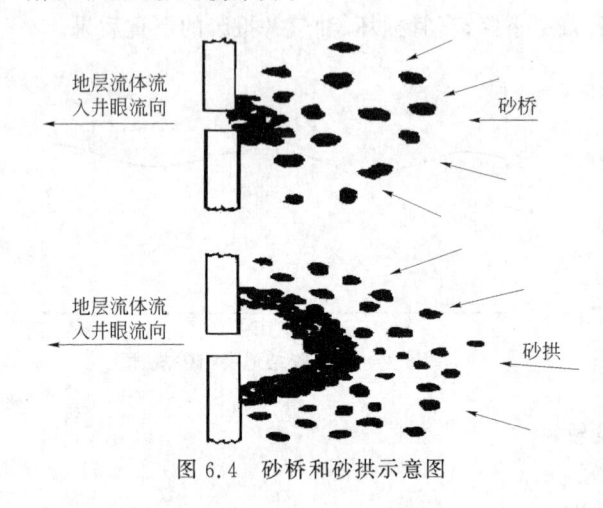

6.1.2　油气井出砂的机理

生产条件下地层稳定性与地层基质所受应力场作用有关。基质以复杂的方式适应应力场状态。地层基质所受应力包括上覆地层压力、孔隙压力、近井地带地层流体流动压力梯度、界面张力、流体通过基质颗粒间空隙流动时与颗粒摩擦而形成的摩阻。地应力适应地层稳定性的方式是在一定条件下由地层介质本征强度和地层产能系数这两个相互关联的因素所决定的。在这种条件下,原地应力场在生产过程中因各种因素而破坏失稳后便形成了井眼周围

图 6.4　砂桥和砂拱示意图

的稳定砂拱和砂桥,由此引起砂岩地层出砂,如图 6.4 所示。

6.1.2.1　基于拉伸破坏的出砂机理研究

基于拉伸破坏的出砂机理研究认为,孔眼出砂是由流体的拖曳力导致。

6.1.2.2　基于剪切破坏的出砂机理研究

基于剪切破坏的出砂机理认为,孔眼周围岩石发生剪切破坏是油气井出砂的原因。早期学者基于弹性材料模型,对出砂机理进行分析,弹性材料模型易于建立,但和岩石的性质差别较大,后期,弹塑性材料模型逐渐应用于出砂机理的分析。

6.1.2.3　冲蚀作用出砂机理研究

冲蚀出砂原理作为一种新的思路解释出砂现象,它将油气井出砂描述为流体作用与岩石受到的应力相互作用的过程,建立方程描述砂从岩石骨架上剥离形成离散砂的过程,这种理论易于求解出砂量与时间的关系。

6.1.3　油气井出砂的危害

油气井出砂是疏松砂岩油气藏面临的重要问题之一。出砂的危害主要表现在以下四个方面。

6.1.3.1　油气井减产或停产

油气井出砂极易造成砂埋产层、油管砂堵及地面管汇和储油罐积砂,从而被迫停产作业。冲洗被砂埋的油层和清除油管砂堵,既费时又耗资,问题还不能彻底解决,恢复生产不久,又需重新作业,周而复始,生产周期越来越短,使油气田产量大减,作业成本剧增,经济损失严重。

6.1.3.2　地面和井下设备及管线磨蚀加剧

油气流中携带的地层砂粒的主要成分是二氧化硅,硬度很高,是一种破坏性很强的磨蚀剂,可造成抽油泵阀座磨损而不密封、阀球点蚀、杆塞和泵缸拉伤、地面阀门失灵、输油泵叶轮严重冲蚀等,从而被迫关井作业,更换或维修设备,造成产量下降,成本上升。

6.1.3.3　套管损坏使油气井报废

长期严重的出砂在套管外形成巨大的空穴,内外受力不平衡导致突发性地层坍塌,轻则造成套管变形,重则套管被错断挤毁,修复很困难,导致油气井报废。

6.1.3.4 破坏地层的原始构造或造成近井地带地层的渗透率严重下降

油气井出砂后,地层水运移加剧,近井地带地层砂沉积较多,远井地带则变得结构疏松加剧,近井地带地层渗透率显著下降,引起油气井的产能下降。

解决油气井出砂问题,必须立足于早期防治,以减少对油层胶结的破坏。

6.2 油田化学防砂技术

向井眼周围地层和射孔孔眼中挤入一定数量的化学剂和固体颗粒(如预涂层砾石)以胶固地层砂运动,减轻油井出砂,实现长期生产的固砂技术称为化学防砂。化学防砂最大优点是井筒内部不留下任何机械装备,施工工艺简便,只需泵入化学剂即可。它对细粉砂尤为有效,对未严重出砂的地层和低含水油井成功率较高。化学固砂法最适于相对不含黏土、厚度通常小于5m且渗透率均匀的粉细砂出砂层段。但化学防砂对地层渗透率有一定的伤害,成功率不如机械防砂,相对成本较高。

油田化学防砂早在20世纪60年代就开始了研究和较广泛的应用,到了70年代末,随着砾石充填绕丝筛管防砂技术的不断发展和完善,化学防砂的应用范围逐步缩小,应用程度不如机械防砂广泛。但是,化学防砂的优越性仍是其他防砂方法所不能取代的,在某些情况下仍不失为一种有效的防砂方法。因此,新的无污染且成本低的高效化学防砂方法的研究与应用是十分必要的。

化学防砂可以分为三大类:第一类是树脂固砂法,第二类是人工井壁防砂法,第三类是其他化学固砂法。具体分类见图6.5。

6.2.1 树脂固砂法

树脂固砂法主要有两种,一种是直接向近井疏松出砂层段挤注树脂以利用树脂的固化来固结近井地带的砂粒;另一种是在地面制备预涂层砾石,即在经筛析后的石英砂表面通过物理或化学方法均匀涂敷一层极薄的树脂,在常温下阴干,形成分散的颗粒,称为树脂涂层砂,简称覆膜砂。本部分主要介绍第一种。施工时,用携带液泵入井内,挤入油层和射孔孔眼内。在一定温度和固化剂存在下,使颗粒表面软化,相互黏结成具有一定强度和渗透率的人工井壁,作为挡砂屏障。图6.6给出了树脂固砂示意图。

挤树脂固砂法的具体介绍如下。

(1)树脂性能要求。挤树脂固砂法所使用的树脂包括:环氧树脂、酚醛树脂、脲醛树脂、糠醇树脂及它们的混合物,其中以糠醇树脂为最好。固砂用树脂所必须具有的重要性能如下:

①常温下树脂黏度低于20mPa·s。这种黏度值充分允许施工时有合理泵注时间,允许挤入后置液时可以很好地替出过多的树脂。若树脂黏度过大,可用稀释剂稀释达到理想的黏度。对环氧树脂来说,适合的稀释剂有苯乙烯化氧、辛烯化氧、糠醇、苯酚等。对酚醛树脂、脲醛树脂、糠醇树脂来说,合适的稀释剂有糠醇、糠醛、苯酚和甲酚。稀释剂用量一般为每100份树脂用50~150份稀释剂。

②树脂必须能润湿地层固相物质,这是最基本的要求。所挤入的树脂必须由毛管力吸入砂粒间空隙中。

③最终聚合树脂具有足够高的抗拉强度和抗压强度。

④树脂聚合作用时间必须可控。聚合时间短使后续过程中的顶替作业很困难,而聚合时间过长则会增加施工成本。

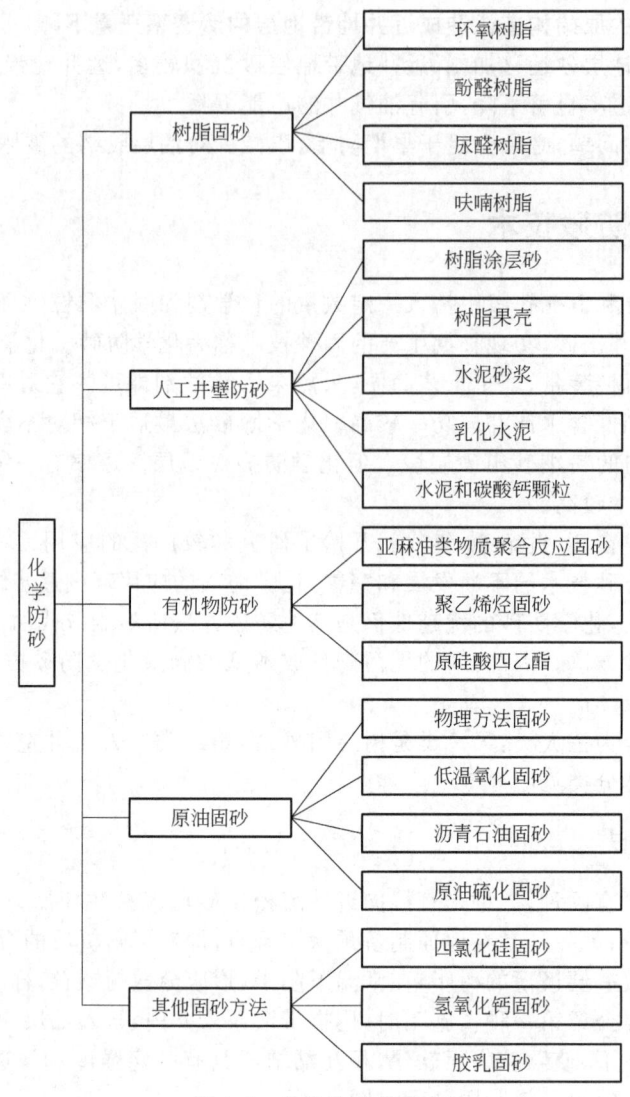

图 6.5 化学防砂分类表

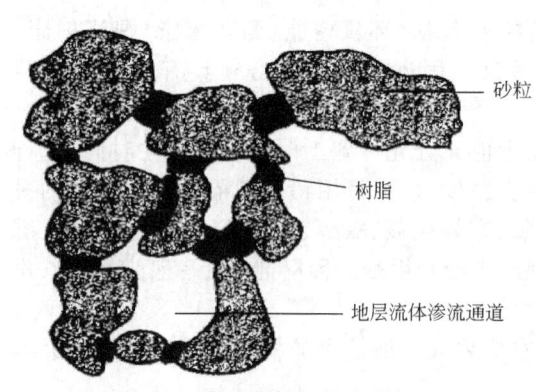

图 6.6 树脂固结地层砂示意图

⑤ 最终的聚合物必须具有化学惰性,该聚合物必须允许保持与原油和盐水长时间的接触。

(2)挤树脂固砂工艺过程。

利用树脂胶结疏松砂岩油层一般包括以下几个步骤:

①用前置液预处理地层。胶结之前,需用前置液处理地层。根据砂层需要预处理目的不同,前置液也不同。若要除砂粒表面的油,前置液可用液态烃,如柴油、煤油、原油、矿物油和芳香油。另一类是水基前置液,一般是淡水、盐水和海水,其中尤以盐水为最好。这种盐水是由一种或一种以上溶于水的无机盐构成,再加上表面活性剂如烷基磺酸钠,烷基苯磺酸钠、聚氧乙烯辛基苯酚醚,使砂粒表面由亲油反转为亲

水,由于极性的胶结剂能润湿亲水表面,因而有好的胶结效果。水基前置液中不应含有堵塞地层的污染物。

②树脂胶结液的注入。地层用前置液处理后,再注入胶结液。胶结液中最好要含有偶联剂,使树脂和砂粒更紧密地结合在一起。合适的偶联剂有氨基硅烷,其分子结构通式为:

$$H_2N\text{—}R^1\text{—}(N\text{—}R^1)_m Si(OR^3)_2$$
$$|$$
$$R^2$$

式中的 R^1 是具有 1~8 个碳原子的直链、侧链和环链烯烃基,最好是 1~4 个碳原子的直链、侧链烯烃基。R^2 是氢或具有 1~8 个碳原子(最好是 1~4 个碳原子)的烷基、胺烷基。R^3 是甲基、乙基、丙基或异丙基(最好是甲基或乙基),m 的数值为 0~10,最好是 1~4。

这种氨基硅烷有 2-氨丙基三乙氧基甲硅烷、$N-\beta-$(氨乙基)$-\gamma-$氨丙基三甲氧基硅烷(这种偶联剂最好)、$N-\beta-$(氨乙基)$-N-\beta-$(氨乙基)$-\gamma-$氨丙基三甲氧基硅烷、$N-\beta-$(氨丙基)$-N-\beta-$(氨丁基)$-\gamma-$氨丙基三乙氨基硅烷、双$-N-(\beta-$氨乙基)$-\gamma-$氨丙基三乙氧基硅烷。

氨基硅烷用量为每 100 份重的树脂加 0.1~10 份重的氨基硅烷。

若地层的渗透率比较高,则可注入"纯粹的"胶结液(即不含携带液的胶结液)。若地层的渗透率比较低,则需将胶结液和水基携带液混合在一起注入地层中。

胶结液组分中还应包括表面活性剂。表面活性剂能改善砂粒对树脂的润湿性,防止胶结液稠化和在水基携带液中出现聚集现象,从而保证了胶结液的泵送性能。

胶结液组分中还应有分散剂。分散剂能使胶结液成雾滴状分散在携带液中,合适的分散剂有糠醛和酞酸二乙酯的混合物。由于砂层的不均质,所以胶结剂将更多地沿高渗透层进入砂层,影响防砂效果。为了使胶结剂均匀注入,在注胶结剂前,可先注一段分散剂。由于分散剂可减少高渗透层的渗透率,使砂层各处的渗透率拉平,这样,胶结剂可以比较均匀地分散入砂层。因此,要提高防砂效果,应注意分散剂的使用。

③注入驱替液(增孔液)。注入胶结液后,使地层砂粒表面敷上一层树脂材料。由于对砂粒起胶结作用的胶结剂是敷在砂粒接触点处的胶结剂,在砂粒空隙中多余的胶结剂固化后将引起砂层空隙的堵塞,降低胶结后砂层的渗透率,因此要用驱替液把多余的胶结液顶替到地层深处。例如用极性胶结剂胶结时,就可以用煤油、柴油作增孔液。

④树脂固化。使树脂固结,形成具有渗透率的胶结地层,可通过加热和与催化剂接触就能使树脂达到固化。催化剂可以随胶结液一起注入地层中(内催化法),也可以先注入胶结剂,再注入催化剂(外催化法)。使用内催化法时值得注意的是:胶结液只有注入地层后,树脂才能发生固化反应。最好的催化方法是外催化法。对环氧树脂来说,合适的催化剂有胺类、酸酐类催化剂;对酚醛树脂、脲醛树脂、糠醇树脂来说,无机酸、有机酸和成酸化学剂都是比较好的外催化剂。

6.2.2 人工井壁防砂法

人工井壁防砂是化学防砂中的一大类,属于颗粒防砂。它是利用有特定性能的胶结剂和一定粒径的颗粒物质按一定比例在地面混合均匀,或风干后再粉碎成颗粒;也有直接用可固结的颗粒,用油基或水基携砂液泵入井内,通过炮眼,在油层套管外堆积填满出砂洞穴,在井温及固化剂作用下,凝固后形成具有一定强度和渗透性的防砂屏障,即人工井壁。这些人工井壁阻挡地层砂进入井筒,达到防砂目的。图 6.7 给出了人工井壁示意图。此类方法适用于油井已大量出砂、井壁形成洞穴的油水井防砂。

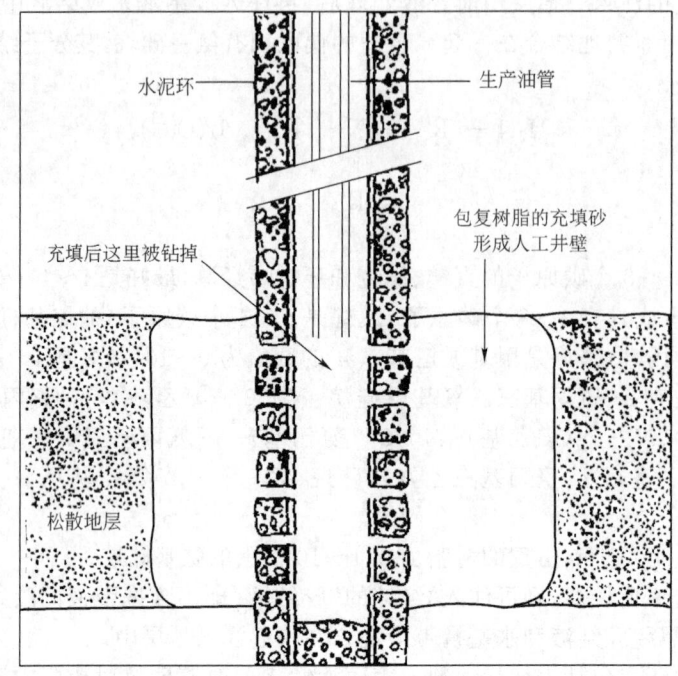

图 6.7 人工井壁示意图

此方法有时用在较上部地层中,因为有时需要把机械设备留在井筒里。

这种方法比砾石填充后再做固结处理要便宜。在已大量出砂和套管损坏的井段,有些作业者先挤入可固结的填充物,再在套管内做普通砾石填充。

6.2.2.1 水泥砂浆人工井壁

以水泥为胶结剂,以石英砂为支撑剂,按比例混合均匀,拌以适量的水,用油携至井下,挤入套管外,堆积于出砂部位,凝固后形成具有一定强度和渗透性的人工井壁,防止油层出砂。

这种人工井壁适用于已出砂油井、低压油井、浅井(井深在 1000m 左右)、薄油层油井(油层井段小于 20m)的防砂。

6.2.2.2 水带干灰砂人工井壁

以水泥为胶结剂,以石英砂为支撑剂,按比例在地面拌和均匀,用水携至井下,挤入套管外,堆积于出砂层位,凝固后形成具有一定强度和渗透性的人工井壁。

这种人工井壁适用于处于后期的低压油水井、已出砂的油水井、多油层、高含水油井及防砂井段在 50m 以内的油水井的防砂。

6.2.2.3 柴油乳化水泥浆人工井壁

以活性水配制水泥浆,按比例加入柴油,充分搅拌形成柴油水泥浆乳化液,泵入井内挤入出砂层位,水泥凝固后形成人工井壁。由于柴油为连续相,凝固后的水泥具有一定的渗透性,使液流能顺利地通过人工井壁,进入井筒,达到防砂的目的。

这种人工井壁适用于浅井、地层出砂量小于 500L/m 的井、油层井段在 15m 以内的油水井和油水井早期的防砂。

6.2.2.4 树脂核桃壳人工井壁

以酚醛树脂为胶结剂,以粉碎成一定颗粒的核桃壳为支撑剂,按一定比例拌和均匀,用油或活性水携至井下,挤入射孔层段套管外堆积于出砂层位,在固化剂的作用下经一定反应时间后树脂固结,形成具有一定强度和渗透性的人工井壁,防止油井出砂。

这种人工井壁适用于出砂量较小的油井、射孔井段小于20m的全井防砂和水井早期防砂。

6.2.2.5 树脂砂浆人工井壁

以树脂为胶结剂,以石英砂为支撑剂,按比例混合均匀,用油携至井下挤入套管外,堆积于出砂层位,凝固后形成具有一定强度的渗透性人工井壁,防止油井出砂。

这种人工井壁适用于吸收能力较高的油水井网、油层井段在20m以内的油水井后期的防砂。

几种化学防砂选用参考见表6.1。

表6.1 化学防砂选用参考表

方法	配方(质量分数)	优缺点
水泥砂浆	水:水泥:砂=0.5:1.0:4	原料来源广,强度较低,有效期较短
水带干灰砂	水泥:砂=1:2	原料来源广,成本低,堵塞较严重
柴油水泥浆乳化液	柴油:水泥:水=1:1:0.5	原料来源广,成本低,堵塞较严重
酚醛树脂溶液	苯酚:甲醛:氨水=1:1.5:0.05	适应性强,成本高,树脂储存期短
树脂核桃壳	酚醛树脂:核桃壳=1:1.5	胶结强度高,原料来源少,施工较复杂
树脂砂浆	树脂:砂=1:4	胶结强度较高,施工较复杂
酚醛溶液地下合成	苯酚:甲醛:固化剂=1:2:(0.3~0.36)	溶液黏度低,易于泵送,可分层防砂
树脂涂层砾石	树脂:砾石=1:(10~20)	强度较高,渗透率高,施工简单

6.2.2.6 预涂敷树脂砂防砂法

该法即在树脂配方内加入催化剂或在砂浆液后,顶替外固化剂,促使预涂层砾石在低温地层中固化,达到胶固地层的目的,主要包括常温敷膜砂和高温敷膜砂两大类。前者用于井温60℃的油井,后者用于注蒸汽热采井(注汽温度300~350℃)。近年来,随着技术的进步又开发研制了低温覆膜砂(适用油井温度30~50℃)。

(1)常温覆膜砂。其树脂配方是:石英砂:环氧树脂:丙酮:偶联剂=100:5:5.5:0.2(质量比)。

按配比将树脂溶于丙酮中,再加偶联剂均匀混合,配好后撒入石英砂中并均匀搅拌,使颗粒表面涂上一薄层树脂,待丙酮挥发后,分散过筛备用。

其质量标准参见SY/T 5274—2016《树脂涂敷砂技术要求》,主要包括:

①强度:对20~40目常规涂层砂、固化后要求:

	二级品	一级品
抗折强度	不小于2.5MPa	不小于5.0MPa
抗压强度	不小于5MPa	不小于10.0MPa

②常温下保存为单颗粒分散状态,分散率大于98%。

③表面涂覆均匀,颗粒涂覆率大于98%。

④覆膜厚度:

当石英颗粒为0.3~0.6mm时,厚度不大于0.1mm,

当石英颗粒为0.4~0.8mm时,厚度不大于0.2mm。

⑤覆膜砂粒度:

若石英颗粒为 0.3~0.6mm 时,覆膜最大颗粒度不大于 0.8mm;

若石英颗粒为 0.4~0.8mm 时,覆膜最大颗粒度不大于 1.0mm。

⑥渗透率不小于 $50\mu m^2$。

⑦耐温性:常温砂小于 100℃,高温砂为 350℃。

⑧粉尘含量:小于 1%(质量分数)。

(2)高温覆膜砂。其防砂机理是将耐高温预涂层砾石用携砂液按一定砂比,通过施工管柱泵送到井下,并强迫挤入套管外周围地层中,在井底温度或特定外界条件下固化,形成一个具有一定强度、又具有较高渗透率的人工井壁,从而阻止地层出砂。

该方法最大优点是井底不留任何机械装置,后期处理和补救作业十分方便。技术关键在于解决耐高温树脂配方及预涂层工艺。

经实验研究,高温预涂层砾石已经在国内外市场商品化应用,由于工艺简便,优越独特,已作为传统绕丝筛管砾石防砂工艺补充手段,该方法常用于严重出砂地层,挤入量由累计出砂量确定,但处理井段一般不超过 20m。

胜利油田的高温预涂层砾石产品技术性能指标见表 6.2。

表 6.2 胜利油田耐高温树脂涂层的性能指标

规格 mm	抗压强度 MPa			液相渗透率 μm^2	挡砂精度 mm	胶结介质 pH 值的影响		
	65℃	250℃	350℃			pH<6	pH=6~9	pH>9
0.30~0.60	≥3.5	≥7.0	≥3.0	50	0.07~1	加速固结	正常固结	阻止固结

(3)应用条件及技术评价:

①适用于每米地层出砂量大于 50L 的油气井后期防砂。

②射孔井段不宜超过 20m。

③覆膜砂已形成温度系列,对不同井温适应性强。若地层温度大于 60℃,用常规覆膜砂;若低于 60℃,选用低温覆膜砂(内催化系统)或常规覆膜砂加入外固化剂(可提高强度 1.5 倍),注汽井选用高温覆膜砂。

④若地层吸收能力太低,则应先解堵后,再挤覆膜砂。

⑤施工简便,易操作,无需特殊设备。

⑥固化后,抗压强度可大于 5~9MPa,渗透率保持为原砾石渗透率的 80% 左右。

⑦防砂成功率一般大于 80%,对油井的含水适应性好。

⑧高孔密射孔(20 孔/m 以上),大直径孔眼(ϕ16~20mm)有助于改善覆膜砂在处理井段上的均匀分布,是提高防砂成功率的重要措施。

6.2.2.7 高渗透水泥防砂法

高渗透水泥防砂是将掺加一定量增渗材料的水泥浆泵注到需要防砂的层段,凝结形成高渗透性人工井壁的防止地层砂运移的方法。水泥浆也可用挤水泥作业方法挤入已出砂地层,凝结形成一个具有一定强度和高渗性的水泥—砂浆凝固体,阻止地层继续出砂。增渗材料一般采用油溶性有机物,为增加增渗材料与油井水泥的相容性往往要进行增渗材料表面改性。水泥浆注入到位候凝后未经处理的水泥石并不具备高渗透的特性,当需要水泥石具有高渗透性的时候,可以采用恒温热处理或用油溶性溶剂进行处理,使增渗材料从水泥石中析出,增渗材料最初占据的孔隙通道就会成为油气流的通道,使得水泥石具有较高的渗透率。

6.2.3 其他化学固砂法

目前使用的化学固砂方法较多,在本部分主要介绍以下几种方法:氢氧化钙固砂法、四氯化硅固砂法、聚乙烯固砂法和氧化有机化合物固砂法。

6.2.3.1 氢氧化钙固砂法

将氢氧化钙饱和溶液用于胶结砂岩地层,胶结机理是氢氧化钙的饱和溶液,在高于65℃的温度下,与油层中的黏土矿物(蒙脱石、伊利石等)反应生成铝硅酸钙(胶结物),把砂粒胶结在一起,实现控制出砂。胶结地层能耐高温、适用于蒸汽驱和热水驱油藏固砂作业。由于氢氧化钙的溶解度很低,所以要多次循环注入氢氧化钙饱和溶液才能使胶结地层达到所需的强度。

后来提出了一种改进型的方法,这种方法是向处理地层中注入含有氯化钙和氢氧化钠的氢氧化钙饱和溶液,随着胶结反应的发生,氢氧化钙从溶液中析出,使溶液中氢氧化钙的浓度降低,这时氯化钙和氢氧化钠发生化学反应,又生成新的氢氧化钙,保持氢氧化钙在水溶液中的浓度不变,从而将未固结的地层胶结在一起,形成挡砂屏障。

6.2.3.2 四氯化硅固砂法

四氯化硅可以用来固结疏松砂岩油藏。它是利用四氯化硅注入地层中后和地层中的水发生化学反应,生成无定形的二氧化硅。生成的二氧化硅可以将地层砂粒胶结在一起,达到固砂的目的。这一机理可用化学方程式表示为:

$$SiCl_4 + 2H_2O \longrightarrow SiO_2 + 4HCl$$

可以看出,用四氯化硅固砂,地层中一定要有水。地层含水饱和度越高,防砂效果越好,而渗透率损失不大。为了提高胶结地层的抗压强度可以采取预处理和后处理的方法,还可以在胶结剂中加入适量的中和剂,把生成的氯化氢中和掉以提高胶结强度。

用四氯化硅固砂工艺简单,只需通过一般的注入工艺就能达到目的,并且该方法成本低廉,主要用于气井防砂。

6.2.3.3 聚乙烯固砂法

聚乙烯是二烯烃或三烯烃通过聚合反应的产物。聚乙烯固砂有两种工艺,一是用聚丁二烯经稀释剂稀释后加入催化剂通过化学反应胶结疏松砂岩,使用的催化剂有锆盐、钴盐及锌盐;二是利用聚丁二烯热聚合反应固砂。

6.2.3.4 氧化有机化合物固砂法

采用含不饱和烯烃的有机化合物,在氧化聚合反应过程中,氧原子把双键打开,在各分子之间形成氧桥,从而使有机物生成网状的聚合物,将疏松砂岩有效胶结在一起。这种方法一般包括以下两个连续步骤:

(1)一种或两种以上的能起聚合反应的有机物质和催化剂混合,将混合物注入地层中,在地层温度下,与氧化气体接触发生氧化聚合反应,生成固态物质胶结砂粒,而基本上不降低地层的渗透性能。

(2)注入足够的氧化气体,使已注入的有机物质充分固化。使用的地层温度为150~250℃。

6.3 化学防砂的工艺设计

化学防砂的工艺设计直接关系到其施工作业的成败。因此,在设计前要充分掌握地层和油气井的资料数据,全面考虑防砂效果、防砂产能恢复和综合经济效益,提高设计水平,保证和提高施工的成功率。

6.3.1 工艺设计步骤

进行化学防砂工艺设计时,应根据地层性质、完井方法、油气井条件、施工工艺和设备来设计不同的工艺参数与步骤,包括以下四方面:

(1)选择固体颗粒的尺寸。

选择固体颗粒的尺寸主要基于产层所含最细砂尺寸。因此,准确确定地层砂粒粒径和范围很关键。砂粒直径确定方法常用的是标准筛分级,表6.3中给出了标准筛目与对应的筛孔直径。筛析数据通常以从最大孔径筛开始筛选并按筛号大小次序排列的筛网上所剩砂粒筛积百分比表示。这种曲线标绘在半对数纸上,如图6.8所示,得到一条S形曲线,即筛析曲线。

表 6.3 筛目标号分类比较表

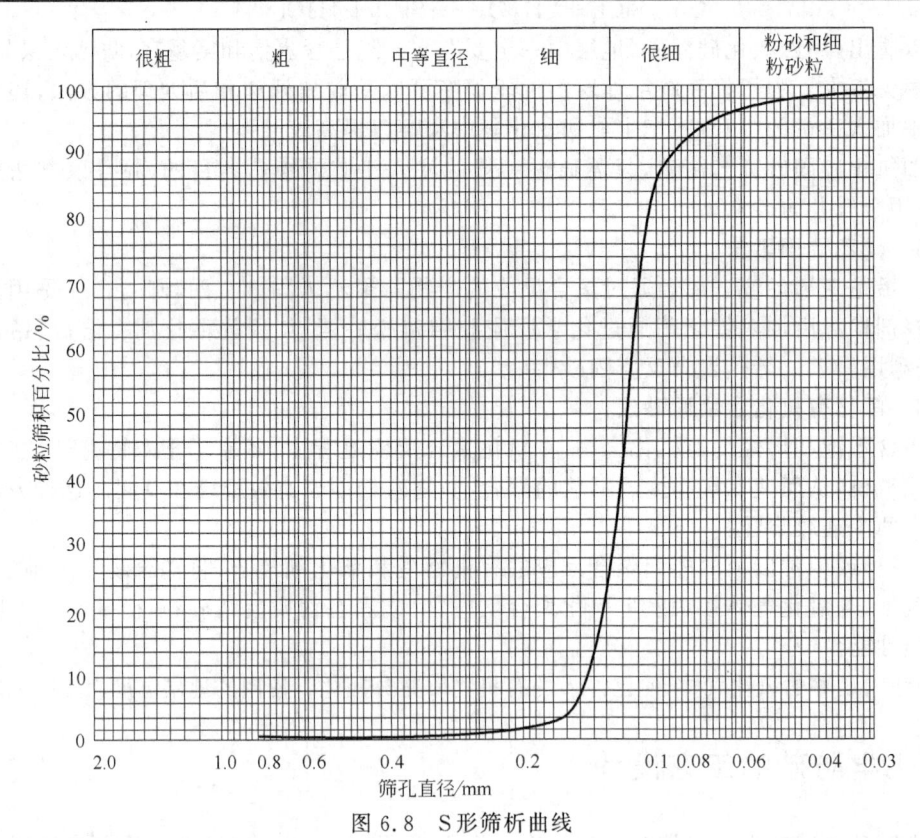

标准筛目系列	2.5	3	4	6	8	10	12	14	16
筛孔直径/mm	7.925	5.880	4.599	3.327	2.362	1.651	1.397	1.165	0.991
标准筛目系列	20	24	27	32	35	40	60	65	80
筛孔直径/mm	0.833	0.701	0.589	0.495	0.417	0.350	0.245	0.220	0.198
标准筛目系列	100	110	180	200	250	270	325	425	500
筛孔直径/mm	0.165	0.150	0.083	0.074	0.061	0.053	0.047	0.033	0025

图 6.8 S形筛析曲线

在筛析曲线上找到砂粒筛积百分比为50%这一点所对应的筛目尺寸,即为地层砂粒度尺寸,定义为该砂样的粒度中值 d_{50}。

在固体颗粒的选择上普遍采用索西埃(Saucier)公式:

$$D_{50}=(5\sim 6)d_{50}$$

式中　D_{50}——设计的固体颗粒粒度中值，mm；

　　　d_{50}——地层砂样的粒度中值，mm。

实际应用时，若地层砂非均质严重，砂粒度分布范围广，上式可改写为：

$$D_{50}=(4\sim 8)d_{50}$$

(2)准确获取被胶结砂层的岩性和地层流体性质。

根据达西定律计算防砂前、后地层流体由地层流向井筒的流速，对比防砂前后地层的渗透性改变情况。

(3)选择适宜的防砂胶结剂和防砂方法。

(4)确定防砂体系的注入速度、施工压力、固结时间和固结强度等参数。

6.3.2　施工程序及参数

不同的防砂方法，其施工程序及参数不同，这里重点介绍油田上常用的几种化学防砂施工程序及参数。

6.3.2.1　酚醛树脂固砂施工程序及参数

(1)射孔：负压射孔，孔密度为20孔/m，孔径不小于10mm。

(2)洗井：用加有黏土防膨剂和防乳化剂的无固相清洁液体洗井。

(3)通井：用小于套管内径4～6mm的通经规通至油层底界以下20m，无遇阻现象。

(4)下防砂管柱：全井一次防砂，用光油管完成于油层顶界以上5～10m，装好井口进行施工；多油层长井段分层防砂，采用先下入封隔器，从下而上逐段防砂，每段控制井段长在20m以内。

(5)正挤活性柴油：柴油中加入1%的聚氧乙烯烷基醇醚活性剂，即活性柴油，用量为每米射孔油层不少于500L，排量300L/mim。

(6)正挤盐酸：盐酸浓度5%～7%，每米射孔油层不少于200L，排量300L/min。

(7)正挤柴油：用量$2m^3$，排量300L/min。

(8)正挤酚醛树脂溶液：每米射孔油层不少于200L，排量300L/min。

(9)正挤增孔剂(柴油)：用量为树脂量的2～3倍，排量300L/min。

(10)正挤固化剂(盐酸)：盐酸的浓度为10%～12%，其用量为树脂量的2～3倍，排量300L/min。

(11)正挤顶替液(柴油)：将盐酸全部挤入油层，排量300L/min。

(12)关井候凝48h以上。

(13)压井、探树脂面、钻塞至人工井底。

(14)下入生产管柱投产。

6.3.2.2　预涂树脂砂固砂施工程序及参数

(1)压井、通井，探冲砂至人工井底或设计砂面位置。

(2)补孔：若有必要则进行，孔径大于10mm，孔密增加20孔/m以上。

(3)光油管完成于油层顶界以上5～10m。

(4)若油稠，则用适量清洗液清洗近井地层表面，便于以后挤入预涂层砾石。

(5)若地层有潜在的黏土伤害，应挤入黏土稳定剂处理液。

(6)正替携砂液至套管出口返排液后，关闭套管阀门。

(7)正挤携砂液求地层的吸收能力，调整好泵压、排量。当泵压稳定，排量达到500L/min时，开始出砂，砂比控制为(5～10):100(体积分数)。正常加砂要求一次加完设计砂量，若中途发生泵压高于稳定值的50%时,应停止加砂。

(8)正挤顶替液(若低温地层,又采用的是固化系统,则先顶替固化剂),直至将覆膜砂顶替挤入地层,不宜过量顶替。欠量顶替时,井筒内将留下一段覆膜砂砂柱。

(9)上提管柱50~100m,关井候凝72h以上。

(10)关井,探树脂面,钻塞至人工井底或设计井底。

(11)下入生产管柱投产。

6.3.2.3 水泥砂浆人工井壁施工程序及参数

1. 施工程序

(1)压井、探砂面、冲砂至人工井底。

(2)光油管完成至油层顶界以上10m左右。

(3)连接施工车辆及地面管线,清水试压。

(4)正循环至返出口见液,关套管阀门。

(5)正挤砂液求地层吸收能力,当泵压稳定、排量达到500L/min时,可开始加放已拌和好的水泥砂浆。

(6)正挤顶替液至砂浆全部挤入地层。

(7)关井候凝48h以上。

(8)压井、探砂面、钻塞至人工井底。

(9)下入生产管柱投产。

2. 参数设计

(1)砂浆用量:原则上以油井出砂量为准。但出砂量小于$0.5m^3$,可设计砂量$0.5m^3$;当砂量大于$0.5m^3$小于$2m^3$时,可设计砂量与出砂量相等;当出砂量大于$2m^3$,其设计砂量可小于出砂量。

(2)泵压的控制:最终泵压不应超过正常挤入泵压的50%。

(3)关井候凝时间不少于48h。

(4)携砂液用量:应包括充满井筒的液量、前置液液量、顶替液的用量及携砂液本身的用量,还应有储液罐吸入口以下的液量,再附加以上总液量的20%。

(5)施工管柱:除油管外,不附加任何工具,并将油管完成于油层顶界以上10m左右,防止遇卡,保证施工安全。

6.3.3 防砂方法的选择

6.3.3.1 选择原则

(1)立足于先期防砂和早期防砂:根据油藏地质研究和试油试采资料,结合出砂预测研究,一旦判断地层必然出砂,则应立足于先期防砂完井或短暂排液后的早期防砂,以此为基础来选用防砂方法。在地层骨架被破坏后才进行防砂,防砂难度将大大增加,而且也难保证防砂效果。

(2)结合实际,综合考虑技术现状、工艺条件和经济成本,合理选用防砂方法。

(3)立足于保护油层、减少伤害,以保护油气井获得最大产能为目标,结合有效期,进行方法论证和选择。

6.3.3.2 防砂方法选择时必须考虑的因素

(1)完井类型:常见的完井方式有裸眼完井和套管射孔完井。

对原油黏度偏高,油层单一,无水、气夹层的部分胶结的砂岩可考虑用裸眼砾石充填先期防砂,以提高渗流面积,减少油层伤害,获得较高的产能。

对油、气、水层关系复杂,有泥岩夹层的井应考虑用套管射孔完成。可进行先期或早期的管内砾石充填防砂。

(2)完井井段长度:机械防砂一般不受井段长度限制,如夹层较厚,可以考虑分段防砂。化学防砂主要用于短井段地层。

(3)地层物性:化学防砂对地层砂粒度适应范围较广,尤其适用于细粉砂岩。但在油井中、高含水期,防砂成功率下降。ECP 砂拱防砂适用于泥质含量较高的,出砂不严重的中、低渗透地层。绕丝筛管砾石充填对粒度、渗透率、均质性要求不高,但粉细砂岩不适用。滤砂管防砂一般只对中、粗砂岩有效。

(4)井筒和井场条件:小井眼、异常高压层、双层完井的上部地层宜用化学防砂。此外,化学防砂还要特别注意油层温度,因它对化学剂固化有重要影响。若现场无钻机(或作业机),也无法进行机械防砂。

(5)产能损失:无论哪种防砂方法,都应在控制出砂的前提下,使油气井产能损失最小。相比而言,砂拱防砂产能损失最小,但防砂稳定性差;裸眼砾石充填防砂产能最高,只要条件允许应优先考虑选用;细粉砂岩易引起普通滤砂管堵塞,导致产能急剧下降,不宜采用滤砂管防砂;对绕丝筛管内砾石充填或化学防砂应在施工时采取合理的配套技术措施,最大限度地维持油井产能。

(6)成本费用:施工成本是选择防砂技术的重要因素,但也要考虑防砂的长期综合经济效益。

表 6.4、表 6.5 分别列出了个主要防砂方法的适应性和优缺点,供设计时参考。

表 6.4 主要防砂方法对比

分类	防砂方法	优点	缺点	备注
机械防砂	绕丝筛管砾石充填	(1)成功率高达 90%以上; (2)有效期长; (3)适应性强,应用最普遍; (4)裸眼充填产能为射孔充填的 1.2~1.3 倍	(1)井内留有防砂管柱,后期处理复杂,费用高; (2)不适用于细粉砂岩; (3)管内充填产能损失大	可按工艺条件和充填方式再细分
	滤砂管	(1)施工简便,成本低; (2)适合多油层完井,粗砂地层	(1)不适宜用于细粉砂岩; (2)滤砂管易堵塞使产能下降; (3)滤砂管受冲蚀,寿命短	按材料不同形成多种滤砂管
	割缝衬管	(1)成本低,施工简便; (2)适用于出砂不严重的中、粗砂岩,水平井常用	(1)不宜用于粉细砂岩; (2)砂桥易堵塞	
化学防砂	胶固地层	(1)井内无留物,以进行后期补救作业; (2)对地层砂粒度适应范围广; (3)施工简便	(1)渗透率下降; (2)不宜用于多层长井段和严重出砂井; (3)化学剂有毒,易造成污染	树脂液,树脂砂浆,溶液地下合成,化学固砂剂
	人工井壁	(1)化学剂用量比胶固地层少,成本下降 20%~30%; (2)井内无留物,补救作业方便; (3)可用于严重出砂的老井; (4)成功率高达 85%以上	(1)不宜用于多油井,长井段; (2)不能用于裸眼井	预涂层砾石,树脂砂浆,水泥砂浆,水带干灰砂,乳化水泥

续表

分类	防砂方法	优点	缺点	备注
砂拱防砂	套管外封隔器	(1)施工简便,费用较低; (2)可用于多层完井施工; (3)产能损失小,后期补救处理较容易	(1)不宜用于粉细砂岩及疏松砂地层; (2)砂拱稳定性不好; (3)控制流速影响产量	
其他	水力压裂砾石充填	(1)既防砂,又获得高产; (2)消除油层伤害; (3)有效期长	(1)不宜用于多油层和粉细砂岩; (2)后期处理难	工业应用
其他	原油胶化固砂	(1)特别适用于超稠油疏松砂岩; (2)井内无留物	(1)不宜用于多油层和长井段作业; (2)施工复杂,难度大,费用高	工业试验

表6.5 防砂方法筛选表

比较项目	防砂方法				
	衬管	筛管+砾石充填	树脂固砂	树脂涂层砾石	套管外分割器
适应地层砂尺寸	中—粗	细—粗	细粉—中	各种尺寸	各种尺寸
泥质低渗透地层	—	—	—	—	适用
非均质地层	适用	适用	—	适用	适用
多油层	适用	适用	—	适用	适用
井段长度	短—长	短—长	<5m	<10m	6~12m/层
无钻机或修井机	—	—	适用	—	—
高压井	—	—	适用	适用	适用
高产井	—	适用	适用	适用	适用
裸眼井	适用	适用	—	适用	—
热采井	—	适用	适用	适用	适用
严重出砂井	—	适用	适用	适用	适用
定向井	适用	适用	适用	适用	适用
老油井	适用	适用	适用	适用	适用
套管完井	适用	适用	适用	适用	—
套管直径	常规	常规	小—常规	小—常规	小—常规
井下留物	有	有	无	无	无
费用	低	中	高	中—高	中—高
成功率	高	高	低—高	中—高	中—高
有效期	短	很长	中—长	长	中

6.3.4 防砂效果评价

6.3.4.1 防砂效果影响因素分析

影响防砂效果的因素很多,归纳为以下几个方面:

(1)地层条件。这是自然因素,如孔隙度和渗透率条件、粒度大小及分布、均质性、泥质含量、黏土矿物组成、原油物性、层段厚度及单层层数都会对方法的选择、施工设计和作业难度产生直接的影响,势必影响到工艺效果。

(2)选用的防砂方法。由于各种防砂方法只适用于某些地层和井况条件,如方法选用不当,则可能使防砂很快失效或造成较大的产能损失,难以维持生产。此外,各种方法的有效期和施工成本也不相同,对经济效果会带来直接的影响。

(3)施工工艺设计。方法一旦确定就需按地层条件进行防砂施工工程设计,包括选用合理的施工程序和工艺参数,以正确的工艺来满足防砂的需要,保证防砂效果。

(4)施工质量控制。施工质量是保证防砂效果的关键,应该建立严格的质量保证体系,包括准备合理的原材料、井下工具和化学剂、保持设备工况良好、充分的室内试验、优选合理的工作液及处理剂配方。施工前要反复研究施工设计,考虑应变措施。施工过程要有严格的技术、质量监控,保证施工质量全优,争取最佳效果。

只要紧紧围绕油井、地层的实际情况,从设计、材料、施工的各个环节进行全面研究和质量控制,才能使防砂后实现既高产又控制出砂的目的。

6.3.4.2 防砂效果评价

主要用以下三个技术指标评价防砂效果。

(1)含砂量:指井口含砂量(质量分数)。将井口采集的油样脱水后,再测试含砂量。从保证采油生产系统连续正常运转的角度,井口含砂量必须小于0.03%,防砂视为有效。

(2)产能损失 η:计算公式为

$$\eta = \frac{Q_1 - Q_2}{Q_2}$$

式中 Q_1——防砂前油井产液量;

Q_2——防砂后油井产液量。

η 值越小,则防砂效果越好。由于不同的防砂方法和工艺会带来不同的产能损失比,只要产能损失小于规定值,则认为工艺是成功的,经济上是合理的。一般要求产能损失控制在20%～30%之间,按目前技术水平和工艺条件,实现这一指标是完全有可能的。

(3)有效期:指防砂施工后,油井能正常生产的时间,即油井不出砂或轻微出砂,产能损失又在合理的范围之内的工作时间。不同的工艺、方法、防砂措施有不同的有效期,而且它还与油藏条件密切有关。因此,要按不同的方法、不同的油藏确定合理的有效期。

事实上,以上三个指标必须综合考虑,它们是相互制约的统一体。只有全面兼顾协调三个指标,采用针对性的防砂方法和完善的质量保证体系才能实现三个指标都达到较高水平,从而获得最佳的防砂采油效果。

6.4 防砂井地层伤害的预防及化学处理

6.4.1 防砂井地层伤害的预测

防止油层伤害应包括在钻井、固井、射孔、防砂施工的全过程。只是减少每个环节的伤害才能真正保护油层,达到油井既高产又控制出砂的目的。

6.4.1.1 对钻井的要求

为防止和减轻地层伤害,钻开油层时必须做到:

(1)控制钻井液密度,保证近平衡压力钻井,防止钻井滤液过多地漏入地层。

(2)加入必要的失水控制剂,减少失水量。优质泥浆失水量应小于 5mL;

(3)钻井液必须有良好的造壁性,防止井壁坍塌恶化油层条件,这对未胶结的流砂层和进行裸眼完井尤为重要。

(4)钻井液中适当加入防膨剂和防乳化剂,以控制黏土膨胀和原油乳化伤害。

(5)钻井液应与油层岩石、地层液有良好的化学配伍性,防止产生沉淀和堵塞。

6.4.1.2 对固井工艺的要求

固井质量的好坏对油井生产至关重要,因而固井应做到:

(1)固井质量应 100%合格,保证套管不漏不窜。

(2)水泥浆失水量应小于 50mL。

(3)对注蒸汽防砂井应采用预应力固井技术。

6.4.1.3 对射孔工艺的要求

防砂井如果射孔成功,应提出以下要求:

(1)高孔密、大直径的弹孔是必须的,以提供尽可能大的渗流面积。考虑国内目前的技术水平,建议孔密 20 孔/m,孔径 18~20mm。

(2)射孔液应该是无固相完井液(射孔前先替出井筒内钻井液),基液要过滤,其防膨胀、防乳化及配伍性要求与钻井液相同。

(3)建议采用油管传送(无电缆)负压射孔技术,负压值为 3~5MPa。

(4)对高倾角(大于 45°)的定向井,应在套管的下半侧-60°~60°相位角范围内射孔,避免"空白炮眼效应"。

6.4.1.4 对完井工艺的要求

(1)完井方式的选择原则:

根据油层条件及地质开发方案而定。对于油层大于 10m,无气、水层并有一定胶结性的单一油层可考虑裸眼完井,稠油油层应优先考虑裸眼完井;而对多油层、油水关系及地质条件复杂的油井,应采用射孔完成。

(2)完井液应满足以下条件:

①能完全控制地层压力,防止地层出砂。

②加入必需的添加剂,减少黏土膨胀和原油乳化伤害。此外还必须和地层岩石及液体保持良好的配伍性。

③防砂井的完钻井深在油层底界以下 30~50m 作为沉砂口袋。

④对于绕丝筛管砾石充填防砂井,尽量采用 7in 以上大直径套管完井;水泥返高至少超过油层顶界。

6.4.1.5 对井眼准备的要求

(1)根据油井资料选择适当的防砂方式,编写防砂施工工艺设计,确定施工工序及工艺参数。

(2)按施工设计备全备足施工所需材料、化学药剂及有关用料运输及存放要保持清洁。

(3)地面清洁施工管柱,要置于离地面 30m 高的油管桥上进行,管柱表面不得有泥砂及脏物。

(4)射孔前应用无固相完井液替出井筒钻井液,否则不得射孔。

(5)射孔后应对套管进行必要的刮削处理。

(6)施工液基液要清洁,有条件时尽可能要过滤,使固体颗粒直径在 2~5μm 范围内,并加适当的防膨剂和防乳剂等。

(7)对于原地层伤害严重的油井,防砂施工前应先进行地层预处理,以解除堵塞。

6.4.2 地层伤害的化学处理

6.4.2.1 酸处理

这里着重介绍土酸处理。

(1)酸液配方:包括1#处理液和2#处理液,配方见表6.6。

表6.6 1#、2#处理液配方

1#处理液(酸液)		2#处理液(前、后置液)	
药品名称	浓度/%	药品名称	浓度/%
HF	1.5	KCl(或NH$_4$Cl)	2(或3)
HCl	7.5	SL-2(防乳剂)	0.2
HAc	2.0	TDC$_{15}$或TDC$_{10}$(防膨剂)	1.0~2.0
柠檬酸	0.5		
7701(防腐剂)	0.15		
SL-2(防乳剂)	0.2		
甲醛(缓蚀剂)	2.0		
TDC$_{15}$或TDC$_{10}$(防膨剂)	1.0~2.0		

(2)现场配制。

按下列顺序依次加入投料配制酸液:清水、柠檬酸、7701、SL-2、HAc、TDC$_{15}$或TDC$_{10}$、HCl、HF(充分搅拌)、柴油(封面液)。

配制前、后置液顺序是:清水、SL-2、TDC$_{15}$或TDC$_{10}$、KCl或NH$_4$Cl充分搅拌。

(3)施工步骤。

①正循环前置液,直到套管环形空间返液为止;
②正挤酸液;
③正挤后置液,将酸液全部顶替至地层内;
④关井反应0.5h。
⑤排残酸。

6.4.2.2 黏土稳定处理

疏松砂岩油层通常是以泥质胶结为主,当黏土含量大于5%时,需要进行黏土稳定处理,否则由于黏土的分散、膨胀和运移造成地层孔隙严重堵塞使产量下降。方法是预先向地层挤入黏土稳定剂。各油田常用的黏土稳定剂如下。

(1)无机类:属暂时性黏土稳定剂。用2% KCl、2%NH$_4$Cl、2%CaCl$_2$等溶液作黏土稳定剂,用量通常是每米地层2m^3,也可在各种入井液中按相应浓度加入。

(2)有机类:属永久性黏土稳定剂。主要有以下几种:

①2% TDC$_{10}$:聚铵盐;
②2% TDC$_{15}$:聚季铵盐;
③PA-F$_1$:聚丙烯酰胺盐;
④PA-F$_2$:聚丙烯酰胺盐;
⑤NON:为2% TDC$_{15}$和3%NH$_4$Cl的复配溶液。

前三种用于油井作业施工,后两种用于水井作业施工。

用量通常是每米地层2m^3。但对于不同地区不同油层,最好通过室内岩心流动试验确定黏土稳定剂的种类、浓度及用量,以获得最佳处理效果。

习　题

1. 油气井出砂的原因是什么?
2. 油气井防砂的方法有哪些?
3. 油气井化学防砂方法有哪些?
4. 防砂方法的选择原则是什么?
5. 如何评价防砂效果?

第 7 章 原油乳状液及化学破乳剂

  世界各地的油田,几乎都要经历含水开发期,特别是采油速度快和采取注水强化开采的油田,其无水采油期短,油井见水早,原有含水率增长速度快。例如,美国约有 80% 的原油含水,而我国 1983 年以前,开发油田 144 个,综合含水率达到 63.8%,到了 1990 年,全国油田原油含水率达 78%。但当原油含水率达 50%~70% 时,其增长速度减慢,甚至较长时间保持稳定,此时油田仍能高产,而且油田的大部分储量在这一阶段被采出。到了开采后期,含水率可高达 90% 以上,仍可开采一段时间。因此可以认为,原油含水是油田生产的正常状态和普遍现象。

  原油含水危害很大,不仅增加了储存、输送和炼制过程中设备的负荷,而且因水中含盐还会引起设备和管道的结垢或腐蚀,而排放的水由于含油也会造成环境的污染和原油的浪费,所以原油脱水就成为油田原油生产中一个不可缺少的环节,一直受到人们的重视。

7.1 乳状液的基本知识

7.1.1 乳状液的基本概念

7.1.1.1 乳状液的定义

  乳状液是一种非均多相体系,其中至少有一种液体以液珠的形式均匀地分散于另一种与它不相混溶的液体之中,液珠的直径一般大于 $0.1\mu m$,这种体系皆有一个最低的稳定度,此稳定度可因有表面活性剂或固体粉末的存在而大大增加,因此,在该体系中加入表面活性剂或某些固体粉末,可使其具有一定的稳定性。我们把这种能使不相溶的油水两相发生乳化而形成稳定乳状液的物质称为乳化剂,其大多是由亲水和亲油基所组成的两亲结构表面活性剂。通常,把乳状液中以液珠形式存在的那一相称为分散相(内相或不连续相),另一个相称为分散介质(外相或连续相)。因此可以说,一般乳状液是由分散相、分散介质和乳化剂所组成。

7.1.1.2 乳状液的生成条件

  由于油、水两种液体彼此强烈地排斥,对于纯水和纯油无论怎样搅拌它们绝不会形成乳状液,所以要想制备稳定的乳状液,必须满足下述三个条件,缺一不可:

  (1)存在着互不相溶的两相,通常为水相和油相;

  (2)存在乳化剂,其作用是降低体系的界面张力,在其微珠的表面上形成薄膜或双电层,以阻止微液珠的相互聚结,增加乳状液的稳定性;

  (3)具备强烈的搅拌条件,增加体系的能量。

7.1.1.3 乳状液的类型

  常见的乳状液有两类:一类是以油为分散相,水为分散介质的称为水包油型(O/W)乳状液;另一类是以水为分散相,油为分散介质的称为油包水(W/O)型乳状液。所谓多重乳状液,是 W/O 和 O/W 两种类型同时存在的乳状液,即水相中可以有一个油珠,而此油珠中又含有一个水珠,因此可用 W/O/W 表示此种类型。同样,也存在 O/W/O 型乳状液,见图 7.1。

7.1.1.4 乳状液类型的鉴别方法

  根据油包水(W/O)和水包油(O/W)乳状液的不同特点,可以鉴别乳状液的类型,但是,有时一种方法往往不能得出可靠的结论,可以多种方法并用。常用的方法有:

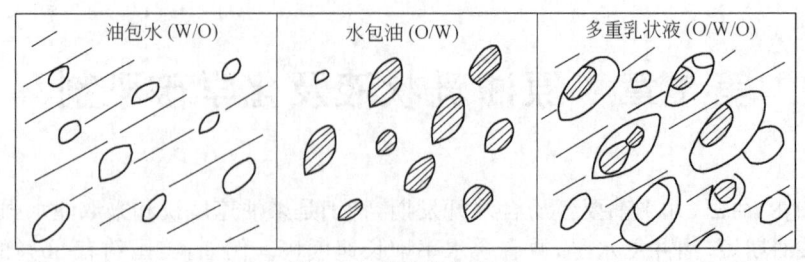

图 7.1 乳状液的类型

(1)稀释法。乳状液能与其外相(分散介质)液体相混溶,故能与乳状液混合的液体应与其外相相同。具体方法是:将两滴乳状液放在一块玻璃板上的两处,于其中一滴中加一滴水,另一滴中加一滴油,轻轻搅拌,若加水滴的能很好混合则为 O/W 型,反之则为 W/O 型。如牛奶可用水稀释而不能用植物油稀释,所以牛奶是 O/W 型乳状液。

(2)染色法。当乳状液外相被染色时整个乳状液都会显色,而内相染色时只有分散的液滴显色。将少量油溶性染料(如苏丹Ⅲ)加入乳状液中,若乳状液整体带色则为 W/O 型;若只是液珠带色,则为 O/W 型。用水溶性染料(如甲基蓝、甲基蓝亮蓝 FCF 等)进行试验,则情形相反。

(3)电导法。一般而言,油类的导电性差,而水的导电性好,故对乳状液进行电导测量,与水导电性相近的即为 O/W 型,与油导电性相近的为 W/O 型。但有的 W/O 型乳状液,内相(水)的比例很大,或油相中离子性乳化剂含量较多时也会有很好的导电性,因此,用电导法鉴别乳状液的类型不一定很可靠。

(4)荧光法。荧光染料一般都是油溶性的,在紫外光照射下会发产生颜色。在荧光显微镜下观察一滴加有荧光染料的乳状液可以鉴别乳状液的类型。倘若整个乳状液皆发荧光,为 W/O 型,若只有一部分发荧光为 O/W 型。

(5)滤纸润湿法。此法对于重油和水的乳状液适用,因为二者对滤纸的润湿性不同,水在滤纸上有很好的润湿铺展性能。将一滴乳状液放在滤纸上,若液滴快速铺开,在中心留下一小滴油,则是 O/W 型;若不铺开,则为 W/O 型。

(6)黏度法。由于在乳状液中加入分散相后,其黏度一般都是上升的,利用这一特点也可以鉴别乳状液的类型。如果加入水,比较其前后黏度变化,则黏度上升的是 W/O 型乳状液,反之则为 O/W 型。

7.1.1.5 影响乳状液类型的因素

乳状液是一个复杂的多分散体系,影响其类型的因素很多,早期的理论有:"相体积"理论、聚结速率理论、"定向楔"理论和 Bancroft 规则。总结起来,主要的影响因素有以下几个方面:

(1)"相体积"理论。1910 年,Ostwald 根据立体几何的观点提出"相体积"理论。假定分散相液滴是均匀的球体,根据立体几何原理可知,在最紧密堆积时,液滴的最大体积只能占总体积的 74.02%,其余 25.98% 为分散介质。图 7.2 表示一个在理想情况下的均匀乳状液,其液珠占总体积的 74.02%。图 7.3(a)表示在普通情况下的不均匀乳状液,图 7.3(b)表示为极端情况下的乳状液示意图,其液珠被挤成大小形状皆不相同的多面体。若分散相体积大于 74.02%,乳状液就发生破坏或变型。如果水相体积占总体积的 26%～74% 时,两种乳状液均可形成;若水相体积小于 26%,则只形成 W/O 型;若水相体积大于 74%,则只能形成 O/W 型。

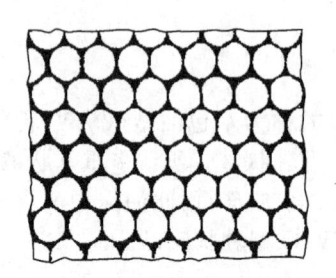

图 7.2 均匀乳状液珠所形成的密集堆积示意图
(液珠占总体积的 74.02%)

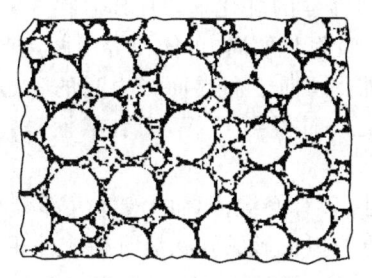

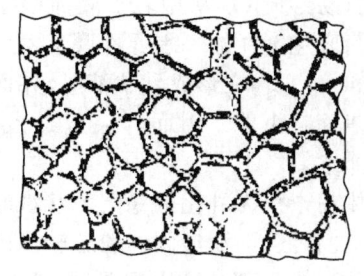

(a) 不均匀液珠所形成的   (b) 非球形液珠所形成的

图 7.3 密集堆积乳状液示意图

(2)聚结速率理论。1957 年 Davies 提出一个关于乳状液类型的定量理论。这一理论认为：当油、水和乳化剂一起振荡或搅拌时，形成乳状液的类型取决于油滴的聚结和水滴的聚结两种竞争过程的相对速度。在搅拌过程中，油和水都可以分散成液滴状，乳化剂吸附在这些液滴的界面上；搅拌停止后，油滴和水滴都会发生聚结，其中聚结速度快的相将形成连续相，聚结速度慢的相被分散。因此，如果水滴的聚结速度远大于油滴的聚结速度，则形成 O/W 型乳状液，反之形成 W/O 型乳状液。如果两相聚结速度相近，则体积分数大的相将构成外相。

(3)乳化剂分子构型。Harkins 在 1917 年提出"定向楔"理论，乳化剂分子在油—水界面处发生单分子层吸附时，极性端伸向水相，非极性端则伸入油相。若将乳化剂比成两头大小不同的"楔子"(如肥皂分子，其极性部分的横切面比非极性部分的横切面大)，那么截面小的一头总是指向分散相，截面大的一头总是伸向分散介质。经验表明：Cs^+、Na^+、K^+ 等一价金属离子的脂肪酸盐作为乳化剂时，容易形成 O/W 型乳状液，因为这些金属皂的亲水性是很强的，较大的极性基被拉入水相而将油滴包住，因而形成了 O/W 型乳状液，见图 7.4(a)。而 Ca^{2+}、Mg^{2+}、Al^{3+}、Zn^{2+} 等高价金属皂则易生成 W/O 型乳状液，因为这些金属皂的亲水性比较 K^+、Na^+ 等脂肪酸盐弱。此外，这些活性剂分子的非极性基(共有两个碳链)大于极性基，分子大部分进入油相将水滴包住，因而形成了水分散于油的 W/O 型的乳状液，见图 7.4(b)。

由图 7.4 可以看出，只有"定向楔"排列才能是最紧密堆积，故一价金属皂得 O/W 型，而用高价金属皂则得 W/O 型乳状液。但也有例外，如 Ag 皂应为 O/W 型，实际上却得到的是 W/O 型。

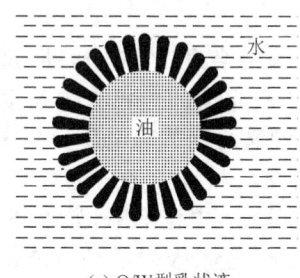

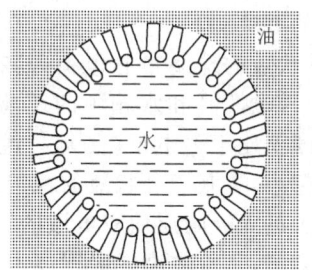

(a) O/W型乳状液   (b) W/O型乳状液

图 7.4 "定向楔"示意图

(4)乳化剂的亲水性。Bancroft 提出乳化剂溶解度的经验规则，即 Bancroft 规则。若乳化剂在某相中的溶解度较大，则该相将易于成为外相。一般来说，亲水性强的乳化剂，其 HLB[❶]

[❶] HLB:表面活性剂的亲水性，即亲水—亲油平衡值(Hydrophile - Lipophile Balance)的英文缩写。

值在 8~18 之间,易形成 O/W 型乳状液;而亲油性强的乳化剂,HLB 值在 3~6 之间,易形成 W/O 型乳状液。乳化剂在油—水界面膜上发生吸附与取向,可能使界面两边产生不同的界面张力,即 $\gamma_{膜-水}$ 和 $\gamma_{膜-油}$,在形成乳状液时,界面会倾向于向界面张力高的一边弯曲以降低其面积,从而降低表面自由能。因而,$\gamma_{膜-油} > \gamma_{膜-水}$ 时得到 O/W 型乳状液,$\gamma_{膜-油} < \gamma_{膜-水}$ 时得到 W/O 型乳状液。

(5)对于固体粉末作为乳化剂稳定乳状液时,只有润湿固体的液体大部分在外相时,才能形成较为稳定的乳状液,即润湿固体粉末较多的一相在形成乳状液时构成外相。所以,当接触角 $\theta < 90°$ 时,固体粉末大部分被水润湿,则易形成 O/W 型乳状液;当 $\theta > 90°$ 时,固体粉末大部分被油润湿,则形成 W/O 型乳状液;当 $\theta = 90°$ 时,形成不稳定的乳状液。

7.1.2 乳状液的性质

7.1.2.1 外观与质点大小

一般乳状液的外观常呈乳白色不透明液体,乳状液之名即由此而来。乳状液的这种外观,与乳状液中分散相质点的大小有密切的关系。一般乳状液的分散相直径范围 0.1~10μm。其实很少有乳状液的液珠直径小于 0.25μm 的。从乳状液的液珠直径范围可以看出,它大部分属于粗分散体系,一部分属于胶体,都是热力学不稳定的体系。根据经验,人们找到分散液珠大小与乳状液外观的关系,列于表 7.1。

表 7.1 乳状液的液珠大小与外观

液珠大小/μm	外观	液珠大小/μm	外观
大滴	可分辨出两相	0.05~0.1	灰色半透明
>1	乳白色乳状液	<0.05	透明
0.1~1	蓝白色乳状液		

7.1.2.2 电性质

(1)电导。导体的导电能力的大小通常用电阻或电导表示。电导是电阻的倒数,电导越大说明导电体导电能力越强。乳状液有一定的导电能力,其大小主要取决于乳状液连续相的性质。将两个位置固定的电极插入乳状液中,然后测定通过的电流。实验发现通过 O/W 乳状液的电流约为 10~13mA,而通过 W/O 型乳状液的电流仅 0.1mA 或更少,这种性质常被用于辨别乳状液的类型。电导的研究主要以石油乳状液为对象,因为在分离这类乳状液的时候,常常用的是电破乳的方法。

(2)电泳。当乳状液的珠滴带有电荷时,在电场中会发生定向运动,这种性质称为电泳。研究表明,在电场中带电油滴和水相中的反离子层向相反的电极方向运动而发生电泳现象。带电油滴的移动速度正比于 ζ 电位。ζ 电位越高,油滴之间的静电斥力越大,热运动时发生碰撞而凝聚的可能性越小,有利于乳状液的稳定。而在乳状液中加入电解质会有更多的与油滴表面电荷相反的离子进入吸附层使双电层的厚度变薄,ζ 电位下降,如果外加电解质带有与油滴表面相反电荷的离子,其价数高或吸附能力特别强,进入吸附层还可能使 ζ 电位改变符号,使乳状液变得不稳定,容易发生凝聚。

电泳现象通常可用界面移动法来观察,界面移动的速度即是液珠的平均速度。因测得的质点速度 v 与外加电势梯度 E 有关,电泳结果通常用淌度 μ 来表示:

$$\mu = \frac{v}{E}$$

式中 μ——淌度,$m^2/(V \cdot s)$;

v——质点的速度，m/s；

E——外加电势梯度，V/m。

淌度为单位电势梯度下液珠的速度值。电脱水就是利用电泳法来破坏原油乳状液。

7.1.2.3 流变性

（1）黏度。多数乳状液属非牛顿流体，其黏度 μ 是剪切速率的函数。影响乳状液黏度的五个因子为：

①外相的黏度 μ_0；

②内相的黏度 μ_i；

③分散相的体积分数 ϕ；

④乳化剂及其在界面沉淀的膜的性质；

⑤颗粒大小分布。

外相黏度：在所有关于乳状液黏度的理论中皆将外相黏度 μ_0 当作是决定乳状液最终黏度的最重要参数。多数公式都指出乳状液黏度与 μ_0 成正比：

$$\mu = \mu_0(X)$$

式中，X 表示一切能影响乳状液黏度的性质之总和。

在许多乳状液中，乳化剂溶于外相之中，因此 μ_0 应是外相溶液的黏度。

内相浓度：除了化学成分外，描述乳状液的一种主要参数就是内相与外相的体积比 ϕ。代表球体紧密堆积的 ϕ 的自然值为 0.74，在较稀的乳状液中内相的确以球体存在，故处理黏度时 ϕ 是适宜的参数。对于刚性球体，Einstein 极限定律为：$\mu = \mu_0(1+2.5\phi)$，此式是一个极限公式，在 ϕ 大于 0.02 的体系中，其准确程度不高，因此其应用范围极其有限。

（2）触变性。对于非牛顿流体而言，其表观黏度表现出强烈的时间依赖关系，即它们的黏度在恒定的剪切力（或剪切速率）作用下会随时间而变化。其变化趋势有两种情况：一类黏度随时间而逐渐减少，称为触变性流体；另一类黏度随时间而逐渐增加，称为流凝性流体。在流变学中把在外界应力一定时，流体黏度随时间而下降的性质称为触变性。流体具有触变性与它的内部结构有关，实际情况相当复杂，许多问题尚不清楚，有人认为流体在剪切力作用下的流动过程中，它的内部结构逐渐被破坏导致黏度降低，而当外界应力解除之后，它的内部结构又可逐渐恢复导致黏度又逐渐增加，因此表现出触变性。

（3）黏弹性。具有黏度是液体的典型性质。黏度大的液体，说明需要施加较大的外力才能克服分子间的吸引力，使液体保持相对流动；而弹性是橡胶、弹簧这类固体的特有性质，在外加应力的作用下这些固体可以发生形变，同时内部产生反抗外力的弹性，而且反抗形变的弹力与形变大小成正比。形变越大，弹力也越大，当外加应力消失后，在弹力作用下物体就恢复原状，形变消失。有些乳状液也具有黏弹性的复杂流变特性。它的变化规律既不完全符合弹性固体的变化规律（形变越大，弹力也越大，外力作用消失后在弹力作用下形变恢复），又不像理想流体那样在外应力作用下发生流动变形，不可能完全恢复原状。而是表现为在外界应力作用的最初瞬间发生微小形变时，符合变形越大，弹性也正比加大的规律，并且外力消失可恢复原状。但形变加大到一定程度，既不符合上述规律，外力消失后形变也会逐渐变小，有时会恢复原状，但有时会残留下永久变形。

（4）布朗运动。在一般的乳状液中，多数液珠没有布朗运动，但是对于比较小的液珠，这种运动是可观的，这将影响乳状液的稳定性。由于布朗运动增加质点间碰撞的机会，因而也就增加乳状液聚沉的速度。

7.1.3 乳状液的稳定性理论

乳状液是一种非均多相分散体系，液珠与介质之间存在着很大的相界面，体系的界面能很大,属于热力学不稳定体系。关于乳状液的形成和稳定性,直到现在为止还没有一个完整的理论,因此,在某种意义上讲,乳状液的稳定理论还停留在解释乳状液性质的阶段。

所谓稳定,是指所配制的乳状液在一定条件下,不破坏、不改变类型。根据乳化剂的作用,乳状液的形成、稳定原因可归纳为以下几个方面:界面张力的降低、界面膜的形成、扩散双电层的建立、固体的润湿吸附作用等。

从乳状液黏度方面看,增加乳状液的外相黏度,可以减少液滴的扩散系数,导致碰撞频率与聚集速度降低,有利于乳状液的稳定。另一方面,当分散相的粒子数的增加时,外相黏度也增加,因而,浓的乳状液较稀的乳状液稳定。工业上通常采用加入增黏剂来提高乳状液的稳定性。

7.1.3.1 低界面张力

乳状液是多相粗分散物系,界面总面积及界面能是很大的,是热力学不稳定体系,加入乳化剂(一般为表面活性剂)能降低界面张力,促使乳状液稳定。例如,煤油与水的界面张力一般为 49mN/m,加入适当的乳化剂(如聚氧乙烯聚氧丙烯嵌段聚醚类表面活性剂)后界面张力可降至 1mN/m 以下,此时可形成比较稳定的乳状液。但是,油水界面间仍然还有界面能,还是不稳定。由此看来,只靠降低界面张力和界面能,还不足以维持乳状液的稳定。

并非任何一种表面活性剂都能形成稳定的乳状液。乳化剂对稳定乳状液有一定的选择性,最常用的判断方法是根据 HLB 值作出选择。表 7.2 为各种体系所要求的 HLB 值范围。一般来讲,HLB 值有加合性,因而可以据此预测一种混合乳化剂的 HLB 值。

表 7.2 HLB 值范围及其应用

HLB 值	应用	HLB 值	应用
3～6	W/O 乳化剂	13～15	洗涤剂
7～9	润湿剂	15～18	加溶剂
8～18	O/W 乳化剂		

7.1.3.2 界面膜的性质

在油—水体系中加入表面活性剂后,在降低界面张力的同时,根据 Gibbs 吸附定理,表面活性剂必然在界面发生吸附,形成界面膜,膜的强度和紧密程度是乳状液稳定的决定因素。若界面膜中吸附分子排列紧密,不易脱附,则膜具有一定的强度和黏弹性,对分散相液珠起保护作用,使其在相互碰撞时不易聚结,从而形成稳定的乳状液。

界面膜与不溶性膜相似,当表面活性剂浓度较低时,界面上吸附的分子较少,膜中分子排列松散,膜的强度差,形成的乳状液不稳定。当表面活性剂的浓度增加到能在界面上形成紧密排列的界面膜时,膜的强度增加,足以阻碍液珠的聚结,从而使得形成稳定的乳状液。形成界面膜的乳化剂结构与性质对界面膜的性质影响很大,例如同一类型的乳化剂中,直链结构的比带有支链结构所形成的膜更稳定。研究表明,乳化剂分子结构和外相黏度对界面膜的黏度有重要的影响,它们能影响到液滴在外力作用下界面膜发生变形和恢复原状的能力。另一方面,如果乳化剂能增加分散介质的黏度,就可以有效地阻止液滴凝聚,分子量较大的乳化剂或乳化稳定剂就其类似性质,从而稳定乳状液。乳化剂分子在界面的吸附形式(是直立式还是平卧式)、吸附在界面上链节的多少以及受温度和电解质影响的大小,对乳状液的稳定性都有很重要的作用。

实践中人们发现,混合乳化剂形成的复合膜具有相当高的强度,不易破裂,所形成的乳状液很稳定,这是因为混合乳化剂在油水界面上形成了混合膜,吸附的表面活性剂分子在膜中能紧密排列。例如,将含有胆甾醇的液体石蜡分散在十六烷基硫酸钠水溶液中,可得到稳定的 O/W 型乳状液,而只用胆甾醇或只用十六烷基硫酸钠,生成的是不稳定的 O/W 型乳状液。又如,在甲苯—十二烷基硫酸钠溶液(0.01mol/L)中加入十六醇,界面张力可降低至趋于零的程度,这有利于乳化。界面张力降低,界面吸附量增大,而且乳化剂分子与极性有机物分子间的相互作用,使得界面膜分子的排列更加紧密,膜的强度增加。对于离子型表面活性剂,界面吸附量的增加还能使界面上电荷增加,从而液滴间的排斥更大。这些都有利于乳状液的稳定。

混合膜理论的研究表明,只有界面膜中的乳化剂分子紧密排列形成凝聚膜,才能保证乳状液的稳定。

7.1.3.3 扩散双电层

胶体质点上的电荷可以有三个来源,即电离、吸附和摩擦接触。在乳状液中,电离和吸附是同时发生的,二者的区别常常很不明显。对于离子型表面活性剂(如阴离子型的 RCOONa)在 O/W 型的乳状液中,可设想伸入水相的羧基"头"有一部分电离,则组成液珠界面的基团是—COO⁻,使液珠带负电,正电离子(Na^+)部分在其周围,形成双电层(图7.5)。同理,用阳离子活性剂稳定的乳状液,液珠表面带正电。

在用非离子型表面活性剂或其他非离子物质所稳定的乳状液中,特别是在 W/O 型乳状液中,液珠带电是由于液珠与介质摩擦而产生的,犹如玻璃棒与毛皮摩擦而生电一样。带电符号用 Coehn 规则判断:两个物体接触时,介电常数较高的物质带正电

图 7.5 在油水界面的双电层(理想示意图)

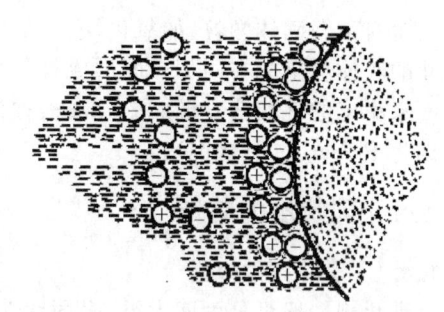

荷。在乳状液中水的介电常数远比常遇到的其他液相高,故 O/W 型乳状液中的油珠多半是带负电的,而 W/O 型乳状液中的水珠则是带正电的。液珠的双电层有排斥作用,故可防止乳状液由于液珠相互碰撞聚结而遭破坏。

7.1.3.4 固体的稳定作用

某些固体粉末也可作为乳化剂。固体粉末只有存在于油—水界面上时才能起到乳化剂的作用。这与水和油对固体粉末能否润湿有关。只有当它既能被水也能被油润湿时才能停留在油—水界面上,润湿的理论规律可以用 Young 方程来表达:

$$\gamma_{so} - \gamma_{sw} = \gamma_{wo} \cos\theta$$

式中　γ_{so}——固—油界面张力,mN/m;
　　　γ_{sw}——固—水界面张力,mN/m;
　　　γ_{wo}——水—油界面张力,mN/m;
　　　θ——接触角,(°)。

若 $\gamma_{so} > \gamma_{wo} + \gamma_{sw}$,固体存在于水中;

若 $\gamma_{sw} > \gamma_{wo} + \gamma_{so}$,固体存在于油中;

若 $\gamma_{wo} > \gamma_{sw} + \gamma_{so}$,或三个张力中没有一个张力大于其他二者之和,则固体存在于水—油界面。若处于后一种情况时,我们就可以引用 Young 方程。

若 $\gamma_{sw} < \gamma_{so}$,则 $\cos\theta$ 为正,$\theta < 90°$,说明水能润湿固体,固体大部分在水中。同样,若 $\gamma_{so} < \gamma_{sw}$,则 $\cos\theta$ 为负,$\theta > 90°$,油能润湿固体,固体大部分在油中。当 $\theta = 90°$时,固体在水中和油中各占一半。以上讨论的三种情况见图7.6。

形成乳状液时,油—水界面面积越小越好。显然只有固体粉末主要处于外相(分散介质)时才能满足这个要求。固体粉末的稳定作用还在于它在界面形成了稳定坚固的界面膜和具有

一定的 Zeta 电位。对于油水体系，Cu、Zn、Al 等水湿固体是形成 O/W 型乳状液的乳化剂，而炭黑、煤烟粉、松香等油湿固体是形成 W/O 型乳状液的乳化剂，见图 7.7。在用固体颗粒制备稳定的乳状液时，还应该考虑颗粒直径对乳状液稳定性的影响。

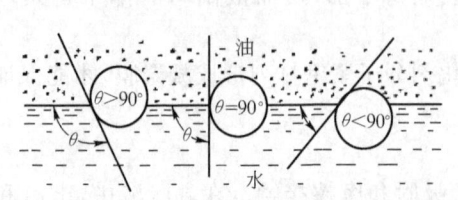

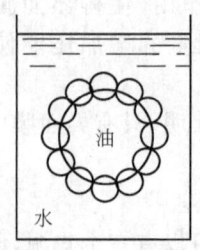

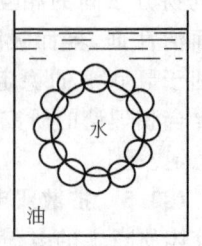

图 7.6　固体质点在油水界面分布的三种形式　　图 7.7　固体粉末乳化剂作用示意图

含有细微固体颗粒（如氧化铁、二氧化硅、硫酸钡和高岭土）的石蜡和水的乳液体系，微米尺寸的胶体粒子能在两相界面形成粒子膜阻止乳液滴发生聚并，这种由固体颗粒吸附于油/水界面来稳定的乳液滴所形成的乳液被称为 Pickering 乳液，所用乳剂被称为颗粒乳化剂（有时也称为 Pickering 乳化剂）。

7.1.4　乳状液的制备

7.1.4.1　乳化剂的分类

乳化剂一般可分为四大类：表面活性剂类乳化剂、高分子类乳化剂、天然产物类乳化剂以及固体粉末乳化剂，其中以表面活性剂类乳化剂最重要，因为它能按乳化液性质的需要进行设计和合成。

1. 表面活性剂类乳化剂

表面活性剂中能产生乳化作用的一类称为表面活性剂类乳化剂。根据活性剂分子溶于水后亲水基团是否解离以及解离离子的电性，将表面活性剂分为阴离子活性剂、阳离子活性剂、非离子活性剂和两性离子活性剂。

除此之外，还有一些特殊的表面活性剂如氟表面活性剂和硅表面活性剂等。这些活性剂不仅具有极高的表面活性，还具有某些特性，但大都因其高贵的价格而使其应用受到限制。

在上述几类表面活性剂中，阴离子、非离子、两性离子和阳离子表面活性剂常可作为乳化剂使用，而阳离子表面活性剂则大多数用于杀菌、缓蚀、防腐、织物柔软和抗静电等方面。

2. 高分子乳化剂

高分子乳化剂是分子量很高的化合物，天然的高分子乳化剂有动物胶和植物胶等，人工合成的种类更多，如聚乙烯醇等。因为它们的分子量较高，无法显著地降低界面张力，但是在液珠的界面上，可以形成机械强度较高的界面膜，以此稳定乳状液。

3. 天然乳化剂

常见的天然乳化剂主要有以下几大类：胶质、沥青类、磷脂类（如卵磷脂）、甾类（如羊毛脂）、水溶性树脂类（如瓜尔胶、阿拉伯胶等）和海藻胶类（如藻蛋白酸钠）。后两类为多糖类化合物。通常，天然乳化剂的乳化效率不够高，经常与其他乳化剂混合使用。

4. 固体粉末乳化剂

适合做固体粉末乳化剂的固体颗粒种类较多，可分为无机固体颗粒（如二氧化硅、二氧化钛、蒙脱石、碳纳米管等）、有机微粒（如聚乙烯微球、球蛋白、某些多糖等）和表面改性的固体颗粒。固体粉末乳化剂具有高效、低泡、无毒、环境友好等特点。

7.1.4.2 乳化剂的评选原理和方法

由于乳化液的油相和水相组分性质的多样性,使得乳化剂的化学结构与其乳化能力的一般关系变得更为复杂。迄今为止,对乳化剂的筛选还没有一个既便于使用又绝对可行的选择方法,主要还是一些经验和半经验的方法,其中主要包括:亲水—亲油平衡(HLB)值法和相转变温度(PIT)法。

对于指定油—水体系的某类型乳化液,存在一个最佳 HLB 值,此时乳化剂的 HLB 值便是该油—水体系所需的 HLB 值。油—水体系最佳 HLB 值可以通过实验直接确定。首先选择一对 HLB 值相差较大的乳化剂,如 Span 80(HLB 值 = 4.3)和 Tween60(HLB 值 = 14.9),利用乳化剂 HLB 值的加和性,可以按不同比例配制成一系列具有不同 HLB 值的混合乳化剂。用此一系列混合乳化剂分别将指定的油—水体系制备成一系列乳化液,测定各个乳化液的乳化效率,就可得到图 7.8 中不同 HLB 值下的钟形曲线,乳化效率可以用乳化液的稳定时间来代表,也可以用其他稳定性质来代表。如图 7.8 所示,乳化效率的最高峰在 HLB 值为 10.5 处,10.5 即为此指定的油—水体系的最佳 HLB 值。

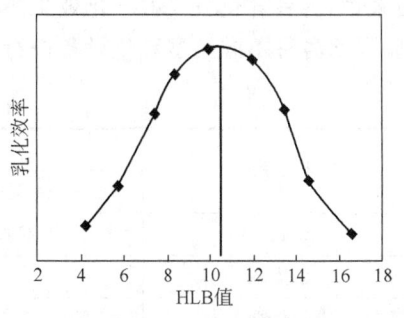

图 7.8 测定某一乳化剂的乳化效率

乳化剂的亲水亲油特性刚好平衡时的温度为 HLB 温度,也称转相温度(phase inversion temperature),以 PIT 示之。PIT 与体系中乳化剂的性质及浓度、油相组成都有关系。对于指定的乳化剂,其 HLB 值是一定的,而 PIT 则随体系特性而变,因此 PIT 能较真实地反映乳化剂在指定条件下的亲水亲油性质,可以用来筛选乳化剂。通常,要制备 O/W 型乳化液,乳化剂的 PIT 应比乳化液的储存温度高 20~60℃;要制备 W/O 型乳化液,乳化剂的 PIT 应比乳化液的储存温度低 10~40℃。

在乳化剂的实际筛选过程中,一般开始用 HLB 值确定,然后用 PIT 进行检验。最终还是要通过直接实验来加以验证。此外,还要考虑以下因素:

(1)乳化剂与分散相的亲和性。以 O/W 型乳化液为例,乳化剂的非极性基部分和内相油的结构越相似越好,这样,乳化剂和分散相亲和力强,分散效果好且用量少,乳化效率高。

(2)分散相和分散介质的亲和性。如果分散相是油,乳化剂与油的亲和力强,HLB 值较小,但这种乳化剂与分散介质的亲和力就弱,所以仍不够理想。一个理想的乳化剂,既与油相亲和力强,也与分散介质有较强亲和力,要兼顾这两方面要求,往往把 HLB 值小的乳化剂与 HLB 值大的混合使用可以取得比单一乳化剂更好的效果。乳化剂混合使用的原理见图 7.9。

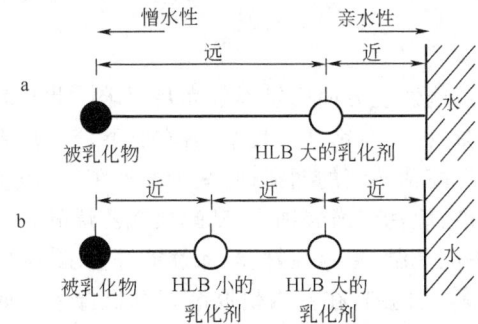

图 7.9 乳化剂混合使用原理图
a—乳化剂溶于水,但不能很好乳化;b—HLB 值小的乳化剂将两者连接起来稳定乳化

7.1.4.3 乳状液的制备

要制备某一类型的乳状液,除了选择好乳化剂外,还要注意乳状液的制备方式,就是采取什么途径把一种液体分散在另一液体之中。在实验室中最简单的方式就是用手摇动。经验证明,间歇震荡比连续震荡的效果好,两次震荡间隔时间以 10s 为宜。但振摇过于激烈,或时间过长,效果未必更好,这可能是由于乳化剂吸附到新形成的液珠表明需要一定时间,倘若液珠在尚未稳定之前受到外界扰动,将使液珠相互碰撞的机会增多,而易于聚结。

用手振摇方式所制得的乳状液一般是多分散的,液珠大小不均匀,且直径较大,通常在 50～100μm 之间。而一般在制备乳状液时,要将内相分散成液珠(即形成巨大的界面)需要能量,而振摇方式不能将液珠分散得很细很均匀,所以要制备细而均匀的乳状液,就需要特殊的设备,提供更激烈的振摇,这样得到的乳状液才均匀稳定。

通常乳状液的制备所用的乳化设备包括机械搅拌、胶体磨、均化器、超声波乳化器等。一般来说,各种乳化方式的乳化效果不一样,如将 50% 的油用某种非离子型表面活性剂作乳化剂,那么各种不同类型乳化设备进行乳化的结果见表 7.3。

表 7.3 乳化方式与颗粒分布

乳化方式	粒子大小/μm		
	1%乳化剂	5%乳化剂	10%乳化剂
螺旋桨	不乳化	3～8	2～5
胶体磨	6～9	4～7	3～5
均化器	1～3	1～3	1～3

结果表明,乳化方式不同,乳化效率也不一样。若想得到分散很细的乳状液,还应该注意到乳化剂浓度的影响,通常所使用乳化剂的浓度应该在一定范围内,才会得到较好的乳化效果。

除此而外,在制备乳状液的时候,还应该注意加料顺序、方式、混合时间和反应温度,如果方法使用得恰当,不必经过剧烈的搅拌混合就可以获得性能良好的乳状液。这些方法通常包括转相乳化法、自然乳化分散法、瞬间皂化法、界面复合物生成法、轮流加液法等。一般而言,转相乳化法较差,所得到的乳状液粒子不仅粗,而且大小不均匀,是不很稳定的乳状液,若混合后用均化器或胶体磨再处理一次,就可以得到均匀的乳状液。制备用皂类为乳化剂的稳定乳状液,以瞬间成皂法最好,如果将乳状液再用均化器处理一次,就可以得到均匀且稳定的产品。

总而言之,衡量乳状液质量的指标是多方面的,包括粒子大小分布、乳状液的分层速度、外观和黏度等,所以应该根据实际情况来选择乳化方法,不能一概而论。

7.1.5 乳状液在油田化学中的应用

乳状液在工农业生产及日常生活中都有着广泛的运用,近年来,关于乳状液涂料、农用乳状液、食品乳状液、医用乳状液和沥青乳状液等应用发展的报道屡见不鲜。同时,在油气田开发与生产过程中,乳状液也起着相当重要的作用。

7.1.5.1 乳状液在钻井液中的应用

在钻复杂地层及深井时,一般的水基钻井液,在某些性能方面已经不能满足要求。此时就需要具有特殊性能的钻井液,乳化钻井液就是其中的一种。在钻井工程中,若在钻井液中加入一定量的油和乳化剂,配制成油基乳化钻井液,可以提高钻井液的润滑性,减少摩擦阻力,防止黏附卡钻。常用的乳化剂有:烷基磺酸钠、烷基硫酸钠、烷基苯磺酸钠、烷基醇聚氧乙烯醚和烷基苯酚聚氧乙烯醚等。近年来,为了适应实际使用中抗高温、稳定性好、环保性能等要求,国内一些研究者开发了 EF-EMUL、NGE-1、SKT-1 等乳化剂,在室内研究和现场试验中均取得了较好的效果。

油基钻井液的滤饼附着力强,在完井过程中不易被冲洗剥离,导致固井胶结强度低,影响固井质量。因此,国外研发了一种可逆乳化油包水钻井液。该钻井液使用了特殊的表面活性剂作为乳化剂,该乳化剂在碱性条件下是油包水乳化剂,在酸性条件下会发生逆转,现场使用时可通过调整钻井液的 pH 值来改变乳液类型,使油包水钻井液变成水包油钻井液,从而有利于滤饼清除。该钻井液不但可以有效改善固井质量,还能减少钻井过程中油基岩屑的处理难度,目前已经在墨西哥湾得到推广应用。国内的一些研究者也在 pH 响应可逆转乳化剂方面进行了大量研究,开发了以 RE-HT、GJSS-B12K 等乳化剂为核心的可逆乳化钻井液体系,均具有较好的稳定性和滤饼清除率,满足钻屑排放标准,在复杂深井钻井中有较好的应用前景。

随着页岩气勘探开发的深入,油田对油基钻井液体系的要求越来越高,在油基钻井液应用过程中,钻井液乳状液稳定性更是十分重要。Pickering 乳状液良好的稳定性正好为油基钻井液的稳定性提高提供了一种解决途径。国内,川庆钻探工程公司研究人员将纳米材料 CQ-NZC 引入油包水乳液体系,形成的乳液极为稳定,破乳电压达到 2000V 以上。随后,他们又使用 DSW-S 纳米颗粒稳定油包水乳液,增加了钻井液的黏度和切力,乳化稳定性大幅提高,有助于油基钻井液在页岩地层的安全快速钻进。国外一些研究者用两种不同疏水程度的直径为 7nm 和 12nm 的硅烷化改性 SiO_2 作为固体颗粒乳化剂,配制成 W/O 型可逆乳化钻井液,该乳状液在 225℃下,老化 96h 后,依然能够保持良好的流变学特性和稳定性,在高温深井作业中具有巨大的应用价值。另有一些国外学者采用纳米石墨、碳酸钙和黏土等纳米颗粒制备了油包水乳液,在高温高压下,能使油基钻井液的性能在高温高压条件下依然保持稳定,并将重晶石的沉降速度维持在较低水平。

7.1.5.2 乳状液在石油开采中的应用

1. 稠油乳化降黏开采

稠油乳化降黏开采在近年来应用比较广泛,通过使用一定量的表面活性剂与稠油混合,得到乳状液,其中 O/W 型乳状液以水相为连续相,完全乳化的 O/W 型稠油乳状液黏度与水的黏度相差不多,能最大程度降低稠油的黏度,节约原油在开采和存储过程中所造成的能量损耗,对设备、操作技术的要求较低。但是,单一的表面活性剂针对不同油品的降黏效果有显著差异,往往实际操作过程中需要复配使用;另外,在稠油乳化降黏开采技术中,要求所形成的 O/W 乳状液要有一定的稳定性,否则乳状液就会发生转相,变成以原油为外相的更高黏度的 W/O 型乳状液,这样就不利于原油的降黏,但值得注意的是所形成的 O/W 型乳状液又不能过于稳定,否则会增加采出原油后续脱水的困难。

针对稠油黏度高、流动性差、地层水矿化度高、地层温度高等现状,有学者开发了磺酸盐类阴离子表面活性剂 YBH 与醇醚羧酸盐类的阴、非离子表面活性剂 YFBII 复配型稠油乳化降黏剂,在乳化温度 80℃、矿化度为 95g/L 的条件下,可使超稠油(316.5Pa·s)降黏率达到 99.97%,经 20℃处理 2h 后超稠油乳状液降黏率不变,具有良好的抗温抗盐性,适用于高温高盐油藏。以双酚 AF(BPAF)、对羟基苯磺酸(PHSA)、聚氧乙烯辛基苯酚醚-10(OP-10)为原料制得乳化降黏剂 AFOP-10,经 300℃老化处理 24h 后,仍具有良好的活性,降黏率可达 98.50%以上,对渤海油田不同油区的油品都有较好的乳化降黏效果,具有良好的普适性。

为了解决稠油乳化降黏后续破乳困难的问题,国内有研究者用甲基丙烯酸 N,N-二乙氨基乙酯(DEAEMA)功能单体、丙烯酰胺(AM)和偶氮二异丁脒盐酸盐(V-50)为原料制备了 pH 响应型稠油乳化剂,通过调节 pH 值可使 DEAEMA 质子化或去质子化,从而使得乳化剂表面活性可控,实现了稠油乳状液乳化-破乳可控。

2. 微乳液驱油

微乳液是指外观为透明或半透明,粒径在 0.01～0.20μm 之间,具有超低界面张力,热力学稳定的乳状液。除单相微乳液之外,还有许多平衡的相态存在:Winsor I 型(两相,O/W 微乳液与过量的油共存)、Winsor II 型(两相,W/O 微乳液与过量的水共存)以及 Winsor III 型(三相,中间态的双连续相微乳液与过量的水、油共存)。自1943年Hour和Schulman发现微乳液以来,其理论和应用研究取得了很大进展。20世纪70年代发生世界石油危机后,由于微乳体系在三次采油技术中显示出巨大潜力而迎来了发展高潮。20世纪80年代以来,含聚氧乙烯(EO)和聚氧丙烯(PO)的阴离子(硫酸盐、磺酸盐等)和非离子表活剂被广泛应用于微乳液驱替。

三次采油中采用微乳液法,即按照适当的配方,加入表面活性剂和部分高分子化合物,表面活性剂是兼具亲水和亲油的两性分子,可以聚集在油水界面处,从而降低油水界面张力。当界面张力低于特定阈值时,可以自发产生油水微乳液,再注入水进行驱油。一般来说,原油和水之间的界面张力在40~50mN/m之间。而形成微乳相后,其界面张力可以降低到$10^{-4} \sim 10^{-5}$mN/m,明显地降低原油的黏度,增加其流动性,使残留在岩石中的原油流入油井,从而增加原油采收率,达到深化采油的目的。

在国外的研究中,微乳液进一步向着耐温耐盐和环保低成本的方向发展,一些研究者分别使用聚乙氧基羧酸盐、聚氧丙烯基聚氧乙烯基磺酸盐等增加微乳液配方的耐温耐盐性,利用生物基表面活性剂,如烷基聚糖苷和木质素类表面活性剂作为环境友好的微乳剂配方,在实验室中取得了良好效果。中国的相关研究更加强调微乳液在驱油过程中对油水界面张力的降低作用,并常常将其与碱/聚合物配合使用。近年来,国内的研究人员开发的阴、阳离子表面活性剂复配配方,可以在降低界面张力的同时,迅速微乳化原油,在河南油田、江苏油田的现场应用中提高了8%~12%的原油采收率。

7.1.5.3 乳状液在油气增产中的应用

1. 乳化酸

乳化酸是国外在20世纪70年代开发应用的一种酸化工作液,尤其适用于低渗透碳酸盐岩油气藏的深度酸化改造和强化增产作业。在乳化剂及助剂作用下,用酸(盐酸、氢氟酸或它们的混合酸)和油(原油或原油馏分)按一定比例配制,就可以得到乳化酸。它依靠油对酸的包裹作用,有效地阻挡H^+的扩散和运移,从而减缓酸与岩层的反应速率,实现酸的深度穿透。与普通酸液相比,乳化酸具有反应速率小、有效作用时间和距离长、腐蚀速率小的特点。20世纪90年代中期,国外通过在酸相中加入酸液胶凝剂或在乳化酸中加入油溶性树脂,开发出增能乳化酸系列,如Super k-frac with acid、Super k-l-x Acidk-frac等,进一步提高了酸化效果。

西南油气田首次采用乳化酸+转向酸+清洁降阻酸体系,克服了多种体系在油井施工中残液易乳化的难点,成功对高浅1H井大安寨致密油储层进行了施工。针对高浅1H井钻井液漏失、储层污染严重、施工井段长、布酸困难及残液易乳化等难点,酸液体系实现了解除钻井液污染、储层均匀布酸、快速彻底破乳的目的,该井施工后残液返排顺利、性能检测合格,满足设计要求。西南油气田天然气研究院又针对川渝地区面临的高温深井储层改造酸液技术的拓宽与提升,研发了不饱和双键酯和山梨醇酐油酸酯为主要组分的乳化剂CT1-36,形成了耐温140℃的高温乳化酸,其油酸界面强度高,与原油配伍性良好。还有研究者将胶凝酸和乳化酸合二为一,研发的新型双重缓速酸液体系——乳化胶凝酸(EGA),在室温下稳定放置48h无分层破乳现象,120℃下可稳定2h以上,酸岩反应动力学实验表明其酸岩反应速率小于单一的乳化酸或胶凝酸,具有更好的抗温性能和缓速性能。

另外,根据储层改造需求,其他的几种新型的乳化酸也在室内研究中出现。如利用酸、油、表面活性剂在临界配比下形成的具有较低摩阻和极低界面张力的纳米微乳酸,含Gemini耐温柴油微乳盐酸的新体系等。

乳化酸作为多种施工的后置液或清洗液也有广泛的应用,如选择性堵水、防砂等作业,用乳化酸作后置液不仅对有些树脂有增强作用,也有清理污染、恢复渗透率的功能。

2.乳化压裂液

乳化压裂液是20世纪70年代发展起来的压裂液体系,分为水包油乳化压裂液和油包水乳化压裂液两种类型。乳化体系具有增黏能力良好、黏度调节方便、滤失量低等特点。从20世纪80年代至今都有较快的发展,并作为经济有效的压裂液应用于低压油气藏。水包油乳化压裂液具有比油包水乳化压裂液摩阻小、流变性便于调节、易返排的优点,在我国新疆、吐哈等油田多次施工并取得了一定的效益。与水包油压裂液相比较,油包水乳化压裂液黏度高、悬砂能力强、滤失低、残渣少,其油外相不易造成黏土膨胀、运移,有利于油气层的保护。因此,对于低压水敏油气藏的压裂改造,以油包水乳化压裂液代替目前广泛使用的油基冻胶压裂液具有较为重要的现实意义。

国内近几年来在乳化压裂液上取得了一些成果,如中国石油冀东油田钻采工艺研究院针对南堡油田东一段中强—强水敏性储层岩心,研究了一种耐高温油包水型乳化压裂液,相比于水基压裂液,可将地层伤害降低20%以上,在130℃下仍有较好的储层改造效果。延长石油集团以柴油为分散介质,失水山梨醇单油酸酯和聚氧化乙烯失水山梨醇单硬脂酸酯为复配乳化剂,与其他配套添加剂配制获得的滑溜水压裂液,具有抗盐、高效减阻和低表界面张力的特性,减阻率为73.2%,现场施工效果良好。有其他研究者利用反相微乳液法合成了一种清洁压裂液用反相微乳液型稠化剂BCG-1R,与配套添加剂配制而成的压裂液的抗温能力可达160℃,具有良好的耐温耐剪切性能和悬砂性能,针对某实测温度为118.6℃的油井,采用以BCG-1R为稠化剂配制的乳化压裂液进行压裂施工,施工后增产效果良好。

7.2 原油乳状液及其性质

7.2.1 原油乳状液的生成及危害

世界上大多数油田所生产的原油大部分都含有水。这些含水原油在开采和集输过程中,水被分散成单独的微小液滴。原油中含有天然乳化剂,它们吸附在油—水界面上形成保护膜。含水原油经过地层孔隙、管线、泵、阀门时的搅动以及突然脱气时造成的搅拌,结果就使得产出油成为乳状液。因此可以说,油田原油和水(包括地层水、注入水等)所形成的乳状液是地球上数量最多的乳状液。大多数原油乳状液都是W/O型的(尤其是原油含水量在60%以下时),也有O/W型的,或者两种类型兼有。此外,在油田开发过程中由于各个生产环节所添加的化学剂不同,如压裂、酸化中的各种化学助剂,注稠化水中的稠化剂,清、防蜡所用的清、防蜡剂,各种防垢剂、缓蚀剂等也会影响所形成的乳状液的类型和稳定性。在某些条件下,由于原油与水的多次混合和搅拌,形成多重乳状液,即O/W/O型或W/O/W型乳状液。

7.2.1.1 搅拌程度对乳状液的影响

(1)自喷井油嘴前后乳化程度的变化。当原油、地层水和伴生气自地层向油井井底流动时,由于流动缓慢一般不会产生乳状液。当油水自井底向地面流动时,随着压力的降低,伴生气不断逸出,气体体积膨胀,会使油水产生搅动。当到达油嘴后,由于油嘴孔径小,压降大,流速剧增,并伴有温度下降,使原油和水的乳化程度迅速提高(表7.4)。

表7.4 自喷井油嘴前后乳状液变化情况

取样位置	分析次数	油嘴压降/%	平均含水率/%		
			总含水	游离水	乳化水
油嘴后	78	2.5~3.5	60.0	22.0	38.0

续表

取样位置	分析次数	油嘴压降/%	平均含水率/%		
			总含水	游离水	乳化水
油嘴前	46	2.5～3.5	62.2	44.7	17.5
油嘴后	9	9～10	60.0	0.7	59.3

油嘴后游离水减少,乳化水增加,油嘴压降大时变化幅度大,这表明搅拌程度对乳化程度的影响。

(2)集输过程中乳化程度的变化。在油井至集油站的集输过程中,原油中水珠粒径是逐渐变小的,特别是经过分离器和泵以后变化很大。分析结果见表7.5和表7.6。

表7.5 泵进出口油样对比表

取样位置	油水分离时间/s	分出游离水(体积分数)/%	油相颜色
泵进口	30	60	黑色
泵出口	60	20	红棕色

表7.6 原油中水珠粒径变化情况

取样位置	油井井口	分离器进口	分离器出口	离心泵出口
水珠粒径/μm	1～200	5～25	3～10	3～5

由表7.6可以看出,原油与水在设备管线中流动时间越长,搅动越剧烈,原油中所乳化的水量就越多,水珠数量稠密,粒径小,并趋于均匀。

7.2.1.2 原油乳化剂

原油乳状液之所以比较稳定,主要是由于原油中含有胶质、沥青质、环烷酸酸类等天然乳化剂以及微晶蜡、细砂、黏土等微细分散的固体物质。这些物质在油水界面形成较牢固的保护膜,使乳状液处于稳定状态。

原油中的天然乳化剂大致有三种类型物质:

(1)分散在油相中的固体。如高熔点微晶蜡、含钙质黏土、炭粉等。这类物质颗粒很细,直径小于2μm,容易被吸附在油水界面上形成油包水型乳状液。如果是砂或含钠盐较多的黏土则容易形成水包油型乳状液。

(2)溶解于原油中的环烷酸、脂肪酸及其皂类。这类物质具有强烈的表面活性,其乳化机理主要是靠分子吸附。它们所形成的乳状液稳定性相对较弱,但分散度很高。

(3)分散在原油中的胶质、沥青质。这类有机高分子物质表面活性较低,亲油性较强,能显著提高油相黏度。研究表明,它们是含有羧基、酚基等基团的杂环极性高分子化合物,羧基、酚基向着水相排列,而烃基突出在油相,从而在油水界面上形成一个非常稳定的界面膜。

因此,原油乳状液的性质取决于上述原油乳化剂的性质。此外,原油中轻质组分、气相(如甲烷、CO_2、H_2S等),盐的类型及含量,以及pH值等对乳状液的稳定性也有重要作用。

研究表明,原油的乳化稳定性很难用其表面活性表达。原油中表面活性最强的物质主要集中在某些酸和少量重质油馏分,但它稳定乳状液能力并不强;胶质的表面活性不强,乳化能力却强;沥青质的表面活性虽弱,但稳定原油乳状液的能力最强,这是由于沥青质和胶质是以胶体状态存在于原油中,能与固体颗粒形成机械性能很强的膜,而且胶质之间存在着双电层的缘故。

沥青质与胶质不同,沥青质含有相当高的芳构化结构,而胶质有比较高的甲基含量和羧基含量。一般说来,沥青质的分子量要比胶质大一些,胶质的分子量为500～1000,沥青质的分子量为900～3500。

一般认为沥青质的基本结构是以稠合的芳香环系为核心,周围连接有若干个环烷环,芳香环和环烷环上带有若干长度不一的正构或异构烷基侧链,分子中杂有各种含 S、N、O 的基团,有时还络合有 Ni、V、Fe 等金属。沥青质通常采用平均分子结构模式表示,当前广泛采用的结构示意图是晏德福提出的。

沥青质可能的结构式如下:

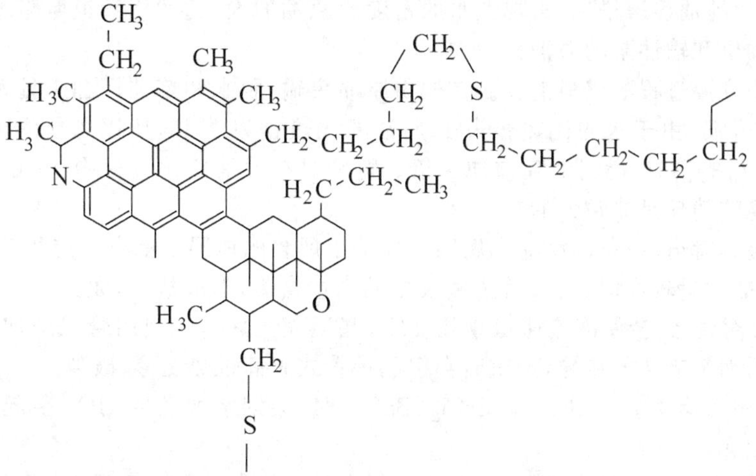

胶质可能的结构式如下:

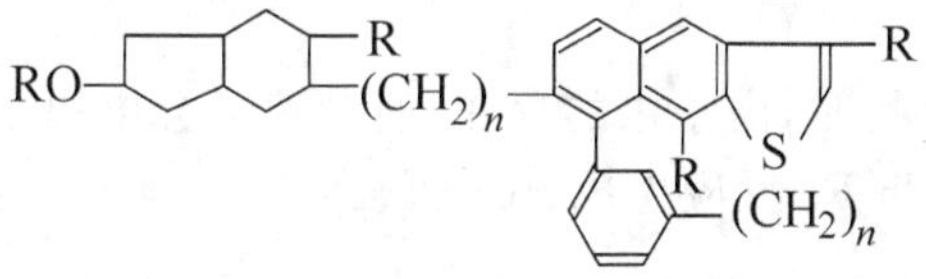

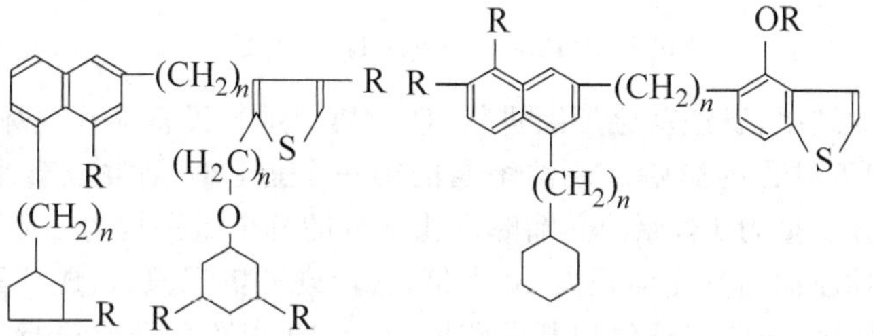

形成乳状液的能量,就是油、水在井底附近管线、泵、阀及原油脱气时的搅动混合能。当搅动越剧烈,时间越长,乳状液越稳定。用显微镜观察可以发现原油乳状液"老化"情况。例如油相中水滴大小不等、水滴光滑,是新鲜乳状液;油相中水滴大小比较均匀,表面出现皱纹,是老化乳状液,乳状液在"老化"前破乳要容易得多。

尽管在油田发现大部分乳状液是很规则的油包水(W/O)型,但偶尔也会发生反相,变成水包油(O/W)型。乳状液反相所需要的条件包括:(1)水的含量高;(2)水中含高价金属盐的量很低;(3)乳化剂主要存在于水相。

电荷对水包油乳状液的稳定性起着很大的作用。这些电荷只能存在于低导电性或低含盐量的水中。随着水中含盐量的增加,这种类型的乳状液变得不稳定,其原因是这种电荷能传递到油粒上去,并使它更易聚结。

7.2.1.3 原油乳状液的危害

原油含水以后,其物理性质发生很大变化,对采油、油气集输、储存和炼油厂加工都会带来较大影响。具体表现在如下几个方面：

(1)增大了液体的体积,降低了设备和管道的有效利用率。原油含水,总液量大幅度增加,使采油和油气集输系统的管道和设备的有效利用率大幅度降低,特别是在高含水的情况下更为突出。

(2)增加了输送过程中的动力消耗。当原油与所含水呈"油包水"型乳状液状态存在时,最突出的是黏度比纯油显著增加,再加上水的密度比原油的大,这就使管道摩阻增加,油井井口回压上升,抽油机和输油泵动力消耗增加。

(3)增加了升温过程的燃料消耗。在油田原油集输、脱水和炼油厂加工处理过程中,往往要对原油加热升温,由于水的比热容为1,原油的比热容为0.45,所以燃料的消耗成倍增加。当原油含水率为30%时,燃料消耗增加1倍。特别是在原油集输过程中,一般要对原油反复加热升温,热能的消耗是非常大的。

(4)引起金属管道、设备的结垢和腐蚀。原油中所含的地层水都有一定的矿化度。当其中碳酸盐或硫酸盐含量较高时,会在管道和设备的内壁富集,形成盐垢,尤其是Ca^{2+}盐、Ba^{2+}盐和Sr^{2+}盐。久而久之,会使液流通道直径变小,甚至完全堵塞。当用管式炉加热这种含水原油时,会因结垢而影响热的传导,严重时会引起炉管式火筒过热变形、破裂。

当地层水中含有$MgCl_2$、$CaCl_2$、$SrCl_2$、$BaCl_2$时,会因水解产生HCl,引起金属管道和设备腐蚀变形、穿孔。

当原油中含有环烷酸等有机酸时,有机酸能和氯化物发生复分解反应,释放出HCl。特别是在原油中含有粉末状氧化铁(Fe_2O_3)时,Fe_2O_3对氯化物的水解和分解反应起催化作用,使金属的腐蚀加剧。

当原油中含有较多的硫化物时,由于水的存在,腐蚀速度会更快。因为硫化物受热发生分解,产生H_2S,遇到水时,H_2S与Fe反应生成FeS沉淀:

$$Fe + H_2S \longrightarrow FeS\downarrow + H_2\uparrow$$

$$FeS + 2HCl \longrightarrow FeCl_2 + H_2S$$

这样交替反应的结果,腐蚀就会不断进行,使金属管道与设备穿孔损坏。

(5)对炼油厂加工过程的影响。原油炼制的第一个过程就是常压蒸馏,原油要被加热到350℃左右,因水的分子量为18,原油蒸馏时汽化部分的分子量平均为200～250,这样1t水汽化后的体积比等质量原油的汽化体积大10多倍,会出现冲塔现象,造成严重安全事故。

由于上述种种原因,为了保证油田开发和炼油厂加工过程的正常进行,必须在油田对原油进行脱水处理,而且越快、越早、越彻底越好。关于原油含水率要求,通常稀油含水0.5%,普通稠油含水1.0%,超稠油含水1.5%;对外贸易时,含水率应不大于1.5%。

7.2.2 原油乳状液的性质

原油和水在形成乳状液的过程中并不发生化学反应,故其化学性质仍然表现为原油和水的本来性质。但其物理性质的变化却是非常显著的,其电学性质也要发生变化。

7.2.2.1 原油乳状液的物理性质

(1)原油乳状液的颜色。原油因其组成不同有黄、红、绿、棕红、咖啡色等不同颜色之分,但对一般重质油而言,大多数外观呈黑色。然而,若将其制成0.5mm厚的薄层,则显棕红色或棕黄色。原油乳状液的外观颜色与含水量密切相关。含水量在10%左右时,颜色与纯原油接近,随含水量上升,呈现棕红色,当含水量达到30%～50%时,呈深棕色。

(2)密度。原油乳状液的密度是指单位体积内原油、水以及所含的机械杂质和盐分的总质量,单位为 kg/m³,其数值具有加合性。若已知乳状液水的体积分数为 ϕ,原油和盐水的密度分别为 ρ_o 和 ρ_w,则原油乳状液的密度 ρ 可按下式计算:

$$\rho = \rho_o(1-\phi) + \rho_w \cdot \phi$$

(3)黏度。原油乳状液的黏度是指其本身所具有的内摩擦力,其数值比纯水和纯油大数十倍到数百倍,且不具有加合性。由于乳状液是多相体系,且每颗水珠都被界面膜包裹着,界面膜中的乳化剂和固体粉末对内对外都具有作用力,这种力的作用方向是杂乱无章的。因此,乳状液内摩擦力非常大,作为一个整体,宏观上就显示出很高的黏度。

研究表明,随着含水量的上升,原油乳状液的黏度大幅度增加。当含水率上升到 50%～70% 时,黏度达到峰值;此时,水不再都成为内相,部分水将游离出来。随着游离水的增加,W/O 型乳状液的表观黏度急剧下降。此外,加热和加入破乳剂也使乳状液的黏度降低。因此,通过加热(物理法)和加入化学破乳剂可进行原油破乳。

由于原油乳状液属非牛顿流体,故具有剪切稀释性。同时,黏度下降的幅度与乳状液中水的体积分数 ϕ 有关,ϕ 越大,下降幅度越大。另外,某些原油乳状液还具有触变性和黏弹性。

(4)原油乳状液的凝点。由于在一定的含水率范围内原油乳状液的黏度随含水率的上升而增加,黏度的上升使流动性能变差,故原油乳状液的凝点也随含水率的上升而有所提高。

(5)原油乳状液的"老化"。乳状液的稳定性随着存放时间的延长而增加的现象称为乳状液的"老化"。老化现象的产生是由于乳状液存放时间长,乳化剂有充足的时间进行热对流和分子扩散,使界面膜增厚,结构更紧密,强度更高,乳化状态也就更稳定。

7.2.2.2 原油乳状液的电学性质

原油乳状液的电学性质对于判别乳状液的类型、解释乳状液的稳定性,以及选择破乳方法都有很重要的作用。

(1)原油乳状液的电导及导电性。电导的测定方法是在一定温度下,取面积为 1cm² 的两个平行相对的电极,其间距为 1cm,中间放置 1cm³ 的原油或已知含水率的原油乳状液,则此时测出的电导值就为该原油或原油乳状液的电导率。

一般地讲,原油本身的电导率约为 $1 \times 10^{-4} \sim 2 \times 10^{-4}$ S/m。石蜡基原油的电导率只有胶质、沥青质原油的一半。酸值较高的原油,其电导率往往超过 2×10^{-4} S/m,是各类原油中最高的。若是乳状液中水的含量大于或等于原油的含量,则电导率由水的电导率所决定。

水油比例越大,电导率就越大。但是含水量(体积分数)在一定范围内的乳状液,若放置一定时间,则其电导不随水油比例而改变。乳状液的电导随温度的升高而增大,这是由于在高温下原油中的分子热运动加剧的结果。含水为 50%(体积分数)的原油乳状液的电导率比纯原油的电导率高 2～3 倍,温度自 25℃ 升到 90℃ 电导率可增加 10～20 倍。在 $1 \times 10^5 \sim 2 \times 10^5$ V/m 的电场下,用显微镜观察乳状液可以发现水珠像一串珠子似的排列成行,最后聚结成大滴。

(2)原油乳状液的介电常数。原油及其乳状液的介电常数是指在电容器的极板间充满原油或原油乳状液时测得的电容量 C_x 与极板间为真空时的电容量 C_0 之比。实验表明:纯原油的介电常数为 2.0～2.7,而纯水的介电常数为 80。如果原油与水形成乳状液,介电常数就将发生明显的变化。原油乳状液的介电常数与含水率、烃类组成、压力、密度、含气量及温度等因素有关。

(3)原油乳状液的电泳。由于原油乳状液中的水珠大多带电,故在电场作用下会发生电泳。水珠在电场中的移动速度称为电泳速度,其数值大小可按下式计算:

$$v = \frac{\zeta \varepsilon E}{4\pi\mu}$$

式中　v——电泳速度，m/s；
　　　ζ——Zeta 电位，V；
　　　E——电极间的电位梯度，V/m；
　　　ε——原油的介电常数；
　　　μ——原油的黏度，m²/s。

7.2.3　影响原油乳状液稳定性的因素

原油乳状液的稳定性除受界面张力、界面膜强度、扩散双电层及固体粉末等主要因素影响外，还会受温度、电解质以及 pH 值等因素的影响。

7.2.3.1　温度对原油乳状液的影响

一般原油乳状液的黏度随着温度的升高而下降，因而减少水珠在原油中运动时的摩擦力，对水珠的聚结和油水的重力沉降分离很有利。

由于原油与水的体积膨胀系数不同，温度升高时二者的密度虽然都趋于降低，但降低的幅度不同，所以，温度升高二者的密度差会发生变化。当密度差增加时，油水的沉降分离速度将会提高，但并非所有的原油和水都是如此。

原油乳状液中的水珠经过与原油一起被加热后，密度变小，体积膨胀，会使油水界面膜受内压而变薄，机械强度相应降低，这对乳状液的稳定是不利的。同时，起乳化作用的石蜡、胶质、沥青质在原油中的溶解度相应提高，也会进一步改变油水界面膜的机械强度。

7.2.3.2　无机盐对原油乳状液的影响

原油乳状液大多数情况下是 W/O 型的，根据 Coehn 规则，相互接触的两物质中介电常数较高的带正电荷，因此原油乳状液的内相即水相带正电荷。又根据 Schulze-Hardy 规则，与分散相电性相反的离子起破乳作用，其价数越高，破乳能力越大。对原油乳状液，起破乳作用的应是负离子，正离子的作用主要是使水滴发生变形而促进乳状液的破坏。低价金属离子与原油中的 $RCOO^-$ 生成的金属皂能促使水滴变形，而高价金属离子与 $RCOO^-$ 生成的金属皂对原油乳状液却起稳定作用。

研究表明：同一种盐浓度越高，使原油乳状液稳定性降低的程度越大。同价次的金属离子半径越大，对原油乳状液稳定性影响越小，如在 45℃ 和 Cl^- 浓度相同的条件下，正离子使原油乳状液稳定性降低程度的大小次序为：$Na^+>K^+>Mg^{2+}>Ca^{2+}>Al^{3+}$；在 45℃ 和 Na^+ 浓度相同的条件下，负离子使乳状液稳定性降低程度的排列次序为：$Cl^->Br^->CNS^->SO_4^{2-}$；但当温度升至 65℃ 时，负离子使乳状液稳定性降低程度的排列次序变为：$SO_4^{2-}>Cl^->Br^->CNS^-$。

7.2.3.3　pH 值对原油乳状液稳定性的影响

pH 值能改变油水界面张力，因此对原油乳状液有一定的影响，这对酸化、压裂以及化学驱油等施工后乳状液的形成或稳定性增加有明显的作用。

7.3　原油脱水方法和原理

原油中的水主要以溶解水、悬浮水和乳化水三种形式存在，主要来源于原油本身所含的水和开采过程中所带入的水。其中，溶解水中的水呈均相状态，以分子的形态存在于烃类化合物分子之间；悬浮水中的水呈悬浮状态，可用加热沉降的方法去除；乳化水必须采用特殊的工艺才可去除,因为原油本身所含的沥青质、胶质等成分与原油中夹带的大量无机矿物盐颗粒等,都属于表面活性物质,是天然的、高性能的油水乳化剂,而这种乳状液比较稳定。

原油脱水的关键在于原油乳状液的破乳,破乳过程通常分为三步:凝聚(Coagulation)、聚结(Coalescene)和沉降(Sedimentation)。这一过程,即水珠在相互碰撞接触中合并增大,自原油中沉降分离出来。在第一步凝聚(或絮凝)过程中,分散相的液珠聚集成团,但各液珠仍然存在。这些珠团常常是可逆的,按自分层观点,这些珠团像一个液滴,倘若珠团与介质间的密度差是足够大的,则此过程能使分层加速;若乳状液是足够浓的,它的黏度就显著增加。第二步聚结,在这一过程中,这些珠团合并成一个大滴。这一过程是不可逆的,导致液珠数目减少和最后原油乳状液的完全破坏。由此看出,聚结是脱水过程的关键,聚结和沉降分离构成了原油的脱水过程。

在由凝聚所产生的聚集体中,乳状液的液珠之间可以有相当的距离,光学技术已经证明,这种间距的数量级要大于10nm。虽然厚度随着电解质浓度增加而降低,但是间距降低并不像双电层理论所预示的那样快,这表明除静电斥力和范德华引力外,还有别的力在起作用。

研究人员根据聚结速度得出结论:即使在浓乳状液中,其液珠被10nm或更大厚度的连续膜所隔开,液膜的厚度仍取决于水相的组分,而不取决于水量。

多年来,国内外已研究了多种原油脱水技术,满足各种原油不同含水程度的脱水要求。

7.3.1 沉降分离

沉降分离是原油乳状液脱水最基础的过程。沉降分离的依据是:原油与水不互溶,密度有差异,且有时是不稳定的乳状液,甚至是经过电法和化学方法处理过的。

Stocks定律深刻地描述了沉降分离的基本规律,该定律的数学表达式为:

$$v = \frac{2r^2(\rho_1 - \rho_2)g}{9\mu}$$

式中 v——水珠沉降速度,cm/s;

r——水珠半径,cm;

ρ_1——水的密度,g/cm³;

ρ_2——油的密度,g/cm³;

g——重力加速度,取980cm/s²;

μ——原油的黏度,取100mPa·s。

由上式可以看出,沉降速度与原油中水珠半径的平方成正比,与水油密度差成正比,与原油的黏度成反比。然而,从乳状液理论的角度加以分析,不难看出该公式并未包含原油乳状液稳定性的概念,也没有体现出乳化剂的严重影响。因此,根据这一公式计算出的水滴沉降速度,必然大于实际沉降速度。相反,对于破乳后的水珠而言,由于沉降过程中会出现水珠相互碰撞聚结增大的现象,计算结果很可能会远远小于实际沉降速度。因此,定性地利用该公式作原油脱水难易程度的衡量是可以的,定量地直接计算脱水效果则会带来较大的误差。

为了提高油水分离速度,人们以该公式为指导,发现和创造了一系列有效的方法和措施。

(1)增大水珠粒径的方法:

①添加化学破乳剂,降低乳状液的稳定性,以进一步实现破乳;

②采用高压电场处理W/O型乳状液,利用电磁场对乳状液进行交变振荡破乳;

③利用亲水憎油固体材料使乳状液的水珠在其表面润湿聚结。

(2)增大水、油密度差的方法:

①向原油乳状液中掺入轻质油,降低原油的密度;
②选择合适温度,使油水密度向着有利于增大密度差的方向变化;
③在油气分离过程中降低压力,使原油中少量的气泡膨胀,密度降低;
④向水中添加无毒无害物质,加大水相密度。

(3)降低原油黏度的方法:
①掺入低黏轻质油稀释原油;
②加热以降低原油乳状液的黏度。

(4)提高油水分离速度的方法:采用离心机进行离心分离。

7.3.2 电脱水法

电脱水法的基本原理是利用水是导体、油是绝缘体这一物理特性,将 W/O 型原油乳状液置于电场中,乳状液中的水滴在电场作用下发生变形、聚结而形成大水滴从油中分离出来。

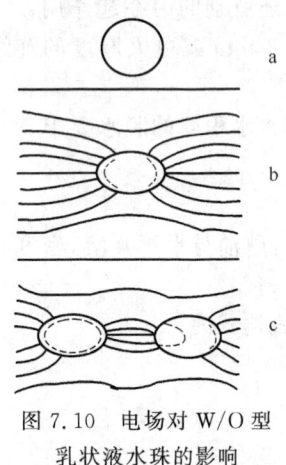

用于电破乳的高强度电场有交流电、直流电、交—直流电和脉冲供电等数种。在交流电场中,乳状液中的水珠发生振荡聚结和偶极聚结;在直流电场中,除发生偶极聚结外,电泳聚结起主导作用;在交—直流二重电场中,上述数种聚结都存在;脉冲供电是电极间断送电,除促使振荡聚结和偶极聚结外,目的在于避免电场中电流的大幅度增长,可平稳操作和节约电能。

7.3.2.1 偶极聚结

置于电场中的 W/O 型乳状液的水珠,由于电场的诱导而产生偶极极化,正负电荷分别处于水珠的两端,如图 7.10 所示。因为置于电场中的所有水珠,都受到此种诱导而发生偶极极化,相邻两个水珠的靠近一端恰好成为异性,相互吸引,其结果使两个水珠合并为一体。由于外加电场是连续的,这种过程的发生呈"连锁反应"。当水珠颗粒增大到其重力足以克服乳状液的稳定性时,水珠

图 7.10 电场对 W/O 型乳状液水珠的影响

即自原油中沉降分离出来。

7.3.2.2 振荡聚结

交变电场对 W/O 型乳状液水珠的另一个作用是引导其做周期性的振荡,其结果是水珠由球形被拉长为椭球形,界面膜增大变薄,乳化稳定性降低,振荡时相邻水珠相碰,合并增大自原油中沉降分离出来。

由室内透明电脱水器中看到的现象是:在电场的作用下,水珠都处于极其活泼的跳跃状态,且一个个成为菱形,然后合并成大滴沉降至脱水器的底部。另外,交变的磁场振荡也有破乳脱水作用。

7.3.2.3 电泳聚结

乳状液的液珠一般都带有电荷,在直流电场的作用下,会发生电泳。在电泳过程中,一部分颗粒大的水珠会因带电多而速度快。速度的快慢不等会使大小不同的水珠发生相对运动,碰撞、合并增大,当增大到一定程度后即从原油中沉降分出;其他未发生碰撞或碰撞、合并后还不够大的水珠,会一直电泳到相反符号的电极表面,在电极表面相互聚集(接触而未合并)或聚结在一起,然后从原油中分出。乳状液在直流电场中的这种电泳过程,会使水珠聚结,所以又称其为"电泳聚结"。

由于在直流电场中所有大大小小的水珠都会发生电泳,或迟或早都会到达电极表面,而交流电作用于乳状液时,大水珠会优先脱出,剩余的小水珠往往失去合并对象,无法聚结增大,结

果很难脱出,所以直流电脱水的净化油质量一般比交流电脱水的质量好。

在某些场合,微小水珠是带着乳化膜在电极表面聚集的,而膜本身又是原油的一部分,所以直流电脱水得到的污水含油量比交流电脱水得到的污水含油量大得多。

7.3.3 润湿聚结脱水法

润湿聚结脱水法又称聚结床脱水法,是一种在热化学沉降脱水法基础上发展起来的脱水方法,即在加热、投入破乳剂的同时,使乳状液从一种强亲水物质(如脱脂木材、陶瓷、特制金属环、玻璃球等)的缝隙间流过,当乳状液(W/O型)中的水滴与这种强亲水物质碰撞时,水滴极易将这些物质润湿,并吸附在其表面,水滴相互聚结,由小水滴聚结成大水滴(也称粗粒化),最后沉降脱离出来。要实现润湿聚结以达到两相分层的目的,选择合适的润湿介质是关键。

显然,润湿聚结法脱水仅对稳定性差的 W/O 型乳状液的水珠或游离水起作用。应用必须先向乳状液中添加化学破乳剂,且多用于把高含水原油处理为低含水原油的过程中。国内辽河油田使用此法将原油含水从 25% 降为 12%(体积分数);大庆油田的试验结果更为有效,见表 7.7。

表 7.7 聚结床脱水效果

方法	原油含水/% 总含水	原油含水/% 乳化水	沉降后原油含水/%	污水含油/%
加聚结材料	90.1	23	9.7	1.15
不加聚结材料	90.1	23	36.0	3.49
加聚结材料	60.0	34	9.8	0.305
不加聚结材料	60.0	34	28.0	0.305

据报道,国外油田采用特殊材质制成板,倾斜排列在脱水器中。这种板材对水滴有极强的吸附作用,当乳状液流经板的夹缝时,水滴聚结在板的表面上,不断泻流下去,效果极佳,可代替电脱水。经过一次聚结床脱水后,原油含水指标可达合格。

同样道理,当采用亲油憎水型固体材料处理 O/W 型乳状液时,水中的油珠也会通过固体材料表面合并入油膜,使油膜增厚,向上漂浮,成乳滴,脱落,成为大滴,自固体材料上层漂浮到油相(层),达到油水分离的目的。

7.3.4 化学破乳法

化学破乳是原油乳状液脱水中普遍采用的一种破乳手段。它是向原油乳状液中添加化学助剂,破坏其乳化状态,使油、水分离成层。这类化学助剂称为破乳剂,一般是表面活性剂或含有两亲结构的超高分子表面活性剂。

在油田,原油脱水工艺主要使用电化学法和热化学法。电化学法用少量破乳剂在高压电场中进行脱水,其特点是速度快、效果好;热化学法则需要选择使用高效破乳剂。当然,选用哪种方法适宜,取决于经济核算。一般说来,用化学法处理容易脱水的原油乳状液,用电场处理不很稳定的乳状液,用电化学法处理顽固的乳状液。热化学脱水工艺及热—电化学法脱水工艺流程见图 7.11 和图 7.12。

7.3.5 新型破乳脱水方法

国内外科研工作者在进行化学破乳剂研究的同时,也力图开辟非化学破乳剂的领域,现在

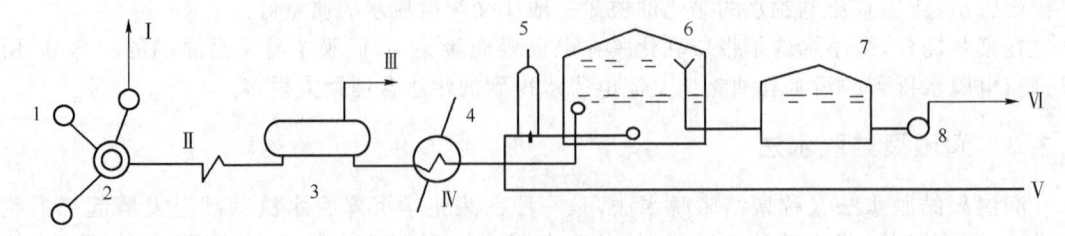

图 7.11 热化学脱水工艺流程

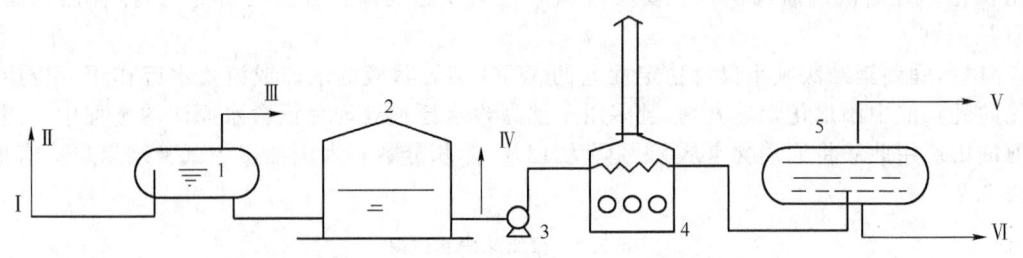

1—油井;2—计量站;3—油气分离器;4—加热器;5—水封界面调节器;6—沉降罐;7—净化油缓冲罐;8—输油泵;
Ⅰ—化学破乳剂;Ⅱ—油气水混合物;Ⅲ—天然气;Ⅳ—净化原油;Ⅴ—脱出水;Ⅵ—热媒

图 7.12 热—电化学脱水工艺流程

1—油气分离器;2—含水原油缓冲罐;3—脱水泵;4—加热炉;5—电脱水器;
Ⅰ—油气水混合物;Ⅱ—化学破乳剂;Ⅲ—天然气;Ⅳ—含水原油;Ⅴ—净化原油;Ⅵ—脱出水

研究的新型非化学破乳剂和破乳方法主要有:

(1)生物破乳。其原理是利用微生物生长过程消耗表面活性剂,对乳状液中的乳化剂产生生物变构作用;与此同时,在代谢的过程中,某些微生物会分泌出带有表面活性的产物,这类代谢产物对于原油乳状液是良好的破乳剂。生物破乳剂具有易降解、对环境污染小的优点。生物破乳是具有广阔前景的新型原油破乳方法,在此基础上可将化学破乳和生物破乳复合,提高破乳效果。

(2)声化学破乳。其原理是将声波能量辐射到原油乳状液中,使之产生一系列的超声波效应(搅拌、空化等),从而破坏油水相介膜,起到破乳脱水的作用。但其成本较高,难以在油田推广。

(3)微胶囊破乳剂。微胶囊的壳是一种凝胶,并用有效数量的螯合剂加以稳定,将破乳剂置于胶囊中,在高浓度盐水和碱金属存在下,可以延长破乳剂的释放时间,达到长时间破乳的目的。

(4)超声波原油脱水。早在 20 世纪 50—60 年代,苏联和美国就开始研究该方法,中国于 60 年代开始研究。其特点是能耗低,对原油无污染,为特种乳化油脱水提供了有效途径。

除以上方法外,还有振动破乳、电磁场破乳、电声波破乳和膜分离技术破乳等新技术。

7.4 原油破乳剂及其评价方法

原油破乳方法,由最初的物理沉降法,发展到用表面活性剂破乳,破乳理论和技术也随之日趋完善。近年来,破乳剂向着低温、高效、适应性强、无毒、不污染环境的方向发展,因而要求破乳剂不仅具有高效破乳能力,而且还有一定的缓蚀、阻垢、防蜡及降黏等方面的综合性能。原油破乳剂的使用大约已有近百年的历史,曾先后开发出多代产品。人们一直在对其品种和性能进行研究,并不断取得新成果。

7.4.1 原油破乳剂的分类

7.4.1.1 按分子量大小分类

按分子量大小划分,破乳剂可分为:低分子量破乳剂、高分子量破乳剂和超高分子量破乳剂。

(1)低分子量破乳剂,指分子量在1000以下的低分子量化合物。例如无机酸、碱、盐;二硫化碳、四氯化碳;醇类、酚、醚类等都属于低分子量破乳剂。这类物质虽然不是表面活性剂,但却能以其强烈的聚集、中和电性、溶解界面膜等方式破坏乳状液。该类物质的成本低,但脱水效率也低,且净化油质量差,所以已被淘汰或用作其他破乳的助剂。

(2)高分子量破乳剂,指分子量在1000~10000之间的非离子型聚氧乙烯聚氧丙烯醚。这类破乳剂具有较高的活性和较好的脱水效果,不仅能降低净化油的含水,而且脱出水的含油率下降,水色更为清澈。例如联邦德国的王牌产品Dissolan4400、4411、4422、4433等,我国的AE、AP、BP、RA等型号的破乳剂也是这类物质。

(3)超高分子量破乳剂。人们在实践中发现,随着分子量的提高,脱水效果会随之提高。因此,便出现了超高分子量破乳剂。这类破乳剂的基本成分同高分子量破乳剂相同,只是通过使用具有多活泼基团的起始剂、交联剂或改变催化剂,使聚醚的分子量达到数万至数百万。其中,以分子量在 $30\times10^4 \sim 300\times10^4$ 的聚合物破乳效果最佳。例如用三乙基铝—乙酰丙酮—水三元体系作催化剂,合成的分子量在 $30\times10^4 \sim 250\times10^4$ 的聚醚型破乳剂(UH系列),具有破乳温度低、出水率高、出水速度快等优点。

7.4.1.2 按聚合段数分类

(1)二嵌段聚合物。目前国内外使用最多的化学破乳剂为非离子型聚氧乙烯聚氧丙烯醚。在非离子型破乳剂的合成过程中,将起始剂(含有活泼氢)与一定比例的环氧丙烷(PO)先配制成"亲油头"(此为第一段),然后接聚上一定数量的环氧乙烷(EO),此为第二段,这种产品就称作二嵌段化学破乳剂,即起始剂—$(PO)_m(EO)_n$H。我国的AE8025、AE8051、AE8031、AE1910等属于此类。

(2)三嵌段聚合物。在二嵌段聚合的基础上再接聚一段环氧丙烷,即为三嵌段式破乳剂:起始剂—$(PO)_m(EO)_n(PO)_z$H。如我国的SP169、AP221、AP134、AP3111等。

油田开采后期原油乳状液以O/W型为主,多重乳状液、微乳液共存,这种采出液的共同特点是:含水高,游离水含油、含杂质多,含水原油乳化程度深,很难脱水等。基于此种状况,新型破乳剂必应具有水溶性的直链结构,在原油中易于分散,有良好的渗透性,以减少脱出污水的含油量。为实现较快的脱水速度和最大脱水量,破乳剂分子应具有合适的嵌段顺序和链段长度。

7.4.1.3 按溶解性分类

根据溶解性能,化学破乳剂可分为水溶性和油溶性两大类。水溶性破乳剂的优点是可根据需要配制成任意浓度的水溶液,便于同含水原油混合,不需要像油溶性破乳剂那样使用昂贵的甲苯、二甲苯等溶剂稀释。油溶性破乳剂的特点是不会被脱出水带走,且随着原油中水的不断脱出,原油中破乳剂相对浓度逐渐提高,有利于原油含水率的继续下降。目前,现场多使用水溶性的破乳剂,由于国内大多油田进入开发中晚期,采出原油乳状液含水量高,水溶性破乳剂破乳后在脱出水中残留量较高,其随排出污水进入到水处理系统中,对环境有一定污染,因此开发高效的油溶性破乳剂,以期弥补水溶性破乳剂这一不足,成为破乳剂研究的一大热点。

7.4.2 常用的原油破乳剂

在油田开采初期,原油中的油主要以油包水(W/O)型乳状液存在,故W/O型破乳剂使用较早,目前,国内外 W/O 型原油破乳剂种类繁多,其中,非离子聚醚型破乳剂占主导地位。很多含有活性基团的物质均可以诱导环氧乙烷(EO)、环氧丙烷(PO)开环得到相应破乳剂,或通过一定反应方法将聚氧丙烯聚氧乙烯醚引入到分子结构中得到破乳剂。随着新型破乳剂的不断研制开发,很多其他种类的破乳剂也取得了较好的使用效果。

反相破乳剂是用于破坏水包油(O/W)型原油乳状液的主要破乳剂,近年来,随着大部分油田进入开采中后期,油井采出液由原来的以 W/O 型乳状液为主变为以 O/W 型乳状液为主,越来越多的反相破乳剂被开发应用。但具体每种破乳剂适用于哪一类乳状液,需要在实际使用中对破乳剂的 HLB 值、脱水率、脱水速率等评价指标测试之后进行选择。

7.4.2.1 烷基酚醛树脂破乳剂

酚醛树脂中含有大量的羟基,可以形成多支型结构,这些活泼的酚羟基通过与环氧丙烷(PO)、环氧乙烷(EO)聚合得到具有多支结构的聚醚破乳剂。如以下结构:

$$\left[\begin{array}{c} R \\ | \\ \text{—} \bigcirc \text{—} CH_2 \\ | \\ OH \end{array}\right]_x \text{—}[CH_2CH_2O]_y\text{—}[CHCH_2O]_z\text{—} \\ | \\ CH_3$$

烷基酚常用的是异丁基苯酚、异辛基苯酚和壬基酚。催化剂为 HCl、H_2SO_4 等。分子量一般控制在 3~30 个含苯酚的链节。AR 型破乳剂属于此类产品,例如,用异辛基酚醛树脂—聚氧丙烯聚氧乙烯醚(可简称为聚氧烷烯醚)可使含水质量分数为 28% 的原油,在破乳剂加量为 15mg/L,小于或等于 40℃下破乳脱水,原油含水降为 0.3%,而使用普通聚环氧烷醚类破乳剂,需将原油加热到 80℃脱水,原油含水方可下降至 4%。胜利油田以酚醛树脂为起始剂,用交联剂进行交联扩链研制出的 SLDE-01 破乳剂,经过油田现场试验,发现相比原油破乳剂,SLDE-01 投加量下降 20%,脱水率超过 90%。另外,我国研制的酚醛 3111(或 AF3111)也是这种类型的破乳剂。

7.4.2.2 含醇类破乳剂

以醇类作起始剂(如丙二醇、丙三醇、季戊四醇等),通过开环聚合,能够与环氧丙烷(PO)、环氧乙烷(EO)反应合成聚醚破乳剂。以季戊四醇为起始剂的嵌段聚醚破乳剂结构如下:

$$\begin{array}{c} CH_2O(C_3H_6O)_m(C_2H_4O)_nH \\ | \\ H(C_2H_4O)_n(C_3H_6O)_mOCH_2\text{—}C\text{—}CH_2O(C_3H_6O)_m(C_2H_4O)_nH \\ | \\ CH_2O(C_3H_6O)_m(C_2H_4O)_nH \end{array}$$

此系列聚醚破乳剂种类繁多,已投入大规模生产。如 BEP-2045、SP-169、BP-169 等破乳剂应用广泛。其中,SP 型破乳剂作为一种线性的破乳产品,对含有石蜡基的乳化原油破乳效果较佳,但因其结构中不含支链或芳香环结构,故针对含有较多胶质、沥青质的稠油破乳能力差,但有脱出水较清的突出优势。

7.4.2.3 含氮类破乳剂

常见的为胺的氧化乙烯、氧化丙烯共聚物以 150mg/L 剂量在 35℃下使含水 45%(体积分数)的原油含水量降为 0.8%(体积分数),而无氮的 PO、EO 共聚物在同样条件下只能将含水降至 8%(体积分数)。

(1)胺的聚氧乙烯聚氧丙烯共聚物。以多乙烯多胺(聚合度 50~200)为油头,接聚 PO、EO 制得,是一种多枝型聚醚。其理想的结构式为:

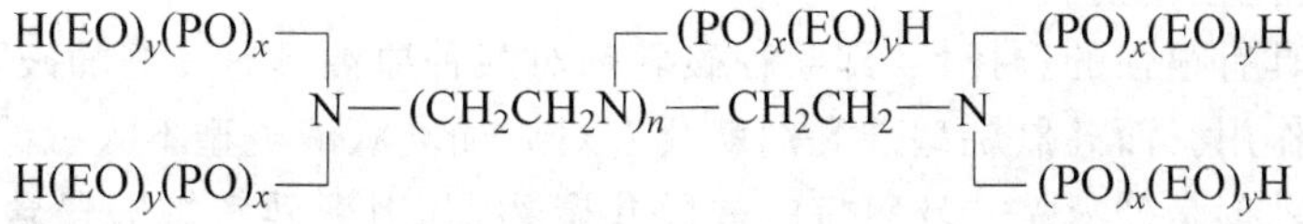

$$\begin{array}{c} H(EO)_y(PO)_x \\ \diagdown \\ H(EO)_y(PO)_x \diagup \end{array} N-(CH_2CH_2N)_n-CH_2CH_2-N \begin{array}{c} \diagup (PO)_x(EO)_yH \\ \diagdown (PO)_x(EO)_yH \end{array}$$

我国的 AE 型、AP 型破乳剂系列即为此类产品。不同的是 AE 型破乳剂是一种二嵌段型聚合物，其分子小，支链短，分子结构式为：$D(PO)_x(EO)_yH$；AP 型破乳剂是一种三嵌段型聚合物，分子结构式为：$D(PO)_x(EO)_y(PO)_zH$。虽然 AE 型破乳剂和 AP 型破乳剂的分子结构有所不同，但分子成分是相同的，只是在单体用量和聚合顺序上有所差别。

AE 型破乳剂可用于含沥青质原油的破乳。另外，由于该类破乳剂分子的多支结构，很容易形成微小网格，将石蜡单晶体包围在网格内，阻碍其自由运动，进而使石蜡单晶体不能相互连接，降低原油黏度和凝点，所以，AE 型破乳剂是一种非常好的防蜡降黏剂，具有一剂多效的功能。

AP 型破乳剂主要用于石蜡基原油乳状液的破乳。该类破乳剂分子链中可提供的活性基团多，容易形成多支链结构破乳剂，其润湿性能和渗透性能较高，亲水能力较强。破乳过程中，AP 型破乳剂的分子能迅速地渗透到油—水界面膜上，并且由于其多分支结构，分子排列占有的表面积要多得多，所以 AP 型破乳剂相比于线性的 SP 型破乳剂具有更低的破乳温度、更短的破乳时间和更好的破乳效果。

(2)酚胺树脂醚。该类破乳剂是以壬基酚、双酚 A、稠环酚等为代表的酚类与甲醛、乙烯胺为代表的胺类进行反应，制成酚胺树脂，再在酚胺树脂的活性基上接上 PO、EO 开环后的嵌段聚醚。其理想结构式为：

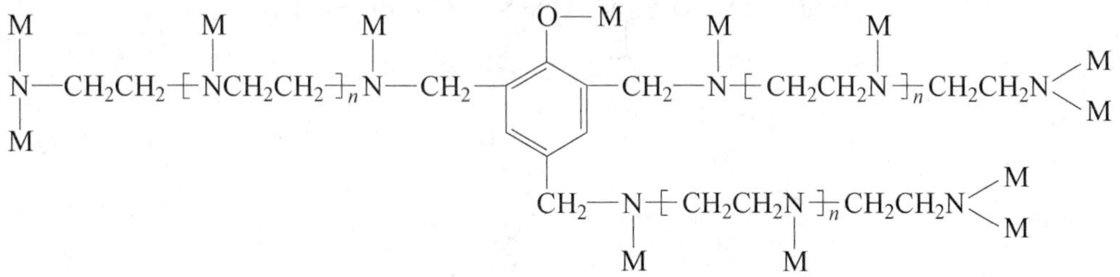

式中，$M=(PO)_x(EO)_yH$。

国内的 PFA 系列为此类破乳剂，其含有芳香核，分子具有 AE 型破乳剂的多支结构，对乳化原油，尤其是乳化稠油有脱水速度快的特点。

(3)聚氨酯类氧化烯烃嵌段共聚物。通常分离 W/O 型乳状液，往往要加热到 40℃以上。改进共聚物结构后可使破乳剂在低温下发挥作用。聚氨酯类氧化烯烃嵌段共聚物在环境温度下(10～40℃)不加热就可破乳。该破乳剂由聚乙二醇醚和一种二异氰酸酯反应制得，具有以下通式：

$$D[A_m-B_n-A_m-O-(D-A_m-B_n-A_m-O-)_x-H]_2$$

式中，D 为由一个脂肪族、芳香族、脂肪环或芳香环二异氰酸盐衍生出来的二价原子团；A 为 $-OC_2H_4-$；B 为 $-OC_3H_6-$；n,m 为 10～200 的整数；$x=0\sim5$ 间的整数；

嵌段 A 的分子量至少是嵌段 B 的 0.6 倍。

这类破乳剂对含水 50%(体积分数)的原油乳状液具有低温(小于 40℃)、快速破乳的效果，短则几分钟，最多不超过 1～2h，在 23℃下加入该类破乳剂 150mg/L，能使原油含水降至 1.0%(体积分数)。

7.4.2.4 硅氧烷型破乳剂

原油破乳剂具有很强的选择性,即某种破乳剂对某种原油具有良好的破乳效果,但对另一种原油却无任何作用。而硅氧烷型破乳剂就具有对原油乳状液类型不太敏感的优点。

硅氧烷型破乳剂是硅氧烷—环氧烷的嵌段共聚物,其中聚硅氧烷嵌段含有 3~50 个硅原子,硅原子上可接有甲基、苯基等,由于引入了硅氧烷主链,使含硅破乳剂具有较低的黏度、较高的耐低温性以及较好的分散性。聚氧烷烯嵌段,分子量一般在 400~500 之间,由环氧丙烷(PO)和环氧乙烷(EO)链节构成。EO:PO 为 40:60 到 100:0 之间。其典型结构如下:

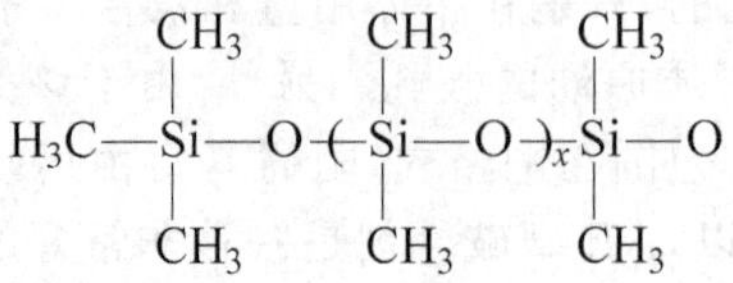

聚二甲基硅氧烷

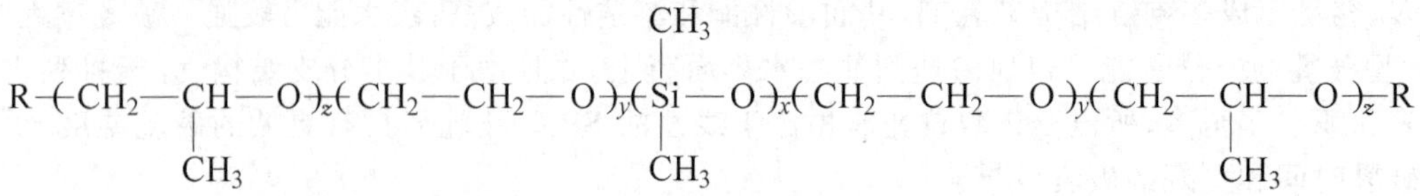

聚醚硅油

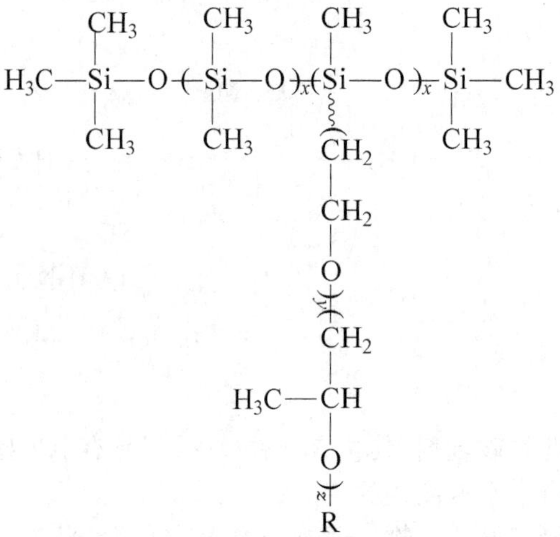

有机改性的聚醚硅氧烷

该破乳剂无论是单独使用或是复配使用均能有效地破乳,如:聚二甲基硅油(分子量 3700)与聚氧乙烯嵌段共聚物(两个聚氧乙烯段的分子量各为 2200)可使含水 40%(体积分数)的乳状液在 45℃、15min 内完全脱水,而用无硅共聚物时,20h 内只能脱水至 9%(体积分数)。以含氢硅油以及甲基丙烯酸十二酯为原料,与环氧丙烷(PO)、环氧乙烷(EO)聚合制备的梳型聚硅氧烷稠油破乳剂,对新疆某油田原油乳液具有较好的破乳效果,在加药量 100mg/L 时脱水率可达 92.28%,此外,其与酚胺醛破乳剂、聚铝以及阳离子型聚丙烯酰胺组成的四元复合物,不仅能够实现高效破乳(脱水率为 98.32%),同时还能达到清水的效果(水相含油量为 19.7%),破乳效果远优于单剂。以含氢硅油、烯壬基酚聚醚与甲基丙烯酸十二酯为原料制备的梳型改性聚硅氧烷稠油破乳剂(GPX1),能够有效降低液膜稳定性,与腰果酚胺醛树脂按质量比4:6可得出最佳复配破乳剂FW1,对乳状液破乳效果达到最佳,脱水率可达到98.32%,污水含油量为19.7mg/L,油水界面整齐。以含氢硅油、丙烯酸(MAA)、甲基丙烯酸(MA)、甲基丙烯酸甲酯(MMA)和丙烯酸丁酯(BA)合成的非聚醚类聚硅氧烷原油破乳剂,对辽河冷一联原油的脱水率达90.65%,油水两相分离且界面清晰,脱出水电导率为286.20$\mu s/cm^2$,破乳脱水效果优于普通破乳剂。

7.4.2.5 聚脂类破乳剂

最常见的聚脂类破乳剂为聚烷撑二醇类的醇酸树脂。Baker首先提出醇酸树脂包括以下成分:多元酸缩合产物,多元醇及6～22个碳原子的脂肪族饱和的或不饱和的一元酸。多元酸缩合物为不大于20个碳原子的多聚体。它所用的聚烷撑二醇的分子量为400～10000,一般用聚乙二醇、聚丙二醇、聚丁二醇或聚酯多元醇等。

这类破乳剂尤其适用于油井产出乳状液的破乳,其用量为50～200mg/L。若该破乳剂和电脱水器采用电化学方法脱水,用5～50mg/L即可。用量过大,它有可能使W/O型乳状液反相变为O/W型。

7.4.2.6 超高分子量破乳剂

随着研究的不断深入,对破乳剂的破乳效果和性能的认识也越来越深,通过研究发现,高分子量破乳剂的破乳效果明显优于低分子量的破乳效果。此类破乳剂具有优良的破乳效果,并能加快油水分离速度。所以可以通过提高破乳剂的分子量来提高破乳效果,目前提高破乳剂的分子量的方法有以下几种:

(1)在分子量较大的高聚物中引入适当的亲油或亲水基团。

(2)聚烷氧烯自聚体:包括单环氧烷的自聚体和不同环氧烷的嵌段共聚物、环氧丙烷、环氧丁烷和四氢呋喃等。由于这类共聚物原料单一,在几种超高分子量破乳剂中最受重视。

(3)用二元活泼基团化合物交联而制备超高分子量聚合物,如聚磷脂聚酯、聚酰胺。

(4)通过改变催化剂,提高聚醚型非离子破乳剂的分子量。常用的催化体系有:离子聚合催化体系,如碱金属氢氧化物、醇钠等催化剂;阳离子聚合催化剂体系,如路易斯酸;配位阴离子聚合催化体系,如有机金属化合物催化系统、碱土金属氧化物催化体系。

F·E·蒙格认为,超高分子量聚合物要具有优良的破乳效果,必须在聚合物分子中不含太多的—OH或—NH$_2$基团,每一个聚合物分子中最好只有2个或3个这样的基团,最多不要超过1/10000是较适宜的。同时,环氧丙烷与环氧乙烷的比例对破乳效果有显著的影响。实验表明:含70%～85%(体积分数)环氧丙烯基的油溶性的、具有分支对称结构的共聚物有较好破乳性能,当环氧乙烷比例超过55%(体积分数)时,破乳效果陡然降低。

通过以三乙基铝—乙酰丙酮—水三元体系为催化剂、利用配位聚合而制备出的破乳剂,其分子量可以高达50000～5000000,国内UH系列,如UH6535、UH6040和POI-2006均属于该类破乳剂。将这类破乳剂应用于现场试验,结果证明该类破乳剂的破乳温度较低、脱水速度快。另外,超高分子量生物降解型破乳剂也是我国破乳剂研究的热点之一,主要是以糖苷为结构单元的多糖类破乳剂。糖苷是由糖的半缩醛羟基与脂肪醇进行脱水缩合反应生成的化合物,糖苷结构中具有丰富的羟基活性基团,容易进行羧甲基、季铵化。此类破乳剂多以壳聚糖、纤维素为原料制备。

7.4.2.7 反相破乳剂

反相破乳剂大致分为小分子电解质、醇类表面活性剂类和聚合物类。其中,醇类表面活性剂类多为阳离子型和阴离子型,聚合物类多为阳离子型和非离子型。

1. 小分子电解质、醇类表面活性剂

电解质能中和水珠表面的负电荷和改变沥青质、胶质、蜡等乳化剂的亲水亲油平衡而起到破乳作用,常用的电解质主要有金属盐类和酸类。醇类表面活性剂主要通过改变乳化剂的性质,向油相或水相转移而起到破乳作用,其需求量较大,易形成二次污染且除油效果不佳,在现场应用中已被淘汰。

2. 阳离子型反相破乳剂

阳离子型反相破乳剂分子基团带有大量的正电荷,能有效中和 O/W 界面膜上的负电荷,从而破除 O/W 型乳状液。这种破乳剂能快速、高效地同时破除 W/O 型、O/W 型或复杂圈套式乳状液,同时又可用于污水除油,且具有一定的缓蚀性能。

常见阳离子反相破乳剂的亲水基绝大多数为季铵盐,包括聚环氧氯丙烷改性季铵盐、聚醚端基改性季铵盐、聚环氧氯丙烷—胺型聚季铵盐、聚三乙醇改性季铵盐等。这类聚季铵盐型破乳剂具备水溶性好、扩散速度快等优点,因此,合成的反相破乳剂阳离子度越大,破乳效果越好。但是需要注意的是:反相破乳剂对加入浓度很敏感,超量使用,破乳效果反而降低。

用于处理冀东油田联合站污水的反相破乳剂 TS-761L 是用环氧氯丙烷、二甲胺、叔胺、多乙烯多胺等反应生成的季铵盐与聚铝复配得到,其除油率可达到 97%,悬浮物的去除率可达到 94%。用于渤海某平台原油进行破乳的 Y-56 是以聚醚胺 D-230 改性聚季铵盐的反相破乳剂,在 70℃、20min 的破乳条件下,加量为 15mg/L 时,就对含水原油有很好的处理效果。以丙烯酰胺、阳离子单体 MB-50 和 N,N-亚甲基双丙烯酰胺在一定条件下自由基聚合得到的反相破乳剂 WRD-34,针对孤岛油田污水除油率可达到 80% 以上。胜利油田研制的 CW-01 型反相破乳剂也属于阳离子聚醚,其分子式为:

$$R + O + CH_2CHO +_m H +_n^*$$
$$\quad\quad\quad CH_2R_2'N^+R''Cl^-$$

式中　R——多价烷基;
　　　R′——一价烷基;
　　　R″——一价烷基或 H。

用孤岛采油厂孤中-22-13 井产 O/W 型乳状液作评价实验。实验温度 26℃,O/W 型乳状液含油 11146mg/L,破乳剂加量以总液量为基准,静置沉降 10min 后测定水中含油量。结果与国内外同类型优质破乳剂做了对比试验,结果见表 7.8。

表 7.8　反相破乳性能评价结果

序号	反相破乳剂	加量/(mg/kg)	水中含油量/(mg/L)	体积分数/%
1	CW-01	18	260	97.6
2	FA-252(日本)	18	840	92.5
3	ES-3154(德国)	18	2426	78.1
4	B2707-B(美国)	18	1056	90.5
5	R-28(美国)	18	4897	56.6
6	SP169(中国)	18	3120	72.0

在一些室内研究中,有科研工作者用三聚氰胺为疏水基团、季铵盐为亲水基团,合成星形季铵盐类反相破乳剂 T-P-EDA 和 T-P-DETA。对 O/W 型乳状液的破乳效果优于传统

破乳剂 CW-01,O/W 乳状液含油 1500mg/L,在 30℃、80mg/L 的加量下,T-P-EDA 或 T-P-DETA10min 内除油率达到 99.5%,而 CW-01 在相同条件下除油率为 93.5%。结果表明,T-P-EDA 和 T-P-DETA 可能是速度更快、效率更高的破乳剂。

3. 阴离子型反相破乳剂

阴离子型反相破乳剂主要是二硫代氨基甲酸盐,二硫代氨基甲酸盐除了具备高效的除油性能,还有杀菌、防垢的作用。

研究表明,二硫代氨基甲酸盐在污水中能先与 Fe^{2+} 反应形成絮体,再通过絮体吸附油滴从而除去污水中的油。二硫代氨基甲酸盐的除油能力与反应生成的絮体结构有关。所以,污水中所含的 Fe^{2+} 越多,能够生成的絮体越多,除油能力相对越强。当分子中二硫代氨基甲酸根含量大时,生成的絮体是立体网状结构,除油效果好。

4. 非离子型反相破乳剂

非离子型反相破乳剂包括聚胺类、多元醇类非离子型嵌段聚醚、丙烯酸酯共聚物类等。聚胺上含有多个氨基,其水溶性好,并且具有很高的表面活性,容易吸附到油水界面上,中和水滴表面的负电荷,减弱界面膜的稳定性,从而达到破乳脱水的效果。胜利油田海洋采油厂开发的聚酰胺—胺类反相破乳剂 MH-9,与破乳剂 MC-9368 配合使用处理采油污水,能够将三相分离器的水相出口含油量降低 50% 左右,同时将分水速率从 $200m^3/h$ 提升到 $300m^3/h$,优化了平台集输系统,综合加药量低,环保、经济性好。

多元醇类非离子型嵌段聚醚是以多元醇为起始剂,加聚 PO 和 EO 的嵌段聚合物。其化学结构为:

$$R\{[(OR')_e(OR'')_m]OH\}_x$$

式中,$R=C_{4\sim12}$ 的烷基;$x=4\sim8$;e 和 $m>4$;$n=1\sim5$;R'=丙烯撑基或丁烯撑基;R''=乙烯撑基;R' 和 R'' 也可以互换。

产品分子量为 12000,其中 EO 含量大于 50% 而小于 95%(质量分数),使用温度 25~120℃ 之间。以丙二醇、EO 合成的非离子型聚醚 HY-1,针对大庆三元驱模拟污水,加药量为 80mg/L 时,作用效果优于阳离子聚合物 SNF4240。

聚丙烯酸酯乳液反相破乳剂 BH-512 在海上油田上使用,与国外产品 SZB-4590 相比,在加量 80mg/L 时,BH-512 处理后的含油量低于 10mg/L,破乳效果优于 SZB-4590。另有甲基丙烯酸甲酯、丙烯酸乙酯、丙烯酰胺为单体制备得到的丙烯酸酯乳液类反相破乳剂,对某油田的采出液同样具有优异的破乳效果。

5. 复合反相破乳剂破乳

三次采油造成的 O/W 型原油乳状液中含有高分子量聚合物和表面活性剂乳状液,有各种复合破乳剂能够使其破乳:

(1)$CaCl_2$+氧化剂(或还原剂)破乳。含有二价阳离子的盐如 $CaCl_2$、$MgCl_2$、$BaCl_2$ 及其水化物。一般多用 $CaCl_2$,盐的加量为 10000~250000mg/L。强氧化剂包括次氯酸钠、次氯酸钾、次溴酸钾(钠)、次氯酸铵等,一般用次氯酸钠。还原剂有聚胺类,如三聚胺和二聚胺,一般多用肼。

(2)盐水+分配剂。该方法使 O/W 型乳状液进行相分离,从而得到一个含有少量表面活性剂的油相,含有少量表面活性剂的盐水相以及含有绝大部分表面活性剂的分配相。此法特别适用于注表面活性剂采油形成的 O/W 型乳状液。所用的表面活性剂是非离子的或阴离子型的,特别是分子量为 350~500 的石油磺酸盐。分配剂可以是低分子量的醇(甲醇、乙醇、丙醇等)和异丙醇、三丁基醇、二戊醇、丙酮等,一般多用异丙醇。乳状液中的表面活性剂可回收再用,分配剂也可回收再用。

(3)盐水+多元醇+季铵盐。盐水加量为总乳状液量的1%～50%(质量分数),季铵盐分子量为250～350,加量为100～1000mg/L;多元醇分子量为3500～4500,加量为100～1000mg/L。适宜的季铵盐有十四烷基三甲基氯化铵、十六烷基三甲基氯化铵、十四烷基咪唑啉苯甲基氯化铵等。多元醇可用二元醇、三元醇或四元醇。

7.4.3 原油破乳剂的发展

目前,国内破乳剂的研制主要围绕嵌段聚醚型破乳剂开展,其他各种类型的破乳剂研究也取得了一定成效。但随着油田开采速度的加快,原油的含水率不断增高,增大了油藏的开发难度,大大影响了原油的采收率,化学破乳剂带来的环境污染问题也日益严重。为充分利用石油资源、减少环境污染,迫切需要开发对各种地层环境具有良好的适应能力,对不同状态的原油具有较好的处理能力,高效、环保型破乳剂。

7.4.3.1 超稠油低温破乳剂

超稠油在集输过程中大量采用了原油乳化降黏剂,为降低采油成本和能耗,各油田在逐步取消原油集输和脱水过程中的加热过程,使得原油脱水温度逐步降低,这就需要低温破乳剂对超稠油进行脱水。目前报道的超稠油低温破乳剂主要包括丙烯酸丁酯、甲基丙烯酸甲酯与聚氧丙烯聚氧乙烯醚的共聚物、高极性有机氨衍生物以及疏水缔合的三聚物等。从其分子形态上可大致分为线型(直链型)和支型(支化型、支链型)。

超稠油乳状液体系的破乳极其复杂,既与稠油的组分、性质、乳状液的类型有关,也与破乳剂的分子结构及其性质有关。不同油田、不同区块、甚至不同油井产出的稠油组成都不相同,破乳剂又存在单一性、选择性强等特点,因此,对特定稠油在选择使用破乳剂前进行破乳剂的筛选显得尤为重要。

对于胶质、沥青质含量高的稠油乳状液,由于其胶质、沥青质等亲油性活性物多,一般选用二嵌段结构的AE型聚醚类破乳剂,该类破乳剂可以置换出稠油乳化剂,同时又可以屏蔽胶质、沥青质中活性物质的稳定作用,实现破乳脱水;对含蜡较多的稠油,脱出的污水浑浊且易带有微小油珠,针对该情况,一般选用SP型或AP型多嵌段结构的破乳剂,因为此类破乳剂分子量大,破乳速度慢,可充分发挥絮凝、聚结作用,减少污水带油,增强破乳效果。另外,具有多支链、星形结构、高分子量的破乳剂有利于稠油乳状液体系的破乳脱水,特别是破乳剂的立体网状结构有利于破乳后油滴、水滴的聚并。

氨与丙烯酸甲酯加成反应生成的三元酯再与乙二胺进行酰胺化缩合反应,得到的超支化大分子聚合物作为起始剂,合成的破乳剂LHJY-2,对辽宁油田曙五联稠油有很好的脱水效果,在原油含水达标情况下,与原药剂对比,脱水温度降低5℃,加药量降低10mg/L,年节约燃料费、药剂费等521万元。

针对长庆油田第五采油厂的原油研制出的非离子型改性聚醚破乳剂KD-25,现场试验表明,该破乳剂能实现不加热脱水,与原药剂对比,脱水温度降低7℃,加药量降低100mg/L,年节约燃料费、药剂费等32万元。

调整酚醛树脂起始剂与环氧乙烷质量比、环氧乙烷和环氧丙烷质量比,得到针对胜利油田孤五联合站的稠油破乳效果最好的嵌段聚醚型低温破乳剂P-51T,相对于原药剂投加量不变时,能将脱水温度从73～80℃降低至65℃,能节约大量加热能耗,大幅降低生产成本。针对江苏油田WZ区块原油含蜡较多的特点,以甲基乙氧基硅烷为交联剂,对"起始剂-PO-EO-PO"三嵌段聚醚进行交联合成的破乳剂PR-8051,在43.5℃下可使WZ原油快速破乳,90min内脱水率达71.7%,相同条件下可使加药量降低61.5%,10口油井投加PR-8051后,停用单井集油管道中频电伴热装置,月节约电量$5.47×10^4$kWh。

7.4.3.2 环境友好型破乳剂

生物可降解和天然高分子表面活性剂作为一种环境友好型破乳剂被用于原油乳状液的破乳。乙基纤维素(EC)是一种线性聚合物,是目前研究最多的生物可降解型破乳剂。乙基纤维素本质上是两亲性的(它含有亲水纤维素主链和疏水乙基取代基),正是它的两亲性质使得它在破乳中得以应用。

将乙基纤维素应用于萘—水乳状液研究,发现随乙基纤维素浓度的增加可有效地降低溶解沥青质的萘—水乳状液间的界面张力。同时,乙基纤维素分子在水—油界面发生的是不可逆吸附,通过油相扩散,形成一个高度可压缩界面膜,界面膜处乙基纤维素分子的替换加入使沥青表面活性组分形成的刚性界面膜变得柔软、易打破,有利于实现破乳。以分子量大、活泼氢多的甲基纤维素为主链,接枝聚乙二醇单甲醚(MPEG)得到的具有梳型结构和超高分子量的环境友好的新型多糖类原油破乳剂,脱水率达到95.3%,脱水界面齐整,水层成浅白色。

除此之外,含有活泼氢的瓜尔胶、黄原胶也可作为起始剂,与PO、EO开环聚合得到具有多分支结构的聚醚破乳剂,此类破乳剂与常规破乳剂复配后发现,其脱水速度、脱水率都高于现场破乳剂。

7.4.3.3 其他新型破乳剂

1. 纳米粒子类破乳剂

采用纳米技术对现有高分子聚合物破乳剂进行改性,利用纳米粒子粒径小、比表面积大、表面活性强的特点,与高分子聚醚进行接枝复合得到效果良好的破乳剂,能将破乳率提高20%左右,并能缩短破乳时间。

目前用于破乳剂中的非磁性纳米材料主要以氧化石墨烯(GO)、二氧化硅为主。在酸性条件下GO通过与具有相似结构的沥青质相互作用,破乳效果优异,处理O/W型乳状液脱油率可达到95%以上,这一方面原因在于氧化石墨烯自身所有的界面活性;另一方面它可扩散至界面层,使油水界面张力降低,并形成新的薄膜包裹于油滴表面,通过接触实现聚集,油水分离。

纳米Fe_3O_4作为一种磁性材料,具有可以在外加磁场下进行回收的特点,许多聚合物接枝在其表面用作原油破乳剂。将乙基纤维素接枝到Fe_3O_4纳米颗粒表面,制备一种具有磁性的破乳剂,这种破乳剂在85℃下加入原油乳液后,剩余水含量降低到0.3%,而未经纳米颗粒处理的破乳剂剩余水含量仅降低到4.2%,而且在外加磁场条件下,该破乳剂可回收重复使用。另有将油酸包裹于磁性Fe_3O_4纳米颗粒表面应用于O/W型乳状液的研究,发现该破乳剂在外加磁场作用下油回收率可达97%,可重复使用5次。

2. 离子液体类破乳剂

离子液体(ILs)是同时含有有机阳离子和无机阴离子或有机阴离子的分子。常见的有机阳离子衍生物有咪唑、吡啶、铵等,有机阴离子衍生物为烷基硫酸盐、烷基磺酸盐、对甲苯磺酸盐和三氟乙酸盐等。离子液体由于其两亲性、优异的界面活性及可设计性被应用于破乳研究中。

离子液体破乳机理为离子液体中的带电粒子与乳状液中的带电物质进行中和,从而减小液滴之间的静电斥力,降低液滴之间的Zeta电位,促进液滴的聚合;另一方面离子液体比普通的盐具有更长链的有机阳离子,这些有机阳离子能够深入各个小液滴之间的间隙,从而引导小液滴聚集成为大液滴,导致液滴絮凝,实现更高效破乳。

研究发现,所有类型的离子液体类破乳剂对于处理非重质油乳状液有良好的效果,然而对于重质油乳状液处理则需要至少含有12个饱和碳以上的烷基链。对于不同形状结构离子液体而言,四面体结构的离子液体破乳效果最为优异,线状结构最差,原因在于四面体结构电荷密度更强。

3. Gemini 表面活性剂

Gemini 表面活性剂又称双子表面活性剂,是通过一个连接基将两个传统表面活性剂分子在其亲水头基或接近亲水头基处连接在一起而形成的一类表面活性剂,结构如下:

Tail～～(ion)─spacer─(ion)～～Tail

Gemini 表面活性剂的端基可长可短,其极性基团可以是阳离子、阴离子或非离子,其在极低的浓度下有很高的表面活性,并可以发生自组装,连接基的长度不同,其表面、界面以及在溶液的聚集性质都不同,由于其结构的特殊性,双子表面活性剂表现出许多常规表面活性剂所不具备的独特性能,如很低的克拉夫特点(Krafft point)和很好的水溶性,这是普通表面活性剂难以比拟的;CMC 比传统表面活性剂溶液低 2~3 个数量级,与传统非离子表面活性剂复配产生更大的协同效应。

用十二叔胺和环氧氯丙烷为原料,先合成季铵盐中间体,然后再催化条件下聚合成超支化 Gemini 季铵盐。其具有许多表面活性剂不具备的优异性能,如极低的 CMC、耐酸、耐碱、耐盐,能和几乎所有的常用表面活性剂混溶而不发生沉淀。该超支化双子表面活性剂在极低的浓度下还具有极好的杀菌能力。

用烷基二醇和脂肪酰氯反应,提纯后用磺化试剂对中间体进行磺化,合成脂肪酸双酯双磺酸盐表面活性剂 DMES-n,其结构如下图:

$$C_nH_{2n+1}-\underset{SO_3Na}{\underset{|}{C}}H-\underset{\underset{O}{\|}}{C}-O-C_2H_4-O-\underset{\underset{O}{\|}}{C}-\underset{SO_3Na}{\underset{|}{C}}H-C_nH_{2n+1}$$

DMES-n ($n=12,14,16,18$)

研究表明:双子表面活性剂与应用对象中微粒、残渣容易吸附或与聚合物分子作用而失去活性,因而其加量应根据试验结果而适当增加其在体系中的加量比。

7.4.4 破乳剂的评价指标

目前,国内有关破乳剂的评价方法主要参照石油天然气行业标准 SY/T 5280—2018《原油破乳剂通用技术条件》中相关实验部分(文档 7.1)。

测量原油含水率的方法还有蒸馏法、密度法、电容法、短波法、微波法、X 射线测定法等。破乳脱水性能是化学破乳剂的基本实用性能。

文档 7.1 原油破乳剂通用技术条件

7.4.4.1 HLB 值

HLB 值反映了破乳剂分子中亲油亲水基团在数量上的比例关系,其值表征了破乳剂的亲水亲油性,其范围一般在 0~20 之间,HLB 值越大,亲水性越强,越易溶于水;HLB 值越小,亲油性越强,水溶性减弱。

7.4.4.2 脱水率

脱水率是指破乳剂用于某种原油时,在一定加量、温度、沉降时间内,自原油中脱出的水量与原油原来所含的总水量之比,用质量或体积分数表示。

7.4.4.3 脱水速度

脱水速度是指在一定的静置时间内脱出水量的多少。根据破乳剂的不同,脱水速度有三种情况:先快后慢、先慢后快和等速度出水。脱水率及脱水速度的大小可用脱水量—沉降时间曲线表示,如图7.13所示。

7.4.4.4 油水界面层状态

油水界面层状态是指含水原油沉降分出水后,油水界面处的分层情况(又称中间层)。

随破乳剂的不同,有的界面黑白分明,整齐,呈一条线状;也有些是很厚的中间层,呈网状或絮状。如果在破乳过程中出现了很厚且不能自行消失的过渡层(中间层),即使脱水率很高,也不能使用。

产生中间层的原因有:

(1)破乳剂用量不够或效率不高;

(2)破乳温度低,因而有蜡晶或胶质、沥青质凝析;

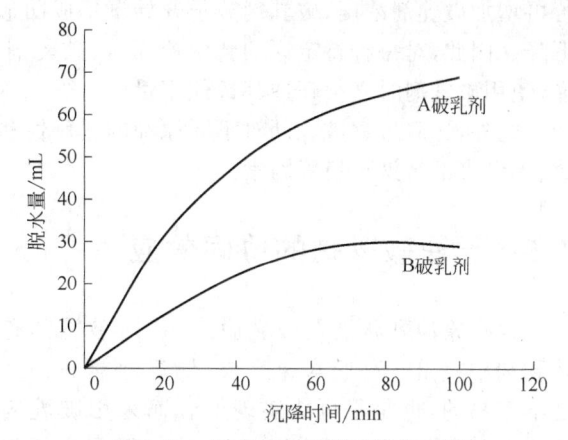

图7.13 脱水量与沉降时间关系图

(3)油中固体颗粒(H_2S腐蚀产品FeS、黏土微粒和S等)所造成的新的乳化。

7.4.4.5 脱出水的含油率

一般要求脱出水的含油率(污水含油)越少越好。含油率的降低可以防止原油流失和减少污水处理的负荷。在评价破乳剂的该项性能时,除用比色法测定脱出水的含油率外,用目测法也可比较各种破乳剂脱出水含油的情况。效果最好者为:白色透明,以下依次为乳白、黄色透明、黄色不透明、黑色透明、黑色不透明等。

改进脱出水混浊度的措施有:

(1)改变脱出水的pH值。若原油中的共生水偏碱性,那么它破乳后脱出水就容易混浊,加酸性物质调节脱出水的pH值(减小),水就容易变清。

(2)改变破乳剂的油溶性能。若破乳剂对某种原油的破乳效果不错(即净化油含水很低),但脱出水混浊,估计有三个原因:破乳剂亲水性太强;破乳剂加量太多或脱出水含盐量很低。这使水对破乳剂的溶解度增加、促使水容易变混浊。增加破乳剂结构中亲油基的含量即可解决这一问题。

(3)改变破乳剂的溶剂。溶剂选择适当,可显著改善脱出水的混浊度。

7.4.4.6 破乳剂低温性能

国内有学者认为降低含水原油加热时的能耗,希望破乳剂能在低温下实现破乳脱水,这就要求破乳剂具有良好的低温性能,即在低温下具有脱水效率高、油水界面整齐、使用量较少等优点。

关于低温的程度,一般认为,石蜡基原油在温度高于凝点以上10℃时,如果能取得好的脱水效果,就认为破乳剂的低温性能好。这样的脱水工艺称为"低温脱水"。但对于混合基原油和胶质、沥青质原油,由于其凝点通常在0℃以下,这样的低温界限显然是毫无意义的。在这种情况下,低温只是相对而言的。因此破乳剂的低温性能是针对石蜡基原油采出乳化液的破乳而言。

7.4.4.7 破乳剂的最佳用量

一般地讲,脱水率不与破乳剂的用量成正比。当破乳剂的用量达到一定数值后,脱水率不再提高。研究表明,破乳剂用量在CMC浓度(临界胶束浓度)左右,破乳脱水效果最佳。这是因为,在较低浓度时(小于CMC浓度),破乳剂分子是以单体形式吸附在油水界面,吸附量与浓度成正比,此时油水界面张力随破乳剂浓度的增加而迅速下降,脱水率也逐渐增大;当破乳剂浓度接近 CMC 浓度时,界面吸附也趋于平衡,此时界面张力不再下降,脱水率也达到最大;若再增加破乳剂浓度,破乳剂分子开始聚集成团形成胶束,反而使界面张力有所上升,脱水率下降。因此,对每种特定原油乳状液而言,破乳剂用量均有最佳值,即接近或等于其 CMC 浓度,使用破乳剂时必须筛选其最佳用量。

此外,还需考察破乳剂对不同原油的适用性和缓蚀、阻垢、降黏防蜡效果,低温性能以及高效、无毒害不污染环境等因素。

7.5 原油破乳剂的协同效应

含水原油乳状液在破乳脱水时,对破乳剂有一定的选择性。因此,要想从某个系列的破乳剂中找出一种脱水速度快、低温性能好、脱水后净化油含水少和污水质量好的破乳剂是不容易的,也是不可能实现的。而采用破乳剂复配的方法,即两种或两种以上的破乳剂复配使用,其破乳效果往往比单独使用其中任何一种都好,也就是有所谓的协同作用。复配的另一作用,是要用易得的破乳剂代替部分难得的或进口的破乳剂,这已被大量的实验和现场应用所证实。

协同效应的实现给人们开拓了研究工作的新途径,它可以成倍地增加化学破乳剂的品种数量而减少大量的合成新品种的工作量,有很大的实用价值。

7.5.1 破乳剂的基本特性

通常破乳剂分类是根据其在水中和油中的相对溶解度而定的,分为四类:憎水—亲油类、亲水—亲油类、憎水—憎油类和亲水—憎油类。

一般而言,憎水—亲油类破乳剂分子在油相中的运动速度快,有利于快速凝聚,破乳剂不容易被脱出水带走,因而在乳状液中浓度较高;有利于进一步加速凝聚作用,因而其净化水含油率低。

亲水—亲油类破乳剂倾向于快速聚结,趋于液珠合并、油水分层,还具有改变膜界面固体粉末的作用等。

憎水—憎油类破乳剂具有较高的表面活性,超高分子量聚醚破乳剂就属于这一类,可溶于芳香烃,应用时可加少量偶合剂(如己烯二醇等)。

亲水—憎油类破乳剂则倾向于快速凝聚。其亲水性高,适用于 O/W 型乳状液或含水量大的 W/O 型乳状液。

根据以上破乳剂的基本特性,再加上原油乳状液性质的不同,进行破乳剂配伍性的研究。

7.5.2 破乳剂的复配方式及性能

原油破乳剂的复配分两种情况:一是在破乳剂的生产过程中复配,成为一种新型的破乳剂产品;二是在应用时复配以获得协同效应。

7.5.2.1 复配型产品

稠油乳状液的破乳一直是一项难以解决的问题。通过破乳剂的复配,靠各种破乳剂的协同作用已初步解决了这一问题。J-3311 原油破乳剂就是一种成功的产品。

(1)J-3311 原油破乳剂。J-3311 原油破乳剂是由 60%(质量分数)的 SPX-9031、20%(质量分数)的 SP169 和 20%(质量分数)SPX-9011 三种破乳剂复配而成的。

三种破乳剂的分子式为:

SP169: RO(C₃H₆O)$_m$(C₂H₄O)$_n$(C₃H₆O)$_k$H

SPX-9011: HO(C₂H₄O)$_n$(C₃H₆O)$_m$(C₂H₄O)$_n$P(=O)(C₂H₄O)$_n$(C₃H₆O)$_m$(C₂H₄O)$_n$H / (C₂H₄O)$_n$(C₃H₆O)$_m$(C₂H₄O)$_n$H

SPX-9031: HO(C₃H₆O)$_n$CNH—（2-CH₃-C₆H₄）—NHCO—(C₂H₄O)$_n$(C₃H₆O)$_m$(C₂H₄O)$_n$

在破乳剂加量均为100mg/L,温度80℃下,对大港油田含水37%的黏油的破乳效果见表7.9。

表7.9 破乳剂对大港黏油的破乳效果

破乳剂名称	脱水量/mL				
	15min	20min	60min	90min	120min
SP169+TA1031	0	0.5	4	12	20
SPX-9011	0	0	2	5	10
SPX-9031	0	0	2	4.5	15
J-3311	0	0	5	15	25

（2）RI-01原油破乳剂。RI-01原油破乳剂是由70%（质量分数）的TA1031和30%（质量分数）的PR7525复配而成的。

两种破乳剂的化学结构式分别为：

TA1031   PR7525

式中，M＝[PO]$_x$[EO]$_y$H 或 [PO]$_x$[EO]$_y$[PO]$_z$H。

几种破乳剂的破乳效果见图7.14。实验温度60℃,用AF3111,脱水率为97%（体积分数），净化油含水2.35%（体积分数），污水呈乳白色；用RI-01,脱水率为99.5%（体积分数），净化油含水0.5%（体积分数），污水清亮。

由图7.14可见,RI-01破乳剂脱水速度快，脱水效率高,达到了油净水清的标准,成为一种新型高效破乳剂。

7.5.2.2 破乳剂的复配使用

破乳剂通常并不单独使用,往往是两种或两种以上复配使用。国内外破乳剂复配使用最常见的方式就是在现场应用时,将两种（或两种以上）破乳剂混合加入。

表7.10列出了四种不同类型破乳剂复配使用时的协同效应,由此可以看出：将SP169和

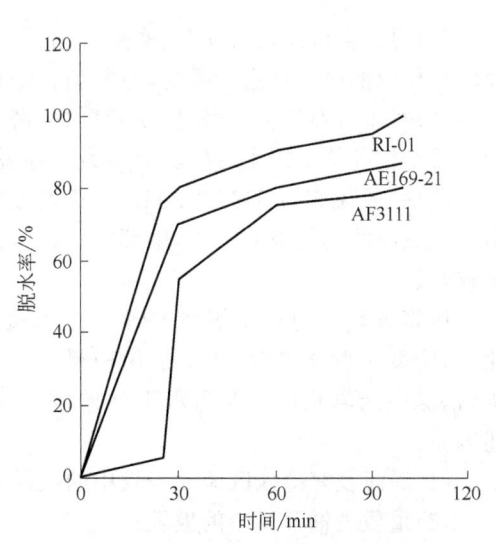

图7.14 RI-01破乳剂的脱水率

TA1031复配后，不但改善了脱出水色，而且脱水量也比单独使用时大大增加。

表7.10 复配破乳剂脱水实验

原油产地	破乳剂	加量 mg/L	脱水温度 ℃	脱水量/mL 15min	30min	60min	90min	脱出水色
高尚堡	SP169	200	45	0	1	3	4	清
	TA1031			5	5	8	10	浑浊
	TA1031+SP169 (3:1)			17	18	18	18	清
曙四联	SP169	300	75	1.5	3.5	4.5	5.0	清
	TA1031			3.0	9.0	9.0	9.0	浑浊
	TA1031+SP169 (2:1)			12.5	13.5	13.5	13.5	清

就我国常用的破乳剂来说，它们具有各自不同的特点。例如D80、AP122、AF532等破乳剂，破乳速度快，脱水后净化油质量好；AP127、AP136、SN69等破乳剂，脱水速度较慢，脱水后净化油质量差些，但脱水后污水质量却很好；UH6535、POⅡ2540、RP605、SC3180、G2等破乳剂，都具有脱水速度较快的特点。各种不同破乳剂复配后，可以发挥各自的脱水特点，得到一种综合的脱水效果。

例如，大庆北四联原油，存在脱水难且污水带油问题，使用D80破乳剂脱水时，脱水速度快、净化油质量较好，但脱水后污水带油较多；当使用SP169破乳剂时，脱水速度慢，净化油含水较多，但脱出污水质量很好。将这两种破乳剂复配使用后，脱出污水为乳白色，净化油含水比使用SP169破乳剂时降低二分之一。这是单独使用D80和SP169所不能达到的效果。

在研究协同效应时还应当考虑破乳剂的溶剂：水溶性的要注意溶液pH值及含盐量；油溶性的则是有机溶剂类型，尤其是对井口加药的稠油开采有一定作用。

7.5.3 破乳剂复配使用的原则

(1)对于含胶质沥青质多、密度大、黏度高的原油，应选用破乳能力强、脱水速度快、油水界面乳化层薄的破乳剂进行复配，破乳剂在结构与类型上相差大，效果较好。

(2)对于含石蜡多、含胶质沥青质少、密度小、较易脱水而脱水后污水较混浊的原油，应选用三段结构的能出清水的破乳剂与另一种脱水速度快、净化油质量好的破乳剂进行复配。

(3)一般说来，UH6535、AE、POI型破乳剂，破乳脱水速度快、低温性能好、净化油质量高。在三段结构的破乳剂中，用环氧乙烷含量高、亲油头小、亲油尾大的破乳剂，脱水后污水质量较好。

尽管破乳剂的复配使用改善了污水质量、提高了破乳速度、增加最终出水量并减少乳化层、降低了脱水温度、减少了用药量等，但由于国产破乳剂的种类尚不很多，对于稠油脱水、消除中间乳化层以及污水不清的问题尚需进一步解决。今后破乳剂的发展，应考虑下述因素：

(1)深海及寒冷地区原油开发中的破乳；
(2)重质稠油开发中的破乳；
(3)强化采油中产生的顽固原油乳状液的破乳。

7.6 原油破乳剂作用机理

关于如何破乳的理论有多种,基本的一种是在乳状液中有两种相对抗的力在连续不断地做功。这种理论认为:水的界面张力可使其液滴趋向彼此聚结,形成粒径较大的液滴,靠重力从油中分离出来;另一方面,乳化剂存在于液滴周围,促使液滴悬浮并彼此稳定,必须破坏乳化剂的这种稳定作用才能破乳。破乳理论的中心是关于应用化学剂、加热和电力改变乳化物原来的状态。

化学破乳理论认为:化学破乳剂能中和存在着的乳化剂,破坏油包水型乳状液,并使固相聚集,从而破乳。另一种理论认为:化学破乳剂能引起乳化剂变得脆弱并降低它膨胀的能力,破乳剂破乳作用的关键是取代吸附在油水界面上的天然乳化剂,降低界面膜的弹性和黏性,从而降低其强度,加速液滴的聚结。当加热时,使被包裹的水膨胀,打破了易破碎的乳化膜,从而使乳状液解体。但是有些化学剂不必加热也可破乳,为了解释这一点,热理论的信奉者认为:化学破乳剂不仅使界面膜变得脆弱,而且也引起界面膜充分收缩而产生破碎作用。

热学理论认为:该领域存有两种基本理论,第一种是假设微小液滴有着类似于布朗运动的现象,加热增加液滴的动量,导致更大力量的碰撞,使膜破裂,水滴聚结;第二种是认为加热降低了连续相油的黏度,促使碰撞力加大,同时,热可以使水滴的沉降速度加快。

电学理论认为:乳状液的界面膜是由外部带电的极性分子组成,它们很容易干扰或吸引水滴。而电场能导致乳状液微粒相互吸引,它们沿着静电力线重新排列,使界面膜不能长期稳定下来,促使附近的水滴游离聚结,直到它们变得足够大时,靠自身的重力沉降下来。

较长时间以来,国外报道了大量原油破乳剂的研究结果,但对于原油破乳机理及影响因素的相关性规律研究甚少。进入20世纪80年代以来,这方面的研究逐渐增多。由于破乳剂的作用机理比较复杂,下面所提出的各种见解也只能供读者参考。

7.6.1 破乳过程

一般认为破乳剂的破乳过程可分为三个阶段。

7.6.1.1 加入破乳剂

将破乳剂加到原油乳状液中,让它分布在整个油相中,并进入要被破坏的乳状液水滴上。破乳剂渗入被乳化的水滴的保护层,并破坏保护层。

油溶性的破乳剂以分子状态分布于油相当中,它向乳化水滴表面层的移动是纯粹的分子扩散运动。水溶性破乳剂则首先要从水相进入油相,在油相中进行再分配以后,再扩散到乳化的水滴上。因此,它进行了两种扩散,即分子扩散和对流扩散,这就是水溶性破乳剂脱水时间长于油溶性破乳剂的主要原因。

7.6.1.2 保护层破坏后被乳化的水滴相互接近和接触

一旦破乳剂在油水界面处占据一种好的位置,它就开始进行下一步的絮凝作用。一种好的破乳剂,在水滴界面处聚集,对处于同一状态的其他水滴有很强的吸引作用。根据这种原理,认为大量的水滴就会聚结在一起,当其足够大时,就出现一个个鱼卵大的水泡,油相变得清澈起来。

破乳剂使水滴结合在一起的特性并不破坏乳化剂膜的连续性,恰恰相反,是加强了膜的连续性。如果乳化膜确实很脆弱,则絮凝作用足以使乳状液全部析出,可是在大多数情况下,须进一步加强水滴的结合作用,使它变得足够大并呈游离状态沉降下来。这种使水滴结合的作用称为聚结作用。

7.6.1.3 液滴聚结使被乳化的水滴从连续相分离出来

在此过程中,水滴之间液膜中的油必定排出,因而膜变薄而最终破裂。有研究表明:当被分散相的粒径在 $0.5\sim 1\mu m$ 时,被分散相液滴就表现出宏观上的凝聚,液膜扩大并开始流动,直至变薄到 $0.1\mu m$ 甚至更薄。此时通过适当的几何重排,而使液膜破裂,液滴聚结。在多种影响因素中,液膜中液体的排出速率取决于界面剪切黏度。除界面剪切黏度外,膜变薄的速率也可取决于油水界面动态界面张力梯度。随着膜的变薄,在水滴的表面有一种向外的流动,造成膜内破乳剂的浓度不均匀,这能造成界面张力梯度,该梯度是向内流动的驱动力。这种力与向外的流动阻力抗衡,致使界面刚硬。因此,降低界面的动态张力梯度对于破乳是很必要的。

图 7.15 是 W/O 型原油乳状液的放大照片,图 7.16 是水滴聚沉的照片。

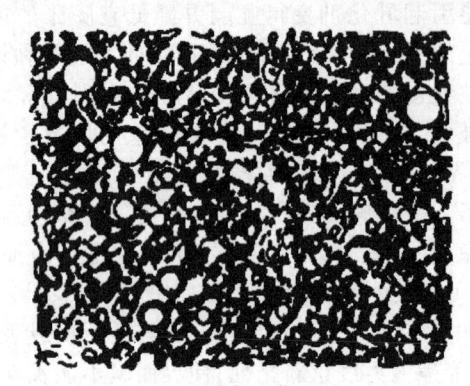

(a) 放大200倍　　　　　　　　(b) 局部放大(放大400倍)

图 7.15　W/O 型原油乳状液的放大照片

图 7.16　水滴聚沉

由图可以看到较小的油滴,它们依次地油包围水,水再包油,有时其内一外相有六层或八层,甚至更多层。

根据上述情况,化学破乳剂应具有三种主要作用:
(1)对油水界面有强的吸引作用;
(2)凝聚(絮凝)作用;
(3)聚结作用。

7.6.2　几类常用原油破乳剂的作用机理

7.6.2.1　相破乳机理

早期使用的破乳剂一般是亲水性强的阴离子型表面活性剂,因此早期的破乳机理认为,破乳作用的第一步是破乳剂在热能和机械能作用下与油水界面膜相接触,排替原油界面膜内的天然活性物质,形成新的油水界面膜。

这种新的油水界面膜亲水性强,牢固性差,因此油包水型乳状液便能反相变型成为水包油型乳状液。外相的水相互聚结,当达到一定体积后,因油水密度差异,从油相中沉降出来。

Salager 用表面活性剂亲和力差值 SAD(Surfactant affinity-difference)定量地表示阴离子破乳剂的反相点:

$$\frac{\text{SAD}}{RT}=\ln S-K\cdot \text{EACN}-\phi(A)+\sigma-\alpha_T(T-25)$$

式中　S——水相的矿化度,mg/L;

　　　σ——阴离子活性剂的特征参数;

T——绝对温度,K;

K,$\phi(A)$,α_T——正的系数;

EACN——油的等价碳数;

A——反映醇类影响的参数。

SAD 将所有影响破乳剂的诸因素归纳在一起。当 SAD=0 时,乳状液的稳定性最低,最容易反相破乳。

7.6.2.2 絮凝—聚结破乳机理

在非离子型破乳剂问世后,由于其分子量远大于阴离子破乳剂,因此,出现了絮凝—聚结破乳理论。这种机理并没有完全否定反相排替破乳机理,而是认为:在热能和机械能的作用下,即在加热和搅动下分子量较大的破乳剂分散在原油乳状液中,引起细小的液珠絮凝,使分散相中的液珠集合成松散的团粒,在团粒内各细小液珠依然存在,这种絮凝过程是可逆的。随后的聚结过程是将这些松散的团粒不可逆地集合成一个大液滴,导致乳状液珠数目减少。当液滴长大到一定直径后,因油水密度差异,沉降分离。

对于非离子型破乳剂,SAD 定义为:

$$\frac{\text{SAD}}{RT} = \alpha - \text{EON} - k \cdot \text{EACN} - \phi(A_i) + bS + C_T(T - 28)$$

式中 α——非离子型破乳剂非极性部分的特征参数;

$\phi(A_i)$,k,b,C_T——正的系数,与非离子的量有关;

EON——1mol 非离子破乳剂中的环氧乙烷的平均数。

其余符号意义同前。

研究表明:在低温下,非离子型原油破乳剂中环氧乙烷链段以弯曲形式掉入水相,环氧丙烷链段以多点吸附形式吸附在油水界面上。在高温下,环氧乙烷链段从水相向油水界面转移,而环氧丙烷链段则脱离界面进入油相,见图 7.17。

图 7.17 破乳剂分子在油—水界面上的状态

分子所占面积越大,则置换原吸附在油—水界面上的乳化剂分子越多,破乳效果越好。一般来说,低温时,EO 含量越高,则伸向水相部分越多;环氧丙烷含量越高,则 PO 链段与油水界面接触的点数越多,因而分子在油—水界面上所占的面积越大。温度升高时,虽然 PO 的接触点减少,但 EO 链中有部分向油—水界面转移,因而扩大了分子在油—水界面上所占的面积。这种类型的破乳剂对界面膜的稳定性差,会造成细小液珠的絮凝。

7.6.2.3 碰撞击破界面膜破乳机理

这种理论是在高分子量及超高分子量破乳剂问世后出现的。高分子量及超高分子量破乳剂的加量仅几毫克每升,而界面膜的表面积却相当大。如将 10mL 水分散到原油中,所形成的油包水型乳状液的油水界面膜总面积可达 $6\sim600\text{m}^2$,如此微量的药剂是很难排替面积如此巨大的界面膜的。该机理认为:在加热和搅拌条件下,破乳剂有较多机会碰撞液珠界面膜或排替很少一部分活性物质,击破界面膜,或使界面膜的稳定性大大降低,因而发生絮凝、聚结。

至于高分子破乳剂为什么破乳效率高,分析有如下几个原因:

(1)高分子量原油破乳剂大部分是油溶性的,在 W/O 型乳状液中比较容易分散,能较快地接触到油水界面,发挥其破乳作用。

(2)低分子量的表面活性剂往往只有一个亲油基和一个亲水基,而高分子量的原油破乳剂在一个大分子中含有多个亲油基团和亲水基团,由于分子内的结构与空间位阻,在油水界面构成不规则的分子膜,比较有利于油水界面膜破裂,而使水滴聚结。

(3)由于大分子量中有多个亲水基团,具有束缚水的亲合能力,可将大分子量附近分散的微小水滴聚结,而使乳化水分离。

但是,有些超高分子量破乳剂并非是表面活性剂,其分子结构没有亲水基和疏水基之分。例如,超高分子量的聚丙二醇(分子量在百万以上)以及高分子量聚二丙醇的聚氨酯具有很强的破乳能力,这是由于絮凝作用而破坏乳状液的。

7.6.2.4 中和界面膜电荷破乳机理

20世纪80年代后,国内外出现了一系列反相破乳剂,大多是阳离子型聚合物。针对O/W型乳状液(图7.18)的破乳,提出了中和电性破乳机理。

该机理认为:O/W型乳状液的液滴表面带有负电荷,其ζ电位达-50mV,致使乳状液相当稳定。阳离子聚合物对O/W型乳状液有中和界面电荷、吸附桥联、絮凝聚结等作用,因此具有良好的破乳性能。

7.6.2.5 增溶机理

使用的破乳剂一个分子或少数几个分子就可以形成胶束,这种高分子线团或胶束可增溶乳化剂分子,引起乳化原油破乳。

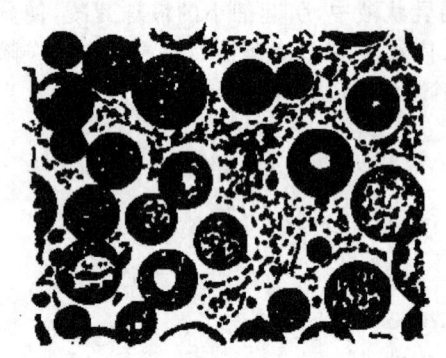

图7.18 O/W型原油乳状液的放大照片

7.6.2.6 褶皱变形机理

科学家通过显微镜观察发现,油包水乳状液具有复杂的内部结构,往往具有双层或多层的水圈,水圈之间夹着油圈。向乳状液中加入破乳剂后,在外界作用力条件下,水圈和油圈发生褶皱变形破裂,最终水圈与水圈相连,油圈与油圈相连,液滴变大,油水分离。

7.6.3 破乳机理研究进展

目前,对于原油破乳机理的研究大致集中在以下三个方面。

7.6.3.1 破乳剂的理化性能对破乳效率的影响

这些理论性能包括破乳剂化学结构、分子量、支链化程度、在油相和水相中的分配系数、界面张力、界面黏度和HLB值等。

过去研究得最多的是界面张力和HLB值,认为破乳剂降低界面张力的能力越强,破乳效果越好。而破乳剂的HLB值应在10以上,最好在10~16之间为宜。有研究证明:破乳剂降低油—水界面张力的能力与其破乳效力之间并无相关关系(图7.19),HLB值也与破乳剂的性能无线性关系,油溶性破乳剂(HLB值小于10)破乳效率高就是例证。

以前对破乳剂的研究均采用尝试法筛选,工作量非常大。Berger提出了一种新的评价方法,可以指导破乳剂的合成及选用。该方法用ACN(烷烃碳数)给油相分类,然后确定原油的

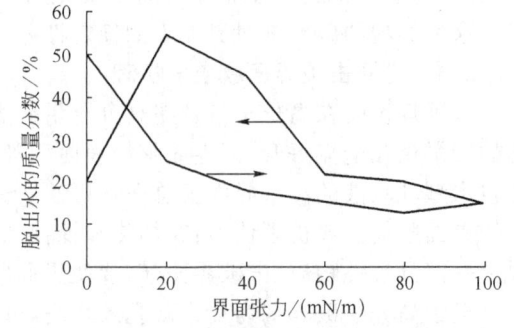

图7.19 不同EO数烷氧化物的破乳效力及界面活性

EACN值(等价碳数),不同的原油其EACN值不同。同时,用PACN(优先碳数)给破乳剂分类,每一种破乳剂都在某一PACN范围,在此范围内出现最小界面张力值,此时破乳剂的平衡分配系数为1,破乳剂的表面活性最高,聚结能力最强。破乳试验表明:只有当原油的EACN值在所选破乳剂的PACN值范围以内时,才会有最佳的破乳效果。这一方法通过德国、美国、阿根廷等国不同类含水原油的破乳实验得到了证实。

这项研究还同时发现低界面黏度是破乳的关键;增加破乳剂分子量或支链化程度均能增强破乳效果。

7.6.3.2 使乳状液稳定的天然乳化剂

一种破乳剂要有较好的破乳效果,必须具备两个条件:一是与原油中的天然乳化剂相比,有较高的表面活性;二是部分置换原先吸附在油—水界面膜上的成膜物质后,可大大降低油—水界面膜的强度。

例如,用碳酸氢盐稳定的原油乳状液的破坏。碳酸氢盐在油水界面上的定向作用如下:

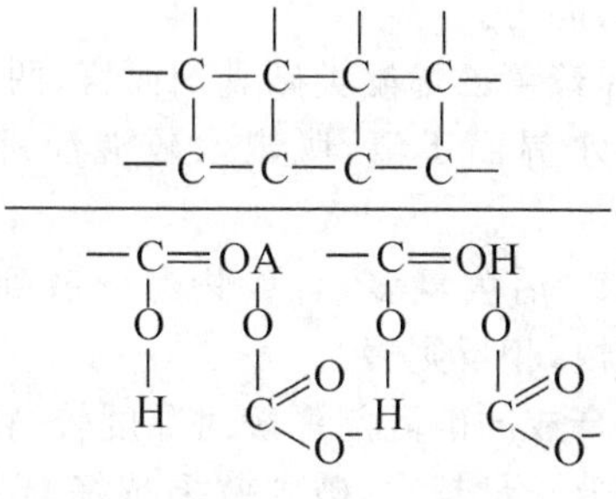

原油中的脂肪酸与碳酸氢盐相互作用,形成稳定的油水界面膜。石蜡被吸附在脂肪酸的烷链上,由于石蜡—脂肪酸—碳酸氢盐的相互联合,使界面膜变厚,保护了微小水滴不再聚结。

用酸(或碱)及$Al_2(SO_4)_3$或$FeCl_3$处理这种乳状液,降低了水相中碳酸氢盐含量,除去了碳酸氢盐和羧酸类物质在油水界面的定向作用,降低了石蜡的吸附能力,增加了微小水滴的聚结机会,使乳状液破坏。

$$HCO_3^- + H^+ \longrightarrow H_2O + CO_2 \uparrow$$

$$6HCO_3^- + 2FeCl_3 + 3Ca^{2+} \longrightarrow 2Fe(OH)_3 + 3CaCl_2 + 6CO_2 \uparrow$$

7.6.3.3 油—水界面性质

研究油—水界面的一些性质,主要是研究界面膜的机械强度。大量的研究结果证明W/O型原油乳状液有两个特点:一是油—水界面张力大,即成膜物质界面活性不大;二是膜的强度大。后一个特点使原油中的水滴在碰撞时不易破裂,因而乳状液稳定。由此看来,破坏界面膜才是破乳的关键所在。

7.6.4 破乳剂的选择

破乳剂的选择包括破乳剂应具备的性质和选用破乳剂时应注意的问题这两个方面的内容。

7.6.4.1 理想破乳剂应具备的性质

根据破乳剂的作用机理以及我国原油主要是石蜡基,少量是沥青基,一般具有高含水、高含蜡量、高凝点的"三高"特点,提出理想破乳剂要具备的性质:

(1)较强的表面活性。破乳剂在表面活性比较强时,就能优先吸附到油水界面上去,从而降低乳状液液滴表面膜的强度和恢复形变的能力。

(2)良好的润湿性能。破乳剂从原油向乳化水滴扩散移动,渗透在粒子之间的中间保护层,吸附在水滴表面、沥青质—胶质粒子表面、石蜡的晶体表面以及黏土等固体粒子表面上,以降低稳定固体粒子之间的内聚力,改变它们的润湿性能,从而破坏保护层上各粒子之间的接触和桥联作用,使保护膜的强度明显降低。

(3)足够的絮凝能力。絮凝能力是保证乳状液滴尽可能相互接近以增加碰撞和聚结的机会。

(4)优良的聚结能力。乳状液滴的大小在很宽范围内变化,它们的直径在几微米到几十微米范围内,乳状液表面膜破坏后,如果破乳剂没有足够的聚结能力,小水滴不能立即聚结为大水滴,达不到沉降脱水的目的。

7.6.4.2 合成化学破乳剂时应注意的问题

一般胶质、沥青质含量较高的原油乳状液比较稳定,破乳比较困难,净化油质量不易提高,但脱出水容易清澈。对于此类原油,合成破乳剂时应强调提高破乳能力与破乳速度。相反,石蜡基原油的乳状液较不稳定,破乳容易,净化油质量高,但脱出水较混浊。对于这类原油,合成破乳剂时应强调其使污水变清的能力。

就目前用量最大的聚氧丙烯聚氧乙烯醚类破乳剂而言,两段结构的破乳剂破乳能力强、脱水速度快、净化油质量高,但油水界面不清,脱出水较混浊;而三段结构的破乳剂情况与此相反。

起始剂(油头)结构中支链多、活泼氢多,合成物易分散到W/O型乳状液的油—水界面上,因而破乳速度和出水速度都快,相反则慢。

起始剂具有芳香环结构时,合成的破乳剂一般对黏度较高的原油破乳能力强。

在大多数情况下,合成物的分子量越大,破乳效果越好,超高分子量型破乳剂就是在这种思想指导下出现的。

7.6.4.3 选用破乳剂时应注意的问题

(1)低含水原油(含水小于20%)可选用水溶性较强(即亲水基较大)的破乳剂。例如SP169,这类破乳剂既能破乳,又能降低原油乳状液的摩阻。

(2)高含水原油(含水大于20%),一般应选用油溶性破乳剂。因为油溶性破乳剂可以由W/O型乳状液的油相(连续相)较快地进入油—水界面膜;油溶性破乳剂的大部分有效成分溶于油相中,在破乳后油相中仍有较大量的破乳剂,因此在长输管线中输送时,仍能保持一定的破乳功能。

(3)破乳温度一般在破乳剂的浊点左右较好。如选择低温破乳剂,应选择亲水基较小的破乳剂,因为破乳剂的浊点正是氢键开始破坏、亲油端的作用开始变强时的温度,此时,破乳剂在乳状液的油相中还呈溶解状态。当温度高于浊点较多时,破乳剂分子大部分变为悬浮状留存于油相中,与油水界面接触机会减少,破乳能力降低。

(4)当脱出水易结垢时,可以采用AP型、AE型破乳剂。这两类破乳剂的起始剂都是多乙烯多胺,胺基中的氮可以提供一对孤对电子与铁离子形成配位键,能吸附在钢管表面生成一种表面活性剂保护膜,起到防垢的作用。

(5)当要求既能破乳又能防蜡、降黏、降凝时,可选用AP型、AE型破乳剂,且最好将药剂注入井底。药剂在油管内起防蜡作用,在地面集输管线中起降凝、降黏作用,至脱水站时又可以起破乳作用,发挥"一剂多能"的作用。

(6)由于岩层矿物组成的复杂、地层流体组成随油井开发不断变化,因此老井、稠油的破乳较为困难,往往通过大量实验采用多种破乳剂复合的方式完成破乳,也可通过调节乳化液的pH值、含盐量或加入活性水、稀油等方式结合进行破乳,同时还需注意各破乳剂的加入次序。为改善近井地带或井筒内稠油的运动规律,除采用复合破乳剂方式外,水热催化裂化技术、微生物降黏等多项技术也取得了重要进展。

习　题

1. 原油含水有哪些危害？
2. 原油乳状液形成的条件有哪些？请列举代表性物质。
3. 原油乳状液的危害有哪些？
4. 电破乳的破乳原理有哪些？
5. 影响原油乳状液稳定性的因素有哪些？
6. 增加油水分离的措施有哪些？
7. 原油破乳剂如何进行分类？
8. 破乳剂的评价指标有哪些？
9. 简述原油破乳理论的主要内容。
10. 原油化学破乳剂的破乳机理有哪些？

第8章 化学清防蜡技术

石油又称原油,是一种黏稠的、深褐色的液体。它是由不同的碳氢化合物混合组成,主要成分是各种烷烃、环烷烃、芳香烃的混合物,其中元素有:碳(83%~87%)、氢(10%~14%)、氮(0.1%~2.0%)、氧(0.05%~1.5%)、硫(0.05%~1.0%)以及微量的钒、镍、铁、铜等金属元素。碳、氢是以碳氢化合物(通常称为烃)的形态存在,占石油成分的75%以上。通常把原油中那些碳数比较高的正构烷烃,即 $C_{16}H_{34}$ ~ $C_{63}H_{128}$ 的烷烃称为蜡。其中 $C_{18~35}$ 为正构烷烃,通称为软蜡; $C_{35~64}$ 为异构烷烃,通常称为硬蜡。纯蜡是白色的,略带透明的结晶体,熔点在49~60℃之间。实际上,采油过程中结出的蜡并不是纯净的石蜡,它是原油中那些与高碳正构烷烃混在一起的,既含有其他高碳烃类,又含有沥青质、胶质、无机垢、泥砂、铁锈和油水乳化物等的半固态和固态物质,其颜色呈现黑色或棕色,即俗称的蜡。根据原油中的组分不同,把地面密度大于0.943、地下黏度大于 $50 mPa \cdot s$,并且沥青质和胶质含量较高、黏度较大的原油称为稠油,把凝点在40℃以上、含蜡量高的原油称为高凝油,原油在高温高压下是完全流体。

油井开发之前,原油埋存于地层中,这时蜡处于高温高压条件之下,蜡完全溶解在原油中,原油一般都以单液相态存在的。在油井开采过程中,原油从油层流入井底,再从井底沿井筒举升到井口时,压力、温度随之逐渐下降,超临界组分携带重烃的能力下降,破坏了蜡溶解在原油中的平衡条件,溶解的蜡便以结晶析出、长大聚集和沉积在管壁等固相表面上,即出现所谓的结蜡现象。我国的含蜡原油储量非常丰富,据统计90%原油的含蜡量在20%~40%之间。

油井结蜡是采油过程中经常遇到的问题。特别是在开采高含蜡原油时,由于石蜡析出并不断沉积于油管管壁、抽油杆、抽油泵及其他井底设备、地面集输管线、阀门、分离器、储罐等的金属表面,管道弯曲处,减小了油流通面积,增加了原油的流动阻力,结果使油井减产。结蜡严重时,可以把油井管线完全堵塞,导致停产。因此,油井清防蜡是油井管理中极为重要的措施之一。

油田常用的油井清防蜡技术主要有机械清蜡技术、热力清防蜡技术、表面能防蜡技术(内衬和涂料油管)、化学清防蜡技术、磁防蜡技术和微生物清防蜡技术。化学清防蜡技术是指将药剂从油套环空中加入或通过空心抽油杆加入,在不影响油井的正常生产和其他作业情况下,起到清防蜡作用,并且还可以收到降凝、降黏和解堵的效果。化学清蜡剂主要有油基清蜡剂、水基清蜡剂、乳状液清蜡剂。

8.1 蜡的化学组成及结构特征

8.1.1 蜡的定义与结构

通常所说的蜡(石蜡)是指碳原子数≥15的正构烷烃。石蜡别名为固体石蜡和矿物蜡,通式为 C_nH_{2n+2},是固态烷烃类混合物。各油田不同的原油,不同的生产条件所结出的蜡,其组成和性质都有较大的差异。蜡的典型化学结构式如图8.1(a)所示,但是,广义地讲,高碳链的异构烷烃和带有长链烷基的环烷烃或芳香烃也属于蜡的范畴,其结构如图8.1(b)、(c)、(d)所示。

生产过程中结出的蜡可以分为两大类,即石蜡和微晶蜡。石蜡中所含的成分主要是具有较长的、没有支链的烷烃,它能够形成大晶块蜡,为针状结晶,是造成蜡沉积而导致油井堵塞的主要原因。而微晶蜡的主要成分则是分子量较大的、带有较长碳链的环烷烃和芳香烃,一般是由较细小的针状或粒状结晶构成,主要存在于罐底和油泥中。一般来说蜡的碳数高于20都会成为油井生产的威胁。

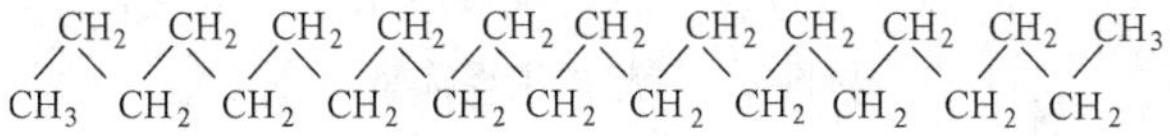

(a) 正构烷烃

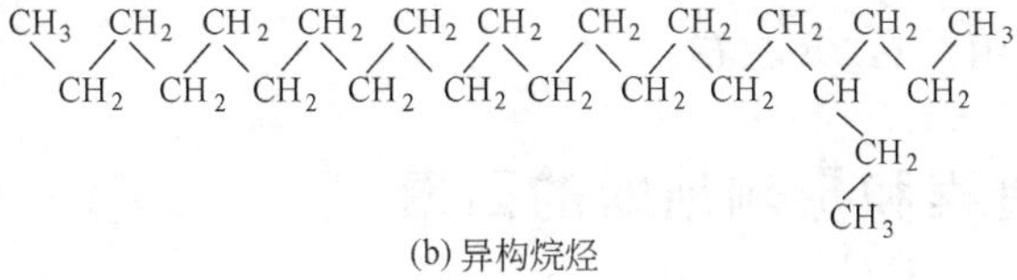

(b) 异构烷烃

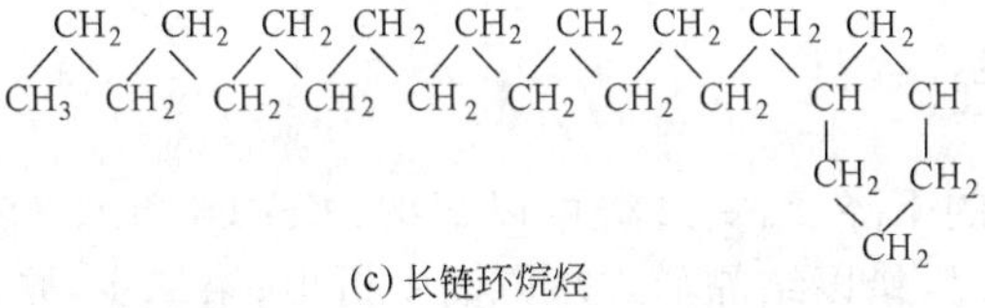

(c) 长链环烷烃

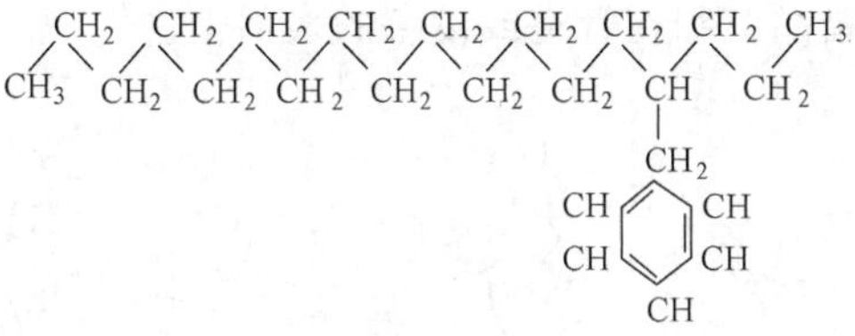

(d) 长链芳香烃

图 8.1　蜡的典型化学结构式

8.1.2　蜡的特征

石蜡和微晶蜡的特征主要是碳数范围、正构烷烃数量、异构烷烃数量、环烷烃数量不同,具体区别见表 8.1。由表 8.1 可以看到,石蜡是以正构烷烃为主,而微晶蜡是以环烷烃为主。

表 8.1　石蜡及微晶蜡的组成

项目	石蜡	微晶蜡
正构烷烃/%	80～90	0～15
异构烷烃/%	2～15	15～30
环烷烃/%	2～8	65～75
熔点/℃	50～65	60～90
平均分子量	350～430	500～800
典型碳数	16～36	30～60
结晶度/%	80～90	50～65

蜡的晶型常常受蜡的结晶介质的影响而改变,在多数情况下,蜡形成斜方晶格,但改变条件也可能形成六方晶格,如果冷却速度比较慢,并且存在一些杂质(如胶质、沥青或其他添加剂),也会形成过渡型结晶结构。斜方晶结构为星状(针状)或板状层(片状),这种结构最容易形成大块蜡晶团,蜡的主要晶型如图 8.2 所示。

片状　　　针状　　　树枝状　　　微晶状

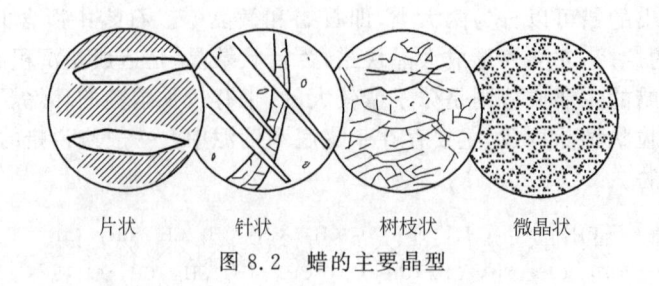

图 8.2　蜡的主要晶型

国内部分油田原油中所含的蜡，其正构烃碳数占总含蜡量的比例各有不同，从总体上看都呈正态分布，碳数高峰值约在 25 左右。

8.2　油井结蜡过程和影响结蜡的因素

8.2.1　油井结蜡过程

随着井筒流体温度的下降，结蜡过程可以归纳为三步（图 8.3）：第一步，当井筒流体温度低于析蜡点的临界温度时，蜡以结晶形式从原油中析出；第二步，原油温度继续下降，蜡晶逐渐聚集长大；第三步，长大的蜡晶沉积在管道或设备的表面上。

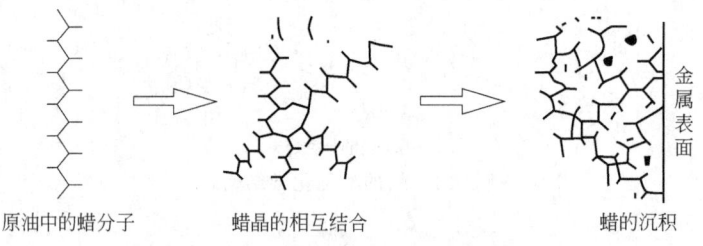

原油中的蜡分子　　　蜡晶的相互结合　　　蜡的沉积

图 8.3　原油中蜡结晶和沉积过程

我国原油富含蜡质，据统计，含蜡量超过 10% 的原油几乎占整个产出原油的 90%，而且大部分含蜡超过 10%，有的高达 40%～50%。表 8.2 是我国大部分油田原油含蜡量的情况。从表中可见，我国多数原油的含蜡量都比较高。

表 8.2　国内主要油田含蜡情况

油田	大庆	吉林	辽河	冀东	大港	华北	胜利	中原	南阳	江汉
含蜡量/%	26.2	22.3	16.8	20.5	14.1	21.2	20.8	21.4	30.9	14.6
油田	江苏	四川	长庆	青海	玉门	吐哈	新疆东部	渤海	南海	沈北
含蜡量/%	14.6	17.1	10.2	20.0	10.0	12.0	16.0	10.0	20.5	40.9

不同油田，原油性质有较大差异，油井结蜡规律也不同，结蜡的位置也不一样。图 8.4 为某井的结蜡剖面。

油井结蜡会对油井的生产产生较大的影响。以渤海某油田为例（图 8.4 和图 8.5），在 20 口油井中有 6 口井发生蜡堵，年关停时间超过 100d，影响产量 3000m^3 左右。蜡的沉积会导致油流通道变窄，不断增加油井的负荷，井口的回压也会不断加大，举升功耗增加，产液量下降，严重时会出现卡管柱、堵死油管和地面管道等情况，甚至会使油田停产。

图 8.4 某油井结蜡剖面图

图 8.5 油管结蜡示意图

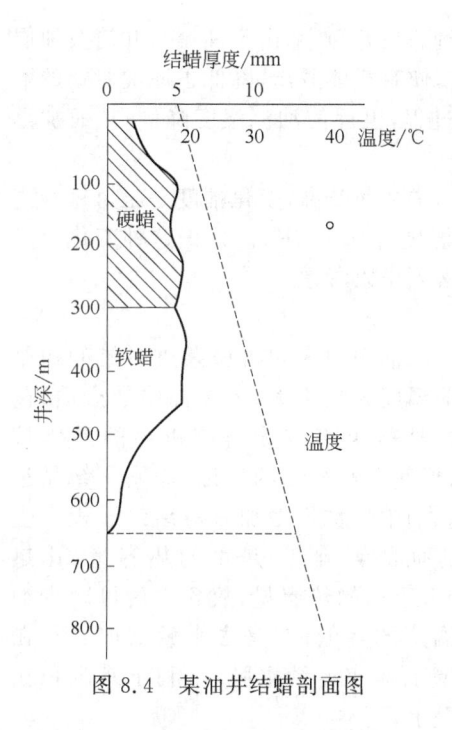

彩图 8.5 油管结蜡示意图

8.2.2 影响结蜡因素的分析

8.2.2.1 原油的性质对结蜡的影响

原油自身组分特征是油井结蜡的主要影响因素。原油中所含轻质组分越多,析出石蜡晶体所需要的温度较低,即蜡不易析出,保持溶解状态的蜡量就越多。表 8.3 是不同油井原油组分对结蜡的影响。如果油品中的含蜡量相同,参与石蜡沉积的分子的分子量越大,析蜡温度越高,体系越容易析蜡,因此重质原油较为容易产生结蜡。

8.3 油井原油及蜡样物理化学性质

油井编号	油样			蜡样		结蜡情况
	C_{20+} 含量	含蜡量	析蜡点	主碳数分布/含量	熔蜡点	
1#	44.22%	23.8%	48.6℃	$C_{29} \sim C_{34}$/56.17%	62℃	严重
2#	44.8%	25.7%	49.2℃	$C_{29} \sim C_{33}$/56.32%	65℃	严重
3#	42.4%	18.4%	46.2℃	$C_{29} \sim C_{35}$/56.04%	60℃	一般
4#	37.79%	16.5%	45.2℃	$C_{16} \sim C_{23}$/48.45%	52℃	较弱

由表可以看出,原油中含蜡量和高碳组分的含量是影响油井结蜡的主要因素。

8.2.2.2 原油中的胶质和沥青质对结蜡的影响

胶质和沥青质含量也是影响油井结蜡的重要因素。原油中不同程度含有胶质和沥青质,它们影响蜡的初始结晶温度和蜡的析出过程以及结在管壁上的蜡性质。由于胶质为活性物质,可以吸附在蜡晶表面上来阻止蜡晶的长大。沥青质是胶质的进一步聚合物,它不溶于油,而是以极小的颗粒分散在油中,可成为石蜡结晶的中心。由于胶质、沥青质的存在,使蜡结晶分散的均匀而致密,且与胶质结合紧密。因此,胶质和沥青对结蜡的影响是矛盾的两方面,既减缓结蜡,在蜡结晶后又促成结蜡。

8.2.2.3 压力和溶解气油比对结蜡的影响

在采油过程中,原油从油层向地面流动,压力不断降低;在井筒中,由于油流与井筒及地层间的热交换,油流温度也降低;当压力降低到饱和压力时,便有气体脱出,降低了原油对蜡的溶解能力,使初始结晶温度提高,同时气体膨胀,发生吸热过程,也促使油流温度降低,从而加重了蜡晶的析出和沉积。

Ruffier-Meray 等人的研究表明,析蜡温度随压力的增加而升高,变化幅度是压力每升高 15MPa 析蜡温度升高 2.6K(即压力每升高 10MPa 析蜡温度升高 1.7K)。认识这种变化对高压生产过程是重要的,因为在油气开采方案制订过程中必须予以考虑。

8.2.2.4 原油中的水和机械杂质对结蜡的影响

原油中的水和机械杂质对蜡的初始结晶温度影响不大,但原油中的杂质,包括各种盐类将成为石蜡析出的晶体核心,促使石蜡结晶的析出,加剧了结晶过程。油中含水量增加后对结蜡过程产生两方面的影响:一是水的热容量(比热容)大于油的热容量,故含水后可减少油流温度的降低;二是含水量增加后易在管壁上形成连续水膜,不利于蜡沉积在管壁上。

如图 8.6 所示,没有加入微粒井的原油其析蜡点为 48.8℃,当向原油中加入质量分数为 1%的岩心粉后,原油析蜡点提高了 1℃,相同温度下黏度也增大了。

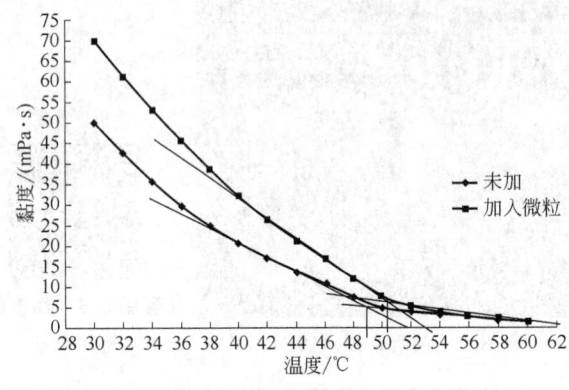

图 8.6 微粒对原油析蜡点和黏度的影响

8.2.2.5 液流速度与管壁表面粗糙度及表面性质对结蜡的影响

原油的流速会对原油所处的温度环境产生影响。室内实验表明,流速与结蜡量呈正态分布,开始随流速升高,结蜡量随之增加,当流速达到临界流速以后,结蜡量反而下降(图 8.7)。由于流速较快时,原油将和油井内壁产生摩擦作用,自身产生大量的热量,阻止温度的降低,从而使结蜡现象大大减慢。同时,管壁越粗糙,石蜡晶体越容易沉积于油井内壁,从而产生结蜡现象。另外,管壁表面的润湿性对结蜡有明显的影响,表面亲水性越强越不易结蜡。

8.2.2.6 温度对结蜡的影响

温度是影响蜡沉积的一个重要因素。如表 8.4 所示,石蜡的溶解度对温度变化非常敏感,降低油温有利于蜡的结晶。当温度保持在析蜡温度以上时,蜡不会析出,就不会结蜡;而温度降到析蜡温度以下时,开始析出蜡晶,温度越低,析出的蜡越多,析蜡温度也会随开采过程中原油组分变化而变化。当系统压力降低,气体和轻质组分逸出,要带走一部分热量,当油温下降到原油浊点(原油中蜡晶开始析出的温度)时,蜡晶微粒便开始在油流中或管壁上析出。此外,原油向井口流动,地层的温度也越来越低。从地层出来的原油与周围介质的热交换也会使原油的温度下降,从而增大了油井结蜡的趋势。井下温度分布不是均匀的,如油管内壁和抽油杆之间

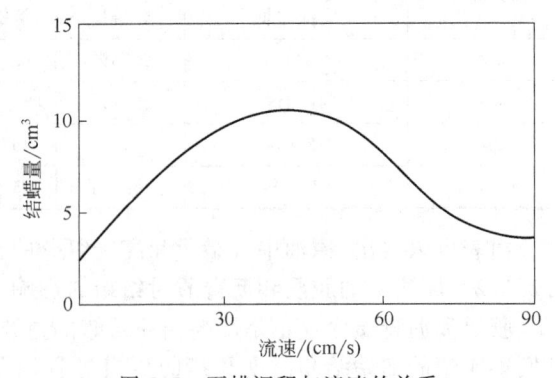

图 8.7 石蜡沉积与流速的关系

有温度梯度,从井底到井口也有温度梯度,受温度分布不均匀影响,井下各处结蜡程度不同。图 8.8 是三种不同的油中温度与石蜡溶解量的关系。

表 8.4　温度对原油析蜡的影响

结蜡管温度/℃	结蜡管净重/g	结蜡后结蜡管质量/g	结蜡量/g
40	32.78	33.80	1.02
35	32.13	34.72	2.58
30	31.94	36.32	4.30

由图中可以看出,轻质油对蜡的溶解能力大于重质油的溶解能力。蜡在油中的溶解量随温度的降低而减小。图 8.8 也说明原油中含蜡量高时,蜡的结晶温度就高。在同一含蜡量下,重油的蜡结晶温度高于轻油的结晶温度。

总之,原油组成和性质是影响结蜡的内在因素,而温度和压力则是外部条件。由于原油组成复杂,因此对油井结蜡过程和机理的认识,目前还处于继续深入的阶段。随着新的防蜡措施的研究,对结蜡过程和机理的认识也在不断提高。

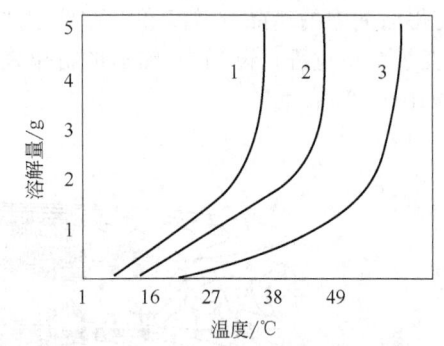

图 8.8　温度对石蜡溶解度的影响
1—相对密度 $\gamma=0.7351$ 的汽油中;2—相对密度 $\gamma=0.8299$ 的原油中;3—在相对密度 $\gamma=0.8816$ 的脱气原油中

8.3　油井物理清、防蜡技术

清防蜡是油井生产管理中的一个重要课题。由于油藏特征、原油物性及油井开采状况的差异和复杂性,不同区块、不同油井、区块开采的不同时期,油井的结蜡状况各不相同,油井的清防蜡措施和工艺也有所不同。随着清防蜡技术的发展,形成了多种清防蜡工艺技术。概括起来分为物理类技术和化学类技术两大类。其中物理类技术主要包括机械清蜡技术、热力清防蜡技术、表面能防蜡技术(内衬和涂料油管)、磁防蜡技术和微生物清防蜡技术等。另外一个类别是化学类清、防蜡技术,在 8.4 化学清、防蜡技术中详述。

8.3.1　油井物理防蜡技术

根据生产实践经验和对结蜡机理的认识,为了防止油井结蜡,应从两个方面着手:

(1)创造不利于石蜡在管壁上沉积的条件。由于管壁越粗糙、表面越亲油和油流速度越小,就越容易结蜡。因此,提高管壁的光滑程度、改善表面的润湿性是防止结蜡的一条重要途径。

(2)抑制石蜡结晶的聚集。在油井开采的多数情况下,石蜡结晶析出几乎是不可避免的,但从石蜡结晶开始析出到蜡沉积在管壁上还有一个使结晶长大和聚集的过程。利用物理方法抑制蜡晶的析出与长大是防止结蜡的一条重要途径。

8.3.1.1　油管内衬和涂层防蜡

油管内衬和涂层防蜡是通过提高管壁的光滑程度,减少蜡在油管表面的附着,改善表面润湿性,达到亲水憎油的目的,使蜡不易沉积,从而达到防蜡的目的。应用较多的是玻璃衬里油管及涂料油管。玻璃衬里油管是在油管内壁衬上由 SiO_2、Na_2O、CaO、Al_2O_3 等氧化物烧结而成的玻璃衬里,其玻璃表面十分光滑且具有亲水憎油特性,同时也具有良好的隔热性能。涂料油管是在油管壁涂一层固化后表面光滑且亲水性强的物质,使油管壁表面憎油性增强,阻碍了蜡的沉积。目前油田广泛采用聚氨酯涂层、环氧树脂涂层、低表面能涂层(如环氧有机硅涂层、聚氨酯涂层和聚四氟乙烯复合涂层、超高分子量聚乙烯涂层及掺杂金属表面涂层)。但是涂料油管不耐磨,不适用于有杆泵和螺杆泵抽油井,主要用于自喷井和连续气举井防蜡。

8.3.1.2 强磁防蜡技术

磁防蜡是利用交变电流产生高强度磁场或高性能稀土永磁材料作为磁能体,建立一个稳定的强磁场,对流过该磁场原油中的石蜡分子进行整体激励作用。形成数量庞大的晶核,晶核增多使得原油中的蜡晶分散度和对称性增加,蜡晶间的色散力减弱,从而降低了蜡晶的生长速度,改变了结蜡过程。磁场中,蜡晶的析出发生在原油内部,而非油管表面,减少了管壁上蜡的沉积,如图 8.9 所示。

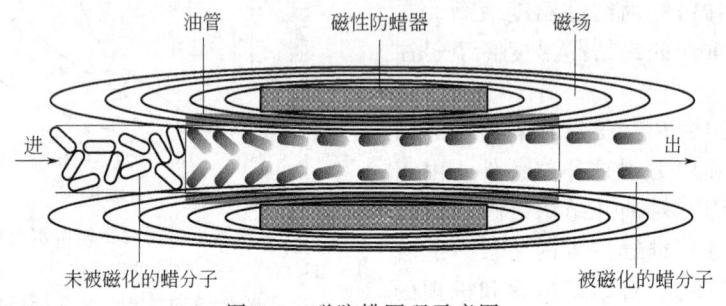

图 8.9 磁防蜡原理示意图

永磁技术应用于石油工业防蜡始于 1966 年,苏联 A.季霍若夫和 B.米亚格科夫发现磁化处理不仅降低盐类结垢物的生成,而且减少了沥青及石蜡沉积物的生成。Я.卡甘经过认真研究后确认,电磁场作用于含蜡煤油后,石蜡的析蜡点大幅度下降。由于当时制造磁性材料的水平限制,应用推广较困难,直到 1983 年第三代稀土永磁材料钕铁硼的出现,磁技术在石油工业领域中的应用才有较快的发展。20 世纪 90 年代初,中科院金属所、化学所、物理所以及大庆油田联合攻关,在理论上取得了一些初步的认识。磁防蜡技术机理的初步认识主要有:

(1)磁致胶体效应。原油经过磁化处理后,使本来没有磁矩的反磁性物质——石蜡在磁场作用下,其分子形成电子环流(即电子的轨道运动状态发生了改变),在环流中产生了感应磁场,即诱导磁矩,干扰和破坏了石蜡分子中瞬间极性的取向,使蜡分子在磁场作用下定向排列,做有序流动,克服了石蜡分子之间的作用力,使其不能按结晶的要求形成石蜡晶体。对于已形成蜡晶的微粒通过磁场后,削弱了石蜡分子结晶时的黏附力,抑制蜡晶核的生成,阻止了石蜡晶体的生长与聚集,而且析出的蜡粒子细小而松散(粒子的尺寸小到胶体范围)。另外,在有相变趋势的原油中,磁场的作用促进了相变的发生,磁场通过对带电粒子的作用,使纳米至微米这个尺度内的颗粒,表面形成双电层,使粒子成亚稳状态,以较稳定的形式存在,不易聚集,并且有"记忆"效应。

(2)氢键异变。对于那些能够在分子间或分子内产生氢键的分子而言,氢键很大程度上抑制着其互相作用的大小和性质。凡是具有极性原子的物质对磁场的作用都比较敏感。当磁场强度比较弱时,不足以打断氢键,但它可以使其价电子发生新的取向,造成缔合分子间新的排列组合,这样就产生了改变氢键形态的可能性,使其发生弯曲、扭动,改变其键角或键的强度。因为磁场作用很弱,所以发生扰动的程度与磁场强度、磁场的方向、磁场梯度、磁处理时的流速(即作用时间)等均有密切关系。对不同碳数的石蜡而言,碳数越高,要求的磁场强度、磁场方向、磁场梯度越强,磁处理时间越长。

(3)"内晶核"原理。依靠磁场作用改变晶核的形成过程,使晶体凝聚成大而松散的颗粒,易于被液流带走,减少蜡的沉积。

我国具有丰富的稀土资源,20世纪80年代中期先后研究成功了系列的强磁防蜡器,通过现场应用试验取得了较好的效果。以大庆油田为例,截至1992年年底统计大庆油田已累计在7000多口抽油机井上安装不同参数的磁防蜡器,平均有效率达到90%以上,平均单井热洗周期由原来的30d延长到150d,7年增产原油近40×10^4t。这是因为磁防蜡技术与原油的特性有密切的关系,例如该技术在吐哈油田的使用效果不明显。大庆原油$C_{30}H_{62}$以下的石蜡占68.6%,$C_{40}H_{82}$以上的石蜡只有2%,而吐哈原油$C_{30}H_{62}$以下的石蜡只有37.4%,$C_{40}H_{82}$以上的石蜡占59%,因此吐哈油田的石蜡属于高碳蜡,磁化处理时需要的磁场强度、磁场梯度更高,磁场分布位型要改善,磁处理时间也需要调整。另外从胶体化学的观点分析,大庆原油中的石蜡质点带有负电荷,带电质点在强磁场中切割磁力线运动时,产生了感应磁场,石蜡质点在感应磁场的作用下,其分子间的力受到干扰,不再按原来的规律排列,使其不易搭成骨架,破坏了蜡晶间的聚集,抑制了蜡晶的生长,因而大庆油田磁防蜡效果最好。

8.3.1.3 微生物防蜡技术

微生物清防蜡技术就是定期将高效生物表面活性剂菌种由套管环空加入油井,使微生物在生产管柱中起作用,从而阻止蜡的沉淀和析出,起到清防蜡的效果,同时也通过抑制其他有害菌而起到防腐的作用。这项技术可以维护油井生产,减少热洗等其他维护措施造成的怠产,延长油井的有效生产时间;减缓油井结蜡,降低油井原油黏度,起到延长油井热洗周期、减少化学药剂(清防蜡剂、降黏剂等)用量等作用;由于微生物改善了井筒环境,还可以提高近井油层的渗透性,提高泵效,从而提高油井的产量。

微生物清防蜡技术的机理主要表现在三个方面:

(1)细菌对石蜡的降解作用。微生物能以石蜡为食物,将原油中饱和碳氢化合物、胶质沥青质降解为轻质组分,从而降低原油的析蜡点,使蜡不易析出。

(2)细菌体及其代谢产物的表面效应。生物新陈代谢所产生的多种具有生物表面活性特征的物质能与蜡晶发生作用,参与蜡晶形成,改变蜡晶形态,阻止蜡晶进一步生长。同时有机酸、乙醇等代谢产物可提高蜡的溶解能力。

(3)细菌对石蜡的分散乳化作用,菌液能阻止石蜡的聚集。

应用微生物清防蜡技术的关键是微生物菌种及配方的筛选。用于清防蜡的微生物培养液是自然产生的几种不同类型菌株的兼性厌氧微生物的混合物。这些兼性厌氧微生物能对原油进行有选择性的生物降解从而起到降黏除蜡的作用。利用微生物降黏除蜡的关键是,进行流体取样和井史检查,以确定微生物配伍性,确定微生物降解作用是否可防治或减少原油中蜡的结晶析出。微生物降黏除蜡实验主要参考以下因素,见表8.5。

表8.5 常见微生物防蜡技术的应用范围

条件项	可适应范围	最佳条件范围
井筒温度/℃	<90	<65
井筒压力/MPa	<50	<20
矿化度/(mg/L)	<150000	<100000
含蜡量/%	>3	>3
地面原油黏度/(mPa·s)	<5000	100~3000
油井含水/%	5~80	10~50

微生物清防蜡技术具有施工简单、操作费用低、作用周期长、环保无污染,已广泛应用于美国、加拿大等国家及我国的河南、胜利、辽河、新疆、大港、冀东等油田。但是由于微生物在温度较高、重金属离子含量高及矿化度较高的油藏条件下容易遭到破坏,而且培养微生物的条件不易控制,使其应用具有一定的局限性。这种方法的不足之处在于需要定期补充菌株。

8.3.1.4 声波与超声波防蜡技术

声波清防蜡技术主要是利用声波的机械作用、空化作用和热作用,对含蜡原油产生搅拌、分散和冲击破碎的作用,击碎原油和石蜡的高分子链,使之变为低分子链,使得原油中的蜡晶、胶质和沥青质均匀分布,减小蜡晶相互碰撞的机会,破坏蜡晶空间网状结构,改变了原油流动性,达到防蜡降黏的目的。

机械作用是在声波的传播过程中弹性介质粒子的振幅、速度、加速度发生显著变化,从而产生松动、边界摩擦、微裂缝、声流、解聚及热作用等,这就使得原油黏度下降,并抑制原油中蜡晶结晶。

声波的空化作用是由于声波的高频振荡及空化作用,使石蜡在未凝结前就成为极细的微粒悬浮于流体介质内。同时,声波在井筒内沿径向传播,使得结蜡变软和溶化,井壁上沉积的蜡的厚度降低,提高油井管壁的光滑程度和润湿性,达到亲水憎蜡性,使石蜡在井壁上的附着力降低。

声波的热作用是一综合效应,其降黏防蜡机理与机械作用、空化作用有关。声波热作用的大小与声波振动的频率及振动幅度有关,在频率不高时,这种作用就较弱。

声波清防蜡技术具有技术先进、使用可靠、费用低、防蜡效果好的特点。

8.3.2 油井清蜡技术

含蜡原油在开采过程中虽有不少防蜡方法,但油井结蜡仍不可避免。油井结蜡后应及时清除,清蜡方法主要有:机械清蜡、热力清蜡和热化学清蜡。

8.3.2.1 机械清蜡技术

机械清蜡就是将清蜡工具下入井内,刮除油管壁上的蜡,并靠液流将蜡带至地面。在自喷井中采用的清蜡工具主要由刮蜡片、清蜡钻头、步进式清蜡器、尼龙刮蜡器等。它的优点是简单易行,成本较低。不足之处是装置容易损坏,固定费时费力。

一般情况下采用刮蜡片,如果结蜡严重,则用清蜡钻头。当刮蜡片下行到规定清蜡深度时,应上、下多活动,避免由于蜡多黏附刮蜡片上。由于井底的温度高和上、下活动的影响,可以使刮蜡片所黏附蜡片减少一部分,增加油气流通道,使蜡片快速排出,这样可以防止顶钻发生。

(1)自喷井机械清蜡的设备,包括机械刮蜡设备和机械清蜡设备。机械刮蜡设备如图8.10所示。

由图8.6可见,主要设备有绞车、钢丝、扒杆、滑轮、防喷盒、防喷管、钢丝封井器、刮蜡片和铅锤。刮蜡片依靠铅锤的重力作用向下运动刮蜡,上提时靠绞车拉动钢丝经过滑轮拉刮蜡片上行,如此反复定期刮蜡,并依靠液流将刮下的蜡带到地面,达到清除油管积蜡

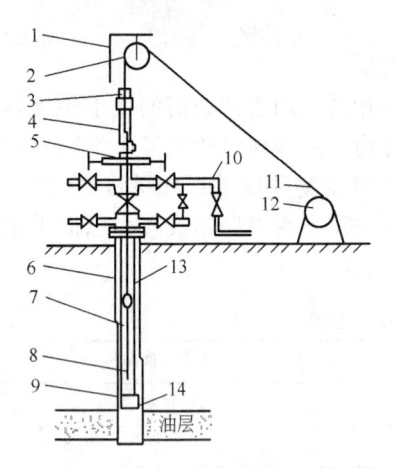

图8.10 自喷井刮蜡设备

1—扒杆;2—滑轮;3—防喷盒;4—防喷管;
5—钢丝封井器;6—套管;7—刮蜡片;8—铅锤;
9—工作筒;10—油嘴;11—钢丝;12—绞车;
13—油管;14—喇叭口

的目的。铅锤质量矿场常用下列经验公式计算：
$$W=(6\sim 8)p_t$$
式中　W——铅锤质量,kg；

　　　p_t——油管压力,MPa。

如果计算结果小于9kg,则选用9kg的铅锤。

采用刮蜡片清蜡时要掌握结蜡周期,使油井结蜡能及时清除,不允许结蜡过厚,造成刮蜡片遇阻下不去,而且结蜡过多也容易发生顶钻事故,要保证压力、产量绝对不受影响,否则必然是结蜡过多,影响刮蜡作业。

当油井结蜡相当严重时,下刮蜡片已经有困难,则应改用钻头清蜡的办法清除油井积蜡,使油管内通径达到刮蜡片能顺利地起下时,则可改回刮蜡片清蜡。钻头清蜡的设备与刮蜡片清蜡设备类似,其不同点是将绞车换为通井机,钢丝换为钢丝绳,扒杆换为清蜡井架,防喷管改为10m以上的防喷管,钢丝封井器换为清蜡阀门,铅锤换为直径32~44mm的加重钻杆,下接清蜡钻头。

通常油井尚未堵死时用麻花钻头,它既能刮蜡又能将部分蜡带出地面。但是,结蜡非常严重时麻花钻头下不去,这时就要使用矛刺钻头,将蜡打碎,然后用刮蜡钻头将蜡带出地面。

(2)自喷井机械清蜡方法是最早使用的一种清蜡方法。它是以机械刮削方式清除油管内沉积的蜡,合理的清蜡制度必须根据每口油井的具体情况来制订。首先要掌握清蜡周期,使油井结蜡能及时刮除,保证压力、产量不受影响。清蜡深度一般要超过结蜡最深点或析蜡点以下50m。

(3)有杆泵抽油井机械清蜡是利用安装在抽油杆上的活动刮蜡器清除油管和抽油杆上的蜡。目前油田通用的是尼龙刮蜡器。

8.3.2.2　热力清蜡技术

热力清蜡技术是利用热能提高井筒流体温度达到清防蜡的一种方法。这种方法是利用热能提高抽油杆、油管和液流的温度,当温度超过析蜡温度时,则起防止结蜡的作用,当温度超过蜡的熔点时,则起清蜡作用。一般常用的方法有热载体循环洗井、电热自控电缆加热、电热抽油杆加热、热化学清蜡等四种方法。

1. 热载体循环洗井清蜡

一般采用热容量大、对油井不会伤害、经济性好而且比较容易得到的载体,如热油、热水等。用这种方法将热能带入井筒中,提高井筒温度,超过蜡的熔点使蜡熔化达到清蜡的目的。一般有两种循环方法,一种是油套环形空间注入热载体,反循环洗井,边抽边洗,热载体连同产出的井液通过抽油泵一起从油管排出。另一种方法是空心抽油杆热洗清蜡,它是将空心抽油杆下至结蜡深度以下50m,下接实心抽油杆,热载体从空心抽油杆注入,经空心抽油杆底部的洗井阀,正循环,从抽油杆和油管环形空间返出。

这两种方法各有优缺点。第一种方法,洗井能经过泵清除泵内的蜡和杂物,其缺点是热效率低,用的洗井液多,而且洗井液经过深井泵抽出影响时效,对敏感性油层还可能造成伤害。后一种方法热效率高,用的洗井液少,而且洗井液不通过深井泵抽出,不影响时率,由于洗井液不与油层接触,所以不存在伤害问题。但是,这种方法还不够成熟,主要是洗井阀故障较多,所以不能解决深井泵的故障问题。根据矿场实践可采用以下经验公式进行抽油井热洗设计：

$$K=\frac{C\cdot Q\cdot \Delta T}{W}$$

式中　C——热载体比热容,J/(kg·℃)；

　　　Q——热载体总重量,kg；

T——进出口温差,一般取 40~45℃;
W——结蜡量,kg;
K——经验常数,空心抽油杆洗井取 26151,油套环形空间洗井取 34868。

矿场一般在压力条件允许下尽可能提高排量,但是在刚开始洗井时,温度和排量都不宜太高,防止大块蜡剥落,造成抽油系统被卡事故,所以,一般要待循环正常后方能提高温度和排量。

2. 井下自控热电缆清防蜡

井下自控电缆的工作原理是内部有两根相距约 10mm 平行导线,两导线间有一半导电的塑料层,是发热元件。电流由一根导线流经半导电塑料至另一根导线,半导电塑料因而发热。由于该半导电塑料有热胀冷缩的特性从而改变其电阻,造成随温度不同半导电塑料通过的电流大小就会随着温度而变化,导致自动控制发热量。当温度达到析蜡温度以上时,则起防蜡的作用,但要连续供电保持温度。作为清蜡措施,可按清蜡周期供电加热至井筒温度超过熔蜡温度。下入伴热电缆后井筒原油温度剖面如图 8.11 所示。因此可根据此原则选择自控电缆规范,根据井筒内原始温度剖面确定结蜡深度,一般要大于析蜡温度 3~5℃,据此初定伴热电缆长度。

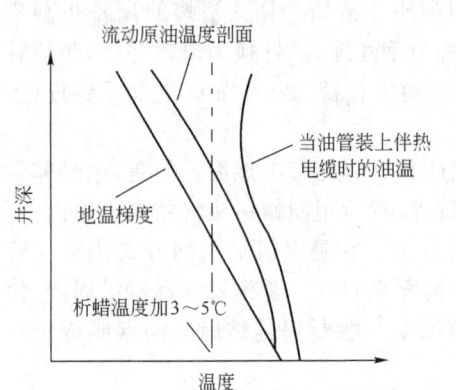

3)电热抽油杆清防蜡

由变扣接头、终端器、空心抽油杆、整体电缆、传感器、空心光杆、悬挂器等零部件组成电热抽油杆,它与防喷盒、二次电缆、电控柜等部件组成电加

图 8.11 下入伴热电缆后井筒原油温度剖面图

热抽油杆装置。三相交流电经过控制柜的调节,变成单相交流电,与抽油杆内的电缆相连,通过空心抽油杆底部的终端器构成回路,在电缆线和杆体上形成集肤效应(空心抽油杆外经电压为零),使空心抽油杆发热。电热抽油杆控制柜分为 50kW 和 75kW 两种。电缆截面积为 25mm^2,额定电压 380V,额定电流 125A。可按抽油杆设计方法来选择空心抽油杆。

8.3.2.3 热化学清蜡方法

为清除井底附近油层内部和井筒沉积的蜡,过去曾采用过热化学清蜡方法,它是利用化学反应产生的热能来清除蜡堵。例如氢氧化钠、铝、镁与盐酸作用产生大量的热能:

$$NaOH + HCl \longrightarrow NaCl + H_2O + 98.8kJ$$
$$Mg + 2HCl \longrightarrow MgCl_2 + H_2\uparrow + 459.5kJ$$
$$2Al + 6HCl \longrightarrow 2AlCl_3 + 3H_2\uparrow + 525kJ$$

具体在实施热化学清蜡的操作过程中,需要将两种药液用两台泵车(双液法)按比例从环形空间和另一通道(油管或连续油管等)按一定配比注入(有杆泵抽油井可上提杆式泵或利用反复式泄油器)。在油井射孔段上方附近进行反应使其达到热峰值。但是要特别注意,套管内不能注入任何带腐蚀性的液体,以保护套管。

该反应由于是瞬间完成达到热峰值,因而两台泵车在施工过程中不能有任何失误,否则就容易发生事故,这是热化学清蜡法的缺点。为此,近年来在反应催化剂方面进行了深入研究,新开发的各种类型的催化剂可以控制热化学反应开始发生的时间。根据施工的需要选用不同的催化剂,使开始反应的时间从 10min 至 6h 内随意进行调整。由于新催化剂系列的开发,进行热化学清蜡施工时也可以只使用一台泵车(单液法),保证了施工的安全。

实践证明,用上述方法产生的热化学清蜡,不但不经济,而且效率也低。因此,很少单独用此法清蜡,常与热酸处理联合使用。

8.4 化学清、防蜡技术

化学清防蜡是指利用化学药剂对油井进行清防蜡,通常是将药剂从环形空间加入,不影响油井正常生产和其他作业,除可以收到清蜡、防蜡效果外,使用某些药剂还可以收到降凝、降黏和解堵的效果,是目前应用较为广泛的一种防蜡方法。化学清防蜡剂根据其作用机理通常分为三种:能溶解石蜡的溶剂;能抑制或改变蜡晶生长的聚合物蜡晶改性剂;能抑制颗粒聚集,使蜡晶处于分散状态的蜡晶的分散剂。由于不同化学剂的性能和作用各不相同,针对不同的原油物理化学性质,其效果也会有较大差异。清蜡剂主要有油基清蜡剂、水基清蜡剂、乳状液清蜡剂。防蜡剂分为液体防蜡剂和固体防蜡剂两大类,其中,液体防蜡剂又包括油溶型、水溶型和乳液型三种。对于油井结蜡处理通常是以防为主,清防结合是清防蜡方向。

目前,国内外对处理油井结蜡的化学剂有多种分类。一般分为化学清蜡剂(溶解已沉积于管壁上的蜡块)和化学防蜡剂(抑制蜡分子在油管壁上沉积)两大类。

8.4.1 清蜡剂的分类

能清除蜡沉积的化学剂称为清蜡剂。

清蜡剂的作用过程是将已沉积的蜡溶解或分散开使其在油井原油中处于溶解或小颗粒悬浮状态而随油井液流流出,这涉及渗透、溶解和分散等过程。清蜡剂主要有以下三种类型。

8.4.1.1 油基清蜡剂

这类清蜡剂是溶蜡能力很强的溶剂,主要有:

(1)芳香烃——苯、甲苯、二甲苯、混合芳香烃。

(2)馏分油——轻烃、汽油、煤油、柴油等。

(3)其他溶剂——二硫化碳、四氯化碳、三氯甲烷、四氯乙烯、石油醚等。

这些溶剂中,二硫化碳、四氯化碳等是油田早期使用的清蜡剂,其清蜡效果优异,但由于它们本身的毒性以及在原油加工中造成的腐蚀性和催化剂中毒等问题,已经禁止使用。石油醚、汽油等属于易燃易爆物质,可能带来潜在安全问题,在使用时也比较谨慎。在溶剂使用时通常采用几种溶剂以一定的比例混合形成复合溶剂,清蜡效果更佳。表8.6列举了几种常用溶剂的溶蜡速率。

表8.6 几种溶剂对石蜡的溶解能力

溶剂	蜡溶速率/(mg/min)	溶剂	蜡溶速率/(mg/min)
苯	38	90号汽油	28
二甲苯	32	煤油	22
重芳烃	25	120号溶剂油	35
凝析油	34	二乙二醇丁醚	20

一种好的油基清蜡剂应具有较高的溶蜡速率(大于0.016g/min)和较大的密度(0.90~0.98g/cm^3)。馏分油是蜡的良溶剂,对蜡有较强的溶解能力;加重剂主要是重苯,可以提高清蜡剂的密度,但随其在清蜡剂中质量分数的增加,会降低清蜡剂的溶蜡性能,因此,需要加入表面活性剂来提高溶剂对蜡的溶解和渗透作用。由于油田蜡含有极性物质,所以油基清蜡剂中需加入一些有极性结构的互溶剂,以提高清蜡剂对这些物质的溶解作用,其主要缺点是有毒、易燃,使用起来不够安全。

表 8.7 和表 8.8 为两个油基清蜡剂的配方。

表 8.7 油基清蜡剂的配方 1

成分	质量分数/%	成分	质量分数/%
煤油	45~85	乙二醇丁醚	0.5~6
苯	5~45	异丙醇	1.5

表 8.8 油基清蜡剂的配方 2

成分	质量分数/%
甲苯	60~75
乙二醇丁醚	15~30
丁醚	5~15

8.4.1.2 水基清蜡剂

水基清蜡剂是一类以水作分散介质,其中溶有表面活性剂、互溶剂和碱性物质的清蜡剂,适合于含水量较高的油井清蜡。加入量为 10% 时,其防蜡率通常可达 60% 以上。

表面活性剂的作用是改变结蜡表面的润湿性,使其易于剥落分散。常用的表面活性剂有烷基磺酸盐、烷基苯磺酸盐、脂肪醇聚氧乙烯醚、烷基酚聚氧乙烯醚、脂肪醇聚氧乙烯硫酸钠、烷基酚聚氧乙烯硫酸钠、吐温等。

互溶剂的作用是增加水和油的相互溶解度。常用的互溶剂有:

(1)醇类——异丙醇、正丙醇、乙二醇、丙三醇等。
(2)醚类——丁醚、戊醚、己醚、庚醚、辛醚等。
(3)醇醚——乙二醇单丁醚、丁二醇乙醚、二乙二醇乙醚、丙三醇乙醚等。

互溶剂中常用的是乙二醇单丁醚。

表 8.9~表 8.14 是由表面活性剂配的水基清蜡剂的示例。

表 8.9 由表面活性剂与碱配制的水基清蜡剂

成 分	质量分数/%
R—O—(CH$_2$CH$_2$O)$_n$—OH R:C$_{12}$~C$_{18}$ n:C$_8$~C$_{20}$	10
Na$_2$SiO$_3$	2
H$_2$O	88

表 8.10 由表面活性剂与互溶剂配制的水基清蜡剂

成 分	质量分数/%
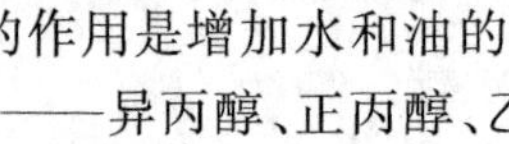 R—C$_6$H$_4$—O—(CH$_2$CH$_2$O)$_n$—OH R:C$_6$~C$_{18}$ n:C$_{30}$~C$_{40}$	20
CH$_3$OH	20
H$_2$O	60

表 8.11 由表面活性剂与复配互溶剂(醇+醇醚)配制的水基清蜡剂

成 分	质量分数/%
CH$_3$CH(CH$_3$)—C$_6$H$_4$—O—(CH$_2$CH$_2$O)$_4$H	10

续表

成　　分	质量分数/%
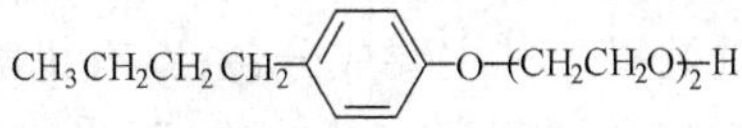 $CH_3CH_2CH_2CH_2$—⌬—$O(CH_2CH_2O)_2H$	25
CH_3OH	25
H_2O	40

表 8.12　由表面活性剂与复配互溶剂(醇+醇醚)配制的水基清蜡剂

成　　分	质量分数/%
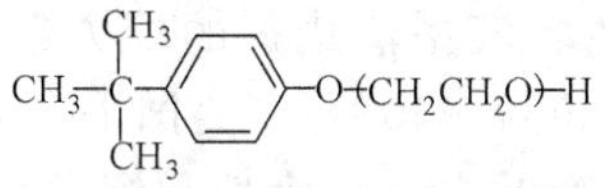 $(CH_3)_3C$—⌬—$O(CH_2CH_2O)H$	15
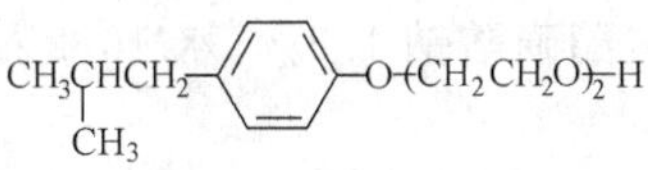 $(CH_3)_2CH$—⌬—$O(CH_2CH_2O)_2H$	30
$CH_3CH(OH)CH_3$	35
H_2O	20

表 8.13　由表面活性剂与复配互溶剂(两种醇醚)配制的水基清蜡剂

成　　分	质量分数/%
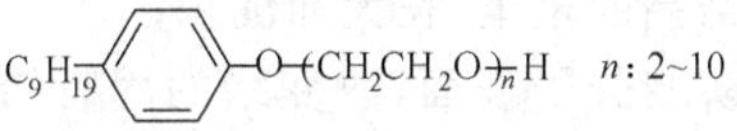 C_9H_{19}—⌬—$O(CH_2CH_2O)_nH$　n: 2~10	6.63
C_4H_9—O—CH_2CH_2OH	3.26
$C_2H_5(CH_2CH_2O)_nOH$	6.63
H_2O	73.48

表 8.14　由复配表面活性剂、互溶剂与碱配制的水基清蜡剂

成　　分	质量分数/%
R—$N \begin{matrix} (CH_2CH_2O)_{n_1}H \\ (CH_2CH_2O)_{n_2}H \end{matrix}$　R: C_{12}~C_{18}　n_1+n_2: 6~20	15~65
R—$O(CH_2CH_2O)_n SO_2Na$　R: C_{12}~C_{18}　n: 1~10	15~50
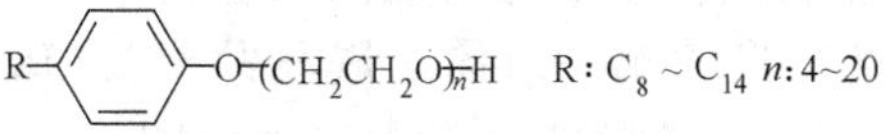 R—⌬—$O(CH_2CH_2O)_nH$　R: C_8~C_{14}　n: 4~20	15~50
C_9H_9O—CH_2CH_2OH	5~30

　　水基清蜡剂的作用原理与油基清蜡剂完全不同,其过程基本上分两部分:将其加入油井中,表面活性剂可通过蜡块的缝隙渗入进去,使蜡块与井壁的黏附力减弱,致使壁上蜡块脱落,再继续使晶粒变细、分散而随采出液流出油井,从而起到清蜡作用。水基清蜡剂具有不含硫、氯,不腐蚀设备、闪点高、使用安全、密度大(一般大于 1.0)、对高含水原油可以从套管加入并易沉入井底,稳定性好,易于运输、储运和保管的优点。

8.4.1.3 乳液型清蜡剂

乳液型清蜡剂是将溶蜡的有机溶剂加入水和乳化剂及稳定剂后形成水包油乳状液,这种乳状液加入油井后,在井底温度下进行破乳而释放出对蜡具有良好溶解性能的有机溶剂和油溶性表面活性剂,从而起到清蜡和防蜡的双重效果。其主要成分包括:有机溶剂、水、表面活性剂、助表面活性剂和互溶剂等。乳液型清蜡剂结合油基和水基的优点,采用乳化技术,将溶蜡量高的芳香径、混合芳香烃或溶剂油等作为内相(或外相),表面活性剂水溶液作为外相(或内相)配制成水包油型(或油包水型)乳状液。现场清蜡时,综合考虑安全、高效等因素,多采用水包油型乳液清蜡剂。该乳液清蜡剂选择有适当浊点的非离子型表面活性剂作乳化剂,使乳化液在进入结蜡段之前破乳,分出两种清蜡剂同时起到清蜡作用。

制备乳液型清防蜡剂常用的乳化剂为0P型表面活性剂,以及油酸、亚油酸和树脂酸的复合酯与三乙醇胺的混合物。一种典型的水包油乳液型清蜡剂的配方组成:含硅表面活性剂(40%~60%)、混合烃类溶剂(5%~20%)、水(30%~40%)。美国采用乳液型热稳定性二硫化碳清蜡剂,在 CS_2 油相外层覆盖一层水膜,以降低 CS_2 的毒性和挥发性。其配方为:四氢萘72.3%、二硫化碳11.5%、二(乙基己基)琥珀酸酯磺酸钠1.3%、水16.2%。

8.4.2 防蜡剂的分类

能抑制原油中蜡晶析出、长大、聚集和(或)在固体表面上沉积的化学剂通称为防蜡剂。由于受到石蜡沉积点的理论模型和形成机理研究的影响,化学防蜡理论主要有以下四种:

(1)分散理论——防蜡剂分子在原油中析出,形成蜡的结晶中心,使蜡晶在防蜡剂边缘结晶,使其分散而不能聚集、长大和沉积;

(2)共结晶理论——利用防蜡高分子聚合物的分子含有与石蜡分子相同的分子链节,使防蜡剂分子与蜡分子共结晶,阻止或减少石蜡结晶的聚集、长大和沉积;

(3)吸附理论——蜡分子析出后吸附在防蜡分子表面,改变蜡的固有结晶形态,使蜡晶不能聚集、长大和沉积。

(4)润湿反转——药剂在蜡晶周围极性水膜来阻止蜡分子的进一步沉积;在结蜡表面(如油管、抽油杆和设备等表面)吸附,造成极性反转,从而阻止蜡在其表面的沉积。

在这些理论的指导下,解决石蜡沉积的方法有两大途径:

(1)使用一种(或多种)物质使其能在金属表面形成一层极性膜以影响金属表面的润湿性。

(2)加入一种(或多种)物质使其改变蜡晶结构或使蜡晶处于分散状态,彼此不互相叠加,而悬浮于原油中,如通常所说的蜡晶改性剂和蜡晶分散剂。

蜡晶改性剂是由主链和支链上均含有可与蜡分子共晶的非极性部分(类蜡)和使蜡晶晶型产生扭曲的极性部分组成,极性组分可以阻止过度的晶体生长,从而改变和干扰结晶过程。根据文献报道,大多数蜡晶改性剂是由含有脂肪酸衍生的酯功能的聚合物/共聚物形成的,包括乙烯—醋酸乙烯酯共聚物(EVA)、聚乙烯—聚乙烯—丙烯二嵌段共聚物(PE-PEP)、聚乙烯—丁烯共聚物(PEB)、聚马来酸酐酰胺co-α-烯烃(MAC)及其衍生物。

分散剂通常由诸如烷基磺酸盐、烷基芳基磺酸盐、烷基酚衍生物、脂肪胺乙氧基盐、酮、萜烯、聚酰胺和萘等化学品配制而成。

蜡晶分散剂和蜡晶改性剂不仅能抑制蜡的形成,还能减小和改变蜡的晶型。图8.12为蜡晶改性剂和蜡晶分散剂的作用原理。如图8.12所示,蜡晶改性剂是一种梳状聚合物。主链与天然石蜡共结晶。侧链是不参与结晶的支链烷烃。这些链停留在蜡晶表面,溶解在油相中。它们提供蜡粒子之间的空间斥力。通过这种方式,晶体在各个方向的生长都受到了限制,而且尺寸仍然很小。图8.12中的分散剂是一种含酚基团的聚合物。主链能吸附在蜡晶和管道表面。亲水的苯酚基团可能使表面水湿,从而减少蜡晶生长或吸附在管道表面的趋势。

防蜡剂中包括蜡晶改性剂、溶剂、分散剂和表面活性剂等几种组分,这些化学物质常用于防止蜡沉积或减轻沉积蜡。例如,蜡晶改性剂也被称为倾点抑制剂,是一种分子结构与蜡分子相似的化学物质,它通过取代晶格上的蜡分子与蜡晶体共沉淀或共结晶,进而防止蜡分子形成网状结构。

研究表明,聚合物基改性剂可以成功减少约 60%~90% 的蜡沉积。聚合物的性能因分子量的不同对蜡晶团聚的影响

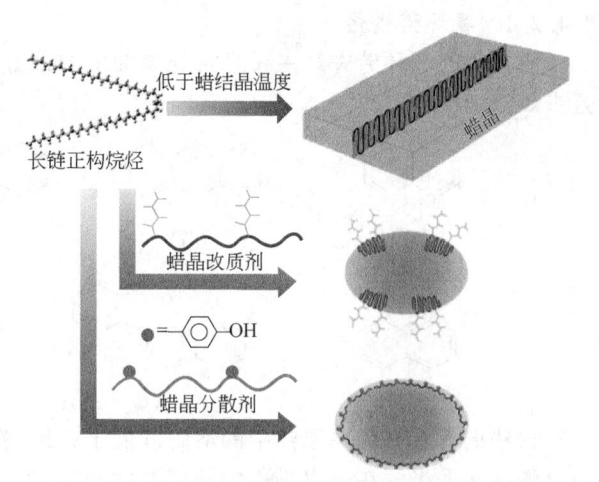

图 8.12　蜡晶改性剂和蜡晶分散剂的作用原理图

也不同。一般较短或较低分子量的聚合物对蜡晶团聚和生长的破坏较小,而较长和较高分子量的聚合物与蜡晶结构的相互作用更大。这种相互作用对蜡的形成速度有很大的影响,导致形成较软的蜡,容易随着原油的流动被带出。

溶剂可以作为抑制剂处理固体蜡沉积和修复地层伤害。这些溶剂增加了蜡分子在原油中的溶解度,溶解了已经沉积的蜡晶体。最常用的溶剂包括二甲苯、甲苯、苯、四氯化碳、三氯乙烯、全氯乙烯、二硫化碳、白色或无铅汽油和萜烯。

分散剂(如聚酯和胺聚氧乙烯醚)常被用作表面活性剂,一方面保持管道表面水湿润,最大限度地减少蜡的黏附趋势;另一方面这些化学物质也有助于将蜡晶体分散到开采的原油中,从而防止蜡核凝结成块。

表面活性剂用于管道和系统中蜡可能沉积的其他部分的清洗。通常,表面活性剂促进稳定的油和水乳液的形成,有利于管道输送。它们也类似于分散剂,可以吸附在管道表面,降低蜡对管道表面的附着力,并能改变管道表面的润湿性。表 8.15 列举了国外某油田使用的四种防蜡剂的主要成分。

表 8.15　国外某油田使用的四种防蜡剂的主要成分

防蜡剂	成分	百分比/%
W2001	烃、C_{10}、芳香烃、>1%萘	30~60
	烯烃聚合物衍生物	30~60
W2003	溶剂石脑油、重芳香烃	7~13
	馏份油、轻质油	7~13
	萘	1~3
W2004	烯烃、C_{20}-C_{24} a-烯烃、聚马来酸酐、C_{18}-C_{22} 酯	60~100
	溶剂石脑油、重芳香烃	7~13
	馏分油、轻质油	7~13
	萘	1~3
W2005	溶剂石脑油、重芳香烃	7~13
	馏分油、轻质油	7~13

8.4.2.1 稠环芳香烃

防蜡用的稠环芳香烃主要来自煤焦油中的馏分,都是混合稠环芳香烃。下面是一些稠环芳香烃的结构:

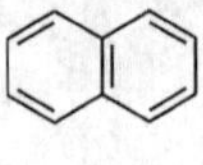

（萘） 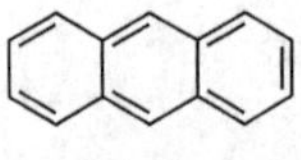 （蒽） 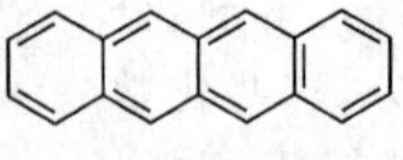 （并四苯） 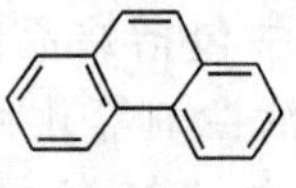 （菲）

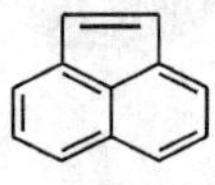

（苊） 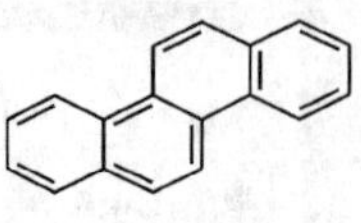 （䓛） 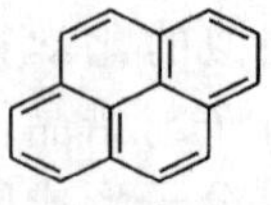 （芘） 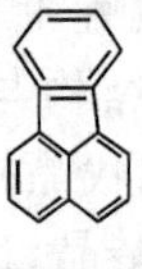 （苯并苊）

这些稠环芳香烃在原油中的溶解度低于石蜡,将它们溶于溶剂中从环形空间加至井底,并随原油一起采出。在采出过程中随着温度和压力的降低,这些稠环芳香烃首先析出,给石蜡的析出提供了大量晶核,使石蜡在这些稠环芳香烃的晶核上析出。但这样形成的蜡晶不易继续长大,因为在蜡晶中的稠环芳香烃分子影响了蜡晶的排列,使蜡晶的晶核扭曲变形,不利于蜡晶发育长大,这样就可使这些变形的蜡晶分散在油中被油流携带至地面,起到防蜡作用。

也可将稠环芳香烃掺入加重剂,制成棒状或颗粒状固体投入井底,使其缓慢溶解,延长使用效果。

一些稠环芳香烃的衍生物也有防蜡作用。

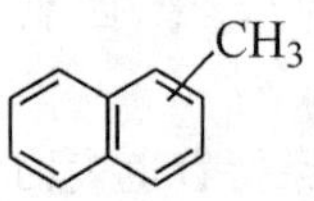

（甲基萘） 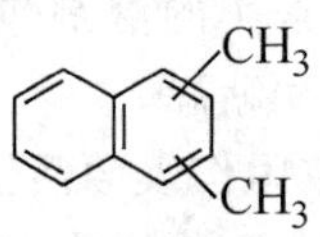 （二甲基萘） 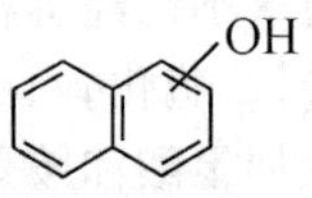 （萘酚）

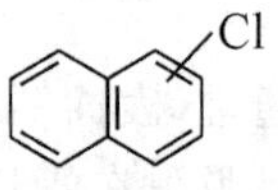

（氯萘） 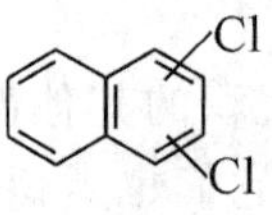 （二氯萘） 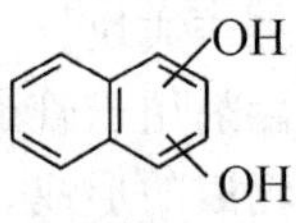 （萘二酚）

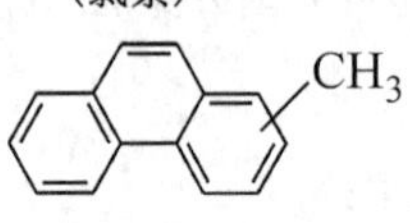

（甲基菲） 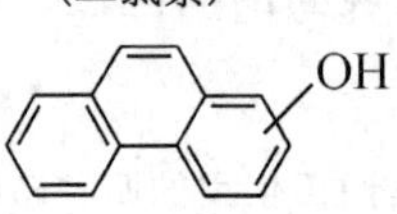 （菲酚） 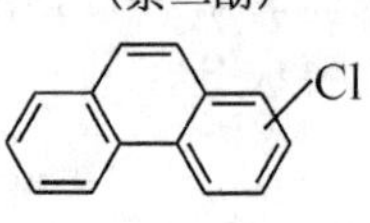 （氯菲）

8.4.2.2 表面活性剂

用于防蜡的表面活性剂可以是油溶性的,也可是水溶性的,二者的作用原理不同。

许多文献和专著都认为水溶性表面活性剂是通过吸附在结蜡表面,使非极性的结蜡表面变成极性表面,从而防止了蜡的沉积;油溶性表面活性剂是通过吸附在蜡晶表面,使非极性的蜡晶表面变成极性的蜡晶表面,从而抑制了蜡晶的进一步长大。

可作为防蜡剂的油溶性表面活性剂有:

$RArSO_3M$　　　　$M:1/2Ca,Na,K,NH_4$

（烷基苯磺酸盐）

$$R-N\begin{pmatrix}(CH_2CH_2O)_{n_1}H\\(CH_2CH_2O)_{n_2}H\end{pmatrix}$$　　$n_1+n_2=2\sim 4$　　$R:C_{16}\sim C_{22}$

（聚氧乙烯脂肪胺）

$$R-\!\!\left\langle\!\!\bigcirc\!\!\right\rangle\!\!-\!O\!\!-\!(CH_2CH_2O)_n\!H \qquad n=3\sim4 \qquad R: C_9, C_{12}$$

（烷基酚聚氧乙烯醚）

$$RCOO-CH_2-CH-CH-CH-CH_2 \qquad \text{(带 HO—CH—CH—OH 及 OH, O 基)} \qquad Span\text{-}\times\times$$

（山梨糖醇酐单羧酸脂）

可作为防蜡剂的水溶性表面活性剂有：

$$RSO_3Na \qquad R: C_{12}\sim C_{18}$$

（烷基磺酸钠）

$$[R-\overset{CH_3}{\underset{CH_3}{N}}-CH_3]\,Cl \qquad R: C_{12}\sim C_{18}$$

（氯化烷基三甲铵）

$$R-O\!-\!(CH_2CH_2O)_n\!H \qquad n>5, \quad R: C_{12}\sim C_{18}$$

（脂肪醇聚氧乙烯醚）

$$R-\!\!\left\langle\!\!\bigcirc\!\!\right\rangle\!\!-\!O\!-\!(CH_2CH_2O)_n\!H \qquad n>5, \quad R: C_9, C_{12}$$

（烷基酚聚氧乙烯醚）

$$\begin{array}{l} CH_3-CH-O-(C_3H_6O)_m-(C_2H_4O)_n\!H \\ \quad\;\;CH_2-O-(C_3H_6O)_m-(C_2H_4O)_n\!H \end{array} \qquad m=17, \quad n=15\sim53$$

（聚氧乙烯聚氧丙烯丙二醇醚）

$$R-O-(CH_2CH_2O)_n\,SO_3Na \qquad n=3\sim5, \quad R: C_{12}\sim C_{18}$$

（聚氧乙烯烷基醇醚硫酸酯钠盐）

$$R-\!\!\left\langle\!\!\bigcirc\!\!\right\rangle\!\!-\!O\!-\!(CH_2CH_2O)_n\,SO_3Na \qquad n=3\sim5, \quad R: C_8\sim C_{12}$$

（聚氧乙烯烷基苯酚醚硫酸酯钠盐）

$$RCOO-CH_2-CH-CH-CH-CH_2 \qquad Tween\text{-}\times\times$$
（附带 O—(CH_2CH_2O)—H, CH—O—(CH_2CH_2O)_{n_2}H, O—(CH_2CH_2O)_{n_1}H 等基）

（山梨糖醇酐单羧酸酯聚氧乙烯醚）

8.4.2.3 聚合物

聚合物类防蜡剂都是油溶性的梳状聚合物，分子中有一定长度的侧链，在分子主链或侧链中具有与石蜡分子类似的结构和极性基团。在较低的温度下,它们分子中类似石蜡的结构与石蜡分子形成共晶。由于其分子中还有极性基团,所以形成的晶核扭曲变形,不利于蜡晶继续长大。此外,这些聚合物的分子链较长,可在油中形成遍及整个原油的网络结构,使形成的小晶核处于分散状态,不能相互聚集长大,也不易在油管或抽油杆表面上沉积,而易被油流带走。

下列聚合物可作为防蜡剂:

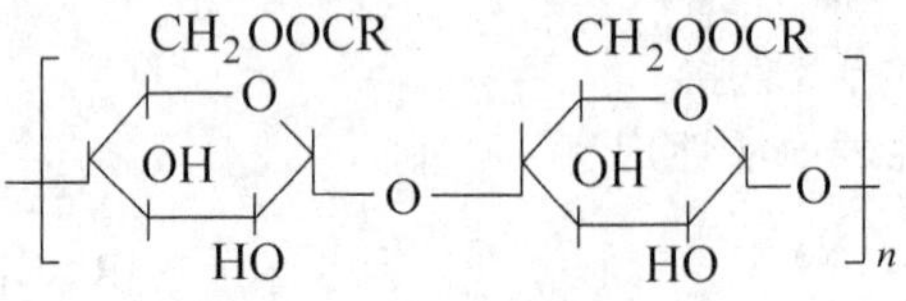

(直链淀粉脂肪酸酯)

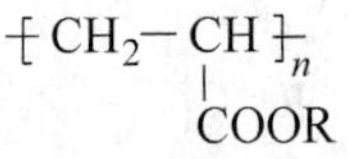

(聚丙烯酸酯) 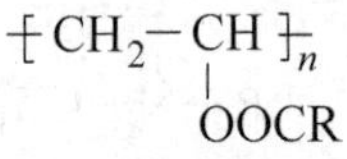　　　　　　　　　　(聚羧酸乙烯酯)

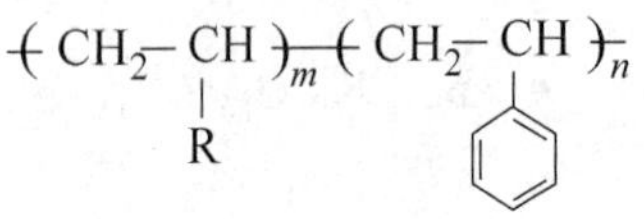

(α-烯-苯乙烯共聚物)　　　　　　(α-烯-丙烯共聚物)

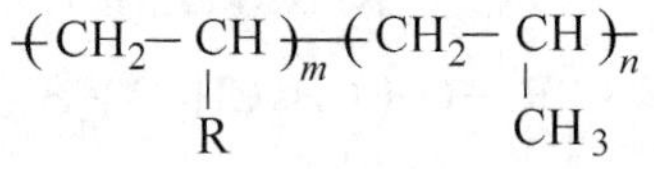

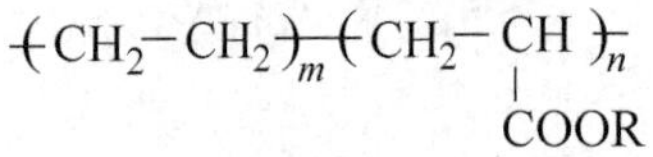

(乙烯-丙烯酸酯共聚物) 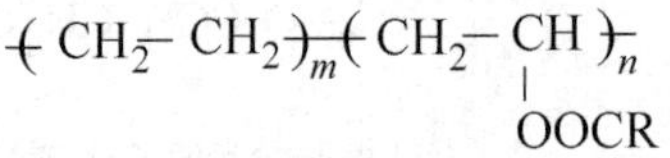　　　　　(乙烯-羧酸乙烯酯共聚物)

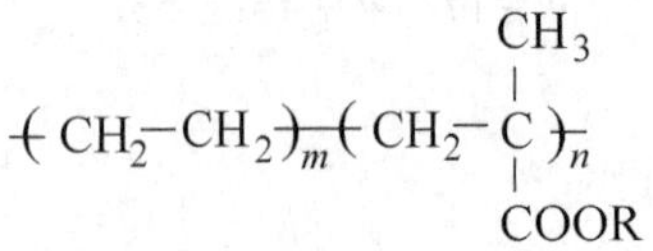

(乙烯-甲基丙烯酸酯共聚物) 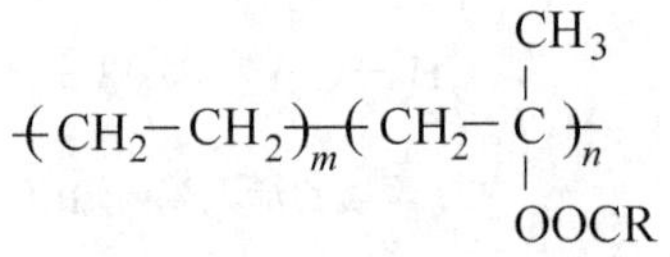　　　(乙烯-羧酸丙烯酯共聚物)

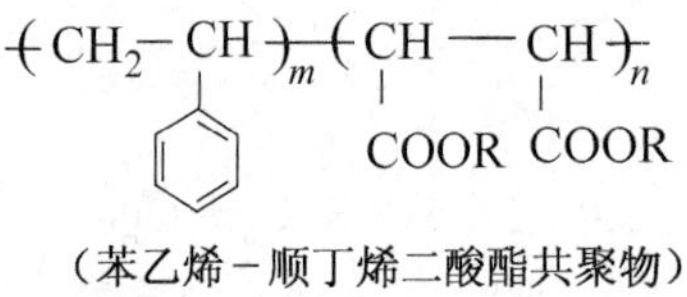

(苯乙烯-顺丁烯二酸酯共聚物)　　(α-烯-顺丁烯二酸酯共聚物)

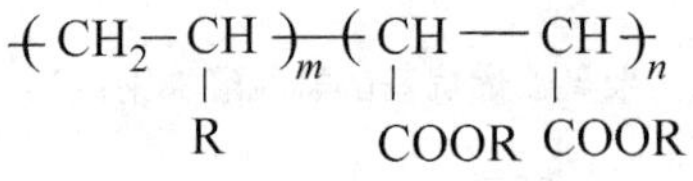

这些梳状聚合物是效果好、有发展前景的防蜡剂,复配使用时有很好的协同效应。聚合物防蜡剂侧链的长短直接与防蜡效果有关,当侧链平均碳原子数与原油中蜡的峰值碳数相近时,最有利于蜡的析出,可获得最佳防蜡效果。

上面类型防蜡剂都是外加的。实际上,原油中的胶质、沥青质本身就是防蜡剂。胶质、沥青质是一种特殊结构的稠环芳香烃。图 8.13 和图 8.14 是分子量分别为 2606 和 3444 的沥青质的分子模型。这些模型说明,沥青质中的稠环芳香烃是其重要的组成部分,此外还有其他环和侧链,其中还含有氧、硫、氮等杂原子。沥青质是胶质的进一步的缩合物,所以胶质也应有类似沥青质的稠环芳香烃结构。

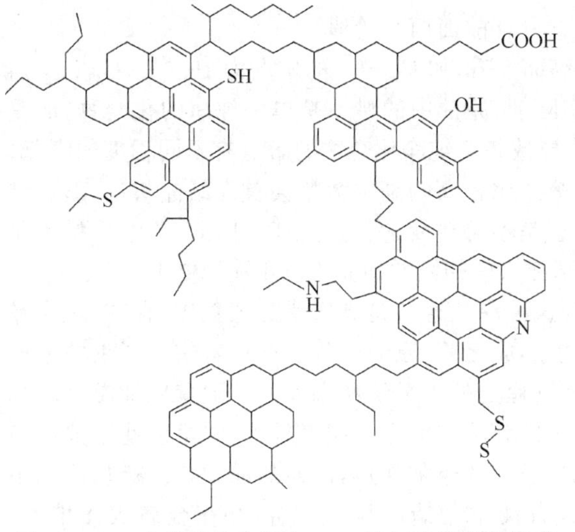

图 8.13　一个分子量分别为 2606 的沥青质分子模型 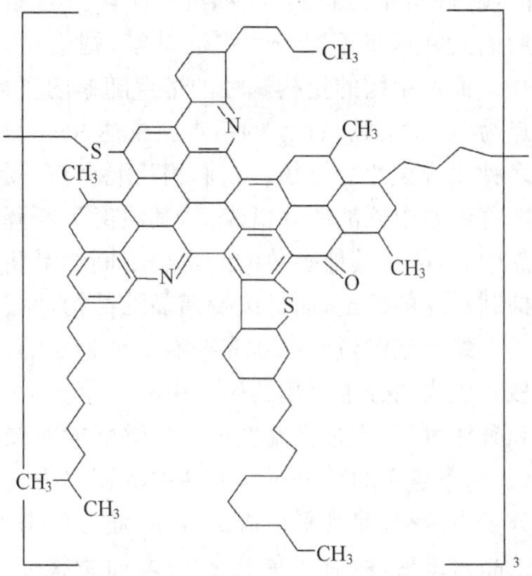　　图 8.14　一个分子量为 3444 的沥青质分子模型

胶质和沥青质是通过不同的机理起防蜡作用的。胶质能溶于油并在油中参与组成晶核起稠环芳香烃的防蜡作用。沥青质是不溶于油的,它以固体颗粒的形式分散在油中,因此可作为晶核。这众多的晶核可使蜡晶以分散的形态悬浮在油流而被带走,达到防蜡的目的。

任何原油都有一定数量的胶质、沥青质,它们是基本的防蜡剂,其他防蜡剂都在它们的配合下起防蜡作用。

油田上用得较多的一种防蜡剂是由高分枝度的高压聚乙烯、稳定剂和乙烯醋酸乙烯酯聚合物(EVA)组成,防蜡剂中的 EVA,由于具有与蜡结构相似的 $-(CH_2-CH_2)_n-$ 链节,又具有一定数量的极性基团,它溶于原油中,在冷却时它与原油中的蜡产生共晶作用,然后通过伸展在外的极性基团抑制蜡晶的生长。而溶解在原油中的聚乙烯,在油温降低时,EVA 会首先析出,成为随后析出的蜡结晶中心,蜡的晶粒被吸附在聚乙烯的碳链上,由于分枝的空间障碍和栏隔作用也阻碍蜡晶体的长大及聚集,并减少 EVA 与蜡晶体之间的黏结力,从而使油井的结蜡减少,达到防蜡的目的。作为防蜡剂用的聚乙烯要求分子量高于 5000、低于 30000,最好为 20000 左右,相对密度为 0.86~0.94,熔点在 102~127℃ 之间,结晶比较少,或非结晶型为宜。

8.4.2.4　防蜡剂使用方法

(1)配成油溶液使用。使用时,将油溶液注到油井结蜡段以下,与油混合而起作用。

(2)制成中空的防蜡块使用。使用时,将防蜡块安放在防蜡管中,与油管一起下至油井结蜡段以下,通过原油对防蜡剂的缓慢溶解而起作用。

(3)沉积在近井地带使用。这种方法也是通过原油对防蜡剂的缓慢溶解而起作用。例如,向近井地带交替注入等体积的甲醇和防蜡剂的油溶液,关井 24h,就可将防蜡剂沉积在近井地带。

8.4.3　防蜡剂的作用机理

在地层中,原油中所含的蜡处于溶解状态。在原油被采出的过程中,随着温度、压力的降低,原油中的蜡逐渐析出,油井在一定的深度内油管开始结蜡。大量的研究表明,当温度降低到某一数值时,原油中溶解的蜡便开始析出,通常把这个开始析出的温度称为"初始结晶温度"。当原油温度低于初始结晶温度时,便有蜡的结晶出现。随着温度继续降低,蜡便不断析出,结晶也不断析出、长大、聚集并沉积在油管壁上造成油井结蜡。所以说,结蜡过程分为三个阶段,即析蜡、蜡晶长大和沉积阶段。若蜡是从某一固体表面(如油管表面)的活性点析出,此后蜡就在这里不断长大引起结蜡,则结蜡过程就只有前面两个阶段。

原油中蜡的正构烷烃的熔点随蜡的碳数增高而上升,如 $C_{16}H_{32}$ 的熔点为 15.6℃,$C_{25}H_{52}$ 熔点为 53.9℃,$C_{60}H_{122}$ 的熔点就高达 99.4℃。实际上,原油中的蜡不是单一纯净的化合物,而是多种化合物的混合物。它们相互混合在一起,会导致各个纯净化合物的熔点有不同程度的降低。随着油井中原油向井口流动,其温度不断降低,熔点比较高的高碳数蜡会首先结晶析出,形成结晶中心,随后其他碳数的蜡也会不断结晶析出,这是不可改变的自然规律。因此,化学防蜡不是抑制蜡晶的析出,而是改变蜡晶的结构,使其不形成大块蜡团并使其不沉积在管壁上。

蜡在结晶过程中首先要有一个稳定的晶核(这种晶核通常是高碳蜡的聚集体)存在,这个晶核就成为蜡分子聚集的生长中心。事实上在晶核形成之前,原油中就已存在着蜡分子束的形成和破坏过程,不过在温度还不足够低的时候这个过程是处于平衡状态而已。随着原油温度的降低,越来越多的蜡分子从原油中沉积出来,沉积的蜡分子浓度也会越来越大,并足以使原油中蜡分子束破裂,使其平衡遭到破坏,随之而来便是分子束的叠加作用,而使蜡晶增长。蜡从原油中结晶析出后,就有可能在管壁表面直接生长,或者油中的蜡晶彼此结合,并在金属表面堆积。图 8.15(a)示意性地描述了蜡在原油中结晶析出和在金属表面的沉积过程。图 8.16 为防蜡剂对原油中蜡的影响。

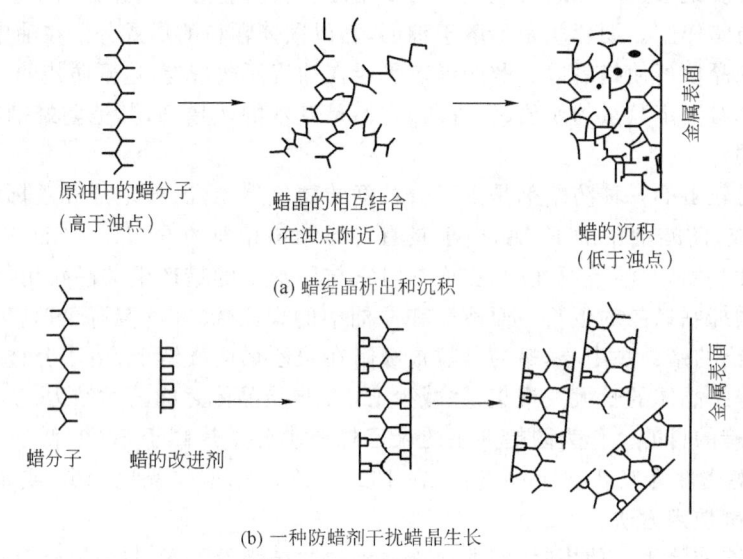

(a) 蜡结晶析出和沉积

(b) 一种防蜡剂干扰蜡晶生长

图 8.15 蜡的沉积和蜡晶结构的改造过程

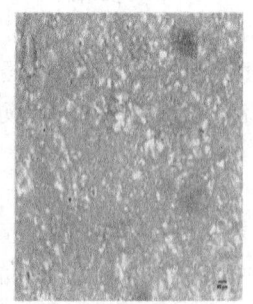

(a) 未加防蜡剂　(b) 加入防蜡剂

图 8.16 防蜡剂对原油中蜡的影响

一种类型的化学防蜡剂的防蜡机理如图 8.15(b)所示,它能够与蜡晶结合在一起而干扰蜡晶生长。这类化学剂最典型的代表就是乙烯—醋酸乙烯共聚合物(EVA)。这类化合物通常与蜡形成共晶体而阻碍蜡晶的相互结合和聚集。

EVA 作为防蜡剂中的蜡晶改进剂对原油具有强烈的针对性,在选用时一定要注意 EVA 中亲油碳链的碳数要与原油中蜡晶的平均碳数基本接近,且碳数分布也应基本一致,才能收到最好效果。

另一种类型的化学剂通常是破坏蜡分子束的形成,从而防止晶核的形成,当然也就改进了蜡晶的结构,防止了原油中蜡的叠加和沉积。聚乙烯就是这类蜡晶改进剂的典型代表。

聚乙烯基本上有两种结构类型,一种称为结晶型聚乙烯,另一种称为非晶型聚乙烯(amorphous polyethylene),它们的结构示意图如图 8.17 所示。

通常作为防蜡剂用的聚乙烯是非结晶型多支链聚乙烯。原油中含有少量的聚乙烯,在冷却情况下,它能形成网状结构,在网络里,蜡以微结晶形式附着在上面。由于网络结构的形成,蜡结晶被分散开而无法相互叠加、聚集和沉积,也就收到了防蜡效果。当然聚乙烯对蜡晶的分散度与聚乙烯的浓度、结构和分子量有密切的关系。在使用聚乙烯作为蜡晶改进剂时,原油中必须含有足够的天然极性物质(如沥青质和胶质),否则就必须加入分散剂,才能收到良好的防蜡效果。因为这些天然极性物质(或分散剂)能够围绕蜡晶建立潜在的"栅栏",协助聚乙烯防止这些蜡晶的相互堆积。

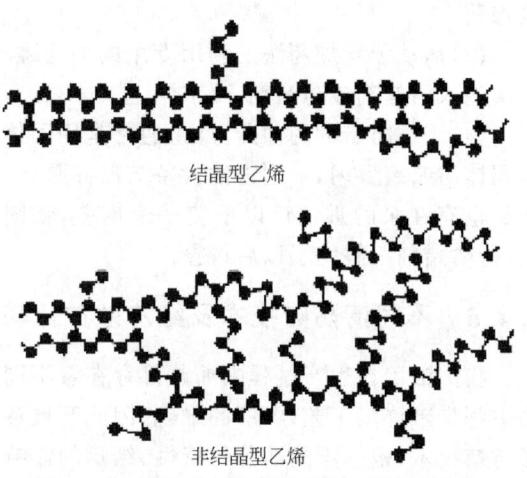

图 8.17 结晶型和非结晶型聚乙烯分子排布

根据表面活性剂防蜡作用机理,表面活性剂防蜡剂加入原油中之后,在管壁上形成活性水膜,使非极性的蜡晶不易黏附;并且表面活性剂分子的非极性基团与蜡晶颗粒结合,使之吸附在蜡晶颗粒上,亲水的极性基团向外,形成一个不利于非极性石蜡在上面结晶生长的极性表面,使颗粒保持细小的状态,悬浮在原油中,达到防蜡的目的。

8.4.4 化学药剂清防蜡的施工方法

化学药剂清防蜡方法,不但要对不同的原油和石蜡性质筛选最优的清防蜡剂配方,而且要保证清防蜡剂不间断地在原油中保持设计的配方和浓度,才能有效地解决石蜡的结晶和沉积问题,达到清防蜡的目的。而且如何正确使用清防蜡剂,充分发挥清防蜡剂的清防蜡效果,也是一个很重要的因素。现场往往发现筛选出的配方、浓度和用量,在室内试验时效果很好,而上现场实施效果并不理想,甚至无效,主要是加药方法不当造成的。因此化学药剂清防蜡必须根据油井状况和结蜡情况,采用合适的加药方法,来保证充分发挥清防蜡剂的清防蜡效果。总的原则是防蜡时要保证防蜡剂始终不间断地与原油和石蜡接触,清蜡时要保证清蜡剂有一定时间与石蜡接触,使石蜡溶解和剥离。为此要根据不同情况采取不同的加药方法。

(1)自喷井清防蜡:由于自喷井井口压力比较高,所以一般采用自喷井高压清防蜡装置加药。

清蜡时先关闭进气阀、连通阀、套管阀,打开放空阀放空后,打开加药阀向高压加药罐内加入足够量的清蜡剂,然后关闭放空阀、加药阀,打开进气阀和连通阀,将清蜡剂压入油管内进行清蜡。

防蜡时,按清蜡的方法将防蜡剂加入高压加药罐内。连续加药,先关闭连通阀、加药阀、放空阀,打开进气阀,用套管阀控制单位时间加药量。断续加药,方法同前,只是套管阀开大,将高压加药罐内的防蜡剂一次加入油套环形空间,但是要注意加药周期,确保油管中始终有足够的防蜡剂,最简单的办法就是用示踪剂测试求得合理的加药周期。

(2)抽油井清防蜡:抽油井油管不通,所以只能从套管加药,一般采用抽油井清防蜡装置。
加药时先关闭进气阀和连通阀,打开放空阀放空,再打开加药阀加够足量的药,然后关闭加药阀和放空阀,打开进气阀,清蜡时开大连通阀,将清蜡剂一次加入油套环形空间,计算好清蜡剂到达结蜡井段时停机溶蜡。防蜡时抽油井与自喷井方法大同小异,也可用光杆泵进行连续加药。

(3)活动装置加药法是利用专用的加药罐车和车上的加药泵用高压快速接头连接,向井内一次注入清蜡剂或防蜡剂,要求同上。

(4)固体防蜡剂的加药方法,通常是用固体防蜡装置。将固体防蜡剂做成蜂窝煤式样,装入固体防蜡装置内,下到进油设备与深井泵之间,当油流经过时逐步溶解防蜡剂,达到防蜡目的。也有在泵的进油口以下装一个捞篮,将固体防蜡剂制成球状或棒状,由油套环形空间投入,待防蜡剂溶解完了以后再投。

8.4.5 不同清防蜡技术及经济效益比较

我国油田在生产过程中油井都存在着不同程度的结蜡现象,油管结蜡在原油生产以及运输中都带来许多工艺,经济的难题,因此开展油井清防蜡工艺十分必要。国内广泛应用的几种清防蜡技术,根据不同油井的特性、结蜡的影响因素及油藏属性,选择最适合油井所需的清防蜡技术是开采过程中非常重要的一步。表8.16是不同清防蜡技术优缺点及适用性对比。

表8.16 不同清防蜡技术优缺点及适用性对比

T	优点	缺点
机械清蜡	操作简单,不伤害油层,对产量无影响	清蜡不彻底,易形成清蜡死角,易重新结蜡;清蜡器械粗糙,操作不当可造成井下事故
油管内衬和涂料防蜡	成本低,降低油管表面能改善管壁的光滑程度和亲水性,防蜡效果明显	不适用于稠油油藏和低产井及内层损坏井,对井下作业要求较高
化学清蜡	清蜡剂密度较大,应用效果较好;溶蜡速度快,见效快	制备和使用条件要求较高;部分清蜡剂有毒性;需要根据结蜡情况复配清蜡剂
热力清蜡	工艺简单,操作方便,热洗效率高,溶蜡能力强,清蜡效果彻底;热能利用充分,对地层无伤害	投资大,成本高,耗能高,耗时长,井筒套受热易变形,套管工艺变差
磁防蜡	施工方便,操作方便;磁场的导通强度可控制,磁场作用距离长,作用范围广	使用温度受限制,温度不能太高;需结合不同油井选择合适防蜡器
超声波防蜡	施工简单,效果较好	仅适用于机抽井,且井口必须偏心,不适用斜井
微生物清防蜡	安全环保,操作简单,效果好,无副作用,施工成本低;具有油井维护和增产效果	有些菌种的有效周期短

油井所采用清防蜡工艺的经济成本直接影响到原油开采的成本,不同的清防蜡措施的经济成本均不相同,在选用清防蜡工艺时既要兼顾效果,又要保证经济效益。清防蜡技术的经济效益研究表明,化学清蜡普遍优于热洗清蜡。表8.17列举了不同清蜡方式的成本对比。

表8.17 不同清防蜡技术的经济效益比较

清蜡方式	清蜡次数	清蜡成本/(万元/次)	全年合计清蜡费用/万元
热洗清蜡/(60m³/次)	12	0.15	8.74

续表

清蜡方式	清蜡次数	清蜡成本/(万元/次)	全年合计清蜡费用/万元
化学清蜡/(60kg/次)	12	0.039	0.468
自动清蜡器	1	0.96	0.96
空心杆传输热水清蜡	7	0.15	1.05

与化学清防蜡相比,热洗清蜡热效率较低,清蜡效果不理想油井热洗清蜡后需要5~7d才能恢复清蜡前的产气量,个别井甚至需要半个月的时间才能恢复,且容易造成清蜡、排蜡困难,蜡卡事故率高;热洗清蜡的平均单井年清蜡费用(不包括管线清蜡费用)比化学清防蜡的多20%~37%(见表8.18)。

表8.18 化学清防蜡与热洗清蜡单井年清蜡费用对比

油田	热洗清蜡费用					化学清防蜡费用	费用对比增(+)、减(-)情况	
	平均液量 m³/井次	热清劳务 元/井次	清防蜡剂 元/井次	配液费 元/井次	合计费用 元/井次	单井次费用 元/井次	与热清劳务对比增减 元	与热清总费用对比增减 元
百口泉油田	41.0	3676.67	671.88	602.7	4951.25	3100	-576.67	-1851.25
夏子衡油田	31.5	2824.76	516.21	463.05	3804.02	3100	+275.24	-704.02

清防蜡技术的经济效益研究表明,化学清蜡普遍优于热洗清蜡。

8.5 主要表面活性剂型防蜡剂的生产方法

8.5.1 磺酸盐型表面活性剂

在四大类表面活性剂中,阴离子表面活性剂是应用最广泛的一大类,其总产量占表面活性剂总量的50%以上,而磺酸盐表面活性剂又是阴离子活性剂中应用最广、产量最大的一类,也是在油田中应用较广的一类清防蜡表面活性剂。其中具有代表性的是烷基苯磺酸盐和烷基磺酸盐。

8.5.1.1 烷基苯磺酸盐

烷基苯磺酸盐中典型的产品为直链烷基苯磺酸钠(LAS),它是以直链烷基苯为原料,与适当的磺化剂反应生成烷基苯磺酸,然后用烧碱中和而制得。其分子式为:

$$R-\text{C}_6\text{H}_4-SO_3Na \qquad R=C_{12}\sim C_{18}$$

烷基苯磺酸钠不是单一组分。由于工艺与原料不同,烷基苯的链长及支化情况不同,苯环与烷基连接位置不同,以及磺酸基进入苯环的多少和位置也不同,因此它是一个复杂的体系。体系的组成和结构的差异对产品性能有一定影响。

1. 烷基苯的磺化反应

烷基苯磺化是制备烷基苯磺酸钠的重要环节,是决定产品质量优劣的关键工序之一。

烷基苯磺化可用的磺化剂有浓硫酸(98%)H_2SO_4、发烟硫酸$H_2SO_4 \cdot SO_3$以及三氧化硫SO_3。

磺化反应是亲电取代反应,反应通式为:

$$R-\text{C}_6\text{H}_5 + SO_3 \longrightarrow R-\text{C}_6\text{H}_4-SO_3H$$

$$R-\!\!\!\bigcirc\!\!\!-+H_2SO_4 \rightleftharpoons R-\!\!\!\bigcirc\!\!\!-SO_3H+H_2O$$

不同的磺化剂与烷基苯反应的难易程度及放热量均不同。用三氧化硫作磺化剂,磺化反应的活化能最低,反应最易进行,但反应放热量最大,反应后期由于分子间的相互缔合作用黏度大大增加,必须采取专门措施排除反应热。用浓硫酸作磺化剂时,磺化反应生成水,反应可逆。为使反应顺利进行,需将水不断除去,否则反应难以进行。用发烟硫酸作磺化剂时,反应易于控制,但生成硫酸与磺酸的混合物,需加强后处理。

无论采用哪种磺化剂,由于长链烷基苯的空间位阻效应,生成的产品几乎都是对位取代产物。

在磺化反应中,将不可避免地生成一些副产物。例如,以三氧化硫和空气混合磺化时,若磺化剂过量,反应温度过高,可生成磺酸酐;在使用强磺化剂或磺化时间过长时,会发生过磺化,生成多磺酸;当烷基苯中含有少量二苯烷时,易生成烷基二苯磺酸;磺化剂的氧化作用可将烷基苯氧化成不饱和的环酮或醌,使产品色泽加深,也可发生支链氧化,生成焦油状黑色物质;以浓硫酸为磺化剂时,易发生逆烷基化作用,使产物带有烯烃的气味;此外,还可生成没有表面活性的砜,直接影响产品质量。

总之,烷基苯的磺化反应较为激烈,混合不均匀、局部过热、反应时间过长、烷基苯中杂质含量过高等因素,均会使副产物增加,影响最终产品质量。因此控制烷基苯磺化反应条件,是提高烷基苯磺酸钠产品质量的关键。

2. 硫酸磺化工艺

用浓硫酸或发烟硫酸作磺化剂生产烷基苯磺酸可采用釜式间歇磺化工艺,也可采用罐组式连续磺化工艺。但这两种工艺都有搅拌慢、传质差、传热慢的缺点,易发生局部反应过热、副反应多、产品质量较差,故目前已很少采用罐式或釜式反应设备。当前国内外普遍采用的是以发烟硫酸为磺化剂的连续磺化工艺,其工艺流程如图8.18所示。

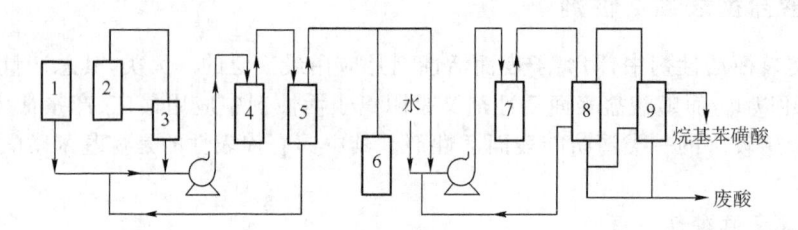

图 8.18 发烟硫酸连续磺化工艺流程图
1—烷基苯高位槽;2—发烟硫酸高位槽;3—过滤器;4,7—冷却器;
5—老化器;6—混酸槽;8,9—分离器

连续磺化工艺工程主要分为反应和分酸两段。反应段是指烷基苯与发烟硫酸反应生成烷基苯磺酸和硫酸的过程。分酸是用水将磺酸与硫酸形成的混酸稀释,使硫酸与磺酸的互溶度降至最低,从而利用密度差将它们分开的过程。

在磺化过程中应注意以下的一些主要工艺条件:

(1)酸烃比。

酸烃比是指硫酸与烷基苯的用量之比。选择酸烃比与磺化剂的性质及烷基苯质量有关。由于硫酸与烷基苯的磺化是一个可逆反应,反应生成的水不断稀释硫酸,当硫酸浓度降至一定值后,磺化反应达到平衡。因此,为了使反应较易进行,加酸量必须高于理论用酸量,但加酸量过多,则会产生大量的废酸。表8.19列出了烷基苯磺化的理论和实际酸烃比。

表 8.19 烷基苯磺化的酸烃比

硫酸浓度/%	理论酸烃比(质量比)	实际酸烃比(质量比)	
		精烷基苯	粗烷基苯
98	0.4:1	1.5~1.6:1	1.7~1.8:1
104.5	0.37:1	1.1~1.2:1	1.25~1.3:1

除采用高浓度和过量硫酸来保证反应顺利进行外,在某些磺化工艺中也可采用共沸脱水的方法。

(2)反应温度。

反应温度对产品色泽有很大影响。磺化是放热反应,需及时携带走反应热,以避免过多的副反应发生。用104.5%发烟硫酸作磺化剂时,反应温度以36~45℃为宜。原料为精烷基苯时,磺化温度在于36~40℃即可;原料为粗烷基苯时,磺化温度可稍高些,选40~45℃。用98%浓硫酸磺化精烷基苯时,磺化温度可高达60~70℃。

(3)分酸。

分酸是发烟硫酸磺化工艺的一部分。磺化后,生成的磺酸与未反应的硫酸混合在一起,称为混酸。加入一定量的水降低二者的互溶度,使之靠密度差分开。分酸的目的在于提高磺酸含量,节省中和时的碱量,减少含盐量,提高产品色泽。

分酸的加水量多少,不仅影响分酸效果,而且也影响分酸操作。加水量不足,磺酸与废酸分离不清或分离时间过长;加水量过多,易使磺酸遇水结块,造成磺酸损失。废酸浓度在75%~78%时,磺酸与废酸互溶度最低,分离最干净。

分酸的过程实际上是加水使硫酸稀释的过程,因此放出大量稀释热,必须通过冷却来控制分酸温度。温度过低时物料黏度大,不易分离干净;温度过高会导致磺酸色泽加深。分酸温度一般控制在45~50℃。

3. 三氧化硫磺化工艺

三氧化硫磺化属气液非均相反应。磺化反应主要发生在液体表面上,或者一些三氧化硫气体溶解在液相中,并在液相中进行反应。三氧化硫磺化速度快,放热量大,其磺化反应速度比发烟硫酸快200倍,大部分反应热在初始阶段放出,因此如何移走反应热和控制反应速度是三氧化硫磺化反应的关键。反应体系中因没有硫酸存在,反应体系黏度急剧增加,带来了传热与传质的困难,易使体系局部过热,副反应增加。因此在实际生产中要求投料比、气体浓度、反应温度稳定,物料在体系中停留时间短,气液两相接触状态良好,及时排走反应热。可采用的三氧化硫磺化工艺主要有两种,一种是带搅拌的罐组式磺化工艺,另一种是膜式磺化工艺。图8.19给出了三氧化硫膜式磺化工艺流程。

罐组式磺化器容量大,操作弹性大,开停车容易,可省去三氧化硫吸收塔,反应过程不产生大量尾气,因而尾气净化系统简单,整套设备的投资费用较少。但该工艺反应物料相对于膜式磺化器停留时间较长,物料返混不可避免,反应器死角区也不可避免,因此产生副反应的机会较多,产品色泽较差。目前该工艺已逐渐为膜式磺化工艺所取代。

膜式磺化工艺是将烷基苯造成膜状(一般膜厚在0.1mm左右)流动,与顺流的三氧化硫气体进行反应。反应是在烷基苯液膜表面进行的,液体物料停留时间极短,仅几秒钟。用空气稀释的三氧化硫通过磺化器的速度在20~30m/s之间,几乎不存在物料返混现象,过磺化及其他副反应的机会比罐组式少,反应热能及时排出,因而能获得较好的产品。

膜式磺化器可分为单膜、双膜和多管式三种,其中使用较多的是双膜磺化器。在双膜式磺化器中,同时形成两股烷基苯膜(内膜与外膜),三氧化硫则从两股膜之间通过,与烷基苯发生反应。

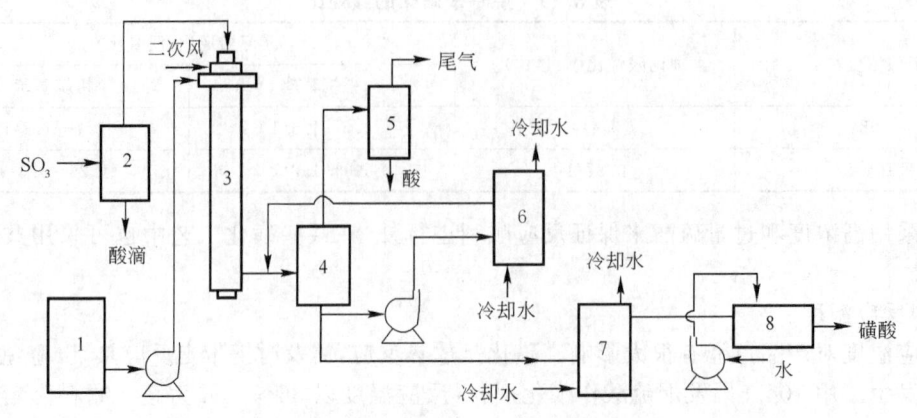

图 8.19 三氧化硫膜式磺化工艺流程图
1—烷基苯储罐;2—三氧化硫液滴分离器;3—双膜磺化器;4—尾气分离器;
5—分离器;6—冷却器;7—老化器;8—加水器

尽管采用膜式化装置,但反应速度的控制还是值得注意的问题。如果不加控制地任三氧化硫与烷基苯膜接触,反应激烈得常常引起碳化。所以一般用干燥的空气来稀释三氧化硫,三氧化硫在干燥的空气中的浓度为 3%～5%,气体在反应区的停留时间不到 1s。

由反应器底部出料的磺酸要进入老化器老化,即磺化反应后的磺酸要在不加任何新鲜物料的条件下停留一段时间,使其中未反应的烷基苯和三氧化硫继续进行反应,从而提高烷基苯的转化率和三氧化硫的利用率。

4. 烷基苯磺酸的中和

工业上用烧碱中和烷基苯磺酸,制得烷基苯磺酸钠。

烷基苯磺化产物中含有一部分硫酸,用硫酸或发烟硫酸磺化时含硫酸较多,用三氧化硫磺化时硫酸含量很低。因此中和反应包括磺酸的中和与硫酸的中和。

$$R-\text{C}_6\text{H}_4-SO_3H + NaOH \longrightarrow R-\text{C}_6\text{H}_4-SO_3Na + H_2O$$

$$H_2SO_4 + 2NaOH \longrightarrow Na_2SO_4 + 2H_2O$$

烷基苯磺酸与烧碱的中和反应与一般的酸碱中和反应有所不同,它是一个复杂的胶体化学过程。烷基苯磺酸黏度很大,且遇水后结团成块。在剧烈搅拌下,磺酸被粉碎成粒子,反应是在粒子表面进行的。生成的烷基苯磺酸钠在搅拌作用下移去,出现磺酸粒子的新表面,继续与碱分子反应,磺酸粒子不断减小,直至磺酸全部被中和。

中和温度控制在 50℃左右,pH 值控制在 7～10,反应要保持在碱性条件下进行。工业上称中和后的产物为单体,对单体的质量要求是:组成恒定,有效物含量高,要具有良好的流动性,保持均质液态,色泽洁白。如果用发烟硫酸磺化,总固含量一般为 40%～50%,活性物含量≥32%,不皂化合物含量<3%(以 100%活性物计);若用三氧化硫磺化,中和后得到的单体中总固含量≥40%,活性物含量>36%,无机盐含量<2%,不皂化合物含量<3%(以 100%活性物计)。

8.5.1.2 烷基磺酸盐

烷基磺酸盐的通式为 RSO_3M,R 为 C_{13}～C_{20} 的烷基,M 为碱金属或碱土金属,产物为仲烷基磺酸盐(SAS),应用广泛的是仲烷基磺酸钠。烷基磺酸盐的工业生产方法主要有两种,即磺氧化法和磺氯化法。

1. 磺氯化法

磺氯化也称磺酰氯化法,该方法以正构烷烃为原料,在紫外光照射下与 SO_2 和 Cl_2 反应生成烷基磺酰氯,该反应称为磺酰氯化反应。烷基磺酰氯用氢氧化钠中和得到烷基磺酸钠。有关反应如下:

$$RH + SO_2 + Cl_2 \xrightarrow{紫外光} RSO_2Cl + HCl$$
$$RSO_2Cl + 2NaOH \longrightarrow RSO_3Na + NaCl$$

烷烃的磺酰氯化反应是按自由基历程进行的,光引发产生氯自由基;然后氯自由基夺取烷烃分子中的氢原子,产生烷基自由基;烷基自由基可继续与 SO_2 和 Cl_2 反应,直至生成烷基磺酰氯。有关反应如下:

$$Cl_2 \longrightarrow 2Cl\cdot$$
$$RH + Cl\cdot \longrightarrow R\cdot + HCl$$
$$R\cdot + SO_2 \longrightarrow RSO_2\cdot$$
$$RSO_2\cdot + Cl_2 \longrightarrow RSO_2Cl + Cl\cdot$$

磺酰氯化反应的主要产物是仲烷基磺酰氯。反应过程中可能发生一些副反应,生成氯代烷、二氯代烷或多磺酰氯。原料中若含有芳香烃、烯烃、铁、氧、水及含氮或含氧化合物等杂质均会抑制磺酰氯化反应。为减少副反应,保证产品质量,磺酰氯化法的工艺过程包括原料处理、磺氯化、脱气、皂化和脱油脱盐等过程,其工艺流程如图 8.20 所示。

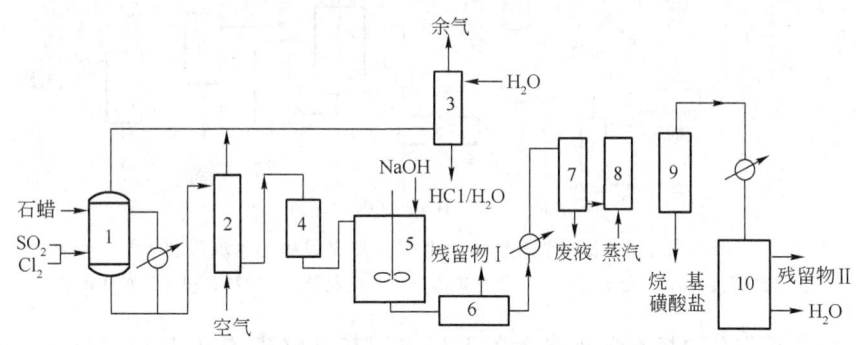

图 8.20 磺氯化法生产烷基磺酸盐工艺流程图
1—反应器;2—脱气塔;3—气体吸收塔;4—中间储罐;5—皂化器;6,7—分离器;
8—蒸发器;9—磺酸分离器;10—油水分离器

(1)原料要求。磺氯化法对原料的要求是:正构烷烃>98%,芳香烃含量≤0.6%,碘价<5,水分<0.03%。采用尿素脱蜡制得的重蜡油中,芳香烃和烯烃含量都较高,并含有部分异构烃、环烷烃、含氧或含氮化合物,需经发烟硫酸处理除去可磺化物。此外,对于 Cl_2 和 SO_2 也有一定要求,这些气体中的氧含量应<0.02%,因为烷基的氧化速度要比磺氯化速度快得多,所以在反应过程中也应避免空气渗入。

(2)磺氯化。磺氯化反应为放热反应,反应热为 54.4kJ/mol。反应生成的热量必须及时排除,因温度升高,会使产物中氯代烷增多,通常反应温度控制在 30℃ 左右。SO_2 与 Cl_2 的混合比例对反应也有影响。由磺氯化反应机理可知,提高 SO_2 的比例,有利于磺酰氯的生成,抑制了氯化反应。一般均采用 $SO_2:Cl_2=1.1:1$。

(3)脱气与皂化。磺氯化反应中生成一部分 HCl 溶解在产物中,并溶解有一些未反应的 Cl_2 和 SO_2,可用压缩空气将这些气体吹脱,然后用氢氧化钠中和,生成烷基磺酸钠。在皂化过程中,反应始终保持微碱性,温度保持在 98~100℃,游离碱含量为 0.3%~0.5%。皂化所用碱的浓度一般在10%～30%之间。

(4)脱油脱盐。磺酰氯化产物皂化后仍有未反应的蜡油,这些蜡油需回收利用。磺氯化产物经脱气后,仍不可避免地含有HCl、Cl_2和SO_2等,皂化后生成一定量的无机盐,也需除去。对于未反应蜡油较多的产物,一般采用静置分层脱油,下层浆状物用离心法脱盐,上层清液加热至102～105℃,并加水稀释,使油层析出。

2.磺氧化法

磺氧化法也以正构烷烃为原料,在紫外光照射下与SO_2和O_2反应,生成烷基磺酸;然后用氢氧化钠中和,生成烷基磺酸盐,其反应式如下:

$$RH + SO_2 + 1/2 O_2 \xrightarrow{紫外光} RSO_3H$$
$$RSO_3H + NaOH \longrightarrow RSO_3Na + H_2O$$

反应除用紫外光引发外,还可用γ射线、臭氧或过氧化物引发。反应按自由基历程进行,在反应过程中生成过磺酸中间体。工业上采用在反应器中加水分解烷基过磺酸,生成烷基磺酸的工艺,因此也称该工艺为水—光磺氧化法。水—光磺氧化法包括磺氧化反应、分油、汽提、蒸发、分离、中和等步骤,其工艺流和如图8.21所示。

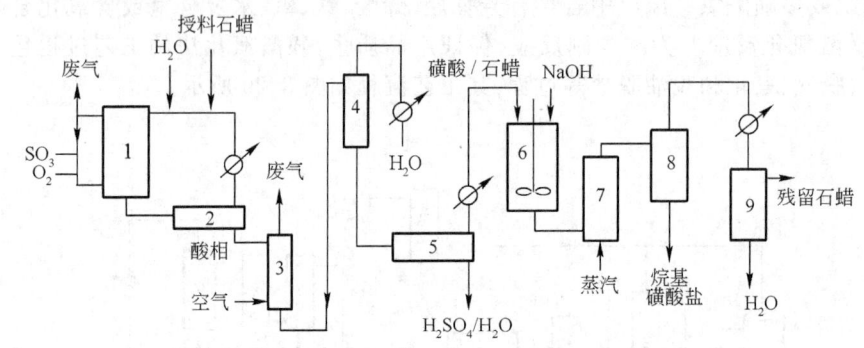

图8.21 水—光磺氧化法生产烷基磺酸盐工艺流程图
1—反应器;2,5,8—分离器;3—气体分离器;4,7—蒸发器;6—中和釜;9—油水分离器

磺氧化反应首先是烷烃在紫外光照射下生成烷基自由基;烷基自由基进一步与SO_2和O_2反应生成过氧磺酰基;再与烷烃作用则生成过氧磺酸和新的烷基自由基,形成连锁反应:

$$RH \longrightarrow R\cdot + H\cdot$$
$$R\cdot + SO_2 + O_2 \longrightarrow RSO_2OO\cdot$$
$$RSO_2OO\cdot + RH \longrightarrow RSO_2OOH + R\cdot$$

当反应中有水存在时,烷基过氧磺酸与H_2O和SO_2反应生成烷基磺酸和硫酸,使连锁反应终止:

$$RSO_2OOH + H_2O + SO_2 \longrightarrow RSO_3H + H_2SO_4$$

磺氧化得到的产物主要是仲烷基磺酸。

烷基过氧磺酸可使烷烃脱氢生成烯烃,烯烃可与过氧磺酸作用生成磺酸酯副产物。此外,生成的烷基磺酸还可进一步反应生成多磺酸。

(1)原料要求。水—光磺氧化法所用原料为C_{12}～C_{18}的正构烷烃,其中主要是C_{13}～C_{17}烷烃,要求正构烷烃含量>98%,芳香烃含量<50mg/L。用分子筛或尿素脱蜡法得到的正构烷烃中,芳香烃含量较高,还含有少量的异构烃和烯烃。它们对氧化反应均有影响,因此在磺氧化之前需对原料进行处理,可用加氢精制方法,也可用发烟硫酸或三氧化硫处理。

(2)磺氧化。光化反应的活化能主要取决于光的吸收,受温度影响较小。波长254～

400nm 的紫外光均可引发磺氧化反应。磺氧化温度一般为 30~40℃,温度太低时反应速度慢,生成磺酸量少;温度太高会降低 SO_2 气体在烃中的溶解度,也影响反应速度,且增加副反应。在磺氧化反应中,SO_2 与 O_2 物质的量比按反应式计算应为 2:1。但在反应过程中,离开反应器的烷基磺酸中会溶解部分的 SO_2,为保证反应的顺利进行,实际操作中控制二者的物质的量比为 2.5:1。

(3)加水。在反应过程中加水,不仅使过氧磺酸分解成烷基磺酸,而且可及时将反应产物从反应区抽提出来,避免单磺酸继续反应生成无表面活性的多磺酸,控制反应区磺酸的含量,使烷烃单程转化率提高。反应过程的加水量可根据磺酸产率而定,一般为磺酸产率的 2~2.5 倍。

(4)分离与中和。反应得到的磺酸液中含有磺酸 19%~23%,烷烃 30%~38%,硫酸 6%~9%,二氧化硫 2%左右。

通过加热分离出二氧化硫;通过减压蒸馏分离出部分烷烃;利用沉降分离将磺酸与硫酸分开。分离出的磺酸液经漂白处理后,用 50%的氢氧化钠连续中和,中和后的浆料经蒸馏和汽提除去残余烷烃,可得到含量为 98%左右的烷基磺酸钠。

8.5.2 聚氧乙烯型非离子表面活性剂

非离子表面活性剂是第二大类表面活性剂,其产量仅次于阴离子活性剂。在非离子型活性剂中,最主要的是聚氧乙烯型活性剂。它的亲水基是由氧乙烯基团构成的,其通式:

$$R-X+CH_2-CH_2-O\frac{}{}_nH$$

其中,X 表示 O、S、N 等原子,R 表示剩余基团。

聚氧乙烯型非离子活性剂的疏水基是由含有活泼氢的化合物如高碳醇、烷基酚、脂肪酸、脂肪胺、烷基酰胺等提供的,环氧丙烷也可作为疏水基原料。亲水基是由环氧乙烷反应生成的。

8.5.2.1 环氧乙烷生产方法

环氧乙烷(EO)是合成聚氧乙烯型表面活性剂的重要原料。工业上以乙烯为原料生产环氧乙烷,主要的生产工艺有氯乙醇法和直接氧化法。

1. 氯乙醇法

氯乙醇法生产环氧乙烷分两步进行。首先将氯气和乙烯依次通入水中,氯气与水作用生成次氯酸,乙烯与次氯酸反应生成氯乙醇;然后是氯乙醇与石灰乳作用生成环氧乙烷。其有关反应如下:

$$Cl_2 + H_2O \longrightarrow HOCl + HCl$$
$$CH_2=CH_2 + HOCl \longrightarrow Cl-CH_2-CH_2-OH$$
$$2Cl-CH_2-CH_2-OH + Ca(OH)_2 \longrightarrow 2\underset{\underset{O}{\diagdown\diagup}}{CH_2-CH_2} + 2H_2O + CaCl_2$$

在上述反应过程中,主要副产物是 1,2-二氯乙烷,其他少量副产物是 β,β'-二氯乙醚和氯乙酸。

在次氯酸化反应中,氯气与乙烯的物质的量比要控制在 1.0 以下,因为当氯气过量而达到乙烯的 2 倍时,有引起爆炸的危险。反应温度一般控制在 60~65℃。

氯乙醇与石灰乳的反应在 102~105℃下进行。因环氧乙烷在碱性条件下易与水作用生成乙二醇,所以在环氧乙烷反应器中,物料停留时间应尽量短,应及时地将生成的环氧乙烷分离出来。

氯乙醇法生成的环氧乙烷纯度可达到 98% 以上。该法对原料乙烯纯度要求不高,且乙烯利用率高。从乙烯到氯乙醇转化率为 85%,从氯乙醇到环氧乙烷转化率为 95%。该工艺的缺点是消耗大量的氯气和石灰,它们以氯化钙溶液从反应体系中排出,给污水处理带来困难,此外氯气对设备的严重腐蚀也是一个问题。

2. 直接氧化法

乙烯与空气或纯氧在 200~300℃下,用纯银为催化剂可直接氧化生成环氧乙烷。其工艺流程如图 8.22 所示。

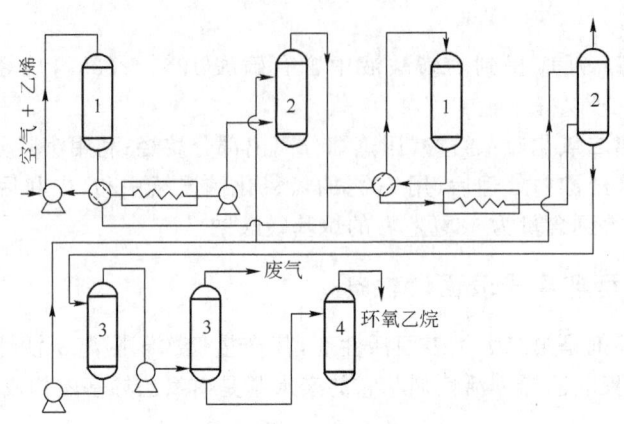

图 8.22　乙烯直接氧化生产环氧乙烷工艺流程图
1—反应器;2—洗涤器;3—汽提塔;4—精馏塔

乙烯的直接氧化按下面的反应式进行:

$$CH_2=CH_2 + 1/2 O_2 \xrightarrow[T,p]{Ag} CH_2\underset{O}{-}CH_2$$

副反应只是乙烯深度氧化生成二氧化碳和水,此外还生成少量乙醛和甲醛。

乙烯直接氧化制环氧乙烷工艺值得注意的特点是,除金属银以外,任何其他金属均不起催化作用。银催化剂对硫、砷、磷、卤化物和乙炔等十分敏感,微量的这些物质即可使催化剂中毒。因此通入的气体必须经过碱吸收液和活性炭净化,以除去有害杂质。

在反应过程中,温度控制十分重要。在较低温度下,氧化反应是完全有选择地进行,即只生成环氧乙烷,反应产物中完全没有二氧化碳,但反应速度太慢,以至于没有实际意义。温度升高时,虽然生成环氧乙烷的速度增加,但副产物也增多。当温度超过 300℃时,则发生深度氧化,产物中几乎没有环氧乙烷。工业生产中通常将反应温度控制在 250~280℃。

直接氧化法的优点是省去了氯气,得到的环氧乙烷纯度大于 99.7%,生产成本也比氯乙醇法低。但该工艺对原料纯度要求苛刻,一般要求使用含量为 98%~99.5%,甚至 99.9% 的乙烯。其中甲烷和乙烷的含量不大于 1%,乙炔含量则要求不大于 0.001%。对空气的要求也十分苛刻,其中的机械杂质不大于 $0.007 mg/m^3$,其他的有机和无机物均不得存在。因此对原料乙烯和空气(或氧气流)均需严格精制,除去化学杂质和机械杂质,否则很容易引起催化剂中毒。两种生产环氧乙烷方法的比较见表 8.20。

直接氧化法生产环氧乙烷与氯乙醇法相比,原料无毒害、无腐蚀,反应过程中不产生有害物质,反应的原子经济性达到 100%,因此是一种典型的绿色化学工艺。

表 8.20 氯乙醇法和直接氧化法的比较

项	目	氯乙醇法	直接氧化法
原料消耗	乙烯/t	0.74~0.80	0.91
	氯气/t	1.8~2.0	—
	石灰(按 CaO 计)/t	1.7~2.0	—
	氧气/t	—	1.2
	银催化剂/kg	—	0.00023
动力消耗	电/(kW·h)	160~200	440~470
	蒸汽/t	9~12	4.2
	冷却水/m³	120~250	240
副产物	二氯乙烷/kg	100~150	—
	二氯二乙醚/kg	50~90	—
环氧乙烷收率(以乙烯质量计)/kg		118~125	105~115
环氧乙烷纯度/%		98~99	>99.7

8.5.2.2 聚氧乙烯化反应

在含活泼氢化合物中引入多个氧乙烯基的反应称为聚氧乙烯化反应,它是制备聚氧乙烯型表面活性剂的重要反应。

氧乙烯基的引入是用环氧乙烷实现的。环氧乙烷是三元环醚,具有很强的反应活性,在酸或碱催化下均可与含活泼氢的化合物反应,生成含聚氧乙烯基的化合物。工业上常用碱催化。其反应通式为:

$$R-XH + n\ \overset{CH_2-CH_2}{\underset{O}{\diagdown\diagup}} \xrightarrow[T,p]{B^-} R-X\text{\textendash}(CH_2CH_2O)_n\text{\textendash}H$$

其中,R 为长碳链疏水基;—XH 代表含活泼氢的极性基团,如羟基、羧基、酰胺基、胺基、疏基等;B^- 表示具有催化作用的碱。

1. 聚氧乙烯化反应原理

环氧乙烷开环反应是亲核取代反应。在碱性条件下,反应分两个步骤。首先在碱的作用下,含活泼氢的化合物失去质子生成亲核试剂,然后是亲核试剂进攻环氧乙烷环上的碳原子使其开环。决定反应速度的一步是亲核试剂进攻环上碳原子的步骤。

$$R-XH + B^- \xrightarrow{\text{快}} R-X^- + HB$$

$$R-X^- + \overset{CH_2-CH_2}{\underset{O}{\diagdown\diagup}} \xrightarrow{\text{慢}} R-X-CH_2CH_2O^-$$

含活泼氢的化合物失去质子生成亲核试剂的反应速度较快,因此上述反应速度取决于 $[R-X^-][C_2H_4O]$,所以这是一个二级亲核取代反应。在过渡状态中,C—O 键断裂,C—X 键形成。生成的氧乙烯基阴离子可以与 R—XH 分子进行快速的质子交换反应:

$$R-X-CH_2CH_2O^- + R-XH \rightleftharpoons R-X-CH_2CH_2OH + R-X^-$$

或者与环氧乙烷进一步反应:

$$R-X-CH_2CH_2O^- + \overset{CH_2-CH_2}{\underset{O}{\diagdown\diagup}} \longrightarrow R-X-CH_2CH_2OCH_2CH_2O^-$$

这两个反应受 R—XH 与 R—XCH₂CH₂OH 之间相对酸碱性的控制。

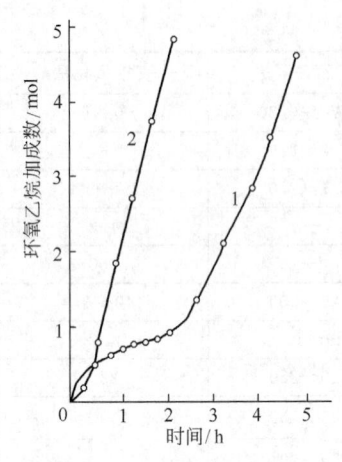

图 8.23 硬脂酸、十八醇的聚氧乙烯化反应速度
1—硬脂酸；2—十八醇

(1) R—XH 比 R—X—CH$_2$CH$_2$OH 酸性强。

如 R—XH 为烷基酚、羧酸或硫醇时，此时质子交换反应的平衡常数很高，氧乙烯基阴离子首先与 R—XH 发生质子交换反应。因此，在体系中有过剩的环氧乙烷存在时，所有的 R—XH 基本上全部与环氧乙烷反应生成单分子加成物之后，才进行环氧乙烷的聚合反应。这时出现一个急剧增加的反应速度，如图 8.23 中曲线 1 所示。

(2) R—XH 与 R—X—CH$_2$CH$_2$OH 酸性相等。

如 R—XH 为高碳醇或烷基酰胺时，此时质子交换反应的平衡常数近似等于 1。这时在反应的任何阶段都没有一种阴离子表现出对质子有更强的竞争力，因此环氧乙烷可以与所有的阴离子反应。在 R—XH 化合物全部反应之前，链增长的聚合反应就充分发生了，如图 8.23 中曲线 2 所示。

(3) R—XH 比 R—X—CH$_2$CH$_2$OH 酸性弱。

如 R—XH 为脂肪胺时，由于胺的弱碱性，使得常用的催化剂如氢氧化钠和氢氧化钾等将不起作用。体系中也不会发生明显的质子交换反应。实际上脂肪胺与环氧乙烷的反应是分两步进行的。在无催化剂的条件下，伯胺可以与环氧乙烷发生反应：

$$R-NH_2 + CH_2-CH_2 \longrightarrow R-NHCH_2CH_2OH$$
$$\underset{O}{\diagdown\diagup}$$

$$R-NHCH_2CH_2OH + CH_2-CH_2 \longrightarrow R-N\begin{matrix}CH_2CH_2OH\\CH_2CH_2OH\end{matrix}$$

生成的烷基二乙醇胺即使在过剩的环氧乙烷存在下，也难以继续进行氧乙烯化反应。在碱存在下，则烷基二乙醇胺可像醇一样与环氧乙烷发生聚氧乙烯化反应：

$$R-N\begin{matrix}CH_2CH_2OH\\CH_2CH_2OH\end{matrix} + n CH_2-CH_2 \xrightarrow{B^-} R-N\begin{matrix}(CH_2CH_2O)_{n_1}H\\(CH_2CH_2O)_{n_2}H\end{matrix}$$

因此，在制备聚氧乙烯脂肪胺时，首先在无催化剂情况下引入两分子环氧乙烷，然后在碱性条件下进行聚氧乙烯化反应。

2. 聚氧乙烯化反应影响因素

(1) 反应物结构。

脂肪醇同系物中，随着碳链长度及支链情况不同，其聚氧乙烯化反应速度有显著变化。一般随碳链长度增加，反应速度减小；羟基位置变化时，聚氧乙烯化反应速度的次序为：伯醇＞仲醇＞叔醇，且仲醇和叔醇的反应活性低于其氧乙烯基加成产物，因此它们的聚氧乙烯化产物的 n 值分布较伯醇的产物要宽。

对于醇、酚、酸的聚氧乙烯化反应速度，为伯醇＞烷基酚＞羧酸。酚和酸的聚氧乙烯化反应速度慢，是由于存在着质子交换反应，因此表现为烷基酚和脂肪酸聚氧乙烯化反应存在诱导期，而伯醇没有诱导期。

(2) 催化剂。

常用的碱性催化剂有金属钠、甲醇钠、氢氧化钾、氢氧化钠、碳酸钠和碳酸钾等。当反应温度为 195～200℃时,催化剂对反应速度的影响如图 8.24 所示。

可见无催化剂时,反应几乎不能进行。前五种催化剂在此温度下,有相同的活性,后两种催化剂则活性很低。当反应温度略低一些时,催化剂对反应的影响见图 8.25。可以看出,随温度的降低,后两种催化剂已无催化活性,氢氧化钠的活性也明显低于前四种,仅有前四种催化剂保持相同的活性。显然,催化剂的碱性越强,其活性越大。

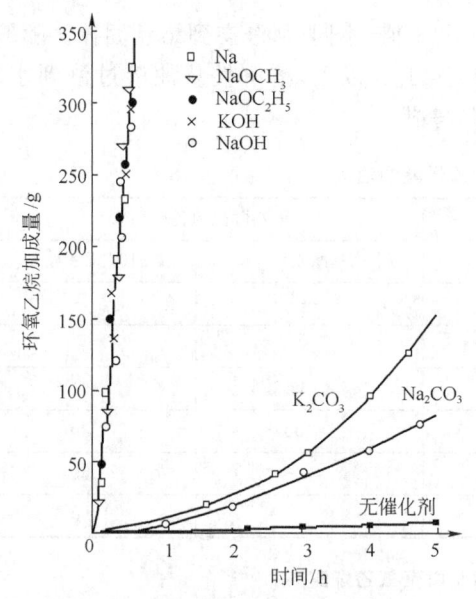

图 8.24 催化剂对聚氧乙烯化速度的影响(195～200℃)
十三醇:催化剂(物质的量比)=1:0.036

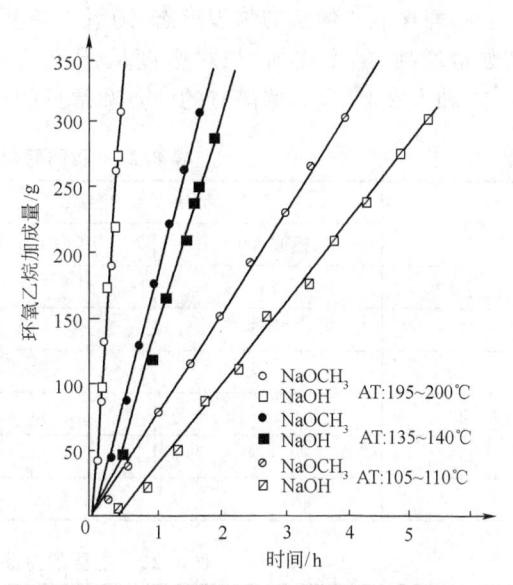

图 8.25 温度和催化剂对聚氧乙烯化反应的影响
十三醇:催化剂(物质的量比)=1:0.036

(3)反应温度。

聚氧乙烯化反应速度随温度升高而加快,但不呈线性关系。在同一温度增值下,高温区的反应速度增加幅度大于低温区(图 8.26)。

(4)反应压力。

由于在聚氧乙烯化反应中环氧乙烷是以气态存在,增加反应压力实质是增加了反应物环氧乙烷的浓度,所以有利于加速聚氧乙烯化反应。但在低压下这种关系不明显,当压力增加到一定值时反应速度才明显加快。

8.5.3 聚氧乙烯型表面活性剂典型产品

8.5.3.1 脂肪醇聚氧乙烯醚

脂肪醇聚氧乙烯醚(醇醚)的通式为:

$$R-O-(CH_2CH_2O)_n H$$

制备时,将氢氧钠(用量为脂肪醇的 0.1%～0.5%,质量分数)配成 50% 左右的水溶液加入醇

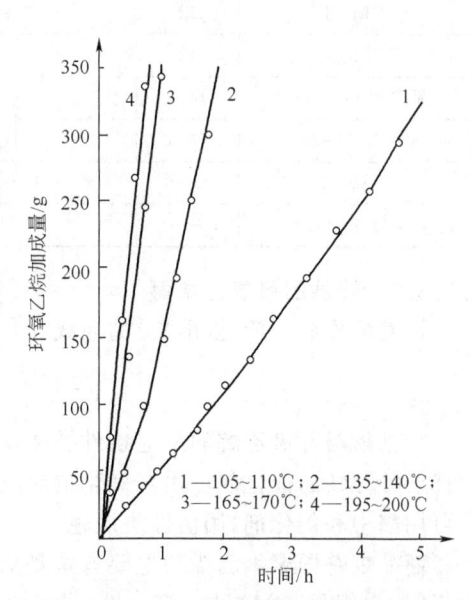

图 8.26 温度对聚氧乙烯化速度的影响
十三醇:催化剂(物质的量比)=1:0.036

中,在真空下脱水,在135～140℃、0.1～0.2MPa下进行反应。环氧乙烷的加入量由所需醇醚产品的性质决定。

脱水操作必须严格控制,水的存在会导致副产聚乙二醇,它的含量增大会降低产品的表面活性,商品醇醚中一般含2.5%的聚乙二醇。反应为放热反应,每mol环氧乙烷放热量约为92kJ,因此反应温度应注意控制,温度过高会使产品色泽加深,但在反应激发阶段,温度可以略高。

脂肪醇聚氧乙烯醚的物理形态,随氧乙烯基数量(n值)不同,从液态到蜡状固体。随氧乙烯基数量增加,黏度增加,相对密度从低于1.0增至1.2以上,溶解性从油溶过渡到水溶。表8.21和表8.22是一些醇醚的浊点和常见的商品醇醚。

表8.21 脂肪醇聚氧乙烯醚的浊点

n值	十二醇聚氧乙烯醚/℃ 蒸馏水中	十二醇聚氧乙烯醚/℃ 10%CaCl$_2$中	十八醇聚氧乙烯醚/℃ 蒸馏水中	十八醇聚氧乙烯醚/℃ 10%CaCl$_2$中
7	44	—	—	—
10	73.5	—	55	—
15	>100	76	79	61
20	—	83	>100	80
25	—	88	—	80
30	—	90	—	90

表8.22 主要的商品脂肪醇聚氧乙烯醚

商品名	HLB	脂肪醇碳原子数	n值	用途
乳化剂FO	—	12	2	乳化剂
乳化剂MOA	5	—	4	液体洗涤剂、合成油剂
净洗剂FAE	—	—	8	印染渗透剂
渗透剂FJC	12	7～9	5	渗透剂
乳百灵A	13	—	—	矿物油乳化剂
平平加OS-15	14.5	—	—	匀染剂
平平加O-20	16.5	12	—	乳化剂
平平加O	—	12～16	15～22	匀染剂、乳化剂
匀染剂102	—	—	25～30	匀染剂、石油乳化剂

8.5.3.2 烷基酚聚氧乙烯醚

烷基酚聚氧乙烯醚(酚醚)的通式为:

$$R-\bigcirc-O(CH_2CH_2O)_n H$$

烷基酚与环氧乙烷的反应条件类似于醇醚的合成。反应温度为140～200℃、反应压力为0.15～0.3MPa,催化剂可用氢氧化钠或氢氧化钾,用量为烷基酚质量的0.1%～0.5%。反应后可用酸中和催化剂,用活性炭脱色。

商品烷基酚聚氧乙烯醚主要有辛基酚醚、壬基酚醚和十二烷基酚醚。根据氧乙烯基数量的不同,它们具有润湿性、渗透性、乳化性和去污性等优良性能。表8.23列出了主要的酚醚商品。

表 8.23 烷基酚聚氧乙烯醚主要品种

商品名	HLB	n 值	用途
乳化剂 OP-4		4	乳化剂
乳化剂 OP-7	8.8	7	乳化剂
匀染剂 OP-9	11.7	9	匀染剂、乳化剂
乳化剂 OP-10		10	匀染剂、乳化剂
匀染剂 OP-12	13.3	12	匀染剂、乳化剂
乳化剂 OP-15		15	匀染剂、乳化剂
匀染剂 OP-20	15	20	匀染剂、乳化剂
匀染剂 OP-30		30	匀染剂、乳化剂

n 值在 15 以上时，产品室温下为固体；氧乙烯基 n 值在 10 以下时，为淡黄色黏稠体。n 值在 7 以上的产品具有良好的水溶性，n 值在 6 以下时，在水中分散，但不能全部溶解。

酚醚型表面活性剂在氧乙烯基含量占 50% 时，降低表面张力的能力最大，随氧乙烯基含量的增加，降低表面张力的能力逐渐减弱。氧乙烯基含量在 75% 时，产品起泡性最好。浊点为 50~70℃ 的产品润湿性最佳。

8.5.4 聚合物防蜡剂的制备

乙烯-乙酸乙烯酯共聚物(EVA)是油田常用的聚合物防蜡剂，常采用乙烯与乙酸乙烯在一定压力和适当条件下共聚形成。其分子结构为：

$$\left[\begin{array}{c}H\\|\\-C-\\|\\H\end{array}\begin{array}{c}H\\|\\C-\\|\\H\end{array}\right]_m \left[\begin{array}{c}H\\|\\-C-\\|\\H\end{array}\begin{array}{c}H\\|\\C-\\|\\O-C=O\\|\\CH_3\end{array}\right]_n$$

目前，国内外 EVA 产品的生产工艺主要有四种：高压法连续本体聚合、中压悬浮聚合、溶液聚合和乳液聚合。其中，高压本体聚合法是最主要的方法，目前市场上的 EVA 树脂大多采用高压法连续本体聚合工艺生产，VA 含量为 5%~40%。

8.5.4.1 高压法连续本体聚合

高压法连续本体聚合工艺通常采用高压釜反应器或管式反应器，工艺原理类似于低密度聚乙烯(LDPE)生产工艺。其中，管式聚合工艺可生产 VA 含量小于 30% 的 EVA，管式反应器的单程转化率为 25%~35%。管式聚合的典型工艺有巴斯夫管式工艺、Lmhausem/Ruhrehemie 管式法工艺、俄罗斯管式法工艺、住友化学管式法工艺和 VEBLeuna-Werke 管式法工艺等。

釜式聚合工艺可生产 VA 含量小于 40% 的 EVA，釜式反应器的单程转化率为 10%~20%。釜式聚合的典型工艺有杜邦、USI 等釜式法工艺。

8.5.4.2 悬浮聚合法

悬浮聚合是指单体在机械搅拌或振荡和分散剂的作用下，单体分散成液滴，通常悬浮于水中进行的聚合过程，故又称珠状聚合。

特点是反应器内有大量水，物料黏度低，容易传热和控制；聚合后只需经过简单的分离、洗涤、干燥等工序，即得树脂产品，可直接用于成型加工；产品较纯净、均匀。

缺点是反应器生产能力和产品纯度不及本体聚合法，而且，不能采用连续法进行生产。悬浮聚合在工业上应用很广。其中75%的聚氯乙烯树脂采用悬浮聚合法，聚苯乙烯也主要采用悬浮聚合法生产。反应器也逐渐大型化。

8.5.4.3 溶液聚合法

溶液聚合是单体溶于适当溶剂中进行的聚合反应。形成的聚合物有时溶于溶剂，属于典型的溶液聚合，产品可做涂料或胶黏剂。如果聚合物不溶于溶剂，称为沉淀聚合或淤浆聚合，如生产固体聚合物需经沉淀、过滤、洗涤、干燥才成为成品。在溶液聚合中，生产操作和反应温度都易于控制，但都需要回收溶剂。工业溶液聚合可采用连续法合间歇法，大规模生产常采用连续法，如聚丙烯等。

8.5.4.4 乳液聚合法

乳液聚合是指借助乳化剂的作用，在机械搅拌或振荡下，单体在水中形成乳液而进行的聚合。乳液聚合反应产物为胶乳，可直接应用，也可以把胶乳破坏，经洗涤、干燥等后处理工序，得粉状或针状聚合物。乳液聚合可以在较高的反应速度下，获得较高分子量的聚合物，物料的黏度低，易于传热和混合，生产容易控制，残留单体容易除去。乳液聚合的缺点是聚合过程中加入的乳化剂等影响制品性能；为得到固体聚合物，耗用经过凝聚、分离、洗涤等工艺过程；反应器的生产能力比本体聚合法低。

习　题

1. 原油在开采和集输的过程中为什么会产生结蜡问题？结蜡会产生什么危害？
2. 影响油气井结蜡的因素有哪些？
3. 化学清蜡技术有什么优点？设计油基清蜡剂除了要考虑清蜡效果，从环保和安全角度还要考虑哪些问题？
4. 结合化学防蜡剂的防蜡原理，分析哪些类型分子链结构的高分子可以作为防蜡剂？
5. 分析在化学清蜡过程中表面活性剂的作用是什么？

第 9 章 化 学 驱 油

9.1 提高采收率方法概述

　　石油开采及油田开发,可分为三个阶段:一次采油、二次采油和三次采油。一次采油是指利用油藏天然能量开采的过程,一般来说,一次采油收率低于15%。二次采油是指采用外部补充地层能量(如注水、注气),以保持地层能量为目的的提高采收率的采油方法,二次采油的采收率可达45%。三次采油是指通过注入其他流体,采用物理、化学、热量、生物等方法改变油藏岩石及流体性质,提高水驱后油藏采收率。油藏经过三次采油后,采收率可达50%~90%。

　　提高采收率(EOR)的定义为除了一次采油和保持地层能量开采石油方法之外的其他任何能增加油井产量、提高油藏最终采收率的采油方法。EOR方法的一个显著特点是注入的流体改变了油藏岩石和(或)流体性质,提高了油藏的最终采收率。EOR方法可分为四大类,即化学驱、气体混相驱、热力采油和微生物采油。EOR方法的细分类见图9.1。

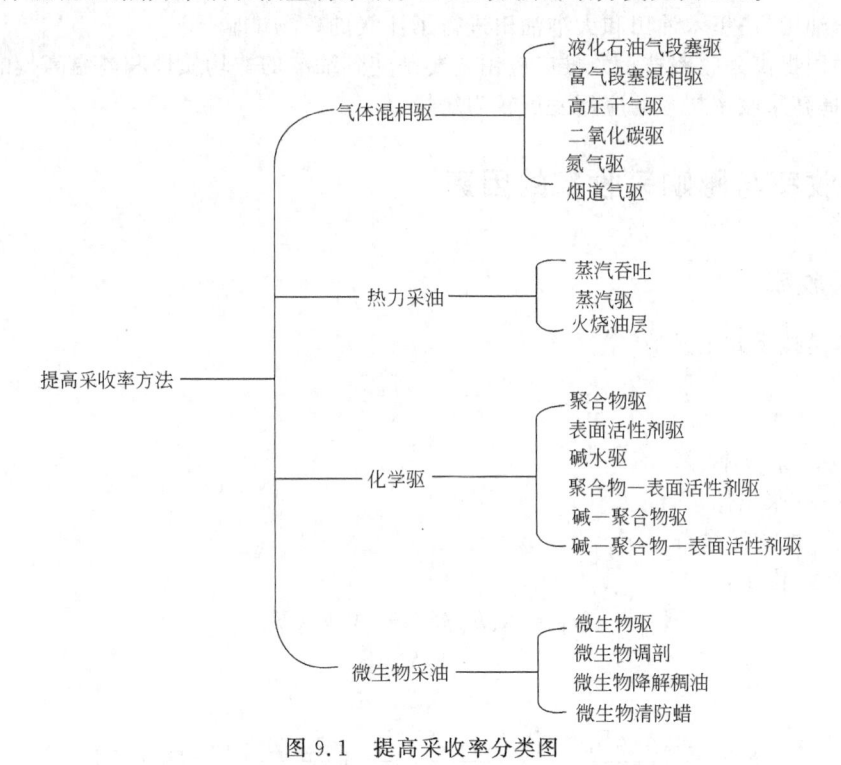

```
                        ┌─ 液化石油气段塞驱
                        ├─ 富气段塞混相驱
              气体混相驱─┼─ 高压干气驱
                        ├─ 二氧化碳驱
                        ├─ 氮气驱
                        └─ 烟道气驱

                        ┌─ 蒸汽吞吐
              热力采油 ─┼─ 蒸汽驱
                        └─ 火烧油层
提高采收率方法─
                        ┌─ 聚合物驱
                        ├─ 表面活性剂驱
              化学驱  ─┼─ 碱水驱
                        ├─ 聚合物—表面活性剂驱
                        ├─ 碱—聚合物驱
                        └─ 碱—聚合物—表面活性剂驱

                        ┌─ 微生物驱
              微生物采油┼─ 微生物调剖
                        ├─ 微生物降解稠油
                        └─ 微生物清防蜡
```

图 9.1　提高采收率分类图

　　世界各国的三次采油技术的发展很不平衡,提高采收率技术的应用主要集中在美国、加拿大、中国、委内瑞拉、德国和特立尼达等国家。从三次采油的发展趋势看,国外尤其是美国和加拿大主要以气驱为主,委内瑞拉主要以热采为主,而中国主要以化学驱为主,这主要是由各国的油藏条件以及经济技术方面的要求所决定的。

　　中国的大部分油田都是陆相沉积,非均质性较强,水驱采出程度低。针对油藏的条件,中国发展较快的是化学驱项目。针对我国稠油资源丰富的特点,热采项目在我国也具有广泛的应用。因此,中国提高采收率的技术主要以化学驱为主,其次为热采,其他技术仅有小规模应用。

中国的化学驱项目最早在大庆油田应用。1996年大庆油田聚合物驱技术实现了工业化推广应用,到2004年投入聚合物驱开发的工业化区块数达到40余个,形成了综合配套的三次采油、特别是化学驱试验评价的技术手段,为化学驱的发展打下了坚实的基础。大庆油田从1993年开始,先后开展了五个三元复合驱先导性矿场试验。大庆油田从2000年开始了表面活性剂国产化研究,2001年5月,利用新研制的国产表面活性剂在杏北油田开展了三元复合驱工业化矿场试验,取得了明显的增油降水的效果。大庆油田在对泡沫复合驱进行实验研究的基础上,在萨北油田北二区东部开展了泡沫复合驱先导性矿场试验。此外聚合物驱在大港油田、华北油田、吉林油田、辽河油田等进行了矿场试验,取得了明显的效果。三元复合驱在新疆油田、吉林油田,二元复合驱在大港油田、吉林油田、辽河油田等也进行了矿场试验。

中国稠油预测资源量约为198×10^8t,分布于辽河、新疆、塔里木、吐哈、大庆、吉林、华北、大港和冀东等油田,中国的蒸汽驱和蒸汽吞吐项目主要在辽河油田和新疆油田的稠油区块。

我国注气技术的发展由于受到气源的限制,发展比较缓慢,仅仅进行了小规模的矿场试验。其中在大庆油田北二区东和北一区东进行了水气交替驱试验,萨南东部过渡带注CO_2驱油矿场试验,华北雁翎潜山油田注氮气先导试验,吉林油田新立228区块注CO_2先导试验,此外还在吐哈油田、塔里木油田和大港油田进行了注气的矿场试验。

目前中国提高采收率技术的推广应用主要是受到油藏的非均质性和高温高盐的油藏条件限制,造成提高采收率技术的应用发展较为缓慢。

9.2 采收率与影响采收率的因素

9.2.1 采收率

采收率是按下式定义的:

$$E_R = \frac{N_R}{N} \tag{9.1}$$

式中 E_R——采收率,%;
N_R——采出储量,t;
N——地质储量,t。

对水驱油,由于:

$$N_R = A_v h_v \phi S_{oi} - A_v h_v \phi S_{or} \tag{9.2}$$
$$N = A_0 h_0 \phi S_{oi} \tag{9.3}$$

因此:

$$E_R = \frac{A_v h_v \phi S_{oi} - A_v h_v \phi S_{or}}{A_0 h_0 \phi S_{oi}} = \frac{V_v}{V_0} \cdot \frac{S_{oi} - S_{or}}{S_{oi}} = E_v \cdot E_D \tag{9.4}$$

式中 A_0——原始油层面积,km^2;
A_v——水波及油层面积,km^2;
h_0——原始油层厚度,km;
h_v——水波及油层厚度,km;
ϕ——油层的孔隙度;

V_v——水波及油藏体积，km^3；

V_0——原始油藏体积，km^3；

S_{oi}——原始含油饱和度；

S_{or}——剩余油饱和度；

E_v——体积波及系数；

E_D——洗油效率。

从上式可以看出，对水驱油（包括其他驱油剂驱油），采收率与体积波及系数和洗油效率有如下关系：

$$采油率＝体积波及系数×洗油效率 \tag{9.5}$$

9.2.2 影响采收率的因素

影响原油采收率的因素很多，归纳起来主要有下列几种。

9.2.2.1 地层的不均质性

地层越不均质，采收率越低。

地层有两种不均质，即宏观不均质性与微观不均质性。前者用渗透率变异系数表示，后者用孔喉大小分布曲线、孔喉比、孔喉配位数和孔喉表面粗糙度等表示。

9.2.2.2 地层表面的润湿性

地层表面的润湿性可分为水湿、油湿和中性润湿三类。

地层表面的润湿性可用润湿角法判断：当用平衡润湿角判断时，水对地层表面润湿角小于 90°为水湿，大于 90°为油湿，90°为中性润湿。当用前进润湿角判断时，水对地层表面润湿角小于 90°为水湿，大于 140°为油湿，90°～140°为中性润湿。当用后退润湿角判断时，水对地层表面润湿角小于 60°为水湿，大于 100°为油湿，60°～100°为中性润湿。

9.2.2.3 流度比

流度是一种流体通过孔隙介质能力的量度。它的数值等于流体的有效渗透率除以黏度，以 λ 表示。

流度比是指驱油时驱动液流度对被驱替液流度的比值，以 M 表示。

若驱替液是水，被驱替液是油，则水油流度比可表示为：

$$M_{WO}=\frac{\lambda_W}{\lambda_0}=\frac{K_W\mu_0}{K_0\mu_w}=\frac{K_W\mu_0}{K_0\mu_w}=\frac{K_{rw}\mu_0}{K_{r0}\mu_w} \tag{9.6}$$

式中　M_{WO}——水油流度比；

λ_W,λ_0——水和油的流度；

K_w,K_0——水和油的有效渗透率，μm^2；

K_{rw},K_{r0}——水和油的相对渗透率；

μ_w,μ_0——水和油的黏度，$mPa\cdot s$。

从式(9.6)中可以看出，要减小水油流度比，有如下途径：(1)减小 K_{rw}；(2)增加 K_{r0}；(3)减小 μ_0；(4)增加 μ_w。

9.2.2.4 毛管数

毛管数是一个无因次的准数，由下式定义：

$$N_c=\frac{\mu_d v_d}{\sigma} \tag{9.7}$$

式中　N_c——毛管数；

μ_d——驱替流体的黏度，$mPa\cdot s$；

v_d——驱替流体的驱动速度,m/s;

σ——油与驱替流体之间的界面张力,mN/m。

在油藏孔隙度一定时,N_c越大,驱替流体的驱油效率越高。要增大毛管数,有如下途径:(1)减小σ;(2)增加μ_d;(3)提高v_d。

9.2.2.5 布井

不同的布井方式有不同的体积波及系数。在相同的布井方式中,不同的井距也有不同的体积波及系数。在布井方式相同时,井距越小,体积波及系数越大,因此采收率越高。

就我国的条件来说,强化采油主要依靠化学驱。化学驱即凡是向注入水中加入化学药剂,以改变驱替流体性质、驱替流体与原油之间的界面性质,从而有利于原油生产的所有方法都属于化学驱范畴。化学驱通常包括:聚合物驱、表面活性剂驱(胶束/聚合物驱、微乳液驱)、碱水驱和复合化学驱。

9.3 聚合物驱

聚合物驱是指以聚合物溶液作驱油剂(从注入井注入地层,将油驱至采油井的物质)的提高原油采收率的方法。

聚合物驱中,实际上是一种把水溶性聚合物加到注入水中,以增加水相黏度、改善水油流度比、稳定驱替前沿的方法,因此又称为稠化水驱。所用的水溶性高分子又称为流(动)度控制剂,即通过增加液体的黏度或减小孔隙介质渗透率而达到控制驱替液流度的化学剂。其中能明显提高液体黏度的化学剂是稠化剂。

聚合物驱以提高体积波及系数为主,因此它更加适用于非均质的重质或较重质的油藏。当聚合物驱与交联聚合物调剖技术相结合时,也可以用于那些具有高渗透率通道或微小裂缝的油藏。

聚合物驱油藏原油黏度一般不超过100mPa·s,原油黏度增加,要达到合适的流度控制就需要更高的聚合物浓度,从而增加成本,降低经济效益。

聚合物的分子量与地层的渗透率密切相关。渗透率越高,可以使用更高分子量的聚合物而不堵塞地层,从而降低聚合物用量。当渗透率低于$20\times10^{-3}\mu m^2$时,只能使用低分子量的聚合物。要达到所需黏度,必须使用高浓度聚合物溶液,将导致经济效益降低。用于驱油的聚合物有特定的要求:有好的增黏性能,热稳定性高,化学稳定性好,耐剪切,耐盐,在油层吸附量不大等。好的驱油用聚合物结构中,其结构中,主链应为碳链(热稳定性好),有一定量的负离子基团(增黏效果好)和一定量的非离子亲水集团(化学稳定性好)。

根据来源,驱油用聚合物有两大类:天然聚合物和人工合成聚合物。天然聚合物是从自然界的植物及其种子主要通过微生物发酵而得到,如纤维素、生物聚合物黄胞胶等。人工合成聚合物是用化学原料经工厂生产而合成的,如聚丙烯酰胺(简称PAM)和部分水解的聚丙烯酰胺(简称HPAM)等。目前广泛使用的聚合物有人工合成的化学品——部分水解聚丙烯酰胺和微生物发酵产品——黄原胶。早期曾经使用过羧甲基纤维素和羟乙基纤维素等。部分水解聚丙烯酰胺不仅可以提高水相黏度,还可以降低水相的有效渗透率,从而有效改善流度比、扩大注入水波及体积。

部分水解聚丙烯酰胺存在盐敏效应、化学降解、剪切降解问题,尤其对二价离子特别敏感。为了使聚丙烯酰胺具有较高的增黏效果,地层水含盐度不要超过100000mg/L,注入水要求为淡水,因此在油藏周围应有丰富的淡水水源。聚合物化学降解随温度升高急剧增加,目前广泛使用的部分水解聚丙烯酰胺,要求其油藏温度低于93℃。当温度高于70℃时,要求体系严格除氧;并且温度越高,盐效应的影响越大,甚至会发生沉淀,造成油藏孔隙阻塞。因此油藏深度不要超过 3000m。

黄原胶对盐不十分敏感,适合于地层水含盐度较高的油藏。它的主要缺点是生物稳定性差。聚丙烯酰胺虽然也受细菌侵害,但不严重;而细菌对生物聚合物的伤害是主要问题,在应用中必须严格杀菌。这种聚合物的热稳定性也较差,其使用温度一般不超过 75℃。生物聚合物在其发酵过程中残留许多细胞残骸,极易阻塞地层;油藏注入前要严格进行过滤。再加上生物聚合物的价格也较昂贵,因此,一般适用于地层水矿化度比较高的油藏,其使用范围不如聚丙烯酰胺广泛。聚合物驱段塞见图 9.2。

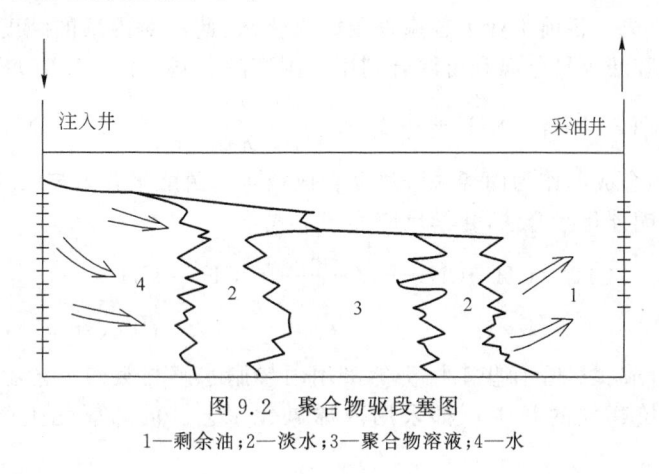

图 9.2 聚合物驱段塞图
1—剩余油;2—淡水;3—聚合物溶液;4—水

9.3.1 部分水解聚丙烯酰胺

9.3.1.1 化学结构

聚丙烯酰胺(PAM)是由丙烯酰胺(单体)引发聚合而成的水溶性链状聚合物。它不溶于汽油、煤油、苯等有机溶剂。由于聚丙烯酰胺在水中不解离,所以它的链节在水中不带离子,是一种非离子型聚合物。其结构式为:

$$\{CH_2-CH\}_n$$
$$\quad\quad\quad|$$
$$\quad\quad CONH_2$$

由于聚丙烯酰胺链节上不带电荷,分子在溶液中容易卷曲,其增黏能力较差。链节中的—$CONH_2$ 基团又具有孤电子对,在地层中被孔隙表面吸附量较大。因此,它不是一种很好的流度控制剂。

聚丙烯酰胺与碱反应即生成部分水解聚丙烯酰胺(HPAM)。

$$\{CH_2-CH\}_n \xrightarrow[OH^-]{H_2O} \{CH_2-CH\}_x\{CH_2-CH\}_{n-x}$$
$$\quad|\quad\quad\quad\quad\quad\quad\quad\quad\quad|\quad\quad\quad\quad\quad|$$
$$CONH_2\quad\quad\quad\quad\quad\quad CONH_2\quad\quad COO^-$$

部分水解聚丙烯酰胺在水中发生解离,产生—COO^- 离子,使整个分子带负电荷,所以部分水解聚丙烯酰胺为阴离子型聚合物。由于部分水解聚丙烯酰胺分子链上有—COO^-,链节上有静电斥力,在水中分子链较伸展,故增黏效果好。它在带负电的砂岩表面上吸附量较少,因此,是目前应用比较广泛的流度控制剂。

9.3.1.2 HPAM在水溶液中的分子形态

HPAM分子是柔性链结构,在高分子化学中有时被称为无规线团。实际上,水解聚丙烯酰胺不像黄原胶的螺旋结构那样具有刚性结构。但像黄原胶一样,HPAM是聚电解质,因此它与溶液中的高价金属离子会发生反应。然而,由于水解聚丙烯酰胺链是柔性的,它更加容易受到水溶剂的离子强度的影响,因此,其溶液性质对盐度、硬度比黄原胶更加敏感。

9.3.1.3 聚丙烯酰胺的合成

从石油裂解得到的丙烯出发制造聚丙烯酰胺的过程包括合成丙烯腈、合成丙烯酰胺、合成丙烯酸、聚合等。

(1) 丙烯腈的合成。目前工业上普遍采用氨氧化法,此法对丙烯的纯度要求不高,反应生成乙腈、丙烯醛、氢胺酸等易分离和可综合利用的副产品。基本化学反应如下:

$$CH_2=CH-CH_3 + NH_3 + \frac{3}{2}O_2 \xrightarrow[\text{磷铜酸亚铁铋}]{420\sim450℃} CH_2=CH-CN + 3H_2O$$

(2) 丙烯酰胺的合成。作为丙烯酰胺早期合成技术的硫酸水合工艺已基本淘汰,现在工业上广泛采用了骨架铜催化水合法,化学反应列于下式:

$$CH_2=CH-CN + H_2O \xrightarrow{Al,Cu} CH_2=CH-CONH_2$$

(3) 丙烯酸的合成。尽管有些工厂仍然沿用丙烯腈水解之类的工艺生产丙烯酸,但是从20世纪80年代开始建立的新工厂都采用丙烯氧化工艺。丙烯氧化生产丙烯酸包括如下步骤:

$$CH_2=CH-CH_3 + O_2 \xrightarrow[\text{Co,Fe,(MoO}_2\text{)SO}_4]{325℃,0.2\sim0.3MPa} CH_2=CH-CHO + H_2O$$

$$2CH_2=CH-CHO + O_2 \xrightarrow[\text{(MoO}_2\text{)SO}_4]{270℃,0.2MPa} 2CH_2=CHCOOH$$

(4) 聚合。丙烯酸与丙烯酰胺可以通过热、引发剂、γ射线辐照等引发聚合。部分水解聚丙烯酰胺也可以通过共聚制得:

$$xCH_2=CH(CONH_2) + yCH_2=CH(COOH) \longrightarrow -(CH_2-CH)_x(CH_2-CH)_y-(CONH_2)(COOH)$$

9.3.1.4 聚丙烯酰胺的产品形态

聚丙烯酰胺在不同的生产工艺条件下,可制成三种物理形态:干粉、乳液和水溶液。不同产品形态有着不同的物性指标及储运和使用条件,在实际使用中,不同形态的产品各有利弊。表9.1为不同形态的聚丙烯酰胺产品应用性能对比结果。

表9.1 不同形态的聚丙烯酰胺产品应用性能对比结果

产品形式	优 点	缺 点	应用场合
水溶液聚丙烯酰胺	产品支化及交联产物少,注入性能好;不需溶解,可直接应用,减少了地面溶解设备的投资,价格低	运输困难,费用高,不易长期储存,大气环境下保质期短,分子量较低,有效物含量低	原地或就近马上应用
聚丙烯酰胺干粉	分子量高,有效物含量高,运输、储存容易,保质期长	溶解困难,地面溶解设备投资较大,价格较高	应用广泛
乳液聚丙烯酰胺	分子量高,易溶解、不需溶解设备,保质期较长(6~9个月)	运输较困难,费用高,价格高	应用较广

(1) 水溶液产品的聚合物固含量低,适用于现生产现使用。它可以免除干燥和造粒工艺,

降低成本。

(2)乳液产品为外观黏稠的白色液体,表观黏度约为250mPa·s,在显微镜下观测到聚丙烯酰胺以固体微粒分散于轻质矿物油中,粒径为1~2μm。从分散体系的分类而言,它是一种悬浮液,属于不稳定体系,当环境温度高于30℃,易于发生沉淀结块而无法使用。体系的凝点为-10℃,凝固后为冰糕状,再次融为液体后,仍能呈现出均匀的悬浮液,对产品质量没有影响。乳液状产品的突出优点是溶解速度快,不需要专门配液装置,可直接用高压计量泵加入注水管线,经混合器与水混合,并在流动过程中充分溶解,但其有效含量不高,低于50%。

(3)干粉状产品目前在矿场最常用,其聚合物固含量高,便于储存和运输,并且有成熟的配液工艺。为了便于聚合物溶液的配制,要求粒径在0.2~1mm之间。

9.3.2 生物聚合物黄胞胶

黄胞胶(XG)是由黄单胞菌属野茹菌微生物接种到碳水化合物中,经发酵而产生的生物聚合物,又称黄原胶。它的主要优点是增黏能力强,黏度随温度变化小,耐盐耐剪切,但是因分子结构中含有醚键,热稳定性不高,生物降解严重,必须使用杀菌剂。与PAM相比,XG有两个显著的优点:耐盐和抗剪切降解。表9.2比较了部分水解聚丙烯酰胺和黄胞胶的一些性能。

表9.2 部分水解聚丙烯酰胺与黄胞胶的性能比较

性能指标	部分水解聚丙烯酰胺	黄胞胶	性能指标	部分水解聚丙烯酰胺	黄胞胶
耐温性	<93℃	<71℃	微胶堵塞倾向	低	高
抗剪切性	低	高	滞留量	高	低
抗盐性	低	高	价格	低	高
生物稳定性	高	低			

9.3.2.1 黄胞胶的化学结构

黄胞胶的主链为纤维素骨架,其支链比HPAM更多。黄胞胶掺氧的环形碳键(吡喃糖环)不能充分旋转。因此黄胞胶靠分子内相互阻绊作用,在溶液中形成较大的刚性结构,从而增加水的黏度。黄胞胶的化学结构如下:

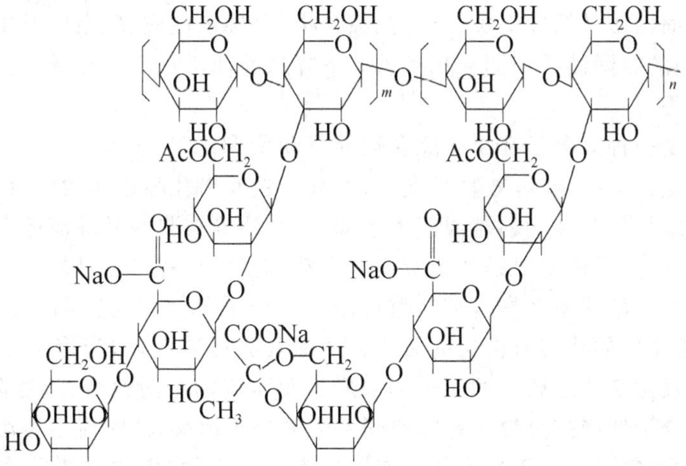

从黄胞胶的化学结构可以看出,黄胞胶每个链节上有长的侧链,由于侧链对分子卷曲的阻碍,所以它的主链采取较伸展的构象,从而使黄胞胶有许多特性,如增黏性、抗剪切性和耐盐性。

9.3.2.2 黄胞胶的生产

生产黄胞胶采用发酵工艺。经过仔细筛选的能够产生需要的黄胞胶的菌种在营养液中发酵。培养液的体积逐步扩大,直到细菌达到可在 $50m^3$ 的发酵罐中到处生长。其养料基本是糖及一些盐类。

发酵过程中的主要问题是要保持发酵罐无菌,从而保证没有其他的菌类生长。停止发酵罐的通风就等于终止了发酵。发酵得到的产品是高黏的淡黄色肉汤状液体,其有效聚合物含量因发酵条件和菌的活性而异,一般在 2%~4% 之间。对发酵液的电镜观察发现,在溶液中的死菌彼此分离,其平均长度在 $0.8\mu m$ 左右。这些死菌是堵塞油层的潜在因素。

可以通过有机溶剂沉淀或蒸发的方法将其制成粉末,也可以用超滤的方法将其浓缩至 10%~12%。这种发酵产品由于浓度较低,所以提浓和制成固体耗能大,而且运输费用也较大。但在应用这种胶的油田或现场附近生产可以减少上述费用。

工业级黄胞胶的一般物理性质见表 9.3。

表 9.3 工业级黄胞胶的一般物理性质

性 质	参 数	性 质	参 数
表观性状	淡黄色粉末	变色温度/℃	160
湿含量/%	12	炭化温度/℃	270
氮含量/%	1.2	闪点/℃	470
灰分/%	10	燃点/℃	空气中不自燃
相对密度	1.5	燃烧热/(J/g)	14.56
表观密度/(g/cm³)	0.839	溶解热(1%溶液)/(J/g)	0.23

9.3.3 聚合物驱油机理

9.3.3.1 吸附作用

聚合物大分子在孔隙介质的孔隙表面由于氢键、静电力的作用和介质表面结合在一起而丧失流动能力的现象,称为吸附。聚合物在油层孔隙介质中的流动引起的动态吸附不仅与聚合物分子、岩石表面性质及温度有关,还与孔隙结构、地层水性质、残余油及驱替速度有关。聚合物在孔隙介质内的吸附结果使驱替相渗透率下降从而使水油流度比降低。

9.3.3.2 捕集作用

机械捕集:这是一种大分子在小孔隙孔喉处流动受到限制的现象。一旦大分子在孔喉处受阻,聚合物分子便开始缠结,有效直径变大,大分子被冲出孔隙空间的机会就大为减少,最终留在孔隙空间,其结果使驱替相的流通能力下降,而对油等被驱替相的流通影响不大。一般认为,对于低渗透油层,其滞留主要是捕集所作的贡献,而对于高渗透地层,则以吸附作用为主。

水力学捕集:水力学捕集多发生在孔隙直径大于分子尺寸的洞穴部位。它与流体性质和大分子在孔隙中被拉伸的状态有密切的关系。过程具有可逆性,即当聚合物在正向驱替压力作用下,在空穴处被截留使滞留区的渗透率下降。而当流动方向改变、流速降低时,由于没有水动力拖曳,捕集分子伸展或分散于孔隙空间发生大分子运移,此时流出液浓度可以高出进口浓度。一般水力学捕集多在大于黏弹效应临界流速下发生,发生的主要原因为油层流速梯度不均匀而造成大分子运移;其次是大分子伸展构象和蜷曲构象之间的结构熵差。

9.3.3.3 流体黏弹效应对改善流度比的贡献

聚合物溶液流经孔隙介质时,在低流速下,大分子有充分时间响应拉伸应力带来的形变以及形变恢复,即聚合物松弛时间小于过程时间,此时黏滞力占主要地位,流体表现为黏滞性流体。当提高流速,过程时间变短,松弛时间大于或相当于过程时间,则表现为弹性,由于流体的弹性表现为黏弹压力降,增大流动阻力,亦即增大驱替相在孔隙中流动阻力,这样,驱替相流动阻力就由两方面构成,即由于聚合物溶液的黏性产生的黏滞阻力和弹性产生的弹性阻力,其效果相当于提高驱替相黏度的作用。超过某临界流速后,最终效果是使驱替相流动度下降。

9.3.4 聚合物驱基础研究最新进展

聚合物驱基础研究最新进展主要表现在聚合物溶液在多孔介质中的渗流规律和微观驱油机理研究方面。

长期以来,在石油工程领域内普遍认为聚合物驱提高采收率的机理是改善流度比、提高宏观波及效率,聚合物驱不能提高微观驱油效率。最新研究认为聚合物溶液在一定程度上可以提高微观驱油效率,且流阻越高,聚合物溶液携带油的能力越强,微观驱油效率越高。

郭尚平等根据微观渗流模型研究结果,认为聚合物提高驱油效率的机理是由于聚合物溶液与油的剪切应力大于水与油的剪切应力。王德民等根据微观渗流实验结果,分析了聚合物溶液提高微观驱油效率的机理是聚合物溶液的黏弹性效应。夏惠芬等通过微观渗流实验证实聚合物驱提高微观驱油效率的机理是由于聚合物溶液的黏弹特性,残余油是被聚合物溶液拉出来的,黏弹性的聚合物溶液均会不同程度地降低各类残余油量,黏弹性越大,携带出的残余量越大,驱替效率越高。岳湘安等研究了黏弹性聚合物溶液在盲端孔隙模型中的流动与驱替特性后认为,随着聚合物溶液黏弹性增强,在孔隙盲端及喉道中的黏弹性涡流加剧,这种黏弹涡流效应是聚合物溶液提高微观驱油效率的重要机理之一。

但是,赵永胜等通过对比分析现场水驱效果与聚合物驱效果认为,聚合物驱只是改变了水油流度比,扩大波及体积,不能认为聚合物驱可以提高驱油效率。

适合聚合物驱油田的筛选标准见表9.4。

表 9.4 适合聚合物驱油田的筛选标准

参 数		要 求
原油	密度/(g/cm^3)	<0.966
	黏度/(mPa·s)	<150
	成分	不限
水	矿化度/(mg/L)	<4×10^4
	Ca^{2+}、Mg^{2+}含量/(mg/L)	<500
油藏	含油饱和度	>0.50
	厚度/m	不限
	渗透率/10^{-3}μm^2	>10
	埋深/m	<2740
	温度/℃	<93(HPAM),<71(XG)
	岩性	砂岩、灰岩

9.4 表面活性剂驱

表面活性剂驱是以表面活性剂作为驱油剂的一种提高原油采收率的方法。目前在国外的化学驱中,研究和应用的最为广泛的是胶束/聚合物驱。它可分为两种:一种是表面活性剂浓度较低(2%)、注入段塞大(15%~60%孔隙体积)的稀体系法;另一种是表面活性剂浓度较高(5%~8%)、注入段塞较小(3%~20%孔隙体积)的浓体系法。前者是通过降低油水界面张力到超低程度(小于10^{-2}mN/m)使残余油流动的方法,所以又称为低界面张力采油法。后者又可分为水外相胶束驱、油外相胶束驱及中相微乳液驱方法,它是通过混溶、增溶油和水形成中相微乳液,它与油、水都形成超低张力,而使残余油流动。表面活性剂溶液以段塞形式注入,为保护此段塞的完整性,后继以聚合物段塞,因此统称为胶束/聚合物驱。

从技术上讲,表面活性剂驱最适合三次采油,是注水开发的合理继续,基本上不受含水率的限制,可获得很高的水驱残余油采收率。但由于表面活性剂的价格昂贵,投资高,风险大,因而其使用范围受到很大限制。从技术角度来看,目前,除了温度和矿化度还有一定的限制外,其他限制都属于经济问题。随着技术的提高,成本降低,其使用范围会大面积扩展。

从经济角度来看,能否进行表面活性剂驱应考虑如下几个因素:(1)渗透率及其变异系数。它们对该方法成功与否具有极大的影响。渗透率的高低在很大程度上控制着流体的注入速度,因而决定着作用距离、有效时间,影响其经济效果,渗透率小于$40\times10^{-3}\mu m^2$的油藏目前暂不考虑。渗透率变异系数决定着注入流体与被驱替油接触的多少,直接影响着活性剂的驱油效果。在加拿大的筛选标准中规定渗透率变异系数应小于0.6。在美国的标准中虽然未明确规定变异系数允许的范围,但规定了水波及效率应大于50%。其他非均质性如裂缝、砾岩、泥质灰岩等都对表面活性剂驱不利,在选择储层时都应予以考虑。(2)流体饱和度及其分布。它对表面活性剂驱效果十分敏感。一般规定残余油饱和度不能低于25%。(3)油的黏度希望小于40mPa·s以便实现合适的流度控制。(4)此方法目前只适合于相对均质的砂岩油藏。对于碳酸岩油藏不仅其非均质性比较严重,含有比较发育的裂缝系统,而且其地层水含有较多的二价阳离子。对于砂岩油藏其岩石的矿物组成、黏土含量、类型及产状都对表面活性剂驱有较大影响。表面活性剂主要吸附在黏土表面上,高的黏土含量会造成大量的吸附损失。目前普遍认为泥质含量要低于10%。石膏是水溶性矿物,钙的溶解性会引起大部分表面活性剂沉淀。蒙脱石的离子交换也会影响水中钙离子的含量,因此,应用X衍射及扫描电镜来分析黏土矿物的成分、类型和产状,综合评定表面活性剂驱的可行性。

驱油用的表面活性剂体系有稀表面活性剂体系和浓表面活性剂体系。前者包括活性水和胶束溶液;后者包括水外相微乳和中相微乳(总称为微乳)。因此,表面活性剂驱可分为活性水驱、胶束溶液驱和微乳驱等。

9.4.1 活性水驱

活性水驱是表面活性剂浓度小于临界胶束浓度的表面活性剂驱。它是最简单的一种表面活性剂驱。活性水驱中常用的活性剂有非离子表面活性剂、耐盐型较好的磺酸盐型和硫酸酯盐型负离子表面活性剂。

由于表面活性剂浓度较低,加上在地层表面的吸附会引起损耗,要使活性水驱要取得良好的效果,可在活性水驱之前,向地层注入一定量的牺牲剂以减少表面活性剂的吸附。所谓牺牲剂,是指以自己的损耗减少其他药剂损耗的廉价化学剂。可用作的牺牲剂有:多元羧酸及其盐、木质素磺酸盐、六偏磷酸钠、聚磷酸钠等。

9.4.2 胶束溶液驱

以胶束溶液作为驱油剂的驱油法称胶束溶液驱。它是介于活性水驱和微乳驱之间的一种表面活性剂驱。

与活性水相比,胶束溶液有两个特点:一个是表面活性剂浓度超过临界胶束浓度,因此溶液中有胶束存在;另一个是胶束溶液中除表面活性剂外,还有醇和(或)盐等助剂的加入。胶束溶液驱油与活性水驱油的作用机理基本相同。不同的是,胶束溶液还增加了一个由于胶束存在而产生的增溶机理。由于胶束可增溶油,因此提高了胶束溶液的洗油效率。

9.4.3 微乳驱

微乳属浓表面活性剂体系,它有两种基本类型和一种过渡类型。前者为水外相微乳和油外相微乳,后者为中相微乳,这三种类型可在一定条件(如加入电解质或去除电解质)下相互转化(图9.3)。

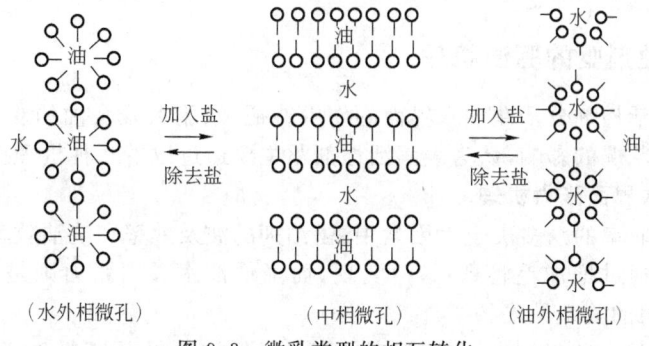

图 9.3 微乳类型的相互转化

微乳驱是以微乳作驱油剂的驱油法,即表面活性剂含量大于2%(质量分数),水含量大于10%(质量分数)的表面活性剂驱。

微乳驱的驱油机理比较复杂,与活性水驱有所不同,因为被驱替的水和油进入微乳液中使微乳状液产生了相应的相态变化。例如,若驱油剂为水外相微乳,当微乳与油层接触时,其外相的水与水混溶,而其胶束可增溶油,即也可与油混溶。因此水外相微乳与油层刚接触时是混相驱油,微乳与水和油都没有界面,没有界面张力的存在,所以其波及系数很高;与油完全混溶,所以洗油效率也很高。当油在微乳的胶束中增溶达到饱和时,微乳液与被驱替液间产生界面,转变为非混相微乳驱,此时驱油机理与活性水相同,但因其活性剂浓度仍较高,所以驱油效果好于活性水驱。当进入胶束中的被驱替油进一步增加时,原来的胶束转化为油珠,水外相的微乳状液转变为水包油型乳状液。微乳驱油机理(图9.4)同泡沫驱相同。

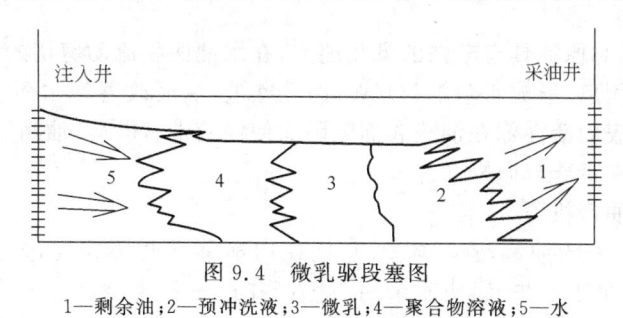

图 9.4 微乳驱段塞图
1—剩余油;2—预冲洗液;3—微乳;4—聚合物溶液;5—水

9.4.4 泡沫驱

泡沫驱是以泡沫作驱油剂的一种提高原油采收率的方法,主要成分是水、气和起泡剂。交替向油层注入起泡剂溶液和气体,也可将这二者分别从油管和套管同时注入地层。

配制泡沫的水可用淡水,也可用盐水。配制泡沫的气体可用氮气、二氧化碳、天然气、炼厂气或烟道气。配制泡沫用的起泡剂,主要是表面活性剂如烷基磺酸盐、烷基苯磺酸盐、聚氧乙烯烷基醇醚-15、聚氧乙烯烷基苯酚醚-10、聚氧乙烯烷基醇醚硫酸酯盐、聚氧乙烯烷基醇醚羧酸盐等。起泡剂通过降低油水界面张力、乳化作用、润湿反转作用、增加岩石表面电荷密度等机理提高原油采收率。在驱油过程中,为提高泡沫的稳定性,还可在起泡剂中加入适量的聚合物提高水的黏度。

此外,泡沫驱还有两个提高采收率的机理。

(1)通过贾敏效应的叠加,提高驱动介质的波及系数。

(2)驱油泡沫中的气泡,可依孔道的形状而变形,能有效地将波及到孔隙中的油驱出,提高洗油效率。

9.4.5 表面活性剂驱的驱油机理

通过考察表面活性剂分子在油水界面的作用特征、水驱后残余油的受力情况以及表面活性剂对残余油受力状况的影响,认为表面活性剂驱主要通过以下几种机理提高原油采收率。

9.4.5.1 降低油水界面张力机理

在影响石油采收率的众多决定性因素中,驱油剂的波及效率和洗油效率是最重要的参数。提高洗油效率一般通过增加毛管数(N_c)实现,而降低油水界面张力则是增加N_c的主要途径。N_c与界面张力的关系见式(9.7)。

N_c越大,残余油饱和度越小,驱油效率越高。降低油水界面张力δ_{wo}是表面活性剂驱的基本依据。在注水开发后期,N_c一般在$10^{-7} \sim 10^{-6}$,N_c增加将显著提高原油采收率,理想状态下N_c增至10^{-2}时,原油采收率可达100%。通过降低油水界面张力,可使N_c有2~3个数量级的变化。油水界面张力通常为20~30mN/m,理想的表面活性剂可使界面张力降至$10^{-4} \sim 10^{-3}$mN/m,从而大大降低或消除地层的毛管作用,减少了剥离原油所需的黏附功,提高了洗油效率。

在表面活性剂驱室内实验及先导试验中,应准确掌握表面活性剂降低油水界面张力的合理尺度,即表面活性剂用于驱油时,特定条件下存在降低油水界面张力的最佳数值范围,其应满足以下条件:(1)表面活性剂作用于油藏地层中的油水后,其有效时间应稍大于油水乳状液运移至地面的时间;(2)采出液油水乳状液易于破乳,不需作特别处理,不为原油脱水、运输、炼制增加任何特殊负担。

9.4.5.2 乳化机理

表面活性剂体系对原油具有较强的乳化能力,在水油两相流动剪切的条件下,能迅速将岩石表面的原油分散、剥离,形成水包油(O/W)型乳状液,从而改善油水两相的流度比,提高波及系数。同时,由于表面活性剂在油滴表面吸附而使油滴带有电荷,油滴不易重新黏回到地层表面,从而被活性水夹带着流向采油井。

9.4.5.3 聚并形成油带机理

从地层表面洗下来的油滴越来越多,它们在向前移动时可相互碰撞,使油珠聚并成油带,油带又和更多的油珠合并,促使残余油向生产井进一步驱替。注入表面活性剂期间,油珠将聚并形成油带,油带在向前移动的过程中不断聚集分散的油,使油带不断扩大(图9.5、图9.6)。

9.4.5.4 改变岩石表面的润湿性(润湿反转机理)

研究结果表明,驱油效率与岩石的润湿性密切相关。油湿表面导致驱油效率差,水湿表面导致驱油效率好。合适的表面活性剂,可以使原油与岩石间的润湿接触角增加,使岩

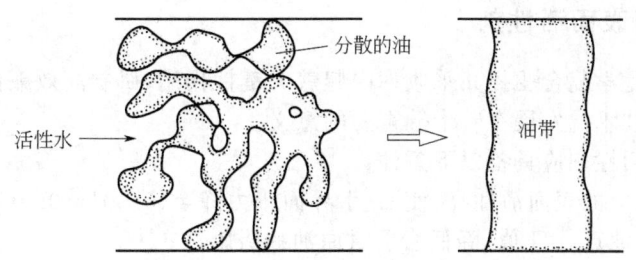

图 9.5 被驱替的油聚并成油带

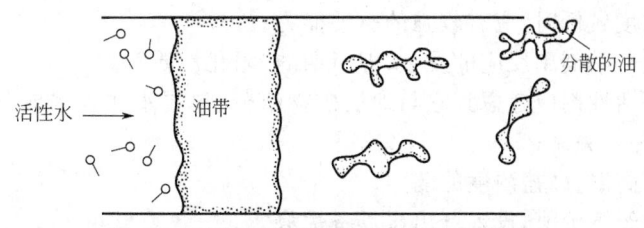

图 9.6 油带在向前移动中不断扩大情况图

石表面由油湿性向水湿性转变,从而降低油滴在岩石表面的黏附功,使油更易从岩石表面剥离(图 9.7)。

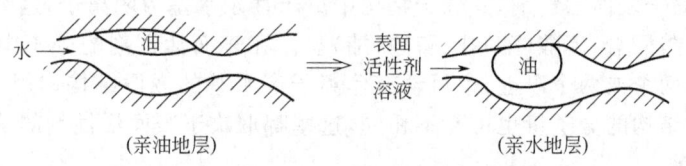

图 9.7 表面活性剂使岩石表面润湿反转剥离原油示意图

9.4.5.5 提高表面电荷密度机理

当驱油表面活性剂为阴离子(或非离子—阴离子型)表面活性剂时,它们吸附在油滴和岩石表面上,可提高表面的电荷密度,增加油滴与岩石表面间的静电斥力,使油滴易被驱替介质带走,提高了洗油效率(图 9.8)。

9.4.5.6 改变原油的流变性机理

原油中因含有胶质、沥青质、石蜡等而具有非牛顿流体的性质,其黏度随剪切应力而变化。这是因为原油中胶质、沥青质和石蜡类高分子化合物易形成空间网状结构,在原油流动时这种结构部分破坏,破坏程度与流动速度有关。当原油静止时,恢复网状结构。重新流动时,黏度就很大。原油的这种非牛顿性质直接影响驱油效率和体积波及系数,使原油的采收率很低。提高这类油田的采收率需改善其

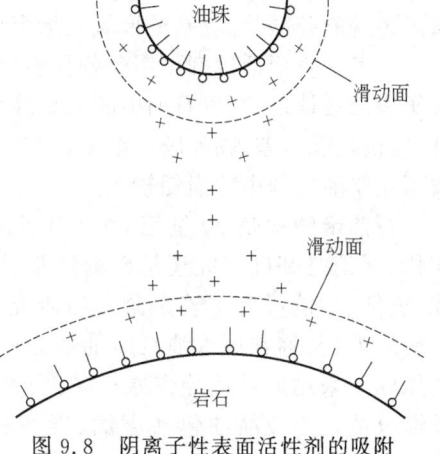

图 9.8 阴离子性表面活性剂的吸附使油珠和岩石表面的电荷密度提高

流变性,降低其黏度和极限动剪切应力。而用表面活性剂水溶液驱油时,一部分表面活性剂溶入油中,吸附在沥青质点上,可以增强其溶剂化外壳的牢固性,减弱沥青质点间的相互作用,削弱原油中大分子的网状结构,从而降低原油的极限动剪切应力,提高采收率。

9.4.6 化学驱用表面活性剂

表面活性剂在化学复合驱提高采收率中起着关键性作用,研制高效廉价、耐温抗盐表活剂对推动化学复合驱技术的发展有着十分重要的意义。

化学驱用表面活性剂应具备以下条件:

(1)在油水界面上的表面活性高,使油/水界面张力降至$(0.001\sim0.01)\times10^{-3}$N/m以下,具有适宜的溶解度、浊点、pH值,降低岩层对原油的吸附性;

(2)岩石表面上的被吸附量要小;

(3)在地层介质中应有较大的扩散速度;

(4)当在水中浓度较低时,应有较强的驱油能力;

(5)能阻止其他化学剂副反应的发生,即所谓的"阻化性质";

(6)注水用表面活性剂应考虑到它与地层矿物组分、地层水注入水成分、地层温度以及油藏的枯竭程度等的相互关系;

(7)具有抗地层高温、高盐浓度的能力;

(8)具有较高的经济价值,投入产出比具备优势。

目前化学驱中所用表面活性剂的种类以阴离子型最多,其次是非离子型、两性离子型及阴—非离子型,应用最少的是阳离子型。

9.4.6.1 阴离子表面活性剂

化学驱中阴离子表面活性剂,其分子结构中离子性亲水基为阴离子,这类阴离子亲水基组成的盐有磺酸盐、羧酸盐、硫酸(酯)盐、磷酸(酯)盐。在表面活性剂的分子中阴离子基的数量可为一个,也可为两个或两个以上,也可含有非离子亲水基的嵌段结构,且种类也可不局限一种,其长度或嵌段结构的分子量也可互不相同,这些都取决于表面活性剂的功能、使用环境、驱油工艺参数等因素。

常用的阴离子表面活性剂有石油磺酸盐、烷基苯磺酸盐、木质素磺酸盐、α-烯烃磺酸盐、脂肪醇聚氧乙烯醚硫酸盐、烷基酚聚氧乙烯醚硫酸盐、脂肪醇聚氧乙烯醚羧酸盐、聚氧乙烯聚氧丙烯烷醚硫酸盐、烷基酚聚氧乙烯聚氧丙烯多硫酸盐等。

阴离子表面活性剂可用于各种表面活性剂驱中,其中应用磺酸盐型最多,而在磺酸盐型阴离子表面活性剂中,以石油磺酸盐型最为普遍。石油磺酸盐成本较低,界面活性高,耐温性能好,但抗盐能力差,临界胶束浓度(CMC)较高,在地层中的吸附、滞留和与多价离子的作用,导致了在驱油过程中的损耗较大。

石油磺酸盐是20世纪60年代开发出来的价格低、效率高的三次采油产品,在整个70年代,无论是基础研究还是矿场试验,所用的表面活性剂都是石油磺酸盐,因此人们对其合成、表征、性能都有了较为深入的研究。石油磺酸盐是以石油及其馏分为原料,包括原油、拔头原油(又称常压重油)、原油馏分和原油加工半成品油。原油可采用石蜡基原油或沥青基原油。采用原油馏分作原料时,石油磺酸盐一般采用沸点为210~500℃的减二线、减三线馏分油。半成品油包括煤油、柴油和润滑油馏分等。由于石油磺酸盐的原料多用混合物,所以产品的组成较为复杂,质量随原料组成及工艺条件而变化。提高采收率用石油磺酸盐的产品随磺化原油性质的不同而有很大不同。环烷基原油芳香烃含量高,石油磺酸盐生产中副产品少,易获得与原油形成超低界面张力的产品,而石蜡基原油中的芳香烃含量少,石油磺酸盐生产中副产品高达60%以上,生产成本高,在经济方面及副产品的处理方面受到限制。我国新疆克拉玛依油田、大港羊三木油田的原油均能生产出价廉、质高的石油磺酸盐产品。制备石油磺酸盐的磺化剂可用浓硫酸、发烟硫酸或三氧化硫等。中和石油磺酸的碱通常采用氢氧化钠。对芳香烃含量较高的原油可以直接磺化、中和而得到黑色黏稠液产品；对于石蜡基原油可采用两步磺化工艺，即先使原油中的烷烃在催化剂的作用下与SO_2和Cl_2反应生成烷基磺酰氯，再磺化芳香烃组分，经碱中和可得烷基磺酸盐和芳香基磺酸盐。石油磺酸盐和烧碱中和后的产物是一种混合物，它由石油磺酸钠（称活性物或有效物）、无机盐（主要为硫酸钠，其次为氯化钠）、不皂化物（指不与烧碱反应的物质，主要是不溶于水、无表面活性的油类）和大量的水组成。一般来说，除去无机盐和未磺化的油后，石油磺酸盐的活性组分大部分是有支链结构的多烷基芳香基单磺酸盐，少部分是多烷基芳香基双磺酸盐，此外还有极少量的多磺酸盐。因此其组成仍然很复杂，人们采用"当量"的概念来表征石油磺酸盐，其定义为分子量与分子中所含磺酸基个数的比值。在单磺化的情况下，石油磺酸盐的当量即为其分子量。当原料组成变化时，磺酸盐的化学结构和质量变化相当大。原料组成的复杂性决定了石油磺酸盐的组成同样复杂，石油磺酸盐的当量分布变化可能相当宽，适当分离可以得到一系列不同当量的组分，即便如此，也只是使当量分布变窄。一般认为高当量的石油磺酸盐为油溶性，可以显著降低界面张力，但水溶性不好，耐盐性差。低当量的为水溶性，对高当量组分在水中具有增溶作用。中等当量的为油水两溶性。驱油用的石油磺酸盐应既能溶于水又能溶于油，才能形成较好的界面活性。因此，出于磺酸盐性能优化方面的考虑（如溶解性、抗盐性、界面张力及其在油藏岩石上的吸附），将不同分子量的石油磺酸盐按一定比例混合使用，使其具有较强的驱油特性。但宽当量的石油磺酸盐在地层中会发生色谱分离现象，引起表面活性剂组成的变化。由于石油磺酸盐难以分离为单一组分并进行研究，为了更好地标定石油磺酸盐的性能，一般采用"活性组分"和"有效成分"的概念来表示纯度。对此国外进行了大量研究，大都使用阳离子表面活性剂为滴定剂、有机相颜色变化作为终点进行阴离子表面活性剂中活性物测定。

石油羧酸盐是由石油馏分经高温氧化后，再经皂化、萃取分离制得的产物。石油羧酸盐属饱和烃氧化裂解产物，组成复杂，主要含有烷基羧酸盐及芳香基羧酸盐。生产石油羧酸盐的主要原料为常四线及减二线馏分，以气相氧化或液相氧化法生产。石油羧酸盐易与二价阳离子形成沉淀物，在岩石上的吸附损失大，不适宜在高矿化度地层条件下使用，这是石油羧酸盐用作驱油剂的主要缺点。

除了石油磺酸盐和石油羧酸盐以外，研究较广泛的是以洗涤剂烷基苯副产物重烷基苯为原料，经磺化、中和得到的重烷基苯磺酸盐。合成烷基苯磺酸盐是一种结构清楚、性质稳定、能够实现大规模工业化生产的三次采油用剂，与石油磺酸盐、石油羧酸盐相比，原料成分确定，产品性能稳定，经调配可适用于不同类型的原油。合成烷基苯磺酸盐的原料按碳链组成不同分为轻烷基苯（碳数为8～13）和重烷基苯（碳数13以上）。生产重烷基苯磺酸盐的主要原料是十二烷基苯生产过程中的副产物，产量约占烷基苯的10%左右。重烷基苯随十二烷基苯的生产方式不同，组成和结构都有很大的差异。UOP法生产十二烷基苯时得到的重烷基苯，其结构是以直链烷基为主的烷基化合物，还有部分多烷基、烷基苯及苯环与环烷相连的烷基化合物。重烷基苯的沸程大致在300～450℃之间。

9.4.6.2 非离子表面活性剂

非离子表面活性剂亲水基为非离子基团。由于非离子基团的亲水性要比离子基团差得多，因此非离子表面活性剂要保持较强的乳化作用，其分子结构中一般含有多个非离子亲水基，形成含许多醚键、酯键、酰胺键、羟基或者它们相互两两组合或多种组合的结构。常用品种有脂肪醇系列聚氧乙烯醚、烷基酚聚氧乙烯醚、烷基酚系聚氧乙烯醚甲醛缩合物、聚氧乙烯聚氧丙烯嵌段共聚物、烷基酰胺型、聚氧乙烯聚氧丙烯醚亚砜、烷基（聚）配糖物、油酸聚氧乙烯酯等。

此类表面活性剂的优点是抗盐能力强、耐多价阳离子的性能好，CMC 低，但在地层中稳定性差，吸附量比阴离子表面活性剂高，而且不耐高温，价格高。

9.4.6.3 两性表面活性剂

两性表面活性剂分子中既有阴离子亲水基又有阳离子亲水基而呈现两性，常用的有甜菜碱型两性表面活性剂等。由于该种表面活性剂对金属离子有螯合作用，因而大多数都可用于高矿化度、较高温度的油层驱油，且能大大降低非离子型与阴离子型活性剂复配时的色谱分离效应，但同样有价格高的缺点。

9.4.6.4 阴—非离子表面活性剂

阴—非离子表面活性剂是一类复合型表面活性剂，其分子内具有两种不同性质的亲水基，使其同时具备了非离子型和阴离子型表面活性剂的优点，具有良好的耐碱、耐盐和耐高温能力，具有优良的抗分解能力和分散性能，并且具有良好的配伍性能。阴—非离子表面活性剂由于其分子中复合了氧乙烯和阴离子两类不同的亲水基团，所以这类表面活性剂具有良好的界面性质，在三次采油领域尤其在高矿化度油藏的开采中具有广阔的应用前景。

9.4.7 化学驱用表面活性剂的研究趋向

化学驱技术的发展对表面活性剂的要求越来越高，不仅要求它具有低的油水界面张力和低吸附值，而且要求它与油藏流体配伍和廉价。化学驱用表面活性剂的研究趋向主要有以下几个方面。

9.4.7.1 普通表面活性剂采油性能的强化

对普通表面活性剂采油性能的强化措施有多种表面活性剂的复配、辅助性能较好的助表面活性剂和其他化学助剂的添加、牺牲剂的加入等。

9.4.7.2 表面活性剂的复配混合

由于合适的表面活性剂复配体系，不仅能产生很好的协同效应而降低体系的界面张力，而且还能够降低主表面活性剂的用量，甚至驱油液表面活性剂的总浓度也有可能降低，同时表面活性剂的其他性能，如耐盐能力、耐温性能或吸附损耗减少等得到强化，因此通过多种表面活性剂的合适复配混合，可使各自优点充分发挥，相互取长补短。复配混合表面活性剂的种类多种多样，可有阴离子型之间，阴离子型与非离子型、两性离子型、生物表面活性剂和氟表面活性剂之间等的复配混合。只要选配适当，都可有效降低油水界面张力，提高采收率。

9.4.7.3 选择合适的助表面活性剂和其他助剂

可根据助表面活性剂和其他助剂所发挥的作用、主表面活性剂的类型、介质环境、油层类型、驱油工艺等综合合理的选择，有助于驱油液各种性能的增强，提高驱油效率。牺牲剂的加入还可降低驱替液中主表面活性剂的使用成本。

9.4.7.4 新型多功能表面活性剂的开发和选用

现在单组分表面活性剂，在其分子结构中已不再是单一亲水基团或单一的亲油基团，而是包含有多种亲水基或亲油基的复杂分子结构。

9.4.7.5 提高抗盐能力

可在分子结构中引入非离子聚氧烷基，或在阴离子型分子中引入阳离子型亲水基，或引入同种或异种的另一个或多个阴离子亲水基。例如，烷基酚聚氧乙烯醚硫酸盐和烷基酚聚氧乙烯醚二硫酸盐，是两类新型高效的采油用表面活性剂，它们无需助表面活性剂即可形成稳定的微乳液，可用于盐度为 4%～30% 油层驱油。

9.4.7.6 增强耐温性能

在分子结构中可引入非离子性基团(如聚氧乙基或聚氧丙基、氧乙基化的烷基酚基等)的特征结构,辅以其他合适的助剂,都将有效地提高驱油时的耐温性能。

9.4.7.7 降低成本

首先是选用廉价的表面活性剂,然后将其改性。成本较低的表面活性剂主要有三类:木质素磺酸盐类、不需加助表面活性剂的表面活性剂类和羧酸盐表面活性剂类。最近报道的非石油磺酸盐类高效、价廉的表面活性剂有妥尔油沥青、鼠李糖酯等。

9.4.7.8 特种表面活性剂的研究

1. 氟表面活性剂

氟表面活性剂在三次采油中的应用也是一个重要研究方向。氟表面活性剂的优异特性(即"三高":高表面活性、高热稳定性、高化学惰性;"二憎":憎水、憎油)以及复配性能好和用量少(复配时只需很少量就能显著提高采收率),毒性较低或极低等优点,使得其在石油工业特别是在三次采油中的应用日益受到重视。

2. 生物表面活性剂

生物表面活性剂是一种很有潜力的驱油体系,已得到了很快发展。目前,生物表面活性剂在采油中的应用已扩展到小规模成片油田,对地面法和地下法均进行了尝试,即用已生产好的生物表面活性剂注入地下,或在岩层中就地培养微生物产生生物表面活性剂,用于强化采油。用 Coryneformsp 生产的生物表面活性剂可将油/水界面张力降至 2×10^{-2} mN/m,与戊醇配合则可降至 6×10^{-5} mN/m。由 Nocardiasp(诺卡氏菌)生产的海藻糖脂可使石油采收率提高30%。生物表面活性剂在大规模油田三次采油中效果到底怎样,是否会对油田地况条件造成永久性影响等问题目前仍很难给出准确答案,但对采油用表面活性剂结构和性能要求的专一性以及适用条件的粗放性,使生物表面活性剂在采油中的应用前景令人乐观。

鼠李糖脂是生物表面活性剂的一种。鼠李糖脂由生物发酵法制得。经"八五""九五"国家重点科技攻关,其工艺路线日益成熟,是一种性能优良的复合驱用表面活性剂。因其生产工艺简单、成本低、原料来源广而具有竞争力,目前已有工业产品。

3. 孪生表面活性剂

孪生表面活性剂是一类带有两个疏水链、两个离子基团和一个桥联基团的特殊结构的化合物,类似两个普通表面活性剂通过一个桥梁联结在一起,其桥联基团常见的是柔性基团,有双氧或长链醇类和烃基类,如—O—、—O(CH$_2$CH$_2$O)$_n$—($n=1\sim3$)、—CH$_2$C$_6$H$_4$CH$_2$—和—CH$_2$CH(OH)CH$_2$—及其类似结构。孪生表面活性剂特点不仅具有极高的表面活性,而且具有很低的 Krafft 点和很好的水溶性,这是普通表面活性剂难以比拟的,因而引起了人们的极大关注。

孪生表面活性剂也可分为阳(正)离子型、阴(负)离子型、非离子型及两性离子型。就目前的报道来看,阳离子型的孪生表面活性剂的研究最多,合成方法最为简单,可以直接采用二溴代烷与长链烷基叔胺反应生成。阴离子型表面活性剂也常见报道,非离子型及两性离子型的研究相对较少。但总的来说,阴离子、两性离子孪生表面活性剂合成复杂、成本较高等,目前只是作为驱油用表面活性剂的一个研究方向,还有待更深入的研究。

9.5 碱驱

碱驱是以碱的水溶液作驱油剂的提高原油采收率方法,也称碱溶液驱或碱强化水驱。

对于原油中含有较多有机酸的油层可以注入浓度为 0.05%~4%的 NaOH、Na$_2$CO$_3$ 等碱性水溶液,在油层内和这些有机酸生成表面活性剂的方法称为碱水驱,单纯碱水驱的采油机理十分复杂,可由降低油水界面张力、产生润湿性反转、乳化、乳化夹带、自发乳化和聚并以及硬膜溶解等机理采出残余油。

　　碱驱早在1920年就已提出，但时至今日矿场试验成功的实例仍很少。主要的原因是机理比较复杂，碱与岩石相互作用造成大量碱耗，产生低张力的碱浓度范围比较窄，油藏注入的碱浓度范围难以控制。并且酸值较大的原油，黏度一般都比较高，流度控制比较困难，因此近年来单纯碱水驱的矿场试验项目反而有所减少。单纯碱水驱的驱油机理有些类似于表面活性剂水溶液。因其活性剂来源于原油的有机酸，因此，酸值一般要达到0.2mgKOH/g油以上才能采用；若酸值达到0.5mgKOH/g油，则使用该方法成功的可能性较大。

　　对碱水驱的另一限制是地层水中二价阳离子的含量一般必须很少，因为二价阳离子会形成活性剂的二价盐沉淀，使界面张力急剧上升。碱耗量的大小是碱水驱成败的关键，它不仅会大量消耗碱，使过程难以控制并且还会在地层和井筒中结垢，使矿场应用失败。碱耗量与岩石矿物组成和油藏温度密切相关，其中泥质含量是关键因素，尤其是应尽量避免有石膏存在。其他限制与表面活性剂驱类似。

　　碱驱常用的碱有$NaOH$、Na_2CO_3和Na_4SiO_4等。碱与原油中天然存在的酸性成分如环烷酸等生成羧酸盐，使其转化为表面活性剂。因此碱驱要求原油中有足够高的酸值。原油的酸值小于0.2mgKOH/g时，油层不宜用碱驱。

　　碱水驱的原理是碱与地层中的原油、水以及油层岩石相互作用，改变"原油—水—岩石"体系的界面性质，改善水驱油条件。降低界面张力、对原油的乳化作用、改变岩石的润湿性是决定提高采收率的基本因素。原油中的酸性组分与碱反应形成表面活性物质，同时还存在界面上的吸附—解吸作用，以及作用产物向水相和油相的物质传递。每一因素在驱油机理上所起的作用都是由碱与具体油田的地层液体和岩石相互作用的动力学、油田开发的条件、产层的特点所决定的。碱驱的段塞图见图9.9。

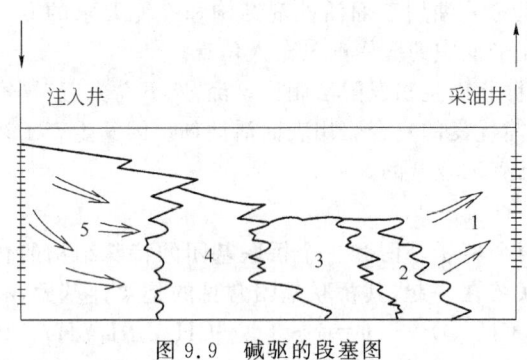

图9.9　碱驱的段塞图
1—油；2—淡水；3—碱溶液；4—聚合物溶液；5—水

水界面张力降低。

9.5.1　碱驱的机理

9.5.1.1　低界面张力机理

　　低的碱浓度和最佳盐浓度下，碱与原油中酸性成分反应生成的表面活性剂，可使油

9.5.1.2　乳化—携带机理

　　低的碱浓度和合适的盐浓度下，碱与原油中的酸性成分反应生成的表面活性剂，将油乳化成小油珠携带着通过地层。按此机理，碱驱应有如下特点：

（1）可以形成油珠相当小的乳状液；
（2）通过乳化提高碱驱的洗油效率；
（3）碱水突破前采油量不可能增加；
（4）油珠的聚并性质对驱油过程有较大影响。

9.5.1.3　乳化—捕集机理

　　低的碱浓度和低的盐浓度下，由于低界面张力使油乳化在碱水中，但油珠半径较大，因此在进入适当孔径的毛细管道时被捕集，增加了水的流动阻力，降低了水的流度，从而改变了流度比，增加了水的体积波及系数，提高了采收率。按此机理，碱驱应有如下特点：

（1）油可在碱水相中形成乳状液；

(2)分散的油珠会被捕集在较小孔道,改善了碱驱的波及系数;
(3)碱水突破前采油量可以增加;
(4)油珠的聚并性质对驱油过程有有利的影响。

9.5.1.4　油润湿反转为水润湿机理

高的碱浓度和低的盐浓度下,碱与吸附在岩石表面的原油的酸性物质反应,生成溶解度较大的羧酸盐,使岩石表面恢复为亲水性,岩石表面由油润湿反转为水湿,提高了洗油效率,从而提高了采收率。

9.5.1.5　水润湿反转为油润湿机理

对于残余油饱和度较高而原油不易流动的油层,注入高浓度的碱液,在盐浓度较高的条件下,生成的表面活性剂是油溶性的,吸附到岩石表面使其由亲水变为亲油。这样,油就可以在岩石表面上吸附形成一连续相,为被捕集的原油提供流动通道。与此同时,在连续的油润湿相中,低界面张力将导致油包水型乳状液的形成。乳状液滴将堵塞流通孔道,使注入压力提高。高的注入压力将迫使油沿连续油相的通道流动,从而降低残余油饱和度。通过 WW→OW(水润湿变为油润湿)机理提高采收率见图 9.10。

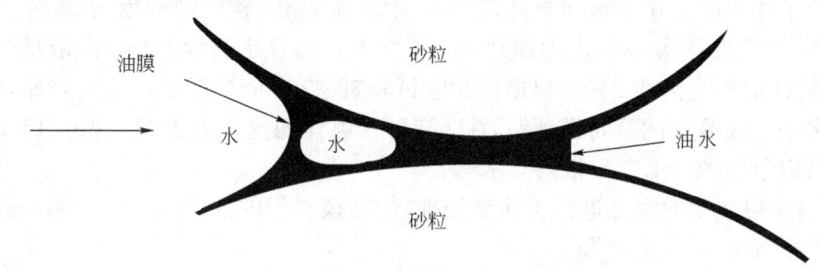

图 9.10　通过 WW→OW 机理提高采收率

碱驱机理的实现条件如表 9.5 所示。

表 9.5　碱驱机理的实现条件

机理	化学剂的质量分数/%	
	NaOH	NaCl
低界面张力	低,<1	低,1~2
乳化—携带	低,<1	低,0.5~1.5
乳化—捕集	低,<1	低,<0.5
油湿—水湿	高,1~5	低,<5
水湿—油湿	高,1~5	高,5~15

9.5.2　碱水驱的适用条件

一般来说,酸值大于 0.5mgKOH/g 油、密度在 0.934g/cm^3 左右(因为高密度原油往往含有足够的有机酸)、黏度低于 200mPa·s 的原油,都适合碱水驱。

碱性物质与黏土、矿物质或硅石一起化学反应引起碱耗,在高温下这种碱耗很高,因此,要求最高温度不超过 93℃。高岭石和石膏的碱耗最大,蒙脱石、伊利石和白云石的碱耗中等偏高,长石、绿泥石和细粒石英的碱耗中等偏低,石英砂的碱耗最小,方解石则十分轻微。在某些情况下,在碱溶液中加入可溶性硅酸盐可使石英砂溶解降至最小。

9.5.3 碱水驱矿场试验

美国 Wittier 油田于 1966 年开始进行注 NaOH（苛性钠）碱水驱的现场试验。为了进行试验，在油田中部选择了一个试验区，该油田的第 2 和第 3 产层已经注入。预先进行的实验室研究表明，这个油田使用苛性钠溶液驱替重油与注普通水相比有很大的优越性。当注苛性钠溶液时，可以把第二和第三产层的油水界面张力降低到 0.01mN/m，因而使原油在地下乳化。在地层中形成乳状液，使水的流动能力降低，从而可以增加驱替的波及体积。

第二和第三产层的埋藏深度分别为 457m 和 640m。油层有效厚度分别 11.3m 和 30.5m。两层的渗透率相应为 $0.495\mu m^2$ 和 $0.32\mu m^2$。两个产层的孔隙度约为 30%。油田构造南倾，倾角在 25°～45°之间。横穿纬度方向成为试验区块的天然边界。

这两个产层在地层条件（温度 49℃，压力 2.55MPa）下的原油密度为 $0.934g/cm^3$，黏度为 40mPa·s。

试验区面积为 $25.5\times10^4 m^2$，每口井所占据的面积为 $(0.4～0.8)\times10^4 m^2$。试验开始时，试验区内有 4 口注入井和 45 口采油井。除了 3 口采油井外的所有井都开采两个层。后来有一口油井转为了注入井。在注水前含油饱和度大约为 51%，含水饱和度为 35%。1964 年试验区开始注水，日产液量从 $135m^3$ 增加到 $195m^3$。此后当含水连续上升时产液量开始下降。

注入 NaOH 的浓度为 0.2%。根据实验室试验资料，这个浓度足以使它与原油的界面张力降到超低水平。实验室试验同样证明，注入 2%孔隙体积这一浓度的段塞在保持采油量不变的情况下可以急剧地降低产出液的含水率。

配置 NaOH 溶液用的水先进行了软化处理，使钙镁离子的浓度低于 0.0001mg/L，以防止在地层内部产生沉淀，减少碱耗量。

在 10 个月内总共注了大约 $254000m^3$ 的碱溶液，然后注水。在整个试验区内注碱溶液都见到了很好的效果。不但急剧地降低了含水率，而且还增加了产油量。直接位于注入井前面的油井反映特别强烈。1972 年底，注入 NaOH 所增产的原油量为 $56000～75000m^3$。

在进行矿场试验过程中也用示踪剂进行了研究。注示踪剂的目的是为了研究注碱水后波及体积的变化，以及为了找出高渗透带。试验中使用了氯化物、溴化物、硝酸盐、氚和钴 60 作为示踪剂，在注入 NaOH 溶液之前和之后都注入了示踪剂。研究结果表明，注入 NaOH 溶液之后，高渗透带的水力传导系数几乎没有减少。由示踪剂测试方法确定出的大部分注入水流方向没有变化。

为了研究注入 NaOH 溶液对注入井吸入能力的影响，在试验进行之前、试验过程中和试验之后都测定了吸入剖面。这些测试表明，在注苛性碱液的过程中，大多数注入井的吸入厚度和总的吸入能力都有增加。在生产井中没有出现任何复杂情况。

9.6 复合驱

复合驱是以聚合物、碱、表面活性剂、水蒸气等两种或两种以上物质的复合体系作驱油剂的驱油法。例如，碱+聚合物称为稠化碱驱或碱强化聚合物驱；表面活性剂+聚合物称为稠化表面活性剂驱或表面活性剂强化聚合物驱；碱+表面活性剂+聚合物称为 ASP 三元复合驱。

碱/聚合物复合驱其注入方法有两种：一种是分别注入碱水、聚合物溶液段塞，然后再用清水驱替；另一种是将聚合物与碱驱复合配制，同时注入地层。碱的浓度要适当，过高不利于界面张力的降低，也会使聚合物溶液黏度降低，驱油效率下降。聚合物的浓度也要适宜，因为高的聚合物浓度固然会增加溶液黏度，但是却减慢了溶液中碱与原油反应成生的活性剂的扩散速度，因而界面张力上升。

三元复合驱强化采油技术产生于20世纪80年代，利用了多种驱替剂的协同效应，是在二元复合体系的基础上发展起来的。目前，常用的驱油剂有：碱剂、表面活性剂和聚合物三种。三者复合作用就是碱剂—表面活性剂—聚合物驱，同时向地层注入碱、表面活性剂和聚合物三种化学剂。注入方式有三种：一是混合配制后注入碱/表面活性剂/聚合物段塞；二是先注入碱/表面活性剂段塞，再注聚合物段塞；三是先注入表面活性剂段塞，再注入碱/聚合物段塞。它们的驱油机理相同，都是用碱性化学物质作牺牲剂，用来降低含盐溶液中的硬离子含量，减少表面活性剂在地层的吸附和滞留，为表面活性剂段塞提供最佳含盐浓度；利用碱及适当浓度氯化钠的表面活性剂稀溶液段塞，提供最小的界面张力；用聚合物进行流度控制，提高体积波及系数，从而协同提高原油采收率。

9.6.1 三元复合驱油机理

复合驱提高采收率的机理是三方面因素共同作用的结果，即进一步降低界面张力、较好的流度控制和降低化学剂的吸附。

9.6.1.1 界面张力的降低

与其他驱替体系相比，三元复合驱体系（ASP）与原油接触后，界面张力能很快降到0.001mN/m以下，比单独活性剂或碱与原油之间产生低界面张力的速度要快得多。当聚合物浓度适中时，ASP三元体系比A/SP二元体系能产生更低的界面张力。这可能是由于聚合物，尤其是聚丙烯酰胺能够保护表面活性剂，使其不与Ca^{2+}、Mg^{2+}等高价金属离子反应，而使活性剂失去表面活性。同时，表面活性剂和聚丙烯酰胺在油/水界面上均有一定程度的吸附，形成混合吸附层，部分水解聚丙烯酰胺分子链上的多个阴离子基可使混合膜具有更高的界面电荷，使界面张力降得更低。另外，碱剂推动活性剂前进，趋向于使最小界面张力迅速传播，这样就减少了碱驱替原油的滞后过程，且可保持长时间的低张力驱过程。

9.6.1.2 流度控制

在碱/活性剂/聚合物复合驱过程中，由于被驱替的原油流度高，在油墙的前面形成了低流度带，从而保证了较高的波及效率，由于较高的视黏度，也增加了局部的毛管数，提高了驱油效率。而且，ASP体系中，表面活性剂和碱有效地保护了聚合物不受高价金属离子的影响。有的研究认为，加入活性剂可使聚丙烯酰胺的黏度增加10%～25%，加入碱可使聚丙烯酰胺的黏度增加22%～42%。在各种碱剂中，硅酸钠（Na_3SiO_4）保护聚合物黏度的性能最好，碳酸钠（Na_2CO_3）次之，氢氧化钠（NaOH）最差。也有报道指出，碱和活性剂的存在，可使部分水解聚丙烯酰胺的增稠能力变差。

9.6.1.3 降低化学剂的损失

与其他的二元驱替相比，ASP驱能明显地降低化学剂的吸附滞留损失，从而使复配体系发挥出更充分的驱油作用。

(1)三元体系的碱耗。碱驱矿场失败的一个主要的原因是碱耗。引起碱耗的因素无外乎碱剂与地层矿物反应，与地层盐水反应，与原油的酸性组分反应。但是，ASP体系中，表面活性剂的加入，避免了应用硅酸钠（Na_3SiO_4）、氢氧化钠（NaOH）等强碱带来的严重碱耗问题。使用具有中等pH值缓冲碱体系，可有效地降低碱离子浓度，达到活性剂可以容忍的程度，并可减小化学反应的驱动力，因而碱耗、结垢都很少。

(2)聚合物、活性剂的吸附滞留损失。在ASP驱中，价格较低的碱剂的主要作用是改变岩石表面的电荷性质，以减少价格较高的表面活性剂和聚合物的吸附、滞留损失，保证这类三元体系在经济上可行。因为有碱存在时，溶液pH值较高，岩石表面的负电荷量较多，可减少带负电荷的表面活性剂、石油酸皂的吸附,并能有效地排斥带负电荷的聚合物,减少其吸附。

为了克服聚合物驱提高采收率低、表面活性剂/聚合物驱经济效益不佳及碱水驱实用效果差的缺陷,多年来人们进行了大量的探索研究发现,将较廉价的碱与聚合物复合驱替与单独碱水驱或聚合物驱相比,驱油效果大为改善;将碱与表面活性剂/聚合物复合驱替,则可在保持相近的驱油效果下,使昂贵的表面活性剂的用量降低很多,因而可取得较好的驱油效果和经济效益。

9.6.2 影响 ASP 驱油的主要因素

影响 ASP 驱油的因素主要是驱油剂的浓度和岩石表面的性质。碱浓度对界面张力有明显影响,碱浓度增加,油水界面张力降低;但是,当碱浓度增大到一定值后,随着碱浓度的增加,油水界面张力不降反升。而且产生超低界面张力是在一定的矿化度和 pH 值范围。碱的加入有利于聚合物的水解,使三元复合液的黏度增加,但溶液中钠离子浓度增加过大时,会压缩 HPAM 的扩散双电层,使其黏度随着碱溶液浓度的增加而降低,即发生了絮凝。表面活性剂是降低油水界面张力的主要因素,表面活性剂的类型及浓度对形成超低界面张力的最佳含盐量有很大影响。因此,ASP 体系中的表面活性浓度必须与最佳含盐量对应。ASP 主要用于砂岩油藏。碳酸盐岩油藏含有大量可消耗碱剂的硬石膏或石膏。碱性物质也会与黏土等矿物质起化学反应,黏土含量高时还会增加表面活性剂的吸附,驱油效率下降。另外,ASP 驱的驱油效果还与原油的化学组成、地层水的矿化度及 pH 值等因素有关。

ASP 驱段塞图见图 9.11。

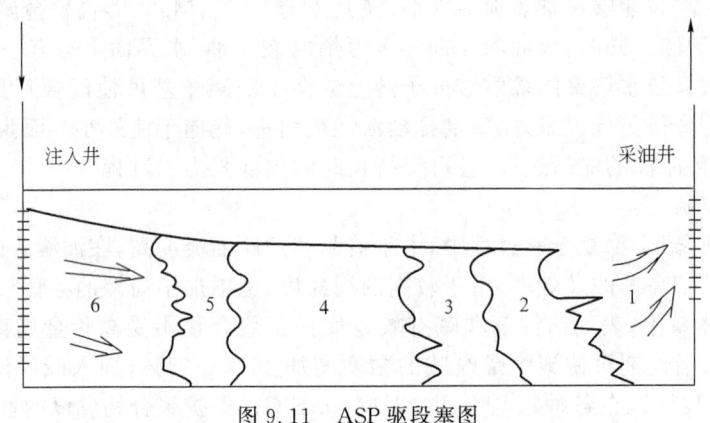

图 9.11 ASP 驱段塞图
1—剩余油;2—盐水;3—牺牲剂溶液;4—ASP 体系;5—聚合物溶液;6—水

三元复合驱技术已经在大庆油田、胜利油田、新疆油田开展了先导性矿场试验,成为油田可持续发展的关键技术之一。然而,在开展复合驱工业化应用中,随之而来也出现一些问题。特别是强碱的使用引起地层黏土分散、运移,导致地层渗透率下降,使现场施工工艺复杂、油藏及井底结垢、生产井产液能力下降、检泵周期缩短以及采出液破乳脱水困难等一系列问题。碱的存在大幅度降低了聚合物黏度,更主要的是大大减小了聚合物的黏弹性,会使原油采收率减小;同时由于碱的存在,采出液为黏度较高的 W/O 型乳化液,乳化液的形成不仅影响油井产能,而且也大大增加了破乳的难度,采出水不易找到合适的破乳剂,且破乳剂的用量很大,电脱水困难,而且脱出的水质不易达到排放和回注标准。这些不利因素严重制约着三元复合驱技术的进一步应用。因此有必要研究弱碱、低碱、甚至无碱表面活性剂/聚合物二元驱油体系,充分发挥聚合物和表面活性剂作用,降低或消除碱的负面影响,达到提高原油采收率的目的。

与碱/表活剂/聚合物三元复合驱相比,聚合物/表活剂二元复合驱达到超低界面张力的难度更大,对表面活性剂的要求也更高。三元复合驱中含碱,表面活性剂与碱协同作用降低体系与原油的界面张力比较容易。而二元驱中无碱,仅仅依靠表面活性剂的作用使体系与原油间界面张力降低到超低比较困难。当然也有实验表明:在大庆油田条件下,油水平衡界面张力达到 10^{-2} mN/m 数量级,就可以大幅度提高采收率;如果油水动态(瞬时)界面张力可以达到 10^{-3} mN/m 或 10^{-2} mN/m 数量级,其驱油效果与稳定平衡界面张力达到 10^{-3} mN/m 数量级时的效果基本相同。这就大大降低了对表面活性剂的苛刻条件,扩大了表面活性剂的来源和范围,使二元复合驱用表面活性剂的筛选范围大大增加,降低了二元复合驱配方研究的难度,为表面活性剂驱油的商业性应用提供了实验依据。

2003 年 9 月胜利油田孤东采油厂在孤东油田七区西 54-61 南部开展了以胜利原油为原料合成表面活性剂—石油磺酸盐的无碱体系二元复合驱油先导试验。投注前综合含水 98.0%,采出程度 36.4%。见效高峰与注聚前相比含水下降 13%,日产油上升 173t,是注聚前的 4.9 倍。目前先导区已累计增油 22.3×10^4 t,提高采收率 8.1%,中心 32 排井区已提高采收率 16.17%。无碱二元复合驱见效初期的动态特征充分说明了复合体系既能发挥活性剂在降低界面张力方面的作用又能发挥聚合物调剖和流度控制作用,不同化学剂间较好的协同作用使油井见效后表现出含水下降速度快、下降幅度大的特点,说明二元驱比单一聚合物驱具有更好的降水增油能力。

9.7 化学驱用驱油剂新进展

化学驱技术已成为我国提高原油采收率的主要措施之一,化学驱用聚合物目前主要是聚丙烯酰胺。然而,聚丙烯酰胺耐温抗盐性能较差,不仅不适用于高温高盐油藏,就是在低温高盐油藏条件下,也因其增稠能力大降,而使三次采油基本无经济效益。目前化学驱技术的发展情况及按温度和矿化度对油藏类型的具体划分见表 9.6 和表 9.7。

表 9.6 目前化学驱技术的发展情况

方法	目前技术	新技术发展方向
聚合物驱	温度<90℃	更高温、高矿化度、中低渗油藏
	矿化度<20000mg/L	
化学复合驱	温度<80℃	
	矿化度<10000mg/L	

表 9.7 油藏类型的具体划分

油藏条件	低温低盐	中温中盐	高温高盐			
			低高温低高盐	中高温中高盐	高高温高高盐	特高温特高盐
温度/℃	<70	70~80	80~90	90~120	120~150	150~180
矿化度/(mg/L)	$<1\times10^4$	$(1\sim2)\times10^4$	$(2\sim4)\times10^4$	$(4\sim10)\times10^4$	$(10\sim16)\times10^4$	$(16\sim22)\times10^4$

耐温抗盐聚合物是化学驱用驱油剂研究的热点之一。根据文献调研,可以将国内外三次采油用耐温抗盐聚合物的研制方向分为五类,即两性聚合物、耐温耐盐单体共聚物、疏水缔合聚合物、多元组合共聚物和梳形聚合物。

9.7.1 两性聚合物

两性聚合物是在聚合物分子链上同时引入阳离子和阴离子基团。在淡水中,由于聚合物分子内的阴、阳离子基团相互吸引,致使聚合物分子发生卷曲。在盐水中,由于盐水对聚合物分子内的阴、阳离子基团相互吸引力的削弱或屏蔽,致使聚合物分子比在淡水中更舒展,宏观上表现为聚合物在盐水中的黏度升高或黏度下降幅度小。

根据这一研制思想,两性聚合物满足大分子净电荷为零或分子链上正负电荷基团数目相等时,可使聚合物在不同矿化度盐水中的分子舒展状况变化不大,因而黏度的变化也较小,表现出抗盐的性能。但由于发生分子内阴、阳离子基团的内盐结构,溶解性能较差,而且油田三次采油用聚合物要求增黏能力很强,只有丙烯酰胺单体参与共聚,才能经济地达此目的。含丙烯酰胺的两性聚合物溶液随着老化时间延长,阴离子度(水解度)不断增大,分子链上正负电荷基团数目出现不相等,分子链的卷曲程度随矿化度增大而增大,溶液黏度大大下降,抗盐性能逐步消失。

更值得重视的是,两性聚合物的阳离子基团会造成聚合物在地层中的吸附量大幅度增大,聚合物大量吸附在近井地带,严重影响三次采油效率,增大三次采油成本。可见,两性聚合物的抗温抗盐应用是有条件的,并不适用于油田三次采油领域。

9.7.2 耐温耐盐单体共聚物

耐温耐盐单体共聚物的研制主导思想是研制与钙、镁离子不产生沉淀反应,在高温下水解缓慢或不发生水解反应的单体,如2-丙烯酰胺基-2-甲基丙磺酸钠(Na-AMPS)、N-乙烯吡咯烷酮(N-VP)、3-丙烯酰胺基-3-甲基丁酸钠(Na-AMB)、N-乙烯酰胺(N-VAM)等。将一种或多种耐温耐盐单体与丙烯酰胺共聚,得到的聚合物在高温高盐条件下的水解将受到限制,不会出现与钙、镁离子反应发生沉淀的现象,从而达到耐温耐盐的目的。

研究表明,当聚丙烯酰胺的水解度小于40%时,聚丙烯酰胺在盐水中的黏度随水解度的升高而增大,溶液中的聚丙烯酰胺遇钙、镁离子不会产生沉淀;当聚丙烯酰胺的水解度大于40%时,聚丙烯酰胺在盐水中的黏度随水解度的升高而降低,溶液中的聚丙烯酰胺与钙、镁离子发生沉淀。

根据这一原理,解决聚合物的抗温抗盐问题,要求耐温耐盐单体占聚合物含量为20%~60%(根据温度的不同而定)。这类聚合物能够真正做到长期抗温抗盐。但按现有的生产条件(合成原料、合成方法、生产工艺)得到的耐温耐盐单体成本太高,聚合活性远低于丙烯酰胺,聚合得到的共聚物分子量低、成本高,只能少量用于特定场合,大规模用于油田三次采油在经济上难以承受,还必须进行大量的攻关研究,降低耐温耐盐单体的生产成本,提高单体的聚合活性。

9.7.3 疏水缔合聚合物

疏水缔合聚合物是指在聚合物亲水性大分子链上带有少量疏水基团的水溶性聚合物,其溶液特性与一般聚合物溶液大相径庭。在水溶液中,此类聚合物的疏水基团由于疏水作用而发生聚集,使大分子链产生分子内和分子间缔合。在稀溶液中大分子主要以分子内缔合的形式存在,使大分子链发生卷曲,流体力学体积减小,特性黏数降低。当聚合物浓度高于某一临界浓度(临界缔合浓度)后,大分子链通过疏水缔合作用聚集,形成以分子间缔合为主的超分子结构—动态物理交联网络,流体力学体积增大,溶液黏度大幅度升高。小分子电解质的加入和升高温度均可增加溶剂的极性,使疏水缔合作用增强。在高剪切作用下,疏水缔合形成的动态物理交联网络被破坏,溶液黏度下降,剪切作用降低或消除后大分子链间的物理交联重新形成,黏度又将恢复,不发生一般高分子量的聚合物在高剪切速率下的不可逆机械降解。

疏水单体主要有油溶单体、两亲性单体(同一单体中含疏水基团和亲水基团),将疏水单体与丙烯酰胺共聚得到疏水缔合聚合物。因此,采用少量疏水单体与丙烯酰胺共聚得到的疏水缔合聚合物,可以出现经济高效增稠盐水的现象,这一特性使得疏水缔合聚合物的研制成为热点研究课题。

经过大量的试验探索,国内已经合成出了疏水缔合聚合物系列样品的粉剂,经性能评价实验表明,在温度＜100℃、矿化度＜100000mg/L条件下,疏水缔合聚合物在盐水中的增稠能力明显比目前国内外超高分子量聚丙烯酰胺在盐水中的增稠能力高,能够满足油田三次采油用聚合物的要求。

9.7.4 多元组合共聚物

综合考虑以上三类聚合物的特性,设计聚合物分子使其同时具有以上两类或三类聚合物的特点,即将阳离子单体、阴离子单体、耐温耐盐单体、疏水单体、阳离子疏水单体分别进行组合共聚,这是目前国内外最热门的研究课题。

9.7.5 梳形聚合物

梳形聚合物的研究只有十多年的历史,研制的主要目标是想解决高分子表面活性剂由于分子量高、分子内及分子间易于相互缠结、不易在表/界面上排列、难以在表/界面上吸附以及高分子表面活性剂分子量仍不高的问题。梳形聚合物的研制思路是在高分子的侧链同时带亲油基团和亲水基团,由于亲油基团和亲水基团的相互排斥,使得分子内和分子间的卷曲、缠结减少,高分子链在水溶液中排列成梳子形状。

根据文献调研分析和从事耐温耐盐聚合物研究的经验,罗健辉认为采用仿照生物聚合物的分子结构,设计合成抗盐聚合物结构有发展前途。也就是说,增大聚合物分子链的分子结构的规整性,使得聚合物分子链的卷曲困难,分子链旋转的水力学半径增大,增黏抗盐能力得到巨大提高。这种提高聚合物抗盐能力的原理,正好与梳形聚合物的研制思路有极类似之处。

9.8 国内外化学驱油技术发展趋势

9.8.1 国外化学驱油技术发展趋势

在美国,化学驱项目自1986年以来一直呈下降趋势,特别是表面活性剂驱几乎停止。2000年170个三次采油项目中,化学驱项目10个,仅占5.9%,化学驱原油产量1658bbl/d,占三次采油原油产量的0.2%。2000年与1998年相比,虽化学驱项目减少了一个,但原油产量却有大幅度的增加,由139bbl/d增加到1658bbl/d,这说明美国化学驱的应用规模近年有明显的扩大。

美国在应用聚合物调剖方面有较大发展,在深度调剖堵水方面已见到良好的效果,它已不再是单纯的增产措施,在一定条件下它可以代替聚合物驱,或与聚合物驱结合使用,使聚合物驱获得更大的成效。其中新的深度调剖体系(胶态凝胶CDG)近几年受到普遍关注,多数矿场试验获得成功。例如,在有高渗透层窜流的非均质油藏Ash单元,应用非交联聚合物、胶态分散凝胶CDG和整体凝胶三阶段处理的工艺技术,共注入聚合物和凝胶溶液0.262PV,增油235000～385000bbl,提高采收率17.2% OOIP(石油地质储量),工艺成本为0.91～1.49美元/bbl。

尽管美国的化学驱应用规模在三次采油占的比例很小,但美国能源部对提高采收率的基础研究仍十分重视:(1)重点放在流体深部转向技术上,即凝胶或沉淀型调剖上;(2)加强了在高分子物理、高分子化学、流变学等学科上的研究,表面活性剂—聚合物的相互作用、吸附损失等界面化学问题一直在进行理论研究;(3)在化学剂合成领域开发了多种耐温耐盐聚合物,在表面活性剂合成方面向高效廉价、耐温、抗盐方向发展;(4)通过识别诊断和图像系统研究油藏岩石性质和岩石、流体相互作用对采油过程的影响,并探讨如何应用新认识提高采收率。

国外近年还提出了一种新的低成本化学驱技术——微生物—三元复合驱提高采收率技术。这项技术是基于微生物可以改变原油,产生酸性物质,并在油水界面上被碱混合物中和,对三元复合驱不起作用的原油应用该技术是一项经济有效的创新技术。应用微生物和三元复合驱技术进行的岩心驱油试验表明,微生物驱和三元复合驱结合技术的原油采收率比单独微生物驱和单独三元复合驱都高。

值得指出的是,由于化学驱技术的发展进步和高油价的有利条件,国外操作者开始重新考虑化学驱的应用问题,化学驱可能再次成为经济可行的油田规模的提高采收率项目。

9.8.2 国内化学驱油技术发展趋势

9.8.2.1 聚合物驱大规模工业应用及完整的配套技术

提高采收率技术评价表明化学驱尤其是聚合物驱为我国近年来提高采收率的主攻方向,经过"七五"、"八五"国家重点项目攻关和现场试验的开展与扩大,我国聚合物驱在"九五"期间逐步发展形成了十大配套工艺技术,成功地实现了聚合物驱的工业化。配套工艺技术包括:注水后期油藏精细描述技术、聚合物筛选及室内评价技术、合理井网井距优化技术、数值模拟技术、注入井完井分注和测试技术、聚合物驱防窜技术、聚合物配制及注入工艺和注入设备国产化、采出液处理及应用技术、高温聚合物驱油技术、聚合物驱方案设计和矿场实施等十大配套技术。目前大庆、胜利、辽河、河南等油区均已达到一定的工业性规模,聚合物先导性和工业性矿场试验均取得比水驱提高采收率7%~10%以上的好效果,为老油田减缓产量递减、保持产量稳定作出了贡献。

"十五"以来,国内开展聚合物驱主要油田又系统总结了项目实施的经验和教训,分析了聚合物驱效果及其影响因素,提出了改善聚合物驱效果的措施方法,进一步完善了聚合物驱配套工艺技术,为提高聚合物驱效果提供了有力保障。

9.8.2.2 复合驱油技术及配套工艺技术

复合驱基础研究在驱油机理、数值模拟等方面取得重大突破,有些成果已达到国际先进水平。

继胜利孤东小井距复合驱试验之后,大庆、胜利、辽河和克拉玛依也先后成功地进行了多个复合驱先导和扩大试验,在先导试验的基础上,大庆又在杏二区中部开展了三元复合驱工业性试验。

孤岛油田西区三元复合驱矿场扩大试验提高采收率12%以上,包括6口注水井和13口采油井;采用的超低界面张力三元复合驱油溶液(主段塞)配方为:$1.2\%Na_2CO_3+0.3\%$复配表面活性剂(阴离子表面活性剂 BES+木质素磺酸盐 PS)$+0.15\%$聚合物 3530S;从1997年5月开始实施化学剂注入,注入前置段塞(0.2%聚合物溶液)0.097 PV、主段塞0.309 PV、后置段塞(0.15%聚合物溶液)0.05 PV,2001年11月转后续水驱;注完化学剂时的试验效果:全区油井综合含水由94.7%降至84.5%,日产油量由82t升至194t,累计增油 10.42×10^4 t,提高采收率5.27%,预计最终提高采收率12.04%;注水井纵向各层吸水均匀化,注水井流动系数和流度下降;注水利用率提高,每采出1t原油的耗水量由17.9t降至10.4t。

大庆油田三元复合驱矿场试验提高采收率20%以上:(1)中区西部先导性矿场试验,1994年9月注入三元体系,1996年5月结束。累积注入化学剂0.603 PV,全区累积产油59366t,

累积增油10804t,中心采油井累积产油8098t,累积增油4392t,比水驱提高采收率21.4个百分点。(2)杏五区中块先导性矿场试验,1995年1月注入三元体系,1997年4月结束。累积注入化学剂0.67 PV,四口采油井累积产油22988t,累积增油13774t,比水驱提高采收率25个百分点。(3)小井距生物表面活性剂先导性矿场试验,1997年12月注入生物表面活性剂三元复合体系,1998年12月结束。累积注入化学剂0.741PV,全区累积增油7154t,中心井累积产油3517t,累积增油2841t,比水驱提高采收率23.24个百分点。

大量实验研究和现场试验工作的开展推动了我国复合驱技术的发展,目前我国已初步形成了复合驱配套工艺技术,主要包括:复合驱配方体系优化设计、复合驱方案优化设计、复合驱井筒举升及防垢配套技术和复合驱采出液处理工艺技术等。

9.8.2.3 高温高盐油藏聚合物驱技术取得重大进展

耐温抗盐聚合物的研制取得突破,国内近几年开发出了多种新型耐温抗盐聚合物,有些产品正在中试,有些产品已工业化。对这些新型耐温抗盐聚合物国内开展了大量的性能评价和驱油实验研究,并在此基础上进行了现场试验。

中原油田卫18.4井组AMPS聚合物驱先导性矿场试验:用引发聚合方法合成了AMPS/AM/AMC$_{14}$S三元共聚物,室内基本性能实验评价表明三元共聚物的耐温抗盐性较好,使用中试产品在卫18.4井组开展了先导性矿场试验,聚合物驱转为水驱后,压力由15.4MPa降为13.5MPa,4口井的含水低于注聚前的含水基质2.5个百分点,日产油高于注聚前2~4t。

国内近几年交联聚合物技术不断得到发展完善,并开始应用于高温高盐油藏聚合物驱。

胜利油田研制开发了系列交联剂,可使国内外不同的聚合物产生交联增黏,适合于矿化度8×10^4mg/L、温度低于80℃的油藏,1999年在孤岛渤19块进行了交联聚合物驱试验。试验选用AX-73聚合物和XL-2交联剂体系,采用清水配母液、污水稀释方式注入,设计注入0.25PV,分2个段塞注入。注聚后试验区注入井油压不断上升,全区平均压力从注聚前的4.4MPa提高到10.8MPa;吸水能力下降,注水强度由1.1m^3/(d·m·MPa)下降到0.6m^3/(d·m·MPa),转第2段塞后略升到0.7m^3/(d·m·MPa)。至2002年1月,日产油由注聚前201t上升至325t,综合含水由91.3%下降到86.3%,累计增油7.04×10^4t,提高采收率0.96个百分点。

"九五"期间,河南油田系统地开展了低浓度交联聚合物驱技术的研究,在交联剂研制生产、配方筛选优化、成胶机理、影响因素、渗流特性以及矿场试验的方案设计优化等诸多领域都取得了较大的进展。1999—2000年期间,先后在下二门Ⅲ(50℃)、双河437Ⅱ$_{1,2}$(70℃)、双河Ⅳ$_{1,3}$(80℃)三个区块共12口注入低浓度交联聚合物井的先导性试验。试验效果明显,注入压力上升、视吸水指数下降,保持了聚合物驱的降水增油效果。

9.8.2.4 泡沫复合驱油技术有望成为化学驱新的发展方向

泡沫复合驱是在三元复合驱及天然气驱基础上发展起来的新型的三次采油技术。它是在三元复合体系中加入天然气,其中碱和表面活性剂能与原油产生超低界面张力($<10^{-3}$mN/m),体系中的天然气分散在表面活性剂水溶液内形成泡沫,而聚合物既可增加体系黏度,降低水油流度比,又可起固泡作用,使泡沫稳定。因而,泡沫复合驱既具有三元复合驱功能,又具有泡沫驱功效,所以它能够大幅度提高驱油效率和波及系数,这一作用已经在室内的多次物理模拟实验中得到证实。

"九五"期间,大庆油田开展了大量泡沫复合驱的室内研究和两个矿场试验,其中北二东矿场试验取得了连续36个月含水在70%左右的良好效果,因此有必要对泡沫复合驱开展更加深入的研究。

习 题

1. 什么是采收率？影响原油采收率的因素有哪些？
2. 采用部分水解聚丙烯酰胺作驱油剂时，对其水解度和分子量是否有要求？
3. 聚合物驱油的主要机理是什么？
4. 生物聚合物和合成聚合物在性能上有哪些区别？
5. 表面活性剂驱油分哪几类？划分依据是什么？
6. 结合国内油气开发现状，请简述您对国内驱油用聚合物和表面活性剂发展趋势的见解。

第 10 章　油田水的防垢和除垢技术

结垢是油田水水质控制中遇到的最严重问题之一，国内某油田管线结垢情况见图 10.1。地层水中含有高浓度的易结垢离子，在采油过程中压力、温度或水成分的变化改变了原有的化学平衡而产生垢，主要垢成分是钙、镁的硫酸盐或碳酸盐，我国陆上油田的结垢大都由此引起。在海上平台的注海水开采过程中，地层水常含有钡离子、锶离子，海水中含有大量硫酸根离子，两种不相溶的水相互混合，生成难溶的硫酸钡垢、硫酸锶垢。另外，由于开采过程中二氧化碳、硫化氢和水中溶解氧的存在，还可能生成各种铁化合物。

图 10.1　管线结垢情况　　　　彩图 10.1　管线结垢情况

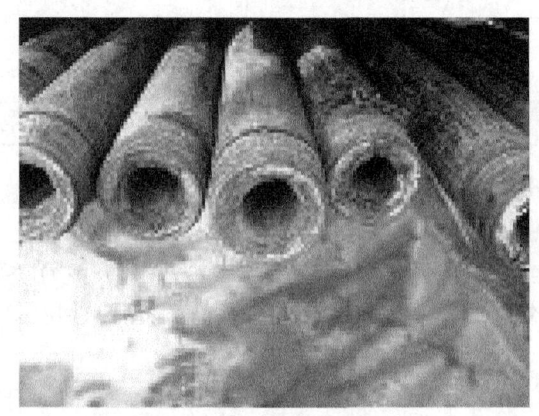

结垢可以发生在地层和井筒的各个部位，集输系统中的水垢是热的不良导体，其形成会大大降低传热效果、降低水流截面积，增大水流阻力和输送能量，增加清垢费用和停产检修时间，严重时会引起设备和管道的局部腐蚀，使其在短期内穿孔而破坏；垢在井筒炮眼的生产层内沉积造成地层堵塞则会严重影响原油的开发、降低油气井的产出，降低采收率，甚至会提前结束油田生产寿命。

目前我国大部分油田都在不同程度上受到结垢的危害，例如长庆的陇东油田，截至 2019 年，发现结垢油井 524 口，约占全厂油井正常开井数的 21.5%，其中结垢严重的井 98 口，约占结垢总井数的 18.7%，集输系统共有 46 座结垢，30 座结垢严重。结垢带来的能源浪费、油层堵塞、产能下降、油井关井甚至报废等问题，会严重影响油田的开发效果与经济效益。

10.1　结垢机理及影响因素

油田水常见的水垢及影响因素见表 10.1。

表 10.1　油田水常见的水垢及影响因素

名　称	化　学　式	结垢的主要因素
碳酸钙	$CaCO_3$	二氧化碳分压、温度、含盐量、pH 值
碳酸镁	$MgCO_3$	

续表

名　称	化学式	结垢的主要因素
硫酸钙	$CaSO_4 \cdot 2H_2O$(石膏)	温度、压力、含盐量、细菌
	$CaSO_4$(无水石膏)	
硫酸钡	$BaSO_4$	温度、含盐量、细菌
硫酸锶	$SrSO_4$	
氯化钠	NaCl	蒸浓效应(即过饱和)、温度、压力
铁化合物 碳酸亚铁	$FeCO_3$	腐蚀、溶解气体、pH值、细菌(针对FeS)
铁化合物 硫化亚铁	FeS	
铁化合物 氢氧化亚铁	$Fe(OH)_2$	
铁化合物 氢氧化铁	$Fe(OH)_3$	
铁化合物 氧化铁	Fe_2O_3	
硫沉积物	S	硫化氢含量、温度、压力、开采速度
硅沉积物	SiO_2	硅酸盐、铝酸盐、水,钙、镁、铁等

采油中遇到的结垢问题常常是由于水的不配伍或条件的变化而产生的。

(1)由水不配伍引起的结垢。

不配伍的水是指混合后会产生沉淀的水。例如含 SO_4^{2-} 的地面水与含大量的 Ca^{2+}、Mg^{2+}、Ba^{2+} 和 Sr^{2+} 的底层水就是不配伍水,它们混合后可产生 $CaSO_4$、$MgSO_4$、$BaSO_4$ 和 $SrSO_4$ 沉淀。

(2)由条件变化引起的结垢。

①如地层水在地层温度下为盐(如氯化钠或氯化钙)所饱和,则当它从井筒上升时,由于温度下降使盐析出,产生沉淀。

②当地层水经过地面加热器时,由于温度升高,使地层水中一些无机物的溶解度减小,引起结垢,如 $CaSO_4$、$CaSO_4 \cdot 2H_2O$、$CaCO_3$ 和 $SrSO_4$ 等。

③注 CO_2 采油时,地层中的 $CaCO_3$ 由于下列反应产生可溶的 $Ca(HCO_3)_2$:

$$CO_2 + H_2O \longrightarrow H_2CO_3$$
$$CaCO_3 + H_2CO_3 \longrightarrow Ca(HCO_3)_2$$

当含 $Ca(HCO_3)_2$ 的水从采油井采出,由于压力降低,使 $Ca(HCO_3)_2$ 分解:

$$Ca(HCO_3)_2 \longrightarrow CaCO_3 \downarrow + CO_2 \uparrow + H_2O$$

大量的 $CaCO_3$ 析出,引起油井严重结垢。

④碱驱、碱—聚合物驱、碱—表面活性剂驱、碱—表面活性剂—聚合物驱采油时,碱与砂岩地层反应产生可溶性硅酸盐,与从其他方向到达油井的 Ca^{2+}、Mg^{2+}、Ba^{2+}、Sr^{2+} 的地层水混合,引起结垢:

$$Ca^{2+} + SO_4^{2-} \longrightarrow CaSO_4 \downarrow$$
$$Mg^{2+} + SO_4^{2-} \longrightarrow MgSO_4 \downarrow$$
$$Ba^{2+} + SO_4^{2-} \longrightarrow BaSO_4 \downarrow$$
$$Sr^{2+} + SO_4^{2-} \longrightarrow SrSO_4 \downarrow$$

⑤注水井用盐酸首先将堵塞地层渗流面的 Fe_2O_3 溶解产生可溶的 $FeCl_3$。随着酸化的进行,酸浓度减小。当pH值上升至2左右时,Fe^{2+} 在水中水解,发生如下反应:

$$Fe^{3+} + H_2O \longrightarrow Fe(OH)^{2+} + H^+$$

$$Fe(OH)^{2+} + H_2O \longrightarrow Fe(OH)_2^+ + H^+$$

在pH值继续升高时就能产生$Fe(OH)_3$沉淀：

$$Fe(OH)_2^+ + H_2O \longrightarrow Fe(OH)_3\downarrow + H^+$$

因而在排酸过程中，引起结垢。

10.1.1 碳酸钙

国内某油田管线碳酸钙结垢和垢样图见10.2。

10.1.1.1 碳酸钙结垢机理

碳酸钙垢（$CaCO_3$）是由于钙离子与碳酸根离子或碳酸氢根离子结合而生成的，反应如下：

$$Ca^{2+} + CO_3^{2-} \Longleftrightarrow CaCO_3\downarrow$$

$$Ca^{2+} + 2HCO_3^- \Longleftrightarrow CaCO_3\downarrow + CO_2\uparrow + H_2O$$

经大量研究表明，碳酸钙垢的生成是一个十分精细的过程。在水溶液中，离子或分子总是处于不停地运动中，一个离子或分子总是处于其他离子或分子的作用范围内。所以，不论溶液的浓度如何，溶液中始终存在着这种离子或分子的团簇。在晶核生成之前的稳定溶液中，这些团簇与生成它们的离子或分子处于动态平衡。在溶液浓度达到过饱和状态时，这些团簇变得足够大而生成晶核，接着就是不可逆的晶粒长大过程。这一过程可用下式表达：

$$Ca^{2+} + CO_3^{2-} \Longleftrightarrow CaCO_3$$

$$CaCO_3 + Ca^{2+} \Longleftrightarrow (CaCO_3)Ca^{2+}$$

$$(CaCO_3)Ca^{2+} + CO_3^{2-} \Longleftrightarrow (CaCO_3)_2$$

$$(CaCO_3)_{x-1}Ca^{2+} + CO_3^{2-} \Longleftrightarrow (CaCO_3)_x \text{ 临界团簇}$$

$$(CaCO_3)_x + Ca^{2+} + CO_3^{2-} \Longleftrightarrow (CaCO_3)_{x+1}$$

$$(CaCO_3)_{x+1} + Ca^{2+} + CO_3^{2-} \longrightarrow \text{晶核长大过程}$$

研究碳酸钙沉淀结垢规律及其他因素的影响规律则是集中在后两步。

由以上碳酸钙的结垢机理分析可知，碳酸钙结垢的影响因素主要集中在以下几个方面：

(1) 成垢离子的浓度。在油田水中含有大量的Ca^{2+}、Mg^{2+}、Ba^{2+}、Sr^{2+}及CO_3^{2-}、HCO_3^-、SO_4^{2-}等成垢离子，在采油过程中，因为温度、压力或水成分的变化从而破坏了原有的化学平衡而产生垢，以碳酸钙垢为主，另外还混有碳酸镁垢、碳酸钡垢、硫酸钙垢、硫酸钡垢等。其中，成垢离子的浓度越大，离子间的有效碰撞概率增大，反应式向右边进行，这样产生的垢就越多。

图10.2 碳酸钙结垢和垢样

(2) 二氧化碳的影响。常温下，碳酸钙的溶度积常数为4.8×10^{-9}，在25℃时，其溶解度为0.053g/L。在油田含水开发期，当流体从高压地层流向压力较低的井筒时，CO_2分压下降，水组分改变，造成$CaCO_3$溶解度下降，这是析出沉淀的主要原因之一；在油田地面集输系统中,由于原油温度升高,所受压力降低,CO_2 得到释放,使 $CaCO_3$ 沉淀的可能性增加。

当油田水中二氧化碳的含量低于碳酸钙溶解平衡所需的含量时,反应式向右边进行,油田水中就会出现碳酸钙沉淀,碳酸钙沉淀附在岩隙、管道和用水设备表面上,就产生了垢。反之,当油田水中二氧化碳的含量超过碳酸钙溶解平衡所需的含量时,反应式向左边进行,这时原油的碳酸钙垢会逐渐被溶解。所以,水中二氧化碳的含量对碳酸钙的溶解度有一定的影响。由于水中二氧化碳的含量与水面上气体中二氧化碳的分压成正比,因此,油田水系统中任何有压力降低的部位,气相中二氧化碳的分压都会减小,二氧化碳从水中逸出,导致碳酸钙沉淀。

(3)温度的影响。温度是影响碳酸钙在水中溶解度的另一个重要因素。对于绝大部分的盐类而言,其在水中的溶解度都随温度升高而增大。但碳酸钙、硫酸钙和硫酸锶是溶解度反常的难溶盐类,其在温度升高时溶解度反而下降即水温较高时就会结出更多的碳酸钙垢,同时,由于离子在温度较高的情况下具有更大的动能,提高了 Ca^{2+} 和 CO_3^{2-}、HCO_3^- 的有效碰撞概率,因此,水温较高时会生成更多的碳酸钙垢。而提高二氧化碳压力,可以使碳酸钙在水中的溶解度增大,另外,碳酸钙的溶解度随着 CO_2 的分压降低而减小,所以在系统内的任何部位,压力降低都可能产生碳酸钙沉淀。

(4)pH 值的影响。地下水或地面水一般均含有不同程度的碳酸,碳酸在水中存在三种形态:CO_3^{2-}、HCO_3^-、$H_2CO_3+CO_2$,而三种表现形式的碳酸在平衡时的浓度比例与水的 pH 值有完全相应的关系:在低 pH 值范围内,水中只有 $H_2CO_3+CO_2$;在高 pH 值范围内只有 CO_3^{2-};而 HCO_3^- 在中等 pH 值范围内占绝对优势,尤以 pH=8.34 时为最大。因此,pH 值越高就会产生更多的碳酸钙沉淀;反之,pH 值较低时,则不易形成碳酸钙沉淀。

(5)盐量的影响。油田水中含有很多不同的溶解盐类,而这些溶解盐类的性质和浓度都会对碳酸钙的溶解度有一定的影响。在含有氯化钠或除钙离子和碳酸根离子以外的其他溶解盐类的油田水中,当含盐量增加时,便相应提高了水中总的离子浓度。由于离子间的静电相互作用,导致各离子之间的库仑力大于热运动作用,使 Ca^{2+} 和 CO_3^{2-}、HCO_3^- 的有效碰撞概率降低,结果降低了 Ca^{2+}、CO_3^{2-}、HCO_3^- 等离子在碳酸钙固体上的沉淀速度,溶解的速度反而占了优势,从而碳酸钙溶解度增大。这种现象称为溶解的盐效应。反之,油田水中的溶解盐类具有与碳酸钙相同的离子时,由于同离子效应反而会降低碳酸钙的溶解度,导致碳酸钙垢的集聚增多。

总的来说,在油田地面集输系统,由于温度升高,压力降低,CO_2 释放,使 $CaCO_3$ 沉淀的可能性增加;在油井生产过程中,当流体从高压地层流向压力较低的井筒时,CO_2 分压下降,水组分改变,同样会使 $CaCO_3$ 沉淀的可能性增加。

文档 10.1 油田水结垢趋势预测方法

10.1.1.2 碳酸钙结垢倾向性预测公式(文档 10.1)

碳酸钙垢的预测技术经历了较长的发展时期。1936 年,Langelier 就提出水的稳定性指标,以确定 $CaCO_3$ 是否可以从水中沉淀出来,该指标是针对城市工业用水的。后来,Davis 和 Stiff 将这一指标应用到油田,即饱和指标法。该方法主要考虑了系统中的热力学条件。

饱和指数 SI 等于水的实际 pH 值与在该条件下(温度、碱度、硬度和总溶解固体相同)被碳酸钙饱和的 pH 值(以 pHs 表示之)之差:

$$SI = pH - pHs$$

碳酸钙在水中建立溶解平衡后:

$$CaCO_3(S) + H^+ \rightleftharpoons Ca^{2+} + HCO^-$$

其平衡常数 K 为:

$$K=\frac{[\mathrm{Ca^{2+}}][\mathrm{HCO_3^-}]}{[\mathrm{CaCO_3(固)}][\mathrm{H^+}]}=\frac{[\mathrm{Ca^{2+}}][\mathrm{HCO_3^-}]}{[\mathrm{H^+}]}$$

将上式取负对数,平衡时的 pH 值(即 $\mathrm{pH_S}$)可用下式表示:

$$\mathrm{pHs}=p[\mathrm{Ca^{2+}}]+p[\mathrm{HCO_3^-}]-pK$$

又 pK 等于 pK_2 和 pK_{SP} 之差(K_2 为 $\mathrm{HCO_3^-}$)的电离常数,K_{SP} 为碳酸钙的溶度积 K 也可由离子强度与水温的关系表中查得(表 10.2)。

因此

$$SI=\mathrm{pH}-K-p[\mathrm{Ca^{2+}}]-p[\mathrm{HCO_3^-}]$$

式中 SI——饱和指数;

pH——系统中实际 pH 值;

$\mathrm{pH_S}$——系统中的碳酸钙达饱和时的 pH 值;

K——常数,为含盐量,组成和水温的函数;

$p[\mathrm{Ca^{2+}}]$——$\mathrm{Ca^{2+}}$ 浓度负对数,$\mathrm{Ca^{2+}}$ 离子浓度单位为 mol/L;

$p[\mathrm{HCO_3^-}]$——$\mathrm{HCO_3^-}$ 浓度负对数,$\mathrm{HCO_3^-}$ 离子浓度单位为 mol/L。

离子强度 μ:

$$\mu=\frac{1}{2}(C_1 Z_1^2+C_2 Z_2^2+\cdots+C_n C_n^2)$$

式中 C_n——某离子浓度,mol/L;

Z_n——某离子的化合物。

表 10.2　某温度下 K 与离子强度 μ 的关系

μ \ $t/℃$ (K)	30	40	50	60	70
0	2.40	1.92	1.78	1.60	1.40
0.1	2.40	2.16	2.00	1.76	1.45
0.2	2.64	2.31	2.16	1.88	1.60
0.3	2.80	2.52	2.35	2.04	1.72
0.4	2.96	2.56	2.44	2.15	1.76
0.5	3.04	2.68	2.55	2.20	1.88
0.6	3.16	2.80	2.64	2.28	1.96
0.7	3.24	2.85	2.71	2.36	2.04
0.8	3.29	2.86	2.74	2.39	2.08
0.9	3.30	3.00	2.76	2.44	2.12
1.0	3.35	3.05	2.84	2.48	2.14
1.1	3.36	3.08	2.85	2.50	2.15
1.2	3.37	3.08	2.86	2.52	2.16
1.3	3.39	3.11	2.86	2.52	2.17
1.4	3.40	3.12	2.85	2.52	2.17

续表

μ \ K \ t/℃	30	40	50	60	70
1.5	3.40	3.12	2.84	2.53	2.17
1.6	3.40	3.11	2.83	2.54	2.16
1.7	3.37	3.10	2.82	2.55	2.16
1.8	3.36	3.09	2.82	2.53	2.16
1.9	3.35	3.08	2.80	2.51	2.15
2.0	3.30	3.07	2.78	2.48	2.14

饱和指数 SI 具有如下的意义：

(1) $SI=0$ 时，水中的钙离子和碱度等在该温度下保持平衡，水刚好被碳酸钙饱和，因而水是稳定的，即不析出垢；(2) $SI>0$ 时，该条件下水中的钙离子处于过饱和状态，倾向于结垢析出，SI 值越大，结垢的倾向也越大；(3) $SI<0$ 时，钙离子不饱和，不会结垢。

【例 10-1】 大庆油田采油十厂注入水碳酸钙结垢倾向性预测。

大庆油田采油十厂注水水质分析结果见表 10.3。

表 10.3 注入水（松花江水）水质分析结果

检测项目	检测结果	离子强度 μ
pH 值	7.95	
总碱度 $CaCO_3$/(mg/L)	60.05	
总硬度 $CaCO_3$/(mg/L)	85.08	
暂时硬度 $CaCO_3$/(mg/L)	1.02	
永久硬度 $CaCO_3$/(mg/L)	83.88	
久硬度/(mg/L)	0.00	
Ca^{2+}/(mg/L)	22.04	0.0011
Mg^{2+}/(mg/L)	7.30	0.0006
Cl^-/(mg/L)	14.18	0.0004
HCO_3^-/(mg/L)	73.22	0.0012
$K^+ + Na^+$/(mg/L)	13.80	0.0004
总矿化度/(mg/L)	130.54	0.0037（总 μ）

50℃，$\mu=0.0037$ 在表 10.2 中查得 $K=1.78$，则：

$$SI = pH - K - p[Ca^{2+}] - p[HCO_3^-]$$
$$= 7.95 - 1.77 - (-\lg 5.5 \times 10^{-4}) - (-\lg 1.2 \times 10^{-3})$$
$$= 7.95 - 1.78 - 3.26 - 2.92$$
$$= -0.01 < 0$$

因此，注入水（松花江水）注入地层（温度为 50℃）后不会结垢。

【例 10-2】 大庆油田采油十厂 F158-78 采出液游离子碳酸钙结垢倾向性预测。

F158-78 采出液游离子水水质分析结果见表 10.4。

表 10.4 F158-78 采出液游离子水水质分析结果

检验项目	pH 值	Ca^{2+} mg/L	Mg^{2+} mg/L	总 Fe mg/L	Cl^- mg/L	SO_4^{2-} mg/L	HCO_3^- mg/L	Na^++K^+ mg/L	总离子强度
检验结果	6.80	137.47	3.57	184.00	3048.70	24.48	643.78		
离子强度 μ		0.0034	0.0002	0.0033	0.0430	0.0003	0.0053	0.0416	0.0971

50℃,$\mu=0.0971$ 在表 10.2 中查得 $K=1.94$,则:

$$SI = pH - K - p[Ca^{2+}] - p[HCO_3^-]$$
$$= 6.80 - 1.94 - (-\lg 3.43 \times 10^{-3}) - (-\lg 1.055 \times 10^{-2})$$
$$= 6.80 - 1.194 - 2.46 - 1.98$$
$$= 0.42 > 0$$

因此,大庆油田采油十厂 F158-78 采出液游离水中碳酸钙处于过饱和状态,具备结垢条件。

此外,碳酸钙结垢的化学预测法还有稳定指数(SAI)和苏联饱和系数法。

10.1.2 碳酸镁

碳酸镁是另一种形成水垢的物质,碳酸镁在水中的溶解性能和碳酸钙相似。碳酸镁的溶解反应如下:

$$Mg_2CO_3 + CO_2 + H_2O \longrightarrow Mg(HCO_3)_2$$

与碳酸钙一样,碳酸镁在水中的溶解度随水面上二氧化碳分压的增大而增大,随着温度升高而减小。但是,碳酸镁的溶解度大于碳酸钙,如在蒸馏水中碳酸镁的溶解度比碳酸钙的溶解度大四倍。因此对于大多数既含有碳酸镁同时也含有碳酸钙的水来说,任何使碳酸镁和碳酸钙溶解度减小的条件出现,首先会形成碳酸钙垢,除非影响溶解度减小的条件发生剧烈的变化,否则碳酸镁垢未必会形成。

碳酸镁在水中易水解成氢氧化镁,碳酸镁的水解反应如下:

$$MgCO_3 + H_2O \longrightarrow Mg(OH)_2 + CO_2$$

由水解反应生成的氢氧化镁的溶解度很小,氢氧化镁也是一种反常溶解度物质,它的溶解度随着温度的上升而下降。含有碳酸钙和碳酸镁的水,当温度上升到 82℃时,趋向于生成碳酸钙垢;当温度超过 82℃时,开始生成氢氧化镁垢。

10.1.3 硫酸钙

硫酸钙或石膏是油田水另一种常见的固体沉淀物。国内某油田管线硫酸钙结垢和垢样图见图 10.3。硫酸钙常常直接在输水管道、锅炉和热交换器等的金属表面上沉积而形成水垢。硫酸钙的晶体比碳酸钙的晶体小,所以硫酸钙垢一般要比碳酸钙垢更坚硬和致密。当硫酸钙用酸处理时,并不像碳酸钙那样有气泡产生,在常温下很难去除,因此去除硫酸钙垢要比去除碳酸钙更困难。

在注入不含硫酸根淡水的一些油田也发生有严重的硫酸盐结垢现象。这主要是由下述的过程造成的:

(1)岩石中所含石膏的溶解作用。

(2)岩石中硫化物被水中所含溶解氧氧化,产生硫酸根。

(3)注入水与油藏内封存水的混合。注入的淡水一旦同封存水相混合,就会形成比注入水的硫酸盐含量更高的混合物。但这种水仍难达饱和,为此需要附加的 Ca^{2+} 或 SO_4^{2-} 离子源,则可能产生过饱和或沉积结垢。

影响硫酸钙的因素如下：

(1)温度的影响。硫酸钙在水中的溶解度比碳酸钙的溶解度大，硫酸钙在25℃的蒸馏水中的溶解度为2090mg/L，比碳酸钙的溶解度要大几十倍。当温度小于40℃时，油田中常见的硫酸钙是石膏；当温度大于40℃时，油田水中可能出现无水石膏。当温度约为40℃时，硫酸钙的溶解度达到最大值；然后温度升高，硫酸钙溶解度开始下降；当温度超过50℃时，硫酸钙的溶解度明显下降。这与碳酸钙溶解特性完全不同，硫酸钙的溶解度随着温度升高总是减小的。当温度大于50℃时，无水石膏的溶解度变得比石膏的溶解度更小，因而在较深和较热的井中，硫酸钙主要以无水石膏的形式存在。实际上，垢从石膏转变为无水石膏时的温度，是压力和含盐量的函数。

图10.3 硫酸盐管线结垢和垢样

(2)盐量的影响。含有氯化钠和氯化镁的水对硫酸钙的溶解度有明显的影响。硫酸钙在水中的溶解度不但与氯化钠浓度有关，而且还和氯化镁浓度有关。当水中只含有氯化钠、氯化钠浓度在2.5mol/L以下时，氯化钠浓度的增加会使硫酸钙的溶解度增大；当氯化钠含量进一步增加时，硫酸钙的溶解度反而减小。

(3)压力的影响。硫酸钙在水中的溶解度随着压力增加而增大，增大压力对硫酸钙溶解度的影响是物理作用，增大压力能使硫酸钙分子体积减小，然而要使分子体积发生较大改变，就需要大幅度增加压力。

10.1.4 硫酸钡

硫酸钡是油田水中最难溶解的一种物质，在共沉淀条件下，硫酸盐结垢的难易程度与化学溶度积原理相一致，$BaSO_4$最快，其次是$SrSO_4$，最慢的是$CaSO_4$。当温度上升时，$BaSO_4$的结垢趋势减弱，当压力上升时，三种硫酸盐的溶解性增大，结垢减少。

影响硫酸钡溶解度的因素如下：

(1)温度的影响。硫酸钡的溶解度随着温度升高而增大。当水温为25℃时，硫酸钡在蒸馏水中的溶解度为2.3mg/L。当水温为95℃时，硫酸钡在蒸馏水中的溶解度为3.9mg/L。但在100℃以上，其溶解度却随温度上升而下降，如180℃时，硫酸钡溶解度与25℃时相当。

(2)含盐量的影响。硫酸钡在水中的溶解度与碳酸钙一样，随着含盐量的增加而增加。在温度为25℃时，把氯化钠投加到蒸馏水中，当氯化钠浓度为100mg/L时，硫酸钡的溶解度由2.3mg/L增加到30mg/L。若把该氯化钠水溶液的温度由25℃提高到95℃，则硫酸钡的溶解度由30mg/L提高到65mg/L。

10.1.5 氯化钠垢

在国内一些油田进行石油开采过程中会出现氯化钠过饱和现象，形成氯化钠微小的晶体，当晶体增大到某一点时，"盐桥"就会在油井或管线的表面形成。影响"盐桥"形成的主要因素有以下两种：(1)温度和压力降低，导致产出氯化钠溶液过饱和并析出晶体；(2)蒸浓效应，由气体逸出带走部分水蒸气引起产出液过饱和析出晶体,造成盐块的形成。这些盐垢沉积物会桥架在油管中,影响油井的生产能力,严重时会造成油井停产。

常用清盐的工艺方法是通过注入低矿化度水来溶解盐垢。这种方法的缺点有以下几点:(1)低矿化度水消耗量大;(2)低矿化度水不易获得;(3)设备花费昂贵;(4)当环境温度低于水的冰点的时候不易操作,同时也会影响油井的正常生产。

10.1.6 铁沉积物

油田水中铁化合物来自两个方面,其一是水中溶解的铁离子,其二是钢铁的腐蚀产物。油田水的腐蚀通常是由溶解的二氧化碳、硫化氢和氧引起的,溶解气体与地层水中的铁离子反应也能生成铁化合物。每升地层水中铁含量通常仅几毫克。

结垢物种常常存在 FeS、FeO 与 Fe_2O_3,主要是由管线与设备遭受腐蚀而产生的。这些腐蚀常与碳酸盐、硫酸盐垢混杂而沉积下来。

注入水或地层水中含铁较低,由于水中含氧、H_2S 或 CO_2,也会与地层岩石中的铁反应生成铁的化合物。在地层或井底较密闭的体系中,生成物多为还原性铁盐,即二价铁盐。

水中含铁量高往往是由于腐蚀造成的,任何一种原因形成的铁化合物,都可能在金属表面沉积形成垢,或以胶体状态悬浮在水中。含有氧化铁胶体的水呈红色,称为"红水"。含有硫化亚铁胶体的水呈黑色,称为"黑水"。铁化合物的沉积和颗粒极易阻塞地层、油井和过滤器。水的 pH 值直接影响着铁离子的溶解度。当水的 pH≤3.0 时,水中有大量的三价铁离子存在,但是当水的 pH 值超过 3.0 时,三价铁离子会形成不溶性氢氧化铁,水中不再有游离的三价铁离子存在。同时水中还可能有碳酸氢铁沉淀形成,其影响碳酸氢铁溶解度的因素和影响碳酸氢钙、碳酸氢镁的溶解度的因素一样,都与二氧化碳的浓度和温度有关。

因此,含有铁离子的地层水可能会产生碳酸亚铁、硫化亚铁、氢氧化亚铁、氢氧化铁和氧化铁等沉积物。铁化合物主要取决于地层水中硫离子浓度、碳酸根或碳酸氢根离子浓度、溶解氧浓度以及水的 pH 值。

两种氧化状态的铁离子与同一种阴离子作用可以生成不同溶解度的化合物。水中的铁离子也可以形成硫化物或碳酸盐沉淀。此外,铁细菌也可以在含氧量小于 0.5mg/L 的系统中生长,在生长过程中能将二价铁氧化成三价铁并形成氢氧化铁。铁细菌虽然不直接参加腐蚀过程,但是能造成腐蚀和堵塞。

10.1.7 硫沉积物

近几年来,我国在川东北等地区相继发现了一批高含硫气藏。当油井含硫量大于 4% 时,就会产生硫黄堵塞。开发这类气藏,通常要面临三大难题,即含硫天然气的腐蚀性、硫化氢的剧毒性和硫的沉积。其中,硫沉积可能堵塞井筒、管线,降低地层渗透率与孔隙度,甚至完全堵塞通道,造成气井停产。

10.1.7.1 硫沉积机理

硫沉积通常指元素硫的沉积,目前关于含硫气藏中元素硫的沉积机理,一般有两种理论,即化学沉积和物理沉积。

(1)化学沉积。在高含硫气藏中,元素硫在地层条件下将与硫化氢发生反应:

$$H_2S + S_x \rightleftharpoons H_2S_{x+1}$$

上述反应是一个可逆的化学平衡过程。当地层温度升高、压力增大的时候,平衡朝着生成多硫化氢的方向移动,此时元素硫在天然气中的溶解度增大,有利于天然气中元素硫的溶解;反之,当地层温度降低,压力减小的时候,反应逆向进行,此时有利于单质硫的生成,当高含硫气体中元素硫的溶解度达到其临界饱和值之后,继续降低温度和压力,就会有单质硫析出,当析出足够多时,就会在一定条件下沉积下来,形成所谓的硫沉积,从而堵塞地层、井筒、管线。

(2)物理沉积。在气藏条件下,元素硫以物理方式溶解在酸气(主要是H_2S、CO_2)中,在储集层中一般是高温高压,因此元素硫在此种环境下的溶解度是比较大的。但在气藏的开采、开发过程中,温度与压力都会改变,流体与硫之间的平衡状态就会被打破,当温度、压力继续降低时,就会有大量的单质硫析出,造成堵塞。

10.1.7.2 硫沉积的主要影响因素

尽管硫沉积的两种机理有着本质区别,但是很明显,两种不同的机理中硫的溶解和沉积都与温度和压力有着密切的联系。此外,天然气组成、气流速度以及地层的地质特性等也会影响硫的沉积。

1. 温度和压力

Roberts 基于 Chrastil 的溶解度模型利用实验数据,得出:

$$C = \rho_g^4 \exp(-4666/T - 4.7511)$$

根据非理想气体状态方程:

$$\rho_g ZRT = pM_a \gamma_g^4$$

可得出溶解度与温度、压力的关系:

$$C = [M_a r_g p/(ZRT)]^4 \exp(-4666/T - 4.5711)$$

式中　C——硫在天然气中的溶解度,g/m^3;

p——压力,MPa;

T——温度,K;

M_a——干燥空气的分子量,28.97kg/kmol;

r_g——天然气的相对密度;

Z——天然气的压缩因子;

R——通用气体常数,$0.008314 MPa \cdot m^3/(kmol \cdot K)$。

同时,有实验证明硫在天然气中的溶解度随温度和压力发生改变,实验结果见表10.5。

表10.5　元素硫在天然气[①]中的溶解度

温度/K	压力/MPa	硫的溶解度/(g/m³)
373.15	20	0.208
	40	0.789
	52	1.40
	60	1.99
393.15	10	0.115
	30	0.749
	45	1.79
	60	3.14
413.15	10	0.22
	30	1.10
	45	2.67
	60	4.45

续表

温度/K	压力/MPa	硫的溶解度/(g/m³)
433.15	10	0.352
	30	1.65
	45	2.65
	60	4.29

①天然气组分为:66%CH_4、20%H_2S、10%CO_2、4%N_2。

实验数据表明,随着温度与压力的升高,硫在天然气中的溶解度增大;反之则减小。

2.天然气组分

天然气的主要成分是甲烷,除此之外还含有少量的二氧化碳、硫化氢、氢气、乙烷、丙烷等气体。不同地区的天然气组分并不相同。大量的调研表明,不同的天然气组分对硫的沉积有着不同的影响。Hyne认为硫化氢的含量越高,元素硫发生沉积的可能性也越大。当硫化氢含量大于30%,大多数气井容易发生硫堵。但是也有硫化氢含量4.8%发生堵塞和硫化氢含量34%却未发生堵塞的气井,这说明硫化氢含量也不是绝对的决定因素。烃类的含量也是影响因素,比如乙烷含量越低越容易发生硫沉积,对于C_5及C_5以上重烃,碳数越大,重烃含量越多,硫的溶解度就越大。

3.地层特性

(1)孔隙度。孔隙度是指岩石中孔隙体积之和与岩石体积之比,以百分数表示。它可以用来表征岩石中孔隙空间的大小。在气藏的开发过程中,储集层中的孔隙空间是天然气的渗流通道。孔隙度是能体现气藏储集层渗流能力的一个重要参数。当气藏发生硫沉积的时候,孔隙度越大,地层越不容易发生堵塞。

(2)渗透率。渗透率是指在一定压差下,岩石允许流体通过的能力。不同的渗透率使得流体在地层中流动所需的压力梯度也不相同。通过模拟发现,渗透率越低的地层,硫沉积越快;渗透率越高的地层,硫沉积越慢。

(3)气井产量。气井的产量实际上决定了流体的渗流速度。而流体的渗流速度已经被证明和硫的沉积有着密切的关系。卞小强等人建立了硫沉积对储集层伤害模型,并将其引入某高含硫气藏的实际分析中,得出气井产量与元素硫沉积之间的关系,即气井产量越高,流体渗流速度就越快,由此引发的地层孔隙度和渗透率的下降也就越显著。由于孔隙度和渗透率的明显下降,元素硫的沉积就越严重。

10.1.7.3 硫沉积防治措施

硫沉积是含硫气藏开发、运输过程中广泛存在又需要解决的关键难题。国内外的学者针对硫沉积的防治措施进行了大量的研究,目前也有多种措施在实际生产中得到应用。

(1)采取合理的开采工艺。根据硫沉积机理,采取有针对性的工艺措施可在一定程度上降低硫沉积的发生概率和发生速度。

(2)控制温度的变化。由于温度的下降会对硫的溶解度造成影响,因此控制集输系统的温度可以有效地减少硫在系统中的沉积。对设备和管线加装一些保温设施,保持流体在设备和管线中的温度,可减少元素硫的析出,从而减缓硫沉积以及由此引发的硫堵塞。对于已经发生堵塞的部位,可以尝试对设备局部进行加热,使堵塞部位沉积的硫溶解,达到解堵的效果。龚金海等人在普光气田的集输系统上试验了电伴热解堵技术,即在设备易发生硫沉积的部位安装自限温电伴热带,可以根据环境温度的变化而自动调整热量输出,使设备内部保持温度恒定。试验证明,当温度恒定在50℃以上,由硫沉积引发的堵塞会显著减少。该方法安全性、可靠性高、污染、能耗低,并且简便有效。

(3)控制压力的变化。和温度一样,压力的下降也可能引起元素硫的沉积,因此控制压力的变化也是十分必要的。在生产当中,应尽量选用内部结构简单的设备和部件,以免引起过大的压力变化。

(4)控制开采速度。由于快速开采时的气流速度较快,更加容易将析出的硫颗粒带走,而不易发生沉积。但是过快的速度也会导致温度压力急剧下降,使元素硫更加快速地沉积,从而导致地层和设备的堵塞。因此,在开采的过程中,应针对气井自身的情况,制定合理的开采计划,将开采速度控制在合理的范围之内。

(5)生物竞争排除技术。这是 D. O. Hitzman 提出的一种新的生物技术。其原理就是向地层中注入水溶性的低浓度营养液,该营养液会抑制地层中硫酸盐还原菌(SRB)的生长,从源头上减少或消除地层中因生物生成的 H_2S 气体,以达到减少硫沉积的目的。该方法环保、经济、高效。

10.1.8 硅沉积物

天然水中都含有一定量的硅酸化合物,它往往是由于含有硅酸盐和铝酸盐的岩石和水直接接触后溶解而形成的。地下水的硅酸化合物含量一般要高于地面水中的含量。二氧化硅不能直接溶于水,水中二氧化硅的主要来源是溶解的硅酸盐。水中二氧化硅存在的形式主要有悬浮硅、胶体硅、活性硅酸盐和聚硅酸盐等。所谓硅垢,即是以硅酸盐或二氧化硅为主的垢,这类垢在结垢产物中含量较小。如果有过量的硅酸盐溶入水中,最后都将以无定性的二氧化硅析出,析出的二氧化硅并不下沉而以胶体颗粒悬浮水中,所以又称为悬浮硅或胶体硅。二氧化硅本身聚集形成硅垢沉积物,如果水中含有钙、镁、铝、铁等金属离子,则就易形成坚硬的硅酸盐垢,二氧化硅在此过程中起着晶核作用,促进硅酸盐垢的形成。

10.2 油田防垢技术的应用

控制油田水结垢的方法主要是控制油田水的成垢离子或溶解气体,也可以投加化学药剂以控制垢的形成过程。因为油田水数量大而质量较差,所以在选用阻垢方法时必须综合考虑使用方法、投资和经济效益。

油田水成为过饱和,其中一种盐不能再溶解时,则发生结垢,控制结垢的作用主要在于:

(1)防止晶核化或抑止结晶变大;

(2)分离晶核,控制成垢阳离子,主要是螯合二价金属离子;

(3)防止沉积,保持固体颗粒在水中扩散并防止在金属表面沉积。

可以采用不同的方式,改变系统条件,以增大盐的溶解度。油田系统常用控制结垢的方法有下面几种。

10.2.1 控制 pH 值

降低水的 pH 值会增加铁化合物和碳酸盐垢的溶解度,pH 值对硫酸盐垢溶解度的影响很小。然而,过低的 pH 值会使水的腐蚀性增大而出现腐蚀问题。控制 pH 值来防止油田水结垢的方法,必须做到精确控制,否则会引起严重腐蚀和结垢。在油田生产中要做到精确控制 pH 值往往是很困难的。因此,控制 pH 值的方法只有在改变很小的 pH 值,就可以防止结垢的油田水中才有实用意义。

10.2.2 去除溶解气体

油田水中的溶解气体如氧气、二氧化碳、硫化氢等可以生成不溶性的铁化合物、氧化物和硫化物。这些溶解气体不仅是影响结垢的因素,又是影响金属腐蚀的因素,采用物理方法或化学方法可以去除水中溶解气体。

10.2.3 采用防垢剂进行防垢

油田使用防垢剂为常用的控制结垢措施。这种方法简便、易行,使用时需对防垢剂进行合理的评价与选择。

10.2.4 物理法防垢技术

(1)超声波处理。超声波防垢一般采用间接处理液流的方法。在某些地层,当矿化度为1379g/L 时,结垢速度可达 1mm/d。采用超声波技术,结垢速度明显降低,处理垢费用显著下降。同时,液流中的结晶盐颗粒尺寸变小,与地层孔壁和金属管柱表面的黏附程度明显减弱。

(2)磁防垢技术。该法起于苏联,使用的是永久磁铁和电磁铁设备防垢。我国华北油田在注入水为 75℃的温度内使用磁防垢器,基本上达到了防垢目的;大庆油田在原油集输系统中使用了永磁防垢器,也取得了较好的效果。磁防垢效果与含盐量有关,含盐量越高,防垢效果越差。从国内外有关资料来看,磁防垢技术适用于含盐量低于 3000mg/L 的水溶液。

10.2.5 工艺法防垢技术

对于一切可能结垢的流体环境,不论是未结垢、正在结垢还是已经结垢,都是因为流体环境中存在生成垢物的内部因素——结垢离子,采用上述化学或物理方法防止结垢,各有其特点和功效。但是,从垢形成的外部条件来看,可以采用适宜的处理工艺来防止垢的形成。工艺法的具体措施大致包括:

(1)正确选用注水水源,防止不相容的水混合。

不相容的水是指两种水混合时,沉淀出不溶性产物。不相容性产生的原因是一种水含有高浓度的成垢阳离子,另一种水含有高浓度成垢阴离子,当这两种水混合,离子的最终浓度达到过饱和状态,就产生沉淀,导致垢的生成。如将表 10.6 中 A 水与 B 水混合在一起,就有可能生成碳酸钙、硫酸钙、硫酸钡和硫化铁等盐垢。

表 10.6 两种不同类型水的化学成分

组分	A 水	B 水
Ca^{2+}	有	无
HCO_3^-	无	有
SO_4^{2-}	无	有
Ba^{2+}	有	无
Fe^{2+} 或 Fe^{3+}	无	有
H_2S	有	无

因此,在油田生产过程中,应尽可能避免不相溶水的混合,确保注入水与地层水在化学性质上配伍,这就要求事先对地层水进行必要的化学测试,掌握有关性质数据。如对于套管损坏

井,不同层位水互窜,可能引起结垢,则须用隔水采油工艺。污水回注时,将清水与污水进行分注,以免引起结垢与腐蚀问题的发生。

(2)控制油气井投产流速和生产压差,以免因此而加快垢物生长和形成。

(3)使油气井井底流压高于饱和压力。

(4)封堵采油井中的大小层段。

具体实施时,以上工艺法各有利弊,不可多种措施同时使用,应根据油田的实际情况酌情选用。

10.3　油田常用的防垢剂及作用机理

10.3.1　油田常用的防垢剂

油田用防垢剂通用技术条件见文档10.2。

文档10.2　油田用防垢剂通用技术条件

10.3.1.1　无机磷酸盐防垢剂

无机磷酸盐防垢剂主要有磷酸三钠、焦磷酸四钠、三聚磷酸钠、十聚磷酸钠和六偏磷酸钠($NaPO_3$)。这类药剂价格低,防 $CaCO_3$ 垢较有效。但易水解产生正磷酸,可与钙离子反应生成不溶解的磷酸钙。一般无机磷酸盐水解度随温度和pH的上升有增大的趋势,使用适宜条件为40～50℃,pH值为7.0～7.5。

10.3.1.2　有机磷类防垢剂

有机磷防垢剂不仅是一种高效的防垢剂,而且与其他防垢剂复配使用时还具有协同效应。有机磷防垢剂包括有机磷酸、有机磷酸盐、有机磷酸酯三种类型。

有机磷酸防垢剂代表物有甲叉膦酸型、同碳二膦酸型、羧基膦酸型以及含硫、硅等原子的膦酸,如氨基三甲叉膦酸(ATMP)、乙二胺四甲叉膦酸(EDTMP)、二乙烯三胺五甲叉膦酸(DTPMP)、羟基乙叉二膦酸钠(HEDP)等。在有机膦酸中,ATMP和HEDP是20世纪60年代开发的,至今在水处理中仍广泛使用;20世纪80年代,研制了有机膦羧酸,其中,PBTCA在高温、高硬度、高pH等苛刻条件下防垢性能仍然很突出;20世纪90年代,大分子有机膦酸PAPEMP问世,其分子中引入多个醚键,有很高的钙容忍度和防垢分散性。

有机膦酸盐防垢剂代表物有乙撑二胺三甲叉膦酸钾、氨基三甲叉膦酸锌等。有机膦酸酯的代表物有聚氧乙烯基膦酸酯、氨基亚甲基膦酸酯、聚氧乙烯基焦膦酸酯等。

目前油田常用的几种有机磷类防垢剂及其制备如下:

1. 氨基三亚甲基膦酸(ATMP)

结构式为:

$$\text{HO} - \underset{\underset{\text{OH}}{|}}{\overset{\overset{\text{O}}{\|}}{P}} - \overset{H_2}{C} - N \begin{cases} \overset{H_2}{C} - P(OH)_2 \\ \overset{\|}{O} \\ \overset{H_2}{C} - P(OH)_2 \\ \overset{\|}{O} \end{cases}$$

ATMP具有良好的螯合、低限抑制及晶格畸变作用,是非常好的胶溶剂和分散剂。可阻止水中成垢盐类形成水垢,特别是碳酸钙垢的形成。ATMP在水中化学性质稳定,不易水解。在水中浓度较高时,有良好的缓蚀效果。ATMP对氯敏感,因此要和非氧化性杀菌剂联用。

ATMP常与其他有机磷酸、聚羧酸或盐等复配成有机碱性水处理剂,用于各种不同水质条件下的循环冷却水系统。用量以 1～20mg/L 为佳;作缓蚀剂使用时,用量为 20～60mg/L。ATMP 一般为酸制品。但用于碱洗等目的时,可用氢氧化钠中和成五钠盐后制成配方备用。由于 ATMP 的二钠盐和三钠盐在水中的溶解度较低(常温下为 30% 左右,而五钠盐为 50% 左右),为了配制稳定的配方,用氢氧化钠溶液中和本品液体产品(50% 的水溶液)时,前者的浓度不得高于 45%,否则,在中和过程中会出现二钠盐和三钠盐的细小微晶沉淀。本品单独作缓蚀剂使用时,所需剂量较高,故常需与其他缓蚀剂(如锌离子)合用。与锌盐配,能明显地改善碳钢的抗蚀能力,配方中锌的最佳含量为 30%～60%。由于锌与其形成络合物,使锌增溶稳定,因此该配方对水质的变化并不敏感,循环冷却水温允许达到 70～77℃,pH 值可到 9。

制备反应式:

$$3PCl_3 + 6H_2O + 3H-\overset{O}{\overset{\|}{C}}-H + NH_4Cl \longrightarrow H_2N + \overset{H_2}{\overset{|}{C}}-\overset{O}{\overset{\|}{P}}(OH)_2\Big)_3 + 10HCl$$

选用亚磷酸(或三氯化磷)与氨(或铵盐)、甲醛在酸性介质中一步合成。原料亚磷酸通常由三氯化磷水解制得,氨类可以是氨水、氨气或氯化铵,考虑到反应控制,采用氯化铵较为适宜。甲醛为甲醛水溶液、三聚甲醛或多聚甲醛,考虑到反应过程中需要一定量水,所以采用甲醛水溶液较好。

2. 羟基亚乙基二磷酸(HEDP)

结构式为:

$$\begin{array}{c} O=P(OH)_2 \\ | \\ H_3C-C-OH \\ | \\ O=P(OH)_2 \end{array}$$

HEDP 的防垢性能主要是由于它具有良好的螯合性能。HEDP 在水溶液中能离解成 H^+ 和酸根负离子,负离子及分子中的氧原子可以与铁、铜、锌等金属离子生成稳定的螯合物。在 250℃ 下仍能起到良好的缓蚀防垢作用,在高 pH 下仍很稳定,不易水解,一般光热条件下不易分解。耐酸碱性、耐氯氧化性能较其他有机磷酸(盐)好。

由 HEDP 与金属离子形成的六元环螯合物具有相当稳定的结构。表 10.7 是常用的有机磷酸盐与金属离子形成螯合物的稳定常数。稳定常数越高,防垢性能越好。HEDP 还具有优良的晶格歪曲作用。

表 10.7 有机磷酸盐螯合物稳定常数

药剂金属离子	HEDP	EDTMP	ATMP	DTPMP
Mg^{2+}	6.55	5.0	6.49	8.11
Ca^{2+}	6.04	4.95	6.68	7.91
Fe^{2+}	9.05			
Cu^{2+}	12.48	11.14		18.5
Zn^{2+}	10.37	9.90		16.85
Al^{3+}	15.29			
Fe^{3+}	16.21			22.46

HEDP 广泛应用于电力、化工、冶金、化肥等工业循环冷却水系统及中、低压锅炉、油田注水及输油管线的防垢和缓蚀；HEDP 在轻纺工业中，可以作金属和非金属的清洗剂、漂染工业的过氧化物稳定剂和固色剂、无氰电镀工业的络合剂。HEDP 作防垢剂一般使用浓度 1～10mg/L，作缓蚀剂一般使用浓度 10～50mg/L；作清洗剂一般使用浓度 1000～2000mg/L；通常与聚羧酸型防垢分散剂复配使用。

制备反应式：

$$PCl_3 + 3CH_3COOH \longrightarrow 3CH_3COCl + H_3PO_3$$

$$PCl_3 + 3H_2O \longrightarrow H_3PO_3 + HCl$$

$$CH_3COCl + H_3PO_3 \longrightarrow CH_3-\overset{\overset{O}{\|}}{C}-\overset{\overset{O}{\|}}{\underset{OH}{P}}-OH + HCl$$

$$CH_3-\overset{\overset{O}{\|}}{C}-\overset{\overset{O}{\|}}{\underset{OH}{P}}-OH + H_3PO_3 + CH_3COCl \longrightarrow CH_3-\overset{\overset{O=P(OH)_2}{|}}{\underset{O=P(OH)_2}{C}}-O-COCH_3$$

其现行的合成方法主要包括以下四种：
(1) 氯化磷、冰醋酸和水反应；(2) 亚磷酸和醋酐反应；(3) 正磷酸和醋酐反应；(4) 亚磷酸和乙酰氯反应。此外还有用乙烯酮（即 $CH_2=C=O$）和亚磷酸反应；用六氧化四磷和醋酸反应。

3. 乙二胺四亚甲基磷酸（EDTMP）

结构式为：

$$\begin{array}{c} Na_2O_3P-\underset{H_2}{C} \\ \diagdown \\ Na_2O_3P-\underset{H_2}{C} \diagup \end{array} N-\underset{H_2}{C}-\underset{H_2}{C}-N \begin{array}{c} \diagup \underset{H_2}{C}-PO_3Na_2 \\ \\ \diagdown \underset{H_2}{C}-PO_3Na_2 \end{array}$$

EDTMP 是含氮有机多元磷酸，能与水混溶，无毒、无污染，化学稳定性及耐温性好，在 200℃下仍有良好的防垢效果。在水溶液中能离解成 8 个正负离子，因而可与多个金属离子螯合，形成多个单体结构大分子网状络合物，松散地分散于水中，使钙垢正常结晶被破坏，对硫酸钙垢、硫酸钡垢的防垢效果好，可与 BTA、PAAS、锌盐等复配使用。

制备反应式：

$$PCl_3 + 3H_2O \longrightarrow H_3PO_3 + HCl$$

$$\begin{array}{c} CH_2-NH_2 \\ | \\ CH_2-NH_2 \end{array} + 4HCHO \longrightarrow \begin{array}{c} CH_2-N(CH_2OH)_2 \\ | \\ CH_2-N(CH_2OH)_2 \end{array}$$

$$\begin{array}{c} CH_2-N(CH_2OH)_2 \\ | \\ CH_2-N(CH_2OH)_2 \end{array} + 4H_3PO_3 \longrightarrow$$

$$\begin{array}{c} H_2O_3P-CH_2 \\ \diagdown \\ H_2O_3P-CH_2 \diagup \end{array} N-CH_2-CH_2-N \begin{array}{c} \diagup CH_2-PO_3H_2 \\ \\ \diagdown CH_2-PO_3H_2 \end{array}$$

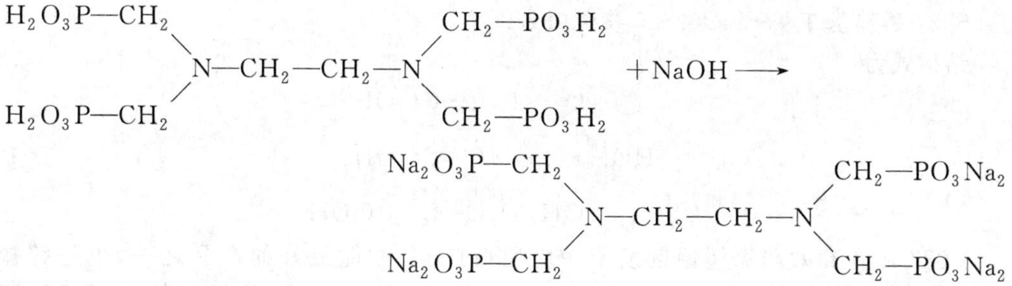

$$\begin{matrix} H_2O_3P-CH_2 & & & CH_2-PO_3H_2 \\ & N-CH_2-CH_2-N & & +NaOH \longrightarrow \\ H_2O_3P-CH_2 & & & CH_2-PO_3H_2 \end{matrix}$$

$$\begin{matrix} Na_2O_3P-CH_2 & & & CH_2-PO_3Na_2 \\ & N-CH_2-CH_2-N & & \\ Na_2O_3P-CH_2 & & & CH_2-PO_3Na_2 \end{matrix}$$

4. 二乙烯三胺五亚甲基膦酸（DTPMPA）

结构式为：

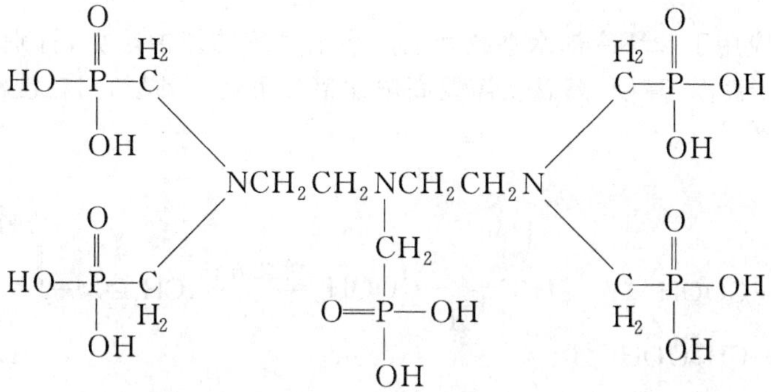

[结构式图]

制备反应式：

$$\text{(二乙烯三胺)} + 5HCHO \longrightarrow \text{(羟甲基化中间体)}$$

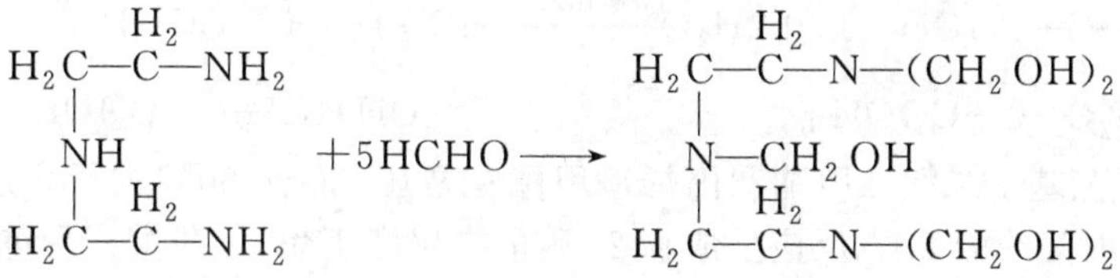

$$PCl_3 + 3H_2O \longrightarrow H_3PO_3 + HCl$$

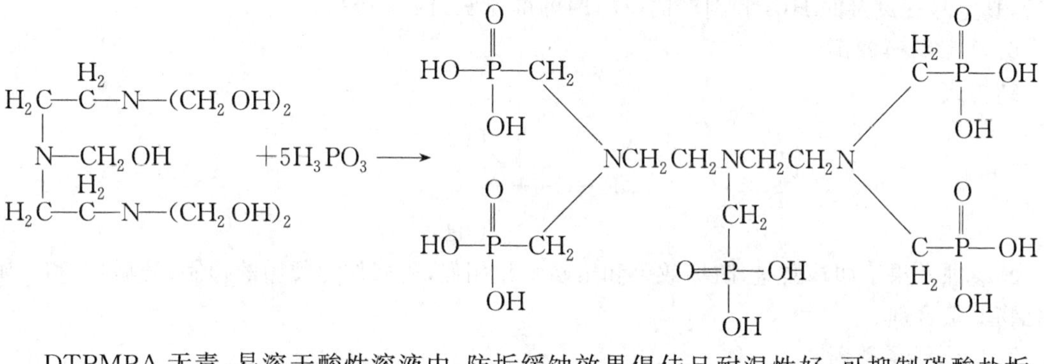

$$\text{(羟甲基化中间体)} + 5H_3PO_3 \longrightarrow \text{DTPMPA}$$

DTPMPA 无毒，易溶于酸性溶液中，防垢缓蚀效果俱佳且耐温性好，可抑制碳酸盐垢、硫酸盐垢的生成，在碱性环境和高温下（210℃以上）防垢缓蚀性能较其他有机膦好。

DTPMPA 在水处理中用作循环冷却水和锅炉水的防垢缓蚀剂，特别适用于碱性循环冷却水中作为不调 pH 的防垢缓蚀剂，并可用于含碳酸钡高的油田注水和冷却水、锅炉水的防垢缓蚀剂；在复配药剂中单独使用本品，无须投加分散剂，污垢沉积量仍很小。

DTPMPA 也可用作过氧化物稳定剂、纺织印染用螯合剂、颜料的分散剂、氧脱木素稳定剂、化肥中微量元素携带剂、混凝土添加剂。此外，在造纸、电镀、金属酸洗和化妆品等方面也得到了广泛应用，还可作氧化性杀菌剂的稳定剂。

5. 2-磷酸基丁烷-1,2,4-三羧酸(PBTCA)

结构式为：

$$\text{HO—P(=O)(OH)—C(CH}_2\text{COOH)(COOH)—CH}_2\text{—COOH}$$

PBTCA 在高效防垢缓蚀剂复配中应用最广，是性能最好的产品之一，也是锌盐的优良稳定剂。其含磷量低，具有磷酸和羧酸的结构特性，高温下防垢性能远优于常用的有机磷酸，能提高锌的溶解度，耐氯的氧化性能好，复配协同性好。如单独使用投加剂量为 $5 \sim 15 \text{mg/L}$。

PBTCA 广泛应用于循环冷却水系统和油田注水系统的缓蚀防垢，特别适合与锌盐、共聚物复配使用，可用于高温、高硬、高碱及需要高浓缩倍数下运行的场合，在洗涤行业中可作螯合剂及金属清洗剂。

制备反应式：

$$(CH_3O)_2\text{—P(=O)—CH(COOH)—CH}_2\text{—CH}_2\text{OOH} + H_2C=CH\text{—COOH} \xrightarrow{\text{催化剂}} (CH_3O)_2\text{—P(=O)—C(CH}_2\text{COOH)(COOH)—CH}_2\text{—COOH}$$

$$(CH_3O)_2\text{—P(=O)—C(CH}_2\text{COOH)(COOH)—CH}_2\text{—COOH} + 2H_2O \xrightarrow{\text{催化剂}} HO\text{—P(=O)(OH)—C(CH}_2\text{COOH)(COOH)—CH}_2\text{—COOH} + 2CH_3OH$$

2-磷酸二甲酯基丁二酸二甲酯和丙烯羧甲酯在常压、$80 \sim 150 ℃$ 进行合成反应，(有催化剂存在下)，反应时间约为 2h。反应生成物 2-磷酸二甲酯丁烷-三羧酸三甲酯经真空提浓、精制后即可加入浓 HCl 进行水解反应。水解反应在常压、120℃下进行，反应时间约 4h。反应完毕后，真空除去过量的 HCl 和副产的甲醇即可得到 PBTCA 产品。

6. 单元醇磷酸酯

结构式：

$$R\text{—O—P(=O)(OH)}_2$$

其缓蚀效果不如磷酸盐，防垢效果和聚磷酸盐相似，用来作为硬垢的抑制(防垢)剂和金属氧化物的螯合剂。

7. 多元醇磷酸酯

结构式：

$$\begin{array}{l} CH_2\text{—O}\!-\!\!(CH_2CH_2O)_n\!\!-\!H \\ CH\text{—O—PO}_3H_2 \\ CH_2\text{—O}\!-\!\!(CH_2CH_2O)_n\!\!-\!H \end{array}$$

此外，六元醇磷酸酯也是常用的磷酸酯。

$$\begin{array}{c}CH_2-CH-CH-CH-CH-CH_2\\ |\quad\;\;|\quad\;\;|\quad\;\;|\quad\;\;|\quad\;\;|\\ O\quad\;O\quad\;O\quad\;O\quad\;O\quad\;O\\ |\quad\;\;|\quad\;\;|\quad\;\;|\quad\;\;|\quad\;\;|\\ PO_3H_2\;PO_3H_2\;PO_3H_2\;PO_3H_2\;PO_3H_2\;PO_3H_2\end{array}$$

有机磷酸酯主要是一种对金属铁的缓蚀剂,但也有控制钙垢的作用。它对硫酸钙垢的防垢效果颇佳。

磷酸酯属于阳极型缓蚀剂,防垢机理主要是晶格畸度。

10.3.1.3 聚合物类防垢剂

从结构上来看,聚合物防垢剂由最初的羧酸均聚物发展到含多种防垢基团(酯基、磺酸基、磷酸基或羟基)的共聚物;从功能上防垢剂除了抑制碳酸钙垢之外,还能抑制磷酸钙、硫酸钙、硫酸钡垢,分散氧化铁和黏土等,某些聚合物防垢剂还兼具杀菌、防腐等功能。

目前油田常用的聚合物防垢剂有如下几种:

1. 聚丙烯酸、聚甲基丙烯酸

(1)结构式:

$$\left[\begin{array}{c}CH-CH_2\\|\\COOH(Na)\end{array}\right]_n \qquad \left[\begin{array}{c}CH_3\\|\\C-CH_2\\|\\COOH(Na)\end{array}\right]_n$$

聚丙烯酸(钠)　　　　聚甲基丙烯酸(钠)

(2)性质。

固含量(质量分数)/%:25~30;

分子量(平均):2000~5000(黏度法);

pH 值(聚丙烯酸):2~3;

pH 值(聚丙烯酸钠):8~9;

防垢率/%:>85;

聚合率/%:>95;

外观:浅黄色黏稠液体,可用水无限稀释。

(3)聚丙烯酸制备反应式:

$$n\begin{array}{c}H\;\;H\\|\;\;\;|\\C=C\\|\;\;\;|\\H\;COOH\end{array}\xrightarrow[\Delta]{\text{引发剂}}*\left[\begin{array}{c}H\;\;H\\|\;\;\;|\\C-C\\|\;\;\;|\\H\;COOH\end{array}\right]_n*$$

聚丙烯酸和聚甲基丙烯酸都能将碳酸钙、硫酸钙等盐类的微晶或泥沙分散于水中不沉淀,同时使他们的晶体晶格发生畸变,从而阻止微晶体的生长,对碳酸钙垢、硫酸盐垢、磷酸钙垢等都有优良的防垢分散作用。在螯合能力方面,聚甲基丙烯酸要优于聚丙烯酸,这是甲基群电子的推力及某些立体效应的作用结果;晶格歪曲作用方面,聚丙烯酸要优于聚甲基丙烯酸。聚丙烯酸单独使用,一般使用浓度为 1~15mg/L。

2. 水解聚马来酸酐(HPMA)

结构式:

$$*\left[\begin{array}{c}H\;\;H\\|\;\;\;|\\C-C\\|\;\;\;|\\COOH\;COOH\end{array}\right]_n\left[\begin{array}{c}H\;\;H\\|\;\;\;|\\C-C\\|\;\;\;|\\C\quad C\\\|\|\quad\|\|\\O\;\;O\;\;O\end{array}\right]_m*$$

制备反应式：

$$\underset{\text{马来酸酐}}{\begin{array}{c}HC=CH\\|\quad\;\;|\\C\;\;\;\;C\\\diagdown\!/\!\diagup\\O\;O\;O\end{array}} + H_2O \xrightarrow{\Delta} \underset{}{\begin{array}{c}HC=CH\\|\quad\;\;|\\COOH\;COOH\end{array}}$$

$$m\begin{array}{c}HC=CH\\|\quad\;\;|\\COOH\;COOH\end{array} + n\begin{array}{c}HC=CH\\|\quad\;\;|\\C\;\;\;\;C\\\diagdown\!/\!\diagup\\O\;O\;O\end{array} \xrightarrow[\Delta]{\text{催化剂}} *\left[\begin{array}{cc}H&H\\|&|\\C—C\\|&|\\COOH\;COOH\end{array}\right]_n\left[\begin{array}{cc}H&H\\|&|\\C—C\\|&|\\C\;\;\;\;C\\\diagdown\!/\!\diagup\\O\;O\;O\end{array}\right]_m*$$

HPMA 是一种低分子量聚电解质，无毒，易溶于水，化学稳定性及热稳定性高，在 300℃ 以下对碳酸盐仍有良好的防垢分散效果，防垢时间可达 100h。由于 HPMA 防垢性能和耐高温性能优异，因此在海水淡化的闪蒸装置中和低压锅炉、蒸汽机车、原油脱水、输水输油管线及工业循环冷却水中得到广泛使用。另外 HPMA 有一定的缓蚀作用。与锌盐复配时，能有效地防止碳钢的腐蚀。与有机磷酸盐复配时，一般加量为 1~15mg/L，用于循环冷却水、油田注水、原油脱水处理及低压锅炉的炉内处理，具有良好的抑制水垢生成和剥离老垢的作用，防垢率可达 98%。

3. 聚马来酸及其共聚物

结构为：

$$\left[\begin{array}{cc}CH—CH\\|\quad\;\;|\\C=O\;\;C=O\\|\quad\;\;\;|\\OH\quad\;\;OH\end{array}\right]_n$$

它的特性为：

(1) 它同时具有晶格歪曲和临界效应两种作用，因此防垢效果优异；

(2) 可使用于高 pH 值防垢，有分散磷酸钙垢的效能，在总硬度为 1000mg/L 钙（以碳酸钙计）、硬度为 500mg/L 的水中仍有防垢作用；

(3) 生成的垢很软，易被水流冲洗掉；

(4) 可使用于较高的温度，有较高的热稳定性；

(5) 和锌盐配合可有防腐蚀作用；

(6) 无毒。

聚马来酸最适宜的分子量是 800~1000（数均），水解度为 100%。

聚马来酸酐的衍生物（包括聚马来酸酐和胺的加成物）具有防垢和缓蚀的双重作用，尤其是缓蚀效果，据说可与锌盐媲美。

此外，马来酸酐—苯乙烯共聚物、马来酸酐—甲基乙烯酮共聚物、马来酸酐—丙烯酰胺共聚物、马来酸酐—苯乙烯磺酸共聚物等对碳酸钙垢都有良好的抑制作用。

例如，苯乙烯磺酸—马来酸酐共聚物结构式为：

$$\left[CH_2—CH\right]_m\left[\begin{array}{c}CH—CH\\|\quad\;\;|\\C=O\;\;C=O\\|\quad\;\;\;|\\OH\quad\;\;OH\end{array}\right]_n$$
（苯环上带 SO$_3$Na）

分子量：1000~10000；用于抑制磷酸钙、碳酸镁、硅酸盐及铁氧化物等垢的形成及沉积。

4. 丙烯酸共聚物

丙烯酸可以与许多单体共聚而生成具有不同性能的共聚物。如丙烯酸—甲基丙烯酸共聚物、丙烯酸—马来酸共聚物、丙烯酸—丙烯酰胺共聚物、丙烯酸—醋酸乙烯共聚物、丙烯酸—苯乙烯共聚物。

(1) 丙烯酸—丙烯酸羟丙酯共聚物。

结构式：

$$\left[\begin{array}{c}CH_2-CH\\ |\\ C=O\\ |\\ OH\end{array}\right]_m\left[\begin{array}{c}CH_2-CH\\ |\\ C=O\\ |\\ OCH_2-CH-CH_3\\ |\\ OH\end{array}\right]_n$$

分子量：500~10000；

用量为 10~100mg/L。10mg/L 用量阻磷酸钙垢率为 96%，可分散 83.2% 的氧化铁垢。

(2) 丙烯酸—丙烯酸甲酯共聚物。

结构式：

$$\left[\begin{array}{c}CH_2-CH\\ |\\ C=O\\ |\\ OH\end{array}\right]_m\left[\begin{array}{c}CH_2-CH\\ |\\ C=O\\ |\\ OCH_3\end{array}\right]_n$$

分子量：3000~20000。

能抑制钙垢的形成。尤其适用于高 pH 值(9 以上)和较高水温的条件。

一般防垢剂(如无机磷酸盐、有机磷酸盐、有机磷酸酯和聚丙烯酸)在 pH=9 以上、温度为 70℃ 以上的条件下，对含 5000mg/L 钙(以碳酸钙计)的水是无效的。因为在此条件，它们本身就不稳定，会从溶液中沉淀出来。而丙烯酸—丙烯酸甲酯共聚物在此条件下稳定，能发挥其防垢作用。例如，组成物质的量比为 4∶1~5∶1、分子量为 6000~8000 的共聚物，以 1% 的剂量投入 5000mg/L 钙(以碳酸钙计)的 5% 氯化钠水溶液中，当 pH 值为 10、温度为 70℃ 或更高时，有阻止沉淀的效果，主要是抑制硫酸钙和碳酸钙垢的沉积。

5. 丙烯酰胺类聚合物

如果把聚丙烯酰胺羧甲基化，则形成：

$$\left[\begin{array}{c}CH_2-CH\\ |\\ C=O\\ |\\ HOOC-N-CH_2COOH\end{array}\right]_n$$

其防垢率比聚丙烯酸的防垢率高出 20% 以上。

6. 可降解聚合物

(1) 聚天冬氨酸(PASP)。

合成原理：

$$m\begin{array}{c}HC-C\\ \parallel\quad\ \ \diagdown\\ \quad\quad\ O\\ \diagup\quad\ \ \\ HC-C\\ \parallel\\ O\end{array}\xrightarrow[\Delta]{NH_3\cdot H_2O}m\begin{array}{c}HC-C\\ \parallel\quad\ \ \diagdown\\ \quad\quad\ NH\\ \diagup\quad\ \ \\ HC-C\\ \parallel\\ O\end{array}\xrightarrow{\Delta}\left[\begin{array}{c}H_2C-C\\ |\quad\ \ \diagdown\\ \quad\quad\ N\\ \diagup\quad\ \ \\ HC-C\\ \parallel\\ O\end{array}\right]_m\xrightarrow{NaOH}$$

$$\left[\begin{array}{c}H\\|\\C-C-NH\\|\quad\|\\H_2C\ \ O\\|\\COONa\end{array}\right]_p\left[\begin{array}{c}H\ \ O\\|\quad\|\\C-C-NH\\|\\COONa\end{array}\right]_q \quad (m=p+q)$$

天冬氨酸为小分子物质,聚天冬氨酸分子结构中含有两个羧基,能够稳定螯合碱金属离子以及铁离子,形成软垢,生物降解性好,是一种环境友好型防垢剂。改性后的聚天冬氨酸具有多重功能,与其他盐类复配后具有良好的协同效应,将低分子量聚丙烯酸钠、水解聚马来酸酐和聚天冬氨酸3种防垢剂按质量比 2∶2∶3 复配后得到硫酸钡防垢剂,在钡离子质量浓度为 300mg/L、温度为 50℃ 的条件下,防垢剂加量高于 12.5mg/L 时即具有优良的防垢效果,防垢剂加量为 100mg/L 时的防垢率可达到 95% 以上。但是聚天冬氨酸在盐分浓度高的溶液中防垢效果有一定程度的削减。

(2)聚环氧琥珀酸(PESA)。

合成原理如下:

$$n\ \begin{array}{c}HC=CH\\|\quad\quad|\\O=C\quad C=O\\ \ \ \backslash O/\end{array}\xrightarrow[NaOH]{H_2O_2}\ HO\left[\begin{array}{c}H\ \ H\\|\ \ |\\C-C\\|\ \ |\\O=C\ \ C=O\\|\ \ |\\Na\ \ Na\end{array}\right]_n H$$

聚环氧琥珀酸可以封锁成垢阳离子,兼具防垢和缓蚀性能。通过物理或者化学作用的吸附,改变晶体表面能,从而实现了宏观的低剂量效应,因此在应用中使用剂量较少。同时也可以和其他无氮、非磷化合物复配使用,还具备温度、pH值适应范围广的优点,但是此类防垢剂应用成本相比其他类型的防垢剂更高。

有研究者将 2-氨基乙磺酸(SEA)引入 PESA 分子中,合成聚环氧琥珀酸衍生物(SEA-PESA)并应用于海水环境,结果表明,在海水环境中,SEA-PESA 浓度为 160mg/L,对 A3 钢片的缓蚀率为 61.82%,在 10mg/L 的加量下防垢率达 100%。以 L-胱氨酸、牛磺酸和聚环氧琥珀酸为原料,合成一种 PESA 衍生物防垢剂 LC-T-PESA,当 LC-T-PESA 投加量为 10mg/L 时,阻碳酸钙垢率为 99%,随着 LC-T-PESA 投加量的增加,钙垢晶型发生改变,逐渐由方解石向尺寸更小的霰石结构发展,且 LC-T-PESA 能明显抑制碳酸钙垢晶体的生长。

10.3.1.4 天然有机化合物防垢剂

(1)丹宁。丹宁可防止溶解氧对阴极的去极化作用,或在金属表面生成一种不透性的保护膜,还有一些丹宁可改进自然形成的膜而增强保护作用。丹宁是由某些植物的果实(如五倍子)中提取加工的天然产物,分子结构比较复杂。丹宁中有一种是没食子酸的葡萄糖苷,其中大量的羟基和水解后形成的羧基可以与多种离子螯合而达到防垢的目的。

(2)磺化木质素。磺化木质素为造纸工业的副产物,具有来源方便、价格低廉、无毒等优点。它分子中含有磺酸基、羟基、甲氧基,对氧化铁有良好的分散作用,常在水处理剂配方中作为一个组分。其缺点是它是天然物质,性能常有波动。

10.3.1.5 其他油田常用防垢剂制备实例

针对碳酸钙垢的防垢剂研究相对成熟,为解决油田采出水管道系统中碳酸钙的结垢问题,通过对防垢剂作用机理和分子结构设计分析,以马来酸酐(MA)、2-丙烯酰胺基-2-甲基-1-丙磺酸(AMPS)、烯丙基聚乙二醇1000(APEG-1000)合成聚合物防垢剂,合成条件为:单体配比 $n(MA):n(AMPS):n(APEG-1000)=2:1:0.002$,以 3.5%(质量分数)的过硫酸铵为引发剂,反应时间6h,反应温度85℃。该防垢剂对碳酸钙垢有较好的防垢效果,防垢率可达到90.12%。

在绿色防垢剂方面,将聚环氧琥珀酸(PESA)进行改性,得到聚环氧琥珀酸(PESA)-β-环糊精(β-CD)-2-丙烯酰胺基-2-甲基-1-丙磺酸(AMPS)三元共聚物防垢剂,反应步骤为:在装有冷凝回流管、恒速搅拌装置的三口烧瓶中加入9.8g马来酸酐,用一定量纯水溶解后,滴加50%的氢氧化钠溶液,在40℃下反应20min,再升温至65℃,加入适量钨酸钠,用16mL过氧化氢缓慢滴加20min,滴加完毕后反应2.5h;以过硫酸铵、亚硫酸氢钠为引发剂,在碱性条件下使得上述产物与β-CD和AMPS发生反应,得到最终产物。研究表明,该防垢剂对碳酸钙的晶体生长具有晶格畸变的作用,防垢效果明显,防垢率可达92.8%,且与常用商品阻垢剂相比,对环境友好,可以在油田注水和工业水处理中广泛应用。

硫酸钡垢、硫酸锶垢的化学防垢剂研究方面仍以多元聚合物为发展方向,以丙烯酸(AA)、顺丁烯二酸酐(MA)、2-丙烯酰胺基-2-甲基丙磺酸(AMPS)和甲基丙烯酸(MMA)为原料,四种单体占总反应物质量比分别为30%、52.5%、5%和12.5%,以过硫酸铵为引发剂,采用水溶液聚合法合成的硫酸钡防垢剂,在50℃的集输管线温度下,防垢剂在加量高于12.5mg/L时即有优良的硫酸钡防垢效果,加量为100mg/L时的防垢率可达85%以上。

以顺丁烯二酸酐、丙烯酸和长链疏水单体为原料,通过水溶液聚合法合成耐温抗盐型硫酸盐垢防垢TMS-11,合成具体步骤为:将一定质量的顺丁烯二酸酐和去离子水加入三口烧瓶电热套搅拌装置中,搅拌使其完全溶解,然后升高温度至65℃左右,依次加入一定质量的丙烯酸和长链疏水单体,再慢慢滴加过硫酸铵引发剂,继续升高温度至75℃左右反应4～6h,冷却后,使用氢氧化钠溶液调节pH值至7左右,即得硫酸盐防垢剂TMS-11。性能评价结果表明:在防垢剂加量为50mg/L时,对硫酸钡的防垢率可以达到90.3%,对硫酸锶的防垢率可以达到95.2%;溶液pH值的越大,防垢剂的防垢效果越好;当实验温度为90℃时,对硫酸钡和硫酸锶的防垢率分别为86.9%和90.4%,当溶液矿化度为150000mg/L时,对硫酸钡和硫酸锶的防垢率分别为80.9%和90.6%。说明防垢剂TMS-11具有良好的耐温抗盐性能,能够满足高温高矿化度环境对防垢剂性能的要求。H油田注水井现场应用结果表明,与采用常规有机磷酸盐防垢措施的注水井相比,加入防垢剂TMS-11后能使注水井压力明显下降,注水量显著增大,达到了良好的防垢效果。

以马来酸酐、丙烯酸和有机酸酯为原料,以过硫酸铵为引发剂,采用水溶液聚合法制备新型硫酸钡防垢剂,合成最佳条件为:马来酸酐、丙烯酸和有机酸酯三种单体物质的量比为1:5:2,引发剂加量为单体总质量的5%,反应温度为60℃,反应时间为5h。性能评价结果表明:当硫酸钡防垢剂加量为100mg/L时,对硫酸钡的防垢率可以达到92.8%,随着溶液pH值的不断增大,硫酸钡防垢剂对硫酸钡的防垢率呈现出先增大后减小的趋势,防垢剂在中性至弱碱性溶液中能发挥最佳的防垢效果。

目前国内外主要高效防垢剂是针对碳酸钙、硫酸钡、锶进行开发的,针对硅垢的比较少。以马来酸酐(MA)和β-环糊精(β-CD)及丙烯酸(AA)为原料,合成三元共聚物防垢剂MA/AA/MA-β-CD对硅垢有较好的防垢效果,合成步骤为:称取9.27gMA和10.73gβ-CD置于三口烧瓶中,以DMF为溶剂,按溶质与溶剂质量比为1:3加入三口烧瓶中,使溶质溶解完全;将三口烧瓶置于90℃的恒温水浴中,搅拌,反应8h后将反应物取出冷却至室温,提纯后得到含有双键和羧酸基团的目标产物MA-β-CD;称取一定量的MA和蒸馏水置于装有恒压滴液漏斗、冷凝管和温度计的三口烧瓶中,在40℃下使MA充分水解,再加入一定量MA-β-CD和0.8%(占单体总质量的百分数)的硫酸铁铵催化剂,搅拌至全部溶解后升温至70℃,同时滴加一定量的AA和7.4%(占单体总质量的百分数)的过硫酸铵水溶液,恒温反应一段时间,得到淡黄色黏稠液体;产物用无水乙醇反复洗涤,剪切造粒,于50℃的真空干燥箱中烘干至恒重,即得颗粒状的共聚物防垢剂产品MA/AA/MA-β-CD。防垢剂加量为100mg/L时,对硅垢的防垢率为74.33%。对共聚物进行的复配实验结果表明,MA/AA/MA-β-CD与聚环氧琥珀酸(PESA)具有良好的协同增效作用,当MA/AA/MA-β-CD加量为60mg/L、PESA加量为40mg/L时,硅垢防垢率达到83.62%。

以乌头酸(AA)、柠檬酸(CA)、丙烯酸(AC)、2-丙烯酰胺-2-甲基丙磺酸(AMPS)为单体、过硫酸铵为引发剂,制备针对硅垢的共聚物防垢剂(ACAA),ACAA的最佳合成条件为:聚合温度70℃、聚合时间3h、引发剂加量15%、单体物质的量比AA:CA:AC:AMPS为2.0:1.5:1.0:0.8。ACAA对硅垢的平均防垢率为76.23%,主要防垢机理为吸附和分散作用。

10.3.2 化学防垢机理

阻垢剂的阻垢机理非常复杂,通过沉淀过程动力学、成垢预测模型和各种阻垢技术的大量研究,使结垢机理的研究和结垢的掌控都有了很大的进步。普遍认为结垢物质和溶液之间存在动态平衡,阻垢剂能够吸附到结垢物质表面,影响垢的生长和溶解的动态平衡。目前认为,阻垢剂的阻垢机理有以下几种。

10.3.2.1 晶格畸变

垢在微晶成长时按照一定规律的晶格排列,结晶致密而坚硬。添加阻垢剂后,阻垢剂在晶体上吸附并参杂在晶格的点阵中,干扰无机垢的结晶,促使晶体发生畸变,迫使大晶体内部应力增大,从而使晶体易于破裂,阻碍了垢的生长。

10.3.2.2 络合增溶

有机或无机阻垢剂溶于水中后,和水中的钙、镁等离子形成稳定的可溶性络合物,将更多的离子稳定在水中,从而增大了钙、镁等盐的溶解度,抑制了垢的沉积。这类反应不按化学当量进行,阻垢剂的用量即使在很低的情况下也能与较多的钙离子螯合。

10.3.2.3 阈值效应

根据结晶螺旋位错理论,微晶表面的活性增长点数是有限的。当某个活性增长点被阻垢剂分子覆盖时,将使该活性增长点周围的晶格点都发生位错,因此极低的阻垢剂即可以抑制结晶生长。通常,在水中投加几种阻垢剂(数量级为每升数毫克),可将比按化学剂量比高得多的金属离子稳定在水中。

10.3.2.4 双电层作用

Cill等提出了双电层作用机理,认为阻垢剂在晶核生长附近的扩散边界层内富集,形成双电层并阻碍成垢离子或分子簇在金属表面的聚结。他们还认为,阻垢剂与晶核(或垢质分子簇)之间的结合是不稳定的。

10.3.2.5 静电斥力作用

阴离子型阻垢剂,在水中解离生成的阴离子在与垢的微晶碰撞时,会发生物理化学吸附现象使之带负电。因为阻垢剂的链状结构可吸附多个相同电荷的微晶,静电斥力可阻止微晶相互碰撞,从而避免了大晶体的形成。在吸附产物碰到其他阻垢剂分子时,可以将已吸附的晶体转移过去,出现晶粒均匀分散的现象,从而阻碍了晶粒间和晶粒与金属表面的碰撞,减少了溶液中的晶核数,将垢晶稳定在溶液中。

10.3.2.6 自解脱膜假说

聚丙烯酸类阻垢剂能在金属传热面上形成一种与无机晶体颗粒共同沉淀的膜,当这种膜增加到一定厚度后,在传热面上破裂,并带一定大小的垢层离开传热面。由于这种膜的不断形成和破裂,使垢层的生长受到抑制。

10.3.2.7 表面吸附作用

共聚物溶于水后吸附在无机盐的的微晶上,使微晶间斥力增加,阻碍金属盐分子聚结,减缓晶体生长速度,从而减少垢的生成。Ian Rabh Collns 认为,聚天冬氨酸与钙离子络合后吸附在晶体带电表面,然后通过 N 原子键合到硫酸钡晶格上,增加它的表面活度,起到阻垢效果。

10.3.2.8 强极性基团的作用

含有强极性基团的共聚物的阻垢剂性能远比聚羧酸盐优越,这是因为:聚羧酸盐中仅含羧基基团,易与水中的钙离子发生螯合反应,生成聚合物—钙离子胶凝体,不仅降低了阻垢剂的活性组分,还会使水浑浊;而强极性亲水基团能有效地防止胶凝作用。

10.3.2.9 去活化作用

舒干等人认为,利用磷酸阻垢剂本身具有的表面活性,可以对碱土金属产生去活化作用,使水溶液中形成钙垢的晶核数目减少,从而减少生成垢的机会。

以上几种机理体现出目前对阻垢作用的认识水平,由于它们都带有不同程度的推测,因而在对具体结垢问题的分析时,往往将阻垢作用归结为多种机理的复合作用,这反映当前人们对阻垢机理的认识还相当笼统。

对阻垢机理的深入、全面的认识,对于现有药剂的合理使用、性能改进以及对新型药剂的开发都具有重要的指导作用。从某种意义上讲,对阻垢机理的认识水平是水质稳定技术发展水平的重要标志。

10.4 油田化学除垢

除垢的方法通常有三种:第一种是对水溶性或酸溶性水垢,可直接用淡水或酸液进行处理。第二种是以垢转化剂处理,将垢转变成可溶于酸的物质,然后再以无机酸(如 HCl)处理。第三种是用除垢剂直接将垢转化成水溶性物质予以清除。

10.4.1 水溶性水垢

最普通的水溶性水垢是氯化钠,用比较淡的水就能使它溶解。不应利用酸来清除氯化钠水垢。

如果石膏水垢是新形成的和多孔的,则可用含有 55g/L 的氯化钠的水进行循环,使石膏水垢溶解。在 38℃时,55g/L 的氯化钠能溶解石膏的数量为淡水的三倍。

10.4.2 酸溶性水垢

酸溶性水垢以碳酸钙($CaCO_3$)居多,另外,酸溶性水垢还包括碳酸铁($FeCO_3$)、硫化铁(FeS)和氧化铁(Fe_2O_3)等。盐酸和醋酸常用来清洗碳酸钙水垢,加有多价螯合剂的盐酸通常用来消除铁质水垢,多价螯合剂能使铁保持在溶解液中,直至它从井中被采出时为止。也可用 10%的醋酸溶液来消除铁质水垢,而不附加多价螯合剂,但是醋酸的反应比盐酸的慢得多。

盐酸对钢铁有很强的腐蚀性,在低于 93℃的温度下,醋酸不会损害镀铬表面,但盐酸会使镀铬表面严重损坏。盐酸只能溶解特定类型的积垢,对其他类型的结垢效果不好,例如,它可以溶解并从井中除去硫化亚铁,但不能完全溶解硫化铁,且与硫化铁垢反应生成 H_2S 气体,可能会带来额外的操作风险。

有机酸(如乙酸、甲酸、马来酸等)被视为盐酸的替代品,与盐酸相比,大多数有机酸的解离常数非常低,由于其较低的腐蚀速率和较长的反应时间,是除垢的理想选择。甲酸和乙酸在现场应用时,通常稀释至15％,当浓度超过15％时,酸与垢的反应产物可能由于溶解性低而形成沉淀。

然而,有机酸比盐酸更昂贵,所以在现场使用中常用有机酸和无机酸的混合物进行除垢处理,除了能控制成本,减少地层伤害外,还能产生协同作用。特别是在高温下,使用有机—无机酸混合物对抑制碳酸盐的形成是十分有效的。

10.4.3 不溶于酸的水垢

硫酸钙是唯一的不溶于酸的水垢。硫酸钙虽然在酸中不反应,但可以先用化学溶液垢转化剂处理,将硫酸钙转变为一种溶于酸的化合物,通常是 $CaCO_3$ 或 $Ca(OH)_2$,然后再用酸清除。表10.8指出了硫酸钙在某些常用于转化石膏的垢转化剂中的相对溶解度。试验条件为200mL溶液和20g试剂级石膏。

表10.8 石膏的溶解度实验

垢转化剂种类	被溶解的石膏/%	
	24h	72h
NH_4HCO_3	87.8	97.0
Na_2CO_3	83.8	85.5
Na_2CO_3—NaOH	71.2	85.5
KOH	67.6	71.5

表10.8中所示的大多数化学剂都可以将石膏转变为溶于酸的碳酸钙。KOH把石膏转变为 $Ca(OH)_2$,它溶于水或弱酸;但只有68％～72％的石膏被转化,留下不溶的水垢。石膏转化后,残余的流体被循环出来。然后可用盐酸或醋酸清除碳酸钙。当存在蜡、碳酸铁和石膏时,去垢的程序如下:

(1)用溶剂(如煤油或二硫化碳)加表面活性剂,清除油脂;
(2)用螯合酸清除铁质水垢;
(3)将石膏水垢转变为 $CaCO_3$ 或 $Ca(OH)_2$;
(4)用盐酸或醋酸清除被转化的 $CaCO_3$ 水垢,水或弱酸溶解 $Ca(OH)_2$。

另外,螯合剂的使用也能有效去除硫酸钙垢,常见的螯合剂有乙二胺四乙酸(EDTA)、二乙烯三胺五乙酸(DTPA)等。EDTA和DTPA等螯合剂对硫酸钙的除垢机理是通过螯合金属离子增加垢的溶解度,防止离子的再结合而导致沉淀,与金属离子的多重配位键可以产生更稳定的水溶性络合物,导致水垢的溶解。螯合剂对其他酸溶性垢同样能起到除垢作用,但使用成本相对更高,同时,进行螯合剂的选取之时,要注重生物的降解性,因为螯合剂会把沉积物里面的重金属带入到饮用水与地下水之中。

10.4.4 除硫沉积物

硫溶剂解堵治理技术是目前国内外广泛采用的一套硫沉积治理方法。加注硫溶剂可降低元素硫与管道内壁的接触面,使元素硫呈气态与气流一起运动,从而防止硫沉积。硫溶剂主要分为物理溶剂和化学溶剂。常用的物理溶剂有甲苯、四氯化碳、二硫化碳等,只能处理中等程度的硫沉积,其中芳香烃的溶硫性又高于脂肪烃。常用的化学溶剂主要有二芳香基二硫化物、二烷基二硫化物、二甲基二硫化物等,能有效处理较为严重的硫沉积。其中,二甲基二硫化物的溶硫能力最强。无论哪种溶剂,都应具备以下条件:

(1)对硫的溶解性较高;

(2)处理过程中无毒害;
(3)对地层伤害极小,保证地层流体能够正常流动;
(4)操作简单,易于分离和回收;
(5)具有较高的稳定性,使用过程中不易损失;
(6)价格便宜,易于制备;
(7)与沉积硫不发生不可逆反应;
(8)不引起管道设备腐蚀。

常见的加注硫溶剂的方法有三种:油管直接间歇注入法、环空间歇注入法、环空连续注入法。在实际操作过程中,将缓蚀剂与硫溶剂一起注入,既脱除了单质硫也防止了管道内的腐蚀。

国外是从1960年后开始研究硫溶剂,国内近几年才开始对这方面进行研究。1970年,Fisher首次提出用二烷基二硫化物(Merox)作为硫溶剂。80年代初期,Hyne先后报道了将苯硫醇钠-DMF(N,N-二甲基甲酰胺)催化体系和NaHS-DMF催化体系作为硫溶剂,能取得较好的效果。

单一硫溶剂虽然溶硫效果较好,但是由于毒性大、反应慢等特点,一般不单独作为溶硫剂使用。荷兰庞沃特公司提出将二甲基二硫化物与催化剂配成溶液,此溶液能高效地解决硫沉积问题,且硫容量高,可再生重复使用。

美国宾华公司推出一种硫溶剂,简称SULFA-HITECH(硫速通),其是二甲基二硫(DMDS)与3%~5%的二甲基替甲酰胺(DMF)在0.15%~0.5%的NaSH催化剂的作用下进行反应得到的产物。其具有溶硫性高且溶硫速率快、稳定、可再生循环使用等优点。

Gerdt Wllken发现烷基萘也是一种较好的硫溶剂,其原理是烷基萘中苯环上的π电子与S_8环之间的分子作用力,使其具有溶硫性。通过进一步实验发现,将一种矿物油作为烷基萘的载体,一同注入管道,溶硫效果更好。将烷基萘与主轴油按7:3的比例混合,当系统温度为50℃时,能够溶解30g/L的单质硫。

李丽等人基于美国SULFA-HITECH溶硫剂和加拿大DMDS-DMF-NaHS溶硫剂,开发出了去除气井开发中沉积硫效果更好的复配溶剂。此溶剂是将二甲基二硫醚(DMDS)与二芳香基二硫醚(DADS)进行复配,并加入PT催化剂。溶硫方程为:

$$RSSR + S_x \longrightarrow RS_{x+2}R$$

产物$RS_{x+2}R$是多硫化物,因此不仅反应物具有溶硫能力,产物也具有溶硫能力。作者通过实验测得五种常见单一溶剂在80℃时对硫的溶解性能,结果见表10.9。

表10.9 单一溶剂中硫的溶解度

溶剂	溶解度/(g/mL)	溶剂	溶解度/(g/mL)
苯	0.0527	二乙烯三胺	0.0264
乙二胺	0.0871	三乙烯四胺	0.0291
乙醇胺	0.0925		

10.4.5 除硅沉积物

如果金属表面上一旦发现硅酸盐垢,用一般的化学方法很难消除,通常可采用氢氟酸、氢氧化镁,或交替使用酸碱溶液、采用高温催化清洗进行除垢。另外有研究表明,含羧基和醚基、磺酸基等官能团的聚合物具有抑制硅垢沉积的作用,多种功能的化学基团并存于同一共聚物分子中,发挥协同效应成为除垢剂的研究热点。

为解决三元复合驱后油井硅垢的问题,以羟基五甲叉膦酸、膦基聚马来酸酐、C_{12}~C_{18}脂肪醇聚氧乙烯(10)醚、USP2烷基为十五烷基、乌洛托品、硒化钠等原料合成了除垢剂,并在华北油田百余口油井进行了应用,研究结果表明,清防垢剂加量为20~30mg/L时,对现场的碳酸盐垢和硅垢复合体除垢率大于60%、防垢率大于95%。现场应用结果表明,复合除垢剂不仅解决了垢卡泵、井筒管杆的结垢问题,而且节约油井能耗。

10.4.6 除垢剂应用实例

塔河油田在注水开发过程中易形成垢,主要为难溶性的碳酸钙、钡锶硫酸盐和少量有机垢。以多羟基聚合物渗透分散防垢剂(PTMAS)为除垢辅剂,以乙二胺四乙酸(EDTA)为螯合主剂,通过与适量KOH进行三元复配制得。制备的复合除垢剂SS-1,在除垢液温度达到80℃时,可溶蚀近80%的垢物,温度达到120℃,除垢率接近100%,与现场常用处理剂能实现良好配伍。以质量分数为5%的氨基磺酸作为主剂,与质量分数为1%的聚天冬氨酸(PTSA)作为辅剂以及余量的水进行复配,在60℃、9h的反应条件下,对塔河油田的碳酸钙垢样除垢率可达到96.84%。

利用新型T-Z除垢剂来进行碳酸钙的溶解实验研究,在2gT-Z除垢剂、0.4gZ-H助剂、反应温度30℃,反应时间6h的条件下除垢率效果最为显著,能达到75.43%。

一种以螯合剂为主剂的碱性除垢剂SA-209,在加量4%,除垢时间8h,除垢温度80℃条件下,对以硫酸钡垢为主要成分的涠西南WZ油田J2井筒垢样除垢率为72.4%,同时,对N-80钢片的腐蚀速率远低于行业标准。SA-209具有除垢率高,对设备、管柱腐蚀低的特点,适用于酸液难溶垢的处理。

在溶硫剂二甲基二硫醚(DMDS)中加入催化剂DMA,20℃时,硫在DMDS-DMA体系中的溶解度为110.6%,溶硫时间为2.94min;90℃时,硫在DMDS-DMA体系中的溶解度为610.9%,溶硫时间为0.61min。测试结果表明,DMDS-DMA体系是通过在硫颗粒外围形成一个包裹层溶解硫。

以有机螯合剂为主料,与螯合剂有协同作用的防垢剂、渗透剂等为辅料,研制的新型$CaSO_4$除垢剂TH-708,在pH值为中性、温度50℃、使用浓度50%、反应时间36h的条件下,对硫酸钙垢样去除率能达到83%。同时,TH-708除垢剂高效、无毒,具有生物可降解性的特点。

通过低毒无恶臭溶硫剂DMA、DMB、DMC及DMF复配,研制了一种新型低毒低刺激溶硫剂。25℃时,硫在体系中的溶解度为81.5%,溶硫时间为35.2min;90℃时,硫在体系中的溶解度为201.1%,溶硫时间为2.45min。该溶硫剂不仅低毒低刺激,并且有较好的溶硫效果。

针对渤海某油田在脱硫过程中产生的严重硫垢沉积问题,以二甲基二硫醚(DMDS)为主剂,加入氢氧化钠(NaOH)、二甲基甲酰胺(DMF)和水进行复配得到复合硫溶剂,组分配比DMDS:NaOH:DMF:水=1:2:4:3时,治理硫垢的最佳条件:溶解温度为45℃,溶解时间为50min,在此条件下,溶硫率可达到100%。

针对造成高含硫气井内堵塞和腐蚀的硫沉积问题,研制出了以有机胺类化学溶剂为主剂,以物理溶剂为助剂,并配合乳化剂、硫化物催化剂、表面活性剂等新型胺类溶硫剂体系,此类溶硫剂的溶硫过程迅速,在30min时基本完成,溶硫量达59.45g/100mL,产物中加水可使单质硫析出回收,当加水量为900mL时,单质硫的回收率高达34.32%。

采用碱煮转化+酸洗相结合的方法,在50℃下,将硅酸盐垢放入0.3%的Na_2CO_3和1.0%的Na_3PO_4的碱煮液中转化24h,水洗之后再进行酸洗,结垢易去除。

通过高温催化清洗,利用强氧化剂的作用将设备及管线内水垢、有机物等污垢进行分解、溶解和氧化疏松。高温催化清洗选用 SCC-101 型清洗剂:主要成分 NaOH(20%)、Na_2CO_3(18%)、Na_3PO_4(2%)。清洗原理:$SiO_2 + 2NaOH \longrightarrow Na_2SiO_3 + H_2O$。

SY-J 除垢剂,在浓度 50%、除垢温度为 55℃、除垢时间 16h 以上的条件下,对大庆油田杏六三元复合驱区块集油管线中的油田垢(垢组成为硅铝酸盐 68.6%,$BaCO_3$ 和 $CaCO_3$ 21.3%,原油等有机质 8.7%,其他成分 1.4%)除垢率能达到 80% 以上,适用于硅铝酸盐含量大于 40% 的集油管线除垢。

习 题

1. 油田水常见的水垢有哪些?
2. 碳酸钙结垢的影响因素有哪些?
3. 简述油田常用防垢剂的类型。
4. 简述化学防垢剂的防垢机理。
5. 简述油田化学除垢技术的除垢方法。

第 11 章 金属的腐蚀与防护

化学工业、石油化工、原子能等工业中,由于材料腐蚀造成的跑、冒、滴、漏,不仅造成惊人的经济损失,还可能会释放许多有害物质,导致环境污染,危害人民的健康,有的甚至会造成长期的严重的后果;而由于金属腐蚀所造成的灾难性事故严重地威胁着人们的生命安全:许多局部腐蚀引起的事故,如氢脆和应力腐蚀断裂这一类的失效事故,往往会引起爆炸、火灾等灾难性恶果。

11.1 金属腐蚀与防护的重要性

11.1.1 腐蚀的定义

金属材料表面和环境介质发生化学和电化学作用,引起材料的退化与破坏称为腐蚀。随着非金属材料的迅速发展,越来越多的非金属材料作为工程材料使用。因此,腐蚀更广泛的定义是:腐蚀是某种物质由于环境的作用引起的破坏和变质。多数情况下,金属腐蚀后失去其金属特性,往往变成某种更稳定的化合物。例如,日常生活中常见的水管生锈、金属加热过程中的氧化等。

按照热力学的观点,腐蚀是一种自发的过程,这种自发的变化过程破坏了材料的性能,使金属材料向着离子化或化合物状态变化,是自由能降低的过程。人类开始使用金属后不久,便提出了防止金属腐蚀的问题。古希腊早在公元前就提出了用锡来防止铁的腐蚀。我国商代就已经用锡来改善铜的耐蚀性而出现了锡青铜。

11.1.2 金属材料腐蚀的危害

国民经济各部门大量使用金属材料,而金属材料在绝大多数情况下与腐蚀性环境介质接触而发生腐蚀,因此,金属的腐蚀与防护是很重要的问题。

腐蚀往往会造成巨大的经济损失。根据 2018 年美国国际腐蚀工程协会(National Association of Corrosion Engineers,NACE)报道,每年因腐蚀损失的金额高达 70 亿美元,远远高于自然灾害带来的损失。据中国腐蚀与防护学会数据表明,全世界每年因腐蚀而损耗的钢铁占总产量的 1/6。在油气田的开发中,油水井管道和储罐以及各种工艺设备都会遭受严重的腐蚀。中原油田的生产系统平均腐蚀速率高达 $1.5 \sim 3.0 \text{mm/a}$,点蚀速率高达 $5 \sim 15 \text{mm/a}$,1993 年其生产系统、管线、容器腐蚀穿孔 8345 次,更换油管 $59 \times 10^4 \text{m}$,直接经济损失 7000 多万元,间接经济损失近 2 亿元。四川气田因阀门腐蚀破裂漏气,造成火灾,绵延 22 天,损失 6 亿元人民币。另外,腐蚀会造成严重的安全事故,还会对生态环境造成严重污染。2012 年美国某炼油厂因减压装置中的转油线被腐蚀而引起爆炸事故,造成 4000 多人的伤亡。2013 年黄岛发生因管道被腐蚀而引起的原油泄漏事件,也对相关人员的人身安全造成了巨大威胁。如若海上船舶发生腐蚀导致危险品泄漏,就会污染海洋环境,破坏海洋生态平衡。

因此研究腐蚀规律、解决腐蚀破坏,就成为国民经济中迫切需要解决的重大问题。

11.1.3 金属材料腐蚀的分类

将金属腐蚀分类，目的在于更好地掌握腐蚀规律。但用于金属腐蚀的现象和机理比较复杂，因此金属腐蚀的分类方法也是多种多样的，至今尚未统一。

一般将腐蚀形态分为八类，它们分别是：

(1)均匀腐蚀或全面腐蚀：腐蚀均匀分布在整个金属表面上。从重量上来看，均匀腐蚀代表金属的最大破坏。但从技术观点来看，这类腐蚀并不重要。因为如果知道了腐蚀速度，便可以估算出材料的腐蚀公差，并在设计时将此因素考虑在内。

(2)电偶腐蚀或双金属腐蚀：凡具有不同电极电位的金属相互接触，并在一定介质中所发生的电化学腐蚀称为电偶腐蚀或双金属腐蚀。

(3)缝隙腐蚀：浸在腐蚀介质中的金属表面，在缝隙和其他隐蔽的区域内常常发生强烈的局部腐蚀，这种腐蚀常和空穴、垫片底部、搭接缝、表面沉积物以及螺帽和柳钉下的缝隙内积存的少量静止溶液有关。

(4)小孔腐蚀(简称孔蚀)：这种腐蚀的破坏主要在某些活性结点上，并向金属内部深处发展。通常其腐蚀深度大于孔径，严重时可穿透设备。

(5)晶间腐蚀：这种腐蚀首先在晶粒边界上发生，并沿着晶界向纵深发展。虽然外观没有明显的变化，但其机械性能大为降低。

(6)选择性腐蚀：合金中的某一组分由于腐蚀优先地溶解到电解质溶液中，从而造成另一组分富集于金属表面上。

(7)磨损腐蚀：腐蚀性流体和金属表面间的相对运动，引起金属的加速磨损和破坏。一般这种运动的速度很高，同时还包括机械磨耗和磨损作用。

(8)应力腐蚀：应力腐蚀破坏是指在拉应力和一种给定腐蚀介质共存而引起的破坏。金属或合金发生应力腐蚀破坏时，大部分表面实际不遭受腐蚀，只有一些细裂纹穿透内部，破坏现象能在常用的设计应力范围内发生，因此，后果很严重。

金属腐蚀根据发生的部位，分为全面金属腐蚀和局部金属腐蚀两大类；按腐蚀环境，分为化学介质腐蚀、大气介质腐蚀、海水介质腐蚀和土壤腐蚀等；按腐蚀过程的特点，分为化学腐蚀、电化学腐蚀和物理腐蚀三大类。

11.1.4 金属在各介质中的腐蚀

11.1.4.1 液体介质中的腐蚀

1.金属在液体介质中的腐蚀机理

在液体介质中，大多数腐蚀是电化学腐蚀引起的，电化学腐蚀分为阳极过程和阴极过程。

(1)阳极过程。

腐蚀电池中电极电势较低的金属为阳极，发生氧化反应。因此，阳极过程就是阳极金属发生电化学溶解或阳极钝化的过程。水溶液中阳极溶解的通式为：

$$M^{n+} \cdot ne^- + mH_2O \longrightarrow M^{n+} \cdot mH_2O + ne^-$$

即金属表面晶格中的金属阳离子在极性水分子作用下进入溶液，变成水化阳离子；而电子在阴极、阳极间电势差的作用下通过金属移向阴极，进一步促成上述阳极反应的进行。

实际上，金属阳离子离开晶格溶解过程至少由以下几个步骤构成：

①金属原子离开晶格转变为表面吸附原子；
②表面吸附原子越过双电层进行放电转变为水化阳离子；
③水化阳离子从双电层溶液侧向溶液深处迁移。

(2)阴极过程。

腐蚀电池的阴极过程指电解质溶液中的氧化剂在金属阳极溶解后释放出来,并与转移至阴极区的电子相结合的反应过程。溶液中能在阴极区吸收电子而发生还原反应的氧化性物质在腐蚀学上称为阴极去极化剂,简称去极化剂。如果溶液中没有去极化剂的存在,即使金属表面存在大量的微电池,也不可能发生电化学腐蚀。因此,发生电化学腐蚀的基本条件是腐蚀电池和去极化剂同时存在,即阴极反应和阳极反应同时进行。

电化学腐蚀中的阴极去极化剂和阴极还原反应有下列几种,其中最重要的是 H^+ 和溶液中氧的还原反应。

① H^+ 的还原反应(析氢腐蚀):

$$2H^+ + 2e^- \longrightarrow H_2 \uparrow$$

此反应多是电极电势较低的金属(如 Zn、Al、Fe 等)在酸性介质中的腐蚀,是常见的阴极去极化反应。此类腐蚀常伴有氢气的生成,称为析氢腐蚀。腐蚀速度受阴极极化过程控制,也与析氢电势的大小有关。

② 溶解氧的还原反应(吸氧腐蚀)。

在中性或者碱性溶液中发生氧的还原反应,生成 OH^-:

$$O_2 + 2H_2O + 4e^- \longrightarrow 4OH^-$$

在酸性溶液中发生氧的还原反应,生成水:

$$O_2 + 4H^+ + 4e^- \longrightarrow 2H_2O$$

阴极过程为氧的还原反应的腐蚀,称为吸氧腐蚀。大多数金属在大气、土壤、海水和中性盐溶液中的腐蚀主要是靠氧的阴极还原反应,其腐蚀速度通常受氧扩散控制。在含氧的酸性介质中的腐蚀是有可能同时发生上述 H^+ 和 O_2 两种腐蚀的。

③ 溶液中高价离子的还原。

例如,铁锈中的三价铁离子还原:

$$Fe^{3+} + e^- \longrightarrow Fe^{2+}$$

$$Fe_3O_4 + H_2O + 2e^- \longrightarrow 3FeO + 2OH^-$$

$$Fe(OH)_3 + e^- \longrightarrow Fe(OH)_2 + OH^-$$

④ 氧化性酸或某些阴离子的还原:

$$NO_3^- + 2H^+ + 2e^- \longrightarrow NO_2^- + H_2O$$

$$Cr_2O_7^{2-} + 14H^+ + 6e^- \longrightarrow 2Cr^{3+} + 7H_2O$$

2.金属在海水中的腐蚀

(1)海水的物理化学性质。

海水中含有多种盐类,表层海水含盐量一般在 3.2%~3.75% 之间,随水深的增加,海水含盐量约有增加。海水中的盐主要为氯化物,占总盐量的 88.7%(表 11.1)。

表 11.1 海水中主要盐类含量

成分	100g 海水中的含量/g	占总盐量的百分数/%
NaCl	2.7123	77.8
$MgCl_2$	0.3807	10.9
$MgSO_4$	0.1658	4.7
$CaSO_4$	0.1260	3.6
K_2SO_4	0.0863	2.5

续表

成分	100g 海水中的含量/g	占总盐量的百分数/%
$CaCl_2$	0.0123	0.3
$MgBr_2$	0.0076	0.2

由于海水总盐度高,所以具有很高的电导率,海水平均比电导率约为 4×10^{-2} S/cm,远远超过河水(2×10^{-4} S/cm)和雨水(1×10^{-3} S/cm)的电导率。

海水含氧量是海水腐蚀的主要因素之一,正常情况下,表面海水氧浓度随水温度大体在 5～10mg/L 范围内变化。

(2)海水腐蚀的特点。

海水是典型的电解质溶液,其腐蚀有如下特点:

①一切有利于供氧的条件,如海浪、飞溅、增加流速,都会促进氧的阴极去极化反应,促进钢的腐蚀。

②由于海水的电导率很大,海水腐蚀的电阻性阻滞很小,所以海水腐蚀中金属表面形成的微电池和宏观电池都有较大的活性。海水中不同金属接触时很容易发生电偶腐蚀,即使两种金属相距数十米,只要存在电位差并实现电连接,就可发生电偶腐蚀。

③因海水中氯离子含量很高,因此大多数金属,如铁、钢、铸铁、锌、镉等,在海水中是不能建立钝态的。海水腐蚀过程中,阳极的极化率很小,因而腐蚀速率相当高。

④海水中易出现小孔腐蚀,孔深也较深。

3.影响海水腐蚀的因素

(1)氧含量:海水的波浪作用和海洋植物的光合作用均能提高氧含量,海水的氧含量提高,腐蚀速率也提高。

(2)流速:海水中碳钢的腐蚀速率随流速的增加而增加,但增加到一定值后便基本不变。而钝化金属则不同,在一定流速下能促进高铬不锈钢的钝化提高耐蚀性。当流速过高时金属腐蚀将急剧增加。

(3)温度:与淡水相同,温度增加,腐蚀速度将增加。

(4)生物:生物的作用是复杂的,有的生物可形成保护性覆盖层,但多数生物是增加金属腐蚀速度。

11.1.4.2 硫化氢的腐蚀

硫化氢不仅对钢材具有很强的腐蚀性,而且硫化氢本身还是一种很强的渗氢介质,硫化氢腐蚀破裂是由氢引起的。

1.硫化氢的腐蚀机理

硫化氢的分子量为 34.08,密度为 $1.539mg/m^3$。硫化氢在水中的溶解度随着温度的升高而降低。在 760mmHg、30℃时,硫化氢在水中的饱和浓度大约 3580mg/L。

干燥的硫化氢对金属材料无腐蚀破坏作用,硫化氢只有溶解在水中才具有腐蚀性。在油气开采中与二氧化碳和氧相比,硫化氢在水中的溶解度最高。硫化氢在水中的离解反应为:

$$H_2S \rightleftharpoons H^+ + HS^-$$
$$HS^- \rightleftharpoons H^+ + S^{2-}$$

释放出的氢离子是强去极化剂,极易在阴极夺取电子,促进阳极铁溶解反应而导致钢铁的全面腐蚀。

腐蚀产物主要有:Fe_9S_8、Fe_3S_4、FeS_2、FeS。它们的生成是随 pH 值、H_2S 浓度而变化。

2. 硫化氢导致氢损伤

硫化氢水溶液对钢材电化学腐蚀的另一产物是氢。被钢铁吸收的氢原子,将破坏其基本的连续性,从而导致氢损伤。在含硫化氢酸性油气田上,氢损伤通常表现为硫化物应力开裂(SSC)、氢诱发裂纹(HIC)和氢鼓泡(HB)等形式的破坏。

3. 影响硫化氢腐蚀的因素

(1)硫化氢的浓度。软钢在含有硫化氢的蒸馏水中,当硫化氢含量为200～400mg/L时,腐蚀速率达到最大,而后又随着硫化氢浓度增加而降低。如果介质中还有其他腐蚀性组分,如二氧化碳、氯离子、残酸等时,将促使硫化氢对钢材的腐蚀速率大幅度增高。

(2)pH值。硫化氢水溶液的pH值将直接影响着钢铁的腐蚀速率。通常表现出在pH值为6时是一个临界值,当pH值小于6时,钢的腐蚀速率高,腐蚀液呈黑色、浑浊。

(3)温度。温度对腐蚀的影响较复杂。钢铁在硫化氢水溶液中腐蚀速率通常是随温度升高而增大。实验表明在10%的硫化氢水溶液中,当温度从55℃升到84℃时,腐蚀速率大约增大20%。但温度继续升高,腐蚀速率将下降,在110～200℃之间的腐蚀速率最小。

(4)暴露时间。在硫化氢水溶液中,碳钢和低合金钢的初始腐蚀速率很大,约为0.7mm/a,但随着时间的增长,腐蚀速率会逐渐下降,实验表明2000h后,腐蚀速率趋于平衡,约为0.01mm/a。这是由于随着暴露时间的增长,硫化铁腐蚀产物逐渐在钢铁表面上沉积,形成一层具有减缓腐蚀作用的保护膜。

(5)流速。如果流体流速较高或处于湍流状态时,由于钢铁表面上硫化铁腐蚀产物膜受到流体的冲刷而被破坏或黏附不牢固,钢铁将一直以初始的高速腐蚀,从而使设备、管线、构件很快受到腐蚀破坏。为此,要控制流速的上限,以把冲刷腐蚀降低最小。通常规定阀门的气体流速低于15m/s。相反,如果气体流速太低,可造成管线、设备底部集液,而导致水线腐蚀、垢下腐蚀等局部腐蚀。因此,通常规定气体的流速应大于3m/s。

(6)氯离子。在酸性油气田水中,带负电荷的氯离子,基于电价平衡,它总是争先吸附到钢铁的表面,因此,氯离子的存在往往会阻碍保护性的硫化铁膜在钢铁表面上的形成。氯离子可以通过钢铁表面硫化铁膜的细孔和缺陷渗入其膜内,使膜发生显微开裂,于是形成孔蚀核。由于氯离子的不断移入,在闭塞电池的作用下,加速了孔蚀破坏。在酸性天然气气井中与矿化水接触的油管、套管腐蚀严重,穿孔速率快,与氯离子的作用有着十分密切的关系。

11.1.4.3 二氧化碳的腐蚀

在油气田开发的过程中,CO_2溶于水对钢铁具有腐蚀性,这早已被人们所认识,CO_2的腐蚀问题再一次受到重视。

1. CO_2的腐蚀机理

在常温无氧的CO_2溶液中,钢的腐蚀速率是受析氢动力学所控制。CO_2在水中溶解度很高,一旦溶于水便形成碳酸,释放出氢离子。氢离子是强去极化剂,极易夺取电子还原,促进阳极铁溶解而导致腐蚀。

阳极反应: $$Fe - 2e^- \longrightarrow Fe^{2+}$$

阴极反应: $$H_2O + CO_2 \longrightarrow 2H^+ + CO_3^{2-}$$

$$2H^+ + 2e^- \longrightarrow H_2 \uparrow$$

阴极产物: $$Fe + H_2CO_3 \longrightarrow FeCO_3 + H_2 \uparrow$$

对于阴极析氢反应机制,目前有两种完全不同的观点。一种是氢通过下式氢离子的电化学还原而生成:

$$H_3O^+ + e^- \rightleftharpoons H_{ad} + H_2O$$

另一种是氢通过下列各式吸附态 H_2CO_3 被直接还原而生成：
$$CO_{2sol} \rightleftharpoons CO_{2ad}$$
$$CO_{2ad} + H_2O \rightleftharpoons H_2CO_{3ad}$$
$$H_2CO_{3ad} + e^- \rightleftharpoons H_{ad} + HCO_{3ad}^-$$
$$HCO_{3ad}^- + H_3O^+ \rightleftharpoons H_3CO_{3ad} + H_2O$$

式中，下角标 ad 代表吸附在钢铁表面上的物质，sol 代表溶液中的物质。

上述腐蚀机理是对裸露的金属表面而言。实际上，在含 CO_2 油气环境中，钢铁表面在腐蚀初期可视为裸露表面，随后将被碳酸盐腐蚀产物膜所覆盖。所以，CO_2 水溶液对钢铁腐蚀，除了受氢阴极去极化反应速度的控制，还与腐蚀产物是否在钢表面成膜、膜的结构和稳定性有着十分重要的关系。

2. 影响 CO_2 腐蚀的因素

(1) CO_2 分压的影响。当分压低于 0.021MPa 时腐蚀可以忽略；当 CO_2 分压为 0.021MPa 时，通常表示腐蚀将要发生；当 CO_2 分压为 0.021~0.21MPa 时，腐蚀可能发生。

(2) 温度的影响。当温度低于 60℃ 时，由于不能形成保护性的腐蚀产物膜，腐蚀速率是由 CO_2 水解生成碳酸的速度和 CO_2 扩散至金属表面的速度共同决定，于是以均匀腐蚀为主；当温度高于 60℃ 时，金属表面有碳酸亚铁生成，腐蚀速率由穿过阻挡层传质过程决定，以及垢的渗透率、垢本身固有的溶解度和流速的联合作用而定。由于温度 60~110℃ 范围时，腐蚀产物厚而松，结晶粗大，不均匀，易破损，则局部孔蚀严重。而当温度高于 150℃ 时，腐蚀产物细致、紧密、附着力强，于是有一定的保护性，则腐蚀率下降。

(3) 腐蚀产物膜的影响。钢被 CO_2 腐蚀最终导致的破坏形式往往受碳酸盐腐蚀产物膜的控制。当钢表面生成的是无保护性的腐蚀产物膜时，以"最坏"的腐蚀速率被均匀腐蚀；当钢表面的腐蚀产物膜不完整或被损坏、脱落时，会诱发局部点蚀而导致严重穿孔破坏。当钢表面生成的是完整、致密、附着力强的稳定性腐蚀产物膜时，可降低均匀腐蚀速率。

(4) 流速的影响。高流速易破坏腐蚀产物膜或妨碍腐蚀产物膜的形成，使钢始终处于裸管初始的腐蚀状态下，于是腐蚀速率高。A. Ikeda 认为流速为 0.32m/s 是一个转折点。当流速低于它时，腐蚀速率将随着流速的增大而加速，当流速超过这一值时，腐蚀速率完全由电荷传递所控制，于是温度的影响远超过流速的影响。

(5) Cl^- 的影响。Cl^- 的存在不仅会破坏钢表面腐蚀产物膜或阻碍产物膜的形成，而且会进一步促进产物膜下钢的点蚀，Cl^- 含量大于 $3×10^4$ mg/L 时尤为明显。

11.1.4.4 微生物腐蚀

由微生物的生命活动而引起或加快材料腐蚀进程的现象统称为微生物腐蚀（microbiologically influenced corrosion，MIC）。1934 年，荷兰学者提出硫酸盐还原菌（sulfate reducing bacteria，简称 SRB）参与金属腐蚀的阴极去极化的理论之后，人们对微生物腐蚀开始重视起来。现已证实微生物腐蚀是环境污染的主要因素之一。油田采出水 SRB 含量高将引发一连串严重问题。例如，SRB 在设备、管线中大量繁殖而产生的有腐蚀性产物，悬浮在油水界面，在油田联合站脱水系统中形成黑色过渡层，主要成分为硫化物（包括硫化亚铁颗粒），随着黑色过渡层厚度逐渐沉积，导致电脱水器运行不稳、跳闸或造成电脱水器极板击穿等事故频繁发生，对油田安全生产构成很大的危害。SRB 能明显地加速金属腐蚀，导致输油管线、注水管线和设备的局部腐蚀穿孔，严重影响了油田正常作业。例如低碳钢在含 SRB 海水中的腐蚀电流密度变大，极化电阻减小，腐蚀速度加快；经微生物腐蚀后，低碳钢表面出现大量的腐蚀孔，发生了严重的孔蚀行为。

SRB是把SO_4^{2-}还原成H_2S而自身获得能量的各种细菌的统称，它们以有机物为养料，广泛分布于土壤、海水、河水、淤泥、地下管道、油气井、港湾及锈层中，在厌氧环境中可以存活很久。根据菌种不同。SRB分为高温型和中温型两种。高温型最适宜生长温度为55~60℃，中温型最适宜生长温度为30~35℃，在一定温度范围内，温度上升10℃，细菌生长速度增加1.5~2.5倍，超出一定温度，其生长受到抑制甚至死亡。此外，SRB生长环境pH值一般在5.5~9.0之间，对盐浓度也有较强适应性。现已证实微生物腐蚀是环境污染的主要因素之一。

　　SRB造成的金属腐蚀有三个特点：一是发生在厌氧地区，如黏土和有水地区；二是金属的腐蚀趋向于孔洞腐蚀，如铁管的断裂是由于局部的穿孔而不是整体的腐蚀；三是在腐蚀点的金属结构趋向于石墨化，金属离子被移走，管道保持其碳架结构不变。

　　在海上油田生产中，海水常被用于注入油井进行二次采油。富含硫酸盐的海水能加速SRB的生长，并伴随着H_2S的产生。H_2S具有毒性和腐蚀性，会增加石油和天然气中的硫含量，并可能引起油田堵塞。如果在体系中出现了黑色沉淀或者表面沉积物，或者有硫化氢气体的味道，表明体系中存在SRB。

　　有关试验表明当SRB在最佳生长条件下，能将0.4mm厚的不锈钢试片在60~90d内腐蚀穿孔，腐蚀速率高达3.75mm/a。大量滋生的SRB也能将合金钢腐蚀穿孔，腐蚀速率达2mm/a。据估计：美国仅油井的腐蚀就有77%以上是由SRB造成的，由于SRB的作用，钢的腐蚀速率可增加15倍。中国天然气总公司早在1992年的统计显示：每年由于腐蚀给油田造成的损失约2亿元，而且现在这个数值正在逐年上升，其中SRB影响的腐蚀占有相当大的部分。

11.2　金属腐蚀的防护

　　金属腐蚀是一个自发的过程，也就是说，只要存在腐蚀环境，金属就会发生不同程度的腐蚀，所以不能从根本上解决腐蚀问题，只能延缓金属发生腐蚀的进程，因而探究金属腐蚀防护方法至关重要。金属腐蚀的防护措施主要有选择合适的金属材料、表面保护技术、电化学保护法和改善腐蚀环境等。

11.2.1　选择合适的金属材料

　　根据不同的用途选择不同的材料组成耐蚀合金，或在金属中添加合金元素，提高其耐蚀性，可以减缓金属的腐蚀，例如，在钢中加入镍制成不锈钢可以增强防腐蚀能力。同时，合理选材还要考虑到材料的结构、性质及其使用介质、使用中可能发生的变化等因素：

(1)介质的性质、温度、压力。
(2)设备的用途、工艺过程及其结构设计特点。
(3)环境对材料的腐蚀以及产品的特殊要求。
(4)材料的性能。作为结构材料一般要求具有一定的强度和塑性。
(5)材料的价格和来源，要有经济观点。

11.2.2　表面覆盖保护技术

　　在金属表面喷、衬、镀、涂上一层耐蚀性较好的金属或非金属物质，使被保护金属表面与介质机械隔离而降低金属腐蚀。

11.2.2.1　涂层

　　涂层广泛地用于国民经济的各个部门，因为它具有一定的防锈缓蚀作用，同时又具有施工简便和价格便宜等优点。各种涂料都有其自己的特性和应用范围,没有一种涂料是万能的。在选择涂料防腐时,必须要了解涂料的性能及所用的环境和介质,油田容器外壁涂层要充分考虑高温、大气特点以及紫外线等因素。内壁则要充分考虑耐高温、高含盐水等因素。为了更好地选择涂料,有时要针对环境与周围介质的特点进行一系列试验,在试验的基础上确定涂料的品种。

涂层包括底层漆和面漆两个组成部分。在选择涂料时,除应考虑上述因素外,还要考虑底漆和面漆的搭配,搭配不合理也将出现问题。另外,涂层中包括主要成膜材料是油料或树脂,次要成分是颜料、稀释剂和辅助剂材料,在选择涂料时,这几个部分都要根据各自的特点选择搭配,如果选择不当,保证不了涂层质量。油田常用的涂料有环氧树脂、聚氨酯涂料、乙烯基涂料等。

1. 有特殊性能的防腐蚀涂料

(1) 环氧云铁漆——以灰色云母氧化铁(MIO)为防锈颜料。其化学成分为 $\lambda\text{-}Fe_2O_3$,由于其鳞片状结构类似云母而得名,在漆膜中呈层层叠积状排列,可有效阻挡水分、氧气及其他腐蚀性介质的渗透,延长介质的渗透时间;又因为云母氧化铁光敏性弱,化学稳定性好,因而具有较好的耐候性和抗紫外线辐射等性能。此外,云母氧化铁表面具有一定的粗糙度,有利于与底漆、面漆的黏结。

(2) 双组分脂肪族聚氨酯面漆——作为表面涂层。一般聚氨酯涂料固化成膜的特征是通过含有两个或两个以上异氰酸基(—NCO)的化合物作为固化剂(组分1)与含有两个或两个以上羟基(—OH)的化合物作为基料树脂(组分2),经逐步加成聚合反应而成。聚氨酯大分子结构中既含有异氰酸根极性基团,又有柔软的碳碳长链,形成的漆膜坚、韧共存,耐磨性好;而且还具有优异的保光、保色、抗紫外线、抗老化等耐候性能。

2. 防锈底漆和带锈底漆

钢铁经表面处理后很容易反锈,另外对于大型设备的表面除锈一般很难保证做得彻底,再加上涂料覆盖一般都比较薄,容易有针孔或损伤。即使致密完好的涂层在一般环境中,水和氧分子以及一些介质离子仍可以慢慢渗透到金属表面。针对以上问题,一般仅靠涂层对金属的屏蔽作用是不够的,因此,需要采取一些办法以提高涂层的防锈能力,使用防锈底漆或带锈底漆可以有效地解决上面的问题,保证涂层与金属基体有良好的黏附性能。

(1) 防锈底漆。

防锈底漆是一种能阻止锈蚀过程发生和发展的底漆,其防锈能力一般是通过下述三条途径来达到目的:

① 牺牲阳极作用。通过涂料中的颜料对钢铁表面起牺牲阳极作用而保护金属。例如富锌漆就是一种最典型的牺牲阳极防锈底漆。

② 钝化或缓蚀作用。涂料中含有强氧化性的颜料如铬酸盐等可以使金属表面获得钝化,一些颜料如红丹等可与漆基生成金属皂,并与铁离子生成难溶盐而抑制了腐蚀作用。

③ 惰性覆盖作用。涂料中含有一些化学性质稳定,对酸、碱、日光、空气、水分都不会发生作用的颜料。这些颜料还往往具有较强的遮盖力。例如铁红、云母氧化铁防锈漆属这种类型。

(2) 带锈底漆。

带锈底漆是一种可直接涂覆在带锈钢铁表面的底漆,按其作用机理一般可分为三种类型:

① 转化型带锈底漆。

转化型带锈底漆也称为反应性带锈涂料,涂料中含有能与铁锈起反应的物质,把铁锈转化为无害的、难溶的或具有一定保护作用的络合物与螯合物,生成的络合物与螯合物通过成膜物质的黏附作用固定在钢铁基体表面上。转化型底漆可用的转化剂很多,如磷酸、亚铁氰化钾、单宁酸、草酸、铬酸等。这些转化剂与铁表面的氧化物都可生成各种难溶、稳定、无害的铁化合物。

转化型带锈底漆适用于锈蚀比较均匀并且不残留轧制氧化皮和片状厚锈的钢铁表面,其特点是作用快,需及时地涂上防锈底漆和面漆方能起到良好的保护作用。问题是对锈层厚薄不均匀的钢铁表面转化液用量难以掌握,用量少时转化不完全;用量多时过量的磷酸会腐蚀金属本身并放出氢气,影响涂层对金属的黏附力。

②稳定型带锈底漆。

稳定型带锈底漆主要依靠活性颜料,使铁锈形成难溶的络合物和使金属钝化而达到稳定锈蚀的目的。

稳定型带锈底漆对施工表面的要求没有像转化型带锈底漆那么高,对于锈蚀不均匀的钢铁表面也可使用。稳定型带锈底漆的漆基以醇酸为基础的多,常配以少量的表面活性剂以增强其渗透能力,一般还加入一些其他颜料、填料以增强漆膜的防锈性及耐久性。

③渗透型带锈底漆。

渗透型带锈底漆是利用液体成膜物质对疏松铁锈的浸润和渗透作用,把铁锈紧密地包封起来,使其失去活性,从而阻止锈蚀的发展,同时底漆中还有防锈颜料起防锈作用。

适用的成膜物质很多,如熟油、油基漆、醇酸树脂等。但渗透能力最好的是鱼油和鱼油醇酸,防锈颜料可用红丹。为了增强渗透能力,一般加入表面活性剂,以降低液体表面张力。

渗透型带锈底漆由于具有良好的渗透力,因而比较适用于陈旧和化学污染较小的钢铁表面,对于钢结构的一些铆接和螺栓连接部位特别适用,能起到一般防锈漆难以达到的保护作用,在新发展的品种方面,有采用碱金属或碱土金属的铁酸盐代替红丹作颜料。铁酸盐具有强还原性,可将活泼的铁锈还原成稳定的磁铁结构。显然,若所用的液体成膜物质既具有良好的渗透性,又能和铁锈生成稳定络合物或螯合物,即同时起到渗透和稳定作用的话,则能得到更好的效果。

3. 塑料防腐蚀涂料——粉末涂料

这里所要介绍的塑料防腐涂料是指那些稳定性特别高的,但结晶度、临界表面张力和溶解度参数都很低的热塑性塑料,如各种烯烃塑料、氯化聚醚和聚苯硫醚等,这些塑料在常温下很难找到合适的溶剂,黏附性能较低,但绝大多数对酸、碱、甚至溶剂都有较高的稳定性,若能作为涂层涂覆在金属表面,将是一层很好的防腐涂层。

塑料涂料的涂覆办法可分干法和湿法两种。干法就是不用液体为媒介,直接把塑料粉末涂覆在金属表面并加热塑化;湿法则是先把塑料粉末与水或有机溶剂等液体介质配成分散液或乳状液,均匀涂覆于金属表面,待液体挥发后再加热塑化。为了提高塑料涂层的综合物理机械性能和黏结性能,热塑化后多数涂层还进行淬火处理。

4. 涂料的合理选用

合理选用涂料是保证涂料能较长期使用的重要方面,其基本原则是:

(1)根据环境介质正确选用涂料。在生产过程中,腐蚀介质种类繁多,不同场合引起腐蚀的原因各不一样。选用涂料,必须考虑被保护物面的使用条件、涂料的使用条件与涂料的适用范围的一致性。如介质的酸碱性、氧化性、腐蚀性、环境温度和光照条件等,并应在涂料合用的前提下,尽量选用价廉的涂料。

(2)根据被保护表面的性质选用涂料。不同材质的被保护表面,其性质是不同的,如金属与非金属的表面性质就有很大的差异,选用时要考虑涂料对表面是否具有足够的黏结能力,会不会发生不利于黏合的化学反应。例如酸固化的涂料就不能涂覆在易被酸腐蚀的钢铁表面;红丹不能涂覆在铝、锌的表面。当钢铁表面难以进行喷砂或酸洗表面处理时,一般所选用的涂料就应用防锈底漆或带锈底漆。

(3)根据涂料的性能合理地配套选用涂料。涂料种类繁多,性能各异,若配套或改性得好,可以得到一个性能良好、优于单一涂料的混合涂料(或涂层)。例如,乙烯类涂料的黏合力较差,可采用磷化底漆或铁红醇酸底漆作过镀层与乙烯类涂料配套使用;冷固化酚醛涂料固化剂对钢铁表面有腐蚀作用,可采用环氧涂料作底漆。凡此种种,都可以收到良好的效果。

总之,正确、合理地选用涂料,需要涉及许多基本知识和实践经验,在使用时征求涂料厂的意见往往非常需要的,切莫一知半解乱用,结果往往适得其反。

11.2.2.2 金属保护层

金属保护层法是在金属表面上加上一层致密的金属或合金,从而使被保护金属免遭腐蚀的一种方法。一般采用电镀,也有用熔融金属浸镀或喷镀,或者直接从溶液中置换金属进行化学镀等。

金属喷镀是将金属在高温火焰中熔化,同时用压缩空气将熔融的金属吹成雾状微粒,并以较高的速度喷射到预先经过处理的基体表面上,从而形成一层金属镀层,在镀层温度没有完全冷却时,应再涂刷环氧树脂面漆。用喷镀得到的喷涂层与基体结合牢固,大大提高了防腐效果。

采用金属保护层来防腐,一定要考虑金属平衡电势的差异,如果镀层金属的平衡电势比基体金属高,如铁镀锡等,一旦镀层上有缺陷,则金属的腐蚀将更加严重。如果镀层金属的平衡电势比基体金属低,如铁镀锌,当镀层出现缺陷时,由于镀层金属起"牺牲阳极"的作用,就能继续保护基体金属免受腐蚀。

11.2.2.3 钝化膜

钝化膜是金属表面上生成的一种致密薄膜,最常见的钝化膜有氧化膜和磷化膜两种。氧化膜的形成,是把钢铁工件放在很浓的碱和氧化剂溶液中加热氧化,使金属表面上生成一层致密的四氧化三铁薄膜,能牢固地与金属表面结合。磷化膜的形成,是把钢铁工件放入磷酸盐溶液中浸泡,使钢铁表面获得一层不溶于水的磷酸盐保护薄膜,从而起到防腐作用。

钝化膜的形成,能使金属和周围介质隔开,从而降低了金属的腐蚀速度。但是,如果在水中存在氯离子,它会阻止钝化膜的形成;对已存在的钝化膜,氯离子也容易穿透钝化膜而吸附在金属表面上,氯离子到达金属表面后,会与金属形成可溶性盐,促使金属离子水合进入溶液,金属的腐蚀被加速。由于氯离子与金属保护膜有一种胶凝作用,在两个氯离子基团间保护膜被拉开,这样就使金属局部区域的钝化膜被破坏,在这个小区域会产生很高的腐蚀电流密度,引起穿透速度很快的点腐蚀。因此,实施钝化膜保护时,应限制氯离子的浓度。此外,在实际运用中,可添加硝酸钠等药剂有助于防止氯离子对钝化膜的影响。

11.2.2.4 衬里

衬里在储罐及各种容器中应用比较广泛。玻璃钢是用玻璃纤维或玻璃布增强的塑料,将树脂涂在玻璃纤维或玻璃布上,然后再固化成形。有些玻璃钢耐水、耐化学药品,用作防腐蚀衬里。用玻璃钢作衬里,在石油、化工企业中大量被采用,大小容器均可进行衬里。

衬里橡胶工艺一般用在较小容器上,近年来在大型储罐方面也取得了较好的效果。橡胶衬里适应范围广,可以耐各种介质腐蚀。衬里橡胶主要采用天然橡胶,也可根据不同条件选用耐油等特殊橡胶。橡胶衬里的温度一般不超过60℃。

硬聚氯乙烯衬里应用较广,这种材料价格便宜耐腐蚀性能好,但耐温性能差,一般适用温度为10~50℃,特殊配方可耐90℃,但造价高。

水泥砂浆衬里近几年来在油田应用也较广,这是由于它价格便宜、施工简单。水泥砂浆衬里可耐一般水、盐水等的腐蚀,但由于施工质量很难保证,尤其在温度差较大的条件下易出问题。

11.2.3 电化学保护

11.2.3.1 阴极保护

利用电化学原理,将被保护金属进行外加阴极极化以减少或防止金属腐蚀的方法称为阴极保护法。外加的阴极极化可采用两种方法来实现:一种是牺牲阳极保护法,另一种是外加电流法。

1. 牺牲阳极保护法

牺牲阳极保护法是将活泼金属或其合金连在被保护的金属上,形成一个原电池,这时活泼金属作为电池的阳极而被腐蚀,基体金属作为电池的阴极而受到保护。一般常用的牺牲阳极材料有铝、锌及它们的合金。牺牲阳极的表面积通常是被保护金属表面积的1‰~5‰左右。

富锌底漆是一种高效防腐涂料,其机理就在于金属锌粉对钢材表面的阴极保护作用。组成锌-铁腐蚀电池,锌为阳极"自我牺牲"被腐蚀,而钢铁作为阴极受到保护。以常见的吸氧腐蚀为例,其腐蚀电池电极反应方程式为:

阳极反应: $2Zn - 4e^- \longrightarrow 2Zn^{2+}$

阴极反应: $O_2 + 2H_2O + 4e^- \longrightarrow 4OH^-$

总反应: $2Zn + O_2 + 2H_2O \longrightarrow 2Zn(OH)_2$

$2Zn(OH)_2 \longrightarrow ZnO + H_2O$

牺牲阳极保护法具有设备简单、投资少等突出优点,常用于保护海轮外壳,海水中的各种金属设备、构件和防止巨型设备(如储油罐)以及石油管路的腐蚀。近年来牺牲阳极保护法应用逐渐广泛,尤其是与涂料或衬里相配合时比较适宜。因此,油田污水处理站的容器大部分采用衬里与牺牲阳极法配套使用。

2. 外加电流法

外加电流法是将被保护的金属与另一附加电极作为电解池的两极,被保护金属为阴极,这样就使被保护金属免受腐蚀。一般地,埋入地下的管道采用这种方法防腐。

在进行阴极保护时,阴极上要发生阳极反应,并放出氢,钢铁上过量出氢将会引起"氢脆"。因此,阴极保护要与涂漆等方法结合使用,即先用涂层进行大面积覆盖,其不完密的地方再使用阴极保护,这样即可以防止"氢脆",在经济上也非常合理,钢铁的腐蚀问题也得到了解决。

11.2.3.2 阳极保护

被保护设备与外加直流电源的正极相连,成为阳极,辅助阴极与外加直流电源的负极相连,在一定的电解质溶液中将金属进行阳极极化至一定电位,金属在此电位下氧化作用加剧,表面上形成一个完整的氧化膜层,由活化态变为钝化态,腐蚀过程受到抑制,腐蚀速度显著降低,这种方法称为阳极保护法。此方法适用于电位正移时,金属设备在所处介质中有钝化行为的金属—介质体系。

11.2.4 改变腐蚀环境

11.2.4.1 除去致腐蚀成分

1. 热力法除氧

根据气体的溶解定律(亨利定律)可知,气体在水中的溶解度与该气体在液面上的分压成正比,在敞口容器中将水温升高时,各种气体在水中的溶解度下降,这是因为随着温度的升高,气水界面上的水蒸气分压增大、其他气体的分压降低的缘故。当水温达到沸点时,气水界面上的水蒸气压力和外界压力相等,其他气体分压都为零,故这时的水不再具有溶解气体的能力,也就是说此时各种气体均不能溶于水中。所以,将水加热至沸点可以使水中的各种溶解气体解吸出来,这是热力法除氧的基本原理。

热力法不仅能除去水中的溶解氧,而且可以除去水中的其他各种溶解气体。此时,热力法除氧过程中,还会使水中的重碳酸根发生分解,因为除去了水中的游离 CO_2,下式平衡向右移动:

$$2HCO_3^- \longrightarrow CO_2 + CO_3^{2-} + H_2O \uparrow$$

温度越高,加热时间越长,加热蒸汽中游离的 CO_2 浓度越低,则碳酸氢根的分解率越高,其出水的 pH 值也就越高。

热力法除氧是在除氧器内用蒸汽使水加热,除氧器的结构主要应能使水和汽在除氧器内分布均匀、流动畅通以及水、汽之间有足够的接触时间。在除氧过程中,水应加热至沸点,否则水中的残留氧量会增大。此外,热力学除氧对解吸出来的气体应能畅通地排走,否则气相中残留的氧量较多,会影响水中氧的扩散速度,从而使水中的残留含氧量增大。

2. 化学除氧

化学除氧是往水中加入化学药品以除去水中的氧。用来进行给水化学除氧的药品,必须具备能迅速地和氧完全反应、反应产物和药品本身对锅炉的运行无害等条件。常用化学除氧药品有联胺、亚硫酸钠等。

联胺是一种还原剂,它可将水中的溶解氧还原:

$$2N_2H_2 + O_2 \longrightarrow 2N_2 + 2H_2O$$

反应产物 N_2 和 H_2O 对热力学系统没有任何害处。在高温水中 N_2H_2 可将 Fe_2O_3 还原成 Fe_3O_4、FeO 和 Fe,还能将氧化铜还原成氧化亚铜或铜。联胺的这些性质可以用来防止锅炉内铁垢和铜垢的生成。

亚硫酸钠也是一种还原剂,能和水中的溶解氧作用生成硫酸钠,此法会增加水中的含盐量。亚硫酸钠在高温时可分解产生有害物质 Na_2S、H_2S、SO_2 等,会腐蚀设备,因此亚硫酸钠法只能用于中压或低压的锅炉给水。

3. 化学除硫化氢

化学氧化剂和醛类能除去水中的硫化氢。油田水系统中应用最普遍的氧化剂有氯、二氧化氯和过氧化氢,使用的醛类是丙烯醛和甲醛。这些药剂也可用作为杀菌剂。

虽然上述各种药剂在酸性或中性水中都是良好的除去硫化氢的药剂,但是化学氧化剂在用量很大时能严重地腐蚀钢。硫化氢和氧化剂反应的最终生成物常常是胶体硫,它本身就有很强的腐蚀性。除此之外,大多数水中也存在很多能与氧化剂反应的物质,从而使得实际投加量要高出理论投加量。

(1) 氯。氯气能用来和少量的硫化氢反应。

(2) 二氧化氯。二氧化氯在工业水中作为杀菌剂使用,它也能用来除去水中少量的硫化氢。

(3) 过氧化氢。硫化氢也可以用与过氧化氢反应的方法除去。在酸性或中性 pH 值条件下,如有催化剂存在时,能急剧反应,生成游离的硫。

(4) 丙烯醛。丙烯醛既是一种硫化氢除去剂,又是一种强杀菌剂。

(5) 甲醛。甲醛也能和硫化氢反应除去硫化氢,但除去的效果明显地低于丙烯醛。

4. 隔氧技术

在油田水处理系统中采用隔氧措施,经济上是合理的,但技术上却常常碰到困难。因为溶解氧含量在 10^{-3} mg/L 的范围内,就已经说明是有害的了。

(1) 储水罐的气封。处理不含氧的水的全部水罐应该用一种不含氧的气体来密封,如天然气或氮气。普遍采用 0.5~1.0Pa 正压,调节器必须足够大,以保证在容器内液面最大下降速度时的气体供给,必须装配压力/真空安全阀。不应该是用油封,氧在油中的溶解度比在水中大得多,并且能以惊人的速度扩散通过油层,最好的情况下,油层仅仅能减缓氧的进入速度,而不能杜绝氧的进入。另一方面,细菌也能常在油水界面上繁殖。

(2)井的气封。供水井和生产井都可能需要气封来防止氧的进入。最容易进氧的部位之一是通向井底的电泵电缆。在供水井和生产井中,关井后重新启动时最易进氧。关井时液位一般升至环形空间,开井时液位降低,这时就会吸入氧。

(3)注入泵。氧经常通过泵的吸头,尤其是从不能保持正吸入压头的地方进到注入系统。另一个进氧的渠道是离心泵的损坏密封,如果密封垫出现泄漏,空气就被吸进泵内。因此应将全部处理不含氧水的离心泵都装上加压吸入口密封。

(4)阀杆及连接处。

由于氧的扩散作用,氧能穿过水层迁移到上游和从低压区扩散到高压区域,这是氧难以处理的原因之一。阀杆和连接处,如法兰等都是氧容易渗入之处,必须保持密封。

11.2.4.2 添加缓蚀剂

缓蚀剂是一种化学物质,将它少量地加入腐蚀介质中,就可显著地减小金属腐蚀的速率。由于缓蚀剂用量少,简便而且经济,故是一种常用的防腐手段。

11.3 缓蚀剂防腐

在腐蚀环境中,通过添加少量能阻止或减缓金属腐蚀的物质以保护金属的方法,称为缓蚀剂防腐。采用缓蚀剂防止腐蚀,由于设备简单、使用方便、投资少、收效快,因而广泛用于石油、化工、钢铁、机械、动力和运输等部门,并已成为十分重要的防腐蚀方法之一。

缓蚀剂的保护效果与腐蚀介质的性质、温度、流动状态、被保护材料的种类和性质,以及缓蚀剂本身的种类和剂量等有密切的关系,也就是说,缓蚀剂保护是有严格的选择性的。对某些介质和金属具有良好保护作用的缓蚀剂,对另一种介质或另一种金属就不一定有同样的效果;在某些条件下保护效果很好,而在另一种条件下可能保护效果很差,甚至还会加速腐蚀。一般来说,缓蚀剂应该用于循环系统,以减少缓蚀剂的流失。同时,在应用中缓蚀剂对产品质量有无影响、对生产过程有无堵塞或起泡等副作用,以及成本的高低等,都应全面考虑。

11.3.1 缓蚀作用

下面通过几个例子来说明缓蚀作用:

(1)在稀盐酸中浸入铁片,可以观察到铁片表面有大量氢气泡析出,同时铁片会被慢慢溶解。如果在此体系中加入少量苯胺,则氢气析出量大大减少,而铁片的腐蚀也受到强烈的抑制。因而苯胺就是抑止盐酸对铁腐蚀的缓蚀剂。

(2)在碳钢制的水储槽中,在水—气接触界面上,常因水线腐蚀而产生红锈。如果事先在水中加入少量的聚磷酸钠,则红锈的生成可以大大减弱,此时聚磷酸钠是抑止碳钢水线腐蚀的缓蚀剂。

(3)钢材在轧制过程中需采用酸浸法除去表面的"氧化铁鳞",这时酸中必须添加相应的缓蚀剂以抑止酸液对钢材的腐蚀,否则会给生产和产品的质量带来很大的危害。

11.3.2 缓蚀剂分类

缓蚀剂种类很多,没有一种统一的方法进行分类,为了研究和使用方便,常从多种角度对缓蚀剂进行分类。

11.3.2.1 按化学组成分类

按化学组成分类,可以将缓蚀剂分为无机缓蚀剂和有机缓蚀剂两大类。

1. 无机缓蚀剂

无机缓蚀剂绝大部分为无机盐类。常用的无机缓蚀剂有亚硝酸盐、铬酸盐、重铬酸盐、硅酸盐、钼酸盐、聚磷酸盐、亚砷酸盐等。这类缓蚀剂的缓蚀作用一般是和金属发生反应,在金属表面生成钝化膜或生成致密的金属盐的保护膜,阻止金属的腐蚀。

2. 有机缓蚀剂

有机缓蚀剂是含有 C、N、S、P 等元素的有机化合物。含有氮原子的有机缓蚀剂作用机理是杂原子氮吸附在金属基体表面,导致溶液中的疏水基团排列成一层致密的膜,阻碍了金属表面与溶液的接触;含有硫原子的有机缓蚀剂作用机理是硫原子和表面金属原子利用化学键结合,形成在一定条件下较稳定的氧化膜;而含有磷原子的有机缓蚀剂作用机理主要是与阳极溶解的金属离子生成络合物覆盖在金属表面。常见的有机缓蚀剂包括胺类、季铵盐、醛类、杂环化合物、炔醇类、有机硫化合物、有机磷化合物、咪唑类化合物等。

11.3.2.2 按电极过程影响分类

按照缓蚀剂对电极过程的影响,缓蚀剂可分为阳极型缓蚀剂、阴极型缓蚀剂和混合型缓蚀剂三类。

(1)阳极型缓蚀剂。阳极型缓蚀剂在金属腐蚀的过程中主要控制电极的阳极部位,大部分阳极型缓蚀剂氧化性比较强。该类缓蚀剂缓蚀是在电化学腐蚀的阳极部位与阳极金属溶解的离子发生作用,从而在金属表面覆盖一层氧化物或氢氧化物薄膜,这样就阻碍了金属离子向溶液本体中的迁移,通过抑制阳极过程进而减慢腐蚀速率。当阳极型缓蚀剂的浓度比较大时,阳极金属发生钝化;当浓度较小时,金属表面没有钝化的区域会发生点蚀。一般使用较普遍的阳极型缓蚀剂有铬酸盐、钼酸盐、钨酸盐、苯甲酸盐、亚硝酸盐等化合物。

(2)阴极型缓蚀剂。阴极型缓蚀剂在腐蚀体系的阴极部位发挥作用,其作用的生成物是在阴极区域形成一层膜,并且随着反应的进行膜的厚度增大,阻碍腐蚀粒子在双电层界面的扩散。使用较多的有锌的碳酸盐、磷酸盐和氢氧化物,钙的碳酸盐、磷酸盐等。

(3)混合型缓蚀剂。一些含 N、S、—OH 及具有表面活性的有机物属于混合型缓蚀剂。此类缓蚀剂的有机结构里存在性质不相同的基团,这些基团与表面金属通过化学键形成单分子膜并且吸附在金属表面。混合型缓蚀剂在腐蚀体系的阳极和阴极区域都能形成膜,阻止溶液及溶液中的溶解氧向金属表面的扩散,抑制电极反应的发生。促进剂 2-硫醇基苯并噻唑及铜的缓蚀剂连三氮杂茚、生物碱、环状亚胺等都属于此种缓蚀剂。

11.3.2.3 按形成保护膜特征分类

按缓蚀剂在金属表面形成的保护膜性质,缓蚀剂分为氧化膜型缓蚀剂、沉淀膜型缓蚀剂和吸附膜型缓蚀剂三类。

1. 氧化膜型缓蚀剂

缓蚀剂直接或间接地与金属生成氧化物或氢氧化物,从而在金属表面上形成保护膜,这种保护膜薄而致密,与基体金属的黏附性强,结合紧密,能阻碍溶解氧扩散,使金属的腐蚀反应速度降低。这种保护膜在形成过程中,膜不会一直增厚,当这种氧化膜增大到一定厚度时,一部分氧化物会向溶液中扩散,当氧化物向溶液扩散的趋势成为膜增厚的障碍时,膜厚的增长就几乎自动停止。因此,氧化膜型缓蚀剂效果良好,而且有过剩的缓蚀剂也不会产生垢。

多数氧化膜型缓蚀剂都是重金属含氧酸盐,如铬酸盐、钼酸盐、钨酸盐等。因重金属缓蚀剂易造成环境污染,所以一般应用较少。

另外,很多亚硝酸盐也属于氧化膜型缓蚀剂,具有代表性的有亚硝酸钠和亚硝酸铵。但这类缓蚀剂在含有氧化剂的水中使用时,会被氧化成硝酸盐,缓蚀效果会减弱,因此不能与氧化型杀菌型(如氯等)同时使用。此外,亚硝酸盐在长期使用后,系统内的硝化细菌会大量繁殖,能氧化亚硝酸盐成为硝酸盐,使得防腐效果降低。因此,亚硝酸盐的使用也受到一定限制。

2. 沉淀膜型缓蚀剂

(1)水中离子沉淀膜型缓蚀剂。

沉淀膜型缓蚀剂能与溶解于水中的离子生成难溶盐或络合物,在金属表面上析出沉淀,从而形成防腐蚀薄膜,这种薄膜多孔、较厚、比较松散,大多与金属基体的黏合性差。因此,它防止氧向金属表面扩散不完全,防腐效果不很理想,如果这种缓蚀剂用量过多,所生成的膜厚度会不断增加,这样由于垢层加厚而影响传热,如果水温较高,而且水中有碳酸氢盐,就会生成碳酸盐垢以及溶解更多二氧化碳,这样对系统是不利的。沉淀膜型缓蚀剂有聚磷酸盐、硅酸盐和锌盐等。

聚磷酸盐通常被认为是阳极型缓蚀剂,因为它主要形成以 Fe_2O_3 和 $FePO_4$ 为主的保护膜,能抑制阳极反应,但油田水中 Ca^{2+}、Mg^{2+} 浓度较高,聚磷酸盐易与它们生成络合物,而沉积的保护膜主要是聚磷酸钙、聚磷酸镁等,它们沉积在阴极表面上,能抑制阴极反应。因此,在采用聚磷酸盐作为缓蚀剂时,水中应该有一定浓度的 Ca^{2+}、Mg^{2+},这样缓蚀效果更显著。如果使用聚磷酸盐作为缓蚀剂,必须采取措施以控制微生物的生长,因为聚磷酸盐是微生物生长的营养成分,它的存在会促进微生物的繁殖,造成大量的细菌结膜,使水质变差,因此采用有效的杀菌措施是必要的。

锌盐是一种阴极缓蚀剂,其中起作用的是锌离子,它在阴极部位产生 $Zn(OH)_2$ 沉淀,起保护膜作用。锌盐的阴离子一般不影响它的缓蚀能力,氯化锌、硫酸锌以及硝酸锌等都可以选用,但如果用氯化锌,水中氯离子含量会增加,它能破坏保护膜,从而产生一些不良后果。使用时应注意,锌盐一般不单独使用,如果它和其他缓蚀剂联合使用,会有明显的增效作用。锌盐的使用有一定的局限,它对环境的污染很严重,如果能找到其他无污染的缓蚀剂,那么应尽量避免使用重金属作为缓蚀剂。

(2)金属离子沉淀膜型缓蚀剂。

这种缓蚀剂可使金属活化溶解,并在含金属离子的部位与缓蚀剂形成沉淀,产生致密的薄膜,其缓蚀效果良好。在防蚀膜形成之后,即使在缓蚀剂过剩的情况下,薄膜也停止增长,因为防蚀膜一经形成,它将金属包裹起来,而不与缓蚀剂继续作用,也就停止生成沉淀,防蚀膜也不再增厚。其保护作用是因为它在铜体的表面形成螯合物,从而抑制腐蚀。这类缓蚀剂还有杂环硫醇等。巯基苯并磷酸与聚磷酸盐共同使用,对防止金属的点蚀有良好效果。

3. 吸附膜型缓蚀剂

吸附膜型缓蚀剂主要利用结构中的 O、N、S、P 等原子组成的极性基团,通过静电作用吸附在金属的阴极表面,阻碍溶解氧和水向金属表面扩散,从而抑制腐蚀反应。油田中应用最多的适用于酸性介质的吸附型缓蚀剂有咪唑啉类、酰胺羧酸类等;适用于中性介质的吸附型缓蚀剂有水杨酸、甲苯酸盐等。

咪唑啉结构可分为三部分:咪唑环(五元杂环)、五元杂环上与 N 成键的支链 R1 和长的碳氢支链 R2。单纯的咪唑啉缓蚀剂根据咪唑啉环上有 p-π 结构共轭体系这一特征,在咪唑啉环上引入烷基或烷基芳烃,可增强与 Fe 原子的吸附作用能。将咪唑啉季铵化之后,可引入多个苯环,从而使分子的覆盖能力增强,提高缓蚀效率。

酰胺羧酸类化合物同时具有螯合能力和表面活性。他们在金属表面的螯合作用增强了酰胺在金属表面的吸附能力,其疏水长链可以在金属表面形成疏水屏障,从而起到保护金属的作用。

这类缓蚀剂的防蚀效果与金属表面的洁净程度有很大关系,如果金属表面有很多污垢,所形成的吸附膜就不致密,起不到隔绝腐蚀介质的作用,在局部地方腐蚀会很严重。

缓蚀剂按形成保护膜特征分类也可见表 11.2。

表 11.2 缓蚀剂分类

缓蚀剂类别		缓蚀剂举例	保护膜特征
氧化膜型		铬酸盐、亚硝酸盐、钼酸盐、钨酸盐等	致密,膜较薄,与金属结合紧密
沉淀膜型	水中离子型	聚磷酸盐、硅酸盐、锌盐等	多孔,膜厚,与金属结合不太紧密
	金属离子型	巯基苯并噻唑、苯并三氮唑等	较致密,膜较薄
吸附膜型		有机胺、硫醇类、其他表面活性剂、木质素类、葡萄糖酸盐类等	在非清洁表面吸附性差

以上是对活性金属腐蚀而言。对于活性—钝性金属,有促进钝化的缓蚀剂,也有促进阴极反应的缓蚀剂。当腐蚀介质为水时,所添加的缓蚀剂又称为水系统缓蚀剂,它们和酸洗缓蚀剂、油气井缓蚀剂等有所区别,当然有些缓蚀剂既可用在水系统又可用在其他系统使用,因此并没有绝对的界限。

11.3.3 常见缓蚀剂的制备

11.3.3.1 溴化十二烷基吡啶缓蚀剂的制备

1. 分子量

溴化十二烷基吡啶的分子量 M 为 328.34。

2. 结构式

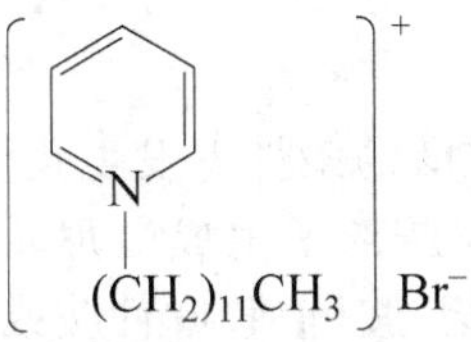

$$\left[\underset{(CH_2)_{11}CH_3}{\underset{|}{C_5H_5N}} \right]^+ Br^-$$

3. 合成反应式

$$C_5H_5N + CH_3(CH_2)_{11}Br \xrightarrow{(CH_3)_2CHOH} \left[\underset{(CH_2)_{11}CH_3}{\underset{|}{C_5H_5N}} \right]^+ Br^-$$

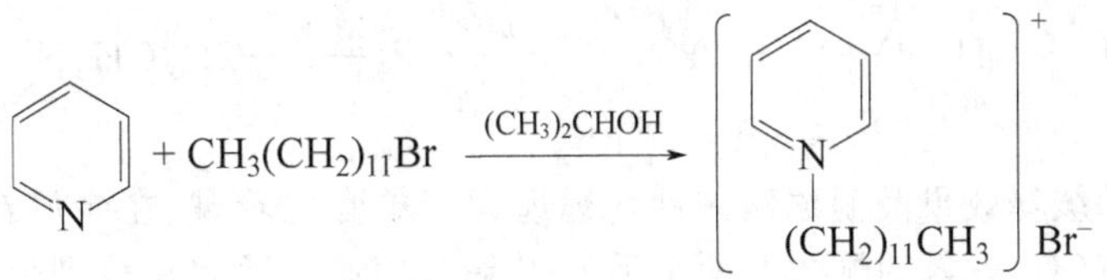

4. 合成原料

(1) 吡啶。

分子量 $M=79$;性状:无色液体,有恶臭,辛辣味,易燃,具吸潮性。吡啶能与 3 分子水形成共沸混合物,其沸点为 92~93℃;能随水蒸气挥发;能与水、醇、醚、石油醚、油类及多数有机溶剂混合,具弱碱性;能与强酸形成盐类;0.2mol/L 浓度水溶液 pH 值为 8.5,密度为 0.9780g/cm³,凝点为 -42℃,沸点为 115~116℃,折光率为 1.5092(20℃);其分析纯 99%,化学液 98.5%。

(2) 1-溴代二烷 $CH_3(CH_2)_{11}Br$。

分子量 $M=249.24$；性状：无色到淡黄色液体，有椰子样气味，能溶于醇及乙醚，不溶于水；密度为 1.0382(20℃)，熔点为 -9.6℃，沸点为 200～201℃(100mm)，折光率为 1.4581(20℃)。

5. 合成步骤

在三颈烧瓶中放入 74.8g(0.30mol)1-溴化十二烷在 20.18g 异丙醇中，在搅拌下于 30min 加入 26.1g(0.33mol)吡啶，升温回流 6h，得到溴化十二烷基吡啶粗产物。

6. 产品性能

由于该缓蚀剂是依靠静电吸附在钢片表面上，这种吸附并不很牢固，故吡啶盐对温度的变化较敏感。溴化十二烷基吡啶缓蚀剂在 50～70℃ 温度范围内可获得最佳效果。但在高温或低温之下，缓蚀效果下降。如果采用乙烯基吡啶等单体进行聚合，产物对金属表面可产生多点吸附，增加膜强度，提高缓蚀效率。

11.3.3.2 咪唑啉季铵盐类缓蚀剂的制备

1. 合成原料

二乙烯三胺、二甲苯、二氯甲烷、无水乙醇、丙酮、油酸(90%)、去离子水。

2. 合成步骤

将油酸与二乙烯三胺按物质的量比 1:1.2 混合，加入一定量二甲苯，在温度 140～160℃ 左右回流脱水反应 3h，继续升温到 200℃，环化反应 4h，得到棕红色咪唑啉中间体。

将一定量的咪唑啉中间体与二氯甲烷按物质的量比 1:1 混合，加入一定量二甲苯，在 100℃ 下季铵化反应 3h。用旋转蒸发仪去除多余的二甲苯，得咪唑啉季铵盐缓蚀剂。

3. 产品性能

(1) 咪唑啉季铵盐在酸性介质中也具有一定的缓蚀性能，由于其为抑制阳极为主的缓蚀剂，可有效抑制高温、高矿化度工况条件下金属的腐蚀，缓蚀性能优于咪唑啉，能有效解决咪唑啉缓蚀剂在苛刻的开采环境中成膜性变差、缓蚀效果不佳的问题。

(2) 在 90℃、高矿化度的油田模拟水环境中，添加 1000mg/L 该缓蚀剂后，缓蚀效率达到 91%。

11.3.3.3 曼尼希碱类缓蚀剂的制备

曼尼希碱是制备原料中醛和胺在酸的条件下发生化学加成反应，得到亚胺离子，溶液中的 H^+ 可使酮转变为烯醇结构，从而与亚胺离子生成曼尼希碱。在曼尼希反应中通常需要的原料为：甲醛或其他醛；含 α-氢的化合物；胺(伯胺或仲胺或氨)。其反应通式如下：

$$R_1-\overset{O}{\underset{}{C}}-CH_3 + H-\overset{O}{\underset{}{C}}-H + HN\overset{R_2}{\underset{R_3}{}} \xrightarrow{加热} R_1-\overset{O}{\underset{}{C}}-CH_2CH_2N\overset{R_2}{\underset{R_3}{}} + H_2O$$

双曼尼希碱的缓释效果及耐温耐酸性均远远大于单曼尼希碱，在曼尼希碱制备的基础上合成曼尼希中间体(有 α-氢的酮含有两个活性甲基、伯胺)。通常在得到曼尼希中间体后，可以选择一定量的酮和酸使其合成双曼尼希碱。

1. 合成原料

正辛胺、苯乙酮、丙酮、甲醛、无水乙醇、浓盐酸。

2. 合成步骤

称量一定质量的正辛胺加入四口烧瓶中，用盐酸—乙醇溶液调节 pH 值至 2，加入适量无水乙醇作溶剂，搅拌升温至 90℃ 后加入苯乙酮和甲醛，正辛胺、苯乙酮、甲醛的物质的量比为 1:1.2:1.2，反应 10h 后终止反应，利用旋转蒸发仪除去溶剂乙醇和多余的苯乙酮和丙酮，得到单曼尼希碱 MN。

将 MN 加入四口烧瓶中,用盐酸—乙醇溶液调节 pH 值至 2,加入适量无水乙醇作溶剂,搅拌升温至 90℃后,再加入一定量的丙酮和甲醛,MN、丙酮、甲醛的物质的量比为 1:1.2:1.2,反应 10h 后终止反应,旋转蒸发仪除去溶剂乙醇和多余的丙酮和甲醛,得到双曼尼希碱 DMN。

3. 产品性能

在质量分数为 20% 的盐酸溶液中加入质量分数为 0.25% 的缓蚀剂、温度为 90℃、腐蚀时间为 4h 的条件下,缓蚀剂对 N80 试片缓蚀率为 99.70%。研究表明,该缓蚀剂的吸附行为服从 Langmuir 吸附等温式,吸附类型主要是化学吸附,能在 N80 试片表面形成完整的保护膜,有效抑制试片的氧化腐蚀。

11.3.4 缓蚀剂作用机理

有机缓蚀剂的结构对其缓蚀性能有决定性的影响,研究两者间的关系有重大的意义。近年来出现了很多研究缓蚀剂性能与分子结构间关系的方法。20 世纪 70 年代初,科学工作者首先尝试用量子化学方法研究缓蚀剂性能与量子化学参数的相依性,随后又有一些防腐蚀工作者做了更深入的研究。

目前对缓蚀作用机理尚无统一的认识,下面介绍几种主要理论。

11.3.4.1 缓蚀剂分子的量子化学参数与缓蚀性能的关系

用量子化学的方法算出缓蚀剂分子内部特征参数:HO-MO 能量(最高被占据轨道)、LUMO(最低空轨道)能量、电荷分布、偶极距、自由价和离域能等。很多研究者由量化参数与缓蚀剂性能的关系分析缓蚀剂的结构与官能团对缓蚀作用的影响,进而探讨可能的作用机理。

11.3.4.2 分子的电荷分布与缓蚀剂的作用机理

分子中特定的电荷分布决定了分子的物理化学性质,而且与分子在固体表面的吸附状态相关。有关研究结果证实了分子中特定位置的电子密度与缓蚀性能密切相关。由缓蚀剂分子的电荷分布可以分析吸附作用点,进而研究缓蚀剂的作用机理。

11.3.4.3 缓蚀剂分子的质子化

在酸性介质中,缓蚀剂分子的质子化作用对缓蚀剂分子的影响是多方面的,包括分子结构和稳定性。有些分子从量子化学参数与缓蚀效率的关系看,应当具有良好的缓蚀性能,但由于 H^+ 的作用,分子有效官能团会发生转变,甚至分解,使得分子不再有缓蚀性能。

11.3.4.4 用量子化学方法研究缓蚀剂

缓蚀剂的量子化学研究中,研究者致力于建立各种量化参数与缓蚀率的关系,希望获得某些经验规律。但是缓蚀剂与金属表面作用及腐蚀过程都是复杂的,仅考虑缓蚀剂分子是不够的,需要综合考虑金属表面的情况,可采取紧束缚模型分析电极,由一簇原子(可能要达到 20~30 个)组成的晶格面代替电极表面,该晶格面能在分子水平上反映界面物质的特征。这样就可以用量子化学方法处理"原子簇—吸附物质"体系。

11.3.4.5 缓蚀剂的吸脱附与缓蚀模型

吸脱附过程与缓蚀作用有密切的关系,如果用量子化学方法直接计算吸脱附过程中的参数变化,对深入了解吸脱附过程的本质,确定缓蚀作用机理将起到重要的作用。用量子化学方法对铁、铜、铬等金属上氢吸附能的计算结果与实验结果对比,发现结果非常接近。但是,量子化学理论和计算方法处理吸脱附过程中多粒子多因素的动态问题仍然非常困难,还有待于量子化学的近一步发展。

11.3.4.6 吸附理论

吸附理论认为缓蚀剂吸附在金属表面形成连续的吸附层,将腐蚀介质与金属隔离,因而起到保护作用。目前普遍认为,有机缓蚀剂的缓蚀作用是吸附作用的结果。这是因为有机缓蚀剂的分子是由两部分组成：一部分是容易被金属吸附的亲水极性基；另一部分是憎水或亲油的有机原子团（如烷基）。极性基的一端被金属表面所吸附，而憎水的一端向上形成定向排列，结果腐蚀介质被缓蚀剂分子排列挤出，这样吸附使得介质与金属表面隔开，起到保护金属的作用。

11.3.4.7 成相膜理论

成相膜理论认为金属表面生成一层不溶性的络合物，这层不溶性络合物是金属缓蚀剂和腐蚀介质的离子相互作用的产物，如缓蚀剂氨基酸在盐酸中与铁作用生成[HORNH$_2$][FeCl$_4$]或[HORNH$_2$][FeCl$_2$]络合物，覆盖在金属的表面上起保护作用。喹啉在浓盐酸中与Fe作用，在Fe表面上生成一种难溶的Fe络合物，使金属与酸不再接触，减缓了金属的腐蚀。

11.3.4.8 电化学理论

从电化学角度出发，金属的腐蚀是在电解质溶液中发生的阳极过程和阴极过程。缓蚀剂的加入可以阻滞任何一过程的进行或同时阻滞两个过程进行，从而实现减缓腐蚀速度的作用。这种作用可以用极化图表示，加大阳极极化或阴极极化，或者两者同时加大，使腐蚀电流I_1减少至I_2。当然阳极极化的同时也可能导致阴极去极化加强，使腐蚀电流增加到I'_2，从而加剧腐蚀，如图11.1所示。按上述电化学原理，缓蚀剂可分为阳极型缓蚀剂、阴极型缓蚀剂及混合型缓蚀剂。

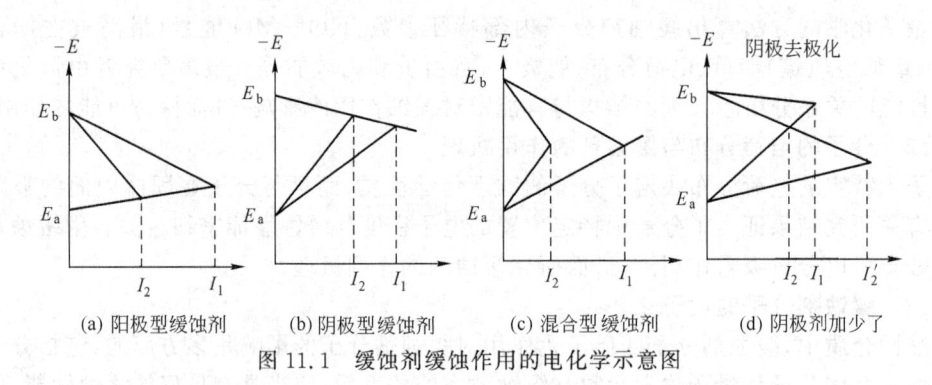

(a) 阳极型缓蚀剂　(b) 阴极型缓蚀剂　(c) 混合型缓蚀剂　(d) 阴极剂加少了

图 11.1　缓蚀剂缓蚀作用的电化学示意图

11.3.5　缓蚀作用的影响因素

11.3.5.1　浓度的影响

缓蚀剂浓度对金属腐蚀速度的影响，大致有两种情况：

(1)缓蚀效率随缓蚀剂浓度的增加而增加。实际上几乎很多有机和无机缓蚀剂，在酸性及浓度不大的中性介质中，都属于这种情况。但在实际使用中，从节约原则出发，应以保护效果及减少缓蚀剂消耗量全面考虑来确定实际用量缓蚀剂的缓蚀效率与浓度的关系存在极限，即在某一浓度时缓蚀效果最好，浓度过低或过高都会使缓蚀效率降低。例如硫化二乙二醇在盐酸中就属于这种情况，当浓度大于150mg/L时，腐蚀比未加缓蚀剂时要快，变成了腐蚀激发剂。因此对于此问题必须注意，缓蚀剂不宜过量。

(2)当缓蚀剂用量不足时，不但起不到缓蚀作用，反而会加速金属的腐蚀或引起孔蚀。在海水中若加入的亚硝酸钠剂量不足时，碳钢腐蚀加快，而且产生孔蚀。故添加量太少是危险的。属于这类缓蚀剂的还有大部分的氧化剂，如铬酸盐、重铬酸盐、过氧化氢等。对于长期采用缓蚀剂保护的设备，为了形成良好的基础保护，首先缓蚀剂用量往往比正常操作时高4~5倍。对于陈旧设备采用缓蚀剂保护时，剂量应适当增加，此时金属表面存在的垢层和氧化铁鳞等常要消耗一定量的缓蚀剂。有时，采用不同类型的缓蚀剂配合使用，常可在较低浓度下获得较好的缓蚀效果,即产生协同效应。

11.3.5.2 温度的影响

温度对缓蚀剂缓蚀效果的影响有下列三种情况:

(1)在较低温度范围内缓蚀效果很好,当温度升高时,缓蚀效果便显著下降。这是由于温度升高时,缓蚀剂的吸附作用明显降低,因而使金属腐蚀加快。大多数有机缓蚀剂及无机缓蚀剂都用于这一情况。

(2)在一定温度范围内对缓蚀效果影响不大,但超过某温度时却使缓蚀效果显著降低。用于中性水溶液和水中的不少缓蚀剂,其缓蚀效率几乎是不随温度的升高而改变的,对于沉淀膜型缓蚀剂,一般也应在介质的沸点以下使用才会有较好的效果。

(3)随着温度的升高,缓蚀效率也增高。这可能是由于温度升高时,缓蚀剂可依靠化学吸附与金属表面结合,生成一层反应产物薄膜,或者是温度升高时,缓蚀剂易于在金属表面生成一层类似钝化膜的膜层,从而降低腐蚀速度。因此,当介质的温度较高时,这类缓蚀剂最有实用价值。

此外,温度对缓蚀剂效率的影响有时是与缓蚀剂的水解因素有关的,如介质温度升高会促进各种磷酸钠的水解,因而它们的缓蚀效率一般随温度升高而降低。另外由于介质温度对氧的溶解量明显减少,因而在一定程度上虽然可以降低阴极反应速度,但当所用的缓蚀剂需有溶解氧参与形成钝化膜时(如苯甲酸钠等缓蚀剂),则温度升高时缓蚀效率反而会降低。

11.3.5.3 流动速度的影响

腐蚀介质的流动状态,对缓蚀剂的使用效果有相当大的影响,大致有下面三种情况:

(1)流速加快时,缓蚀效率降低。有时由于流速增大,甚至还会加速腐蚀,使缓蚀剂变成腐蚀的激发剂(如盐酸中的三乙醇胺和碘化钾)。

(2)流速加快时,缓蚀效率提高。当缓蚀剂由于扩散不良而影响保护效果时,则增加介质流速可使缓蚀剂能够比较容易、均匀地扩散到金属表面,而有助于缓蚀效率的提高。

(3)介质流速对缓蚀效率的影响,在不同使用浓度时还会出现相反的变化。

11.3.6 缓蚀剂的评价方法

在缓蚀剂的筛选和工业应用、新产品的研制以及缓蚀机理的理论研究中,都必须对缓蚀剂的各项性能进行评价和试验。

试验方式大体上可分为静态试验和动态试验两种。其中动态试验又可分为实验室动态试验和现场动态试验。

静态试验时,试样与介质处于静止状态。这种方法虽然装置与操作比较简单,但所测的结果常常与实际应用的效果有较大的出入,因而实用价值不大,但可用在实验室内对缓蚀剂进行初步的筛选和评定工作。

实验室动态试验在缓蚀剂试验中占有重要的地位。因为缓蚀剂的筛选和评价工作量是很大的,显然只能在实验室内模拟现场条件来进行,而且试验方法还要力求小型、迅速,以便能适应大量而重复性的测试性的工作。为了使实验室的试验结果更符合生产实际情况,也常在实验室内模拟现场条件(如温度、压力、流速、充气等)来进行试验。不过,这种模拟试验通常只对少数性能优良的缓蚀剂作进一步全面考察时才采用。由于实验室内完全模拟生产现场的介质条件和流动情况是困难的,因此,实验室的模拟评定结果,还需在生产实际中作最后的试验和考察,从而得出最终的评价结论。

缓蚀剂性能的主要评价项目,包括缓蚀效率及其剂量、温度的关系(有时还应评价缓蚀剂对孔蚀、氢渗透、应力腐蚀、腐蚀疲劳的影响等)和缓蚀剂的后效性能等。此外对使用效果有一定影响的其他性能,如溶解性能、密度、发泡性、表面活性、毒性及其他处理剂的副反应等,也应有一定的评价和了解。这里仅对主要的试验方法作些说明。

(1)失重法。失重法是在相同条件下分别测定试样在加与不加缓蚀剂的介质中腐蚀前后的重量变化,求出腐蚀速度(其中包括不同剂量和不同温度的对比数据),然后计算缓蚀效率。

(2)容量法。当金属在非氧化性酸中腐蚀时,可测定单位时间内加与不加缓蚀剂时所放出的氢气体积来计算缓蚀剂效率。此法并可方便地求出时间—缓蚀效率关系曲线。虽然容量法所用的仪器及操作均较简单,然当缓蚀剂与氢气发生反应,或者当氢在金属内的固溶度较大而不能忽视时,所得的结果常会有较大的误差。

(3)介质中金属溶解量法。当金属腐蚀的产物能溶解于介质中,且不会与缓蚀剂或介质组分一起形成沉淀膜时,可以采用分光光度计、离子选择电极、放射性原子示踪技术等来测定介质中溶解的金属量,从而计算腐蚀速度和缓蚀效率。此外,放射性示踪技术还可以用于测定缓蚀剂的吸附量、保护膜的厚度及其耐久性等。

(4)电阻探针法。这是利用安装在探头上的金属试样(薄带、丝带)在腐蚀过程中截面面积减少而电阻增加的原理来测定腐蚀速度的,该法测定时不必取出试样,灵敏度高,对导电介质和不导电介质均适用,且能连续测定,因而在现场评价缓蚀剂效果时常采用。但该法对试样的要求不需要特殊制作,当有局部腐蚀时误差较大,故常做定性比较用。

在测定金属腐蚀速率以评价缓蚀剂性能时,有时还必须仔细考虑和测定孔蚀的情况,特别是在确定最适宜剂量或决定最低剂量时,更应考虑孔蚀这一因素。

11.4 油气管道内腐蚀检测技术

管道运输是输送石油、天然气和成品油最经济、最安全有效的方式之一,所以集输管线的防腐工作变得十分重要。集输管线一旦出现腐蚀现象,就会带来巨大的经济损失,同时也会对周边的环境产生污染,经过对油田集输管线腐蚀因素进行分析,结合我国油气田集输管线的实际工作情况,选择科学合理的腐蚀检测技术,有利于实现我国油气田集输管线安全、稳定的运行。

11.4.1 油气管道内腐蚀检测技术

管道发生腐蚀后,主要表现为管壁减薄、蚀损斑、腐蚀点坑、应力腐蚀裂纹等。管道内腐蚀检测技术主要是针对管壁的变化情况进行测量和分析,得出被腐蚀管道的相关数据。目前,国内外在油气管线内腐蚀方面做了大量的工作,提出了多种检测技术,其中部分技术已被应用并取得了良好的效果。这些技术包括漏磁检测技术、超声波检测技术、涡流检测技术、射线检测技术、基于光学原理的无损检测技术。

11.4.1.1 漏磁检测技术

漏磁检测技术是建立在如钢管、钢棒等铁磁性材料的高磁导率这一特性上的。其基本原理如图11.2所示,钢管中因腐蚀而产生缺陷处的磁导率远小于钢管的磁导率,钢管在外加磁场作用下被磁化,当钢管中无缺陷时,磁力线绝大部分通过钢管,此时磁力线均匀分布;当钢管内部有缺陷时,磁力线发生弯曲,并且有一部分磁力线泄漏出钢管表面,检测被磁化钢管表面逸出的漏磁通,就可判断缺陷是否存在,通过分析磁敏传感器的测量结果,即可得到缺陷的有关信息。

漏磁检测方法适用于中小型管道的细小缺陷检测。该方法操作简单、检测速度快、检测费用较低,对管道输送的介质不敏感,可以进行油气水多相流管道的腐蚀检测,可以覆盖管道的

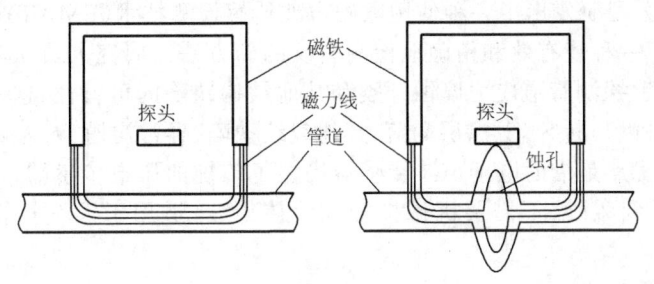

图 11.2 漏磁检测技术示意图

整个圆周。此外,与常规检测方法相比,漏磁检测具有量化检测结果、高可靠性、高效、低污染等特点。漏磁检测方法以其在线检测能力强、自动化程度高等独特优点而满足管道运营中的连续性、快速性和在线检测的要求,在管道内检测中使用极为广泛。

在实际应用中,漏磁通法检测器仍存在一些缺点。具体如下:(1)容易产生虚假信号。漏磁通法检测器产生的信号在腐蚀不严重但边缘陡峭的局部腐蚀所产生的信号比腐蚀严重但边缘平滑的腐蚀所产生的信号强,必须对信号进行准确解释,以确切评价腐蚀的程度。(2)检测灵敏度低。漏磁通法检测器的检测结果易受管材的影响,检测精度随管壁厚度的减小而提高,有关缺陷都能检测出来,但不能可靠地确定缺陷的大小。(3)不能检测轴向缺陷。漏磁通法检测器对腐蚀坑和三维机械缺陷最为敏感,而对轴向缺陷检测有困难。

11.4.1.2 超声波检测技术

超声波检测是用灵敏的仪器接收和处理采集到的声发射信号,通过对声发射源特征参数的分析和研究,推断出材料或结构内部活动缺陷的位置、状态变化程度和发展趋势。其基本原理如图 11.3 所示。该方法是利用超声波的脉冲反射原理来测量管壁腐蚀后的厚度,检测时将探头垂直向管道内壁发射超声脉冲,探头首先接收到由管壁内表面的反射脉冲,然后超声探头又会接受到来自管壁外表面的反射脉冲,这两个反射脉冲之间的间距反映了管壁的厚度。

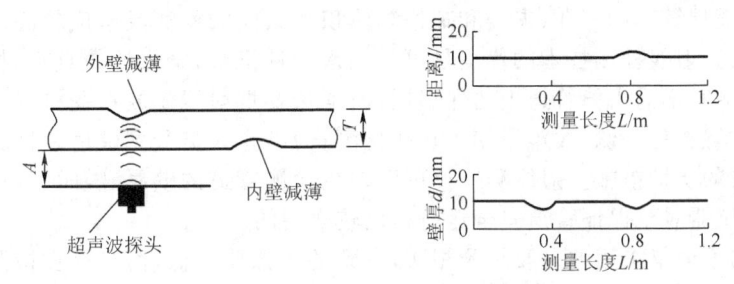

图 11.3 超声波裂纹检测方法示意图

超声检测是管道腐蚀缺陷深度和位置的直接检测方法,测量精度高,被测对象范围广、检测数据简单,缺陷定位准确且无须校验,检测数据非常适合用于管道最大允许输送压力的计算,为检测后确定管道的使用期限和维修方案提供了极大的方便,适用于大直径、厚管壁管道的检测;能够准确检测出管道的应力腐蚀破裂和管壁内的缺陷如夹杂等。因此超声检测技术是国内外应用最广泛、使用频度最高且发展最快的一种无损检测技术。

但在实际现场应用中,超声检测会遇到一些问题:检测过程中,探头与管壁间需有连续的耦合剂,也需要声波的传播介质,如油或水等;超声波在空气中衰减很快,在气体管道上的应用还存在一定困难;对薄壁管道环缝缺陷的检测有一定难度。

德国 ROSEN 公司研发出了一种使用电磁声波传感检测技术(EMAT)的新型高分辨率超声波检测器,提供了一种能有效和精确地检测裂纹的新方法。研究人员从实验室获得的大量数据,证明了 EMAT 探测管道应力腐蚀开裂和其他结构缺陷的可行性,这一新型检测器已经通过了工业试验,可以判断 SCC、涂层剥落、其他裂纹缺陷、异常沟槽、人为缺陷等。

该技术的最大优点是借助电子声波传感器代替了传统的压电传感器,使超声波能在一种弹性导电介质中得到激励,不需要机械接触或液体耦合,适用于天然气管道的超声裂纹检测器。

11.4.1.3 涡流检测技术

涡流检测是以电磁场理论为基础的电磁无损探伤方法。该技术的基本原理是:在涡流式检测器的两个初级线圈内通以微弱的电流,使钢管表面因电磁感应而产生涡流,用次级线圈进行检测。若管壁没有缺陷,每个初级线圈上的磁通量均与次级线圈上的磁通量相等;由于反相连接,次级线圈上不产生电压。若被测管道表面存在缺陷,磁通发生紊乱,磁力线扭曲,使次级线圈的磁通失去平衡而产生电压。通过对该电压的分析,获取被测管道的表面缺陷和腐蚀情况。

在实际的工业生产中,涡流检测具有可达性强、应用范围广、对表面缺陷检测灵敏度较高且易于实现自动检测等优点,适合于管道在线检测。但是常规涡流检测技术也有不足之处:检测对象必须是导电材料,只能检测管道表面或近表面缺陷;受检测器的影响,采用单一频率检测时,探伤深度和检测灵敏度之间存在矛盾;由于检测信号易受磁导率、电导率、工件的几何形状、探头与工件的位置及提离效应等因素的影响,使得信号分析存在一定难度;常规涡流检测频率较高(1kHz 左右),检测外部缺陷非常困难。基于常规涡流检测以上缺点,研究人员提出了多频涡流检测技术、远场涡流检测技术和脉冲涡流检测技术等,并据此研制出了各种新型传感器。

11.4.1.4 射线检测技术

射线检测技术即射线照相技术,它可以用来检测管道局部腐蚀,借助于标准的图像特性显示仪可以测量壁厚。该技术几乎适用于所有管道材料,对检测物体形状及表面粗糙度无严格要求,而且对管道焊缝中的气孔、夹渣和疏松等体积型缺陷的检测灵敏度较高,对平面缺陷的检测灵敏度较低。射线检测技术的优点是可得到永久性记录,结果比较直观,检测技术简单,辐照范围广,检测时不需去掉管道上的保温层;通常需要把射线源放在受检管道的一侧,照相底片或荧光屏放置在另一侧,故难以用于在线检测;为防止人员受到辐射,射线检测时检测人员必须采取严格的防护措施。射线测厚仪可以在线检测管道的壁厚,随时了解管道关键部位的腐蚀状况,该仪器对于保证管道安全运行是比较实用的。

射线检测技术最早采用的是胶片照相法,得到的图像质量低,而且存在检测工序多、周期长、探测效率低、耗料成本高及检测结果易受人为因素影响等缺点,限制了射线胶片照相法的应用。随着计算机技术、数字图像处理技术及电子测量技术的飞速发展,一些新的射线检测技术不断涌现,主要包括射线实时成像技术、工业计算机断层扫描成像技术(ICT)及数字化射线成像技术。一种新型的 X 射线无损检测方法——X 射线工业电视被应用到管道焊缝质量的检测中,X 射线工业电视以工业 CCD 摄像机取代原始 X 射线探伤用的胶片,并用监视器(工业电视)实时显示探伤图像。通过采用 X 射线无损探伤计算机辅助评判系统进行焊缝质量检测与分析,可使管道在线检测工作实现智能化和自动化。

11.4.1.5 基于光学原理的无损检测技术

基于光学原理的无损检测技术在对管道内表面腐蚀、斑点、裂纹等进行快速定位与测量过程中,具有较高的检测精度且易于实现自动化。相比其他检测方法,该方法在实际应用当中有很大的优势。目前在管道内检测中采用较为普遍的光学检测技术包括 CCTV 摄像技术、工业内窥镜检测技术和激光反射测量技术。

1. CCTV 摄像技术

CCTV(close circuit television)摄像技术在管道内检测中应用日益广泛,该技术的基本原理如图 11.4 所示。其中,控制系统控制检测机构在管道内移动,实现对管壁的全程检测。在检测过程中,光学投影头在管壁上投射出与管道轴线正交的光圈,通过数字 CCTV 摄像头对光圈进行成像。图像保存在计算机中,借助图像处理技术可进行缺陷定量分析。该技术对管道内检测情况分析的精度取决于图像的质量及图像分析软件对缺陷的识别能力,光学投影头的引入大大提高了检测精度与自动化程度。

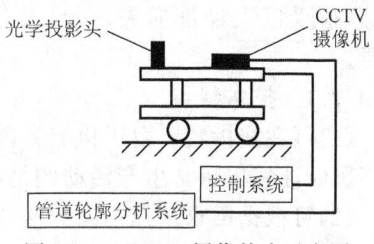

图 11.4 CCTV 摄像技术示意图

CCTV 摄像技术用于管道检测仍有很大的局限性,当管道内成像条件较差时,图像质量会大受影响,由此造成的检测误差会大大增加;同时光圈必须在成像区域内成像,这就要求数字 CCTV 摄像头视角不能太小且焦距应尽量短,但短焦镜头易引起图像成像误差,对检测精度会产生不利影响,需通过软件对结果进行校正。

2. 工业内窥镜检测技术

内窥镜技术突破了人眼观察的局限性,用于管道检测时不仅可清晰地探测到表面破损及表面裂纹等缺陷,而且操作方便、检测效率高。目前,常用的工业内窥镜有刚性内窥镜、挠性内窥镜及电子视频内窥镜。

目前,应用最广泛的是电子视频内窥镜,该技术是在电子成像技术基础上形成的。它通过内窥镜后端的光电耦合原件 CCD 将探头前部物镜获得的光学图像转换为电信号,通过视频控制器将图像显示在屏幕上或存入计算机。电子视频内窥镜兼具刚性内窥镜成像质量高及挠性内窥镜主体可弯曲的优点,且可将图像显示在屏幕上供多人同时观察,使检测结果更加客观准确。但该技术的组成环节还存在较多不足,除内窥镜头、立光源及传光光纤外,还需专门的视频控制器及显示单元,携带不方便。

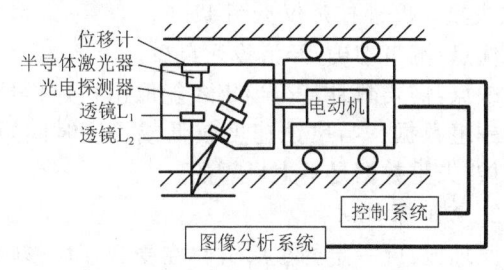

图 11.5 激光反射测量技术示意图

3. 激光反射测量技术

基于激光光学三角法原理的激光反射测量技术如图 11.5 所示。系统主要包括激光三角位移计、行走机构、运动控制系统及图像分析系统四部分。图 11.5 中,行走小车在控制系统作用下载着激光三角位移计在管道内运动。在小车沿管壁移动的同时,三角位移计在步进电动机驱动下沿管道圆周方向旋转,对管内壁进行扫查。对每一个扫查点,半导体激光器发出的准直激光束通过透镜 L_1 后在管道内表面发生反射,反射光通过透镜 L_2 后在光电探测器上成像。借助图像分析系统对这种位置改变进行分析,可实现管道内表面缺陷检测。

激光三角法具有测量系统结构简单、测量精度高和可连续测量等优点。但是该技术在成像过程中会受到各种电子噪声的干扰,这些干扰将对图像质量产生不利影响。同时,激光三角法成像仅对管道截面上某一点进行检测,要实现对整个管道内壁的扫查测量,必须使三角位移计绕管道轴线旋转,因此,该技术用于长管道内壁检测时时间较长、效率较低。

11.4.2 旁路式管道内腐蚀监测

海底管道是海上油气田正常生产的重要通道,一旦海底管道发生腐蚀穿孔,不仅会导致停产等,遭受巨大经济损失,而且会对海洋环境造成污染,因此,海管的腐蚀监测与防护非常重要。

11.4.2.1 技术特点

(1)可在线拆装。由于检测管段独特的旁路式设计,只需将检测管段进行工艺隔离,即可在不影响油气田正常生产活动的情况下,对检测管段进行拆装作业。

(2)可根据需求选择不同的监测部件。旁路式管道内腐蚀监测系统中包含了经典的挂片检测手段,可以得到管道在一段时间内的平均腐蚀速率。并可根据需要,选用不同的检测部件进行测试。采用三层腐蚀挂片和电化学探头,连续检测管道上、中、下三层腐蚀速率变化的趋势,随时了解流体在管道内不同位置腐蚀变化;了解缓蚀剂进过油水分配后,在管道内不同层位的分布情况。具体有多层挂片组件、单层电阻探针、单层电感探针、单层电极探针、多层电极探头。

(3)能实时监测管道内腐蚀情况及环境突变。选用电化学探针、电感探针或电阻探针等高灵敏度检测工具,可以实时监测管道的内腐蚀情况及工况的突变。

(4)能获得直观的内腐蚀信息。管段内壁能清晰地分辨气—液分界面,进而分析气液在管道内的流速分布;能够直观分析焊缝附近有没有明显的局部腐蚀,内表面是否存在垢下腐蚀等腐蚀信息。

(5)能获得腐蚀、结垢产物及沉积物。实现不停产情况下,获得更加直观的内腐蚀信息。例如,解决了以前的检测手段不能实现在线提取管道内腐蚀产物、结垢产物、沉积物和微生物的缺点。

(6)能获得微生物腐蚀信息。对检测管段底部基座内部存留的流体进行取样,可以获得SRB、TGB等微生物信息,这对了解管道内部微生物腐蚀及其控制有着重要意义。

11.4.2.2 检测方法种类

1. 失重挂片法

原理:直接称量一段时间后金属的腐蚀增重或失重。腐蚀挂片仪见图11.6。

优点:测量准确,经济投入最少。

缺点:需要数月甚至半年才能取出挂片称量得到一组数据。当腐蚀速度较低或浸渍时间短的时候,失重数据是不太可靠的。

2. 电阻探针法

原理:长度一定的金属材料在受到环境影响腐蚀减薄时,其截面积减少,电阻增大。故根据上述原理测得电阻的变化就能算出其减薄量,从而进一步可算出腐蚀速度。电阻探针法见图11.7。

优点:几乎能应用于任何环境(高温或低温,导电或不导电,气相或液相)。

缺点:(1)以金属损失为基础,灵敏度低;(2)需要金属损失一定量后才响应;(3)由于腐蚀产物的堆积,有时得到的数据结果不准确;(4)当总

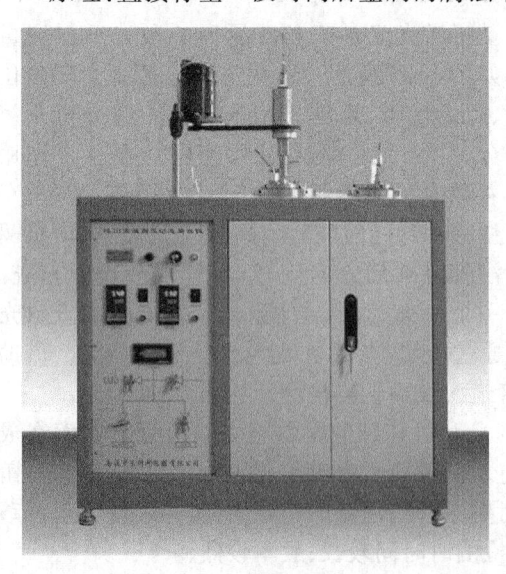

图11.6 腐蚀挂片仪

腐蚀有意义时,电阻法较为适合,但如果腐蚀速度经常发生变化,电阻法就不太令人满意了。

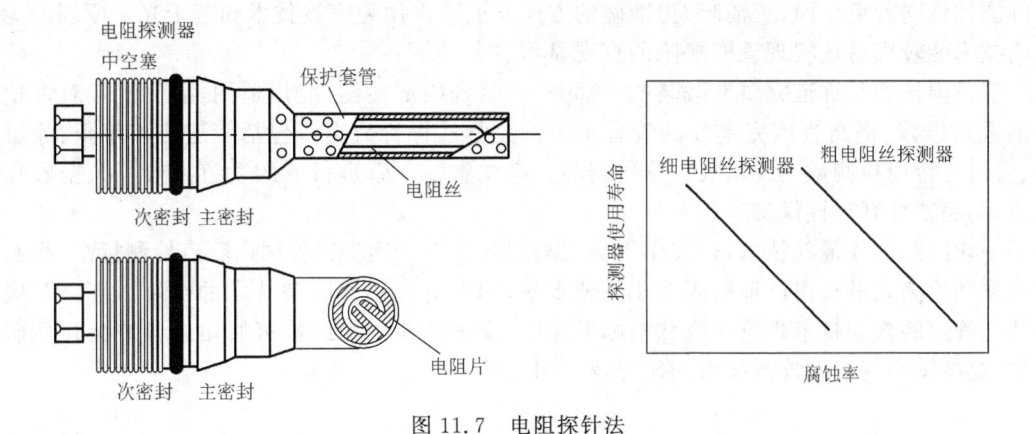

图 11.7 电阻探针法

3. 电感探针法

原理:将一金属薄片置于探头外表面,通过测量探头内线圈磁阻信号的变化推算腐蚀速度。

优点:应用广泛,灵敏度较高,响应较快。

缺点:与电阻探针法一样是以金属的损失为测量基础,对低速率腐蚀系统响应较慢;由于腐蚀产物的堆积,有时得到的数据结果不准确。

4. 电化学探针法

原理:利用电化学反应的原理,通过测量腐蚀电流等进行腐蚀速率的测量。

优点:响应速度快,灵敏度高,分辨率高,在电解质环境测量值更准确。

缺点:只能用于电解质环境。

11.4.3 管道内腐蚀检测技术存在的问题

管道测量的目标处在一个复杂而变化的内部环境(压力、温度、腐蚀等)和外部环境(周围土壤、腐蚀、第三方干扰等)下,检测过程受到以上因素的影响,检测精度会降低。

由于内检测环境条件等因素的影响,目前所有的内检测对于缺陷的探测、描述、定位,及确定大小的可靠性仍不稳定、不精确,检测设备还需要有进一步的改进。

国内开采的石油大部分是稠油,稠油在管道内的结蜡较厚,每次探测前都需对管道进行数次清洗,但检测时仍有少量的蜡片存在,这些蜡片往往严重影响了检测结果的准确性,降低了检测精度。

对通过腐蚀内检测得到的缺陷三维大小进行诊断、分析、识别的方法没有行业性的做法。检测仪供应商都是在公司内部采取保密的方法对检测结果进行解释和评价。这种情况在一定程度上阻碍了内检测技术的发展。

11.4.4 管道内腐蚀检测技术的发展趋势

不同检测技术的结合将有力地推进内检测技术的发展,随着新技术、新工艺的不断研发,管道内检测技术手段也日趋成熟,管道内检测设备也将由单纯的漏磁腐蚀检测器向高清晰度、GPS 和 GIS 技术于一体的高智能检测器发展。目前,结合漏磁通法与超声波法已研制出一些管内智能检测装置,并在实际应用中取得了良好的效果。用三维图像直观显示管壁缺陷是当今国际管道内检测技术的发展趋势。随着各种内检测新技术的发展,现场工作人员希望能更直观形象地观察到管道的内部情况,了解管道内部的缺损情况并及时采取相应的措施,管内三维图像将向着更全面、更清晰、更准确的方向发展。采用超声波技术和基于光学原理的无损检测技术能较容易地实现管壁缺陷的直观显示。

  管道内检测是管道完整性战略的一部分,应结合内部检测,应用适用性判据,针对评估的缺陷进行维修,提高管道完整性的管理水平。完整性评价数据库包括管道施工年限、涂层类型、管道运行期检测数据及基线检测数据等。应注重整个管道行业的管道失效等数据收集和分析,为完整性管理提供参考。

  密切跟踪国外最新技术,开展学术交流与国际合作。逐步完善国内管道检测标准,提高检测工作和检测人员资格认证的规范化管理水平,加大对完整性管理技术的研发力度。开展在役油气管道的检测技术规范研究和检测可靠性、安全性评价和维修策略相结合的综合性研究工作,提高国内管道内检测技术的研究及应用水平。

习　　题

1. 简述腐蚀的定义。
2. 简述金属材料腐蚀的危害。
3. 简述防腐技术中的表面覆盖保护技术。
4. 简述缓蚀剂的分类。
5. 简述缓蚀剂的缓蚀机理。
6. 简述影响缓蚀剂效果的因素。

第12章　原油降凝和减阻输送技术

输油管道是石油工业的重要基础设施之一,投资巨大,运行费用高,高昂的运行费用中能源费用占有很大的比重。随着输油规模的不断扩大,输油管道的能耗费用越来越大。因此,为了改善长距离管道输送原油的流动状况,减少能源消耗,降低输油成本,原油凝点的降低(降凝)和原油管输阻力的减小(减阻)就成了原油集输中两个重要的问题。在解决这些问题时,化学方法仍是得力的方法。

12.1　原油的降凝输送

12.1.1　原油按凝点的分类

原油凝点是指规定的试验条件下原油失去流动性的最高温度。原油失去流动性有两个原因:一是由于原油的黏度随温度的降低而升高,当黏度升高到一定程度时,原油即失去流动性;二是由原油中的蜡引起,当温度降低至原油的析蜡温度时,蜡晶析出,随着温度进一步降低,蜡晶数量增多,并长大、聚结,直到形成遍及整个原油的结构网,原油即失去流动性。

若按凝点不同,可将原油分成下列几类:
(1)低凝原油,指原油凝点低于0℃的原油。在这种原油中,蜡的质量分数小于2%。
(2)易凝原油,指原油凝点低于0~30℃的原油。在这种原油中,蜡的质量分数在2%~20%范围。
(3)高凝原油,指原油凝点高于30℃的原油。在这种原油中,蜡的质量分数大于20%。

从上面的分类可以看到,原油的凝点越高,原油的蜡含量也越高。由我国原油的凝点与蜡含量的统计关系可看到上述规律(图12.1)。

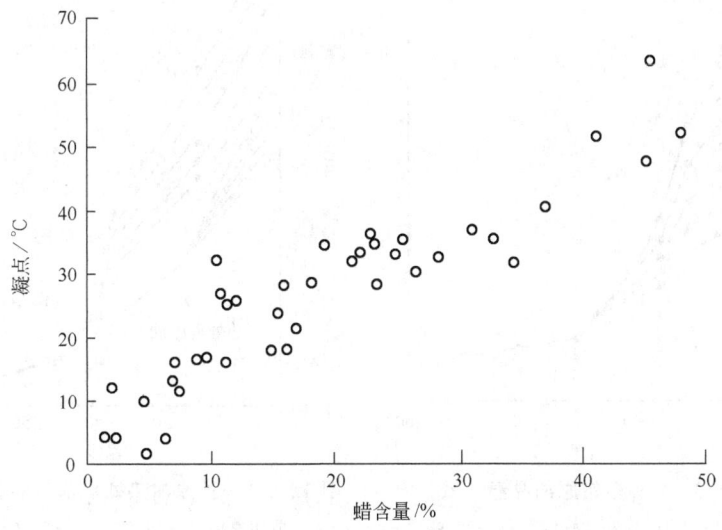

图12.1　我国原油的凝点与蜡含量的统计关系

12.1.2 含蜡原油的黏温曲线

易凝原油与高凝原油统称为含蜡原油。若在不同的剪切速率下测定多蜡原油黏度随温度的变化，就可得到图12.2所示的黏温曲线。从图12.2可以看到，温度对含蜡原油的黏度有明显的影响。

图12.2中有两个需要进一步说明的特征点：一个是A点，A点为析蜡点，含蜡原油降温至该点所处的温度时，即有蜡晶析出；另一个是B点，B点是反常点，从该点起继续降温，含蜡原油的黏度即随剪切速率变化，说明多蜡原油已由牛顿流体转变为非牛顿流体。由于在不同的剪切速率下，多蜡原油蜡晶所形成的结构受到不同程度的破坏，因此低于反常点温度的多蜡原油的黏度随剪切速率变化。

12.1.3 原油的降凝方法

原油的降凝输送是指用降凝法处理过的原油在长输管道中的输送。原油降凝法有下列几种。

12.1.3.1 物理降凝法

这是一种热处理方法。该法首先将原油加热至最佳的热处理温度，然后以一定的速率降温，达到降低原油凝点的目的。

1. 热处理对原油黏温曲线的影响

图12.3为一种原油热处理前后的黏温曲线。从图12.3可以看到，热处理后，原油的黏温曲线发生了下列变化：

(1) 析蜡点后，原油黏度降低；
(2) 原油具有牛顿流体特性的温度范围加宽，即反常点降低；
(3) 反常点后，原油黏度随剪切速率的变化减小。

表12.1说明，热处理后原油的凝点有明显的下降。

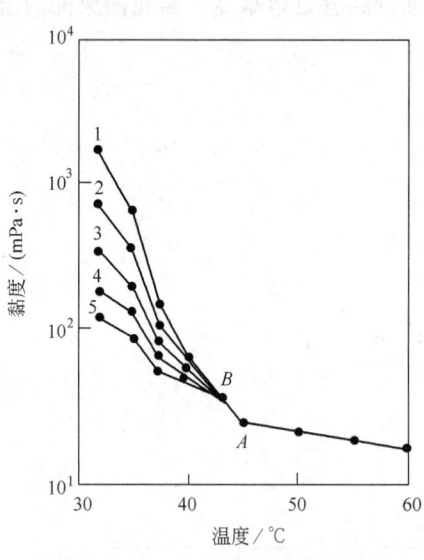

图12.2 一种多蜡原油黏温关系
剪切速率：1—8.1s^{-1}；2—24.3s^{-1}；3—72.9s^{-1}；
4—218.7s^{-1}；5—656.0s^{-1}

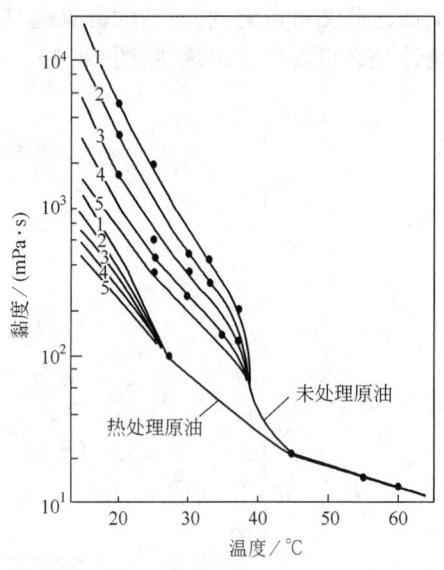

图12.3 一种原油热处理前后的黏温关系
剪切速率：1—16.2s^{-1}；2—27.0s^{-1}；
3—18.65s^{-1}；4—81.0s^{-1}；5—145.0s^{-1}

表 12.1　热处理对原油凝点的影响

原油产地	蜡含量/%	胶质+沥青质含量/%	热处理前凝点/℃	热处理温度/℃	热处理后凝点/℃
大庆油田	34.5	8.43	32.5	70	17.0
中原油田	10.4	21.2	32.0	85	21.0
江汉油田	10.7	24.2	26.0	80	14.0
火烧山油田	20.5	20.9	20.5	70	7.0

热处理后,原油黏温曲线发生的这些变化是由温度对原油中各成分存在状况的影响引起的。

2. 热处理对原油中各成分存在状况的影响

原油升温对原油各成分存在状况可产生下列影响:

(1)原油中的蜡晶全部溶解,蜡以分子状态分散在油中。

(2)沥青质堆叠体的分散度由于氢键减弱和热运动加剧的影响而有一定提高,即沥青质堆叠体的尺寸减小,但数量增加。

(3)在沥青质堆叠体表面的胶质吸附量由于热运动的加剧而减少,相应地原油油分中胶质的含量增加。

原油升温后引起各成分存在状况的变化在冷却时不能立即得到复原。这意味着,原油降温至析蜡点时,蜡是在比升温前有更多沥青质堆叠体和成分中有更高的胶质含量的条件下析出。由于沥青质堆叠体可通过充当晶核的机理起作用,胶质则通过与蜡共晶和吸附的机理起作用,因此处理后原油析出的蜡晶将更分散、更疏松,形成结构的能力减弱,因而热处理后原油的凝点降低。

12.1.3.2　化学降凝法

化学降凝法是指在原油中加降凝剂的降凝法。能降低原油凝点的化学剂称原油降凝剂。

在化学降凝剂中主要用两种类型的原油降凝剂:一种是表面活性剂型原油降凝剂,如石油磺酸盐和聚氧乙烯烷基胺,它们是通过在蜡晶表面吸附的机理,使蜡不易形成遍及整个体系的网络结构而起降凝作用。另一种是聚合物型原油降凝剂,它们在主链和(或)支链上都有可与蜡分子共同结晶(共晶)的非极性部分,也有使蜡晶晶型产生扭曲的极性部分。聚丙烯酸酯是一种典型的原油降凝剂,图 12.4 表示这种降凝剂在油中的一种状态。从图 12.4 可以看到,降凝剂中有许多结构与蜡分子相同,因而在析蜡时有可能与蜡分子共同结晶的非极性部分(烷基,箭头指处),也有使蜡晶晶型产生扭曲的极性部分(—COO—),因此,聚丙烯酸酯有明显的降凝效果。

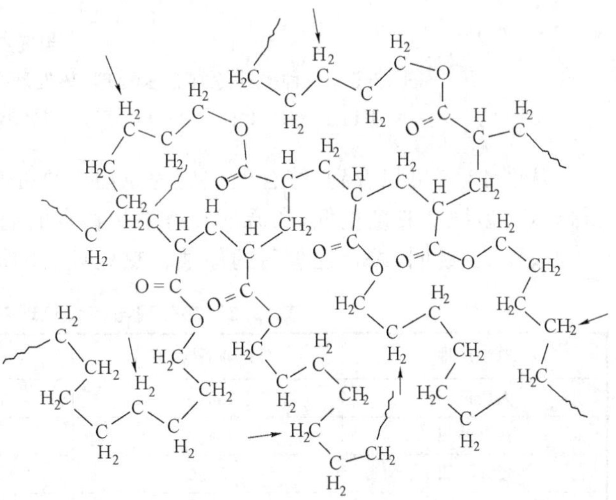

由于成品油,尤其原油中蜡的含量、蜡分子中碳原子数分布范围及分子量分布、胶质和沥青质的含量和性质,随原油的种类不同而不同,为了能更有效地降低原油的凝点,并适合于多种油品,选择几种主碳链不同的降凝剂或不同极性侧链的降凝剂进行复配,相同条件下降凝剂复配后效果优于单一品种,

图 12.4　溶于油中的聚丙烯酸酯

使得主碳链数的范围扩大,原油不同碳数的蜡晶被覆盖的范围也相应增大,从而有效提高了降凝剂的降凝作用。

12.1.3.3 化学—物理降凝法

这是一种综合降凝法。该法要求在原油中加入降凝剂并对加剂原油进行热处理。

为将热处理与综合处理进行对比,可测定下列三种情况下的黏温曲线:未处理原油的黏温曲线、热处理原油的黏温曲线和综合处理原油的黏温曲线。

图12.5为一种多蜡原油在上述三种情况下的黏温曲线。在进行热处理时,该原油被加热至85℃后冷却;在进行综合处理时,该原油在60℃时加入100mg/L降凝剂(乙烯与乙酸乙烯酯共聚物),再升温至85℃后冷却。

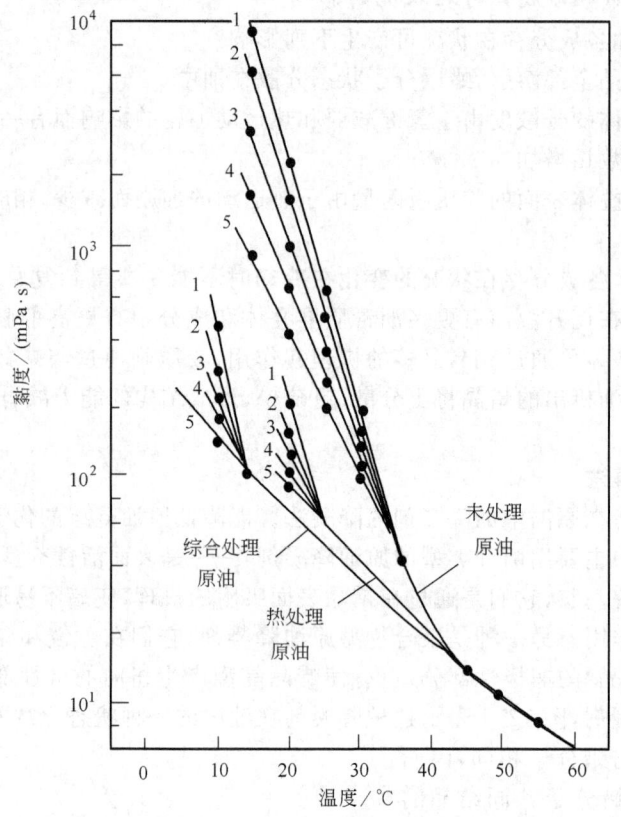

图12.5 一种多蜡原油在未处理、热处理和综合处理情况下的黏温关系
剪切速率:$1—4.5s^{-1}$;$2—8.1s^{-1}$;$3—13.5s^{-1}$;$4—24.3s^{-1}$;$5—40.5s^{-1}$

从图12.5可以看到,综合处理后的原油比热处理后的原油有更好的低温流动性,表现在析蜡点以后原油黏度更低,和原油具有牛顿特点的温度范围更宽(即反常点出现的温度更低)。

表12.2说明,综合处理后的原油比热处理后的原油有更低的凝点。

表12.2 热处理与综合处理对原油凝点的影响

原油产地	处理前凝点/℃	热处理后凝点/℃	综合处理后凝点/℃
大庆油田	32.5	17.0	12.3
江汉油田	26.0	14.0	6.0
任丘油田	34.0	17.0	13.5
红井子油田	17.0	8.0	1.5

综合处理后的原油之所以比热处理后的原油有更好的低温流动性,主要在于综合处理后的原油中既有天然的原油降凝剂(胶质、沥青质)的降凝作用,也有外加的聚合物型原抽降凝剂的降凝作用。也就是说,综合处理是热处理用在降凝上的延伸和强化。在某些场合下,如热处理后原油的性质仍不能满足管输的要求时,综合处理可起到特殊的作用。

12.1.4 原油降凝剂

原油凝点是指在规定的热力、剪切条件下,被测油样刚失去流动性的最高温度,它反映了蜡晶颗粒形成网状结构的难易程度。降凝剂(pour point depressant)是一种油溶性高分子有机化合物或聚合物。在含蜡原油中添加适量的降凝剂,在一定条件下就能改变原油中蜡晶形态和结构,从而显著地降低含蜡原油的凝点,改善含蜡原油的低温流动性能,因此,降凝剂又称流动改进剂(flow improver)。

12.1.4.1 降凝剂的种类

目前国内外各油田应用的原油流动改进剂,主要是具有下列结构的梳形聚合物。

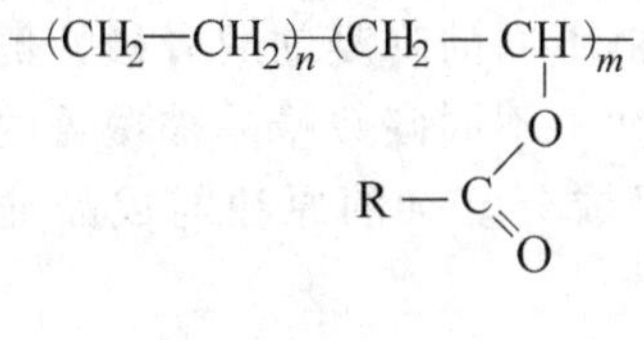

(乙烯—羧酸乙烯酯共聚物) 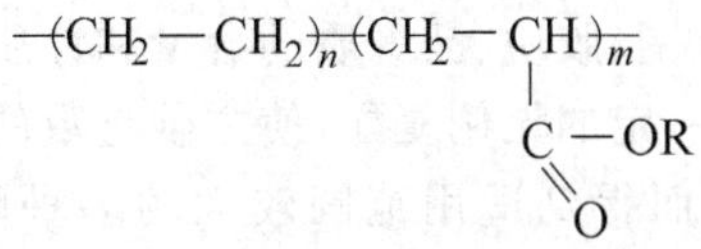　　　　　(乙烯—丙烯酸酯共聚物)

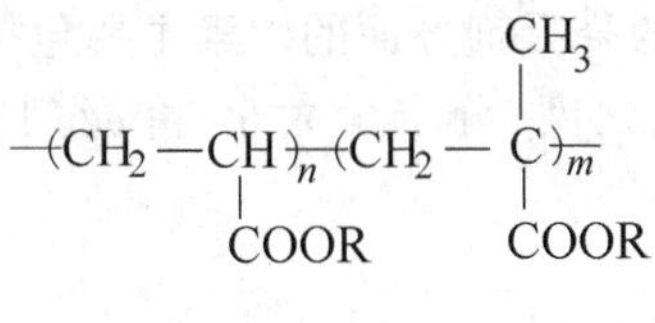

(丙烯酸酯—甲基丙烯酸酯共聚物) 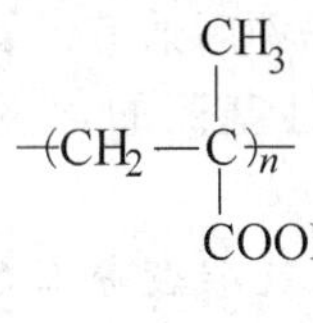　　(聚甲基丙烯酸酯)

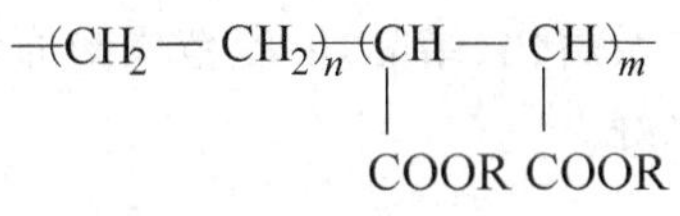

(乙烯—马来酸酯共聚物) 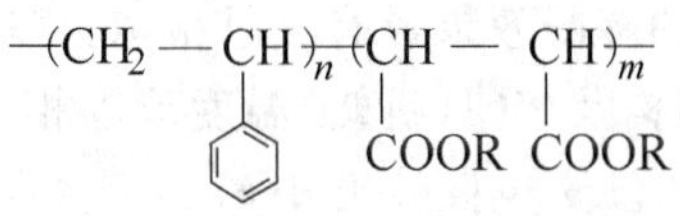　　　　　　(苯乙烯—马来酸酯共聚物)

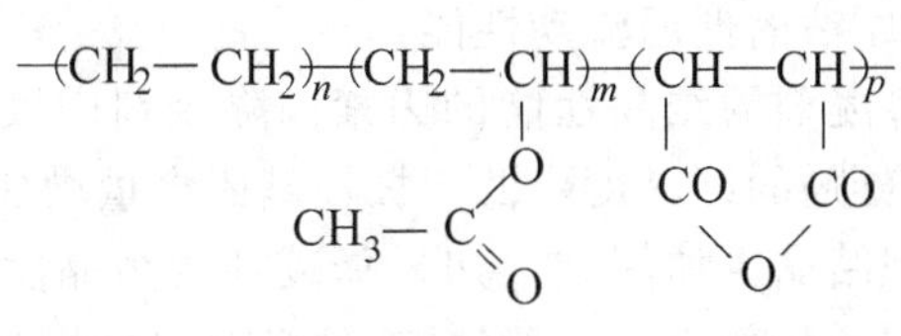

(乙烯—醋酸乙烯酯—顺酐共聚物)

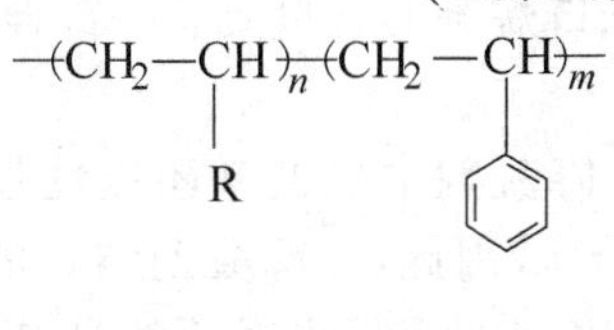

(α-烯—苯乙烯共聚物) 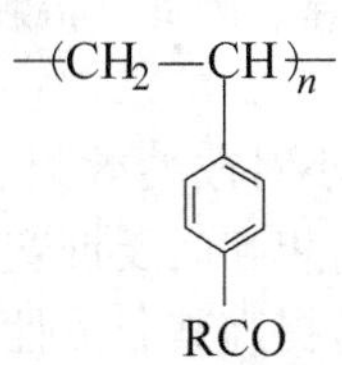　　　　　　(聚酰基苯乙烯)

1. 表面活性剂型降凝剂

表面活性剂型降凝剂是通过在蜡晶表面吸附的原理,使蜡不容易形成贯穿整个体系的网状结构,从而起到降凝的作用。这种降凝剂来源范围广、成本低廉、效果显著,所以一直被广泛使用。

2. 聚合物型降凝剂

聚合物型降凝剂的降凝机理是聚合物与石蜡共同结晶,使得蜡晶的晶型产生扭曲,阻碍蜡晶的长大,阻碍形成三维空间网状结构,从而起到防蜡作用。其一般有4种类型:含氮聚合物、聚烯烃类、聚酯类、醋酸—乙烯酯共聚物(EVA)和它的改性物。有关研究 EVA 的国内外专利与文献比较多,一般认为 EVA 是现在效果最好的降凝剂。

3. 复配型降凝剂

因为原油中蜡含量及碳数分布不同,胶质沥青质的含量和性质也随着原油种类的不同而有差异,所以降凝剂对于原油有着很强的选择性。为适应各种类型的原油,可将两种或多种降凝剂进行复配。研究显示,复配型降凝剂具有协同效应,应用范围进一步扩大,在达到相同的降凝效果时所需用量降低,从而降低了成本费用。复配原理是依据原油中的蜡含量、蜡分子中的碳数分布范围、胶质、沥青质的含量和性质,选择一些主链不同的降凝剂或者极性侧链不同的降凝剂,按一定的比例复配,使主碳链数的范围增大,原油中不同碳数蜡晶被覆盖的范围也同时扩大,从而得到适用范围较大的多种降凝剂,以满足成分复杂的原油与成品油的降凝需要。

12.1.4.2 降凝剂降凝效果的影响因素

降凝剂分子由两部分组成,即长链烷基和极性基团,长链烷基结构单元可以在侧链上,也可以在主链上,或者是两者兼有。影响原油降凝效果的降凝剂方面的因素主要包括:长烷基链长度及碳数分布、极性基团的含量及其极性大小、支化度、分子量大小、降凝剂在油中的形态等。

1. 长链烷基长度及碳数分布的影响

长链烷基结构单元可以作为原油中蜡结晶的晶核,或者与蜡分子共晶析出。一般而言,降凝剂长烷基主链或长烷基侧链的碳数要与原油中蜡的碳数分布最集中范围内的平均碳数相匹配,才能有较好的降凝效果。有文献报道,降凝剂分子结构及熔化(结晶)温度范围与原油中结晶烃类的分子结构及熔蜡(析蜡)温度范围相近时降凝效果好。

2. 极性基团含量和极性大小的影响

降凝剂分子中的极性基团,可以吸附在蜡晶表面建立起某种屏障,改变蜡的结晶习性,阻止晶体微粒的相互接近,从而改善原油的低温流动性能。

降凝剂极性基团含量是影响降凝剂的结晶性能的因素。降凝剂中极性基团含量增加时,长链烷基的含量相对减少,因而降凝剂的结晶度降低。极性基团含量增加到很高时,由于空间排布的障碍,链的刚度增加,降凝剂结晶更加困难。如果降凝剂的结晶度低,则其与蜡分子共晶析出的能力降低。但如果降凝剂结晶能力太高,降凝剂的极性则会相对地降低,那么降凝剂对蜡晶的分散作用下降。因此,降凝剂中极性基团与长链烷基的含量要有一最佳比例,才能获得最佳的改性效果。

降凝剂的极性大小对改性效果也有较大的影响。降凝剂中极性基团极性强或表面活性高,可以增加蜡晶粒子相互间及沥青质粒子间的相互排斥,因此,与降凝剂结合的蜡晶不易相互结合形成大的晶体,提高其分散性和抗沉积能力,在宏观上表现出对原油具有良好的降凝、降黏和抗剪切性能,从而改善原油的低温流动性;但活性太高,分子极性太强,会造成降凝剂在原油中的溶解度下降,即在原油中的溶解性变差,也就会影响降凝剂降凝降黏效果。石油勘探开发研究院王彪等合成的 WHP(乙烯—醋酸乙烯酯—乙烯醇聚醚),由于分子中聚醚含量较高,故分子极性较高,表面活性强,因此在加入原油降凝与原油中的蜡晶共晶后,对其后所析出的蜡晶的排斥力也有所增强,所以不易形成蜡晶间的三维网络结构,对部分含高碳蜡的原油降凝、降黏和抗高速剪切等改性效果较好。

3. 支化度影响

支化度表示聚合物分子结构中的支链的多少,支化程度可用具有相同分子量的支化高分子同线型高分子的平均分子尺寸之比或特性黏数之比来评价支化程度的大小。支化分子较线型分子的链段排布得紧凑,因此支化程度越高,则上述比值越小。多支链的星型降凝剂对不同油品和原油的降凝、降黏作用与其支链数有关,支链数增加(即支化度增加)、空间结构规整,都有利于提高降凝剂的降凝降黏性能,蜡晶的偏光显微镜照片也证实了这一点。

支化度也是影响降凝剂结晶性能的重要因素。对于乙烯—醋酸乙烯酯共聚物(EVA)来说,支化度对 EVA 性能影响的研究表明,短支链对 EVA 性能的影响同它们对结晶过程的破坏作用有很大关系。在 EVA 中主要的烃支链是烷基,而其对结晶的破坏作用随着支链碳原子数增加而增加,比这更长的链本身能变成结晶的一部分,但增加支链数目对结晶度的影响远比增加已有支链长度对结晶度的影响大,即降凝剂支化度增大将降低其结晶能力。因此,支化度太大或太小都对提高降凝剂的降凝降黏性能不利。

4. 分子量的影响

绝大多数降凝剂的分子结构都含有较规整的链结构,并以结晶状态存在,它们的熔化或结晶温度范围及原油中结晶烃类的熔解或析出温度范围都与各自的组成、分子量等密切相关,当它们的熔化(结晶)温度范围及分子结构相近时,降凝剂可明显改善原油的低温流动性能。

降凝剂分子量越大,其在油中的溶解性越差。一般来说,分子量范围在 4000~10000 时较好,分子量过低或过高降凝效果都不显著。降凝剂分子量分布较宽时,降凝效果最好,并有一个最佳的降凝剂分子量范围。Borthakur A 使用具有不同分子量的多种烷基富马酸—醋酸乙烯酯共聚物作为降凝剂,对具有相似含蜡量(小于 12%)和沥青质含量(小于 0.5%)的三种原油进行了评价。其结果表明:对具有较宽的正构烷烃分布和较低的平均碳数的原油来说,最大分子量的共聚物是最好的降凝剂;对具有较窄的正构烷烃分布和较高的平均碳数的原油来说,最小分子量的共聚物是最好的降凝剂;对具有较宽的正构烷烃分布和较高的平均碳数的原油来说,中等分子量的共聚物是最有效的降凝剂。因此在降凝剂研究过程中,应尽量扩大降凝剂的分子量分布范围。

5. 加入剂量的影响

加入剂量是关系降凝效果的重要因素,也是影响运行成本的重要因素。降凝剂的注入量与原油中蜡、胶质沥青质含量有关,而且加入剂量与效果不是线性的关系,当加入剂量达到某个临界值后,降凝剂分子与原油中绝大部分的蜡共结晶或吸附于蜡晶表面,形成相对稳定的晶体结构,降凝剂的改性作用即接近其极限,再加大剂量其处理效果不再明显提高,而且会使成本增加。加入剂量只要足以隔开蜡晶,使其不易形成三维网络结构即可。

加入降凝剂的原油在长输管道中输送,管内原油会多次受到泵的剪切作用,在析蜡点以上的高速剪切不会对凝点产生影响,进入析蜡高峰区以后的高速剪切引起的凝点上升与加入剂量有关。加入剂量低时,进入析蜡高峰区以后的一两次剪切就足以使凝点大幅度上升,随着加入剂量的增大,剪切引起的凝点上升幅度小些。

因此,实际管输应用时,确定加入浓度要综合最优效果和输送成本两个方面的因素,通过实验及技术经济计算以使经济效益达到最佳。

由于原油中石蜡、沥青胶质含量不等,其分子结构和大小各异,因而它们对降凝剂有很强的选择性。一种降凝剂对某种原油有良好的降凝降黏效果,对另一种原油的效果可能很小甚至没有效果,或者说是一种原油对某种降凝剂有很好的感受性而对另一种降凝剂则感受性很差。一般来说,酯型聚合物对正构烷烃蜡降凝效果较好,烷基芳香基型降凝剂对异构烷烃蜡更为有效。因此,对原油降凝剂的选择,应根据原油的蜡含量、蜡分子中碳原子数分布范围、原油类别进行选择。

12.1.4.3 原油降凝剂作用原理

降凝机理研究开始于 20 世纪 30 年代初,Davis 等发现 Paraflow(氯化石蜡和奈的缩合物)对含蜡成品油具有降凝作用,并提出了 Paraflow 的降凝机理,即吸附理论。该理论认为 Paraflow 被吸附在油中蜡晶表面上,将蜡晶分隔开,阻止其相互结合而形成网状结构。1943 年 Bondri 的研究进一步支持了吸附理论。1951 年 Lorensen 基于聚甲基丙烯酸酯的改性提出了共晶理论。该理论指出,改进剂分子结构与油中蜡分子相同的部分(烷烃,非极性基团)发生共晶,与其不同的部分(极性基团)阻碍蜡晶进一步长大。随着石油工业的蓬勃发展,尤其是高凝含蜡原油的大量开采,国外于 20 世纪 60 年代开始针对不同产地的原油研制不同系列的降凝剂,并取得了良好的效果。由此对原油降凝剂降凝机理的研究也逐渐受到重视,我国则于 20 世纪 70 年代开始这方面的研究。总结原油降凝剂发展历程,大致可以分为下列四个时期。

(1)30—50 年代探索期。此时主要是机理研究和产品开发,利用机理研究促进产品开发,新产品的开发又促进机理的研究,研制了聚甲基丙烯酸酯和聚异丁烯等新型降凝剂,主要应用于馏分油。

(2)50—60 年代扩大期。一方面继续开发新型的降凝剂,另一方面采用共混和共聚等手段,对现有的降凝剂进行改进,以使其适用于原油管输,如马来酸酐苯乙烯共聚物等。1956 年,Ford 等人叙述了凝点为 24℃的利比亚原油和凝点为 12.8℃的尼日利亚原油的管输问题,从此对降凝剂的研究从馏分油扩大到了石油。

(3)60—80 年代实用期。为了生产等方面的问题,研制了不同性质的原油降凝剂,应用于管道输送等现场作业,美国、英国、苏联、澳大利亚等国在数十条输油管线上使用了降凝剂,效果显著。

(4)80 年代以后复配期。从 20 世纪 80 年代以后,随着原油输送方法的增多及人们对低硫高蜡原油需要的逐渐增加,对降凝剂的要求越来越高,世界上一些主要公司不再着重于合成或开发新型降凝剂,而是将原油降凝剂与表面活性剂、降黏剂、不同结构的原油降凝剂进行复配,扩大适应面,使其能适用于各种成品油和高含蜡原油。

在降凝机理的研究中,研究蜡碳数分布、测定析蜡点以及观察加剂前后蜡晶生长情况相当重要。常用的实验方法及仪器见表 12.3。

表 12.3 降凝机理研究中常用的实验仪器及方法

测试项目	实验仪器及方法
蜡碳数分布	色谱分析法(如液相吸收色谱法、凝胶渗透色谱法)
析蜡点	差示扫描量热法(DSC)、偏光显微镜法、旋转黏度法、依据活化能的增量确定原油析蜡点
观察蜡晶生长及表面状态	低温显微技术、X 射线衍射、激光散射法(LLS)和核磁共振法(NMR)
观察蜡的粒度分布	激光散射法(LLS)

关于降凝剂的作用机理,目前尚无公认的比较满意的结论,主要有以下四种说法。

(1)吸附理论。吸附理论认为,原油降凝剂在略低于原油浊点的温度下析出,它被吸附在已经析出的蜡晶核的活性中心上,将蜡晶分隔开,从而改变蜡结晶的取向性,使其难于形成三维网目结构,从而减弱蜡晶间的黏附作用。Челниев 也提出,降凝剂不是晶体石蜡的溶剂,也不会减少原油中石蜡的含量,它只是改变分散相微粒的大小、形状和结构,并吸附在蜡晶表面以阻止晶体微粒的相互接近和黏结,从而改变原油的流变参数。

(2)成核理论。成核理论又称为结晶中心理论。该理论认为:降凝剂分子在作用过程中,由于降凝剂分子的熔点相对高于油品中蜡的结晶温度,或降凝剂分子量比蜡分子的分子量大,故当油温降低时,降凝剂分子比蜡先析出而成为蜡晶发育中心,使油品在降温过程中形成的小蜡晶比加降凝剂前有所增加,从而不易产生大的蜡团,达到降低凝点的效果。

成核理论在一些降凝剂作用机理的解释中受到了质疑。张付生等从油品加降凝剂前后的 X 射线衍射图上发现,经降凝剂处理后,蜡晶的晶面间距和衍射峰均发生了变化,说明蜡晶的结构有了明显的改变。如果降凝剂仅作为结晶中心或吸附在蜡晶的活性中心,很难造成此变化。

(3)共晶理论。共晶理论认为,降凝剂分子有与石蜡分子相同的和不同的结构部分,与蜡晶相同的部分为烃链(非极性基团),在蜡结晶析出过程中进入蜡晶的晶格,取代晶格中的蜡分子(正烷基链分子)而发生了共晶。与蜡晶不同的极性基团则对蜡晶的进一步长大起阻碍作用,使蜡晶生长较快的 x、y 方向生长变慢,而使生长较慢的 z 方向加快,这样就使蜡以各向同性的方向生长,使其表面积与体积之比变小,表面能降低,不易形成网络结构。也就是说,原油降凝剂在原油浊点温度以下与蜡共同结晶析出,从而破坏蜡的结晶行为和取向性并减弱蜡晶继续发育的趋向。蜡结晶生长方向及其与降凝剂低温时的分子构象共晶见图 12.6 和图 12.7。

图 12.6 石蜡结晶生长方向

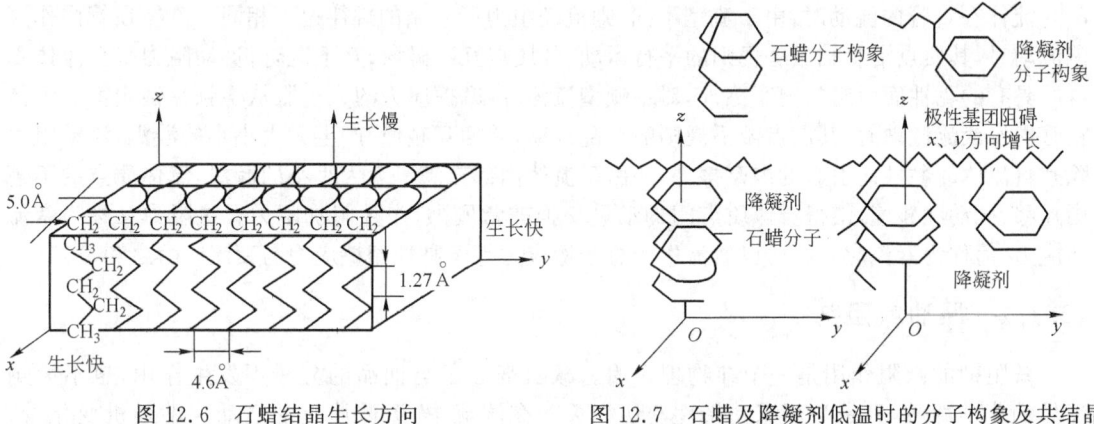

图 12.7 石蜡及降凝剂低温时的分子构象及共结晶

(4)改善蜡的溶解性理论。改善蜡的溶解性理论认为,降凝剂如同表面活性剂,加降凝剂后,增加了蜡在油品中的溶解度,使析蜡量减少,同时又增加了蜡的分散度,且由于蜡分散后的表面电荷的影响,蜡晶之间相互排斥,不容易聚结形成三维网状结构,而降低凝点。结晶学还认为,如果添加剂改善了溶质的溶解性,会使溶液的过饱和度下降,从而降低表观成长速率,阻碍晶体的生长。这种理论主要用于对具有表面活性特点、对蜡起分散作用的聚合物作用机理进行解释。

降凝剂在原油加药改性过程中所起的作用,与降凝剂的种类及其本身的化学结构有关,而且在蜡晶生长的不同阶段,可能只有一种机理起主要作用,也可能几种同时存在,还需根据具体情况具体分析。降凝技术是建立在多门学科之上的综合技术,其发展有赖于相关的石油化学、原油流变学、热力学、高分子合成、胶体化学、输油工艺等学科的发展。而降凝机理的研究,除需要通过比较采取更为合理的实验仪器及方法,通过研究改性前后蜡—降凝剂配伍规律外,还需与降凝剂分子的设计、降凝剂的应用等相结合,将理论研究与实践相结合才更有指导意义和实用价值。

12.2 原油的减阻输送

12.2.1 流动的类型及其流动阻力

雷诺数(Reynolds number)是用于表征流体在管中流动状态的一个无因次准数,它按下式定义:

$$Re = vd/\nu$$

式中 Re——雷诺数;
  v——平均流速,m/s;
  d——管的内径,m;
  ν——流体的运动黏度,m^2/s。

若按雷诺数,流体在管中的流动可分为两种类型,即层流和紊流。实验证明,流体在直管内流动时,当 $Re \leq 2000$ 时,流体的流动类型属于层流,当 $Re \geq 4000$ 时,流动类型属于紊流。而 Re 值在 2000～4000 的范围内,可能是层流,也可能是紊流,若受外界条件的影响,如管道直径或方向的改变,外来的轻微震动,都易促成紊流的发生,所以将这一范围称之为不稳定的过渡区。在生产操作条件下,常将 $Re > 3000$ 的情况按紊流考虑。

流体在直管内流动时,由于流型不同,则流动阻力所遵循的规律也不相同。流体在管内作层流流动时,其质点沿管轴做有规则的平行运动,各质点互不碰撞,互不混合,流动阻力来自流体本身所具有的黏性而引起的内摩擦外,对牛顿型流体,内摩擦应力的大小服从牛顿黏性定律。流体在管内作紊流流动时,其质点做不规则的杂乱运动,并相互碰撞,产生大大小小的漩涡,流动阻力除来自流体的黏性而引起的内摩擦外,还由于流体内部充满了大大小小的漩涡,流体质点的不规则迁移、脉动和碰撞,使得流体质点间的动量交换非常剧烈,产生附加阻力。这阻力又称为紊流切应力,简称为紊流应力。所以紊流中的总摩擦应力等于黏性摩擦应力与紊流应力之和。

12.2.2 原油减阻剂

减阻剂的减阻作用是一个纯物理作用。减阻剂分子与油品的分子不发生作用,也不影响油品的化学性质,只是与其流动特性密切相关。在湍流中,流体质点的运动速度随机变化着,形成大大小小的漩涡,大尺度漩涡从流体中吸收能量发生变形、破碎,向小尺度漩涡转化。小尺度漩涡又称耗散性漩涡,在黏滞力作用下被减弱、平息。它所携带的部分能量转化为热能而耗散。在近管壁边层内,由于管壁剪切应力和黏滞力的作用,这种转化更为严重。在减阻剂加入管道以后,减阻剂分散在流体中,减少摩擦阻力损失。在层流中,流体受黏滞力作用,没有像湍流那样的漩涡耗散,因此,加入减阻剂也是徒劳的。随着雷诺数增大进入湍流,减阻剂就显露出减阻作用。雷诺数越大减阻效果越明显。当雷诺数相当大,流体剪切应力足以破坏减阻剂分子链结构时,减阻剂降解,减阻效果反而下降,甚至完全失去减阻作用。

12.2.2.1 常用的原油减阻剂

作为减阻剂,一般是分子量 $\geq 10^6$ 的油溶性聚合物。要求具有优良的溶解性、抗剪切性、抗氧化性等。通常分子量越大,抗剪切性越差,分子中含有短侧链,抗剪切性增强,但侧链不宜过长过多,这使得分子的柔顺性变差,减阻性降低。目前国内外使用的减阻剂有:

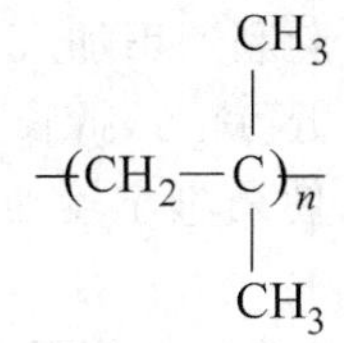

$$-(CH_2-C)_n\begin{matrix}CH_3\\|\\|\\CH_3\end{matrix}$$

(聚异丁烯)

$$-(CH_2-C)_n\begin{matrix}CH_3\\|\\|\\COOR\end{matrix}$$

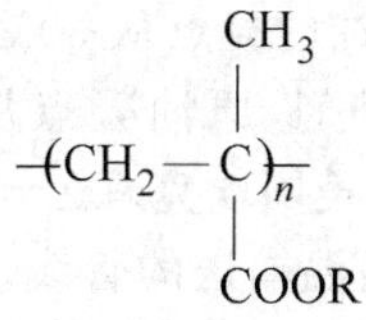

(聚甲基丙烯酸酯)

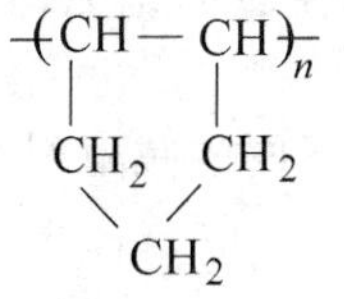

(聚环戊烯)

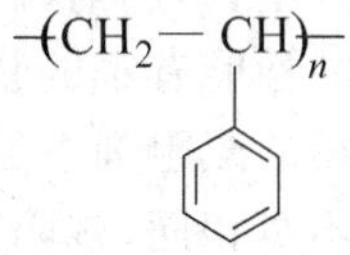

(聚苯乙烯)

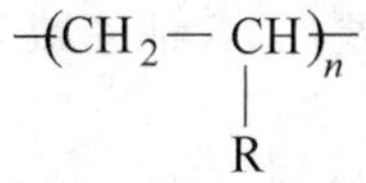

$$-(CH_2-CH)_n\begin{matrix}|\\R\end{matrix}$$

(聚α烯)

$$-(CH_2-CH_2)_n(CH_2-CH)_m\begin{matrix}|\\CH_3\end{matrix}$$

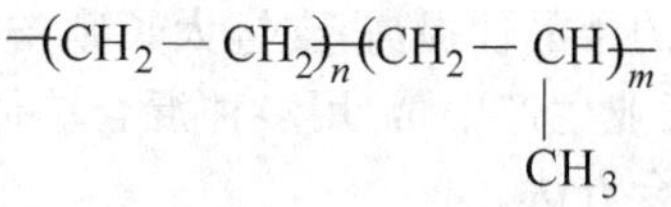

(乙烯—丙烯共聚物)

1. 高聚物减阻剂

高聚物减阻剂通常包括油溶性减阻剂和水溶性减阻剂。现在使用比较多的是水溶性减阻剂。水溶性减阻剂主要有天然的瓜胺、田青粉、皂角粉以及人工合成的聚氧化乙烯、人工合成的聚丙烯酰胺等。国内已经能够进行工业应用的原油减阻剂是高分子量的聚长链 a-烯经的均聚物和共聚物。

2. 表面活性剂减阻剂

表面活性剂减阻剂主要分为两性离子型、阴离子型、阳离子型和非离子型。目前,使用比较普遍的是阳离子型,常用的是十六烷基三甲基氯化铵。

3. 新型减阻剂

(1) 分子缔合型减阻剂。

高聚物减阻剂有一个明显的缺点,即当流动状态是湍流时,在高剪切作用下,分子链容易断裂,甚至失去减阻作用,即发生剪切降解,而且分子量越高,越容易受剪切力的影响。为了解决高聚物减阻剂高分子量容易受剪切降解影响的问题,合成了由特殊的缔合性键构成的聚合物分子。这些缔合键在共价键断裂之前就可以发生断裂,并且容易恢复。充分利用缔合性键具有可逆性的特点可以解决高聚物减阻剂中高分子链容易在高剪切作用下发生不可逆降解的问题。

(2) 微囊减阻剂。

近几年,发展了一种新型减阻剂,即微囊减阻剂。微囊减阻剂的原理是利用某些惰性物质组成外壳,然后将浓度较高的聚合物减阻剂封装到壳中。微囊减阻剂大部分用于原油和其他油品的输送。微囊减阻剂的生产方法有多种,主要包括离心挤压法、旋转盘法、多元凝聚法等。

原油流动改进剂在国内外许多油田应用获得成功。例如西非的扎伊尔原油中加入流动改进剂 50mg/L,使原油凝点降低了 15.5℃。欧洲的鹿特丹—莱因管线输送利比亚原油,加入流动改进剂,使原油倾点从 21℃ 降至 −14℃。美国、澳大利亚、英国、墨西哥、中东、东南亚的陆地和海底原油及成品油输送管线使用流动改进剂都取得了较好的效果。

我国油田对流动改进剂的研究较晚,但进展很快。例如中原油田添加 100mg/L 的流动改进剂聚丙烯酸酯,使原油的凝点从 30℃降至 7.5℃,黏度降低 97.5%;胜利油田加入 100mg/L 聚丙烯酸酯类流动改进剂,原油凝点从 30.5℃降至 10.5℃,黏度降低 93.5%;长庆油田于 1988 年 12 月开始使用美国埃克森公司的流动改进剂,效果十分显著,使马惠宁输油管线成为全国第一条实现全年常温输送的管线。

使用原油流动改进剂、实现常温输送是目前原油长输工艺的发展趋势。但值得注意的是,由于各油田原油的性质不同,一种流动改进剂不可能对每一种原油都有效,必须通过试验来筛选适用的药剂。此外,流动改进剂只有在原油开始析蜡时才发挥作用,因此加药温度应是原油中蜡全部溶解时的温度,即加药温度应高于析蜡温度。还应该注意的是流动改进剂中不应含有对石油加工和产品性能有害的物质。

目前工业上应用的减阻剂主要是聚 α 烯及其共聚物,然而不同的减阻剂在单体的选择、配比和后处理工艺上不尽相同,减阻剂的效果也不同。

(1)单体的选择与配比。

用来合成减阻剂的烯类单体碳数一般为 2~20,碳数较低的单体如乙烯、丙烯含量较高时,聚合物的结晶性提高,支链太长则支链的结晶性增加,油溶性变差,二者都使减阻率降低。在实际的工业生产中,常用多种混合单体共聚。

(2)聚合方法。

因为减阻聚合物一般需要有上百万的分子量,在 Ziegler-Natta 催化工艺条件下,溶液聚合和本体聚合是合成 α 烯为单体的超高分子量聚合物的两大方法。本体聚合体系中主要是改良的 Ziegler-Natta 催化剂和聚合单体,必要时加一些溶剂。与溶液聚合不同,本体聚合法得到的聚合物分子量随单体浓度的增加而升高,转化率可达到 90%~95%,聚合物的分子量高,但是 α 烯类减阻剂本体聚合反应热的输出传递是整个工艺方法的世界性难题。而溶液聚合法的反应温度较温和(-20℃~25℃),但单体转化率在 20%~30%。

(3)后处理工艺。

高分子量的聚合物在溶液中易缠结聚集,呈凝胶状,黏度大,对减阻剂的生产、应用带来不便,因而对聚合得到的聚合物有必要进行一些有效的后处理。

①溶液聚合得到的聚合物溶液不经任何处理直接使用,这样可以减少沉析、干燥、低温研磨等工序,因而这一方法最经济,然而从聚合釜出来的混合物黏度大,现场注入需特殊压力设备。

②溶液聚合得到的混合物经沉析分离、完全干燥、低温研磨后得到所需的粉末,使用时再配制成溶液或浆料。这一方法一般不常使用,因为溶解相对较慢。

③聚合得到的聚合物经沉淀分离,抽取部分溶剂后,低温研磨,由于少量极性溶剂的存在,使减阻剂糊的制备相对比较容易。

④加入少量的涂敷剂,将本体聚合反应得到的聚合物迅速冷到聚合物的玻璃化温度以下,研磨得到大约 35 目的颗粒,然后加入稳定剂、表面活性剂、消泡剂及水或醇水混合物,配成糊或浆料。

从目前世界上减阻剂产品来看,工业化生产的减阻剂主要分为三种类型:高黏度胶状减阻剂、低黏度胶状减阻剂、淤浆状减阻剂。一般而言,高黏度胶状减阻剂是减阻剂的早期产品类型,由于对现场应用的设备要求较高,需特殊的压力设备,使用很不方便,加之运输费用较高,现在已基本淘汰。低黏度胶状减阻剂中除溶剂和聚合物外不含其他物质,因此不会污染所输油品,可用于成品油管线中。虽然淤浆状减阻剂产品中聚合物的浓度最高,可大量节约运输和储藏费用,但产品中含较多的添加剂,可对成品油造成一定程度的污染,因此主要用于原油管线中。

12.2.2.2 减阻剂减阻效率的影响因素

聚合物减阻剂从 Toms 开始研究以来引起了油田化学界的广泛注意,50 年来国内外进行了大量理论和实验研究,在理论方面积累了关于高分子结构和减阻性能之间的资料,弄清楚这些关系对减阻剂的应用设计和提高应用技术水平具有十分重要的意义。减阻剂减阻性能受流体流速影响,在流体未达到湍流时,没有明显的减阻作用,随着流体速度的增加达到湍流状态,减阻作用才开始显示,流速达到一定值时,减阻效果最佳。减阻剂分子量越大,支链越少,可溶性越好,其减阻效率也越高。此外,减阻率还和分子量分布、大分子在溶剂中的构象、链的结构、强度等一系列因素有关。

1. 原油的性质

原油黏度和密度越低,紊流条件越易达到,越有利于发挥原油减阻剂的作用。原油含水率高,影响减阻剂的溶解,从而影响其减阻效率。

2. 管输条件

管输温度越高,油的黏度越低,越有利于减阻剂起作用。管输的流速越快,管径越小,雷诺数越大,紊流程度越高,减阻剂作用发挥越好。但当流速过快,引起减阻剂降解时,减阻剂的减阻效率就降低(图 12.8)。

3. 聚合物减阻剂分子量和分子量分布

聚合物的分子量 M 是影响减阻性能的重要结构参数之一,聚合物分子量必须超过一定的分子量 M_c(称为起始分子量)以后才有减阻作用。许多研究者力图用数学表达式来描述 DR 和分子量的关系。Kim 提出 Virk-Little 关系式定义的特性减阻率$[DR]$和 M 的关系为:

$$[DR] = K(M - M_c)$$
$$[DR] = \lim_{C \to 0}(DR/C)$$

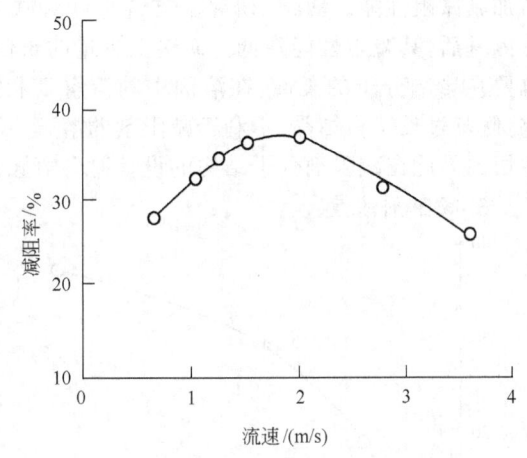

图 12.8 管输流速对减阻剂减阻率的影响

式中,K 是常数,$[DR]$表征聚合物溶液浓度无限稀时的单位浓度的减阻率,它是表示减阻能力高低的一种度量。C 为聚合物浓度。可以看出,减阻性能随分子量的增加而提高。代加林等系统研究了聚甲基丙烯酸己酯在煤油及煤油/丙酮中的减阻性能,经数据处理,得到一个 $DR-M$ 数学关联式:

$$DR = A \cdot M/(M+B) - D$$

式中,A、B、D 为一定流动条件下的常数。根据上式,减阻率随分子量增加而增加,并最终达到一个平衡值。

绝大多数高分子试样都具有一定的分子量分布(MWD)。在一定条件下,不是所有的高分子都具有减阻功能,高分子的减阻能力和分子量分布有一定关系。严格来说,在不明确分子量分布的情况下,研究分子量和减阻性能的关系是不太严密的。到目前为止,对分子量分布有两种不同的解释,一种认为 DR 和试样的平均分子量有关,另一种认为 DR 和试样的高分子量部分有关。

4. 聚合物的主链结构

聚合物链节的化学组成和键的类型、链的几何形状和柔性对减阻效率有较大影响。迄今发现的有效高分子减阻剂多是线形或螺旋状结构的柔性高分子。Gramain等研究了线形、星形和梳形聚合物在甲苯溶液中的减阻效率，实验结果表明分子链的支化大大降低了高分子的减阻效率。主链中有双键、共轭双键的结构不利于减阻，Meier研究了氢化聚异戊二烯对原油的减阻效率，发现它在原油中的溶解性、减阻率和抗剪切性随氢化度的提高而提高。随氢化程度的提高，高分子的柔性增加，减阻性能自然提高。相同分子量的线形高分子比具有多个支链的，如星形高分子有更高的减阻率，但线形高分子的抗剪切性却不如支链高分子。Liaw从另一角度研究了不同结构的高分子的减阻功能和链刚性的关系，发现随着高分子链刚性增加，减阻性能降低。在其他条件相同的情况下，分子链柔性较好的高分子减阻性能高，这可能和高分子在流场中的伸展程度和构象变化有关。

5. 聚合物的侧链结构

聚合物分子的侧链结构也影响减阻，一般来说，高分子主链上带有少量长而较大的侧基会增加其减阻性能。Wade研究了支链长度对减阻性能的影响，发现在高分子主链上普遍接上短侧基后，其减阻性能降低。而接上少量的长侧基后减阻性能增强。但是另一方面侧基结构也要从影响分子的柔性、在溶剂中的溶解度和抗剪切性等因素考虑。侧基短，固然减阻效果差，侧基过长又易结晶，不利于减阻剂的溶解，反而影响减阻性能，具有适当长度的侧基利于抗剪切。因此在减阻剂分子结构的设计时要兼顾诸多因素，以达到一个恰当的平衡。

6. 减阻剂浓度

一定分子量的减阻剂在给定的流动体系中，DR值随浓度增加而增大，当浓度达到一定值后，DR趋于一恒定的值DR_m，不再随浓度增大而增大。而Naiman发现当减阻剂浓度超过一定值后，减阻率开始下降，这一现象在Kowalik对SVP/Zn-S-EPDM体系进行研究时就已发现，Kowalik对此解释为聚合物分子的浓度相对过高使高分子链的充分伸展受到抑制，从而使减阻效果下降。

减阻剂的浓度越高，可使减阻效率增加，但超过一定数值后，减阻效率提高幅度减小（图12.9）。因此，原油减阻剂应有最佳的使用浓度。

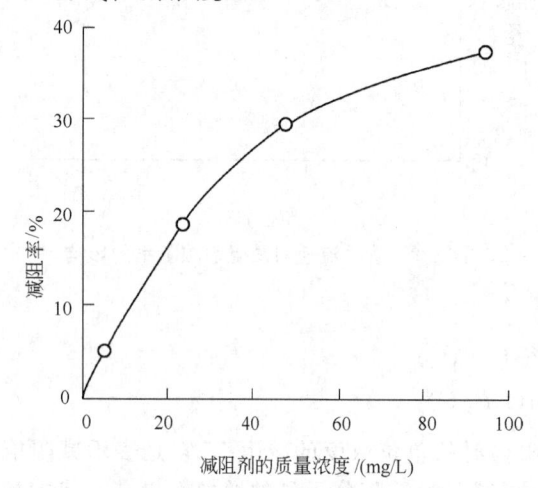

图12.9 减阻剂的质量浓度对减阻剂减阻率的影响

12.2.2.3 原油减阻剂作用原理

减阻机理研究的任务就是要从机理上解释减阻的诸多特性，如管径效应、浓度效应、湍流速度分布变化、聚合物特性的影响，从而本质地把握减阻的规律。目前，减阻机理说法很多，如Toms伪塑假说、Virk的有效滑移假说、黏弹性假说、湍流抑制说等。

1. Toms的伪塑假说

1948年Toms发现减阻现象后，就对减阻机理提出了假说。他认为高分子聚合物减阻剂溶液具有伪塑性，即剪切速率与表观黏度成反比，剪切速率增大表观黏度减小，从而导致阻力减小。但随着非牛顿流体力学的发展，Toms假说逐渐被人们所否认。只要通过简单的试验就可以发现，减阻剂溶液在湍流流动时的摩擦阻力实测值与应用伪塑流体计算误差很大，而且稀减阻剂溶液伪塑性很弱，甚至就根本无伪塑性，其流变学几乎与牛顿流体完全一样，但减阻率较大。Walsh的试验证明胀塑性流体也有较强的减阻作用。

2. Virk 的有效滑移假说

Virk 认为,流体在管内湍流流动时,紧靠壁面的一层流体为黏性底层,其次为弹性层,中心为湍流核心。他通过试验测得速度分布,发现减阻剂溶液湍流核心区的速度与纯溶剂相比大了某个值,但速度分布规律相同,而且弹性层的速度梯度增大,导致阻力减小。

根据 Virk 的假说,减阻剂浓度增大,弹性层厚度也增大,当弹性层扩展到管轴时,减阻就达到了极限。该假说成功地解释了最大减阻现象,而且也可以解释管径效应。能降低原油管输阻力的化学剂称为原油减阻剂。

3. 黏弹性假说

黏弹性假说提出高聚物溶液的减阻作用是溶液黏弹性与湍流漩涡发生相互作用的结果。许多研究者对特定的高聚物减阻稀溶液进行时间试验,发现聚合物分子的松弛时间比湍流漩涡的持续时间长,说明聚合物分子的弹性确实起了作用。因此,湍流漩涡的一部分动能被聚合物分子吸收,以弹性能的形式储存起来,使漩涡动能减少,达到减阻效果。

4. 湍流抑制假说

湍流抑制假说认为减阻剂加入管道以后,减阻剂靠本身的黏弹性,分子长链顺流向自然拉伸,其微元直接影响流体微元的运动。来自流体微元的径向作用力在减阻剂微元上,使其发生扭曲,旋转变形。减阻剂分子间引力抵抗上述作用力反作用于流体微元,改变了流体微元的作用力大小和方向,使一部分径向力转变为顺流向的轴向力,从而减少无用功的消耗,宏观上起到减少摩阻损失的作用。也就是说,聚合物分子抑制了湍流漩涡的产生,从而使脉动强度减小,最终使能量损失减小。

5. 湍流脉动解耦假说

所谓湍流脉动解耦就是指减阻剂分子对湍流的作用,降低了径向和轴向脉动速度的相关性,从而减小了湍流雷诺应力。

6. 表面随机更新假说

人们把流体在管内湍流流动分为三层。近壁区为黏性地层,其次是黏性亚层(过渡或弹性层),第三个区域为湍流中心。由于黏性底层的速度分布、温度分布规律与层流时相似,因而在较长一段时间里被人们误称为层流底层。大量文献报道由于运用精密的测速装置已能准确测出黏性底层的时均速度分布和脉动速度分布,充分说明黏性底层并不是简单的层流状态,而仍有一定的脉动存在。把流体在管内湍流流动的动量传递边界层看成是由一块块动量传递块所组成,这些流体块随机地被来自主体的流体单元所更新,分解成新的流体单元而产生漩涡。新的流体块又从壁面开始增长直到被更新。尽管这种更新过程是随机的,但每一流体块的年龄存在某一分布函数,且在统计上这种更新的机会是均等的。湍流越激烈,流体块被更新的机会就越大,产生的漩涡也越多,耗能就越大。如果在纯溶剂中加入减阻剂分子,由于减阻剂分子在管壁上形成一层液膜,以及减阻剂分子的伸展变形作用,使得管壁上的流体块难以被更新,导致能耗减小而达到减阻作用。

综合以上假说,可以认为,减阻剂加入油流中,依靠本身特有的黏弹性,大分子链顺流动方向自然拉伸取向,这种取向会影响到流体质点的运动。流体质点的径向作用力使减阻剂分子发生扭曲,旋转变形。而减阻剂分子依靠分子间相互引力抵抗流体质点的作用力,改变流体质点的作用方向和大小,使一部分作无用功的径向力转化为顺流向的轴向力,从而减少了无用功的消耗,宏观上表现出减少了流体的摩阻损失,即起到减阻作用。

12.2.3 原油减阻剂的评价方法

减阻作用是在流体里加入少量添加剂,这种添加剂一般为很高分子量的聚合物。它在流体中呈舒展状态,由于它的形变或取向作用,减小了流动过程中的能量损耗,从而起到减阻效果。减阻率是减阻性能的计量标准,它和减阻剂分子量、分子结构、应用油品的密度、黏度、流速、减阻剂加入量以及管径的大小、状况等有着复杂的关系。

可用减阻率与增输率评价原油减阻剂的减阻效果。在管输量不变的情况下,减阻率由下式定义:

$$DR = \frac{\Delta p_1 - \Delta p_2}{\Delta p_1}$$

式中　DR——减阻率;
　　　Δp_1——加减阻剂前的管辅摩阻;
　　　Δp_2——加减阻剂后的管辅摩阻。

在管输摩阻不变的情况下,增输率由下式定义:

$$FI = \frac{Q_2 - Q_1}{Q_1}$$

式中　FI——增输率;
　　　Q_1——加减阻剂前的管输量;
　　　Q_2——加减阻剂后的管输量。

在一般的原油管输条件下,管输摩阻与管输量之间有如下的关系:

$$\Delta p = 0.0246 \frac{Q^{1.75} \nu^{0.25}}{d^{4.75}} L \rho g$$

式中　Δp——管输摩阻;
　　　Q——管输量;
　　　ν——原油的运动黏度;
　　　d——管径;
　　　L——管长;
　　　ρ——原抽密度;
　　　g——重力加速度。

由此可导出减阻率与增输率的关系式:

$$FI = \left(\frac{1}{1-DR}\right)^{0.55} - 1$$

若将一种减阻剂加入原油中进行减阻试验,得到加减阻剂前后的管输摩阻,然后计算减阻剂的减阻率和增输率,得到表 12.4 的结果。

表 12.4　减阻剂对管输原油的减阻

减阻剂的质量浓度/(mg/L)	管输摩阻/MPa	减阻率/%	增输率/%
0.0	3.41	0.0	0.0
20.9	3.02	11.4	6.9
28.3	2.87	15.8	10.0
57.4	2.62	23.1	15.5

注:(1)减阻剂为聚 α-烯烃。
　　(2)原油黏度为 22.8mPa·s,密度为 0.832g/cm³,平均油流温度为 46.7℃。
　　(3)管径为 0.72m,管输量为 2847m³/h。

从表 12.4 可以看到,只要少量减阻剂加入,管输原油的摩阻就明显降低。

减阻剂的效果评价,国内外都采用同一方法——环道测试法,即测定添加减阻剂后,流体在管道中流动的减阻率来定量评价减阻剂的好坏。当然,对减阻剂的整体评价还不仅限于此,还应包括减阻剂的溶剂特性、对环境敏感性、耐剪切性等方面,但主要以特定条件下的减阻率为评价标准。

12.3 乙烯—乙酸乙烯酯共聚物原油降凝剂的生产方法

乙烯—乙酸乙烯酯共聚物(EVA)类型的降凝剂是目前国内外市场使用最多、应用最广、改性效果最好的一类降凝剂。EVA 的平均分子量一般为 8000~20000 时,对大多原油改性效果较好。其中,聚乙烯部分为非极性烷基主链,为结晶相;乙酸乙烯酯部分为侧链的极性部分,为非结晶相。由于引入了乙酸乙烯酯链节非结晶相,从而降低了熔点,增加了 EVA 在原油中的溶解性,同时也抑制石蜡生长。所以,乙酸乙烯酯链节在 EVA 共聚物分子结构中的平均序列长度对降凝剂的性能有很大的影响。

乙烯—乙酸乙烯酯共聚物的结构如下:

$$-(CH_2-CH_2)_n(CH_2-CH)_m-$$
$$|$$
$$R-C=O$$
$$|$$
$$O$$

在乙酸和乙烯的共聚物中,由于乙酸乙烯和乙烯含量比例的不同,产品的性能有较大差异(表 12.5),一般可按乙酸乙烯含量把乙酸乙烯和乙烯共聚物分为三类:

(1)乙酸乙烯含量低于 40% 的乙酸乙烯共聚物,一般简称为 EVA 树脂,可在聚乙烯装置中用高压本体聚合法生产。

(2)中等乙酸乙烯含量(40%~70%)的乙烯—乙酸乙烯共聚物,刚性模量及拉伸强度最小,伸长率很大,这类 EVA 树脂很柔韧,富有橡胶特性,所以有时也称 EVA 橡胶。它可以用高压本体聚合法生产,但多数采用中等压力下的溶液聚合或乳液聚合法制造。

(3)乙酸乙烯含量在 70%~95% 范围内的乙酸乙烯—乙烯共聚物,通常为乳液态,它实质是改性的聚乙酸乙烯乳液,一般采用乳液聚合法生产,产品简称 VAE 乳液。

表 12.5 不同 VAC(乙酸乙烯)含量的乙烯—乙酸乙烯共聚物特性

项 目	低 VAC 含量	中等 VAC 含量	高 VAC 含量
VAC 含量/%	5~40	40~70	70~95
生产方法	本体聚合	本体聚合、溶液聚合、乳液聚合	乳液聚合
反应温度/℃	200~400	30~120	5~100
反应压力/MPa	98~300	5~40	1.5~5
分子量/10^5	2~5	10~20	高

12.3.1 EVA 生产方法

EVA 树脂的生产绝大多数也采用管式反应器工艺,由于乙酸乙烯注入点和回收工序上的差异,EVA 生产工艺流程设计不同。图 12.10 是 Monsanto 公司工艺流程示意图,其特点是未反应乙酸乙烯加压循环,经除尘、冷却、过滤后,与补充乙酸乙烯一起,经冷却器、增压器达到反应压力后共聚。

也有 EVA 生产公司采用溶液聚合法或乳液聚合法。溶液法以叔丁醇为溶剂,在多个串联反应釜中,加入乙酸乙烯、叔丁醇以及引发剂(偶氮二异丁腈 AIBN)在压力 20.0~25.0MPa

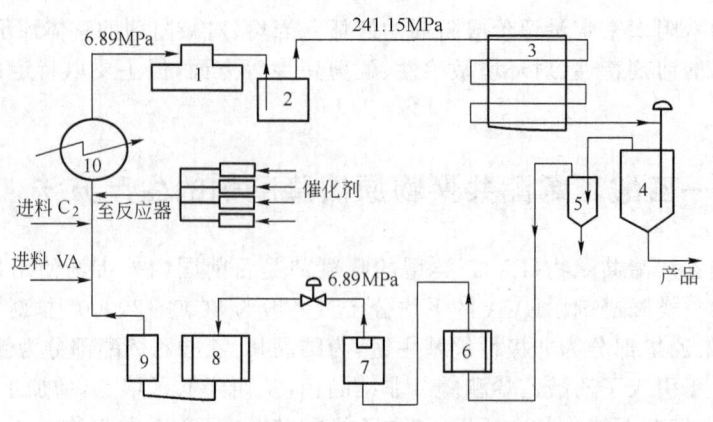

图 12.10 管式反应器生产 EVA 共聚体流程示意图
1—增压器；2—缓冲器；3—反应器；4—分离器；5—集尘器；6—冷却器；
7—过滤器；8—缓冲器；9—过滤器；10—冷却器

和温度 50~100℃下进行聚合，控制各釜反应温度和固含量。反应平衡后物料固含量约 42%，经闪蒸分离出来反应的乙烯单体可循环利用；液相部分经离心分离得到的聚合物经水洗、干燥挤出造粒或制成粉末。分离得到的液体乙酸乙烯和叔丁醇分别再精制和循环使用。

12.3.2 EVA 国内外生产情况

世界各国对 EVA 树脂的需求量很大，EVA 产量正以 3.3% 速率递增，现在全世界 EVA 树脂年产量在 100×10^4 t 以上，其中美国居首位，约 60×10^4 t/a，日本约 15×10^4 t/a，德国约 14×10^4 t/a，其他国家 10×10^4 t/a。

中等乙酸乙烯含量 EVA 共聚物的国外主要生产公司、产品牌号见表 12.6。

表 12.6 中等乙酸乙烯含量 EVA 生产厂家、牌号

公　司	品名牌号	外　观	乙酸乙烯含量,%	熔融指数	制造技术
德国 Bayer	Levapren 450	无色透明颗粒	45		溶液聚合
	452				
	400				
	KA 8050				
	KA 8052				
德国 Wacker	WACKER VAE	乳液	60~70		乳液聚合
美国 Quantum	Vynathene	片状	40	7.5	高压自由基引发聚合
	EY901-25		45	7.5	
	EY903-25		51	1.8	
	EY907-25		60	3.5	
美国 Monsanto	DX-950-GP		40~45		超高压自由基引发聚合
	DX-954-S		60~65		
日本合成化学	Soarlex DH	粉末	70	40~50	9.8MPa 压力下悬浮聚合、乳液聚合、溶液聚合
	BH	粉末	55		
	Soarlex-R	块状	55~70	150~200	
	Soarlex-S	溶液状	55~70		

续表

公司	品名牌号	外观	乙酸乙烯含量,%	熔融指数	制造技术
日本三井聚合化学	EVAFIEX IM-12				Du Pont
大日本油墨	EVATHLENE 431-P	粉末	54		与 Wacker 技术合作

我国 EVA 树脂的生产研究始于 20 世纪 70 年代初。上海化工研究院从 1972 年开始在年产 40t 高压聚乙烯的管式反应器试验装置上以 130～160MPa 的聚合压力、180～220℃ 的反应温度,以氧和有机过氧化物为引发剂,采用本体聚合法进行 EVA 生产技术的研究,并于 1976 年通过技术鉴定,建成 50t/a 中试装置,试制的牌号有 EVA14/5、EVA28/25、EVA30/10 等。1986 年,上海石化总厂塑料厂将 3×10^4 t/a 高压聚乙烯装置进行技术改造,使之可以兼产 EVA 树脂,品种有 EVA14/35、EVA14/5、EVA12/2.2 等,每年产量 1000t。同年,大庆石油化工总厂引进德国 Imhausen 公司的高压聚乙烯生产装置投产,该装置可以兼产 EVA18VA、18VB 和 18VD3 中牌号,产量约 2.7×10^4 t/a。目前我国 EVA 的生产能力已约 3×10^4 t/a,但由于计划安排或设备故障等问题,每年 EVA 产量不足 2×10^4 t,难于满足国内需求,每年仍需大量进口。目前国内 EVA 装置生产的 EVA 树脂,VAM(醋酸乙烯或乙酸乙烯)含量均 <20%。中等 VAM 含量 EVA 树脂是个空白。

习 题

1. 原油降凝的方法有哪些?
2. 简述原油降凝剂的作用机理。
3. 什么是原油的析蜡点?原油出现析蜡点的原因是什么?
4. 为什么要采用原油减阻输送?
5. 简述原油减阻剂作用原理和常用的原油减阻剂。

参 考 文 献

扫码查阅本书参考文献